Erster Unterricht

des

PHARMACEUTEN.

Von

Dr. Hermann Hager.

Zweiter Band.

Botanischer Theil.

Dritte, mit der zweiten gleichlautende Auflage.

Mit 931 in den Text gedruckten Holzschnitten.

Springer-Verlag Berlin Heidelberg GmbH
1885

Botanischer Unterricht

in 160 Lectionen.

Für angehende Pharmaceuten und studirende Mediciner

von

Dr. Hermann Hager.

Dritte, mit der zweiten gleichlautende Auflage.

Mit 931 in den Text gedruckten Holzschnitten.

Springer-Verlag Berlin Heidelberg GmbH
1885

ISBN 978-3-642-89788-7   ISBN 978-3-642-91645-8 (eBook)
DOI 10.1007/978-3-642-91645-8
Softcover reprint of the hardcover 3rd edition 1885

Vorwort.

In dem Vorworte zum „ersten Unterricht des Pharmaceuten"
erklärte ich, dass, wenn die Form und die Einrichtung dieses
Lehrbuches die Billigung meiner Fachgenossen finden sollte, ich
daraus den Muth schöpfen würde, auch ein entsprechendes bota-
nisches Werk in Arbeit zu nehmen. Zu der Ausführung dieses
Versprechens wurde ich durch lobende Anerkennungen von hervorragenden Fachgenossen nur zu bald aufgefordert.

Da Form und Einrichtung des „ersten Unterrichts" dem Zwecke
entsprachen, so habe ich auch in vorliegender Arbeit denselben
Weg eingeschlagen. Der Unterrichtsstoff ist wiederum in Lectionen
getheilt und in der Weise dargeboten, dass er von einem jungen
Manne mit den Kenntnissen eines Secundaners leicht aufgefasst
und auch neben dem Studium der pharmaceutischen Chemie bewältigt werden kann.

Während der die Chemie lehrende „erste Unterricht" auf einen
Zeitraum von 2 bis $2^1/_2$ Jahren bemessen ist, musste ich diesen
botanischen Theil weiter ausdehnen, da es nothwendig war, die
pharmaceutische Botanik in allen ihren Hauptumrissen vorzutra-
gen. Der Unterrichtsstoff ist daher auf 150 Lectionen vertheilt,
und dehnt sich auf die Dauer einer dreijährigen Lehrzeit aus,
wenn nämlich eine Lection als das Pensum für je eine Woche
aufgenommen wird.

Als ein Haupttheil eines botanischen Unterrichts erschien mir
eine ausreichende Behandlung der morphologischen Verhältnisse
der Pflanzentheile, ohne welche eine diagnostische Botanik, das
Endziel der pharmaceutischen Botanik, nicht verstanden und ge-
übt werden kann, dann aber auch der Unterricht in den nothwen-

digsten Punkten der Physiologie und Histologie, um für das Verständniss der Pharmakognostik eine Grundlage zu gewinnen.

In dem Unterricht glaubte ich die Behandlung der botanischen Kunstsprache als eine vornehmliche Aufgabe auffassen zu müssen, und da die Prosodie der Kunstausdrücke häufig eine Klippe ist, an welcher selbst tüchtige Botaniker Schiffbruch leiden, so habe ich es an der prosodischen Bezeichnung nirgends fehlen lassen. Aus eigener Erfahrung weiss ich, dass man sich von der allerersten Auffassung eines Kunstausdruckes mit falscher Accentuation oft das ganze Leben nicht frei machen kann.

Der Usus in prosodischer Beziehung hat in manchen Fällen im Widerspruch mit der geltenden Regel ein Recht erlangt. Im Deutschen accentuirt man z. B. die Penultima der botanischen Familiennamen auf „…een", wie Graminéen, Ranunculacéen, obgleich die richtigere Accentuation Gramíneen, Ranunculáceen ist, denn das „e" der Penultima ist im Deutschen eben so kurz wie in den entsprechenden lateinischen Namen. So halte ich auch die Accentuation: Sporodóchie, Sporángie für unrichtig, denn das „i" der Penultima ist lang; man sollte also stets Sporodochíe, Sporangíe betonen, und zwar mit demselben Rechte wie man andererseits Achaeníe, Spermogónie, Antherídie zu accentuiren pflegt. In der lateinischen Adjectivendung *eus, ea, eum* ist die Penultima in der Regel kurz, man accentuirt daher *Graminĕae, Aconitĕae*. Einige Botaniker haben manche Pflanzennamen zur Bezeichnung der Unterfamilien in Adjective umgewandelt, welche die Endung *ieus, iea, ieum* haben, z. B. *Vicieae, Anacardieae, Artemisieae*. Analoge Adjectivendungen sind in der lateinischen Sprache nicht vorhanden, die Accentuation *ieae* oder *iĕae* ist überhaupt schwerfällig und hart. Die prosodische Regel fordert auch hier die Accentuation *iĕae*.

Wenn ich in den etymologischen Erklärungen die griechische Schrift mit lateinischer begleitete, so nahm ich damit Rücksicht auf eine etwaige Realschulbildung des Lehrlings.

In den Lectionen der Systemkunde ist nur das *Decandolle*'sche natürliche und das *Linné*'sche Sexual-System commentirt. Das *Endlicher*'sche ist nur in seinen Umrissen angegeben und angewendet. Die beiden ersten Systeme trifft man in den botanischen Werken am häufigsten an, dagegen hat das von *Berg* für seine pharmaceutische Botanik aus dem *Link*'schen System aufgebaute System keine Aufnahme gefunden. Eine pharmaceutische Botanik nach dem *Endlicher*'schen System geordnet existirt nicht. Der lernende Pharmaceut ist daher in seinen praktischen botanischen Beschäftigungen auf das Studium desjenigen Systems angewiesen, welches gerade die ihm zur Hand stehende Diagnostik acceptirt hat.

Von den pharmaceutisch-botanischen Werken steht in Rücksicht auf wissenschaftliche Fassung und Correctheit *Berg*'s pharmaceutische Botanik, resp. der zweite Abschnitt, die diagnostische Beschreibung der officinellen Pflanzen umfassend, oben an und ist desshalb gleichsam der Ausgangspunkt des botanischen Studiums eines Pharmaceuten. Dies ist auch der Grund, warum ich den diagnostischen Auffassungen *Berg*'s mehr oder weniger folgte und mich der Ausdrucksweise dieses Autors möglichst nahe hielt. Dadurch wird der angehende Pharmaceut für einen nutzbringenden Gebrauch der *Berg*'schen diagnostischen Botanik vorbereitet. Der Unterricht in der Diagnostik erstreckt sich in dem vorliegenden Werke im Uebrigen meist nur auf solche Familien, Geschlechter und Arten, welche zu studiren unsere heimische Flora auch Gelegenheit giebt.

In Betreff des Studiums der Lectionen halte ich es für nützlich, ein mechanisches Auswendiglernen möglichst zu vermeiden, etwaige Lücken aber in dem Wissen durch Repetition auszufüllen. Das Auffinden des speciellen Stoffes zu erleichtern, findet man einen reichhaltigen Index angehängt.

In der diagnostischen Botanik ist die Auffassung einzelner Charaktere, auf welchen die Unterscheidung verwandter Familien und Gattungen beruht, durch das Gedächtniss zu unterstützen, und der Lernende sollte es soweit bringen, dass er die wichtigeren officinellen Pflanzen (wie *Hyoscyamus*, *Belladonna*, *Conium*, *Chamomilla*), ohne dass sie ihm vorliegen, in der Kunstsprache zu beschreiben versteht. Da in jeder Apotheke ein Herbarium vivum zur Hand ist, so fehlt es auch nie an Gelegenheit, die Diagnostik praktisch anzwenden. Im Uebrigen ist hierbei, wenn es sein kann, die Benutzung der Illustrationen zur *Berg*'schen Charakteristik der Pflanzengattungen von grossem Werthe.

Officinelle Pflanzentheile sind gleichzeitig mit der Diagnostik der Pflanze zu studiren. Gemeiniglich genügt es, den trocknen Pflanzentheil einen Tag oder eine Nacht über in Wasser einzuweichen, um ihn für die Prüfung seiner inneren Construction und anatomischen Verhältnisse verwendbar zu machen. Wenn also der Lernende sich z. B. mit *Datura* und *Hyoscyamus* beschäftigt, so soll er einige Samen dieser Pflanzen einweichen und durch Durchschneiden derselben in der Längs- und Querrichtung sich über die inneren Verhältnisse des Samens unterrichten.

Mein Bestreben war es, den Lehrstoff trotz seiner kurzen Fassung möglichst anziehend und anregend zu machen, und der Anschauung und Auffassung durch bildliche Darstellung entgegenzukommen. Da ich mich während der Bearbeitung der Lectionen stets in das Wesen eines mündlichen Vortrages vor angehenden Pharmaceuten versetzt dachte, so hoffe ich auch, das richtige Maass der Demonstration weder vernachlässigt noch überschritten zu haben.

Berlin, im März 1869.

Der Verfasser.

Vorrede zur zweiten und dritten Auflage.

Wenngleich die Nothwendigkeit einer zweiten Auflage des botanischen Unterrichts schon vor fünf Jahren eintrat, so konnte ich doch erst in diesem Jahre die nöthige Zeit erübrigen, um an eine Verbesserung und theilweise Umarbeitung der ersten Auflage heranzutreten.

Die Vermehrung des Inhaltes dieser zweiten Auflage habe ich auf ein möglichst enges Maass beschränkt und nur das hinzugefügt, was mir unumgänglich nothwendig erschien. Trotz dieser Einschränkung ist die Zahl der Lectionen von 150 auf 160 gestiegen, wenn jedoch der angehende Pharmaceut in einer jeden Woche seiner dreijährigen Lehrzeit eine Lection studirt, so wird er auch am Ende der Lehrzeit das vorliegende Pensum wohl bewältigt haben.

Die Lehre von der Zellenbildung und Zellenvermehrung ist den neueren Ansichten angepasst, und den Vorgängen der Vermehrung der sogenannten Kryptogamen einige Beispiele, den neueren Forschungen entsprechend, hinzugefügt. Ferner schob ich drei neue Lectionen (86, 87, 88), welche das Geschichtliche der Pflanzenphysiologie zum Thema haben, ein, denn dieser Theil der Botanik hat in den letzten zehn Jahren in Folge erheblicher Forschungen und Beobachtungen auch für den Unterricht wesentlich an Bedeutung gewonnen. Diese drei Lectionen bieten zugleich einerseits eine gedrängte Uebersicht über die auf dem Felde der Pflanzenphysiologie gewonnenen Resultate, andererseits machen sie den Lernenden auch mit den Namen der Männer bekannt, welche sich um diesen Theil der botanischen Wissenschaft grosse Verdienste erworben haben. Wenn ich hier den Vortrag mitunter durch kritisirende Bemerkungen vervollständigte, so geschah dies nur, um das Nachdenken und das Studium des Lernenden anzuregen.

Bei Bearbeitung dieser zweiten Auflage war ich anfangs zweifelhaft, ob ich die lateinische Sprache unberücksichtigt, sowohl aus dem Vortrage die lateinischen Kunstausdrücke, als auch im diagnostischen Theile die lateinische Uebersetzung bei Seite lassen sollte, wie wir es ja auch in vielen anderen botanischen, nicht pharmaceutischen Lehrbüchern der heutigen Zeit antreffen.

Mit Rücksicht darauf, dass man von dem angehenden Pharmaceuten Kenntniss der lateinischen Sprache fordert, dass ferner ein tieferes Studium der Botanik ohne die lateinische Ausdrucksweise nicht wohl möglich erscheint, und das drittens mit Rücksicht auf die lateinische Fassung der Reichspharmakopoe auch eine Uebung im Verständniss der lateinischen Sprache als eine Nothwendigkeit erscheint, bin ich demselben Modus des Vortrages, welchen ich in der ersten Auflage acceptirte, auch in dieser zweiten gefolgt.

Der aus den Lehrverhältnissen heraustretende Pharmaceut wird hoffentlich die Nothwendigkeit erkennen, das botanische Studium in der Gehilfenzeit fortzusetzen. Wenn man mit guten Vorkenntnissen zur Universität geht, so fasst man die Vorträge der Herren Professoren leichter auf, und mit einer gewissen Sicherheit tritt man endlich in das Staatsexamen. Nach den Lehrjahren darf also das Studium der Botanik nicht ruhen, es muss sogar ein tiefer eingehendes sein. Da wäre nun die medicinisch-pharmaceutische Botanik von Dr. Chr. Luerssen ein Werk, das der Pharmaceut, wenn es ihm zu Gebote steht, zur Hand nehmen sollte, um über diese und jene Arzneipflanze Belehrung zu suchen. Geeigneter für das weitere Studium, dem Selbststudium auch sich mehr anschliessend, den Lernenden besonders in die Systematik einführend und mit vortrefflichen, den Charakter der Pflanzenfamilien und der Arten erklärenden Xylographien ausgestattet, ist die „Pharmaceutisch-medicinische Botanik, ein Grundriss der systematischen Botanik, v. Prof. Dr. H. Karsten."

Dass das Sammeln, Bestimmen und Einlegen von Pflanzen, ferner eine alle vier Wochen sich wiederholende Musterung der eingelegten Pflanzen oder des vorhandenen Herbarium neben dem Studium der vorliegenden Lectionen zu den Pflichten des lernenden Apothekers gehören, ist wohl zu beachten, denn nur auf diese Weise vermag derselbe in der Erkennung und Bestimmung der Pflanzen Sicherheit und Routine zu erlangen.

Möge auch diese Auflage des botanischen Unterrichts dem vorgezeichneten Zwecke dienen und den Beifall meiner Fachgenossen finden.

Diese vorliegende dritte Auflage ist ein unveränderter Abdruck der zweiten.

Frankfurt a. d. Oder, im November 1884.

Der Verfasser.

Verzeichniss der Lectionen.

Druckfehler und Verbesserungen.

Seite 90, Zeile 14 von oben lies *apice* statt *apici*.
„ 112, „ 3 „ unten lies *filipendŭla*.
„ 162, „ 5 „ unten lies *folium* statt *foleum*.
„ 199, „ 19 „ unten lies *stig-* statt *styg-*.
„ 240, „ 2 „ oben lies S c h l i e s s f r ü c h t e statt Schiessfrüchte.
„ 265, „ 17 „ oben lies *capillitium* statt *capellitium*.

Lection 1.

Die Körper, welche wir in der Natur wahrnehmen, sind entweder leblos oder belebt. Die belebten, nämlich die Thiere und Pflanzen, nennen wir organisirte, denn sie sind mit verschiedenen Organen, d. h. zu gewissen Verrichtungen (Functionen) dienenden Theilen oder Werkzeugen ausgerüstet, durch welche sie zur Aufnahme von Nahrung, zum Wachsthum von innen nach aussen und zur Fortpflanzung befähigt sind. Leblose Körper, wie Steine, Metalle, Wasser, Luft, haben keine Organe, sie werden daher unorganische genannt und gehören dem Mineralreiche an. Es giebt aber auch leblose Körper, welche Produkte der Lebensthätigkeit sind und von belebten Wesen herstammen. Diese Körper nennt man zum Unterschiede von den unorganischen organische. Das Chinin, die Citronensäure, ein Stück Holz, Fleisch sind als Erzeugnisse organisirter Wesen organische Körper. Der unorganische Körper ist also nicht organisch entstanden, der organische dagegen durch organisirte Wesen erzeugt.

Die belebten oder organisirten Wesen, Pflanzen und Thiere, zeigen eine Verschiedenheit. Sie gleichen sich dadurch, dass sie Nahrung aufnehmen, dass sie wachsen und sich von innen nach aussen vergrössern, dass sie sich fortpflanzen und Wesen ihrer gleichen Art erzeugen, die Thiere besitzen aber dazu noch die Fähigkeit der äusseren willkürlichen Bewegung und der Empfindung. Die Pflanze vermag sich weder willkürlich zu bewegen, noch ist sie mit Sinnen ausgestattet, durch welche sie empfinden könnte. Die Pflanze lebt, das Thier lebt und empfindet. Das Thier kann nach eignem Willen Theile seines Körpers bewegen, seinem Willen unterthänig machen und den Ort, wo es sich befindet, verändern. Die Pflanze dagegen kann nicht den Ort, an welchem sie aufgekeimt ist und wächst, aus freiem Willen wechseln, die Bewegungen ihrer Theile überhaupt hängen nicht von ihrem Willen ab, sondern werden durch äussere Einwirkungen und Einflüsse, wie Luftzug, Wärme, Sonnenstrahlen, verursacht.

Diese Scheidung der Pflanze von dem Thiere gilt nur im Allgemeinen und lässt sich in manchen Fällen nicht mit aller Sicherheit aufrecht erhalten, denn es giebt Wesen, wie z. B. einige Wasseralgen, welche man in das Pflanzenreich verweist, obgleich sie Bewegung zeigen wie die Thiere, z. B. die Koralle, der Meerschwamm, welche gleich der Pflanze ihren Standort nicht wechseln können und an derselben Stelle sterben, an welcher sie entstanden sind.

Die Verbindung verschiedener Organe unter sich zu einem Ganzen, dem Individuum, nennt man einen Organismus und das Resultat der Thätigkeit des Organismus die Lebensthätigkeit oder das Leben, welches sich bei dem Thiere und der Pflanze durch Aufnahme von Nahrung, durch Wachsen und durch Fortpflanzung, beim Thiere ausserdem noch durch äussere willkürliche Bewegung zu erkennen giebt. Nach kürzerer oder längerer Dauer der Erfüllung der naturgemässen Verrichtung der Organe hört diese auf, und das organisirte Wesen stirbt ab.

Der Inbegriff der Kenntnisse von der Natur ist Naturwissenschaft, deren erste Aufgabe es ist, die Naturkörper ihrem inneren und äusseren Wesen nach kennen und in ihrer Mannigfaltigkeit unterscheiden zu lernen. Diesen Zielpunkten entsprechend unterscheidet sie sich als Mineralogie, der Wissenschaft von den Mineralien oder unorganischen Körpern, als Zoologie oder Thierkunde und als Botanik oder Pflanzenkunde.

Derjenige Zweig der Naturwissenschaft also, welcher sich mit dem Pflanzenreiche beschäftigt und im Folgenden Gegenstand unseres Studiums sein wird, ist die Botanik (*botanice*). Dieselbe unterscheidet man als reine oder theoretische und als angewandte oder praktische Botanik.

Die theoretische Botanik ist Pflanzenbeschreibung, Phytologie, wenn sie die Pflanze nach ihren Formen beschreibt und nach bestimmten Eintheilungsgründen, welche die Systemkunde (Taxonomie) lehrt, schichtet und ordnet. Hierzu bedient sie sich bestimmter Ausdrücke, einer Kunstsprache, der Terminologie. Die theoretische Botanik erforscht auch die Verhältnisse der Pflanzen zur Erdoberfläche nach Verbreitung und Standort und ist dann Pflanzengeographie. Sie heisst Pflanzenphysiologie, wenn sie die Verrichtungen der Pflanzenorgane in Bezug auf Ernährung und Fortpflanzung erforscht und kennen lehrt, und unterscheidet sich als **Histologie**, Gewebslehre, auch anatomische Botanik genannt, wenn sie ihre Kenntnisse speciell auf die Elementarorgane und die aus diesen zusammengesetzten Gewebe erstreckt. Die theoretische Botanik ist ferner **Morphologie**, wenn sie sich mit der Bildung und den Formen aller Entwickelungsstufen der zusammengesetzten Organe beschäftigt. Als **Pflanzenchemie, Phytochemie**, hat sie die Lehre von den einfachen und zusammengesetzten Stoffen und deren Veränderungen in den Pflanzen zum Zweck.

Paläophytologie oder **Pflanzen-Paläontologie** ist die Lehre von vorweltlichen Pflanzen, den fossilen Resten urweltlicher Gewächse, welche sich in den verschiedenen Gesteinschichten unserer Erde als Petrefacten vorfinden.

Die **angewandte** oder praktische Botanik stellt sich die Kenntniss derjenigen Pflanzen zur Aufgabe, welche für irgend eine Wissenschaft, Kunst oder Gewerbe von Wichtigkeit sind. **Man** unterscheidet daher eine landwirthschaftliche, technologische, medicinische oder pharmakologische, pharmaceutische, Forst- etc. Botanik. Als medicinische lehrt sie die Pflanzen nach Wirkung und Heilkraft auf den Thierkörper kennen, die pharmaceutische Botanik beschäftigt sich dagegen mit der Kenntniss derjenigen Pflanzen, welche officinell oder in den Arzneischatz aufgenommen sind. Sie lehrt uns nicht allein die officinellen Pflanzen kennen, sondern auch von anderen ähnlichen unterscheiden, und nimmt dabei besonders Rücksicht auf die Theile der Pflanzen, welche allein medicinische Anwendung finden.

Bemerkungen. Organ von dem griech. ὄργανον (orgănon), Werkzeug, Vorrichtung. — Function (lat. *functio*), Verrichtung, v. d. latein. *fungor, functus sum, fungi*, verrichten, vollbringen. — Anorgánisch, unorganisch, gebildet aus αν (an), dem alpha privativum vor Vokalen, und ὄργανον. — Individuum von d. lat. *individŭus, a, um*, ungetrennt bleibend, ungetheilt. — Mineralogie, zusammengesetzt aus dem neulateinischen *minĕra*, das Erz, und λόγος (logos) Wort, Lehre; *minera* soll aus dem hebräischen min, aus, von, und erez, Erde, Erz, entstanden sein. — Zoologie, von d. griech. ζῶον (zoon), Thier, und λόγος. — Botánik, *botanĭce*, von dem griech. βοτάνη (botănä), Pflanze; βοτανική (botanikä) sc. τέχνη (technä), Pflanzenkunde. — Phytologie, von d. griech. φυτόν (phyton), Gewächs, und λόγος, Lehre. — Systemkunde, v. d. griech. σύστημα (systäma), ein aus mehreren Theilen zusammengesetztes Ganze, συνίστημι (synistämi), zusammenstellen, zusammen aufstellen. — Taxonŏmie oder Taxionomie, v. d. griech. τάξις (taxis), Ordnung. — Terminologie, v. d. griech. τέρμα (terma) oder d. lat. *termĭnus*, Grenzzeichen, die Mark. — *Terminus technĭcus*, Kunstausdruck. — Histologie oder Histiologie, von dem griech. ἱστός (histos) oder ἱστίον (histion), Gewebe. — Morphologie, v. d. griech. μορφή (morphä), Gestalt, Form. — Paläophytologie, Paläontologie, v. d. griech. πάλαι (palai) lange, längst od. παλαιός, ά, όν (palaios, a, on) alt an Jahren, sehr alt.

Lection 2.

Die Zelle. Das Wesen der Zellen.

Die Zelle *(cellŭla)* ist das Elementarorgan der Pflanze, auf ihr beruht das Leben derselben. Sie ist kein Element im chemischen Sinne, sondern vielmehr ein complicirtes Gebilde, ein aus mehreren verschiedenen Theilen und Stoffen zusammengesetztes Wesen, aus welchem jeder pflanzliche Organismus seinen Anfang nimmt, durch welches die Pflanze Nahrung aufnimmt, wächst und sich fortpflanzt. Nur die Zelle ist das vitale Element und zugleich das einfachste Organ, durch welches das Pflanzenleben zur Erscheinung kommt.

Es giebt Pflanzen einer sehr niedrigen Entwickelungsstufe, welche (Fig. 1—7) aus einer einzigen Zelle oder nur einigen wenigen Zellen bestehen.

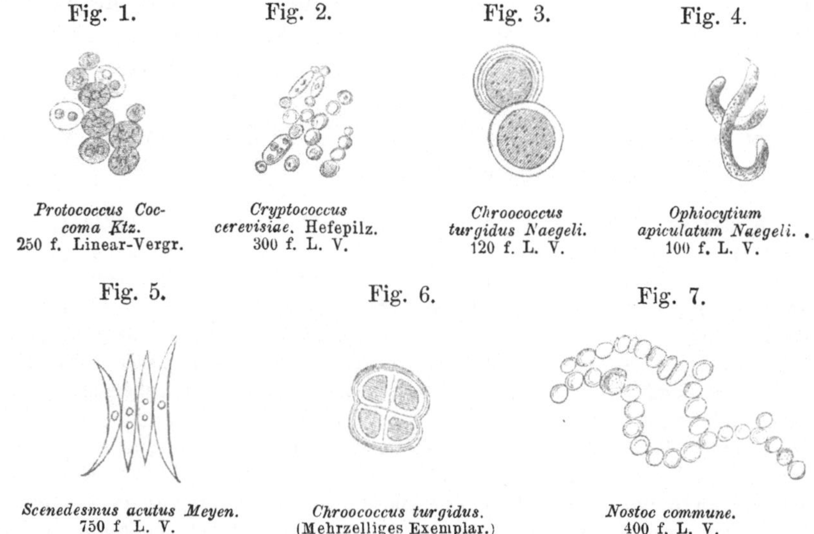

Fig. 1.

Protococcus Coccoma Ktz.
250 f. Linear-Vergr.

Fig. 2.

Cryptococcus cerevisiae. Hefepilz.
300 f. L. V.

Fig. 3.

Chroococcus turgidus Naegeli.
120 f. L. V.

Fig. 4.

Ophiocytium apiculatum Naegeli.
100 f. L. V.

Fig. 5.

Scenedesmus acutus Meyen.
750 f L. V.

Fig. 6.

Chroococcus turgidus.
(Mehrzelliges Exemplar.)
250 f. L. V.

Fig. 7.

Nostoc commune.
400 f. L. V.

Andere Pflanzen sind ein Aufbau aus unzähligen Zellen im innigen Zusammenhange, wie jede blühende Pflanze, der Strauch, der Baum. Um eine Vorstellung von der unzähligen Menge der

Zellen, aus welchen sich ein Baum aufbaut, zu erlangen, genügt es zu wissen, dass der Durchmesser einer Zelle im Allgemeinen 0,001—0,1 Mm. beträgt, dass die Individualität dieser Zellen nur mit Hilfe eines Mikroskopes wahrnehmbar ist.

Bezeichnen wir die Zelle mit Elementarorgan, so unterscheiden wir sie dadurch von einem zusammengesetzten Organ, z. B. einem Blatt, einer Blüthe, Frucht.

Wenngleich die Zellen in Form, Beschaffenheit, Lebensthätigkeit eine grosse Verschiedenheit darbieten, so sind sie sich doch in ihrem Wesen ähnlich. In Bezug zu dem Aufbau, der Ernährung und dem Bestande der Pflanze kann man sie als Gewebezellen und Secretionszellen unterscheiden.

Die Gewebezellen sind die Elementarorgane des Pflanzengewebes, der Grundlage des Aufbaues und des Bestandes der Pflanze. Nach ihrer Lebensthätigkeit lassen sie sich als 1) Bildungszellen oder Vegetativzellen und 2) als Dauerzellen oder Munitativzellen unterscheiden.

Die Aufgabe der Bildungszelle (Vegetativzelle) ist die Zellenvermehrung zum Aufbau der Pflanze und deren Organe. Nach Verrichtung dieser Aufgabe gehen sie in ihrer nächsten oder späteren Nachkommenschaft in Dauerzellen (Munitativzellen) über, welche die Aufgabe haben, den Bestand der aufgebauten Pflanze zu sichern, indem sie theils ihre Wandung verdicken, theils das Material zur Bildung der Gefässe liefern, theils auch als Bildner der Secretionszellen und als deren Speicher dienen.

Secretionszellen werden in den Dauerzellen erzeugt und dienen zum Unterhalt oder als Nahrung des Pflanzengewebes. Hierher gehören die Kleberzellen, Stärkezellen, Chlorophyllzellen, Gerbstoffzellen, Fettzellen etc.

Die Grundlage der Bildungszelle ist der Bildungsstoff, das Plasma, auch Protoplasma genannt, eine eiweissartige oder an Proteïnstoff reiche, je nach ihrem Feuchtigkeitsgehalte derbere, weichere, gallertartige, dick- oder auch dünnflüssige Substanz, welcher Lebenskraft inne wohnt, von welcher jede Portion, selbst auch die mikroskopisch kleinste, ausreicht, eine lebende Zelle darzustellen. Zum Zweck der Erhöhung der Vitalität und der Entwickelung der Zelle gehen in dem Plasma derselben Veränderungen vor sich, indem eine nach innen mehr oder weniger flüssige, nach aussen eine mehr derbere und festere Lagerung ihrer Moleküle stattfindet.

Die äussere dichtere Lagerung erscheint dem Auge wie eine

Haut oder Membran und wird daher als Hautschicht des Plasma, Hautplasma, Dermoplasma unterschieden.

Bei der in ihrer Entwickelung weiter vorgeschrittenen Zelle, lässt diese Hautschicht eine äusserste dichtere elastische Lage, ähnlich einem zarten Häutchen, und eine die Innenseite dieser elastischen Lage deckende oder auskleidende, weniger feste Lage erkennen. Obgleich beide sich deckenden Lagen sich gegenseitig nicht scharf abgrenzen, so nennt man die äussere festere äusseres Hautplasma, äusseres Dermoplasma oder Zellhaut, Zellenmembran, dagegen die innere inneres Hautplasma, inneres Dermoplasma. Chemisch ist die äussere Hautschicht dadurch von der inneren unterschieden, dass sie reich an Cellulose, Zellstoff, ist und sie später fast ganz in Cellulose übergeht.

Den mehr oder weniger flüssigen Theil des Plasma, welches den von dem Hautplasma umschlossenen Raum, die Zellhöhle, ausfüllt, wird als Füllplasma, Pleroplasma, unterschieden.

Während die Bildungszelle, Vegetativzelle, welche wir in Rücksicht auf ihre Lebensaufgabe Mutterzelle nennen wollen, in ihrer Entwickelung, in der Lagerung von Hautplasma und Füllplasma, vorschreitet, entstehen in ihrer Masse nur ein oder mehrere zellenähnliche, aber bedeutend kleinere Gebilde, Kernzellen (Zellkerne). Diese bestehen ebenfalls aus Plasma und sind daher mit Vitalität begabt. Somit haben sie auch die Befähigung, in ihrem Volumen wiederum zellenähnliche Gebilde, Kernzellchen (Kernkörperchen) zu erzeugen und in den Zustand der Reife eintretend die Lebensaufgabe der Mutterzelle zu übernehmen, sich zu einer Gewebezelle auszubilden.

Die Mutterzelle erzeugt also in ihrer Masse Kernzellen, Tochterzellen im embryonalen Zustande, und die Kernzelle wiederum Kernzellchen, Enkelinzellen im embryonalen Zustande.

Fig. 8.

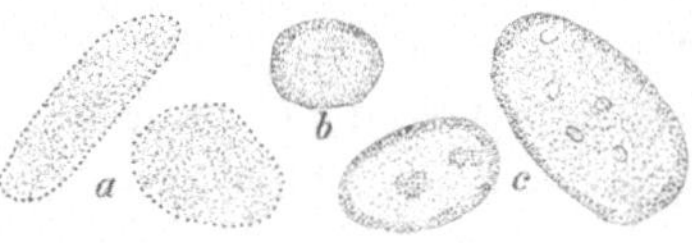

Zellen, vergr. a. 2 junge Plasmazellen; b. eine solche, deren Hautschicht, Dermoplasma, dichter geworden ist; c. zwei Zellen, in welchen die Bildung von Kernzellen (Zellkernen) vor sich geht.

Die Mutterzelle ernährt diese Zellen und führt sie in den Zustand der Reife ein, in welchem die Kernzelle die Lebensaufgabe der Mutterzelle, das Kernzellchen dagegen diejenige der Kernzelle übernimmt.

Die Bildung der Kernzelle aus dem Plasma verläuft ungefähr in folgender Weise: In dem flüssigen Theile des Plasma entsteht ein Bläschen, dessen Wandung eine festere Consistenz annimmt und den osmotischen Ernährungsvorgang zwischen dem Inhalt des Bläschens (welcher anfangs ein luftförmiger, dann ein flüssiger zu sein scheint) und dem Plasma der Mutterzelle einleitet und unterhält. Das Bläschen füllt sich mit Plasma, in welchem in ähnlicher Weise Zellbläschen entstehen, und stellt nun eine Kernzelle dar, welche, wenn die Mutterzelle ausgebildet und in den Zustand der Reife eingetreten ist, zu einer Tochterzelle wird.

Fig. 9.

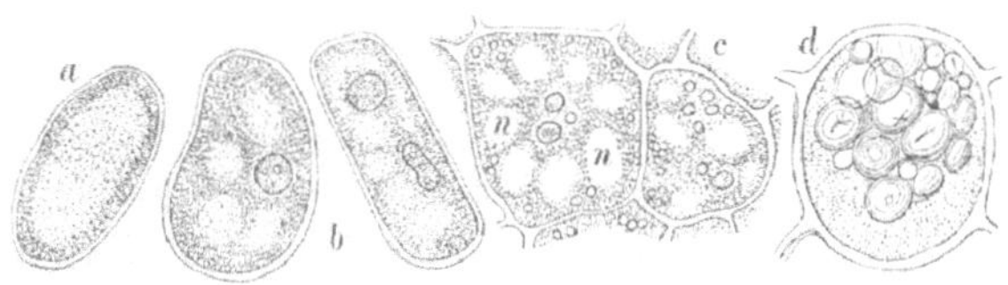

Gewebezellen, vergr. *a.* Mit Plasma gefüllte Zelle mit äusserem und innerem Hautplasma, primären und secundärem Dermoplasma. *b.* und *c.* Zellen mit Kernzellen, Kernzellchen und Zellbläschen, *nn* Zellbläschen (Vacuolen). *d.* Dauer- oder Munitativzelle, Secretionszellen enthaltend.

Die Bildung der Kernzelle aus einem Bläschen in dem Plasma der Mutterzelle ist wahrscheinlich derselbe Vorgang, welchen man bei der Entstehung von Tochterzellen aus Zellbläschen beobachtet hat. Dass die Bildung der Kernzelle und dann der Tochterzelle aus einem Zellbläschen in einem Zuge vor sich gehen kann, dass ein Verweilen der entstandenen Kernzelle in einem embryonalen Zustande nicht stattfindet, ist durch Beobachtung constatirt, ebenso wie die Entstehung einer Tochterzelle aus einem Zellbläschen neben einer älteren, im embryonalen Zustande verharrenden und in ihrer Entwickelung noch behinderten Kernzelle.

Mit der in obiger Auseinandersetzung vorgetragenen Erzeugung der Zelle aus der Zelle gelangt der Satz *omnis cellula e cellula* zu derselben Berechtigung, wie der Satz *omne animal ex ovo.*

Bemerkungen. Vegetativ- von dem latein. *vegetare* beleben, wachsen. — Munitativ- von d. latein. *munitare*, Intensitivum von *munire*, befestigen, bewahren. — Plásma, Protoplásma, von dem griech. πρῶτος (protos), der Vorderste, Erste, und τὸ πλάσμα (to plasma), das Gebilde. — Dermo- von dem griech. τὸ δέρμα (derma), Haut. — Plero- von dem griech. πληρόω (pläroo), ich fülle, mache voll.

Lection 3.

Wesen der Zellen (Fortsetzung). Aeltere Ansichten von dem
Wesen der Zellen.

Das Hautplasma, Dermoplasma, ist nicht von Poren durchbrochen, dennoch aber für Flüssigkeiten und Luftarten (Gase)
durchdringbar, permeabel, und zwar nach dem physikalischen
Gesetze der Diffusion, der Exosmose (Ausströmung) und Endosmose (Einströmung). Auf diesem Wege findet also die Ernährung
der Zelle statt. Die Assimilation, die Aneignung und Umbildung
der zugeführten Nahrungsmittel ist sowohl im Hautplasma wie im
Füllplasma thätig. Im Haut- oder Dermoplasma z. B. geschieht
hauptsächlich die Umbildung des Nahrstoffes in Proteïnstoff und Zellstoff (Cellulose). Ersterer wird nach innen zur Stärkung und Kräftigung des Füllplasmas, letzterer zur Kräftigung und Verdickung der
äusseren Hautschicht, der Zellhaut, verwendet.

Das Plasma, der Bildungsstoff, die Grundlage der lebenden
Zelle, ist ein Gemisch verschiedener organischer Verbindungen,
unter denen stickstoffhaltige und zwar proteïn- oder eiweissartige
Stoffe die vornehmlichsten sind und die Hauptmasse bilden. Die
Plasmasubstanz gerinnt daher leicht, wenn man sie mit verdünnten
Säuren oder Weingeist übergiesst oder sie erhitzt. Obgleich das
Plasma Wasser enthält, so ist es dennoch nicht in allen Verhält-
nissen mit Wasser mischbar, quillt darin vielmehr wie ein Schleim-
körper auf. Seine Wasseraufnahme ist daher auch gewöhnlich
eine begrenzte. In dem Plasma ist Lebenskraft, die Bedingung
seines Wesens. Wird nun diese Lebenskraft (Vitalität) gestört
oder vernichtet (durch Wärme, Kälte, Einwirkung chemischer
Agentien, Mangel an Nahrung), so hört es auf Plasma zu sein.
Es ist dann eine todte Substanz.

Mit Hilfe des Mikroskops lassen sich in der Plasma enthaltenden Zelle Bewegungen und Strömungen (Plasmaströmchen) als Zeichen der Vitalität wahrnehmen. Wenn wir ein Bor-
stenhaar der Brennnessel *(Urtica urens)*, welches Haar eine grosse,
mit einer Epidermalschicht bekleidete Zelle darstellt, mit Wasser,
welches mit Safrantinctur gelb gefärbt ist, betropfen und unter
dem Objectiv betrachten, so beobachten wir Strömungen in dem
Inhalte dieser Haarzelle, welche hier nach rechts, dort nach links,
hier gerade aus, dort in Biegung stattfinden. Aehnliche Bewe-

gungen und Strömungen finden auch in dem Plasma der Zellen statt und berechtigen zu der Annahme, dass das Plasma eine organisirte, also keine structurlose Masse ist, und nur die Unvoll-

Fig. 10.

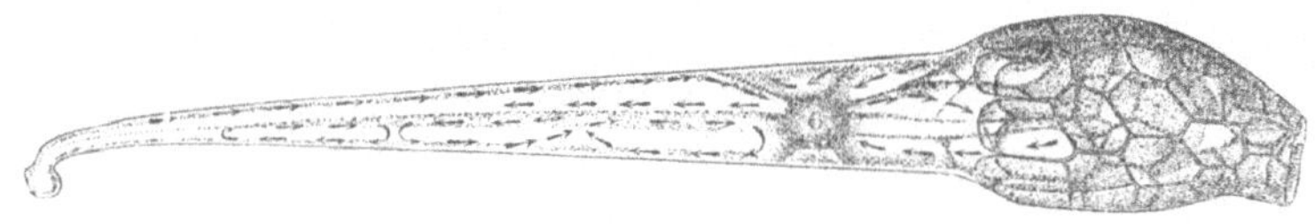

Haar von Urtica urens. Die Richtung der kleinen Pfeile zeigt die Wege
der Strömungen des Saftes an.

kommenheit unserer Mikroskope dem Erkennen einer Organisation entgegensteht.

Fassen wir die bisher über die Zelle und ihr Wesen gegebenen Erklärungen zusammen, so ist jede selbstständige Plasmaportion eine lebende Zelle und in dieser primitiven Form Bildungs- oder Vegetativzelle, welche ihre Vitalität durch Aufnahme von Nahrung auf dem Wege der Diffusion (Endosmose und Exosmose), durch Lagerung ihrer Substanzmoleküle in Hautplasma und Füllplasma, durch Erzeugung von Kernzellen mit Kernzellchen und auch Zellbläschen zunächst bethätigt.

Wir entnehmen daraus, dass die Bildungszelle ein Individuum der einfachsten Art und Form ist, sie die Keime ihrer Vermehrung in sich erzeugt und birgt und sie der Anfangs- und Ausgangspunkt jeder Pflanze und jedes Pflanzentheiles ist.

In den jugendlichen Zellen, welche den Charakter der Dauer- oder Munitativzellen annehmen oder haben, finden wir Füllplasma, aber keine oder doch nur selten Kernzellen, das Plasma ist aber befähigt im Vorschreiten seiner Lebensthätigkeit die Anfänge der Secretionszellen in Gestalt jener Zellbläschen zu erzeugen und zur Entwickelung zu bringen.

Um nun diese, im Vorstehenden hingestellte, so einfache und naturgemässe Auffassung des Wesens und der Constitution der vegetativen Pflanzenzelle mit den älteren und auch neueren, aber abweichenden Ansichten in Einklang zu bringen, diese Ansichten zu verstehen, wollen wir das Folgende unserem Gedächtniss anvertrauen.

Die ältere Auffassung von dem Wesen der lebenden Zelle ist: Die Pflanzenzelle, in ihrem Wesen als Bildungszelle, ist ein mikroskopisch kleines Bläschen, bestehend aus einer zarten Haut, erfüllt mit theils flüssigem, theils festem Inhalte. Ihre wesentlichen und hauptsächlichsten Theile sind:

1) Die Zellenmembran, Zellhaut, das äussere feste elastische, angeblich nur aus Cellulose bestehende, also stickstofffreie Häutchen (äusseres Dermoplasma). — 2) Der Primordialschlauch, ein weiches stickstoffhaltiges, aus Protoplasma, Plasma, bestehendes Häutchen (oder eine von 2 überaus zarten Häutchen eingeschlossene Protoplasmaschicht), welches Häutchen der Zellenmembran dicht anliegt und die Zellhaut innen gleichsam

Fig. 11.

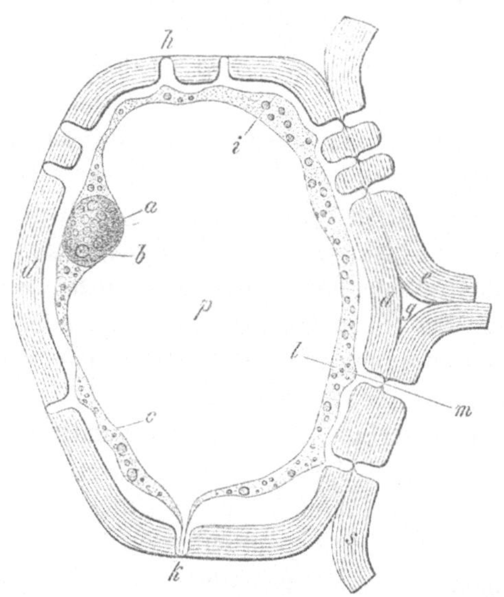

Durchschnitt einer in verdünnter Schwefelsäure eingeweichten Markzelle aus dem Holze einer Conifere. Das Pleroplasma hat sich zusammengezogen. *a.* Kernzelle (Zellkern), *b.* Kernzellchen (Kernkörperchen), *c.* gelatinisirtes Pleroplasma (Zellschlauch, Primordialschlauch), *d.* Dermoplasma (Zellhaut), *e* u. *s* Stücke des Dermoplasma zweier Nachbarzellen, *g* Intercellularraum, *h, k, l, m* Tüpfelkanäle, *p* Innenraum der Zelle.

auskleidet (also das innere Dermoplasma, innere Hautplasma). — 3) Der Zellinhalt, bestehend in wässrigem Zellsaft (Füllplasma). — 4) Der Zellkern, Cytoblast, ein in dem Zellsafte schwimmendes oder dem Primordialschlauche anliegendes Gebilde (Kernzelle). Der Zellkern wurde als der Ausgangspunkt der Vitalität der Zelle, als das auf den flüssigen Zellinhalt katalytisch wirkende Bildungscentrum der Zelle angesehen. Hiernach verleiht der Zellkern einer Zelle auch den Charakter einer Bildungszelle, oder eine Zelle ohne Zellkern ist keine lebensfähige. — 5) Die im Innern des Zellkernes, von welchem auch mehrere in einer Zelle enthalten sein können, befindlichen **Kernkörperchen** (Kernzellchen).

Diese Ansicht über die Constitution der vegetativen Zelle resultirte zum Theil aus den Ergebnissen des chemischen Experiments, denn wenn man eine in ihrer Entwickelung vorgeschrittene Bildungszelle der Einwirkung von Weingeist, Zuckerlösung, verdünnten Säuren u. dergl. aussetzt, so gerinnt unter Zusammenziehung die eiweissartige Substanz des Plasma, die gerinnenden Partikel folgen unter sich der Adhäsion und treten zu einer zusammenhängenden Masse (dem Primordialschlauch) zusammen, sich von der äusseren an Cellulose reicheren Schicht trennend. Diese gleichsam einen Sack bildende coagulirte Masse, Primordialschlauch, schwimmt nun in dem wässrigen Theile des Zellsaftes und erscheint dem Auge als ein besonderer Theil der Zelle.

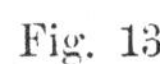

Fig. 12.

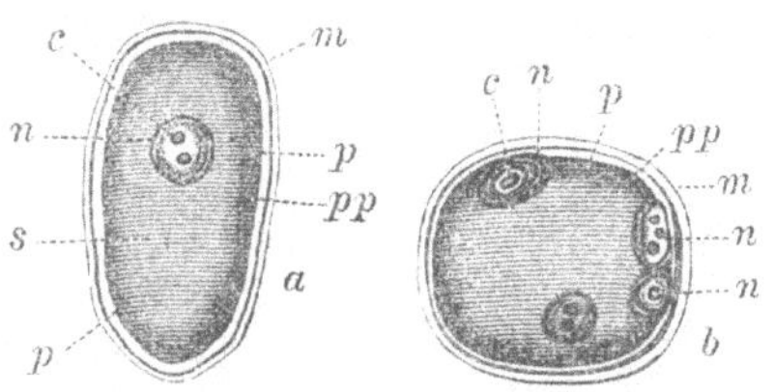

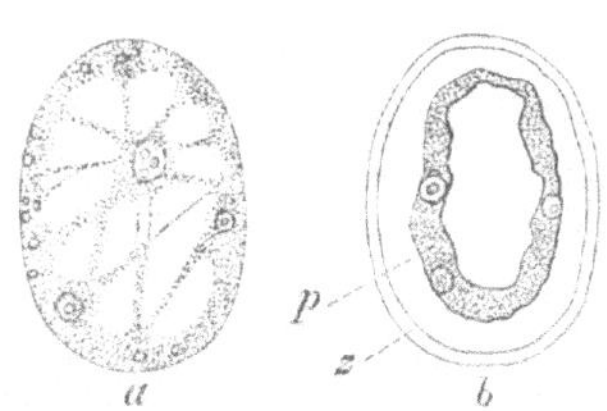

Schematische Darstellung der vegetativen Pflanzenzelle nach der älteren Ansicht. *m* Aeussere Zellenmembran, *p* Primordialschlauch, *pp* Plasma, *s* Zellsaft, *n* Zellkern, *c* Kernkörperchen.

Man hat nun beobachtet, dass die Bildungszelle selten in ihrem jugendlichen Alter ein äusseres Dermoplasma, d. h. eine celluloscreiche oder nur aus Cellulose bestehende Hautschicht aufweist, diese vielmehr erst im Verlaufe der Entwickelung der Zelle entsteht, dass ferner die Vegetativzelle in ihrer Jugend

Fig. 13.

a. Zelle (Mutterzelle) mit 3 sogenannten Zellkernen (Kernzellen), nebst angedeuteten Plasmaströmchen. *b*. Diese Zelle der Einwirkung des Weingeistes ausgesetzt. *z* Zellenmembran (äusseres Dermoplasma). *p* Primordialschlauch (inneres Dermoplasma).

nur zu oft keinen Zellkern enthält, dieser gewöhnlich während ihres Wachsthums entsteht, dieser Zellkern sich dann nur selten in Betreff seiner Entwickelung stationär erweist, sich vielmehr häufiger zu einer Zelle von der Eigenschaft der Mutterzelle ausbildet, und die Kernkörperchen wachsend in die Stellung der Zellkerne eintreten. Somit musste der Charakter einer Zelle auf eine Plasmaportion reducirt und deren vorderste Lebensaction in der Schichtung des Plasma in Dermoplasma und Pleroplasma aufgefasst werden. Es ergaben sich also im ersten Hinblick auf die Zelle des Dermoplasma und Pleroplasma oder die plasmatische Haut und der plasmatische Inhalt als erste und wesentliche Kennzeichen der lebensthätigen Zelle.

Das Abweichende in der älteren Ansicht von der neueren ergiebt sich, wenn wir sagen: **Zellenmembran** ist gleichbedeutend mit **äusserem Dermoplasma**, — **Primordialschlauch** mit **innerem Dermoplasma**, — **Zellsaft** mit **Pleroplasma**, — **Zellkern** mit **Kernzelle** und — **Kernkörperchen** mit **Kernzellchen**.

Bemerkungen. Elementár-, den Anfang, das Wesen, die Grundlage bedingend. — Primordiál- (latein. *primordiālis*, *e*, ursprünglich, zuallererst. *Primordium*, der erste Anfang). — Cytoblást, *cytoblasta*, von dem griech. τὸ κύτος (to kytos), Höhlung, Raum, und βλάστη (blastä), Keim, Trieb. — Exosmóse, Endosmóse siehe Bemerk. unter Lection 8.

Lection 4.

Zellengenesis. Zellenvermehrung.

Die wissenschaftliche Forschung hat mit aller Sicherheit und Gewissheit erkannt, dass eine freie oder primäre Zellenbildung aus völlig todter Materie nicht stattfindet, dass es nur eine Art der Zellenbildung giebt und zwar eine endogene, diejenige in bereits vorhandener Zelle, dass also die Zellenbildung stets eine secundäre ist und das „*omnis cellula e cellula*" eine eben so unumstössliche Wahrheit ausdrückt wie das „*omne animal ex ovo.*"

Eine der wesentlichsten Functionen der Bildungs- oder Vegetativzelle ist ihre Vermehrung. Diese besteht entweder in der Erzeugung nur einer neuen Zelle (wie bei einigen Algen die Bildung von Schwärmsporen) oder in der Erzeugung mehrerer oder vieler Zellen.

Jede Zelle, welche in ihrem Plasma Zellbläschen und Kernzellen (Zellkerne) birgt oder erzeugt, kommt damit auch der Bedingung ihrer Vermehrung, d. h. ihrer Bestimmung, aus sich oder vielmehr in sich neue Zellen zu erzeugen, nach.

Der Vegetativzelle erste Lebensaufgabe ist ihre Ernährung, durch welche sie zu der nothwendigen Entwickelung und ihr Plasma zu derjenigen quantitativen und qualitativen Kräftigung gelangt, dass es zur Ernährung und Entwickelung der Kernzellen zu Tochterzellen geeignet ist und ausreicht. Ist nun die Mutterzelle dem Endpunkte ihres Entwickelungsganges nahe, so entzieht sie die Kernzelle dem embryonalen oder foetalen Zustande und führt sie in das Stadium der Entwickelung zu einer Tochterzelle ein.

Dieses Stadium beginnt mit der Aufnahme von Nährstoff aus dem Plasma der Mutterzelle unter der Erscheinung der bereits erwähnten Plasmaströmungen, die Kernzelle wächst, nimmt an Umfang zu und führt die in ihr vorhandenen Kernzellchen in den Zustand der Kernzellen über.

Dass bei der Entwickelung und Ausbildung der Kernzellen zu Tochterzellen das disponible Plasma der Mutterzelle theilweise oder ganz Verwendung findet, ist ein natürlicher Verlauf.

Die Zahl der neuen Zellen, welche aus einer Mutterzelle hervorgehen, ist gewöhnlich gleich der Zahl der vorhandenen Kernzellen, doch ist nicht ausgeschlossen, dass viele Kernzellen eine polydymische Eigenschaft, das Wesen als Zwillinge, Drillinge etc. hervorzutreten, an sich tragen, dass z. B. aus einer Mutterzelle mit nur einer Kernzelle im ersten Vermehrungsstadium 2, 3 und mehr Tochterzellen hervorgehen können. Unsere Mikroskope reichen eben nicht aus, die Charakteristik polydymischer Kernzellen erkennen zu lassen.

Andererseits steht der Bildung neuer Kernzellen und Zellbläschen in dem Plasma der Mutterzelle, während die vorhandene Kernzelle zu einer Tochterzelle heranwächst, nichts entgegen, und auf diese Weise können in einer Mutterzelle, welche anfangs nur eine Kernzelle aufwies, gleichzeitig 2, 3 und mehr Tochterzellen auftreten.

Wenn also die Mutterzelle ihre Entwickelung erreicht hat, gleichsam in den Zustand der Reife eingetreten ist, verlassen die Kernzellen ihre embryonale Lage, um sich zu Tochterzellen auszubilden. Zwischen ihnen und dem Dermoplasma der Mutterzelle werden die Strömungen (Plasmaströmchen) lebhafter und vermehrte, das Hautplasma der Kernzellen wächst, wird grösser und weiter, füllt sich mit Pleroplasma, und die darin etwa vorhandenen Kernzellchen bilden sich zu Kernzellen aus. So schreitet die genetische Thätigkeit der Zelle einher, doch stellen sich mehrere Verschiedenheiten im weiteren Verlaufe der Entwickelung der Tochterzellen, je nach deren Bestimmung, ein. Entweder wachsen zwei oder mehrere Tochterzellen bis zur Ausfüllung des Leibes der Mutterzelle, oder sie wachsen bei weiterem Nahrungszufluss über das Volumen der Mutterzelle hinaus, indem jede

Tochterzelle die Grösse der Mutterzelle erreicht oder diese auch wohl noch an Grösse übertrifft. War im letzteren Falle die Mutterzelle mit einem stark verdichteten äusseren Dermoplasma (Zellhaut) bekleidet, welches wegen seiner Dichte nicht von den Tochterzellen assimilirt werden konnte, so wird es von den heranwachsenden Tochterzellen zersprengt. Dass das jeder Tochterzelle zugehörige Hautplasma zwischen zwei Tochterzellen eine Scheidewand derselben darstellt, liegt in der Natur der Sache. Dies sei erwähnt, um damit anzudeuten, dass diese Scheidewände nicht direct aus dem Hautplasma oder der Membran der Mutterzelle entnommen sind, dass sie vielmehr ihr Dasein nur der Aneinanderlagerung des Hautplasma der Tochterzellen verdanken.

Fig. 14.

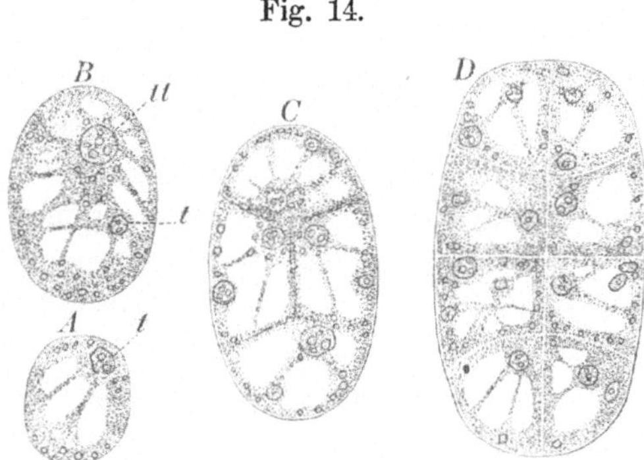

A. Vegetativzelle (Gewebezelle) mit einer Kernzelle *t* (Tochterzelle im embryonalen Zustande). *C.* Die zu 4 Tochterzellen ausgewachsene Zelle *B*. Die Kernzelle *tt* in *B* scheint eine tridymische gewesen zu sein. *D*. Jede Zelle von *C* ist zu zwei Tochterzellen ausgewachsen, welche somit Enkelinzellen von der Zelle *B* sind.

Da wo die Tochterzellen den Charakter der Munitativzellen oder Dauerzellen annehmen und zu Mutterzellen von Secretionszellen (wie Stärkezellen, Kleberzellen, Chlorophyllzellen, Gerbstoffzellen, Fettzellen etc.) werden, auch in einigen Fällen der Sporenbildung der Pilze und Flechten, wachsen die Tochterzellen bis zu einer gewissen Grösse oder Reife innerhalb der Höhlung des Dermoplasma, also in dem Leibe der Mutterzelle, heran und verbleiben darin, so dass das Auge die Mutterzelle und die ausgebildeten Tochterzellen in derselben unterscheidet, oder die Tochterzelle füllt den ganzen Leib der Mutterzelle aus, durch ihre Zellhaut diejenige der Mutterzelle verdickend.

Der vorgetragene Verlauf der Zellenvermehrung, Zellengenesis, ist in der That ein sehr einfacher und ein den erkannten Gesetzen der schaffenden Natur gemässer. Etwa hier und da vorkommende besondere Abweichungen von diesem einfachen Verlaufe sind nur wahrscheinliche, indem sich die sie bedingenden Umstände unserer Wahrnehmung und Erkennung entziehen.

Ehe wir uns mit den älteren Ansichten über Zellengenesis bekannt machen, sei nochmals darauf aufmerksam gemacht, dass die Namen Kernzelle und Tochterzelle nicht ein und dasselbe bezeichnen, dass unter Kernzelle die im embryonalen oder foetalen Zustande befindliche Tochterzelle und unter Tochterzelle die auf Kosten des Leibes der Mutterzelle sich entwickelnde neue Zelle aufzufassen ist.

Die früheren Ansichten über Zellenvermehrung entsprechen den jezeitigen Ansichten über das Wesen und die Zusammensetzung der vegetativen Zelle und müssen hiernach beurtheilt werden. Sie sind im Folgenden kurz zusammengestellt:

Die Bildung neuer Zellen erfolgt entweder um den Zellkern (als eine freie) oder durch Selbsttheilung der Mutterzelle (als eine wandständige) unter Faltenbildung und Abschnürung ihres Primordialschlauches, während der Zellkern sich entweder durch Theilung oder durch Entwickelung aus dem Kernkörperchen vermehrt.

Bei der freien Zellenbildung soll die Tochterzelle im Inhalte der Mutterzelle, indem sich um den Zellkern Plasma lagert, ein eigener Primordialschlauch und eine eigene Zellenmembran entstehen. Oder die Zellenbildung erfolgt durch Theilung des vorhandenen Zellkernes und unter Umlagerung jedes der gesonderten Theile desselben mit vorhandenem Protoplasma; oder der vorhandene Zellkern geht in Lösung über, es bilden sich dafür neue und so viel Zellkerne, als Tochterzellen entstehen und sich bilden sollen. Um jeden dieser neuen Zellkerne schichtet sich eine Portion des Plasma der Mutterzelle. So entstehen Tochterzellen, deren jede sich oft noch innerhalb des Leibes der Mutterzelle in eine Zellenmembran einschliesst. Hierbei soll diese Membran durch Erhärtung einer aus dem Protoplasma oder der Masse des Primordialschlauches der Mutterzelle ausgeschiedenen Substanz oder direkt aus dem Primordialschlauche oder der äusseren Zellenmembran erzeugt werden. Vereinzelt blieb die Ansicht, dass die Theilung der Mutterzelle durch Scheidewände eine scheinbare ist und nur die Folge aus der Aneinanderfügung heranwachsender Tochterzellen sein könne, und dass eine Faltung der Zellhaut, wenn sie stattfindet, nur eine die Zellenvermehrung passiv begleitende Erscheinung ist.

Bei der **wandständigen** Zellenbildung soll entweder der Primordialschlauch der Mutterzelle in seiner Mitte zunächst eine ringförmige Falte, eine Einschnürung, bilden, welche sich in den Raum der Mutterzelle hinein mehr und mehr ausdehnt, bis ihre Ränder zusammenstossen und dann unter Verwachsung dieser Ränder eine Scheidewand bilden, oder auch der Primordialschlauch

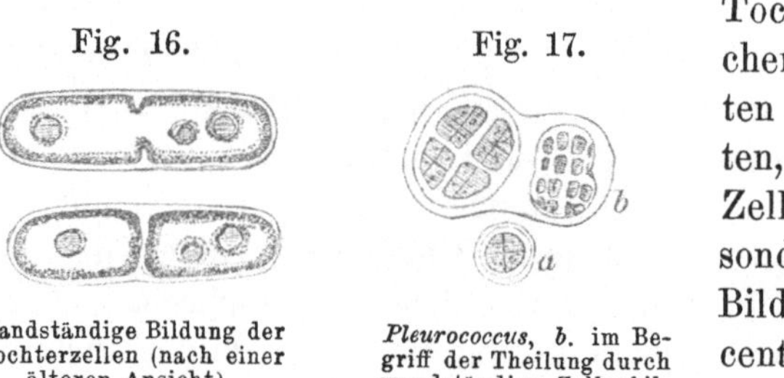

Fig. 15.

Mutterzelle mit zwei Tochterzellen. 1000fach vergr.

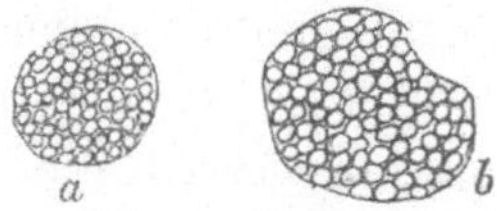

a. *Microcystis olivacea.* b. *Polycoccus punctiformis.* (120 f. L. V.) Algen, Mutterzellen, welche unzählige Tochterzellen einschliessen.

stülpe sich zwischen zwei und mehreren Zellkernen faltenförmig ein und die Tochterzelle gehe endlich durch völlige **Abschnürung** als selbständiges Individuum hervor. Bei dieser wandständigen Zellenbildung oder der Zellenbildung durch Abschnürung soll also der Primordialschlauch der Mutterzelle direkt ein Bestandtheil der Tochterzelle werden.

In allen diesen Fällen ist der Zellkern oder ein Theil desselben stets der Mittelpunkt der Vitalität und Ausbildung der Tochterzelle. Dergleichen Ansichten konnten nur zu Tage treten, so lange man den Zellkern für ein besonderes, gleichsam Bildungs- und Lebenscentrum der Zelle, aber nicht für eine Zelle ansah, und man

Fig. 16.

Fig. 17.

Wandständige Bildung der Tochterzellen (nach einer älteren Ansicht).

Pleurococcus, b. im Begriff der Theilung durch wandständige Zellenbildung. Stark vergr.

den Primordialschlauch als ein zweites Lebenselement der Zelle betrachte.

Die Vermehrung der Zelle **durch Conjugation** werden wir in einer späteren Lection (bei Beschreibung der Algen) zu erwähnen Gelegenheit finden.

Lection 5.

Dauerzelle. Lebenslauf, Arten derselben. Form und Gestalt der Zellen.

Die aus den Vegetativzellen hervorgehenden Tochter- und Enkelinzellen werden unter Verlust derjenigen genetischen Fähigkeit, welche den Charakter der Vegetativzellen ausmacht, zu Dauer- oder Munitativzellen, indem ihre Lebensthätigkeit neben ihrem Wachsthume und der Vergrösserung ihres Volumens sich entweder auf die Verdickung der äusseren cellulosereichen oder primären Hautschicht, oder auf die Erzeugung von Secretionszellen, oder auf beides zugleich erstreckt, und sie endlich das Material zur Bildung der Gefässe darbieten.

So lange die Dauerzelle Füllplasma (Zellsaft) enthält, scheidet sie im ersteren Falle an Cellulose reiche Plasmamoleküle aus, dieselben an der vorhandenen, der primären Hautschicht ablagernd und diese verdickend, sie also mit secundären Hautschichten auskleidend, oder die Verdickung der Zellwand erfolgt durch Auskleidung mit den äusseren Hautschichten von Tochterzellen. In dem Plasma der Zelle wächst eine Tochterzelle heran, das innere Hautplasma und Füllplasma der Mutterzelle total resorbirend, bis endlich die Tochterzelle mit ihrer äusseren Hautschicht die Innenwand der Hautschicht der Mutterzelle auskleidet, die Hautschicht der Tochterzelle somit eine doppelte wird. Wenn nun auch in dieser Zelle eine Tochterzelle heranwächst bis zur Ausfüllung ihrer Mutterzelle, so entsteht eine Zelle mit einer aus drei cellulosereichen Hautschichten bestehenden Wandung. Diese Art der Tochterzellenbildung kann so weit fortschreiten, bis endlich die Zellhöhle verschwindet und die secundären Schichten der Wandung das Lumen der Zelle, die Zellhöhlung, ausfüllen.

Zellen, deren Wanddicke so beträchtlich ist, dass das Lumen der Zelle unter dem Mikroskope wie eine enge Spalte erscheint, oder in welchen das Lumen der Zelle wenigstens schmäler als die Wanddicke ist, nennt man Steinzellen.

Bei der Bildung dieser secundären Zellhautschichten durch Ablagerung findet die Verdickung selten auf der ganzen Innenfläche statt, es bleiben vielmehr einzelne Stellen derselben von der Ablagerung oder Verdickung frei. Diese Stellen bilden entweder Punkte oder Ringe, Spiralen, Treppen, Maschenräume etc. Der Vorgang ist hier nach *Karsten*'s Forschungen folgender: Secretionszellen (z. B. Stärkezellen, Kleberzellen) legen sich an die Innenwand der sich in Cellulose umsetzenden und sich verdickenden Zellhaut an, indem sie an der Stelle, in welcher sie der Zellhaut anliegen, den Säfteaustausch von innen nach aussen und umgekehrt zu ihren Gunsten modificiren, so dass sie den Theil des Zellsaftes durchlassen, welchen sie zu ihrer Assimilation bedürfen, aber nicht den zur Verdickung und Umbildung der Zellhaut dienenden. Damit ist der Grund zu einer porösen Zelle gelegt.

Während nun der letzte innerste Antheil des ursprünglich Proteïn-stoffe enthaltenden Hautplasma (Dermoplasma) sich in Cellulose oder in kohlehydratischen Stoff umsetzt, zugleich aber die Neubildung von Secretionszellen und die Bildung von Plasma innerhalb der Zelle abgeschlossen ist, beendigen auch die Secretionszellen ihre Thätigkeit, ihr Inhalt wird aufgelöst, verändert und als Nahrungsstoff für andere Theile der Pflanze verbraucht. Dieses Schicksal trifft natürlich auch die Secretionszellen, welche der inneren Zellwand anhingen und an ihren Anhängepunkten die Verdickung der Zellwand verhinderten. Daher erscheint die Zellwand mit punktförmigen verdünnten Stellen, sogenannten Poren oder Tüpfeln bedeckt.

In Folge der verschiedenen Richtungen, nach welchen hin die Zellwand wächst und sich ausdehnt, erhalten die Poren andere Formen, nach welchen die Zellen dann benannt und unterschieden werden.

Bilden die von der Verdickung freigebliebenen Stellen der primären Zellhaut nur Punkte, so nennt man die Zellen punktirte oder poröse (getüpfelte).

<table>
<tr><td>Fig. 18.</td><td>Fig. 19.</td></tr>
</table>

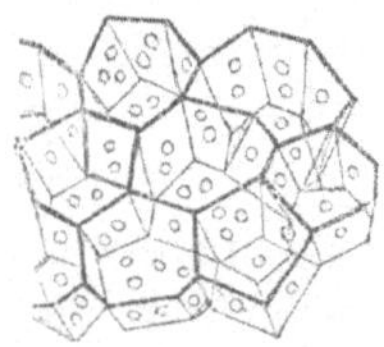

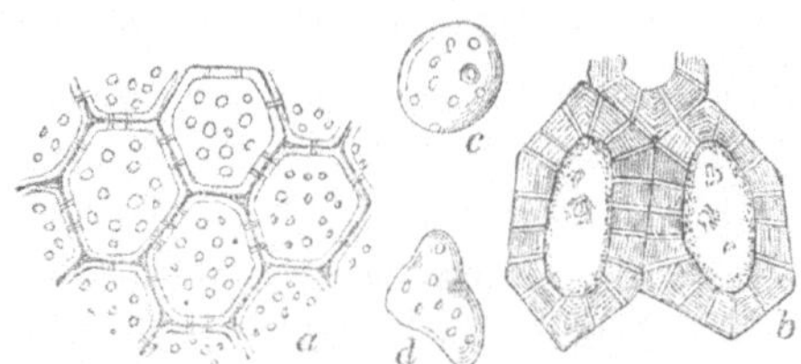

Ein Stück Zellgewebe mit punktirten polyedrischen Zellen (stark vergr.).

Punktirte oder poröse Zellen im Querdurchschnitt. Stark vergrössert: *a.* polyedrische Zellen, *b.* solche mit stark verdickter Wandung, *c.* eine kuglige, *d.* eine unregelmässig gestaltete Zelle.

Bilden jene Stellen oder auch die Verdickungen einfache, parallel gestellte Ringe, so nennt man sie Ringfaserzellen, fliessen sie zu einem spiralförmigen Bande zusammen, so nennt man sie Spiralfaserzellen, zeigen sie zugleich eine Verzweigung oder Verästelung, so unterscheidet man sie als Netzfaserzellen, bei einer linealen Streckung in paralleler Lage aber als treppenförmige oder leiterförmige Zellen.

Die Bildung dieser Formen erfolgt aus dem Wachsthum der Zellwand vorwiegend nach dieser oder jener Richtung. Wächst während des Verdickungsvorganges die Zelle in die Breite, so erfahren die Poren eine Erweiterung in horizontaler Richtung, sie nehmen die Form von Spalten an, und es entstehen die treppenförmigen Zellen. Wächst die Zelle dann in spiraliger Richtung, so erhalten die gestreckten Poren eine schräge, eine spiralige Lage. Waren die Secretionszellen auf der Innenzellwand dicht gelagert, so wird das Entstehen von verdickten Ringen, und zwischen denselben die Bildung von Spiralen erklärlich.

Fig. 20.   Fig. 21.   Fig. 22.

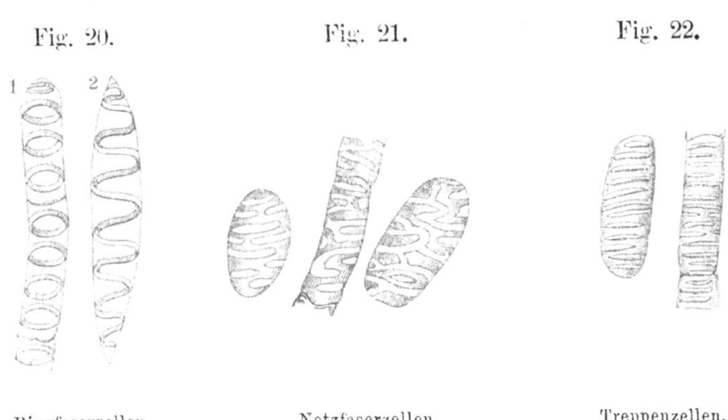

1. Ringfaserzellen.
2. Spiralfaserzellen.

Netzfaserzellen.

Treppenzellen.

Die secundären Ablagerungen auf der Innenwand der Zellhaut bezeichnet man gewöhnlich mit Verdickungsschichten, jedoch lassen sich unter dem Mikroskop nur in seltenen Fällen Schichten, gewöhnlich nur eine Schichtung wahrnehmen. In den Fällen, wo die Verdickung der Zellwand durch Tochterzellenbildung erfolgt, ist eine Schichtung meist erkennbar. Da die Dichtigkeit der Ablagerungen oft eine ungleiche, die ältere Ablagerung gewöhnlich dichter als die jüngere ist, daraus eine ungleiche Wasseraufnahme (bei der Maceration der Zelle in Wasser) folgt, so machen sich unter dem Mikroskop Schichten in der Zellwandverdickung wahrnehmbar. Im völlig

Fig. 23.

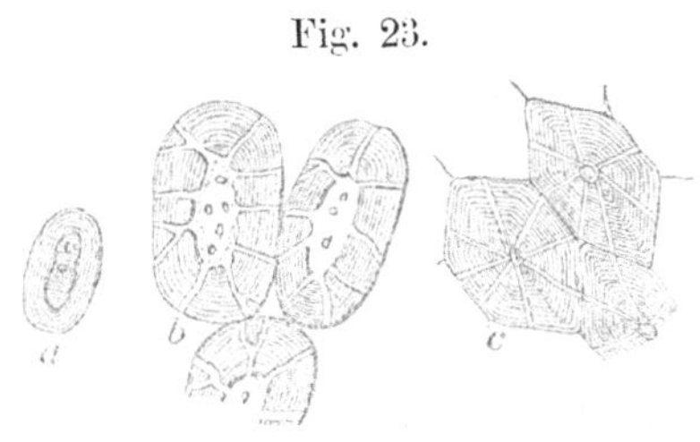

Querschnitt von in Wasser macerirten Steinzellen, *a.* die Verdickungsschichten zeigend. *b.* poröse Zellen, *c.* völlig verholzte poröse Zellen.

trocknen Zustande sind diese Schichtungen nicht zu erkennen, die Verdickung erscheint wie eine durch und durch gleichmässige Masse.

Mit dem Vorschreiten der Ablagerung auf der inneren Wand der Zellhaut werden die von der Verdickung frei bleibenden Stellen nach dem Centrum der Zellhöhle hin die Form von Kanälen annehmen, welche von aussen aber von der primären Zellhaut geschlossen sind. Diese Kanäle, sogenannte Porenkanäle (auch wohl Tüpfelkanäle genannt) correspondiren stets mit den Porenkanälen anliegender Zellen, d. h. sie stossen auf einander und ermöglichen auf diese Weise die osmotische Bewegung der flüssigen und luftförmigen Nährstoffe aus einer Zelle in die andere.

Schwindet an den Porenkanälen die sie abschliessende primäre Zellhaut, so entstehen wahre Porenzellen.

Befinden sich bei Zellen von cylindrischer Form die Porenkanäle an den abgeplatteten Enden, mit welchen je zwei dieser Zellen an einander liegen, so unterscheidet man diese Zellen als Siebzellen (nach *Mohl* Gitterzellen). Auch wo sich die Porenkanäle in dichten Gruppen auf den Längsseiten der Zellen zeigen, rechnet man diese Zellen zu den Siebzellen.

In einigen Fällen, wie im Gewebe des Holzes der Nadelhölzer (Coniferen) und der Cycadeen, bilden Porenkanäle je zweier Zellen in dem Punkte, in welchem sie auf einander stossen, eine linsenförmige, später nur mit Luft angefüllte Erweiterung, einen Tüpfelraum, gehöften Tüpfel, in deren Mitte die Porenkanäle einmünden. Diese gehöften Tüpfel sollen nach einer Ansicht zu der Verdickung der Zellwände in keiner Beziehung stehen und durch Eingehen oder Verkümmerung von Gewebezellen, besonders Markstrahlenzellen entstehen.

Nach einer älteren Ansicht kommt der gehöfte Tüpfel dadurch zu Stande, dass im Anfange der Verdickung der Zellhaut ein aussergewöhnlich grösserer Raum der Zellwand nicht verdickt wird, aber später bei fortschreitender Verdickung die Verdickungsfläche zunimmt und die Verdickungsmasse die nicht verdickte Hautstelle gleichsam überwölbt, so dass zwei correspondirende Tüpfelräume eine

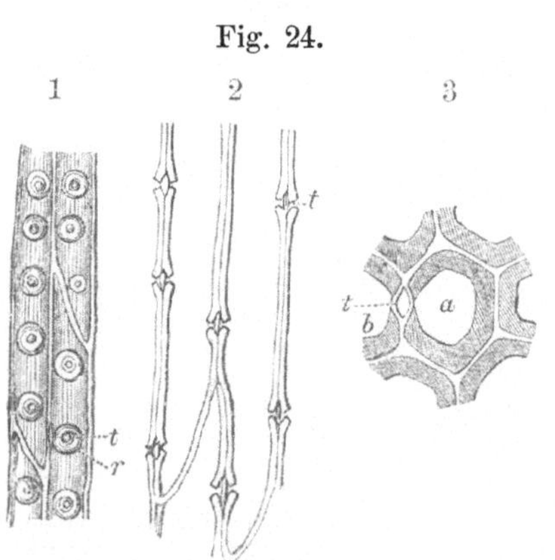

Fig. 24.

Getüpfelte Holzzellen aus dem Längsschnitt des Kiefernholzes; 1. die Tüpfel von vorn, 2. von der Seite gesehen, 3. Querschnitt einer Zelle in der Höhe des Tüpfels. *t* Tüpfelraum. Stark vergrössert.

kugelförmige oder linsenförmige Höhlung bilden, welche durch die primäre Zellhaut (der beiden an einander liegenden Zellen) in zwei gleiche Hälften getheilt ist, und jede Hälfte dieses Raumes durch eine runde Oeffnung (in der Mitte der Wölbung) mit der

Zellhöhle in freier Verbindung steht oder jeder Halbraum durch eine runde Pore mit der Zellhöhle communicirt. Zwischen alten Zellen schwindet häufig die Scheidemembran, so dass die Zellhöhlen (beider betreffenden Zellen) frei mit einander communiciren.

Das Wachsthum und die Vergrösserung der Zelle während der Verdickung der Wandungen und diese Verdickung erfolgen unter denselben Vitalitätsbedingungen wie bei der Dermoplasmabildung, indem wir von dem Plasma annehmen, dass es eine organisirte Substanz sei und unsere optischen Hilfsmittel nicht ausreichen, diesen Organismus zu erkennen. Das Dermoplasma ist auch bei dem Verdickungsvorgange in derselben Lage und wächst daher nach innen und nach aussen, seine Aussenschicht und die Verdickungsmassen derselben in Cellulose oder Zellstoff umsetzend.

Nach der Ansicht, welche auch der jungen Zelle eine besondere aus Cellulose bestehende Zellhaut, einen Primordialschlauch und einen wässrigen Zellsaft zutheilt, ist die Verdickung mehr ein mechanischer Vorgang, indem die Zellhaut und etwa eine diese innen auskleidende Hautschicht durch Intussusception, durch Aufnahme oder vielmehr durch Einschiebung von Zellstofftheilen zwischen die in der Membran bereits vorhandenen Zellstofftheile wächst, die Bildung der inneren Verdickungsschichten selbst durch Apposition (Anlegung von Zellstoff) stattfindet.

Lection 6.

Die Form der Zelle ist theils ein Erfolg des der Zelle inwohnenden Bildungsbestrebens, theils ist sie von der Raumbeschränkung abhängig, welche der Zelle durch benachbarte, sich mehr oder weniger anschliessende Zellen angewiesen wird.

Aus der ursprünglichen Form entstehen durch Ausdehnung nach einer oder mehreren Dimensionen oder durch ungleichmässiges Wachsthum an einzelnen Stellen der Zelle auch verschiedene Gestalten. Man unterscheidet gestreckte, elliptische, röhrenförmige, kegelförmige, spindelförmige, fadenförmige, wellenförmige, tafelförmige, sternförmige, prismatische, tetraëdrische, polyedrische etc. Zellen.

Der Inhalt der Gewebezellen lässt sich zum Theil unter dem Mikroskop, zum Theil nur auf chemischem Wege erkennen und bestimmen. Der Inhalt besteht aus einem oder auch mehreren der unten aufgeführten Stoffe oder aus Secretionszellen.

Fig. 25.

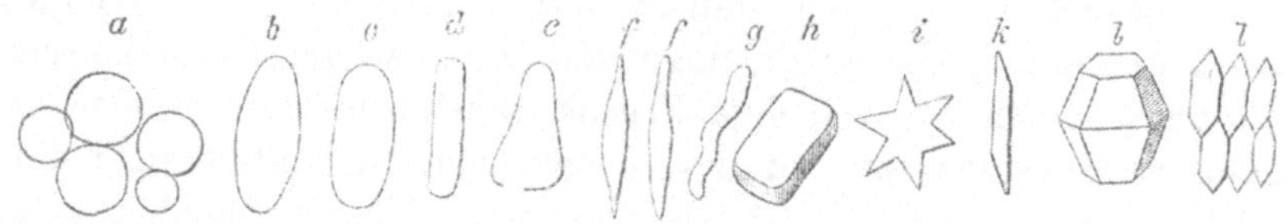

Zellen: *a.* kuglige, *b.* elliptische, *c.* ellipsoïdische, *d.* röhrenförmige, *e.* konische, *ff.* spindelförmige, *g.* wellenförmige, *h.* tafelförmige, *i.* sternförmige, *k.* prismatische, *ll.* polyedrische.

Die Secretionszellen entstehen nie aus Kernzellen und stets innerhalb des Plasma einer Gewebezelle. Ihre Bestimmung ist, als Nährstoff zur ferneren Vegetation des Pflanzenindividuums zu dienen. Daher hat man ihren Bestandtheilen die Bezeichnung Reservestoff beigelegt. Die Secretionszelle besteht je nach ihrer Art gewöhnlich auch nur aus einem Stoffe, die Stärkezelle z. B. nur aus Stärkemehl, die Gerbstoffzelle aus Gerbstoff. Sie bestehen aus häutigen Bläschen mit starrem Inhalt wie die Stärkezellen, oder auch aus sehr zarten Häuten mit weichen oder flüssigem Inhalt, z. B. die Oelzellen, Fettzellen.

1. Das Plasma oder Protoplasma, Bildungsstoff, gewöhnlich eine mehr oder weniger trübe, dickflüssige, mit mikroskopisch kleinen Körnchen durchsetzte, stickstoffhaltige Masse. Mit Jod färbt es sich gelb und da es auch Eiweiss enthält, gerinnt es mit Säuren oder mit Weingeist in Berührung gebracht.

2. Chlorophyllzellen, Blattgrünzellen gehören zu den Secretionszellen (werden aber von vielen für keine Zellen, sondern nur für ein Secret gehalten). Der Kürze im Ausdruck halber werden wir sie einfach mit Chlorophyll oder Blattgrün bezeichnen. Bei starker Vergrösserung erscheinen sie als gelbgrüne, mit einer Flüssigkeit gefüllte Bläschen in Form von Körnern oder Kügelchen, vereinigt zu Bändern oder Streifen oder regellos gruppirt und zerstreut, meistens der inneren Wandung der Zellen anliegend. Die Chlorophyllzellen entstehen aus dem Plasma unter Einwirkung des Sonnenlichtes. Sie sind die Ursache des Grüns der Pflanzen. In den grünen Pflanzenorganen sind sie es, welche unter dem Einflusse des Sonnenlichtes die Zersetzung der eingeathmeten Kohlensäure in Sauerstoff und Kohlenstoff, die Abschei-

dung des Sauerstoffs und die Verbindung des Kohlenstoffs mit den Elementen des·Wassers zu den sogenannten Kohlehydraten (Stärke, Zucker, Schleim) besorgen.

Die Chlorophyllzellen wachsen und haben mit den Vegetativzellen die Fähigkeit gemein, sich zu vermehren, neue Chlorophyllzellen hervorzubringen. Werden die Pflanzen dem Lichte entzogen, so bleichen sie und ihre grüne Farbe verschwindet. Das Chlorophyll ist stickstoffhaltig und gewissermassen dem Wachse ähnlich.

3. Stärkezellen, Stärkemehlkörnchen, Amylumbläschen, Satzmehl (*amylum*) gehören den Secretionszellen an und werden in den Munitativzellen in Form kleiner farbloser, unter dem Mikroskop durchsichtig erscheinender Körnchen abgesondert. Ihre Form ist unendlich verschieden, gewöhnlich aber für einzelne Pflanzenfamilien charakteristisch. Ihre Grösse ist eine sehr verschiedene und erfordern sie unter dem Mikroskop eine 200 bis 600 fache Vergrösserung. Sie lassen hier oft eine innere Structur erkennen, welche einer Ineinanderschachtelung bläschenartiger Hautschläuche nicht unähnlich ist und sich dem Auge als eine concentrische oder auch excentrische Schichtung bemerkbar macht. Ausserdem erkennt man bei den meisten Stärkezellen eine kleine, das Bildungscentrum darstellende Vertiefung, Höhlung oder Spalte, welche die Zellhöhle darstellt und auch mit Centralhöhle, Vacuole oder Kern bezeichnet wird. Dieser Kern liegt selten im Centrum der Zelle, sondern in der Nähe der äusseren Schichtung.

Es giebt einfache und zusammengesetzte Stärkezellen. Letztere bestehen aus je nach der Pflanzenart verschieden geformten Conglomeraten einiger wenigen oder sehr vieler Stärkezellen (Theilzellen, Theilkörnchen), z. B. Reisstärkemehl.

Von vielen Botanikern werden die Stärkezellen nicht für Zellen gehalten. Da die Bezeichnung Stärkemehlkörnchen eine alteingebürgerte ist, so werden wir sie auch beibehalten.

Die Stärkezellen enthalten keinen Stickstoff. Das Stärkemehl gehört wie der Zellstoff (Cellulose) zu den sogenannten Kohlehydraten, d. h. jenen indifferenten Stoffen, deren chemischen Bestandtheile Kohlenstoff, Wasserstoff und Sauerstoff in einem Verhältnisse verbunden sind, in welchem diese beiden letzteren Wasser bilden würden. Zu diesen Kohlehy·draten gehören auch Zucker, Gummi. Die Stärkezellen werden, wenn sie feucht sind, durch Jodtinktur oder Jodwasser amethystroth bis schwarzblau gefärbt. Diese Reaction ist eine charakteristische.

Fig. 26.

Kartoffelstärkekörnchen
(*Amylum Solani tuberosi*).
v Vacuole, Kern.
500 f. V.

Fig. 27.

Arrow-Root. Stärkekörnchen von
Maranta Indica.
v Vacuole, Kern.
400 f. V.

Fig. 28.

Tapioca.
Stärkekörnchen von *Manihot
utilissima Pohl.*
400 f. V.

Fig. 29.

Tickmehl. Stärkekörnchen von
Curcuma angustifolia Roxb.
400 f. V.

Fig. 30.

Roggenstärkemehl.
200 f. V.

Fig. 31.

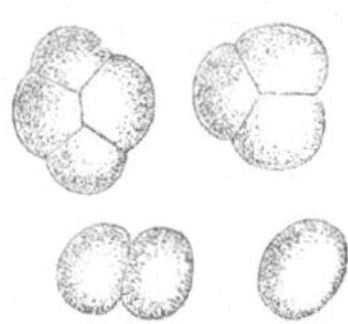

Stärkemehl der Eiche.

Fig. 32.

Weizenstärkemehlkörnchen.
300 f. V.

Fig. 33.

Reisstärkemehl, einzelne und
zusammengesetzte Stärkezellen.
300 f. V.

Fig. 34.

Bohnenstärkemehl.
400 f. V.   200 f. V.

Fig. 35.

Stärkemehl aus dem Milchsaft der Eu-
phorbien, *b.* Stärkezelle in sehr starker
Vergrösserung mit Jod gefärbt.

4. Kleberzellen, Kleberkörnchen, Klebermehl (*aleu-ron;* 1855 von *Hartig* erkannt und bestimmt) zählen ebenfalls zu den Secretionszellen. Der Kleberstoff, aus welchem sie bestehen, gehört den Proteïnstoffen an, ist also stickstoffhaltig. Die Kleber-zellen sind farblos oder gefärbt, von rundlicher oder eckiger

oder krystallähnlicher oder unregelmässiger Gestalt, häufig mit grubiger Oberfläche, auch meist bedeutend kleiner als die Stärkemehlkörnchen. Das Klebermehl erfreut sich der Eigenschaft im Contact mit gelöstem Stärkemehl, dieses in Dextrin und Glykose (Stärkemehlzucker) überzuführen.

Fig. 36.

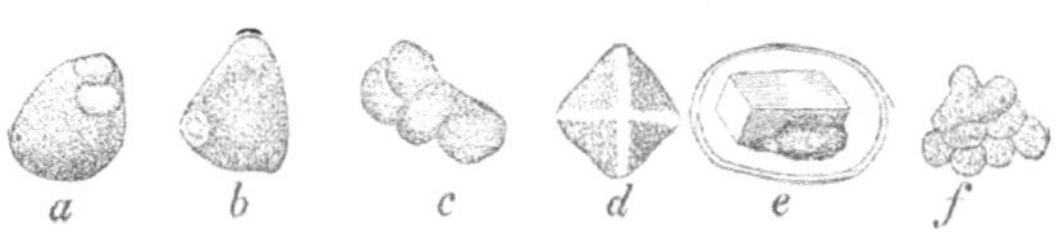

Kleberzellen, Aleuronzellen, Kleberkörnchen.
500fache Vergr.

5. Gerbstoffzellen, Gerbmehl, Gerbmehlkörnchen gehören den Secretionszellen an. Sie sind sehr klein und enthalten nur Gerbstoff (Gerbsäure), welcher von einer sehr zarten Haut umschlossen ist. Aus der feingepulverten völlig trocknen Eichenrinde lassen sich diese Zellen mit wasserfreiem Aether

Fig. 37.

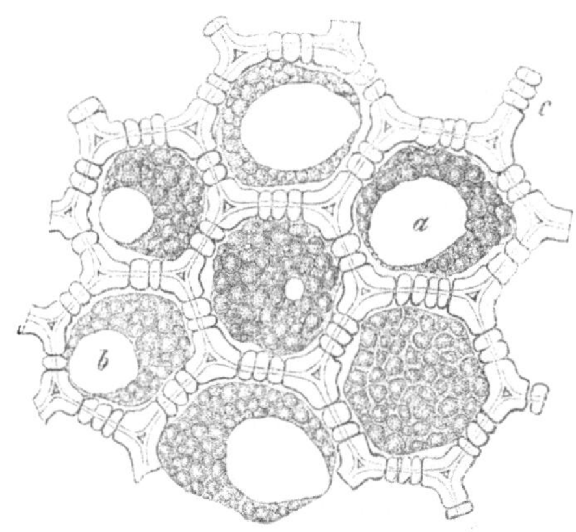

Gerbstoffzellen (a) und Stärkezellen (b) innerhalb von Munitativzellen.
Erstere mit Eisenchlorid gefärbt (nach *Hartig*).

(Wasser, Weingeist wirken lösend) ausschwemmen. Bei 600facher Vergrösserung erscheinen sie wie farblose rundliche, circa 1 *mm* dicke Körnchen oder Kügelchen.

6. Krystallzellen, Zellen, welche Krystalle enthalten, oft auch freie Krystalle neben anderen Secretzellen im Innen-

raume der Munitativzelle. Die Krystalle bestehen aus organischen und unorganischen Verbindungen. Sie findet man einzeln und auch zu Drusen vereinigt. Häufig trifft man die nadelförmigen Krystalle der oxalsauren Kalkerde zu Büscheln, Rhaphiden, vereinigt an.

Die Gewebezellen können auch noch andere Secretionszellen und auch Stoffe enthalten, welche die Bezeichnung Secretionszellen nicht beanspruchen oder bei denen die Zellform noch nicht festzustellen war. Hier sind zu erwähnen Gummi, Zucker, Mannit, Pflanzengallerte (Pectose), flüchtiges und fettes Oel, starre Fette, Wachs, Proteinstoffe, Pigmente. Das flüchtige und auch das fette Oel, Harz, Wachssubstanz bieten meist dem Auge die Zellform dar.

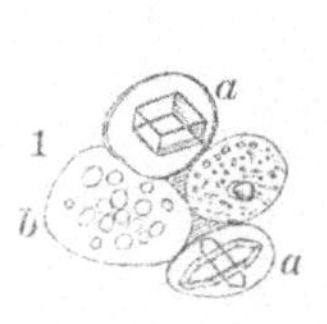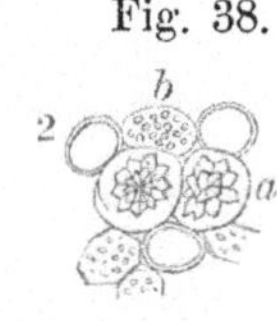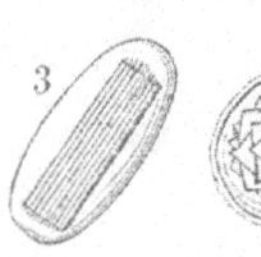

Fig. 38.

1. Zellen. *a.* mit Kalkspathkrystallen (kohlensaure Kalkerde), *b.* mit Stärkezellen.
2. Zellen aus der Rhabarberwurzel, *a.* Krystallzellen mit oxalsaurer Kalkerde in Drusenform, *b.* Zellen mit Amylum.
3. Rhaphidenzelle aus einer Luftröhrenquerscheidewand im Blatte von *Musa Cavendishii L.*
4. Eine Zelle aus dem Blatte von *Hedera Helix L.*, eine Krystalldruse einschliessend.

Bemerkungen. Póre vom griech. πόρος (poros), Durchgang, Oeffnung, Loch. — Chlorophyll, vom griech. χλωρός (chloros), grün, und φύλλον (phyllon), Blatt. — Vacuóle, Diminutiv von *vacŭus, a, um*, leer, frei von etwas. — *Amylum*, ohne Mühle erzeugt, gebildet a. d. griech. alpha privativum u. μύλη (mylä), Mühle. — *Aleuron*, Kleber, Mehl, griech. ἄλευρον (aleuron), Mehl. — Rhaphíden, v. d. griech. ῥαφίς, ίδος (rhaphis, gen. raphidos), Nadel. — Pektóse, v. d. griech. πηκτός, ή, όν (päktos, ä, on) geronnen, πήγνυμι (pägnymi), gerinnen lassen.

Lection 7.

Gefässe. Gefässbündel.

Nachdem wir von den hauptsächlichsten Elementarorganen, den Zellen, eine Vorstellung erlangt haben, hält es nicht mehr schwer, eine solche auch von den aus den Dauer- oder Munitativzellen hervorgehenden oder den daraus entstehenden Elementarorganen, den Gefässen, zu gewinnen.

Gefässe (*vasa*) sind mehr oder weniger verlängerte, geschlossene, in der Richtung des Wachsthums eines Pflanzentheils fortlaufende Röhren oder Kanäle, welche neben Zellen oder von Zellen umgeben den Pflanzentheil constituiren. Sie entstehen aus Dauer- oder Munitativzellen, welche mit ihren Enden an einander gereiht sind, durch Verschwinden oder Resorption der sich berührenden Theile der Wandung. Ein Gefäss (*vas*) ist also gleichsam eine einfache Reihe Zellen, welche durch Verschwinden der Berührungswände eine Röhre bilden. Daher nennt man ein Gefäss auch wohl eine zusammengesetzte Zelle, und wegen seiner vorwiegenden Länge Faser.

Die Gefässe sind in der Regel nur mit Luft gefüllt, enthalten indess in den jüngsten Pflanzentheilen oder zur Zeit der grössten Saftfülle, wie im Frühling, gewöhnlich Flüssigkeit. Durchschneidet man z. B. im Frühjahr einen Zweig des Weinstocks, so tritt aus der Schnittfläche, d. h. aus den Gefässen, Saft von plasmatischer Beschaffenheit hervor. In den älteren Pflanzentheilen nimmt die Verdickung der Wandung der Gefässe mehr und mehr zu, und diese verholzen. Die primäre Zellhaut des Gefässes nennt man Gefässschlauch.

Je nachdem die Zellen, aus denen sich Gefässe bilden, Spiral-, Ring-, Netzfaser-, Poren-, Tüpfel- etc. Zellen sind, entstehen Spiral-, Ring-, Netzfaser-, Poren- etc. Gefässe.

In den Spiralgefässen ist die Verdickungsschicht in Gestalt einer Faser wie eine Spirale gewunden, welche sich selbst häufig aufrollen lässt (abrollbares Spiralgefäss). Die Faser erscheint als ein zartes weisses Fädchen, welches man oft schon mit dem blossen Auge erkennen kann. Die Spiralgefässe bilden z. B. die sogenannten

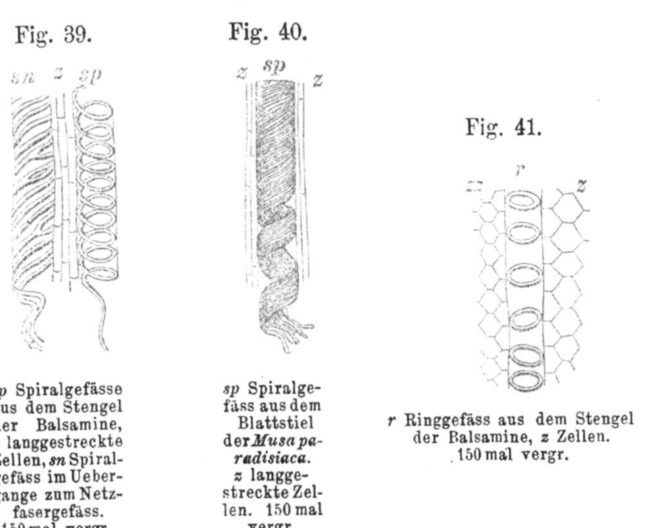

Fig. 39.

Fig. 40.

Fig. 41.

sp Spiralgefässe aus dem Stengel der Balsamine, *z* langgestreckte Zellen, *sn* Spiralgefäss im Uebergange zum Netzfasergefäss. 150 mal vergr.

sp Spiralgefäss aus dem Blattstiel der *Musa paradisiaca*. *z* langgestreckte Zellen. 150 mal vergr.

r Ringgefäss aus dem Stengel der Balsamine, *z* Zellen. 150 mal vergr.

Nerven der Blätter und Blüthen. Zerreisst man ein Eichenblatt oder ein Weinblatt, so treten die Spiralgefässe wie silberweisse dehnbare Fädchen an der Rissstelle sichtlich hervor.

Bei den **Ringgefässen** besteht die Faser aus getrennten Ringen, welche übereinander liegen. Man findet sie besonders in den Stengeln und Wurzeln. Leicht erkennt man sie im spanischen Rohr, im Stengel der Balsamine (*Impatiens Balsamina*).

Das **Netzfasergefäss** oder **Netzgefäss** entsteht aus dem Ringgefäss durch Anastomose oder Verwachsung zweier und mehrerer Ringgefässe, und nicht, wie man angenommen hat, durch Seitenverzweigung und Verästelung der Ringfaser.

Punktirte- oder **Poren-Gefässe**, **Tüpfelgefässe** sind walzenförmige Röhren mit horizontal oder spiralig geordneten Punkten (verdünnten Wandstellen), welche von dem Zellwandbeleg frei blieben, z. B. im Holz der Eiche. Diese Poren in stark verdickten Wänden nennt man Porenkanäle. Die sogenannten **gehöften Poren**, **gehöften Tüpfel** treffen wir im Holze der Coniferen an (vergleiche Lect. 5, S. 20).

In den Poren-Gefässen und den folgenden erwähnten Gefässen findet man häufig nicht vollständig resorbirte Scheidewände, von den Zellen herrührend, aus welchen sich das Gefäss bildete, es sind diese Scheidewände aber von Spalten und Löchern durchbrochen.

In den **Leiter**- oder **Treppengefässen** ist die Verdickungsschicht von Querspalten durchbrochen, welche in gerader oder schiefer Reihe treppenstufen- oder leitersprossenartig übereinander liegen.

Fig. 42.   Fig. 43.

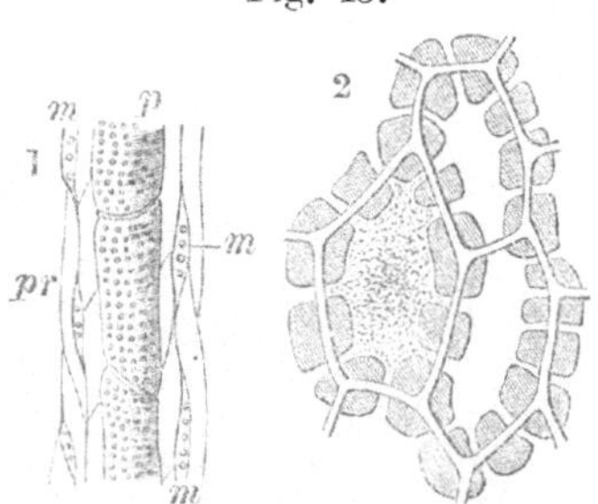

1. *nn* Netzfasergefässe aus dem Stengel der Balsamine. 150 mal vergr. 2. Netzfasergefässe aus dem Holze der Wurzel des Löwenzahns (*Taraxăcum officinale*). 150 mal vergr.

1. *p* Porengefäss aus *Lignum Guajăci*, *m* Markstrahl, *pr* Prosenchymzellen. 80 mal vergr. 2. Porengefässe im Querdurchschnitt. 200 mal vergr.

Mit Einschnürungen verschiedener Art versehene Gefässe, welche man früher je nach der Form als rosenkranz-, wurm-, halsbandartige Gefässe unterschied, fasst man mit dem Namen **kurzgegliederte Gefässe** zusammen.

Langgestreckte, an den Enden geschlossene Zellen, deren Wandungen eine Bildungsweise wie bei den Gefässen zeigen, nennt man **Gefässzellen**.

Die Gefässwände bestehen wie die Zellwände aus Plasma, dessen Hauptbestandtheil Cellulose ist, oder welchem die stickstoffhaltigen Plasmatheile grösstentheils entzogen sind. In Stelle der verholzenden Verdickungsschichten bezeichnet man den Zellstoff (Cellulose) mit Holzfaserstoff oder Lignin.

Fig. 44.   Fig. 45.

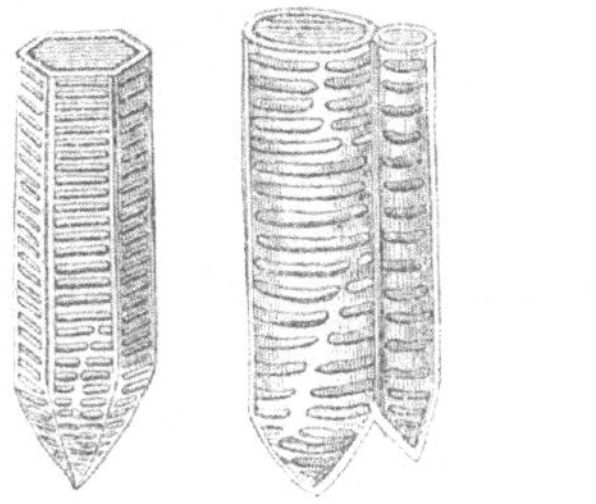

Treppengefässe im Holze des Weinstocks (*Vitis vinifera*).

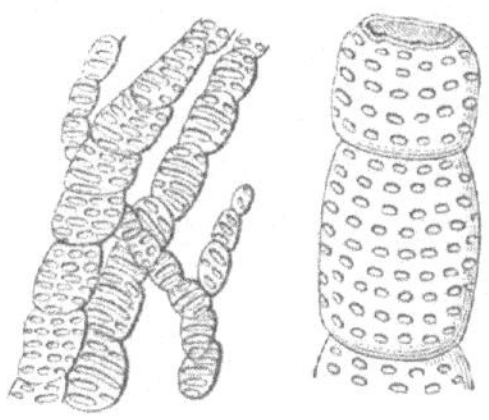

Rosenkranzförmige Gefässe aus den Knoten der Balsamine. 150 mal vergr.

Die Gefässe kommen nur selten vereinzelt, wie z. B. in zarten Blumenblättern, vor, gewöhnlich zu mehreren und zugleich mit Zellen von gewisser Form zu Bündeln, Gefässbündeln, vereinigt. Diese Gefässbündel, auch Fibrovasal-Stränge genannt, bilden ein zusammenhängendes, durch den ganzen Pflanzenkörper sich ziehendes und verzweigendes Geflecht, vergleichbar mit dem Knochengerüst des thierischen Körpers. In den Blattnerven sehen wir mit blossem Auge nur die Zweige eines Fibrovasalstranges. Die Grundlage eines Gefässbündels ist meist das Spiralgefäss, die Spiralfaser. Oft besteht ein Gefässbündel nur aus einem Spiralgefäss. Auf dem Querschnitt eines Pflanzentheils erkennt man das Gefässbündel an dem dichteren Gefüge und der rundlichen Form desselben. Der nach aussen (der Aussenseite des Stammes) liegende Theil des Gefässbündels mit den saftreichen Prosenchymzellen wird mit Phloëm oder Basttheil, der nach innen aus Holzzellen bestehende Theil mit Xylem oder Holztheil bezeichnet.

Es giebt Pflanzen, wie die Algen, Flechten, Pilze, welche nur aus Zellen bestehen und keine Gefässe besitzen. Solche Pflanzen werden in den botanischen Systemen, z. B. im *Decandolle*'schen, als Zellenpflanzen *(plantae cellulares sive acotyledonĕae)* abgeschichtet zum Gegensatze der auch mit Gefässen versehenen Pflanzen, der Gefässpflanzen *(pl. vasculares sive cotyledonĕae)*.

Die Gefässe findet man auch (wie in *Berg's* Schriften) als Spiroïden *(vasa spiroïdĕa)* und als eigene Gefässe (*vasa propria*) unterschieden, die Spiroïden sogar in echte und unechte gesondert.

Zu den echten Spiroïden, von denen man annimmt, dass sie nicht durch Resorption der Scheidewände einer Zellenlängsreihe entstehen, zählt man die Spiralgefässe, Ringgefässe und die Netzgefässe. Den unechten Spiroïden, von denen man annimmt, dass sie durch Resorption der Querwände einzelner Längsreihen von Zellen entstehen, die auch häufig gespaltene oder durchlöcherte Querwände zeigen, zählt man die getüpfelten oder Poren-Gefässe, die Treppen-Gefässe, die kurzgliedrigen Gefässe zu.

Die eignen Gefässe finden sich hauptsächlich in der Rinde, seltner im Mark oder dem Holze. Man sieht sie wie die unechten Spiroïden aus Zellenlängsreihen entstanden an, deren Querwände durch Resorption verschwunden sind. Sie haben daher auch einen eigenen Gefässschlauch. Zu den eigenen Gefässen gehören die Milchgefässe und die Saftröhren.

Die Milchgefässe, Milchsaftfasern, eigentlich den Bastfaserzellen angehörend oder verwandt, enthalten einen Milchsaft, eine schleimige, mehr oder weniger undurchsichtige, plasmaartige Flüssigkeit, in welcher Kernzellen, Stärkezellen, und in Form von Bläschen, Tröpfchen oder Kügelchen Kautschuk, Wachs, Harz, Oel schwimmen oder suspendirt sind. Zerschneiden wir ein Blatt, Stengel oder Wurzel des Salats (*Lactūca satīva*), des Mohns (*Papāver somnifĕrum*), des Löwenzahns (*Taraxăcum officinale)*, des Schöllkrautes (*Chelidonium majus*), so fliesst aus vielen Stellen der Schnittfläche bei den drei ersteren ein weisser, bei dem letzteren ein gelber Milchsaft hervor, jedoch in begrenzter Menge, so viel eben die durchschnittenen Gefässe enthalten. Hört der Erguss des Milchsaftes auf, und wir durchschneiden an einer von dem ersten Schnitte wenig entfernten Stelle den Pflanzentheil, so theilen wir andere Milchsaftgefässe, und der Milchsaft tritt aufs Neue in Menge hervor. Ein Milchgefäss ist also nicht durch den ganzen Pflanzenkörper gleich einer Ader verzweigt. Durchschneidet man den Stengel des Schöllkrautes der Länge nach, so zeigen sich die Milchgefässe in Form von

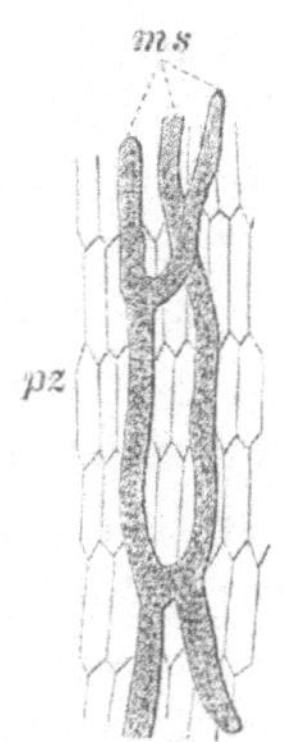

Fig. 46.

ms Milchsaftgefässe in der Wurzel von *Taraxacum officinale.* *pz* Zellen.

gelben, der Rinde anliegenden Bändern von ungleichem Durchmesser. In den Blättern erscheinen sie als stark verzweigte Gefässe.

Der Milchsaft vieler Pflanzen liefert dem Arzneischatze eine Menge Stoffe. Die Gummiharze (*Gummi-resīnae*), *Asa foetida, Galbănum, Ammoniăcum, Euphorbium, Gutti, Myrrha, Olibănum, Scammonium*, ferner das *Opium* und *Lactucarium* sind eingetrocknete Milchsäfte.

Den Milchgefässen sehr ähnlich sind die Gummigefässe, welche einen nicht milchigen, sondern einen mehr oder weniger klaren, dem Gummischleim ähnlichen Saft enthalten. Man zählt sie auch wohl zu den Saftröhren.

Die Saftröhren gleichen den Milchsaftgefässen, enthalten aber keinen Milchsaft. Sie sind gewöhnlich durch siebförmige Scheidewände unterbrochen.

Bemerkungen. *Vas, vasis* (im Plural *vasa, orum*), ein Gefäss. *Vasculum*, ein kleines Gefäss. *Vascularis, e;* mit Gefässen versehen. — Spiroíden. *Spiroidëus, a, um*, von Gestalt einer Windung, von *spira* (griech. σπεῖρα, speira), die Windung, und τὸ εἶδος (to eidos), Gestalt, Beschaffenheit. — Xylém, Holztheil, von d. griech. ξίλον (xylon), Holz. — Phloëm, Basttheil, von d. griech. φλόος (phloos), Bast, Rinde.

Lection 8.

Gewebe. Zellgewebe. Intercellularsubstanz. Intercellulargänge.

Mit Gewebe, Zellgewebe, bezeichnet man jedweden Complex von Zellen, jede Lagerung mehrerer oder vieler Zellen über, unter und neben einander. Ein Complex der Vegetativ- oder Bildungszellen stellt ein Bildungsgewebe, der Complex von Munitativ- oder Dauerzellen das Dauergewebe dar.

Das Bildungsgewebe entsteht und entwickelt sich durch Zellenvermehrung, indem aus der Mutterzelle Tochterzellen hervorgehen, welche sich nach einer Richtung zu Fäden aneinanderreihen, oder welche sich in horizontaler Richtung zu einer Zellenschicht oder sich endlich zugleich nach allen Seiten hin aneinanderlegen. Indem die Zellenwandungen an den Stellen, in welchen sie sich berühren, zu einer homogenen Masse zusammenfliessen und mit einander verwachsen, gewinnt das Gewebe Halt und festeren Zusammenhang.

Da sich die Gestalt der Zelle im Allgemeinen der kugeligen Form nähert, so ist es erklärlich, dass in einem Zellengewebe

mit kugligen Zellen sich diese mit ihren Flächen nicht vollständig
decken, vielmehr Zwischenräume und Lücken bilden. Kuglige

Fig. 47.

Sich gegenseitig berührende kugelige Zellen; stark vergrössert.

Zellen können sich gegenseitig nur in je
einem Punkte berühren, und zwischen je
drei dieser Zellen muss eine dreieckige
Lücke bleiben, 'von welcher bei einer all-
seitigen Aneinanderlegung von vielen Zellen
viele entstehen, die unter sich zusammenhängen. Solche im Zusammenhange stehende, also längs der Zellenwandungen verlaufende Lücken bilden gleichsam Kanäle oder Gänge, welche
den Namen Intercellulargänge erhalten haben. Sie sind am
weitesten in den aus sternförmigen oder unregelmässig gestalteten

Fig. 48.

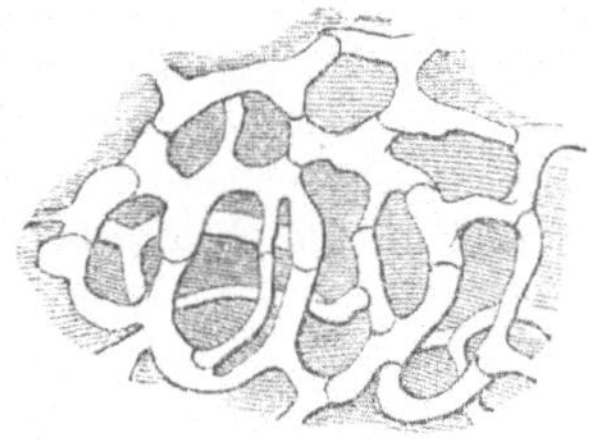

Schwammiges Zellgewebe. Die Intercellulargänge sind schattirt. Vergr.

Fig. 49.

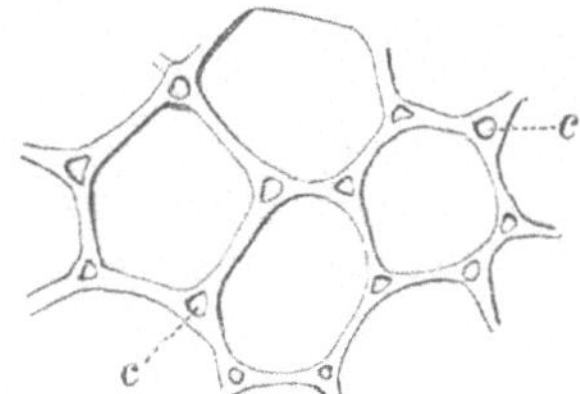

Zellgewebe. c Intercellulargänge.

Zellen zusammengesetzten Geweben, wie in den Stengeln und
Blattstielen vieler Wasserpflanzen, am engsten aber zwischen
den langgestreckten Holz- und Bast-
zellen.

Fig. 50.

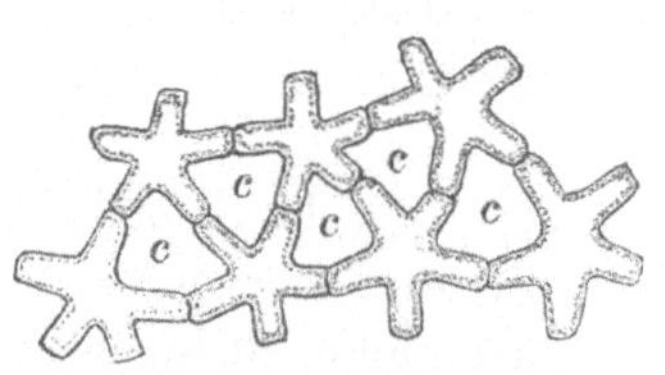

Sternförmiges Zellgewebe aus dem
Stengel der Lilie. c Intercellulargänge.

Obgleich die Intercellulargänge
einem durch das ganze Zellgewebe
verzweigten Netze von unter sich
verbundenen Kanälen gleichen, so
sind sie dennoch nie von einer eigenen Membran umschlossen, sondern
nur von den hier gewöhnlich verdickten Wandungen der Zellen un-
mittelbar begrenzt. In dem in der Entwickelung noch befindlichen Gewebe sind die Intercellulargänge mit Saft, oft auch nur
mit Luft gefüllt.

Mitunter erfahren die Intercellulargänge eine völlige Füllung
durch Verdickung und Aneinanderlagerung der sie begrenzenden
Zellwände. Da diese Verdickungen verhältnissmässig sehr starke

sind, so hat man die füllende Masse mit Intercellularsubstanz bezeichnet, sie selbst sogar als den Rückstand aufgelöster älterer Mutterzellen angesehen. Im Gegensatz zu dieser Ausfüllung findet oft auch eine Erweiterung der Intercellulargänge zu grösseren Räumen und Höhlungen oder langgestreckten Kanälen, den sogenannten Intercellularräumen statt, welche man je nach ihrem Inhalte als Saftbehälter oder als Luftbehälter unterscheidet.

Die Saftbehälter sind mit ausgeschiedenem Safte, Schleim, Harzen, flüchtigen Oelen etc. oft so sehr erfüllte Intercellulargänge, dass dadurch die begrenzenden Zellen auseinander gedrängt werden und sich erweiterte Räume bilden. Entstehen dagegen Intercellularräume durch Resorption oder Aufzehrung des Zellgewebes, so nennt man sie Luftbehälter. Diese letzteren findet man häufig regelmässig durch Querwände in Fächer getheilt. Sehr schön sehen wir die Luftgänge in der Sandriedgraswurzel *(Rhizōma Caricis)*, dem Rhizom der *Carex arenaria*, zwischen Rinde und Holz in Fächer geordnet. Solche regelmässig gefächerte Luftbehälter nennt man auch Luftkanäle, Luftgänge, Lufträhren.

Fig. 51.

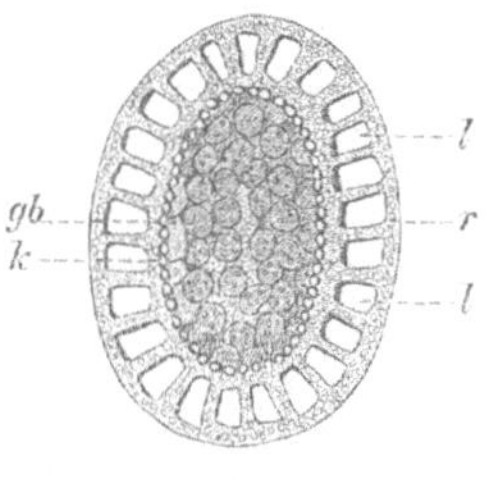

Querschnitt des *Rhizoms* von *Carex arenaria*, *l* Luftgänge, *r* Rinde, *k* Kernscheide, *gb* Gefässbündel.

Die Luftbehälter dürfen nicht mit den Luftlücken oder Lücken, welche durch Zerreissung oder Absterben des Zellgewebes z. B. im Innern des Stengels mancher Doldengewächse oder des Halmes der Gräser entstehen, verwechselt werden. Theils der Mangel an Scheidewänden, theils Unebenheit der Umgrenzung und Unregelmässigkeit lassen die Luftlücken leicht von den Luftbehältern und Luftkanälen unterscheiden.

Die Intercellulargänge sind nach aussen durch die Oberhaut *(epidermis)* des Pflanzentheils, welche ohne Zwischenräume ist, abgeschlossen und stehen nur da, wo die Oberhaut eine Spaltöffnung hat, mit der äusseren Luft in Verbindung.

Die Intercellulargänge und Intercellularräume fasst man mit der Bezeichnung Intercellularsystem zusammen.

Die Functionen des Zellgewebes bestehen in der Aufsaugung und Umbildung des Aufgesogenen zur Bildung neuer und zur Ernährung und Vergrösserung bereits vorhandener Pflanzentheile. Die Bewegung des Pflanzensaftes durch die Zellen des Gewebes, aus einer Zelle in die andere, ist, wie wir bereits wissen, eine osmotische, d. h. sie geschieht durch Diffusion oder, was im Grunde dasselbe sagt, durch Endosmose (Einströmung) und Exosmose (Ausströmung), jene bekannte Eigenschaft jedweder organischen Membran, gewisse Flüssigkeiten im mehr oder weniger beschränkten Maasse durch sich hindurch treten zu lassen. Neben der Bewegung des Saftes durch die Zellen eines Gewebes besteht auch, wie wir bereits aus einer der vorhergehenden Lectionen wissen, eine besondere Bewegung des Saftes in der Zelle selbst.

Im Allgemeinen steigen die wässrigen Nahrungsflüssigkeiten und auch die Gase (Kohlensäure) in dem centralen Gewebe der Pflanze, gleichzeitig davon auf dem Wege der Markstrahlen nach dem Rindengewebe verbreitend, aufwärts nach den Zweigspitzen, wo die Abdunstung der Feuchtigkeit am stärksten ist. Eine Circulation oder ein Kreislauf des Pflanzensaftes, wie man früher glaubte, findet nicht statt (*Karsten*). Die Kräfte, welche die aufsteigende Bewegung veranlassen, combiniren sich gleichsam aus Capillarattraction, Diffusion und Assimilation.

Bemerkungen. Endosmóse, aus d. griech. ἔνδον (endon), darin, innerhalb, und ὠθέω (otheo), mit Gewalt von der Stelle drängen oder hinein- und hindurchgehen, davon ὠσμός (ōsmos) oder ὤσμωσις (ōsmōsis), das Stossen, Hindurchdringen. — Diffusión, eine Eigenschaft gasiger und auch tropfbar-flüssiger Körper, sich im Widerspruch mit den Gesetzen der Schwere, ohne äusseres Zuthun, selbst zu mischen, sich gegenseitig zu durchdringen. Von dem lat. *diffundĕre*, ausbreiten, *diffusio*. — Capillarattraction, v. *capillus*, Haar, u. *attractio*, Anziehung. — Assimilation v. *assimĭlis*, e, ziemlich ähnlich, *assimulatio* (*assimilatio*), Aehnlichmachung, Einverleibung eines Nahrungsstoffes.

Lection 9.

Verschiedenheit des Zellgewebes. Cambium. Parenchym. Prosenchym. Holzgewebe. Bastgewebe.

Je nach den Vegetationszwecken der Zelle findet ihre Entwickelung und Formbildung statt. Dadurch entstehen verschiedene Arten des Zellgewebes.

Einfach parenchymatisch nennt man jedes Gewebe, welches aus der freien Bildung von Tochterzellen hervorgeht und nach seiner Entwickelung aus kurzen oder nur wenig gestreckten Zellen besteht. Mit Ausnahme der Pilze, Flechten und Algen findet man es in allen Gewächsen, es bildet sogar hier in seinen ersten Anfängen die Grundform aller übrigen

Zellgewebearten, denn diese entwickeln sich allein nur aus ihm. Dieses jugendliche und noch unentwickelte parenchymatische Gewebe bezeichnet man im Gegensatze zu dem entwickelten Parenchym mit Urparenchym (Urmeristem) oder Bildungsgewebe. Es besteht aus Vegetativzellen und zwar aus zartwandigen, saftstrotzenden, grosse Kernzellen enthaltenden Parenchymzellen. Es dient hauptsächlich zur Zellenvermehrung. Im entwickelten Parenchym gehen sie in Dauerzellen über und nun findet darin neben fortschreitender Verdickung der Zellhaut nur die pflanzliche Umbildung, Assimilation, der von der Pflanze von aussen aufgenommenen Stoffe statt.

Um uns auf geradem Wege mit den verschiedenen Gewebearten bekannt zu machen, wollen wir auch im Allgemeinen von diesem Bildungsgewebe ausgehen und seiner Entwickelung folgen. Man unterscheidet im Allgemeinen folgende Gewebe.

I. Bildungsgewebe, Urparenchym, Cambium (*contextus cambialis*), das aus Vegetativ- oder Bildungszellen zusammengesetzte Gewebe. Je nach seiner Bestimmung ist es:

A. Spitzenwachsthum besorgendes Gewebe, Terminalcambium, Knospencambium (Theilungsgewebe, Meristem). Es findet sich an den Spitzen der Knospen und ist überhaupt die Grundlage zum Aufbau der Pflanze und deren Organe.

B. Dickenwachsthum besorgendes Gewebe, Verdickungsgewebe, Holz- und Bastcambium (Folgemeristem). Es ist das weiche, saftige Gewebe zwischen Bast und Holz, in dessen zellenbildender Thätigkeit beim Stamme das Wachsen im Umfange beruht. Man bezeichnet es gewöhnlich nur mit Cambium.

II. Das Parenchym, Füllgewebe oder Plerom, aufzelliges Gewebe (*parenchyma*), welches sich durch seine nicht viel länger denn breiten Zellen mit flachen oder gerade abgestutzten Enden und durch begleitende Intercellulargänge von dem folgenden Gewebe unterscheidet.

III. Das Prosenchym oder Fasergewebe, zwischenzelliges Gewebe (*prosenchyma*). Es besteht aus gestreckten Zellen, welche also viel länger als breit sind, mit mehr oder weniger zugespitzten Enden, mit welchen sie keilförmig zwischen einander geschoben sind, so dass keine Intercellulargänge Platz finden. Es geht über in

1. Holzgewebe und 2. Bastgewebe (*pleurenchyma*).

IV. Epidermalgewebe, Oberhautgewebe. Es ist gewöhnlich bedeckt von dem strukturlosen Oberhäutchen (*cuticula*) und bildet auf jungen und zarten Pflanzentheilen das Epithelium, auf grünen, vom Sonnenlicht berührten Theilen die Epidermis, auf den vom Wasser oder dem Erdboden bedeckten Theilen das Epiblema.

V. Korkgewebe. Es bildet die Korkschicht (Schwammkork), die äussere glatte Rindenhaut (*periderma*) und völlig abgestorben die Borke (*rhytidōma*).

Bemerkungen. Meristém, Theilungsgewebe, gebildet aus d. griech. $\mu\varepsilon\varrho\dot\iota\zeta\omega$ (merizo), theilen, $\mu\varepsilon\varrho\iota\sigma\tau\dot\eta\varsigma$ (meristäs), Theiler. — Pleróm, Füllgewebe, geb. a. d. griech. $\pi\lambda\eta\varrho\dot o\omega$ (pläroo), ich fülle. — Parenchym, Füllgewebe, Eingefülltes, gebildet aus d. griech. $\pi\alpha\varrho\dot\alpha$ (para), bei, neben, und $\check\varepsilon\gamma\chi\nu\mu\alpha$ (enchyma), Einguss. — Prosenchym, zwischenzelliges Gewebe, Dazu-, Dabeigegossenes, gebildet aus d. griech. $\pi\varrho\dot o\varsigma$ (pros), dazu, und $\check\varepsilon\gamma\chi\nu\mu\alpha$. — Pleurenchym, Bastgewebe, zur Seite gegossenes, von dem griech. $\pi\lambda\varepsilon\nu\varrho\dot\alpha$ (pleura), Seite. — Cámbium, *cambium*, neulateinisches Wort, bedeutet Wechsel, Veränderung; *cambiālis, e*, zum Wechsel gehörig. — Epidermis, Oberhaut; $\dot\varepsilon\pi\iota$ (epi), auf, über; $\delta\dot\varepsilon\varrho\mu\iota\varsigma$ (dermis), Nebenform für $\delta\dot\varepsilon\varrho\mu\alpha$ (derma), Haut. — Epidermál, zur Epidermis gehörig. — Epithélium, Epithél, darauf blühendes, von $\dot\varepsilon\pi\iota$ und $\vartheta\eta\lambda\dot\varepsilon\omega$, blühen. — Epibléma, darauf gelagertes, von $\dot\varepsilon\pi\iota$ und $\beta\lambda\tilde\eta\mu\alpha$, (bläma), Niederwurf, Lagerung. — Peridérma, $\pi\varepsilon\varrho\iota$ (peri), um, ringsum; $\delta\dot\varepsilon\varrho\mu\alpha$ (derma), Haut. — *Rhytidoma*, Borke, das griech. $\dot\varrho\nu\tau\dot\iota\delta\omega\mu\alpha$ (rhytidōma), Gerunzeltes.

Lection 10.

Bildungsgewebe. Cambium. Parenchym.

I. Das Fortbildungsgewebe, Bildungsgewebe, Urparenchym nennt man das aus Vegetativzellen bestehende Gewebe, welches den Ausgangspunkt des Aufbaues jeder Pflanze und jedes Organes derselben darstellt, von welchem die Entwickelung und das Wachsthum der Pflanze abhängt. Es ist:

A. Spitzenfortbildungsgewebe, Terminalcambium, Knospencambium (auch Theilungsgewebe, Meristem, genannt). Es bildet das Gesammtgewebe aller jungen Pflanzenorgane oder deren Theile, besonders aber der Vegetationsspitzen wie der Wurzelspitzen, Stammspitzen, Knospen und Embryonen. Aus ihm entwickeln sich alle übrigen Gewebearten. Nach Vollendung seiner Bestimmung geht es in Dauergewebe (Folgemeristem) über, indem die Tochterzellen zu Munitativ- oder Dauerzellen werden.

B. Verdickungsgewebe, Holz- und Bastcambium oder Cambium ist das Gewebe, welches das Dickenwachsthum der Gewächse, besonders der perennirenden, besorgt. Es ist meist ein

Fasergewebe, aus prosenchymatischen Zellen bestehend, welche ohne Intercellularräume mit einander verbunden sind. Es ist nie in den Vegetationsspitzen vorhanden, dagegen in der Pflanze verschieden vertheilt. Seine primitive Form hat man auch mit Procambium bezeichnet, welches man wegen seiner schleimähnlichen Beschaffenheit früher für einen Saft hielt und Bildungssaft nannte. Man findet das Verdickungsgewebe besonders reichlich in perennirenden Pflanzen und den Holzgewächsen zwischen Rinde und Holzkörper, den sogenannten Cambiumring oder Verdickungsring (*annŭlus cambiālis*) bildend; während es an seiner Peripherie fortwährend neue Rindensubstanz (Phloëm) bildet, setzt es nach innen (nach dem Centrum des Gewächses hin) neue Holzsubstanz (Xylem) ab, so lange die Pflanze Nahrung und die nöthige Wärme erhält. Im Winter hört dieser Vorgang auf. Man unterscheidet Cambium und Verdickungsring, welche bei

Fig. 52.

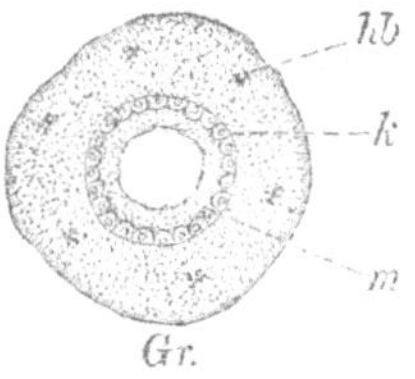

Fig. 53.

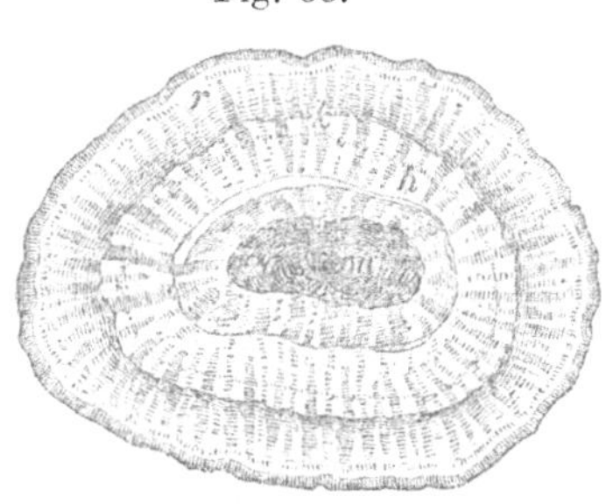

Querschnitt der Queckenwurzel (Rhizoma Graminis), des Rhizoms von Agropyrum repens. *hb* Gefässbündel, *k* Kernscheide, *m* Mark.

Querschnittfläche der *Radix Columbo* (von *Cocculus palmatus DC.*) *r* Rinde, *k* Cambiumring, *h* Holz.

den Dikotyledonen zusammenfallen, bei den Monokotyledonen aber getrennt sind, und nennt dann hier den die Stelle des Bastes gleichsam vertretenden Verdickungsring Kernscheide.

II. Das Parenchym oder Füllgewebe, Würfelgewebe (Plerom), aufzelliges Gewebe (*parenchȳma*) ist zusammengesetzt aus Dauer- oder Munitativzellen, deren Gestalt in Folge ihrer dichten Aufeinanderschichtung meist eine polyëdrische ist, oder sich doch dieser Form mehr oder weniger nähert und welche meist auch gleiche Dimensionen haben. Gestreckte Parenchymzellen, deren verticaler Durchmesser also den horizontalen übersteigt, sind dennoch an ihren abgeplatteten Enden leicht von anderen gestreckten Zellen (z. B. den Holz- oder Prosenchymzellen) zu unterscheiden. Das Parenchym ist oft nicht frei von Intercellulargängen.

Es ist das Parenchym die am meisten vertretene Gewebeform und findet sich mit Ausnahme der Pilze, Flechten und Algen bei allen Pflanzen. Daraus besteht das Mark, die Markstrahlen, die Rinde, der grösste Theil der Substanz der Blätter, Blumen, Früchte, Zwiebeln, Knollen, fleischigen Wurzeln.

Das Protoplasma der Zellen des Bildungsgewebes, der Saft des Cambium, ist reich an Proteïnstoffen und frei von Stärkemehl, hier im Parenchym aber werden auch noch Stärkemehlzellen gebildet.

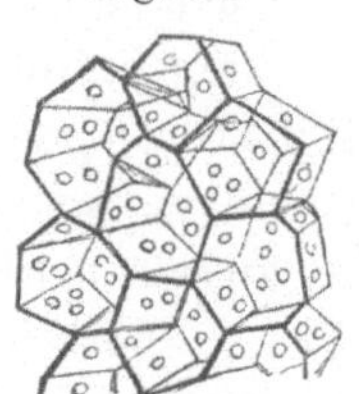

Fig. 54.

Parenchymatisches Zellgewebe aus dem Mark des Hollunders (*Sambucus nigra*). Vergr.

Nach der Gestalt oder besser nach dem Zusammenhange der Zellen nennt man das Parenchym unvollkommen oder vollkommen. Im unvollkommenen Parenchym (auch Merenchym genannt) berühren sich die Zellen, weil sie kugelig, ellipsoïdisch, schwammförmig oder strahlig sind, gegenseitig mit ihren Wänden nicht vollständig oder nur theilweise Fig. 47, 48 u. 50), im vollkommenen dagegen möglichst vollständig (eigentliches Parenchym), und sie bilden in diesem Falle polyedrische Gestalten (Fig. 54, 55).

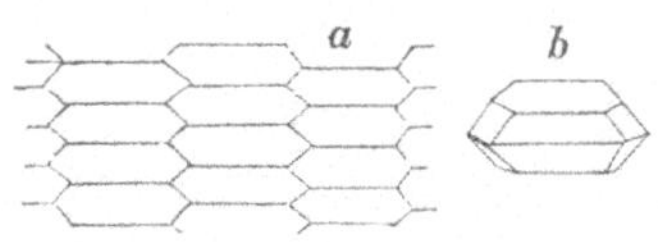

Fig. 55.

a. Verticalschnitt eines Zellgewebes der Markstrahlen. Zellen niedergedrückt. *b*. Einzelne Zelle dieses Gewebes. Die Form derselben ist ein Rhombendodekaëder, sehr gewöhnliche Form der Zellen in den Markstrahlen. Vergr.

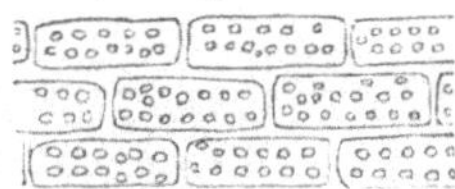

Fig. 56.

Mauerförmiges Zellgewebe der Markstrahlen in dem Holze der Birke (*Betula alba*). Zellen sind getüpfelt. 80 mal vergr.

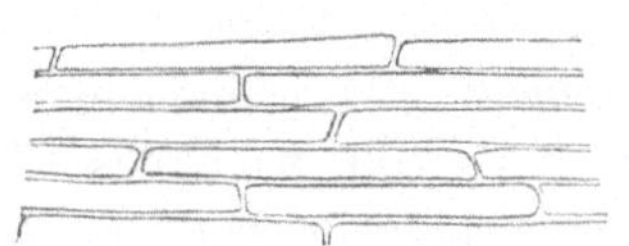

Fig. 57.

Gestrecktes Parenchym aus der Safrannarbe, Crocus. 60 mal vergr.

Seiner Form nach heisst das Parenchym polyëdrisch oder regelmässig, wenn auf dem Durchschnitte die Schnittflächen der Zellen in Gestalt und Grösse ziemlich gleich sind (Fig. 55). Im anderen Falle ist es unregelmässig. Es heisst prismatisch oder gestreckt, wenn der verticale Durchmesser der Zelle kürzer ist als der horizontale, diese also länger als dick ist, niedergedrückt oder schlaff, wenn die Zellen kurz und weit sind. Im letzteren Falle ist es oft mauerförmig, wenn die niedergedrückten Zellen zu deutlichen Querreihen geordnet sind. Da die letztere Form ganz besonders in den Markstrahlen vorkommt, so nennt man diese Zellen auch wohl **Markstrahlenzellen**.

Das Parenchym heisst **straff**, wenn die Zellen sehr lang und eng sind, **strahlig, sternförmig, ellipsoïdisch**, wenn die Zellen die der Bezeichnung entsprechende Gestalt haben.

In Rücksicht auf Consistenz unterscheidet man ein **elastisches** Parenchym (z. B. das Gewebe des Markes des Fliederbaumes (*Sambūcus nigra*), ein **fleischiges** (z. B. das Gewebe saftiger Früchte, Knollen, Wurzeln), und ein **holziges**, verholztes oder **steinartiges** (z. B. in den harten Kernschalen der Früchte), wenn es aus sehr dickwandigen Zellen zusammengesetzt ist.

Bemerkungen. Merenchym, unvollkommenes Füllgewebe, gebild. v. d. griech μέρος (meros), Theil, und ἔγχυμα (enchyma), Einguss.

Lection 11.

Prosenchym. Gefässbündel. Holzgewebe. Bastgewebe.

III. **Prosenchym** oder **Fasergewebe** (*prosenchȳma*), auch **Holzgewebe** genannt, besteht aus langgestreckten, an den Enden zugespitzten eng verbundenen Zellen. Da die spitzen Enden keilförmig ineinandergreifen, so finden sich in diesem Gewebe **keine** Intercellulargänge.

Das Prosenchym dient weder zur Bereitung noch zur Aufbewahrung der für das Wachsthum der Pflanze nöthigen Nahrungsstoffe.

Die Zellen des Prosenchyms, die prosenchymatischen Zellen, unterscheiden sich hinreichend durch ihre zugespitzten Enden von den prismatischen und gestreckten Parenchymzellen, welche bekanntlich nur abgeplattete Enden haben.

Die Prosenchymzellen bilden im Bastgewebe die zähen, biegsamen Bastfasern (Phloëm), im Holze dagegen verdicken sie sich, werden hart und bilden das Holzgewebe (Xylem).

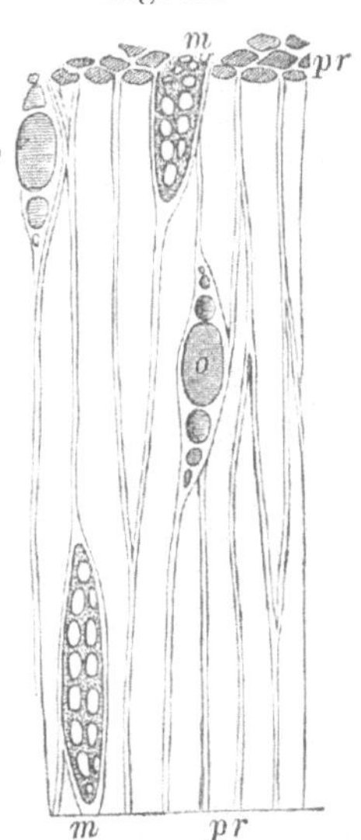

Fig. 58.

Holzgewebe aus der Sassafraswurzel (*lignum Sassafras*). *pr* Prosenchymzellen, *m* Parenchym der Markstrahlen, *o* Oel- u. Harzgefässe. 150 mal vergr.

Die Prosenchymzellen sind die häufigsten Begleiter der Gefässbündel oder Fibrovasalstränge. Mit Gefässbündel bezeichnet man, wie wir bereits aus Lection 7 (S. 29) wissen, überhaupt

Fig. 59.

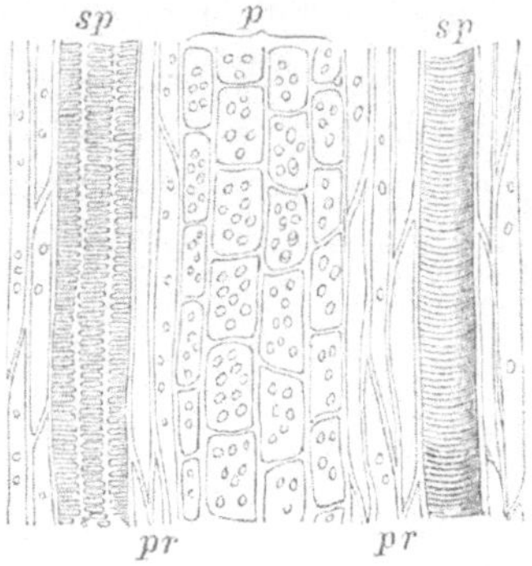

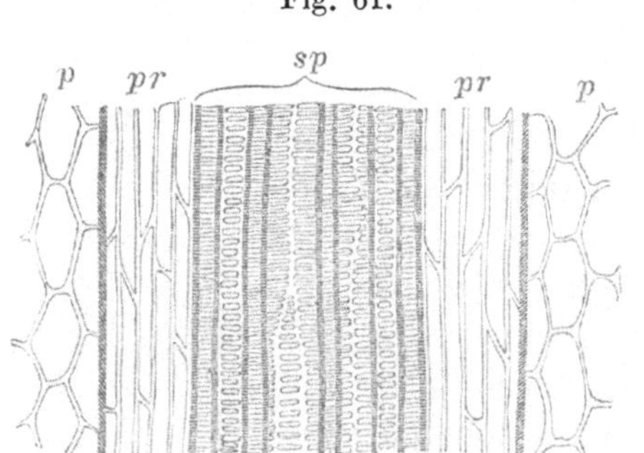

Gefässbündel aus dem Rhizom der *Carex
arenaria* im Verticalschnitt. *p* Parenchym mit Stärkemehl. *pr* Prosenchym,
Stärkemehl enthaltend, *sp* Gefässe oder
Spiroïden. 200 mal vergr.

Fig. 60.

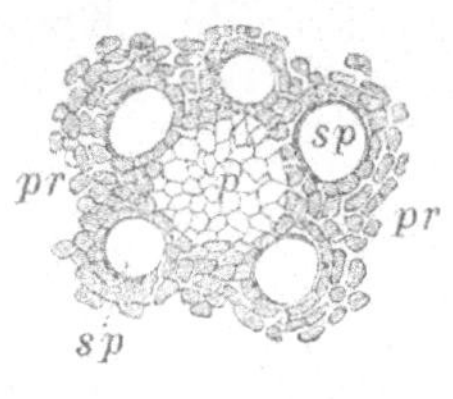

Dasselbe Gefässbündel im Hori-
zontal- oder Querschnitt. *p* Parenchym, *pr* Prosenchym, *sp* Gefässe oder Spiroïden.
100 mal vergr.

jede Partie dicht zusammenhängender Gefässe, da sie aber meist
von langgestreckten Zellen begleitet oder umgeben sind, so versteht man unter Gefässbündel auch jede engere Verbindung von
Gefässen (Spiroïden) mit gestreckten Zellen, welche gewöhnlich Prosenchymzellen sind.

Fig. 61.

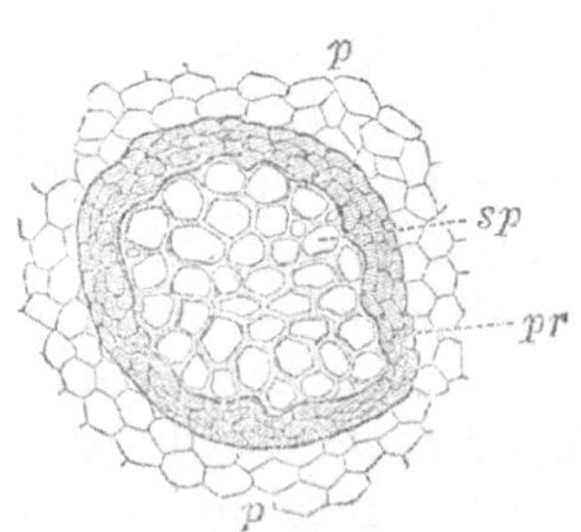

Vertikalschnitt eines kleinen Gefässbündels (simultanen)
aus dem Rhizom von *Polystichum Filix mas (Rhizoma
Filicis maris)*. Hier liegen die Gefässe (*sp*) in der Mitte,
in ihrer Gesammtheit von Prosenchym (*pr*) und dieses
von Parenchym (*p*) umgeben. 60 mal vergr.

Fig. 62.

Querschnitt eines kleinen Gefässbündels aus *Rhizoma Filicis maris*.
sp Gefässe, *pr* Prosenchym, *p* Parenchym. 40 mal vergr.

Die Grundlage der Gefässbündel ist gemeiniglich das einfache
abrollbare Spiralgefäss (S. 27 Fig. 40). Sie bilden dünne, zähe,
in der Längsrichtung der Pflanzentheile verlaufende Stränge.

Im Querschnitt erscheinen sie dem Auge als rundliche oder keilförmige Stellen von dichtem Gefüge, welche sich von dem sie umgebenden Parenchym scharf unterscheiden. Die Gefässbündel einer Pflanze erscheinen, insofern sie in der gleichsam einen concentrischen Cylinder bildenden Cambiumschicht ihre Entstehung finden und ihre Ausgangspunkte haben, wie ein zusammenhängendes, durch den ganzen Pflanzenkörper sich hinziehendes und als Rippen und Adern der Blätter sich verzweigendes Geflecht. Sie bilden gleichsam das Gerüst der Pflanze, durch welches diese ihre Festigkeit und Zähigkeit erhält. Sie entstehen in und aus dem Cambium und erhalten auch aus demselben ihre Nahrung. Es gehen nicht alle Cambiumzellen in Gefässbündel über, vielmehr begleitet ein Theil derselben das fertige Gefässbündel, aber nicht immer in derselben Lage. Bei den Gefässkryptogamen liegt z. B. das Cambium im Umfange des Bündels, bei den Monokotyledonen und Dikotyledonen in der Mitte desselben. Wenn das Cambium hier seine Bildungskraft verliert und verschwindet, also die Verdickung oder das Wachsen des Gefässbündels nicht mehr besorgt, so nennt man letzteres ein geschlossenes, zum Unterschiede von dem ungeschlossenen Gefässbündel, welches durch vorhandenes Cambium bis zum Absterben der Pflanze fortwährenden Zuwachs und Nahrung erhält. Die geschlossenen Gefässbündel sind also cambiumlos, die ungeschlossenen cambiumhaltig.

Die geschlossenen Gefässbündel finden wir bei den Monokotyledonen und wenigen Dikotyledonen, wo sie nur anfangs die Ernährung und das Dickenwachsthum besorgen, dann aber in dieser Richtung ihre Fortbildungsfähigkeit verlieren. Daher wird z. B. der ältere Palmstamm nicht dicker. Bei den Dikotyledonen bleibt das Cambium der Gefässbündel gemeiniglich bis zum Tode der Pflanze fortbildungsfähig. Die Gefässbündel der Dikotyledonen nennt man deshalb ungeschlossene.

Die holzigen Pflanzentheile, das Holz, bestehen entweder selten aus nur verholzten Prosenchymzellen (wie bei den Coniferen oder Nadelhölzern), oder meist aus Gefässbündeln, welche aus verholzten Prosenchymzellen, verholzten Parenchymzellen (Holzparenchym) und Gefässen zusammengesetzt sind. Auf dem Querschnitt erscheinen dann die Gefässe als Poren, Gefässporen. Die Gefässe (Spiroïden) des Holzes sind gewöhnlich Treppengefässe oder punktirte. In den jungen Pflanzentheilen sind dagegen die Ring- und Spiralgefässe vorwaltend. Die Verdickungsschichten der Holzzellen besitzen fast immer Porenkanäle (Fig. 19 und 23), welche bei den Nadelhölzern und auch bei vielen

Laubhölzern die Bildung der schon früher erwähnten Tüpfelräume veranlassen. Vgl. Fig. 24, *t*.

Von dem Grade der Verdickung und Verholzung der Prosenchymzellen hängt die Härte und Schwere des Holzes ab. Im Guajakholze (*Lignum Guajăci*) sind die Zellen sehr hart und schwer, im Nadelholze weich und leicht. Die das Holz constituirenden Prosenchymzellen pflegt man Holzzellen, die entsprechenden Gefässbündel Holzbündel zu nennen. Sie sind für die Ernährung der Pflanze nicht thätig. In der Jugend enthalten sie allerdings Saft, später jedoch nur Luft.

Das Bastgewebe besteht aus lang gestreckten (5—15 Centimeter und darüber langen) fadenförmigen, an den Enden stark verschmälerten, meist dickwandigen Prosenchymzellen

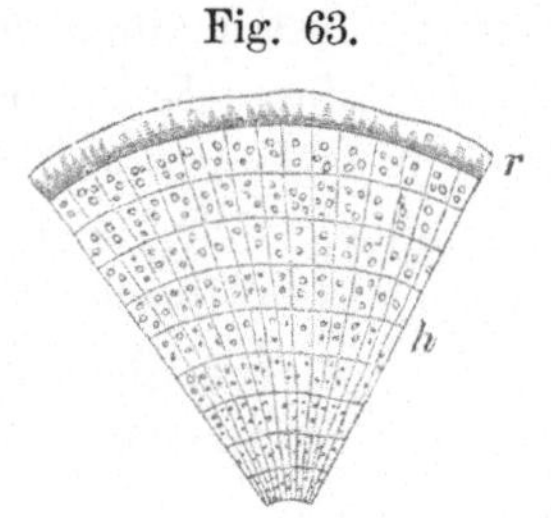

Fig. 63.

Querschnitt eines Stückes *Lignum Quassiae Surinamensis* (von *Quassia amara L.*). *r* Rinde, *h* Holz und in demselben die Gefäss-Poren sichtbar. Vergr.

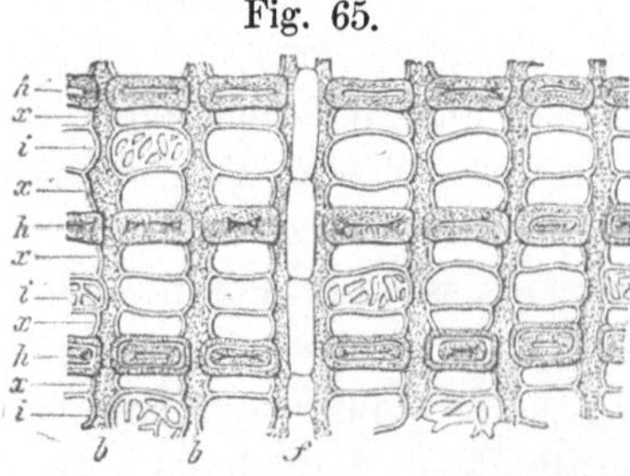

Fig. 64.

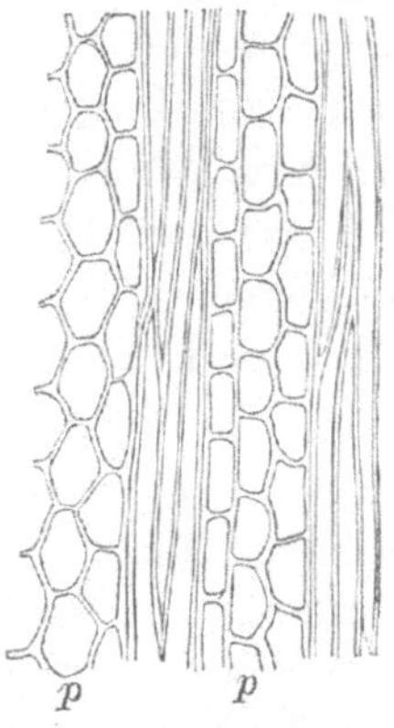

Bastgewebe des *Cortex Mezerēi* (von *Daphne Mezerēum L.*) *bb* Bastzellen, Bastbündel, *pp* Bastparenchym. 200 mal vergr.

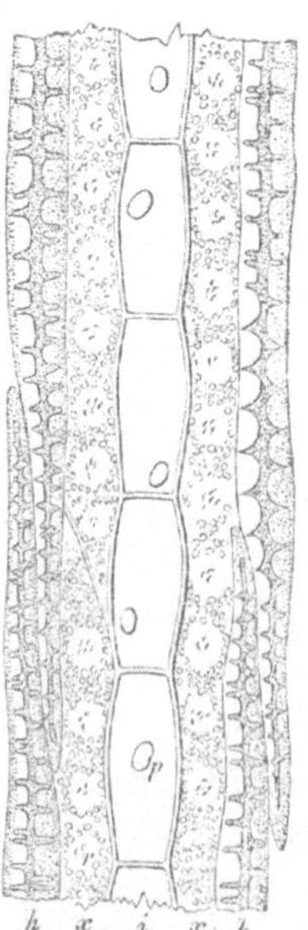

Fig. 66.

Fig. 65.

Querschnitt

Längenschnitt

aus dem Bastgewebe von *Taxus baccata*.
h Bastfaser (Prosenchym), *i* Parenchym mit netzförmig durchbrochenen Querscheidewänden, *x* Siebfasern, *bbf* Markstrahlen.

(Bastzellen), welche gewöhnlich die Gefässbündel begleiten oder selbst in paralleler Nebeneinanderlage zu Bündeln (Bastbündeln) vereinigt sind und die Bastfaser darstellen. Sie finden sich in der Rinde, den Blattstielen und Blattnerven. Im Marke kommen sie nur vereinzelt vor. Die hellen Adern auf dem Ceylonzimmt rühren von Bastbündeln her. Die Bastzellen zeichnen sich vor den Holzzellen gewöhnlich durch ihre grössere Länge aus, und dadurch dass sie mit feinen Porenkanälen, aber nie mit wirklichen Tüpfeln versehen sind. Die Tüpfelzellen sind allein dem Holzprosenchym eigen.

Der Bast (*liber*) besteht aus Bastgewebe und bildet einen Ring, welcher durch die in die Rinde eintretenden, aus Parenchym bestehenden Markstrahlen unterbrochen und vielfach durchbrochen ist.

Die zu Gespinnsten und Geweben verwendbaren vegetabilischen Fasern, wie die Hanf-, Flachs-, Nessel-Faser (die Baumwolle jedoch ausgenommen) bestehen aus Bastfasern. (Die Baumwolle ist ein Haargebilde auf dem Samen der Baumwollenstaude, *Gossypium*).

Fig. 67.

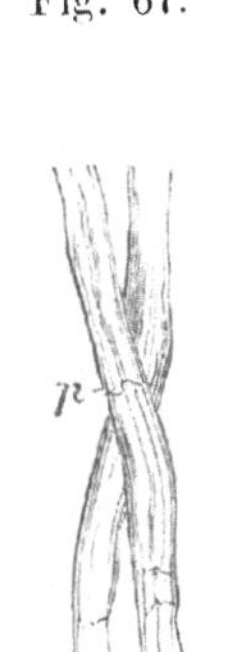

Leinenbastfaser (von *Linum usitatissimum*). *p* Porenkanal.
200 mal vergr.

Fig. 68.

Baumwollenfaser (keine Bastfaser), enthält keine Porenkanäle und ist pfropfenzieherähnlich gewunden od. um ihre Axe gedreht. 250 mal vergr.

Fig. 69.

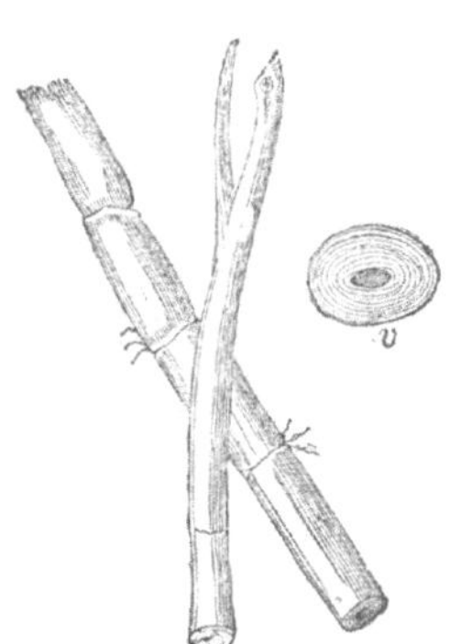

Hanfbastfaser (von *Cannăbis satīva*), am Ende gabelig gespalten. *v* Querschnitt einer Bastfaser, die Verdickungsschichten zeigend. 200 mal vergr.

Die Bastzellen der Dikotyledonen sind trotz der häufig starken Verdickungen ihrer Wandungen doch äusserst biegsam. Die Verdickungsschichten, welche gewöhnlich porös sind, haben eine solche Stärke, dass das Lumen der Zelle (die Höhlung) fast ganz schwindet. Die Bastzellen der Seidelbastrinde (*Cortex Mezerēi*) sind dagegen sehr dünnwandig. Gewöhnlich bilden die Bastzellen einfache Röhren, im Hanf sind sie an den Enden gabelig gespalten, in der Rinde der Nadelhölzer mannigfach verzweigt.

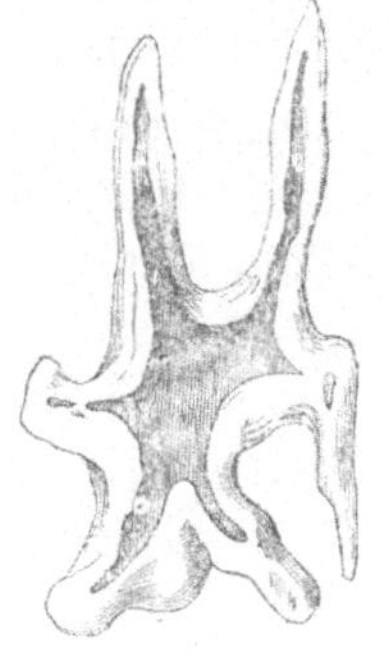

Fig. 70.

Eine Bastzelle aus der Rinde der Edeltanne (*Abies pectinäta DC.*).

Den Monokotyledonen fehlt genau genommen der Bast, welcher bei ihnen öfters von einem Ringe prosenchymatischer Zellen, der **Kernscheide**, vertreten ist. In der Quecke, (*Agropȳrum repens·Beauvais*), dem Sandriedgras (*Carex arenaria*), der Sarsaparille (*Smilax*) finden wir z. B. den Holzring durch eine Kernscheide von der Rinde getrennt. Diese parenchymatischen Zellen verholzen sehr bald, verlieren ihre Biegsamkeit, und damit hört zugleich das peripherische Wachsthum des monokotyledonischen Stammes auf.

Die **Milchgefässe** gehören, wenn sie besonders in spitze Enden auslaufen, dem Bastgewebe an. Sie begleiten die Gefässbündel und finden sich bei den Dikotyledonen in der Peripherie der Bastschichten, seltener im Mark, dem Holz und der Rinde.

Wenn wir den Durchschnitt eines Gefässbündels unter starker Vergrösserung betrachten, so unterscheiden wir darin mehrere Theile, und zwar einen nach aussen, d. h. nach der Peripherie des Stammes liegenden, aus den biegsamen Bastzellen zusammengesetzten Basttheil, dann den nach innen, d. i. nach dem Centrum des Stammes liegenden Holztheil mit seinen an dem weiten Lumen erkennbaren Gefässen (Spiroïden) und zwischen beiden Theilen den Cambiumtheil. Bei den Monokotyledonen ist gewöhnlich der Basttheil, bei den Dikotyledonen der Holztheil überwiegend.

Wie wir aus dem Gesagten entnehmen können, sind sogenanntes Holzgewebe und Bastgewebe nur Modificationen des Prosenchyms. Während dieses das Gerüst oder das Skelet der Pflanze bilden hilft, dient das Parenchym als Füllgewebe.

Lection 12.

Epidermalgewebe. Spaltöffnungen. Athmungsprocess der Pflanzen.

IV. **Epidermalgewebe** oder **Oberhautgewebe** (*contextus epidermālis*) ist, obgleich auch aus Bildungsgewebe hervorgehend, durch Struktur und Vorkommen von den anderen Geweben verschieden. Es bedeckt zum Schutz gegen äussere Einflüsse alle jüngeren Theile der Gefässpflanzen als ein feines abziehbares Häutchen, gemeinhin Epidermis oder Oberhaut (*epidermis*) genannt. Bei den Moosen findet man es nur auf Stengel und Frucht, bei den niederen Stufen der Pflanzenwelt (den Flechten, Pilzen und Algen) fehlt es ganz.

Die Epidermis besteht gewöhnlich nur aus einer Schicht niedergedrückter, seitlich fest mit einander verbundener Zellen, welche meist lufthaltig sind, aber auch farblose oder gefärbte Flüssigkeit, nie aber Chlorophyll und Stärkemehl enthalten. Sie verschwindet, wenn unter der Epidermalgewebeschicht die Bildung des Korkgewebes eintritt.

Die nach aussen liegenden Wandungen der Epidermalzellen verdicken sich oft sehr stark oder verkorken, wie z. B. bei den lederartigen und immergrünen Blättern. Diese Verdickungen heissen Cuticularschichten, welche sich übrigens durch ihre Porenkanäle von dem Oberhäutchen hinreichend unterscheiden. Mit der Epidermis oder

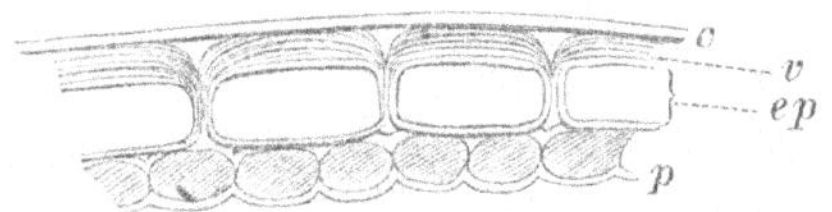

Fig. 71.

c Cuticula, v Verdickungsschicht der Epidermis, *ep* Epidermalzellen, *p* Parenchym (sehr stark vergr.).

Oberhaut darf man nämlich nicht das Oberhäutchen oder die Cuticula (*cuticula*) verwechseln, welche als eine zarte zusammenhängende, ganz strukturlose Membran die Epidermis und deren etwaige appendiculäre Theile (Haare, Warzen, Stacheln) bedeckt. Sie enthält nie Porenkanäle und ihre Masse scheint wie die der Cuticularschichten mit der Zellensubstanz identisch zu sein.

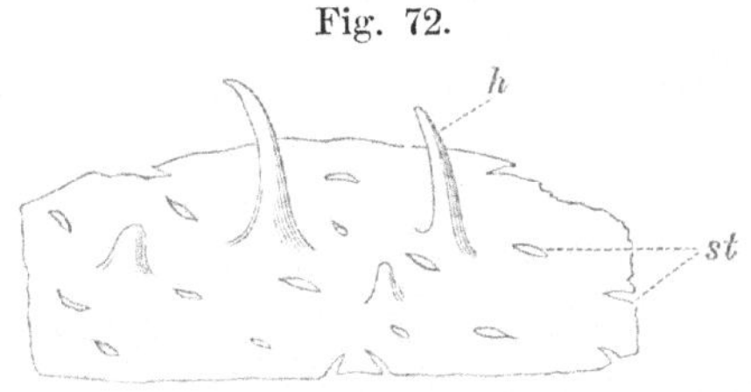

Fig. 72.

Die Cuticula von der unteren Seite eines Kohlblattes. *st* Oeffnungen (Spaltöffnungen), *h* Cuticula des Haares.

Das Epidermalgewebe unterscheidet man (nach *Schleiden*) nach dreierlei Art, als Epithel, Epidermis und Epiblema. Da wir diese Bezeichnungen des Epidermalgewebes in einigen Lehrbüchern der Pharmakognosie antreffen, so sollen sie hier auch näher erklärt werden.

Mit Epithel (*epithelium*) bezeichnet man das zartwandige Epidermalgewebe auf den allerjüngsten Pflanzentheilen. Am längsten erhält es sich auf zarten Theileu der Blumen. Hier ist es häufig, besonders aber auf den Samen von *Plantāgo, Linum, Cydonia* etc. ungemein reich an Schleim.

Die Zellen des Epithels treten sehr häufig gewölbt oder conisch zu Drüschen oder Papillen (*papillae*) verlängert hervor und erzeugen als ein drüsiges Epithel (*epithelium papillosum*) in Folge der Brechung der darauf fallenden Lichtstrahlen jenes sammetartige Aussehen, welches wir an manchen Blumentheilen beobachten.

Fig. 73.   Fig. 74.

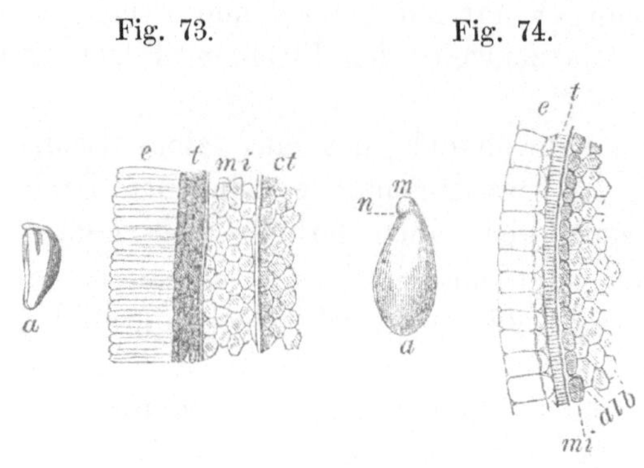

a Quittensamen (*Semen Cydoniae*), natürliche Grösse, *e* Epithelium, *t* äussere Samenhaut (*testa*), *mi* innere Samenhaut, *ct* Gewebe der Samenlappen.

a Leinsamen (*Sem. Lini*) $2^1|_2$ fach vergr., *e* Epithelium, *t* äussere Samenhaut (*testa*), *mi* innere Samenhaut, *alb* Eiweiss.

Das Epithel geht auf Stamm, Blättern, Wurzeln und den meisten Samen in die beiden folgenden Epidermalgewebe über.

Mit Epidermis, specieller genommen, bezeichnet man das an und für sich farblose, aus tafelförmigen, nach Aussen mehr oder weniger verdickten Zellen bestehende und stets von der Cuticula bedeckte Epidermalgewebe. Sie beschränkt die Verdunstung der Feuchtigkeit der Pflanze oder hemmt sie fast ganz, wenn zugleich die Cuticula aussen mit einer Absonderung eines wachsartigen Stoffes in Form kleiner Körnchen, dem Reif (*pruina*), überzogen ist, welchen wir als einen Ueberzug von graugrüner Farbe (*coloris glauci*) auf vielen saftigen Pflanzen und besonders auf Früchten beobachten.

Als Epiblema oder Wurzeloberhaut (*epiblēma*) wird dasjenige Epidermalgewebe unterschieden, welches die unterirdischen Pflanzentheile bedeckt. Die Zellen dieses Epidermalgewebes liegen nicht selten in zweifacher Schicht und sind meist verholzt oder verkorkt. Sie treten oft nach aussen mehr oder weniger hervor und verlängern sich selbst zu einzelnen Wurzelhaaren (*pili radicales*). An älteren Wurzeln findet man das Epiblema durch Kork verdrängt.

Das Epidermalgewebe finden wir als Epithel also im Allgemeinen an zarten Blumentheilen, als Epidermis an allen grünen Pflanzentheilen, wie den Stengeln und Blättern, und als

Epiblema an den unterirdischen Pflanzentheilen. Die Epidermis bedeckt die von Luft und Licht berührten, das Epiblema alle von Wasser und Erdboden umgebenen Pflanzenorgane.

Von diesen drei Modificationen des Epidermalgewebes hat

<table>
<tr><td>Fig. 75.</td><td>Fig. 76.</td><td>Fig. 77.</td></tr>
</table>

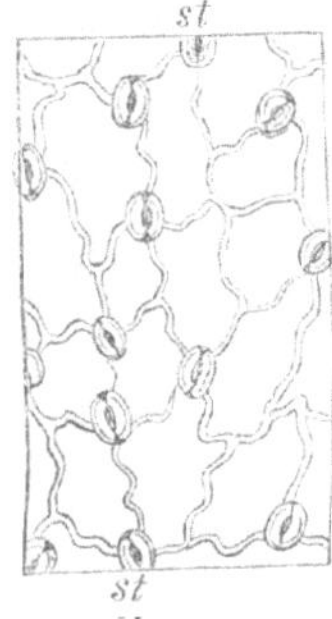

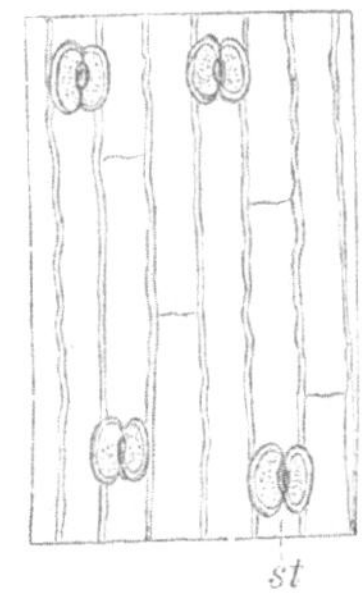

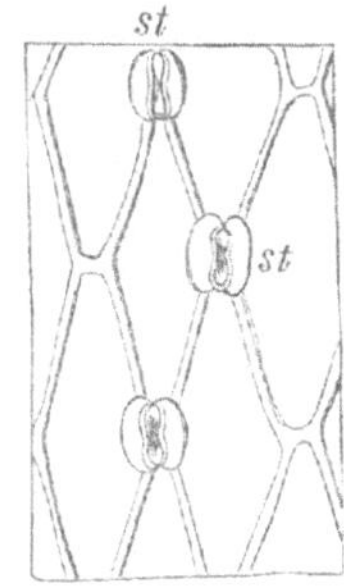

Epidermis der unteren Blattfläche von *Reseda odorata*, einer dikotyledonischen Pflanze. *st* Spaltöffnungen. Sehr stark vergr.

Epidermis von der unteren Blattfläche der Lilie (*Lilium candidum*). Monokotyledonische Pflanze. Sehr stark vergrössert.

Epidermis von der unteren Blattfläche der Hirse (*Panicum miliaceum*). Monokotyledon. Pflanze. Sehr stark vergrössert.

nur allein die Epidermis sogenannte Spaltöffnungen (Poren). Während die Zellen des Epithels und Epiblema sich dicht aneinanderschliessen, ist die Epidermis mit bald mehr, bald minder zahlreichen Spaltöffnungen (*stomatia s. stomăta*), welche sich natürlich nur durch ein Mikroskop erkennen lassen, versehen. Durch diese Oeffnungen verkehren die im Innern des Zellgewebes befindlichen Intercellulargänge mit der äusseren Luft, und sie bilden gleichsam die Athmungswege der Pflanze.

Die Spaltöffnung (*stoma*) wird von zwei oder vier gerundeten, mehr oder weniger halbmondförmig gekrümmten, saft- und chlorophyllhaltigen Zellen, Schliesszellen oder Stomazellen genannt, gebildet. Diese Zellen, welche gewöhnlich kleiner und dünnwandiger als die sie umgebenden Epidermalzellen sind, haben das Vermögen, die zwischen ihnen befindliche Spalte durch ihre Krümmung zu öffnen und durch Streckung theilweise oder ganz zu schliessen.

Fig. 78.

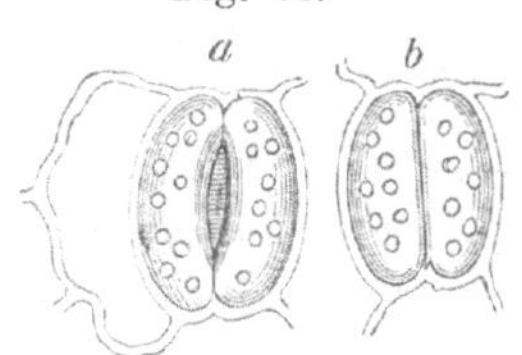

Spaltöffnungen. Vergr.
a. geöffnet, *b.* geschlossen.

Nur bei den Monokotyledonen, deren Epidermalzellen eine regelmässige gestreckte Gestalt haben, liegen die Stomazellen parallel der Längenaxe der Zellen (Fig. 76 u. 77). Bei den Dikotyledonen und den Farnen liegen sie ohne Ordnung (Fig. 75 u. 80).

<table>
<tr><td align="center">Fig. 79.</td><td align="center">Fig. 80.</td></tr>
</table>

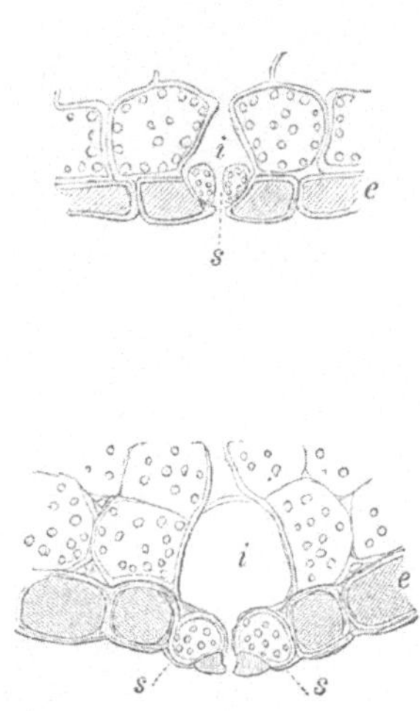

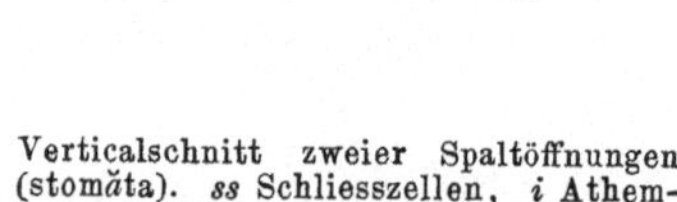

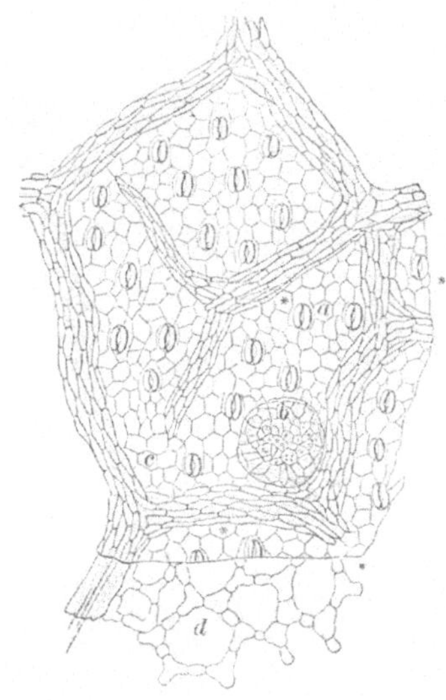

Verticalschnitt zweier Spaltöffnungen (stomäta). *ss* Schliesszellen, *i* Athemhöhle, *e* Epidermalzellen.

Ein Stück eines Birkenblattes, vergr. *d* sternförmiges Zellgewebe, *c* Epidermalzellen.

Spaltöffnungen kommen bei den höheren Pflanzen, von den Laubmoosen aufwärts, an grünen und von der Luft berührten Theilen vor, besonders an den Blättern und blattartigen Gebilden, an den Blättern der Dikotyledonen meist nur auf der Unterfläche, bei den Monokotyledonen auf beiden Seiten, bei den auf dem Wasser schwimmenden Blättern jedoch nur an der oberen, der Luft zugekehrten Fläche. Unter Wasser schliessen sie sich.

Zu dem Reichthum an Kohlenstoff gelangen die Pflanzen durch Aufathmen der atmosphärischen Kohlensäure, welche sie vermittelst der Lebensthätigkeit der Chlorophyllzellen in Kohlenstoff und Sauerstoff zerlegen, indem sie den Kohlenstoff assimiliren und den Sauerstoff ausathmen. Dieser Athmungsprocess ist folgender. Durch die erwähnten Spaltöffnungen nehmen die grünen Pflanzentheile, jedoch nur allein unter Einwirkung des directen oder zerstreuten Sonnenlichtes, die in der atmosphärischen Luft befindliche Kohlensäure, welche durch das Athmen der Thiere und die Verbrennung in unendlichen Mengen erzeugt und in die Atmosphäre geschickt wird, auf und führen sie durch die Intercellulargänge in die Gewebe. Diese zersetzen die Kohlensäure, nehmen den abgeschiedenen Kohlenstoff in sich auf und senden den freigemachten Sauerstoff in die Atmosphäre zurück. Dadurch wird die Luft wieder regenerirt und zum Athmen für die Thiere und zur Verbrennung wieder geschickt gemacht. Während der Nacht ist dieser Process unterbrochen, es athmen dann sogar die grünen Pflanzentheile Kohlensäure, zwar nur in sehr beschränktem Maasse, aus. Alle nicht grünen Pflanzentheile, sowie auch keimende Pflanzen, ferner die Pilze, Flechten absorbiren dagegen noch Sauerstoff aus der Luft und geben ihn als Kohlensäure an dieselbe zurück; es ist aber diese Sauerstoffabsorption gegenüber den Mengen Sauerstoffs, welche die grünen Pflanzen aushauchen, sehr gering und von sehr untergeordneter Bedeutung.

Das Chlorophyll (Chlorophyllzellen), dieser grüne wachsartige Stoff, welcher allein die Ursache der grünen Farbe der Pflanze ist, bildet sich unter Einfluss des Sonnenlichts, wobei übrigens die Gegenwart von Eisenoxyd eine nothwendige Bedingung zu sein scheint. Bei andauernder Entziehung des Lichtes findet keine Chlorophyllbildung statt, und die im Dunkeln wachsenden Pflanzen sind bleich oder farblos.

Bemerkungen. Epidérmis, von d. griech. ἐπί (epi), auf, darüber, darauf, und δέρμα (derma), Fell, abgezogene Haut. — Epitél, *epitelium* (häufiger Epithel) wurde von Schleiden, einem Mediziner, in die botanische Histologie als Kunstausdruck eingeführt. Der Mediziner versteht darunter jede flächenartig sich ausdehnende Zellenanhäufung, welche die äussere Haut und auch die Schleimhäute bedeckt. Das Wort ist gebildet aus ἐπί (epi), darauf, darüber, und τέλος (telos), Ende, die Grenze, das Aeusserste, also Epitelium, das was sich noch auf dem Aeussersten des organisirten Körpers befindet. Hiernach wäre es unrichtig, Epithelium zu schreiben, dennoch ist diese Schreibart die üblichere, welche man von ἐπί und θηλέω (thäleō), blühen, ableitet. — Epibléma, Daraufgelagertes, von ἐπί und βλῆμα (bläma), Niederwurf, Lagerung, Gewand. — *Stoma*, Mund, griech. στόμα, ατος (stoma, Gen. stomátos), Mund.

Lection 13.

Appendiculäre Theile der Epidermis. Haare, Warzen, Stacheln.

Aus den Zellen der Epidermis entstehen verschiedene appendiculäre Theile, Anhangsgebilde, wie Haare, Schuppen, Drüsen, Warzen, Stacheln, welche wie auch die Epidermis von der Cuticula überzogen sind.

Die Haare (*pili*) sind mehr oder weniger verlängerte Zellen des Epidermalgewebes, entweder nur einzellig, wie z. B. die Wurzelhaare auf jungen Wurzeln, oder sie sind mehrzellig und bilden theils einfache Zellenlängsreihen, theils Verästelungen. Es

<table>
<tr><td>Fig. 81.</td><td>Fig. 82.</td></tr>
</table>

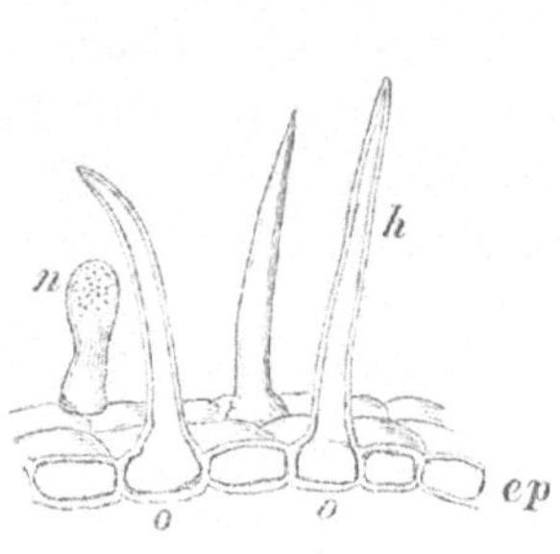

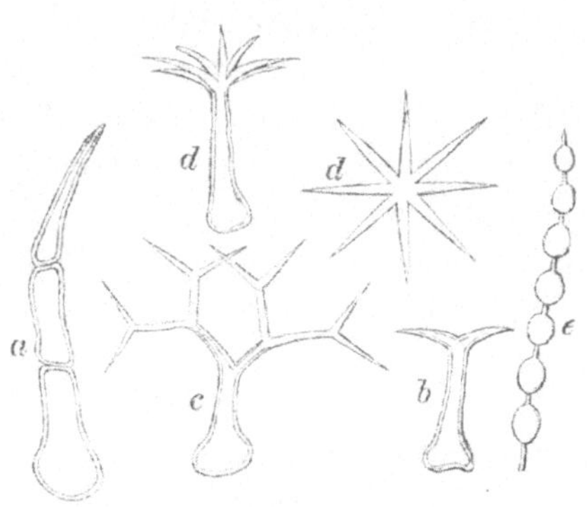

ep Epidermalgewebe des Blattes von *Oenothēra biennis*, *o o* zu Haaren verlängerte Epidermalzellen, *n* eine solche Verlängerung, Saft enthaltend (stark vergr.).

a. mehrzelliges Haar vom Stengel von *Lamium album*, *b.* gabelspaltiges Haar (von *Draba verna*, Hungerblümchen), *c.* gabelästiges Haar, *d.* sternförmiges Haar (sehr stark vergr.), *e.* rosenkranzförmiges Haar (*pilus monīlijormis* auf Stengeln und Blättern der *Mirabīlis Jalāpa*.

giebt z. B. **gabelspaltige, gabelästige** (d. h. wiederholt gabelspaltige), **sternförmige** etc. Haare. Durch seitliche Verwachsung der Strahlen büschelförmiger und sternförmiger Haare entstehen die **Schülfern** oder **Schuppen** (*lepĭdes*), wie auf den Blättern des Oleasters (*Elaeagnus*), des Olivenbaumes (*Olĕa*), der Alpenrose (*Rhododendron*). Dieselben liegen der Oberhaut mehr oder weniger dicht an.

Fig. 83.

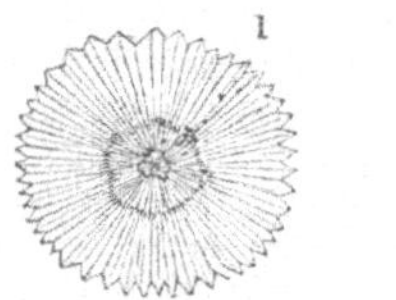
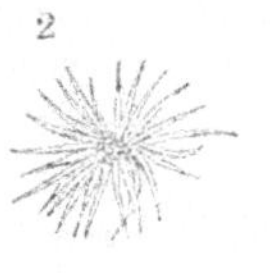

Schülfer und schuppenförmiges Haar auf *Elaeagnus.* Vergr.

Im Allgemeinen haben die im Wasser oder im Schatten wachsenden Pflanzen selten eine Haarbekleidung, dagegen aber meist die sonnige Standörter liebenden, die sogenannten **Lichtpflanzen.**

Befinden sich die Haare auf dem Rande eines flachen Pflanzentheils, so nennt man sie **Wimpern** (*cilĭa*).

Sind die Haare dick und steif, so nennt man sie **Borsten** (*setae*). Die Fruchtkapsel des *Papāver Argemōne* ist z. B. mit Borsten besetzt und eine *capsŭla setōsa*. Man darf diese Borstenhaare nicht mit den Trägern der Mooskapseln verwechseln, welche auch mit Borsten (*setae*) bezeichnet werden. An der Spitze hakenförmig umgebogene borstenartige Haare nennt man Haken (*hami:* *unci*). Der Stengel des kletternden Laabkrautes (*Galium Aparine*) ist ein *caulis hamosus*.

Sonderbar gebaute Haare sind die Brennhaare (*pili urentes:* *stimŭli*), wie solche besonders an vielen Arten der Nessel (*Urtica*), an der Schote der Kratzbohne (*Mucūna pruriens DC.*), letztere als *Setae siliquae hirsūtae s. Stizolobium* officinell, vorkommen.

Fig. 84.

Fig. 85.

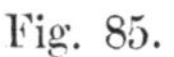

Brennhaar der Brennnessel (*Urtica urens*). Vergr.

Fig. 86.

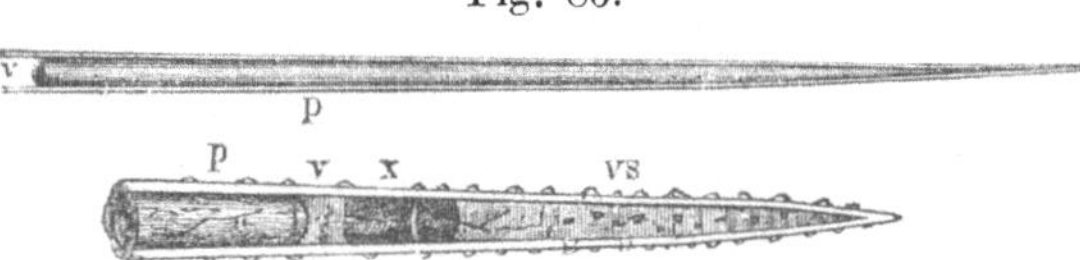

Die mit Borsten besetzte Fruchtkapsel von *Papaver Argemōne*. (natürl. Gr.).

Haar von der Hülse der Kratzbohne (*Stizolobium pruriens Pers. s. Mucūna pruriens DC.*). 1. Ein Haar (40 fach vergr.). *p* von braunrothem Safte gefüllter, *v* davon befreiter Theil. 2. Eine Spitze des Haares stärker vergrössert, besetzt mit rückwärts gekrümmten Drüschen. *p* Theil mit Saft gefüllt, *v* und *vs* vom Saft entleert. *x* mit eingetrocknetem Saft.

Die Brennhaare der Nessel sind im Bau einfach, nach oben dickwandig, steif, leicht zerbrechlich und spröde, an der Basis dagegen dickwandig und biegsam, mit einer zwiebelförmigen Erweiterung, welche mit warzenförmigen, sich über die Epidermalschicht erhebenden Zellen umgeben ist. Die Brennhaare enthalten einen brennend scharfen, selbst Entzündung erregenden Saft. (Hier bei der Brennnessel enthält der Saft freie Ameisensäure). Beim Berühren dringt die Spitze des Haares in die Haut, bricht ab und ergiesst ihren Inhalt in die kleine Wunde, wodurch das empfindliche Brennen verursacht wird. Die Brennhaare der *Mucūna pruriens* enthalten einen braunrothen Saft.

Warzen *(verrūcae)* heissen halbkugelig über das Epidermalgewebe hervorstehende Zellen oder Zellengruppen. Enthalten sie klebrigen Saft oder ätherisches Oel, so unterscheidet man sie als Drüsen *(glandūlae)*. Nicht über die Epidermis hervorragende, aber gegen das Licht gehalten leicht erkennbare Drüsen finden wir in den Blättern des Johanniskrautes *(Hypericum perforātum)* und des Pomeranzenbaumes *(Citrus Aurantium)*.

4*

Trägt das Haar an seiner Spitze eine Drüse, d. h. eine oder mehrere mit Flüssigkeit gefüllte Zellen in Form eines Knöpfchens, so heisst es Drüsenhaar, wie bei der Rose und dem Bilsenkraut *(Hyoscy̆amus niger)*.

Ein nicht mit Haaren besetzter Pflanzentheil heisst kahl *(glaber)*, der damit besetzte behaart *(pilōsus)*. Ein von Drüsen und ähnlichen Unebenheiten freier Theil heisst glatt *(laevis)*, im Gegentheil ist er rauh *(asper)* oder scharf *(scaber)*.

Die Stacheln *(aculĕi)* sind der Epidermalschicht aufsitzende, aus dickwandigen Zellen bestehende, mehr oder weniger spitze Organe, welche man nicht mit den Dornen *(spinae)* verwechseln soll, denn diese entspringen aus dem Holzkörper und werden für gleichsam verkümmerte Aeste gehalten.

Der Stachel *(aculĕus)* lässt sich leicht mit der Epidermis zugleich von dem Pflanzentheile abnehmen, nicht aber der Dorn *(spina)*. Die Rosensträucher *(Rosae)* haben Stacheln, man müsste daher botanisch sagen: keine Rose ohne Stacheln. Der Sauerdorn *(Berbĕris vulgāris)*, die dornige Hauhechel *(Onōnis spinōsa)*, die das Euphorbium liefernde *Euphorb̆ia resinif̆era Berg.*, der Kreuzdorn *(Rhamnus cathartica)*, der Bocksdorn *(Lyc̆ium barbărum)* haben Dornen. (Der verstorbene Botaniker Professor *Berg* ge-

Fig. 87.

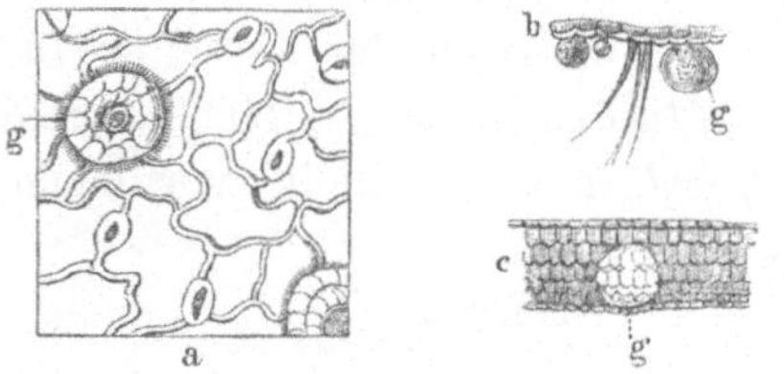

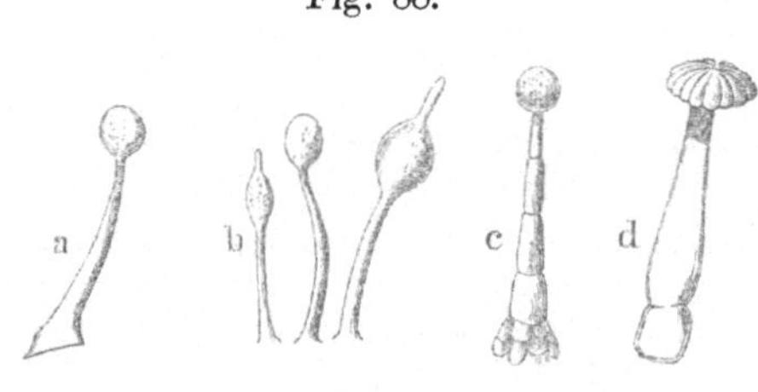

a. Ein Stück der unteren Fläche des Blattes von *Glycyrrh̆iza glabra* mit Drüsen *(g)*. Vergrössert. *b.* Drüsen *(g)* und Haare an der unteren Fläche von einem Blatte des *Marrubium vulgare*. Vergr. *c.* Querschnitt eines Stückes Blatt von *Citrus Aurantium* mit eingesenkter Drüse *(g)*.

Fig. 88.

a. Einzelliges Drüsenhaar von dem Kelche der *Salvia officinalis* (Salbei). *b.* Einzellige Drüsenhaare von der inneren Fläche der Blumenröhre von *Antirrh̆inum majus* (Löwenmaul). *c.* Mehrzelliges Drüsenhaar von *Cucurb̆ita Pepo* (Kürbis). *d.* Mehrzelliges Drüsenhaar des Blattes des Fettkrautes *(Pinguic̆ula vulgāris)*. 60 mal vergr.

Fig. 89.

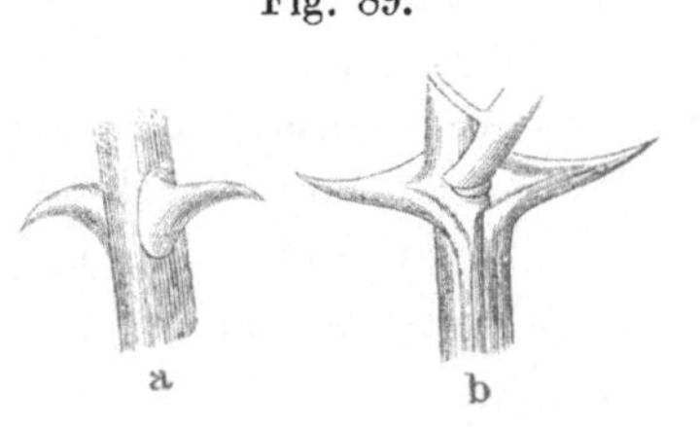

a. Ein Stück des Stammes von *Rosa can̆ina* mit Stacheln. *b.* Ein solches von *Robin̆ia Pseudacacia* mit Dornen.

brauchte die deutsche Benennung Dorn für *aculeus* und Stachel für *spina)*.

Bemerkungen. *Furcātus* von *furca*, die Gabel. — *Dichotŏmus* von d. griech. δίχα (dicha), zweifach, und τομός, ή, όν (tomos) schneidend, theilend, τέμνω (temnō), ich schneide. — *Stellātus* von *stella*, der Stern. — *Lepis, lepĭdis,* Acc. *lepĭda,* von λεπίς (lepis), Schuppe. — *Hypericum* u. *Hyperĭcum* wegen ὑπέριχον u. ὑπέρειχον.

Lection 14.

Korkgewebe. Borke. Lenticellen.

Das **Korkgewebe** besteht aus dünnwandigen oder nur wenig verdickten Zellen, welche in ziemlich regelmässiger Stellung **radiale Reihen** bilden, nicht allein an älteren Theilen des Stammes und der Wurzel, sondern auch an anderen Pflanzentheilen, wie

Fig. 90.

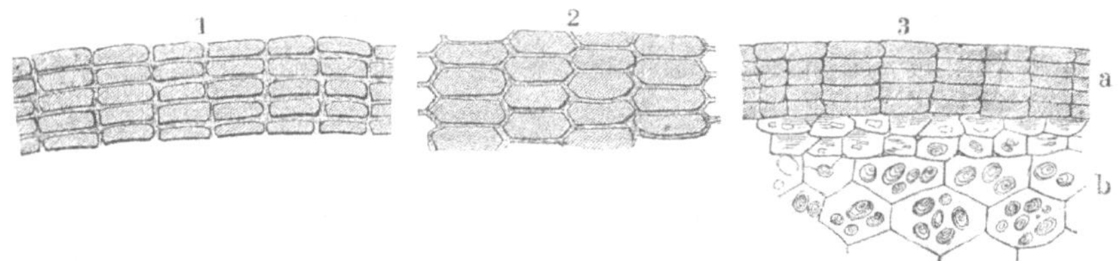

Korkgewebe. 1. Periderma oder Lederkork der Birke (*Betula alba*); 2. das der Cascarillrinde (*Cortex Cascarillae*). Stark vergr. 3. Korkgewebe der Kartoffelschale, *a.* Korkgewebe, *b.* Parenchym.

Fig. 91.

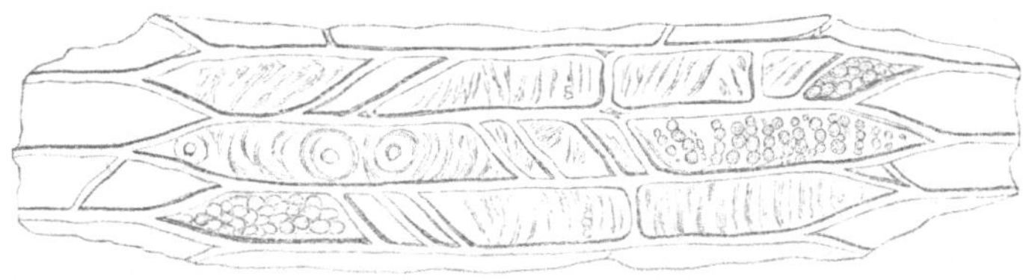

Ein Stück Borke (*rhytidōma*) aus der sich bandförmig ablösenden Birkenrinde (vergr.).

Knollen, Blättern, Früchten. In der Jugend enthalten die **Kork-zellen** Plasmaflüssigkeit, nie jedoch Chlorophyll- und Stärke-zellen. Anfangs bestehen sie aus an Cellulose reichem Dermo-plasma, später aus Korkstoff (Suberin), welcher sich von der

Cellulose durch seine Leichtlöslichkeit in Aetzkalilösung und seine Schwerlöslichkeit in Schwefelsäure unterscheidet.

Die Bildung des Korkgewebes beginnt in dem Epidermalgewebe und dem unter demselben liegenden Rindenparenchym. Da das Korkgewebe den Saftaustausch zwischen den innerhalb und ausserhalb liegenden Rindentheilen unterbricht, so wird die Epidermis nach und nach entkräftet und die Zellen derselben sterben ab, sie verkorken nach und nach, d. h. die aus porösen Verdickungsschichten bestehenden Zellwandungen werden von Korkstoff durchdrungen. Die Zellen enthalten dann nur Luft.

Die stärkste Korkbildung finden wir bei der im südlichen Europa heimischen Korkeiche *(Quercus Suber L.)*, welche uns das Material zu den Korkstopfen liefert. Sie findet nicht allein an Bäumen und Sträuchern, sondern auch an krautartigen Pflanzen und saftigen Theilen derselben statt, und endlich immer als Vernarbung an verletzten Stellen der Epidermis. Die mehr oder weniger rissigen braunen Stellen und Flecke an den Pflaumen, Aepfeln etc. sind durch Korkbildung der auf irgend eine Weise zerrissenen oder verletzten Epidermis entstanden. Wo ein Blatt weggenommen wird, bedeckt sich die Anhaftungsstelle mit Kork, und die Bäume und Sträucher werfen auch die Blätter unter Korkbildung an den Anhaftungsstellen ab.

Ist die äussere junge Korkschicht noch dünn und glatt und nicht rissig, so unterscheidet man sie als Lederkork oder Rindenhaut *(periderma)*. Dieselbe ist häufig nicht von langer Dauer, die darunter weiter fortschreitende Korkzellenbildung nimmt zu, mit ihr das Volumen der Korkmasse (des Schwammkorkes), welche endlich die nicht hinreichend elastische Rindenhaut zersprengt und zerstört. Diese letztere wird rissig und löst sich als Borke *(rhytidōma)* in Schuppen, Streifen, Tafeln (Korkflügeln) etc. ab. Bei der Birke *(Betŭla alba)* schülfert sie, nach dem Absterben weiss geworden, in der einem Jeden bekannten Weise ab, siehe Fig. 91. Die junge Rindenhaut der Birke (das Periderm) ist braun. Bildet sich im Innern der Rinde das Periderm zu einer zusammenhängenden Ringschicht, so wird die ausserhalb liegende Rindenschicht als Ringelborke *(rhytidōma cyclicum)* abgestossen. Am Weinstock *(Vitis viniféra)* sondert sich diese Ringelborke in langen schmalen Bändern ab.

Bei der Linde *(Tilia)*, Pappel *(Popŭlus)*, Eiche *(Quercus)*, der Kiefer ist die Bildung der Peridermschichten in der Rinde unregelmässig, und in Folge davon werden die abgestorbenen Schichten in Schuppen abgeworfen. So lange die Bildung von

Periderm stattfindet, ist die Rinde glatt. Bei der Buche *(Fagus silvatica)* dauert sie am längsten an, oder es ist das Periderm zähe, vermehrt sich auch wohl in peripherischer Richtung und trennt sich daher nicht ab, weshalb dieser Baum stets eine glatte Rinde hat. Aehnliches glattes Periderm beobachtet man an der blassen Jaënchinarinde, der *China nova* u. a.

Zum Unterschiede von dem Lederkork (Rindenhaut) und der Borke wird die unter derselben liegende Korkschicht **Kork** oder **Schwammkork** *(suber; stratum suberōsum)* genannt. Diese Korkschicht bildet kleinere oder grössere **Zusammenhäufun-gen** von dünnwandigen länglich viereckigen oder polyëdrischen Korkzellen, welche entweder in **Form** kleiner Warzen aus der Rinde hervor- treten und die sogenannten **Rinden-höckerchen, Korkwarzen, Lenti-cellen** *(lenticellae)* bilden, oder welche zu unregelmässigen Massen aus einan- derreissen, oder sich in regelmässigen Längsfurchen spalten, oder wie bei der Korkeiche in dicken Schichten ver- einigt bleiben. Ein hübsches Object für das Studium der Rinde ist übri- gens ein junger Fliederzweig, dessen Epidermis von aschgrauer Farbe sich sehr bequem von dem grünen Rindenparenchym (Mittelrinde) abziehen lässt.

Fig. 92.

a. Stück jungen Stammes des Flie- derbaumes *(Sambūcus nigra)*, besetzt mit Lenticellen, *b.* etwas vergrösserte Lenticellen.

Die **Rindenhöckerchen** sind kleine braune, gewöhnlich von einer Längsfurche in zwei lippenförmige Wulste getheilte, warzenförmige Herrvoragungen auf der Epidermis, z. B. auf der Rinde des Hollunders *(Sambūcus nigra)*, des Haselstrauches *(Corўlus Avellāna).* Sie bilden gewöhnlich die Ausgangspunkte der Korkwucherungen der Rinde und geben die Veranlassung des Aufspringens oder Zerreissens der Borke.

Bemerkungen. Rhytidóma, von dem griech. ῥυτίδωμα (rhytidōma), Gerun- zeltes; ῥυτιδόω (rhytidoo), runzlig machen. — Peridérma, von d. griech. περί (peri), um, herum, und δέρμα (derma), Haut. — *Cyclicus, a, um,* das griech. κυκλικός, kreisförmig, ringförmig; κύκλος (kyklos), Kreis, Ring. — *Lenticella,* Diminutiv von *lens, lentis, f.* die Linse.

Lection 15.

Pilzgewebe, Flechtengewebe. Gewebe der Algen.

Ein besonderes Zellgewebe findet man bei einem grossen Theile der Pilze *(fungi)*, Flechten *(lichēnes)* und Algen *(algae)*, also bei den Kryptophyten oder Thallophyten, Zellenpflanzen einer niederen Stufe mit unvollständigem Zellgewebe und ohne Gefässe und Bastzellen. Das Trieblager *(thallus)* dieser Pflanzen, welches die Stelle der verschiedenen Organe höher organisirter Gewächse vertritt, ist eine einfache Gewebebildung. Die Zellen (bei den Pilzen Flocken, Hyphen, *flocci*, *hyphae*, genannt), sind bald verkürzt, bald verlängert, bald zusammengedrängt, bald locker verbunden, und bilden bei den höher organisirten Pilzen und den Flechten mit laubartigem Thallus das Pilz- oder Flechtengewebe (Filzgewebe), ein unregelmässiges Fasergewebe, aus langen fadenförmigen verzweigten und unter einander vielfach verschlungenen farblosen Zellen bestehend. Bei den meisten Flechten ist das Gewebe (wergartiges Gewebe, *contextus stupacēus*, genannt) starr und zähe, bei den Pilzen ist dagegen das Gewebe *(mycelium; hyphasma; contextus floccōsus)* weich und sehr

Fig. 93.

Fig. 94

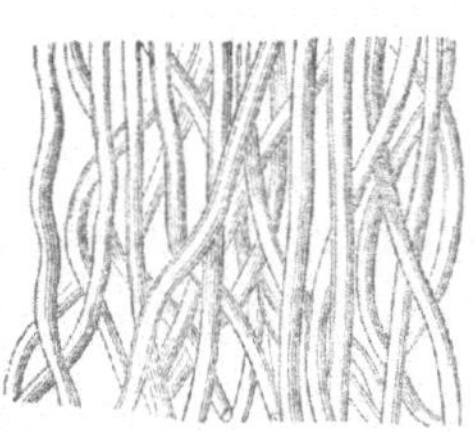

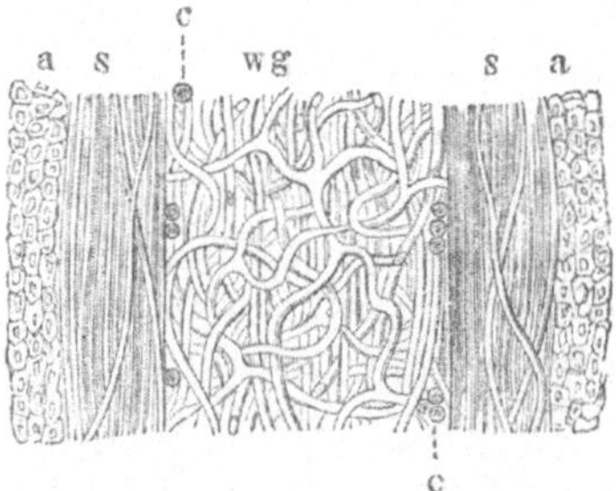

(Unvollständiges Gewebe). Pilzgewebe, *hyphasma*. Ein Theil des Gewebes aus dem Eichenschwamm *(Daedalēa quercīna Pers.)*. 300 mal vergr.

(Unvollständiges Gewebe). Flechtengewebe. Längsdurchschnitt eines Theiles des Thallus der Isländischen Flechte, des *Lichen Islandicus (Cetraria Islandica Acharius)*. *a* Rindenschicht, *s, wg, s* sogenannte Markschicht, *ss* straffes Gewebe *(contextus strictus)*, *wg* wergartiges Gewebe, *c* Thallochlorkörnchen. 150 mal vergr.

vergänglich. Die Zellen der Pilze sind sehr stickstoffreich, die der Flechten enthalten auch Stärkemehl.

Der Thallus der Flechten einer höheren Entwickelungsstufe besteht aus drei Schichten, der Rindenschicht, der Mittelschicht und der Markschicht. Rinden- und Markschicht bestehen gewöhnlich aus dicht in einander verwebten Fadenzellen, die Mittelschicht aus lockerem losen Fasergewebe. Das Gewebe der fucusartigen Algen unterscheidet sich von dem vorigen durch Chlorophyllgehalt, welcher den Pilzen ganz fehlt, bei den Flechten nur sparsam vertreten ist.

Das Chlorophyll der Flechten wird, indem es geringe Verschiedenheit von dem Chlorophyll der Gefässpflanzen zeigt, auch als Thallochlor, Flechtengrün, unterschieden.

Bisher haben wir uns mit Anatomie oder Histologie der Pflanzen beschäftigt, also mit demjenigen Theile der Pflanzenkunde, welcher uns die Elementarorgane und die aus denselben zusammengesetzten Gewebe der Pflanze kennen lehrte. Da diese Kenntniss die erste Grundlage bildet, um später die Pharmakognosie und überhaupt Botanik studiren zu können, so ist es nothwendig, die Lectionen nochmals zu repetiren, um dann auf den anatomischen Bau der Achsenorgane überzugehen. Steht ein Mikroskop zur Hand, so wird durch Hilfe desselben die Kenntniss um so sicherer unterstützt.

Bemerkungen. *Alga, ae, f.* Meergras, Seetang. Die Algen und Tange bilden eine grosse Familie, und sind, wie die Pilze und Flechten, Thallophyten oder Lagerpflanzen. Sie haben chlorophyllhaltige Zellen und vegetiren im Wasser, die Flechten dagegen haben in ihren Geweben nur spärliche chlorophyllhaltige Schichten und vegetiren in der Luft, und die Pilze haben nur chlorophyllose Zellen und leben hauptsächlich von organischen, in Fäulniss oder Verwesung begriffenen Substanzen. — *Lichēn, lichēnis, m.* die Flechte. — *Fungus, i, m.* Pilz. — *Thallus, i, m,* griech. θάλλος, ein grüner Stengel oder Zweig. In der Botanik das Wurzel, Stengel, Blätter etc. der höheren Pflanzen ersetzende Trieblager der Kryptophyten, desshalb auch Thallophyten genannt. — *Cryptophўta, orum n.* von dem griech. κρυπτός, ή, όν (kryptos), verborgen, und φυτόν (phyton), Gewächs. — *Thallophўta* etc. In *Berg's* Botanik ist unrichtig *Cryptophўta* accentuirt. — Hyphen, *hўphae* (Singul. *hypha*), von dem griech. ὑφή (hyphä), gesponnener Faden, Gewebe, — *Hyphāsma, ătis,* griech. ὕφασμα, τό, das Gewebte, Gewebe. — *Mycelĭum,* Pilzgewebe, von d. griech. μύκης (mykäs), Pilz. — Thallochlór (Flechtengrün), dem Chlorophyll verwandter Stoff, z. B. in *Cetrarĭa Islandĭca* vorkommend, vom Chlorophyll durch seine Unlöslichkeit in Salzsäure unterschieden. — Anatomíe (lat. *anatomĭa*), Zergliederungskunst; von dem griech. ἀνά (ana), wiederholt, zer-, um-, und τέμνω (temnō), schneiden, theilen; ἡ ἀνατομή (anatŏmä), das Aufschneiden, Zergliedern. — Histologíe (lat. *histologĭa*), Gewebelehre, von dem griech. ἱστός (histos), Gewebe, und λόγιος, ία, ιον (logios, ia, ion), kundig, gelehrt (von λόγος, Wort).

Lection 16.

Entwickelungsstufen der Pflanzen. Axe. Axenorgane. Peripherische
Organe.

In den vorhergehenden Lectionen ist öfter .die Rede gewesen von Gewächsen einer höheren oder niederen Ordnung.
Es ist nöthig, weil die Natur in ihrem Schaffen immer vollkommen ist, dass wir uns von diesem Unterschiede ein Bild entwerfen.
Wenn wir hierbei auch ältere Ansichten in Erinnerung bringen, so
geschieht dies, um die neueren klarer aufzufassen.

Legen wir ein Samenkorn des Leins *(Linum usitatissĭmum)*
in die feuchte Erde, so quillt es auf, die Samenschalen zersprengend. Sein verdünnter Theil *(r)* verlängert sich und dringt tiefer in die Erde, während der obere dickere Theil sich über die Erde erhebt und sich zunächst in Gestalt zweier Blättchen entfaltet. In mehreren Tagen ist ein Pflänzchen gebildet, an welchem wir zwei Theile, einen aufwärtssteigenden und einen abwärtssteigenden Stock wahrnehmen oder unterscheiden.

BeideTheile(Stöcke)waren bereits in dem Keime *(embryo)* des Samenkorns vorgebildet und erhielten durch

Fig. 95.

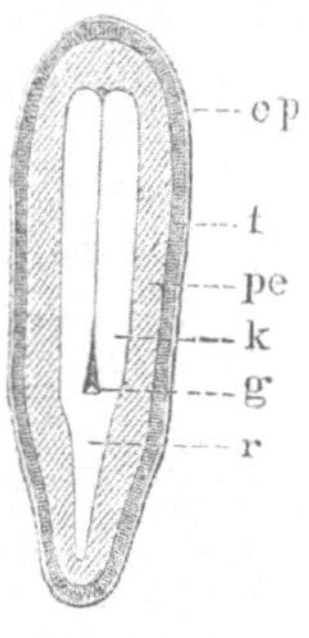

Längsdurchschnitt des Samens des Leins *(Linum usitatissimum)*. *ep* Epithelium, *t* Samenhaut *(testa)*, *pe* Ausseneiweiss *(perispermium)*, *k* Samenblätter *(cotylae s. cotyledones)*. *g* Knöspchen *(gemmŭla)*, *r* das Würzelchen *(radicŭla)* des Embryo.

Fig. 96.

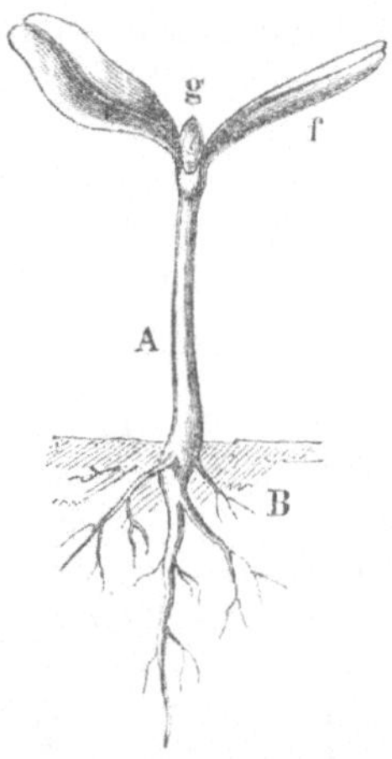

Junge Leinpflanze. *A* Stengel (Oberstock). *B* Wurzel (Unterstock), *f* Samenblätter, *g* Knospe *(gemma)*.

das Wachsthum ihre Ausbildung. Betrachten wir die kleine Leinpflanze in ihrer Ausdehnung unter und über der Erde, so unterscheiden wir an ihr einen über der Erde befindlichen Theil, den
oberirdischen Stock, und einen unter der Erde befindlichen
Theil, den unterirdischen Stock. Beide Theile fallen mit den
vorhin erwähnten, dem aufwärts- und abwärtssteigenden Stocke,
ziemlich zusammen. Den letzteren bildet die Wurzel *(radix)*,

den ersteren der **Stamm** oder **Stengel** *(truncus, caulis)* mit den Blättern *(folia)*. Hier an der jungen Leinpflanze finden wir zwischen den beiden ersten Blättern (den Primordial- oder Herzblättern) auch eine **Knospe** (Hauptknospe, *gemma primaria*), welche in ihrer weiteren Entwickelung den Stengel verlängert, Blätter und zuletzt Blüthe und Frucht bildet.

Organe zwischen Stamm und Wurzel, welche ihrer Bestimmung nach dem Stamme angehören, aber dennoch unter der Erde verbleiben, und solche, welche der Wurzel angehören, aber dennoch über der Erde hervortreten und hier verbleiben, also Organe, welche sowohl unter, als auch über der Erde sich bilden können, fasste man früher unter der Bezeichnung **Mittelstock** zusammen. Solche Organe sind die Knollen, Zwiebeln, Wurzelstöcke (Rhizome).

Die Entwickelung in der vorstehend angegebenen Weise sah man als die vollkommenste an. Man zählte die Pflanzen zu den höchst organisirten, welche Stamm, Blätter, Wurzeln und Frucht entwickeln und betrachtete die Pilze, Flechten und Algen, welche weder Stamm, noch Blätter, noch Wurzeln entwickeln, als Pflanzen der niedrigsten Ordnung, dagegen die Moose zu einer etwas höheren Ordnung gehörend, denn sie entwickeln Stamm und Blätter. Den farnartigen Gewächsen, welche Stamm, Blätter und auch Wurzel bilden, und sogar von einem mehr oder weniger entwickelten Gefässbündelsystem durchzogen sind, wies man einen noch etwas höheren Platz als den Moosen an.

Als wir vorhin an der entwickelten Pflanze einen auf- und einen abwärtssteigenden Stock unterschieden, so geschah dies nur, um uns diese früher von den Botanikern angenommenen Bezeichnungen zu erklären. Da es eine Menge Pflanzen giebt, an denen man unter anderem z. B. unterirdische Stämme (Rhizome) und oberirdische, im Verlaufe des oberirdischen Stammes entspringende Wurzeln (Luftwurzeln) antrifft, so ergab sich die Nothwendigkeit, der Wachsthumsausdehnung der Pflanze einen wissenschaftlicheren Eintheilungsgrund zu unterbreiten. Man dachte sich durch die Längsrichtung des Wachsthums der Pflanze eine Linie gezogen, nannte diese Linie die **Axe** der Pflanze, und entsprechend die in dieser Linie liegenden Organe, also Stamm und Wurzel und deren Verzweigungen, **Axenorgane**, **centrale Organe**, die neben der Axe liegenden Theile aber, wie die Blätter, **Nebenaxenorgane** oder richtiger **peripherische Organe** (appendiculäre Organe der Axe, Blattorgane). Die Axe geht zuerst aus dem Embryo hervor und ist gleichsam die Grundlage der ganzen Pflanze, die Blattorgane bilden sich später. Wie wir in einer weiteren Lection sehen werden, können Blüthen und Früchte theils Axenorgane, theils peripherische oder Blattorgane sein. Das Wachsthum beider Theile ist ein ganz verschiedenes, denn die Axe wächst an ihrer Spitze unter Entwickelung neuer Zellen sich ausdehnend, die peripherischen oder Blattorgane an der Basis, sie bilden nämlich erst die Spitze und wachsen durch Zelleneinschiebung zwischen Spitze und Axe. Dies geschieht behufs ihrer Flächenausdehnung zuerst, dann bilden sie den Blattstiel, wenn ein solcher dazu gehört.

Die Formen der Blattorgane sind hier ganz unwesentlich. Die den Blättern ähnlich gestalteten Stämme der Cactusarten sind dennoch Axenorgane, weil sie Axenwachsthum zeigen und sie Blüthen entwickeln, was bekanntlich das Blatt nicht kann.

Mit Zugrundelegung dieser Eintheilung des Entwickelungganges und mit Rücksicht auf die Ausbildung von mehr oder weniger vollkommenen Organen schichtet man (nach *Endlicher*) die Pflanzen in zwei grosse Reihen (*regiones*):

1. Axenlose Pflanzen oder Thallophyten, Lagerpflanzen *(Thallophўta)*, welche ein aus Zellen zusammengesetztes Lager bilden, oder welche in Stelle von Wurzeln, Stamm und Blättern nur ein Lager *(thallus)* entwickeln.

2. Axenpflanzen oder Kormophyten, Stammpflanzen (*Cormophўta)*, Pflanzen, welche Wurzel, Stamm und Blätter entwickeln.

Die Thallophyten (Kryptophyten *Berg*'s) umfassen die uns schon dem Namen nach bekannten Klassen: Algen *(Algae)*, Flechten *(Lichēnes)* und Pilze oder Schwämme *(Fungi)*, also Zellenpflanzen mit unvollständigem Gewebe, Pflanzen einer niederen Entwickelungsstufe.

Die Kormophyten umfassen in erster Linie die Moose *(Musci)* und Farne *(Filices)*, Pflanzen mit vollkommnem Zellgewebe (Mesophyten *Berg*'s) und in zweiter Linie die Monokotyledonen und Dikotyledonen, also Pflanzen, welche sich vollkommen entwickeln, oder Pflanzen einer höheren Entwickelungsstufe.

Die Leinpflanze, welche wir Eingangs dieser Lection als Beispiel heranzogen, ist eine Dikotyledone, eine mit 2 Samenlappen sich entwickelnde Pflanze, ein Kormophyt. Sie entwickelt sich vollkommen, oder mit anderen Worten, sie erreicht eine höhere Entwickelungsstufe.

Zu bemerken ist noch, dass man die aus dem Keime unmittelbar hervorgehenden Theile, Stamm und Wurzel mit Hauptaxe, die Aeste (*ramı*) und Zweige (*ramŭli*) mit Seitenaxen zu bezeichnen pflegt.

Bemerkungen. *Embryo, ōnis, m.*, Keim, die im Samen befindliche Anlage der Pflanze; von d. griech. ἐν (en), innen, und βρύω (bryō), keimen; ἔμβρυον (embryon), die ungeborene Frucht. — *Endlicher*, Prof. der Botanik in Wien, † 1849, gründete auf die natürliche Verwandtschaft der Pflanzen ein Pflanzensystem. — Kormophyten, von d. griech. κορμός (kormos), ein Stück Stamm.

Lection 17.

Eintheilung der Pflanzen im Allgemeinen.

Es war *Endlicher*, welcher von der Entwickelungsart und der Wachsthumsrichtung ausgehend die Pflanzen in Thalluspflanzen *(Thallophўta)* und Stamm- oder Axenpflanzen *(Cormophўta)* schichtete. In ähnlicher Weise kann man die Pflanzen auch mit Rücksicht auf die Fortpflanzungs- oder Reproduktionsorgane in zwei grosse Klassen sondern, nämlich in Sporenpflanzen und Samenpflanzen, also nach der Art derjenigen Organe, aus welchen eine der Mutterpflanze ähnliche Pflanze hervorgeht, der Sporen und der Samen.

Die Sporenpflanzen *(sporophўta)* vermehren sich durch Sporen, Keimkörner *(sporae)*, Samen vertretende, aus einfachen Zellen oder aus mehreren Zellen zusammengesetzte Gebilde, welche nur von einer trüben Flüssigkeit erfüllt sind und keinen Embryo enthalten. Die Sporenpflanzen heissen daher auch embryolose *(plantae exembryonātae)*. Die Sporen werden nicht in einer Blume, also scheinbar nicht durch einen Befruchtungsakt entwickelt, sondern gehen in verschieden anderer Weise in und aus dem Zellgewebe der Mutterpflanze hervor.

Zu den Sporenpflanzen gehören Pilze, Flechten, Algen, Moose und Farne, mithin alle die Pflanzen, an welchen *Linné* zwar Reproductionsorgane (die Sporen) entstehen sah, aber ohne Befruchtungsakt und die dazu nöthigen beiden Geschlechter, durch welche bei den Samenpflanzen der Same entsteht. *Linné* nannte deshalb die Sporenpflanzen verborgenehige *(plantae cryptogămae)* oder Kryptogamen. Späteren Botanikern glückte es auch bei den Kryptogamen, besonders bei den Moosen und Farnen, doppelte Geschlechter oder doch solche diesen entsprechende Organe nachzuweisen, so dass der Bezeichnung Kryptogamen in Bezug auf die *Linné*'sche Auffassung jede wissenschaftliche Berechtigung entzogen wurde. Nichts destoweniger

ist die Bezeichnung Kryptogamen für durch Sporen sich fort-
pflanzende Gewächse immer noch eine übliche und gilt überhaupt
für die Pflanzen, deren geschlechtlichen Fortpflanzungsorgane nicht
als Staubblatt und Ei erscheinen.

Die Samenpflanzen *(Spermatophўta)* vermehren sich durch
Samen *(semĭna)*. Der Same ist nicht allein ein in einer Blüthe,
also durch Befruchtung entstandenes Reproduktionsorgan, er enthält auch die junge Pflanze bereits als Keim *(embrўo)* vorgebildet,
wie wir dies an dem in vorhergehender Lection erwähnten Leinsamen kennen gelèrnt haben. Daher hat man die Samenpflanzen Embryopflanzen *(plantae embryonātae)* genannt. Sie umfassen die offenehigen oder Phanerogamen *(pl. phanerogămae)*
Linné's. Wir haben also 2 Hauptgruppen Pflanzen, nur mit verschiedenen Namen bezeichnet, vor uns:

<table>
<tr><td>Gruppe I:</td><td>Gruppe II:</td></tr>
<tr><td>Verborgenehige</td><td>Offenehige</td></tr>
<tr><td>Kryptogamen</td><td>Phanerogamen</td></tr>
<tr><td>Sporenpflanzen</td><td>Samenpflanzen</td></tr>
<tr><td>Embryolose</td><td>Embryopflanzen.</td></tr>
</table>

Die Samenpflanzen lassen sich wieder in zwei Gruppen
theilen, in nacktsamige *(gymnospermae)* und in bedecktsamige *(angiospermae)*. Die Samen der nacktsamigen sind von
keiner Fruchthülle, die der bedecktsamigen von einer Fruchthülle umschlossen. Die Gymnospermen haben wenige Vertreter
in der heutigen Pflanzenwelt (z. B. die Cycadeen und Coniferen), dagegen waren sie zahlreich in der vorweltlichen Flora
repräsentirt.

Die Samenpflanzen lassen sich ferner eintheilen in

1) Monokotyledonen, Monokotylen oder einsamenlappige
   (plantae monocotўledonĕae s. monocotylĕae), und in
2) Dikotyledonen, Dikotylen oder zweisamenlappige *(pl.
   dicotўledonĕae s. dicotylĕae)*.

Weichen wir einen Samen, z. B. eine Mandel *(Amygdăla)*,
welche ein Samen ohne Eiweisskörper *(semen exalbuminōsum)* ist,
in heissem Wasser ein, so dass seine Umhüllungen erweichen,
so erhalten wir ihn leicht in einem Zustande, welcher seine Zerlegung in die ihn zusammensetzenden Theile erlaubt. Nach Entfernung der äusseren Samenhaut *(testa)* kommen wir auf den
inneren Samentheil, Samenkern *(nuclĕus semĭnis)*, welcher hier
den ganzen Keim *(embrўo)* darstellt. Der Samenkern lässt sich
leicht von seinem breiteren Ende nach dem spitzeren in zwei

dicke blattähnliche Theile spalten. Verfahren wir dabei mit Vorsicht, so bleiben diese beiden Hälften an dem spitzeren Ende

Fig. 97.   Fig. 98.

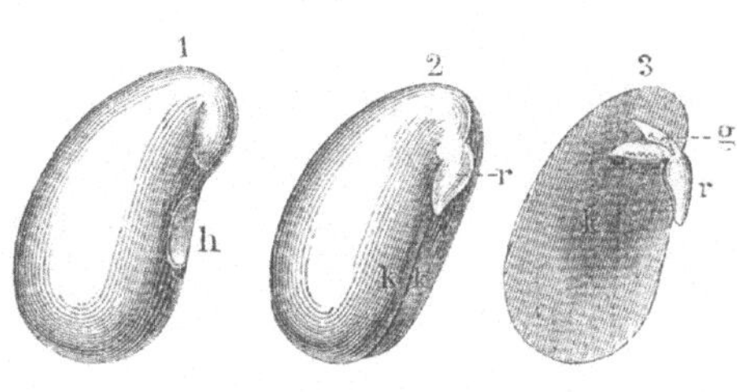

1. Von der Testa befreiter Mandelsamen (*Amygdăla*). *kk* Kotyledonen
oder Samenlappen, *e* Axe des Embryo.
2. Eine der beiden Kotyledonen mit
daranhängender Axe, *gr — g* Knöspchen (*gemmula*), *r* Würzelchen (*radicula*). Natürl. Grösse.

1. Same der Schminkbohne (*Phaseŏlus multiflŏrus*). *h* Nabel (*hilum*). 2. Von der Samenhaut (*testa*) befreiter
Same derselben Pflanze. *kk* Kotyledonen, *r* Würzelchen.
3. Eine der Kotyledonen mit daranhängender Axe *gr —
g* Knöspchen, *r* Würzelchen. Natürl. Grösse.

zusammenhängend. Diese beiden Hälften sind die Samen-lappen oder Kotyledonen *(cotyledŏnes)*, und der Theil, mittelst welches sie zusammenhängen, ist die Axe des Keimes, ein gemeiniglich in zwei Spitzen auslaufendes Gebilde. Das zwischen beide Kotyledonen hineinragende Spitzchen der Axe ist das Knöspchen oder Federchen *(gemmŭla s. plumŭla)*, die Terminalknospe der jungen Pflanze und die Anlage zur künftigen oberirdischen Axe. Das nach aussen gerichtete Spitzchen ist dagegen die Anlage zur unterirdischen Axe, der Wurzel, und wird daher Würzelchen *(radicŭla)* genannt. Diese beiden grossen Hälften, die Kotyledonen, auch Kotylen *(cotŷlae)*, Samenlappen, Samenblätter, Keimblätter genannt, sind die ersten fleischigen Blätter, welche sich bei der Entwickelung des Embryo zu einer Pflanze über den Erdboden erheben. Der Mandelbaum *(Amygdălus commūnis)* ist wie die in der vorigen Lection uns bekannt gewordene Leinpflanze eine Dikotyledone. Die wenigen

Fig. 99.

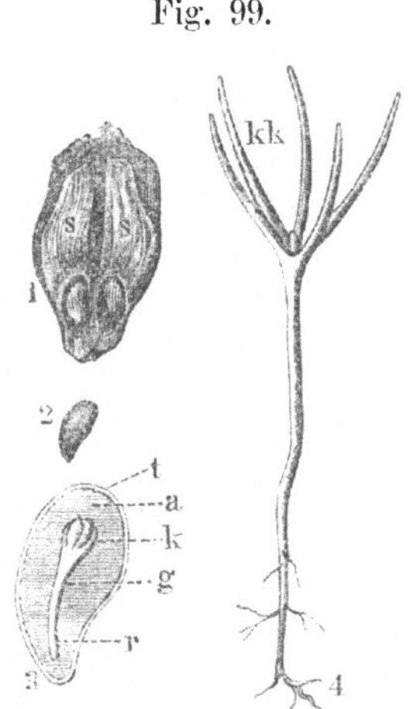

1. Samenschuppe mit zwei aufliegenden Samen von der Innenseite,
der Kiefer, *Pinus silvestris*, angehörend. *ss* Samenflügel. Nat. Grösse.
2. Ein von dem Flügel befreiter
Same. Nat. Grösse. 3. Ein Same
im Durchschnitt vergr., *t* Samenhaut, *a* Sameneiweiss (der Same
ist *semen albuminosum*). *gr* Axe,
r Würzelchen, *k* Samenlappen, welche
das Knöspchen umschliessen, *kk* Samenlappen als erste Blätter.

Pflanzen mit mehr als zwei Kotyledonen, die Coniferen nämlich, hat man in den Pflanzensystemen den Dikotyledonen beigezählt. Ist von Polykotyledonen die Rede, so sind damit auch nur die Nadelholzgewächse gemeint, deren Embryo mehr als zwei Samenlappen hat.

Der Same der Monokotyledonen enthält nur einen Samenlappen, gewöhnlich in Form einer den Embryo schützenden Scheide oder eines Schildes *(scutellum)*.

Die Monokotyledonen, zu welchen z. B. die Gräser *(Graminěae)*, Binsen *(Juncěae)*, Liliengewächse *(Liliacěae)*, Palmen *(Palmae)*, Knabenkrautgewächse *(Orchiděae)*, Arongewächse *(Aroïděae)*, gehören, haben folgende vorläufig dem Gedächtniss einzuprägende Merkmale

1) einen einsamenlappigen Embryo,
2) eine Zaserwurzel,
3) parallel- oder krumm verlaufende, nicht winklig sich verzweigende Blattnerven,
4) meist einfache und scheidenbildende Blätter,
5) in der meist einfachen Blüthenhülle ist die Dreizahl vorherrschend *(flos triměrus)*.

Die Aroïdeen *(Calla* und *Arum)* machen insofern eine Ausnahme, als sie netzförmig geaderte Blätter *(folia reticŭlato-venōsa)* haben, und die Orchideen sind samenlappenlos, d. h. der Embryo ist ohne Samenlappen *(embryo acotyledoněus)*.

Die Dikotyledonen haben

1) einen zweisamenlappigen Embryo,
2) eine Hauptwurzel (die aus der Axe des Embryo entwickelte Wurzel),
3) winkelnervige Blätter,
4) meist doppelte Blüthenhüllen, aus Kelch und Blumenkrone bestehend,
5) in den Blüthentheilen ist die Vier- und Fünfzahl vorherrschend.

Hat man die obenstehenden Merkmale aufgefasst, besonders die Punkte unter 3, so können wir auch mit dem ersten Blicke erkennen, ob eine Pflanze eine Monokotyledone oder Dikotyledone ist. Das Maiblümchen *(Convallaria majālis)*, die Wasserschwertlilie *(Iris Pseudacŏrus)*, eine Kalmuspflanze *(Acŏrus Calămus)* oder eine Zeitlose *(Colchicum autumnāle)*, eine Einbeere *(Paris quadrifolia)* u. a. würden wir schon an den parallelnervigen oder krummnervigen Blättern als Monokotyledonen erkennen.

Im Gegensatz zu den samenlappigen Pflanzen sind die Sporenpflanzen **samenlappenlose** oder **Akotyledonen** *(acotyledonĕae)*.

Bemerkungen. *Spora, ae, f.*, Spore, von d. griech. σπορά, Saat. — *Sporophўtum*, Sporenpflanze, von d. griech. σπορά und φυτόν (phyton), Gewächs, Pflanze. — *Cryptogămus, a, um*, verborgenehig, von κρυπτός (kryptos), verborgen, und γάμος (gamos), eheliche Verbindung. Kryptogámen. — *Spermatophytum*, Samenpflanze, von σπέρμα, ατος (sperma, Gen. atos), Same, und φυτόν, Pflanze. — *Phanĕrogămus, a, um*, offenehig, von φανερός (phaneros), sichtbar, deutlich. — *Gymnospērmus, a, um*, nacktsamig, von γυμνός (gymnos), nackt, und σπέρμα (sperma), Same. — *Angiospērmus, a, um*, bedeckt- oder verschlossensamig, von ἀγγεῖον (angeion), Gefäss, Behälter, und σπέρμα. — *Monocotyledonĕus, dicotyledonĕus, polycotyledonĕus, acotyledonĕus (cotylĕus), a, um*, zusammengesetzt aus μόνος (monos), einer, allein; δίς (dis), zweimal; πολύς (polys), viel; α (alpha privativum), entsprechend dem deutschen un-, ohne-, -los, und κοτυληδών (kotylēdōn), Höhlung, Knöpfchen, Samenlappen; κοτύλη (kotўlä), Samenlappen. — **Monokotyledónen** oder **Monokotýlen.**

Lection 18.

Stamm. Nebenstamm. Aeste. Zweige. Vegetationsdauer. Staude.
Baum. Strauch.

Der beim Keimen des Embryo sich nach oben entwickelnde Theil ist der primäre Stamm oder **Hauptstamm** *(caulis primarĭus, truncus primarĭus)*, der nach unten sich entwickelnde Theil ist die primäre Wurzel, **Hauptwurzel** *(radix primarĭa)*. Hauptstamm und Hauptwurzel bilden zunächst die Axe der Pflanze.

In den Winkeln, welche die Blätter mit der Axe bilden, den Blattwinkeln *(axillae)*, treten Knospen, **Axillarknospen,** hervor, welche sich später zu secundären Axen entwickeln. Findet diese Entwickelung an der Basis des Hauptstammes statt, so entsteht der **Nebenstamm, secundäre Stamm** *(caulis secundarĭus)*, aus den höher an dem Hauptstamme gelegenen Axillarknospen entwickeln sich dagegen die **Aeste** *(rami)* und aus diesen die Verästelungen derselben, die **Zweige** *(ramŭli)*.

Die Stellen der Axe, aus welchen die Blätter, gleichviel ob einzeln, paarweise oder wirtelweise, entspringen, nennt man **Knoten** *(nodi)*. Das Stück des Stammes zwischen je zwei Blättern oder Blattpaaren, also zwischen je zwei Knoten, bildet ein **Axenglied, Stengelglied, Stammglied** *(internodium)*. Diese

Axenglieder sind entweder verlängert d. h. entwickelt, oder verkürzt d. h. unentwickelt. Beim Veilchen *(Viŏla odorāta)* z. B. stehen die Blätter dicht über einander, an demselben sind die Internodien also nicht entwickelt. Die Blätter erscheinen daher wurzelständig *(folĭa radicalĭa)*, die Pflanze stengellos *(planta acaulis)*.

Der Stamm hat eine verschiedene Dauer, und er kann ein einjähriger, ein zweijähriger oder ein ausdauernder sein, je nach der Lebensdauer der Pflanze, welcher er angehört. Man theilt in letzterer Beziehung die Pflanzen in

    1) einmalfrüchtige *(plantae monocarpĕae s. haplobiotĭcae)* und

    2) wiederfrüchtige *(plantae polycarpĕae s. anabioticae)*.

Die einmalfrüchtigen (einfrüchtigen) Pflanzen sterben ab, sobald sie einmal geblüht und Frucht getragen haben, die wiederfrüchtigen dagegen sind diejenigen, bei welchen sich Stamm-, Blüthen- und Frucht-Bildung mehrmals wiederholt.

Die einfrüchtigen Pflanzen sind entweder einjährige und Sommergewächse, oder zweijährige, oder vieljährige.

Die einjährigen oder Sommergewächse *(plantae annŭae)* entwickeln sich aus der Axe des Embryo, blühen und reifen Früchte in demselben Jahre und sterben dann mit der ganzen Axe, Stamm und Wurzel ab. Hierher gehören z. B. der Flachs *(Linum usitatissĭmum)*, der Hanf *(Cannăbis satīva)*, der Sommer-roggen *(Secāle cereāle annŭum)*, der Mairan *(Origănum Majorāna)*, das Pfefferkraut *(Saturēja hortensis)*. Das übliche Schriftzeichen für die einjährige Pflanze ist das Zeichen der Sonne ☉ oder ①.

Die zweijährige Pflanze *(planta biennis)* vertheilt den Verlauf ihrer Entwickelung vom Embryo bis zur Fruchtreife auf zwei Jahre. Erst im zweiten Jahre entwickelt sie die Blüthe und reift sie die Frucht. Das Schriftzeichen ist entweder ☉ oder ② oder seltener das Zeichen des Mars ♂. Zweijährige Gewächse sind z. B. der Fingerhut *(Digitālis purpurĕa)*, der gefleckte Schierling *(Conīum maculātum)*, die Hundszunge *(Cynoglossum officināle)*, ferner die sogenannten Wintergewächse, deren Samen im Herbst keimen und junge Pflanzen entwickeln, welche den Winter überdauern und im zweiten Jahre blühen und Frucht reifen, z. B. der Winterroggen *(Secāle cereāle bienne)*, Winterreps *(Brassĭca Rapa biennis)*.

Die vieljährige einmalfrüchtige Pflanze *(planta multennis)* vertheilt ihren Entwickelungsgang auf mehrere Jahre, blüht und stirbt dann mit der Reife der Früchte ab, wie z. B. die sogenannte hundertjährige Aloë *(Agāve Americāna)*, welche in ihrem

Vaterlande 5 bis 10 Jahre, bei uns 50 bis 100 Jahre zu ihrer Entwickelung fordert, der Hauslauch *(Sempervivum tectorum)*. Das Schriftzeichen der vieljährigen Pflanze ist ⊙.

Die **wiederfrüchtigen Gewächse** *(pl. polycarpĕae)* sind diejenigen, deren bleibender Axentheil (Wurzel oder Stamm) alljährlich zur Blüthen- und Fruchtbildung gelangende Triebe hervorbringt. Je nach der Holzbildung des bleibenden Axentheils unterscheidet man sie als **Stauden** oder **perennirende Gewächse** und als **Holzgewächse**.

Die **Staude** oder **perennirende Pflanze** *(planta s. herba perennis, rediviva, rhizocarpica)* hat einen unterirdischen ausdauernden Stamm oder eine solche Wurzel, welche im Frühjahr oberirdische Triebe (Nebenstämme) entwickelt, die zum Blühen gelangen und mit der Fruchtreife wieder absterben. Das Schriftzeichen der perennirenden Pflanze ist das des Jupiter ♃. Hierher gehören z. B. der Spargel *(Asparăgus officinālis)*, dessen junge Stocksprossen als beliebte Speise bekannt sind, die Tollkirsche *(Atrŏpa Belladonna)*, die Gicht- oder Pfingstrose *(Paeonĭa officinālis)*, die Quecke *(Agropyrum repens Beauvais)*, die Sandsegge oder das Sandriedgras *(Carex arenarĭa)*, der Kalmus *(Acŏrus Calămus)*.

Die **Holzgewächse** *(plantae lignōsae)* haben einen verholzten Hauptstamm, welcher über der Erde ausdauert, jährlich Knospen, Blätter und auch Blüthen und Früchte treibt. Verliert ein Holzgewächs alljährlich die Blätter, so ist es ein **laubwechselndes**, dauern die Blätter zwei und mehrere Jahre, so ist es ein **immergrünes** *(planta sempervirens)*.

Je nach der Dauer und Beschaffenheit der Axe und Nebenaxen sind die Holzgewächse (♄):

a. **Bäume** *(arbŏres)*, deren Axe in einer gewissen Höhe über dem Erdboden Aeste treibt und dadurch eine **Krone** oder einen **Wipfel** *(cacūmen)* bildet. Ein grosser Baum *(arbor)* erlangt eine Höhe von mehr als 10 Meter, ein kleiner *(arbuscŭla)* kaum 2 Meter. Ohne Aeste bleibt der **Palmstamm** *(caulōma)*, ein einfacher, aussen von abgestorbenen Blättern dicht benarbter oder entfernt geringelter Stamm mit einem Blattbüschel an der Spitze. Man findet ihn z. B. bei den Palmen, baumartigen Farnen etc. Das Symbol des Baumes ist ♃, das des Bäumchens ♃.

b. **Der Strauch** *(frutex)* unterscheidet sich vom Baume durch einen gleich von dem Boden an in Aeste sich theilenden Stamm, wie beim Haselstrauch *(Corўlus Avellāna)*. Das Symbol des Strauches ist ♃.

c. Der **Halbstrauch** *(suffrŭtex)* unterscheidet sich vom Strauch dadurch, dass nur der untere Theil des Stengels verholzt und überwintert, während die jüngsten Zweige mit der Fruchtreife absterben. Das Symbol ist dafür ♄. Halbsträucher sind z. B. die Raute *(Ruta graveŏlens)*, die Eberraute *(Artemisĭa Abrotănum)*, die Gartensalbei *(Salvĭa officinālis)*, die Heidelbeere *(Vaccinĭum Myrtillus)*.

Nach der Lebensdauer theilen wir also die Pflanzen ein in:

I. einfrüchtige Gewächse *(plantae monocarpĕae)*.

    1. einjährige *(annŭae)*. ⊙ oder ①.

    2. zweijährige *(biennes)*. ⊙⊙ oder ②.

    3. vieljährige *(multennes)*. ∞.

II. wiederfrüchtige Gewächse *(plantae polycarpĕae)*.

    1. Stauden oder perennirende Pflanzen *(perennes)*. ♃.

    2. Holzgewächse. ♄.

        a. Bäume *(arbŏres)*.

            α. grosser Baum. ♅.

            β. Bäumchen. ♄.

        b. Strauch *(frutex)*. ♄.

        c. Halbstrauch *(suffrŭtex)*. ♄.

Bemerkungen. *Monocarpĕus, polycarpĕus, a, um*, einfrüchtig, vielfrüchtig, von d. griech. μόνος (monos), einer, allein, πολύς (polys), viel, καρπόω (karpoō), Frucht hervorbringen, Frucht tragen; καρπός (karpos), Frucht. — *Haplobiotĭcus, anabiotĭcus, a, um*, einfachlebend, wiederauflebend, von d. griech. ἁπλόος (haplŏos), einfach; βιόω (bioō), leben; ἀναβιόω, wiederaufleben; ἀνα = dem lat. *re-*. — *Rhizocarpĭcus, a, um*, wurzelfrüchtig, v. d. griech. ῥίζα (rhiza), Wurzel, und καρπός (karpos), Frucht. — *Caulōma, ătis, n.*, Stengelgebilde, von d. griech. καυλός (kaulos), Stengel, *caulis*.

Lection 19.

Knospe. Terminal-, Axillar-, Adventivknospe.

Die **Knospe** *(gemma)* ist ein Reproductionsorgan, aber nicht wie der Same aus der Befruchtung hervorgegangen. Betrachten wir einen Baum mit Aufmerksamkeit, so finden wir an ihm sowohl am Ende der Zweige, als in den Blattwinkeln Knospen, im gewöhnlichen Leben **Augen** genannt. Hier und da sehen wir auch Knospen die Rinde durchbrechen, wo keine Blätter sitzen (Adventivknospen). Alle diese Knospen fallen im Herbst nicht wie die Blätter ab, sie überdauern vielmehr den Winter, schwellen im Frühling an, und es entwickelt sich aus ihnen ein neuer Trieb, der sich entweder zu einem blättertragenden oder zu einem blüthentragenden Spross ausbildet.

Die an der oberirdischen Axe entstehenden Knospen unterscheidet man als Stammknospen von den Knospen der Wurzeln, den Wurzelknospen, aus welchen sich die Nebenwurzeln (Adventivwurzeln) entwickeln. Den Unterschied zwischen Stammknospe und Wurzelknospe lernten wir bereits im Embryo, in der *plumŭla* und *radicula*, kennen (S. 63). Im Innern einer Knospe unterscheidet man die Knospenaxe, den noch völlig verkürzten Stengeltheil, und die aufeinanderliegenden Blattorgane.

Die Stammknospe, sowohl am Keim wie an der entwickelten Pflanze, trägt ihr jüngstes Fortbildungsgewebe (Kambium) unmittelbar an ihrer Spitze in Gestalt eines nackten, nur von Epidermis bedeckten, kegelförmigen, durchscheinenden Körpers, Terminalkambium, von *Schacht* Vegetationskegel genannt. Hier an diesem Theile findet fortwährend die Bildung neuer Zellen und das Spitzen- oder Längenwachsthum statt.

Die Wurzelknospe, die junge Anlage der Wurzel,

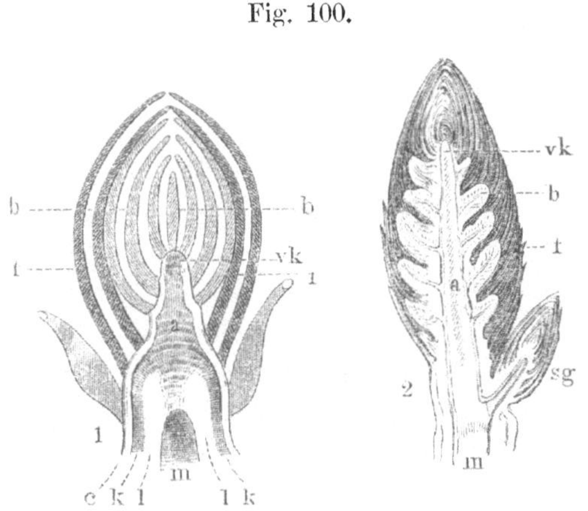

Fig. 100.

1. Längsdurchschnittfläche einer Knospe, schematische Form.
2. Längsdurchschnitt einer männlichen Blüthenknospe der Kiefer. *a* Knospenaxe, *vk* Vegetationskegel, *b* vorgebildete Blätter in der Knospe, *t* Knospendecken, *(tegmenta)*, *sg* secundäre oder Nebenknospe, *m* Mark, *l* Holz, *k* Kambium, *c* Rinde.

trägt abweichend von der Stammknospe das jüngste Fortbildungsgewebe nie an der Spitze, denn ihr Vegetationskegel ist nicht frei, sondern von einer zelligen Hülle, der Wurzelhaube, bedeckt. Diese Wurzelhaube umhüllt das jüngste Fortbildungsgewebe an jeder Haupt- und Nebenwurzel gleichsam wie ein Fingerhut die Spitze des Fingers. Das Kambium liegt also im Grunde der Wurzelhaube. Das Wachsthum der Wurzel geschieht daher nicht unmittelbar an der Spitze, welche durch die Wurzelhaube gebildet ist, sondern unter derselben an der jüngsten Zellenlage.

Die Wurzelhaube ist bei den Nadelhölzern besonders stark entwickelt. An der Wasserlinse *(Lemna)* mit ihren fadenförmigen Wurzeln kann man diese Art des Wachsthums im Glase Wasser beobachten. Früher nannte man die Wurzelhaube *(ocrĕa)* Wurzelschwämmchen, Wurzelschwammwülstchen *(spongiŏla)* und man glaubte, dass durch dieses Organ die Wurzel ihre Nahrung aus dem Boden ziehe, hauptsächlich ist sie aber wohl nur

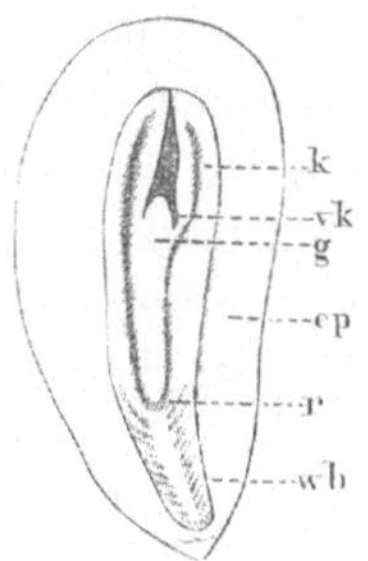

Fig. 101.

Samenkern der norddeutschen Kiefer *(Pinus silvestris)* im Längsdurchschnitt. *wh* Wurzelhaube *(ocrea)*, *g* Gemmula, *r* Radicula, *k* Kotyledonen, *vk* Vegetationskegel oder Terminalkambium, *ep* Sameneiweiss *(endospermium)*. Vergr.

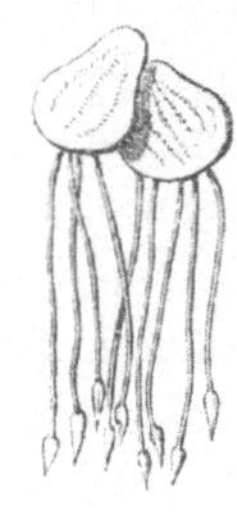

Fig. 102.

VielwurzligeWasserlinse *(Lemna polyrrhiza)*, daran die Wurzelhauben sichtbar.

ein Schutz für das zarte Fortbildungsgewebe der Wurzel.

Jede einigermaassen entwickelte Stamm- und Wurzelknospe zeigt auf dem Durchschnitt einen Kambiumring (Verdickungsring), welcher Mark und Rinde scheidet und in das Terminalkambium ausläuft, bei der Stammknospe in den freien Vegetationskegel, bei der Wurzelknospe in das von der Wurzelhaube bedeckte jüngste Fortbildungsgewebe.

Der anatomische Unterschied zwischen Wurzel und Stamm besteht, wie aus den vorstehenden Angaben folgt, darin, dass bei der Wurzel die kambiale Spitze gewöhnlich mit der Wurzelhaube überdeckt ist, der Scheitel der kambialen Spitze aus einer Wurzelhaube besteht, dagegen die kambiale Spitze, der Scheitel des Stammes frei, nicht bedeckt ist und nur von den unter ihr entwickelten Blättern überwölbt wird. Die Wurzelhaube fehlt übrigens bei mehreren Gewächsen.

Die Stammknospe ist je nach den Stellen des Stammes, an welchen sie entspringt:

1. Terminalknospe, Gipfel- oder Endknospe *(gemma terminālis)*. Sie entsteht nur an der Spitze der Axe und in der Längsrichtung derselben. Beim Weissdorn *(Crataegus Oxyacantha)*, beim Schlehdorn *(Prunus spinōsa)* und dem Kreuzdorn *(Rhamnus cathartica)* findet man in Stelle der Endknospe einen Dorn. Unterhalb des Terminalkambium verlängert sich abwärts das Kambium durch das Parenchym der Knospe in Gestalt dünner,

heller, durchsichtiger Streifen, **Kambialstränge**, als jüngste Anlagen der Gefässbündel.

2. **Axillarknospe**, Achselknospe *(gemma axillāris)*. Sie entspringt seitwärts der Axe und nur aus den Blattwinkeln. Eine aus dem obersten Blattwinkel entspringende ist scheinbar endständig *(subterminālis)*. Treten in demselben Blattwinkel mehrere Knospen zugleich hervor, so bezeichnet man die am stärksten entwickelte mit **Hauptknospe**, die anderen mit **Neben-** oder **Beiknospen**. Ist das Blatt (Stützblatt) der Knospe abgefallen, so findet man dicht unter letzterer die **Blattstielnarbe** *(cicatriēula)*, die Stelle, wo der Blattstiel aufsass, gewöhnlich getragen von einer kleinen Erhöhung, dem **Blattkissen** oder **Wulst** *(pulvīnus)*. In der Blattstielnarbe sind die verschiedenen Grübchen und Knötchen Spuren der Gefässbündel, welche aus der Axe in den Blattstiel eintraten.

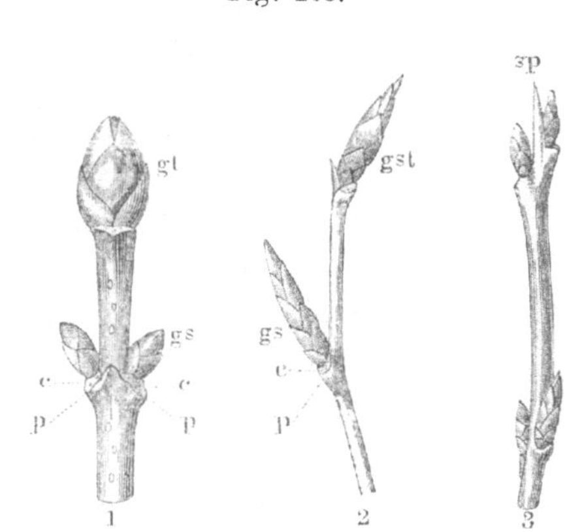

Fig. 103.

1. Zweigspitze des Bergahorns *(Acer pseudoplatănus)* und 2. eine solche der Buche *(Fagus silvatica)*: *gt* Terminalknospe, *gst gemma subterminalis*, *gs* Axillarknospe, *c* Blattnarbe *(cicatricula)*, *p* Blattkissen *(pulvīnus)*. 3. Zweigspitze von *Rhamnus cathartica*, in einen Dorn *sp* endigend.

3. **Adventivknospe**, zufällige Knospe *(gemma adventīva)*. Sie kann überall seitwärts der Axe entstehen, wo im Kambium Gefässbündel vorhanden sind, an der ober- und unterirdischen Axe, selbst am Blatte. Aus den Adventivknospen entwickeln sich die sogenannten Wasserreiser an älteren Axentheilen. Jede Knospe, welche überhaupt nicht Terminalknospe oder Axillarknospe ist, heisst Adventivknospe.

Alle drei Arten Knospen bieten zwei wesentliche Entwickelungsverschiedenheiten dar. Manche Knospen entwickeln sich von ihrem ersten Entstehen an ununterbrochen weiter, indem sie sich entfalten und eine neue Axe treiben. Zu diesen ununterbrochen sich fortentwickelnden Knospen gehören die der einjährigen Pflanzen. Andere verharren nach der Ausbildung eine Zeit hindurch im Zustande der Ruhe und entwickeln dann eine neue Axe oder setzen, wenn sie Terminalknospen sind, die bereits vorhandene Axe fort. Hierher gehören alle sogenannten Winterknospen, welche nämlich im Herbst entstehen und sich im Frühjahr entfalten. Die Winterknospe ist **bedeckt** oder **geschlossen**, denn sie hat zum Schutz gegen die Winterwitterung besondere **Knospendecken**, gewöhnlich derbe lederartige Schuppen *(squamae)*, welche bei der Entwickelung der Knospe abfallen. Die Knospe ist, wie beim Hollunder *(Sambūcus nigra)* nur **halb bedeckt**, wenn die Schuppen nicht lang genug sind. Auffallend ist es, dass die Decken beim Faulbaum *(Rhamnus Frangŭla)*, welcher nur eine wie erfroren aussehende **nackte** Knospe trägt, sowie auch bei *Viburnum Lantāna* fehlen. Im Uebrigen haben die Bäume und Sträucher der wärmeren Himmelsstriche meist nackte Knospen, d. h. die vorgebildeten Blättchen stehen frei.

Fig. 104.

Nackte Knospe des kleinen Mehlbaumes, *Viburnum Lantāna.*

Die Knospen lassen sich ferner je nach dem Endziel ihrer Entwickelung unterscheiden als **Laub-** oder **Triebknospen**, als **Blüthenknospen**, und, wenn sie sowohl Blätter als Blüthen entwickeln, als **gemischte Knospen, Tragknospen**.

Nun giebt es auch Axillarknospen, welche sich von der Mutterpflanze loslösen und getrennt von derselben eine neue Axe (und natürlich auch nur Adventivwurzeln) treiben. Solche Axillarknospen heissen **Brutknospen** *(bulbilli)*, und man rechnet sie je nach Beschaffenheit ihrer Decken zu den Zwiebelknospen, Knospenknöllchen etc. Man findet sie in den Winkeln der Wurzelblätter von *Saxifrăga granulāta*, in den Blattwinkeln des gemeinen Scharbockkrautes *(Ficaria ranunculoīdes Moench)*, der Feuerlilie *(Lilium bulbiferum)*. Wenn sich die Brutknospen an der Mutterpflanze selbst entwickeln, ehe sie abfallen, so nennt man diese **lebendig gebärende** Pflanze *(planta vivipăra)*, z. B. *Polygŏnum vivipărum.*

Fig. 105.

b Knöllchenknospe *(tuberogemma)* im Blattwinkel bei *Ranuncŭlus Ficaria* oder *Ficaria ranunculoīdes* Moench.

Die Zusammenfaltung der Blätter in der Knospe, und die gegenseitige Lage und Stellung dieser Blätter zu einander, die **Knospenlage, Knospendeckung** *(praefoliatio)* sind nicht nur verschieden, sondern auch für die Art der Pflanze nicht selten charakteristisch. Die Blätter in der Knospe sind bald in der Länge, bald in der Quere zusammengefaltet, oder zusammengerollt, die Falten liegen entweder in scharfer Kante oder mit abgerundeter Biegung, oder ohne alle Regelmässigkeit zusammengeknittert. Das Bild eines Horizontalschnittes (Diagramm) macht die Knospenlage dem Auge fasslicher. Die unten folgenden Figuren sind dergleichen Diagramme.

Fig. 106.

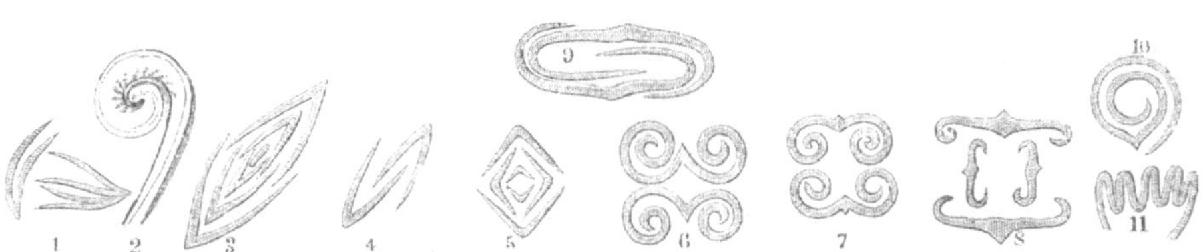

Praefoliato, Knospenlage. 3. halbdeckend übergreifend *(alternativa)*, zweischneidigreitend *(equitans)*. 4. halbumfassend *(semiamplexa)*. 5. übergreifend *(equitativa)*, ziegeldachförmig *(imbricativa)*. 8. gekreuzt *(decussata)*. 9. zwischengerollt *(obvolutiva)*. Die Knospenfaltung ist 1. zusammengelegt *(conduplicativa)*. 2. schneckenförmig eingerollt *(circinalis, circinata)*. 3. einfach gefaltet *(duplicativa)*. 6. zurückgerollt *(revolutiva)*. 7. u. 8. eingerollt *(involutiva)*. 10. übergerollt *(convolutiva)*. 11. gefaltet *(plicativa)*.

Die Knospenfaltung ist einfach, wenn die Blätter am Mittelnerven der Länge nach zusammengeschlagen sind, wie beim Kirschbaum *(Prunus Cerăsus)*, die Blätter sind nach innen eingerollt, wie beim Birnen- und Apfelbaum *(Pirus commūnis, Pirus Malus)*, oder nach aussen umgerollt, zurückgerollt, oder jedes Blatt ist für sich spiralig eingerollt. Sind die Blätter der Knospe (wie bei den Farnkräutern) von der Spitze gegen die Basis und von den Seiten zugleich eingerollt, so ist die Faltung schneckenförmig. In Betreff der Deckung liegen die Blätter umgefaltet aufeinander, oder sie decken sich ziegeldachartig wie bei *Syringa*, oder sie decken sich abwechselnd, reitend oder übergreifend, oder wenn sie von oben betrachtet über's Kreuz stehen, gekreuzt.

Fig. 107.

a. Endknospe der Kiefer *(Pinus silvestris)* im Frühjahr, b. tutenförmiges Nebenknöspchen mit den beiden Nadelblättern.

Die Kiefernsprosse *(turio Pini, gemma Pini)*, die Knospe der *Pinus silvestris*, wird als eine zusammengesetzte Knospe *(g. composita)* betrachtet. Sie enthält eine cylindrische Axe, aus welcher in gedrängter Spirale zahlreiche braunrothe schuppenförmige

Blättchen entspringen, und in dem Winkel eines jeden dieser Blättchen ist in Form einer zarten häutigen Tute eine Nebenknospe entwickelt, welche die zu zweien an einander stehenden jungen Nadelblätter *(folia acerōsa)* umfasst. Beim Auswachsen dieser Knospe verlängert sich zuerst die Hauptaxe und später erst die Nadelblätter der Nebenknospen. Bei Untersuchung der Kiefernknospe behufs Darstellung von Längs- und Querschnitten muss man wegen des Harzgehaltes das Messer mit Weingeist befeuchten.

Lection 20.

Anatomischer Bau der Axenorgane. Mark, Holz, Rinde. Jahresringe.

Durchschneiden wir horizontal einen Stamm, einen Ast, einen Stengel eines Dikotyledonengewächses in der Art, dass die Schnittfläche möglichst glatt ausfällt, so unterscheiden wir deutlich in der Mitte der Schnittfläche das Mark, dann einen äussersten concentrischen Ring, die Rinde, und zwischen Mark und Rinde einen zweiten dicken Ring, das Holz. In der Mitte liegt also das Mark, das Mark ist umgeben vom Holze und das Holz von der Rinde. Mark, Holz und Rinde sind die wesentlichsten Theile des Stammes.

Das Mark *(medulla)* besteht aus primärem Parenchym und ist unmittelbar aus dem Terminalkambium hervorgegangen. Es findet sich in der oberirdischen Axe und fehlt in der Wurzel in den allermeisten Fällen. In manchen Pflanzen schwindet es mit der Zeit, wodurch der Stengel hohl wird.

Das Holz *(lignum)* finden wir aus einem Ringe oder aus mehreren concentrischen Ringen bestehend. Bei perennirenden Gewächsen, Bäumen und Sträuchern erscheint es meist als ein vollständiger, d. h. geschlossener Ring, bei einjährigen Pflanzen dagegen aus einzelnen Holzbündeln, welche um das Mark in einen Kreis gestellt sind, zusammengesetzt.

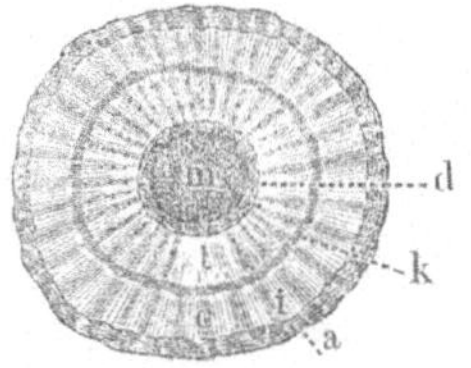

Fig. 108.

Querschnitt durch einen zweijährigen Bittersüssstengel (*Stipes Dulcamarae*). Schematische Figur. *m* Mark, *l* Holz, *c* Rinde, *a* Aussenrinde, *i* Innenrinde, *d* Markscheide, *k* Kambiumring. 10fach Vergr.

Die Rinde *(cortex)* erscheint dem Auge aus einigen oder mehreren Ringen zusammengesetzt, und sie besteht auch aus der Aussenrinde *(exophloeum)*, der Mittelrinde *(mesophloeum)* und der Innenrinde oder dem Bast *(endophloeum, liber)*.

Betrachten wir den Querschnitt des Stengels eines einjährigen Dikotyledonengewächses mit der Lupe, oder legen wir eine sehr feine Querschnitte unter das Objectiv eines Mikroskops, so beobachten wir (Fig. 109) eine Menge Gefässbündel *(f)* in einen Kreis um das Mark *(m)* gestellt. Dieser Kreis der Gefässbündel ist hier nicht geschlossen, denn letztere sind durch breite Mark- strahlen *(rm)* von einander getrennt. Mark und Markstrahlen *(radii medulläres)* bestehen aus Parenchym. Eine Vereinigung der Gefässe mit Zellen stellt, wie wir wissen, ein Gefäss- bündel dar. Die im vor- liegenden Beispiele in einen Kreis gestellten Gefässbün- del stehen durch einen ge- schlossenen saftreichen Ring *(k)*, den Kambium- oder Verdickungsring, im Zusammenhange. Der Ver- dickungsring besteht aus Fortbildungsgewebe (Kam- bium), welches hier das peri- pherische Wachsthum be- sorgt (daher die Bezeich- nung Verdickungsring), und zwar sorgt der zwischen

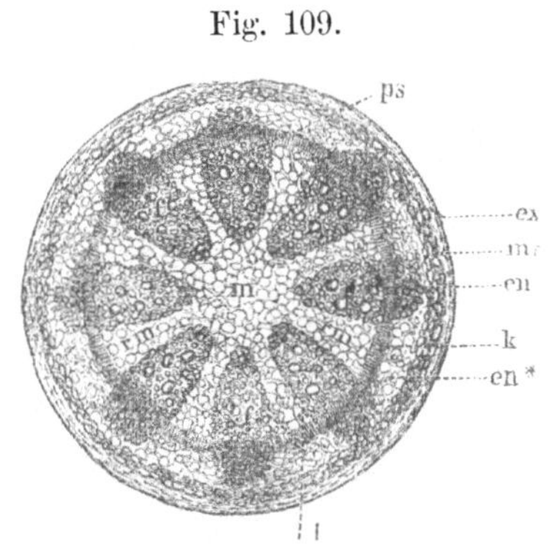

Fig. 109.

Schematische Figur eines einjährigen Dikotyle- donengewächses. *m* Mark, *rm* Markstrahlen, *f* Gefässbündel, *k* Kambiumring, *ex* Aussenrinde, *ms* Mittelrinde, *en* und *en** Innenrinde (*en* Bast- bündel, *l* Holzbündel), *sp* Spiroïden oder Gefäss- poren.

den Gefässbündeln liegende Theil des Kambiums für Neubildung und Wachsthum des Markstrahlengewebes, dagegen der innerhalb der Gefässbündel liegende Theil für das Wachsthum der Gefäss- bündel, indem er hier nach innen zu secundärem Holz (Splint, Xylem), nach aussen zu secundärer Rinde (Bast, Phloëm) aus- wächst und sich in seinem Innern fortwährend neu ergänzt.

Die Kambiumschicht *(k)* theilt jedes Gefässbündel in zwei Theile, einen inneren oder Holztheil *(l)* und einen äusseren oder Basttheil *(en)*, welcher einen Theil der Innenrinde *(endophloeum)* darstellt. Zuweilen unterscheidet man beide Theile in der Art, dass man den einen Holzbündel (Xylem), den anderen Bast- bündel (Phloëm) nennt.

Die Mittelrinde *(ms)* besteht aus primärem Parenchym.

Sie ist nie von Markstrahlen durchschnitten. Die Aussenrinde *(exophloeum)* ist gebildet aus Epidermis, oder später aus Korkgewebe.

Der älteste Theil des Holzes (die Markscheide) liegt dem Marke zunächst, der älteste Theil der Rinde an der Peripherie des Stammes, dagegen befindet sich das jüngste Holz innerhalb und die jüngste Rindenschicht ausserhalb am Verdickungsringe.

Durchschneiden wir in horizontaler Richtung einen zwei oder mehrere Jahre alten dikotyledonischen Stengel oder Stamm, so zählen wir innerhalb des Holzringes mehrere concentrische Ringe, gewöhnlich so viele, als der Stamm Jahre vegetirte. Diese concentrischen Ringe hat man Jahresringe genannt, weil sich nämlich alljährlich ein solcher Ring ansetzt. Ein dreijähriger Stamm, Stengel, Ast wird also auch drei Jahresringe aufweisen. Die Bildung der Jahresringe beruht auf dem periodischen Wachsthum, welches in unserem Klima durch den Winter bedingt wird. Die Thätigkeit des Kambiums ruht während der kalten Jahreszeit, und die neu gebildete Holzschicht hat ihren Abschluss gefunden. Mit dem Frühjahr beginnt die vegetative Thätigkeit des Kambiums auf's Neue und erzeugt nach innen neue Holz- und Gefässzellen, nach aussen neues Rindengewebe. Unter heissen Himmelsstrichen, wo eine wenig ausgeprägte Vegetationsruhe und daher ein periodisches Wachsthum nur unmerklich stattfindet, fehlt die regelmässige Bildung der Jahresringe, doch findet man dafür unechte oder Scheinringe.

Den zuerst gebildeten und das Mark zunächst umschliessenden Holzring nennt man die Markscheide. Er bildet also den ältesten Holzring. Der letzte und jüngste, an die Rinde grenzende oder am Kambialringe liegende Holzring heisst Splint *(albūrnum)*. Der Splint ist meist noch weich und saftig, das dem Mark uäher liegende Holz ist fester und härter (Kernholz, *durāmen)*. Letzteres besteht aus stark verholztem Gewebe und ist gleichsam abgestorben, während der Splint noch Saft leitet. Bei der Rinde findet, wie schon oben bemerkt ist, das umgekehrte Verhältniss statt. Die jüngste Rindenschicht *(endophloeum)* oder

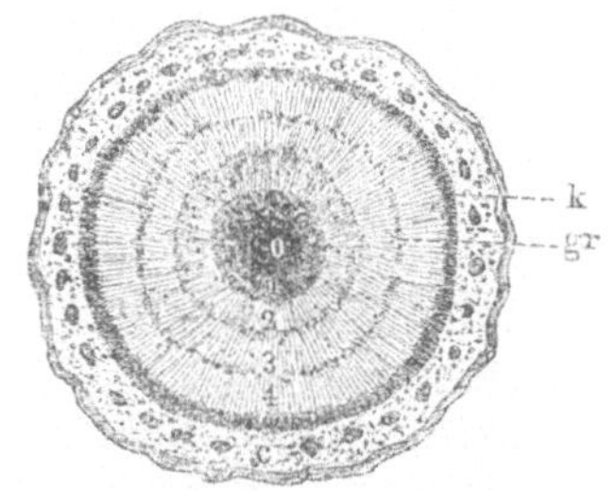

Fig. 110.

Querschnitt eines 4 jährigen Astes eines Nadelholzes. *o* Mark, 1, 2, 3, 4 Jahresringe, *gr* Jahresgrenze zwischen dem 3. und 4. Jahresringe, *k* Kambiumring, *c* Rinde.

die Bastschicht bildet den innersten Ring, die älteste Rindenschicht *(exophloeum)* den äussersten Ring.

Die Zahl der Holzringe an einem Stamme und Ast ist nicht eine gleiche, der ältere Trieb zeigt stets einen Jahresring mehr, als der im Jahre darauf entwickelte. Die zwei Jahr alte Gipfelspitze oder der zwei Jahr alte Ast eines 20jährigen Baumes zeigt daher auch nur zwei Holzringe.

Auf der Thätigkeit des Kambiumringes beruht das peripherische, das Dickenwachsthum des Stammes, auf der des Terminalkambium das Spitzenwachsthum. Ein peripherisches Wachsthum des Markes findet nicht statt. Das Gewebe desselben verharrt in seiner primären Ausbildung, nur seine Zellen verändern sich, indem sie sich mehr und mehr verdicken und verholzen, oder diese bleiben zartwandig oder sterben ganz ab und werden resorbirt.

Bemerkungen. Ueber die verschiedenen Schnittrichtungen ist zu bemerken, dass transversal, horizontal, quer, über Hirn (im rechten Winkel zur Axe) gleichbedeutend sind. Ebenso radial, longitudinal, vertikal, senkrecht, Längs-, Spalt-, die Schnittrichtung längs oder in der Axe eines Cylinders (hier des Stammes). Ein Tangentialschnitt oder besser Secantenschnitt ist ein Spaltschnitt ausserhalb der Axe, und seine Richtung befindet sich im rechten Winkel zu dem Spaltschnitt. Secante ist eine gerade, einen Bogen in zwei Punkten durchschneidende Linie.

Exophloeum, Aussenrinde, von dem griech. ἔξω (exō), aussen, und φλοιός (phloios), Baumrinde. — *Mesophloeum*, Mittelrinde, und *Endophloeum*, Innenrinde, von μέσος (mesos), mitten; ἔνδον (endōn), innerhalb. — *Multennis*, auch *multiennis*. — Statt früchtig sagt man auch fruchtig.

Lection 21.

Anatomischer Bau des Stammes der Dikotyledonen.

Betrachten wir einen Querschnitt aus einem dikotyledonischen Stamme, welcher Querschnitt ein Gefässbündel umfasst, so zeigt uns die Schnittfläche *(I)* dasselbe *(mn)* seitlich von den Markstrahlen *(l, l)* eingefasst und sich von dem Mark *(k)* bis zur Mittelrinde *(c)* erstreckend. Die vor uns liegende Abbildung (Fig. 111) ist dem Gefässbündel eines zweijährigen Stammes entnommen, wie dies die aus engeren Zellen bestehende Jahresgrenze *(h)* beweist. In der Mitte des Gefässbündels finden wir einen secundären Markstrahl *(r)*, welcher theils das Holzgewebe des zweiten Jahresringes (2), die Kambium-

schicht *(e)*, theils die Bastschicht *(d)* durchschneidet. Die Haupt-
oder primären Markstrahlen laufen stets in radialer Richtung
vom Marke aus,• die kleinen oder secundären Markstrahlen
bilden sich in derselben Richtung innerhalb des Gefässbündels,

Fig. 111.

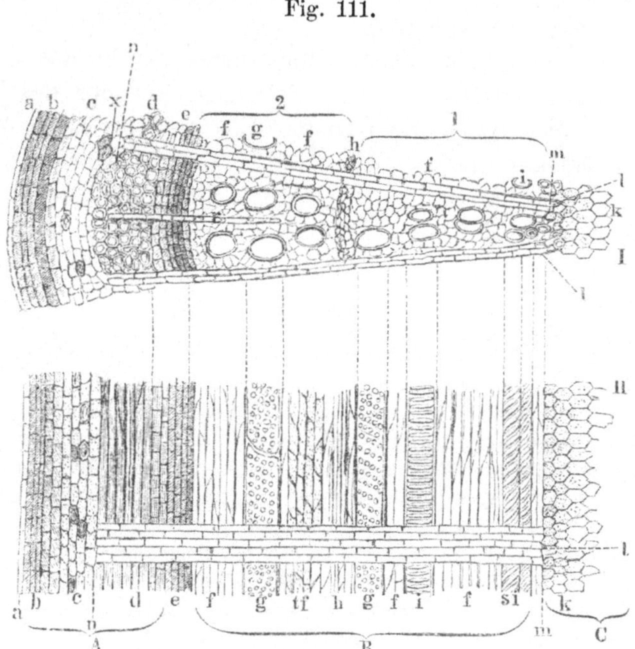

I. Schematisches Bild eines Gefässbündels einer zweijährigen Dikotyledonenaxe im Horizontalschnitt. 1. erster Jahresring, 2. zweiter. II. Dasselbe im Radialschnitt. *nm* Gefässbündel, *ll* Hauptmarkstrahlen, *r* secundärer Markstrahl, *k* Mark. *A* Rinde, *B* Holz,
C Mark. *a* Epidermis, *b* Rindenkorkschicht, *c* Mittelrinde, Rindenparenchym, *d* Innenrinde oder Bastbündel, *e* Kambiumschicht, *f* Prosenchymgewebe, *g* Porengefäss, *tf* Holzparenchym, *h* Jahresgrenze, *i* Treppengefäss, *si* Spiralgefässe, *x* Steinzellen.

erstrecken sich jedoch einerseits nicht bis zum Mark *(k)*, andererseits auch nicht bis zur Mittelrinde *(c)*. Die Bastschicht *(d)*
bildet die Innenrinde und wird nach Aussen von dem Rindenparenchym oder der Mittelrinde *(c)* begrenzt. Hier sehen wir
zerstreut einige Steinzellen *(x)*, d. h. verholzte Parenchymzellen, mit Verdickungsschichten völlig ausgefüllte Parenchymzellen. Die Mittelrinde *(c)*, welche sich in ihrer Jugend gewöhnlich als eine äussere Rindenschicht aus dickwandigen
chlorophyllhaltigen Zellen, und als eine innere Rindenschicht aus
mehr dünnwandigen stärkemehlhaltigen Zellen zusammengesetzt zeigt,
wird nach aussen von der Aussenrinde (*ab*), und zwar der Epidermis

(a), welche bei der älteren Rinde zu fehlen pflegt und durch eine Korkschicht *(b)* ersetzt ist, begrenzt.

Das Gefässbündel *(m n)* besteht aus Holzsubstanz (1 u. 2) und der Bastschicht *(d)*. Man nennt den Holztheil auch Holz- bündel, den Basttheil Bastbündel. Das Holzbündel besteht hauptsächlich aus Prosenchym und Gefässen, welche sich hier auf der Querschnittfläche als Gefässporen *(g.i)* dem Auge zu er- kennen geben. Auf dem Querschnitt des Eichenholzes können wir diese Gefässporen selbst mit blossem Auge beobachten. Sie fehlen jedoch im Holze der Nadelhölzer, deren Holzbündel nur aus Prosenchym bestehen.

Die Gefässe, welche dem Marke am nächsten liegen (die der Markscheide), sind gewöhnlich dieselben geblieben, wie sie sich anfangs bildeten, meist Spiralgefässe *(si)*. Hier im Radialschnitt sehen wir Treppengefässe *(i)* und punctirte Gefässe, Porenge- fässe *(g)*, welche letzteren hauptsächlich alten Gefässbündeln an- gehören.

Neben den Gefässen erblicken wir Prosenchym (Holzge- webe *f)*, kenntlich an den langgestreckten, spitz auslaufenden Zellen, und auch das den meisten Laubholzgewächsen eigene Holzparenchym *(tf)*, bestehend aus kürzeren und weniger spitz oder stumpf endigenden Zellen, eine Uebergangsform der Prosenchymzellen in Parenchymzellen. Die Zellen des Holzpa- renchyms haben nie so verdickte Wandungen wie die des Pro- senchyms, und ihrer Verwandtschaft mit Parenchym entsprechend enthalten sie meist auch Stärkemehl. Sie haben nie Tüpfel, dafür aber Poren und scheinen durch Tochterzellenbildung aus jungen Prosenchymzellen hervorzugehen.

Das Bastbündel *(d)*, der nach aussen liegende Theil des Gefässbündels, geht aus dem peripherischen Theile des Kambium- ringes *(e)* hervor. Es besteht gewöhnlich aus Bastzellen, denen sich mehr oder weniger Bastparenchym, so wie auch Sieb- röhren (*Mohl*'s Gitterzellen) zugesellen. Die Zellen des Bast- parenchyms entstehen in ähnlicher Weise wie die des Holzpa- renchyms und führen auch wie dieses Kohlenhydrate. Die Bil- dung der Bastzellen (Bastprosenchymzellen) und Bastparenchym- zellen scheint abwechselnd zu erfolgen. Es entstehen in der Rinde übrigens ähnliche Jahresringe (Bastringe) wie im Holze, sie sind aber dünner und weniger scharf begrenzt.

Bei einigen Gewächsen findet nur im Anfange Bastzellen- bildung statt, bei anderen entstehen dagegen wieder gar keine Bastzellen (wie bei *Ribes*), sondern ausschliesslich nur Bastparenchym. In der Zimmtrinde, der Cascarillrinde und mehreren Chinarinden finden sich nur im Bastparenchym zerstreute Bastzellen. Bei überwiegender Bastzellenbildung bildet das Bastbündel nach der Peripherie hin gewöhnlich einen Bogen (wie oben in Fig. 111). Nennen wir die Mittelrinde primäres Rindenparenchym, so ist das Bastparenchym secundäres Rindenparenchym.

Das Parenchym, welches die ursprünglichen Gefässbündel seitlich von einander trennt, bildet die primären und grossen Markstrahlen *(l)*. Dieselben verlaufen genau horizontal in radialer Richtung und verbinden das Markparenchym mit dem Rindenparenchym (Mittelrinde). Sie vermitteln den Säfteaustausch zwischen Centrum und Peripherie der Axe, zwischen Mark und Rinde, und sind in den mehrjährigen Gewächsen besonders die Bildungsstätten und Speicher von Stärkemehl, Harz und anderen Stoffen für die folgende Vegetationsperiode.

Das Markstrahlengewebe entstammt nicht dem schlaffen Markparenchym, sondern entspringt aus der Kambiumschicht und besteht auch aus anders gestalteten Parenchymzellen. Im radialen Längsschnitt erscheint es in Streifen von meist mauerförmigem Parenchym, im Secantenschnitt (Tangentialschnitt) meist in rundlichen Zellen.

Mit zunehmender Entwickelung der Gefässbündel entstehen secundäre oder kleine Markstrahlen *(r)*, welche in schmäleren oder breiteren Bändern gleichfalls in horizontaler und radialer Richtung das Gefässbündel theilen, aber nicht mehr das primäre Rindenparenchym und das Mark erreichen, sondern noch innerhalb des Gefässbündels endigen. Die Markstrahlenzellen verdicken sich später, verholzen innerhalb des Holzbündels und bilden einen Theil desselben. Im Bastbündel bleiben sie dünnwandig und durchbrechen die Bastgewebeschichten vielfach.

Die Markstrahlen laufen, wohl zu bemerken, nicht senkrecht und ununterbrochen durch die Stengelglieder der Axe wie die Gefässbündel, sondern schieben sich in Streifen in die Stellen, wo die Gefässbündel nicht aneinanderliegen oder sich von einander abbiegen, ein. In ihrer Stellung und Stärke zeigen sie selten eine Regelmässigkeit, im Guajakholz *(lignum Guajāci)* sind sie jedoch sehr regelmässig vertheilt.

Manchmal spricht man auch von Rindenmarkstrahlen. Damit bezeichnet man die in den secundären Rindentheil sich erstreckenden Markstrahlen oder, wenn man will, die zwischen den wie Strahlen verlängerten Bastbündeln (Baststrahlen) sich aus-

Fig. 112.

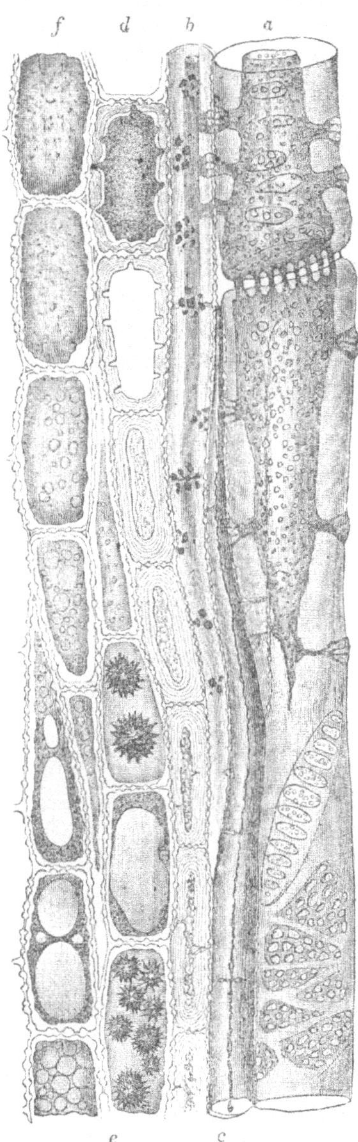

Gruppe aus dem Bastgewebe einer Pappel (*Popŭlus*) nach *Hartig*. 250fache Vergr. *a, b* Sieb-
röhren (Gitterzellen), Siebfaser, *c* dickwandige
Bastfaser, *d f* dickwandiges Bastparenchym,
e Parenchym mit krystallführenden Zellen.

Fig. 113.

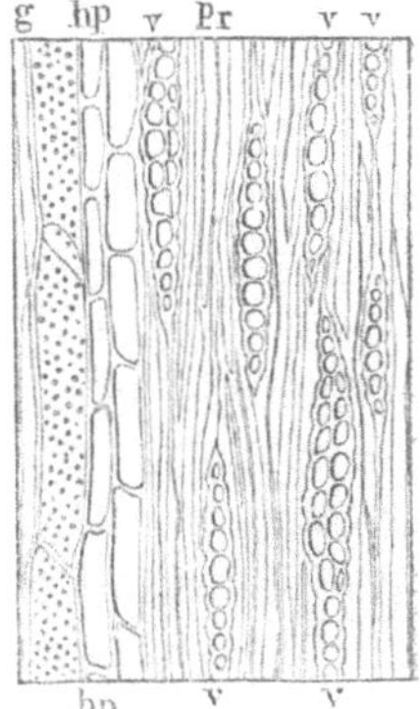

Secantenschnitt aus dem Quassien-
holze (*lignum Quassĭae Surinamensis*). *g* Porengefäss, *hp* Holzparenchym, *pr* Prosenchym, *v* Markstrahlen. 80 mal vergr.

Fig. 114.

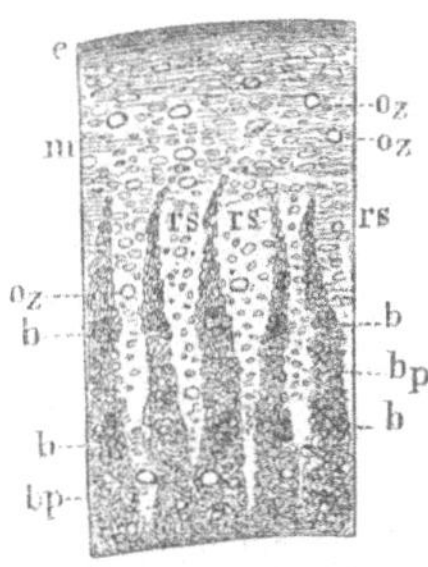

Ein Querschnitt eines Stückes An-
gusturarinde (*Cortex Angustūrae*),
e Aussenrinde, *m* Mittelrinde, *bbbp*
Baststrahlen, *rs* Rindenstrahlen, *b*
Bastzellen, *bp* Bastparenchym, *oz*
Oelzellen. Geringe Vergr.

dehnenden Rindenparenchymzipfel, welche an der Kambiumschicht
auf die primären Markstrahlen (Holzmarkstrahlen) stossen. Die

Rindenmarkstrahlen sind um so deutlicher, in je längere und spitzere Zipfel die Bastbündel sich in das Rindenparenchym einschieben. Auf dem Querschnitt einer aufgeweichten Cascarillrinde oder Angusturarinde können wir diese Rindenmarkstrahlen und Baststrahlen mit einer Lupe ganz gut unterscheiden.

Im Stamm der Dikotyledonen finden wir, wie aus dem Gesagten hervorgeht, nur ungeschlossene Gefässbündel, denn das Kambium dieser Gefässbündel hört in seiner Thätigkeit nicht auf, das Dickenwachsthum der Axe fortzusetzen, natürlich bis zum Absterben der Pflanze. Bei den Monokotyledonen finden wir dagegen geschlossene Gefässbündel, welche zwar wie die vorhererwähnten entstehen, aber nur anfangs nach aussen wachsen und dann durch Uebergang ihres trüben Kambiums in ein klares Zellgewebe aufhören, das Dickenwachsthum fortzusetzen.

Lection 22.

Anatomischer Bau des Stammes der Polykotyledonen.   Anatomischer Bau des Stammes der Monokotyledonen.

Die Coniferen oder Zapfenbäume, gewöhnlich Nadelhölzer genannt, sind diejenigen Gewächse, welche mit wenigen Ausnahmen mit mehr als zwei Samenlappen keimen. Wenn man sie wie hier in Betreff des anatomischen Baues des Stammes den Dikotyledonen gegenüberstellt, nennt man sie auch wohl Polykotyledonen. Zu ihnen gehören unter anderen die bei uns vorkommenden Gattungen *Pinus* (Kiefer), *Picĕa* (Fichte), *Abĭes* (Tanne) und *Larix* (Lärche). Weil man diese Namen häufig mit einander verwechselt, so wollen wir uns schon bei dieser Gelegenheit die lateinischen und deutschen Gattungsnamen, wie sie zusammengehören, merken.

· Die Entwickelung der Axe der Coniferen weicht von derjenigen der ausdauernden Dikotyledonen nur insofern ab, als sich die Holzbündel ausschliesslich aus Prosenchym (Holzzellengewebe) aufbauen. In diesem Prosenchym der Coniferen, welches auch eine grosse Regelmässigkeit in der Anordnung seiner Zellen zeigt, finden sich ohne Ordnung zerstreut, auf dem Querschnitt weissen Nadelstichen ähnliche, haarfeine Harzgänge, welche jedoch in dem Tannenholze (dem Holze der *Abies pectināta D C.*) und im Eibenholze (dem Holze der *Taxus baccata*) fehlen.

Eine weitere Abweichung bietet der einzelne Jahresring für sich betrachtet, denn an einem Jahresring des Nadelholzes unterscheidet sich das **Frühjahrsholz** vom **Herbstholze** durch Farbe und Dichtigkeit. Das Frühjahrsholz (der innere Theil des

Fig. 115.

Fig. 116.

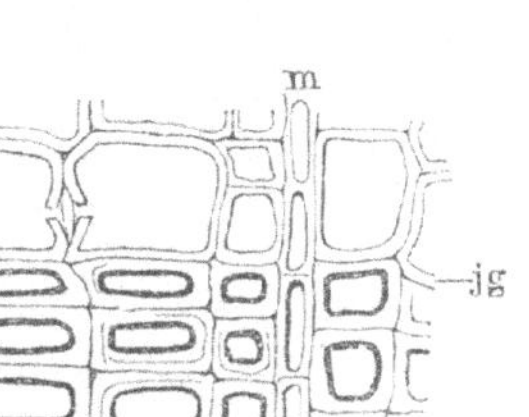

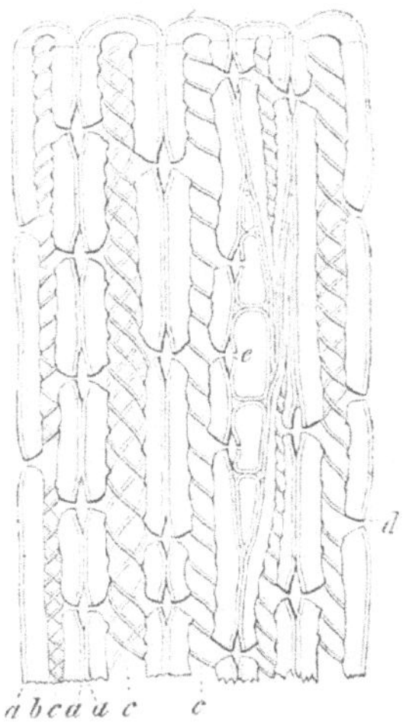

Querschnitt aus dem Holze von *Pinus silvestris*, stark vergr. *jg* Jahresgrenze, *hh* Herbstholz, *jh* Frühjahrsholz, *hg* Harzgang. *cc* Harz secernirende Zellen, *m* Markstrahl, *t* Tüpfel.

Längendurchschnitt aus dem Holze von *Taxus baccata* (nach *Hartig*).

Jahresringes), das Produkt einer überaus energischen Vegetation, hat weitere dünnwandige Zellen und ist daher der leichtere und weichere Theil. Die Prosenchymzellen sind getüpfelt, die Tüpfelräume stehen aber nur an denjenigen Seiten der Zellen, welche den gewöhnlich sehr dünnen Markstrahlen zugewendet sind.

Ganz verschieden von dem inneren Bau der Axe der Dikotyledonen und Polykotyledonen ist derselbe bei den **Monokotyledonen**.

In dem Stamme der Monokotyledonen sind Rinde, Holz und Mark nicht in der Anordnung vertreten, wie es bei den Dikotyledonen der Fall ist. Der monokotyledonische Stamm hat weder concentrische Holzringe noch Markstrahlen.

Der Bau der monokotyledonischen Axe, z. B. der Stamm der Palme, lässt drei Gewebeschichten erkennen, nämlich eine innere centrale, gewöhnlich vorwiegend starke Markschicht, dann eine Rindenschicht und eine Schicht Fortbildungsgewebe oder Kambium, welches wie ein Cylinder das Mark umschliesst und dieses von der Rinde scheidet. Diese Schicht Kambium, dieser

Kambiummantel wird mit Holzring, Holzcylinder, auch wohl mit Markscheide bezeichnet. In diesem Holzringe nehmen die Gefässbündel ihren Anfang und es entwickelt sich neben oder oberhalb des älteren vorhandenen Gefässbündels das jüngere, welches in seiner Verlängerung gewöhnlich nicht senkrecht aufwärts steigt, sondern sich nach innen, der Mittellinie des Stammes zuwendend, das Mark in einem Bogen durchsteigt und hierauf den Holzring kreuzend in das Gewebe des Blattes übertritt.

Fig. 117.

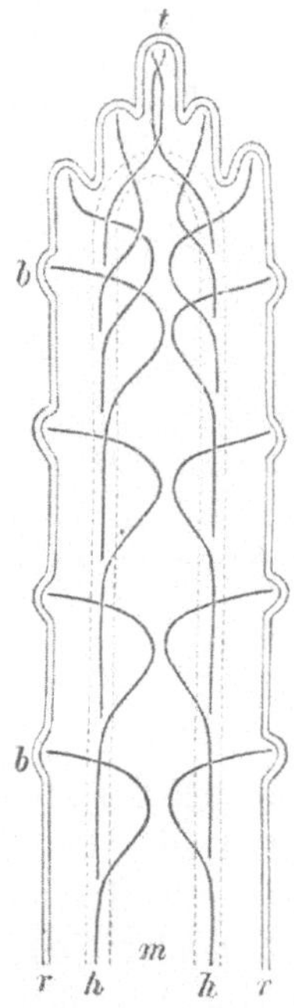

Schema eines Längsdurchschnittes einer monokotylen Axe. *rr* Rinde, *h* Holzcylinder, Kambiummantel, *m* Mark, *b* Blattansätze, *t* Terminalknospe.

Fig. 118.

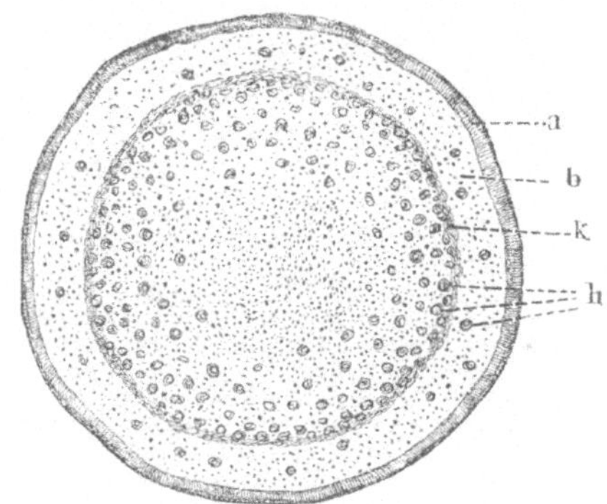

Querschnitt des *Rhizōma Zedoariae* (Zittwerwurzel). *a* Aussenrinde (hier Korkrinde), *b* Mittelrinde, *k* Innenrinde oder Kernscheide, *h* Holzbündel (Gefässbündel).

Fig. 119.

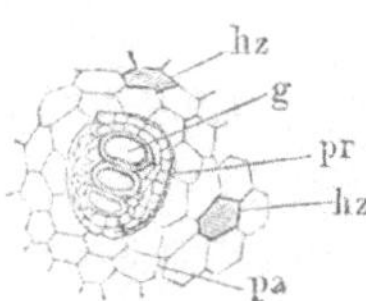

Ein Gefässbündel aus dem *Zedoariarhizōm*. *g* Spiralgefässe, *pr* Prosenchymzellen, *pa* Parenchym, *hz* Harz- und Oelzellen.

In der monokotylen Axe mit entwickelten Axengliedern, Internodien, wie bei den Gräsern *(Graminĕae)*, verlaufen die Gefässe in dem Holzringe parallel und senkrecht aufwärts (machen also keinen Bogen durch das Mark), und treten in der Stelle des Knotens in das Blatt über.

Auf dem Querschnitt eines Monokotyledonenstammes (z. B. eines Galanga-, Zedoaria-, Zingiberrhizoms) erscheinen die Gefässbündel ohne regelmässige Anordnung durch das Parenchym zerstreut. Ausnahmen giebt es auch hier, denn auf dem Querschnitt des Mais *(Zea Mays)* finden wir die Gefässbündel ziemlich regelmässig gestellt.

Die Gefässbündel der Monokotyledonenaxe sind geschlossene. Das Kambium (Kambialstrang), welches jedes Gefässbündel in seiner Mitte und umgeben von Holz- und Bastzellen mit sich führt, ist nicht thätig und regenerirt sich nicht wie bei den Dikotyledonen bis zum Tode der Pflanze, sondern es ist nur eine gewisse Zeit lang fortbildungsfähig, und mit vollendeter Ausbildung des Gefässbündels verwandelt es sich in klares Parenchymgewebe. Damit hört es natürlich auch auf, die Funktionen des Kambiums zu erfüllen und das Dickenwachsthum fortzusetzen. Mit der Verwandlung des Kambiums in Parenchym ist somit die Fähigkeit des Gefässbündels zu wachsen abgeschlossen. Die Monokotyledonenstämme werden im Allgemeinen aus diesem Grunde mit zunehmendem Alter nicht dicker, sondern wachsen nur durch Auswachsen der Terminalknospe in die Länge. In einigen Fällen nimmt zwar der monokotyledonische Stamm, z. B. des Drachenbaumes *(Dracaena)*, im Umfange zu, aber nicht durch Wachsthum primärer Gefässbündel, wie bei den Dikotyledonen, sondern durch Bildung neuer, von den primären unabhängiger Gefässbündel.

Erwähnungswerth sind zwei ältere, heute widerlegte Ansichten über den inneren Bau monokotyler Axen. Die eine, welche den Endogenen *(Decandolle's)* als Basis dient, besagt, dass die Gefässbündel durch den Stamm der Monokotyledonen zerstreut sind und sowohl in der Mittellinie des Stammes wie um diese herum entstehen, um von hier nach oben und dann nach aussen in die Blätter zu verlaufen. Die andere Ansicht, welche *Endlicher* und *Unger* zur Aufstellung der Amphybria, Umsprosser, veranlasste, besagt, dass die Gefässbündel im monokotylen Stamme scheinbar ohne Ordnung zerstreut, weder in der Axe noch zu einem Cylinder vereinigt sind und die neuen Gefässbündel an der

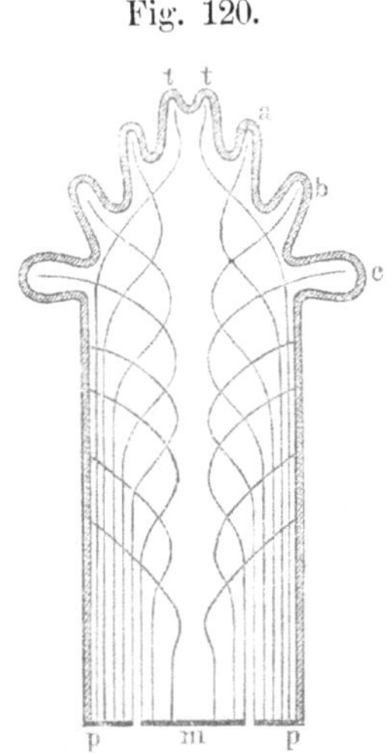

Fig. 120.

Schema eines Längsdurchschnittes einer Terminalknospe des Palmstammes, den Verlauf der Gefässbündel nach der Ansicht *Endlicher's* und *Unger's* zu zeigen. *tt* jüngste Blätter, *a b c* ältere Blätter, *m* Gefässbündel der Mitte, *p* solche nach aussen stehend.

peripherischen Seite der älteren entstehen. Die in der Mitte des Stammes aufsteigenden Gefässbündel treten in die untersten, die der Rinde zunächst aufsteigenden in die obersten Blätter. Fig. 120 zeigt uns ein Schema dieser Anordnung. Diese Ansicht ist durch *Karsten*'s Forschungen als eine unrichtige erkannt worden.

Wie schon bemerkt wurde, sind Rinde, Holz und Mark nicht in der Weise vorhanden wie bei den Dikotyledonen. Der die Innenrinde bildende Bast fehlt und ist nur zuweilen durch einen Ring prosenchymatischer Zellen, welchen *Schleiden* Kernscheide nennt, vertreten. Bald sind Rindenschichten vorhanden, bald nicht. Das Parenchym, welches die Stelle des Markes einnimmt, erscheint häufig mehr oder weniger von Gefässbündeln durchzogen. Bei den Rhizomen der Zingiberaceen, wie *Rhizōma Zingibĕris, Zedoarĭae, Curcŭmae*, auch bei *Rhizōma Calămi* findet man das ausserhalb der Kernscheide liegende Parenchym von Gefässbündeln durchzogen. In den Fällen, in welchen ein geschlossener Holzring ausgebildet ist, wie bei der Sassaparille, ist derselbe durch eine Kernscheide von der Rinde getrennt. Die Bezeichnungen Kernscheide und Innenrinde sind im vorliegenden Falle gleichbedeutend.

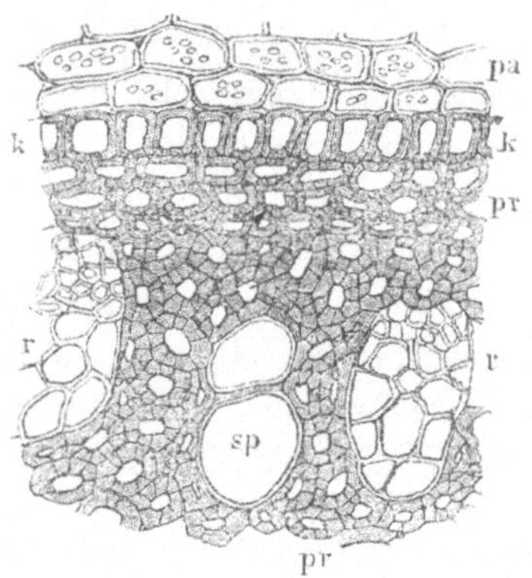

Fig. 121.

Honduras-Sassaparille. Ein kleiner Theil des Querschnitts, 200 mal vergr. *kk* Kernscheide, *pr* Prosenchym, *pa* Parenchym der Rinde, Stärkemehl enthaltend, *sp* Gefässe, *r* unentwickelte Markstrahlen.

Die Kernscheide, auch Schutzscheide und Gefässbündelscheide genannt, trifft man in den Wurzelgebilden nicht allein der Monokotyledonen, sondern auch der Gefässkryptogamen und einiger Dikotyledonen an. Sie besteht meist nur aus einer einfachen Zellenreihe, welche die fehlende Innenrinde ersetzt und die Gefässbündel oder doch die überwiegende Menge derselben einschliesst. Bei *Radix Sarsaparillae, Rhizoma Caricis, Radix Hellebŏri virĭdis* liegen sämmtliche Gefässbündel innerhalb des Kreises, welchen die Zellenreihe der Kernscheide bildet.

Lection 23.

Terminologisches. Kunstausdrücke, *termini technici*. Die Linie.

Diese und die sechs folgenden Lectionen einmal durchzulesen und die Figuren mit den Erklärungen zu vergleichen, dürfte genügen. Ein specielles Memoriren des Inhaltes liegt nicht als Nothwendigkeit vor.

Wie eine jede Wissenschaft und jede Kunst zur Bezeichnung der in ihrem Umfange vorkommenden Begriffe und Grundsätze eigenthümliche Ausdrücke angenommen hat und gebraucht, so hat auch die Botanik eine grosse Menge solcher Kunstausdrücke *(termini technici)*, bei uns sogar in zwei Sprachen, der deutschen und lateinischen, sich eigen gemacht, und eine sehr umfangreiche Terminologie, d. h. die Lehre von den Kunstausdrücken und die Erklärung derselben, ausgebildet.

Es wäre für den Lernenden sehr ermüdend, wollte er hier die Erklärung eines jeden gebräuchlichen und gebräuchlich gewesenen Kunstausdruckes ohne Unterbrechung zu seinem Studium machen. Einen Theil der Kunstausdrücke lernt er bei der Beschreibung der Pflanzen und ihrer Theile kennen, ein anderer Theil, dem gewöhnlichen Leben entnommen, erklärt sich selbst. Es wäre hier also Allgemeines und einiges Besondere von den Kunstausdrücken und den Formen derselben zu erwähnen, wozu sich später nicht immer Gelegenheit finden dürfte.

Die intensiven Verhältnisse und Formen der Körper lassen sich auf Linie, Fläche und Körper zurückführen, und zwar fassen wir der Kürze halber die Pflanze, sowie jeden Theil derselben, in Rücksicht auf Längenausdehnung als Linie, in Rücksicht auf Längen- und Breitenausdehnung als Fläche, auf Längen-, Breiten- und Höhenausdehnung als Körper auf, ohne jedoch dieser Auffassung eine streng mathematische Bedeutung zu unterbreiten.

An der Linie unterscheiden wir die Basis, den Grund *(basis)*, denjenigen der beiden Endpunkte, in welchem die Linie befestigt ist, die Endpunkte, und die zwischen denselben liegende Mitte *(medium)*, dann den Mittelpunkt *(centrum)*, den Punkt, welcher innerhalb der Linie liegt und von beiden Endpunkten gleichweit entfernt ist. Die Spitze *(apex)* ist der der

Basis oder dem Anheftungspunkte entgegengesetzte, also der zweite Endpunkt.

Die Linie *(linĕa)*, worunter wir uns jeden Pflanzentheil in Bezug auf seine Längenausdehnung vorstellen können, kann an und für sich sein: gerade *(recta)*; krumm *(curva)*; gekrümmt *(curvāta)*, wenn sie überhaupt in einem Bogen von der geraden Richtung abweicht; gekniet *(geniculāta)*, in einen Winkel gebogen; hin- und hergebogen *(flexuōsa)*, mehrere Winkel in abweichender Richtung bildend; wellenförmig *(undulāta)*; Sförmig *(sigmoïdĕa)*; hakenförmig *(uncināta)*, an der Spitze umgebogen (nicht zu verwechseln mit hakig, *hamōsus*, *hamātus*, mit an der Spitze zurückgekrümmten Haaren, Borsten, Stacheln ver-

Fig. 122.

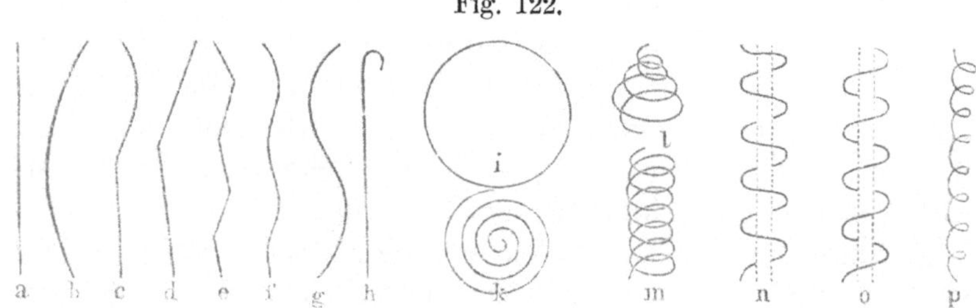

a Linie, gerade (*linĕa recta*), *b* krumme (*curva*), *c* gekrümmte (*curvāta*), *d* gekniete (*geniculāta*), *e* hin- und hergebogene (*flexuōsa*), *f* wellenförmige (*undulāta*), *g* S-förmige (*sigmoïdĕa*), *h* hakenförmige (*uncināta*), *i* zirkelförmige (*circulāris*), *k* schneckenförmig aufgerollte (*circināta*), *l* schneckenförmige (*cochleāta*), *m* und *p* spiralige oder schraubenförmig gewundene (*spirālis*), *n* sich rechtswindende, *o* sich linkswindende.

sehen); zirkelförmig *(circulāris)*, eine Zirkellinie beschreibend; kreiselnd oder schneckenförmig aufgerollt *(circināta, circinālis)*, wenn die Windungen in einer Ebene liegen; schneckenförmig *(cochleāta)*, wenn die Windungen übereinanderliegen und nach oben immer kleiner werden; spiralig oder schraubenförmig gewunden *(spirālis)*, wenn die übereinanderliegenden Windungen gleich gross sind; gewunden, sich windend *(volubilis)*, spiralig gedreht für sich oder um eine Axe und zwar, wenn sich der Beschauer in die Axe versetzt, rechts *(dextrorsum)*, von der Linken zur Rechten aufwärts gewunden, und links *(sinistrorsum)*, von der Rechten zur Linken aufwärts gewunden.

In Bezug auf die Richtung ist eine Linie: aufrecht *(erecta)*, mehr oder weniger senkrecht und mit der Spitze nach dem Himmel gerichtet; straff aufrecht *(stricta)*, wenn sie zugleich ohne Krümmung ist; verkehrt *(inversa)*, mit der Spitze nach unten, mit der Basis nach oben; wagerecht *(horizontālis)*; senkrecht *(perpendicularis, verticalis)*; schief *(obliqua)*, eine Richtung zwischen senkrecht und wagerecht habend; aufsteigend *(adscendens)*, am Grunde einen Bogen bildend und dann aufwärtssteigend; abwärtssteigend *(descendens)*, nach der Erde strebend; abwärts geneigt *(declināta)*, in schiefer Richtung aufwärts und dann sich in einem flachen Bogen nach der Erde neigend; übergebogen *(cernŭa)*, zuerst aufwärtssteigend und dann in einem sanften Bogen sich gegen den Horizont beugend; überhängend, nickend *(nutans)*, in gerader Richtung aufwärtssteigend und dann mit der Spitze in einem Bogen sich abwärtsneigend; hingestreckt, niederliegend *(prostrāta, procumbens, humifūsa)*, auf der Erde flach aufliegend; niedergebogen *(decumbens)*, an der Basis anfangs etwas aufsteigend, dann auf die

Fig. 123.

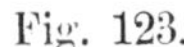

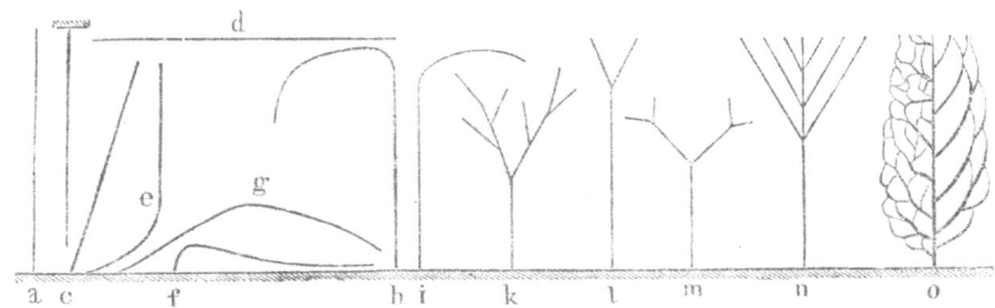

a Linie, aufrechte *(erecta)*, einfache *(simplex)*, senkrechte *(perpendiculāris)*, *b* verkehrte *(inversa)*, herabhängende *(pendŭla)*, *c* schiefe *(oblīqua)*, *d* wagerechte *(horizontālis)*, *e* aufsteigende *(ascendens)*, *f* niedergebogene *(decumbens)*, *g* abwärts geneigt *(declināta)*, *h* überhängende *(nutans)*, *i* übergebogene *(cernŭa)*, *k*, *l*, *m*, *n* ästiggetheilte *(ramōsa)*, *l* gabelästige *(furcāta)*, *m* wiederholt-gabelästige *(dichotŏma)*, *n* gegipfelte *(fastigiāta)*, *o* anastomosirende *(anastomōsans)*.

Erde sich hinstreckend; herabhängend *(pendŭla)*, schlaff von dem Anheftungspunkt abwärtshängend.

In Betreff der Theilung ist die Linie: einfach, ungetheilt *(simplex)*; ästig *(ramōsa)*, in Aeste sich spaltend; gabelig *(furcāta)*, an der Spitze sich aus einem Punkte in zwei Aeste theilend; wiederholtgabelig, gabelästig *(dichotŏma)*, wenn sich die gabelige Theilung an den ersten Gabelästen wiederholt; wiederholt-dreigabelig *(trichotŏma)*; strahlig *(radiāta)*, an der Spitze sich strahlig theilend, die Strahlen liegen ziemlich in einer Ebene; gegipfelt *(fastigiāta)*, wenn die Verzweigung in verschiedener Höhe stattfindet, die Spitzen oder die Gipfel der Aeste aber in einer gemeinschaftlichen Fläche liegen; aderästig *(anastomōsans)*, wenn die Aeste mit ihren Spitzen in einander münden oder sich netzaderig verbinden. Anastomose *(anastomōsis)*, das Ineinandermünden der Aeste.

Im Verhältniss zu einer anderen Linie oder einer Axe ist die Linie: **einzeln** *(solitaria)*, wenn aus einem Punkte nur eine Linie entspringt. Die Linien **sind zu zweien stehend** *(binae, binātae)*, **zu dreien** *(ternae, ternātae)*, **zu vieren** *(quaternae, quaternātae)*, wenn 2, 3, 4 Linien nebeneinander entspringen, dagegen **gepaart** *(geminae, geminātae, conjugātae)*, zu zweien stehend und aus einem Punkte entspringend. Die Linie ist **endständig, gipfelständig** *(terminālis)*, wenn sie auf der Spitze, **grundständig** *(basālis)*, wenn sie aus der Basis einer Axe entspringt; **seitenständig** *(laterālis)*, aus der Seite einer Fläche oder eines Körpers entspringend; **mittelständig** *(centrālis)*, in der Mitte einer Fläche entspringend; **winkelständig** *(axillāris)*, in einem Winkel entspringend. Sie ist **aufgesetzt** *(imposita)* oder **eingefügt** *(inserta)* an der Spitze *(apĭci)*, am Grunde *(basi)*, vorn *(antĭce)*, hinten *(postĭce)*, in der Mitte *(medĭo)*, im Mittelpunkte *(centro)* einer Fläche oder eines Körpers, und steht **vorwärts** oder **aufwärts** *(sursum, prorsum, antrorsum)*, mit der Spitze nach der Spitze der Axe zu, **abwärts, rückwärts** *(deorsum, retrorsum)*, mit der Spitze nach der Basis der Axe zugekehrt.

Zwei Linien sind **gegenüberstehend, gegenständig** *(oppositae)*, wenn sie auf entgegengesetzten Seiten einer Axe und in gleicher Höhe entspringen; **kreuzständig** *(decussātae)*, wenn zwei Paare gegenständiger Linien so gestellt sind, dass sie von

Fig. 124.

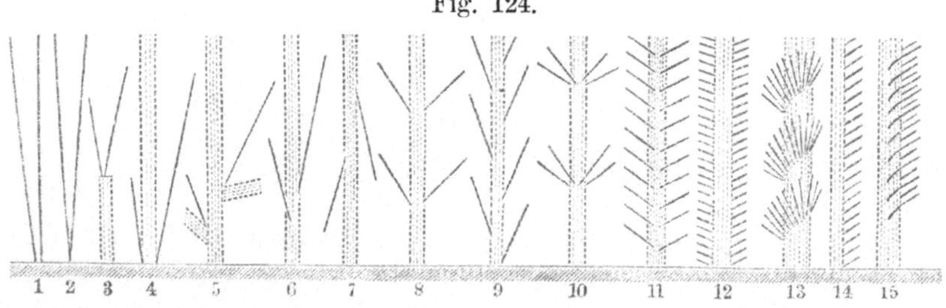

1. Linien, zu zweien *(lineae binae)*, 2. gepaarte *(geminae)*, 3. endständige *(termināles)*, 4. grundständige *(basāles)*, 5. winkelständige *(axillāres)*, 6. seitenständige *(laterāles)*, aufwärts aufgesetzt *(sursum impositae)*, 7. seitenständige *(laterāles)*, abwärts aufgesetzte *(deorsum impositae)*, 8. gegenständige *(oppositae)*, 9. wechselständige *(alternae)*, 10. wirtelförmig stehende *(verticillātae)*, 11. zweireihig stehende *(bifariae)*, 12. zweizeilig stehende *(distĭchae)*, 13. spiralig stehende *(spiralĭter positae)*, 14. einseitig stehende *(unilaterāles)*, 15. einseitswendig stehende *(secundae)*.

oben oder unten betrachtet ein Kreuz bilden. Die Linien sind **wechselständig, abwechselnd** *(alternae, alternantes)*, wenn sie an entgegengesetzten Seiten einer Axe entspringen, aber in verschiedener Höhe; **wirtelförmig** *(verticillātae)*, wenn mehrere wie die Aeste eines Quirls um eine Axe gestellt sind; **zweireihig** *(bifariae.* Adv. *bifariam).* in zwei Reihen stehend, drei-, vier-, vielreihig *(tri-, quadri-, multifariae);* zweizeilig *(distichae),* wenn sie auf entgegengesetzten Seiten einer Axe entspringen, aber sämmtlich in einer Ebene liegen; gereiht *(seriātae),* in Reihen gestellt; spiralig stehend *(spiraliter positae),* in einer Schraubenlinie um eine Axe entspringend; einseitig *(unilaterāles).* nur an einer Seite einer Axe entspringend und auch nach dieser Seite hingewendet; einseitswendig *(secundae, homomallae),* um eine Axe herum entspringend, aber nur nach einer Seite gerichtet; zerstreut *(sparsae),* ohne Ordnung um die Axe herum entspringend, und dann gegipfelt, gleichhoch *(fastigiātae),* wenn die Spitzen der höher und niedriger entspringenden Linien in einer Fläche liegen; sparrig *(squarrōsae),* wenn die Spitzen dabei in keiner gemeinschaftlichen Fläche liegen; entfernt von einander stehend *(remōtae);* genähert *(approximātae);* zusammenneigend *(conniventes),* getrennt stehend und mit dem oberen Theile sich nähernd; auseinanderlaufend *(divergentes),* sich mit dem oberen Theilen mehr und mehr von einander entfernend; dichtstehend

Fig. 125.

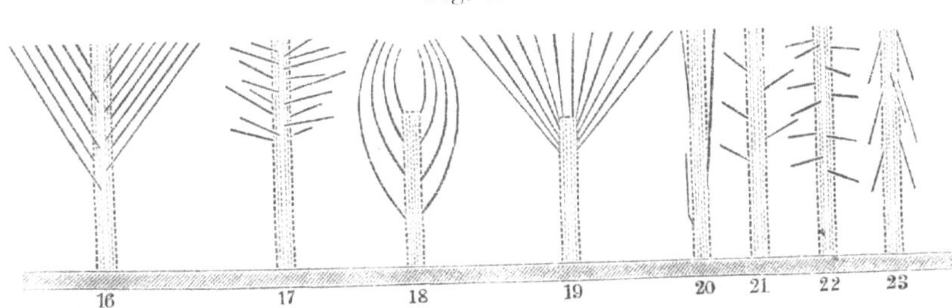

16. gegipfelte *(fastigiātae),* 17. sparrigstehende *(squarrōsae),* 18. zusammenneigend *(conniventes),* 19. auseinander laufend *(divergentes),* 20. angedrückt stehende *(adpressae),* 21. abstehende *(patentes),* 22. ausgespreizt stehende *(divaricātae),* 23. zurückgebogen stehende *(reflexae).*

(densae, confertae), weitläufig stehend *(laxae),* dünn oder locker stehend *(rarae);* verwebt *(intricātae, intertextae, contextae),* ohne Ordnung durch einander verflochten; verflochten *(implexae),* nach einer Richtung in einander verflochten; eingesenkt *(immersae),* hervorstehend *(exsertae);* umgebend *(cingentes);* umfassend *(amplectentes);* aufliegend *(incumbentes);* angedrückt *(adpressae),* einer Linie oder Axe anliegend mit nach oben gerichteten Spitzen; abstehend *(patentes),* in einem Winkel von 45 bis 60° abstehend; ausgespreizt *(divaricātae),* in einem stumpfen Winkel abstehend; zurückgeschlagen, zurückgebeugt *(reflexae),* von der Axe in einem oberen Winkel

von 150 bis 170° abstehend. Die Linien sind ferner gleichgestaltet *(conformes)* oder ungleichgestaltet *(difformes)*.

Bemerkungen. Ausdrücke für die Zahlenverhältnisse. Mit Worten, welche der alt-griechischen Sprache entnommen sind, werden in Zusammensetzungen auch nur die griechischen Zahlwörter verbunden.

<table>
<tr><td colspan="3">In Zusammensetzungen.</td><td colspan="3">In Zusammensetzungen.</td></tr>
<tr><td></td><td>*latein.*</td><td>*griech.*</td><td></td><td>*latein.*</td><td>*griech.*</td></tr>
<tr><td>$^1/_2$, . . .</td><td>semi-</td><td>hemi-</td><td>10, zehn, *decem*</td><td>decem-</td><td>deca-</td></tr>
<tr><td>1, eins, *unus, a, um*</td><td>uni-</td><td>mono-</td><td>11, elf, *undĕcim*</td><td>undĕcim-</td><td>hendĕca-</td></tr>
<tr><td>2, zwei, *duo, ae, o*</td><td>bi-</td><td>di-</td><td>12, zwölf, *duodĕcim*</td><td>duodĕcim-</td><td>dodĕca-</td></tr>
<tr><td>3, drei, *tres, tria*</td><td>tri-</td><td>tri-</td><td>20, zwanzig, *viginti*</td><td>viginti-</td><td>icŏsi-</td></tr>
<tr><td>4, vier, *quatuor*</td><td>quadri-</td><td>tetra-</td><td>100, hundert, *centum*</td><td>centi-</td><td>hecăto-</td></tr>
<tr><td>5, fünf, *quinque*</td><td>quinque-</td><td>penta-</td><td>1000, tausend, *mille*</td><td>mille-</td><td>chilio-</td></tr>
<tr><td>6, sechs, *sex*</td><td>sex-</td><td>hexa-</td><td>viel, *multus, a, um*</td><td>multi-</td><td>poly-</td></tr>
<tr><td>7, sieben, *septem*</td><td>septem-</td><td>hepta-</td><td>wenig, *paucus, a, um*</td><td>pauci-</td><td>olĭgo-</td></tr>
<tr><td>8, acht, *octo*</td><td>octo-</td><td>octa-</td><td>spärlich, *parcus, a, um*</td><td>parci-</td><td>spanio-</td></tr>
<tr><td>9, neun, *novem*</td><td>novem-</td><td>ennea-</td><td>mehr, *plus, pluris*</td><td>pluri-</td><td>pleio-</td></tr>
</table>

Lection 24.

Terminologisches (Fortsetzung). Die Fläche.

In Rücksicht auf Längen- und Breitenausdehnung lassen sich die Pflanzen und ihre Theile als Flächen betrachten. Die für die verschieden gestalteten und geformten Flächen geltenden Kunstausdrücke finden meist Anwendung auf die Blätter der Pflanzen.

An einer Fläche *(superficĭes)* unterscheiden wir die Linie, welche sie einschliesst und **Rand** *(margo)* genannt wird. Denken wir uns die Fläche in irgend einem Punkte unmittelbar oder durch eine Linie einer Axe angeheftet, so unterscheiden wir den Anheftungspunkt als **Basis, Grund** *(basis)* und den der Basis gegenüberliegenden Punkt des Randes als **Spitze** *(apex)*, dann eine **Unterseite** *(pagĭna inferĭor)*, die Seite, welche, wenn die Spitze nach oben steht, nach aussen, wenn die Fläche wagerecht liegt, nach unten sieht, und wenn die Spitze nach unten steht, der Axe zugewendet ist, und eine **Oberseite** *(pagĭna superĭor)*, die der Unterseite entgegengesetzte. Ferner unterscheidet man den der Axe zugekehrten Theil des Randes als **Hinterrand** *(margo posterĭor)*, den der Axe abgewendeten Theil als **Vorderrand** *(margo anterĭor)*, und die zwischen Vorder- und Hinterrand liegenden Theile des Randes als **Seitenränder** *(margĭnes laterāles)*. Je nachdem die Theile der Fläche von dem Vorder-,

Hinter- oder Seitenrande begrenzt sind, unterscheiden wir einen
vorderen Theil *(pars anterior)* der Fläche, einen hinteren Theil
(pars posterior). und zwei Seitentheile *(partes lateräles)*. Letztere
sind, wenn der Hinterrand uns zugekehrt liegt, ein rechter
(dextra) und ein linker *(sinistra)*.
Was von diesen Theilen umschlossen
wird, bildet die Mitte *(medium)*. Ein
von allen Punkten des Randes gleichweit entfernter Punkt der Mitte ist der
Mittelpunkt *(centrum)*. Die Di-
mension zwischen Basis und Spitze
bildet die Länge *(longitūdo)*. diejenige
zwischen den Seitenrändern die Breite
(latitūdo) der Fläche.

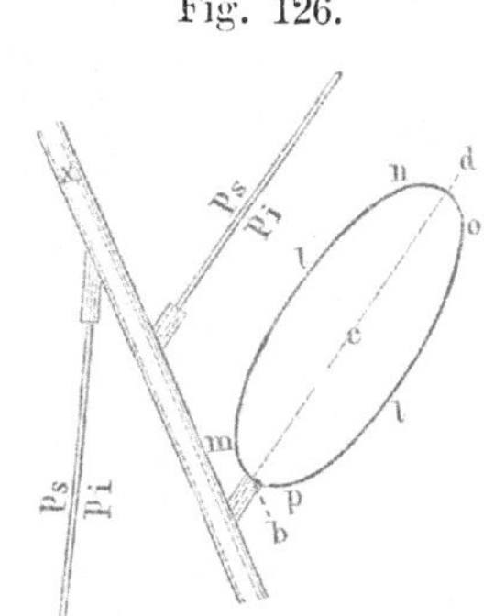

Fig. 126.

Schematische Figur eines flachen
Pflanzenorganes (eines Blattes); *ll*
von oben gesehen, *ps pi* von der
Seite gesehen, *x* eine Axe, *b* Basis,
d Spitze, *pi* Unterseite, *ps* Oberseite, *mp* Hinterrand, *no* Vorderrand, *ll* Seitenränder, *c* Mitte.

Die Fläche ist nach dem Verhältniss ihrer Dimensionen: kreisrund
(orbiculāta, orbiculāris); rund *(rotun-
da)*. nicht völlig kreisförmig; rundlich *(subrotunda)*. fast rund; elliptisch *(elliptica. ellipsoïdea)*. rundlich,
aber 1¹/₂ mal länger als breit. Von
der elliptischen Form ausgehend heisst sie oval *(ovālis)*, wenn
die grösste Breite in der Mitte liegt und die Breiten nach Spitze
und Basis sich gleich sind; eiförmig *(ovāta)*, wenn die grösste
Breite der Basis näher liegt; verkehrt- oder umgekehrt-ei-
förmig *(obovāta)*. wenn die grösste Breite der Spitze näher liegt.

Nach dem Dimensionenverhältniss ist die Flächengestalt
ferner: länglich *(oblonga)*. ungefähr 3 mal länger als breit;

Fig. 127.

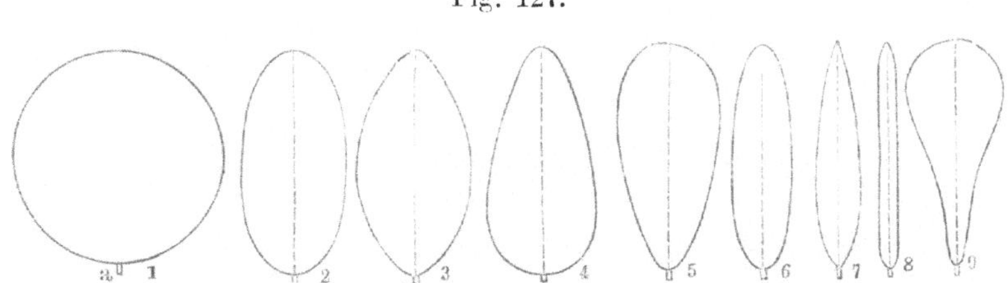

Blattformenschemata. *a* Basis oder Anheftungspunkt. 1. Blatt, kreisrundes *(folium orbiculāre)*,
2. elliptisches *(ellipticum)*, 3. ovales *(ovāle)*, 4. eiförmiges *(ovātum)*, 5. umgekehrteiförmiges *(obo-
vātum)*, 6. längliches *(oblongum)*, 7. lanzettförmiges *(lanceolātum)*, 8. linienförmiges *(lineāre)*,
9. spatelförmiges *(spathulātum)*.

lancettförmig *(lanceolāta)*, 3—5mal länger als breit; linienförmig *(lineāris)*. sehr schmal und so lang, dass die Seitenränder

parallel zu laufen scheinen; spatelförmig *(spathulāta)*, an der Spitze breit und nach der Basis stark verschmälert; keilförmig *(cuneāta)*, umgekehrt eiförmig mit bis zur Basis in geraden Linien verlaufenden Seitenrändern; pfriemenförmig *(subulāta, subŭliformis)*, fast linienförmig, aber nach der Spitze zu sich verschmälernd; rautenförmig *(rhombĕa, rhomboïdĕa)*, der Form eines verschobenen Viereckes (Raute) gleichend oder sich nähernd; deltaförmig *(deltoïdĕa)*, ein ziemlich gleichseitiges Dreieck mit stumpfen

Fig. 128.

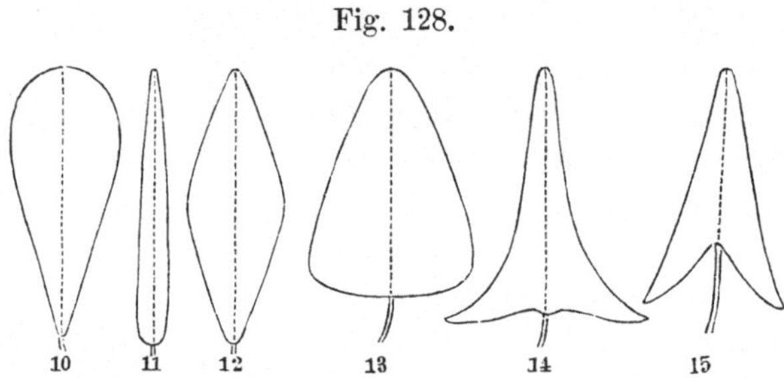

10. Blatt, keilförmiges *(cuneātum)*, 11. pfriemenförmiges *(subulātum)*, 12. rautenförmiges *(rhombĕum)*, 13. deltaförmiges (dem griechischen Delta, $\triangle$, ähnlich, *deltoïdĕum)*, 14. spiessförmiges *(hastātum)*, 15. pfeilförmiges *(sagittātum)*, um den Unterschied vom spiessförmigen Blatte zu zeigen.

oder abgerundeten Ecken, und in der Mitte einer Seite liegt die Basis; spiessförmig oder spontonförmig *(hastāta)*, schmal dreieckig mit an dem geradlinigen Hinterrand ausgezogenen spitzen Ecken.

Die Bezeichnungen von Zwischenformen geschieht in folgender Art: lineal-lanzettlich *(lineāri-lanceolāta)*, länglichelliptisch *(oblongo-elliptica)*, etc.

Lection 25.

Terminologisches. Die Fläche. (Fortsetzung.)

Die Fläche ist in Betreff des Vorderrandes und der Spitze: spitz *(acūta)*, wenn sich die beiden Seitenränder in einem spitzen Winkel treffen; gespitzt *(acutāta)*, wenn sie gegen die Spitze geradlinig werden und sich in einem sehr spitzen Winkel schneiden; zugespitzt *(acumināta)*, wenn die beiden Seitenränder gegen die Spitze einen sanften einwärts gekehrten Bogen bilden, und feingespitzt *(cuspidāta)*, wenn die Spitze zugleich einen langgezogenen Winkel bildet; **kleinspitzig** *(apiculāta)*, wenn der Spitze gleichsam noch ein kleines Spitzchen *(apicŭlus)* aufgesetzt ist; **stachelspitzig** oder **weichstachelspitzig** *(mucronāta)*, wenn dieses Spitzchen in einer kurzen stechenden oder spitzigen Verlängerung (Stachelspitze, *mucro*) besteht; **stumpf** *(obtūsa)*, wenn der Vorderrand eine Bogenlinie bildet; **gestumpft** *(obtusāta)*, wenn die Seitenränder gegen die Spitze convexe Bogen bilden; **abgestutzt** *(truncāta)*, wenn der Vorderrand eine gerade Linie bildet; **ausgestutzt** oder **eingedrückt** *(retūsa)*, wenn der Vorderrand eine seichte Bucht bildet.

Fig. 129.

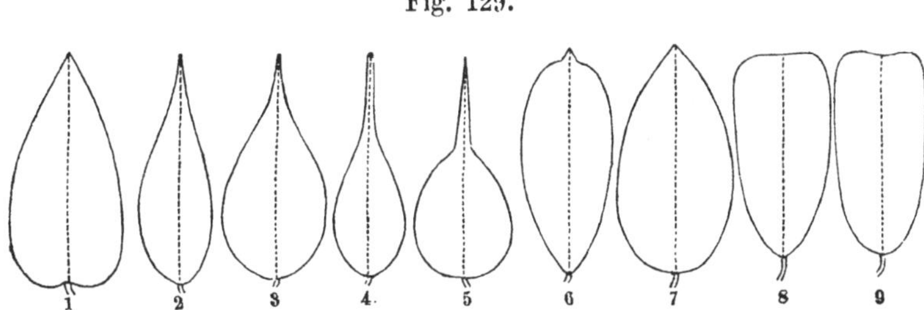

Blattformenschemata. 1. Blatt, spitzes *(folium acūtum)*, 2. gespitztes *(acutātum)*, 3. zugespitztes *(acuminātum)*, 4. feingespitztes *(cuspidātum)*, 5. kleinspitzig *(apiculātum)*, 6. weichstachelspitziges *(mucronātum)* und stumpfes *(obtūsum)*, 7. gestumpftes *(obtusātum)*, 8. abgestutztes *(truncātum)*, 9. ausgestutztes *(retūsum)*.

In Bezug auf **Biegung** ist die Fläche **eben** oder **flach** *(plana)*; **vertieft** oder **concav** *(concāva)*; **convex** *(convexa)*, erhaben gewölbt; **gekielt** *(carināta)*, mit einer von der Basis zur Spitze verlaufenden hervortretenden Falte oder Kante *(carina, Kiel)* versehen; **rinnenförmig** *(canāliculāta)*, von der Basis zur Spitze bogenförmig vertieft; **zusammengelegt** *(conduplicāta)*, der Länge nach zusammen geschlagen, so dass die beiden Seitentheile aufeinander liegen; **gefaltet** *(plicāta)*, in Falten gelegt; **längs-, quer-, strahlenfaltig** *(longitudināliter, transverse, radiātim plicāta)*; **wellig** *(undulāta)*: **blasig** *(bullāta)*, mit blasenähnlichen Auftreibungen auf der Oberfläche; **gerunzelt, runzlig** *(rugōsa)*, wenn die Auftreibungen klein und unbedeutend sind, die Unterseite mehrere kleine Vertiefungen, die Oberseite eben so viele entsprechende Wölbungen bildet: **zurückgebogen** *(apice reflēxa)*, mit dem Vorderrande und der Spitze nach der Unterseite umgebogen; **zurückgerollt** *(revolūta)*, nach der Unterseite, und **eingerollt** *(involūta)*, nach der Oberseite mit Vorderrand und Spitze spiralig eingeschlagen; **mit zurückgerolltem Rande** *(margine revolūta)*; **mit eingerolltem Rande** *(margine involūta)*; **zusammenge-**

rollt *(convolūta)*, mit der Oberfläche von einem Seitenrande nach dem anderen spiralig umgeschlagen, und **verkehrt zusammen-gerollt** *(obconvolūta)*, mit der Unterfläche von einem Seitenrande

Fig. 130.

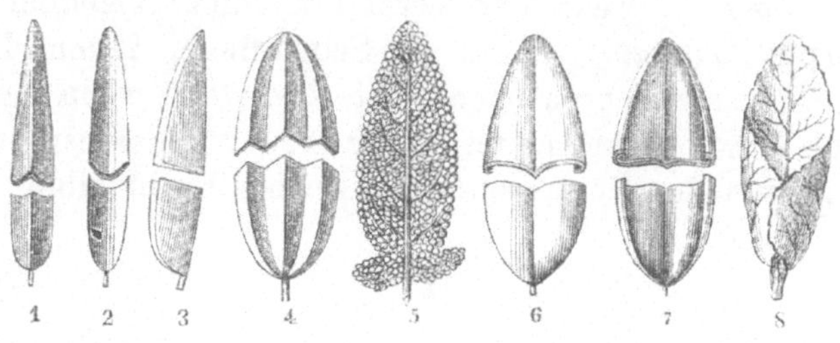

1. Blatt, gekieltes (*folium carinātum*), 2. rinnenförmiges (*canāliculātum*), 3. zusammengelegtes (*conduplicātum*), 4. gefaltetes (*plicātum*), 5. runzliges (*rugōsum*), Blatt von *Salvia officinālis*, 6. mit zurückgerolltem Rande (*folium margine revolūtum*), 7. mit eingerolltem Rande (*margine involūtum*), 8. tutenförmiges (*cucullātum*).

nach dem anderen spiralig umgeschlagen; **tutenförmig, kappenförmig** *(cucullāta)*, wenn die Einrollung sich zu einem konischen Cylinder gestaltet.

Ist die Fläche **durchlöchert** und sind die Löcher verschieden gross, so heisst sie **durchstossen** *(pertūsa)*, dagegen **siebförmig** *(cribrōsa)*, wenn die Löcher sehr klein sind und dicht zusammenliegen; **gefenstert** *(fenestrāta)* oder **gegittert** *(cancellāta)*, wenn die Löcher nicht klein, gleich gross sind und in gewisser Ordnung liegen. Ist die Fläche mit durchsichtigen Punkten besäet, welche gegen das Licht gehalten Nadelstichen ähnlich sehen, so nennt man sie **durchsichtig punktirt** *(pellucide punctāta)*, und unrichtig zuweilen auch **perforirt** (durchlöchert, *perforāta*).

Fig. 131.

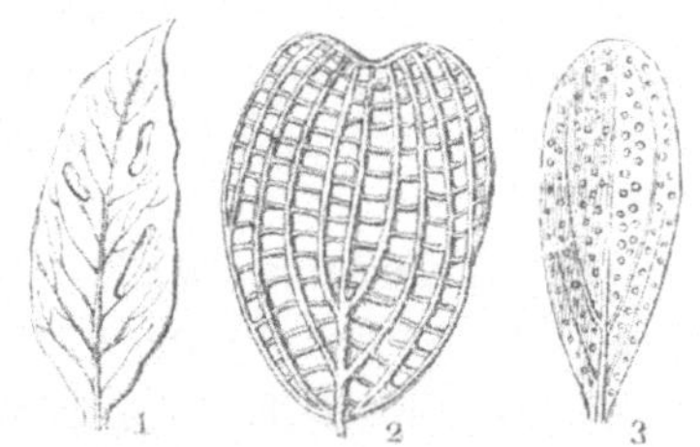

1. Blatt, durchstossenes (*folium pertūsum*), Blatt von *Dracontium pertūsum*, 2. gefenstertes oder gegittertes (*fenestrātum, cancellātum*) Blatt von *Hydrogēton fenestrāle* Pers., etwas verkleinert, 3. durchsichtig punktirtes (*pellucide punctātum*). Blatt von *Hypericum perforatum*. 1 und 2 verkleinert.

Beim Blatte sind Oeldrüsen die Ursache dieser durchsichtigen Punkte. *Folium perforātum* ist ziemlich gleichbedeutend mit *fol. perfoliātum*, bei welchem die Fläche eines sitzenden Blattes den Stengel, zu demselben in einem Winkel stehend, umfasst.

Lection 26.

Terminologisches. Die Fläche. (Fortsetzung.)

In Betreff der Theilung ist eine Fläche ganzrandig *(integerrĭma)*, wenn der Rand in keiner Weise Einschnitte hat. Sind die Einschnitte nur auf den Rand beschränkt, so ist die Fläche immer noch ungetheilt *(intĕgra)*.

Durch einen Einschnitt *(incisūra)* in eine Fläche entsteht ein einwärtstretender Winkel oder solcher Bogen, Bucht *(sinus)* genannt, und zwei die Bucht einschliessende Hervorragungen, Vorsprünge, Ecken *(angŭli, prominentĭae)*.

Reichen die Einschnitte nicht bis zur Mitte, so heisst die Fläche eingeschnitten *(incīsa)*, reichen sie bis zur Mitte oder bis in die Mitte, so heisst sie gespalten *(fissa)*, reichen sie aber bis über die Mitte, so heisst sie getheilt *(partīta)*.

Reichen die Einschnitte nicht viel über den Rand hinaus und findet sich nur ein Einschnitt an der Spitze oder dem Vorderrande, so ist die Fläche: gespalten *(fissa)*, mit spitzer Bucht zwischen spitzen Ecken; angeschnitten *(accīsa)*, mit spitzer Bucht zwischen stumpfen Ecken, zweizähnig *(bidentāta)* mit stumpfer Bucht zwischen spitzen Ecken; ausgerandet *(emargināta)*, mit stumpfer Bucht zwischen stumpfen Ecken.

Befindet sich der Einschnitt an der Basis oder dem Unterrande, so ist die Fläche pfeilförmig *(sagittāta)*, mit einer spitzen Bucht zwischen spitzen Ecken; herzförmig *(cordāta)*, mit spitzer Bucht zwischen stumpfen Ecken; halbmondförmig *(lunāta)*, mit

Fig. 132.

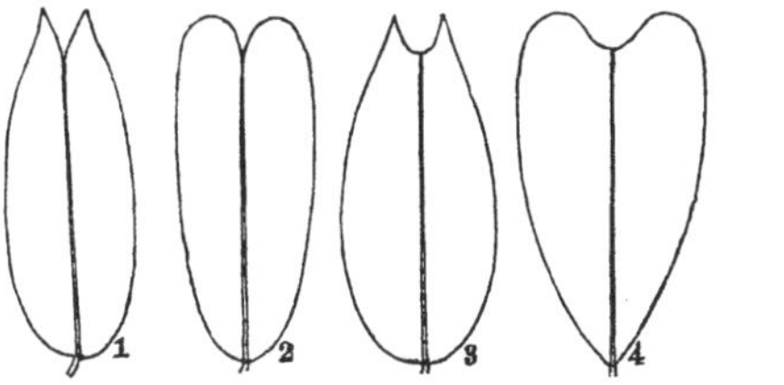

1. Blatt, gespaltenes *(folium fissum)*, 2. angeschnittenes *(accĭsum)*, 3. zweizähniges *(bidentātum)*, 4. ausgerandetes *(emarginātum)*.

Fig. 133.

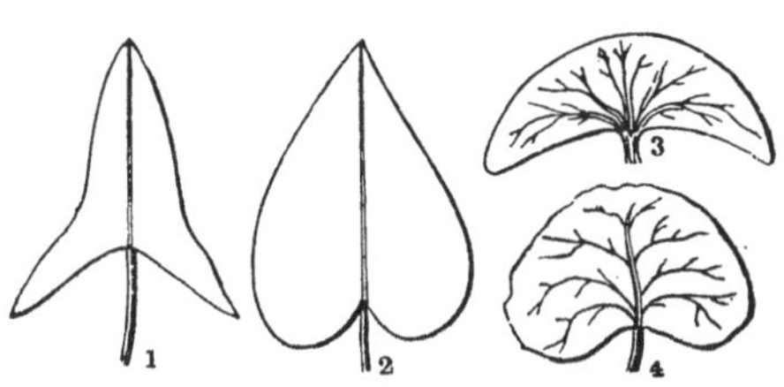

1. Blatt, pfeilförmiges *(sagittātum)*, 2. herzförmiges *(cordātum)*, 3. halbmondförmiges *(lunātum)*, 4. nierenförmiges *(renātum)*.

stumpfer Bucht zwischen spitzen Ecken; nierenförmig *(renāta)*, mit stumpfer Bucht zwischen stumpfen Ecken.

Befinden sich die Einschnitte am Rande, diesen kaum überschreitend, so heisst die Fläche: gesägt *(serrāta)*, mit spitzen Buchten zwischen spitzen Ecken; gekerbt *(crenāta)* mit spitzen Buchten zwischen stumpfen Ecken; gezähnt *(dentāta)*, mit

Fig. 134.

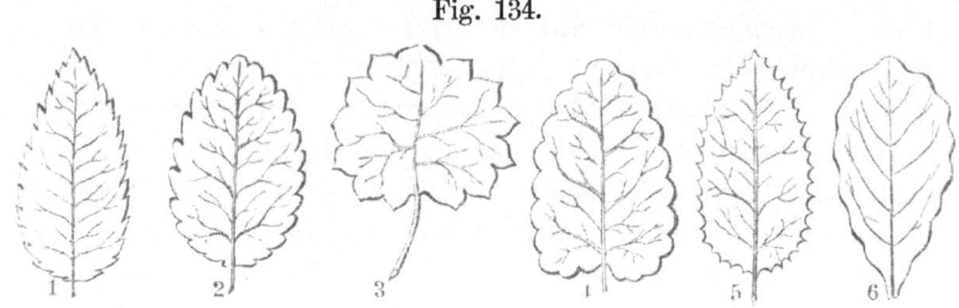

1. Blatt, gesägtes *(folium serrātum)*, 2. gekerbtes *(crenātum)*, 3. spitzgekerbtes *(acūte crenātum)*, 4. stumpfgekerbtes *(obtūse crenātum)*, 5. gezähntes *(dentātum)*, 6. ausgeschweiftes *(repandum)*.

stumpfen Buchten zwischen spitzen Ecken; ausgeschweift *(repanda)*, mit stumpfen Buchten und stumpfen Ecken; winkelig *(angulāta)*, mit seichten stumpfen Buchten und stumpfwinkligen Ecken.

Treten die Einschnitte bis zur Mitte oder in diese hinein, so ist die Fläche eine gespaltene *(fissa;* in Zusammensetzungen *-fĭda)*, wenn spitze Buchten zwischen spitzen Ecken liegen; 2-, 3-, 4-, 5-, viel-spaltig *(bi-, tri-, quadri-, quinque-, multifida)*, je nach der Zahl der Einschnitte. Die Ecken heissen hier

Fig. 135.

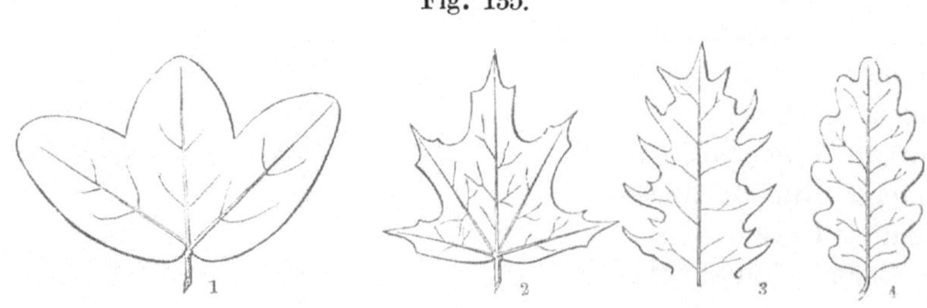

1. Blatt, dreilappiges *(folium trilŏbum)*, 2. und 3. zipfeltheiliges, geschlitztes *(laciniātum)*, 4. buchtiges *(sinuātum)*.

auch Zipfel *(laciniae)*, die Buchten Spalten *(fissūrae)*. Die Fläche ist dann gelappt *(lobāta)*, mit spitzen Buchten zwischen stumpfen Ecken. Je nach der Zahl der Ecken, welche hier Lappen *(lobi)* heissen, sagt man 2-, 3-, 4-, 5-, viellappig

(bi-, tri-, quadri-, quinque-. multi-lŏba); zipfeltheilig oder geschlitzt *(laciniāta)*. mit stumpfen Buchten zwischen spitzen
Lappen *(laciniae)*; buchtig *(sinuāta)*, mit stumpfen Buchten
zwischen stumpfen Ecken; fiederspaltig, fiedertheilig *(pin-
nāti-partīta)*. wenn die Lappen oder Zipfel, Fiederstücke *(pinnae)*
genannt, längs der geraden Linie, welche Spitze und Basis verbindet, der Spindel *(rhachis)*, entspringen, oder wenn die Buchten bis zur Spindel reichen: unterbrochen fiederspaltig
(interrupte pinnatifida), wenn kleine Fiederstücke mit grossen abwechseln; leierförmig *(lyrāta)*, wenn das oberste Fiederstück
gross und breit, diejenigen an der Seite kleiner sind und nach
der Basis auch an Grösse abnehmen; schrotsägeförmig *(run-
cināta)*, wenn die Fiederstücke spitz sind und sich mit ihren
Spitzen nach der Basis zuneigen; doppeltfiederspaltig *(bi-
pinnatifida. decomposito-pinnatifida)*, wenn die Fiederstücke wiederum fiederspaltig sind. Die Fiederstücke in zweiter Reihe
heissen Fiederstückchen *(pinnŭlae)*. Vielfachfiederspaltig
(supradecomposito-pinnatifida) ist die Fläche, wenn die Fiederstückchen wiederum fiederspaltig sind. Die letzten Fiederstückchen heissen dann Fiederläppchen *(laciniae ultimae)*. Fiederschnittig *(pinnatisecta)* ist die Fläche dann, wenn die Fiederstücke mehr oder weniger zusammenfliessen.

Fig. 136.

1. Blatt, fiederspaltiges *(pinnatifidum)*, 2. leierförmiges *(lyrātum)* und unterbrochen fiederspaltiges
interrupte pinnatifidum), 3. schrotsägeförmiges *(runcinātum)*, 4. doppeltfiederspaltiges *(bipinnati-
fidum)*, 5. fiederschnittiges *(pinnatisectum)*.

Gehen die Einschnitte über die Mitte der Fläche hinaus, so
entsteht eine getheilte *(partīta)* Fläche, und je nach der Zahl der
Lappen ist dieselbe 3-, 4-, 5-, 6-, bis vieltheilig *(tri-, quadri-,
quinque-, sex-, multi-partīta)*; handförmig *(palmāta, palmatipartīta)*,
wenn die Lappen zu fünf und mehr im Umkreise der Basis oder
des Anheftungspunktes entspringen; fussförmig *(pedāta, pedati-
partīta)*, wenn die Lappen längs des Hinterrandes entspringen.

7*

Fig. 137.

1. Blatt, dreitheiliges (*folium tripartītum*), 2. vieltheiliges und handförmiges (*multipartītum palmātum*), 3. fussförmiges (*pedātum*).

Fiederspaltig (*pinnatifīdus*) ist nicht zu verwechseln mit gefiedert (*pinnātus*), welcher letztere Ausdruck bei Beschreibung des zusammengesetzten Blattes (*folium composĭtum*) seine Erklärung finden wird (Lect. 36).

Lection 27.

Terminologisches. Verhältnisse des Körpers.

Die Pflanze und ihre Theile sind Körper, und als solche kommen an ihnen alle drei Dimensionen, Länge, Breite und Dicke oder Höhe, in Betracht. Diese Dimensionen nehmen wir vorläufig als im vollständigen Maasse vorhanden an.

An einem Körper unterscheiden wir die Oberfläche (*superficĭes*), die allseitige Grenze desselben, welche zugleich das Bild der Gestalt des Körpers ist, und die Masse oder Materie, das von der Oberfläche eingeschlossene Substantielle.

Ist der Körper einer Axe aufgesetzt oder auf einen anderen Körper gestellt, so ist seine Basis (*basis*) der Punkt, auf welchem er ruht oder in welchem er einer Axe angeheftet ist. Der der Basis entgegengesetzte Punkt ist die Spitze (*apex*). Eine Linie, welche wir uns zwischen Basis und Spitze gezogen denken, ist die Axe (*axis*) des Körpers. Grundfläche bezeichnet den Theil der Oberfläche, worauf der Körper ganz oder zum Theil ruht oder in welcher die Basis liegt, die Spitzenfläche dagegen den Theil der Oberfläche, welcher der Grundfläche gegenübersteht, oder in welchem die Spitze liegt.

Zwischen Grund- und Spitzenfläche eines einer Axe angehefteten Körpers liegen die obere und die untere Fläche und die Seitenflächen.

Die Linie, in welcher sich zwei entgegengesetzte Flächen berühren, besonders die Linie, in welcher die obere und untere Fläche zusammenstossen, wird gewöhnlich mit Rand (*margo*) bezeichnet. Im Allgemeinen heisst übrigens jeder Winkel, welcher durch zwei zusammenstossende Flächen gebildet wird und nach aussen sieht, eine Kante (*acies*).

Die Längendimension wird durch die Linie, welche die Spitze mit der Basis verbindet, die Breitendimension durch den gegenseitigen Abstand der Seitenflächen, die Höhendimension durch den Abstand der oberen von der unteren Fläche angegeben. Unter Dicke oder Stärke (*crassities*) versteht man bei einem mehr breiten Körper die Höhe, bei einem mehr hohen Körper die Breite.

Fig. 138.

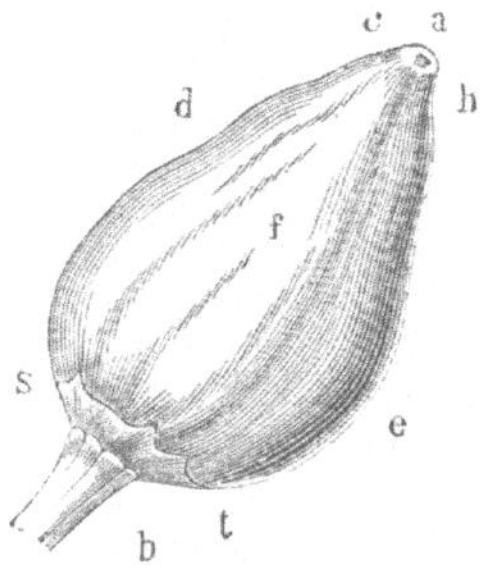

Die konisch-längliche Beerenfrucht (*bacca conico-oblonga*) des Spanischen Pfeffers (*Capsicum annuum Fingh.*). *b* Basis, *a* Spitze, *s t* Grundfläche, *c h* Spitzenfläche, *d* obere Fläche, *e* untere Fläche, *f* Seitenfläche (rechte), *a b* Längendimension, *d e* Höhendimension.

Je nach der nächsten Begrenzung durch die Grund-, Spitzen-, obere oder untere Fläche unterscheidet man an dem Körper einen Grundtheil (*pars basalis*), Spitzentheil (*pars apicalis*), Obertheil (*pars superior*) und Untertheil (*pars inferior*). Umgrenzt von allen diesen Theilen ist der Mitteltheil (*pars media*). Grundtheil und Untertheil, Obertheil und Spitzentheil werden nicht selten mit einander verwechselt.

Ist der Körper frei, also ein für sich bestehender und keiner Axe seitlich angehefteter, oder steht er auf der Spitze einer Axe in der Richtung der Verlängerung dieser letzteren, so kommen an ihm weder eine obere, noch eine untere Fläche in Betracht, dafür aber nur Seitenflächen. Seine Höhe wird dann durch diejenige Linie angegeben, welche man sich zwischen Grundfläche und Spitzenfläche gezogen denkt, und die Dicke oder Stärke durch die Linie, welche man sich unter rechtwinkliger Durchschneidung der Axe zwischen zwei gegenüberstehenden Seitenflächen gezogen denkt.

Ein Körper kann in verschiedenen Richtungen zu seiner Axe durchschnitten werden. In der Botanik und Pharmakognosie kommen nur folgende Durchschnitte in Betracht:

Längendurchschnitt (*sectio longitudinis*), heisst ein Schnitt, wenn die Schnittfläche die Grund- und Spitzenfläche durchschneidet und mit der Axe des Körpers in gleicher Richtung liegt. Er ist zweierlei und zwar erstens **Verticalaxenschnitt, Hauptschnitt, Spaltschnitt** (*sectio axĭlis, sectio longitudĭnis media*), wenn die Schnittfläche mit der Axe zusammenfällt, jedoch nur **Radialschnitt**, wenn die Schnittfläche zwischen Axe und Peripherie und in der Richtung eines Radius liegt. Er ist zweitens **Secantenschnitt** (*sectio axi parallēlos*), wenn die Schnittfläche nicht in der Axe liegt, sondern derselben nur parallel ist. Jeder Durchschnitt ist ein Secantenschnitt, wenn er zum Hauptschnitt in einem rechten Winkel steht und er selbst nicht Hauptschnitt ist. **Tangentialschnitt** ist zwar ein häufig gebrauchter, aber nicht richtiger Ausdruck für Secantenschnitt.

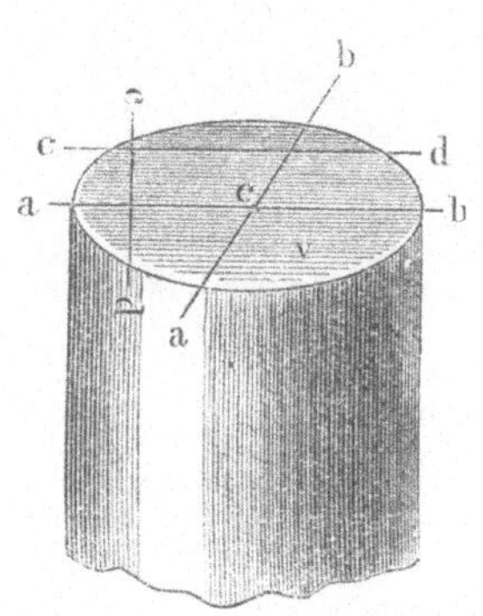

Fig. 139.

Block mit der Querschnittfläche *v.* —
ab Lage der Verticalaxenschnittfläche,
cd Lage der Secantenschnittfläche, *c*
oberer Endpunkt der Axe des Blockes.

Querschnitt, Horizontalschnitt, Transversalschnitt (*sectio transversālis*) heisst ein Durchschnitt, wenn die Schnittfläche mit der Axe des Körpers einen rechten Winkel bildet.

Lection 28.

Terminologisches.   Verhältnisse des Körpers.   (Fortsetzung.)

Die meisten Kunstausdrücke, welche für die Verhältnisse der Linie und Fläche bereits erwähnt sind, finden auch auf den Körper (*corpus*) Anwendung, weil ihm die Dimensionen der Linie und Fläche eigen sind.

In Betreff der Materie ist der Körper **dicht** (*densum*); **voll, gefüllt** (*plenum, replētum*); **fest, nicht hohl** (*solĭdum*) oder **hohl** (*cavum*), und mit Rücksicht auf die Dimensionen: **dick** (*crassum*), dicker als lang; **dünn** (*tenŭe*), über 3mal länger als dick; **etwas dick** (*crassiuscŭlum*); **etwas dünn** (*tenuiuscŭlum*); **hoch** (*altum*); **niedrig** (*humĭle*); **langgestreckt** oder **verlängert** (*elongātum*), über 3mal länger als breit oder dick.

Der Körper ist nach dem Umrisse der Querschnittfläche: **stielrund** (*teres*), wenn sie eine Kreisfläche ist; **halb-**

stielrund (*semiteres*), wenn sie halbkreisförmig ist; zusammengedrückt (*compressum*), wenn sie oval oder elliptisch ist; zweischneidig (*anceps*), wenn sie lancettförmig ist; walzenförmig
oder cylindrisch (*cylindricum*), wenn sie in allen Höhen gleich
und kreisförmig ist; kantig (*angulāre, acietātum*), wenn sie mehr
als zwei Ecken bildet; scharfkantig (*acutangŭlum*); stumpf-

Fig. 140.

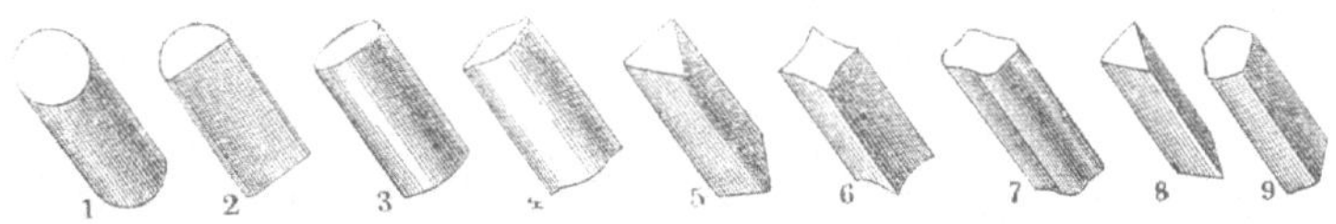

1. stielrund (*teres*), 2. halbstielrund (*semitĕres*), 3. zusammengedrückt (*compressum*), 4. zweischneidig (*anceps*), 5. dreikantig (*triangulāre*) und dreiseitig (*trilatĕrum*), 6. vierkantig und
scharfkantig (*quadrangulāre, acutangŭlum*), 7. stumpfvierkantig (*obtūse quadrangulāre*), 8. dreischneidig (*triquētrum*), 9. fünfseitig (*quinquelatĕrum*).

kantig (*obtusangŭlum*); drei-, vier-, fünf-, vielkantig (*tri-*
angulāre, quadrangulare, quinquangulare, multangulare); dreischneidig (*triquĕtrum*, auch *triquētrum*), wenn sie ein gerad-
liniges Dreieck mit spitzen Winkeln bildet; undeutlich dreischneidig (*absolēte triquetrum*), wenn die Seiten des Dreiecks
nach aussen sanfte Bogen bilden; drei-, vier-, fünf-, viel-

Fig. 141.

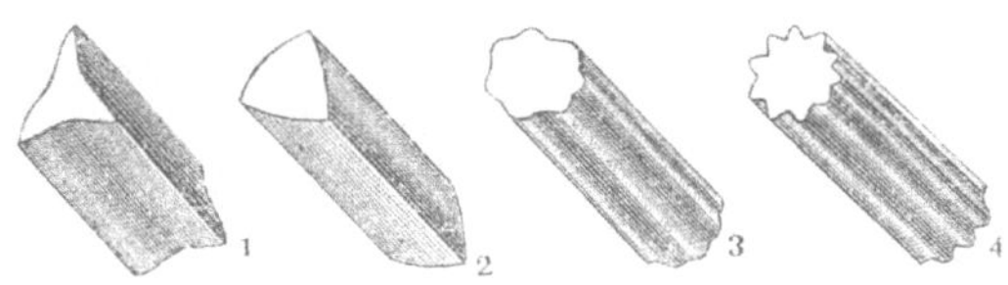

1. dreikantig (*triangulare*), 2. undeutlich dreischneidig (*obsolete triquetrum*), 3. gefurcht (*sulcatum*),
gerippt (*costatum*).

seitig (*tri-, quadri-, quinque-, multilaterāle* oder *tri-, tetra-, penta-,*
polygōnum), wenn die Ecken stumpf, die Seiten geradlinig sind;
gleichseitig (*aequilatĕrum*); gefurcht (*sulcātum*), wenn die
Seitenlinien wellenförmig sind; gerippt (*costātum*), wenn die
Seitenlinien aus Buchten und schmalen Ecken zusammengesetzt
sind. (*Sulcus*, Furche, *costa*, Rippe, *latus, ĕris*, Seite).

Eine Kante (*acies*) kann sein: vorstehend (*promĭnens*),
wenn der Winkel durch einwärts gebogene Linien gebildet ist;
scharf (*acutāta, argūta*), wenn der Winkel ein spitzer ist; gestumpft (*obtusāta*), wenn die Spitze des Winkels durch eine ge-

rade Linie, und **gerundet** (*rotundāta*), wenn sie durch eine Bogenlinie abgeschnitten ist.

Nach der Form der ganzen Oberfläche ist der Körper: **kugelig, kugelförmig** (*globōsum, sphaericum*); **halbkugelig** (*hemisphaericum*); **sphäroïdisch** (*sphaeroïdĕum*),

Fig. 142.

Kugelige Frucht
(*fructus globosus*)
vom Wachholder (*Juniperus communis*).
(4 fach vergrössert).

kugelähnlich, an der Spitze und Basis etwas plattgedrückt; **kopfförmig** (*capitātum*), stark verlängert und an der Spitze kugelig erweitert; **ellipsoïdisch** (*ellipsoïdĕum*), Querschnittfläche kreisförmig, Längsschnittfläche elliptisch; **eiförmig** (*ovoidĕum, ooïdĕum, oviforme*), Längsschnittfläche eirund, Querschnittfläche rund; **verdünnt** (*attenuātum*), nach der Spitze allmählich an Dicke abnehmend; **verdickt** (*incrassātum*), nach der Spitze allmählich an Dicke zunehmend; **kegelförmig** (*conĭcum*), Querschnittfläche rund, Längsschnittfläche bildet ein Dreieck, dessen Basis in der Grundfläche des Körpers liegt; **umgekehrt kegelförmig** (*obconĭcum*), wenn die Basis des Längsschnittflächendreiecks in der Spitzenfläche des Körpers liegt; **herzförmig** (*cordiforme*), Längsdurchschnittfläche in der Richtung des grössten seitlichen Durchmessers herzförmig, an der Basis ein spitzer Einschnitt zwischen zwei stumpfen Ecken; **umgekehrt herzförmig** (*obcordiforme*), wenn der Einschnitt an der Spitze liegt; **nierenförmig** (*nephroïdĕum*), die

Fig. 143.

Nierenförmiger Same
(*semen nephroïdĕum*)
vom Stechapfel (*Datūra Stramonĭum*), *b*
Basis. (3 fach vergr.)

Längendurchschnittsfläche in der Richtung des grössten seitlichen Durchmessers ist nierenförmig (*reniformis*), mit stumpfer Bucht zwischen zwei stumpfen Lappen an der Basis; **birnförmig** (*pyriforme*), an der Spitze kugelig, nach der Basis sich verdünnend; **bauchig** (*ventricōsum*), in der Mitte kugelig verdickt und nach den Enden sich verdünnend; **kolbenförmig, kolbig** (*clavātum*), Querschnittfläche kreisförmig, Längenschnittfläche spatelförmig (*superf. spathulata*); **spindelförmig** (*fusiforme*), länger als dick, Längenschnittfläche lanzettförmig (*lanceolāta*); **gleich dick** (*aequātum*), in der ganzen Längenausdehnung gleich dick; **fadenförmig** (*filiforme*), stielrund, gleich dick, viel länger als dick und von der Dicke eines Bindfadens; **haardünn, haarförmig** (*capillacĕum*), stielrund und von der Dicke und Biegsamkeit eines Haares; **borstenförmig** (*setiforme*), stielrund und von der Dicke und Steifigkeit einer Borste; **pfriemenförmig** (*subulatus, subŭliforme*) und **nadelförmig** (*aciculāre*), stielrund, dünn, nach der Spitze sich verdünnend; **pyra-**

midal, pyramidenförmig (*pyramidāle, pyramidātum*), Querschnittfläche eckig, Längenschnittfläche ein Dreieck, dessen Basis in der Grundfläche des Körpers liegt; angeschwollen (*tumĭdum*), aufgetrieben (*turgĭdum*), mit stellenweisen, sehr grossen Anschwellungen und Verdickungen; wulstig (*torōsum, torulōsum*), stellenweise mit weniger grossen Anschwellungen und Erhabenheiten; höckerig (*gibbum, gibbōsum*), mit stellenweisen höckerartigen Erhabenheiten auf der Oberfläche; knotig (*nodōsum*), rund, länger als dick mit rings umlaufenden Erhabenheiten; ohne Knoten (*enōde*); zitzenförmig (*mammaeforme, mamillaeforme*), halbkugelig mit warzenförmiger Erhöhung in der Mitte; gebuckelt (*umbonātum*), mit gewölbter Erhöhung auf der Spitzenfläche; kuchenförmig (*placentiforme*), in Gestalt eines runden oder nicht runden flachen dicken Kuchens, mit etwas eingedrückter Grund- und Spitzenfläche; scheibenförmig (*disciforme, discoïdëum*), sehr flach und rund; linsenförmig (*lenticulāre*), rund, aus zwei convexen Flächen, welche in einen scharfen Rand zusammenstossen, zusammengesetzt; gegliedert (*articulātum*), wie aus Gliedern (*articŭli*), oder aus übereinander gesetzten Stücken bestehend, an den Verbindungsstellen oft mehr oder weniger verdickt oder zusammengeschnürt. Verengte Verbindungsstellen der Glieder oder Gelenke (*genicŭla*), verdickte Verdickungsstellen oder Knoten (*nodi*).

Lection 29.

Terminologisches. Hohle Körper.

Ist der Körper innen nicht mit Masse gefüllt, also hohl (*cavum*), so unterscheiden wir an ihm ausser den Theilen, welche wir an jedem Körper beobachten, Wände (*pariĕtes*) und zwar eine Aussenwand (*pariĕs externus*), die äussere Fläche, und eine Innenwand (*pariĕs internus*), die innere Fläche, welche die Höhlung einschliesst; ferner den Boden (*fundus*), die Rückseite der äusseren Grundfläche oder die untere Fläche der Höhlung, und das Gewölbe (*fornix*), die Rückseite der Spitzenfläche oder die obere Fläche der Höhlung.

Ein hohler Körper ist: offen (*apērtum*), wenn er eine sichtbare grössere oder kleinere Oeffnung in seiner Wandung hat, oder wenn zu seiner Höhlung ein freier Zugang ist; ungeöffnet (*inapertum*), wenn er völlig geschlossen, also ohne jede Oeffnung ist; geschlossen (*clausum*), wenn er überhaupt geschlossen ist, aber seine Oeffnung durch einen anderen Körper verdeckt oder unwegsam (*invium, impervium*) gemacht wird. Die offene Stelle heisst der Schlund (*faux*).

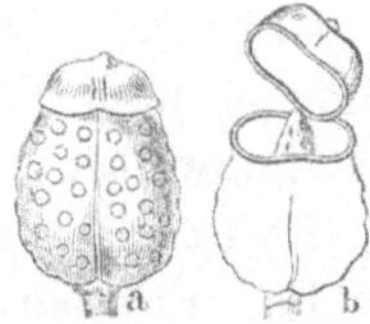

Fig. 144.

Fruchtkapsel (*capsula*) des Bilsenkrautes (*Hyoscyămus niger*). *a* Capsŭla operculāte circumcisa s. operculāta, *b* dieselbe nach der Reife geöffnet.

Der hohle Körper ist in Betreff des Schlundes oder der Oeffnung: bedeckelt (*operculātum*), wenn die Oeffnung mit einem Deckel (*opercŭlum*) geschlossen ist; unwegsam (*invium, impervium*), wenn die Oeffnung sehr klein oder durch einen anderen Körper versperrt ist; gangbar (*pervium*), wenn die Oeffnung nicht oder nur theilweise von einem anderen Körper geschlossen ist; durchlöchert (*perforātum*), mit mehreren kleinen Oeffnungen versehen; klaffend (*hians*), mit grosser Oeffnung, deren Ränder weit aus einander stehen, oder mit einem Schlunde, der weiter als die Höhlung ist.

Der hohle, mit einem Schlunde sich öffnende Körper heisst Röhre (*tubus*), der nach aussen über den Schlund hinaus sich erweiternde Theil der Röhre bildet den Saum (*limbus*).

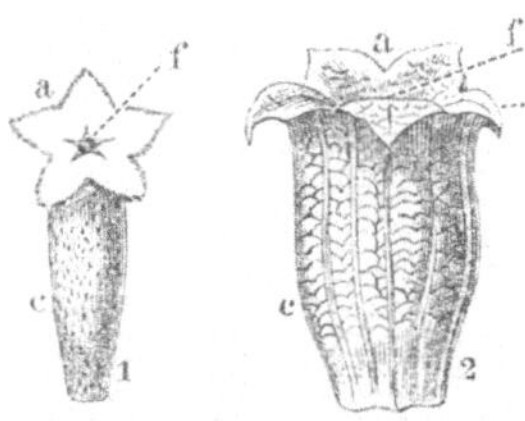

Fig. 145.

1. Einblättrige trichterförmige Blumenkrone der *Cinchōna micrantha*, 2. Einblättrige glockenförmige Blumenkrone der Tollkirsche (*Atrŏpa Belladonna*). *a* Saum (*limbus*), *c* Röhre (*tubus*), *f* Schlund (*faux*).

Der Saum ist entweder ganz (*limbus intĕger*), oder getheilt, eingeschnitten (*partītus, incīsus*). Die Theilungen heissen Lappen oder Zipfel (*lobi, laciniae*), wenn die Einschnitte tief in den Saum eindringen, dagegen Zähne (*dentes*), wenn sie den Rand des Saumes nicht oder wenig überschreiten.

Theilt sich der Saum in zwei grössere Lappen, welche als Verlängerungen oder Fortsätze des unteren und des oberen Theiles des Schlundes erscheinen, so heisst der Körper zweilippig (*bilabiātum*), ist aber nur einer dieser Lappen vorhanden, einlippig (*unilabiātum*). In dem lippigen Zustande heissen die Lappen Lippen (*labia*), und man unterscheidet den oberen Lappen als Oberlippe (*labium superius*), auch wohl als Helm oder Haube (*galĕa*) oder gewölbte Oberlippe (*labium superius fornicatum*), wenn er hohl gewölbt ist, und den unteren Lappen als Unterlippe (*labium inferius*). Der an den Schlund grenzende Theil der Unterlippe ist der Gaumen (*palātum*), der Raum zwischen beiden Lippen der Rachen (*rictus*).

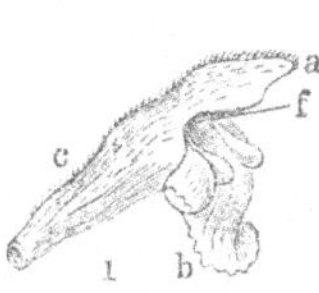 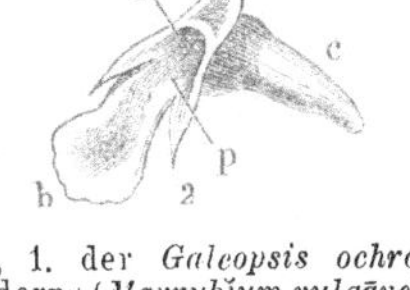

Fig. 146.   Fig. 147.

Lippenförmige Blumenkronen, 1. der *Galeopsis ochroleuca* Link. 2. des weissen Andorns (*Marrubium vulgāre*), *c* Röhre (*tubus*), *a* Oberlippe (*labium superius*), *b* Unterlippe (*labium inferius*), *p* Gaumen (*palātum*), *f* der Schlund (*faux*), Raum zwischen *a* und *b* der Rachen (*rictus*).

Zweilippige Blumenkrone mit gewölbter Oberlippe (von *Lamium album*).

Ist der Rachen offen, so nennt man den lippenförmigen Körper **rachenförmig** (*ringens*), wird aber der Rachen durch eine Wölbung des Gaumens geschlossen, so heisst er **maskirt** (*personātum*).

Der hohle Körper ist ferner **röhrig** (*tubulōsum*), eine ziemlich gleich weite Röhre bildend; **aufgeblasen** (*inflātum*), stark bauchig erweitert; **krugförmig** (*urceolātum*), bauchig mit eingeschnürtem Schlunde; **becherförmig** (*cyathiforme, pyxidātum*), cylindrisch, von unten nach oben sich erweiternd und nicht mit umgeschlagenem Saume; **glockenförmig** (*campanulātum*, mit becherförmiger oder

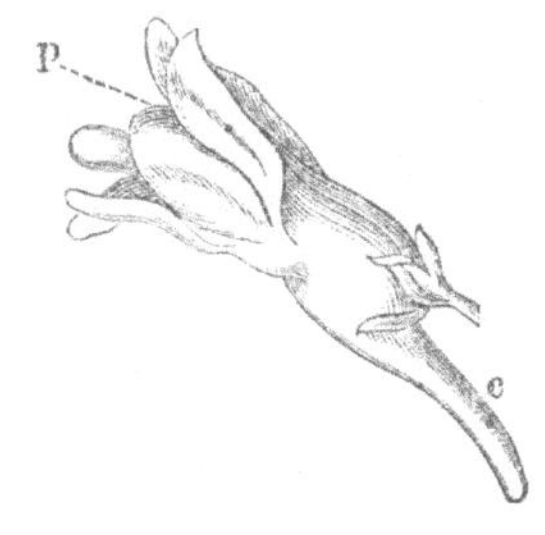

Fig. 148.

Maskirte Blumenkrone (*corolla personāta*) des Leinkrautes (*Linaria vulgāris* Mill.), *p* Gaumen, *c* Sporn. Vergr.

   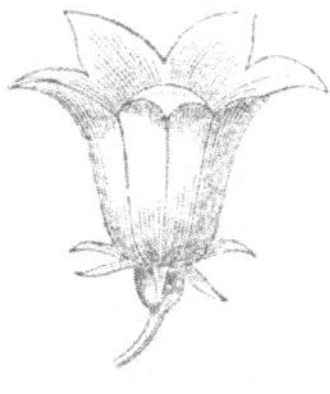

Fig. 149.   Fig. 150.   Fig. 151.

Krugförmige Blumenkrone der Bärentraube (*Arctostaphylos Uva ursi Spr.*). Vergr.

Glockenförmige Blumenkrone (*corolla campanulāta*).

Radförmige Blumenkrone (*corolla rotāta*) des Boretsches (*Borrāgo officinālis*). Vergr.

mit bauchiger Röhre und nach aussen sich erweiterndem Saume; **radförmig** (*rotātum*), mit kurzer Röhre und flachem rechtwinklig abstehendem Saume; **stieltellerförmig** (*hypocratērimorphum, hypocratēriforme*), mit langer Röhre und flachem rechtwinklig abstehendem Saume; **trichterförmig** (*infundibuliforme*), mit einer Röhre, welche durch einen sich kegelförmig erweiternden Saum verlängert ist; **zungenförmig** (*ligulātum* oder *lingulātum*), so-

Fig. 153.

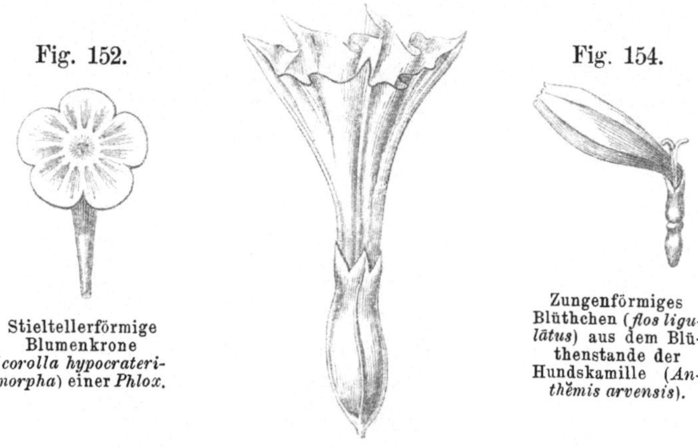

Fig. 152.

Stieltellerförmige
Blumenkrone
(corolla hypocrateri-
morpha) einer Phlox.

Fig. 154.

Zungenförmiges
Blüthchen (flos ligu-
lātus) aus dem Blü-
thenstande der
Hundskamille (An-
thĕmis arvensis).

Trichterförmige Blumenkrone
(corolla infundibuliformis) des Stech-
apfels (Datūra Stramonĭum).

viel wie einlippig, aber mit sehr lang ausgedehnter band- oder zungenförmiger Lippe; **gespornt** (*calcarātum*), mit einer am Grunde über den Anheftungspunkt hinausgehenden hohlen Verlängerung; **höckerig** (*gibbōsum*), an der einen Seite der Basis wie ein Höcker erweitert.

In Betreff der Theilung des inneren Raumes ist der hohle Körper: **einfächerig** (*uniloculāre*), mit ungetheilter Höhlung; **längsfächerig** (*loculāre*), durch eine oder mehrere in der Richtung der Axe stehende **Scheidewände** (*dissepimenta*) in **Längsfächer** (*loculamenta, locŭli*) getheilt; **zwei-, drei-, vier-, vielfächerig** (*bi-, tri-, quadri-, multiloculare*); **querfächerig** (*septātum*), durch eine oder mehrere die Axe rechtwinkelig durchschneidende Scheidewände in **Querfächer** (*septa*) oder Kammern getheilt; **zwei-, drei-, vier-, vielquerfächerig** (*bi-, tri-, quadri-, multiseptātum*). Verbinden die Scheidewände nicht vollständig die Axe mit der Innenwand, so sind sie **unvollkommen** (*incomplēta dissepimenta*), und es heisst dann der Körper **halblängsfächerig** (*semiloculāre*) oder **halbquerfächerig** (*semiseptātum*). Die Querscheidewand wird nicht selten auch lateinisch mit *septum* oder *diaphragma* bezeichnet.

Die Längsscheidewand (*dissepimentum longitudināle*) ist centrifugal (*centrifūgum*), wenn sie aus einer in der Axe des Körpers stehenden Säule entspringt, und centripetal (*centripĕtum*), wenn sie aus der Innenwand des hohlen Körpers entspringt.

Der Körper ist seiner Gestalt nach entweder regelmässig (*regulāre*) oder unregelmässig (*irregulāre*), im letzteren Falle

Fig. 156.

Fig. 155.

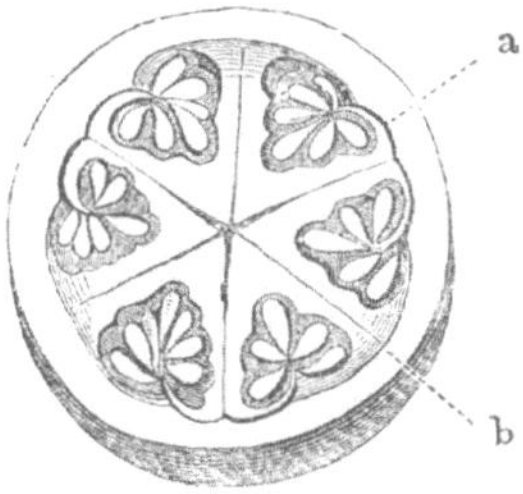

Querschnitt der Kürbisfrucht (*pepo*) von *Citrullus Colocynthis* Arnott. Sechsfächerige Frucht. Verkleinert.

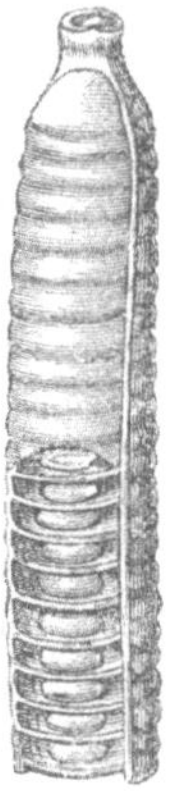

Ein Stück querfächrige Hülse (*legūmen septātum*) von *Cassia fistŭla*.

Fig. 157.

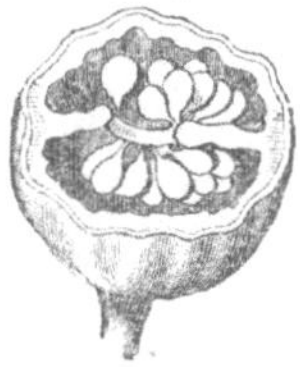

Querschnitt der halblängsfächrigen Beere von *Capsicum annŭum*.

kann er aber auch symmetrisch oder ebenmässig (*symmĕtron*) sein. Er ist regelmässig, wenn er durch jeden beliebigen Verticalaxenschnitt in zwei ähnliche Hälften getheilt werden kann, dagegen unregelmässig, wenn er sich nur durch einen Vertikalaxenschnitt in zwei ähnliche Hälften theilen lässt; er ist dann aber immer noch symmetrisch. Die oben erwähnte glockenförmige Gestalt ist eine regelmässige, die lippenförmige aber eine unregelmässige und zugleich symmetrische.

Lection 30.

Wurzel. Parasitenpflanzen.

Der Theil der Pflanze, dessen Wachsthumsrichtung derjenigen des Stammes entgegengesetzt ist, bildet die Wurzel (*radix*). Er ist nicht allein durch seine Wachsthumsrichtung charakterisirt, sondern auch dadurch, dass seine cambiale Spitze mit einer Wurzelhaube (Lect. 19) bedeckt ist und dass er unmittelbar keine Blattorgane, also auch keine Axillarknospen hervorbringt. Jeder unterirdische Theil einer Pflanze, welcher unmittelbar Blattorgane trägt oder getragen hat, daher Blattnarben zeigt, ist keine Wurzel, gehört der Wurzel auch nicht an, sondern ist ein Stammorgan.

Die Basis der Wurzel liegt an der Basis des Stammes, die Spitze der Wurzel ist das ihrer Basis entgegengesetzte Ende.

Man unterscheidet Haupt- und Nebenwurzeln.

1. Die Hauptwurzel, Stammwurzel (*radix primaria*) entsteht unmittelbar durch Auswachsen des Würzelchens des Embryo, ist also die nach unten auswachsende Axe und nur bei den Phanerogamen vorhanden. Sie ist gewöhnlich gegen ihre Basis von vorwiegender Stärke und verläuft gegen ihre Spitze unter allmählicher Verjüngung. Sie ist entweder einfach (*simplex*) oder durch Verzweigung ästig (*ramōsa*). Die Wurzeläste, aus Adventivknospen sich entwickelnd, entspringen unmittelbar aus dem Holze der Hauptwurzel. Die dünnen Aestchen und Abzweigungen der Wurzeläste nennt man Wurzelfasern, Wurzelzasern (*fibrillae*), welche nicht mit den aus den jüngeren Wurzeltheilen hervortretenden Wurzelhaaren (*pili radicāles*), welche zarte einfache Schläuche bilden, zu

Fig. 158.

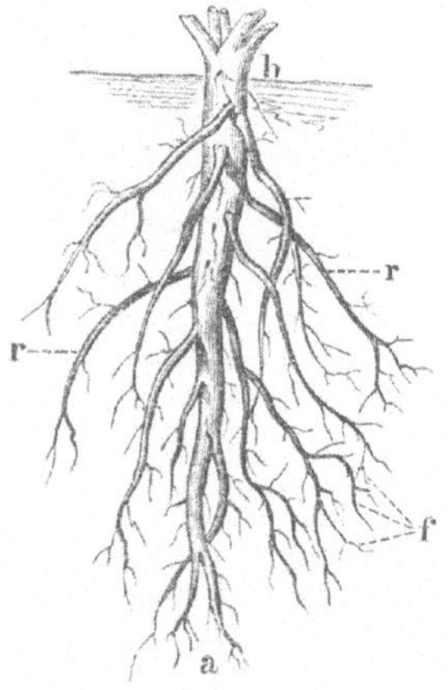

Wurzel von *Malva rotundifolia*. *Radix ramōsa*. *ab* Hauptwurzel, *r* Wurzeläste, *f* Wurzelfasern.

verwechseln sind. Nur die Wurzel der Moose ist eine Haarwurzel (*radix capillāta*) und aus ähnlichen Wurzelhaaren, welche den Stamm bekleiden, zusammgesetzt.

Verläuft eine ästige Hauptwurzel wie bei unseren Waldbäumen in vorwiegender Stärke deutlich bis zur Spitze, so nennt man sie Pfahlwurzel (*radix palaria*). Ihre an der Oberfläche des Erdbodens hinlaufenden Aeste nennt man Thauwurzeln.

Die Wurzel ist verschieden gestaltet, z. B. konisch oder möhrenförmig (*conica, dauciformis*), wie eine Mohrrübe gestaltet; spindelförmig (*fusiformis*), wenn eine dicke Wurzel in ihrer Dicke nach der Basis und nach der Spitze zu abnimmt;

rübenförmig (*napiformis*), kugelig oder eiförmig, nach der Spitze zu stark verdünnt; vielköpfig (*multicĕps*), wenn aus ihrer Basis mehrere unterirdische unentwickelte Stengelglieder entspringen, oder wenn die im Erdboden verbleibende Axe an der Basis der Wurzel mehrfache Zweige bildet, wie z. B. beim Löwenzahn (*Taraxăcum officinăle*), der Senega (*Polygăla Senēga*) und dem Enzian (*Gentiāna lutea*); schopfig (*comōsa*), wenn ihre Basis mit einem Büschel haarförmiger Blattreste besetzt ist, wie bei der Bärwurz (*Mēum Athamanticum*). Die sogenannte abgebissene Wurzel (*radix praemorsa*) ist nur ein unterirdischer wurzelähnlicher Grundtheil der aufsteigenden Axe, mit Nebenwurzeln besetzt.

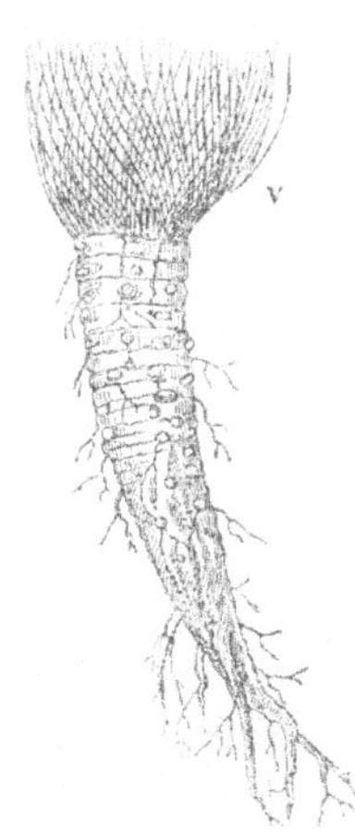

Fig. 159.

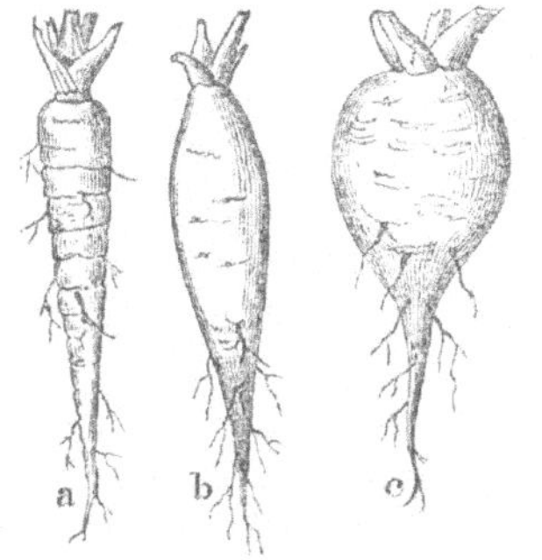

Einfache Primär-Wurzeln, stark verkl. *a* Konische Wurzel der Möhre (*Daucus Carōta*), *b* spindelförmige, *c* rübenförmige Wurzeln des Rettigs (*Raphănus*).

Der Teufelsabbiss (*radix morsus diabŏli*) ist ein solcher wurzelähnlicher Stengeltheil der *Scabiōsa Succīsa L.* oder *Succīsa pratensis Moench*.

Fig. 160.

Fig. 161.

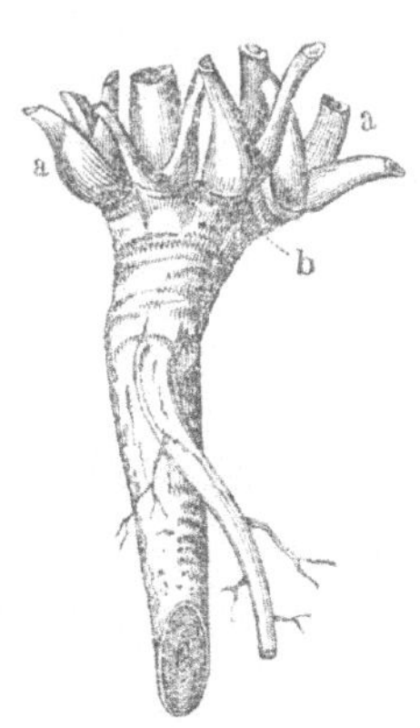

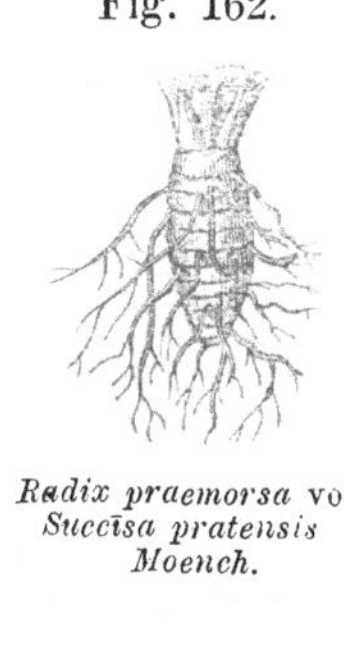

Fig. 162.

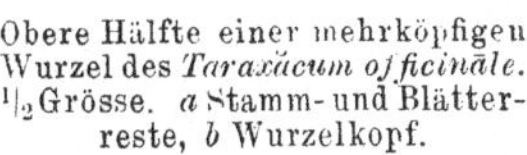

Radix praemorsa von Succīsa pratensis Moench.

Obere Hälfte einer mehrköpfigen Wurzel des *Taraxăcum officinăle*. ½ Grösse. *a* Stamm- und Blätterreste, *b* Wurzelkopf.

Schopfige Wurzel der Bärwurz (*Radix Mei*). Der Schopf *v* besteht aus Borsten, den Nerven der früheren Wurzelblattscheiden.

2. Nebenwurzeln oder Adventivwurzeln (*radices secundariae*) sind diejenigen wurzelähnlichen Gebilde, welche nicht aus

der Verlängerung des Embryowürzelchens hervorgehen, oder welche aus Theilen eines unter- oder oberirdischen Stammes an dessen Knoten oder Internodien hervortreten. Die Hauptwurzel oder primäre Wurzel gelangt häufig, wie z. B. bei den Monoko-

Fig. 163.

Fig. 164.

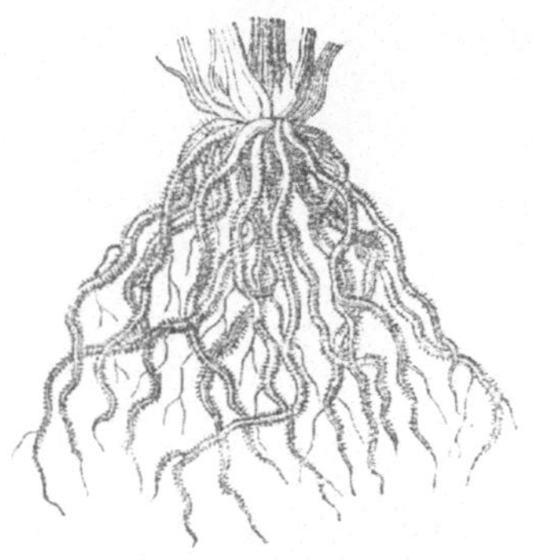

Wurzelschopf, Faserwurzel der sechszeiligen Gerste (*Hordĕum hexastĭchon*).

Büschlige Wurzel des Scharbockskrautes (*Ficaria ranuncoloïdes*).

tyledonen (wie *Calla palustris* u. a.), nicht zur Entwickelung oder sie functionirt, zur Entwickelung gekommen, nur sehr kurze Zeit, sie stirbt ab und in ihrer Stelle entstehen zahlreiche gleichdicke Nebenwurzeln (Adventivwurzeln), welche in ihrer Gesammtheit einen Wurzelschopf bilden. Die einzelnen Fasern oder Verlängerungen der Nebenwurzeln bezeichnet man mit Wurzelfasern, Radicellen (*radicellae*), doch nicht selten auch, aber ganz unpassend, mit *fibrillae*, worunter nur die dünnen fadenförmigen Verästelungen der Wurzeln aufzufassen sind.

Sind die Radicellen fadenförmig, so bilden sie eine Faserwurzel (*radix fibrōsa*), sind sie aber fleischig verdickt und nicht lang, so bilden sie eine büschelige Wurzel (*r. fasciculāta*), wie bei dem Scharbockskraut (*Ficaria ranunculoïdes*), sind dagegen nur die Spitzen der Radicellen knollig verdickt, so entsteht eine hängende Wurzel (*r. filipendŭla*), wie z. B. bei der knolligen Spierstaude (*Spiraea Filipendŭla*), der Georgine (*Dahlia variabĭlis*). Dies sind

Fig. 165.

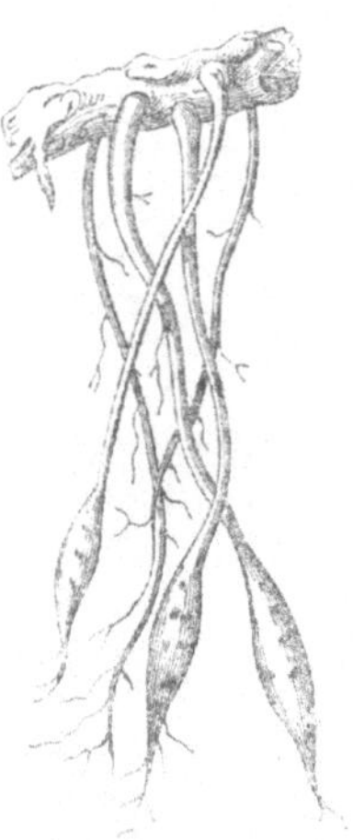

Ein Stück der Wurzel von *Spiraea Filipendŭla.*

noch Bezeichnungen, welche aus einer Zeit stammen, in welcher man die Knollen (Lect. 30) unter die Wurzeln zählte.

Die aus einem oberirdischen Stamme entspringenden Adventivwurzeln nennt man **Luftwurzeln** (*radices aëreae*), wenn sie frei in die Luft hinausragen. Sie dringen bei vielen tropischen Gewächsen (*Pandănus*. *Rhizophŏra*) später in die Erde. Die Luftwurzel heisst **Klammerwurzel** (*radix adligans s. alligans*), wenn sie sich zur Stützung des eigenen Stammes nur oberflächlich einem fremden Stamme, einer Mauer etc. anschmiegt und anklammert, ohne also in die Unterlage einzudringen, wie beim Epheu (*Hedera Helix*). Nur auf anderen Gewächsen mit solchen Klammerwurzeln aufsitzende Pflanzen unterscheidet man als **unechte Schmarotzer** (*plantae epiphŷtae*). Die Wurzeln der **echten Schmarotzerpflanzen** (*plantae parasiticae s. entophŷtae*) heissen **falsche Wurzeln** (*radices nothae*). Dieselben senken sich in das Zellgewebe der Pflanze, welche dem Parasit als Nährpflanze dient, ein. Die **Mistel** (*Viscum album*) ist ein Schmarotzer, dessen Embryowürzelchen durch die Rinde der Nährpflanze (z. B. einer Kiefer) eindringt und in seinem Entwickelungsverlaufe später mit dem Holze völlig verwächst.

Die **Saugwurzel** (*haustorium*) ist nur eine zu einer concaven Scheibe ausgedehnte Nebenwurzel, welche höchstens in die Rinde des fremden Gewächses dringt und daraus Nahrung aufsaugt. Sie ist die Nebenwurzel einer unechten Schmarotzerpflanze. Die **Flachsseide** (*Cuscŭta Europaea*) umschlingt andere Gewächse und senkt ihre Saugwurzeln in die Rinde derselben, während ihre unterirdische Wurzel abstirbt. Je nachdem die Parasiten auf einem Stamme, auf einer Wurzel zu wohnen pflegen, unterscheidet man sie als **Stammparasiten** (*Viscum, Cuscŭta. Loranthus*) und als **Wurzelparasiten** (*Lathraea, Orobanche. Neottĭa nidus avis*).

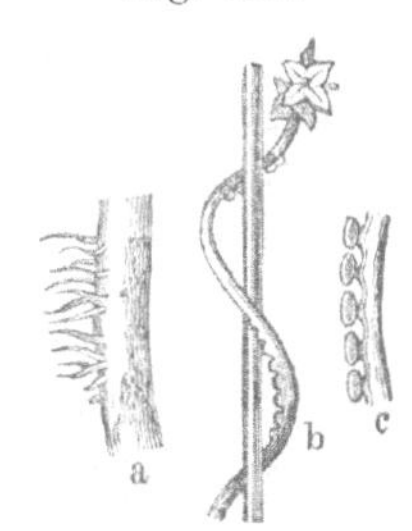

Fig. 166.

a Stück Stamm des Epheus mit Klammerwurzeln, b Stück des Stammes von *Cuscŭta Europaea* mit Saugwurzeln, c letztere vergrössert.

Der anatomische Bau der Wurzel gleicht im Ganzen dem des Stammes, es ist jedoch die Oberhaut derselben (*epiblēma*) ohne Spaltöffnungen (*stomăta*) und chlorophylllos, auch fehlt gewöhnlich das Mark (*medulla*), und ist dieses vorhanden, so nimmt seine beschränkte Ausdehnung nach der Spitze der Wurzel zu bedeutend ab und verschwindet ganz, während es im Stamme nach der Spitze an Ausdehnung zunimmt. Die Wurzel dient zur Befestigung der Pflanze und zur Aufnahme des rohen Nahrungssaftes, welcher aus der Wurzel in das Holz des Stammes eintritt, darin aufwärts steigt und zu den Blattorganen geleitet dort assimilirt wird.

Lection 31.

Stamm. Blattregionen. Rhizom. Knollstock.

In den Lectionen 16 und 18 haben wir die Pflanze in der Richtung ihrer Axe, und die Zusammensetzung derselben in Beziehung zur Axe betrachtet. Der Stamm bildete das aufwärtssteigende, die Wurzel das abwärtssteigende Axenorgan, die Blätter die peripherischen Theile der aufwärtssteigenden Axe. Der Stamm lässt sich nun wiederum, je nach der Entwickelung und der Art und Beschaffenheit der Blätter, in vier die aufwärtssteigende Axe gleichsam rechtwinklig durchschneidende Regionen theilen.

1. Die Keimblattregion umfasst das Knöspchen (*gemmŭla, plumŭla*) und die Samenblätter oder Keimblätter (*cotyledŏnes*).

2. Die Niederblattregion umfasst die wurzelähnlichen unterirdischen Theile der aufwärtssteigenden Axe und Nebenaxen. In ihr finden sich nur schuppenartige, nicht grün gefärbte Blätter, Niederblätter.

3. Die Laubblattregion umfasst den Theil der oberirdischen Axe mit grünen Blättern.

4. Die Hochblattregion umfasst den Theil der oberirdischen Axe, welcher diejenigen Blätter trägt, über welchen sich Blüthe und Befruchtungswerkzeuge entwickeln, oder welcher Theil unmittelbar die Blüthe stützt.

Von der Ordnung und dem Maasse der Entwickelung, der Art der Vertheilung, dem Vorhandensein oder Fehlen einer oder der anderen Entwickelungsregion hängt die äussere Haltung und Gestalt, die Tracht (*habĭtus*) einer Pflanze ab.

Bei dem Uebergange von der Wurzel zum Stamme treffen wir zuerst auf die Niederblattregion, auf die Theile des Stammes, welche Niederblätter tragen. Die Niederblätter unterscheiden sich wesentlich von den Laubblättern. Sie haben eine breite stiellose Basis, geringe Länge, sind parallelnervig, ganzrandig und nie entschieden grün. Es fehlt ihnen auch die mit Spaltöffnungen (*stomăta*) versehene Epidermis. Nach dieser Definition gehören die Decken oder Schuppen oberirdischer Knospen zu den Niederblättern. Diese Folgerung ist auch eine ganz richtige, sobald wir die Knospe von der Mutterpflanze getrennt und als ein selbständiges Individuum betrachten.

Der Niederblätter tragende Stamm, Niederblattstengel, ist in der Regel ein unterirdischer (*caulis hypogaeus*) und hat ein wurzelähnliches Aussehen.

Im jungen Zustande hängt er mit einer Hauptwurzel zusammen, welche später gewöhnlich abstirbt. Daher ist er meist durch Nebenwurzeln befestigt.

Zu den Niederblattstengeln rechnet man die Rhizome, Knollstöcke, Knollen, Knollzwiebeln und Zwiebeln, also alle die Theile, welche man früher mit der Bezeichnung Mittelstock (*caudex intermedius*) zusammenfasste.

Fig. 167.

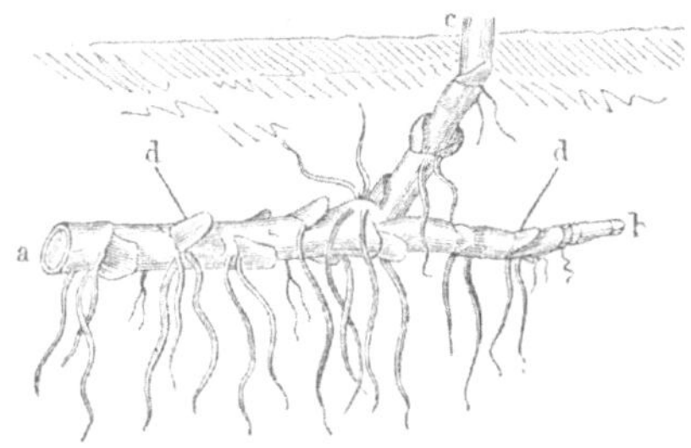

Rhizom des Gottesgnadenkrautes (*Gratiŏla officinālis*); *a b* Rhizom, *b* Terminalknospe, *c* der aus der Erde hervorbrechende Stamm, *d* Niederblatt.

Fig. 168.

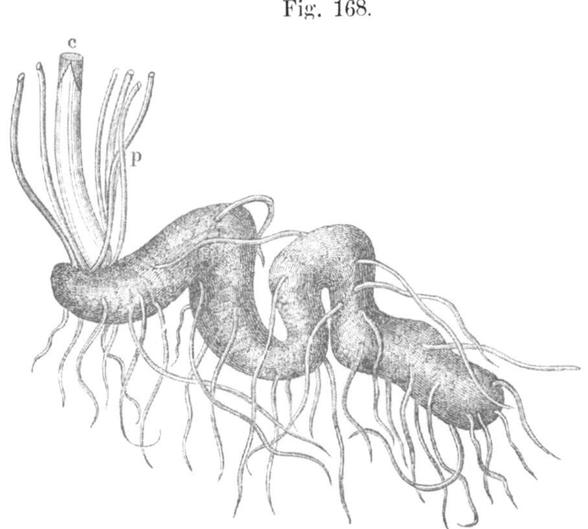

Sigmoïdisch gewundenes Rhizom des Wiesenknöterigs (*Polygŏnum Bistŏrta*), mit Nebenwurzeln besetzt; *c* Stengel, *p* Blattstiele.

Das Rhizom, der Wurzelstock (*rhizōma*), ist ein unterirdischer, seitlich fortwachsender, perennirender, Nebenwurzeln treibender und stets eine Terminalknospe tragender Niederblattstengel, eine Nebenaxe, welche in dem Maasse, als sie an ihrer Spitze wächst, an ihrem hinteren Ende abstirbt. Das Rhizom enthält Mark, wie der oberirdische Stamm, und ist entweder mit scheiden- oder schuppenartigen Niederblättern besetzt oder von den Ueberresten dieser Blätter geringelt oder genarbt. Es treibt aus Seitenknospen und der Terminalknospe als Jahrestriebe der Mutterpflanze ähnliche Axen hervor, und setzt sich durch Entwickelung einer neuen Terminalknospe fort.

Die Wurzelköpfe, welche eine Wurzel vielköpfig (*radix multiceps*) machen und aus Axillarknospen eines unterirdischen unentwickelten Stengelgliedes entstehen, können nicht als Rhizome angesehen werden, denn sie haben eine bleibende Hauptwurzel, sterben also nicht an ihrem unteren Ende ab.

Die Rhizome von *Acŏrus Calămus* (Kalmus), *Zingĭber officinale* Roscoe (Ingwer), *Curcŭma Zedoarĭa* Roscoe (Zittwerwurzel), *Polystĭchum Filix mas* Roth (*Rhizōma Filĭcis maris*, Johanniswurz, Wurmfarn) u. a. sind officinell.

Den Rhizomen reihen sich auch die sogenannten Stolonen, Wurzelausläufer, Stocksprossen (*stolōnes, sobŏles*) an, denn diese sind unterirdische verlängerte Sprossen eines Rhizoms oder eines unterirdischen Stengelgliedes. Sie sind dünn, mit Niederblättern besetzt, mit unentwickelten Axengliedern oder kürzeren Internodien, als der überirdische Stamm sie hat, und mit einer Terminalknospe, welche zu einem oberirdischen Stamme auswächst. Tritt der Wurzelausläufer an einer Stelle seiner Länge aus der Erde heraus, so entwickelt er hier nach oben Hochblätter, nach unten Nebenwurzeln. Solche Stolonen finden wir z. B. bei der Quecke (*Agropȳrum repens Beauvais*) und der Sandsegge oder dem Sandrietgrase (*Carex arenarĭa*).

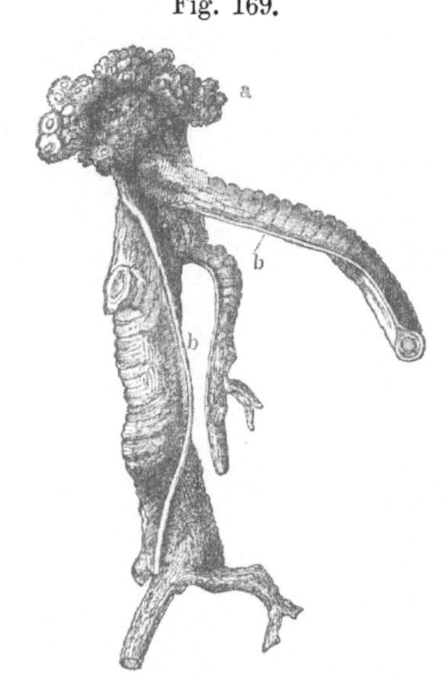

Fig. 169.

Senegawurzel (*Radix Senĕgae*). Vielköpfiges Exemplar. *a* Wurzelkopf, Wurzel, auf der inneren Seite gekielt (*rad. carināta*), *b* Kiel.

Die Stolonen dürfen nicht mit den oberirdischen Ausläufern, den zur Laubblattregion gehörenden **Stengelausläufern** *(flagellae, sarmenta)* verwechselt werden, jenen dünnen oberirdischen, aus Axillarknospen entstandenen, auf der Erde hinkriechenden

Fig. 170.

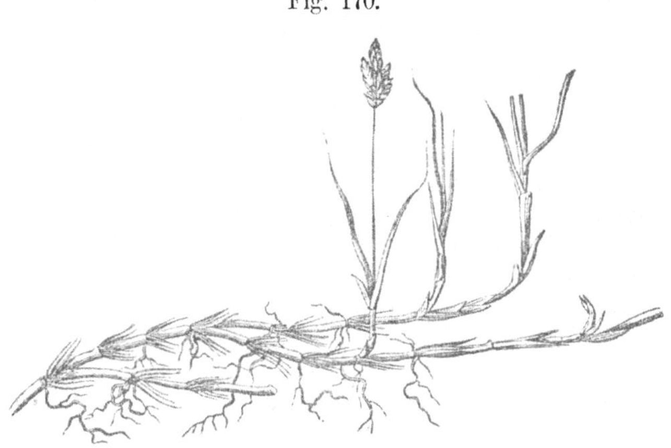

Wurzelstock der Sandsegge (*Carex arenaria*).

Nebenaxen mit entwickelten Stengelgliedern. In mässigen Abständen ihrer Längenausdehnung schicken sie Nebenwurzeln in die Erde und nach oben eine der Mutterpflanze ähnliche Axe. Hin und wieder findet man an den Stengelausläufern Nieder-

Fig. 171.

Stengelausläufer (*flagella*) der Erdbeere (*Fragaria vesca*).

blätter. Stengelausläufer beobachten wir z. B. an der Erdbeere (*Fragaria vesca*).

Die Rhizome sind Vermehrungs- und Erneuerungssprossen und sind zugleich wegen ihres Absterbens am hinteren Ende

die Ursache, dass die Pflanze wandert und ihren Standort alljährlich verändert.

Das unterirdische verdickte wurzelähnliche Achsenorgan mit
unentwickelten Stengelgliedern, welches die Basis des Hauptstammes und später der Nebenstämme darstellt, Nebenwurzeln
treibt und ausdauernd ist, während die entwickelten Stengel-

Fig. 172.

Fig. 173.

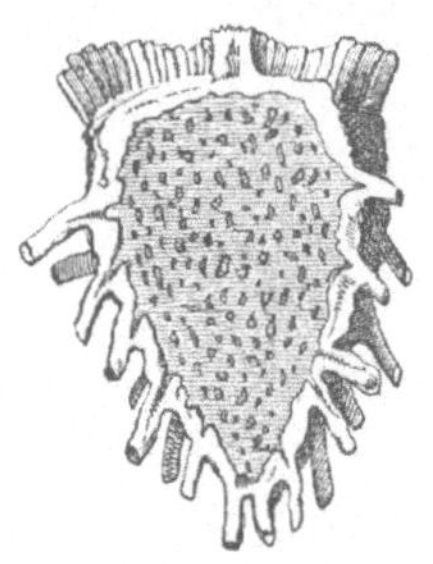

Verticaldurchschnitt des Rhizoms
(Knollstocks) von *Verātrum album*, der
weissen Nieswurz.

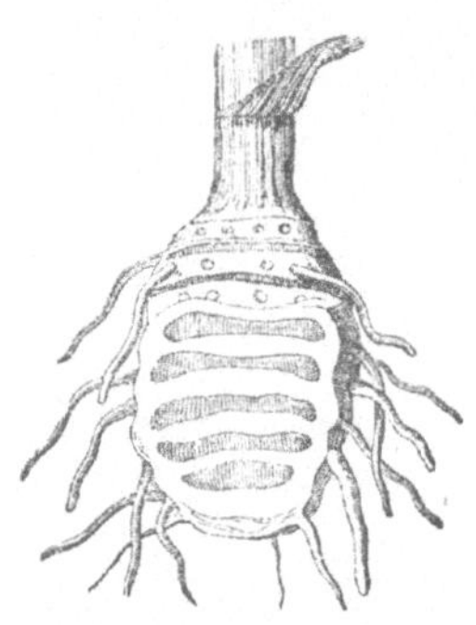

Querfächeriges Rhizom (Knollstock) des
Wasserschierlings (*Cicūta virōsa*). Längsdurchschnitt (verkleinert), die unentwickelten Axenglieder (Stengelknoten)
in Form niedergedrückter Fächer
zeigend.

glieder am Ende der Vegetationsperiode absterben, bezeichnete
man früher mit Knollstock (*cormus*). Heute zählt man den
Knollstock zu den Rhizomen und erklärt ihn mit der Bezeichnung
knollig verdickter Wurzelstock. *Rhizōma Valerianae*, *Rhizoma
Verātri albi* hielt man früher für Knollstöcke.

Die Botaniker weichen über die Definition Rhizom von einander ab, und häufig findet man jeden der Niederblattregion an-
gehörenden Stamm oder Stengeltheil, welcher nicht Knolle oder
Zwiebel ist, mit Rhizom bezeichnet. Ebenso werden oft Wurzel-
und Stengelausläufer überhaupt Ausläufer (*stolōnes*) genannt.
In der Pharmakognosie pflegt man Rhizom, Knollstock und Wurzelausläufer unter dem Namen Rhizom zusammen zu fassen,
auch das Rhizom mit Nebenwurzeln mit Rhizom zu bezeichnen,
in der Pharmacopoea Germanica jedoch hat man das Rhizom in
Gestalt des Knollstocks mit daran hängenden Nebenwurzeln nicht
mit Rhizom, sondern mit Wurzel (*radix*) bezeichnet. Hier z. B.
findet man *Radix Valerianae*, während die Pharmakognosien die
Baldrianwurzel als *Rhizoma Valerianae* aufführen.

Bemerkungen. *Hypogaeus, a, um,* von ὑπό (hypo), unter, und γαῖα (gaia), Erde. — *Rhizōma, ătis, n.* griech. ῥίζωμα, Wurzel. — *Rhizocephălis, ĭdis, f.,* Wurzelköpfchen; ῥίζα (rhiza), Wurzel, und κεφαλίς, ίδος (kephalis, idos), Köpfchen. Rhizocephalis ist der Kunstausdruck für Wurzelkopf. — *Cormus, i., m.,* griech. κορμός, ein Stück vom Stamm.

Lection 32.

Zwiebel. Knolle. Knollzwiebel.

Ausser Rhizom (*rhizōma*) und Wurzelausläufer (*stolo*) gehören auch Zwiebel, Knolle und Knollzwiebel der Niederblattregion an, denn sie sind unterirdische, unentwickelte, mit Niederblättern besetzte Stengelglieder.

Die Zwiebel (*bulbus*) ist ein Niederblattstengel mit völlig unentwickelten Internodien, aber vorwiegend entwickelten Niederblättern und mit Terminal- oder Axillarknospen. Die Axe oder der Stengeltheil der Zwiebel, die Zwiebelscheibe, Zwiebelkuchen (*discus bulbi, lecus*) ist ein fleischiger, scheibenförmiger, kugliger oder konischer Körper, welcher nicht selbst zum Stengel auswächst, sondern verkürzt bleibt, aber nach oben einen oder mehrere Stengel treibende Knospen (Zwiebelkeime, *gemmae, turiōnes*), nach unten Wurzelfasern entwickelt. Die gewöhnlich fleischigen, die Zwiebelscheibe bekleidenden Niederblätter, die Tegmente der Zwiebel, nennt man Häute (*tunĭcae*) oder Schuppen (*squamae*). Eigentlich sind sie die übrig gebliebenen, aber noch lebensthätigen Grundtheile scheidiger Laubblätter, welche mit Ablauf der Vegetationsperiode abgestorben sind. Die am Rande der Zwiebelscheibe stehenden Niederblätter sterben als die ältesten auch zuerst ab und sind desshalb oft nur vertrocknete Häute.

Schliessen die Schuppen sich concentrisch umfassend die Knospe oder den Zwiebelkeim wie Scheiden oder Schalen ein, so heisst die Zwiebel häutig oder schalig (*bulbus tunicātus*), sie heisst dagegen dachziegelig oder schuppig (*b. imbricātus s. squamōsus*), wenn die Schuppen nicht scheidig sind und sich ziegeldachartig decken. Die netzförmige Zwiebel (*b. reticulātus*)

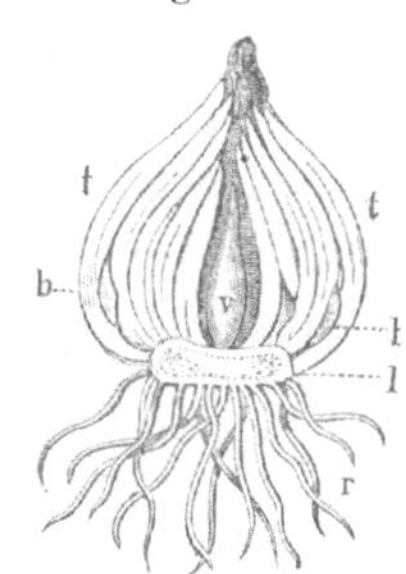

Fig. 174.

Längsschnitt einer schaligen Zwiebel. *l* Zwiebelscheibe, *v* Terminalknospe oder Keim, *b* Brutzwiebeln, *t* Häute (*tunĭcae*), *r* Wurzelfasern.

entsteht, wenn die verzweigten Gefässbündel der Schuppen nach dem Verschwinden oder Absterben des zwischen ihnen liegenden

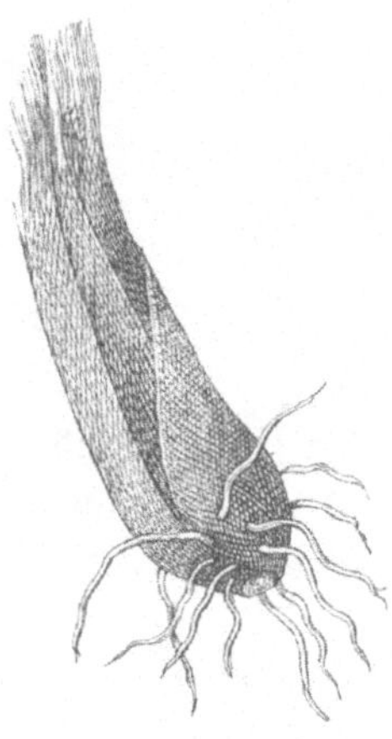

Fig. 175.

Allermannsharnisch, netzförmige Zwiebel von *Allium Victoriālis* (*bulbus Victorialis longus*). Halbe Grösse.

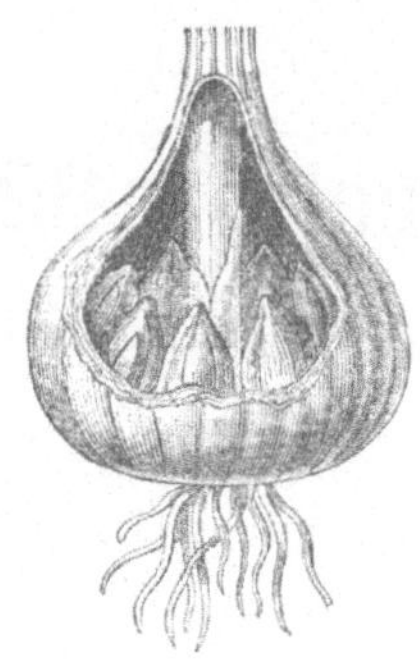

Fig. 176.

Zwiebel von *Allium satīvum* (Knoblauch), etwas verklein., zum Theil vom Tegment befreit, um die in einen Kreis gestellten Brutzwiebeln zu zeigen.

Parenchyms übrig bleiben und auf diese Weise eine netzförmige Decke bilden. Löst sich letztere strahlig in Fasern auf, so wird die Zwiebel gefranst (*bulbus fimbriātus*).

Die als Knospen in den Achseln oder Winkeln der Niederblätter erzeugten jungen Zwiebeln unterscheidet man als Brutzwiebeln (*bulbŭli*) oder in ihrer Gesammtheit als Zwiebelbrut (*proles*). Sie absorbiren im zweiten Jahre die Schuppen der Mutterzwiebel in der Weise, dass sie von diesen wie von einer trocknen Hülle umschlossen sind. Mehrere Brutzwiebeln in einer Zwiebel lassen diese als zusammengesetzte (*bulbus composĭtus*) erscheinen. Sind die Brutzwiebeln in Menge und ohne Ordnung angehäuft, so nennt man die Zwiebel nistend (*nidŭlans*).

Die Knolle (*tuber*) ist ein fleischig verdickter, meist blattloser Niederblattstengel, oder ein solcher Ast desselben, mit unentwickelten Stengelgliedern, welcher auf seiner Oberfläche eine oder mehrere Knospen treibt. Die Niederblätter an der Knolle sind, wenn sie vorhanden, stets nur wenig ausgebildet; bei der Knolle der Kartoffel (*Solānum tuberosum*) fehlen sie in erster Jugend als Unterstützung der sogenannten Augen (Knospen) nicht, verschwinden dann aber ganz. Mit Hilfe der Loupe beobachten wir an der jungen Kartoffelknolle kleine Vertiefungen, die Augen, und in der Mitte einer solchen Vertiefung eine kleine Erhabenheit und um dieselbe kleine schuppenförmige Niederblattansätze.

Die Knolle ist entweder ein fleischig verdickter unterirdischer Theil der Hauptaxe (wie bei *Cyclămen Europaeum, Ipomoea Purga*), oder ein fleischig verdickter Zweig derselben (wie bei Salep, bei *Aconītum Napellus, Solānum tuberōsum, Ficaria ranunculoïdes*). Bei den Orchideen entspringt gewöhnlich die Knolle aus der Achsel des zweiten Blattes, durchbohrt die Basis desselben und tritt an die Aussenseite oberhalb der alten Knolle hervor, mit dieser letzteren Doppelknollen (*tubĕra gemināta*) bildend.

Fig. 177.

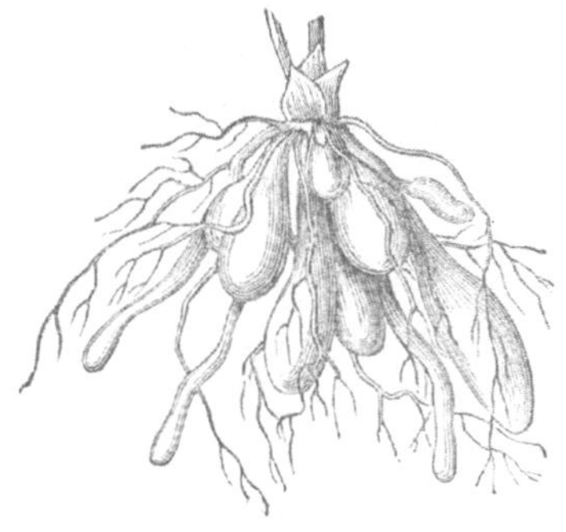

Knollen (*tubĕra*) der *Ficaria ranunculoides*.

Fig. 178.

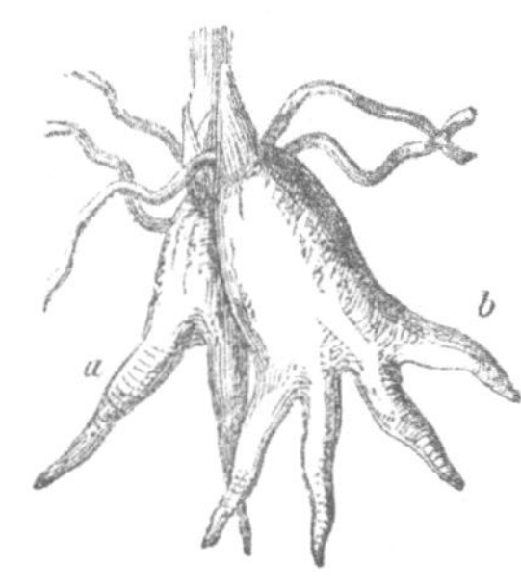

Doppelknolle von *Orchis odoratissima*. Handförmiggetheilte Knollen (*tubĕra palmata*). *a* alte Knolle.

Fig. 179.

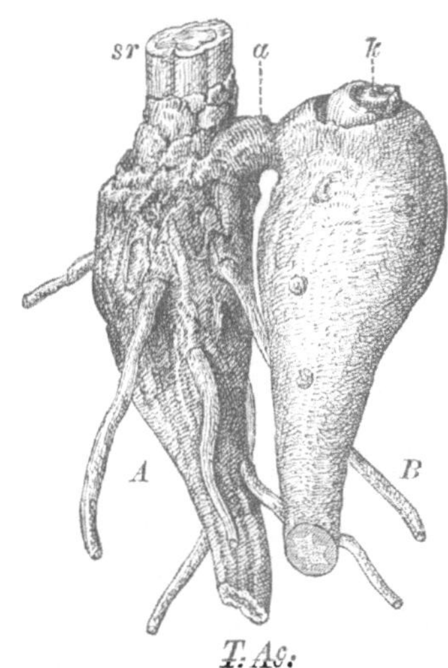

Knollen von Aconitum Napellus. *A* alte oder vorjährige Knolle, *B* deren Tochterknolle oder diesjährige Knolle. *sr* Stengelrest, *a* knollentragender Ast, *k* Terminalknospe.

Fig. 180.

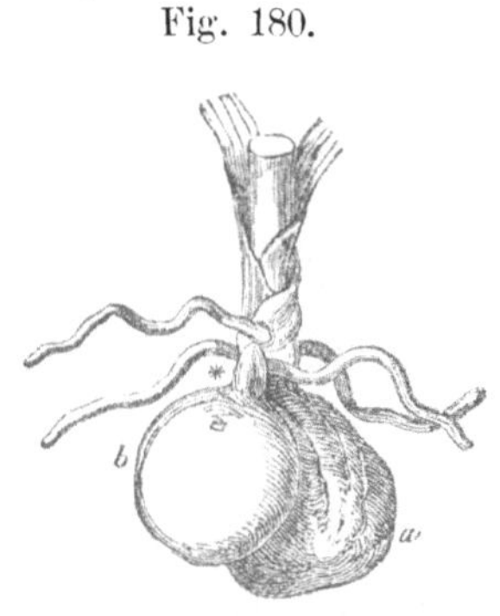

Doppelknolle von *Orchis Morio*. Hodenförmige Knollen (*tubĕra testiculāta s. scrotiformia*). *a* alte Knolle, *b* junge Knolle. *Durchbohrung des Niederblattes durch die zur Knolle ausgewachsene Knospe.

Die alte Knolle, welcher der Pflanzenstamm aufsitzt, ist leicht an der welken runzligen Oberfläche zu erkennen.

Die Knollzwiebel (*bulbodium, bulbo-tūber*) ist eine Zwiebel mit fleischiger, stark verdickter Zwiebelscheibe, welche nur von einem aus einer einzigen Haut oder wenig Häuten bestehenden Tegment umhüllt ist. Knollzwiebeln finden wir beim Safran (*Crocus satīvus*) und der Herbstzeitlose (*Colchĭcum autumnāle*). Wäh-

Fig. 181.

Fig. 182.

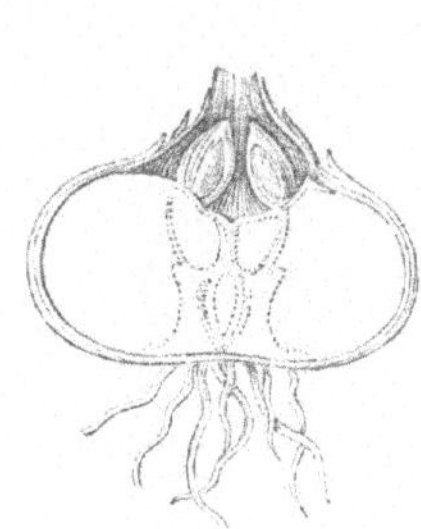

Knollzwiebel des Safrans (*Crocus satīvus*) im Höhendurchschnitt, über der Zwiebelscheibe die Brutzwiebeln. Halbe Grösse zeigend.

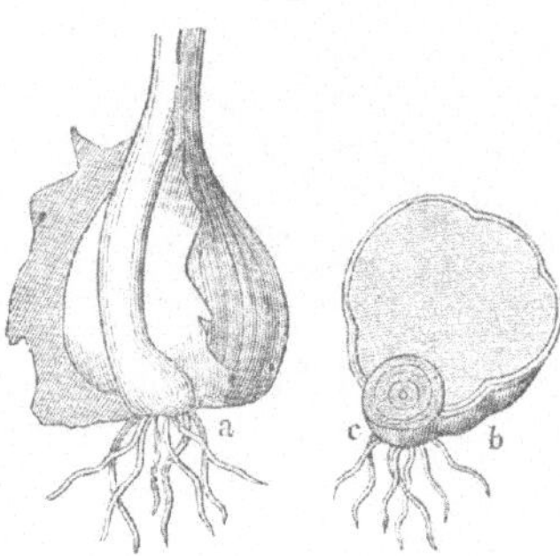

Knollzwiebel von *Colchĭcum autumnāle*. Seitenständige Knollzwiebel (*bulbodĭum laterale*). *a* zum Theil von dem braunen Tegment befreit, *b* Querdurchschnitt, *c* die zur neuen Knollzwiebel auswachsende Axe.

rend die Terminalknospe oder die Axillarknospe der Knollzwiebel zu einem oberirdischen Stamm auswächst, bleibt das unterirdische Stengelglied unentwickelt, sich fleischig zu einer neuen Knollzwiebel verdickend.

Da Zwiebel, Knollzwiebel und Knolle als Reproductionsorgane der Knospe gleichen, so werden sie noch häufig als Knospen angesehen. In der Pharmakognosie nennt man die Knollzwiebel gemeinhin nur Zwiebel (*bulbus*).

Lection 33.

Stamm. Aeste. Zweige. Dornen. Ranken. Auswüchse.

Den Stamm haben wir in Lection 18 seiner wesentlichen Zusammensetzung nach kennen gelernt, wir wissen auch, dass er nicht ausschliesslich ein oberirdischer ist, sondern auch häufig unter der Erde in mannigfaltiger Gestalt vegetirt und im letzteren Falle der Niederblattregion angehört. Den oberirdischen Stamm umfassen in der Regel die Laub- und die Hochblattregion. In manchen grossen Pflanzenklassen zeigt er eine besondere Form oder Beschaffenheit, so dass er verschiedene Namen erhalten hat.

Palmstock (*caulōma*) heisst der Stamm der baumartigen Monokotyledonen, wie der Palmen, Cycadaceen, Dracaenaceen, Araceen etc. Er ist ein ausdauernder, vermittelst Nebenwurzeln in der Erde sich befestigender, mit Blattnarben besetzter oder durch solche geringelter Stamm mit einem Blätterbüschel an der Spitze. Seine Gefässbündel sind geschlossene. Er ist gewöhnlich einfach und nur im Alter treibt er in einigen Fällen an seiner Spitze Aeste, wie beim Drachenbaum(*Dracaena Draco*), welcher das unter dem Namen Drachenblut bekannte rothe Harz (*sanguis Dracōnis*) liefert.

Fig. 183.

Palmstamm. *Cycas circinālis*, Sagobaum. (In sehr verkleinertem Maassstabe.)

Stamm (*truncus*) ins Besondere bezeichnet den Holzstamm der Dikotyledonen. Er befestigt sich durch eine Hauptwurzel und bildet Aeste und Zweige. Die Gefässbündel sind bei ihm in einen Kreis gestellt. Wir finden ihn bei unseren Garten- und Waldbäumen.

Halm (*culmus, caulis graminĕus*) bezeichnet den mit vollständigen, d. h. äusserlich wahrnehmbaren und hervorstehenden Knoten versehenen Stengel der Gräser (*Graminĕae*). Innen an jedem Knoten findet sich eine Scheidewand, und häufig ist er durch Verschwinden des Markes hohl (*fistulōsus*), wie wir es an dem Getreidehalm beobachten können. Den stets mit Mark gefüllten (*farctus*) und mit unvollkommenen, d. h. äusserlich wenig sichtbaren Knoten versehenen Stamm der Cypergräser und Simsen oder Binsen hat man auch als Binsen- oder Simsenhalm (*calămus*) unterschieden.

Stengel, Krautstengel (*caulis*) bezeichnet den nicht oder nur theilweise verholzenden, gewöhnlich grünen Stamm. Er ist selten baumartig wie bei dem Wunderbaum (*Ricĭnus*) und der Banane (*Musa*).

Diese Unterschiede in der Benennung werden nicht immer streng beachtet. Die meisten Botaniker nennen jeden der Laub- und Hochblattregion ange- hörenden Stamm *caulis* oder *truncus*, und erläutern ihn durch Beigabe der entspre- chenden Adjective. Den Halm (*culmus*) bezeichnet z. B. *Berg: caulis fistulōsus, nodis protuberantĭbus, intus clausis* (ein röhriger Stengel mit vorstehenden, innen ge- schlossenen Knoten), den Binsenhalm mit *caulis far- ctus, nodis non protuberan- tĭbus* (ein gefüllter Stengel mit nicht vorstehenden Knoten).

Ein stammähnlicher, aus einem der Niederblatt- region angehörendenStamme entspringender, Laubblätter nicht tragender Blüthenstiel wird S c h a f t (*scapus*) ge- nannt.

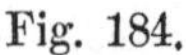

Fig. 184.

Krautstamm. *Musa paradisiăca* Banane.

Der Stamm ist entweder g a n z e i n f a c h (*simplicissĭmus*), ohne alle Aeste und nur mit einer endständigen Blüthe, oder e i n f a c h (*simplex*), ohne Aeste, aber mit mehreren Blüthenstielen, oder ästig (*ramōsus*), e t w a s ästig (*subramōsus*) und s e h r ästig (*ramosissĭmus*).

Ast und Zweig gleichen in Betreff ihres anatomischen Baues dem Hauptstamme, sie zeigen natürlich auf dem Querschnitt weniger Holz- und Rindenschichten. Kambium und Gefässbündel treten ohne Unterbrechung aus dem Stamm in den Ast über, nur nicht das Mark, welches von dem des Astes durch eine Scheide- wand getrennt bleibt.

Die Stellung der A e s t e (*rami*) und Z w e i g e (*ramŭli*) richtet sich nach der Stellung der Blätter, denn sie entstehen aus Knospen der Blattwinkel (*axillae*). Die Stellung ist daher gewissermaassen eine regelmässige. Nur in einzelnen besonderen Fällen, bei dem sprossenden Stamme (*truncus prolifer*), treten an der Spitze eines Astes rings um die Terminalknospe mehrere Zweige in wirtelförmiger Ordnung hervor, ohne von Blättern unterstützt zu sein, wie bei der Gattung *Pinus*. In einem Blattwirtel treten übrigens Aeste nur aus den Winkeln zweier gegenständiger Blätter hervor.

Der Stamm heisst ruthenförmig (*virgātus*), wenn die Aeste sehr dünn und lang sind; auslaufend (*excurrens*), wenn sich der Stamm bis zum Gipfel als Ganzes fortsetzt, aber verworren (*diffūsus*) oder verschwindend (*deliquescens*), wenn dies nicht geschieht und er sich durch Verästelung verliert; mit Ausläufern (*sarmentōsus*). Ausläufer, Schösslinge (*flagellae, sarmenta, stolones*) treibend.

Die Aeste wachsen entweder unter gewissen Verhältnissen der Ernährung oder nach Eigenthümlichkeit der Pflanzenart zu gewissen charakteristischen Formen aus, oder erleiden in ihrer Entwickelung Störungen. Daraus entstehen der Dorn, die Ranke und der Stammwulst.

Der Dorn (*spinā*) ist, wie wir aus der Lection 13 wissen, kein Epidermalgebilde wie der Stachel (*aculĕus*), sondern ein Axenorgan und zwar ein durch Fehlschlagen verkümmerter Ast, dessen Terminalknospe, in welche ein normaler Ast bekanntlich endigt, ihre Entwickelungsfähigkeit verloren hat, so dass er sich verschmälert und zu einer Spitze auswächst. Bei manchen Gewächsen (z. B. dem wilden Apfel- und Birnbaum), welche in

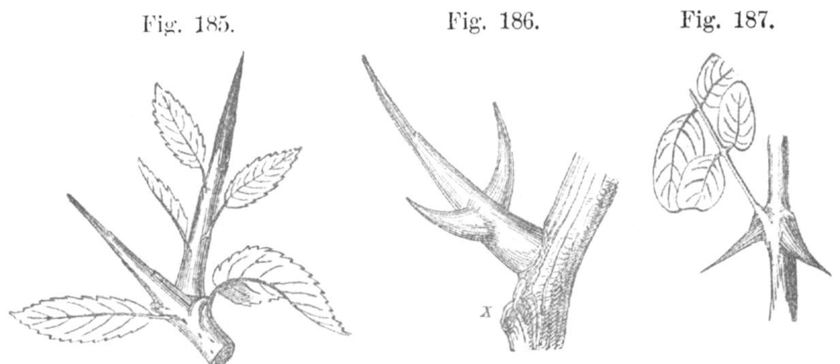

<table>
<tr><td>Fig. 185.</td><td>Fig. 186.</td><td>Fig. 187.</td></tr>
</table>

Zweigdorn, *ramus spinescens* (*Prunus spinosa*).   Ein dreispitziger Dorn der *Gleditschia triacānthos*.   Dornen der *Robinia Pseudacacia*.

dürrem magerem Boden vegetiren, findet man häufig zu Dornen ausgebildete Aeste, und ebenso vermindert sich bei anderen Pflanzen, bei welchen die Dornbildung Gesetz ist, diese letztere, wenn sie in fruchtbaren Boden versetzt werden. Von dieser

Erscheinung macht unter anderen der amerikanische und auch bei uns gezogene Christusdorn (*Gleditschia triacanthos*) eine Ausnahme, denn selbst im besten Boden bringt er in gleichem Maasse seine langen starken, selbst dreispitzig verzweigten Dornen (*spinae tricuspidātae*) hervor.

Der Stachel (*aculĕus*) ist gleich dem Haare ein accessorisches Gebilde der Oberhaut und lässt sich mit der Epidermis ablösen, der Dorn dagegen ist wie der Ast von Gefässbündeln durchzogen und bildet einen Theil des Gefässbündelsystems der Pflanze. Steht der Dorn mit dem Holze in direkter Verbindung, so unterscheidet man ihn auch wohl als Zweigdorn, und erscheint er als Fortsetzung der Gefässbündel der Blätter (der Blattrippen, Blattnerven), so nennt 'man ihn Blattdorn. Hier bildet er die dornigen Blätter (*folia spinōsa*) z. B. der Stechpalme (*Ilex Aquifolium*), des Sauerdorns oder der Berberitze (*Berbĕris vulgāris*). Im letzteren Falle lässt sich übrigens der Uebergang der Blätter in handtheilige Dornen (*spinae palmātae*) leicht verfolgen. Bei unserer Robinie (im gewöhnlichen Leben Acacie genannt, *Robinia Pseudacacia*) treten die Dornen in Stelle der Nebenblätter (*stipŭlae*) auf.

Fig. 188.

Blätter und Dornen von *Berbĕris vulgāris*. a Dornen.

Zweigdornen (*rami spinescentes*) setzen wie die Aeste Jahresringe an und treiben Blätter und Blüthen, z. B. beim Schwarz- oder Schlehdorn (*Prunus spinōsa*), der dornigen Hauhechel (*Onōnis spinōsa*). Fig. 185.

Die Ranke (*cirrus*) lässt sich häufig als ein fadenförmig verlängerter Ast oder Blüthenstiel (Stengelranke) auffassen, welcher benachbarte Gegenstände spiralig umschlingt und den Stamm

Fig. 189.

Blattspindel in eine Ranke endend (von *Lathyrus silvēstris*).

befestigt und aufrecht erhält, wie bei den Kürbisgewächsen, Passifloren; im Allgemeinen erscheint sie jedoch als Fortsetzung einer

Blattspindel oder eines secundären Blattstielchens, welches keine Blattsubstanz entwickelt (Blattranke), wie bei der Erbse (*Pisum sativum*), oder als Verlängerung des Mittelnerven eines Blattes, wie bei *Gloriōsa superba*, oder als Stellvertreter eines Nebenblattes (*stipŭla*). Von interessanter Bildung ist die als Verlängerung des Blattmittelnerven auftretende Ranke bei *Nepenthes destillatoria* und *Nepenthes Phyllamphŏra* Willd. Diese Ranke erweitert sich an ihrer Spitze in ein hohles Blattgebilde von der Form eines mit Deckel versehenen Schlauches, welcher des Nachts aufrecht stehend und geschlossen sich mit klarem süssem wässrigem Safte füllt, welchen sie gegen Mittag sich senkend ausfliessen lässt.

Fig. 190.

Blatt von *Nepenthes Phyllamphŏra Willd.*

Die Auswüchse (*tumōres*) des Hauptstammes sind unentwickelt gebliebene Aeste. Sie entstehen aus Knospen, welche nicht zur Entwickelung gelangend aus der Rinde nicht heraustreten, aber dennoch wie in einem verkürzten Ast sich mit Holzringen, welche ungleich dick sind, umgeben und zu flachen Anschwellungen auf dem Stamme auswachsen. Durch die Auswüchse entsteht die sogenannte Maser (*exostōsis*).

Bemerkungen. *Calămus, i, m.*, griech. κάλαμος, das Rohr. — *Cirrus* (und nicht *cyrrhus*), *i, m.*, krauses Haar, Haarlocke. — *Exostōsis, is, f.*, griech. ἐξόστωσις (exostōsis), das Hervorstehen eines Knochens, Knochengeschwulst Ueberbein.

Lection 34.

Laubblätter. Entwickelung und anatomische Zusammensetzung derselben. Sie sind Ernährungsorgane.

Die Laubblätter sind die gewöhnlich flächenartig ausgebreiteten grünen Ernährungsorgane am Umfange der oberirdischen Axe. Sie unterstützen unmittelbar eine Knospe, einen Ast oder Zweig, während die Hochblätter (Bracteen), von denen sie sich durch Gestalt, Grösse und oft auch durch Farbe sichtlich unterscheiden, nur zur Stütze der Blüthen dienen. Das Laubblatt bezeichnet man im Allgemeinen mit dem einfachen Namen Blatt (*folium*).

Da das Blatt keine Terminalknospe treibt, so wächst es nicht an seiner Spitze. Diese bildet sich zuerst und zwischen dieselbe und den Stengel schiebt sich gleichsam der übrige Theil des Blattes ein. Das Blatt in seinem ersten Anfange bildet eine kleine aus Zellgewebe bestehende Erhabenheit, welche aus der Axe hervortritt und allmählich zu einer Fläche auswächst, während welcher Zeit sich aus dem Kambium die Gefässbündel als Abzweigung des Gefässbündelsystems des Stammes bilden und zu einer Schlinge aneinanderlegen. Diese Schlinge bildet dann den Ausgangspunkt der Gefässbündel, welche das Blatt in Gestalt der sogenannten Nerven durchziehen.

Bleiben die zu einem Blatte ausgewachsenen Gefässbündel nach dem Austritt aus dem Stamme noch eine Strecke weit verbunden, so bilden sie einen Blattstiel (*petiŏlus*), und das Blatt ist ein gestieltes (*folium petiolātum*), breiten sie sich aber beim Austritt aus dem Stamm alsbald aus, so entsteht das sitzende Blatt (*folium sessīle*).

Fig. 191.
Fig. 192.

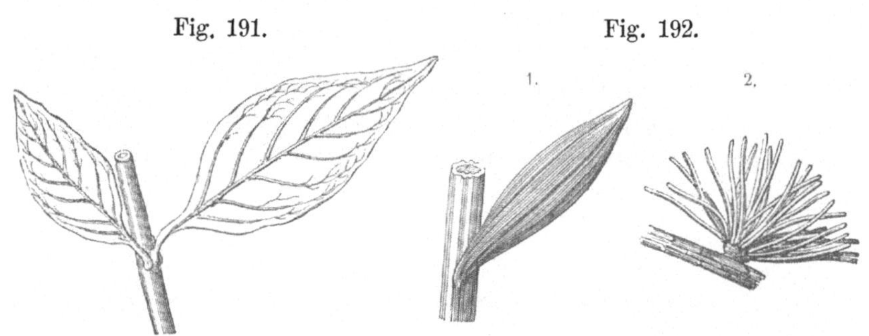

Gestieltes Blatt von Atrŏpa Belladonna,
¹⁄₃ Grösse.
1. Sitzendes Blatt. 2. Büschelförmige, sitzende
Blätter der Lärche (Pinus Larix).

Der Blattstiel ist demnach ein Theil des Blattes und zwar eine verschmälerte langgezogene Basis des Blattes. Er unterscheidet sich meist genügend von einem Ast, Zweig oder Blüthenstiel durch eine mehr oder weniger dreiseitige Form mit einer nach oben gekehrten Seite.

Die Blattfläche entsteht durch seitliches Auseinandertreten und Verzweigen der Gefässbündel, indem sich zugleich die dadurch entstehenden Zwischenräume mit parenchymatischem Zellgewebe ausfüllen. Die Gefässbündel bilden die Nerven (*nervi*) des Blattes, welche entweder parallel die Blattfläche durchlaufen oder anastomosiren, wenn sie nämlich mit ihren Enden und Aesten zusammentreten und in einander verlaufen. In der Regel besteht das Gefässbündel gegen die Basis des Blattes vorwie-

gend aus Bastzellen, gegen die Spitze vorwiegend aus Spiralgefässen.

Die Blattfläche oder Blattspreite ist der bald mehr
bald weniger zu einer Fläche ausgebreitete Haupttheil des Blattes,
von Nerven durchzogen. Sie besteht gewöhnlich aus drei Schichten, der oberen und unteren Flächenschicht und der Mittelschicht.

Die obere und die untere Fläche sind durch eine oder
seltener durch einige Schichten Epidermalzellen gebildet, welche
mit farblosem oder gefärbtem Saft gefüllt sind, aber kein Chlorophyll enthalten. Die Epidermalzellenschichten sind gewöhnlich
von aussen mit der Cuticula überzogen. Gemeiniglich hat nur
die untere Fläche Spaltöffnungen (*stomata*), oder die obere Fläche,
wenn die Blätter mit der unteren auf dem Wasser schwimmen,
wie bei vielen Wasserpflanzen. Nur wenige Pflanzen haben Blätter, welche auf der oberen und unteren Seite mit Spaltöffnungen
versehen sind (z. B. die Mistel, die Runkelrübe). Die Cuticula
bedeckt nicht selten noch
ein dünner, meist graugrüner
Ueberzug oder Reif (*pruïna*).
Der Reif besteht aus kleinen mikroskopischen Körn-
chen oder Kügelchen Wachssubstanz.

Die Mittelschicht
(*mesophyllum, diplöë*) ist ein
Complex von Parenchym
und Gefässbündeln. Das
Parenchym, dessen Zellen
mit Chlorophyll angefüllt
sind, bildet in den flachen
Blättern zwei Schichten,

Fig. 193.

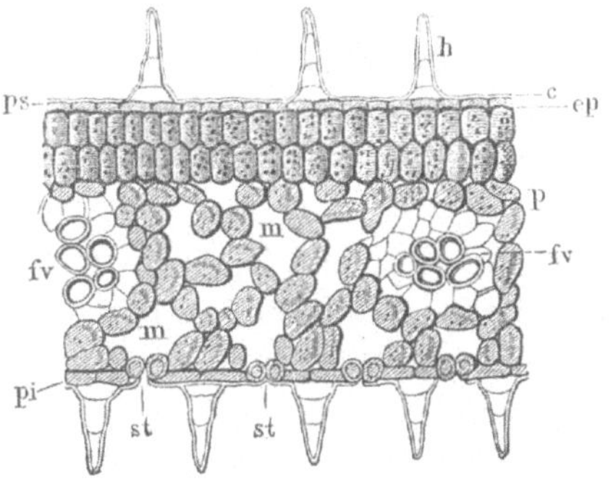

Verticalschnitt durch ein Blatt einer Dikotyledone. *p*
Parenchym, *fv* Gefässbündel, *m* Zellengänge, *st* Spalt-
öffnungen, *ep* Epidermis, *c* Cuticula, *h* Haare, *ps* obere
Fläche, *pi* untere Fläche, *ps pi* Mittelschicht.

von welchen die der oberen Fläche zunächst liegende aus dicht
verbundenen oblongen perpendiculär gestellten Zellen und nur
wenigen oder kleinen Intercellulargängen zusammengesetzt ist.
Die der unteren Seite aufliegende Parenchymschicht besteht dagegen aus irregulären, locker verbundenen Zellen und vielen
intercellularen Gängen und Höhlen, mit welchen die Spaltöffnungen correspondiren. Die Spaltöffnungen bedingen ein lockeres
Parenchym, daher ist in Blättern mit Spaltöffnungen auf beiden
Seiten auch das dichtere Parenchym mit perpendiculär gestellten
Zellen nicht vorhanden.

Die Laubblätter sind Ernährungs- oder Vegetationsorgane,

denn sie besorgen die Assimilation des Nahrungssaftes. Das aus dem Boden durch die jüngeren Wurzeltheile (Wurzelspitzen, Wurzelhaare) endosmotisch aufgesogene Wasser, welches verschiedene anorganische und organische Stoffe gelöst enthält, wird als **roher Nahrungssaft** durch die Gefässe (Spiroïden) des Holzes vermöge der Capillaritätattraction und Diffusion zu den Blättern geleitet. Die Blätter athmen durch ihre Spaltöffnungen unter Einfluss des Sonnenlichtes Luft und Kohlensäure auf. In Folge der Wärme der Atmosphäre verdunstet ein Theil des Wassers durch die Spaltöffnungen, während unter Mitwirkung des Sonnenlichtes die eingeathmete Kohlensäure in den Chlorophyllzellen in ihre Bestandtheile (Kohlenstoff und Sauerstoff) zerlegt wird. Der Sauerstoff tritt aus den Spaltöffnungen in die Atmosphäre zurück, der Kohlenstoff aber vereinigt sich im *status nascendi* mit den Bestandtheilen des Wassers (Wasserstoff und Sauerstoff), und es entstehen die sogenannten Kohlehydrate (Cellulose, Stärkemehl, Zucker) und andere Verbindungen aus Kohlenstoff, Wasserstoff und Sauerstoff und aus Kohlenstoff und Wasserstoff; genug, der rohe Nahrungssaft wird in den Blättern assimilirt, d. h. zur Aufnahme in die Zellen der Pflanze behufs der Ernährung geschickt gemacht. Der assimilirte Saft findet alsbald Verwendung, theils zur Ernährung der Knospen und Befruchtungsorgane, theils steigt er nach anderen Theilen der Pflanze. In der Wurzel ernährt er z. B. die Theile, welche neue Wurzeltheile treiben und entwickeln sollen, und was übrig bleibt, tritt durch die Gefässe des jüngsten Holzes aufgesogen zurück zur Ernährung und Bildung des Kambiums, aus welchem durch den pflanzlichen Lebensprocess die Bildung der Organe ihren weiteren Fortlauf nimmt. Mit dieser zwar kurzen und sehr unvollkommenen Andeutung gewinnen wir ein vorläufig ungefähres Bild von dem Werthe der Blätter im Haushalte der Pflanze.

Bemerkungen. Anastomosíren, wiederholt in einander münden, sich wiederholt verästeln, ἀναστόμωσις (anastomōsis), Mündung, Ergiessung; ἀνά (ana), in Zusammensetzungen drückt es die Wiederholung aus; στομόω (stomoo), mit einer Mündung versehen. — *Mesophyllum*, von μέσος η, ον (mesos, ä, on), in der Mitte, und φύλλον (phyllon), Blatt. — *Diplöe, es, f.*, griech. διπλόη, alles Verdoppelte, Zusammengelegte. — Die früher geläufige Hypothese von dem Kreislauf der Säfte in der Pflanze, ähnlich der Circulation des Blutes im Thiere, dass der rohe Nahrungssaft aus der Wurzel im Splinte im Stamme aufwärts zu den Blättern steige, hier mit Luft in Berührung assimilirbar gemacht werde, um dann als Bildungssaft durch die Rinde abwärts zu steigen, seine Nährstoffe auf diesem Wege abgebend, und endlich in die Wurzel zurückkehrend denselben Kreislauf wieder zu beginnen, ist von *H. Karsten* als eine unbegründete nachgewiesen. Vergl. Geschichte der Botanik von *H Karsten*, 1870.

Lection 35.

Nervatur des Blattes. Blattstiel. Blattscheide.

Von wesentlichem Einflusse auf den Habitus des Blattes ist die Nervatur oder Berippung (*nervatio*), die Lage und Verzweigung der Blattnerven, welche überhaupt das Gerüst des Blattes darstellen. In den meisten Fällen zieht sich ein Gefässbündel in der Richtung der Blattaxe von der Basis zur Spitze des Blattes und bildet den Haupt- oder Mittelnerv (*nervus primarius s. medius*), gewöhnlich Mittelrippe (*costa media*) genannt. Die neben der Mittelrippe verlaufenden Nerven sind die Neben- oder Seitennerven (*nervi secundarii s. laterāles*). Treten letztere zugleich mit dem Hauptnerven in die Blattfläche, oder entspringen sie aus der Basis des Hauptnerven, so unterscheidet man sie als Längsnerven (*nervi longitudināles*), entspringen sie aber in verschiedener Höhe aus dem Hauptnerven, als Quernerven (*nervi transversāles*).

Fig. 194.

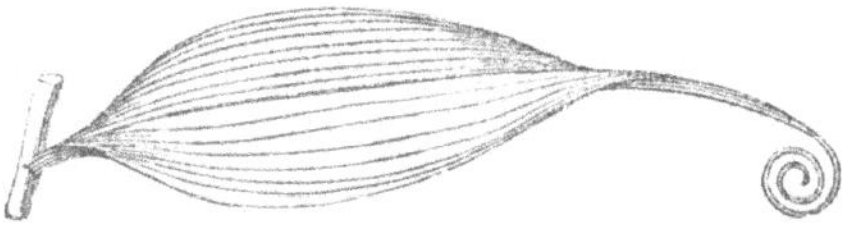

Rankentragendes, streifennerviges Blatt (*fol. cirriferum nervōsum*) von *Gloriōsa superba*.

Die weiteren Verästelungen und Verzweigungen der Nebennerven bilden die Adern (*venae*).

Ein Blatt mit Längsnerven heisst nervig (*folium nervōsum*) und ist 3-, 5-, 7- oder vielnervig (*tri-, quinque-, septem-, multinervium*, auch -*nērve*); adernervig (*venōso-nervōsum*), wenn die

Fig. 195.

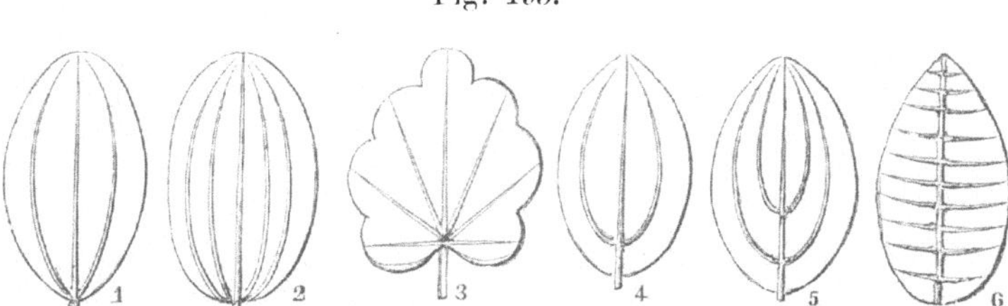

Blatt: 1. dreinerviges, *folium trinerve*, 2. fünfnerviges, *f. quinquenerve*, 3. handnerviges, *f. palminerve*, 4. dreifachnerviges, *f. triplinerve*, 5. fünffachnerviges, *f. quintuplinerve*, 6. geripptes, *f. costātum*.

Längsnerven sich unregelmässig anastomosirend verzweigen. Je nach dem Verlauf der Längsnerven ist das Blatt parallelnervig

9*

(*f. parallelinērve*) oder k r u m m n e r v i g (*f. curvinerve*); h a n d n e r -
v i g (*palminerve*), wenn die Längsnerven fingerförmig in die
Blattfläche verlaufen; f a s e r n e r v i g (*hinoïdĕum*), wenn die Längsnerven ohne Mittelnerven - sich in Seitennerven verzweigend nach
der Spitze des Blattes parallel verlaufen.

Ein Blatt mit Quernerven heisst b e n e r v t (*folium nervigĕrum*),
und nach der Zahl der Quernerven unterscheidet man ein drei-
fach-, fünffach- etc. n e r v i g e s (*f. triplinervĭum,
quintupli-, septupli-, multiplinervium*). Das be-
nervte Blatt ist g e r i p p t (*costatum*), wenn zahlreiche parallel verlaufende Quernerven aus der
Mittelrippe entspringen; g e r i p p t - g e a d e r t
(*costāto-venōsum*), wenn die parallelen Quernerven
sich verzweigen; a d e r i g (*venōsum*), mit schwa-
chen unregelmässig verzweigten Quernerven;
n e t z a d e r i g (*reticulato-venosum s. retinerve*) mit
anastomosirenden zahlreichen Quernervenverzwei-
gungen, welche einem Netze ähnlich sind.

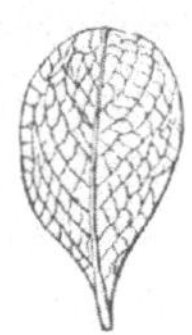

Fig. 196.

Netzadriges Blatt
(*f. reticulāto-venō-
sum*) von *Vaccinĭum
uliginōsum.*

Fehlen die Nerven, so ist das Blatt n e r v e n l o s (*f. enerve*),
und fehlen nur die Seitennerven, a d e r l o s (*f. avenĭum*).

Der B l a t t s t i e l (*petiŏlus*) trägt an seiner Spitze die Blattfläche. Er ist verschieden gestaltet oder mit Anhängen ausgestattet. Er heisst g e f l ü g e l t
(*alātus*), wenn er mit Streifen
der Blattsubstanz eingefasst ist;
b l a t t a r t i g (*foliacĕus*) oder *phyllodĭum*, wenn er blattartig ausgebildet ist; f l a c h (*dilatātus*); r i n -
n e n f ö r m i g (*canaliculātus*).

Die B l a t t s c h e i d e (*vagīna*)
nennt man den den Stamm wie
eine Röhre umschliessenden
Grundtheil eines Blattes. Man
findet sie am häufigsten bei
den Monokotyledonen. Sie ist
B l a t t s t i e l s c h e i d e (*vagīna pe-
tiolāris*), wenn sie den Grund-
theil eines Blattstiels bildet;
B l a t t f l ä c h e n s c h e i d e (*v. fo-*

Fig. 197.   Fig. 198.

Blatt von *Citrus Au-
rantĭum. Petiŏlus
alatus.*

Blatt von *Acacĭa hetĕro-
phylla. Petiŏlus foliacĕus;
phyllodĭum.*

liāris), wenn sie bei Abwesenheit eines Blattstiels den Grundtheil der Blattfläche bildet. Ein Blatt, welches den Stamm
scheidig umfasst, ist s c h e i d i g (*folium vagīnans*).

Die Blattscheide ist **frei** (*vagīna libĕra*), wenn sie nicht mit dem Stamm verwachsen ist (*cauli non accrēta*); **geschlossen** (*clausa*), wenn ihre Ränder zusammengewachsen sind; mit **Anhängseln** versehen (*appendiculāta*); **blattlos** oder **nackt** (*aphylla*, *nuda*), ohne Blattfläche. Hierher gehörende Anhängsel sind das Blatthäutchen und die Tute.

Das **Blatthäutchen** (*ligŭla*) ist ein kleines zartes häutiges ungefärbtes Blättchen an der inneren Seite des Blattes, wo Scheide und Blattfläche in einander übergehen.

Fig. 199.

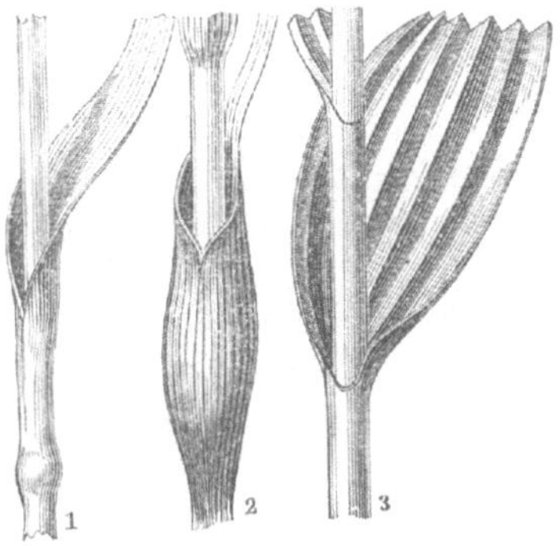

1. Blattscheide, gespaltene (*vagīna fissa*), 2. bauchige, an der Spitze gespaltene (*vag. ventricōsa, apĭce fissa*), 3. ganze oder geschlossene (*intĕgra s. clausa*) mit gefaltetem parallelnervigem Blatte (*folium plicatum parallelinerve*) von *Verātrum album*.

Die **Tute** (*ochrĕa*) ist eine Nebenscheide (durch Verwachsung zweier Nebenblätter entstanden), oder eine Verlängerung der Scheide über die Stelle hinaus, an welcher die Blattfläche in die Scheide übergeht. Durch Entwickelung der Knospe oder des Blattstiels wird sie gewöhnlich gespalten, zerrissen, gefranst etc.

In Betreff der Consistenz ist ein Blatt: **häutig** oder **krautartig** (*folium herbacĕum*), mit dünner Blattfläche und nicht sehr saftig, wie das Wallnussblatt; **lederartig** (*coriacĕum*), von fester dicklicher biegsamer Consistenz; **saftlos** (*exsuccum*); **saftig** (*succulentum, succōsum*); **vertrocknet** (*scariōsum*), chlorophyll- und saftlos; **verwelkt** (*marcescens, emarcĭdum*), durch Absterben saftlos geworden; **starr, steif** (*rigĭdum*); **schlaff** (*laxum*). Das **Nadelblatt** (*folium acerōsum*) ist ein nicht genervtes, doch mit einem Mittelnerv versehenes schmales steifes spitzes Blatt. Die Blätter der Kiefer sind Nadelblätter.

Je nach der **Dauer** ist das Blatt **hinfällig** (*cadūcum*), wenn es vor Ablauf der Vegetationsperiode abfällt; **ausdauernd**

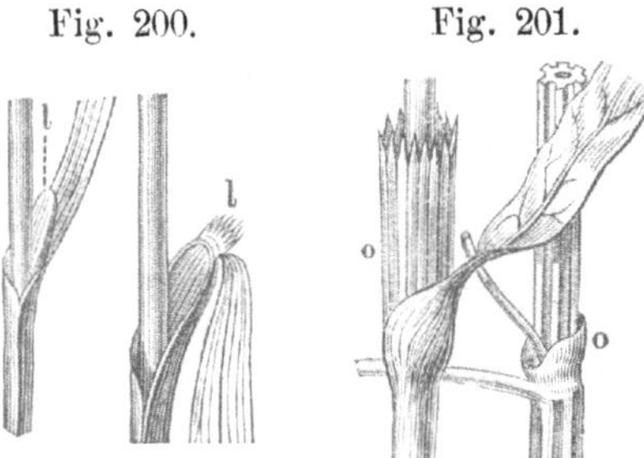

Fig. 200.   Fig. 201.

l Blatthäutchen (*ligŭla*).   *o* Tute (*ochrĕa*).

(*perenne*), mehrere Vegetationsperioden durchdauernd; abfallend (*decidŭum, annuum*), nach Ablauf der Vegetationsperiode abfallend.

Pflanzen, deren Blätter zwei und mehrere Vegetationsperioden durchdauern, nennt man immergrüne (*plantae sempervirentes*).

Bemerkungen. *Hinoidĕus, a, um,* (richtiger *inoidĕus*) griech. *ἰνοειδής* (inoeidäs), nervig, faserig; *ἴς,* gen. *ἰνός* (is, inos), Faser, Kraft, und *εἶδος* (eidos), Gestalt.

Lection 36.

Anheftung des Blattes. Theilung der Blattfläche. Zusammengesetztes Blatt.

In Betreff der Anheftung ist das Blatt herablaufend (*decurrens*), wenn die Blattfläche über den Anheftungspunkt des Blattes bis zum nächsten Knoten am Stamme herabläuft; wie beim Wollkraut (*Verbāscum thapsifŏrme*); umfassend (*amplexicaule*) und halbumfassend (*semiamplexicaule*), wenn die an der Basis gespaltene Blattfläche den Stengel ganz oder nur theilweise umfasst, wie beim Mohn (*Papāver somnifĕrum*). Reitend *(folia equĭtantia)* nennt man die Blätter, welche mit ihren gekielten zu-

Fig. 202.

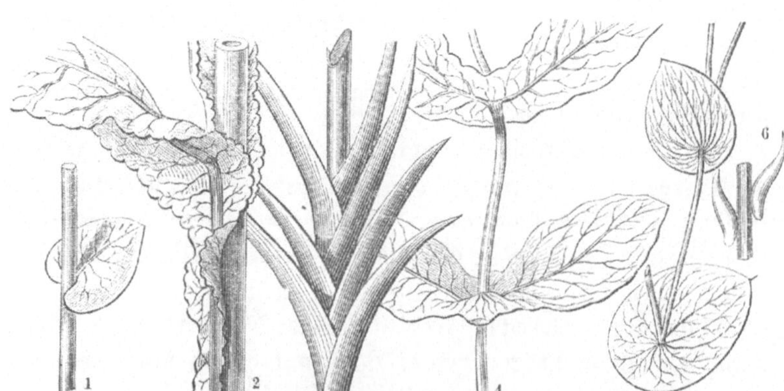

Blätter, 1. stengelumfassendes (*folium amplexicaule*). 2. herablaufendes (*decurrens*), von *Verbascum thapsiforme*. 3. reitende und schwertförmige Blätter (*f. equitantia et ensiformia*), von *Iris Germanica*. 4. verwachsene (*connāta*), von *Lonicĕra Caprifolium*. 5. durchwachsene (*perfoliāta*), von (*Bupleurum rotundifolĭum*). 6. ringsumgelöstes (*f. basi solūtum*), von *Sedum reflexum*.

sammengelegten Grundtheilen den Stamm umfassen, wobei aber auch das untere das gegenüberstehende obere Blatt am unteren Theil zugleich umfasst, wie bei *Iris Germanica*: sie heissen **verwachsen** (*connāta*), wenn zwei gegenüberstehende Blätter mit ihren unteren Rändern zusammengewachsen sind. Ein Blatt ist ferner **durchwachsen** (*perfoliatum*), wenn es mit seinem ungespaltenen Grunde den Stamm ganz umgiebt; **rundum angewachsen** (*circumnexum*), wenn es dick und fleischig und an seiner ganzen Basis mit dem Stengel verwachsen ist, wie bei *Sedum sexangulāre*; **ringsum gelöst oder frei** (*circumscissum, basi solutum*), wenn ein solches Blatt nur in einem Punkte über seiner Basis dem Stamm anhängt, wie bei *Sedum reflexum*.

Das gestielte Blatt *(folium petiolātum)* nennt man **randstielig** (*palacĕum*), wenn die Blattfläche wie gewöhnlich mit dem Rande ihrer Basis dem Blattstiele aufsitzt, dagegen **schildstielig** oder **schildförmig** (*peltātum*), wenn der Blattstiel über der Basis des Blattes in die Blattfläche tritt, wie bei *Tropaeŏlum majus*. *Ricĭnus communis*. Endlich ist das Blatt **eingelenkt** (*articulatione affixum*), wenn entweder das Blatt mit der Basis der Mittelrippe oder mit der Basis des Blattstiels gelenkartig angeheftet ist oder einem **Blattkissen** (*pulvīnus*) aufsitzt. Unter Blattkissen oder Wulst versteht man eine mehr oder weniger wulstig erhabene Stelle am Stamme, welcher ein Blatt oder eine Knospe aufsitzt. Nach dem Abfallen des Blattes hinterbleibt an der Anheftungsstelle ein Grübchen, die **Blattnarbe** (*cicatricŭla*). Vergl. Lect. 19 und 37.

Nach der **Richtung** ist ein Blatt **horizontal** oder **wagerecht** (*horizontāle*), wenn die Blattspreite in einer horizontalen Ebene liegt; **senkrecht** (*verticāle*), wenn unter Drehung der Blattbasis die Blattspreite aufgerichtet ist und mit dem Horizonte einen rechten Winkel bildet; **umgekehrt** oder **verkehrtflächig** (*resupinātum*), wenn unter Drehung des Blattstieles das horizontalgerichtete Blatt mit der unteren Fläche nach oben sieht.

Fig. 203.

Ein schildförmiges Blatt (*folium peltātum*) einer *Tropaeolum*-Art.

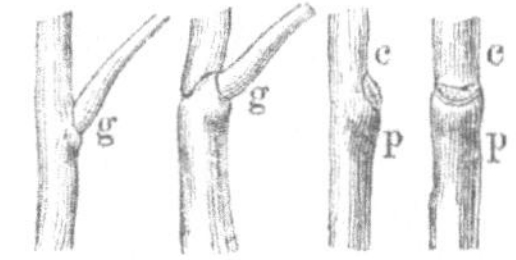

Fig. 204.

g g eingelenkte Blattstiele (*petiŏli articulatiŏne affixi*); *c* Blattnarbe (*cicatricŭla*), *p* Blattkissen (*pulvīnus*).

Nach der Beschaffenheit des Randes ist ein Blatt: knorpelrandig (*margĭne cartilaginĕum*), am Rande verdickt; randschwielig (*margĭne callōsum*), mit kleinen Schwielen am Rande; schärflich am Rande (*margĭne scabriuscŭlum*), wie bei den meisten Gräsern; gewimpert (*ciliātum*), mit steifen Haaren am Rande; drüsig gewimpert (*glandulōso-ciliātum*), wenn die Wimperhaare an ihrer Spitze Drüschen (*glandŭlae*) tragen; wellenrandig (*undulātum*), mit wellig gebogenem Rande; kraus

Gewimperte Blätter (*f. ciliāta*), von *Galium cruciātum*.

(*crispum*), mit stark wellig und kraus gebogenem Rande, so dass die Falten sich gegenseitig drängen oder theilweise übereinanderliegen; am Rande zurückgerollt (*margĭne revolūtum*), bei Umbiegung des Randes nach der unteren Fläche, und am Rande eingerollt (*margĭne involūtum*), wenn die Biegung von der unteren nach der oberen Fläche gerichtet ist. Vergl. Fig. 130, 6 und 7.

Ein zusammengesetztes Blatt (*folium composĭtum*) ist dasjenige, dessen Blattstiel mehrere (selten einzelne) Theilblätter, Blättchen (*foliŏla*) genannt, trägt, welche mit ihm durch Arti-

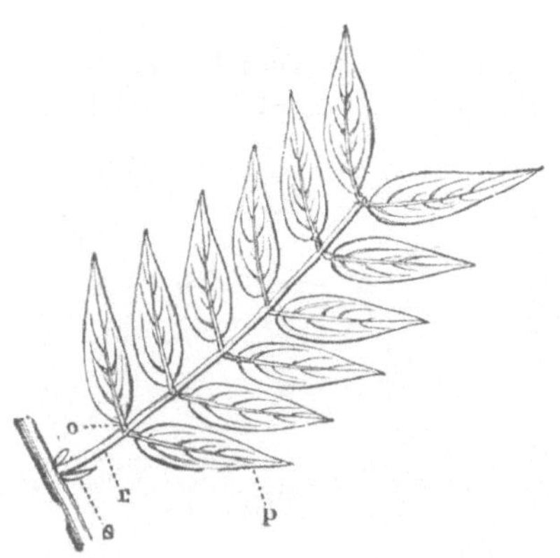

Einfach- und 'paarig 'gefiedertes sechspaariges (*sejŭgum*) Blatt (Sennesblätter) von *Cassĭa angustĭjolĭa*. *p* Fiedern (*pinnae*), *r* Blattspindel (*rhachis*), *o* Blattstielchen (*petiolŭlus*), *s* Nebenblättchen (*stipulae*).

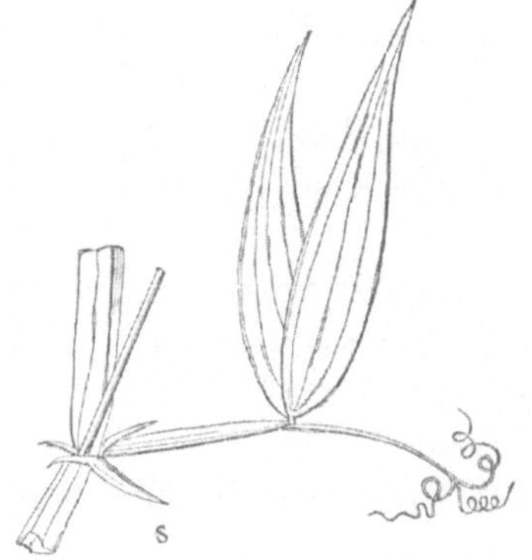

Unpaarig gefiedertes Blatt (*fol. impăripinnatum*) von *Lathȳrus silvestris*, Endfieder zu einer Ranke metamorphosirt.

culation (Gliederung) verbunden sind. Der Blattstiel eines zusammengesetzten Blattes wird primärer Blattstiel oder Blatt-

spindel (*rhachis, petiolus communis*), die Stielchen der Blättchen
secundäre Blattstiele oder Blattstielchen (*petiolŭli*) genannt. Ein zusammengesetztes Blatt ist also zusammengesetzt aus
einer Blattspindel und durch Articulation eingefügten Blättchen.

Sind die Blättchen der Länge nach zu beiden Seiten der
Spindel eingelenkt, so ist das Blatt ein gefiedertes (*folium
pinnātum*). Die einzelnen Blättchen nennt man hier Fiedern
(*pinnae*). Diese stehen einander entweder paarweise gegenüber
(ein solches Fiederpaar heisst ein Joch, *jugum*), oder sie stehen
abwechselnd (*pinnae alternantes*). Trägt die Blattspindel an ihrer
Spitze noch ein einzelnes Blättchen, so ist das Blatt ein un-
paarig-gefiedertes (*impăripinnātum*), fehlt dieses Blättchen
aber, so ist es paarig gefiedert (*pari-pinnātum, abrupte pinnātum*). An dem unpaarig-gefiederten Blatte wächst nicht selten
das Blattstielchen in eine Ranke (*cirrus*) aus, wie bei der Erbse
(*Pisum satīvum*), der Wicke (*Vicĭa sativa*). Trägt die Spindel
Blattstielchen, welche mit Fiedern besetzt sind, so ist das Blatt
doppelt-gefiedert (*f. bipinnātum*), und es entsteht ein drei-

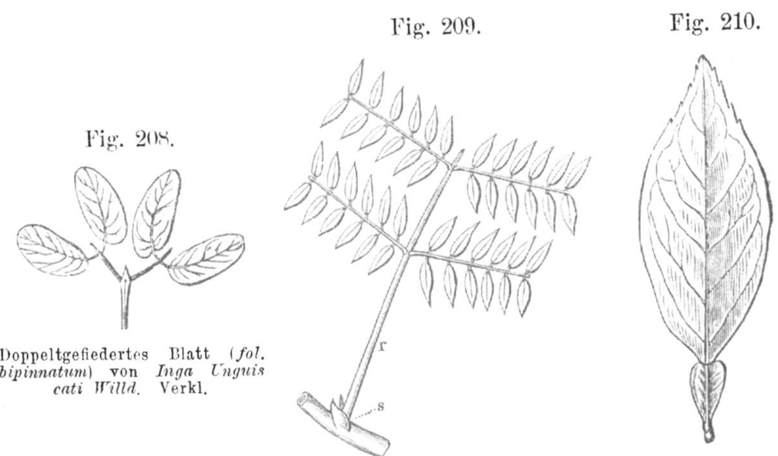

Fig. 208.

Doppeltgefiedertes Blatt (*fol.
bipinnatum*) von *Inga Unguis
cati Willd.* Verkl.

Doppeltgefiedertes Blatt.

Blatt von *Citrus Auran-
tium.* Einblatt (*folium
unifoliātum*).

fach-gefiedertes Blatt (*tripinnātum*), wenn die Blattstielchen
gefiederte Blätter tragen. Geht die Fiederung noch weiter, so
entsteht das vielfach zusammengesetzte Blatt (*f. supra-
decompositum*).

Sind die Blattstielchen der Spitze der Spindel eingelenkt, so
nennt man das Blatt Einblatt (*folium unifoliolātum*), wenn nur ein
Blättchen, Zweiblatt (*f. binātum*), wenn zwei Blättchen, Drei-

blatt, Vierblatt (*f. ternātum, quaternātum*), wenn drei, vier Blättchen an der Spitze der Spindel stehen. Mit fünf und mehr Blättchen heisst es **gefingert** (*f. digitātum*); Doppeldreiblatt

Fig. 211.   Fig. 212.   Fig. 213.

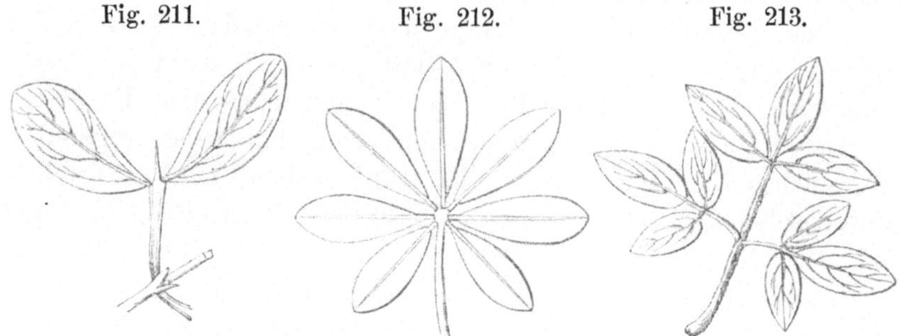

Zweiblatt (*fol. binātum*) oder einpaariges Blatt (*f. unijŭgum*). Blatt von *Zygophyllum Fabāgo*.   Gefingertes Blatt (*folium digitātum*).   Doppeldreiblatt (*folium biternātum*).

(*f. biternatum*), wenn die Blättchen des Dreiblatts wieder gedreit sind.

Von dem zusammengesetzten Blatte ist die Gelenkbildung der Blattstielchen unzertrennlich. Finden wir ein Blatt mit mehreren strahlen- oder fingerförmig geordneten Blättchen an

Fig. 214.   Fig. 215.

Dreischnittiges Blatt (*fol. ternatisectum*) der Erdbeere (*Fragarĭa vesca*).   Nierenförmiges, 9 lappiges (einfaches) Blatt (*folium reniƒorme, novem-lŏbum*) von *Alchemilla vulgaris*.

der Spitze eines Blattstieles, so ist es immer nur ein einfaches Blatt, wenn die Blättchen nicht durch Articulation mit dem Blattstiel verbunden sind. Das Blatt der Erdbeere ist daher kein zusammengesetztes Blatt, sondern ein **dreischnittiges** (*trisēctum, ternatisectum*), das Blatt der Brombeere (*Rubus fruticōsus*) ein **fünfschnittiges** (*quinquesectum, quinatisectum*).

Das geschnittene und das fiederschnittige Blatt (*f. sectum et pinnatisectum*) haben viel Aehnlichkeit mit einem zusammengesetzten Blatte, denn die Fiedern (*pinnae*) hängen nicht durch Blattsubstanz zusammen und stehen auf einer Spindel (*rhachis*), sie sind aber nicht wie die Blättchen (*foliola*) des zusammengesetzten Blattes eingelenkt (*folia articulatiōne affixa*). Häufig machen einige Botaniker auch in dieser Beziehung keinen Unterschied, was übrigens nicht nachahmungswerth ist.

Von einem fiederschnittigen Blatte sagt man, es sei gleichförmig-, abnehmend-, zunehmend fiederschnittig (*aequa-*

<table>
<tr><td>Fig. 216.</td><td>Fig. 217.</td><td>Fig. 218.</td></tr>
</table>

Unpaarig und doppelfiederschnittiges Blatt (*fol. impăribipinnatisectum*), von *Laserpitium latifolium.* Stark verkl.

Dreifachfiederschnittiges Blatt (*J. tripinnatisectum*), von *Thalictrum foetĭdum.* Verkl.

Vierfach-fiederschnittiges Blatt (*f.quadripinnatisectum*) von *Laserpitium hirsūtum Lam.*

liter, decrescente. crescente pinnatisectum), wenn die Abschnitte oder Fiedern gleich gross sind, oder nach der Spitze zu an Grösse ab- oder zunehmen; doppelfiederschnittig (*bipinnatisectum*), wenn die Abschnitte wiederum fiederschnittig sind; dreifachfiederschnittig (*tripinnatisectum*); vierfachfiederschnittig (*quadripinnatisectum*).

Aber auch das fiederspaltige Blatt (*f. pinnatifĭdum*) wird nicht nur mit dem fiederschnittigen, selbst sogar mit einem gefiederten verwechselt, obgleich bei einem fiederspaltigen Blatte die Abschnitte an der Spindel durch Blattsubstanz verbunden sind. (Vergl. Lect. 26, Fig. 136.)

Das fiederspaltige und das fiederschnittige Blatt gehören zu den einfachen Blättern, das gefiederte Blatt zu den zusammengesetzten.

Lection 37.

Blätter. Formenwechsel. Nebenblätter. Blattschlauch.

Die Laubblätter sind Stamm- oder Stengelblätter (*folia caulīna*), wenn sie an der oberirdischen Axe aus den Knoten entwickelter Stengelglieder entsprin-

Fig. 219.

gen, im Gegensatz zu den Wurzelblättern (*folia radicalīa*), welche gedrängt am untersten Theile der oberirdischen Axe aus unentwickelten Stengelgliedern entspringen. Liegt das Wurzelblatt horizontal auf der Erde, so nennt man es hingestreckt (*humifūsum*).

Die Laubblätter kommen ausserdem in manchen Abänderungen vor und unterliegen verschiedenen Metamorphosen, wie wir aus dem Folgenden ersehen werden.

Wurzelblätter und Stock der Schlüsselblume (*Primŭla officinālis*).

Die Nebenblätter (*stipŭlae*) sind Blättchen oder blattähnliche Gebilde an beiden Seiten der Blattbasis oder einer Blattstielbasis. Ihre Entwickelung erreichen sie noch vor derjenigen des Blattes.

Fig. 220.

s Nebenblätter 1. einer *Orŏbus*, 2. der *Viŏla tricŏlor* (Stiefmütterchen), 3. der Rose (*Rosa*).

Gewöhnlich sind sie von derselben Substanz und Farbe wie das Blatt, so dass wir sie uns durch Theilung der Blattsubstanz entstanden denken können. Bei einigen Pflanzen erscheinen sie als zartere oder anders gefärbte Blättchen, in welchem Falle sie weder Spaltöffnungen noch Gefässbündel zu haben pflegen, oft findet man sie in Ranken (*cirri stipulanei*) oder wie z. B. bei der Robinie (Fig. 186) in Dornen (*spinae stipulaneae*) verwandelt. Die Nebenblätter sind nicht allen Pflanzen eigen, und bei vielen fallen sie frühzeitig ab, wie z. B. bei der Eiche (*stipŭlae cadūcae*).

Bei einem zusammengesetzten Blatte unterscheidet man die Nebenblätter (*stipŭlae*) des gemeinschaftlichen Blattstiels oder der Blattspindel (*rhachis*) und die Nebenblättchen (*stipellae*) der Blattstielchen (*petiolŭli*). Die Nebenblättchen stehen meist einzeln.

Es kommen selbst gestielte Nebenblätter (*stipŭlae petiolātae*) vor, auch stehen sie nicht immer seitlich (*st. laterāles*) vom Blatte, sondern auch scheinbar im Blattwinkel (*axillares*), wie bei der Erbse, oder zwischen zwei gegenüberstehenden Blattstielen (*intermediae*) wie bei *Zygophyllum Fabago* (vergl. Fig. 211), oder dem Blattstiel gegenüber (*petiŏlo opposĭtae*), wie bei *Mercuriālis annŭa*.

Ein Blatt ist entweder mit Nebenblättern versehen (*folium stipulātum*) oder ohne Nebenblätter, nebenblattlos (*f. exstipulātum*).

Zu den blattartigen Gebilden ist ferner die Blase (*ampulla*) zu rechnen, ein hohler, lufthaltender geschlossener Sack bei Wasserpflanzen mit feintheiligen Blättern, welcher den Zweck hat, die Pflanze während der Blüthezeit auf dem Wasser schwimmend zu erhalten, denn nach der Blüthe tritt die Luft heraus, die Blase füllt sich mit Wasser, und die Pflanze sinkt wieder unter (*planta submersibĭlis*). Eine solche mit Blasen versehene Pflanze (*planta ampullāta*) ist der Wasserschlauch (*Utriculăria vulgāris*). Dieser Blase schliessen sich die Blasen (*vesīcae*) mancher Seealgen (*Fucus, Sargassum* etc.) an, welche aus der Substanz des Lagers (*thallus*) gebildet und mit Luft gefüllt sind, und auch der lufthaltige aufgeblasene Blattstiel (*petiŏlus inflātus*) der Wassernuss (*Trapa natans*).

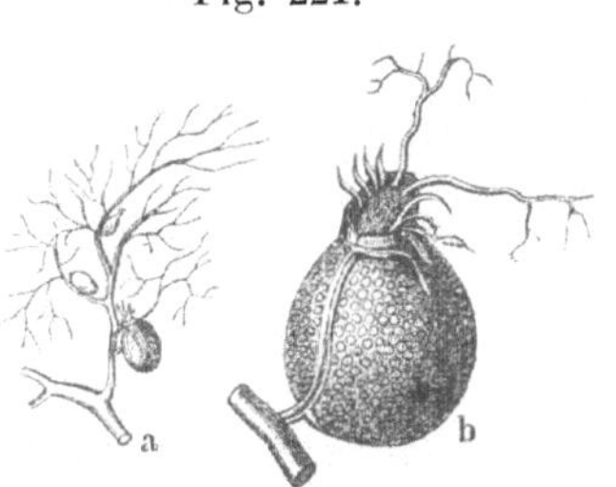

Fig. 221.

Blase von *Utriculăria vulgāris*. *a* natürl. Grösse, *b* vergrössert.

Den Blattschlauch (*ascidium*) haben wir schon (S. 127) kennen gelernt. Er ist ein blattartiger hohler röhriger oder sackähnlicher, an einem Ende mit einem Deckel sich schliessender Schlauch, welcher bald als Erweiterung des Blattstiels (bei den

Sarracenien), bald als eine erweiterte Blattranke (bei *Nepenthes Phyllamphŏra*), bald aus einem Blumendeckblatt (*bractĕa*) entstanden erscheint.

Fig. 222.

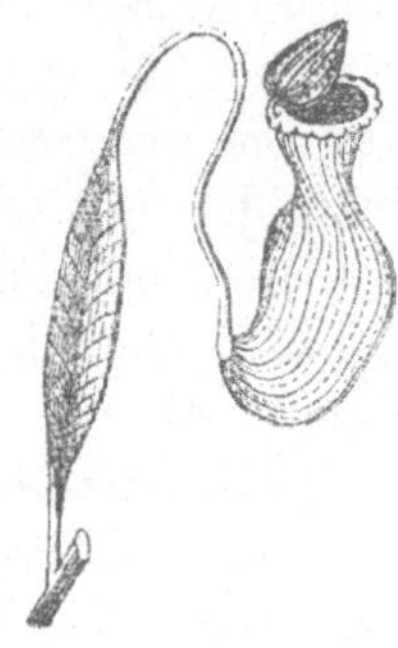

Blattschlauch (*ascidĭum*)
von *Nepenthes Phyllamphŏra Willd.*

Die Form des Blattes ändert sich häufig, und an manchen Pflanzen kommen neben ganzen Blättern getheilte vor, wie bei einigen Maulbeerarten, oder eine durchweg verschiedene Form der Blätter erzeugt Varietäten, wie z. B. *Sambūcus nigra, variĕtas laciniāta Koch* mit zweifach fiedertheiligen Blättern. Bei den Wasserpflanzen ist es sogar Regel, dass die untergetauchten Blätter (*folia submersa s. demersa*) eine andere Gestalt als die hervorgetauchten (*f. emersa*) oder schwimmenden Blätter (*f. natantia*) haben. Die untergetauchten Blätter haben bekanntlich gar keine, die schwimmenden haben nur auf ihrer oberen Fläche Spaltöffnungen. Jene Pflanzen nennt man verschiedenblättrige (*plantae hetĕrophyllae*). Bei *Ranuncŭlus aquatĭlis* sind die untergetauchten Blätter borstenförmig vielfach gespalten (*f. setacĕo-multifĭda*), die hervortauchenden und schwimmenden nierenförmig und lappig gespalten (*f. reniformĭa fissa lobāta*).

Interessant ist das charakteristische Schwinden des Parenchyms zwischen den Aesten der Blattnerven und die Erzeugung der gitterartig durchbrochenen oder gefensterten Blätter (*f. fenestrata*). S. Fig. 131, 2. Seite 96.

Von den Blättern abhängige Verhältnisse geben Veranlassung zu folgenden Bezeichnungen: beblättert (*foliātus*), blattlos (*aphyllus*), entblättert (*exfoliātus, defoliātus*), stark beblättert (*foliōsus*); zum Blatt gehörig (*foliāris*), blattartig (*foliacĕus*), das Blatt vertretend (*folianĕus*). Aus diesen Beispielen finden wir an den lateinischen Adjectiven die besondere Bedeutung der jedesmaligen Endung.

Lection 38.

Gelenkbildung. Articulation. Phyllotaxis. Stellung der wirtelständigen
Blätter.

In der Lection 36 haben wir erfahren, dass die Gelenkbildung ein charakteristisches Merkmal an einem zusammengesetzten Blatte ist, wir müssen uns daher mit dem Wesen der
Gelenkbildung näher bekannt machen. Unter Articulation,
Gelenkbildung, Gliederung (*articulatio*) versteht man in der
Botanik gewöhnlich keine bewegbare Aneinanderfügung zweier
Gelenkenden, wie wir sie bei dem Thiere beobachten, sondern
eine solche, in welcher zwei aneinandergefügte Pflanzentheile
in der Jugend zwar fest und nicht beweglich zusammenhaften,
später aber sich selbst trennen, oder wo eine Trennung mit geringer Kraft ausführbar ist. Häufig ist die Berührungsstelle
beider Pflanzentheile an einer mehr oder weniger sichtbaren
Einschnürung oder einer vertieften Linie zu erkennen. Wenn im
Herbst die Blätter, Blüthenstiele, Früchte abfallen, so trennen
sich diese eben in der Gelenkfuge und zwar entweder durch
das frühere Absterben einer Querschicht zartwandiger Zellen
oder durch Unterbrechung der Saftcirculation zwischen Blatt
und Stamm in Folge einer querschichtigen Korkbildung. Die
Blattnarben (*cicatrices*) findet man gewöhnlich mit einer ver-
korkten Zellschicht überzogen. Bei der Kastanie und der Acacie
(Robinie) können wir die Gelenke bequem beobachten, denn sie
haben zusammengesetzte Blätter, deren primärer Blattstiel ebenfalls eingelenkt ist. Zuerst fallen im Herbst die Blättchen (*foliola*), später der primäre Blattstiel ab. Nicht eingelenkte Blätter
fallen nicht ab.

Es giebt einige Fälle einer scheinbar beweglichen Articulation, z. B. bei den Fiederblättchen der Sinnpflanzen, wie *Mi-
mosa pudica. M. sensitiva, M. pudibunda*, welche durch Contracti-
lität des doppelwulstigen Blattkissens bedingt ist. Eine ähnliche Beweglichkeit finden wir an den Pollinarien der Orchideen-
blüthen.

Blattstellung. Die Stellung der Blätter an der Axe ist
keine zufällige, sie findet vielmehr in einer bestimmten Ordnung
statt, welche wir bereits in der Knospe angelegt antreffen. Die
Gesetze dieser Ordnung lehrt die Blattstellung (*phyllotaxis*),

welche die Botaniker *Schimper* und *Braun* zu einem besonderen Studium gemacht haben.

Die Anordnung der Blätter an der Axe zeigt sich in zweierlei Weise, entweder sind die Blätter alternirend, wechselständig (*folia altērna*), oder sie stehen zu zwei und mehreren in Wirteln, wie die gegenständigen (*f. opposïta*) und die wirtelständigen (*f. verticillāta*).

Die Ordnung der wirtelständigen Blätter lässt sich am leichtesten übersehen. Nehmen wir eine Axe (in Gestalt eines runden Cylinders) mit gegenüberstehenden Blättern, mit zweiblättrigen Wirteln, und ziehen von den untersten Blättern beginnend zwei gerade senkrechte Linien (*ab* und *cd*) empor, so finden wir die Blätter des nächsten Blätterpaares (*ef*) genau in die Mitte zwischen zwei homologen Wirteln, jedoch senkrecht gegen deren Richtung gestellt. Die Blätter des dritten Paares *gh* liegen wieder genau auf den beiden gezogenen Linien und sind die Homologen zu *ac*; die Blätter des vierten Paares (*ik*) sind ebenso homolog zu *ef*. Legen wir nun durch die senkrecht über einander stehenden Anheftungspunkte der zwischenständigen Blätter auch Linien (*lm* und *no*), so finden wir, dass alle Blätter oder deren Anheftungspunkte auf 4 Linien, Blattzeilen (*orthostïchi*), vertheilt sind, und diese Linien von einander gleichweit abstehen.

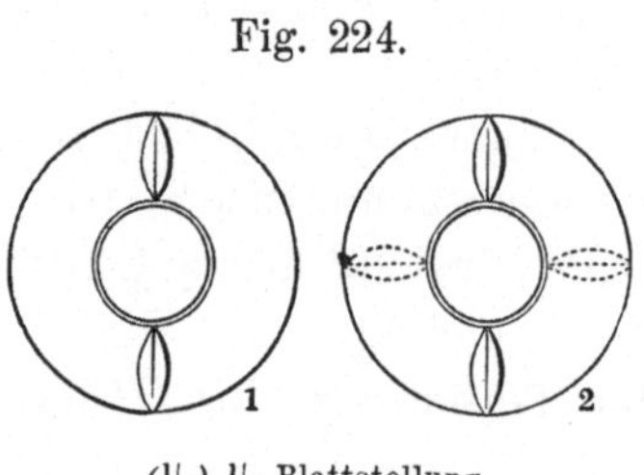

Fig. 223.

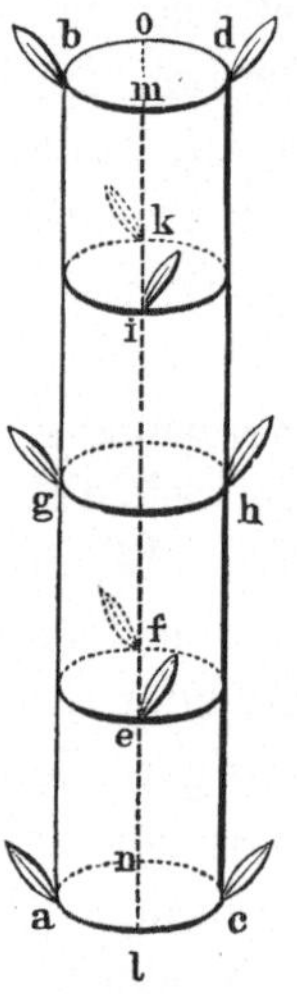

Denken wir uns durch die Spitzen eines oder des untersten Blattpaares einen Kreis gelegt und sehen wir senkrecht auf die Axe nieder, so werden wir den Kreis durch die Richtung der Blätter dieses Paares halbirt finden (Fig. 224, 1.). Die Blätter eines Paares stehen also in einem Winkel gleich der halben Kreisperipherie von einander entfernt. Ihre Divergenz oder ihr Abstandswinkel wäre also = $\frac{1}{2}$ Kreisperipherie.

Fig. 224.

($\frac{1}{2}$) $\frac{1}{4}$ Blattstellung.

Denken wir uns nun den Kreis durch die Spitzen zweier oder auch aller aufeinander folgenden Blätterwirtel gelegt, und wir blicken wieder senkrecht auf die Axe nieder, so werden wir den Kreis in 4 gleiche Theile (Viertelkreise) gespalten sehen (Fig. 224, 2.). Die Grösse des Divergenzwinkels zwischen je zwei Blattzeilen ist also = $^1/_4$ Kreisperipherie.

In dem vorliegenden Beispiele würde die Blattstellung mit: $(^1/_2)$ $^1/_4$ ausgedrückt werden. Die in Paranthese gestellte Zahl weist auf die Wirtelstellung hin und giebt die Divergenz oder den Abstand zwischen den Blättern des Wirtels an, sie nennt auch durch ihren Nenner die Anzahl der Blätter eines Wirtels. Die zweite Zahl giebt den Abstand der Blattzeilen von einander an.

$(^1/_2)$ $^1/_2$ Blattstellung ist gleich zweiblättrigen Wirteln, deren Blätter in zwei Blattzeilen stehen, also sämmtlich homolog sind.

Der wievielste Wirtel einem bestimmten Wirtel homolog ist, findet man, wenn man mit dem Nenner des Bruches der Parenthese in den Nenner des darauf folgenden Bruches dividirt. Da diese Division bei der Blattstellung $(^1/_2)$ $^1/_2$ zum Quotient 1 ergiebt, so folgt, dass die Stellung der Blätter eines Wirtels dieselbe ist wie diejenige in dem darauf folgenden Wirtel.

Die Blattstellung $(^1/_3)$ $^1/_6$ giebt an, das $(^6/_3$ = 2) je zwei dreiblättrige Wirtel in der Stellung ihrer Blätter abwechseln und erst der dritte Wirtel homolog zum ersten ist (vergl. Fig. 225). $(^1/_4)$ $^1/_8$ bezeichnet zwei vierblättrige Wirtel, welche mit einander abwechseln, und wo sich erst der dritte Wirtel mit dem ersten in gleicher Stellung befindet.

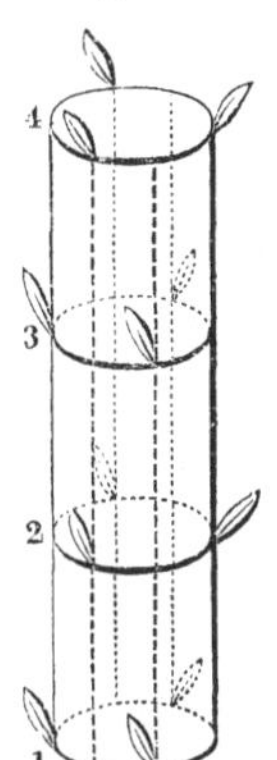

Fig. 225.

$(^1/_3)$ $^1/_6$ Blattstellung.

Bemerkungen. *Phyllotāxis*, Blattordnung, von d. griech. φύλλον, Blatt, und τάξις (taxis), Ordnung, Reihe.

Lection 39.

Stellung der alternirenden Blätter. (Phyllotaxis, Fortsetzung.)

Bei den alternirenden und den zerstreut stehenden Blättern herrscht eine ähnliche mathematische Gesetzmässigkeit in der Stellung, wie bei den wirtelständigen, jedoch bilden die Blätter in der Aufeinanderfolge ihrer Anheftungspunkte eine die Axe umwindende Spirale, auf welcher der Abstand oder die Divergenz je zweier aufeinander folgender Anheftungspunkte immer dieselbe ist. Nach einer gewissen Zahl der auf der Spirale stehenden Blätter wiederholt sich dieselbe Blattstellung oder, was dasselbe sagt, man stösst von einem Blatte ausgehend und aufwärtssteigend auf ein Blatt, welches senkrecht über dem als Ausgangspunkt gewählten ersten, das folgende senkrecht über dem zweiten u. s. f. steht, oder wenn man will, es steht das Blatt mit dem ersten Blatte, das darauf folgende mit dem zweiten u. s. f. in derselben Blattzeile, oder man sagt, sie sind homolog.

Den Verlauf einer Spirale um die Axe von dem einen Blatte bis zu dem nächsten derselben Blattzeile oder dem nächsten homologen nennt man einen Cyclus oder Blattwirbel. Da in einem Cyclus eine gewisse Anzahl Blätter mit gleicher Divergenz vorhanden ist, so müssen auch ebensoviel senkrechte Blattzeilen oder Orthostichen vorhanden sein, als der Cyclus Blätter zählt. Cyclus und Divergenz stehen in einem bestimmten Verhältniss zu einander, welches sich durch einen Bruch bezeichnen lässt. Beispiele werden uns die Auffassung dieser Blattstellungsordnung erleichtern.

Beginnen wir bei der einfach alternirenden Blattstellung von dem untersten Blatt (*a*, Fig. 226) in der Richtung einer Spirale bis zum nächsten homologen oder in derselben Blattzeile liegenden Blatte (*c*) zu steigen, so gelangen wir über Blatt *b* nach *c*, indem wir die Axe einmal umgehen. Der Cyclus ist in diesem Falle gleich 1 Axenumgange, und da nur 2 Blätter (*a* und *b*) zum Cyclus gehören, ist die Divergenz oder der Abstand zwischen beiden Blättern gleich $\frac{1}{2}$ Axenumgange, oder der Divergenzwinkel beträgt $\frac{1}{2}$ Kreisperipherie. Diese Blattstellung bezeichnet man mit $\frac{1}{2}$, welcher Bruch so viel bedeutet wie

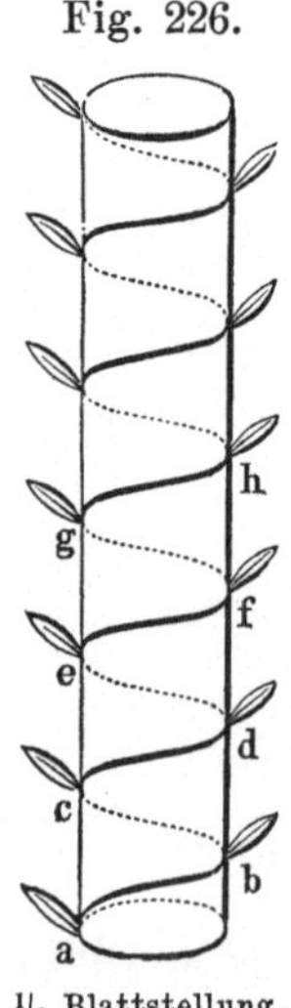

Fig. 226.

$\frac{1}{2}$ Blattstellung.

$$\frac{1}{2} = \frac{\text{Cyclus} = 1 \text{ Axenumgang}}{2 \text{ Blätter im Cyclus}}.$$

Derselbe Bruch benennt auch zugleich die Divergenz, welche hier gleich der Grösse eines Winkels von $\frac{1}{2}$ Kreisperipherie ist.

In Fig. 227 würden wir die Blattstellung mit $\frac{1}{3}$ bezeichnen, denn die Divergenz beträgt $\frac{1}{3}$ einer Kreisperipherie, oder um von dem Blatte *a* zu dem nächsten *d* derselben Blattzeile zu gelangen, würden wir auf der Spirale über *b* und *c* hinschreitend bei d anlangen, also nur 1 Umgang um die Axe machen und 3 Blätter, das Ausgangsblatt a dazu gerechnet, berühren. Wir hätten also als Cyclus einen (1) Umgang und den Cyclus mit 3 Blättern. Das Blatt d gehört dem folgenden Cyclus als erstes an.

Eine $^2/_5$-Stellung würde eine Divergenz von $^2/_5$ der Kreisperipherie, einen Cyclus aus 2 Umgängen um die Axe bestehend und 5 Blätter in einem Cyclus bezeichnen. Um von Blatt a (Fig. 228) über Blatt b, c, d, e zu dem nächsten homologen (f) zu gelangen, müssen wir zwei Umgänge um die Axe machen. Zwei Umgänge bilden hier also einen Cyclus. Eine $^3/_8$-Stellung besagt eine Divergenz von $^3/_8$ Kreisperipherie oder einen Cyclus von 3 Umgängen und 8 Blätter im Cyclus.

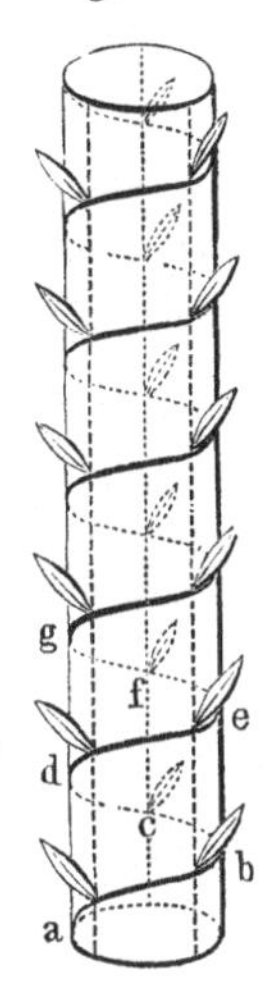

Fig. 227. Fig. 228.

Nach Zählungen, welche gemacht sind, hat sich herausgestellt, dass nur gewisse Blattstellungsverhältnisse normal sind, wie

$$^1/_2 \quad ^1/_3 \quad ^2/_5 \quad ^3/_8 \quad ^5/_{13} \quad ^8/_{21} \quad ^{13}/_{34} \quad ^{21}/_{55} \quad ^{34}/_{89} \text{ etc.}$$

Die Regelmässigkeit ist sogar von der Art, dass man jede nach $^1/_3$-Stelluug folgende findet, wenn man Zähler zum Zähler und Nenner zum Nenner der beiden vorhergehenden Positionen addirt. Die einfacheren Stellungen sind die häufigeren. Die

$^1/_2$-Stellung finden wir bei der Schwertlilie (*Iris*), der Linde (*Tilia*), den Gräsern;

$^1/_3$-Stellung bei den *Carex*-Arten, den Binsen (*Scirpus*-Arten), der Erle (*Alnus*);

$^3/_8$-Stellung bei der Stechpalme (*Ilex Aquifolium*), Wegerich (*Plantago*);

$^5/_{13}$-Stellung beim Löwenzahn (*Taraxăcum officināle*), bei den Augen der Kartoffelknollen.

In den oben gegebenen Beispielen der Bestimmung der Blattstellung liessen wir die Spirale (uns in die Axe versetzend) von der Rechten zur Linken aufsteigen und wählten damit den

10*

Fig. 229.

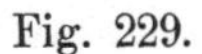

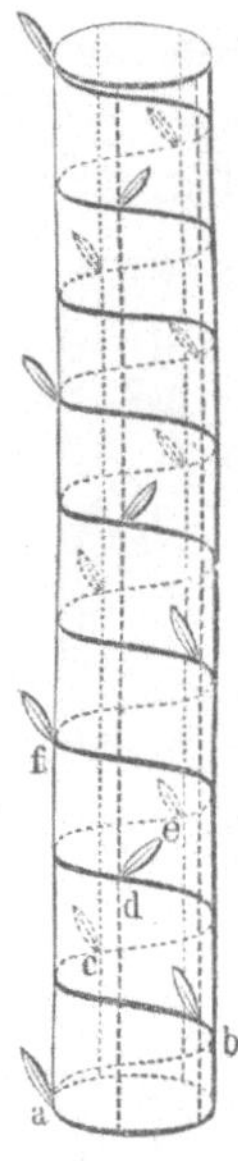

sogenannten **kurzen Weg**, legen wir dagegen die Spirale in entgegengesetzter Richtung um die Axe, so würden wir zur Zählung den **langen Weg** betreten, und in diesem Falle würde die Blattstellung der Fig. 228 nicht $^2/_5$, sondern $^3/_5$ sein, wir würden also, um von Blatt *a* auf der von links nach rechts sich windenden Spirale nach Blatt *f* derselben Zeile zu gelangen, einen Cyclus von 3 Axenumgängen erhalten (vergl. Fig. 229). Beide Umgänge ergänzen sich, denn die Divergenz von $^2/_5$ auf dem kurzen Wege ist auf dem langen Wege $^3/_5$, zusammen also $(^2/_5 + {}^3/_5) = {}^5/_5$.

Bemerkungen. Cyclus, das griech. κύκλος, Kreis, Ring, Umkreis. — Orthostichen, v. d. griech. ὀρθός, ἡ, όν (orthos, ä, on), gerad in die Höhe, aufrecht, und στίχος (stichos), Reihe.

$^3/_5$ Blattstellung auf langem Wege ($^2/_5$ auf kurzem Wege).

Lection 40.

Hochblätter. Bracteen.

Nachdem wir uns mit den Niederblättern und den Laubblättern bekannt gemacht haben, gehen wir zu der Region der Hochblätter über. Die Niederblätter fanden wir **unter** der Region der Laubblätter angeheftet, die Hochblätter stehen dagegen **über** den Laubblättern. Hochblätter sind alle die blattartigen Gebilde, welche nicht nur über den Laubblättern befindlich sind, sondern auch mit der Blüthe in gewisser örtlicher Beziehung stehen. Sie heissen auch, weil sie die Blüthe vor deren Entwickelung decken, **Deckblätter**, **Bracteen** (*bractĕae*). Dem Anscheine nach sind sie Laubblätter, in deren Achseln sich statt eines Zweiges eine Blüthe entwickelt, sie zeigen sich aber

Fig. 230.

Blüthentraube (*racēmus*) von *Pulmonaria officinalis. h h* Hochblätter. Natürl. Grösse.

häufig in Farbe, Gestalt, Consistenz oder Grösse wesentlich von den Laubblättern verschieden.

Ist das Deckblatt scheidenartig, so dass es eine oder mehrere Blüthen vor deren Entwickelung ganz umschliesst, so unterscheidet man es als Blüthenscheide (*spatha*). In dieser Gestalt treffen wir es bei vielen monokotylischen Gewächsen an.

Stehen die Deckblätter in einem Kreise um die Blüthe oder einen Blüthenstand, so bilden sie eine Hülle (*involucrum*), deren einzelne Blätter man im Lateinischen mit *phylla* (Singul. *phyllum*) bezeichnet. *Folium* bezeichnet vorzugsweise das Laubblatt.

Bei einem zusammengesetzten Blüthenstande, wo also mehrere Blüthen von einem gemeinschaftlichen Blüthenstiele getragen werden, ist die Hülle der einzelnen Blüthe ein Hüllchen *(involucellum)*; die Hülle wird aber mit Hüllkelch *(peranthodĭum,*

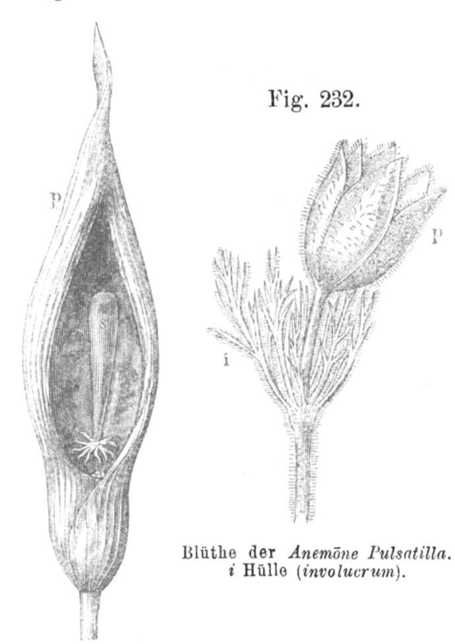

Fig. 231.

Blüthe von *Arum maculatum.* *p* Blüthenscheide, kapuzenförmige (*spatha cucullata*), *s* Blüthenkolben (*spadix*).

Fig. 232.

Blüthe der *Anemŏne Pulsatilla.* *i* Hülle (*involucrum*).

pericalathĭum) bezeichnet, wenn sie einen gemeinschaftlichen Blüthenboden, wie bei den Compositen (Korbblüthlern), z. B. der Kamille *(Matricaria Chamomilla)*, dem Wohlverleih *(Arnĭca montāna)*, dicht anliegend umschliesst. Die auf einem gemeinschaftlichen Blüthenboden in verschiedener, bald häutiger, bald haar- und borstenartiger Form vorhandenen Deckblättchen der einzelnen Blüthchen hat man Spreublättchen *(palĕae)* genannt. Ein solcher

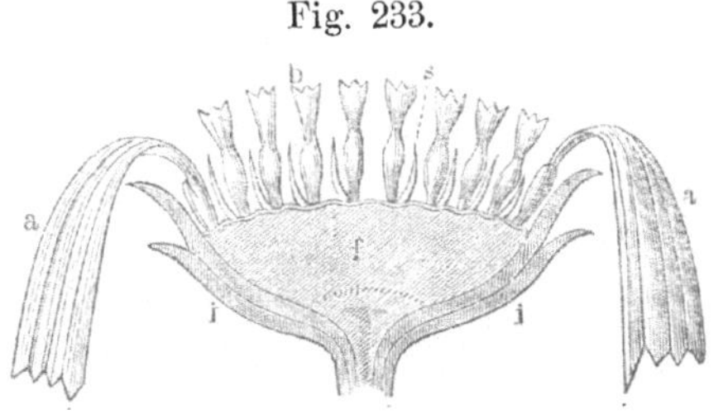

Fig. 233.

Durchschnitt des Blüthenstandes einer Composite. *f* gemeinschaftlicher Blüthenboden. *i* Hüllkelch *(peranthodium)*, *s* Spreublätter *(paleae)*.

gemeinschaftlicher Blüthenboden mit Spreublättchen besetzt heisst spreuig *(receptacŭlum paleacĕum)*.

Eine ganz besondere Form von Hülle entsteht aus den in einen Kreis gestellten oder ziegeldachartig sich deckenden Bracteen der weiblichen Blüthen vieler Kätzchen tragenden Bäume durch Verwachsung und weitere Entwickelung nach der Blüthe zugleich mit der Frucht. Dieser Hüllform hat man wegen der Becher- oder schüsselartigen Form den Namen Becherhülle, Fruchtschälchen (cupŭla) gegeben. Nach dieser Hüllform ist sogar eine Pflanzenfamilie benannt, die Cupuliferen *(Cupulifĕrae)*, auf deutsch Fruchtschäl-

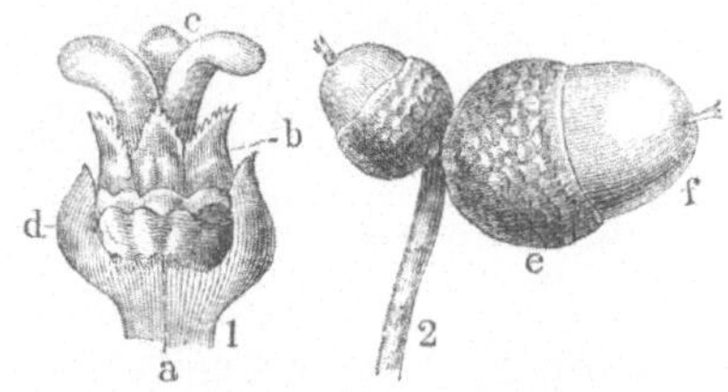

Fig. 234.

1. Weibliche Blüthe der Eiche (*Quercus*). *a* die Cupula, *b* Perigon (Blüthenhülle), *c* Narben (*stigmata*), *d* Deckblätter, in deren Axe die Blüthe sich entwickelt. 2. *e* Cupula, *f* Eichelfrucht (*glans*).

chenträger. Dieser Familie gehören an: die Eiche *(Quercus)*, der Haselstrauch *(Corўlus Avellāna)*, die Weissbuche *(Carpīnus)*, die Rothbuche *(Fagus)*, die ächte Kastanie *(Castanĕa satīva)* etc.

Ein nur aus einem Blättchenkreise oder Wirtel bestehender Hüllkelch *(peranthodium)* heisst e i n f a c h *(simplex)* oder e i n r e i h i g *(uniseriāle)*, dagegen z w e i r e i h i g *(biseriāle)*, wenn er aus zwei Wirteln zusammengesetzt ist, und d o p p e l t *(duplex)*, wenn die Blättchen *(phylla)* des einen Wirtels durch Farbe, Gestalt oder Grösse von denen des anderen sich unterscheiden. Umgiebt der äussere Blättchenwirtel den inneren in Gestalt eines Kelches, so heisst die Hülle k e l c h i g umhüllt, gekelcht *(calyculātum)*. Bei einer z i e g e l d a c h artigen Hülle *(invol. imbricatum)* decken sich die Blättchen nach Art der Ziegel eines Daches; man findet auch hiermit synonym s c h u p p i g e r Hüllkelch *(invol. squamōsum s. squamātum)*. Stehen die Blättchen nur auf einer Seite des

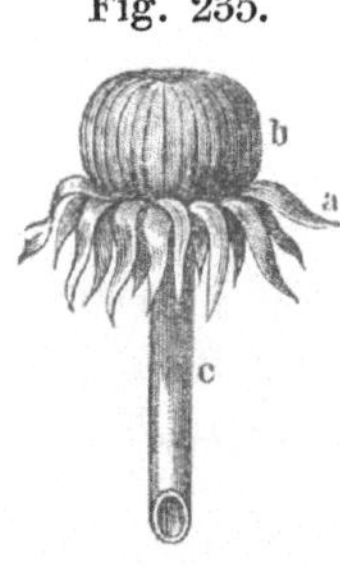

Fig. 235.

Noch unentwickelter Blüthenstand des Löwenzahns (*Taraxacum officinale Weber*). *a b* gekelchter Hüllkelch (*peranthodium calyculatum*), der äussere zurückgebogen (*reflexum*).

Blüthenstandes, so ist das Involucrum h a l b i r t oder e i n s e i t i g *(dimidiātum, unilaterāle)*.

Je nachdem eine Hülle aus 3, 5 und mehr Blättchen besteht, heisst sie d r e i-, f ü n f-, v i e l b l ä t t r i g *(involucrum triphyllum, pentaphyllum, polyphyllum)*. Die Blättchen haben verschiedene Form und Beschaffenheit und sind z. B. d o r n i g *(phylla spinōsa)*, f e d e r i g *(plumōsa)*, z e r s c h l i t z t *(lacerāta)*, und wenn sie saftlos und häutig trocken sind, vertrocknet *(sca-riŏsa)*.

Ist eine Blüthe oder ein Blüthenstand mit keinem Deckblatte versehen, so ist sie bracteenlos *(flos ebracteātus)*, im anderen Falle deckblätterig *(bracteātus)*.

Bemerkungen. Braktéen, Cupuliféren, Rosacéen etc. Obgleich in den lateinischen Benennungen die vorletzte Silbe kurz ist *(vocalis ante vocalem corripitur)*, so pflegt man dennoch bei der Umwandlung in ein deutsches Wort auf die kurze Silbe den Accent zu legen.

Peranthodium, Pericalathium, von d. griech. περί (peri), um, herum; ἄνθος (anthos), Blume; καλάθιον (kalathion), Körbchen, κάλαθος, Korb.

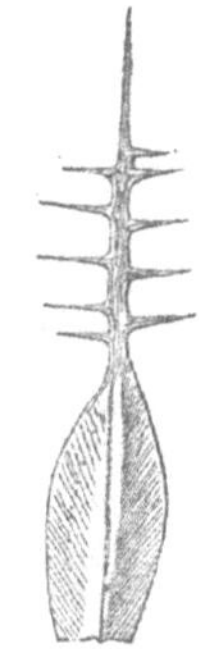

Fig. 236.

Hüllkelchblättchen vom Benediktenkraut (*Cnicus benedictus L.*). Es ist an der Spitze fiederartig dornig (*apice pinnato-spinosa*).

Lection 41.

Blüthe im Allgemeinen. Blattstellung in der Blüthe.

Die Blüthe ist ein die Fortpflanzung vermittelndes Organ, denn sie hat die Bestimmung, den Samen zu bilden, durch welchen die Fortpflanzung der Art geschieht. Sie entsteht aus einer Stammknospe, welche Terminal- oder Axillarknospe sein kann, welche aber als Blüthenknospe sich äusserlich meist durch vollere rundere Form von der schmäleren und spitzeren Blatt- oder Laubknospe, aus welcher sich nur Aeste, Zweige und Blätter entwickeln, unterscheidet. Im Innern sind Blüthen- und Blattknospe nicht wesentlich verschieden, und die eine wie die andere enthält die Anlage zu einem Axentheil und den Blättern. Die Verschiedenheit tritt erst mit der Entwickelung hervor, indem bei der Blüthenknospe der Axentheil nicht zu vollkommenen Stengelgliedern auswächst, sondern den Blüthenboden *(receptacŭlum)* bildet, und die Blätter dann der Metamorphose in Kelchblätter *(sepăla)*, Blumenblätter *(petăla)*, Staubblätter *(stamĭna)* und Fruchtblätter *(carpophylla)* unterliegen. In der Axe des letzten Blätterkreises, der Fruchtblätter, entwickelt sich die Samenknospe (die Eichen), die Anlage zu den Samen.

Die Blüthe ist also ein Zweig mit sehr verkürzten Stengelgliedern, dessen Blätter in Kelch-, Blumen-, Staub- und Fruchtblätter umgewandelt sind.

Fig. 237.

Blüthe von *Ranuncŭlus acer*. Natürl. Grösse.

Fig. 238.

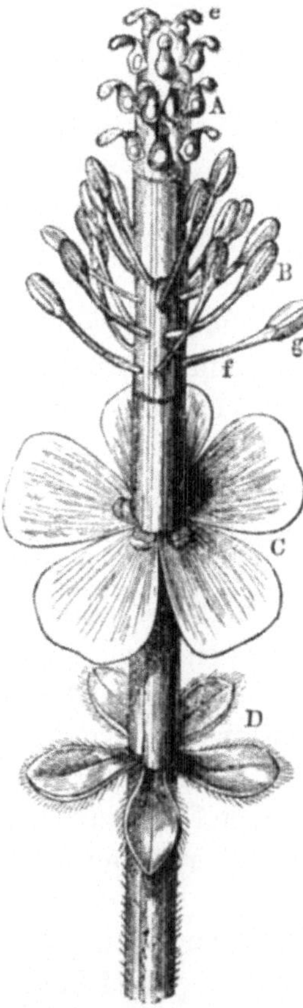

Schematische Darstellung einer Ranun-
kelblüthe mit fingirter Verlängerung der
Blumenaxe. *A* Carpellen oder Pistille,
B Staubgefässe, *C* Blumenkrone, *D* Kelch,
f Staubfaden, *g* Staubbeutel, *i* die den
Ranunkeln eigene Honigdrüse an den
Blumenblättern.

Vergegenwärtigen wir uns diesen Verhalt durch ein bildliches Beispiel. Sehr vollkommen entwickelte Blüthen finden wir bei den Ranunkelgewächsen *(Ranunculacĕae)*, welchen schon der grosse Botaniker *Decandolle* wegen der Vollkommenheit der Blüthenverhältnisse den vornehmsten Platz im Pflanzenreich einräumte. Aus dieser Familie wollen wir einen Repräsentanten und zwar den sehr gemeinen scharfen Hahnenfuss *(Ranuncŭlus acer)* herausnehmen. An dieser Pflanze finden wir die Stengelglieder der Blüthenaxe oder des Blüthenbodens *(receptacŭlum, axis floralis)* unentwickelt und dicht zusammengedrängt. Denken wir uns die Axenglieder dieser Blüthe entwickelt oder verlängert, so gewinnen wir ein Bild, welches uns die einzelnen Blätterkreise der Blüthe von einander getrennt, aber um dieselbe Axe stehend zeigt, wie nebenstehende Fig. 238 angiebt.

Der äusserste Blätterkreis *D* bildet den Kelch *(calyx)*, bestehend aus 5 grünen Kelchblättern *(sepăla)*, der zweite Blätterkreis *C* die Blumenkrone *(corolla)*, bestehend aus 5 gelben glänzenden Blumenblättern *(petăla)*, welche mit den Kelchblättern alternirend angeheftet sind. Der dritte Blätterkreis *B* wird von den Staubblättern oder Staubgefässen *(stamina)* gebildet. Das Staubblatt besteht aus dem Staubfaden *(filamentum)* und dem Staubbeutel *(anthēra)*, welcher letzterer den Befruchtungsstaub oder das Pollen *(pollen)* entwickelt. Den vierten oder innersten Blätterkreis *A* bilden die Fruchtblätter *(carpophylla)* mit den Samenknospen, gewöhnlich Stempel *(pistilla)* genannt. Die Staubblätter und die Fruchtblätter bilden wegen ihrer grösseren Zahl mehrere Blätterkreise. Wie wir an der schematischen Abbildung sehen, haben die Theile der vier Blätterkreise unter einander eine alternirende, eine abwechselnde Stellung, überhaupt finden wir bei den Blüthen die mathematische Ordnung der Stellung der Blätter an der Blüthenaxe ebenso ausgeprägt wie die der Laubblätter am Stamme.

Den Bau der Blüthe in Betreff der Zahl und der Anordnung der Blattorgane pflegt man durch eine horizontale Projection, **Blüthengrundriss** oder **Diagramm**, dem Auge übersichtlich darzuthun. Ein gleiches Verfahren haben wir bereits bei Erwähnung und Beschreibung der Knospenlage *(praefloratio)* in Lection 19 kennen gelernt. Die Blüthenblätterkreise sind in Betreff der Zahl der Blätter am häufigsten **3- und 5-gliederig** *(flos trimĕres, pentamĕres)*, was auf eine Entstehung aus den einfacheren Cyclen der Blattstellung hinweist. Bei der oben als Beispiel angenommenen Blüthe des Hahnenfusses haben wir eine spiralige und $\frac{2}{5}$-Stellung der Blüthenblätter, zum wenigsten in den beiden äusseren Wirteln. Gewöhnlich sind Kelch- und Blumenblätterkreis **gleichgliederig** *(calyx et flos isomĕres)*, indem jeder Kreis aus gleichviel Theilen, im obigen Beispiel aus 5 Blättern, besteht; dann pflegt die Zahl der Staubblätter zuzunehmen, die Zahl der Fruchtblätter aber bedeutend herunter zu gehen.

<table>
<tr><td>Fig. 239.</td><td>Fig. 240.</td><td>Fig. 241.</td></tr>
</table>

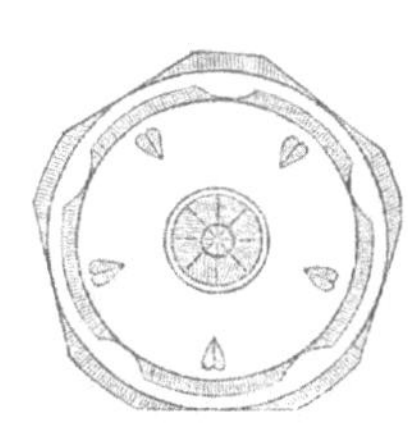

Diagramm der Blüthe von *Ranunculus acer.*   Diagramm der Blüthe einer Labiate (*Lamium album*).   Diagramm der Blüthe von *Primula officinālis.*

Gleichgliedrige Blüthenblätterwirtel alterniren gewöhnlich, so dass die Glieder des folgenden Wirtels über die Zwischenräume des vorhergehenden zu stehen kommen. Wo dieses Alterniren nicht stattfindet, lässt sich annehmen, dass zwischen den betreffenden Wirteln ein Wirtel fehlt, wie z. B. bei den Primelgewächsen *(Primulacĕae).*

Die Metamorphose der Laubblätter in Blüthenblätter in der Blüthe nach Zahl und Ordnung ist Regel, doch Boden und Ernährungsverhältnisse bewirken nicht selten Modificationen. Die Metamorphose schreitet dann vor, und wir sehen Laubblätter in Deckblätter und Kelchblätter, Kelchblätter in Blumenblätter übergehen. Umgekehrt fehlt es nicht an Beispielen, wo die Metamorphose **rückwärts schreitet**, und wir sehen Staubblätter in Blumenblätter (wie bei den gefüllten Blumen) verwandelt.

Bemerkungen. Unser grosser Dichter *Göthe* war es zuerst, der in seiner „Metamorphose der Pflanzen" die Umwandlung der Laubblätter in Blüthenblätter darlegte. Spätere Pflanzenphysiologen begründeten *Göthe*'s Ansichten durch directe Forschungen. — *Receptacŭlum*, ein Behälter, Sammelort. — *Sepălum, i, n.*, Kelchblatt, neulateinisches Wort, gebildet aus *separ*, *sepăris*, getrennt, verschieden, weil das Kelchblatt zwar zur Blüthendecke gehört, aber von dem Blumenblatt verschieden ist. — *Petălum*, Blumenblatt, von d. griech. πέταλον (petălon), Blatt, Platte. — *Stamen, ĭnis, n.*, Faden. — *Carpophýllum*, von d. griech. καρπός (karpos), Frucht, und φύλλον (phyllon), Blatt, Laub. — *Phyllum* für sich und in Zusammensetzungen wird nur dann gebraucht, wenn es sich auf Blätter, welche nicht Laubblätter (*folia*) sind, bezieht. — *Corolla*, Kränzchen, Diminutiv von *corōna*. — *Anthēra, ae*, Staubbeutel, von d. griech. ἀνϑηρός, ά, όν (anthăros, a, on), blühend. — D i a g r a m m, griech. διάγραμμα, Zeichnung, Riss. — *Trimĕres, trimĕrus, a, um*, von d. griech. μέρος (meros), Theil. — Bemerkt sei nochmals, dass man im Deutschen Rosacéen, Ranunculacéen etc. sagt, dass aber im Lateinischen der Accent auf der Antepenultima liegt, also *Rosacĕae*.

Lection 42.

Blüthenstiel. Blüthenstand im Allgemeinen.

Fig. 242.

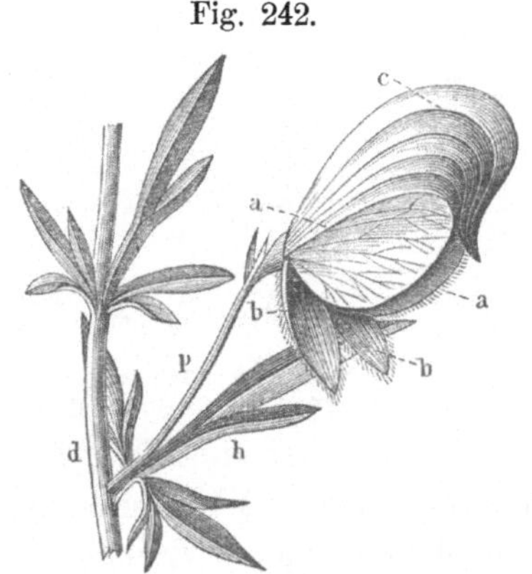

Der Zweig, welcher nur Blüthen und keine Laubblätter trägt, heisst B l ü t h e n s t i e l *(peduncŭlus)*. In seinem anatomischen Baue stimmt er mit dem des Astes oder Zweiges überein, er fällt aber mit der Frucht ab und ist desshalb ein Theil des Blüthenstandes. Da er ferner die Hochblätter trägt, so gehört er auch der Hochblattregion an, und ist er häufig ein Theil des H o c h b l a t t s t e n g e l s.

Blüthe von *Aconītum*. *a* Blüthe, *p* Blüthenstiel (*peduncŭlus*), *h* Hochblatt, *d* Hochblattstengel.

Haben mehrere zu einem Blüthenstande vereinigte Blüthen einen gemeinschaftlichen Blüthenstiel, so bezeichnet man denselben mit Blüthenstengel oder Spindel *(rhachis, pedunculus communis)* zum Unterschiede von dem Blüthenstiele der einzelnen Blüthe, dem Blüthenstiel *(pedunculus)* oder auch Blüthenstielchen *(pedicellus)*.

Der Blüthenstiel fehlt eigentlich nie, und jede Blüthe wäre eine gestielte *(flos pedunculātus)*, jedoch ist er oft unentwickelt oder so verkürzt, dass die Blüthe sitzend *(sessĭlis)* erscheint.

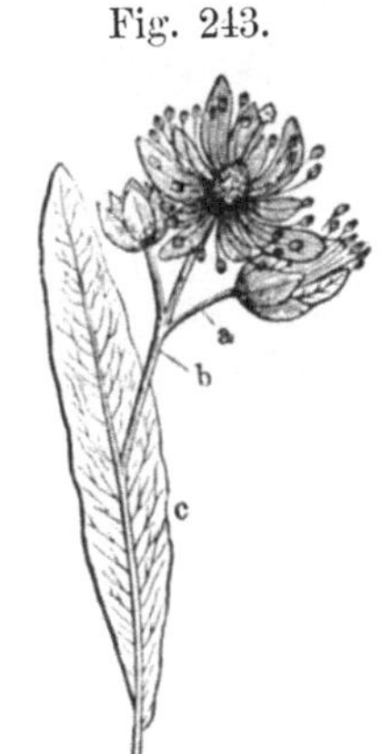

Fig. 243.

Entspringt der Blüthenstiel aus der Fläche eines blattartig ausgebreiteten Astes, eines sogenannten Blattastes *(phyllocladium)* wie bei *Ruscus aculeātus*, so ist der Blattstiel blattartig *(pedunculus foliāris)*, und ist er mit dem Deckblatte *(bractĕa)* verwachsen, wie bei der Linde *(Tilĭa)*, so ist er deckblattständig *(ped. bracteālis)*. Im Uebrigen nimmt der Blattstiel ähnliche Formen wie der Ast an, und wir haben einen spiraligen *(ped. spirālis)* bei der

Blüthenstand der Linde.
c Bractee, *b* gemeinschaftlicher deckblattständiger Blüthenstiel *(pedunculus bracteālis)*, *a* Blüthenstielchen *(pedicelli)*.

schraubenstieligen Vallisnerie *(Vallisnerĭa spirālis)*, welcher die weibliche Blüthe trägt, einen rankenden *(cirriformis)* beim Weinstock *(Vitis vinifĕra)*.

In Betreff seiner Stellung zu den Blättern steht er z. B. einem Blatte gegenüber *(pedunculus oppositifolĭus)*, oder neben dem Blatte *(latĕrifolĭus)*, oder zwischen Blattstielen oder ausserhalb der Blattachsel *(ped. extraaxillāris s. interfoliacĕus)* wie beim schwarzen Nachtschatten *(Solānum nigrum)*, der Schwalbenwurz *(Vincetoxĭcum officināle Moench)*.

Fig. 244.

Die Blüthe als metamorphosirte Blattknospe und der Blüthenstiel als Träger derselben verhalten sich in ihrer Stellung zum Stamm auch wie die Knospen, und man unterscheidet endständige oder Endblüthen *(flores termināles)* und winkelständige oder Seitenblüthen *(fl. axillāres)*. Der aus der Achsel eines Wurzelblattes, wie beim Löwenzahn, hervortretende Blüthenstiel heisst wurzelständig *(pedunculus radicālis)*, der aus einer unterirdi-

Taraxācum officināle. Der Blüthenkorb *(anthodium)* steht auf einem Schaft. ¼ Grösse.

schen Axe entspringende, wie beim Fieberklee oder Dreiblatt *(Menyanthes trifoliata)*, wird Schaft *(scapus)* genannt.

Die Anordnung und gegenseitige Stellung der Blüthen an der Axe fasst man mit der Bezeichnung Blüthenstand *(inflorescentia)* zusammen, und es beruht derselbe auf einer regelmässigen Verzweigung des Hochblattstengels. Wie die einzelne Blüthe kann der Blüthenstand endständig *(terminālis)* oder seitenständig, achselständig *(axillāris)* sein.

Ein Blüthenstand mit einzelnen endständigen Blüthen *(flores termināles solitarii)* beendet selbst die Axe oder Nebenaxe. Hierher gehören jedoch nicht jene Blüthen, welche von einem Schaft *(scapus)* oder einem sogenannten Wurzelblüthenstiel *(pedunculus radicālis)* getragen werden, denn diese Blüthenstiele entspringen, wie oben schon gesagt ist, aus Knoten oder Blattachseln eines Rhizoms oder Stockes. Einzelne endständige Blüthen finden wir bei der Herbstzeitlose *(Colchicum autumnāle)* und dem Safran *(Crocus)*, wo sie allerdings wurzelständig zu sein scheinen; dagegen treffen wir beim Teufelsauge *(Adōnis vernālis)* und der vierblättrigen Einbeere *(Paris quadrifolia)* einen mit Laubblättern besetzten einblüthigen Stengel *(caulis uniflōrus)* an, bei anderen einblüthige Aeste *(rami uniflōri)*, wie bei der Mispel *(Mespilus Germanica)*.

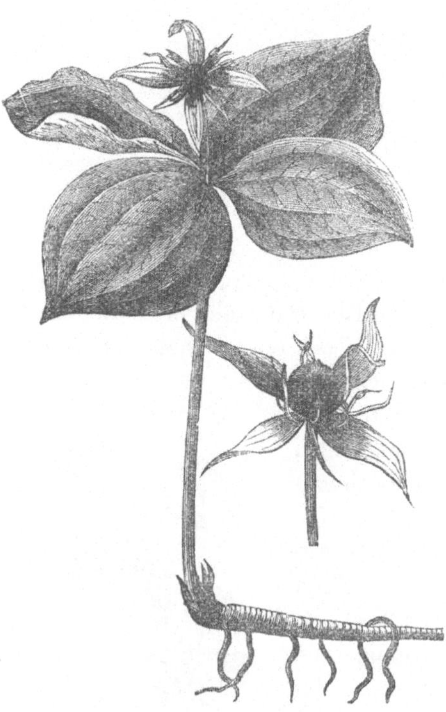

Paris quadrifolia. Endständige Blüthe.

Die achselständigen Blüthen entspringen in den Achseln oder Winkeln der Hochblätter, welche jedoch nicht immer bleibende *(bractĕae persistentes)*, sondern auch oft hinfällige *(caducae)* sind. Wenn nun auch zur Zeit der Blüthe das Hochblatt abgefallen ist, so ist nichts desto weniger die Blüthe achselständig *(flos axil-*

lāris), doch bezeichnet man sie als seitenständige *(flos laterālis)* zum Unterschiede von der mit einer Bractee noch versehenen Blüthe *(flos bracteatus)*.

Die achselständigen Blüthen, welche der oberirdischen Axe entspringen, stehen einzeln *(flores solitarii)*, zu zweien *(gemini)*, gehäuft *(aggregati)* oder, wenn sie zu mehreren in gleicher Höhe um die Axe entspringen, wirtelförmig *(verticillāti)*.

Bemerkungen. *Pedunculus, pedicellus,* neulateinisch und Diminutiva von *pes, pĕdis,* der Fuss. — *Phyllocladium,* von d. griech. φύλλον (phyllon), Blatt, und ϰλαδίον (kladion), kleiner, junger Zweig.

Die oben erwähnte zur Familie der Hydrocharideen gehörende *Vallisneria spirālis* (benannt nach dem ital. Arzte und Naturforscher *Antonio Vallisnieri* [spr. vallisniäri], † 1730) ist eine Bewohnerin stiller Wässer des südlichen Europas, wo sie nicht selten so wuchert, dass sie die Schifffahrt hindert. Die weiblichen Blüthen sitzen auf langen spiralig gewundenen Stielen. Zur Blüthezeit lösen sich die männlichen Blüthen von ihren kurzen Stielen und steigen an die Oberfläche des Wassers, zu welcher Zeit auch die Stiele der weiblichen Blüthen ihre Windungen soweit aufrollen, bis diese Blüthen gleichfalls an die Oberfläche des Wassers gelangen, um von den zwischen ihnen herumschwimmenden männlichen Blüthen befruchtet zu werden. Nach der Befruchtung ziehen sich die Stiele wieder spiralig zusammen, und die Frucht kommt unter dem Wasser zur Reife.

Fig. 246.

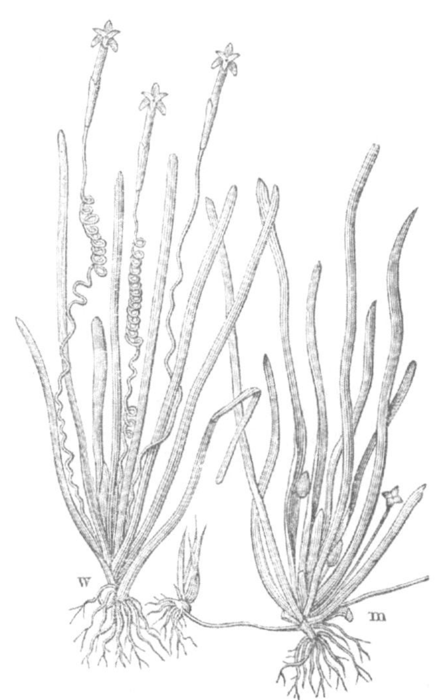

Vallisneria spiralis. *m* Pflanze mit männlichen, *w* mit weiblichen Blüthen.

Lection 43.

Entwickelungsfolge der Blüthenstände.

Betrachten wir Pflanzen, auf welchen sich mehrere Blüthen zu einem Blüthenstande vereinigt haben, so beobachten wir ein

Aufblühen der Blüthenknospen, welches längs der Ausdehnung des Blüthenstandes in verschiedener Richtung erfolgt. Die Reihenfolge der Entfaltung der Blüthen findet hier von unten oder aussen nach der Spitze der Axe, dort umgekehrt von der Spitze der Axe nach aussen oder unten statt. Ist die Entwickelung einer Axe begrenzt, verwandelt nämlich die Axe ihre Terminalknospe in eine Blüthenknospe, also in eine Endblüthe, so schliesst sie damit auch ihr Wachsthum, ihre weitere Entwickelung ab, sie kann aber unter ihrer Endblüthe noch beliebig Blüthen hervorbringen. Die Endblüthe ist die zuerst entfaltete Blüthe, die unter ihr erzeugten Blüthen entfalten sich, in dem Maasse ihrer Entwickelung, zunächst der Endblüthe und dann in niederwärts schreitender Folge. Einen in dieser Richtung sich entwickelnden Blüthenstand nennt man einen niederblühenden oder centrifugalen oder begrenzten *(inflorescentia centrifūga)*. Da er ein Theil einer Axe mit begrenzter Entwickelung ist, so hat man ihn auch begrenzten Blüthenstand genannt. An der Trugdolde *(cyma)* des Hollunders *(Sambūcus nigra)* können wir ihn bequem studiren.

Erhält sich dagegen die Terminalknospe lebensthätig, diese verwandelt sich also nicht in eine Blüthenknospe, und das Wachsthum der Axe kann ungehindert weiterschreiten, die Entwickelung derselben bleibt unbegrenzt, so können sich die Blüthen auch nur unter der Terminalknospe entwickeln. Die Axe kann dann ungestört in der Bildung der Blüthenknospen aufhören, weiter emporwachsen und Laubblätter aus ·Axillarknospen entwickeln und auch damit abwechselnd Blüthenknospen hervorbringen und Blüthen entfalten, bis sie sich erschöpft, so dass die zuletzt gebildeten oder obersten Blüthenknospen nicht mehr zur Entfaltung gelangen. Hier ist also die Entwickelung der Blüthen unbegrenzt, die untersten Blüthen sind die zuerst entfalteten und das Aufblühen findet von unten nach oben, von der Peripherie nach dem Centrum, dem Punkte, welchen die Terminalknospe einnimmt, statt. Ein solcher Blüthenstand heisst ein aufwärtsblühender oder centripetaler oder unbegrenzter *(inflorescentia centripĕta)*. Besteht der Axentheil aus unentwickelten Internodien, so entfalten sich bei dieser Folge die am Rande des gemeinschaftlichen Blüthenbodens stehenden Blüthen zuerst. Geschieht es nun, dass in Folge der Erschöpfung die endständige Blattknospe in ihrer Entwickelung zurückbleibt, so erscheint die oberste Blüthe, von einem Hochblatt unterstützt, fast endständig *(flos subterminālis)*.

Diese beiden verschiedenen Folgen des Aufblühens findet man oft an einer Pflanze zugleich, indem die Nebenaxen (Zweige und Aeste) eine andere zeigen als die Hauptaxe. In diesem Falle heisst der Blüthenstand ein **gemischter** *(inflorescentia mixta)*. Es giebt jedoch auch Pflanzen, an denen weder die eine noch die andere Folge des Aufblühens sich deutlich ausprägt, so dass man den Blüthenstand als einen **unbestimmten** ansehen muss.

Durch die Folge des Aufblühens, welche zuerst der Botaniker *Röper* erkannte, wird der Charakter eines Blüthenstandes wesentlich bestimmt, und es lassen sich die Blüthenstände in drei Schichten vertheilen.

I. Zu den centripetalen oder aufwärtsblühenden Blüthenständen gehören:

1. die Aehre *(spica)*,
2. das Grasährchen *(spicula)*,
3. das Kätzchen *(amentum)*,
4. der Kolben *(spadix)*,
5. die Traube *(racēmus)*,
6. die Dolde *(umbella)*,
7. die Doldentraube *(corymbus)*.
8. die Rispe *(panicŭla)*,
9. der Blüthenkopf *(capitŭlum)*,
10. das Blüthenkörbchen *(anthodium)*,
11. der Blüthenkuchen *(coenanthium s. hypanthodium)*.

II. Zu den centrifugalen oder niederblühenden Blüthenständen gehören:

1. die Trugdolde *(cyma)*,
2. die Trugdoldentraube *(corȳmbus cymōsus)*,
3. die Trugrispe *(panicula cymōsa)*.
4. der Blüthenbüschel *(fasciculus)*,
5. der (das) Knäuel *(glomerŭlus)*.
6. das Kelchkätzchen *(cyathium)*.

III. Den gemischten Blüthenständen rechnet man zu:

1. den Blüthenschwanz *(anthūrus)*,
2. die gemischte Doldentraube *(corȳmbus mixtus)*,
3. den Strauss *(thyrsus)*.

Diese Blüthenstände wollen wir uns in den folgenden Lectionen näher betrachten.

Bemerkungen. Centrifugál ist gebildet aus *centrum*, Mittelpunkt, und *fugĕre*, fliehen. Der centrifugale Blüthenstand ist auch mit sympodial bezeichnet worden. — Centripetal, gebildet aus *centrum* u. *petĕre*, hingehen, nach etwas streben, trachten. Den centripetalen Blüthenstand hat man auch mit monopodial bezeichnet. — Wenn man die Blüthenstände nach der Entwickelung der Blüthenstengel und Blüthenstiele ordnet, so ergiebt sich folgendes Schema:

Blüthenstand:

a. bei Verlängerung der Blüthenstengel . . . . . . ährenförmiger
b. bei Verlängerung der Blüthenstiele . . . . doldenförmiger
c. bei gleichzeitiger Verlängerung der Blüthenstengel
und Blüthenstiele . . . . traubenförmiger
d. weder Blüthenstengel noch Blüthenstiel erfahren eine
Verlängerung . . . . köpfchenförmiger.

Lection 44.

Centripetale oder aufwärtsblühende Blüthenstände.

Zu den centripetalen Blüthenständen, bei welchen also das Aufblühen von unten nach oben oder von aussen nach innen stattfindet, gehören:

1. Die Aehre *(spica)*, der Blüthenstand, bei welchem dem verlängerten gemeinschaftlichen Blüthenstiele, der Spindel *(rhachis)*, ungestielte oder nur kurzgestielte Blüthen aufsitzen, wie beim gewöhnlichen Wegebreit *(Plantāgo media)*, beim Eisenkraut *(Verbēna officinālis)*. Da die Terminalknospe lebensthätig

<table>
<tr><td align="center">Fig. 247.</td><td align="center">Fig. 248.</td><td align="center">Fig. 249.</td></tr>
<tr><td></td><td></td><td></td></tr>
<tr><td align="center">Blüthenähre (spica) von Verbēna officinālis.</td><td align="center">Zusammengesetzte Aehre von Lavandŭla Stoechas.</td><td align="center">Zusammengesetzte Aehre der Quecke (Agropȳrum repens Beauvais).</td></tr>
</table>

bleibt, so findet man sie auch zuweilen über dem Blüthenstande Blätter und Aeste treibend, wie bei *Melaleuca*, *Lavandŭla Stoechas*.

Die Aehre ist eine zusammengesetzte, wenn, wie bei vielen Gräsern (Roggen, Weizen, Quecke), der Spindel ihrer Länge nach in Stelle der einzelnen Blüthen kleine aus zwei und mehreren Blüthen bestehende Aehrchen (*spicŭlae*) aufsitzen.

2. Das Grasährchen *(spicŭla)* ist ein besonderer Blüthenstand der Gräser, indem einer kleinen Spindel *(rhacheŏla)* zweizeilig oder ziegeldachartig Grasblüthen *(flores glumacĕi)* aufsitzen, wie z. B. beim Englischen Raygras (*Lolium perenne)*, dem Taumellolch *(Lolium temulentum)*, der Quecke(*Agropȳrum repens Beauv.)*, dem Schwingel *(Festūca)* etc.

Fig. 250.

Zwei Aehrchen (*spicŭlae*) vom Taumellolch (*Lolium temulentum*), 3fach vergr.

Fig. 251.

Ein blühendes Aehrchen des Hartschwingels (*Festūca duriuscŭla*). *a a* Balgspelze (*glumae*), *b* unentwickeltes Blüthchen, *p* die die Blüthchen scheidenartig umfassenden Blätter (*palĕae*), *r* Spindel (*rhacheŏla*).

Die Grasährchen bestehen aus den Deckblättern des Aehrchens, den Balgspelzen *(glumae)*, und den Grasblüthchen. Die

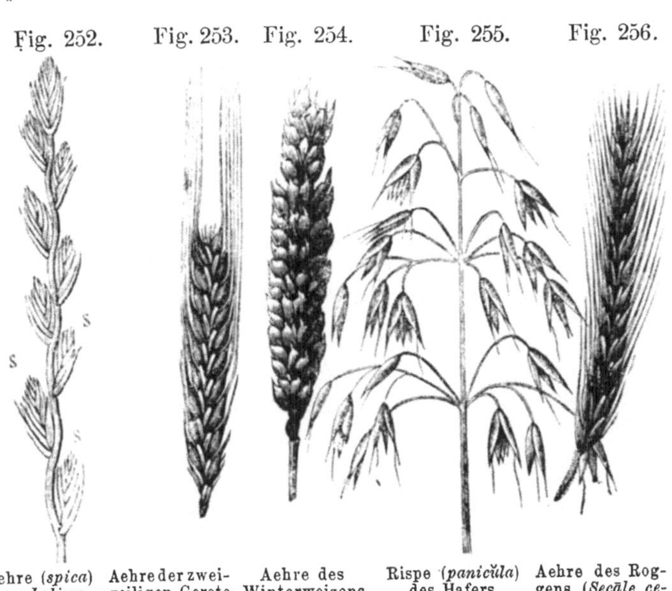

Fig. 252. Fig. 253. Fig. 254. Fig. 255. Fig. 256.

Aehre (*spica*) von *Lolium perenne.* *s s s* Aehrchen.

Aehre der zweizeiligen Gerste (*Hordĕum distĭchon*). ¹|₂ Grösse.

Aehre des Winterweizens (*Tritĭcum hibernum*). ¹|₂ Grösse.

Rispe (*panicŭla*) des Hafers (*Avēna sativa*). ¹|₂ Grösse.

Aehre des Roggens (*Secāle cereāle*). ¹|₂ Grösse.

einzelnen Grasblüthchen *(floscŭli, glumellae)* in dem Aehrchen sind von zwei scheidenartigen Blättchen, den S p e l z e n *(palĕae),* umfasst.

3. Das K ä t z c h e n *(amentum)* ist ein der Aehre ähnlicher Blüthenstand, welcher sich aber dadurch charakterisirt, dass seine Spindel nach dem Verblühen oder nach der Fruchtreife mit den Blüthen oder Früchten abfällt. Das Kätzchen ist also eine mit den Blüthen oder Früchten abfallende Aehre. Früher zählte man die Bäume und Sträucher, welche Kätzchenblüthler waren, zu der Familie der Amentaceen (krautartige Gewächse tragen bekanntlich keine Kätzchen). Das Abfallen der Kätzchen erklärt sich aus dem Umstande, dass die Spindel durch Articulation der Axe angeheftet ist.

Fig. 257.

Blüthenstand des Hornbaumes oder der Hainbuche *(Carpīnus Betŭlus)*. *a* Kätzchen mit weiblichen, *b* mit männlichen Blüthen, *c d* männliche Blüthen, *e* weibliche Blüthe.

Kätzchenblüthler sind die Weiden *(Salīces)*, die Pappeln *(Popŭli)*, der Haselstrauch *(Corȳlus Avellāna)*, Buche, Birke etc. Die Kätzchen der Laubhölzer unterscheidet man auch als L a u b h o l z-kätzchen *(juli)* von den ähnlich zusammengesetzten Z a p f e n *(coni)* der Coniferen, deren Deckblättchen in der Fruchtreife sich allmählich vergrössern und lederartig oder fleischig werden.

Fig. 258.

Fruchtzapfen der Erle *(Alnus glutinōsa)*.

4. Der K o l b e n *(spadix)* ist eine Aehre mit fleischiger oder holziger Spindel, wie beim gefleckten Aron *(Arum maculā-tum)* und anderen Aroïdeen, wo er mit einer Blüthenscheide *(spatha)* umhüllt ist, ferner beim Kalmus *(Acŏrus Calămus)*, wo er einem die Blüthenscheide ersetzenden Blatte *(foleum spathanĕum)* aufsitzt.

5. Die T r a u b e *(racēmus)* ist ein der Aehre ähnlicher Blüthenstand, nur haben die Blüthen nicht kurze, aber gleichlange Blüthenstiele, oder die Traube ist eine Aehre, deren Blüthen mit nicht kurzen gleichlangen Stielen der Spindel aufsitzen,

wie z. B. beim Maiglöckchen *(Convallaria majālis)*, dem Kirschlorbeer *(Prunus Lauro-Cerāsus)*, dem Fingerhut *(Digitālis pur-
purēa)*.

6. Die Dolde oder der Schirm *(umbella)* ist ein Blüthenstand, bei welchem die Blüthenstiele aus dem Endpunkte einer
Axe oder aus einem Punkte an der Axe entspringen, und die
Blüthen in einer Fläche, welche gewölbt, vertieft und gerade sein
kann, liegen, wie z. B. bei der Blumenbinse *(Butōmus umbellātus)*.

Fig. 259.

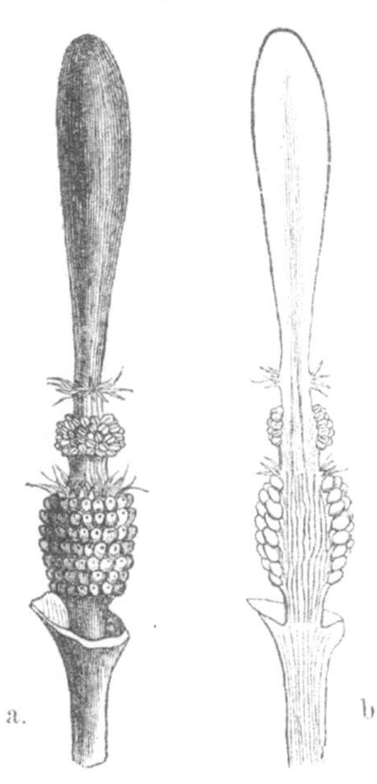

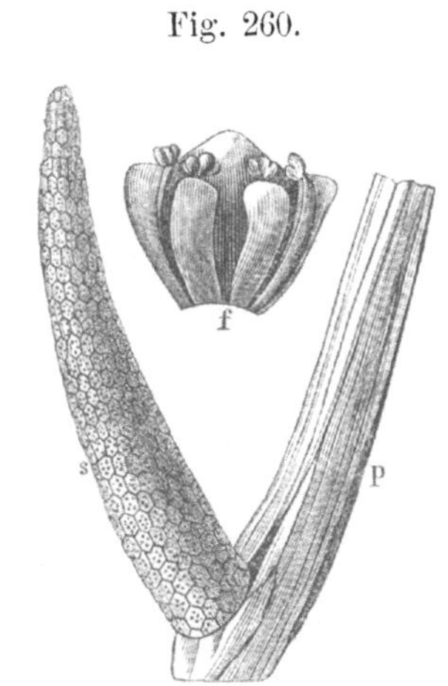

Fig. 260.

Blüthenstand von *Acŏrus Calămus, p folium
spathanēum. s* Kolben *(spadix), f* einzelne
Blüthe (8mal vergr.).

Der von der Blüthenscheide befreite Blüthenstand von *Arum maculātum. b* Längsdurchschnitt. — Der braunviolette obere Theil des
Kolbens ist an seinem verschmälerten Theile
mit einem Haarkranz, darauf folgend mit Kreisen von Staubblättern und dann wieder etwas
weiter nach unten mit vielen gedrängten Kreisen dicht aneinander stehender Pistille
umgürtet.

der Schlüsselblume *(Primŭla veris)*, dem schierlingsblättrigen
Reiherschnabel *(Erodium cicutarium L'Heritier)*.

Tragen die Blüthenstiele an ihrer Spitze statt einer Blüthe
kleine Dolden, Döldchen *(umbellŭlae)*, so ist die Dolde eine
doppelte oder zusammengesetzte *(umbella duplex s. composĭta)*.
Die Blüthenstiele heissen dann Strahlen *(radĭi)*, die Stielchen
der Blüthen des Döldchens einfach Blüthenstielchen *(pedicelli)*.
Die Doldenträger *(Umbellĭfērae, Umbellātae)* bilden eine grosse

Pflanzenfamilie, zu welcher auch der gefleckte Schierling (*Conīum maculātum*), der Fenchel (*Foenicŭlum officināle Allione*), der Kümmel (*Carum Carvi*), die Mohrrübe (*Daucus Carōta*) gehören.

7. Die **Doldentraube, Schirmtraube** (*corymbus*) ist derjenige Blüthenstand, dessen Blüthenstiele in verschiedener Höhe an der Axe entspringen, welche aber nach der Spitze der Axe allmählich in der Länge abnehmen, so dass die Blüthen

Fig. 261.

Prunus Lauro-Cerăsus.   Aufrechtstehende Trauben (*racēmi erecti*).

mehr oder weniger in einer Fläche liegen, wie z. B. beim Porst (*Ledum palūstre*), [siehe Fig. 263], der Schafgarbe (*Achillēa Mille-folium*).

8. Die **Rispe** (*panicŭla*) ist der Blüthenstand, bei welchem die aus einer verlängerten Spindel entspringenden Blüthenstiele und deren Aeste nach oben allmählich an Länge abnehmen, so dass der ganze Blüthenstand die Form eines Kegels oder einer Pyra-

mide hat, wie z. B. bei der Rosskastanie (*Aescŭlus Hippocastănum*), dem Hafer (*Avēna satīva*). Siehe oben Fig. 255.

9. Blüthenkopf (*capitŭlum*) nennt man den Blüthenstand, bei welchem einer verkürzten, häufig zugleich verdickten Spindel kurzgestielte oder ungestielte Blüthen dicht gedrängt aufsitzen, wie z. B. beim Nagelkraut (*Poterium Sanguisorba*), dem Klee (*Trifolium*,

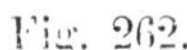

Fig. 262.

Wasserschierling (*Cicūta virōsa*) *a c* Dolde mit Früchten, *d* blühende Dolde (*umbella*), *a* Strahl (*radius*), *b* Blüthenstielchen (*pedicelli*), *c* Hüllchen (*involucellum*), *e e e* Döldchen (*umbellulae*).

dem Hundsauge (*Plantāgo Cynops*), dem Hornklee (*Lotus corniculātus*). Zuweilen ist das Köpfchen an seinem Grunde von einem kelchähnlichen Blätterkreise, Hüllkelch (*involŭcrum*), unterstützt (*capitŭlum involucrātum*): ein äusserster Blüthenwirtel mit vergrösserten Blüthen macht das Köpfchen strahlig (*capitulum radians s. radiātum*) wie bei den Scabiosen. Mit letzterer Form geht das Köpfchen in den folgenden Blüthenstand über, nur haben

Fig. 263.

Fig. 264.

Blüthenkopf (*capitŭlum depressum*) vom Hornklee (*Lotus corniculātus*).

Fig. 265.

Porst (*Ledum palustre*). Blüthenstand: Doldentrauben oder Schirmtrauben (*corȳmbi*).

Blüthenkopf (*capitulum radiatum*) von *Scabiōsa atropurpurĕa*.

seine Blüthchen (bis auf wenige Ausnahmen, z. B. *Echīnops* freie, nicht untereinander verwachsene Staubbeutel.

Fig. 266.

Fig. 267.

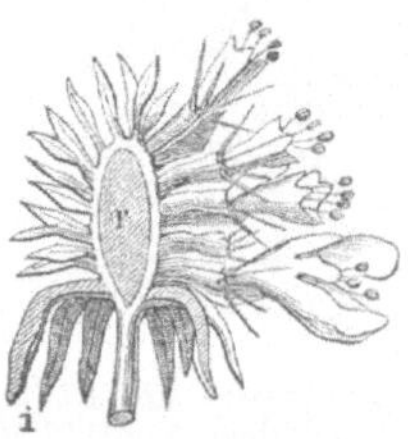

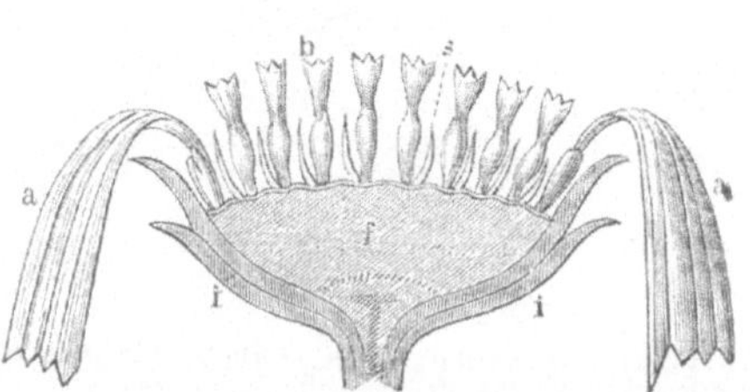

Blüthenkopf der *Scabiosa purpurea* im Durchschnitt. *i* Hüllkelch, *r* Spindel.

Durchschnitt eines Anthodium *f* gemeinschaftlicher Blüthenboden (*receptaculum*), *i* Hüllkelch (*peranthodium*), *b* Scheibenblüthen (*flores disci*), *a* zungenförmige Randblüthen (*flores lingulāti radii*).

10. Das Blüthenkörbchen *(anthodium)* ist ein Blüthenstand, bei welchem auf einer kurzen verdickten, mehr oder weniger

scheibenartig sich ausdehnenden Spindel, welche von einem Hüll-
kelche umschlossen ist, zahlreiche ungestielte Blüthen sitzen, z. B.
bei der Kamille *(Matricaria Chamomilla)*, dem Rainfarn (*Tanacētum vulgāre*). Die von den Blüthen besetzte Fläche der Spindel,
der gemeinschaftliche Blüthenboden, heisst hier **Blüthenlager**
(*receptaculum commune, clinanthium*), der die Spindel einschliessende
Blätterkreis **Hüllkelch** (*involucrum, peranthodium, periclinium*).
Dieser Blüthenstand, *Linné's* zusammengesetzte Blume (*flos compositus*), charakterisirt die Pflanzenfamilie der Compositen (*Compositae*) oder Anthodiaten, welche die 19. Klasse (*Syngenesia*) des
Linné'schen Sexualsystems füllen. Daher ist es auch ein unterscheidender Charakter eines Anthodium, wenn die Staubbeutel
(*anthērae*) des einzelnen Blüthchens (*flos s. floscŭlus*) unter sich
verwachsen sind (Verwachsenbeutliche, Syngenesisten).

Das Anthodium heisst **scheibenförmig** oder **röhrenblüthig**
(*discoidĕum, floscŭlōsum*), wenn alle Blüthchen (*floscŭli*) röhrenförmig

Fig. 268.   Fig. 269.   Fig. 270.

Anthodium floscŭlōsum
(eines *Hieracium*).

Anthodium discoidĕum
(Blüthenstand von
Tanacētum vulgāre).
a Einzelnes Blüthchen.

Anthodium radiatum (von *Pyrēthrum Parthenĭum*).

sind; **zungenblüthig** oder **geschweift** (*lingulātum, semiflo-
sculōsum*), wenn alle Blüthchen band- oder zungenförmig sind; **gestrahlt** (*radiātum*), wenn die Blüthchen des Randes (*floscŭli radĭi*)
zungenförmig, und
die der Scheibe (*flo-
scŭli disci*)röhrenförmig
sind; **gleichehig** (*ho-
mogămum, hermaphro-
dītum*), wenn die Blüth-
chen sämmtlich Zwit-
ter sind, **ungleich-
ehig** (*heterogămum*),
wenn männliche oder
weibliche Blüthchen
neben Zwitterblüth-
chen auf dem Blüthen-
boden stehen.

Fig. 271.

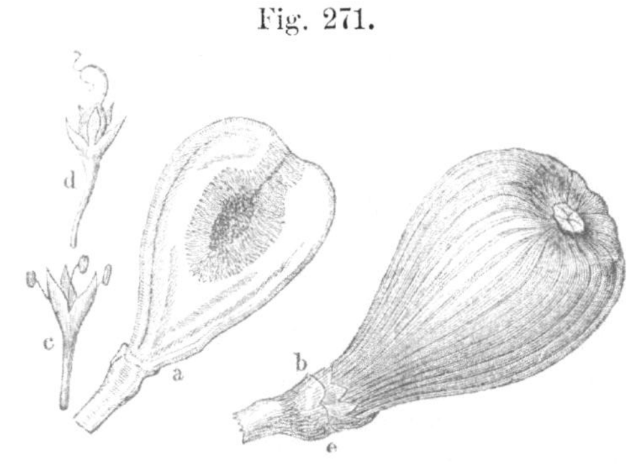

Coenanthium des Feigenbaums (*Ficus Carica*). *a* Durchschnitt,
die darin sitzenden Blüthen zeigend, *b* ein ganzes *Coenanthium*, *b e* Deckblätter; *c* männliche, *d* weibliche Blüthe, vergr.

11. Der **Blüthenkuchen** (*coenanthium*, *hypanthodium*) ist gleichsam ein Blüthenkörbchen ohne Hüllkelch. Das Blüthenlager ist gewöhnlich sehr fleischig, und der Blüthenstand hat viel Aehnlichkeit mit einer Frucht, z. B. bei dem Feigenbaum (*Ficus Carica*), der Dorstenie (*Dorstenia*). Siehe Fig. 271.

Bemerkungen. *Anthodium*, von d. griech. $\check{\alpha}\nu\vartheta o\varsigma$ (anthos), Blume, und $\check{\epsilon}\delta o\varsigma$ (hedos), Sitz, Sessel. — Statt *anthodium* gebrauchte man früher auch *calathium* oder *calathidium*, von d. griech. $\varkappa\acute{\alpha}\lambda\alpha\vartheta o\varsigma$ (kalathos), Korb. — *Clinanthium*, von d. griech. $\varkappa\lambda\acute{\iota}\nu\eta$ (klinä), Lager, Bett, und $\check{\alpha}\nu\vartheta o\varsigma$ (anthos), Blume, also Blüthenlager. — *Periclinium*, Blüthenlagerhülle, von d. griech. $\pi\epsilon\varrho\acute{\iota}$ (peri), um, herum, und $\varkappa\lambda\acute{\iota}\nu\epsilon\iota o\varsigma$, α, $o\nu$, (klineios), zum Blatte, zum Lager gehörig. — *Coenanthium*, von d. griech. $\varkappa o\iota\nu\acute{o}\varsigma$, $\acute{\eta}$, $\acute{o}\nu$ (koinos, koinä, koinon), gemeinschaftlich, und $\check{\alpha}\nu\vartheta o\varsigma$, Blume. — *Corymbus*, das griech. $\varkappa\acute{o}\varrho\upsilon\mu\beta o\varsigma$ (korymbos), das Aeusserste oder Oberste eines gewölbten Gegenstandes, der Scheitel. Man hat der Doldentraube auch den Namen *anthēla* ($\alpha\nu\vartheta\acute{\eta}\lambda\eta$, Blüthe), und die deutschen Namen **Schirmtraube**, **Ebenstrauss**, gegeben. Diese Namen sind aber nicht in den Gebrauch gekommen.

Lection 45.

Centrifugale oder niederblühende Blüthenstände. Gemischte
Blüthenstände.

Während wir an den centripetalen oder aufwärtsblühenden Blüthenständen an der Spitze oder in der Mitte der verdickten Axe noch unentfaltete Blüthen antreffen, finden wir bei den centrifugalen oder niederblühenden Blüthenständen an der Spitze eine oder mehrere entfaltete Blüthen, unter diesen abwärts oder nach aussen Blüthenknospen. Centrifugale Blüthenstände sind folgende:

1. Die **Afterdolde** oder **Trugdolde** (*cyma*) bildet einen doldenähnlichen Blüthenstand, bei welchem unter der gipfelständigen Blüthe der Hauptaxe dichotom oder trichotom (2 oder 3) Nebenaxen entspringen, unter deren Endblüthe sich in gleicher Weise wiederum Blüthenzweige entwickeln, so jedoch, dass die Endblüthen gewöhnlich niedriger stehen, die übrigen aber ziemlich in einer Ebene liegen, wie beim Waldmeister (*Asperŭla odorāta*), beim Ackerhornkraut (*Cerastium arvense*), dem Flieder (*Sambūcus nigra*).

2. Die **Trugdoldentraube** (*corymbus cymōsus*) ist eine niederblühende Doldentraube, wie z. B. bei der die Jalapen-

Fig. 272. Fig. 273. Fig. 274.

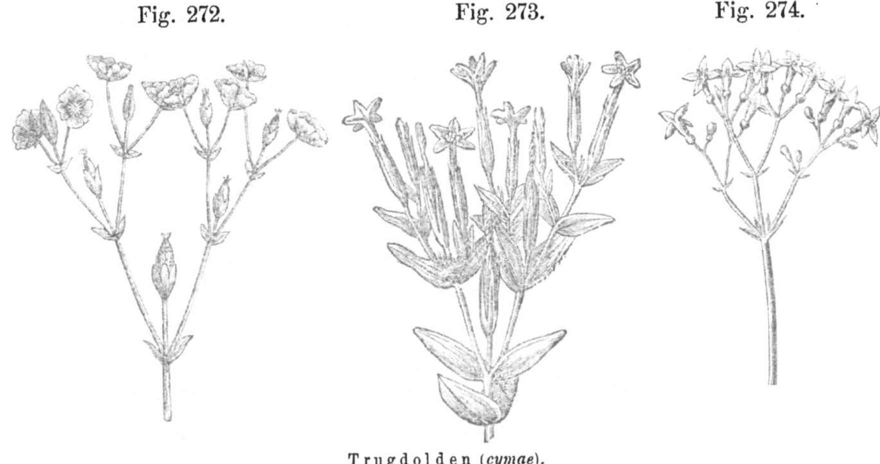

Trugdolden (cymae).

Cerastium arvense. Erythraea Centaurium. Asperŭla odorăta.

knollen liefernden *Ipomoea Purga* Hayne, der Linde (*Tilĭa*), dem Tausendgüldenkraut (*Erythraea Centaurĭum* Persoon), dem Baldrian (*Valerĭāna*).

3. Trugrispe (*panicŭla cymōsa*) ist eine niederblühende Rispe, wie beim Steinbrech (*Saxifrăga*), der gemeinen Waldrębe (*Clemătis Vitalba*).

4. Der Blüthenbüschel (*fascicŭlus*) ist eine Trugdolde (*cyma*) mit sehr verkürzten Aesten und Blüthenstielen, so dass die Blüthen ziemlich gedrängt stehen, wie bei der Karthäuseroder Steinnelke (*Dianthus Carthusianōrum*), der Seifenwurz (*Saponarĭa officinālis*). Dann werden die falschen

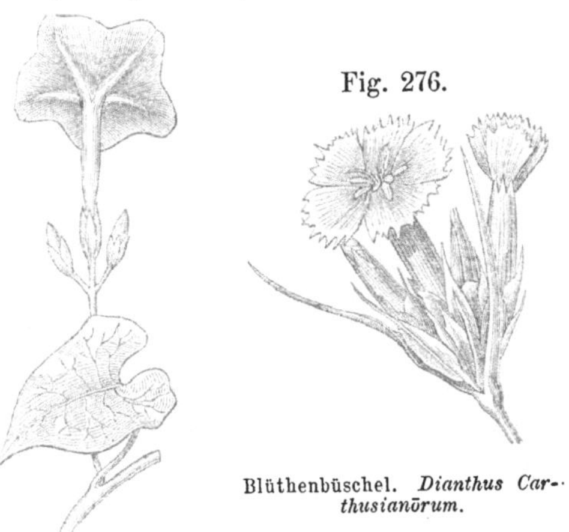

Fig. 275.

Fig. 276.

Blüthenbüschel. *Dianthus Carthusianōrum.*

Trugdoldentraube, *corymbus cymosus, Ipomoea Purga* Hayne.

Blüthenwirtel (*verticilli spurii; verticillastri*) bei vielen Labiaten durch Blüthenbüschel gebildet, wie bei der Minze (*Mentha*), dem weissen Andorn (*Marrubĭum vulgāre*).

5. Den Knäuel (*glomerŭlus*) bildet ein Köpfchen (*capitŭlum*) mit centrifugaler Entwickelung der Blüthen. Er ist ge-

Fig. 277.

Knäuel (*glomerŭlus*).Erd-
beerspinat (*Blitum capi-
tatum*).

wöhnlich eine achselständige Zusammenhäufung kleiner Blüthchen, wie beim Wand- oder Glaskraut *(Parietaria erecta* Koch), bei vielen Chenopodiaceen *(Chenopodium, Blitum)*.

6. Den Namen Kelchkätzchen *(cyathium)* hat man dem besonderen Blüthenstand der Gattung *Euphorbia* gegeben. Derselbe besteht aus einer durch Verwachsung von Hochblättern entstandenen becherförmigen Hülle, deren Saum in 4—5 Zähne getheilt ist und zwischen je zwei Zähnen horizontal eingefügt fleischige Blättchen oder Schuppen trägt. *Linné* hielt die Hülle für einen Kelch, die Schuppen für Blumenblätter. Letztere nennt man Nectarien oder Honigschuppen *(nectaria)*. Jene verwachsenblättrige Hülle trägt eine mittel-

Fig. 278.

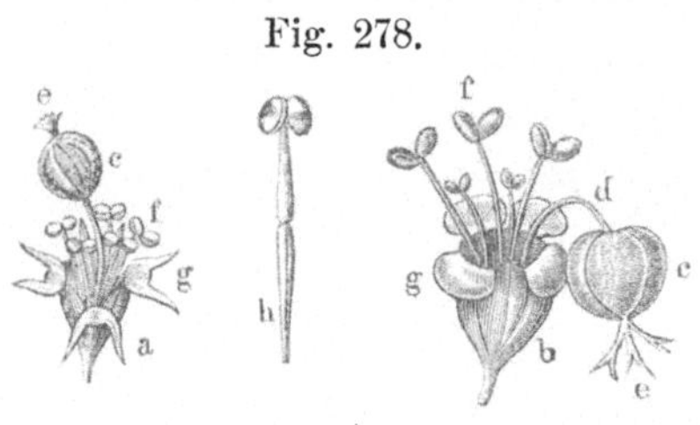

Cyathium.

a Tithymălus Peplus Gaertn. od. *Euphorbia Peplus*,
b Tithymălus helioscopius od. *Euphorbia helioscopia*,
a und *b* Hülle, *g* Nectarien, *c* weibliche, *f* männliche Blüthen, *h* gestielter Staubfaden.

ständige, mit einem Blüthenstiele versehene weibliche Blüthe und in mehreren Kreisen um dieselbe gestellte einmännige, durch Gliederung Blüthenstielchen aufgesetzte männliche Blüthen (gegliederte Staubfäden, *filamenta articulāta)*.

Bei den gemischten Blüthenständen haben die Nebenaxen eine andere Blüthenentfaltungsfolge als die Hauptaxe. Dazu zählt man:

1. den Blüthenschwanz *(anthŭrus)*. Derselbe hat mehr oder weniger die Form einer Aehre oder Traube, deren Seitenblüthenstände Büschel oder Knäuel bilden, wie beim Wollkraut *(Verbascum thapsiforme)*, beim Fuchsschwanz *(Amaranthus)*.

2. Gemischte Doldentraube oder Schirmtraube *(corymbus mixtus)* nennt man die Doldentraube, deren Axen eine centrifugale, deren äusserste Verzweigungen eine centripetale Blüthenentwickelung zeigen, wie z. B. bei der Schafgarbe *(Achillēa Millefolium)*, der Kamille *(Matricaria Chamomilla)*.

3. Der Strauss *(thyrsus)* ist eine Traube oder Rispe, deren Seitenblüthenstände Trugdolden oder Trugrispen sind, oder er ist eine Trugrispe, deren äusserste Verzweigungen centripetal aufblühen, wie z. B. das heidnische Wundkraut oder

die Goldruthe *(Solidāgo Virga aurĕa)*, der Giftlattig *(Lactūca vi-rōsa)*.

Fig. 279.

Trugrispiger Strauss. *Lactuca virosa.*

Bemerkungen. *Cyathium*, von d. griech. κυαθίς (kyathis), Becher. — *Nectarium*, von d. griech. νέκταρ (nektar), Honig, Göttertrank. — Bei Beschreibung der Pflanzen beobachten die Botaniker nicht immer die in den beiden vorhergehenden Lectionen angegebenen Unterschiede in den Blüthenständen z. B. statt Trugdoldentraube, Trugrispe, sagen sie einfach Traube, Rispe, stat gemischter Doldentraube einfach Doldentraube. Bei Bestimmung der Pflanzen ist dieser Umstand wohl zu beachten.

Lection 46.

Blumendecken. Blüthendeckenlage. Paracorollen.

Die Blüthe, den durch Samenerzeugung die Fortpflanzung vermittelnden Apparat, betrachteten wir als eine Zusammensetzung mehrerer concentrisch gestellter Kreise oder Wirtel umgebildeter Blätter an einer verkürzten Axe *(receptacŭlum)*. Nur die beiden innersten Blätterkreise, die Staubblätter oder Staubgefässe *(stamĭna)* und die Fruchtblätter oder Pistille *(pistilla)* sind die wesentlichen, jene die männlichen, diese aber die weiblichen Theile einer Blüthe. Sie allein sind die Befruchtungsorgane. Die äusseren Blätterkreise, die Blüthendecken *(tegumenta floralĭa)* sind unwesentliche Theile, denn sie können fehlen, ohne dass die Blüthe *(flos nudus,* nackte Blüthe) aufhört Fortpflanzungsorgan zu sein. Bildet die Blüthendecke nur einen Blätterkreis, so nennt man sie Blüthenhülle, Perianthium *(perianthĭum, perigonĭum),* und ihre einzelnen Blätter Hüllblätter *(phylla)*; sind dagegen zwei unter sich nicht ähnliche Blätterkreise als Blüthendecken vorhanden, dann unterscheidet man den äusseren, gewöhnlich aus Blättern von derberem Baue bestehend, als Kelch *(calyx, perianthium externum)* und die einzelnen Blätter desselben als Kelchblätter *(sepäla).* Der zweite Blätterkreis erhält dann

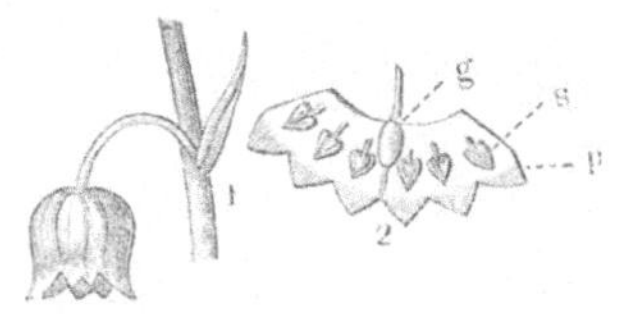

Fig. 280.

Convallarĭa majālis. 1. Glockenförmige, sechsspaltige Blüthenhülle, *perianthium campanulatum sexfĭdum;* Blüthe nickend, *flos nutans.* 2. Blüthenhülle gespalten und auseinandergelegt, *p* Perianthium, *s* Staubblätter, *g* Pistill.

die Namen Blumenkrone, Corolle *(corolla, perianthium internum).* Die Blumenkronenblätter oder Blumenblätter *(petäla)* unterscheiden sich von den Kelchblättern meist nicht nur durch einen zarteren Bau, sondern auch durch andere Färbung.

Fig. 281.

Blüthe einer Campanula mit Kelch und Blumenkrone.

Das Perianthium erscheint häufig gleichsam durch Verschmelzung der Kelch- und Blumenblätter entstanden, denn man findet in diesen Fällen die nach aussen gekehrte Fläche kelchähnlich grün und blattartig, die innere Fläche zarter und mit der Färbung der Blume. Betrachten wir die Tulpenblüthe näher, so finden wir, dass das Perianthium aus zwei Blattkreisen, jeder Blattkreis aus drei Blättern besteht, dasselbe also keinen sechsblättrigen Kreis darstellt, dennoch unterscheiden wir hier keinen Kelch und keine Corolle, sondern nur ein Perianthium, weil die Blätter beider Kreise in Farbe und Bau völlig übereinstimmen. Nichts desto weniger zeigen die Blätter des äussersten Kreises vor der Entfaltung der Blüthe wegen Chlorophyllgehalts eine grüne Färbung, welche aber bei der Entfaltung *(inter anthēsin)* verschwindet und durch die Färbung der inneren Blätter ersetzt wird.

Hin und wieder findet man zwischen dem Kreise der Blumenkronenblätter und dem der Staubgefässe einen Blätterkreis, dessen Theile bald mehr den Blumenkronenblättern, bald mehr den Staubgefässen ähnlich sind und gleichsam Uebergangsformen der Blätter des einen Kreises in Blätter des anderen darstellen. Einen solchen Zwischenkreis nennt man Nebenblume, Paracorolle *(paracorolla)* und, sind seine Theile den Blumenblättern ähnlich, Nebenblumenblätter *(parapetăla)*, gleichen sie aber mehr den Staubgefässen, Nebenstaubfäden *(parastemŏnes)*. In Form von Deckklappen *(fornĭces)* treffen wir die Paracorolle bei der Ochsenzunge *(Anchŭsa officinālis)* und anderen Borragineen an. Sind die Theile einer Paracorolle unter einander ver-

Fig. 282.

Narcissus Pseudonarcissus. *p* Perianthium, *pc* Nebenblume *(paracorolla)*.

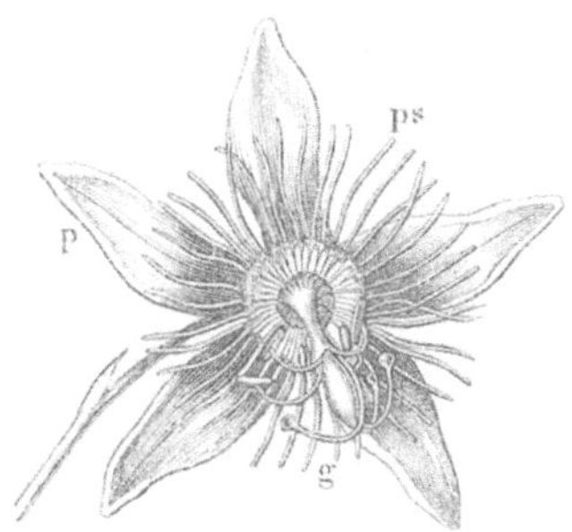

Fig. 283.

Passiflora gracilis. *p* Perianthium, *ps* Nebenstaubfäden *(parastemŏnes)*; *g* Pistill.

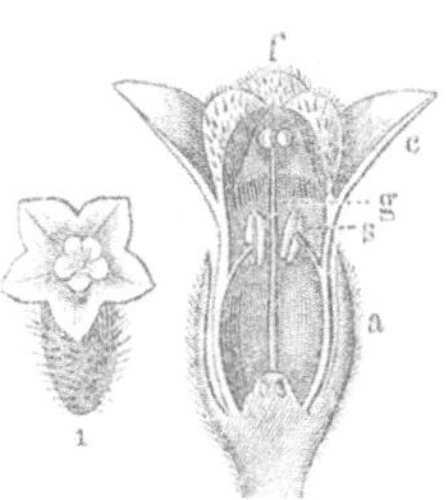

Fig. 284.

Anchŭsa officinalis. 1. Blüthe in natürl. Grösse. 2. Durchschnitt derselben, vergröss.. *f* Deckklappen *(fornĭces)*, *c* Blumenkrone, *a* Kelch, *s* Staubgefässe, *g* Pistill.

wachsen, so hat man sie auch Krone *(corōna)* oder Krönchen *(coronŭla)* genannt. *Linné* rechnete dergleichen accessorische Theile einer Blüthe zu den Honiggefässen, Nektarien *(nectaria)*. Im Allgemeinen lassen sich diese Theile als umgewandelte oder verkümmerte Blüthentheile annehmen.

Die geschlossene Blüthe vor ihrer Entfaltung wird zum Unterschiede von der jungen Blüthenknospe *(gemma florifĕra)* Blüthenknopf *(alabāster, alabastrum)* genannt. Die Gewürznelke *(Caryophyllus)* ist ein Blüthenknopf *(alabastrum)*.

Die Blüthendecken sind in einem Blüthenknopfe auf verschiedene Weise zusammengefaltet. Die Art nun, wie die Blüthendecken vor dem Aufblühen *(ante anthēsin)* zusammengelegt sind, heisst die Blüthendeckenlage *(praefloratio)*. Die Art der Lage und Stellung der Blätter einer Blattknospe nannten wir Knospenlage *(praefoliatio)*. Vergl. Lect. 19, S. 72.

Die Blüthendeckenlage, welche man durch Diagramme (Zeichnungen) bildlich darstellt, ist eine verschiedene. Sie ist eine

Fig. 285.

1. Blüthenknopf von *Cargophyllus aromaticus*. 2. Durchschnitt, vergrössert, *c* Corolla, *a* Calyx quadripartĭtus, *s* stamina, *st* Griffel. *(stylus)*.

1. klappige *(praefloratio valvacĕa s. valvāta)*, wenn sich die Blüthendeckenblätter nur mit den Rändern berühren, wie beim Weinstock *(Vitis vinifĕra)*;

2. ziegeldachartige *(praefl. imbricāta)*, wenn sich die Blätter gegenseitig decken. Sie ist dann gedreht *(contorta)* wie bei der Nelke *(Dianthus)*, oder gefaltet *(plicativa)* wie bei der Glockenblume *(Campanŭla)*. Die fünfschichtige Lage *(praefl. quin-*

Blüthendeckenlagen

Fig. 286.   Fig. 287.   Fig. 288.

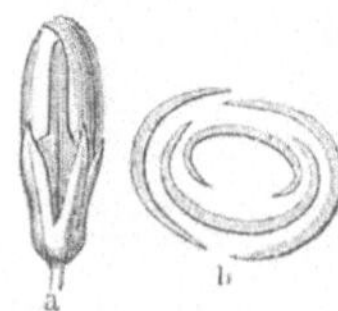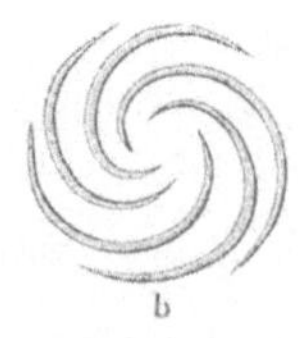

klappige *(praefloratio valvata)*.

ziegeldachartige *(imbricata)*. *a* Ehrenpreisblüthe *(Veronica-*Blüthe) (vergr.), *b* Diagramm der Praefloratio.

gedrehte *(contorta)*. *a* Blüthenknopf einer *Phlox*, *b* Diagramm der Praefloratio.

cunciālis) ist sehr häufig und diejenige, bei welcher unter 5 Blättern zwei äussere und zwei innere sind, das fünfte eines der inneren Blätter mit einem seiner Ränder deckt, auf der anderen Seite aber wieder von einem der äusseren bedeckt wird.

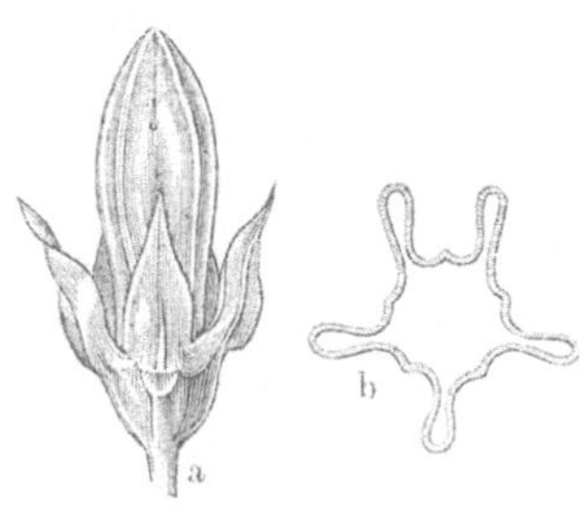

Fig. 289.

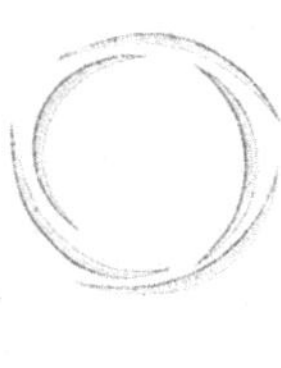

Fig. 290.

Gefaltete Blüthendeckenlage (*praefloratio plicativa*). *a* Blüthenknopf einer Campanula, *b* Diagramm etc.

Fünfschichtige Blüthendeckenlage (*praefloratio quincuncialis*) der Kelchzipfel einer Rose.

wie z. B. die Kelchzipfel der Rose, die Kelchzähne der Nelke *(Dianthus)*;

3. zerknitterte *(corrugativa)* wie beim Mohn *(Papaver)*.

Perianthium, Kelch und Blumenkrone bestehen ursprünglich aus freien Blättern. Man sagt ein **freiblättriges** Perianthium oder Perigon *(perianthium diălyphyllum)*, ein freiblättriger Kelch *(calyx dialysepălus)*, eine freiblättrige Blumenkrone *(corolla dialypetăla)*. Durch Verwachsen der Blätter entstehen die **verwachsenblättrigen** oder **einblättrigen** Formen *(perianthium monophyllum s. symphyllum s. gamophyllum; calyx monosepălus s. synsepălus s. gamosepălus; corolla monopetăla s. sympetăla s. gamopetăla)*.

Ist der Kelch noch von einem Kreise Deckblätter unterstützt, so nennt man letzteren auch wohl **Aussenkelch** *(exanthium; calyx exterior)*. Einen Aussenkelch finden wir bei den Malven, bei der Erdbeere, der Nelke u. a.

Die Zahl der Blätter in einer Blüthendecke giebt man in folgender Weise an: ein 2-, 3-, 5-, **vielblättriges** Perianthium *(perianthium di-, tri-, penta-, poly- s. pleiophyllum)*, ein solcher Kelch *(calyx di-, tri-, penta-, poly- s. pleiosepălus)*, eine solche Blumenkrone *(corolla di-, tri-, penta-, poly- s. pleiopetăla)*.

Fig. 291.

Blume der Erdbeere (*Fragaria vesca*) von der unteren Seite gesehen. 5 Blumenkronenblätter, 5-spaltiger Kelch, 5-spaltiger Aussenkelch (*calyx exterior*). Vergr.

Ein Perianthium ist, wie bei der Tulpe, blumenkronen-
artig *(perianth. corollīnum)*, oder wie bei der Ulme und Nessel
kelchartig *(calycĭnum)*, oder wie bei der Binse spelzartig
(glumacĕum), oder wie bei den Kätzchen der Laubhölzer schuppen-
förmig *(squamaeforme)*.

Eine Blüthendecke ist regelmässig *(regulāre)*, wenn sie
durch jeden mit ihrer Axe zusammenfallenden Schnitt in zwei
gleiche Hälften getheilt werden kann, dagegen unregelmässig
(irregulāre), wenn dies nur durch einen einzigen Schnitt ge-
schehen kann. Regelmässig ist z. B. die Blüthe der Glockenblume *(Campanŭla)*, unregelmässig jede Lippenblume. Vergl.
Lect. 29, S. 107.

Bemerkungen. *Perianthĭum*, von d. griech. περί (peri), um, herum, und ἄνθος
(anthos), Blume. — *Perigonĭum* und *perigonĭum*, περί (peri), um, herum, und
γόνιος oder γονεῖος, α, ον (gonios oder goneios, a, on), zum Zeugen geschickt.
— *Calyx*, ̆ycis, m. (nicht *calix*, Becher), Blumenkelch, von d. griech. καλύπτω
(kalyptō), umhüllen, bedecken. Κάλυξ (kalyx), Hülle, Schale. — Para-, griech.
παρά, nebenbei, nebenher. — *Parastemŏnes*, Nebenstaubblätter, von παρά und
στήμων (stämōn), der vorderste Theil der männlichen Ruthe. — *Alabastrum*,
alabaster (ἀλάβαστρος, -ον), Salbenfläschchen. — *Anthēsis*, griech. ἄνθησις,
Blüthe. — *Quincunciālis*, e, von *quincunx*, fünf vom Ganzen (⁵/₁₂). — *Diäly-*
phyllus, a, um, mit freien Blättern; διαλύω (dialyo), trennen, freimachen. —
Symphyllus, *gamophyllus*, a, um, mit zusammengewachsenen Blättern; σύν
(syn), mit, zusammen; γαμέω (gameō), heirathen, ehelichen.

Lection 47.

Staubblätter, Staubgefässe *(stamĭna)*.

In der Blüthe, betrachtet als eine Zusammensetzung mehrerer concentrisch gestellter Kreise eigenthümlich metamorpho-
sirter Blätter, von welchen der Kelch den ersten und äussersten,
die Blumenkrone den zweiten Kreis vertritt, bilden die Staubblätter oder Staubgefässe *(stamĭna)* den dritten Kreis. Sie
sind die männlichen Geschlechtsorgane und zwar diejenigen, welche
den befruchtenden Blüthenstaub *(pollen)* erzeugen. Nach der
Befruchtung sterben sie ab.

Dass die Staubblätter nur metamorphosirte Blätter sind,
wird uns durch die sogenannten gefüllten Blüthen *(flores pleni)*
augenscheinlich, denn in diesen Blüthen nehmen die Staubblätter ganz oder zum Theil die Form und Substanz der Blumen-

blätter an. Beim Mohn *(Papāver somnifĕrum)* ist diese Erscheinung nicht selten, und man kann sie auch in seiner Blüthe am deutlichsten beobachten, indem die innersten Staubfäden oft der Umwandlung nicht unterliegen, einige Staubblätter sogar sich nur zur Hälfte in ein Blumenblatt umwandeln, mit der anderen Hälfte die Form des Staubblattes bewahren: Rose, Mohn, Lack *(Cheiranthus Cheiri)*, Levkoie (auch ein *Cheiranthus)*, Ranunkel u. a. verwandeln unter dem Einflusse der Gartenkultur die Staubblätter in Blumenblätter. Unterliegen sämmtliche Staubblätter einer Blüthe dieser Metamorphose, so ist natürlich eine Befruchtung nicht möglich. Pflanzen mit gefüllten Blüthen tragen daher keine Früchte. Die Metamorphose der Staubblätter schreitet sogar noch weiter, und es fehlt nicht an Beispielen, welche die Umwandlung der Staubblätter in Fruchtblätter darthun.

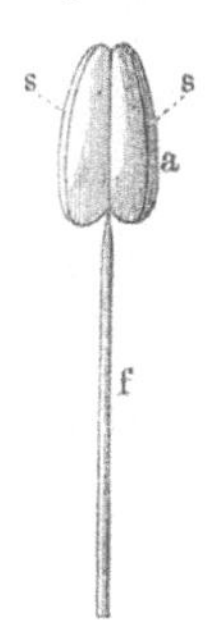

Fig. 292.

Ein Staubblatt. *a* Anthere, *f* Staubfaden oder Träger, *s* Nath, in welcher die Anthere aufzuspringen pflegt.

Das entwickelte Staubblatt oder **Staubgefäss** *(stamen)* besteht aus zwei Theilen, dem **Staubbeutel** *(anthēra)*, welcher den **Blüthenstaub** *(pollen)* erzeugt und enthält, und dem **Träger** oder **Staubfaden** *(filamentum)*. Letzterer ist mehr oder weniger entwickelt, oft auch ganz mit der Blüthendecke verwachsen, in welchem Falle der Staubbeutel sitzend *(anthēra sessilis)* erscheint. Der Staubfaden entspricht dem Blattstiel, der Staubbeutel der Blattfläche.

Die Staubblätter entwickeln sich stets etwas später als die Blumenblätter. Die erste Anlage eines Staubblattes ist ein kleiner, mit Epidermis bedeckter, aus Parenchymzellen zusammengesetzter Kegel, welcher sich über seiner Basis allmählich erweitert und zunächst zu einem fleischigen Blatte *(a)* auswächst, welches gewöhnlich im Querschnitt *(b)* eine vierseitige oder viereckige Form erkennen lässt. Hierauf entwickeln sich in dem Innern des Blattes aus einer von *Naegeli* **Urmutterzelle** genannten **Mutterzelle** Stränge cambialen Gewebes *(c)*, je einer gegen eine Ecke, welche sich zu grösseren, locker mit einander verbundenen Zellen mit dicker

Fig. 293.

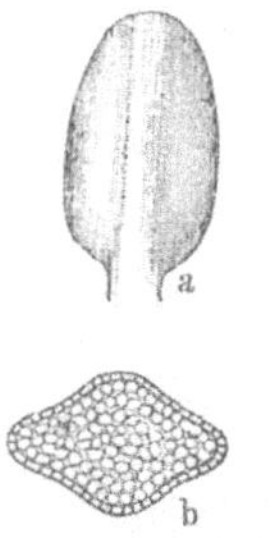

Schemat. Figur. *a* Anthere, *b* Querdurchschnitt.

Fig. 294.

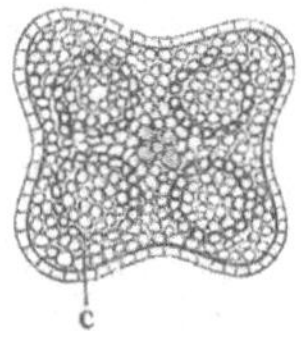

Schemat. Figur. Querdurchschnitt einer Anthere. Stark vergr.

Membran, den Specialmutterzellen *Naegeli*'s, ausbilden. In jeder dieser Specialmutterzellen entstehen unter Theilung des Primordialschlauches vier Tochterzellen, Pollenzellen *(cellŭlae pollinarĭae)*, welche *(d)* behufs ihrer weiteren Entwickelung die Membranen der Specialmutterzellen resorbiren. Durch diesen Vorgang entsteht an der Stelle eines jeden jener Cambialstränge ein Fach. Es werden somit vier Fächer *(locŭli)* gebildet, angefüllt mit Pollenzellen.

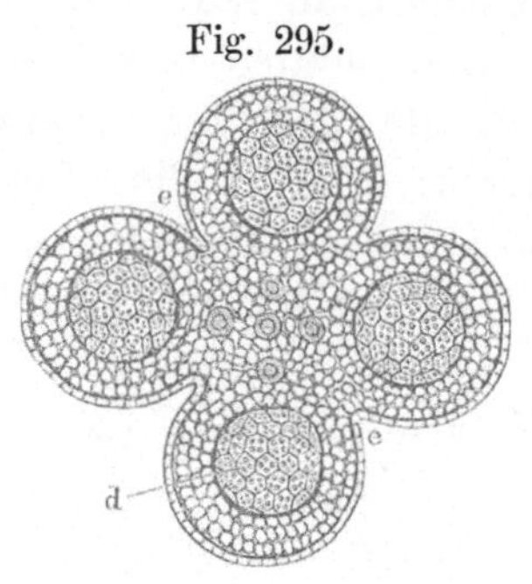

Schematische Figur.
Querdurchschnitt einer Anthere vor der Reife (stark vergr.).

In jeder Pollenzelle entwickelt sich durch freie Zellenbildung ein Pollenkorn, welches nach vollständiger Ausbildung aus seiner Mutterzelle hervortritt. Nachdem auch die Membran dieser Mutterzellen resorbirt ist, füllen endlich die Pollenkörner *(granŭla pollĭnis)* die Fächer des Staubblattes.

Der Uebergang der Parenchymzellen um die Fächer in Spiralfaserzellen und die Austrocknung veranlassen ein Zerreissen der Fächer in der rinnenartigen Nath *(ee)* in der Länge derselben, die Fächer *(vvvv)* öffnen sich, und die Pollenkörner treten aus diesen heraus. Die noch zurückbleibende Scheidewand *(g)*, welche eine bindende Rückwand der nun zwei Höhlungen darstellenden Fächer bildet, heisst Mittelband, Connectiv *(connectĭvum)*. Dasselbe ist der Theil, mit welchem die Anthere dem Staubfaden aufsitzt.

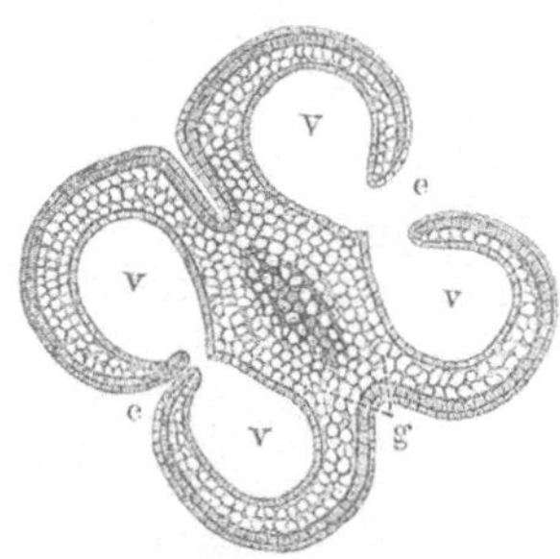

Schematische Figur.
Querdurchschnitt einer Anthere nach der Reife (stark vergr.).

Das Mittelband entspricht der Mittelrippe des Blattes, wie der Staubfaden dem Blattstiel.

Im Vorstehenden ist die Entwickelung des Staubblattes im Allgemeinen dargestellt, denn in Bezug auf Form und Zahl der Fächer kommen auch verchiedene Abänderungen vor.

Die Pollenkörner, die Körner des befruchtenden Blüthenstaubes *(pollen)*, sind, wie schon gesagt ist, Zellen, gewöhnlich einfache, selten aus mehreren Zellen zusammengesetzte. Sie haben eine mannigfaltige, für manche Pflanzengattung jedoch charakteristische Gestalt. Die Erkennung der Gestalt ist nur

mit Hilfe des Mikroskops möglich, und zwar beobachtet man
die Körner sowohl trocken als auch mit Wasser befeuchtet. Im

Fig. 297.   Fig. 298.

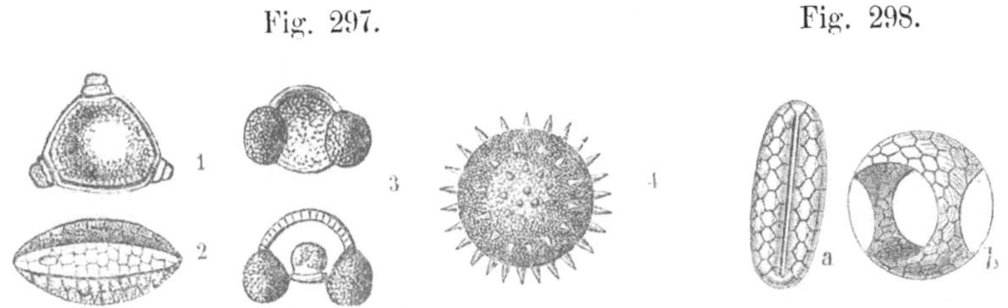

Pollenkörner 1. der Nachtkerze (*Oenothēra biennis*), 2. der
Jonquille (*Narcissus jonquilla*), 3. von *Pinus*, 4. des Stundeneibisch
(*Hibiscus Triōnum*).

a Pollenkorn der Tigerlilie
(*Tigridia Pavonia* Juss.), *b*
in Wasser geweicht. Stark
vergr.

Wasser quellen sie in Folge der Endosmose auf und verändern
ihre Form.

Bemerkungen. *Stamen*, *ĭnis*, *n.* (von *sisto*), Faden. — *Anthēra*, *ae*, *f.* von
ἀνϑηρός, ά, όν (anthäros, a, on), blühend, jung. — *Connectivum*, von *connecto*,
nexui, *nexum*, *ĕre*, zusammknüpfen, verbinden.

Lection 48.

Staubblätter (Fortsetzung). Befruchtungsstoff. Pollinarien.

Das Pollenkorn oder vielmehr die Pollenkornzelle ist zunächst von einer zarten, farblosen und strukturlosen Membran,
Intine *(intina, sc. membrāna)* umschlossen und enthält eine schleimige Flüssigkeit, den sogenannten Befruchtungsstoff *(fovilla)*,
in welcher sich unter starker Vergrösserung kleine schwimmende
Körnchen, bei der jungen Pollenkornzelle sogar Plasmaströmchen
erkennen lassen.

Bei den meisten Pflanzen, die unter Wasser blühenden ausgenommen, findet man die Pollenkornzelle noch von einer zweiten derberen aus Cuticularsubstanz bestehenden Membran, Aussenhaut, Exine *(exina sc. membrana)*, umhüllt, welche eine
ölige, verschieden gefärbte Flüssigkeit secernirt (absondert) und
die Ursache der Farbe der Pollenkörner ist. Diese zweite äussere
Membran scheint zuweilen (wie bei der Lilie) durch netzadrige
Ablagerungen wie aus Zellen zusammengesetzt, jedoch ist sie
strukturlos (cuticularisirt), aber grubig, körnig, punktirt, nackt

12*

oder auch mit Hervorragungen besetzt, welche Warzen, Haaren, Stacheln gleichen.

Der gewöhnlich nach innen eingefaltete Theil der oberen Membran des Pollenkornes erscheint nach dem Einweichen in

Fig. 299.

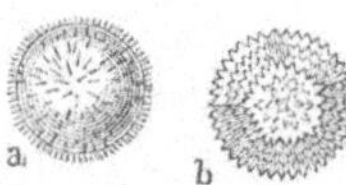

Pollenkörner: *a* der Stockrose (*Althaea rosĕa* Cav.), *b* des Löwenzahns (*Taraxăcum officināle* Web.). Stark vergr.

Fig. 300.

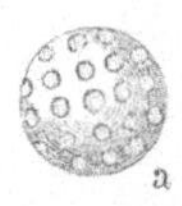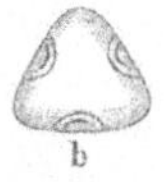

Pollenkörner mit Poren: *a* des guten Heinrichs (*Blitum bonus Henrĭcus* Koch), *b* der Linde (*Tilia*), *c* der Passionsblume (*Passiflōra caerulĕa*), mit einer deckelig aufgesprungenen Pore. Stark vergr.

Wasser unter dem Mikroskop als farbloser durchsichtiger Streifen oder Fleck. Diese obere Membran ist auch von einer (bei den Monokotyledonen) oder mehreren Poren (bei den Dikotyledonen) durchbrochen, welche aber von der Intine geschlossen sind, ist jedoch die Pore auch mit der Exine bedeckt, dann wird diese später an solcher Porenstelle wie ein Deckel abgeworfen.

Fig. 301.

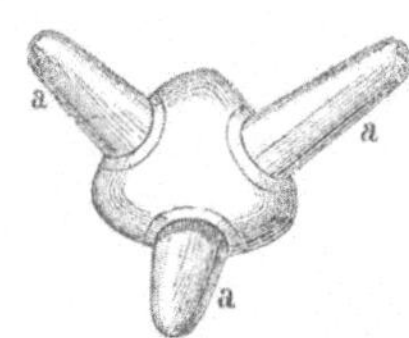

Pollenkorn der Linde mit herausgetretenen Pollenschläuchen in Folge der Einweichung in Zuckerwasser.

Beim Befeuchten und Einweichen der Pollenkörner, besonders aber unter Einfluss der Narbenfeuchtigkeit, der von den Papillen der Narbe *(stigma)* des Fruchtblattes abgesonderten Feuchtigkeit, tritt aus den Poren die Fovilla, umkleidet von der Intine, dem sogenannten Pollenschlauch *(tubus pollĭnis)*, hervor. *Amici* entdeckte diesen Vorgang zuerst.

Da die Pollenkornzellen zu je 4 in den Specialmutterzellen entstehen, so findet man, wenn die Resorption der Mutterzelle durch die Tochterzelle nicht vollständig geschah, Pollenkörner aus 4 Zellen zusammengesetzt, und wenn mehrere Specialmutterzellen an einander haften, selbst 8, 12, 16 Pollenzellen vereinigt, entweder durch zarte Fäden mit einander verbunden oder durch eine leimartige Substanz zusammengeklebt.

Fig. 302.

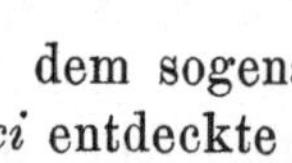

Zusammengesetzte Pollenkörner (*grana pollĭnis quaterna* vom Heidekraut. (*Callūna vulgaris* Salisb.).

Bei den Orchideen findet man mehrere vierzählige Pollenkörnergruppen auf einem zelligen elastischen Gewebe, dem Klebnetz *(reticŭlum glutinōsum)*, traubenartig zu keulenförmigen Massen, den Pollinarien *(pollinarĭa)*, vereinigt. Diese Pollinarien sind entweder ungestielt *(pollinaria sessilia)* oder gestielt *(stipitata, caudiculata)*. Ziehen wir vorsichtig mit einer Nadel aus dem Antherenfach ein gestieltes Pollinarium hervor und betrachten wir es näher, so sehen wir als Basis des Stielchens *(caudicula)* ein dünnes scheibenförmiges Drüschen, Klebdrüschen, Halter *(retinaculum)* genannt. Mittelst dieses Drüschens haftet es an jedem Körper, auf welchen es zufällig auffällt, und noch dazu mit dem seltsamen Verhalten, dass es immer aufrecht zu stehen kommt. Das Klebdrüschen am spitzeren Ende der ungestielten *(mutica)* Pollinarien nannte *Claude Richard* Vorkleber *(proscolla)*.

Fig. 304.

Fig. 303.

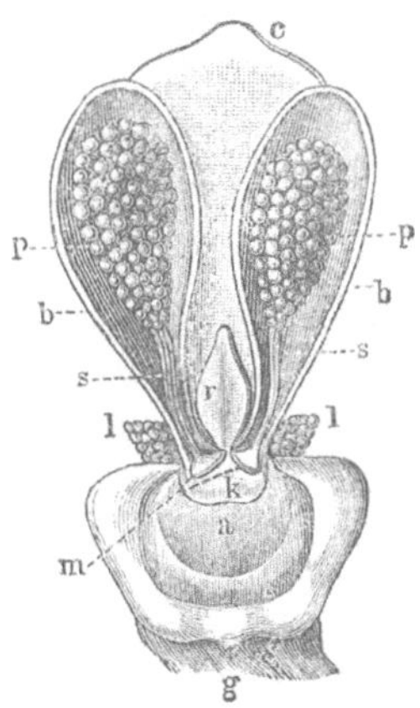

a Zu vier zusammengeballte Pollenkörner einer Orchidee, *b* ein Stück Klebnetz mit einigen daran sitzenden Pollenballen. 60 fach vergr.

Ein Längsdurchschnitt der Antherenfächer von *Orchis militāris*. *b* Antherenfächer. *pp* Pollinarien, *ss* Stielchen, *m* Halter oder Klebdrüse *(retinaculum*, *k* der Klebdrüsenbehälter *(bursicŭla)*, *c* Connectiv der Antherenfächer.

Fig. 305.

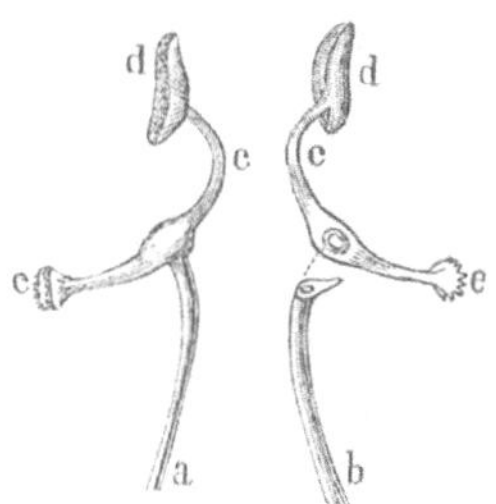

Staubblatt von *Salvia officinalis* (4 mal vergröss.). *a* von der Seite gesehen, *b* von hinten gesehen, das Connectiv *c* getrennt von dem Staubblattträger *b*. *d* das fruchtbare, *e* das sterile Antherenfach.

Das Mittelband oder Connectiv entwickelt sich zu verschiedenen Formen, wodurch auch Form und Lage einer Anthere vielfach Abänderung erfahren. Bei der Salbei *(Salvia)* ist es z. B. fadenförmig ausgedehnt und trägt gleich einem Balken an jedem Ende ein Fach *(locŭlus)*, von welchen eines jedoch steril ist *(anthera locŭlum sterĭlem gerens)*. Das Connectiv bildet durch Ausdehnung über und unter der Anthere *(in apice basique antherae)* verschiedene Anhängsel *(anthērae appendiculātae)*.

Setzt sich das Gefässbündel des Staubfadens in das Connectiv fort, so heisst dieses angewachsen *(adnātum)*, ist dagegen das Connectiv durch Gliederung mit dem Staubfaden verbunden, so ist die Anthere beweglich *(anthēra versatilis s. mobĭlis)*.

Ist die Anthere in der Weise angewachsen, dass sie nach der Axe der Blüthe, das Connectiv aber nach der Peripherie der Blüthe sieht, so sagt man, sie ist nach innen angewachsen *(anthēra introrsa s. antīca)*. Im umgekehrten Falle, in welchem das Connectiv nach der Blüthenaxe, die Anthere nach der Peripherie sieht, heisst sie nach aussen angewachsen *(extrorsa s. postīca)*. Bei dem Zusammenhang des Connectivs mit dem Filament durch Gliederung liegt die Anthere mehr oder weniger horizontal auf dem Filament *(anthera incumbens)* oder umgewendet *(retroversa)*, wenn die Basis der Anthere nach oben sieht.

Die Anthere heisst geschwänzt *(caudāta)*, wenn sich das Connectiv nach oben fadenförmig fortsetzt; zweihörnig *(bicornis)*, wenn es über der Anthere zwei gebogene Fortsätze bildet; kammförmig, bekammt *(cristāta)*, wenn der Fortsatz des Con-

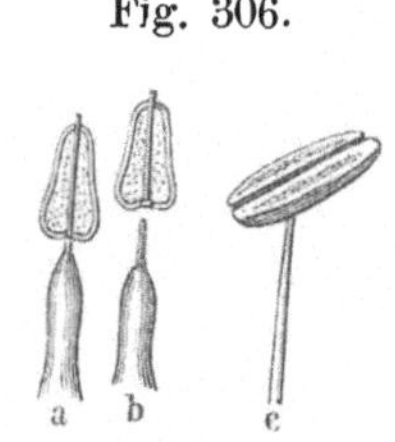

Fig. 306.

Fig. 307.

Fig. 308.

Fig. 309.

Anthērae mobīles; a b der *Tulĭpa Gesneriāna. b* die Anthere vom Filament getrennt. Die Anthere hat an der Basis eine Vertiefung, in welche die Spitze des Filaments eingefügt ist. *c* von *Lilĭum candĭdum.*

Anthēra bicornis von *Arctostaphȳlos Uva ursi* Spr., vergr.

Staubblätterkreis der *Callūna vulgaris,* vergr.

Verticalschnitt des Pistills von *Callūna vulgāris*, an den Seiten 2 Staubblätter *(anthērae cristātae).*

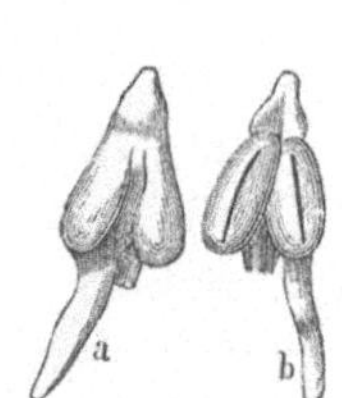

Fig. 310.

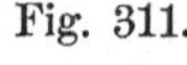
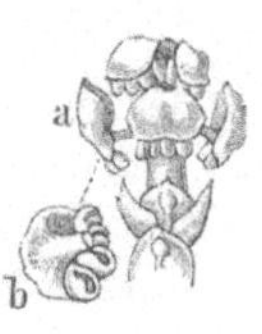

Fig. 311.

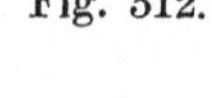
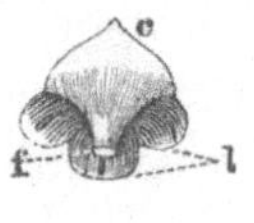

Fig. 312.

Anthera calcarata. Von 5 Staubblättern der *Viŏla tricŏlor* sind zwei gespornt. *a* Anthere von hinten, *b* von vorn gesehen. (Vergr.)

Thuja occidentālis. a männliche Blüthe, *b* schildförmiges Connectiv mit den Antherenfächern von unten oder der inneren Seite gesehen.

Junipĕrus commūnis. Schildförmiges Connectiv *c*, Fächer *l*, Staubfaden *f.*

nectivs breit und am Rande eingerissen ist; gespornt *(calcarāta)*, wenn das Connectiv unter der Anthere spornartig ausgedehnt ist: schildförmig *(peltāta)*, wenn es über den Fächern der Antheren horizontal ausgedehnt ist, wie bei den Cypressen- und Taxusgewächsen.

Die Antherenfächer sind unter sich parallel (*locŭli parallēli*); divergirend (*divergentes*), wenn das Connectiv nach oben allmählich breiter oder dicker wird; convergirend (*convergentes*), wenn es sich nach oben verjüngt; verbunden (*concrēti*), wenn es von unscheinbarer Ausdehnung ist; zusammenfliessend (*confluentes*), wenn es beim Aufspringen der Fächer ganz verschwindet.

Bemerkungen. *Fovilla*, von *fovĕo*, *fōvi*, *fotum*, *ēre*, nähren, warmhalten, bähen. — *Reticŭlum*, kleines Netz, Demin. von *rete*, Netz. — *Retinacŭlum*, Halter, von *retineo*, *ēre*, zurückhalten, festhalten. — *Proscolla*, von πρός (pros), an, zu, bei, und κόλλα (kolla), Leim; προσκολλάω (proskollaō), daranleimen. — *Amici* (sprich amihtschi), Prof. der Physik, Director der Sternwarte zu Florenz († 1863). — *Claude Richard* († 1821), franz. Botaniker, spr. clohd rischar.

Lection 49.

Staubblätter (Schluss).   Aufspringen der Staubbeutel. Ihr Verhältniss unter sich und zu den Blumenblättern. Staminodien.

Das Aufspringen der Antheren (*dehiscentĭa antherārum*) findet entweder vor dem Aufblühen (*ante anthēsin*) oder zur Zeit der völligen Entfaltung der Blüthe (*inter anthēsin, sub anthēsi*) statt. Es erfolgt in den Näthen (*sutūrae*) der Fächer (*locŭli*) in Folge des durch Austrocknen verursachten Zusammenziehens gewisser Zellen. (S. 178.)

Zur Zeit des Stäubens, des Ausfallens des Pollen, ist das Staubblatt reif (*stamen pubes*), nach dem Stäuben ausgestäubt (*deflorātum*).

Aus den aufgesprungenen Fächern (*loculi hiantes*) fällt der Pollen heraus, was durch Auseinanderspreitzen oder durch Zusammenziehen oder spiralige Drehung der Fachwände unterstützt wird. Das Aufspringen geschieht:

der Länge nach, in Längsnäthen (*anthērae longitudinaliter dehiscentes*), wenn sich die Fächer in ihren ganzen Näthen öffnen, und in Spalten (*rimis dehiscentes*), wenn sich nur ein

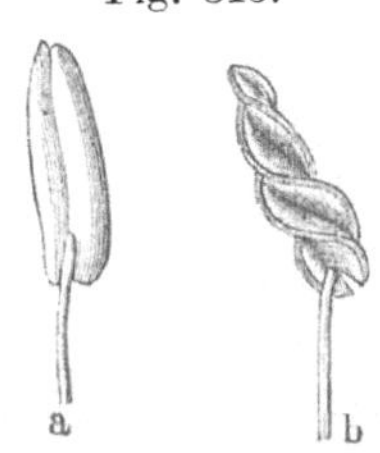

Fig. 313.

Erythraea Centaurĭum Pers. *a* reifes Staubblatt (*stamen pubes*); *b* ausgestäubtes und spiralig gewundenes Staubblatt. Vergrössert.

Theil der Nath öffnet, und zwar nach i n n e n (*introrsum*), der Axe der Blüthe zugewendet, oder n a c h a u s s e n (*extrorsum*), der Axe der Blüthe abgewendet, oder an der Spitze (*apĭce*);

in Q u e r s p a l t e n (*anthērae transversim dehiscentes*);

in L ö c h e r n (*anthērae poris dehiscentes*) und zwar an der Spitze ein-, z w e i - oder v i e r l ö c h e r i g (*anthērae uni-, bi-, quadriporōsae*), oder

b i e n e n z e l l i g (*anthērae favōse dehiscentes*), wenn die Antheren vielfächerig sind und sich jedes Fach mit einem Loche öffnet, oder

d e c k e l a r t i g (*anth. operculāte dehiscentes*), wenn sich die äussere Fachwand ablöst und abfällt; oder

in K l a p p e n (*anth. valvis dehiscentes*), z w e i - und v i e r - k l a p p i g (*anth. bi-, quadrivalves*), wenn sich die äussere Fachwand löst und von unten nach oben zurückschlägt, wie bei den Laurineen und Berberideen.

Die Staubblätter sind unfruchtbar (*stamĭna sterilĭa*), wenn sich die Anthere nicht oder nur unvollkommen entwickelt. Haben sie unvollkommen entwickelte, verkümmerte Antheren, so heissen sie r u d i m e n t ä r (*stamĭna effoeta s. rudimentarĭa*). Fehlt dagegen die Anthere ganz und gar und ist der Staubfaden zugleich verschieden von dem Träger des fruchtbaren Staubblattes gestaltet, so nennt man ihn S t a m i n o d i e (*staminodĭum*), Fig. 304 *ll*, ist aber der Staubfaden nicht abweichend gestaltet, so heisst er nur e n t m a n n t oder a n t h e r e n l o s (*filamentum anantherātum*).

Befinden sich in seiner Blüthe 1—10 Fruchtblätter, so bestimmt man sie nach der Zahl; circa 20 Fruchtblätter sind z a h l r e i c h (*stamĭna*

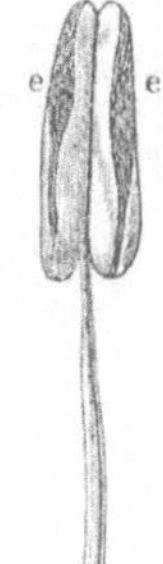

Fig. 314.

In der Längsnath aufgesprungene Anthere einer Lilie. Vergr.

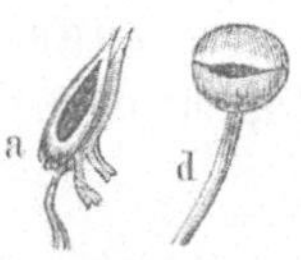

Fig. 315.

a In Spalten aufgesprungene Antheren der *Callūna vulgāris* Salisb. verg. *d* quer aufspringende Anthere von *Alchemĭlla*. Vergrössert.

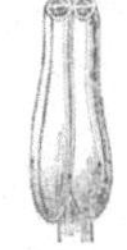

Fig. 316.

Viersporig aufgesprungene Anthere von *Solānum*. Vergr.

Fig. 317.

Bienenzellig aufgesprungene Anthere von *Viscum album*. Vergr.

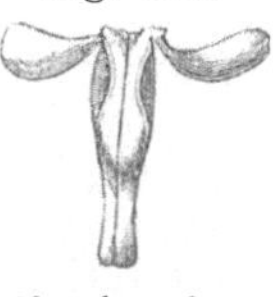

Fig. 318.

Zweiklappig aufgesprungene Antherc von *Berbĕris vulgāris*. Vergr.

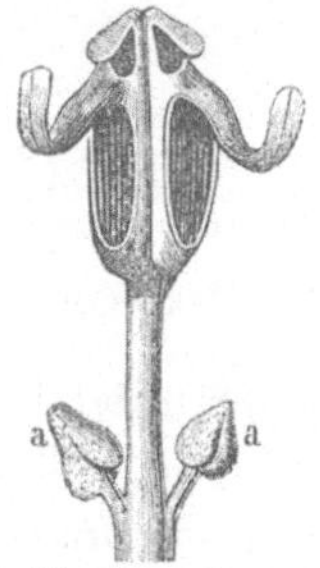

Fig. 319.

Vierklappig aufgesprungenes Staubgefäss von *Cinnamōmum acūtum*. *a a* Staminodien.

crebra), mehr als zwanzig **sehr zahlreich** (*creberrĭma*). In Betreff ihrer Anzahl mit der Zahl der anderen Blüthentheile verglichen sind sie **gleichzählig** (*stamĭna isomĕra*), wenn ihre Zahl z. B. mit der Zahl der Blumenblätter übereinstimmt (*stamĭna tot quot petăla*). Die Staubblätter können auch zwei-, dreimal etc. mehr sein (*stamĭna petălis dupla, tripla*). Sie sind **ungleichzählig** (*stamĭna anisomĕra*), wenn sie nicht mit der Zahl der übrigen Blüthentheile übereinstimmen.

Die Staubblätter stehen entweder mit den Blumenblättern oder den Zipfeln der Blumenkrone **abwechselnd** (*stamĭna petălis alterna*), oder sie stehen denselben gegenüber (*st. petălis opposĭta*). Letzteres findet gewöhnlich da statt, wo der äussere Staubblätterkreis fehlgeschlagen ist.

In Betreff ihrer Länge sind die Staubblätter **gleichlang** (*stamĭna aequalia*) oder **ungleichlang** (*inaequalia*), und zwar **zweimächtig** (*stamĭna didynăma*), wenn wie bei den Labiaten von 4 Staubblättern 2 länger sind, oder **viermächtig** (*tetradynăma*), wenn wie bei den Cruciferen von 6 Staubblättern 4 länger sind. Im *Linné*'schen Sexualsystem heisst die 14. Klasse *Didynamia*, die 15. *Tetradynamia*.

Die Staubfäden findet man bei vielen

Fig. 320.

Blüthe von *Ribes rubrum* (Johannisbeere). *p* Blumenblätter, *c* der fünfspaltige Kelch. Die Staubgefässe alterniren mit den Blumenblättern. Vergr.

Fig. 321.

Männliche Blüthe des Maulbeerbaumes (*Morus*). Viertheiliges Perigon; die Staubgefässe stehen den Zipfeln des Perigons gegenüber. Etwas vergr.

Fig. 322.

Blume einer Labiate. Didynamische Staubblätter.

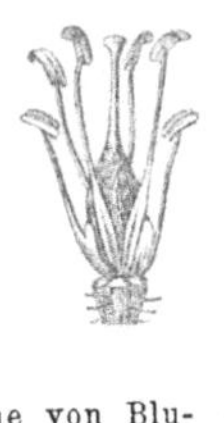

Eine von Blumenkrone und Kelch befreite Cruciferenblüthe. Tetradynamische Staubblätter.

Fig. 323.

Blüthe von *Linum usitatissĭmum*, von Kelch und Blumenkrone befreit. Staubgefässe am Grunde zu einem Ringe verwachsen. Vergrössert.

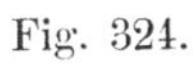

Fig. 324.

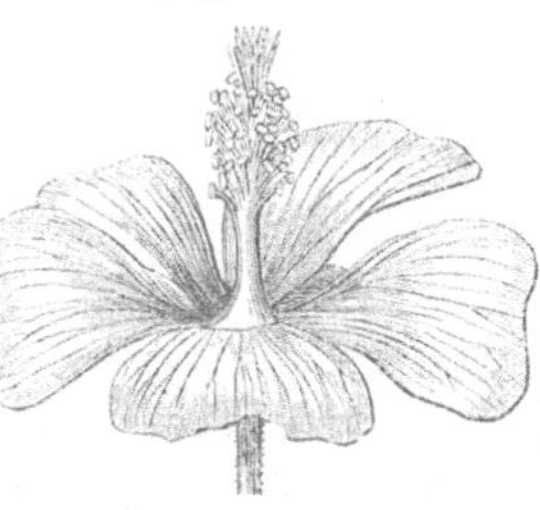

Fig. 325.

Blüthe von *Malva Alcĕa*. Staubfäden zu einem Bündel verwachsen (*stamĭna monadelpha*).

Von der Blumenkrone befreite Blüthe einer Leguminose. Staubgefässe bilden 2 Bündel (*b* und *d*). *a* Kelch, *c* Pistill.

Pflanzenfamilien unter sich **verwachsen** (*filamĕnta connata*), wie z. B. am Grunde, an der Spitze (*basi, apĭce connata*), die Staubgefässe heissen aber **brüderig** (*stamĭna adelpha s. adelphĭca*) und zwar ein-, zwei- und vielbrüderig (*st. monadelpha, diadelpha, polyadelpha*), wenn die Filamente zu einer, zwei oder mehr Röhren oder Gruppen verwachsen sind, wie bei den Leguminosen.

Sind dagegen die Filamente frei, die nach innen liegenden Antheren (*anthērae introrsae*) mit ihren Rändern zu einer Röhre verwachsen, so sind die Staubblätter synantherisch (*stamĭna syngenesĭa s. synantherĕa*). Diese Verwachsung der Antheren (*syngenesĭa*) unterscheidet man als unecht, wenn die Staubbeutel nach aussen liegen (*anthērae extrorsae*). Die Syngenesia bildet die 19. Klasse des *Linné*'schen Sexualsystems und umfasst die Korbblüthler oder Compositen.

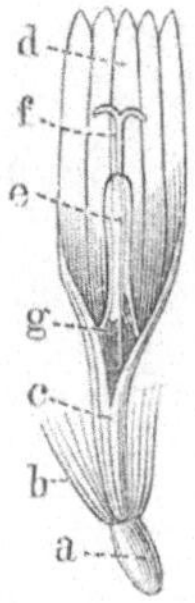

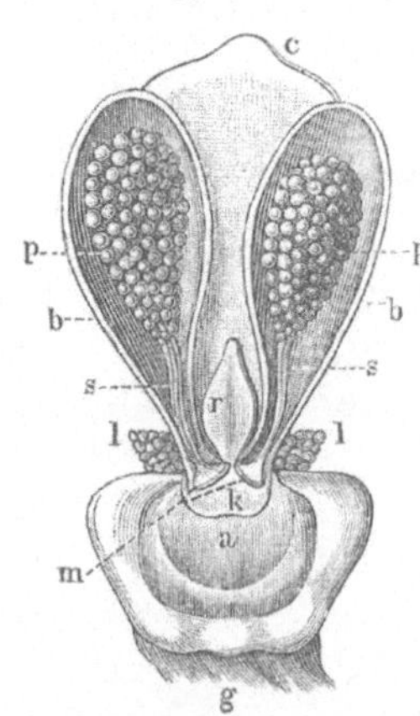

Strahlenblüthe einer Composite. *e* verwachsene Antheren, *f* Pistill. Vergr.

Die Staubblätter mit dem Griffel oder Stempel (*stylus*) verwachsen oder demselben aufgewachsen (*stamĭna gynāndra*) finden wir bei den Orchideen, welche der 20. Klasse (*Gynandrĭa*) des *Linné*'schen Sexualsystems angehören.

Fig. 327.

Unechte Verwachsung der Antheren. (*Cucurbĭta Pepo*).

Fig. 328.

pp Staubgefässe (Pollinarien). *a* Narbenfleck (*gynixus*), Theil einer Orchideenblüthe. Vergr.

Fig. 329.

Pistill von *Aristolochĭa Clematītis*. *Filamenta cum stylo ad columnam connāta*.

Der Staubfaden als ein dem Blattstiel entsprechender Theil des Staubgefässes nimmt auch wie dieser verschiedene Formen an oder ist mit Nebentheilen (Anhängseln) versehen, welche den Nebenblättern (*stipŭlae*) entsprechen. Er ist verbreitert (*filamentum dilatātum*), oder nur an der Spitze, am Grunde (*apĭce, basi dilatātum*), wenn er sich blattartig ausdehnt; blumenblattartig (*petaloïdĕum*), wenn er sich in Gestalt und Farbe dem Blumenblatte nähert; geflügelt (*alātum*); zweispaltig (*bifĭdum*); dreispitzig, dreispaltig (*tricuspidātum*); mit einem Zahne versehen (*denticulo laterali instructum*); mit einem Anhängsel versehen (*appendiculātum*); mit einem Fortsatze versehen (*processu instructum*) etc.

Fig. 330.

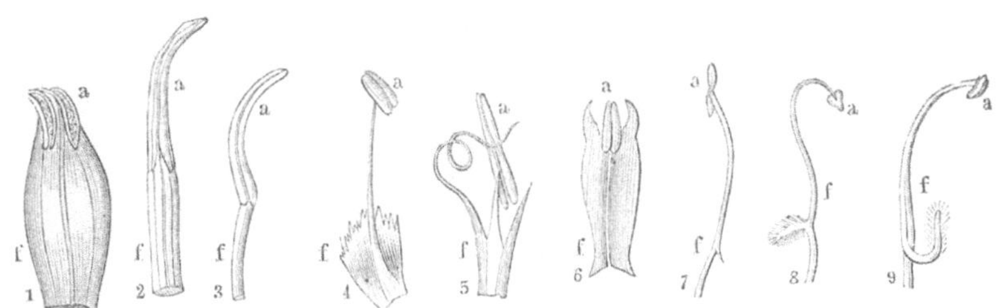

a Anthere. *f* Staubfaden. 1. Staubfaden der äusseren, 2. der mittleren, 3. der innersten·Staubblätterkreise von *Nymphaea alba, 1 Filament. petaloïdĕum* (natürl. Grösse). 4. *Fil. alatum* (*Zygophyllum foetidum*), vergr. 5. *Fil. apice dilatatum et tricuspidatum* (*Allium sativum*), vergr. 6. *Fil. bifidum* (*Ornithogălum nutans*). 7. *Fil. denticulo instructum* (*Rosmarīnus officinālis*), vergr. 8. *Fil. processu instructum* (*Ocĭmum basilicum*), vergr. 9. *Fil. basi appendiculātum* (*Phlomis tuberōsa*), vergr.

Bemerkungen. *Anantherātus, a, um*, zusammengesetzt aus *α* (Alpha privativum), vor Vokalen *αν* (an), und *antheratus*, mit einer Anthere versehen. — *Didynămus, tetradynămus, a, um*, zusammengesetzt und gebildet aus *δι-* (di-) zwei, *τέτρα* (tetra, vier) und *δύναμις* (dynămis), Macht, Mächtigkeit. — *Adelphus, a, um*, von d. griech. *ἀδελφός* (adelphos), Bruder. — *Syngenesius, a, um*, gebildet aus *σύν* (syn), zusammen, und *γεννάω* (gennaō), erzeugen. — *Synantherĕus, a, um*, von *σύν* und *ἀνθηρός, ά, όν* (anthäros, a, on), blühend. *Anthēra*, der Staubbeutel. — *Gynāndrus, a, um*, zusammengesetzt aus *γυνή* (gynä), Weib, und *ἀνήρ*, Genitiv *ἀνδρός* (anär, andros), Mann. — *Extrorsum* ist ein von den Botanikern in neuerer Zeit eingeführtes, also neu lateinisches Wort, dem alt lateinischen *introrsum* nachgebildet.

Lection 50.

Der Stempel.

Den innersten und letzten Blattwirtel einer vollständigen Blüthe nehmen die **Fruchtblätter** *(carpella)* ein. Dieselben bilden den **Stempel** oder das **Pistill** (*pistillum*), das weibliche Befruchtungsorgan, aus welchem nach der Befruchtung die Frucht hervorgeht. An dem Stempel unterscheidet man zwei wesentliche Theile, den **Fruchtknoten** (*germen, ovarĭum*), den untersten, mehr oder weniger verdickten Theil, welcher die Anlage zu den Samen, die Samenknospen, **Eichen** (*ovŭla*), umschliesst, und die

Narbe (*stigma*), den obersten Theil, welcher von dem in die Höhlung des Fruchtknotens führenden Narbenkanal (*canālis stigmaticus*) durchzogen ist, welcher die Höhle des Fruchtknotens mit der äusseren Luft in Verbindung setzt und mit Papillen, zur Aufnahme des Pollen bestimmt, ausgekleidet ist. Am häufigsten sind Fruchtknoten und Narbe durch eine röhrenförmige Verlängerung des Fruchtknotens, den Griffel (*stylus*), verbunden. Den Griffel durchzieht die Verlängerung des Narbenkanals. Er wird

Fig. 331.   Fig. 332.   Fig. 333.

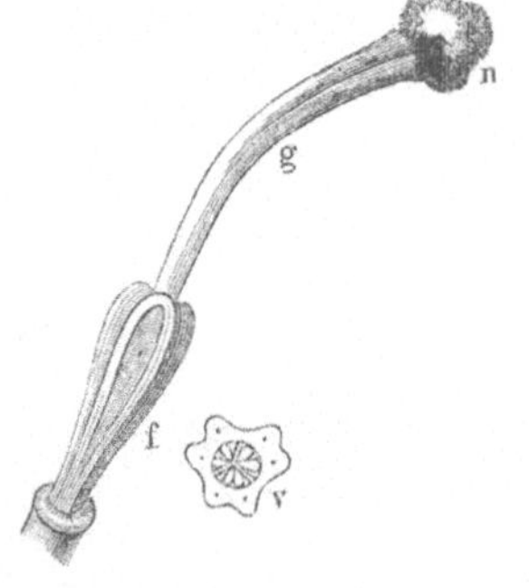 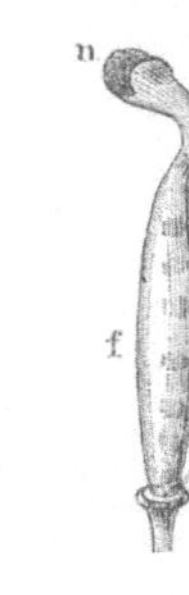 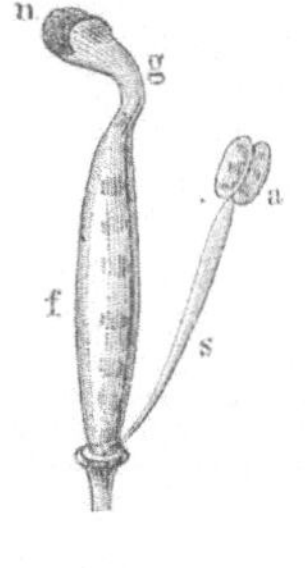 

Pistill von *Lilium Martāgon. n* Narbe, *g* Griffel, *f* Fruchtknoten, *v* Querdurchschnitt des Fruchtknotens.

Pistill von *Chelidonium majus. n* Narbe, *g* kurzer Griffel. *f* Fruchtknoten, *s* Staubfaden, *a* Anthere. Vergr.

Pistill von *Papaver dubium. n* sitzende Narbe (*stigma sessīle*).

daher auch einfach Staubweg genannt. Fehlt der Griffel oder ist er so verkürzt, dass die Narbe dem Fruchtknoten aufzusitzen scheint, so bezeichnet man die Narbe als sitzende (*stigma sessīle*).

Fig. 334.   Fig. 335.

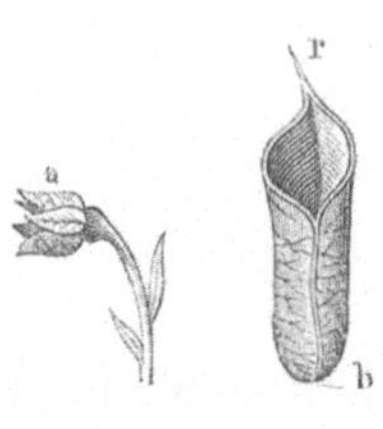 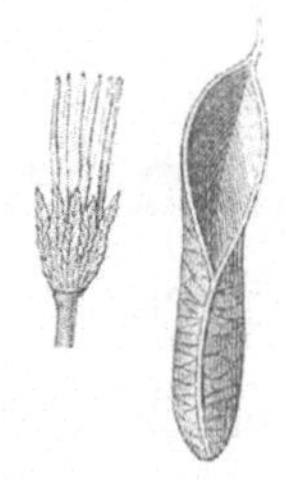

a Pistill von *Aconītum. rb* ein einzelnes ausgewachsenes aufgesprungenes Carpell, die Bildung aus einem Blatte zu zeigen, *r* Rückennath, *b* Bauchnath.

Pistill von *Aquilegia vulgāris.* Links sterile Staubfäden, rechts ein aufgesprungenes, aus einem Fruchtblatte gebildetes Carpell.

Das Pistill ist in Rücksicht auf seine Entwickelung entweder ein reines Blattgebilde, oder ein Axengebilde, oder zum Theil Axen-, zum Theil Blattgebilde, und man unterscheidet Blattpistille, Axenpistille und Axenblattpistille.

Das Blattpistill entsteht aus der Umwandlung eines oder mehrerer Blattorgane. Besteht es aus einem einzigen Fruchtblatte, so ist es ein eingliedriges (*pistillum monomĕrum*), besteht es aus mehreren unter sich verwachsenen Fruchtblättern, so heisst es mehrgliederig (*pleiomĕrum*). An dem eingliedrigen Pistill lässt sich eine **Bauch**- und **Rücken**-nath unterscheiden. Die erstere (*sutūra ventrālis*) entsteht durch die Vereinigung der beiden Blattränder, die andere, die **Rücken**-nath (*sutūra dorsālis*), wird durch die Mittelrippe (*costa media*) des Blattes dargestellt und ist, da sie nicht durch Verwachsung zweier Ränder entsteht, genau genommen auch keine Nath. Die nach dem Centrum der Blüthe hin gerichtete Nath ist die Bauch-nath, die nach aussen liegende die Rückennath.

Das mehrgliedrige Pistill entsteht, wenn mehrere Frucht-blätter einfach mit ihren Rändern verwachsen oder wenn in einen Kreis gestellte Fruchtblätter sich an ihren Rändern einrollen

Fig. 336.   Fig. 337.   Fig. 338.

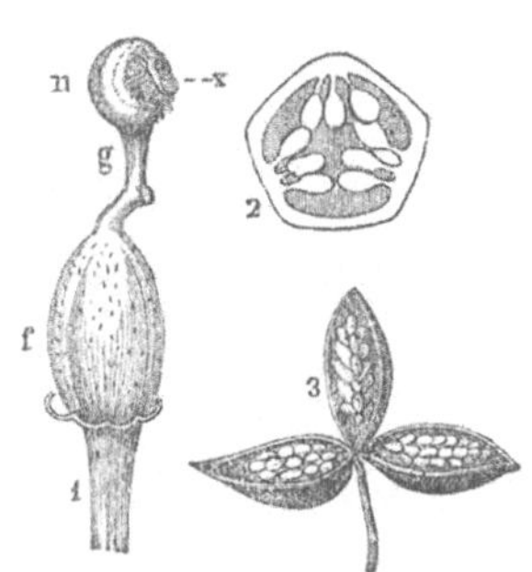

Durchschnitt eines drei-gliedrigenPistills (ideale Figur).

Durchschnitt des Pistills von *Papāver somnifĕrum*, als Bei-spiel eines vielgliedrigen Pistills.

1. Dreigliedriges Pistill von *Viŏla tricŏlor*. n Narbe, g Griffel, f Fruchtknoten. Vergr. 2. Durchschnitt des Fruchtknotens. 3. Fruchtkapsel, aufgesprungen.

und mit den sich berührenden Flächen verwachsen. In diesem Falle entstehen echte **Scheidewände**. Die echten Scheide-wände sind stets schon im Fruchtknoten vorhanden, die unechten bilden sich später.

Die Zahl der verwachsenen Fruchtblätter entspricht ge-wöhnlich der Zahl der Griffel und Narben, und wenn diese ver-wachsen sind, der Zahl der Lappen oder Strahlen der Narbe. Siehe oben Fig. 333.

Das **Axenpistill** (Stengelpistill) bezeichnet schon durch seinen Namen, dass es nicht aus Blattorganen hervorgeht. Es unterscheidet sich vom Blattpistill, welches entsprechend der Ent-wickelung eines Blattes die Spitze erst bildet und an der Basis wächst, dadurch, dass es die Basis zuerst bildet und an der Spitze wächst. Während beim Blattpistill zuerst Narbe und Griffel zur Entwickelung gelangen und dann der Fruchtknoten, entwickelt sich beim Axenpistill zuerst der Fruchtknoten, und dann folgt die Bildung von Griffel und Narbe.

Das Axenpistill findet man wie das Blattpistill mehrgliederig, aus mehreren Blattorganen gebildet. Daraus folgt, dass die Axe innerhalb der Blüthe in blattartige Formen übergeht, sich also die Terminalknospe der Länge nach in so viel blattartige Stengel theilt, als das Pistill Glieder enthalten soll. Durchschneiden wir den Fruchtknoten eines Liniengewächses, so finden wir denselben **dreigliederig** (*pist. trimĕrum*), drei in Blätter (Axenblätter) verwandelte Axentheile an ihren Rändern eingerollt und mit den sich berührenden Flächen verwachsen, echte Scheidewände bildend. (Vergl. oben Fig. 331, *v*). Bei den Schmetterlingsblüthlern (Papilionaceen) finden wir zweigliedrige Axenpistille, aus zwei Axenblättern gebildete Pistille. Bei den Liliaceen und Papilionaceen werden vorwiegend Axenpistille angetroffen.

Fig. 339.

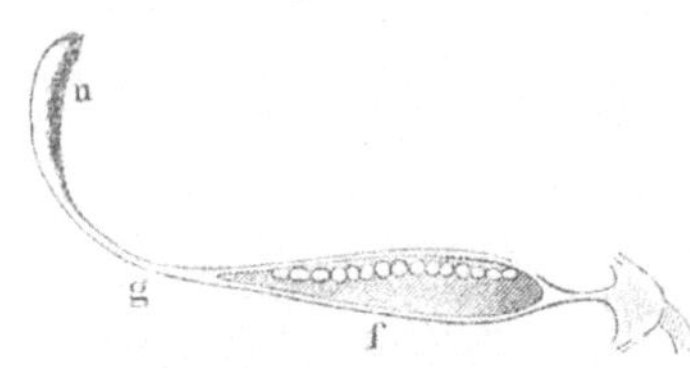

Pistill einer Papilionacee. *n* Narbe, *g* Griffel, *f* Fruchtknoten längs durchschnitten.

Das **Axenblattpistill** ist am unteren Theile Axengebilde, oberhalb Blattgebilde, wie bei den Blüthen der Compositen z. B. mit dem Fruchtknoten Axengebilde, mit dem Griffel und der Narbe Blattgebilde. Man erkennt es daran, dass der Fruchtknoten die Blüthenblätterkreise trägt. Da aus einem Fruchtknoten, welcher aus Blattorganen gebildet ist, sich auch keine Blattorgane entwickeln können, so folgt daraus, dass er, wenn er die anderen Blüthenblätterkreise entwickelt, Axenorgan sein muss.

Bei dem Blattpistill und Axenpistill finden wir die übrigen Blüthenblätterkreise an der Basis oder unterhalb des Fruchtknotens eingefügt, die Blüthenblätterkreise stehen also unterhalb des Fruchtknotens, oder dieser steht über den Anheftungspunkten der Blüthenblätterkreise. Das Pistill oder der Fruchtknoten dieses Pistills ist also stets **oberständig** (*pistillum vel germen supĕrum*). Beim Axenblattpistill, bei welchem die übrigen Blüthenblätterkreise über dem Fruchtknoten hervortreten, heisst

Fig. 340.

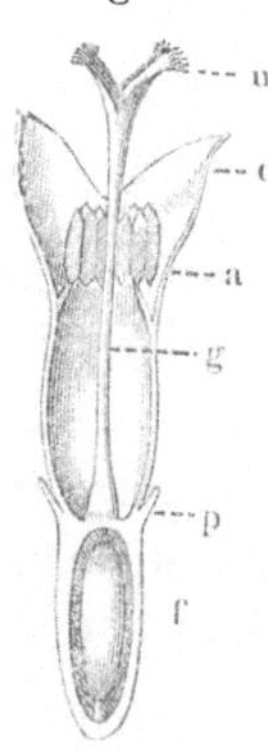

Axenblattpistill. Durchschnitt einer Scheibenblüthe von *Pyrĕthrum Parthenĭum*. *f* Fruchtknoten, *g* Griffel, *n* Narbe, *a* die um den Griffel in eine Röhre verwachsenen Antheren, *c* Blumenkrone, *p* Pappus.

es dagegen unterständig (*pist. v. germen infĕrum*). Eine Mittelform des Axenblattpistills ist der halbober- oder halbunterständige Fruchtknoten (*germen semiinfĕrum s. semisupĕrum*), wenn der untere Theil des Fruchtknotens aus der Axe, sein oberer Theil aus Blattorganen gebildet ist.

Lection 51.

Entwickelung des Blüthenbodens. Stellung des Pistills und der anderen Blattkreise der Blüthe. Insertion.

In der vorigen Lection war beiläufig die Rede von oberständigen, unterständigen und halbunterständigen Pistillen. Blattpistill und Axenpistill waren immer oberständig, das Axenblattpistill ganz oder halb unterständig. Sehen wir uns diese Verhältnisse näher an.

Nachdem der Frucht- oder Blüthenboden (*receptacŭlum, thalămus*), den wir als eine unentwickelte Axe betrachten, aus seinen untersten Knoten die Blüthenblattkreise (Perigon, Kelch-, Blumenblätter, Staubblätter) entwickelt hat, wächst er noch oben zu einem Säulchen (*columella*) aus. Unten oder am Grunde des Säulchens geht gleichzeitig die Entwickelung der Fruchtblätter (*carpophylla*) vor sich, welche um das Säulchen, das als Axenorgan die Samenknospen, die Eichen (*ovŭla*), entwickelt und trägt, mit ihren Rändern

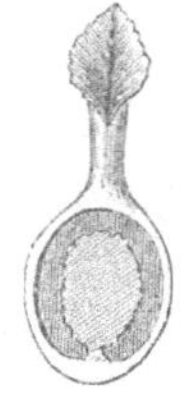

Fig. 341.

*Pistillum simplex.
Sporophŏrum centrale
libĕrum* (Wasserschlauch, *Utricularĭa
vulgāris*). Am Fruchtknoten vertical durchschnitten. Vergr.

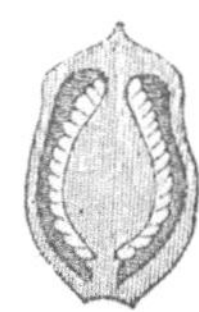

Fig. 342.

*Sporophŏrum centrale,
dissepimento adnātum.*
(*Hyoscyămus nigĕr*).
Längsdurchschnitt
des Fruchtknotens.

verwachsen und ein Gehäuse, den Fruchtknoten oder den einfachen Stempel (*pistillum simplex*), bilden. Das Säulchen steht entweder in der Mitte der Stempelhöhle und bildet einen freien mittelständigen Samenträger (*sporophŏrum centrāle libĕrum*), oder es theilt sich in mehrere Theile (Gefässbündel), deren Zahl gewöhnlich mit der der Fruchtblätter übereinstimmt. In diesem Zustande können mehrere Verhältnisse obwalten. Die Säulchentheile stehen frei in der Mitte, Eichen entwickelnd, als mittelständige Samenträger (*sporophŏra centralĭa*), oder je ein Theil

(Gefässbündel) verwächst zum Theil oder ganz mit einem Fruchtblatt und bildet einen wandständigen Samenträger (*sporophŏrum parietāle*), oder um je einen Theil des Säulchens legt sich damit verwachsend ein Fruchtblatt, welches mit seinen Rändern verwächst und es entstehen so viel Einzelfrüchte (*carpella*), als Säulchentheile oder Fruchtblätter zur Entwickelung kamen. In diesem Falle ist der Stempel ein vielfacher (*pistillum multĭplex*), es können aber die Einzelfrüchte gesondert (*carpella distincta*) bleiben, oder sie verwachsen zu einem Stempel, welcher dann

Fig. 343.   Fig. 344.   Fig. 345.

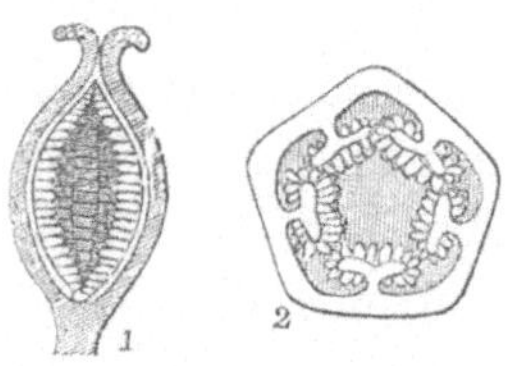

Sporophŏra parietalĭa (Parnassia palustris), 1. Verticaldurchschnitt des Stempels (Vergr.). 2. Horizontaler Durchschnitt des Fruchtknotens.

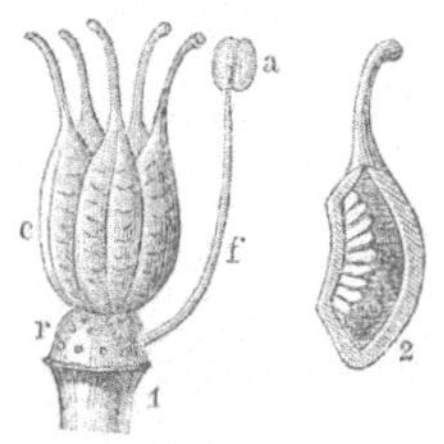

1. Pistill von *Hellebŏrus niger*. *r* Blüthenboden, *f* Staubfaden, *a* Staubbeutel. *c pistillum multĭplex e carpellis distinctis compositum*. 2. Einzelnes Carpell im Verticalschnitt.

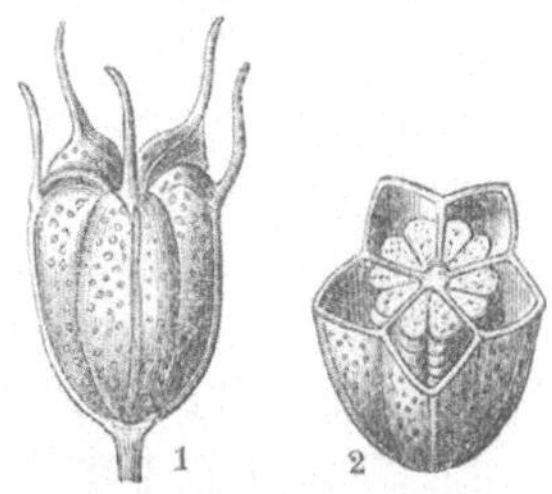

Pistillum multĭplex, pluriloculāre. (Nigella satĭva). 1. *Carpellae connatae*. 2. Querschnitt durch die verwachsenen Carpellen, das *sporophŏrum centrāle adnātum* zeigend. Echte Scheidewände.

so viele Fächer (*locŭli*) zählt, als die Zahl der verwachsenen Carpellen beträgt. Ein solcher Stempel ist ein mehrfächriger (*pistillum pluriloculāre*).

Da die Gefässbündel des Säulchens stets der Axe der Blüthe zugekehrt sind, so fliessen sie bei der gedachten Verwachsung der Carpellen zusammen und bilden einen mittelständigen Samenträger, welcher mit den Scheidewänden verwachsen ist, einen angewachsenen Samenträger (*sporophŏrum centrāle adnātum*). Insofern hier jede Scheidewand durch Verwachsung zweier benachbarter Fruchtblätter gebildet wird, so ist sie auch eine doppelte (*dissepimentum duplum*). Die in dieser Art gebildeten Scheidewände, also die aus Fruchtblättern entstandenen, nennt man echte (*dissepimenta vera*).

In manchen Pistillen sehen wir auch Scheidewände entstehen, indem das mittelständige Säulchen flügelartige Fortsätze nach der Peripherie ausschickt, welche hier mit den Fruchtblättern verwachsen, also centrifugale Scheidewände (*dissepimenta centrifŭga*) bilden, oder es geschieht, dass die Mittelnerven der Fruchtblätter sich gegen das Mittelsäulchen einbiegen und damit verwachsen, also c e n t r i p e t a l e Scheidewände (*dissepimenta centripèta*) darstellen. Diese Scheidewände nennt man u n e c h t e (*spuria*). Sie sind nicht doppelt, sondern stets e i n f a c h (*simplicia*).

Das Axenblattpistill ist zum Theil Axen-, zum Theil Blatt-organ. Gewöhnlich entwickeln sich die übrigen Blüthenblatt-kreise an ihm ungefähr in der Höhe, in welcher die Frucht-blätter entspringen. Wenn der Fruchtknoten ganz Axenorgan ist, die Fruchtblätter nur seine oberste Decke, oder nur den Griffel, oder die Narbe bilden, so ist das Pistill auch ein u n t e r - s t ä n d i g e s (*pistillum infèrum*), d. h. ein Pistill, dessen Frucht-knoten (*germen*) unterhalb der anderen Blüthenblattkreise steht. Nehmen aber die Fruchtblätter einen solchen Antheil an der Bildung der Fruchtknotenhöhle, dass der Fruchtknoten zu einem beträchtlichen Theil in die Blüthenblattkreise hineinragt, so ist das Pistill ein h a l b u n t e r s t ä n d i g e s (*p. semiinfèrum*). Die o b e r - s t ä n d i g e S c h e i b e (*discus epigýnus*) entsteht, wenn die Frucht-blätter zu einer Scheibe verwachsen und einen unterständigen oder halbunterständigen Fruchtknoten bedecken oder gleichsam krönen. Vergl. Fig. 358, S. 197.

Da der unterständige Fruchtknoten nicht aus Fruchtblättern gebildet ist, so kann er auch n i e e c h t e Scheidewände enthalten, doch können sich in ihm unechte, sowohl centrifugale wie centri-petale Scheidewände ausbilden.

Zu bemerken ist noch, dass die Samenträger (*spermophŏra, sporophŏra*) auch S a m e n l e i s t e n (*placentae*) genannt werden.

Bemerkungen. *Sporophŏrum, Spermophŏrum*, Samenträger, von σπορά (spora), σπέρμα (sperma), Same, und φορός, όν (phoros, on), tragend; φέρω (phero), tragen. — *Carpellum, i*, Einzelfrucht, Früchtchen, Diminutiv von καρπός (kar-pos), Frucht. — *Epigýnus, a, um*, oberhalb des Fruchtknotens, des Stempels befindlich; von ἐπί (epi), darauf, über, oberhalb, und γυνή (gynä), Weib.

Lection 52.

Stellungsverhältnisse der Fruchtblätterkreise. Insertion. Verschiedene Ent-wickelung des Blüthenbodens. Unterkelch.

Die gegenseitigen Stellungsverhältnisse der Blüthenblattkreise bezeichnet man mit I n s e r t i o n (*insertio*). Das wichtigste unter den Stellungsverhältnissen ist dasjenige der Blüthenblattkreise zu dem Pistill oder Fruchtknoten, als dem weiblichen und wichtigsten Befruchtungsorgane der Blüthe.

Der Fruchtboden oder Blüthenboden (*receptacŭlum, thalămus*) bildet sich verschieden aus und nimmt verschiedene Gestalten an, welche auf die Stellung der Blüthentheile von wesentlichem Einflusse sind.

Der Blüthenboden ist z. B. scheibenförmig, halbkugelig oder kugelförmig, und sämmtliche Blüthenblattkreise sind ihm durch Gliederung eingefügt, wie wir es z. B. beim Hahnenfuss (*Ranuncŭlus*), Fig. 238, gesehen haben. *De Candolle* nennt die Pflanzen mit solchen Blüthen fruchtbodenblüthige (*thalămiflōrae*). Hier nimmt das Pistill den höchsten und mittelsten Platz ein, Kelch-, Blumen- und Staubblätter sind zugleich unterhalb des Pistills eingefügt, und man sagt von ihnen, dass sie eine unter-

Fig. 346.

Hypogynische Insertion, Blüthe einer Crucifere (*Cochlearia officinālis*) im Secantenschnitt. *germen supĕrum; corolla, stamina hypogўna.* *g* Fruchtknoten, *n* Narbe und Griffel, *a* Staubbeutel, *s* Kelchblätter, *p* Blumenblätter. (4 fache Linearvergr.)

Fig. 347.

Hypogynische Insertion. Blüthe einer Juncee (Binse).

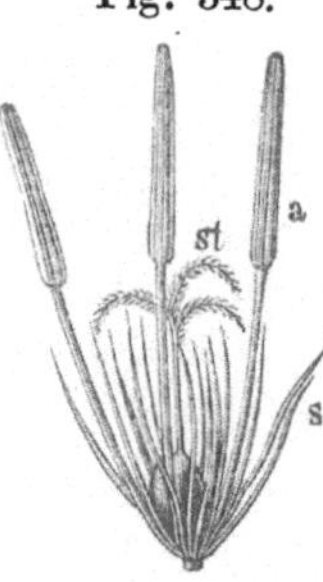

Fig. 348.

Hypogynische Insertion (Blüthe einerCyperacee). *s* die das Perigon vertretenden Borsten, *st* Narbe, *a* Staubbeutel.

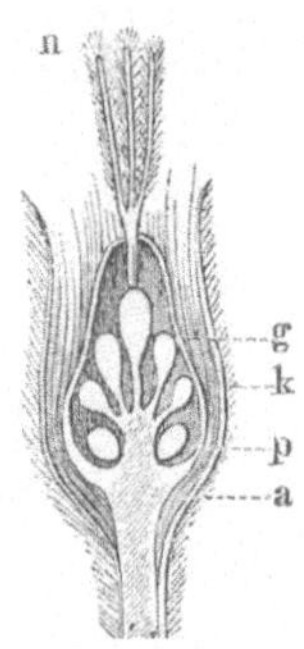

Fig. 349.

Pistill der Rade (*Agrostemma Githāgo*). *g* Fruchtknoten, *n* Narbe, *k* Kelch, *p* Blumenkrone, *a* anthophŏrum. (Vergr.)

weibige, unterständige Insertion (*insertio hypogўna*) haben. Eine ähnliche hypogyne Stellung der Blüthenblattkreise finden wir bei der Lilie (*Lilium*), der Maiblume (*Convallaria*), den Gräsern, den Kreuzblüthlern etc.

Die Entwickelung der einzelnen Stengelglieder des Blüthenbodens ist oft eine ganz abweichende. Es entwickelt sich z. B. das Stengelglied zwischen den Kreisen der Kelchblätter und Blumenblätter vorwiegend in der Länge und erzeugt den sogenannten Blüthenträger (*anthophŏrum*, von einigen Botanikern auch *gynophŏrum* genannt), welcher als ein innerhalb des Kelches befindlicher, Blumen- und Staubblätter tragender Stiel erscheint. Man findet den Blüthenträger besonders bei den Caryophyllaceen (Sileneen).

Wenn der Blüthenboden an seinem obersten Stengelgliede, welches das Pistill trägt, zu einer Scheibe auswächst, so stellt dieser verbreitete Theil eine hypogynische Scheibe (*discus hypogȳnus*) dar. Wächst dasselbe Stengelglied aber in die Länge aus, so entsteht ein Stempelträger (*gynophŏrum*). Ein ähnlich verlängertes Stengelglied zwischen Blumen- und Staubblattkreis, welches also die Staubblätter trägt, hat man Staubblattträger (*androphŏrum*) genannt.

Fig. 350.

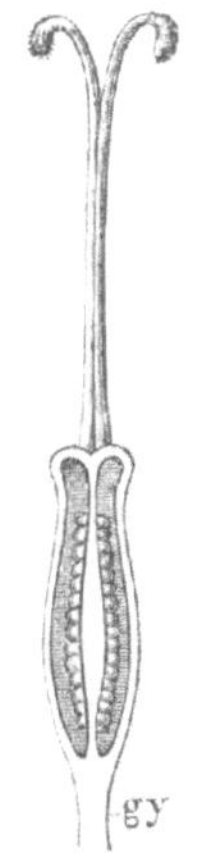

Fig. 351.

Fig. 352.

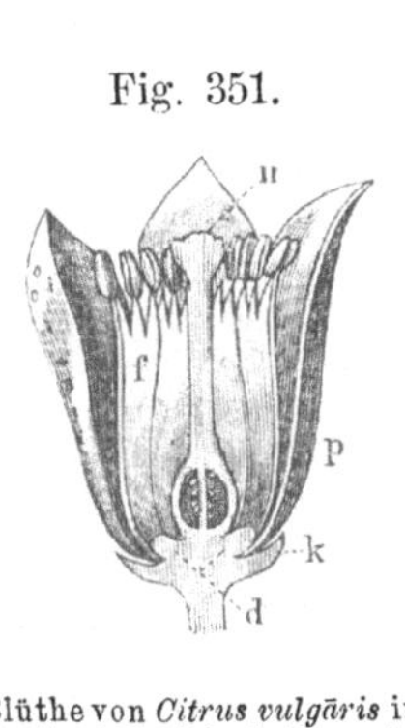

Pistill mit vertical durchschnittenem Fruchtknoten des Seifenkrautes (*Saponarĭa officinālis*). *Sporophŏrum centrāle. gy Gynophŏrum*, eigentlich ein *Anthophŏrum* wie bei *Agrostemma Githāgo*. (Vergr.)

Blüthe von *Citrus vulgāris* im Verticalschnitt. *d discus hypogȳnus, k* Kelch, *p* Blumenblätter, *n* Narbe, *f* verwachsene Staubblätter.

Blüthe von *Cleŏme palmĭpes* Schult. *gg Gynophŏrum, an Androphŏrum, c* Blumenkrone, *k* Kelch.

Wenn der Blüthenboden, welchen wir in seiner einfachsten Form als einen unentwickelten, aus verkürzten Internodien bestehenden Axentheil ansehen, sich zu einer concaven Scheibe, oder zu einem becher-, krug- oder röhrenförmigen Körper ausbildet und zugleich mit dem Kelche in der Art verwächst, dass Kelch und Blüthenboden nur einen Körper zu bilden scheinen, so stellt er ein Organ dar, welches man (nach *Link*) Unterkelch (*hypanthĭum*) nennt. Der Rand (*margo*) des Unterkelchs ist da, wo die Kelchblätter frei werden, wo ihre Verwachsung unter einander und mit dem Blüthenboden aufhört und sie sich als Zipfel nach aussen biegen. Hier, wo die Kelchblätter (nach *Link* Oberkelch, *perianthĭum*) dem Rande des Unterkelches zu entspringen scheinen, sind gewöhnlich die Blumenblätter und auch oft die Staubblätter eingefügt. *De Candolle*

Fig. 353.

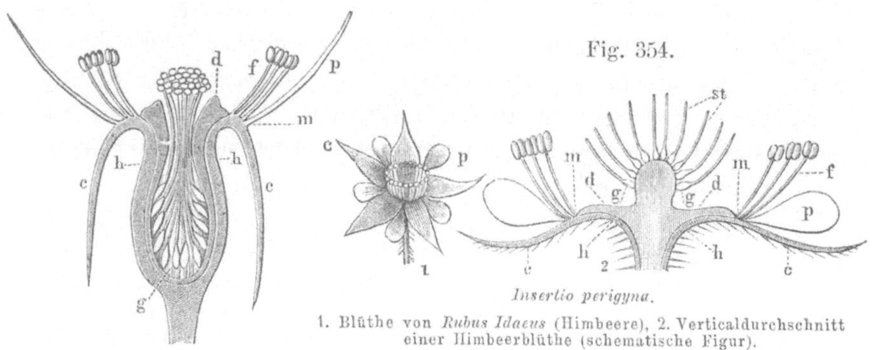

Insertio perigўna.
Verticaldurchschnitt einer Rose
(*Rosa canīna*). (Schematische
Figur.)
h Unterkelch (*hypanthĭum*), *c* Kelchblätter, Oberkelch (*perianthĭum*), *m* Rand (freier) des Unterkelchs,
p Blumenblätter, *d* Scheibe (*discus*), durch Verwachsung der Fruchtblätter entstanden, *g* Fruchtknoten,
Carpellen, *st* Griffel, *f* Staubblatt.

Fig. 354.

Insertio perigyna.

1. Blüthe von *Rubus Idaeus* (Himbeere), 2. Verticaldurchschnitt
einer Himbeerblüthe (schematische Figur).

nannte Pflanzen mit einem solchen Unterkelch kelchblüthige (*calўciflōrae*), weil die Blumenblätter scheinbar dem Kelche aufgesetzt sind.

Der Unterkelch ist entweder ganz oder bis zu seinem äussersten Rande mit dem Fruchtknoten verwachsen, oder der Rand des Unterkelches erhebt und verlängert sich mehr oder weniger über den Fruchtknoten hinaus und erscheint als freier (nicht verwachsener) Rand (*margo liber hypanthii*).

Bei diesem mit Unterkelch (*hypanthĭum*) verwachsenen Blüthenboden treffen wir auf unterständige und halbunterständige Stempel. Da der Fruchtboden Axenorgan ist, so können auch die Eichen in der Höhle des Unterkelches unmittelbar der Wandung aufsitzen, es giebt jedoch auch hier mittelständige und wandständige, Eichen tragende Ausbreitungen oder Samenträger.

Blumenblätter und Staubblätter sind umständig oder perigynisch (*corolla perigўna, stamina perigўna*), wenn sie aus dem freien Rande oder der inneren Wand des Unterkelches entspringen. Sie sind aber oberständig oder epigynisch (*corolla, stamĭna epigўna*), wenn sie dem äussersten, nicht freien Rande des Unterkelches eingefügt sind.

Fig. 355.

Fig. 356.

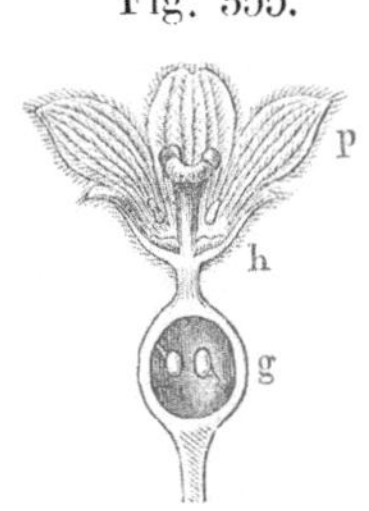

Blüthe im Verticalschnitt von der Zaunrübe (*Bryonia alba*). *h Hypanthium. p corolla perigўna, g germen injĕrum.*

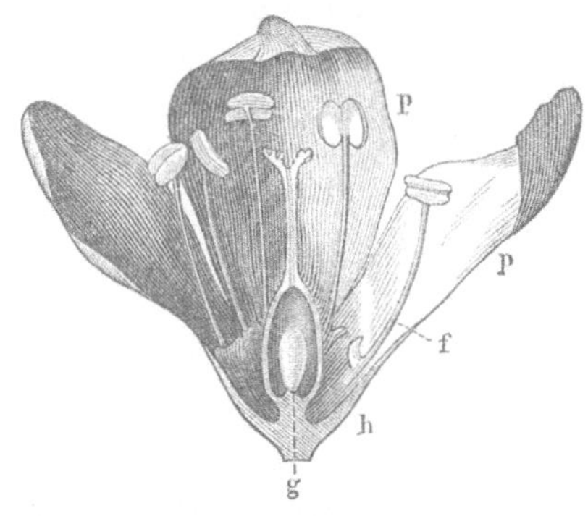

Blüthe eines Knöterig (*Polygŏnum*), stark vergrössert. *h p Perigonium hypogўnum, f stamina perigўna, g germen supĕrum.*

Fig. 357.

Fig. 358.

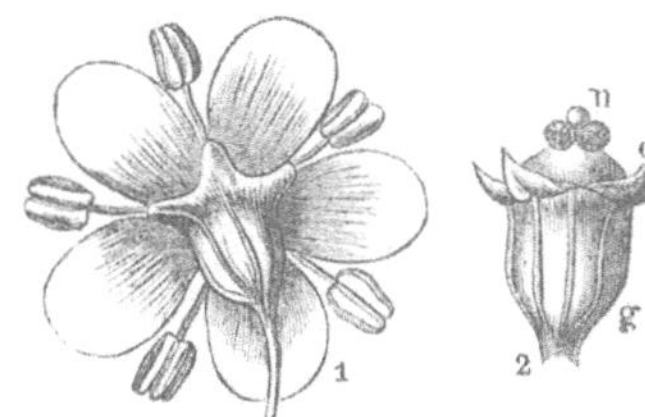

(*Sambūcus nigra*). *Insertio epigўna.* 1. Blüthe von unten gesehen (4 fache Lin. Vergr.). 2. *Germen semiinferum, c calyx epigynus, n stigma.* (Vergrössert.)

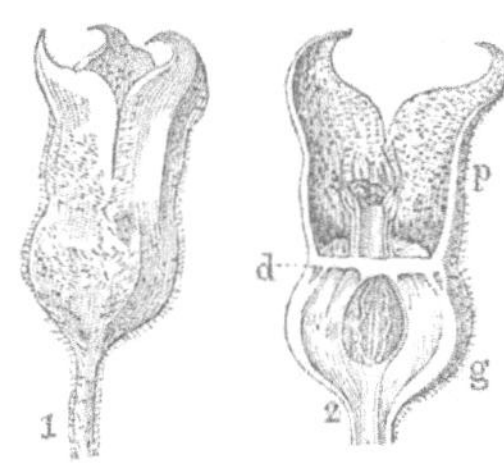

(*Asărum Europaeum*). *Insertio epigўna.* 1. Blüthe, 2. Verticaldurchschnitt derselben. *p Perigonium epigўnum, g germen inferum. Stamina disco epigyno (d) inserta.*

Bemerkungen. Insertión; lat. *insĕro, serŭi, sertum, ĕre,* hineinfügen, einfügen; *insertus, a, um,* eingefügt. — *hypogўnus, perigўnus, epigўnus, a, um,* griech. ὑπό (hypo), unter; περί (peri), um, herum; ἐπί (epi), auf, über, oberhalb; γυνή (gynä), Weib. — *Anthophŏrum, Gynophŏrum, Androphŏrum* (Blumen-, Weib-, Mannträger), griech. ἄνϑη oder ἄνϑος (anthä oder anthos), Blume, φορός, φορόν (phoros, phoron), tragend, φέρω (phero), tragen; γυνή, Weib; ἀνήρ, ἀνδρός (anär, Gen. andros), Mann. — *Hypanthĭum* (unter der Blüthe befindliches), von ὑπό unter, und ἄνϑος (anthos), Blüthe. — *Perianthĭum* (um die Blüthe herum befindliches); περί (peri), um, herum.

Lection 53.

Griffel. Narbe.

Der Griffel *(stylus)* ist eine Röhre, entweder aus der Verwachsung von Fruchtblättern entstanden, oder beim Axenpistill eine Verlängerung der Axe, welche die Fruchtknotenhöhle mit der Narbe verbindet. Beim einfachen Pistill sind meist die aus den einzelnen Fruchtblättern entspringenden Griffel zu einem einzigen verwachsen, oft aber auch gesondert. Wo das Pistill aus freien Carpellen besteht, hat gemeiniglich auch jedes Carpell seinen Griffel, mitunter jedoch findet man die Griffel unter sich auch zu einem Griffel verwachsen, welcher sich dann wieder an seinem oberen Ende theilt.

Fig. 359.

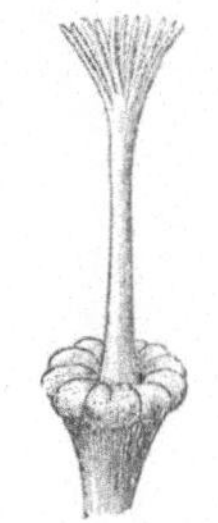

Althaea officinālis.
Griffel der Carpellen verwachsen und oberhalb wieder getheilt. (Etwas vergr.)

Der Griffel ist endständig (*stylus terminālis s. apicālis*), wenn er auf der Spitze des Fruchtknotens steht (Fig. 360), seitenständig (*laterālis*), wenn er neben oder unter der Spitze des Fruchtknotens, und grundständig (*basilāris, basālis*), wenn er am Grunde des Fruchtknotens entspringt. Sind im letzteren Falle die Griffel mehrerer freier Car-

Fig. 360.

Fig. 361.

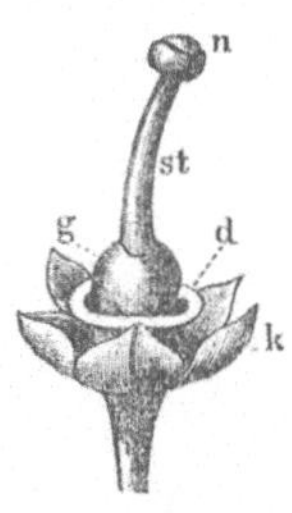

Citrus vulgāris st. stylus apicālis,
n stigma umbilicatum (genabelt),
g germen, d discus hypogўnus, k calyx.

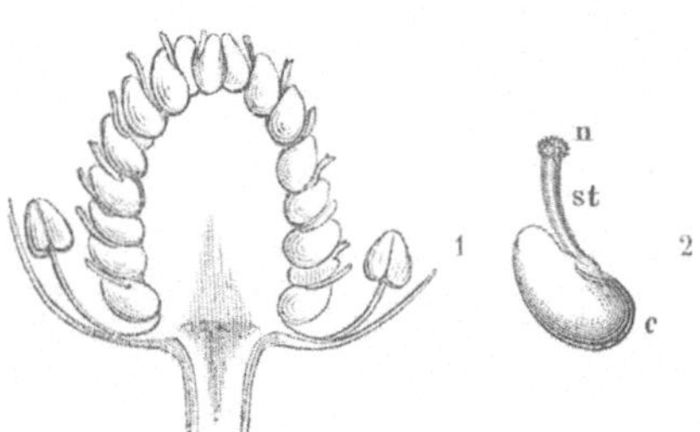

Fragaria vesca. 1. Unterkelch mit convexem Boden im Durchschnitt, vergr., Griffel sitzen seitlich auf den Carpellen. 2. Einzelnes Carpell (vergr.). *st* Griffel, *n* Narbe.

pellen mit einander verwachsen, so dass der Griffel scheinbar dem Blüthenboden entspringt, so bezeichnet man ihn mit gynobasisch (*stylus gynobasĭcus*).

Eine besondere Bekleidung der Griffel sind die Sammelhaare (*pili collectōres*), welche den Zweck haben, beim Oeffnen der Antheren die Pollenkörner aufzufangen. Man findet sie bei den Leguminosen, der Glockenblume (*Campanŭla*) und vielen anderen. Der damit bekleidete Griffel wird gewöhnlich bärtig (*stylus barbātus*) genannt. Die Sammelhaare sind Zellen, jedoch keine Epidermalgebilde, sondern ihre Basis erstreckt sich tief bis in das Parenchym des Griffels. Hat die Narbe ihre Geschlechtsreife erreicht, so stülpen sich gewöhnlich die Spitzen ein und treten in das untere Lumen der Zelle theilweise oder ganz herab.

Fig. 362.

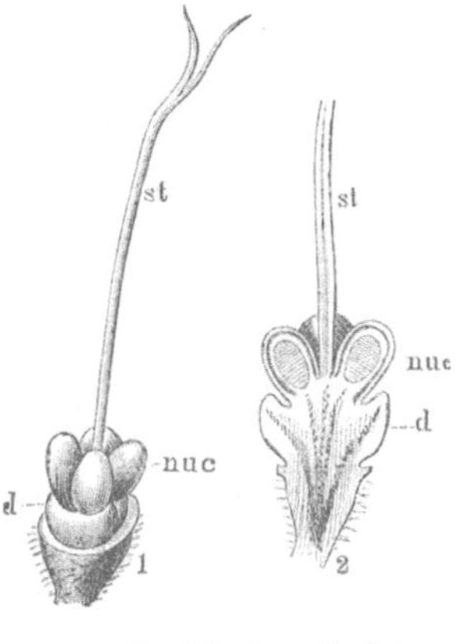

Fig. 363.

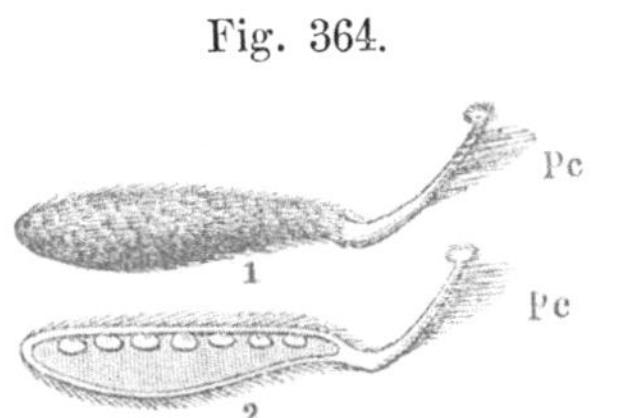

Symphytum officinale. 1. Vier Carpellen auf hypogynischer Scheibe mit grundständigem Griffel. 2. im Verticalschnitt. Vergr.

Salvia officinālis. 1. Fruchtboden mit (*d*) hypogynischer Scheibe und vier Carpellen, in deren Mitte der gynobasische Griffel mit zweispaltiger Narbe steht. Vergr. 2. Verticalschnitt um die Verbindung des Griffels mit dem Fruchtboden und den Carpellen zu zeigen. Vergr.

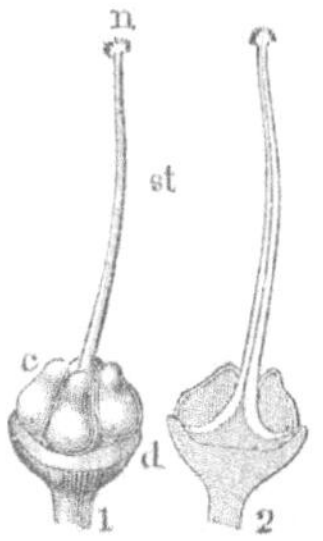

Die zarte Röhre, welche den Griffel, häufig mit Papillen ausgekleidet, durchzieht und Narbe und Fruchtknotenhöhle verbindet, ist der Narbenkanal (*canālis stygmaticus, canālis stylinus*). Derselbe ist von zartwandigem lockerem, aber saftreichem Parenchym, leitendem Zellgewebe (*tela conductrix*), gebildet, welches beim Befruchtungsvorgange durch die zahlreich eindringenden Pollenschläuche oft zerrissen und aus einander gedrückt wird, so dass es sich in Längsleisten spaltet.

Fig. 364.

Vicia satīva. 1. Stempel, 2. im Durchschnitt. Vergr. *pc* Sammelhaare.

Wie schon früher erwähnt ist, bildet der Griffel keinen nothwendigen Theil des Pistills, denn er kann auch fehlen, dagegen sind Fruchtknoten und Narbe die wesentlichsten Theile. Die Narbe (*stigma*) befindet sich gewöhnlich an der Spitze des Griffels oder des Fruchtknotens, jedoch findet man sie auch zuweilen seitlich aufsitzend (*stigma laterāle*) wie bei den Orchideen. Man erkennt die Narbe an den Drüschen, Papillen oder Saughärchen, womit

Fig. 365.

Eine mit Papillen besetzte Narbe (100 fach vergr.).

sie bekleidet ist, und welche zur Zeit der Befruchtung mit Narbenfeuchtigkeit überzogen sind. Sie ist gross, sehr gross

Fig. 367.

Fig. 366.

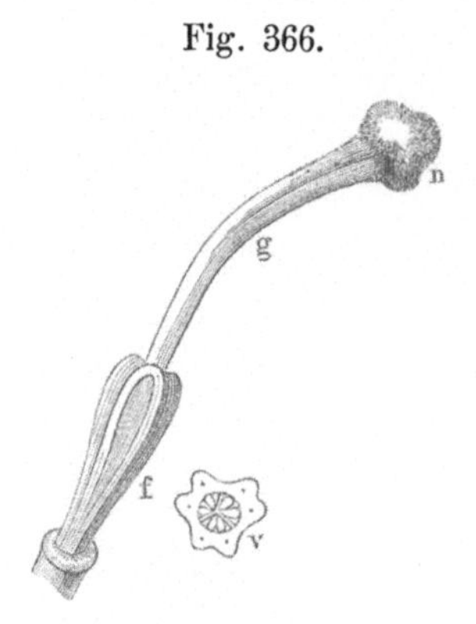

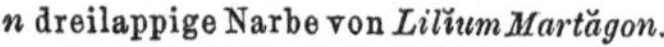

n dreilappige Narbe von *Lilium Martāgon*.

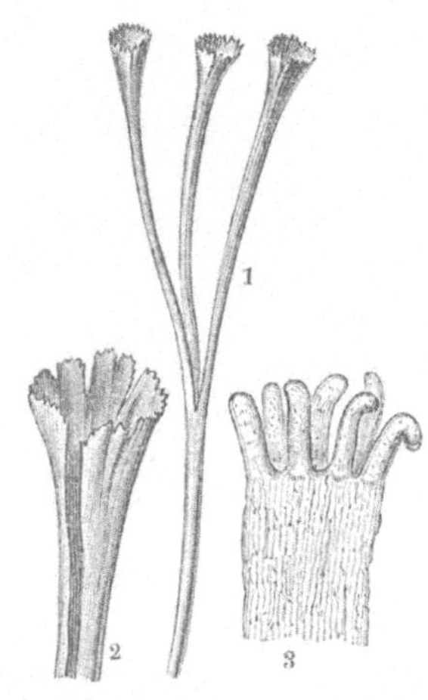

Crocus satīvus (Safran). 1. Narbe (*stigma trifi-
dum cum laciniis incisis*), 1¹|₂ mal vergr. 2.
Narbe 4 fach vergr. 3. Ein Stück des Narbenrandes mit Papillen besetzt, 120 fach vergr.

(*magnum, maxĭmum*), oder klein (*minūtum*), oder unkenntlich
(*obsolētum, obliterātum*), einfach (*simplex*), zwei-, drei-, vier- und
mehrlappig (*bi-, tri-, quadri-, quinque-lŏbum*), zwei-, drei-, vier-,
fünfspaltig (*bi-, tri-, quadri-, quinquefĭdum*), oder wie bei *Crocus*

Fig. 368.

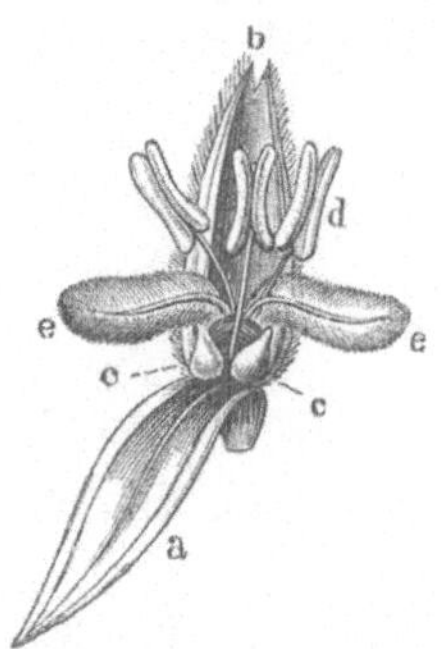

Fig. 369.

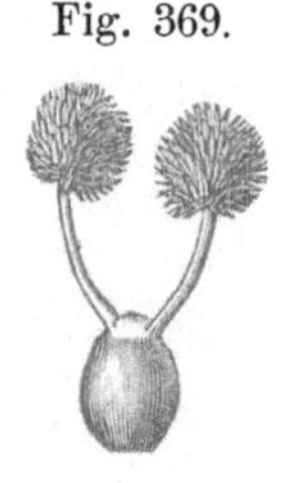

Fig. 370.

*Lobelia inflāta. Stigma
corōna ciliāta cinctum.*

Eine pinselförmige, zwei-
spaltige Narbe.

Agropȳrum repens. Blüthe, *a* äussere Spelze, *b* innere Spelze, *c* Saftschuppen (*squamulae*), *d* Staubgefässe, *e* fedrige Narbe.

eingeschnitten (*laciniis incīsis instructum*), wie bei *Papāver* strahlig (*radiātum*), wie bei *Citrus* genabelt (*umbilicātum*), wie bei

den Gräsern **federig** (*plumōsum*), **pinselförmig** (*penicilliforme*), **sammethaarig**
(*velutinum*), **zottig**, (*villōsum*), **kahl** (*glabrum*), **schmierig**, **mit Narbenfeuchtigkeit bedeckt** (*viscōsum*), **verschleiert** (*in-
dusiātum*), **mit einem Schleierchen** (*in-
dusĭum*) bedeckt oder überzogen, mit einem
gewimperten Häutchen umgeben (*corōna
ciliāta cinctum*), blumenblattartig (*petaloïdĕum*) etc.

Die Epidermalzellen der Narbe bilden
sich meist zu Papillen aus, welche die klebrige Narbenfeuchtigkeit ausschwitzen. Die
auf die Narbe fallenden Pollenkörner (Befruchtungsstaub, *pollen*) werden von der
Narbenfeuchtigkeit aufgeschwellt und ernährt, und aus den Poren der Exine des
Pollenkornes treten die schlauchartigen
Ausdehnungen der Intine, die sogenannten
Pollenschläuche (*tubi pollĭnis*) hervor,
welche in den Narbenkanal (*canālis stigmatĭcus*) eindringen und vom leitenden Zellgewebe fortgeleitet sich bis zum Keimloch
(*micropўla*) des Eichens verlängern, in das
Keimloch eindringen und die Entwickelung des Embryo veranlassen.

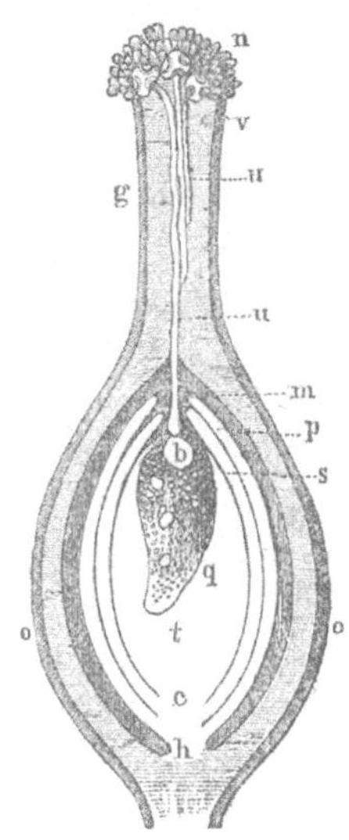

Schematische Figur, die Befruchtung zeigend. *n* Narbe, *v* Pollenkörner, *u* Pollenschläuche, von
welchen einer bereits durch das
Keimloch (*m*) eingedrungen ist
und sich an den Keimsack (*q*)
angelegt hat, in welchem ein
Keimbläschen (*b*) schon zu einem
Embryokügelchen umgebildet ist.
p äussere, *s* innere Eihaut, *t*
Perisperm, *c* innerer, *h* äusserer
Nabel.

Bemerkungen. *Stylus* und *stilus* (griech. στύλος) Stiel, Stengel. — *Gynobasĭcus,
a, um*, am Grunde des weiblichen Befruchtungswerkzeuges (des Weibes) stehend, von γυνή (gynä) Weib, und βάσις (basis) Grund, Basis. — *Stigma, ătis,
n.* (στίγμα), Narbe, Fleck. — *Stigmatĭcus, a, um*, zur Narbe gehörig.

Lection 54.

Die Eichen (*ovŭla*) und ihre Entwickelung.

Der untere, gewöhnlich verdickte Theil des Stempels, der
Fruchtknoten (*germen*), welcher sowohl einfächerig als auch mehrfächerig sein kann, schliesst die Eichen oder Samenknospen ein.

Das Eichen (*ovŭlum*) oder die Samenknospe (*gemmŭla*) ist
die erste Anlage des Samens. Es erscheint bei seinem ersten Auf-

treten als eine kleine stumpfe rundliche Warze an der Samenleiste
oder auf dem Samenträger (*placenta, sporophŏrum*) und bildet sich
zu einem aus gleichförmigem Parenchym bestehenden, mit Epidermalzellen bekleideten Kegel aus. Dieser Kegel
stellt den **Knospenkern** oder **Kern** (*nuclĕus ovuli, nucella*) dar. Bleibt er auf dieser
Entwickelungsstufe, wie z. B. bei den Rubiaceen, *Viscum*, stehen, und bleibt er ohne Eihülle, so erscheint er als **nacktes** (*ovŭlum
nudum*) und unmittelbar der Samenleiste an-
sitzend auch als **sitzendes** Eichen (*ov. sessĭle*).

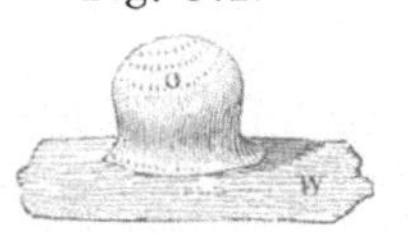

Fig. 372.

o nacktes Eichen. *w* Stück
eines Samenträgers (vergr.).

Eine stielartige verschmälerte Ausdehnung der Eibasis, vermittelst
welcher das Eichen dem Samenträger aufsitzt, ist der **Nabelstrang, Samenstrang** (*funicŭlus um-
bilĭcālis*). Derselbe besteht aus mit Epidermalzellen bedecktem Parenchymgewebe, welches in seiner Mitte von
einem Gefässbündel, das nicht bis in den
Kern eindringt, durchzogen ist.

An dem Eichen unterscheidet man
den **Nabel**, äusseren Nabel (*hilum, umbilĭcus*), den Punkt, in welchem es dem
Samenträger oder Nabelstrange angeheftet ist, und die **Kernwarze** (*ma-
milla nucellae*), die Spitze des Kernes.

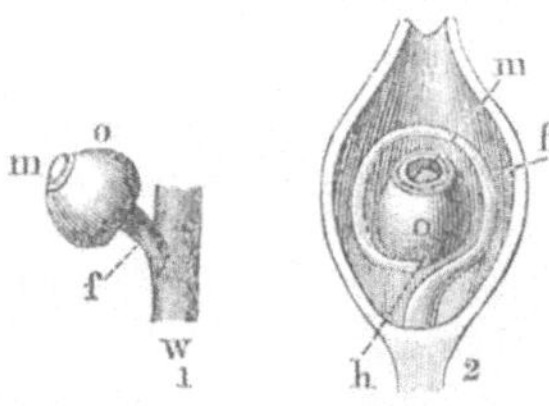

Fig. 373.

1. *o* Eichen, *f* Nabelstrang, *w* Stück
Samenträger. 2. Ein Fruchknoten, *o*
Eichen, *f* Nabelstrang, *m* Eimund,
h äusserer Nabel.

Unter der Spitze des Kernes, rings um denselben, bildet sich
in den meisten Fällen aus der Epidermis eine Falte, in welche
sich auch wohl Paren-
chym eindrängt, in
Form eines Wulstes,
welcher allmählich zu
einer den Kern überzie-
henden Haut, der Ei-
hülle (*integumentum*)
oder Eihaut (*membrāna
nucellae; secundīna*) auswächst und sich an der
Spitze des Kerns bis auf
eine kleine Oeffnung,
aus welcher der Kern

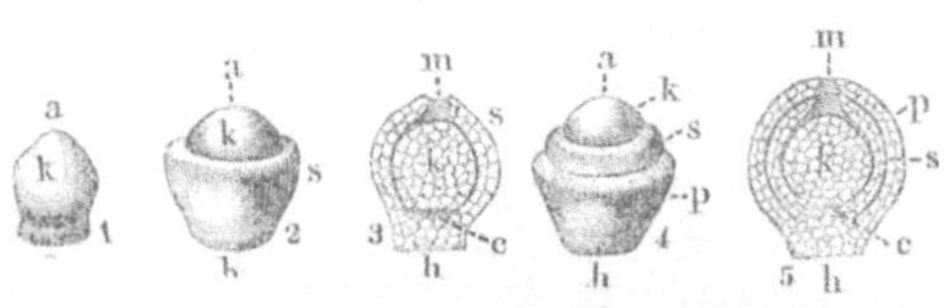

Fig. 374.

1. nacktes Eichen, *k* Kern, *h* Nabel, *a* Spitze oder Kernwarze
des Eichens. 2. Eichen mit Kreisfalte oder Wulst *s*, welche
zur Eihaut auswächst, *k* Kern, *s* Kreisfalte, *h* Nabel, *a* Kernwarze. 3. Ein Eichen mit entwickelter Eihaut (*s*) im Verticalschnitt, *k* Kern, *s* Eihaut, *m* Eimund, *h* äusserer, *c* innerer
Nabel. 4. Eichen mit zwei Kreisfalten, (*s* u. *p*), von welchen
s zur inneren, *p* zur äusseren Eihaut auswächst. 5. Eichen
mit beiden entwickelten Eihäuten im Verticaldurchschnitt.
k Kern, *s* innere, *p* äussere Eihaut, *c* innerer, *h* äusserer Nabel (*chalāza*), *m* Mikropyle.

hervorsieht, schliesst. Diese Oeffnung hat man **Knospenmund,
Eimund, Keimloch, Mikropyle** (*micropȳla*) genannt. Jene

Eihaut fliesst an der Stelle, wo sie in dem erwähnten Wulste ihren Anfang nahm, mit dem Kerne zusammen, und diese Stelle heisst der Knospengrund, Kerngrund, innerer Nabel, auch Hagelfleck (*chalāza*). Verwächst der Nabelstrang seitlich seiner Länge nach mit der Eihaut, so bildet das im Nabelstrange befindliche Gefässbündel nach aussen einen erhabenen Streifen, Samennath oder Nabelstreifen (*raphe*). Das betreffende Gefässbündel zieht sich nur bis zum inneren Nabel (*chalāza*) und tritt nicht in den Kern.

Mit nur einer Eihaut bekleidet sind die Eichen der Coniferen und der meisten Dikotyledonen mit verwachsenblättrigen (sympetalen) Blumenkronen. Bei den Monokotyledonen und bei Dikotyledonen mit getrenntblättrigen (dialypetalen) Blumenkronen und mit blumenblattlosen (apetalen) Blüthen bildet sich unter dem Wulste, aus welchem sich die Eihaut entwickelt, aus der Epidermis ein zweiter um den Kern laufender Wulst, welcher zu einer äusseren Eihaut auswächst (*membrāna externa s. primīna*), so dass die Eihülle *(integumentum)* aus zwei Häuten besteht, welche zwei Eihäute den Kern bis auf die Oeffnung an der Spitze, der Mikropyle, einschliessen. *Mirbel* zählte die Häute und Theile des Eichens von aussen nach innen gehend, daher nannte er diese äussere Eihaut *primīna (sc. membrāna)*, und die eigentliche oder innere Eihaut *secundīna*. Der Eimund (*micropÿla*) wird nun durch zwei Knospendecken oder Eihäute gebildet, und man unterscheidet ihn an der äusseren Eihaut als Aussenmund (*exostomĭum*), an der inneren Eihaut als Innenmund *(endostomĭum)*.

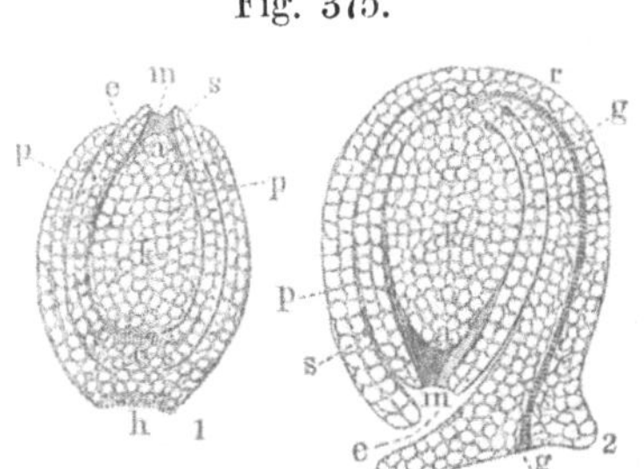

Fig. 375.

1 gerades Eichen (*ovulum atrŏpum*). 2. umgekehrtes oder gegenläufiges Eichen, beide im Verticalschnitt. *k* Kern, *a* Spitze des Kerns (Kernwarze), *m* Eimund, hier innerer (*endostomĭum*), *e* äusserer Eimund (*exostomĭum*), *s* innere, *p* äussere Eihülle, *c* innerer, *h* äusserer Nabel, *g* Gefässbündel der Nath, *r* Samennath (*raphe*).

Wie schon erwähnt ist, besteht der Kern (*nucella*) anfangs aus gleichförmigem Parenchym, im Laufe seiner ferneren Entwickelung dehnt sich aber in seinem Innern eine Zelle auf Kosten der anstossenden ungemein stark aus und bildet einen strukturlosen, scheinbar mit gewöhnlichem Zellsafte gefüllten Schlauch, den sogenannten Keimsack, Embryosack (*saccŭlus embryonālis; quintīna*). Der zurückbleibende, oft nur noch eine Haut bildende Theil des Kernes heisst dann die **Kernhaut** (*perispermĭum; tercīna*).

Der Keimsack wird zum wesentlichsten Theile des Eikernes, denn in ihm bilden sich durch freie Zellenbildung an seiner Spitze gewöhnlich zwei, selten mehrere Zellen, die **Keimbläschen** oder **Keimzellen** (*cellulae embryonāles*), von denen aber nur eine befruchtet zu werden pflegt. Dieses eine Keimbläschen wird durch die Befruchtung zum **Keim-** oder **Embryokügelchen** und entwickelt sich endlich unter Resorption der übrigen Keimbläschen durch Tochterzellenbildung zu dem eigentlichen Keime (*embry̆o*), der Anlage zu der neuen Pflanze.

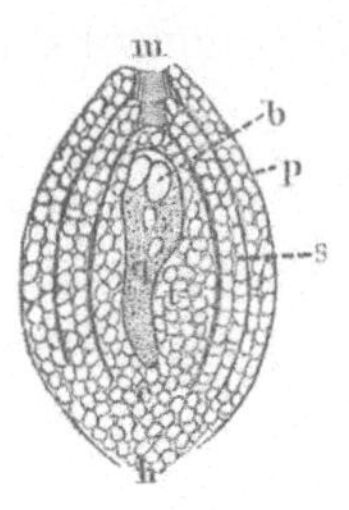

Fig. 376.

Geradläufiges Eichen mit entwickeltem Keimsack (*q*), mit Keimbläschen (*b*), *t* Perisperm (*tercīna*), *m* Keimmund, *s* innere, *p* äussere Eihaut, *c* innerer, *h* äusserer Nabel.

Das Parenchym, welches nach der Entwickelung des Keimes im Keimsacke übrig bleibt oder auf's Neue erzeugt wird und den jugendlichen Embryo umgiebt, ist das **Endosperm** oder **Eiweiss** (*endospermĭum; albūmen*), welches entweder die Fruchtreife überdauert, oder von dem sich vergrössernden Embryo (wie z. B. bei den Cruciferen und Papilionaceen) resorbirt wird. Durch Verschwinden des Eiweisses in der angegebenen Weise entsteht der **eiweisslose Samen** (*semen exalbuminōsum*). Wo neben Endosperm noch Perisperm vorhanden ist, fasst man beide als **Eiweiss** (*albūmen*) zusammen.

Bemerkungen. Der Knospenkern wird lat. mit *nuclĕus* und *nucellus* bezeichnet. *Nuclĕus* ist, da auch damit der Zellkern, der Samenkern und der Kern in dem Schüsselchen der Lichénen bezeichnet werden, allein nicht genügend, und man sagt richtiger *nuclĕus ovuli*. *Nucellus* hat auch *Berg* acceptirt, obgleich diese Wortform nicht lateinisch ist. *Mirbel* nannte den Eikern *nucelle*, womit er jedenfalls in seiner Sprache das lateinische *nucella* wiedergab, wofür der Botaniker *Bischoff* irrthümlich *nucellus* setzte. — Wie schon oben erwähnt ist, zählte *Mirbel* die Theile des Eikerns von aussen nach innen und daher ist seine

Primine = *membrāna nucellae externa*
Secondine = *membrāna nucellae interĭor*
Tercine = *perispermĭum* (Schleiden)
Quartine = *endospermĭum* (Schleiden)
Quintine = *sacculus embryonālis*.

Mikropy̆le, *micropy̆la* (kleine Oeffnung) von μιϰρός, ά, όν (mikros, a, on) klein, und πύλη (pylä) Oeffnung, Thür. — **Chaláze**, *chalāza*, griech. χάλαζα, Hagel, Gerstenkorn im Auge. — **Exostóm, Endostóm**, *exostomĭum, endostomĭum*, von ἔξω (exo), aussen, ἔνδον (endon) innerhalb, und στομίον (stomion), kleiner Mund. — **Perispérm, Endospérm**, *perispermĭum, endosper-*

$\overline{\text{m}}\overline{\text{u}}um$, von d. griech. $\pi\varepsilon\varrho\acute{\iota}$ (peri), um, herum, $\acute{\varepsilon}\nu\delta o\nu$ (endon), darin, und $\sigma\pi\varepsilon\varrho$-$\mu\varepsilon\tilde{\iota}o\nu$ (spermeion), Same. Die gebräuchliche Accentuation „*spermĭum*" ist schwer zu vertheidigen. — *Raphe* oder *rhaphe*, Gen. *es*, *f.*, griech. $\dot{\varrho}\alpha\varphi\acute{\eta}$, Naht.

Lection 55.

Befruchtungsakt. Stellungsverhältnisse des Eichens.

Am Ende des 17. Jahrhunderts waren es *Grew*, ein Engländer, und *Camerarius* in Tübingen, welche zuerst an den Pflanzen das Vorhandensein zweierlei Geschlechter oder geschlechtlich verschiedener Befruchtungsorgane nachwiesen. Nach der Mitte des vorigen Jahrhunderts stellte der grosse Naturforscher *Linné* auf Grund der Geschlechter in der Pflanzenblüthe sein bekanntes Sexualsystem auf, doch auch er kannte den Befruchtungsvorgang nicht und hielt dafür, dass die Pollenkörner auf der Narbe platzten und ihren Inhalt, den Befruchtungsstoff, auf diese ergössen. *Sprengel* beobachtete zuerst (1792) die Uebertragung des Blumenstaubes durch Insecten auf die Narben und die daraus hervorgehende Befruchtung. Erst in neuerer Zeit studirten zwei hervorragende deutsche Botaniker, *Schleiden* und *Schacht*, die Befruchtung der Pflanzen mit besonderem Eifer, aber auch sie wurden von dem Astronomen, Prof. *Amici* in Florenz, überholt, dessen Theorie der Pflanzenbefruchtung bis heute als die richtigere angesehen wird.

Zur Zeit der Befruchtung bilden sich gegen die Spitze des Keimsackes (*saccŭlus embryonālis*) zwei oder mehrere Zellen, die Keimbläschen. Unterdess gelangen Pollenkörner auf die Narbe, welche von der Narbenfeuchtigkeit genährt aus ihren Poren Pollenschläuche austreten lassen. Die Pollenschläuche treten in den Narbenkanal ein, schieben sich unter Mithilfe des

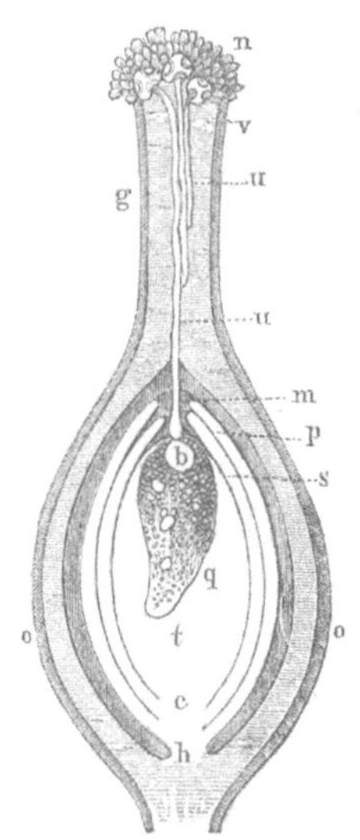

Fig. 377.

Schemat. Figur. Ein Eistill. *o o* Fruchtknoten, *g* Griffel, *n* Narbe, *v* Pollenkörner, welche ihre Pollenschläuche(*u*) durch den Stigmakanal herabschicken. Ein Pollenschlauch ist durch die Mikropyle, unter Durchbrechung der Kernwarze, bis zum Keimsack vorgedrungen und hat sich an den Scheitel desselben angelegt, um die Befruchtung des Keimbläschens (*b*) zu bewerkstelligen.

hier vorhandenen leitenden Zellgewebes *(tela conductrix)* vorwärts und gelangen bis zur Fruchtknotenhöhle. Einer der Pollenschläuche tritt mit seinem äussersten Ende in den Eimund *(micropÿla)* ein, durchbricht die Kernwarze und gelangt zum Keimsack, welchem er sich in Nähe der Keimbläschen einfach anlegt oder welchen er mehr oder weniger einstülpt. Durch Endosmose des Befruchtungsstoffes wird gewöhnlich nur eines der Keimbläschen befruchtet. Das befruchtete Keimbläschen entwickelt sich dann zum Embryokügelchen oder dem Vorkeim, indem es gleichzeitig zu einem kürzeren oder längeren Schlauche, dem Keimträger *(suspensor)*, auswächst, welcher sich allmählich am äusseren Ende durch Zellenbildung vergrössert und anschwillt. Diese Zellen vergrössern sich auf Kosten der Mutterzelle und wachsen zum Embryo heran.

Fig. 378.

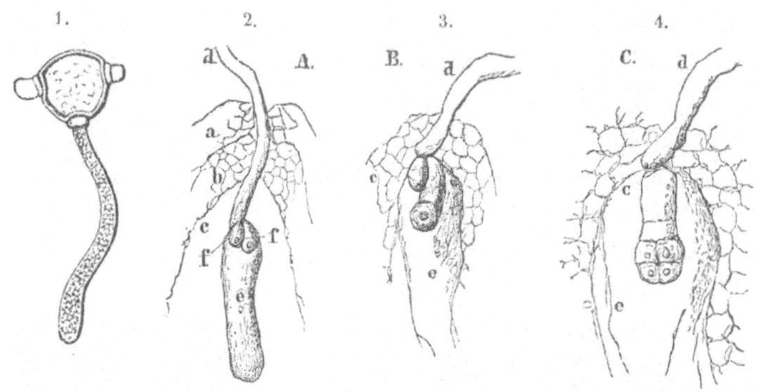

1. Pollenkern der Nachtkerze (*Oenothĕra biennis*). 2. Befruchtungsprocess. Der Pollenschlauch (*d*) ist bis zum Keimsack (*e*) unter Durchbrechung der Keimwarze (*c*), vorgedrungen und hat sich demselben in der Nähe der darin vorhandenen Keimbläschen (*f f*) angelegt. 3. Die Befruchtung eines der Keimbläschen hat stattgefunden, welches zu einem Keimträger (*suspensor*) ausgewachsen ist und an seiner Spitze eine Zelle als Vorkeim trägt. 4. Die Vorkeimzelle hat sich bereits zu einem vierzelligen Embryokügelchen entwickelt. (Stark vergr.) *a* der äussere, *b* der innere Eimund, *c* der Kern.

Die *Schleiden*'sche Ansicht wich von der *Amici*'schen darin ab, dass der Pollenschlauch die Wand des Keimsackes durchbreche, in diesen eindringe, hier sein gewöhnlich kolbig angeschwollenes Ende abschnüre, und dieses letztere sich zum Embryo ausbilde. Nach dieser Ansicht wurde also der Pollen, der Befruchtungsstaub des männlichen Geschlechtsapparats, zum weiblichen Geschlechtsapparat, dem Eibildner, gemacht.

Die Stellungsverhältnisse des Eichens werden mit vieler Bestimmtheit unterschieden. Sie haben unstreitig den Zweck, die Befruchtung und zwar das Eindringen des Pollenschlauches in den Eimund zu erleichtern. In folgenden Stellungsverhältnissen ist der Kern des Eichens nicht gekrümmt.

1. Das einfachste, obgleich seltnere Stellungsverhältniss ist das gerade oder ungekrümmte oder ungebogene oder geradläufige *(ovŭlum orthotrŏpum s. atrŏpum)*. Dem Nabel (der Basis) eines geradläufigen Eichens steht die Mikropyle senkrecht gegenüber, oder Nabel und Mikropyle liegen in der Axe des Eichens. Fig. 374, 375. 1, 376 sind orthotrope Eichen. Wir finden es z. B. bei *Acŏrus, Taxus, Juglans, Urtīca, Cistus.* Oft ist das Eichen nur anfangs orthotrop und verändert mit dem Fortgange seiner Entwickelung diese Stellung.

2. Das umgekehrte oder gegenläufige Eichen *(ovŭlum anatrŏpum)* entsteht, wenn bei ungekrümmtem Eikerne Mikropyle und äusserer Nabel neben einander liegen, und das Eichen mit dem Nabelstrang seiner Länge nach verwachsen ist. Der Nabelstrang tritt hier als ein erhabener Längsstreifen an dem Eichen hervor und wird Nabelstreifen *(raphe)* genannt. Aeusserer und innerer Nabel *(hilum et chalāza)* liegen von einander entfernt und werden eben durch den Nabelstreifen mit einander verbunden.

3. Das halbumgekehrte oder halbgegenläufige Eichen *(ovŭlum hemīanatrŏpum)* entsteht, wenn nur der untere und kleinere Theil des Eichens mit dem Nabelstrange verwächst, der Nabel unterhalb der Mitte der geraden Linie zwischen Chalaza und Mikropyle liegt.

Der Kern des Eichens ist in folgenden Stellungsverhältnissen gekrümmt.

4. Das gekrümmte oder krummläufige Eichen *(ovŭlum campўlotrŏpum)* entsteht, wenn die Axe des Eichens krumm-

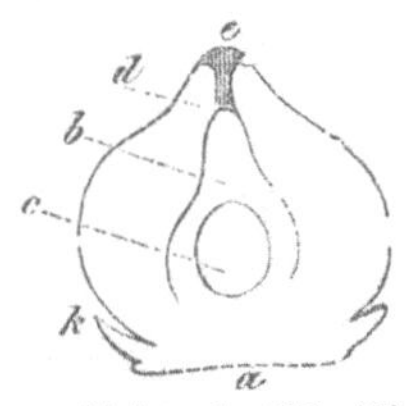

Fig. 379.

Atropes Eichen der Eibe (*Taxus baccāta*). *a* Nabel, *b* Kern, *c* Keimsack, *d* einfache Eihülle (Eihaut), *e* Mikropyle, *k* Ansatz zum Samenmantel. Diese und folgende Figuren sind schematische, vergrösserte Zeichnungen des verticalen Durchschnitts.

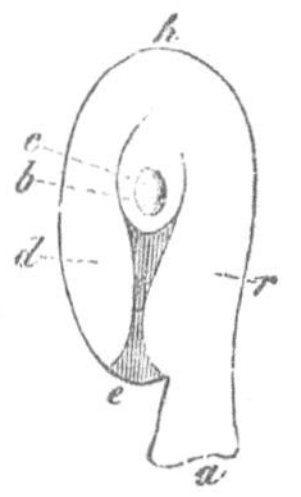

Fig. 380.

Anatropisches Eichen des Bisamkrautes (*Adōxa Moschatellīna*). *a* Nabel, *b* Kern, *c* Keimsack, *d* Eihaut, *e* Mikropyle, *r* Nabelstreifen.

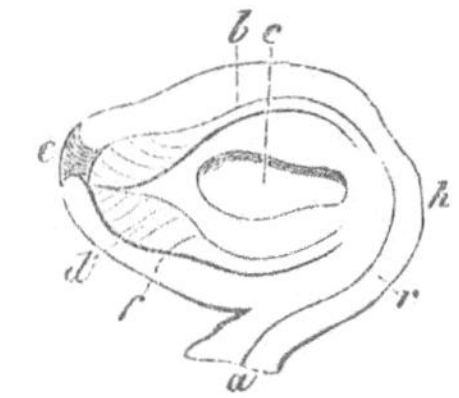

Fig. 381.

Hemianatropes Eichen von *Lemna trisulca.* *a* Nabel, *b* Kern, *c* Keimsack, *d* innere, *f* äussere Knospenhülle, *r* Nabelstreifen, *e* Mikropyle.

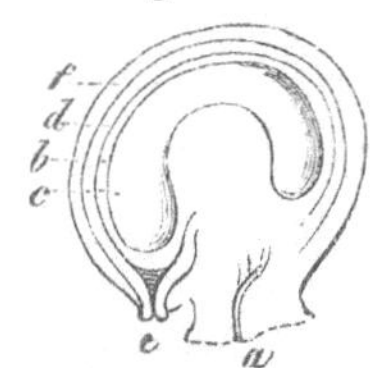

Fig. 382.

Kampylotropes Eichen von *Spergula pentandra.* *a* Nabel und Chalaza, *b* Kern, *c* Keimsack, *d* innere, *f* äussere Eihaut, *e* Mikropyle.

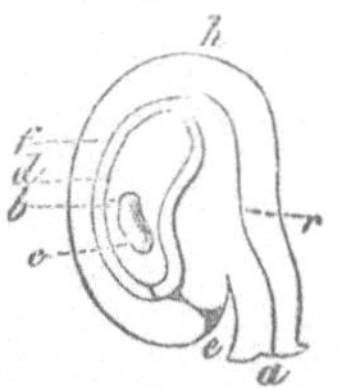

Hemitropes Eichen des Blasenstrauches (*Colutĕa arborescens*). *a* Nabel, *h* Chalaza, *b* Kern, *c* Keimsack, *e* Mikropyle, *r* Nabelstreifen.

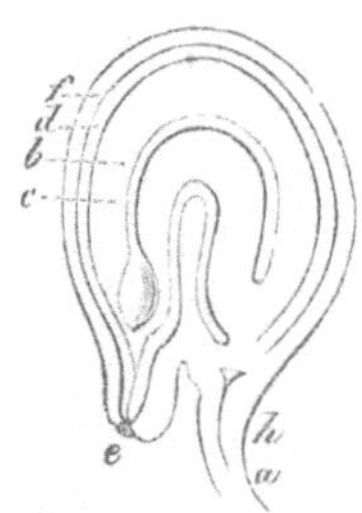

Kamptotropes Eichen von *Galphimĭa mollis*. *a* äusserer, *h* innerer Nabel, *b* Kern, *c* Keimsack, *e* Mikropyle, *d* innere, *l* äussere Samenhaut.

linig ist, eine dem Samenträger abgewendete Seite des Eichens ungleich mehr auswächst, so dass Nabel und Chalaza zusammenfallen und die Mikropyle neben dem Nabel zu liegen kommt.

5. Das h a l b g e k r ü m m t e Eichen (*ovŭlum hemitrŏpum*) entsteht, wenn ein kampylotropes Eichen mit seinem Nabelstrange *(funicŭlus umbilicālis)* verwächst und dadurch Nabel und Chalaza von einander entfernt und durch einen Nabelstreifen (*raphe*) verbunden sind.

6. Das g e b o g e n e Eichen (*ovŭlum camptotrŏpum*) ist ein kampylotropes, aber langgestrecktes und in der Weise gebogen, dass die beiden in der Biegung verwachsenen Schenkel wie bei einem Hufeisen neben einander liegen. Nabel und Chalaza fallen hier also zusammen. Von dieser Stellungsform unterscheidet man

7. das h u f e i s e n f ö r m i g e (*ovŭlum lycotrŏpum*), dessen Schenkel in der Biegung nicht verwachsen sind.

Bemerkungen. *Grew* (spr. ghruh), ein englischer Botaniker, † 1711, war der erste, der mittelst des Mikroskops den Fortpflanzungsvorgang der Pflanzen untersuchte. — *Rudolph Jacob Camerarĭus*, Professor und Director des botanischen Gartens zu Tübingen, unterschied zuerst männliche und weibliche Befruchtungsorgane der Pflanzen. Geb. 1665, starb in der Mitte des vorigen Jahrhunderts. — *Amici* (spr. amítschi). —

Orthotrŏpus, a, um, aufrecht gerichtet, von d. griech. ὀρϑός, ή, όν (orthos, ä, on), gerad, aufrecht, und τρόπος (tropos), Wendung, Richtung; τρέπω (trepō), drehen, wenden. — *Anatrŏpus, hemianatrŏpus, a, um*, umgewendet, von ἀνα (ana), um-; ἥμι (hämi), halb. — *Campȳlotrŏpus* etc., krumm gerichtet, von καμπύλος, η, ον (kampylos), krumm, gebogen. — *Camptotrŏpus* etc. von καμπτός, ή, όν (kamptos), gekrümmt, eingebogen. — *Lycotropus* etc., von λύκος (lykos), Wolf, eiserner Haken.

Lection 56.

Anheftung und Lage des Eichens. Griffelsäule. Griffeldecke.

Die Lage des Eichens in Rücksicht auf die Anheftung ist eine verschiedene. Bemerkenswerth ist das dem Samenträger

eingesenkte Eichen (*ovŭlum sporophŏro immērsum*), das schildförmig angeheftete (*ov. peltātum*), wenn es breit ist und mit
der Mitte seiner Basis dem Nabelstrange (*funicŭlus umbilicālis*)
aufsitzt; das aufrechte (*erectum*), wenn seine Spitze nach der
Spitze des Fruchtknotens, seine Basis nach der Basis desselben
gerichtet ist; das umgekehrte (*inversum*), wenn seine Spitze
der Basis des Fruchtknotens und seine Basis der Spitze desselben zugewendet ist; das wagerechte (*horizontāle*), wenn seine
Axe mit der Axe des Samenträgers einen rechten Winkel bildet; das aufsteigende (*adscendens*) und das abwärtssteigende
(*descèndens*), wenn es aus seiner wagerechten Richtung heraus-
tretend mit seiner Spitze nach der Spitze oder im zweiten Falle
nach der Basis des Fruchtknotens sieht; das hängende (*pen-
dŭlum*), wenn das umgekehrte Eichen einem längeren Nabelstrange aufsitzt.

Der Stempel der Blüthen der Orchidaceen (Orchideen) und
Asclepiadaceen steht zu den Staubblättern in eigenthümlichen
Verhältnissen.

Bei den Orchidaceen wird durch Verwachsung der Staubblätter mit dem Griffel und der Narbe ein Organ gebildet, welches man Griffelsäule, Pistillsäule (*gynostemium, columna*)
genannt hat, welches Organ mit der Lippe des Perigons (der
sogenannten Honiglippe, *labellum*) verwachsen ist. Die Griffelsäule ist von den Blättern des Perigons umschlossen und sitzt
entweder unmittelbar auf dem unterstän-
digen Fruchtknoten (*gynostemĭum sessĭle*),
oder ist gestielt, mit dem Fruchtknoten
durch einen Stiel oder Griffeltheil verbunden (*g. stipitātum*). Am Grunde der
sitzenden oder am oberen Ende der gestielten Säule, überhaupt am obersten Rande
der Honiglippe, befindet sich die Narbe
in Form eines Fleckes, des Narben-
fleckes (*gynixus*), welcher mit einer glänzenden Narbenfeuchtigkeit überzogen ist
und durch einen Narbenkanal (*canālis stigmatĭcus*) mit dem Fruchtknoten communicirt.

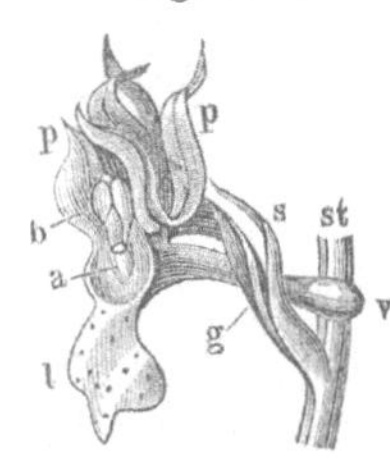

Fig. 385.

Blüthe von *Orchis mascŭla.*
st Stamm (*caulis*), *s* Deckblatt
(*bractĕa*), *g* Fruchtknoten (*germen*), *p p* 5 Perigonblätter, *l*
Honiglippe, *v* Sporn (*calcar*),
a Narbenfleck (*gynixus*), *b*
Staubblatt mit 2 Antherenfächern.

Dieser Narbenfleck dehnt sich an seinem oberen Rande zu einem
häufig schnabelförmigen Fortsatz, dem Schnäbelchen (*rostellum*) aus, zuweilen auch in Form eines breiteren Plättchens
(*lamĭna*).

Fig. 386.

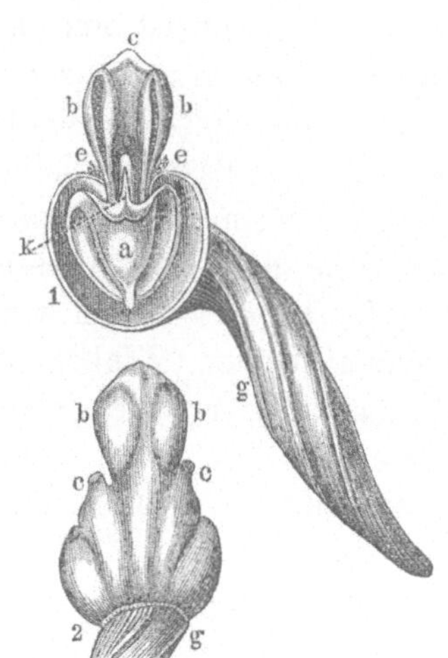

Griffelsäule (*gynostemĭum*) mit Fruchtknoten (*g*) von *Orchis mascŭla*. Sie ist von den Perigonblättern befreit. *a* Narbenfleck (*gynixus*), *bb* die beiden Antherenfächer, *c* Connectiv, *o* Schnäbelchen (*rostellum*), *k* Beutelchen (*bursicŭla*), *ee* Staminodien. 2. die Griffelsäule von hinten gesehen. 3 fache Lin.-Vergr.

An jeder Seite des Schnäbelchens oder des Plättchens oder auch an der Spitze des letzteren befinden sich eine oder zwei Drüschen, Klebdrüschen (*proscollae*) oder auch Pollenhalter (*retinacŭla*) genannt. Diese Drüschen sind entweder nackt (*retinacŭla nuda*), oder werden von ein- oder zweifächrigen Falten der Narbe, dem Beutelchen (*bursicŭla*), bedeckt oder umfasst.

Es sind nur drei Staubgefässe vorhanden, eine Anthere in der Mitte und zwei an den Seiten. Die Anthere, welche die sitzenden oder gestielten Pollinarien einschliesst und sich mit einer Längs- oder Querspalte oder auch deckelartig öffnet, ist mit der Griffelsäule total verwachsen, und ihre Fächer sind durch ein verschieden gestaltetes Connectiv verbunden. Von den Staubgefässen kommt gewöhnlich nur das mittlere zur Entwickelung, während die seitlichen als verkümmerte die Form von Warzen oder kleinen Flügeln annehmen. Man zählt diese fehlgeschlagenen Staubgefässe zu den Staminodien. Beim Frauenschuh (*Cypripedĭum*) kommen gerade die seitlichen Staubgefässe mit zweifächrigen Antheren zur Entwickelung, über welche sich das Connectiv hornähnlich verlängert. Das mittlere Staubgefäss mit seinem grossen eirunden Connectiv schlägt fehl und wird als Staminodie angesehen.

Zuweilen verwachsen die fehlgeschlagenen Staubgefässe mit ihren Rändern und wachsen zu einem gewölbten Helme, der Antherengrube (*androclinĭum*) aus, welcher die entwickelten Staubgefässe bedeckt.

Die Befruchtung wird gewöhnlich durch Insekten vermittelt, welche die Pollinarien auf die Narbe übertragen. Der Fruchtknoten erscheint bei den meisten Orchisgewächsen als Blüthenstiel, ein Durchschnitt belehrt aber bald, dass man es mit einem Fruchtknoteu zu thun hat. Die Blüthe ist also in einem solchen Falle eine sitzende.

Die Griffeldecke oder Stempeldecke (*stylostegĭum*, *gynostegĭum*) der Asclepiadaceen wird durch die Staubgefässe, deren

Träger nur mit einander verwachsen sind, dadurch gebildet, dass sie den Stempel einschliessen und sich ihre verlängerten Connective auf die Narbe legen, also gleichsam eine Stempeldecke darstellen. Untersuchen wir eine Blüthe der Schwalbenwurz (*Vincetoxicum officinale*), so finden wir auf der Mitte des Blüthenbodens zwei Carpelle, welche oben eine breite fünfeckige gemeinschaftliche Narbe tragen. An jeder der fünf Ecken der Narbe sitzt ein kleines braunes zweischenkeliges oder quersackähnliches Körperchen (*corpusculum*). Um die Carpelle oder vielmehr um den Stempel stehen fünf epipetale Staubblätter, deren Träger nach unten mit einander verwachsen, und deren Antheren mit blumenblattähnlichen Anhängen, welche eine Nebenblume (*paracorolla*) bilden, versehen sind. Die Connective der

Fig. 387.

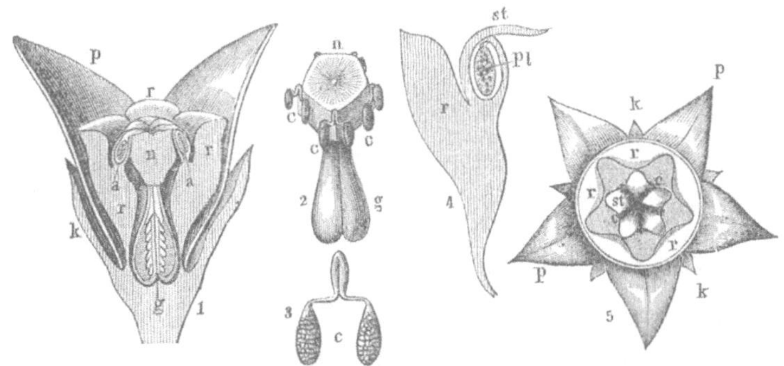

1. Blüthe von *Vincetoxicum officinale* (Schwalbenwurz) im Verticaldurchschnitt. 2. Stempel. 3. Corpusculum. 4. Verticaldurchschnittfläche eines Staubblattes. 5. Blüthe von oben gesehen. Letztere in sechsf. Lin.-Vergr. *g* Fruchtknoten, *n* Narbe, *c* Corpuscula, *r* Staubblätter, *a* Antherenfach mit Pollinarien (*pl*), *st* das Connectiv.

dicht an einander stossenden Antherenfächer liegen, wie schon erwähnt ist, auf der Narbe wie eine Decke. Die zweifächrigen Antheren enthalten Pollinarien und stehen abwechselnd mit den Corpuscula, welche eigentlich die Narbe ersetzen. Wenn sich die Antherenfächer öffnen, hängen sich die Pollinarien an die Schenkel der Corpuscula und zwar in der Ordnung, dass je ein Corpusculum zwei benachbarte Pollinarien von zwei Antheren auffängt. Die fünfeckige Narbe hat desshalb auch ihr leitendes Zellgewebe (*tela conductrix*) am Grunde ihrer Seitenwandung.

Nach der Befruchtung lösen sich die Staubblätter mit der Blumenkrone ab und die Carpelle stehen frei, um zu Kapseln auszuwachsen.

Die Orchidaceen verlegte *Linné* wegen der mit dem Pistill verwachsenen Staubblätter in die *Gynandrĭa* (die 20. Klasse seines Sexualsystems). Bei den Asclepiadaceen findet eine solche Verwachsung nicht statt. *Linné* verwies sie daher in die *Pentandrĭa* (die 5. Klasse).

Bemerkungen. *Gynostemĭum*, von d. griech. γυνή (gynä), Weib, und στῆμα oder στήμων (stäma oder stämōn), der vorderste Theil einer männlichen Ruthe. — *Gynixus, i, m.*, von γυνή und εἴκω, εἴξω (eikō, eixō) zurückweichen, nachgeben, daher εἶξις (eixis), das Weichen, das Nachgeben. — *Androclinĭum*, Mannsbette, von ἀνδρός (andros), des Mannes, und κλίνη (klinä), Bett. — *Stylostegium*, Säulendecke, *gynostegĭum*, Frauendecke, στῦλος (stylos), Säule, und στέγω (stego), bedecken. — Aus den lateinischen Pflanzennamen hat man Adjectiva mit verschiedener Endung gebildet und damit die Pflanzenfamilien bezeichnet. So findet man z. B.: *Orchidĕae, Orchidacĕae, Orchidĭnae sc. plantae.*

Lection 57.

Die Blüthe in Beziehung zu den Blüthenblattkreisen.

Die Blüthe ist **nackt** (*flos nudus*), wenn sie ohne Blüthenhülle ist, also nur die wesentlichen Theile einer Blüthe, die Staub- und Fruchtblätter, enthält. Sie ist **apetal** oder **blumenblattlos** (*apetălus*), wenn sie nur von einem Hüllblätterkreis (*perigonĭum*) eingeschlossen ist; **zwitterig, monocli-**

Fig. 388.

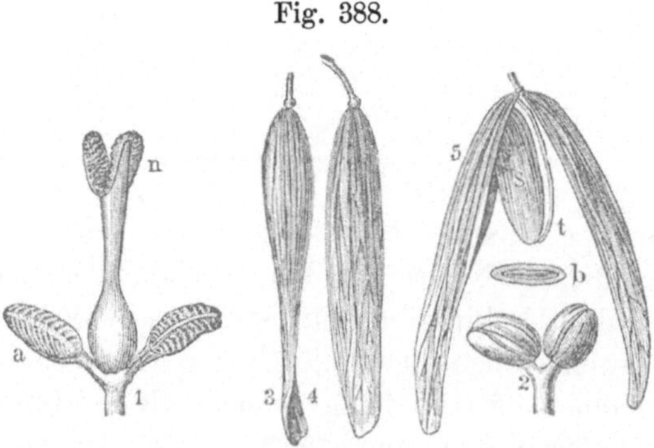

Esche (*Fraxĭnus excelsĭor*). 1. nackte Zwitterblüthe. *n* Pistill, *a* Anthere. 2. nackte männliche Blüthe. 3. u. 4 Fruchtkapsel. 5. geöffnete Frucht. *b.* Querdurchschnitt des Samens.

nisch oder **einbettig** (*hermaphrodĭtus, monoclĭnis*, ☿), wenn sie Staub- und Fruchtblätter zugleich enthält; **eingeschlechtig** oder **diclinisch** (*unisexuālis, diclĭnis*), wenn sie entweder nur Staubgefässe oder nur Pistille enthält. Die nur Staubgefässe, die männlichen Geschlechtsorgane, enthaltende Blüthe heisst eine männliche (*mascŭlus; mas; ♂*), und enthält sie nur ein oder mehrere Pistille, die weiblichen Geschlechtsorgane, so heisst sie eine weibliche (*feminĕus; ♀*). Findet man männliche und weibliche Blüthen auf demselben Pflanzenindividuum, so nennt man sie monöcisch oder einhäusig (*flores monoeci s. monoïci*); sind jedoch auf dem einen Individuum nur männliche, auf einem anderen derselben Gattung nur weibliche Blüthen, so heissen diese diöcische oder zweihäusige (*dioeci s. dioïci*); findet man aber neben monöcischen und diöcischen Blüthen auch noch Zwitterblüthen, so nennt man die Blüthen polygamische, vielehige (*polygămi*).

Häufig ist der in einer Blüthe fehlende Geschlechtsblätterkreis verkümmert oder fehlgeschlagen. Dieses Fehlschlagen kann sich selbst auf Staubgefässe und Pistill zugleich erstrecken und die Entstehung sogenannter geschlechtsloser Blüthen

Fig. 389.

Centaurēa Cyănus. *a* Anthodium, *b* geschlechtslose Randblüthe, *c* Scheibenblüthe.

Fig. 390.

Taxus baccata. 1. Männlicher Blüthenstand, 2. Anthere von unten gesehen, 3. weiblicher Blüthenstand, o aufrechtes Eichen, s ziegeldachförmig gestellte Schuppen, 4. Verticalschnittfläche der weiblichen Blüthe, 5. mehr entwickeltes Eichen, 6. u. 7. Frucht, 8. Verticalschnitt durch die Fruchthülle.

(*flores neutri*) veranlassen. Es wird in einigen Fällen sogar zur Regel, wie bei den Randblüthen der Trugdolde (*cyma*) vom Schneeball (*Vibūrnum Opŭlus*), den strahligen Randblüthen (*flores margināles radiantes neutri*) des Blüthenkörbchens (*anthodium*) der Kornblumenarten (*Centaurēa Cyănus, Centaurēa Jacēa* etc.).

Nach der gegenseitigen Uebereinstimmung der Zahl der Theile (*mĕra, morïa*) der Blüthenblätterkreise untereinander ist eine Blüthe zwei-, drei-, vier-, fünf-, sechs- etc. zählig oder theilig (*flos di-, tri-, tetra-, penta-, hexa-mĕrus s. -mĕres s. -morïus*). Selten findet man eine Blüthe aus nur einem Theile bestehend, wie z. B. die männlichen Blüthen von *Euphorbïa* (Fig. 278, *h*) und

Lemna aus einem Staubblatte bestehend, und die weiblichen Blüthen der Eibe *(Taxus)* aus nur einem Stempel bestehend. Dergleichen Blüthen hat man auch wohl einzählige oder eingliedrige *(flores monoměri)* genannt. Gewöhnlich sind die Blüthen mehrzählig, wobei die einblättrige Blumenkrone *(corolla monopetăla)*, der einblättrige Kelch *(calyx monosepălus)*, die einblättrige Blüthenhülle *(perigonium monophyllum)* als verwachsenblätterig angesehen werden, indem man die Zahl der Zipfel des Saumes *(limbus)* gleich der Zahl der verwachsenen Blätter annimmt. Statt einer *corolla monopetăla* hat man eine *corolla gamopetăla s. gamoměra.*

Die vierblättrige Einbeere *(Paris quadrifolia,* Fig. 245*)* hat eine vierzählige Zwitterblüthe *(flos hermaphrodītus tetraměrus)*, denn sie besteht aus 8 Perigonblättern (4 äusseren breiteren und 4 inneren linienförmigen), 8 Staubblättern, 4 sitzenden Narben auf einem 4-fächrigen Fruchtknoten. Nur ausnahmsweise findet man die Blüthe 5-zählig und die Zahl der Perigon- und Staubblätter durch 5 theilbar, nämlich zu 10. Die Herbstzeitlose *(Colchĭcum autumnāle)* hat eine drei- oder sechszählige Blüthe und zwar ein Perigon mit 6-theiligem Saume, 6 Staubblätter, 3 Griffel, 3 Carpellen. Besonders bei den Monokotyledonen findet man diese einfachen Zahlenverhältnisse der Blüthentheile.

Bemerkungen. *Hermăphrodītus* (ἑϱμαφϱόδιτος), Zwitter, zusammengesetzt aus Hermes (Mercurius) und Aphrodite (Venus). — *Monoclīnis, diclīnis, e,* von μόνος (monos), einer, δίς (dis), doppelt, ϰλίνη (klinä), Bett, Lager. — *Monoecus, dioecus, a, um,* von μόνος, δίς und οἶϰος (oikos), Wohnung, Haus. — *Polygămus, a, um,* von πολύς, πολλή, πολύ (polys, pollä, poly), viel, und γάμος (gamos), eheliche Verbindung. — *Monoměres, monoměrus, monomorĭus, a, um,* von μέρος oder μεϱίς (meros, meris), Theil; μόϱιον (morion), Theilchen. — *Gamopetălus, a, um,* γάμος, eheliche Verbindung, πέταλον (petalon), Blatt.

Lection 58.

Pelorisation. Dimorphismus. Trimorphismus. Dichogamie.

Man beobachtet nicht selten bei manchen Blüthen eine absonderliche, gewöhnlich ebenmässige, aber zuweilen auch zur Monstrosität ausartende Formentwickelung theils durch Verlängerung der Axe, theils durch Vervielfältigung der Blüthentheile oder Umwandlung eines Blüthenblattkreises in den anderen oder durch Entwickelung neuer Blüthen- und Blattknospen in der entwickelten Blüthe. Bei manchen unregelmässigen, aber symmetrischen Blüthen ist sogar die Gestaltveränderung von der Art, dass sie sich zu regelmässigen Blüthen umbilden.

Als Ursache dieser seltsamen Umgestaltung der Form gilt die durch Kultur oder durch die Ernährung auf gutem Erdreich erzeugte Ueppigkeit *(luxuria)*. Die Erscheinung selbst nannte schon *Linné* Pelorie *(peloria)* und wird auch heute noch mit Pelorienbildung oder Pelorisation bezeichnet.

Ganz besonders trifft man die Pelorienbildung beim Leinkraut *(Linaria)*, beim Löwenmaul *(Antirrhinum)*, beim Fingerhut *(Digitalis)*, beim Veilchen *(Viola)*, der Balsamine *(Impatiens)*, dem Rittersporn *(Delphinium)* etc.

In Fig. 391 sehen wir in 1 die Blüthe des gemeinen Leinkrautes *(Linaria vulgāris)* und in 2 eine Pelorienbildung derselben Blüthe. Es sind mehrere Blumenblätter verwachsen, und jedes ist gespornt. Aus der unregelmässigen Blumenkrone ist

Fig. 391.

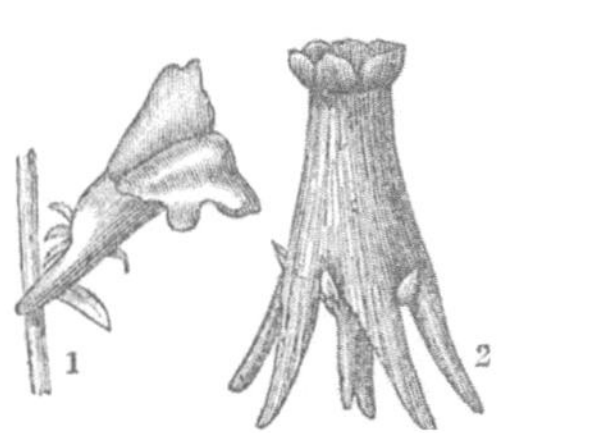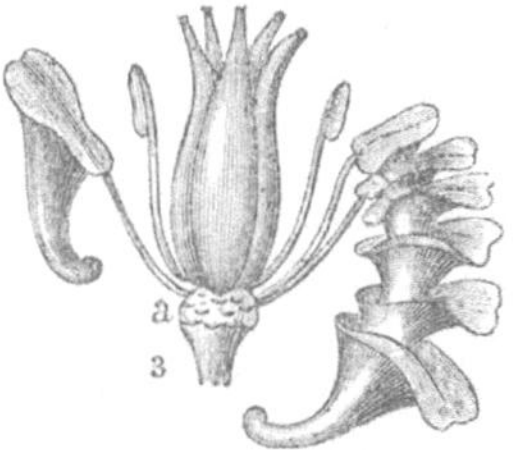

1. Gewöhnliche Blüthe des Leinkrautes (Linaria vulgāris), 2. Pelorisation derselben.
3. Pelorische Blüthe von Aquilegia vulgāris.

eine regelmässige entstanden, welche sich sogar durch Samen fortpflanzt. In 3 sehen wir einen Theil der pelorisirten Blüthe des Akeleys *(Aquilegia vulgāris)* durch Kultur veranlasst. Die fünf kapuzenförmigen gespornten Blumenkronenblätter schliessen mehrere ähnliche ein, von denen reihenweise eines in das andere eingeschoben scheint. Ausser diesen fünf Reihen der Blumenblätter zeigen die Kelchblätter eine ähnliche Umwandlung. Dagegen ist die Zahl der Staubblätter eine geringere, die Pelorie geschieht hier auf Kosten des Staubblattkreises und selbst des Fruchtblattkreises, welcher nicht selten zu gar keiner Entwickelung gelangt.

Es ist hier keine ungewöhnliche, meist aber normale Erscheinung, dass die Entwickelung der Staub- und Fruchtblätter einer Blüthe nicht gleichen Schritt hält, und die Reife dieser Befruchtungswerkzeuge in verschiedene Zeiten fällt. Diese Erscheinung hat man Dichogamie (Doppelehe) genannt. Man unterscheidet eine androgynische (männlich-weibliche), wenn die Antheren, eine gynandrische (weiblich-männliche), wenn die Narben früher zur Reife kommen. Bei der Binsengattung *(Juncus)* z. B. erreicht das Pistill die zur Befruchtung nöthige Reife früher, als die Antheren ihren Staub ausstreuen. Bei *Delphinium, Digitālis, Geranium* öffnet sich die Narbe, nachdem sich die Antheren bereits ihres Pollens entledigt haben. Die Befruchtung ist in diesen Fällen nothwendig eine Wechselbefruchtung, d. h. durch Uebertragung des Pollens der einen Blüthe auf die Narbe einer anderen Blüthe. Die Befruchtung der dichogamischen Pflanzen geschieht gewöhnlich durch Luftströmungen oder durch Vermittelung der honigsaugenden Insekten. Bei der androgynischen Dichogamie saugen wahrscheinlich etwa vorhandene Sammelhaare des Griffels *(pili collectōres)* den Pollen auf, welcher durch Erschütterung oder durch die Insekten auf die Narbe übertragen wird.

Fig. 392.

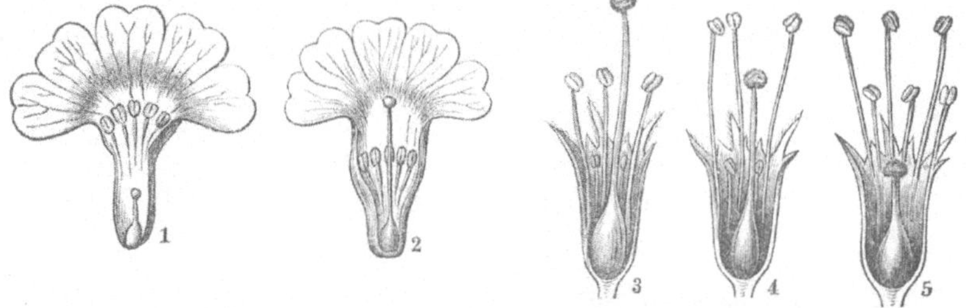

Schematische Figuren. 1. u. 2. Dimorphismus der Blüthe von *Primŭla elatior.* 3. 4. 5. Trimorphismus der Blüthe von *Lythrum Salicaria.* (Vergr.)

Ein anderes für die Befruchtung nicht immer günstiges Verhältniss wird durch den Di- und Trimorphismus des Befruchtungsapparates erzeugt. Beim Himmelschlüsselchen *(Primŭla officinālis* und *elatior Jacquin)* findet man dimorphe Blüthen und zwar mit langem Griffel und tief stehenden Antheren, oder mit kurzem Griffel und weit über demselben angehefteten Antheren. Aehnliches trifft man bei vielen Leinarten *(Linum)*, dem Lungenkraut *(Pulmonaria officinālis)* an. Bei langem Pistill und niedrig stehenden Antheren ist die Befruchtung erschwert und wird entweder durch die honigsaugenden Insekten vermittelt, oder sie geschieht nach *Charles Darwin* durch die gegenseitige Befruchtung beider Formen. Der genannte Naturforscher erkannte auch den Trimorphismus beim Weiderich *(Lythrum Salicaria)*, bei welchem zwischen der lang- und kurzgriffligen

Form noch eine Mittelform vorkommt. Nach den angestellten Beobachtungen geschieht hier die Befruchtung einer Blüthe nur durch diejenigen Antheren einer anderen Blüthe, welche mit der Narbe des betreffenden Pistills in gleicher Höhe stehen. Das kleine Pistill der Form 5 (Fig. 392) soll z. B. nur durch die niedrigstehenden Antheren der Form 3 befruchtet werden.

Bemerkungen. *Peloria*, von πέλωρ (pelōr), Ungeheuer, πελώριος, ία, ιον (pelōrios), ungeheuer gross, riesenhaft. — Dichogamie, von δίχα (dicha), zweifach, und γαμέω (gameō), zum Weibe nehmen. — Dimorph, trimorph von μορφή (morphä), Gestalt. — *Charles Darwin* (spr. tscharls darhuinn), ein noch lebender, durch seine Forschungen in der Entwickelungsgeschichte hervorragender engl. Naturforscher. — Obgleich *pollen* sächlichen Geschlechtes ist, so sagt man im Deutschen doch „der Pollen."

Lection 59.

Charakteristische Blüthenformen.

Nachdem wir die anatomischen und morphologischen Verhältnisse der Blüthen näher kennen gelernt haben, ist es ganz am Orte, auch mehrere für uns wichtige charakteristische Blüthenformen zu betrachten, um dann auf die Entwickelung der Blüthe zur Frucht und auf die Frucht in morphologischer und anatomischer Beziehung überzugehen.

1. Die Malvenblüthe *(flos malvacēus)* ist eine regelmässige Blüthe, deren fünf Blumenblätter an der Basis mit den zu einer

Fig. 393.

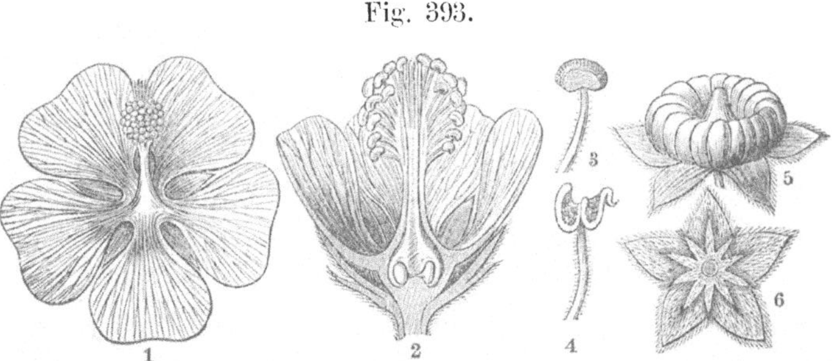

Althaea officinālis (Eibisch). 1. *Flos malvacēus*. Blüthe, ausgebreitet und von oben gesehen (natürl. Grösse), 2. dieselbe im Verticaldurchschnitt, 3. Staubgefäss (vergr.), 4. dasselbe entleert, 5. Frucht (vergr.), 6. Doppelkelch von unten gesehen.

monadelphischen Röhre verwachsenen Staubgefässen so innig verwachsen sind, dass sie mit diesen ein und dasselbe Organ zu bilden scheinen. Von oben betrachtet erscheint desshalb die Blume verwachsenblätterig, von unten freiblätterig. Durch die erwähnte Verwachsung werden die zahlreich um eine Scheibe in einen Kreis zusammengestellten Fruchtknoten dem betrachtenden Auge entzogen. Um zu denselben zu gelangen, müssen die Blumenblätter mit dem damit verwachsenen Staubblattcylinder entfernt werden.

2. Die Lippenblüthe *(flos labiatus)* ist eine einblättrige, d. h. verwachsenblättrige, ferner unregelmässige, aber symmetrische Blumenkrone, deren Saum *(limbus)* in zwei einander gegenüberstehende Hauptlappen, Lippen *(labia)* genannt, getheilt ist, und auf diese Weise die Form eines geöffneten Rachens zeigt oder rachenförmig *(ringens)* erscheint. Der obere Hauptlappen wird als Oberlippe oder Helm *(labium superius; galĕa)* von dem unteren, der Unterlippe *(labium inferius)* unterschieden. Der Kelch der Lippenblüthe ist gleichfalls gelippt und erscheint aus der Verwachsung von fünf Kelchblättern entstanden zu sein, denn sein Saum ist in fünf Zipfel oder Zähne getheilt, welche sich in verschiedener Zahl auf die beiden Lippen vertheilen. Diese Vertheilung pflegt man der Kürze halber durch einen Bruch auszudrücken, dessen Zähler die Zahl der Zipfel der Oberlippe, dessen Nenner die Zahl der Zipfel der Unterlippe angiebt. Z. B. Kelch $^3/_2$-lippig besagt: die Oberlippe des Kelches ist in 3 Zipfel, die Unterlippe in 2 Zipfel getheilt. Kelch $^1/_1$-lippig würde andeuten, dass Oberlippe wie

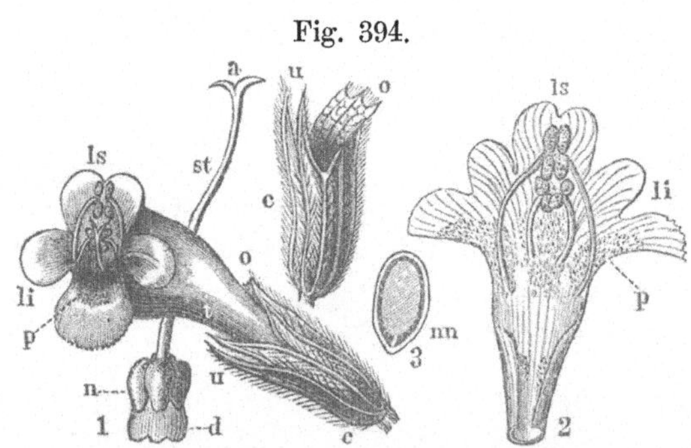

Fig. 394.

Mellissa officinālis. (Melisse). *Flos labiātus. t* Blumenröhre *(tubus). ls li* Saum der Blumenkrone, $^2/_3$ gelippt, *ls* Oberlippe, *li* Unterlippe, *c* Kelch $^3/_2$ lippig, *o* Oberlippe und *u* Unterlippe desselben, 3fache Linear-Vergr. 2. Blumenkrone aufgeschlitzt und ausgebreitet. *a d* Stempel. *a* Narbe, *st* Griffel, *n* Fruchtknoten *(germen quadripartītum), d* hypogyne Scheibe *(discus).* 3. Verticaldurchschnitt eines Carpells.

Unterlippe des Kelches ungetheilt sind. Diese Bezeichnung überträgt man selbst auf die lippige Blumenkrone, wenn die Lippen derselben getheilt sind. Blumenkrone $^2/_3$-lippig *(corolla $^2/_3$-labiāta)* besagt, dass die Oberlippe in zwei, die Unterlippe in 3 Lappen *(lobi, laciniae)* getheilt ist.

Blumenkrone und Kelch hören nicht auf, lippig zu sein,

wenn auch eine oder die andere Lippe unentwickelt ist oder fehlt.

Der Raum zwischen Ober- und Unterlippe heisst der Rachen *(rictus)*, der Raum oberhalb der Blumenröhre, welcher gleichsam die Basis des Rachens ist, bildet den Schlund *(faux)*, und der Theil der Unterlippe, welcher den Schlund berührt, wird Gaumen *(palātum)* genannt.

Ist die Theilung des Saumes einer verwachsenblättrigen Blumenkrone in zwei Hauptlappen oder Lippen nicht deutlich ausgeprägt, so nennt man die Blüthe fast lippenförmig *(sublabiātus)*, wie z. B. bei *Gratiola* und *Mentha*. Auch giebt es Fälle, in welchen durch Drehung des Blüthenstieles die Oberlippe die Stellung der Unterlippe, und die Unterlippe die der Oberlippe einnimmt. Die Blüthe heisst dann umgekehrt *(flos resupinātus)*.

Wird der Rachen der Lippenblüthe durch einen stark gewölbten Gaumen geschlossen, so nennt man die Blüthe maskirt *(flos personātus)*, wie z. B. beim Löwenmaul *(Antirrhīnum)* und den übrigen Personaten.

3. Die kreuzförmige oder Kreuz-Blüthe *(flos cruciātus)* besteht aus vier Blumenblättern, welche deutlich genagelt *(petăla unguiculāta)* und so gestellt sind, dass ihre Platten *(lamĭnae)*, von oben betrachtet, ein Kreuz bilden. Sie sind zugleich von einem vierblättrigen Kelche umgeben und umstehen sechs Staubblätter, von denen zwei kürzer als die übrigen sind. An der Fläche eines freien Blumenblattes unterscheidet man zwei Theile, den Nagel *(unguis)* und die Platte *(lamĭna)*. Der Nagel ist der nach der Basis des Blattes verlaufende, verschmälerte, die Platte der nach der Spitze verlaufende, sich verbreiternde Theil. Bei den Blumenblättern der

Fig. 395.

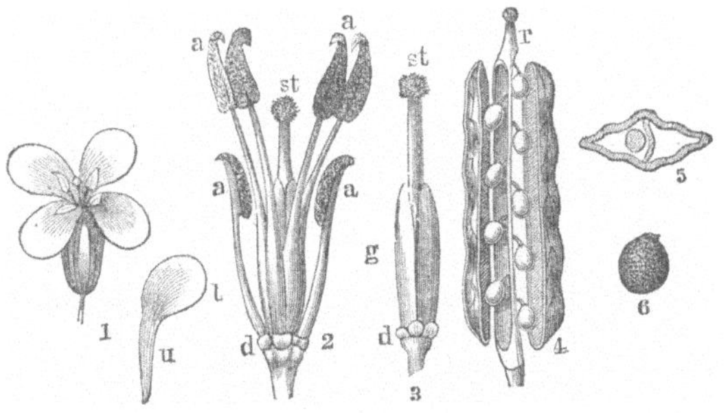

Brassica nigra (schwarzer Senf). *Flos cruciātus.* 1. Blüthe (natürl. Grösse). *lu* Blumenblatt. *l* Platte, *u* Nagel. 2. Blüthe von Kelch- und Blumenblättern befreit, *a a* 4 lange und 2 kurze Staubgefässe, *st* Stempel, *d* hypogyne Scheibe. 3. Stempel, *g* Fruchtknoten. 4. Schote *(siliqua brevirostrata)* zweiklappig aufgesprungen. 5. Querschnittfläche einer Schote. 6. ein Samen, vergrössert.

Kreuzblüthe ist der Nagel meist stark verlängert, so dass die Platte gleichsam gestielt erscheint.

4. Das **Kelchkätzchen** (*cyathĭum*), aus den Blüthen der Gattung *Euphorbĭa* gebildet, wurde von *Linné* als Blüthe aufgefasst, ist aber, wie schon S. 170 erwähnt ist, ein Blüthenstand, denn in einer verwachsenblättrigen becherförmigen Hülle entspringen nackte weibliche und männliche Blüthen, und sind sowohl das Pistill wie die Staubblätter durch Articulation besondern Blüthenstielen aufgesetzt. *Linné* hielt die Hülle für den Kelch, die am Saume

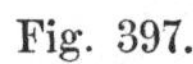

Fig. 396.

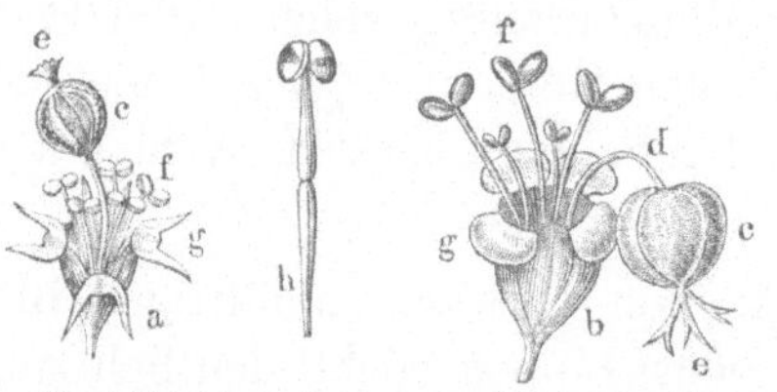

Cyathĭum, Kelchkätzchen, *a* von *Tithymālus Peplus Gaertner*, *b* von *Tithymālus helioscopĭus*. *a* und *b* becherförmige Hülle (*involūcrum*), *g* Schuppen des Hüllrandes (Nectarien), *f* Staubgefässe oder nackte männliche Blüthen, *h* eine solche vergrössert, *c* weibliche Blüthe, aus gestieltem Pistill bestehend, *e* Narbe.

der Hülle sitzenden fleischigen Schuppen für Blumenkronenblätter, die männlichen Blüthen für gegliederte Staubgefässe, die weibliche Blüthe für ein gestieltes Pistill.

Lection 60.

Charakteristische Blüthen (Fortsetzung u. Schluss).

5. Die **Schmetterlingsblüthe** *(flos papilionacĕus)* ist eine unregelmässige fünfblättrige Blüthe. Das oberste, meist grössere und oft zurückgeschlagene Blumenblatt heisst die **Fahne** *(vexillum)*, die beiden unteren, der Fahne gegenüberstehenden Blumenblätter bilden das **Schiffchen** oder den **Kiel** *(carīna)*, und die zwischen Fahne und Kiel angehefteten bilden die **Segel** oder **Flügel** *(alae)*. Die beiden Blätter des Kiels sind nicht selten mehr oder weniger mit ihren Rändern unter einander verwachsen und

Fig. 397.

Flores papilionacei (Blüthenköpfchen) von *Lotus corniculātus.*

schliessen die Geschlechtstheile ein. Letztere sind meist zweibrüdrig (diadelph). Der Kelch ist verwachsenblättrig und am Saume lippig getheilt mit wieder in Zipfel oder Zähne getheilten Lippen. Die Zahlen der Theilungen der Lippen werden hier wie beim Kelch der Lippenblüthler ebenfalls durch einen Bruch angedeutet. Während der Kelch der Labiaten am häufigsten $= {}^3/_2$ ist, finden wir ihn bei den Schmetterlingsblüthen gewöhnlich zu ${}^2/_3$.

Die Blumenkronenblätter der Schmetterlingsblüthe sind sämmtlich genagelt *(petăla unguiculāta)*.

Fig. 398.

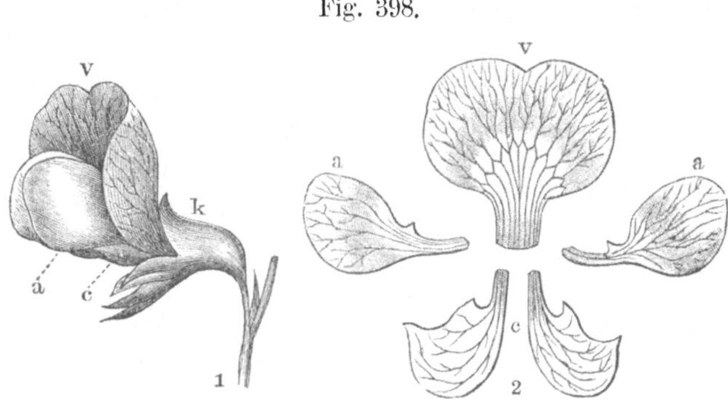

Flos papilionacĕus. Pisum satīvum (Erbse). 1. Blüthe von der Seite gesehen. 2. die Blumenblätter nach ihrer Stellung aus einander gelegt. *v* Fahne *(vexillum)*, *c* Kiel *(carīna)*, *a* Flügel *(alae)*, *k* Kelch.

6. Die **Polygalablüthe** *(flos polygalīnus)* findet sich nur bei wenigen Pflanzenarten (Polygalaarten). Sie ist unregelmässig, meist lippig und gespalten und besteht aus einem fünfblättrigen Kelche, dessen drei äussere Blätter unter sich gleich und grüngefärbt sind, deren beide innere Blätter (Flügel, *alae*) aber seitlich die Blumenkrone einschliessen und gross und blumenblattartig

Fig. 399.

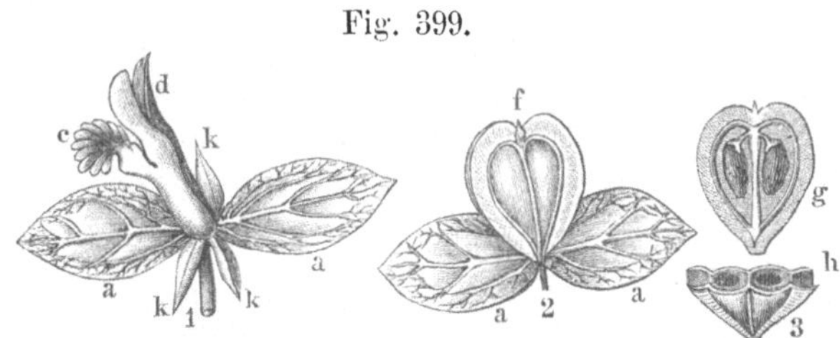

Flos polygalīnus. 1. Blüthe von *Polygăla vulgāris*, vergrössert. *k k k* äussere Kelchblätter, *a a* innere Kelchblätter oder Flügel *(alae)*, *d* bis zur Basis gespaltene Oberlippe. *c* Unterlippe mit Kamm *(crista)*. 2. Zusammengedrückte Fruchtkapsel *(capsŭla compressa)*, mit den beiden Flügeln. 3. geöffnete Frucht, *h* dieselbe im Querschnitt.

gefärbt sind. Die Blumenkrone ist zweilippig und zugleich fünftheilig, in der Mitte der Oberlippe bis zur Basis gespalten. Der mittlere Lappen der Unterlippe ist kammförmig geschlitzt und bildet einen Kamm *(crista)*. Die seitlichen Lappen der Unterlippe verwachsen mit dem mittleren gewöhnlich in der Weise, dass sie eine Kappe *(cucullus)* bilden, welche die epipetalen, oberhalb diadelphisch verwachsenen Staubgefässe einschliesst. In diesem Falle erscheint die Blumenkrone nur dreitheilig.

7. Die **Corydalisblüthe, erdrauchartige Blüthe** *(flos corydalīnus s. fumarioïdĕus)* ist nur den Fumariaceen (*Fumarĭa, Corydălis*) eigen. Sie ist lippenartig (*labĭōsus*) und besteht aus einem zweiblättrigen Kelche, einer vierblättrigen unregelmässigen Blumenkrone und erscheint wie eine Mittelform zwischen den Kreuzblüthen und Schmetterlingsblüthen. Die Blumenblätter stehen sich kreuzweise gegenüber. Das obere und das untere Blumenblatt bilden die beiden äusseren Blumenblätter und laufen meist in einen hohlen Höcker oder einen Sporn aus. Die beiden seitlichen oder inneren Blumenblätter sind an ihrer Spitze durch eine Drüse zusammengeklebt und schliessen die Befruchtungsorgane ein. Die Staubgefässbündel, deren jedes einen mittleren zweifächerigen und zwei seitliche einfächrige Staubbeutel trägt, sind entweder mit den Rändern der äusseren oder der inneren Blumenblätter verwachsen.

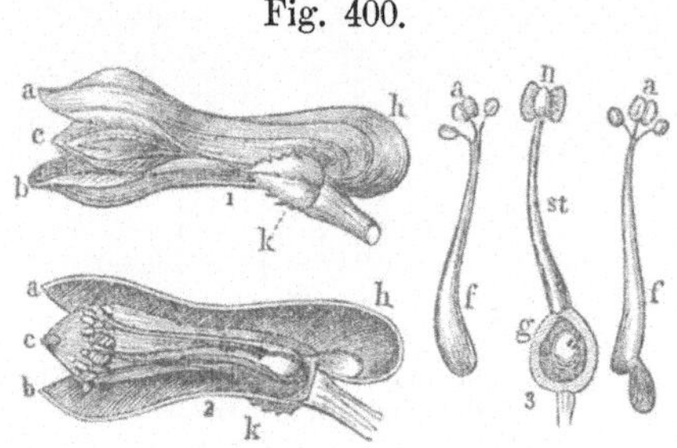

Fig. 400.

Flos fumarioïdĕus s. corydalīnus. 1. Blüthe von *Fumarĭa officinālis* (Erdrauch). Vergr. *a* oberes, *b* unteres Blumenblatt, *k* Kelch, *h* der höckrige Theil (*pars gibbōsa*) des oberen Blumenblattes, *c* seitliche Blumenblätter. 2. Die Blüthe im Verticalschnitt. 3. Die diadelphischen Staubgefässe (*f.f*), von welchen eines (das obere) am Grunde einen Sporn trägt, und *g* Stempel.

8. Die **Grasblüthe, Balgblüthe** *(flos glumacĕus s. gramĭnĕus)*. Was man unter dieser Bezeichnung versteht, ist nicht eine einzelne Blüthe, sondern ein Grasährchen (*spicŭla*), ein Blüthenstand, der aber manches Eigenthümliche hat, so dass wir ihn wie das Kelchkätzchen (*cyathium*) hier nach der Zusammensetzung seiner Theile erwähnen müssen.

Die Grasblüthe besteht aus zweizeilig gestellten, sich scheidenartig umfassenden Hüllblättern, den **Balgspelzen** *(glumae)*, welche die eigentlichen, einer kleinen **Spindel** *(rachĕŏla)* zweizeilig angehefteten Blüthen einschliessen.

Das einzelne Grasblüthchen *(floscŭlus, glumella)* besteht aus zwei, in ähnlicher Weise sich scheidenartig umfassenden Hüllblättchen, den **Spelzen** *(palĕae)*, welche *Linné* für Blumenblätter hielt. Diese beiden Spelzen schliessen die Befruchtungsorgane und 2 oder 3 kleine zarte häutige Schup-

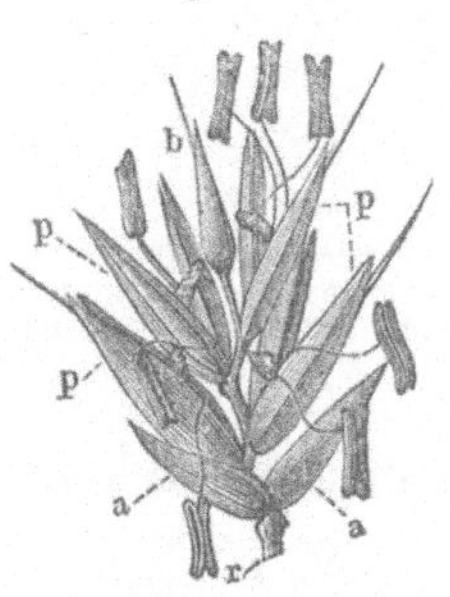

Fig. 401.

Aehrchen von *Festūca duriuscŭla*, Hartschwingel; *a a* Balgspelzen (*glumae*), *r* Spindel (*rachĕŏla*), *p* Spelze, *b* unentwickeltes Blüthchen.

pen, Schüppchen, Honigspelzchen *(squămŭlae; glumellŭlae; lodicŭlae; nectaria* nach *Linné)* ein. Die äussere und gewöhnlich derbere Spelze ist nervig und ihr mittlerer Nerv ist oft zu einer Granne *(arista)* verlängert. Die innere Spelze ist häutig, häufig kielartig eingeschlagen und an der Spitze zweizähnig *(palea interior bidentāta)*. Sie ist nach *Schleiden* aus der Verwachsung zweier Blätter entstanden. Das Aehrchen wird nach der Zahl der Blüthchen mit ein-, zwei-, drei- etc. vielblüthig *(spicŭla uni-, bi-, tri-, multiflōra)* bezeichnet.

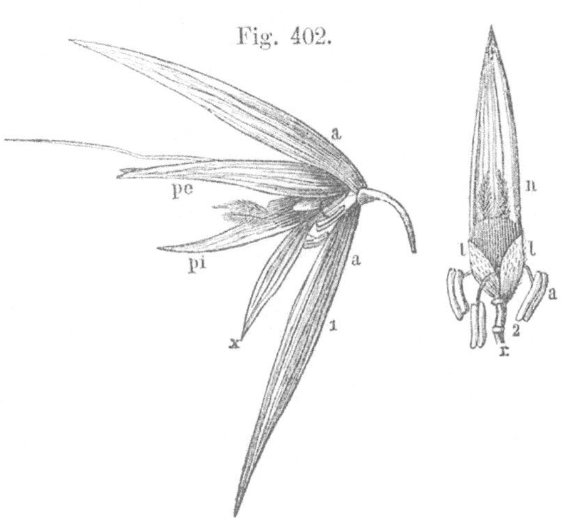

Fig. 402.

Aehrchen von *Avēna satīva* (Hafer). 1. Aehrchen, *spicŭla biflōra*, *a a* Balgspelzen (*glumae*), *p e*, *p i*, *x* Spelzen (*palĕae*), *x* steriles Blüthchen, *p e* äussere auf dem Rücken gegrannte Spelze (*palĕa dorso aristāta*). Vergr. 2. Ein Blüthchen ohne die äussere Spelze. *r* Spindel, *n* fedrige Narbe (*stigma plumōsum*), *l* Schüppchen (*squamulae s. lodiculae*).

Männliche oder geschlechtslose Blüthchen werden nur als halbe gerechnet, daher auch wohl die Bezeichnung anderthalbblüthig *(spicŭla sesquiflōra s. subbiflōra)*.

Lection 61.

Frucht, Scheinfrucht.   Einfache, vielfache, zusammengesetzte Frucht.

Die Blüthe hat nach geschehener Befruchtung des Eichens ihre Bestimmung erfüllt, ihre Entwickelung ist beendigt, und durch Verwelken oder Abfallen der Blüthendecken und Staubblätter giebt sie den Zustand an, welchen wir das Verblühen *(defloratio)* nennen. Nur die befruchteten Samenknospen und die sie umschliessenden Fruchtblätter, also der Stempel, hören nicht in ihrer Entwickelung auf und wachsen zur Frucht aus. Der wesentlichste Theil einer Frucht ist die zum Samen ausgebildete Samenknospe, denn die Fruchtblätter, welche den Stempel bildeten, sind nur die Hüllen des reifen Samens.

Die Früchte *(fructus)* werden als echte *(veri)* und als unechte *(spurii s. involucrāti)* oder Scheinfrüchte unterschieden.

Die echte Frucht besteht aus dem zur Frucht entwickelten Fruchtknoten mit dem Samen, an der Zusammensetzung der unechten oder Scheinfrucht dagegen nehmen noch andere Theile der Blüthe Theil. Der Unterkelch *(hypanthium)* wird z. B. fleischig, wie bei der Rose, und schliesst als eine falsche beerenähnliche Fruchthülle die Carpellen ein. Die Scheinfrüchte der Hundsrose *(Rosa canīna)* sind die sogenannten Hagebutten *(Cynosbäta, Cynorrhŏda, fructus Cynosbäti)*. Bei den Pomaceen verschmelzen Unterkelch und Fruchtboden völlig mit der Frucht, d. h. mit dem Stempel, und bilden fleischige Früchte

Frucht von *Rosa canīna*. Scheinfrucht im Längsdurchschnitt.

Fig. 403.

(Apfel, Birne). Bei *Anacardĭum occidentāle* schwillt der Blüthenstiel *(peduncŭlus)* fleischig und birnenförmig an und dient als Stütze der nierenförmigen Nuss, dagegen wächst und dehnt sich bei *Semecārpus Anacardĭum* der Stempelträger *(gynophŏrum)* zu einem die fast herzförmig gestaltete Nuss stützenden Fruchtträger *(carpophŏrum)* aus. Bei der Erdbeere *(Fragarĭa)* wird der Stempelträger zu einem fleischigen Fruchtträger, welchem die kleinen Carpellen aufgesetzt sind. Die Frucht des Feigenbaums *(Fiscus Carĭca)* ist der fleischig gewordene gemeinschaftliche Fruchtboden *(receptacŭlum commūne)*, welcher ein fruchtähnliches Gehäuse bildet, in dessen innere Wandung die kleinen einsamigen Steinfrüchtchen eingesenkt sind. Beim Hopfen *(Humŭlus Lupŭlus)* wachsen die Deckblätter zu einem Zapfen *(strobĭlus)*, bei der Eiche zu einer Becherhülle *(cupŭla)* aus. Beim Mohn *(Papāver)* bildet die Narbe *(stigma)* einen Theil der Frucht.

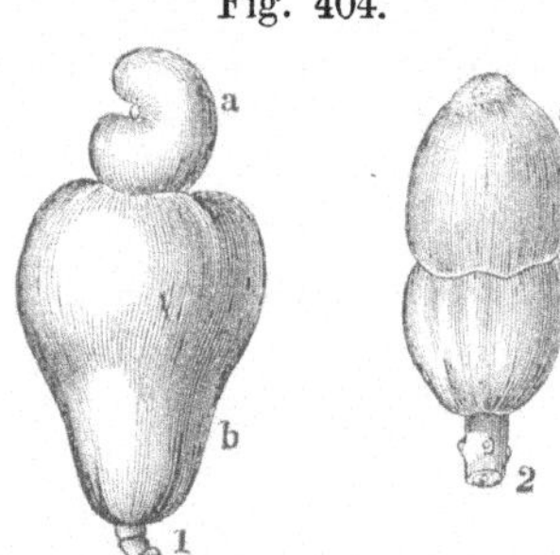

Fig. 404.

1. Frucht von *Anacardĭum occidentāle*. *a* Nussartige Steinfrucht, *b* der fleischig angeschwollene Blüthenstiel. 2. Frucht von *Semecarpus Anacardium*. *a* Nussartige Steinfrucht, *b* der Fruchtträger.

Durch die Betheiligung eines oder mehrerer ausser dem Stempel liegenden Blüthentheile an der Fruchtbildung entsteht also die Scheinfrucht *(fructus spurĭus)*. Eine echte Frucht *(fructus verus)* ist immer nur der gereifte Fruchtknoten, welcher mit anderen Blüthentheilen in keiner Weise verwachsen ist.

Die Frucht ist ferner einfach *(fructus simplex)*, wenn sie aus einem einfachen Stempel entstanden ist, z. B. ein Apfel, eine Kirsche; sie ist dagegen eine **vielfache** (*multiplex*), wenn sie aus mehreren Früchten zusammengesetzt ist, welche gemein-

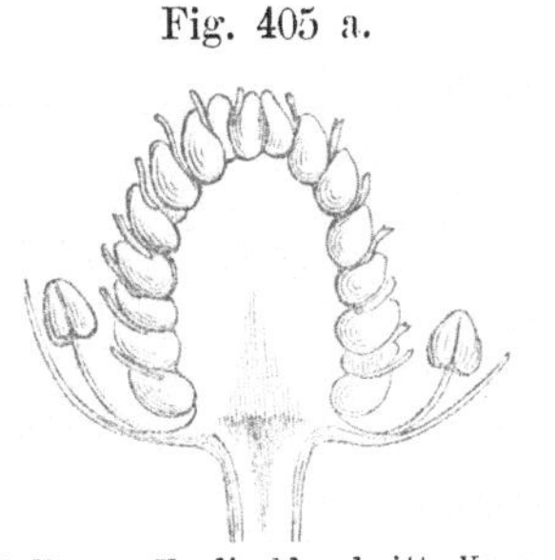

Fig. 405 a.

Erdbeere. Verdicaldurchnitt. Vergr.

Fig. 405 b.

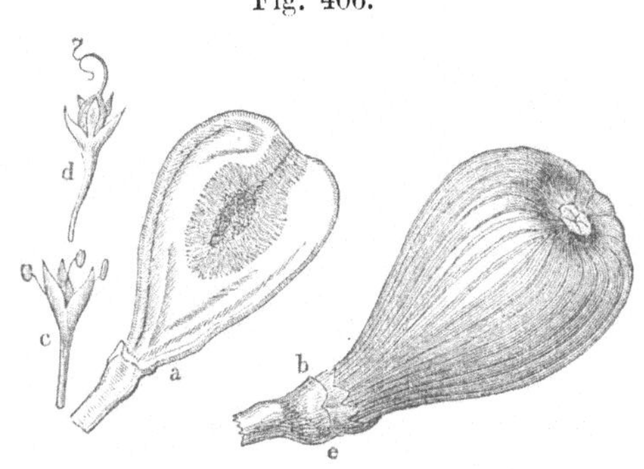

Fig. 406.

Ficus Carica. a Coenanthium, im Verticaldurchschnitt.
b dasselbe zur Frucht gereift.

Erdbeere.

Fig. 407.

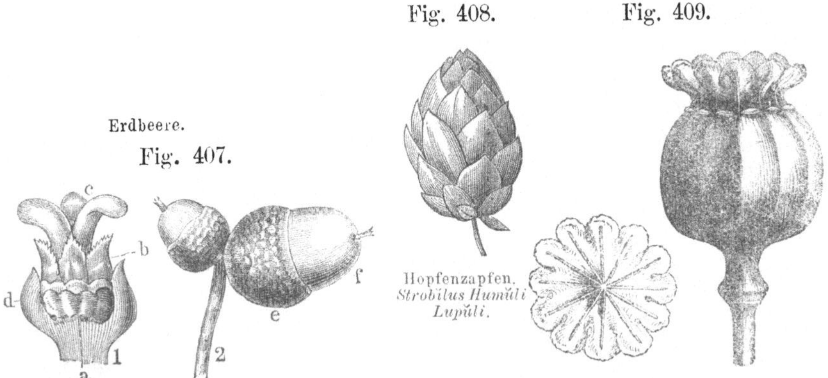

Fig. 408.   Fig. 409.

Hopfenzapfen.
Strobilus Humuli Lupuli.

1. weibliche Blüthe von *Quercus.* 2. Eichelfrucht. *e Cupula* (Becherhülle).

Frucht von *Papaver somniferum.*

schaftlich aus einer und derselben Blüthe entstanden sind, z. B. die Himbeere, die Frucht der Herbstzeitlose (*Colchicum*), die Frucht der Labiaten. Sie ist endlich eine **zusammengesetzte** (*com-*

Fig. 410.

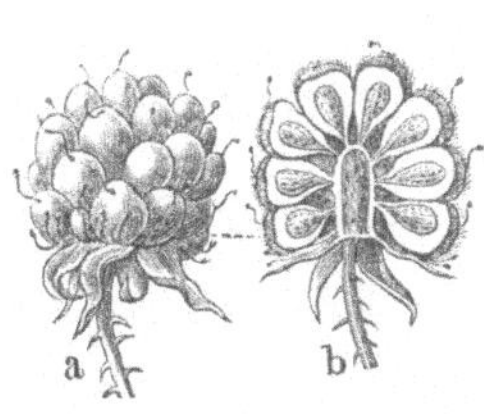

Vielfache Frucht. *a* Himbeere.
b Dieselbe im Verticalschnitt.

Zusammengesetzte Frucht.
Maulbeere (*Morus nigra*).

Zusammengesetzte Frucht von
Ananas sativus. Verkleinert.

posĭtus), wenn sie sich aus den Stempeln verschiedener Blüthen durch Verwachsung bildete, wie z. B. die Maulbeere, Ananas, Feige. An der zusammengesetzten Frucht, welche auch Sammelfrucht *(syncarpĭum)* genannt wird, sehen wir verschiedene Formen. Verholzen z. B. die Fruchtschuppen, wie bei den Coniferen, so bildet sich der Zapfen *(strobĭlus; conus)*, oder sind die Fruchtschuppen fleischig und mit einander verwachsen, so entsteht die Zapfenbeere *(galbŭlus)*. Die Wachholderbeere *(fructus Junipĕri)* ist eine solche Zapfenbeere.

Fig. 411.

Zapfen *(strobĭlus)* von *Cupressus sempervĭrens*.

Fig. 412.

Zapfenbeere *(galbŭlus)* von *Junipĕrus commūnis*. 3fache Vergr.

Die Früchte sind oft mit verschiedenen Anhängseln ausgestattet. Eine Frucht kann besetzt sein mit Haaren *(pilĭ)*, Borsten *(setae)*, einer Haarkrone *(pappus)*, Stacheln *(aculĕi)*, Warzen *(verrūcae)*, Schüppchen *(lepĭdes)* oder Panzerschüppchen, Schildern *(lorīcae)*, mit Leisten *(costae)*, oder mit linienförmigen Hervorragungen, etc.

Eine Frucht heisst gestielt *(stipitātus)*, wenn sie sich in einen Stempelfuss *(gynopodium)* verschmälert. Je nach der Be

Fig. 413.

Fig. 414.

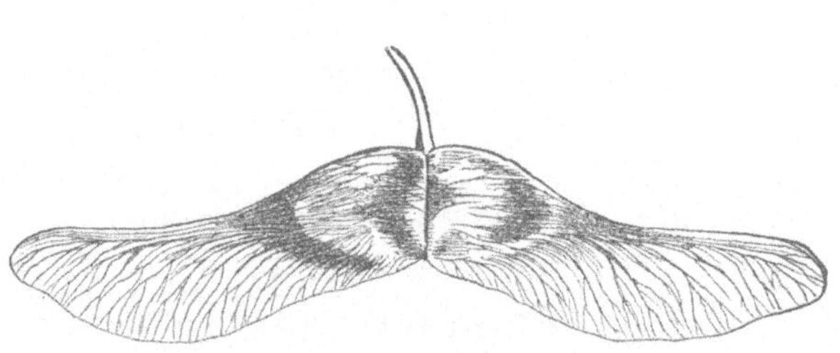

Die an den Seiten geflügelte Spalt-Frucht *(fructus laterĭbus alātus)* vom Feldahorn *(Acer campestre)*.

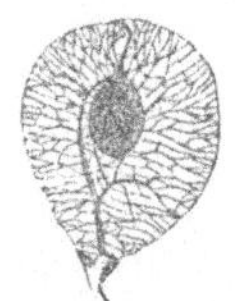

Rundum geflügelte Frucht *(fructus peripterĭgius)* der Feldrüster *(Ulmus campestris)*.

schaffenheit des Griffels, womit sie gekrönt ist oder in welchen ihre Spitze ausläuft, ist sie geschnabelt *(rostrātus)*, wenn der Griffel lang und starr ist; geschwänzt *(caudātus)*, wenn dieser schlaff ist; oder sie ist ungeschnabelt *(erōstris)*, ungeschwänzt *(ecaudātus)*. Sie ist geflügelt *(alātus)*, wenn das Fruchtgehäuse flügelartig ausgebreitet ist. Die geflügelte Frucht wird gewöhnlich Flügelfrucht *(samăra)* genannt. Sie kann je nach der Flügelzahl ein-, zwei-, drei-, vier- etc. flügelig sein *(uni-, bi-, tri-, quadri- etc. alātus* oder *monopterigius, diptĕrus, triptĕrus, tetraptĕrus).*

Bemerkungen. *Cynosbătus,* von κύων, genit. κυνός (kyōn, kynos), Hund und βάτος (batos), Dornstrauch. — *Cynorrhŏdum,* Hundsrose, κύων, Hund, und ῥόδον (rhodon), Rose. — *Samăra, ae, f.* Flügelfrucht der Ulme, richtiger ist *samărum, i, n.,* wie es auch *Plinius* gebraucht. — *-pterigius, -ptĕrus, a, um,* flügelig, von πτέρυξ, υγος (pteryx, ygos) und πτερόν (pteron), Flügel.

Lection 62.

Bestandtheile der Frucht ausser dem Samen.

Eine Frucht besteht aus dem Samen und den Umhüllungen desselben. Die Umhüllungen fasst man mit der Bezeichnung Fruchtgehäuse *(pericarpĭum)* zusammen.

An dem Fruchtgehäuse kommen folgende Theile in Betracht:

1. Die Schale *(peridĭum)* und die Schichten, aus denen sie besteht, 2. die Näthe oder Fugen *(sutūrae),* 3. die Regionen *(regiōnes),* 4. die Klappen *(valvae s. valvŭlae),* 5. die Scheidewände *(dissepimenta),* 6. die Fächer *(locŭli; locŭlamenta),* 7. der Samenträger *(spermophŏrum),* 8. der Nabelstrang *(funicŭlus umbilicūlis).*

1. Die Schale *(peridĭum)* besteht aus drei Schichten, nämlich der äusseren Fruchthaut *(epicarpĭum, exocarpĭum),* der

Fig. 415.   Fig. 416.

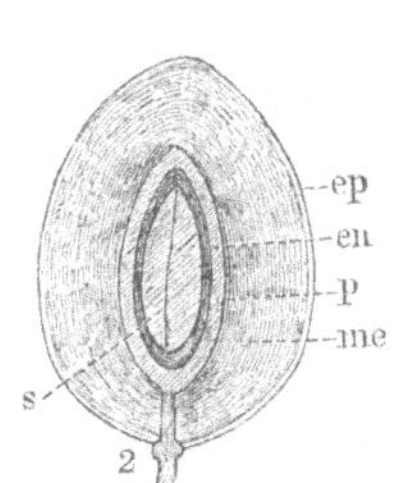

Frucht des Apfelbaums (*Pirus Malus*). Verticalaxenschnitt.

Frucht des Pflaumenbaums (*Prunus domestica*). Verticalaxenschnitt.

ep Epicarpium, *en* Endocarpium, *me* Mesocarpium, *s* Sarcocarpium, *c* Kelchrudiment, *p* Steinschale, dem Mesocarp angehörend.

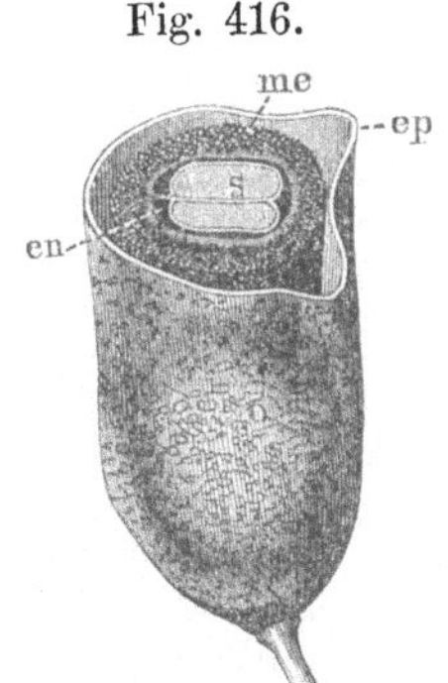

Hülsenfrucht von *Tamarīndus Indĭca.* Querschnitt.

inneren Fruchthaut *(endocarpĭum)* und der zwischen diesen beiden liegenden Schicht, der mittleren Fruchtschale, Mit-

15*

telschicht *(mesocarpĭum)*. Ist die Mittelschicht fleischig, so nennt man sie auch wohl Fleischschale *(sarcocarpĭum)*. Bei der Frucht von *Tamarĭndus Indĭca* ist die nach aussen liegende Schicht der Mittelschicht in ein lockeres musartiges Parenchym (Mus, *pulpa*) verwandelt. Sehr häufig nämlich theilt sich das Mesocarp in zwei durch ihre Struktur von einander verschiedene Gewebeschichten, von denen z. B. die nach aussen liegende, aus zartwandigen saftreichen Zellen, die an die innere Fruchthaut grenzende oder damit verwachsene aus dickwandigen lederartigen, oder holzigen, oder steinartigen Zellen besteht und bei den Steinfrüchten *(drupae)* die sogenannte Steinschale *(putāmen)* bildet. Epicarp und Endocarp sind aus einer oder mehreren Lagen Epidermalzellen zusammengesetzt.

Die Stelle, mit welcher ein Epicarp dem Fruchtboden aufsass und welche sich durch andere Färbung, mindere Glätte oder wulstige Erhabenheit kenntlich macht, nennt man gewöhnlich den N a b e l *(hilum; umbilĭcus)*, besser aber wegen der Verwechslung mit dem Nabel am Samen Höfchen, Plätzchen *(areŏla)*. Vergl. Fig. 264, 2. *h.*, Lection 67.

2. Die N ä h t e *(sutūrae)* sind vertiefte oder erhabene Streifen am Fruchtgehäuse. Man unterscheidet die Naht, wenn sie durch Verwachsung der Ränder der Fruchtblätter entstanden ist, als B a u c h n a h t *(sutūra ventrālis)* oder als Samen tragende Naht *(sutūra seminifĕra)*; wenn sie durch den Mittelnerv des Fruchtblattes gebildet wird als R ü c k e n n a h t *(s. dorsālis)*; und wenn sie aus der seitlichen Verwachsung zweier Carpellen hervorgeht als W a n d n a h t *(s. parietālis)*.

Fig. 417.

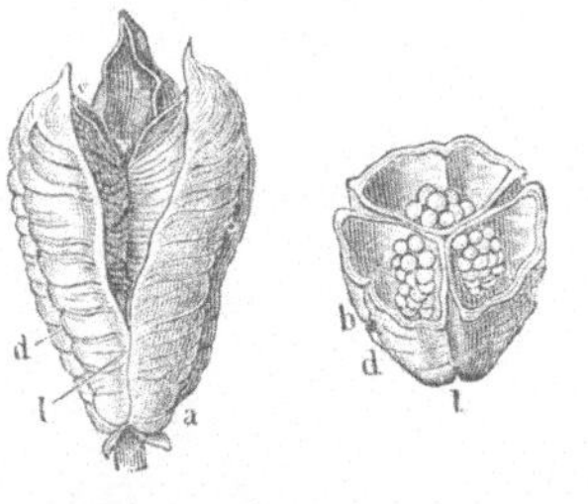

Frucht der Herbstzeitlose (*Colchĭcum autumnāle*), aus 3 Carpellen bestehend. *v* Bauchnaht, *d* Rückennaht, *l* Wandnaht.

Diejenige Seite des Carpells oder Fruchtblattes, auf welcher die Ränder desselben zusammentreffen, pflegt man den Bauch *(venter)* des Carpells zu nennen, daher die Bezeichnung B a u c h n a h t. Diese ist immer, wenn durch Drehung des Frucht- oder Stempelfusses die Lage keine Veränderung erlitten hat, stets der Axe des Fruchtknotens zugewendet. Die dem Bauche entgegengesetzte Seite bildet den Rücken *(dorsum)* des Carpells, welcher demnach der Fruchtaxe abgewendet liegt. Ein Fruchtgehäuse kann ein-, zwei-, drei- etc. nähtig sein *(pericarpĭum uni-, bi-, tri- etc. suturātum)*.

3. Die Regionen der Frucht *(regiōnes fructus)* sind die Basis *(basis)* oder die Anheftungsstelle, die Spitze *(apex)*, die Stelle, auf welcher sich der Griffel oder dessen Rudimente befinden, die Bauchfläche *(venter)* oder die der Fruchtaxe zugewendete Seite des Carpells, die Rückenfläche *(dorsum)* oder die der Bauchfläche entgegengesetzte Seite, die Seitenflächen *(latĕra)* oder die von Rücken- und Bauchfläche begrenzten Flächen. Stossen diese in einer Kante zusammen, so bilden sie einen Rand *(margo)*.

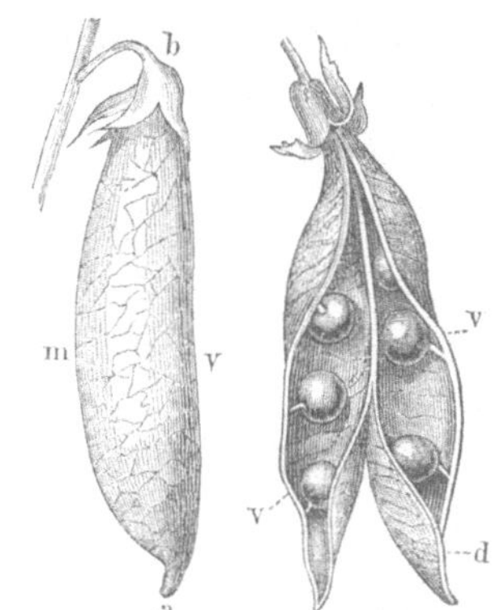

Fig. 418.

Frucht (Hülsenfrucht, *legūmen*) von *Pisum sativum* (Erbse). *a* Spitze, *b* Basis, *v* Bauchnaht, *m* Rand, *d* Rückennaht. Frucht zweiklappig (*legūmen bivālve*).

4. Die Klappen *(valvae)* nennt man die Theile der Fruchtblätter, welche sich bei der Reife der Frucht in den Nähten trennen. Eine Frucht kann zwei-, drei-, vier-, fünf- etc. klappig *(bi-, tri-, quadri-, quinquevālvis)* sein.

5. Die Scheidewände (*dissepimenta*) sind entweder doppelt, wenn sie von aneinanderliegenden Carpellwänden gebildet werden, oder einfach, im letzteren Falle centripetal *(dissepimenta centripĕta)*, wenn sie von den Fruchtblättern, und centrifugal *(centrifŭga)*, wenn sie von der mittelständigen Säule ausgehen. (Vergl. Lect. 51.)

Die Scheidewände stehen entweder am Rande der Klappen, randklappige *(diss. marginantia)*, wie bei *Colchĭcum*, Fig. 417, oder in der Mitte derselben, mittelklappige *(medivalvĭa)*. Sind sie schon im Fruchtknoten ausgebildet, so unterscheidet man sie als wahre, entstehen sie dagegen erst während der Fruchtbildung, als falsche.

Die Scheidewände nennt man vollständige (*complēta*), wenn sie die Axe der Frucht mit der Wand des Pericarps verbinden. Im anderen Falle sind sie unvollständig (*incomplēta*). Laufen sie mit der Axe der Frucht parallel, so bilden sie die Längsscheidewände *(longitūdinalĭa)*, und stehen sie zu der Axe der Frucht in einem rechten Winkel, so bilden sie Querwände (*dissepimenta transversalĭa; septa*).

6. Die Fächer (*locŭli, locŭlamenta*) sind die durch die Scheidewände begrenzten Räume oder, bei Abwesenheit der Scheidewände, die von dem Pericarp gebildete Höhlung. Die Fächer sind unecht (*spurĭa*), wenn sie keine Samen enthalten oder

auch schon im Fruchtknoten kein Eichen enthielten. Je nach der Zahl der Fächer ist die Frucht zwei-, drei-, vier- etc. fächerig (*bi- tri- quadri- etc. loculāris*).

Fig. 419.

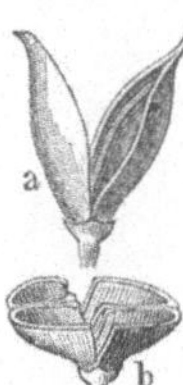

Frucht des Spanischen Flieders (*Syringa vulgāris*). Längsfächrig mit mittelklappiger Scheidewand. Fachspaltig zweiklappig aufspringende Frucht (*capsŭla loculicĭdobivalvis*).

Fig. 420.

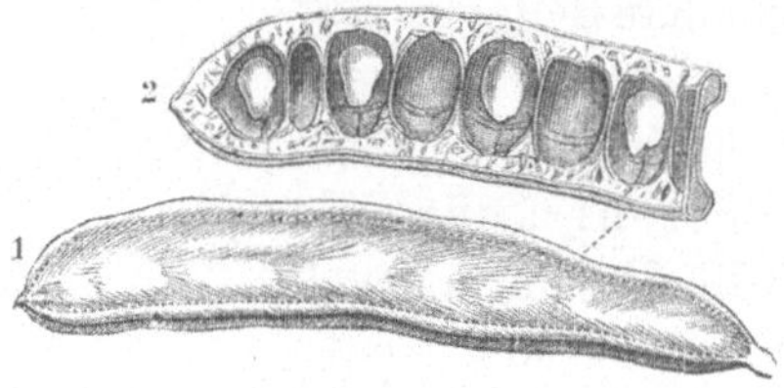

1. Frucht des Johannisbrodbaums (*Ceratonĭa Silĭqua*). Verkleinert. 2. Verticalschnitt, die Querscheidewände zu zeigen. *legumen septātum*).

Fig. 421.

Querdurchschnittene Frucht von *Capsicum annŭum*. Unvollkommene Scheidewand. Eine aufgeblasene, saftlose, 2—3fächrige Beere (*bacca inflata, exsucca, 2—3-loculāris*).

7. Der Samenträger (*spermophŏrum; sporophŏrum; placenta*) bildet den Theil der Frucht, welchem die Samen angeheftet sind. Er ist mittelständig *(centrāle)* und wird dann auch Säulchen (*columella*) genannt. Der Samenträger ist freistehend (*sporophŏrum libĕrum*), wenn er nicht mit Scheidewänden verbunden ist, oder angewachsen (*adnātum*), wenn er mit den Scheidewänden verwachsen ist, oder er ist wandständig (*parietāle*), wenn er mit der Wandung des Pericarps verwachsen ist. Der angewachsene Samenträger wird oft durch Lostrennung beim Aufspringen der Frucht frei (*sporophŏrum centrāle vel parietāle, demum libĕrum*).

Fig. 422.

Frucht des Bilsenkrautes (*Hyoscyămus niger*). Mittelständiger Samenträger (*spermophŏrum centrale liberum*).

Fig. 423.

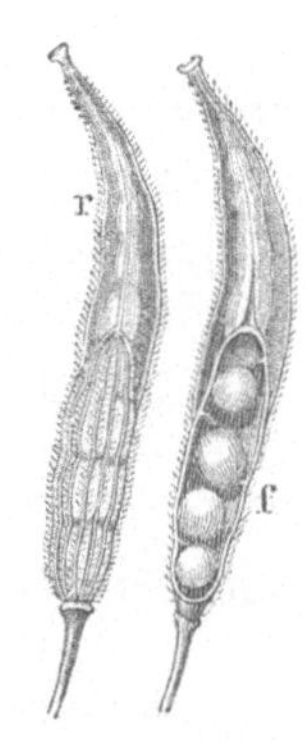

Frucht des weissen Senfes (*Sināpis alba*). (Etwas vergr.), *f* geöffnet, um die wandständigen Samenträger zu zeigen. Eine mit einem Schnabel versehene, wulstige Schote (*silĭqua rostrāta torulōsa*). *f* Nabelstrang, *r* Schnabel.

8. Der Nabelstrang (*funiculus umbilicālis*) wird durch das den Samen mit dem Samenträger verbindende Gefässbündel gebildet.

Bemerkungen. *Exocarpĭum, pericarpĭum, mesocarpĭum, endocarpĭum;* ἔξω (exo), aussen; πεϱί (peri), um, herum; μέσος, η, ον (mesos, ä, on), in der Mitte, mitten; ἔνδον (endon), darin, innerhalb, und καϱπός (karpos), Frucht. — *Sarcocarpĭum,* von σάϱξ, gen. σαϱκός (sarx, sarkos), Fleisch. — *Spermophŏrum, sporophŏrum,* Samenträger, von σπέϱμα (sperma), Same; σποϱά (spora), Saat; σπείϱω (speirō), säen; φοϱός, όν (phoros, phoron), tragend; φέϱω (pherō), tragen. — *Peridĭum* (und nicht *peridium*), Hülle, Schale (πεϱιδέω, umbinden, herumlegen).

Lection 63.

Das Aufspringen der Früchte.

Die Früchte, deren Gehäuse sich bei der Reife behufs der Ausstreuung des Samens öffnen, sind aufspringende Früchte (*fructus dehiscentes*), im Gegensatz zu denen, welche nicht aufspringen, deren Gehäuse also geschlossen bleiben (*fructus indehiscentes*). Einige vielfache Früchte zerfallen zur Zeit der Reife in die einzelnen Früchtchen, welche nicht selten geschlossen bleiben.

Aus dem Gesagten ergiebt sich, dass sich die Früchte in drei Gruppen theilen lassen, nämlich:

1. in solche, welche zur Zeit ihrer Reife aufspringen und die Samen ausstreuen. Hierher gehören die sogenannten Kapselfrüchte (*capsulae; fructus capsulāres*).

2. in solche, welche in einzelne Theilfrüchtchen (*mericarpĭa*) zerfallen. Hierher gehören die Spaltfrüchte (*schizocarpĭa*). Entweder bleiben diese Theilfrüchtchen geschlossen, oder sie springen auf.

3. in solche, welche weder aufspringen noch in Einzelfrüchtchen zerfallen, wie die Beeren (*baccae*), die meisten Steinbeeren (*drupae*) und die Schliessfrüchte (*achaenia*).

Das Aufspringen der Frucht (*dehiscentia fructus*) ist von der Beschaffenheit des Zellgewebes des Gehäuses abhängig. Es geschieht entweder erstens in Nähten oder nicht in Nähten, und zweitens der Länge nach (*dehiscentia longitudinalis*), d. h. in der Richtung der Fruchtaxe, oder der Quere nach (*deh. transversālis*), d. h. in einer Richtung, welche die der Fruchtaxe rechtwinklig durchschneidet, oder in Löchern (*deh. in poris vel in foraminibus*).

Das Aufspringen in der Länge geschieht klappig oder in Klappen (*dehiscentia valvāris*), wenn es regelmässig nach dem Verlauf der Nähte erfolgt, und zwar durch Trennung der Bauchnaht (*deh. intrōrsa*) oder durch Trennung der Rückennaht (*deh. extrōrsa*). Es ist vollständig (*complēta*), wenn sich die

Fig. 425.

Fig. 424.

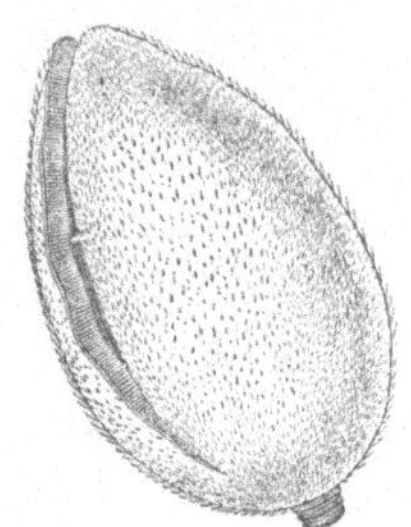

Frucht von *Amygdălus commūnis. Drupa apice dehiscens.*

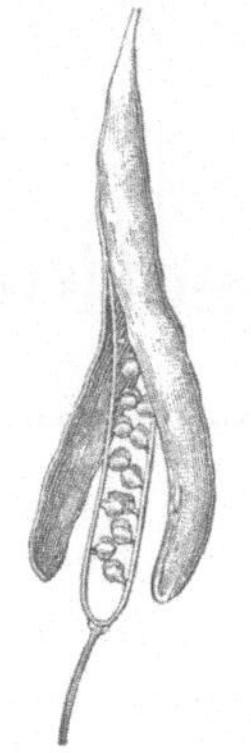

Frucht von *Chelidonĭum majus. Capsŭla siliquacĕa a basi ad apĭcem complēte dehiscens. Dehiscentĭa fenestrālis.*

Fig. 426.

Frucht von *Stellarĭa Holostĕa.* Halbsechsklappig aufspringende Kapsel (*capsŭla semisexvālvis*).

Klappen ihrer ganzen Länge nach trennen, entweder von der Spitze (*ab apĭce*) oder von der Basis der Frucht (*a basi*) beginnend. Die Frucht springt ein-, zwei-, drei- etc. klappig auf (*fructus bi-, tri-, quadri-, quinque-valvis*). Wenn sich hierbei die Klappen von den Nähten trennen und diese letzteren wie Rahmen stehen bleiben, so nennt man das Aufspringen fensterartig (*dehiscentia fenestrālis*).

Unvollständig (*incomplēta*) ist das Aufspringen, wenn die Klappen theilweise verbunden bleiben. Man unterscheidet dann ein halbklappiges (*semivālvis*), ein halb-dreiklappiges, ein halb-vierklappiges etc. Aufspringen (*deh. semitrivālvis, semiquadrivālvis etc.*), und geschieht die Trennung der Klappen nur in der Mitte, so dass sie an ihren Enden verbunden bleiben, so heisst das Aufspringen spaltig (*deh. fissurālis*) oder in Spalten (*fissūris s. rimis*), geschieht es aber nur an einem Ende der Klappen, so heisst es zähniges Aufspringen (*deh. dentālis*) oder ein Aufspringen in Zähnen (*dentibus*). Trennen sich die Klappen schnell wie mit Federkraft, so nennt man die Frucht elastisch aufspringend oder Springfrucht (*fructus elastice dehiscens*).

Fig. 427.

Frucht von *Oxălis Acetosella. Capsŭla pentagōna, fissuralĭter dehiscens.* Vergr.

Das Aufspringen ist scheidewandspaltig (*deh. septicīda*), wenn bei einer durch Verwachsung von mehreren Carpellen gebildeten Frucht die Scheidewände, welche doppelt sind, sich spalten, sich von der Mittelsäule losreissen und an den Rändern der Klappen hängen bleiben; es ist dagegen scheidewandabreissen'd, scheidewandbrüchig (*deh. septifrǎga*), wenn die

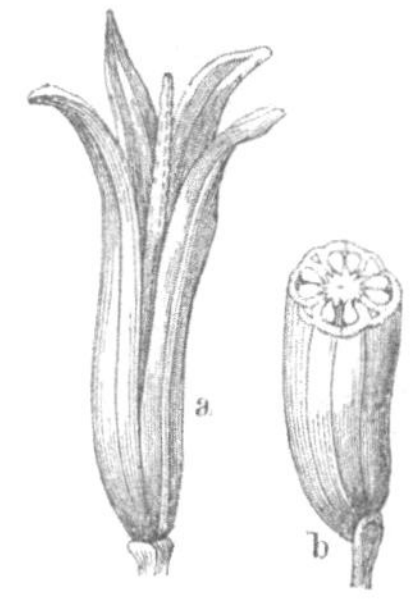

Frucht von *Oenothēra biennis.*
Dehiscentia loculicīda. Capsŭla loculicido-quadrivālvis.

Fig. 428.

Fig. 429.

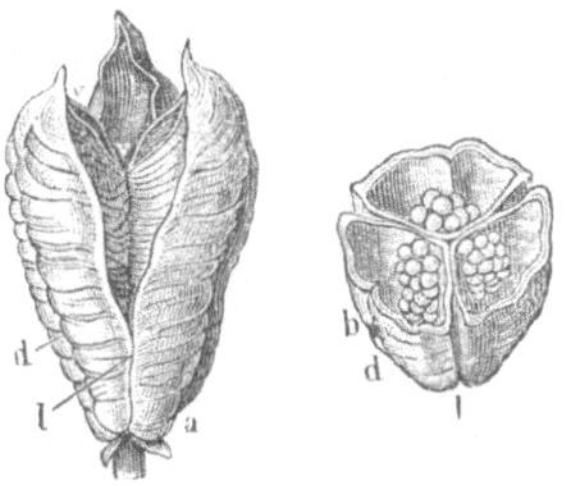

Dehiscentia septicīda. Frucht von *Colchĭcum autumnāle* (verkleinert). Drei vielsamige, bis zur Mitte zusammengewachsene, an ihrer Spitze nach innen aufspringende Kapseln.

Fig. 430.

Frucht von *Callūna vulgāris. Dehiscentia septifräga. Capsŭla quadrivalvis, septifräge dehiscens.* Vergr.

Scheidewände sich von den Rändern der Klappen lösen und an der Mittelsäule stehen bleiben. Findet das Aufspringen in den Rückennähten statt, so dass die Spalte zwischen zwei Scheidewänden liegt, so nennt man das Aufspringen fachspaltig (*deh. locŭlicīda*).

Das Aufspringen in der Quere ist in einem rechten Winkel zur Fruchtaxe gerichtet. Es ist ringsumschnitten (*deh. circumscīssa*), wenn es rings um das Fruchtgehäuse nur an einer Stelle stattfindet, so dass dieses gleichsam horizontal durchschnitten scheint.

Liegt die Stelle über der Mitte (*supra medium*) des Fruchtgehäuses, so erscheint diese bedeckelt (*capsŭla operculāta*); wenn hierbei Scheidewand und Samenträger über den Quersprung hinaus

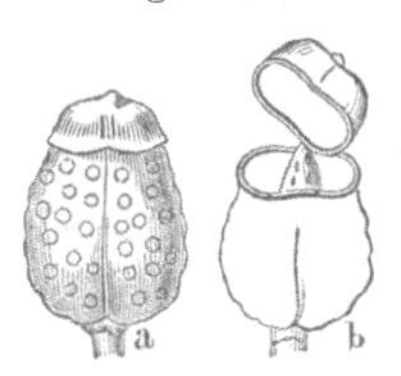

Fig. 431.

Frucht von *Hyoscyămus niger. Capsŭla operculāte circumscissa. b* aufgesprungen.

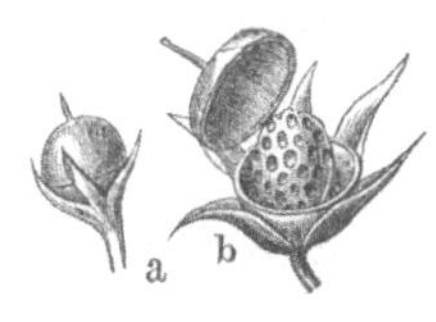

Fig. 432.

Frucht von *Anagallis arvensis. Capsŭla circumscissa. a* natürl. Grösse, *b* vergrössert und aufgesprungen.

bis in die Deckelhöhlung hineinragen, so nennt man auch wohl die Fruchtkapsel deckelartig-umschnitten (*capsŭla operculāte circumcissa*), wie z. B. bei *Hyoscyămus*. Der obere abspringende Theil wird Deckel (*opercŭlum*), der untere grössere Krug (*amphŏra*) genannt.

Das Aufspringen in Löchern geschieht gleichsam durch Zurückschlagen oder zahnähnliche Ablösung der Spitzen- oder Grundenden der Fruchtblätter, es kommt aber auch an der Seite vor (*dehiscentia laterālis*).

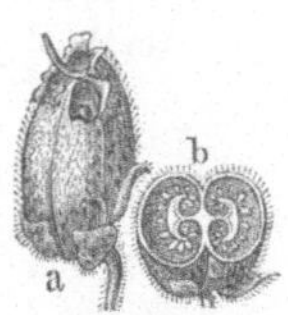

Fig. 433.

Frucht von *Antirrhīnum majus. Capsŭla in apĭce poris tribus dehiscens. b* Querdurchschnitt.

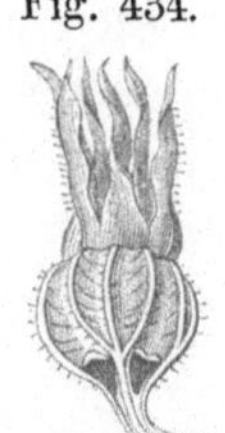

Fig. 434.

Frucht von *Campanŭla Trachelĭum. Capsŭla in basi poris dehiscens.*

Das bei der Reife erfolgende Zerfallen einer vielfachen Frucht in einzelne Theilfrüchtchen oder Knöpfe (*mericarpia s. cocci*) bezeichnet man mit Aufspringen in Knöpfen (*deh. in coccis*) oder in Carpellen (*deh. carpellāris*). Es geschieht ent-

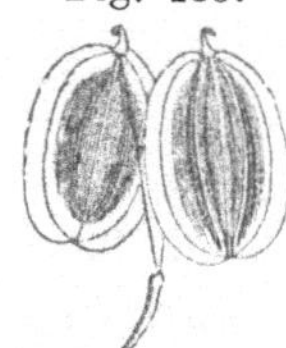

Fig. 435.

Frucht von *Anēthum gravĕŏlens (Dill). Fructus ex mericarpiis duŏbus, a basi dehiscentibus, constans. Mericarpia clausa.*

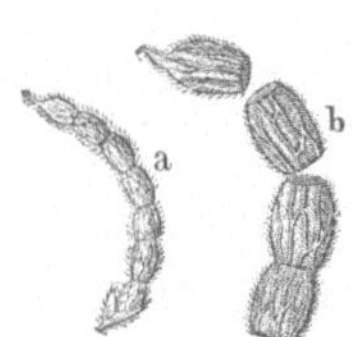

Fig. 436.

a Frucht von *Ornithŏpūs perpusīllus* (kleinster Vogelfuss). *Legūmen articulātum* (lomentum). *b* einzelne Glieder vergrössert, in der Trennung begriffen.

Fig. 437.

Kapselfrucht von *Ricīnus communis. Capsŭla echinata tricocca.*

weder in der Länge oder wie bei der Gliederhülse (*lomentum*) in der Quere. Die Theilfrüchtchen selbst bleiben dann geschlossen oder öffnen sich in den Näthen, welches letztere zugleich in den Bauch- und Rückennäthen stattfinden kann (*cocci introrsum et extrorsum dehiscentes*).

Bei einigen Früchten findet gar kein regelmässiges Aufspringen statt, Ihre Gehäuse bersten oder reissen vielmehr auf (*capsŭlae diruptiŏne dehiscentes*).

Fig. 438.

Frucht von *Trientālis Europaea. Capsŭla diruptiŏne dehiscens. a* natürl. Grösse.

Bemerkungen. *Mericarpĭum*, Theilfrucht, von μέρος (meros), Theil, und ϰαρπός (karpos), Frucht. — *Extrorsum* und *introrsum*, vergl. Bemerkungen zu Lection 49, S. 187.

Lection 64.

Arten der Scheinfrüchte.

In Lection 61 unterschieden wir Scheinfrüchte und echte Früchte. Die Scheinfrucht entsteht aus dem reifenden Pistill, welchem sich noch andere Theile der Blüthe anschliessen, dagegen bildet sich die echte Frucht nur allein aus dem Pistill.

Die Scheinfrüchte lassen sich wiederum in drei Gruppen theilen, in Samenstände, Fruchtstände und Fruchtbehälter. Die Samenstände entstehen aus mehreren Blüthen und in denjenigen Fällen, in welchen die zu einem Blüthenstande vereinigten Blüthen ohne Pistille sind und nur von bracteenartigen Fruchtblättern gestützte unverhüllte nackte Eichen tragen, wie bei den Coniferen (Gymnospermen). Aus dem Blüthenstande entsteht hier ein Samenstand.

Fig. 439.

Cupressus sempervirens. Strobilus s. conus subglobosus, ex pericarpiis crassis, dorso umbonatis, compositus.

Zu den Samenständen gehören der Zapfen, Zapfenfrucht *(conus)*, und der Beerenzapfen *(galbulus)*. Der Zapfen erscheint wie eine Aehre mit holziger Spindel und verholzten Deckblättern (Zapfenschuppen, zuweilen auch Pericarpien genannt), in deren Achseln sich nackte, meist am Rande mit einem Flügel versehene Samen befinden. Den Zapfen finden wir besonders bei der Gattung *Pinus*. Die Zapfenbeere oder der Beerenzapfen, welchen wir bereits kennen gelernt haben (Seite 226), ist dem Zapfen verwandt, nur sind die Schuppen nicht verholzt, sondern fleischig und mit einander zu einer der Beere ähnlichen Frucht verwachsen.

Zu den Fruchtständen gehören der Fruchtzapfen *(strobilus)*, die Feigenfrucht *(sycone s. syconium)*, die Haufenfrucht *(sorosis)*. An der Bildung jeder dieser Früchte nehmen stets wie bei den vorhergehenden mehrere Blüthen Theil.

Der Fruchtzapfen *(strobilus)* bildet eine Fruchtähre, er unterscheidet sich aber von der Zapfenfrucht *(conus)*, denn er trägt in den Achseln der Schuppen oder Deckblätter keine nackten Samen, sondern Schliessfrüchte *(achaenia)*. Mit Schliessfrucht *(achaenium)* bezeichnet man eine einsamige, nicht aufspringende Frucht, an welcher die Samenhülle den Samen eng und dicht umschliesst. Den Fruchtzapfen finden wir bei der Birke (*Betŭla*), der Erle (*Alnus*) und anderen Kätzchenträgern (*Amentacĕae*). Gemeiniglich machen die Botaniker keinen Unterschied zwischen *conus* und *strobĭlus*.

Die **Feigenfrucht** (*syconĭum*) besteht aus einem fleischig gewordenen gemeinschaftlichen Fruchtboden, welcher bei der Feige birnförmig geschlossen, bei *Dorstenia* flach und wenig concav ist, und die kleinen Schliessfrüchte in seine Fleischmasse eingesenkt trägt.

Die **Haufenfrucht** (*sorōsis*), auch **Scheinbeere** genannt, entsteht aus dicht an einander stehenden Deckblättern und Blü-

Fig. 440.

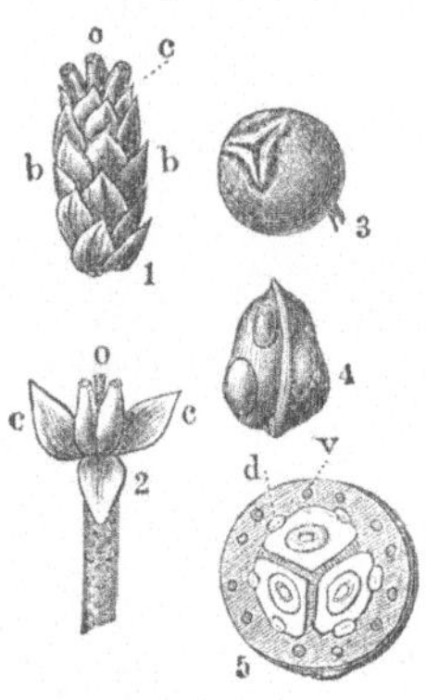

Junipĕrus communis. 1. weibliches Kätzchen (vergr.). 2. dasselbe von den Deckblättern befreit, mit den ausgebreiteten Carpellblättern. 3. Zapfenbeere. 4. ein mit Oeldrüsen besetzter Same (vergr.). 5. Querdurchschnitt der Zapfenbeere (vergr.). *o* Eichen, *c* Carpellblätter, *b* Beacteen. An der Spitze der reifen Frucht (3) sind die Spitzen der verwachsenen Carpellblätter noch zu erkennen.

Fig. 441.

Fruchtzapfen der Erle (*Alnus glutinōsa*).

Fig. 442.

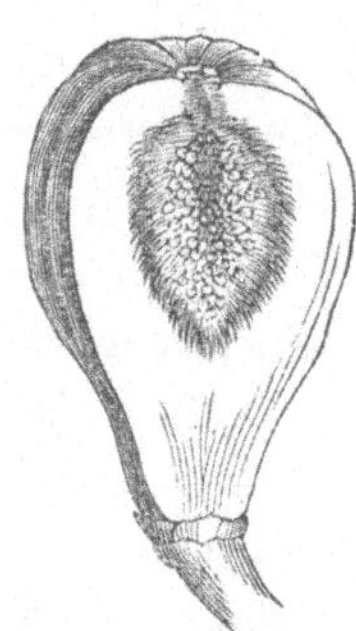

Frucht von *Ficus Carica*, im Verticaldurchschnitt.

thenhüllen, welche sich fleischig entwickeln und die kleinen Schliessfrüchte einschliessen. Die Scheinbeere scheint an ihrer Oberfläche aus dicht an einanderhängenden kleinen Beeren zu bestehen. Maulbeere und Ananasfrucht (Fig. 410) sind solche Scheinbeeren.

Die **Fruchtbehälter** sind Scheinfrüchte, welche nur aus einer einzigen Blüthe entstehen. Zu denselben rechnet man die **Apfelfrucht** (*pomum*), die **Rosenfrucht** (*stegocarpus, cynorrhŏdon*), die **Erdbeerfrucht**, **Granatapfel** (*balausta*), **Corollenbeere** (*sphalĕrocarpĭum*), **Corollenkapsel** (*diclesĭum*), die Früchte von *Semecarpus*, *Anacardĭum* und *Hovenia*.

Die Apfelfrucht (*pomum*) ist eine aus dem fleischig entwickelten Unterkelch gebildete, völlig geschlossene Scheinfrucht, welche ein pergamentartiges, aus 5 Carpellen zusammengesetztes Samengehäuse einschliesst. An der Spitze ist sie gewöhnlich mit den vertrockneten Zipfeln des Kelches gekrönt. Sie ist den Pomaceen (Apfelbaum, Birnbaum, Mispel, Quitte, Eberesche) eigen. Nach Consistenz des Samengehäuses unterscheidet man den Kernapfel (*pomum capsulatum*), wenn es häutig oder pergamentartig ist, und den Steinapfel (*pomum pyrenātum*), wenn es hart und steinig ist. Der gewöhnliche Apfel ist ein Kernapfel, dagegen sind die Früchte von *Mespĭlus* und *Crataegus* (Mispel und Weissdorn) Steinäpfel.

Fig. 443.   Fig. 444.

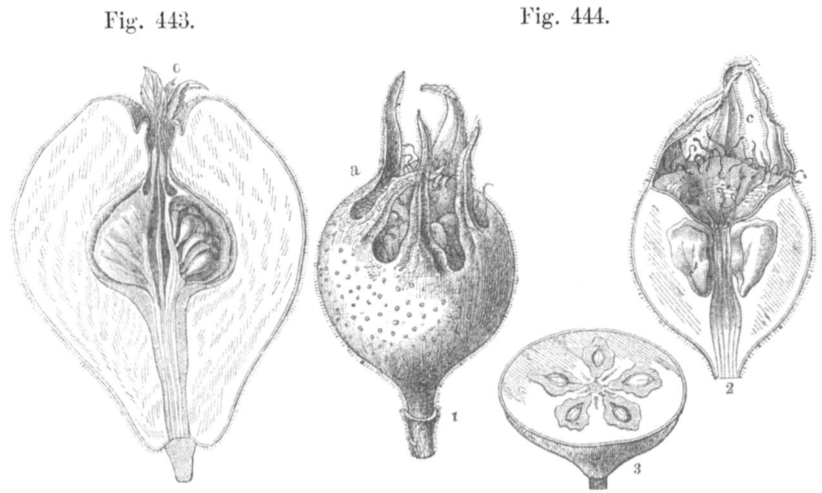

Apfelfrucht. *Fructus piriformis* der *Cydonia vulgaris* (Quitte). c Kelchüberbleibsel. Verticalschnitt.

Mespĭlus Germanica. Apfelfrucht, deren Spitze von einer verbreiterten Scheibe begrenzt ist (*pomum in vertice disco dilatato*). 2. Dieselbe. Verticaldurchschnitt. 3. Querschnitt, die 5 knochenharten Steinkerne (*pyrēnae*) zu zeigen.

Die Rosenfrucht oder Hagebutte (*stegocarpus*) ist ein fleischig gewordener Unterkelch, in Form eines offenen Gehäuses, welches die mit steifen Borsten besetzten Schliessfrüchtchen einschliesst und gewöhnlich mit den Kelchzipfeln gekrönt ist. Die Rosenfrucht ist der Gattung Rosa und einigen anderen Rosaceen eigen.

Die Erdbeerfrucht, der Fruchtstand von *Fragaria*, ist ein nach der Befruchtung fleischig und kegelförmig entwickelter Fruchtboden (Stempelträger), welchem die zu kleinen Schliessfrüchten gereiften Fruchtknoten bis zur Hälfte eingesenkt sind. Man hat diese Frucht auch Kelchbeere (*polychorion*) genannt.

Der Granatapfel *(balausta)* ist eine durch einen fleischig-lederartig entwickelten Unterkelch entstandene trockene Scheinfrucht von ganz besonderem Baue. Sie ist dem Granatbaum *(Punĭca Granātum)* eigen. Sie erscheint als eine grosse, kuglige, mit dem Kelche gekrönte Beere, deren Innenraum durch eine Querwand *(diaphragma)* in zwei Kammern von ungleicher Grösse getheilt ist. Die obere grössere Kammer ist in 4 bis 8 Fächer, die untere in 2 bis 4 Fächer getheilt. Die beerenähnlichen Schliessfrüchtchen sind in der oberen Kammer wandständig, in der unteren grundständig. Jede Schliessfrucht (Samen) besteht aus einer aussen harten, innen saftigen, glasartig durch-

Fig. 445.

Erdbeerfrucht (*Fragarĭa vesca*).

Fig. 446.

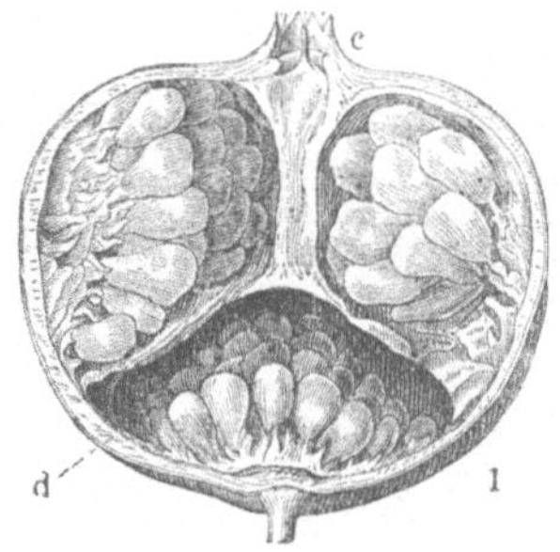
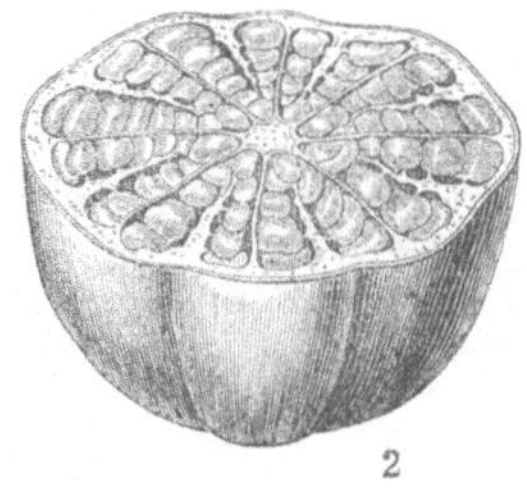

Granatapfel (*balausta*) Frucht der *Punĭca Granātum*. 1. Verticaldurchschnitt, *c* Krönung mit dem Kelche, *d* Diaphragma. 2. Querschnitt durch die obere Kammer. ¹|₄ Grösse.

sichtigen, rothen, gelblichen oder weissen Hülle. Beim Aufspringen zerreisst die Fruchthülle in Stücke, welche sich klappenartig zurückschlagen.

Die Corollenkapsel *(diclesĭum)* wird aus den holzig oder lederartig gewordenen ausdauernden Blumenblättern, welche in Form einer Kapsel die Schliessfrüchte einschliessen, gebildet, wie bei dem Spinat *(Spinacĭa)*, der Jalappe *(Mirabĭlis)*. Entwickeln sich dagegen die Blumenblätter fleischig, so dass die Scheinfrucht beerenartig und saftig wird, wie bei der Eibe *(Taxus*, Fig. 390, Seite 213) und dem Sanddorn *(Hippophăe rhamnoĭdes)*, dann nennt man sie Corollenbeere *(sphalĕrocarpĭum)*.

Endlich sind die Früchte von *Semecārpus*, von *Anacardĭum*, von *Hovenĭa* charakteristische Scheinfrüchte. Bei *Semecārpus* wächst der Stempelträger, bei *Anacardĭum* und *Hovenĭa* der Blüthenstiel zu fleischigen Fruchtträgern *(carpophŏra)* aus.

Ein grosser Theil der im Vorstehenden erwähnten lateinischen Benennungen der Früchte ist nicht allgemein von den Botanikern angenommen, man findet daher diese Scheinfrüchte in den botanischen Werken nach ihrer besondern Beschaffenheit beschrieben. Z. B. Anacardienfrucht *(nux pedunculo aucto piriformi carnoso insidens)*; Corollenkapsel des Spinats *(fructus cum hypanthio indurato connatus)*; Granatapfel *(bacca corticata. calyce coronata, diaphragmate transversali inaequaliter biscamerata etc.)*; Erdbeerfrucht *(nuculae carpophoro aucto succulento impositae)*.

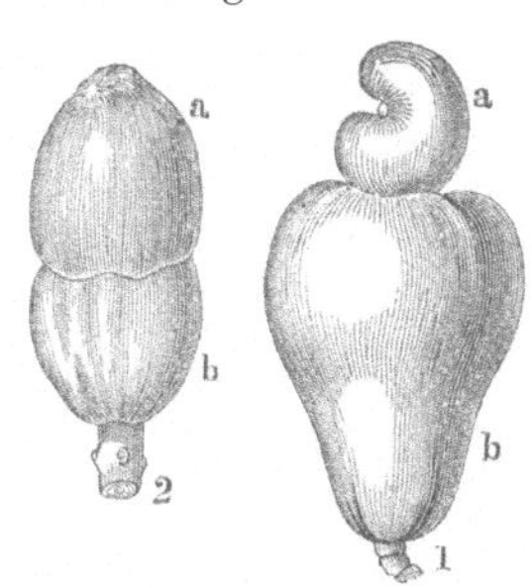

1. Frucht von *Anacardium occidentale* mit angeschwollenem Blüthenstiel. ($^1/_4$ Grösse). 2. Frucht von *Semecarpus Anacardium* mit verdicktem Stempelträger. ($^1/_2$ Grösse.)

Bemerkungen. *Syconium*, von σῦκον (sykon), Feige. — *Sorōsis, is, f.*, Anhäufung, von σωρός (soros), Haufe; σωρεύω (soreuō) anhäufen. — *Achaenium*, Nichtgeöffnetes, gebildet aus α privativum und χαίνω (chainō), klaffen. — *Stegocarpus*, Fruchtdecke, von στέγη (stegae), Decke, Dach oder στέγω (stegō), bedecken, und καρπός (karpos), Frucht. — *Cynorrhodon*, Hundsrose, von κύων, κυνός (kynos), Hund, und ῥόδον (rhodon), Rose. — *Balausta, ae, f.*, von βαλαύστιον (balaustion), Blüthe des wilden Granatbaumes. — *Sphalerocarpium*, schlüpfrige Frucht, von σφαλερός, ή, όν (sphaleros, ä, on), schlüpfrig. — *Diclesium*, Zweimalverschlossenes, von δίς (dis), zweimal, und κλήζω (kläzō), κλείω (kleiō), verschliessen, κλῆσις (kläsis) das Verschliessen.

Lection 65.

Arten der echten Früchte. Kapselfrüchte.

Die echte Frucht entwickelt sich aus einem Stempel, und es betheiligen sich an ihrer Bildung weder andere Theile der Blüthe, noch entsteht sie aus einer Vereinigung mehrerer Blüthen.

Man unterscheidet die echten Früchte als Trockenfrüchte *(fructus exsucci)* und als Saft- oder Fleischfrüchte *(fructus succosi s. carnosi)*.

Die Trockenfrüchte sind entweder Kapselfrüchte *(fructus capsulares)*, d. h. aufspringende Früchte, oder Spaltfrüchte *(fructus schizocarpici)*, d. h. in ein- oder wenigsamige Theile zer-

Fig. 448.

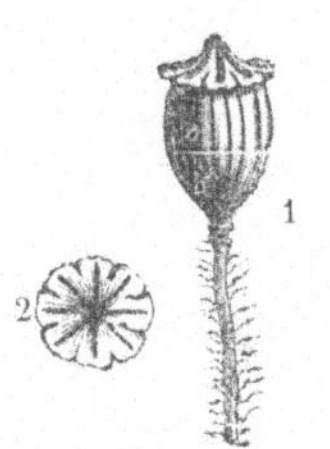

1. Kapselfrucht von *Papāver Rhoeas*. 2. die Narbe von oben gesehen.

fallende Früchte, welche nicht aufspringen, oder Schiessfrüchte (*achaenĭa*), d. h. einsamige, nicht aufspringende Früchte.

Zu den Kapselfrüchten gehören:

1. Die Kapsel (*capsŭla*), eine aus mehreren Fruchtblättern gebildete, ein- bis mehrfächrige vielsamige (oder durch Verkümmerung einsamige) aufspringende Trockenfrucht. Die Früchte von *Colchĭcum, Sabadilla, Hyoscÿamus, Lilĭum, Fritillaria* (Kaiserkrone) sind Kapselfrüchte.

2. Die Schotenfrucht *(siliqua, fructus siliquōsus)* ist eine zweiklappige zweifächrige Kapsel mit zwei wandständigen Samenträgern, welche beim Abspringen der Klappen an der Scheidewand sitzen bleiben. Ist die Schotenfrucht zweimal länger als

Fig. 449.

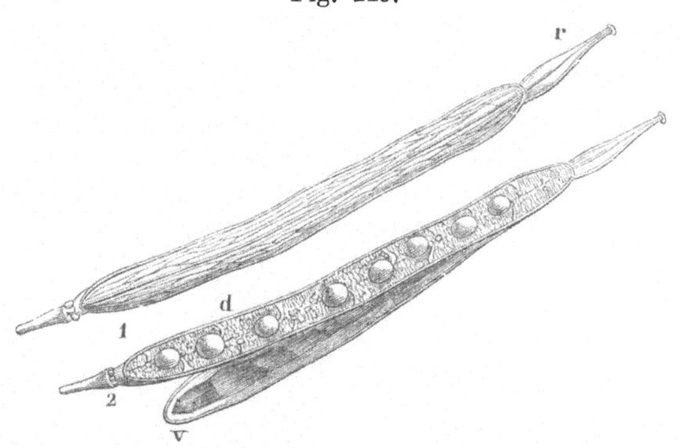

1. Schote *(siliqua)* des Kohls (*Brassĭca oleracĕa*). 2. dieselbe aufgesprungen und eine Klappe davon entfernt, um die Scheidewand und die daran sitzenden Samen zu zeigen.

Fig. 450.

1. Schötchen *(silicŭla)* des Hirtentäschleins (*Thlaspi bursa pastōris*). 2. Dasselbe aufgesprungen und vergrössert.

breit, so unterscheidet man sie als Schote (*silĭqua*), dagegen als Schötchen *(silicŭla)*, wenn sie wenig oder kaum länger als breit ist. Ist die Schotenfrucht auf den Breitenseiten der Scheidewand zusammengedrückt, so nennt man sie *silĭqua latisepta* (wie bei *Cardamīne*), dagegen *sil. angustisepta*, wenn sie auf den Seiten zusammengedrückt ist, an welche die Ränder der Scheidewand stossen. Die Schotenfrucht ist den Kreuzblüthlern *(Crucifĕrae)* eigenthümlich.

Eine schotenartige Kapsel *(capsŭla siliquacĕa)* treffen wir bei *Chelidonĭum* und *Corydălis* an. Sie ist äusserlich der Schote ähnlich, aber einfächerig und springt fensterartig auf.

3. Die Hülsenfrucht, Hülse *(legūmen)*, ist eine meist einfächrige, zweiklappige Kapselfrucht mit einem zweitheiligen

Samenträger, dessen Hälften bis auf einige Ausnahmen beim Aufspringen an den Rändern der Klappen sitzen bleiben. Die Hülse ist eine aus einem Axenpistille entwickelte Frucht und den Schmet

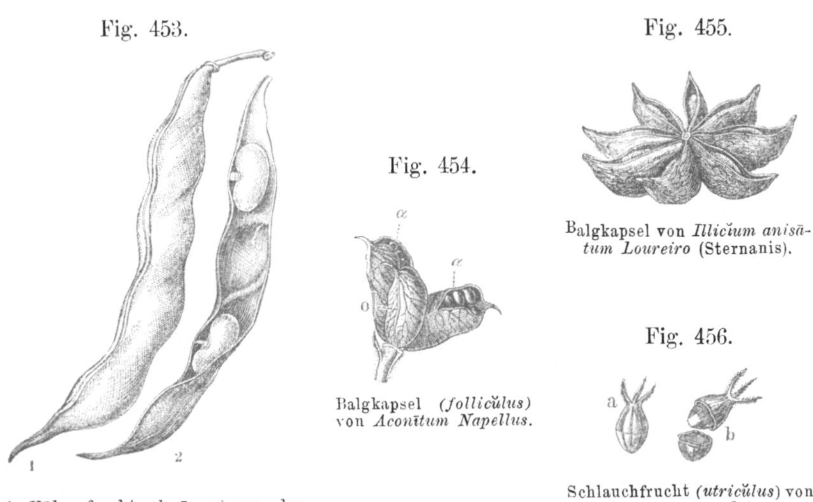

Fig. 451.

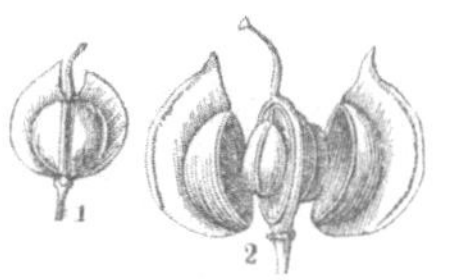

1. Schötchen (*silicŭla*) von *Ibēris amāra*.
2. Dasselbe aufgesprungen und vergrössert.

Fig. 452.

Schotenartige Kapselfrucht (*capsŭla siliquacĕa*) von *Corydălis cava*.

terlingsblüthlern *(Leguminōsae)* eigen. Beim Traganth *(Astragălus)* erscheint die Hülse zweifächerig, indem die Rückennaht nach innen gegen die Bauchnaht vorspringt *(legūmen spurĭe bilaculāre)*.

Fig. 453.

Fig. 454.

Balgkapsel (*follicŭlus*) von *Aconītum Napellus*.

Fig. 455.

Balgkapsel von *Illicĭum anisātum Loureiro* (Sternanis).

Fig. 456.

Schlauchfrucht (*utricŭlus*) von *Amarantus caudātus*.

1. Hülsenfrucht (*legūmen*) von der Bohne (*Phaseŏlus vulgaris*). 2. Eine Klappe derselben mit dem daransitzenden Samen.

4. Die Balgkapsel *(follicŭlus)* ist eine einfächrige, mehrsamige, aus einem Fruchtblatte (Carpellblatte) entstandene Kapselfrucht, welche an der Bauchnaht, mit deren Rändern die Samenträger verwachsen sind, aufspringt, wie bei den Ranunculaceen, Asclepiadaceen. Diese Fruchtart nannten wir in den früheren Lectionen gewöhnlich Carpell *(carpellum)*. Sie steht meist zu zweien oder mehreren und zwar mit einander zugewendeten Bauchnähten auf einem Fruchtboden zusammen.

5. Die **Schlauchfrucht** *(utrĭcŭlus)* ist eine einsamige Kapselfrucht, deren Hülle den Samen nur locker umschliesst. Gewöhnlich springt sie in der Quere und unregelmässig auf. Wir finden sie bei den Chenopodiaceen, Amarantaceen etc. Wenn sie aus einem oberständigen Stempel entsteht, so wird sie nicht selten **Caryopse** *(caryopsis)* genannt.

Bemerkungen. *Schizocarpĭum*, gespaltene Frucht, von σχίζω (s-chizō) spalten, σχίζα Spaltung. — *Caryōpsis*, von dem griech. κάρυον (karyon), Steinfrucht, und ὄψις (opsis) Aussehen, Ansehen.

Lection 66.

Arten der echten Früchte. Spaltfrüchte.

Die Spaltfrüchte *(schizocarpĭa)* im weiteren Sinne bilden die zweite Gruppe der Trockenfrüchte. Sie entstehen aus einem Stempel, der zur Frucht entwickelt bei der Reife in einzelne, gewöhnlich einsamige und meist geschlossene Theile, **Theilfrüchte, Gliedfrüchte** *(mericarpĭa)*, zerfällt. Spaltfrüchte sind:

1. Die **Spaltfrucht** im engeren Sinne *(schizocarpĭum)*. Sie entsteht aus einem **oberständigen** Fruchtknoten, welcher sich zur Frucht reifend in verticaler Richtung in zwei oder mehrere Früchtchen, **Nüsschen** *(nucŭlae)* genannt, theilt, wie bei den Labiaten, Malvaceen, Borragineen. Das Nüsschen ist ein von einem harten Fruchtgehäuse dicht eingeschlossener Same und wurde von *Linné* für einen nackten Samen gehalten.

Fig. 457.

Spaltfrucht *(schizocarpium)* von *Malva silvestris.*

2. Die **Doldenfrucht, Doppelachäne** *(diachaenĭum)*, entsteht aus einem unterständigen Fruchtknoten, welcher sich zur Frucht reifend in verticaler Richtung in zwei Theilfrüchtchen *(mericarpĭa)* spaltet. Letztere bleiben an dem zweitheiligen Fruchtträger oder Säulchen *(columella)* hängen, daher auch der Name **Hängefrüchtchen**. Da diese Fruchtart für die Doldenträger *(Umbellifĕrae)* charakteristisch ist und besonders zur Unterscheidung der Gattungen dieser Pflanzenfamilie dient,

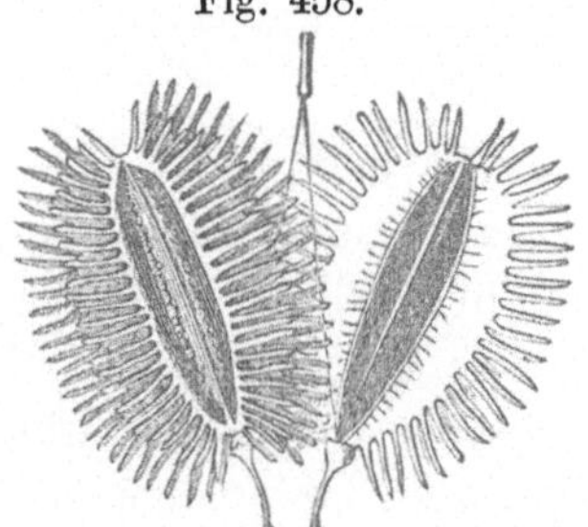

Fig. 458.

Spaltfrucht *(diachaenĭum)* der Mohrrübe *(Daucus Carōta).* (5fache Lin.-Vergr.)

so wollen wir uns dieselbe nach ihrer Entwickelung, Form und ihren Verhältnissen näher betrachten.

Die Spaltfrucht der Doldenträger entsteht aus einem unterständigen zweifächrigen und zweieiigen Stempel. Sie ist an ihrer Spitze von den beiden zu einer epigynischen Scheibe in Form eines Kissens verwachsenen Fruchtblättern, dem Griffelpolster (*stylopodium*), gekrönt. Letzterer trägt anfangs die beiden Griffel, welche später meist abfallen. Zur Zeit der völligen Reife spaltet sich die Frucht von der Basis aus in zwei Theilfrüchte, welche an einem zwischen ihnen befindlichen fadenähnlichen, der Länge nach gespaltenen Fruchtträger oder Säulchen (*carpophŏrum s. columella*) hängen bleiben.

An der Theilfrucht unterscheidet man die Bauchfläche oder Berührungsfläche (*commissūra*), in welcher sie der anderen Theilfrucht anlag, und den Rücken (*dorsum*), die der Berührungsfläche entgegengesetzte Seite. Die Linie, welche die Berührungsfläche umschreibt, heisst Fugennaht (*rhaphe*), welche mit dem Rande der Frucht nur da zusammenfällt, wo die Theilfrüchte mit ihrer ganzen Bauchfläche an einanderliegen.

Fig. 459.

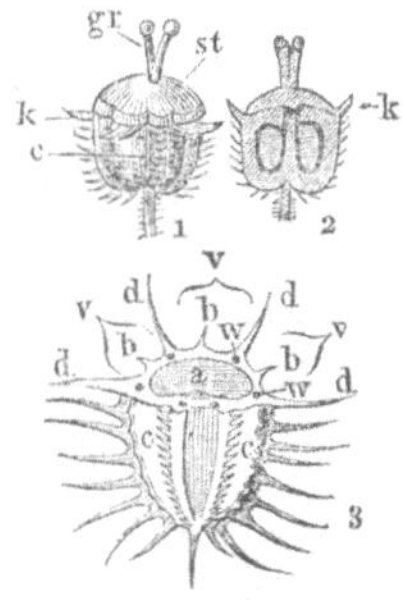

Daucus Carŏta. 1. Der Stempel mit dem Kelche, ohne Blumenkronenblätter. 2. Derselbe im Längsdurchschnitt. 3. Eine Achäne querdurchschnitten. Sämmtl. vergröss. a *Albūmen*, c *commissūra*, dbd *dorsum*, b *costae primariae*, d *costae secundariae*, v *sulci sive vallecŭlae*, w *vittae* (Oelstriemen).

Auf dem Rücken der Theilfrucht treten meist fünf erhabene Längsstreifen hervor, von welchen der mittelste die Rückenfläche halbirt. Diese Längsstreifen heissen Hauptrippen oder Hauptjoche (*costae primariae*, *juga primaria*). Befindet sich zwischen je zwei Hauptrippen noch ein erhabener Längsstreifen, im Ganzen also vier, so werden diese als Nebenrippen oder Nebenjoche (*costae secundariae, juga secundaria*) unterschieden.

Die Zwischenräume zwischen den Hauptrippen heissen Furchen oder Thälchen (*sulci; vallecŭlae*).

In den Furchen und auch auf der Berührungsfläche verlaufen von der Spitze zur Basis meist dunklere, mit einer Lupe leicht zu erkennende, nicht oder wenig erhabene Striemen oder Striche (*vittae*), einzeln oder zu mehreren (*sulci univittāti, multivittāti*). Seltener fehlen sie (*sulci evittāti*). Diese dunkleren Striemen sind mit flüchtigem Oele oder Gummiharz gefüllte Kanäle. Fehlen sie, so sind die Früchte geruchlos (z. B. bei *Aegopodium, Anthriscus*).

16*

Wichtig ist ferner für die Unterscheidung der Früchte der Gattungen der Doldenträger die Form des Eiweisskörpers (*albū-*

Fig. 460.

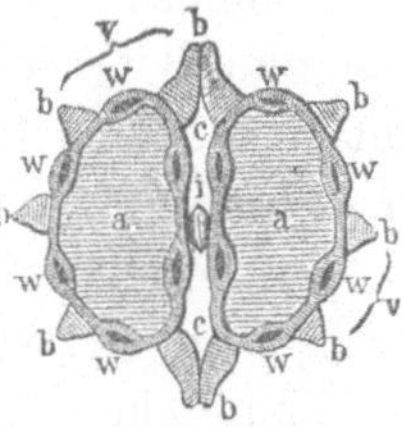

Fig. 461.

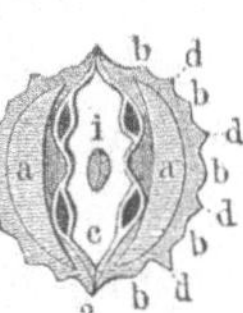

1. Spaltfrucht von *Coriandrum satīvum*.
2. Querschnittfläche. Beide vergr.

Spaltfrucht von *Foenicŭlum officināle Allioni*
Querdurchschnittfläche. Vergr.

a *Albūmen*, c *commissūra*, i *columella*, b *costae primariae*, d *costae secundariae*, v *sulci s. valleculae*, w. *vittae*.

men), welches längs der Berührungsfläche gelagert ist. Die Frucht heisst nämlich geradsamig (*fructus orthospērmus*, Figur 460),

Fig. 462.

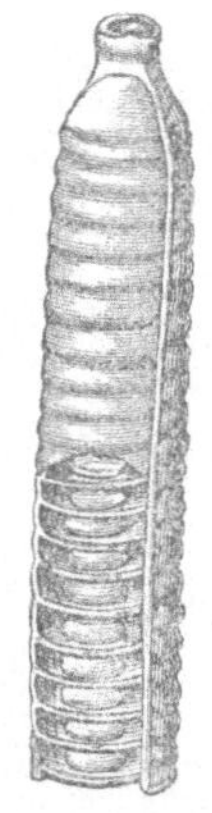

Ein Stück der querfächrigen Hülse von *Cassia fistŭla*. $^1/_2$ Gr.

Fig. 463.

1. Giederhülse von *Hedysărum coronarĭum*; 2. in Glieder getrennt.

wenn der Eiweisskörper der Berührungsfläche gerade oder flach anliegt; krummsamig *(fr. campÿlospērmus)*, wenn das Eiweiss nach der Berührungsfläche seiner Länge nach wie eine Rinne gekrümmt ist und im Querschnitt nierenförmig erscheint; hohlsamig *(fr. coelospērmus*, Fig. 461), wenn das Eiweiss so nach dem Rücken zu gebogen ist, dass es im Querschnitt die Form einer Mondsichel zeigt.

3. Die querfächerige Hülse (*legūmen septātum*) ist eine durch Querscheidewände (*septa*) in Fächer getheilte, hülsenähnliche, nicht aufspringende Frucht, wie z. B. beim Johannisbrot (*Ceratonĭa*), bei der Tamarinde (*Tamarindus*), der *Cassia*.

4. Die Gliederhülse (*legumen articulātum; lomentum*) ist eine nicht aufspringende Hülse, welche bei der Reife der Quere nach in einsamige Glieder zerfällt. Die Abtheilungen der einzelnen Glieder sind von aussen sichtlich markirt. Wir finden diese Fruchtart z. B. bei der Kronwicke (*Coronilla*), dem Hufeisenklee (*Hippocrēpis*), dem Vogelfuss (*Ornithŏpūs*), dem Ackerrettig oder Hederich (*Raphanistrum Lampsāna Gaertner*), einigen Acaciaarten.

Bemerkungen. *Rhaphe, es, f.* (in den botanischen Werken findet man gewöhnlich (*raphe*) das griech. ῥαφή, Naht. — *Orthospermus, campÿlospermus, coelospermus, a, um,* von ὀρθός, ή, όν (orthos, ä, on) gerade; καμπύλος, η, ον (campylos, ä, on), krumm, gebogen; κοῖλος, η, ον (koilos, ä, on), hohl, ausgehöhlt. — *Lomentum*, eigentlich Bohnenmehl, ist von λειόω (leioō), glätten, zerreiben, abzuleiten und nicht von *lavo, are*, waschen, wenngleich die alten Römerinnen schon das Bohnenmehl mit Reismehl gemischt (*lomentum*) zum Waschen benutzten.

Lection 67.

Arten der echten Früchte. Schliessfrüchte.

Schliessfrüchte im weiteren Sinne sind alle einsamigen, nicht aufspringenden Trockenfrüchte. Dazu gehören:

1. Die Schliessfrucht im engeren Sinne oder die Achäne (*achaenium*), welche aus einem unterständigen einfächrigen Fruchtknoten entsteht. Sie ist entweder nackt *(nudum)*, frei von allem Besatz und Anhängseln, oder die mit dem Unterkelch (*hypanthium*) verwachsenen Fruchtblätter (*carpophylla*) nehmen an ihrer Bildung Theil, und sie ist auf ihrer Spitzenfläche mit Kelchtheilen in Gestalt einer Feder- oder Haarkrone (*pappus*) besetzt, welche wie beim Löwenzahn (*Taraxăcum*) und beim Lattig *(Lactūca)* z. B. gestielt *(stipitātus)*, beim Habichtskraut (*Hieracium*) ungestielt und sitzend *(sessilis)* ist, beim Wegwart (*Cichorium*) nicht aus Haaren *(pappus pilōsus)* sondern aus Spreublättern besteht *(pappus paleacĕus)*, und bei der Kamille (*Matricaria Chamomilla*) ganz fehlt *(achaenia ecoronulāta)*. Wie wir sehen, ist die mit dem Pappus gekrönte Achäne besonders den Korbblüthlern oder Compositen eigen und genau genommen eine Scheinfrucht.

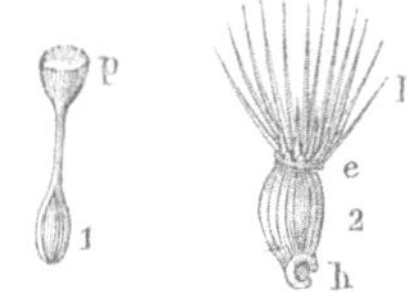

Fig. 464.

1. Achäne von *Lactūca virōsa*, mit gestielter Haarkrone *p*. 2. Achäne von *Cnicus benedictus Gaert.* (Vergr.) e *Pappus exterior dentatus*, p *interior setōsus*, h *arcŏla*.

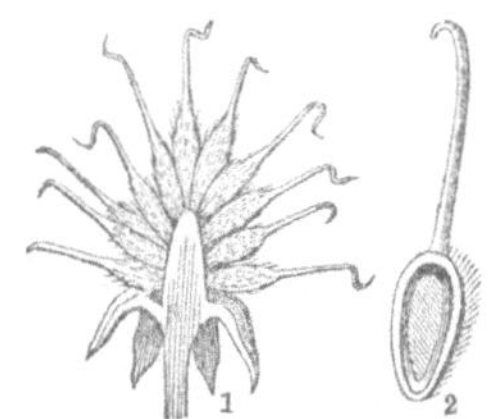

Fig. 465.

Fruchtstand der Nelkenwurz (*Geum urbānum*). 1. Verticaldurchschnitt. 2. Durchschnitt einer einzelnen Caryopse (*nucula caudāta*). Vergr.

2. Die Caryopse (*caryōpsis*), auch Schalfrucht, Grasfrucht genannt, ist eine einsamige, nicht aufspringende, aus einem oberständigen Frucktknoten entstandene Frucht, deren Pericarp innig mit dem Samen verwachsen ist. Sie ist die Fruchtform der Gräser *(Graminĕae)* und Cyperaceen, daher man sie auch Grasfrucht genannt hat. Hat die Caryopse ein sehr hartes Frucht-

gehäuse, wie z. B. die Schliessfrüchtchen in der Frucht der Rose, so nennt man sie wohl Nüsschen (*nucŭla*). Die Caryopse ist z. B. beim Hafer (*Avēna satīva*) mit den bleibenden Spelzen umgeben, berindet (*caryōpsis palĕis corticāta*), bei der Nelkenwurz (*Geum*) durch den bleibenden Griffel geschwänzt (*caudāta*).

Mit *amphispermĭum* (Samenhülle) bezeichneten die verdienten Botaniker *Link* und später *Berg* die einsamige, nicht aufspringende,

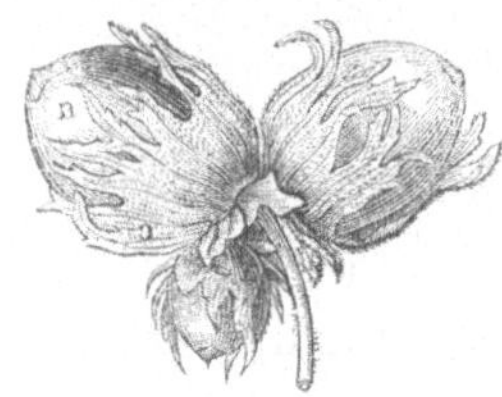

Fig. 466.

Frucht (*nux*) vom Haselstrauch (*Corўlus Avellāna*). n *nux*, c *cupula.*

Fig. 467.

Flügelfrucht von *Fraxĭnus excelsĭor.*

kleinere Frucht. Dieser Ausdruck umfasst so ziemlich die im Vorstehenden erwähnten Fruchtarten Achäne und Caryopse und auch die Spaltfrüchte der Umbelliferen und die Früchte der Korbblüthler (*Composĭtae, Anthodiātae*).

3. Die Nuss (*nux*) ist eine mehrsamige, oder durch Fehlschlagen einsamige, oberständige, nicht aufspringende Frucht mit holzigem oder lederartigem Fruchtgehäuse, welches mit dem Samen nicht verwachsen ist. Sie ist häufig von einer becherförmigen, durch Verwachsung von Bracteen entstandenen Hülle, Becherhülle oder Fruchtschälchen (*cupŭla*), zum Theil umgeben, wie beim Haselstrauch (*Corўlus Avellāna*), der Eiche (*Quercus*) und den anderen Cupuliferen. Die Frucht der Eiche nennt man gewöhnlich Eichel (*glans*).

4. Die Flügelfrucht (*samăra*) ist eine einsamige, nicht aufspringende, oberständige Frucht, deren Fruchthülle blatt- oder flügelartig erweitert ist, wie z. B. bei der Ulme (*Ulmus campestris*). Die Frucht des Ahorns ist eine geflügelte Spaltfrucht.

Lection 68.

Arten der echten Früchte. Saft- oder Fleischfrüchte.

Saft- oder Fleischfrüchte nennt man alle die Früchte, welche eine saftreiche oder fleischige Fruchthülle haben. Die Apfelfrucht, Erdbeerfrucht, Feigenfrucht etc., welche den Saft- oder Fleischfrüchten zugezählt werden müssen, sind Scheinfrüchte und haben als solche bereits in Lection 64 Erwähnung gefunden. Zu den Fleischfrüchten, welche echte Früchte sind, gehören folgende:

1. Die **Steinfrucht** (*drupa*) ist eine nicht aufspringende fleischige Frucht mit einer oder mehreren Steinschalen. Die **Steinschale** (*putamen*) ist mit einer dünnen glänzenden Haut innen ausgekleidet, welche das Endocarp darstellt. Die Steinschale selbst ist die verholzte oder hart gewordene Schicht des **Mesocarps**, dessen weicher Theil das Fleisch oder **Sarcocarp** bildet. Enthält die Steinfrucht mehrere Samen, von denen jeder von einer Steinschale umhüllt ist, so nennt man diese Samen mit Einschluss ihrer Steinschale **Steinkerne** (*pyrēnae*), womit man auch die pergamentartigen oder steinharten Wände bezeichnet findet, welche in der Apfelfrucht die Samen zunächst einschliessen.

Die Steinfrucht heisst nach Beschaffenheit des Mesocarps **fleischig oder saftig** (*drupa succōsa*) wie bei der Kirsche (*Prunus Cerăsus*) und der Pflaume (*Prunus domestĭca*); **saftlos oder trocken** (*d. exsūcca*) beim Mandelbaum (*Amygdălus commūnis*); **faserig** (*fibrōsa*) bei der Cocospalme (*Cocos nucifĕra*). (Vergl. Fig. 415, 2 und 424.)

2. **Beere** (*bacca*) nennt man eine nicht aufspringende mehrfächrige, innen fleischigsaftige Kapselfrucht, deren Fächer die im Fruchtbrei (*pulpa*) eingebetteten Samen oder Steinkerne einschliessen. Nur die aus einem oberständigen Fruchtknoten entstandene ist eine echte Beere, wie bei der Berberitze (*Berbĕris vulgāris*), Kartoffel (*Solănum tuberōsum*), dem Bittersüss (*Solānum Dulcamāra*), dem Citronenbaum (*Citrus medĭca*), dem Pomeranzenbaum (*Citrus Aurantĭum*).

Die aus einem unterständigen Fruchtknoten entstehende **unechte Beere** hat eine grosse Aehnlichkeit mit der echten und wird daher gemeiniglich nicht von dieser unterschieden, also auch *bacca* genannt. Die mit dem Kelche gekrönten Früchte der Heidelbeere (*Vaccinĭum Vitis Idaea*), der Stachel- und Johannisbeere (*Ribes Grossularĭa et rubrum*), des Hollunders (*Sambūcus nigra*) sind den unechten Beeren beizuzählen. Da die Hollunderfrucht Steinkernen (*pyrēnae*) ähnliche Samen einschliesst, wird sie nicht selten mit Steinfrucht (*drupa*) bezeichnet.

Fig. 468.

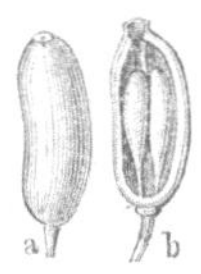

Beere von *Berbĕris vulgāris*(Berberitze). *b* Verticaldurchschnitt.

Fig. 469.

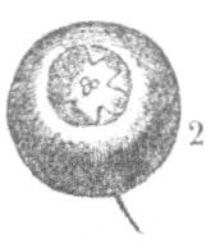

1. Unreife Beeren von *Sambūcus nigra*. 2. Reife Beere von oben gesehen. Etwas vergr.

Die Cycasbeere (Frucht von *Cycas circinālis*) erscheint als ein nackter beerenähnlicher Samen, die Beere der Mistel (*Viscum album*) ist eine unechte Beere und besteht aus nackten, nur mit dem Unterkelch verwachsenen Samen.

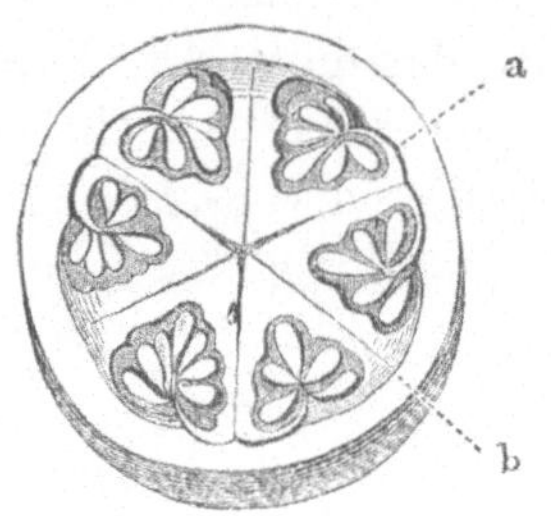

Fig. 470.

Querdurchschnitt einer Kürbisfrucht, der Colocynthe (*Citrullus Colocynthis Arnott*). ¹|₂ Grösse.

3. Die **Kürbisfrucht** (*pepo*) ist eine unterständige, fleischige, gewöhnlich sechsfächrige (selten dreifächrige oder einfächrige) Beere mit wandständigen Samen. Sie ist durch drei centripetale Scheidewände zunächst in 3 Längsfächer, und jedes dieser Fächer durch eine centrifugale Scheidewand getheilt, so dass sie sechsfächrig erscheint. Die centrifugalen Scheidewände tragen die Samen. Die Kürbisfrucht ist den Cucurbitaceen eigen.

Die Fruchtarten sind in den Lectionen 64—68 nach folgender Ordnung zusammengestellt:

I. Scheinfrüchte, unechte Früchte (*fructus spurii s. involucrati*).
1. Samenstände. Zapfenfrucht (*conus*). Beerenzapfen (*galbŭlus*).
2. Fruchtstände. Fruchtzapfen (*strobĭlus*). Feigenfrucht (*syconĭum*). Haufenfrucht (*sorōsis*).
3. Fruchtbehälter. Apfelfrucht (*pomum*). Rosenfrucht (*stegocārpus*). Erdbeerfrucht (*fragum*). Granatapfel (*balausta*). Corollenbeere (*sphalĕrocarpĭum*). Corollenkapsel (*diclesĭum*). Anacardienfrüchte (*anacardia*).

II. Echte Früchte (*fructus veri*).
1. Trockenfrüchte (*fructus exsucci*).
   a Kapselfrüchte oder aufspringende Früchte (*fructus capsulāres*). Kapsel (*capsŭla*). Schotenfrucht (*siliqua*). Schotenartige Kapsel (*capsŭla siliquacĕa*). Hülsenfrucht (*legūmen*). Balgkapsel (*follicŭlus*). Schlauchfrucht (*utricŭlus*).
   b. Spaltfrüchte (*fructus schizocarpĭci*). Doldenfrucht (*diachaenĭum*). Querfächrige Hülse (*legūmen septātum*). Gliederhülse (*legūmen articulātum s. lomēntum*).
   c. Schliessfrüchte (*achaenĭa*). Achäne (*achaenĭum*). Caryopse (*caryōpsis*). Nuss (*nux*). Flügelfrucht (*samăra*).
2. Saft- oder Fleischfrüchte (*fructus succōsi s. carnōsi*). Steinfrucht (*drupa*). Beere (*bacca*). Kürbisfrucht (*pepo*).

Bemerkung. *Pyrēna, ae,* griech. πυρήν, ῆνος (pyrän, änos), Kern des Steinobstes.

Lection 69.

Der Samen. Samenhülle. Sameneiweiss.

Der Samen *(semen)* ist das in Folge der Befruchtung zur Reife gelangte Eichen *(ovulum)*. Der Stempel, das weibliche Befruchtungsorgan der Blüthe, entwickelt sich zur Frucht, und die in ihm befindlichen Eichen (Samenknospen) reifen zu Samen.

An dem Samen unterscheidet man, wie an jedem anderen Körper, eine Basis und Spitze, und zwar bildet die Basis der Nabel *(hilum; umbilicus)*, der Punkt, in welchem der Same angeheftet ist oder der Samenstrang *(funiculus umbilicalis)* in den Samen tritt, und die Spitze der dem Nabel diametral gegenüber liegende Punkt.

Betrachtet man den Samen als vollendetes Pflanzenorgan, so würde dessen Basis durch die Chalaza, die Stelle, in welcher die Samenhaut mit dem Kern verwachsen ist, gebildet werden, und die Spitze in der Mikropyle (dem Keimloch) zu suchen sein. Hier würde man von einer organischen Basis und Spitze reden müssen. Der Samen, in seinem Verhältnisse zum Fruchtgehäuse, hat sein oberes Ende der Fruchtspitze, sein unteres Ende der Fruchtbasis zugewendet.

Der Samen besteht zunächst aus dem Samenkern, dem wesentlicheren Theile, und der Samenhülle.

Die Samenhülle *(integumentum s. tunica seminis)* besteht aus einer oder mehreren Häuten, von welchen die äussere von derber Structur als äussere Samenhaut oder Samenschale *(testa; epispermium; tunica externa)*, die innere, den Kern zunächst einschliessende, zartere als innere Samenhaut oder Kernhaut *(tunica s. membrana interna; endopleura)* unterschieden wird. Diese Samenhäute entstehen meist aus den entsprechenden Hüllen des Eichens.

Die Testa oder äussere Samenhaut ist von verschiedener Consistenz und verschieden bekleidet. Beim Samen der Bohne *(Phaseolus)* ist sie lederartig, beim Samen der Granatfrucht fleischig, beim Samen der Baumwollenstaude *(Gossypium)* und der Pappel *(Populus)* mit Haaren, beim Samen der Quitte *(Cydonia)* und des Leins *(Linum)* mit schleimreichem Epithel bedeckt.

Bei einigen Samen entwickelt sich in Gestalt einer Wucherung des Nabelstranges *(funiculus umbilicalis)* eine hautähnliche Hülle, welche mehr oder weniger locker den Samen umgiebt,

Man hat dieselbe Samenmantel *(arillus)* genannt. Wir finden ihn bei der *Myristica fragrans Houttuyn*, als welcher er die sogenannte Muskatblüthe *(Macis)* liefert und einen zerschlitzten Arillus *(arillus lacĕrus)* darstellt. Beim Pfaffenköpfchen *(Evonỹmus Europaea)* ist er vollständig und saftig.

An dem Samen finden sich häufig noch Anhängsel anderer Art, wie z. B. auf seiner Bauchseite dicht am Nabel der zu einem Wulste, wulstigen oder sonst hervortretenden Streifen ausgebildete Nabelstreifen *(rhaphe)*, welchen man auch Fadenschwiele *(strophiŏla)* nennt. Ferner ist oft der Eimund oder

Fig. 471.

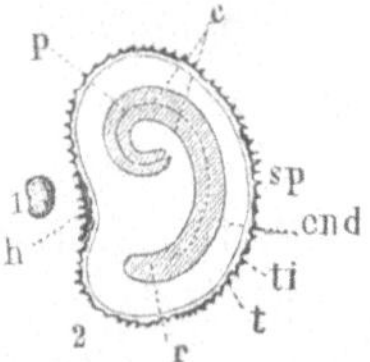

Fig. 472.

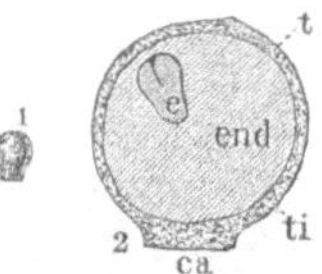

Samen von *Hyoscyamus niger*. 1. Der Same, 1¹|₂fache Lin.-Vergr. 2. Längsdurchschnitt. *h* Basis oder Nabel, *sp* Spitze, *p c r* Embryo, *c* Cotyledonen, *r* Würzelchen, *end* Inneneiweiss, *t* äussere Samenhaut, *ti* innere Samenhaut.

Samen von *Colchĭcum autumnale*. 1. Samen, natürliche Grösse. 2. Längsdurchschnitt. *e* Embryo, *end* Inneneiweiss, *t* äussere, *ti* innere Samenhaut, *ca* Samenschwiele *(caruncŭla)*.

Fig. 473.

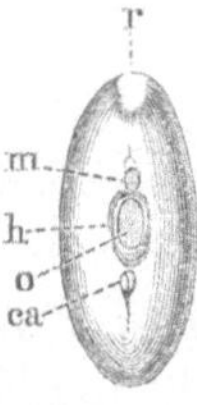

Fig. 474.

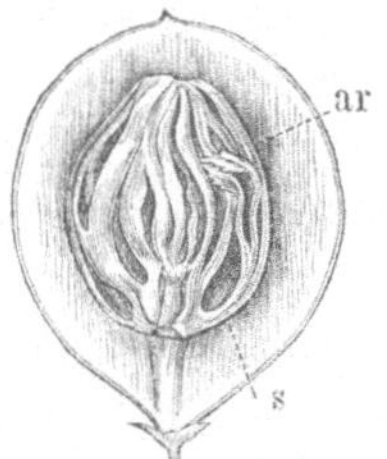

Eine Bohne, Samen von *Phaseŏlus vulgāris*. Basalfläche. *h* Nabel *(hilum)*, *o* Nabelgrund *(omphalodĭum)*, *m* Samenmund *(micropỹla)*, *ca* !innerer Nabel *(chalaza)* und Samenschwiele *(caruncŭla)*, *r* Würzelchen.

Beerenartige Frucht der *Myristĭca fragrans Houttuyn* ³|₄ Grösse des Pericarps im Längsdurchschnitt. *ar* Samenmantel *(arillus)*, *s* Samen.

auch der innere Nabel *(chalāza)* zu einer schwammigen Warze oder einem Wulste, der Samenschwiele *(caruncŭla, strophiŏla)* angeschwollen. Endlich ist bei einigen Pflanzenarten (*Salix, Popŭlus*) der Nabel oder die Micropyle mit einem Haarschopf *(coma)* bekleidet.

Den Punkt innerhalb des Nabels, in welchem das Gefässbündel des Samenstranges in die Samenhaut eintritt und welcher bei einigen Samen besonders leicht zu erkennen ist, hat man Nabelgrund *(omphalodĭum)* genannt.

Der Samenkern (*nucleus seminis*) ist der von der Samenhülle umschlossene Theil des Samens und besteht entweder aus dem Keim, Keimling (*embryo*) allein, oder aus dem Keimling und dem Eiweisskörper (*albumen*). Im ersteren Falle ist der Samen eiweisslos (*semen exalbuminosum*). Die Samen des Mandelbaumes (*Amygdalus*), der Hülsenfrüchte, der Kreuz-

<table>
<tr><td>Fig. 475.</td><td>Fig. 476.</td></tr>
</table>

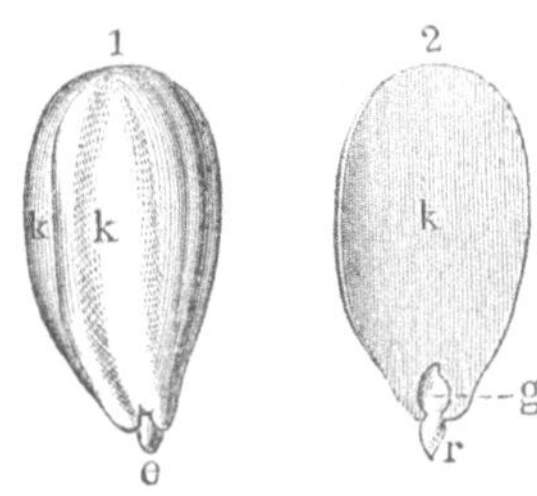

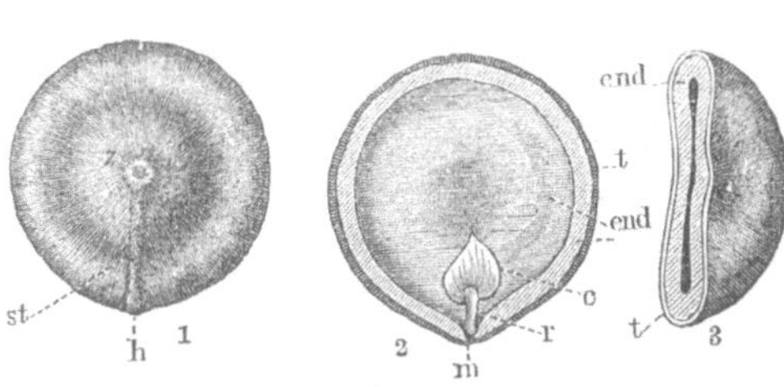

1. Mandelsamen von der Testa befreit. *Semen exalbuminosum.* 2. Ein Keimblatt mit daran sitzendem Embryo. *r* Würzelchen, *g* Federchen.

Samen von *Strychnos nux vomica.* 1. Samen in natürl. Grösse (*semen albuminosum*). *h* Nabel (*hilum*), *st* Samenschwiele (*strophiola*), *z* innerer Nabel (*chalaza*). 2. Der Same im Längsdurchschnitt. *m* Nabel und Micropyle, *r* Würzelchen, *c* Cotyledonen, *t* Testa, *end* Inneneiweiss (*endospermium*). 3. Querdurchschnitt. *t* Testa, *end* Inneneiweiss.

blüthler (*Cruciferae*) sind z. B. eiweisslos, denn die Samenhaut umschliesst nur den Embryo mit den Samenlappen. Die Samen der meisten Monokotyledonen sind eiweisshaltend. Zwar enthält der Embryo mit seinen Samenlappen in seiner chemischen Zusammensetzung reichlich Eiweissstoff (*albuminum*), es darf dieser aber nicht mit jenem Eiweiss (*albumen*), dem besonderen und begrenzten Theile eines Samens, verwechselt werden.

Der Eiweisskörper ist entweder Endosperm oder Perisperm, oder aus Endosperm und Perisperm zusammengesetzt. Der innere Eiweisskörper (*endospermium*) bildet sich aus einem im Inhalte des Keimsackes neu entwickelten Parenchym, dagegen besteht der äussere Eiweisskörper (*perispermium*) aus der Kernhaut des Eikerns oder erscheint als ein Rest des ursprünglichen Parenchyms des Keimsackes.

Das Endosperm ist gewöhnlich reich an Stärkemehl und Fett, wodurch es geeignet wird, der aus dem Embryo sich entwickelnden jungen Pflanze als erste Nahrung zu dienen. Das Perisperm ist gewöhnlich dünnwandig oder häutig und birgt in seinen Zellen Stärkemehl.

Fig. 477.

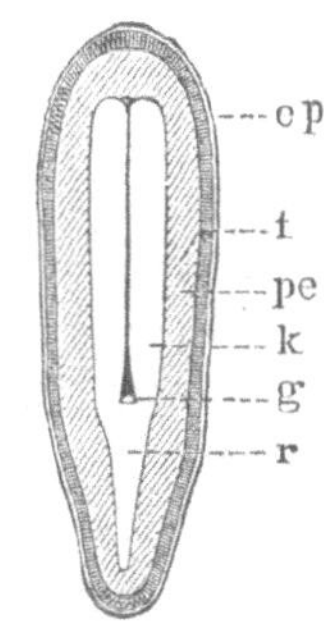

Längsdurchschnitt des Samens des Leins (*Linum usitatissimum*). Vergröss. Schematische Figur. *ep* Epithelium, *t* Samenhaut (*testa*), *pe* Ausseneiweiss (*perispermium*), *k* Samenblätter (*cotylae s. cotyledones*), *g* Knöspchen (*gemmula*), *r* das Würzelchen (*radicula*) des Embryo.

Die Consistenz des endospermischen Eiweisses ist verschieden, bald flüssig, bald weich, mehlig, hornartig, knochenhart. In der Cocosnuss (Frucht von *Cocos nucifĕra*) ist das Endosperm in seinem äusseren Umfange erhärtet und innen flüssig und milchähnlich; in den Tagua- oder Elfenbeinnüssen (Früchte von *Phytelĕphas macrocārpa* Rz. & Pav.) ist es anfangs milchig flüssig und erhärtet später zu einer harten elfenbeinähnlichen Substanz.

Fig. 478.

Samen von *Myristica fragrans Houtt.*, Muskatnuss, im Längsdurchschnitt. *Albumen ruminatum.* e Embryo.

Im Uebrigen ist das Eiweiss im ersten Stadium der Bildung des Keimes, als die dem Keime Nahrung bietende Substanz, als Keimflüssigkeit, gewöhnlich flüssig.

Die Gestalt des Eiweisskörpers zeigt ebenfalls manche Mannigfaltigkeit. Ist er zerlappt oder zerrissen, und haben sich in die Spalten und Vertiefungen die Samenhäute eingedrängt, so dass er wie zernagt erscheint, so heisst er gekaut (*albūmen ruminātum*), wie bei der Muskatnuss (dem Samen von *Myristica fragrans* Houttuyn), oder er ist gespalten, wie bei der Brechnuss (dem Samen von *Strychnos nux vomica*, Fig. 476, 3).

Bemerkung. *Houttuyn*, ein holländischer Arzt des vorigen Jahrhunderts (spr. hautteun).

Lection 70.

Der Samen. Der Embryo und seine Theile.

Der Keim oder Embryo *(embrȳo)*, der Hauptbestandtheil eines Samens und die Anlage zu einer neuen Pflanze derselben Art, erscheint als eine Pflanze in kleinster Form. Er besteht aus einer Axe, dem Stengelchen *(caulicŭlus)*, welche oberhalb zu einer Terminalknospe sich ausgebildet hat und Blätter trägt, unterhalb in das Würzelchen *(radicŭla)* ausläuft. Oberhalb um und unter dem Vegetationskegel der Terminalknospe entspringen mehrere Blättchen. Die untersten derselben, durch Grösse und Gestalt sich auszeichnend, sind die Samenblätter, Keimblätter oder Kotyledonen *(cotyledōnes; cotȳlae)*, die über den Kotyledonen entspringenden kleineren Blättchen bilden das Federchen *(plumŭla)*, auch Blattfederchen, Knöspchen *(gemmŭla)* genannt. Das Federchen bildet die Terminalknospe der neuen Pflanzenanlage und wächst bei der Entwickelung des Embryo zur oberirdischen Axe aus. Der unterhalb der Kotyle-

donen hervorragende und ungetheilte kleine Kegel wird entweder
Stengelchen, oder Würzelchen *(radicŭla)*, auch Schnäbelchen

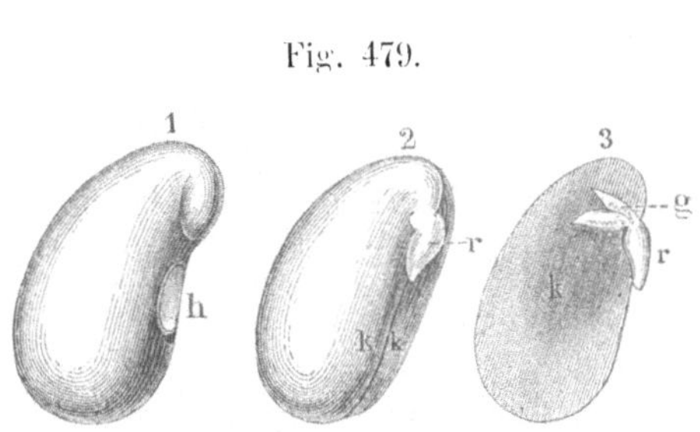

Fig. 479.

1. Samen der Schminkbohne *(Phaseŏlus multiflōrus)*. *h* Nabel
(hilum). 2. Von der Samenhaut *(testa)* befreiter Samen derselben
Pflanze. *kk* Kotyledonen. *r* Würzelchen. 3. Eine der Kotyledonen mit daranhängender Axe *gr—g* Knöspchen, *r* Würzelchen.
Natürl. Grösse.

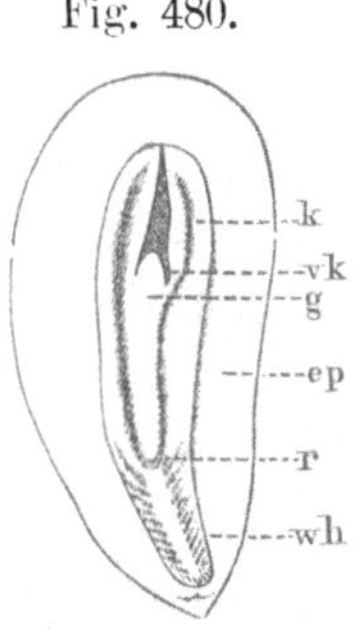

Fig. 480.

Samen der norddeutschen Kiefer
(Pinus silvestris) im Längsdurchschnitt. *wh* Wurzelhaube *(ocrĕa)*.
g gemmula, r *radicula*, *k* Kotyledonen, *vk* Vegetationskegel oder
Terminalkambium, *ep* Sameneiweiss *(endospermium)*. Vergr.

genannt. Letzterer ist der Theil des Embryo, welcher in einer
Wurzelhaube endigt und zur Wurzel auswächst.

Fehlt dem Samen der Embryo, was durch Fehlschlagen vorkommt, oder ist der Embryo unvollkommen entwickelt, so heisst
der Samen taub *(fatŭum)* oder Windsamen. Im Allgemeinen
findet man in einem Samen nur einen Embryo und nur ausnahmsweise, wie bei der Mistel *(Viscum)* und bei der Citrone,
mehrere zugleich *(semĭna pleio-embryonāta)*.

Bei den Orchidaceen kommt das Samenblatt nicht zur Entwickelung, diese den Monokoty-
ledonen oder Ein-Samenlappigen
beigezählten Pflanzen haben also
einen *embryo acotyledonĕus*. Bei den
Gräsern, welche den Monokotyledonen angehören, also nur ein
Keimblatt entwickeln, breitet sich
dieses aus und bedeckt das Knöspchen *(gemmŭla)* wie ein Schild. Man
hat es deshalb hier auch S c h i l d -
c h e n *(scutellum)* genannt. Bei den
Dikotyledonen finden wir zwei
Samenblätter an dem Stengelchen
gegenüberstehend, seltener nur ein
Blättchen, wie bei *Corydălis*, oder
mehrere, wie bei den Abietinen

Fig. 481.

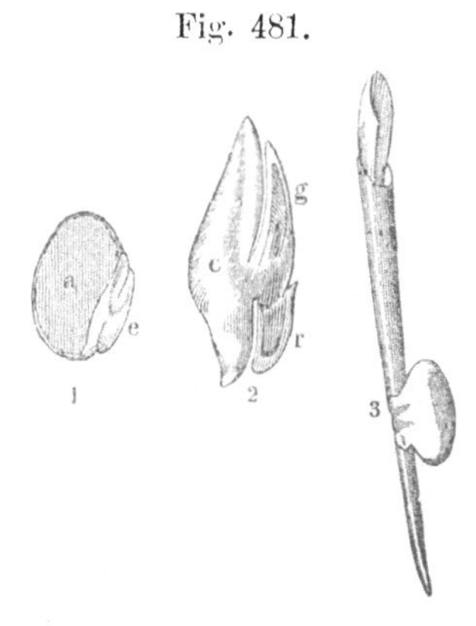

1. Längsdurchschnitt des Samens des Mais
(Zea Mays). *e* Embryo, *a* Eiweiss. Vergr.
2. Der Embryo. *g* Federchen, *r* Würzelchen,
c Cotyledone *(scutellum)*. 3. Keimender
Samen.

(einer Abtheilung der Coniferen), oder gar keine, wie bei der Flachsseide (*Cuscūta*).

Die Axe des Embryo hat eine verschiedene Richtung, und der Embryo ist gerade (*embryŏ rectus*) Fig. 475; gekrümmt (*curvātus*) Fig. 471; schneckenförmig oder spiralig (*spirālis*); gleichlaufend (*homotrŏpus*), wenn seine Axe der des Samens parallel ist oder mit dieser zusammenfällt, Fig. 477, und er ist dann aufrecht (*erectus*), wenn seine Basis dem Nabel, dagegen umgekehrt (*invērsus*), wenn seine Spitze dem Nabel zugewendet ist.

Der Embryo ist ferner umlaufend (*embryŏ amphitrŏpus*), wenn seine beiden Enden nach dem Nabel sehen, und abgewendet (*hetĕrotrŏpus*), wenn er quer im Samen liegt und keines seiner Enden dem Nabel zugewendet ist.

Embryo und Eiweisskörper haben gegenseitig verschiedene Lagen. Der Embryo wird entweder vom Eiweisskörper umschlossen (*embryŏ albumĭne inclūsus*) Fig. 480, oder er umfasst selbst den Eiweisskörper (*embr. pdperhuicus*), oder er liegt ausserhalb des Eiweisskörpers (*embr. albumĭni posĭtus*) Fig. 481.

Der Embryo liegt im erstgenannten Falle in der Axe des Eiweisses (*embryŏ axĭlis*) und dabei in der Spitze (*apicālis*), in der Mitte (*centrālis*) oder in der Basis (*basilāris*), oder er liegt ausserhalb der Axe des Eiweisses (*extraaxĭlis*), am Rücken (*dorsālis*) oder in der Richtung der Peripherie des Eiweisses (*subperiphericus*). Der ausserhalb des Eiweisses liegende Embryo (*embryŏ albumĭni apposĭtus*) befindet sich entweder an den Seiten (*laterālis*) oder nur an einem Ende desselben (*embryŏ albumĭni incumbens*).

Die Lage des Würzelchens (*radicŭla*) ist oft auch eine charakteristische. Es ist gerade (*recta*) und hervorragend (*promĭnens*), wie z. B. bei der Mandel (*Semen Amygdăli*), oder es ist von den Samenblättern schildförmig überdeckt (*cotÿledŏnes peltātae*). Liegt das Würzelchen nach der Seite gekrümmt der Fuge der Samenlappen zugewendet (*radicŭla laterālis*), so heisst der Embryo seitenwurzlig (*embryŏ pleurorrhizĕus*; Symbol ◯ =). Ist das Würzelchen nach dem Rücken eines Samenlappens umgebogen, so dass es dem Rücken desselben aufliegt (*radicŭla dorsālis*), so heisst der Embryo rückenwurzlig (*embryŏ notorrhizĕus;* Symbol ◯ ‖).

Das Würzelchen hat eine verschiedene Lage zum Nabel des Samens und blickt mit seiner Spitze nach dem Nabel (*radicŭla hilum spectans*) oder blickt nach einer andern Seite des Nabels hin, es ist dem Nabel abgewendet (*radicŭla ab hilo avērsa*). In beiden Fällen unterscheidet man seine Richtung nach der Fruchtspitze (*radicŭla supĕra*) oder nach der Fruchtbasis (*radicŭla infĕra*).

Fig. 482.

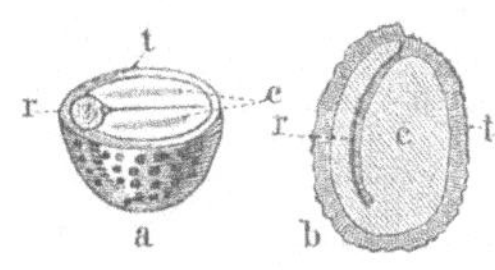 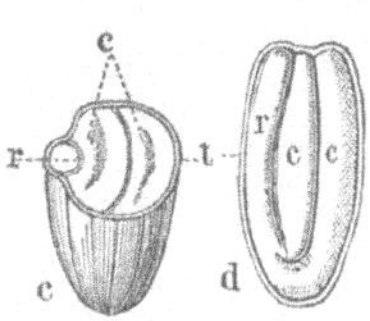 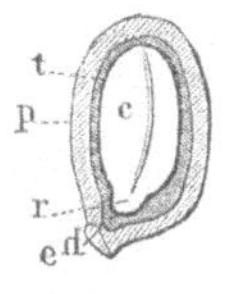 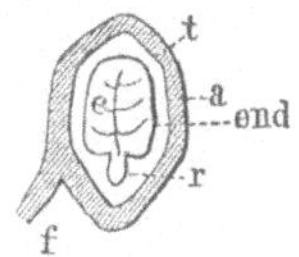

a b Samen von *Cochlearia off.* Vergr. *Embryo pleurorrhizĕus*, ◯═; *r radicula*, *c cotyledŏnes*, *t testa*, *a* Querschnitt, *b* Längsschnitt.	*c d* Samen von *Alliaria vulgāris*. Vergr. *Embryo notorrhizĕus*, ◯‖: *r radicula*, *c cotyledŏnes*, *t testa*, *c* Querschnitt, *d* Längsschnitt.	*e* Samen der *Salvia officinālis*. Längsdurchschnitt. *Embryōnis radicŭla hilum spectans*. *p* Pericarp, *t testa*, *c cotyledŏnes*, *r radicula*, *h hilum*.	*f* Samen von *Evonȳmus Europaea*. Vergröss. *Embryōnis radicŭla ab hilo aversa*. *a arillus*, *t testa*, *end* Eiweiss, *r radicula*, *c cotyledŏnes*.

Die Samenblätter sind nicht immer gleich gestaltet, sind von verschiedener Consistenz und haben gleich den Blättern einer Knospe oft eine verschiedene Faltung. Sie sind z. B. fleischig (*cotyledŏnes carnōsae*); blattartig *(foliacĕae)*; anstehend, aneinanderliegend (*contigŭae*), wenn sie mit den inneren Flächen auf einanderliegen; auseinanderstehend (*patentes*); anliegend (*accumbentes*), wenn sie ihre Flächen (Rückenflächen) den Seiten des Samens zuwenden; aufliegend (*incumbentes*), wenn ihre Flächen der Lage der Bauch- und Rückenfläche des Samens homolog sind. Sie heissen zusammengelegt (*conduplicātae*; Symbol ◯≫); übereinandergerollt (*convolūtae*); ineinandergefaltet (*contortuplicātae*); zerknittert (*corrugātae*) etc., je nach der Faltung, wie wir solche von der Knospenlage kennen gelernt haben.

Lection 71.

Samenpflanzen. Sporenpflanzen. Paläontologie. Bernsteinkiefer.

Bisher beschäftigten wir uns mit dem Bau und den Organen der Samenpflanzen (*spermatophȳta*) oder der Pflanzen mit sichtbaren Geschlechtswerkzeugen, welche *Linné* Phanerogamen (Offenehige) nannte und welche in den verschiedenen Pflanzensystemen

die Klasse der Phanerophyten, Kotyledonengewächse, Embryona-
ten, Gefässpflanzen etc. ausfüllen. Den Samenpflanzen stehen die
Sporenpflanzen (*sporophÿta*) gegenüber, d. h. Gewächse, welche
sich nicht durch Samen, sondern durch Sporen fortpflanzen. *Linné*
konnte an den Sporenpflanzen keine doppelten Geschlechter wahrnehmen, und er nannte sie desshalb Cryptogamen (Verborgenehige).
Zu den Sporenpflanzen gehören die Pilze, Algen, Flechten, Moose
und Farne. Nach *Linné's* Zeit ergaben die Forschungen der Botaniker, dass an den meisten dieser Gewächse sich gleichfalls den
Geschlechtsorganen entsprechende Organe entwickeln und sich
auch in vielen Fällen bei den übrigen Sporenpflanzen solche Organe annehmen lassen. Damit verlor die Bezeichnung Cryptogamen wesentlich an Werth, und ihre Einschränkung auf einen kleineren Kreis Pflanzen der niedrigsten Entwickelungsstufe war eine
nothwendige Folge. Nichtsdestoweniger hat sie sich durch die Länge
des Gebrauchs erhalten, und wenn von Cryptogamen die Rede ist,
so versteht man darunter gewöhnlich alle jene Pflanzen, welche
Linné seinen Cryptogamen zuzählte.

Die Cryptogamen oder Sporenpflanzen treffen wir in den
verschiedenen Pflanzensystemen ganz oder theilweise als Cryptophyten, Acotyledonen, Exembryonaten, Ehelose (*agämae*), Zellenpflanzen, Thallophyten etc. an, welche Benennungen andeuten,
dass die Geschlechtsorgane undeutlich oder nicht leicht erkennbar entwickelt sind, Embryo und Keimblätter fehlen, der Aufbau eines
Theiles nur aus Zellen und nicht aus Gefässen besteht, ein anderer Theil statt Wurzel, Stamm und Blätter einen Thallus (Lager) bildet etc.

Bereits bei einer früheren Gelegenheit war erwähnt, dass sich
die Phanerogamen oder Samenpflanzen in zwei Klassen schichten
lassen, in Nacktsamige oder Gymnospermen und in Bedecktsamige oder Angiospermen. Die Gruppe der Gymnospermen
ist den Angiospermen gegenüber von sehr geringem Umfange,
denn die heutige Vegetation weist nur wenige Repräsentanten
derselben auf, wie die Arten der Familie der Coniferen und Cycadeen. Die urweltliche Zeit war dagegen überaus reich an Gymnospermen, und es scheinen die wenigen heutigen als Vermächt-
nisse der vorweltlichen Zeit auf die jetzige überkommen zu sein,
es scheint sogar, dass einige Gymnospermen (z. B. *Taxus*) sich allmählich aus dem Vegetationskreise verlieren wollen.

Die Geschichte der Pflanzenwelt von ihren ersten Anfängen
an finden wir in den Rindenschichten der Erde verzeichnet und
lässt sich daselbst in ihrer stufenweisen Entwickelung verfolgen,

indem sie sich theils durch Abdrücke von Pflanzen auf Steinschichten, theils durch Versteinerungen (Petrefacten, Phytolithen), theils durch massenhafte Ablagerungen in Gestalt der Stein- und Braunkohlen den Forschungen darlegt. Mit der Erforschung dieser Geschichte und der Naturgeschichte der vorweltlichen oder besser urweltlichen Gewächse beschäftigt sich die Palaeontologie des Pflanzenreiches oder die Palaeophytologie.

Die Erdoberfläche hat vor unserer Zeitrechnung eine Reihe grosser Umwälzungen (Revolutionen) erfahren und mit denselben ihre klimatischen und atmosphärischen Verhältnisse verändert. Diese Umwälzungen veranlassten bald im grösseren, bald im geringeren Umfange den Untergang der Geschlechter der Erdbewohner, der Pflanzen und der Thiere, und neue höher entwickelte Geschlechter kamen zum Vorschein.

Den paläontologischen Forschungen gemäss umfasst die Geschichte der Entwickelung des Pflanzenreiches drei grosse Perioden, deren Grenzen muthmasslich viele Hunderttausende von Jahren auseinanderliegen.

In der ersten Periode, welche bis zur Bildung der Steinkohlenlager reicht, erzeugte die Erdrinde vorwiegend Sporenpflanzen, also Pflanzen der niedrigsten Entwickelungsstufe. In der zweiten Periode, welche die geologische secundäre Periode, die Bildung des Trias, die Jura- und Kreideformation bis zur Bildung der Braunkohlenlager umfasst, entstanden vorwiegend Gymnospermen, und die dritte oder heutige Periode, welche mit dem Diluvium und Alluvium beginnt, gab den Angiospermen das Uebergewicht.

Die zweite Periode hat für uns in sofern ein Interesse, als wir in sie die Bildung des Bernsteins verlegen müssen. Der Bernstein (*Succinum*) ist ein fossiles Harz, welches seine Entstehung einer Gymnosperme (*Pinītes succinīfer Göppert*) verdankt. Diese Conifere scheint in mächtigen Wäldern den Boden bedeckt zu haben, welchen jetzt die Wogen des baltischen Meeres bespülen.

Die Sporenpflanzen lassen sich, wenn man will, wie die Samenpflanzen in zwei Hälften theilen, in Angiosporen (verhülltsporige Sporenpflanzen) und in Gymnosporen (nacktsporige), indem bei den Angiosporen die Sporen bis zu ihrer Trennung von der Mutterpflanze in ihrer Mutterzelle eingeschlossen bleiben, bei den Gymnosporen aber frühzeitig, durch Resorption der Mutterzelle freiwerdend, ausser Verbindung mit der Mutterpflanze treten, wenngleich sie bis zur Reife in einer Sporenkapsel eingeschlossen bleiben. Eine weniger gezwungene Eintheilung ist diejenige in Lagerpflanzen (*thallophўta*) oder blattlose (*sporophўta aphylla*) und in blattbildende (*sporophўta foliosa*). Die Lagerpflanzen entsprechen den Gymnosporen, die anderen den Angiosporen. *Berg* belegte diese Abtheilungen mit den Namen Cryptophyten und Mesophyten. Der letztere Name deutet auf die Mittelstufe hin, welche die blattbildenden Sporenpflanzen zwischen Cryptophyten und Phanerophyten (Samenpflanzen) einnehmen. Mit den Organen der Sporenpflanzen wollen wir uns in den folgenden Lectionen beschäftigen.

Bemerkungen. Gymnospérmen, Angīospérmen, Gymnospóren, Angīosporen, griech. γυμνός, ή, όν (gymnos, ä, on), nackt; ἀγγεῖον (angeion), Gefäss, Behältniss; σπέρμα (sperma), Same, oder σπέρμειος, ον (spermeios, on), den Samen betreffend; σπορά (spora) Saat. — Phytolithen, versteinerte Pflanzen, von der griech. φυτόν (phyton) Pflanze; λίθος (lithos), Stein. — Paläontologie, Lehre von dem Vormalsgewesenen; παλαιός, ή, όν (palaios), vormalig; ὄντα (onta), was da ist; λόγος (logos), Wort, Lehre. — Thallus, griech. θαλλός, junger Zweig, Schössling. — Cryptophўten, Mesophўten (*cryptophўta, mesophўta*); griech. κρυπτός, ή, όν (kryptos) verborgen; μέσος, η, ον (mesos), mitten, in der Mitte: φυτόν, Pflanze. Die lateinischen Namen der Gattungen der vorweltlichen Flora, wenn diese Aehnlichkeit mit noch lebenden haben, bildet man gewöhnlich in der Weise, dass man die Endung des Gattungsnamens in *ītes* verwandelt, z. B. *Cupressus, Cupressītes; Taxus, Taxītes.*

Lection 72.

Allgemeines über Sporenflanzen.

Die Sporenpflanzen nehmen im Pflanzenreiche die niedrigste Stufe ein und weichen in ihrem anatomischen Bau, in der Form ihrer Organe wesentlich von den Samenpflanzen ab. Ihrer Gemeinschaft gehört sowohl diejenige Pflanze an, deren Aufbau nur in einer einzigen Zelle besteht, welche Zelle die Funktionen der Ernährung und Fortpflanzung gleichzeitig besorgt, als auch die Pflanze, welche Sporen erzeugend Wurzeln und Blätter entwickelt. Zu ihnen zählen Pflanzen verschiedener niedriger und höherer Entwickelungsstufen, welche in den weitesten und auch wieder kleinsten Abständen von einander liegen, und in der Form und dem Wesen ihrer vegetativen Theile die mannigfaltigsten Abweichungen aufweisen.

Wollen wir eine einigermaassen befriedigende Uebersicht über Entwickelung, Formen und Organe der Sporenpflanzen gewinnen, so müssen wir diese in Gruppen ordnen und eine Gruppe nach der anderen mustern. Daher theilen wir die Sporenpflanzen (*Sporophўta*) ein in:

I. Thallophyten (*Thallophўta*) oder blattlose Sporenpflanzen (*Sporophўta aphylla*).
    1. Pilze (*Fungi*),
    2. Flechten (*Lichēnes*),
    3. Tange oder Algen (*Algae*).

II. Blattbildende Sporenpflanzen (*Sporophўta foliōsa*).
    1. Moose (*Musci*),
    2. Farne (*Filĭces*).

Die Thallophyten entwickeln in Stelle der Wurzel, des Stammes und der Blätter ein Lager, Thallus (*thallus*), gebildet aus unvollständigem Zellgewebe; Geschlechtsorgane sind theils nicht wahrnehmbar, vielleicht auch nicht vorhanden, theils unvollkommen, nicht selten vollkommen ausgeprägt.

Der Thallus repräsentirt alle vegetativen Theile und Organe der höher entwickelten Pflanzen, denn er versieht dieselben Verrichtungen, er nimmt Nahrung auf, assimilirt dieselbe, wächst und besorgt die Fortpflanzung. In einzelnen Fällen lässt der Thallus nichts desto weniger ein Bestreben der Nachbildung der Organe der Pflanzen einer höheren Ordnung erkennen, indem er die Formen von Wurzel, Blatt und Stamm mehr oder weniger nachahmt. Der Thallus der Sporenpflanzen der untersten Ausbildungsstufe besteht nur in einer einzigen oder einigen wenigen Zellen, die zugleich die Bestimmung der Spore oder Keimzelle übernehmen.

Die Fortpflanzung geschieht durch Keimzellen, gemeinhin Sporen genannt, und ist entweder eine geschlechtliche oder eine ungeschlechtliche. Die bei der ungeschlechtlichen Fortpflanzung von dem Gewebe der Mutterpflanze sich trennende Keimzelle, Conidie, Sporidie (*conidium, sporidium*) wächst entweder unmittelbar zu einem neuen Individuum oder zunächst zu einem flockigen Lager, Vorkeim (*prothallium*; *protonēma*) aus, aus welchem sich dann die vollständige Pflanze entwickelt. Die geschlechtliche Fortpflanzung ist von den Functionen zweier von einander verschiedener Organe abhängig. Die in einem besonderen Gewebe in Folge geschlechtlichen Befruchtungsactes entstandene Keimzelle wird als eigentliche Spore, Fruchtspore, Carpospore *(spora)* unterschieden. Das Organ mit dem sporenerzeugenden Gewebe wird Keimfrucht, Sporengehäuse (*sporangium*; *sporocarpium*) genannt.

Die Keimzelle oder Spore ist ein der Knospe der ausgebildeten Pflanze analoges Gebilde und unterscheidet sich dadurch von dem Samen, dass sie keinen Embryo, d. h. die ausgebildete Anlage der Pflanze, also weder Knöspchen und Würzelchen noch Samenlappen einschliesst. Deshalb nennt man auch die durch Sporen sich fortpflanzenden Gewächse Akotyledonen oder Samenlappenlose. Auch die Carposporen zeigen beim Keimen verschiedenes Verhalten. Sie wachsen, aus ihrem Behälter, dem Sporangium herausgetreten, entweder unmittelbar durch Zellenvermehrung zur Pflanze heran oder erst nach einer gewissen Zeit der Ruhe z. B. nach überstandener kalter Jahreszeit, wie die sogenannten Dauersporen (Teleutosporen), oder sie entwickeln zunächst einen Vorkeim (*prothallium*), dem das Knöspchen entsprosst, oder sie entwickeln erst Sporen zweiter Ordnung, secundäre Sporen (Sporidien, Conidien), aus welchen der Mutterpflanze gleiche Gebilde hervorgehen.

Dieses verschiedene Verhalten der Fructificationsorgane ist besonders bei den Thallophyten vorwiegend. Man hat es mit Pleomorphie (Mehrförmigkeit) der Fructificationsorgane bezeichnet.

Bei den Flechten und vielen Pilzen entdeckte man kleine Körperchen oder Zellen in unendlicher Zahl, Spermatien genannt, eingeschlossen von besonderen Behältern, den Spermogonien, welche einige für parasitische Pilzvegetationen, andere für eigenthümliche Geschlechtsorgane halten.

Den männlichen Geschlechtsorganen, den Antheren, in physiologischer Hinsicht analog zeigen sich bei einigen Familien (z. B. den Characeen) die Antheridien, in welchen sich die eigentlich befruchtenden männlichen oder antherenähnlichen Organe, die Schwärmzellen, Schwärmsporen, Schwärmfäden, Zoosporen, Spermatozoïde *(spermatozoïdea, phytozoa)* bilden. Die entsprechenden weiblichen Organe hat man Archegonien (*archegonia*, Fruchtanfänge) genannt. Sie haben gewöhnlich die Form von bauchigen Flaschen, in ihrem bauchigen Theile die Eizelle einschliessend, welche durch einen von dem halsförmigen Theil des Archegoniums umfassten Kanal für die Schwärmzellen zugänglich ist.

Die in süssen Wässern vegetirenden Wasserquirle, Characeen *(Chara* und *Nitella)*, welche den Algen zugezählt werden, bestehen aus Zellfäden mit quirlförmiger Verzweigung. Die Vermehrung geschieht durch Ablösen einzelner Zellglieder, aber sie ist auch eine geschlechtliche. In diesem Falle findet man bei den monöcischen Arten an der Spitze des Hauptstrahles eines Blattes und zwischen zwei Seitenzweigen, oder bei den diöcischen

Arten auf zwei Pflanzen vertheilt die befruchtende Antheridie und das zu befruchtende Archegonium (Carpogonium). Die Antheridie ist von kugliger Form mit einer aus acht schildförmigen Zellen bestehenden Schale (Hülle), welche zur Zeit der Reife zerfällt und ihren Inhalt, die Manubrien (Griffzellen) mit den daran hängenden peitschenförmigen Fäden (Antheridienfäden), in welchen die Zoosporen oder Schwärmsporen entstehen, ausstreut. Da die Zahl dieser Fäden in einer Antheridie 200 beträgt, jeder Faden aus 100—200 Zellen besteht, in jeder Zelle eine Zoospore heranwächst, so kann eine Antheridie circa 30000 Schwärmzellen hervorbringen. Die Schwärmzelle ist schraubenförmig gewunden und trägt an ihrem hinteren Ende 2 lange Fädchen (Cilien). Sie verlässt reif ihre Mutterzelle, schwärmt mehrere Stunden im Wasser herum und sucht in das Archegonium (Carpogonium), welches an seinem Scheitel geöffnet ist, hineinzuschlüpfen und die Befruchtung zu bewerkstelligen.

Fig. 483.

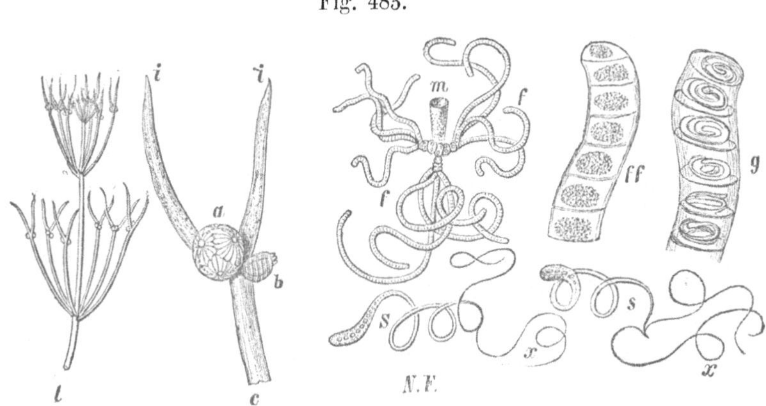

Nitella flexilis. *t* Zweig in natürlicher Grösse, *a* reifes Antheridium, *b* Archegonium oder Carpogonium am Ende seines Hauptstrahles. Vergr. *ii* zwei Seitenstrahlen (Seitenblätter). *m* Manubrium (Griffzelle, Stielzelle) mit daranhängenden Zellfäden, Antheridienfäden (*f*). *ff* Endstück eines Antheridienfadens (500 m. vergr.), *g* ein Stück eines reifen Antheridenfadens, die Zellen mit den Zoosporen zeigend (600 m. vergr.). *ss* zwei Zoosporen, Schwärmzellen (700 m. vergr.).

Als Beispiel der Vermehrung, der Bildung von Keimzellen durch Paarung zweier sich äusserlich ähnlicher Gebilde möge eine Volvocinee, *Pandorina morum*, eine in stehenden Wässern sehr häufige, einer Maulbeere ähnliche Alge herangezogen werden.

Diese Alge besteht aus einer Zellenfamilie, Coenobie, welche von einer gallertartigen Schleimhülle eingeschlossen ist, aus welcher die Cilien der Zellen frei herausragen, durch deren Thätigkeit sich auch die Zellenfamilie drehend und wälzend im Wasser bewegt. *Pringsheim* entdeckte an der genannten Art die Ver-

mehrung durch Paarung (Conjugation) der Schwärmsporen. Die
Zellenfamilie besteht aus 16 Zellen, welche sich geschlechtslos
und geschlechtlich vermehren. Im ersten Falle umgiebt sich die
aus der Gallerthülle herausgetretene einzelne Zelle wiederum mit
einer Gallerthülle und wächst durch einfache Tochterzellenbildung
zu einem Coenobium von 16 Zellen heran. Im anderen Falle
schwärmen die freigewordenen hyalinen grünen Schwärmzellen,
welche von verschiedener Grösse und mit 2 Cilien und einem rothen

Fig. 484.

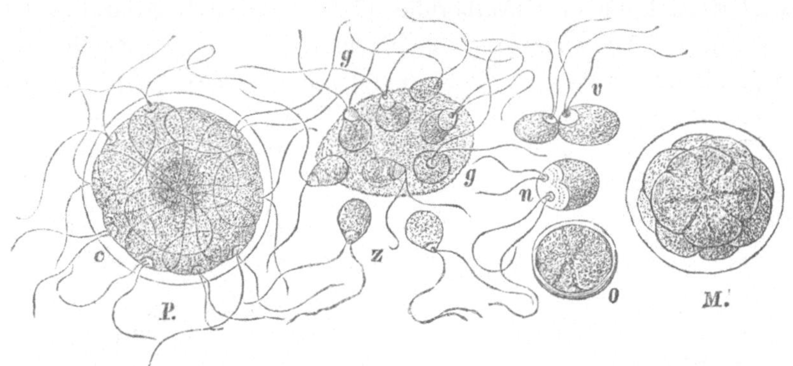

Pandorina morum. P. c. Schwärmzellenfamilie (Coenobium) 80malige Linear-Vergr., aus 16
Schwärmsporen bestehende, eingeschlossen in farbloser Gallerthülle, aus welcher die Cilien der
Sporen hervorragen. *g* geschlechtliche Fortpflanzung, die Schwärmsporen treten hervor, werden
frei. *z* zwei freie Schwärmsporen (300malige Linear-Vergr.). Sie suchen sich auf, berühren sich
mit den Spitzen (*v*), fliessen in einander (*n*), wachsen zu einer Zellenfamilie heran (*o* und *M*).

Körperchen versehen sind, herum. Einige derselben suchen sich
gegenseitig und zwar die kleinere männliche die grössere weibliche auf, berühren sich mit ihren farblosen spitzen Enden, verschmelzen an der Berührungsstelle, fliessen dann in einander, wobei die Befruchtung erfolgt, und runden sich unter Verlust der
Cilien zu einer Kugel, welche sich rothfärbend zu einem der Mutterpflanze gleichen Gebilde heranwächst.

Pringsheim beobachtete auch bei der Gattung *Oedogonium*
(einer in süssen Wässern lebenden Fadenalge) eine geschlechtliche
Fortpflanzung und zwar die Entwickelung zweierlei Arten Schwärmsporen, kleinere. und grössere. Die kleineren sah er sich nach
Austritt aus der Mutterzelle eine Zeitlang frei bewegen und sich
dann unmittelbar an die grössere Spore festsetzen und zu einem
wenigzelligen Gebilde sich entwickeln. Da die grösseren Sporen
sich zu einem Individuum entwickeln, so lag es nahe, das aus den
kleineren Sporen entstehende, wenigzellige Gebilde als einen Ersatz des männlichen Geschlechtsapparates anzusehen. *Pringsheim*
nannte die kleineren Sporen daher Androsporen oder Männ-

chenbilder. Bei *Oedogonĭum cilĭātum Pringsh.* besteht die Sporangie (Oogonie, Carpogon) aus einer chlorophyllhaltigen, in der Continuität des Gliederfadens liegenden, angeschwollenen Zelle, welche an ihrer Aussenwand die Antheridie in Form eines farblosen zweizelligen Organs trägt. In jeder der beiden Zellen dieser Antheridie bildet sich ein Spermatozoïd oder Schwärmfaden in Gestalt eines keilförmigen Körperchens. Wenn die Zeit der Reife eintritt, drückt das Spermatozoïd gegen den Deckel der Antheridie, hebt denselben und verweilt oft in dieser Lage mehrere Stunden, die Oeffnung des weiblichen Organs (der Oogonie *Pringsheim's*) gleichsam erwartend. Letzteres ist zu dieser Zeit mit einer grünen grobkörnigen Masse gefüllt, welche oberhalb mit einem farblosen feinkörnigen Schleim bedeckt ist. Die Membran am Scheitel der Oogonie

Fig. 485.

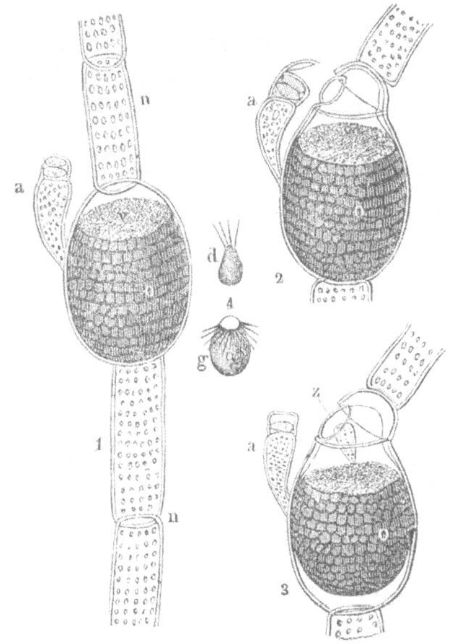

1. Ein Stück einer Fadenalge (*Oedogonĭum ciliatum Pringsh.*). *n* Gliederfaden, *o* Sporangie od. Oogonie, *a* Antheridie, *v* Schleimmasse über dem Inhalt der Sporangie. Mehrf. vergr. 2. Die Antheridie hat sich längst, die Sporangie so eben geöffnet. 3. Ein Spermatozoïd dringt durch die Oeffnung *z*, welche sich in der von dem Schleime *v* gebildeten Membran befindet, in den Inhalt der Sporangie. 4. *d* Spermatozoïd, *g* Schwärmspore (stärker vergr.).

reisst nun ein, durch Anschwellung des Zelleninhaltes wird der Fadenfortsatz über dem Scheitel wie ein Deckel aufgekippt, und die erwähnte farblose schleimige Masse bildet eine blasenähnliche Zellhaut, welche aber an der der Antheridie zugekehrten Seite eine breite Oeffnung lässt. In diesem Augenblicke fällt der Deckel der Antheridie ab, und das mit zarten Wimpern versehene keilförmige Spermatozoïd tritt heraus, bewegt sich einige Mal um die Oogonie und schlüpft, mit seiner Spitze voran, in die Oeffnung der farblosen Zellhaut. Anfangs sieht man es noch innerhalb der Oogonie sich bewegen, um dann für das Auge des Beobachters zu verschwinden. Jene Oeffnung schliesst sich nun, und die Entwickelung einer ruhenden Spore (Oospore) nimmt ihren Anfang.

Bemerkungen. Spore, *spora, ae, f,* das griech. σπορά, das Säen, Saat, Keimkorn. — Sporidien, *sporidia* (sporenähnliche Körper), von d. griech. σπορά und τὸ εἶδος (to eidos), Gestalt, Aussehen. — Sporangien, *sporangia,* Sporenbehälter, von σπορά und ἀγγεῖον (angeion), Gefäss. — Teleutosporen, Wintersporen, die am Schlusse der Vegetationsperiode sich bildende Spore, von d. griech. τελευτή (teleutä), Ende, Schluss. Sie stehen im Gegensatz zu den Uredosporen, Sommersporen. — Antheridien (antherenähnliche Organe), von anthera und εἶδος, Gestalt, Aussehen. — *Archegonium* (die erste Anlage für die Nachkommenschaft), v. d. griech. ἀρχή (archä), Anfang, und γόνος (gonos), das Junge, der Nachkomme. ἀρχέγονος, ον, der Anfang oder Ursprung von einer Sache. — Conidien, *conidia,* ungeschlechtliche Keimzellen, nach *Tulasne* sich ablösende, zur vegetativen Vermehrung bestimmte Zellen, v. d. griech. κόνιδες (konides), Eier der Läuse, Flöhe, Wanzen etc., oder von κόνις (konis), Staub, daher staubartige Gebilde.

Lection 73.

Pilze (*Fungi, Mycētes*).

Der Pilz in einfachster und niedrigster Form besteht aus mehr oder weniger rundlichen oder länglich runden einzelnen Zellen, welche dadurch charakterisirt sind, dass ihnen Chlorophyll fehlt. Hierher gehören die Cryptococcen, Schizomyceten und Bacterien (Gährpilz, Hefepilz, *Mycodērma cerevisiae, M. vini* etc. Desmazières oder *Saccharomӱces cerevisiae, S. vini* Meyen, *Bacterĭum, Spirillum* etc.), welche einzeln bleiben oder Reihen bilden und sich durch Tochterzellenbildung oder Abschnürung vermehren. Mit Abschnürung wird nach Karsten die Zellenvermehrung bezeichnet, bei welcher in der Mutterzelle zwei Tochterzellen heranwachsen, von denen die eine die grössere ist und den Raum der Mutterzelle fast ausfüllt, die andere dagegen weit kleiner ist und eine kugliche Form hat.

Fig. 486.   Fig. 487.   Fig. 488.   Fig. 489.

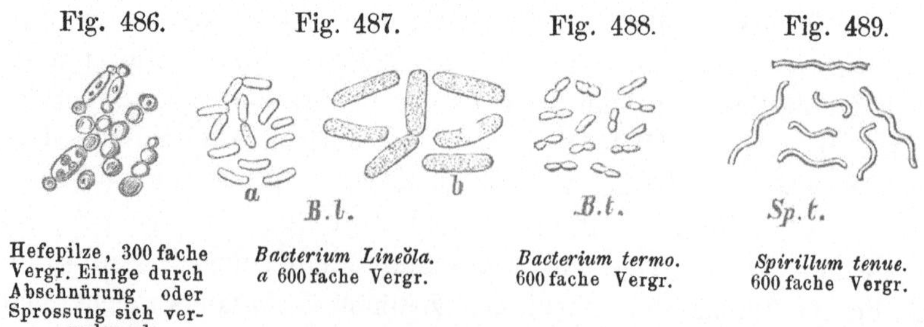

Hefepilze, 300 fache Vergr. Einige durch Abschnürung oder Sprossung sich vermehrend.

Bacterium Lineöla. a 600 fache Vergr.

Bacterium termo. 600 fache Vergr.

Spirillum tenue. 600 fache Vergr.

Die höher organisirten Pilze wachsen zu einem Trieblager und den aus diesem hervortretenden Fruchtträgern aus. Sie constituiren sich aus fadenförmigen einfachen oder sich in Zweige theilenden Zellen, Flocken, Hyphen *(flocci; hyphae)*, welche zu einem Trieblager *(mycelium; thallus floccosus; hyphasma)* verwachsen. Die Hyphen dringen nach allen Richtungen in die Erdkruste, in das Innere fremder Pflanzentheile, in die Stomatien, Intercellulargänge, selbst durch die Porenkanäle in die Zellen, während sie ausserhalb weiter wachsen und Fortpflanzungsorgane erzeugen. Das Trieblager oder Mycelium entspricht dem Hypothallus der Flechten. Seine Fäden (fadenähnliche Zellen) bilden bald ein lockeres Gewebe *(hyphasma)*, oder ein verfilztes Gewebe, bald keulenförmige, straussähnliche, kuglige, schüsselförmige, hutförmige Gebilde. Das Mycelium oder Trieblager der Staubpilze *(Coniomycētes)* bildet meist in dem Zellgewebe der Nährpflanze ein Fruchtlager *(stroma)*; bei den Faden- oder Schimmelpilzen *(Hyphomycētes)* bilden die Hyphen ein lockeres Fasergeflecht *(hyphae liberae)*, an dessen Aesten sich die Sporen entwickeln; bei den Bauchpilzen *(Gasteromycētes)* bildet sich aus dem Trieblager um die sporenzeugenden Aeste desselben *(capellitium)* eine einfache oder doppelte Hülle, Sporangiumschale *(peridium)*, welche regelmässig oder unregelmässig aufspringt, und bei den Kernpilzen *(Pyrenomycētes)* sich zu einem napfförmigen oder kugeligen, oben offenen Gehäuse *(perithecium)* gestaltet. Bei den Hautpilzen *(Hymēnomycētes)* und Scheibenpilzen *(Discomycētes)* entwickelt sich das Trieblager zu einem Hut *(pileus)* von verschiedener Consistenz, welcher unmittelbar auswächst *(pileus sessilis)* oder von einem Stiel, Strunk *(stipes)*, gestützt wird *(pileus stipitātus)*. An dem unteren Theile des Hutes findet die Bildung der Sporen statt und zwar an bestimmten Trägern, welche entweder wie Blätter oder Lamellen *(lamellae)*, oder wie vorstehende Spitzen oder Säulchen oder Röhren gestaltet sind.

In den Zellen der Pilze fehlt sowohl Chlorophyll wie Stärkemehl, welche aber in manchen Pilzen durch Farbstoffe ersetzt werden, welche mit Chlorophyllzellen wenig Aehnlichkeit haben und sich meist aus ölhaltigen Zellen zusammensetzen.

Die Hautpilze *(Hymēnomycētes)* bilden die vollkommenste Pilzfamilie. Ihren Familiennamen verdanken sie einer eigenen Haut *(hymenium)*, welche aus Sporen erzeugenden Zellen zusammengesetzt ist und daher auch mit Sporenlager bezeichnet wird. Den jugendlichen Pilz schliesst eine häutige Hülle, allgemeiner Schleier, Wulsthaut *(volva)* genannt, ein, welche beim Auswachsen des Hutes zersprengt wird und gemeiniglich zum Theil am Grunde des Pilzstieles hängen bleibt, den Wulst *(volva; torus)* bildend. Rudimente dieser Hülle bleiben nicht selten auf der oberen Fläche des Hutes hängen, wie z. B. beim Fliegenpilz *(Amanīta muscarĭa Pers.* oder *Agarĭcus muscarĭus).*

An dem Stiele unterhalb des Hutes finden wir bei dem entwickelten Pilze gewöhnlich ein zweites häutiges Gebilde, welches den Stiel wie ein Ring *(annŭlus)* umgiebt. Die. an der unteren Seite des Hutes befindlichen Lamellen sind nämlich anfangs von einer Haut, dem Schleier *(velum)*, überspannt und von aussen verdeckt. Wenn der Hut, dessen Rand nämlich dem Stiele sehr genähert liegt, sich auszubreiten und flacher zu werden anfängt, so dehnt sich jener Schleier nicht mit aus, zerreisst und bleibt entweder am Stiele hängen, jenen Ring *(annŭlus)* bildend, oder er bleibt auch am Hutrande sitzen und bildet eine herabhängende Franse *(cortīna).* Diese Anhängsel finden wir besonders bei der Gattung *Amanīta.*

Fig. 490.

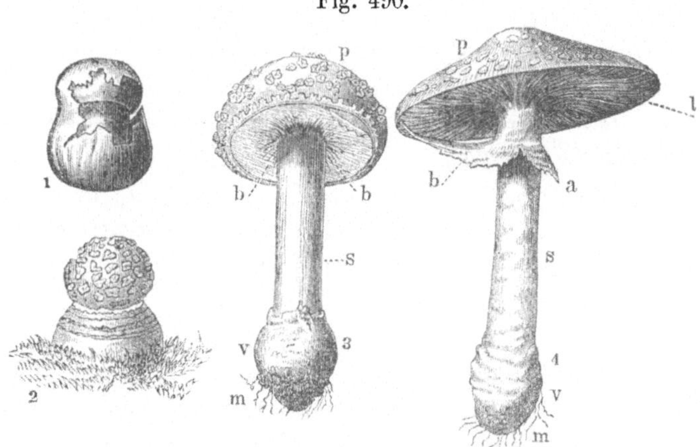

1. Ein junger Hymenomycet die Wulsthaut sprengend. 2. Der in der Wulsthaut noch eingeschlossene Fliegenpilz (*Amanīta muscarĭa Pers.*). 3. Derselbe mehr entwickelt. *m* Mycelium, *v* Wulst (*volva*), *s* Strunk (*stipes*), *p* Hut (*pilēus*), *b* Schleier (*velum)* an der einen Seite sich ablösend. 4. Derselbe Pilz noch mehr entwickelt. *a* Ring (*annŭlus*), der Schleier hängt in einem Punkte noch an dem Pilzrande, *l* Lamellen.

Auf der unteren Seite des Hutes finden wir bei den Blätterpilzen *(Agarĭci)* jene Blätter oder Lamellen *(lamellae),* welche die Funktion als Sporenträger erfüllen. Mit Hilfe des Mikroskops finden wir eine solche Lamelle auf ihren beiden Seiten mit einer Faserschicht bekleidet, deren Fasern dicht aneinander liegen und nach aussen sehen. Diese Faserschicht, Keimhaut oder Sporenlager *(hymenĭum)*, bildet in folgender Weise die Sporen. Einige der Zellen, aus welchen das Hymenium zusammengesetzt ist, verlängern sich über die Fläche desselben und wachsen an diesem Ende zu vier Spitzen aus. An dem Ende einer jeden Spitze entwickelt sich durch Tochter-Zellenbildung eine blasige Zelle, welche die Mutterzelle für die von ihr umschlossene Spore ist. Bei der Reife der Spore fällt die Mutterzelle ab, ohne dass die Spore aus derselben heraustritt.

Solche Zellen, welche auf vorhergehend angegebene Weise aus dem Hymenium hervortreten und an dem äussersten Ende Sporen erzeugen, nennt man Basidien *(basidia)*, und die von ihnen entwickelten Sporen Basidiensporen, Acrosporen (an der Spitze gebildete Sporen) zum Unterschiede von den Schlauchsporen, Ascosporen, welche in Schläuchen, Sporenschläuchen *(asci)*, entstehen und bei der Reife aus diesen austreten.

Fig. 491.   Fig. 492.

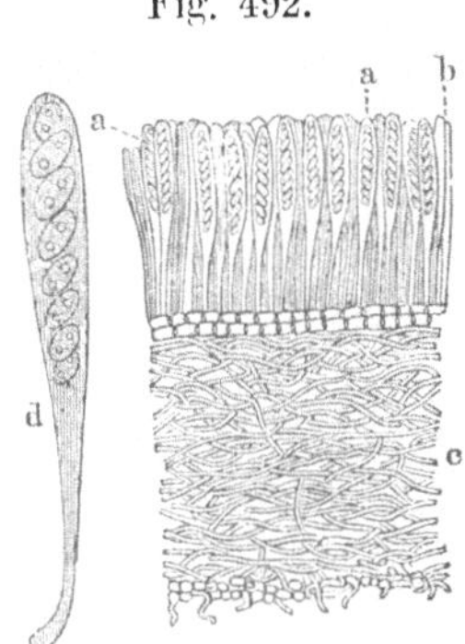

Ein Theil des Hymenium von *Agaricus campestris*. *a* Basidien, *b* dieselbe im Begriff der Sporenbildung, *a c* eine solche mit vollständig entwickelten Sporen.

Querscheibe (vergr.) aus dem Hut eines Becherpilzes *(Peziza)*. *a* Sporenschläuche *(asci)*, *d* ein solcher noch mehr vergrössert, *b* Paraphysen, *c* Pilzgewebe.

Den Kernpilzen *(Pyrēnomycētes)* und den Scheibenpilzen *(Discomycētes)* fehlt die Keimhaut *(hymenium)*. Die Hyphen des Trieblagers *(mycelium)* schliessen sich dicht aneinander und bilden einen begrenzten Körper, das Fruchtlager *(stroma)*. Die Endglieder der Hyphen dieses Thallus bilden die Sporenbehälter, welche als Sporenschläuche *(asci)* oder Asken gewöhnlich 8, seltner mehr oder weniger Sporen entwickeln. Die Sporen liegen in diesen Schläuchen regelmässig in eine Längsreihe geordnet oder unregelmässig übereinander. Bei der Reife öffnet sich der Schlauch an seiner Spitze, und die Sporen treten aus. Bei einigen Kernpilzen treten aus dem Fruchtlager Basidien hervor, welche an einer fadenförmigen Spitze nur eine Spore entwickeln. Die Sporenschläuche der Kernpilze sind von einer Hülle umgeben, welche anfangs geschlossen ist, sich später aber zu einem offenen Behälter erweitert. Diese Art Sporangiumschale wird als *Perithecium* unterschieden.

In einzelnen Fällen finden sich neben den Sporenschläuchen haarähnliche Gebilde, Paraphysen *(paraphӯses)*, welche man als fehlgeschlagene oder verkümmerte Sporenschläuche ansehen kann.

Bei den Bauchpilzen (*Gastĕromycētes*) sind die aus dem Trieblager (*mycelĭum*) aufsteigenden, Sporen erzeugenden und sterilen Aeste, welche ein Haargeflecht (*capillĭtĭum*) darstellen, von einer einfachen oder doppelten Hülle, der Peridie, Sporangiumschale (*peridĭum*) eingeschlossen, welche sich regelmässig spaltet oder unregelmässig zerplatzt. Die innere Hülle zerreisst gewöhnlich nur an ihrer Spitze. Das von der Sporan-

Fig. 493.   Fig. 494.

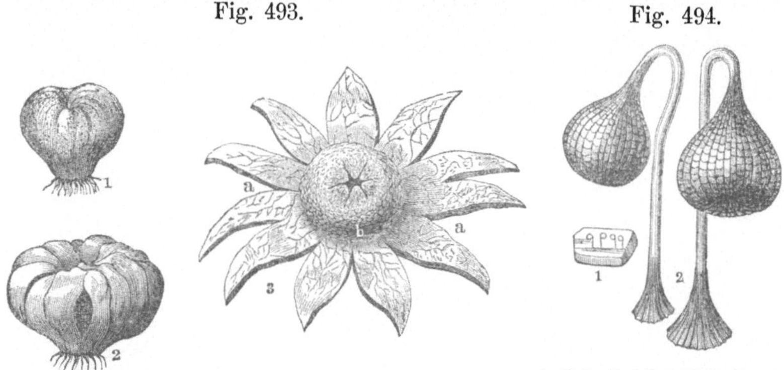

Geaster hygrometrĭcus Persoon (ein Bauchpilz). 1. Junger Pilz. 2. Derselbe entwickelt mit gespaltener Sporangiumschale (*peridium*) bei trockner Witterung. 3. Derselbe bei feuchter Witterung, *a* äusseres, *b* inneres Peridium.

1. Netzstäubling (*Dictydĭum umbilicătum Schrad.*) in natürl. Grösse auf altem Holze. 2. Das unter dem Peridium befindliche Capillitium, aus feinen parallelen Fäden bestehend, welche durch Querfäden mit einander verbunden sind.

giumschale umschlossene Geflecht gleicht in den meisten Fällen einem grobmaschigen Netz, aus dessen Maschen sich nach innen einzelne Basidiensporen entwickeln. Bei der Reife der Sporen zerfliessen die Zellenmembranen zu eintrocknendem Schleime, und nach dem Eintrocknen findet man die Sporen als dunkelbraunes oder schwarzes Pulver.

Die Fadenpilze (*Hyphomycētes*) sind besonders jene uns bekannten Schimmelpilze, zu deren Studium man gewöhnlich das Mikroskop zu Hilfe nehmen muss, welche aber auch oft durch ihre mannigfachen zierlichen und schönen Formen die grössere Mühe des Studiums belohnen. Im Allgemeinen erscheinen die Fadenpilze als einzellige oder mehrzellige, oft verzweigte Fäden, welche an ihren Enden einzelne oder ganze Ketten Sporidien (Conidien) durch Abschnürung oder endständige grosse Mutterzellen (Sporangien) bilden, welche zahlreiche Sporen bei der Reife austreten lassen. Nach *de Bary* entstehen bei den Schimmelpilzen, welche Sporidien- oder Conidienketten bilden, rings

um die kopfförmig angeschwollene Spitze eines Hyphenastes
zellige Ausstülpungen (Sterigmen), welche in Form länglicher

Fig. 495.

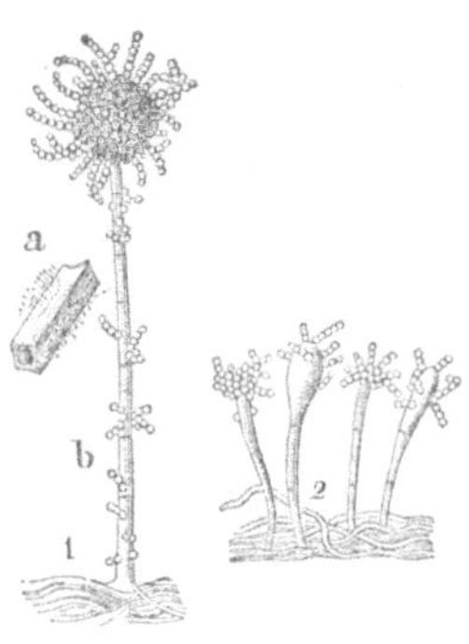

1. *a* Sporidientragende Hyphen des *Asper-gillus glaucus Link.* auf einem abge-storbenen Labiatenstengel, *b* dieselben vergrössert. 2. Sporidientragende Hyphen von *Aspergillus flavus Link.*

Fig. 496.

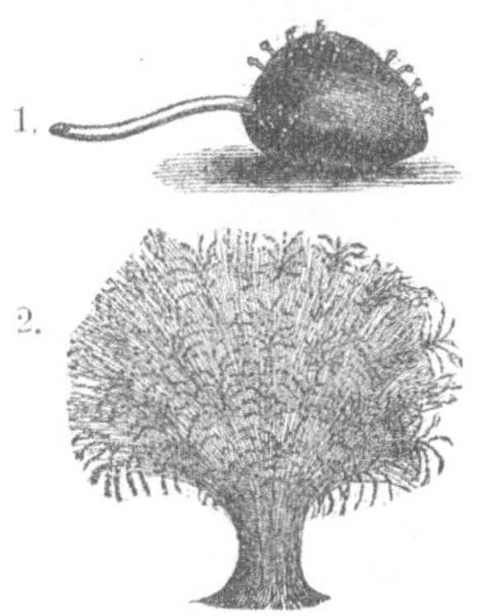

1. Gemeiner Besenschimmel (*Coremium vulgäre Corda*), auf einer Kirsche. 2. Die Hyphen (Flocken) sind zusammenge-drängt, erweitern sich oben pinselförmig und entwickeln an den Spitzen zierliche Sporidienketten (*sporisoria*). Vergr.

Zellen sich nach oben zuspitzen, dann sich an der äussersten
Spitze zu einer kugligen Zelle ge-stalten, welche später abgeschnürt die erste Sporidie bildet. Das Sterigma bildet immer wieder an seiner Spitze neue Zellen, welche die früher ent-standenen vor sich hin schiebend end-lich eine Sporidienkette, Conidien-kette (*sporisorium*) darstellen.

Die Staubpilze (*Coniomycētes*) nehmen eine niedrige Stufe unter den Pilzen ein. Der Landmann fürchtet sie sehr, denn sie sind die Gebilde, welche man mit Rost, Flugbrand, Schmierbrand etc. zu bezeichnen pflegt. Sie vegetiren in lebenden Pflanzen, deren Gewebe sie mit ihrem Mycelium durchdringen und auf diese Weise zerstören. Ihre Sporen (Spori-dien, Conidien) sind meist dunkelfarbig Der Flugbrand (*Ustilago Carbo Tu-lasne*) vegetirt in der Frucht des Ge-treides, besonders des Hafers und der

Fig. 497.

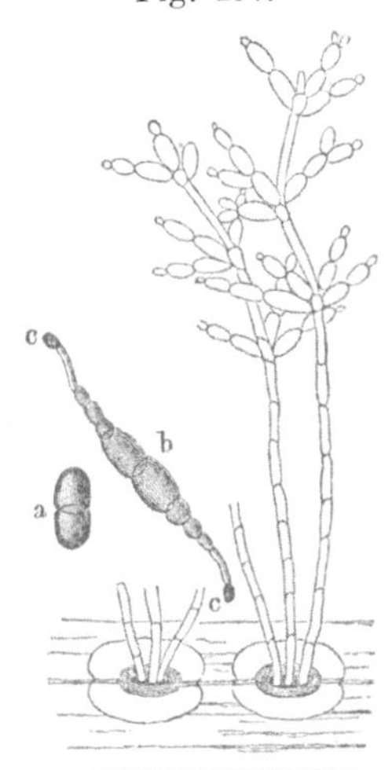

Fruchtbare Hyphen von *Cladosporium*, aus den Spaltöffnungen eines Kiefern-blattes hervorwachsend. (Stark vergr.) Daneben drei stark vergrösserte Glie-der (*a b*) der Sporenkette, von denen *b* keimt und bei *c* sporidienähnliche End-glieder entwickelt.

Gerste, und anderer Gräser.
Die Keimschläuche der Sporen dringen in das Zellgewebe des

Embryo, wachsen hier zu einem Mycelium aus, welches sich durch die ganze Getreideähre hinzieht und in sämmtliche Früchte der Aehre eintritt. Der Schmier- oder Weizenbrand *(Tilletia caries)* entwickelt sich in den Weizenkörnern, dieselben mit einem bläulich-schwarzen schmierigen Sporenbrei anfüllend, ohne jedoch

Fig. 498.

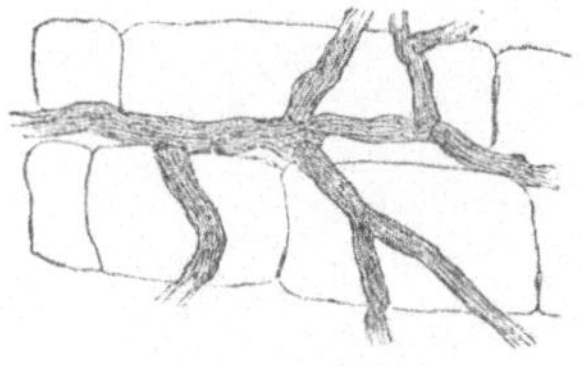

Mycelium des Flugbrandes in einem Getreidestengel, circa 200 mal vergr.

Fig. 499.

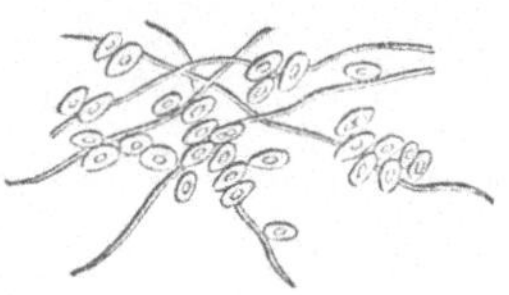

1. Sporen des Flugbrandes (*Ustilāgo Carbo Tulasne*) mit Myceliumfäden durchmischt. 200 mal vergr.

Fig. 500.

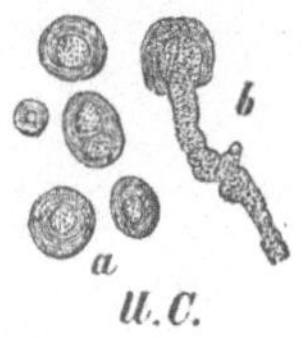

a Sporen des Flugbrandes. 500 mal vergr. *b* eine einen Keimschlauch treibende Flugbrandspore (Conidie).

die Schale der Frucht zu durchbrechen. Haftet eine Spore an dem gesunden keimenden Weizenkorn, so dringen die sich aus ihr entwickelnden Micelienfäden in dieses ein, durchwachsen die ganze aufschiessende Pflanze und finden endlich in den Fruchtknoten der Weizenähren den günstigen Boden zur Sporenbildung.

Die eiförmigen Sporen dieses Staubpilzes sind mit kleinen Borsten besetzt, welche das Anhaften erleichtern. Der Keim-

Fig. 501.

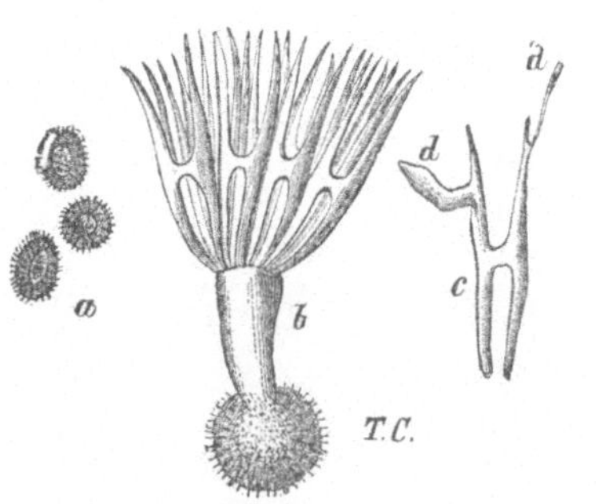

Fig. 502.

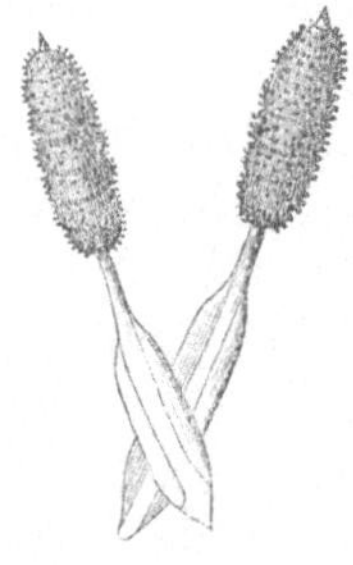

Weizenbrand (*Tilletia caries*). *a.* Sporen (300 mal vergr.). *b.* Spore mit Keimschlauch und Sporidienwirtel (600 mal vergr.). *c.* Eine Doppelsporidie, secundäre Sporidien treibend.

Rosenbrand (*Phragmidium incrassātum Link*). Zwei Fäden, mehrzellige Sporen tragend. Stark vergrössert. Siehe folgende Seite.

schlauch entwickelt an seiner Spitze einen Wirtel von circa 10 Sporidien, deren je zwei durch ein Querband zu einem umgekehrten V verbunden sind. Diese Sporidien fallen ab und treiben Keimschläuche und secundäre Sporidien, welche wieder der Ausgangspunkt eines neuen Myceliums werden.

Auf der unteren Seite des Blattes der Rose treffen wir einen Staubpilz in Form eines braunen oder schwärzlichen Staubes an, welcher aus aufrechten farblosen Stielchen besteht, die an der Spitze braune mehrzellige, mit Wärzchen besetzte Sporidien tragen und in ein kleines Spitzchen endigen.

Die meisten Pilze finden nur auf den in der Zersetzung begriffenen organischen Körpern einen günstigen Boden zu ihrer Entwickelung oder sind wirkliche Parasiten der Pflanzen und Thiere, häufig die Ueberträger ansteckender Krankheiten. Ihre Lebensdauer ist mit Ausnahme der holzigen nur kurz. Lichtmangel und Feuchtigkeit begünstigen ihre Entstehung. Sie athmen Sauerstoff aus der Luft auf und hauchen Kohlensäure aus, wie alle nicht Chlorophyll enthaltenden Pflanzen. Die Zellwand der Mycelienfäden zeigt keine Verdickungsschichten und besteht nicht aus Cellulose. Der Zelleninhalt ist gewöhnlich frei von Stärkemehl, aber reich an Stickstoff.

Bemerkungen. Hýphe, *hypha, ae,* die fadenförmigen Zellen eines Myceliums, griech. ὑφή (hyphä), Gewebe. — *Hyphasma, ătis, n.,* griech. ὕφασμα, Gewebe. — *Mycelium,* Trieblager, Pilzlager, gebildet aus dem griech. μύκης, gen. μύκητος (mÿkäs, mykätos), Pilz. — *Mÿces, ētis,* griech. μύκης, ητος, Pilz, darf nicht verwechselt werden mit *mucus,* griech. μῦκος, in lateinischen Zusammensetzungen *myco-* oder *mÿcus,* Schleim, Schwamm, Pilz. In dem ersteren Worte ist das *y* kurz, in dem letzteren lang. — *Strōma, ătis, n.,* griech. στρῶμα, Lager, Bett.

Hyphomÿces, Coniomÿces, Gastĕromÿces, Hymĕnomÿces, Discomÿces, Pyrēnomÿces, Gen. ētis, von dem griech. μύκης, Pilz; ὑφή, Gewebe; κόνις, ιος (konis, ios), Staub; γαστήρ, έρος (gastär, ĕros), Bauch; ὑμήν, ένος (hymän, hymĕnos), Haut, Häutchen; δίσκος (diskos), Scheibe; πυρήν, ῆνος (pyrän, änos), Kern des Steinobstes. —

S c h i z o m ÿ c e s, Schizomycētes, Spaltpilze, so genannt, weil man glaubte, dass die Vermehrung (unter Bildung von Zellenreihen) durch Theilung der Mutterzellen geschehe, von dem griech. σχίζειν (schizein), spalten und μύκης, Pilz.

Perithecium, von dem griech. περί (peri), um, herum; θήκη (thäkä), Behältniss. — *Hymenium,* vom griech. ὑμήν, ένος (hymän, ĕnos), Haut, Gewebe. — *Basidium,* von βάσις (basis), Grundlage. — *Ascus, i,* griech. ἀσκός, Schlauch. — *Paraphÿsis, is,* griech. παράφυσις, Nebenwuchs, Nebenschössling. — *Sporisorium,* Sporenhaufen, von dem griech. σπορά Saat, und σωρός (soros), Haufe.

Die asiatische Cholera ist eine Krankheit, welche (nach *Hager's* Erfahrungen) durch Sporen eines Pilzes, den man den Namen Cholerapilz geben kann und sich in und aus den Dejecten der Cholerakranken auffallend schnell entwickelt, ansteckend ist. Kommen diese dem feinsten Staube ähnliche Sporen mit der Schleimhaut des Afters oder des Mundes in Berührung, so erzeugen sie die Krankheitserscheinungen der Cholera. Man muss daher die Aborte in den Häusern, wo Cholerakranke waren, meiden! — oder diese Aborte sind wiederholt zu desinficiren.

Lection 74.

Flechten (*Lichēnes*).

Den Pilzen stehen in vielen Beziehungen die Flechten nahe und ist zwischen ihnen eine gewisse Verwandtschaft unverkennbar. Zellenaufbau und Zellenform im Flechtenthallus sind meist ähnliche wie bei den Pilzen. Die Zellen der Flechten sind ebenfalls den Hyphen oder Fäden ähnlich, aber dadurch unterschieden, dass zwischen diesen chlorophylllosen Hyphen eigenartige chlorophyllhaltige Zellen, die Gonidien, lagern.

Der Thallus der Flechten bietet demungeachtet in seinen äusseren Formen und seiner anatomischen Zusammensetzung mannigfache. Verschiedenheiten dar. Der blattartige oder mehrschichtige Thallus (*thallus foliaceus, th. heteromericus*) zeigt

Fig. 503.

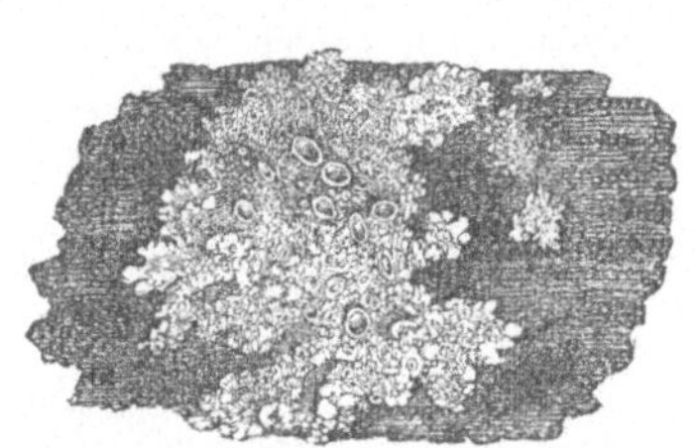

Wandflechte (*Parmelia parietina Acharius; Physcia parietina Schreber*). *Thallus foliacĕus, laciniātus. Apothecia sessilia, e rujo flava.*

Fig. 504.

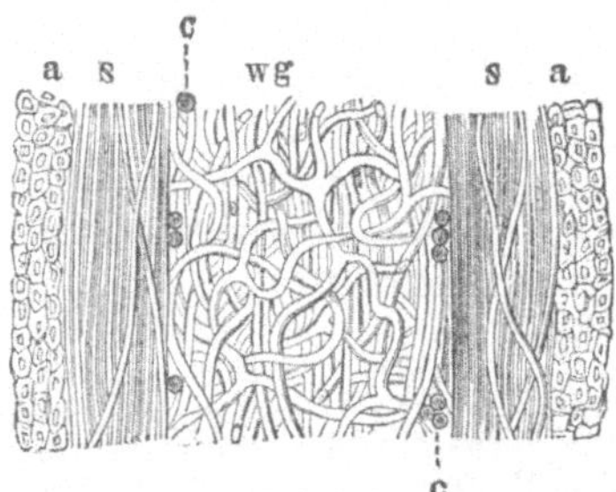

Flechtengewebe. Längsdurchschnitt eines Theiles des Thallus der Isländischen Flechte, des *Lichen Islandicus* (*Cetraria Islandica Achar.*). *a* Rindenschicht, *s, wg, s* sogenannte Markschicht, *ss* straffes Gewebe (*contextus strictus*), *wg* wergartiges Gewebe (*contextus stupacĕus*), *c* Gonidien.

lappige oder blattartige, laubähnliche Formen und ist seiner anatomischen Zusammensetzung nach vor anderen Flechtenformen am vollkommensten entwickelt. Der Verticalschnitt zeigt drei Zellenschichten, eine untere, eine mittlere und eine obere. Die obere und die untere Schicht bilden die Rindenschicht, die mittlere die Markschicht. Die erstere besteht aus unregelmässigen Zellen, die Markschicht aber aus einem wergartigen Gewebe, Filzgewebe (*contextus stupacĕus*), aus trocknen ineinander verwebten fadenförmigen Zellen (Hyphen) zusammengesetzt, und sehr häufig noch aus einer Schicht straffen Gewebes (*contextus strictus*), gebildet aus dicht und gleichmässig aneinander liegenden faden-

förmigen Zellen. Dieses straffe Gewebe hat man auch gonimische Schicht (*stratum gonimicum*, d. i. zeugungskräftige
Schicht) genannt, weil es nicht nur die Assimilation der aufgenommenen Nahrungsstoffe besorgt, sondern auch Reproductionsorgane einschliesst. Diese Reproductionsorgane sind jene chlorophyllhaltigen, einzelligen, oben erwähnten Brutkörner, Gonidien
(*gonidia*), welche mit den Algen Aehnlichkeit haben und aus ihrer
Lagerung herausgetreten sich unter günstigen Verhältnissen zu neuen
Organismen entwickeln. Die Häufchen, unter welcher Form die
Gonidien in Gruppen die Rindenschicht durchbrechen, hat man
Bruthäufchen, Soredien (*soredia*) genannt.

In dem Gewebe der Gallertflechten sind Hyphen und Gonidien
ohne Schichtung durch die Masse des schleimigen Thallus gleichmässig vertheilt. Dieser wird daher als ungeschichteter (homöo-
merischer, *thallus homoeomericus*) unterschieden.

Die Rindenschichtzellen des heteromerischen Thallus haben
einen farblosen Inhalt, dagegen enthält die gonimische Schicht
oder vielmehr die Gonidien Chlorophyll, öfters durch verschiedene
Flechtenfarbstoffe modificirt. Der letztere Umstand ist die Ursache der verschiedenen Farben der frischen und der angefeuchteten
Flechten. Im feuchten Zustande wird nämlich die parenchymatische Rindenschicht durchsichtig und lässt dann die Farben der
Gonidienschicht durchscheinen. Beim Austrocknen wird die Rindenschicht trübe und undurchsichtig, wodurch die Farbe der
Flechte ein schmutziges Aussehen erhält.

Finden die austretenden Gonidien nicht die zu ihrer Entwickelung nöthigen Bedingungen, so wuchern sie auf eine eigenthümliche Weise und bilden dann an Felsen und Baumstämmen
pulvrige verschiedenfarbige Ueberzüge, welche man den Flechten
mit staubartigem Thallus (Pulverarien) zuzählte. Im Wasser
dagegen wuchern sie in eigenthümlicher
Weise, indem sie zu algenähnlichen Gebilden auswachsen und sich selbst wie Algen
vermehren.

Den dem Nährboden aufliegenden
Flechten (Krustenflechten) fehlt gewöhnlich
die untere Rindenschicht, und einzelne Fasern des Filzgewebes treten als falsche
Wurzeln, Haftfasern (*rhizinae*) hervor.
Andere Flechten haften ihrer Unterlage
ohne alles Zwischenorgan einfach an, oder sie sind an dieselbe
durch eine kleine Scheibe, Haftscheibe (*patella alligans*), befestigt.

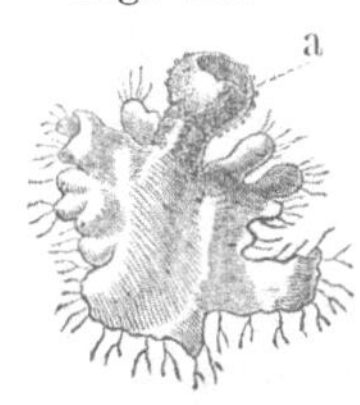

Fig. 505.

Krugflechte (*Parmelia urceo-
lata*), die Haftfasern zu zeigen. *a* Apothecie.

Bei den Flechten mit aufrechtem Thallus (den Strauchflechten) ist das Markgewebe ringsum von der Rindenschicht umgeben. Sind straffes und wergartiges Gewebe zugleich vorhanden, so kann bald das eine, bald das andere in der Mitte liegen.

Nach der Gestalt des Thallus pflegt man die Flechten in Krustenflechten (*Lichēnes crustacĕi*), Laubflechten (*L. frondōsi*) und Strauchflechten (*L. fruticulōsi*) einzutheilen, mit Rücksicht auf den anatomischen Bau in heteromerische und homöomerische (oder heteromalle und homomalle). Die heteromerischen zeigen, wie uns aus den obigen Angaben bekannt ist, deutliche Gewebeschichten, die anderen und letzteren sind aus einem gleichförmigen Gewebe zusammengesetzt, das wie eine Gallerte erscheint, in welche perlschnurartig aneinander gereihte chlorophyllhaltige Gonidien eingebettet sind, wie bei den Gallertflechten (*Collemacĕae*).

Nachdem der Thallus sich genügend entwickelt hat, wozu er oft selbst Jahre gebraucht, geht er zur Bildung der Apothecien oder Flechtenfrüchte, Sporenträger, Keimfrüchte (*apothecĭa*) über.

Die Apothecie (*apothecĭum*) besteht aus den Sporen oder Sporenschläuchen und ihren Umhüllungen. Ist sie kreisrund, vertieft, und hat sie zugleich einen erhabenen Rand, so nennt man sie auch Schüsselchen (*scutella; apothecĭum scutelliforme*). Sie ist entweder auf der oberen (vorderen) Fläche des Thallus befindlich, vorderständig (*apothecĭum antĭcum*), oder auf der

Fig. 506.

Fig. 507.

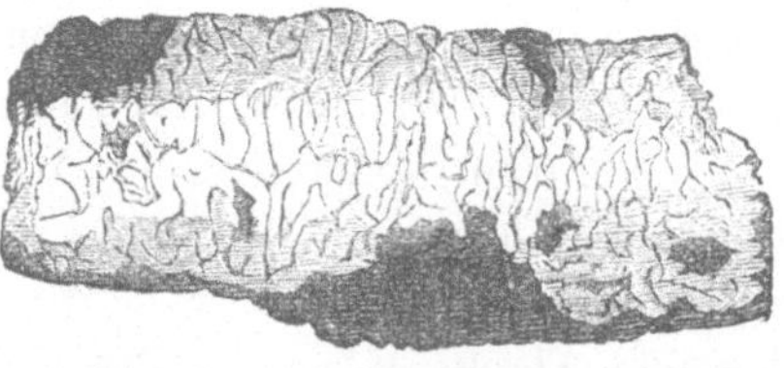

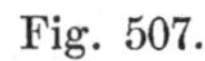

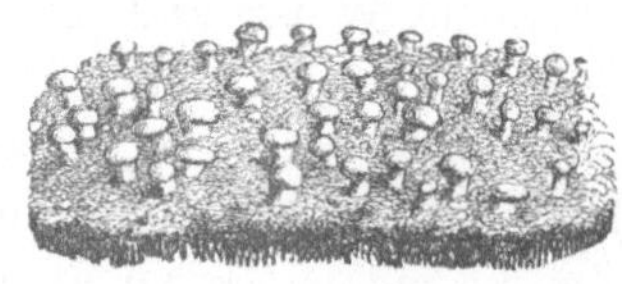

Krustenflechte. Schriftflechte (*Graphis scripta Acharius*), mit schwarzen, zu strichförmigen Streifen langgezogenen Apothecien (*apothecia lirellaeformĭa*).

Knotenschwammflechte (*Baeomÿces rosĕus P.*), wächst auf sterilem Haideboden. Grauweisser Thallus und rothe gestielte Apothecien (*apothecia podetio suffulta*).

unteren (hinteren) Fläche, hinterständig (*postĭcum*); von dem Thallus eingeschlossen (*thallo inclusum*); eingesenkt (*immersum*); sitzend (*sessĭle*); von einem Gestell, Fruchtstiel (*podetĭum*), unterstützt (*podetio suffŭltum*) oder gestielt (*podicellātum*); strichförmig (*lirellaefŏrme*), nämlich schmal, in die Länge gezogen, mit einer Längsritze etc.

Die Apothecien kommen wesentlich unter zwei Hauptformen vor, als geschlossene oder Kernfrüchte (*apothecia clausa s. nucleiformia*) und als offene oder Scheibenfrüchte (*apoth. aperta s. disciformia*). Letztere sind mitunter in ihrer Jugend geschlossen. Der Kern der Kernfrüchte (*nucleus apothecii s. proligerus*) bildet eine mehr oder weniger kuglige Masse und ist nackt (*nudus*), wenn er ohne besonderes Gehäuse dem Thallus einge-

Fig. 508.

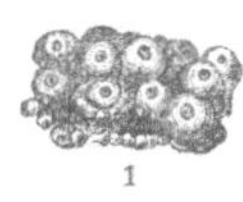

1. *Pertusaria communis Fr.* Lager mit eingesenkten Apothecien. 2. Verticaldurchschnitt zweier Apothecien (vergröss.), um den nackten Kern zu zeigen.

Fig. 509.

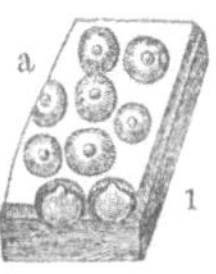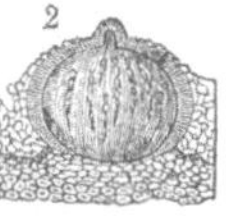

1. *Verrucaria aspistea Ach.* Geschlossene Apothecien. 2. Eine Apothecie im Verticalschnitt (vergr.), um den in ein Gehäuse (*excipulum*) eingeschlossenen Kern zu zeigen.

senkt ist, oder umhäuset (*excipulatus s. excipulo receptus*), von einem besonderen Gehäuse (*excipulum*) umschlossen, dessen Structur von dem des Thallus verschieden ist. In den meisten Fällen bildet der Thallus selbst den Rand oder eine gehäuseähnliche Hülle (*excipulum thallodes*).

Den wesentlichen Theil der Apothecie bildet der Fruchtkörper, das Keimlager (*thalamium; lamina ascigera*), welche sehr häufig eine von dem Thallus abweichende Färbung zeigt. Im Verticalschnitt findet man das Keimlager aus zahlreichen, mehr oder weniger

Fig. 510.

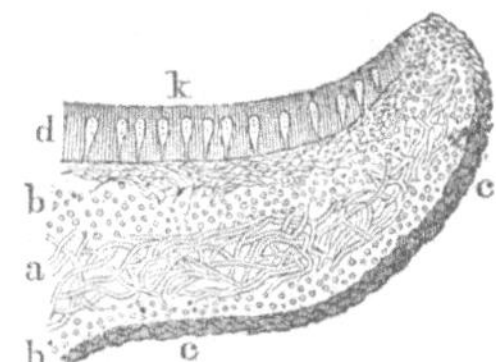

Ein Theil aus dem Keimlager der *Parmelia parietina. a* Paraphysen oder Saftfäden, *b* Sporenschlauch (*ascus*). (Vergr.)

Fig. 511.

Ein Theil der Apothecie der Schildflechte im Verticaldurchschnitt (vergr.) *a b* Medullarschicht. *c* Corticalschicht, *b* grüne Brutschicht (*stratum gonimicum*), *k* Kern (*nucleus*) der Apothecie, *d* Saftfäden (*paraphyses*) mit den Sporenschläuchen (*asci*).

Fig. 512.

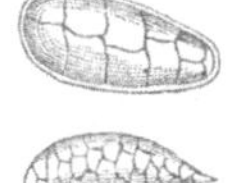

Mehrzellige Sporen der Flechten. Mauersporen. Stark vergr.

dicht parallel an einander und aufrecht stehenden Fäden, Saftfäden (*paraphyses*), bestehend. Zwischen diesen Paraphysen stehen einzelne keulig angeschwollene Zellen, die Sporen-

18*

s c h l ä u c h e (*asci*). Die Sporen selbst sind oft gefärbt, verschieden gestaltet und ein- bis mehrzellig. Die Zellen der letzteren Sporen sind oft wie Mauerziegel an einander gelegt (mauerförmige Sporen).

In neuerer Zeit hat man an vielen Flechten von einigen Botanikern für eigene Gattungen angesehene kleine kugelige oder flaschenförmige, in den Thallus eingesenkte Behälter (*spermogonia*), mit Tausenden kleiner Körperchen (*spermatia*) angefüllt, beobachtet, welche man mit den Apothecien in Beziehung stehend und für eigenthümliche Geschlechtsorgane der Flechten annimmt.

Die Sporen keimen zuerst unter Bildung eines unvollkommenen Thallus (*protonēma*), indem (nach *Tulasne*) die innere Sporenhaut *(endosporium)* zu einem oder mehreren sich verästelnden Fäden auswächst, welche sich in einander verschlingen und verflechten.

Die Flechten haben im Allgemeinen eine sehr lange Lebensdauer, die man bei einigen Krustenflechten sogar bis auf 200 Jahre gezählt hat. Dieselbe entspricht auch ihrer sehr langsamen Entwickelung. Sie entwickeln sich auf Bäumen, Baumstämmen, Steinen, an der Erde, selten unter Wasser, und besonders da, wo andere Pflanzen kaum gedeihen können, und zeigen überhaupt ein zähes Leben. Sie ziehen meist ihre Nahrung aus der Luft und nehmen die Feuchtigkeit auf ihrer gesammten Oberfläche auf. Sie können austrocknen und ihre Vegetation abbrechen, leben aber wieder auf, sobald ihnen Feuchtigkeit dargeboten wird und sie dieselbe aufnehmen.

Bemerkungen. Gonímisch, *gonimĭcus*, *a*, *um*, zeugungskräftig, griech. γόνιμος, ον, von γονή (gonä), das Erzeugende, der Samen. — Gonídien, v. γονοειδής (gono-eidäs) samenähnlich. Sie sind Chlorophyll führende, Conidien dagegen chlorophyllfreie Keimzellen. — *Rhizina, ae, f.* Würzelchen; ῥίζα (rhiza), Wurzel. — Heteromérisch, homöomerisch; ἕτερος, α, ον (hetĕros), verschieden; ὅμοιος, α, ον (homoios), gleich; μέρος (meros), Theil. — *Apothecĭum*, Behältniss; ἀποθήκη (apothäkä), ein Ort, wo etwas niedergelegt wird, Speicher, von ἀποτίθημι (wegsetzen). — *Podetĭum*, Fussgestelle; πούς, Gen. ποδός (pūs, pŏdos), Fuss. — *Lirella*, enge kleine Furche, *lira*, Furche. — *Thalamĭum*, Wohnungsraum; θάλαμος (thalămos), Wohnung, Schlafzimmer. — *Thallōdes* für *thalloïdes*, thallusähnlich.

Lection 75.

Algen, Tange (*Algae*).

Die Algen oder Tange sind dadurch von den Pilzen und Flechten unterschieden, dass die Zellen, woraus sie bestehen, nicht Hyphen sind und dass sie Chlorophyll enthalten.

Die Algen oder Tange (*Algae*) sind meist Wasserbewohner und umfassen wie die anderen Sporophytenklassen Gebilde einer niedrigen und einer vollkommneren Stufe. Auf der niedrigsten Entwickelungsstufe stehen die einzelligen Algen. Trotz der einzigen Zelle, welche die Art auf zweierlei Weise fortzupflanzen vermag, in sofern sie Vegetations- und Reproductionsorgan sein kann, sehen wir bei den Algen sich Formen von ausserordentlicher Schönheit und bewundernswürdiger Symmetrie entwickeln. Da die meisten dieser Wesen von solcher Kleinheit sind, dass sie sich nur mit Hilfe des Mikroskops erkennen lassen, so entgehen uns auch im gewöhnlichen Leben diese wunderbaren Schöpfungen der Natur.

Die Figuren 513—520 stellen mehrere Arten Algen vor.

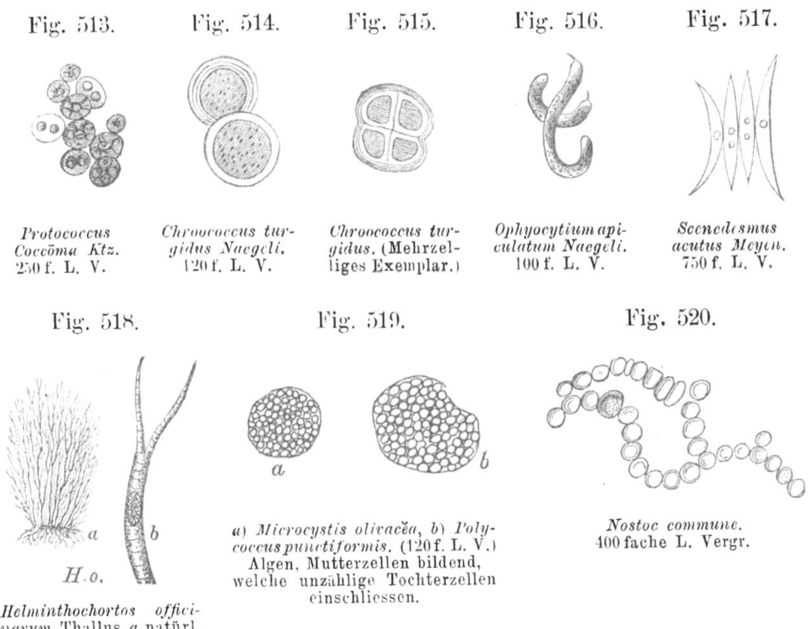

Fig. 513.	Fig. 514.	Fig. 515.	Fig. 516.	Fig. 517.
Protococcus Coccöma Ktz. 250 f. L. V.	*Chroococcus turgidus Naegeli.* 120 f. L. V.	*Chroococcus turgidus.* (Mehrzelliges Exemplar.)	*Ophyocytium apiculatum Naegeli.* 100 f. L. V.	*Scenedesmus acutus Meyen.* 750 f. L. V.

Fig. 518.	Fig. 519.	Fig. 520.
Helminthochortos officinarum. Thallus. *a* natürl. Gr. *b* vergr. Astspitze.	*a*) *Microcystis olivacĕa,* *b*) *Polycoccus punctiformis.* (120 f. L. V.) Algen, Mutterzellen bildend, welche unzählige Tochterzellen einschliessen.	*Nostoc commune.* 400 fache L. Vergr.

Die Fortpflanzung oder Vermehrung der Algen geschieht in verschiedener Weise, wie durch einfache Tochterzellenbildung, durch Brutzellen, Schwärmsporen, durch Keimzellen aus der Zellenconjugation hervorgegangen. Vergl. auch Lect. 72.

Bei den Desmidiaceen ist die Zelle durch eine mehr oder minder tiefe Einschnürung in zwei symmetrische Hälften abgetheilt. An der Verbindungsstelle dieser beiden Hälften erfolgt eine dieser Familie eigenthümliche Vermehrung, indem sich die Stelle allmählich seitwärts ausdehnt und die Hälften dadurch mehr

und mehr von einander entfernt. Dann bildet sich in der Mitte
des ausgedehnten Theiles eine Einschnürung,
wodurch dieser Theil wieder zu zwei Hälften gestaltet wird, von denen jede Hälfte
mit der benachbarten ursprünglichen Hälfte
zusammenhängt. Eine jede dieser neuen
Hälften wächst nun in derjenigen Weise
fort, bis sie die Gestalt und Form der alten
unveränderten Hälfte erreicht hat. Endlich trennen sich die neuen Hälften an
der Stelle ihrer Einschnürung, und aus einem Individuum sind
nun zwei von gleicher Form entstanden. Bei anderen Desmidiaceen findet noch eine andere Vermehrungsweise, welche nur
die Erhaltung der Art bezweckt, statt. Je zwei Individuen derselben Art, einzellige oder aus einer Zellenreihe bestehende,

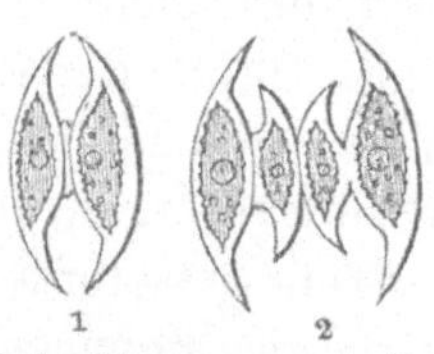

Fig. 521.

1. *Arthrodēsmus convergens* (Desmidiacee). 350 f. Lin.-Vergr.
2. Ein Exemplar im Vermehrungsakt.

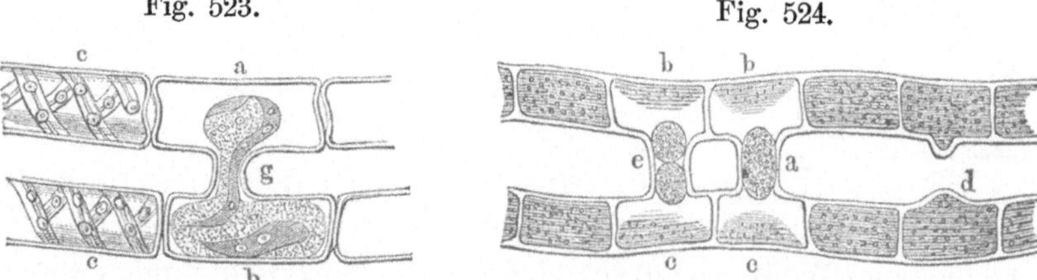

Fig. 522.

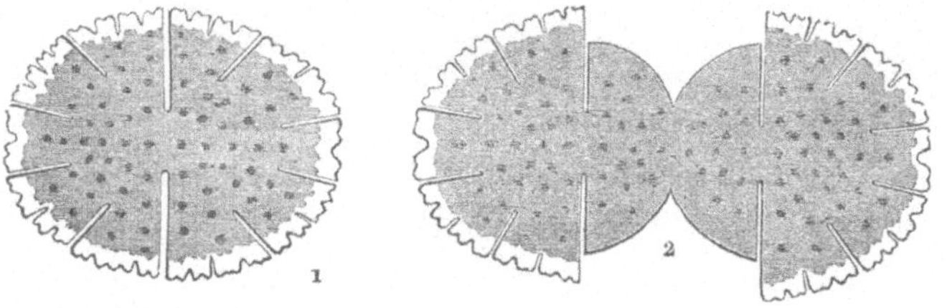

1. *Micrasterias Agarth* (Desmidiacee). 2. Ein Exemplar im Vermehrungsakt begriffen.

nähern sich gegenseitig in der Weise, dass sie aus ihren sich
gegenüberliegenden Zellengliedern seitliche Fortsätze treiben,
welche auf einander treffen, sich mit einander vereinigen und

Fig. 523.

Fig. 524.

Spirogȳra. Vergr. Zwei Individuen in
der Copulation befindlich. Der Inhalt
der Zelle *a* ist schon zum grössten Theil
in die Zelle *b* übergetreten. *g* Der beide
Zellen verbindende Kanal; *c* vegetirende
Zellen mit Chlorophyllbändern.

Zygogonium didȳmum. Vergr. Zwei Individuen in Copulation befindlich. Der Zellinhalt der Zellen *b* und *c*
hat sich mit dem Primordialschlauch kugelig zusammengezogen, ist in den Verbindungskanal getreten, und
hat in *e* zwei, in *a* eine Spore erzeugt. *d* Aussackung
zur Copulation.

eine Communication zwischen beiden Zellengliedern herstellen.
Alsdann mischen die beiden letzteren ihren Inhalt mit einander,
und aus der Mischung entsteht eine Spore. Oder zwei Individuen

nähern sich, biegen sich knieförmig, die Knie stossen an einander, klaffen an der Berührungsstelle aus einander und ergiessen den Inhalt der betreffenden Zellen, welcher sich mischt und zu einer kugligen Spore gestaltet, die sich mit einer festeren Membran umgiebt. Diese Art der Vereinigung zweier Individuen heisst Paarung, Copulation oder Copuliren, Conjugation, die daraus entstehende Spore Jochspore (zygospora).

Die Jochspore bleibt in unserem Klima den Winter über unthätig und wird zum Unterschiede von der Schwärmspore als ruhende Spore bezeichnet.

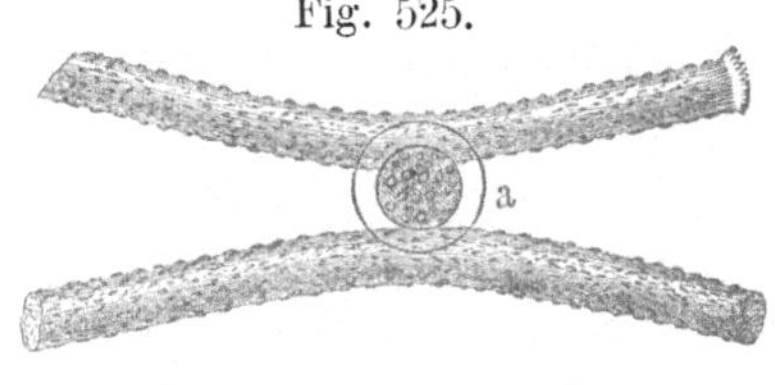

Fig. 525.

Gonätozygon Ralffii. Vergr. a Jochspore. oder Zygospore.

Ausser den ruhenden Sporen erzeugen andere Algen auch Schwärmsporen (sporae agĭles; zoosporae). Die geschlechtlichen Schwärmsporen, gewöhnlich als Spermatozoïde unterschieden, entstehen in besonderen Antheridien und haben die Bestimmung, die Oogonien, die weiblichen Reproductionsorgane zu befruchten. Die Art und Weise dieser Verrichtung kennen wir aus dem Inhalte der Lection 72 (Fig. 483, 484).

Die geschlechtlosen Schwärmsporen, gewöhnlich mit Schwärmer oder Gonidien bezeichnet und nach Art ihrer Entwickelung und Grösse auch wohl als Mikro- und Makrogoniden unterschieden, entstehen in einer Zelle entweder in

Fig. 526.

Eine geschlechtliche Schwärmspore, Spermatozoïd einer Characee. Sehr stark vergrössert.

Fig. 527.

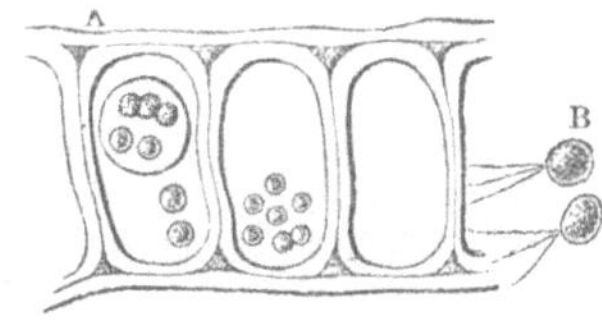

Ulothrix zonäta Ktz. (Ulothrichee). 500 f. Lin.-Vergr. A Mutterzellen mit jungen geschlechtslosen Schwärmsporen (Schwärmern), B Geschlechtslose, mit 3 Cilien bekleidete Schwärmsporen (stärker vergr.).

grosser oder geringer Anzahl, selten einzeln, und werden zur Zeit der Reife durch Bersten der Mutterzelle entleert. Eine halbe bis zwei Stunden, selbst Tage lang schwärmen dann die ausgetretenen Sporen munter in dem Wasser herum und setzen sich dann an einen Gegenstand an, um sich zu einem der Mutterpflanze ähnlichen Individuum auszubilden. Die Schwärmsporen bestehen übrigens nur aus einfachen Zellen, sind aber mit Wimpern besetzt, welche die schwingende Bewegung verursachen und ihnen eine Aehnlichkeit mit den Infusionsthierchen, wofür sie auch früher gehalten wurden, verleihen. Letzterer Umstand gab Veranlassung die Schwärmsporen, Spermatozoïden Zoosporen *(zoospŏrae, phytozōa)* zu nennen. Antheridien, welche Schwärmsporen mit schwingenden Wimpern auf ihren spiralen Windungen erzeugen, finden sich besonders bei Armleuchteralgen *(Characĕae)*. S. 261 u. 279.

Die geschlechtlosen Schwärmsporen oder Keimsporen enthalten Chlorophyll. Ihre Form ist meist eine eiförmige, an dem zugespitzten oder vorderen Ende eine farblose Stelle zeigend und in deren Nähe mit 2—3 Cilien bekleidet. Mit der farblosen Stelle setzen sie sich, zur Ruhe kommend, fest an, welche Stelle zu dem unteren Thallustheile auswächst. Der hintere grüne Theil entwickelt sich zum Scheitel des neuen Thallus. Eine nicht geschlechtliche Vermehrung kann auch in anderer Weise erfolgen.

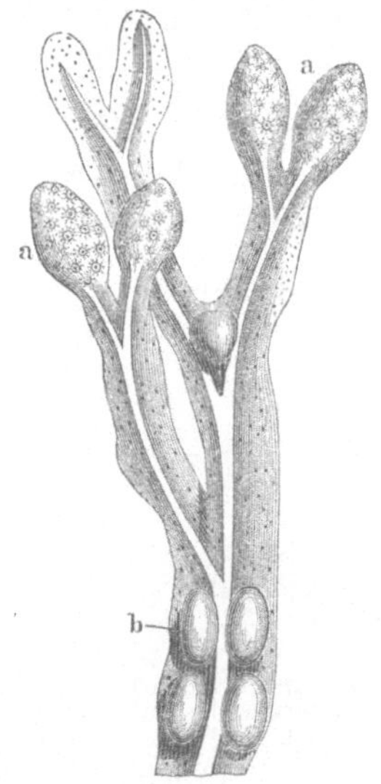

Fig. 528.

Fucus vesiculosus. a angeschwollene Spitze mit den Fructificationsgruben oder Höhlen. *b* Blasen.

Die unter dem Namen Brutzellen bekannten Reproductionsorgane mancher Algen sind einzelne Tochterzellen oder auch Tochterzellencomplexe, welche sich von der Stammpflanze ablösen und zu neuen selbstständigen, der Mutterpflanze gleichen Individuen auswachsen.

Endlich ist die Vermehrung durch Sprossbildung zu erwähnen.

Bei dem Meertange *(Fucus)* bildet sich in den Endzellen der gegliederten Fäden, womit die innere Fläche der Fructificationsgruben ausgekleidet ist, die ruhende Spore, welche zu mehreren Sporen auswachsend Sporenschläuche bildet, die von Paraphysen (fehlgeschlagenen Sporenschläuchen) begleitet sind. Sie befinden sich in den erwähnten Gruben mit den Antheridien entweder vereint oder auf verschiedenen Individuen getrennt.

Bei dem Blasentange *(Fucus vesiculōsus)* befinden sich die Fruchtstände an den Spitzen der Zweige und bestehen aus vielen genähert stehenden, geschlossenen und nur an der Spitze durchbohrten Sporangien. Bei den Blüthentangen *(Floridĕae)* finden sich zweierlei, auf verschiedene Individuen vertheilte Sporangien, die geschlechtslosen **Vierlingsfrüchte** *(tetrachocarpia; asci tetraspori)* und die **Blasenfrüchte**, Keramidien *(cystocarpia)*, welche letzteren mit geschlechtlich erzeugten Sporen angefüllt sind.

Die Formen der Algen sind mannigfaltig, bald sind sie einzelne Zellen, oder solche zu Gruppen oder zu Längsreihen vereinigt, oder zu einem gegliederten, oder wirtelförmig ästigen, oder stammartigen, oder blattartigen Thallus ausgebildet, an welchem man Rindenschicht und Mittelschicht unterscheidet, und welcher von der Cuticula überzogen ist. Die Zellen der höher ausgebildeten Algen zeigen Verdickungsschichten und Porenkanäle.

Die Färbung der Algen bietet viel Verschiedenheiten dar und wird zur Begründung einer Classification der Algen benutzt. Bei den Diatomaceen ist ein gelber Farbstoff (**Diatomin**), bei den Phycochromaceen ist ein spangrüner oder orangengelber Farbstoff (**Phycochrom**), bei den Chlorophyllaceen das Chlorophyll vorherrschend.

Natürliche Familien der Algen sind:

Spaltalgen *(Diatomaceae)*, Gallertalgen *(Nostochinae)*, Wasserfäden *(Confervaceae)*, Armleuchter *(Characeae)*, Grüntange *(Ulvaceae)*, Rothtange *(Florideae)*, Tange *(Fucaceae)*.

Eine überaus interessante Algenfamilie bilden die **Diatomaceen.** Die Zellmembran *(cytioderma* nach *Rabenhorst)* besteht nicht aus Cellulose, sondern aus Kieselerde und bildet daher

Fig. 529.

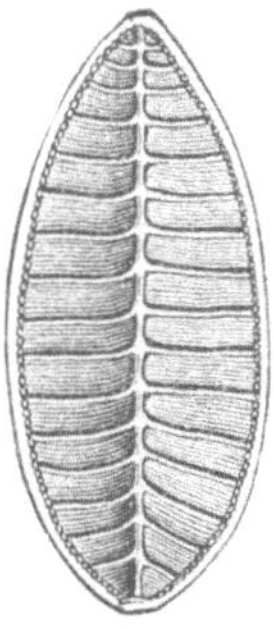

Fig. 530.

Fig. 531.

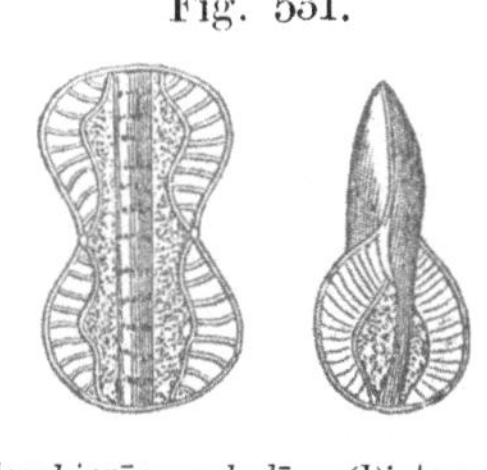

Amphiprora paludōsa (Diatomacee). 450 f. Lin.-Vergr.

Surirella Gemma (Diatomacee), 100 f. Lin.-Vergr.

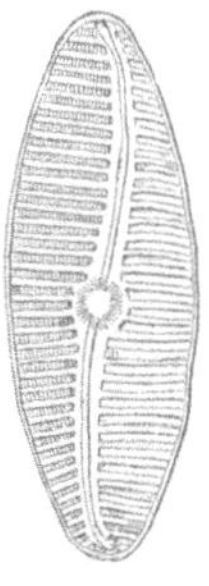

Scoliopleura Jenneri (Diatomacee). 75 f. Lin.-Vergr.

einen weder durch Hitze noch durch Fäulniss zerstörbaren Kieselpanzer *(lorica; cytioderma siliceum)*. Dieser Panzer zeigt die merkwürdigsten Gestalten, eine strenge Symmetrie und runde, scheibenförmige, cylindrische, viereckige, spindelförmige, sichelförmige, keilförmige, nachenförmige etc. Formen. Ihre Fortpflanzung geschieht theils durch Theilung (daher der Name *Diatomacĕae*), theils durch Jochsporen, jedoch entstehen aus letzteren nicht selten der Mutteralge mehr oder weniger unähnliche Individuen.

Viele Algenarten, besonders aber die Naviculaceen und Synedreen, erfreuen sich im Wasser schwimmend einer freiwilligen Bewegung. Man beobachtet sie, wie sie im Wasser unter etwas zitternder Bewegung ruhig vorwärts und rückwärts schwimmen. Stossen sie hierbei auf ein Hinderniss, so schwimmen sie zurück und zwar in einer um einen spitzen Winkel veränderten Richtung, sie versuchen aber mehrmals wiederum vorwärts zu dringen. Stossen sie dabei immer wieder auf dasselbe Hinderniss, so schwimmen sie zuletzt denselben Weg zurück, von wo sie herkamen, ohne sich jedoch umzudrehen. Die Infusorienerde der Lüneburger Haide, das schwedische Bergmehl bestehen aus Diatomeenpanzern.

Bemerkungen. *Alga, ae*, Meergras, bei den alten Griechen φῦκος (phykos), daher *fucus, i, m.*, womit die Römer die rothfärbende Orseilleflechte (spr. orseljĕ), *Roccella tinctoria*, bezeichneten. — *Zygospŏra, ae*, v. d. griech. ζυγόν (zygon), Joch (in welchem 2 Rinder gehen), und σπορά (spŏra) Saat. —

Gonidĭum, Microgonidĭum, Macrogonidĭum, von d. griech. γονή (gonä), das Erzeugende, der Samen; γονοειδής, ες (gono-eidäs, es) samenähnlich; μικρόν (mikron), klein, μακρόν (makron), gross. — *Zoospŏra*, von d. griech. ζῶον (zoon), lebendes Wesen, Thier. —

Tetrăchocarpĭum, cystocarpĭum v. d. griech. τέτραχα (tetrăcha), in 4 Theile getheilt; κύστη (kystä), Blase; καρπός (karpos) Frucht. — *Diatomĕae, Diatomacĕae*, von dem griech. διάτομος, ον (diatŏmos, on), getheilt, durchschnitten, διατέμνω (diatemno), durchschneiden, theilen. —

Phycochrōma, ătis, n., Flechtenfarbe, φῦκος und χρῶμα (chrōma), Farbe. — *Cytioderma, ătis, n.*, von dem griech. κυτίς (kytis), Büchse, Behälter, δέρμα (derma) Haut. — *Synedrĕae*, v. d. griech. συνεδρία (synedria), Versammlung, oder σύνεδρος, ον, gesellig, weil die Synedreen immer in Gruppen zusammenleben.

Lection 76.

Moose, Muscineen. Laubmoose.

Die Gymnosporen oder blattbildenden Sporophyten oder Mesophyten unterscheiden sich von den in den vorhergehenden Lectionen besprochenen Angiosporen oder Thallophyten durch ein vollkommenes Zellgewebe und durch eine mehr oder weniger vorgeschrittene Entwickelung von Stamm und Blättern. Die Wurzeln sind durch Wurzelhaare ersetzt. Statt der Staubblätter finden wir Antheridien, und statt der Stempel Archegonien.

Die Mesophyten bilden zwei Hauptgruppen, Moose und Farne. Die Moose entwickeln Antheridien und Archegonien am Laube oder Stengel, und das Archegon zur Sporenkapsel, auch schliesst ihr Zellgewebe keine Gefässe ein. Die Farne entwickeln die Archegonien, meist auch die Antheridien, auf dem Vorkeime und sind Gefässpflanzen.

Die Moose werden als Moose, Laubmoose *(musci frondōsi)* und als Lebermoose *(musci hepatici; hepaticae)* unterschieden. Der Name Lebermoose ist ein empirischer und aus früherer Zeit übernommen, als man noch viele Moosarten (z. B. die Marchantien) als Heilmittel gegen Leberkrankheiten gebrauchte.

Bei den Moosen entwickelt sich aus der Spore im Allgemeinen nicht unmittelbar ein der Mutterpflanze ähnliches Individuum, sondern zuvor mehr oder weniger deutlich ein dem Vorkeim entsprechendes Gebilde in Gestalt algenartiger Fäden, Protonema *(protonēma; sporophyllum)*, gewöhnlich aber Vorkeim *(prothallium)* genannt. Das Protonema schwillt an einer Stelle an und entwickelt hier aus einer Zellengruppe die junge Pflanze, welche Blüthenorgane erzeugt, aus denen die Sporenfrucht hervorgeht. Nur bei einigen Lebermoosen findet aus der Spore direct die Entwickelung des der Mutterpflanze ähnlichen Individuums statt.

Fig. 532.

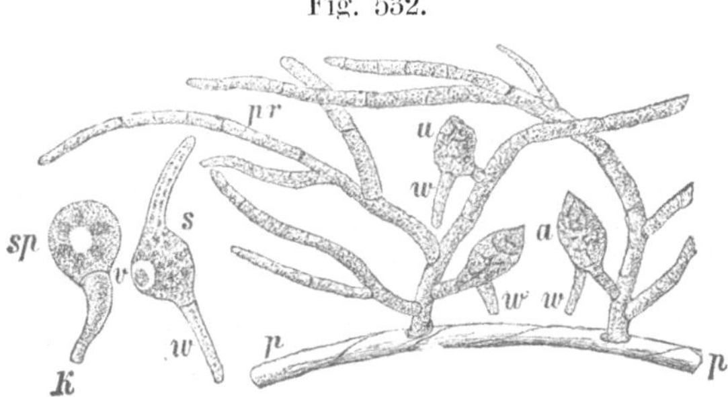

Funaria hygrometrica. s r w keimende, direct zu einem Moosstengel auswachsende Spore mit Wurzelhaar (w). — sp keimende Spore mit Keimschlauch k, welcher zu einem Protonema auswächst. (500 malige Vergr.). — pp pr Ein Theil des aus dem Keimschlauche k entwickelten Protonema oder Vorkeimes. pp der chlorophylllose Theil mit schiefendigenden Gliederzellen. Aus diesem Theil sind hervorgegangen chlorophyllhaltige Verzweigungen mit rechtwinkeligen Endflächen der Gliederzellen. Daran die Anfänge für den Moosstengel (a a) mit den Anlagen zur Haarwurzel (w w w).

Das aus dem Vorkeim entsprossene Gebilde ist entweder ein blattloses, mehr oder weniger thallusähnlicher Zellencomplex

(Thallom) oder ein belaubter, oft verzweigter, dünner Stengel, immer durch Wurzelhaare der Unterlage aufsitzend. Die Länge, bis zu welcher diese Vegetationsgebilde auswachsen, schwankt zwischen 1 Mm. bis 30 Ctm.

Die Gewebebildung zeigt ein meist in ausgestreckten Zellen bestehendes Parenchym. Gefässe oder Fibrovasalstränge sind darin nicht vorhanden und nur in Stamm und Blattnerven der vollkommneren Laubmoose differenzirt sich ein axiler, d. h. in der Axe des Organes liegender Strang gestreckter verdickter Zellen, welcher als eine Andeutung eines Fibrovasalstranges gelten kann. Spaltöffnungen finden sich selten und nur an den Theilen der vollkommner entwickelten Moose, wo eine deutlich differenzirte Epidermis vorhanden ist.

Laubmoose. Der Stengel besteht aus gestreckten Parenchym- und Kambiumzellen. Die Blätter, aus einer einfachen oder doppelten Schicht tafelförmiger Zellen gebildet, sind nie gestielt und nie tief getheilt. Häufig läuft ihre Spitze in ein Haar aus (*folia pilifèra*), auch sind sie von einem oder zwei Längsleisten (Nerven) durchzogen und auf der Unterfläche mit Lamellen besetzt.

Die männlichen Blüthen bestehen aus einfächrigen, sehr kleinen Behältern, den Antheridien (*antheridia*), welche in Tochterzellen bewegliche Samenfäden (*phytozōa; fila spiralia*) entwickeln. Die Antheridien stehen stets zu mehreren beisammen und sind von Saftfäden (*paraphÿses*), jenen gegliederten fadenähnlichen Gebilden, umgeben.

Antheridien und Archegonien stehen entweder in einer Umhüllung zusammen (einhäusige Moose) oder auf verschiedene Individuen vertheilt (zweihäusige Moose). Die männliche Blüthe oder vielmehr den männlichen Blüthenstand findet man in den Blattwinkeln und gleich einer Knospe von Hüllblättchen (*perigonia*) umgeben (*flores gemmiformes*), oder am Ende des Stengels in den Achseln rosettenförmig gestellter, meist farbiger Hüllblättchen (*flores discoïdĕi*) oder zu einem Köpfchen vereinigt (*flores capitŭliformes*). Wo Antheridien und Archegonien zusammenstehen, nennt man die Hüllblättchen Perichaetium. Aus der Mitte einer endständigen Perigonrosette schiesst nach der Befruchtung nicht selten ein junger Trieb als Fortsetzung des Stengels hervor, der abermals im nächsten Jahre an seiner

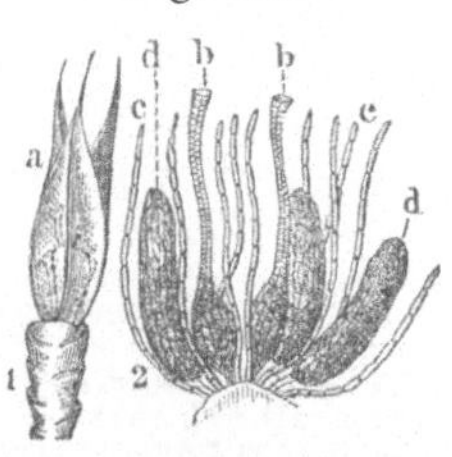

Fig. 533.

GipfelständigerBlüthenstand von *Pohlia inclināta Schwartz.* 1. *a* Hüllblättchen (*perichaetium*). 2. Derselbe von den Hüllblättchen befreit, *b* Archegonien, *d* Antheridien, *c* Saftfäden oder Paraphysen. Vergr.

Spitze einen männlichen Blüthenstand entwickelt. Eine solche Prolification oder Durchsprossung ist hier eine normale Erscheinung.

Die Antheridien der Moose bilden kleine rundliche, längliche oder cylindrische, mehr oder weniger deutlich gestielte Säckchen, aus chlorophyllhaltigen Zellen gebildet, und angefüllt mit klebriger Flüssigkeit, welche die kleinen, die Samenfäden enthaltenden Tochterzellen umgiebt und bei der Reife aus einer Oeffnung in der Spitze der Antheridie ausgestossen wird.

Die weibliche Blüthe besteht aus mehreren ungestielten Fruchtanfängen, Archegonien (*archegonia*), kleinen gegen die Basis bauchig erweiterten, nach oben verengten Cylindern (*perigynia* nach *Link*), ähnlich den Stempeln der phanerogamischen Gewächse und umgeben von häutig-durchsichtigen Hüllblättchen, dem Hüllkelch (*perichaetium*). Der verengte, zu einem narbenartigen Trichter sich erweiternde Theil des Archegons wird auch Griffel genannt. Wenn sich derselbe zur Zeit seiner Reife öffnet, öffnen sich auch die Antheridien, und der Befruchtungsakt wird vollzogen.

Das Archegon umschliesst in seiner Erweiterung eine centrale Zelle (Keimzelle), welche nach der Befruchtung zu einem grösseren Zellenkörper auswächst und endlich die Decke des Archegons ringsherum absprengt. Der abgesprengte obere und grössere Theil wird von dem sich entwickelnden Fruchtstiele, der Borste (*seta*), emporgehoben und bleibt als Haube oder Mütze (*calyptra*) hängen. Der untere stehenbleibende Archegontheil umgiebt die Basis des Fruchtstiels in Gestalt einer Scheide als Scheidchen (*vaginula*).

Fig. 534.

Sporenkapsel mit Haube von *Ceratŏdon*. Haube mützenförmig und halbirt (*calyptra mitraeformis et dimidiata*.

Der obere verengte Theil der Mütze verwelkt und fällt ab, der untere bauchige Theil aber verwächst mit der Spitze des Fruchtstiels und bildet sich zur Sporenkapsel oder Moosfrucht, der Büchse (*theca; pyxidium, sporogonium*), aus.

Die bei vielen Moosarten vorkommende Anschwellung oder Verdickung des Fruchtstiels (*seta*), da wo dieser in die Sporenkapsel übergeht, hat man Ansatz (*apophysis*) genannt. Fehlt die Apophyse, so bezeichnet man den entsprechenden Theil als Hals (*collum*). Die Apophyse ist sehr verschieden gestaltet, kropfförmig (*apophysis strumaria*), flaschenartig (*ampullacea*), regenschirmartig (*umbraculiformis*) etc.

Die Mooskapsel oder Büchse (*theca*), die Moosfrucht, ist mit einem gewöhnlich sich gut markirenden Deckel (*opercŭlum*) geschlossen, also bedeckelt (*operculāta*), selten unbedeckelt (*exoperculāta*). In der Mitte des Deckels erhebt sich ein kleiner

Fig. 535.

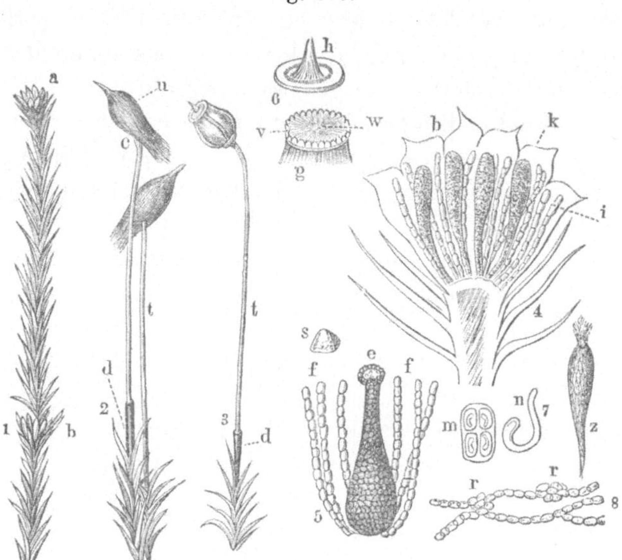

Gemeine Feldmütze, *Polytrĭchum commune.* 1. Der obere Theil der zweijährigen männlichen Pflanze. *a* diesjähriger, *b* vorjähriger Trieb, an der Spitze der männliche Blüthenstand (*flores discoïdĕi*). 2. Der obere Theil der weiblichen fruchttragenden Pflanze. *t* Fruchtstiel oder Borste (*seta*), *u* Haube (*calyptra*), *d* Scheidchen (*vaginŭla*), Rudiment des Archegons. Natürl. Grösse. 3. Die Frucht oder Büchse (*theca*) von der Haube befreit. Natürl. Grösse. 4. Männlicher Blüthenstand im Verticalschnitt. *k* Antheridien, *i* Saftfäden (*paraphȳses*), *b* Perigonia. Vergr. 5. Ein Archegon von Saftfäden umgeben. 6. Oberer Theil der Büchse, *v* äusserer Mundbesatz (*peristomium simplex*) aus 64 Zähnen bestehend, *w* das· Zwergfell (*epiphragma*), *h* der Deckel (*opercŭlum*). 7. *z* eine Antheridie sich öffnend und ihren Inhalt ausstreuend, *m* Querschnitt einer Antheridie, jede Zelle schliesst ein Phytozoon ein, *n* ein Phytozoon oder Samenfaden. 8. Ein Vorkeim (*protonēma*). Verschied. Vergr.

Kegel, der je nach seiner Form Schnabel (*rostrum*) oder Buckel (*umbo*) genannt wird.

Der Deckel wird meist bei der Reife der Mooskapsel abgeworfen, welchen Vorgang ein ringförmiger Streifen, der Ring (*annŭlus*), welcher sich innerhalb der Kapsel elastisch ablöst, befördert.

Nach Entfernung des Deckels findet man die Kapsel zuweilen noch einmal durch ein zartes Häutchen, das Trommelfell (*epiphragma*), eine häutige Ausdehnung des Mittelsäulchens (*columella*), geschlossen. Das Säulchen ist ein frei in der Mitte der Kapselhöhle stehender Zellenkegel, der anfangs oft selbst mit dem Deckel verwachsen ist, später aber verwelkt, zu einem dünnen Faden eintrocknet oder zusammenschrumpft, so dass er der Wahrnehmung gänzlich entgeht.

Der Rand der von dem Deckel befreiten Mooskapsel bildet die Mündung, den Büchsenmund (*stoma*). Diese

Fig. 536.

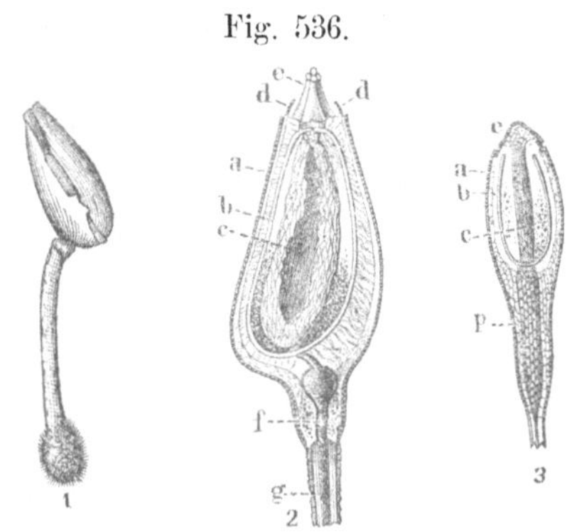

1. *Buxbaumia aphylla*. 2. Eine Büchse (*theca*) vergr. im Secantenschnitt. *a* Aussenhaut (*tunica exterior*), *b* Innenhaut (*tunica interior*), *c* Säulchen (*columella*). *d* äusserer Besatz (*peristomium exterius; dentes*), *e* innerer Besatz (*perist. interior; ciliae*), *f* Stielchen des Sporenbehälters oder der Samenhaut, *g* ein Theil des Fruchtstiels oder der Borste und bei *f* der Ansatz (*apophysis*). 3. Sporenkapsel von *Systylium*. Verticalschnitt. Vergr. *a* Aussenhaut, *b* Innenhaut, *c* das Säulchen mit dem Deckel *e* zusammenhängend.

ist entweder nackt oder mit einem zierlichen Besatze, dem Mundbesatze (*peristomium*), geziert. Die aus der Aussenhaut der Kapselwandung hervortretenden zahnähnlichen Hervorragungen unterscheidet man als Zähne (*dentes*) von den etwa

Fig. 537.

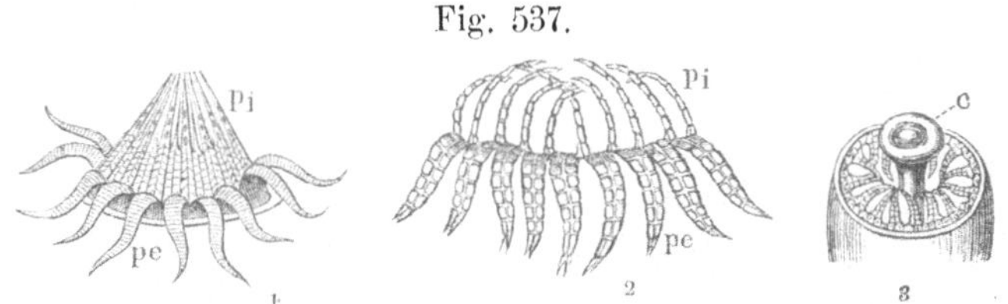

1. *pi* innerer, *pe* äusserer Mundbesatz der Büchse von *Hypnum praelongum*. 2. Aeusserer und innerer Mundbesatz vom Goldhaarmoose (*Orthotrichum*). 3. Mundbesatz der Büchse von *Eremodon splachnoïdes*. *c* das Säulchen (*columella*). Sämmtlich vergr.

der inneren Kapselhaut entspringenden, meist zarteren Zähnen, den Wimpern (*cilia*). Sind beide Besätze (ein doppelter Mundbesatz) zugleich vorhanden, so wechseln sie in ihrer Stellung unter einander ab, ähnlich wie die Kelch- und Blumenblätter. Die Zahl der Zähne ist 4 oder ein Vielfaches von 4. In der Fläche des Zahnes bemerkt man oft Querbalken (*trabeculae*), gebildet durch die verdickten oberen und unteren Wände der Zellen.

Die Wandung der Kapsel besteht aus zwei Membranen, der Aussenhaut (*tunica exterior*) und der Innenhaut (*tunica interior*), welche als Sporensack unterschieden locker in der Aussenhaut liegt oder damit durch schwammiges Zellgewebe verbunden ist, und aus welcher sich auch der innere Mundbesatz erhebt.

Zwischen dem Mittelsäulchen und der Innenhaut lagern zahlreiche Sporen, welche aus tetraëdrischen Zellen und, wie die Pollenkörner, aus einer doppelten Membran bestehen.

Fig. 538.

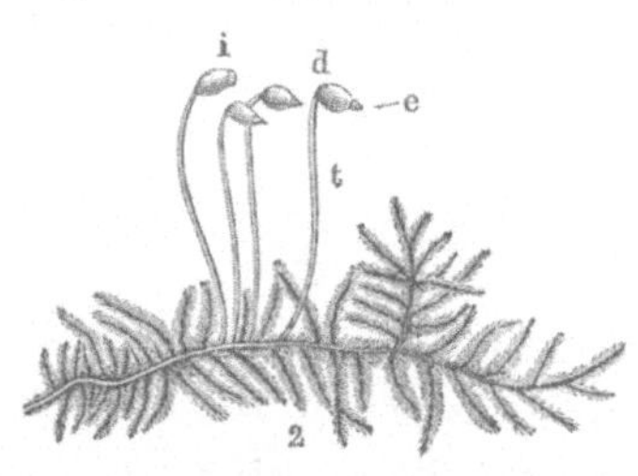

1. Fruchtstand von *Diphyscium foliosum.* a Wurzelhaare, b Laub, c Perichaetium, folia perichaetialia, d Theca, e Calyptra.

2. Ein Ast des Astmooses (*Hypnum*). t Borste, d Büchse, e Deckel, i Büchse, welche den Deckel abgeworfen hat.

Bemerkungen. *Antheridium, i, n., antherides, is, n.,* der Anthere Aehnliches; *anthēra* u. -ειδής, ες (-eidäs, es), gestaltet, ähnlich. — *Archegonium, i,* gebildet aus dem griech. ἀρχή (archä), Anfang, das Obenanstehende; ἀρχε- (arche-), entspricht dem deutschen Erz-, Ur-; γονή (gonä), das Erzeugte. — *Phytozōon, i,* Pflanzenthier; φυτόν (phyton), Pflanze, Gewächs; ζῶον (zōon), Thier. — *Paraphўsis,* Daneben-, Nebenbeierzeugtes; *hypophўsis,* Daruntererzeugtes; παρά (para), nebenbei; ὑπό (hypo), unter; φύσις (physis), Wesen, Erzeugtes. — *Epiphragma, ătis, n.,* griech. ἐπίφραγμα, das, womit man oben Offenes verschliesst, Deckel, Stöpsel. — *Stoma, ătis, n.,* griech. στόμα, Mund. — *Peristomium,* Mundbesatz, von dem griech. περί (peri), um, herum, und στόμα.

Lection 77.

Lebermoose (*Hepaticae*).

Die Lebermoose stehen auf einer niederern Organisationsstufe als die Laubmoose, denn sie entwickeln keine eigentlichen Blätter, und wo bei ihnen (z. B. den Jungermannien) ähnliche

Gebilde auftreten, fehlt demnach an denselben jede Andeutung einer Nervatur. Diese Blätter, welche eine sehr mannigfaltige Form-bildung zeigen, bestehen nur aus einer einzigen chlorophyllhal-tigen Parenchymzellenschicht. Die zweilappigen Blätter bilden häufig zwei ungleich grosse Lappen und sind in der Trennungs-linie der Zipfel zusammengefaltet. Den kleineren Lappen nennt man das O e h r c h e n (*auricŭla*). Uebrigens haben viele Leber-moosarten zweierlei Blätter. Die e i g e n t l i c h e n Blätter stehen näm-lich an der oberen Seite des ge-wöhnlich niederliegenden Stengels zweireihig-ziegeldachförmig, und an der unteren, der Erde zugewende-ten Seite des Stengels findet sich eine Reihe kleinerer und auch an-ders gestalteter Blättchen, B e i - b l ä t t e r (*amphigastrĭa*) oder Unter-blätter (*hypophyllĭa* nach *Link*). Zu

Fig. 539.

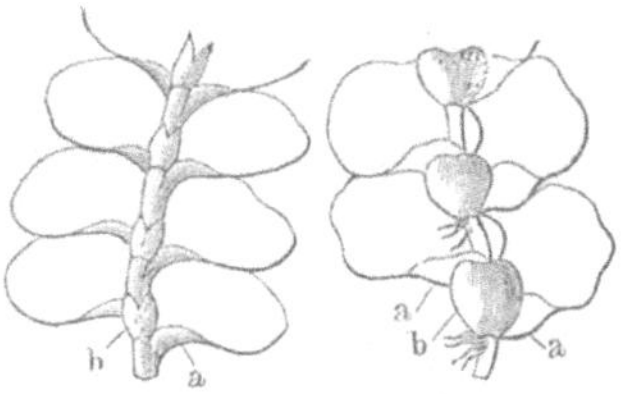

1. Stengelstück von *Jungermannĭa serpylli-folia Dicks*. 2. Von *Jungermannĭa Mackaii Hook*; von der unteren Seite gesehen. *a* Blätter, *b* Beiblätter (*amphigastrĭa*).

beiden Seiten der Beiblätterzeile finden sich zuweilen noch klei-nere Blätter, S e i t e n b l ä t t e r (*paraphyllĭa* nach *Link*), welche aber nur als jene Oehrchen (*auricŭlae*) von besonderer Form er-scheinen. Diese vierzeilige Blattstellung ist den Jungermannien eigen.

Die Wurzel besteht aus ungegliederten Wurzelhaaren (*pili radicāles*), welche aus der unteren Seite des Stengels hervor-treten. Der Stengel ist bald beblättert und meist sich verzwei-gend, bald laubartig (*caulis frondōsus*) ausgebreitet. Wenn der laubartige Stengel einen Mittelnerven aufweist, so fasst er auch ein centrales, aus langgestreckten Parenchymzellen bestehendes Gefässbündel, welches dem beblätterten Stengel stets fehlt. Das Absterben des Stengels erfolgt von unten nach oben, welche Erscheinung auch bei den Torfmoosen (*Sphagnaceae*), die aber den Laubmoosen angehören, beobachtet wird.

Die M a r c h a n t i e n haben einen laubartig sich ausbreitenden Stengel, durchzogen von einem spiroïdenlosen Gefässbündel, auf der oberen Fläche mit Epidermalgewebe, auf der unteren längs der Mittellinie, die mit Wurzelhaaren besetzt ist, mit schuppen-förmigen Blattgebilden bekleidet. Der männliche Blüthenstand (die Antheridien) und der weibliche (die Archegonien) werden von T r ä g e r n (*sporodochĭa; receptacŭla*) unterstützt. Die Sporodochie ist entweder gestielt (*pedunculātum*) und schildförmig, oder sitzend und scheibenförmig, letztere gewöhnlich in einem Spalt zwischen den Seitenlappen des vorderen Laubendes liegend. Die Archegonien sind von einer Hülle (*perichaetium*) eingeschlossen. Die Fruchtkapsel umgiebt auch eine Hülle (*calyptra*), welche zerreisst und wie eine Scheide hängen bleibt. Die Kapsel springt mit Zähnen ringsum auf und enthält neben den Sporen schlauchförmige, innen mit Spiralfasern ausgekleidete Zellen, Schleuderer (*elatēres*) genannt. Die Schleuderer, welche den Laubmoosen stets fehlen, scheinen das Ausstreuen der Sporen zu unterstützen.

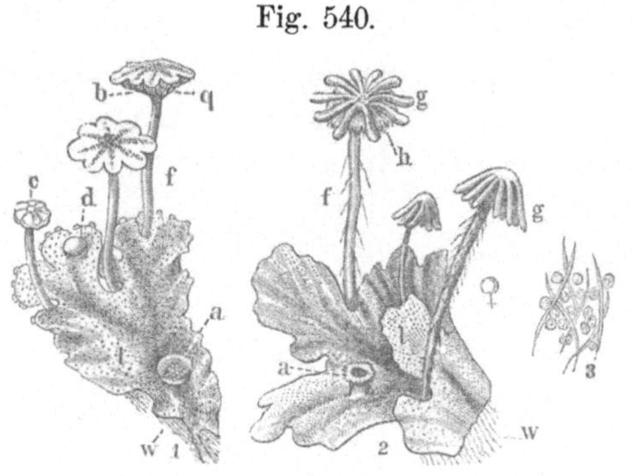

Fig. 540.

Marchantia polymorpha. 1. männliche, 2. weibliche Pflanze. *l* Laub, *w* Wurzelhaare, *a* Brutbecher (*scypha*). *fb*, *fg* Träger (*sporodochia*); *c* ein halb ausgewachsenes, *d* ein hervortreibendes Sporodochium, *q* Sitz der Antheridien, *h* Sitz der Archegonien. 3. Die Schleuderer (*elatēres*) mit den Sporen (Vergr.).

Marchantia polymōrpha ist zweihäusig, hat schildförmige Antheridienträger (*sporodochia mascŭla*), welche kürzer gestielt sind als die strahligen Archegonienträger (*sporodochia minēa*).

Ausser den geschlechtlichen Fortpflanzungsorganen finden sich auf der Oberfläche des laubartigen Stengels schüssel- oder becherförmige Gebilde, mit Brutzellen oder Brutknospen gefüllt, welche Brutbecher, (*scyphae*) genannt werden, weil sich durch dieselben die Art des Mooses ebenso wie aus Sporen fortpflanzt.

Die Jungermannien haben theils einen laubartigen, theils von den anderen Lebermoosen abweichend einen mit Blättern besetzten Stengel, der von keiner Epidermis bedeckt ist. Die Antheridien sind gewöhnlich in das Laub eingesenkt, oder auch unter einem Blatte angeheftet. Die Archegonien stehen in besonderen Hüllen (*perianthia*) auf den jungen Trieben des Laubes oder an der Spitze des beblätterten Stengels. Das Sporangium ist eine schwarzbraune, kuglige, in vier

Fig. 541.

Fig. 542.

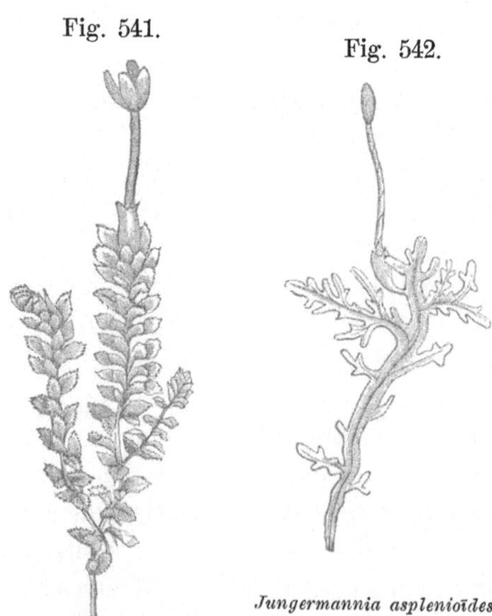

Jungermannia asplenioīdes.

Jungermannia furcata.

Klappen aufspringende Kapsel, von einer Borste unterstützt. Bei den Jungermannien findet man auch **Brutbecher** (*scyphae*),

<table>
<tr><td align="center">Fig. 543.</td><td align="center">Fig. 544.</td></tr>
</table>

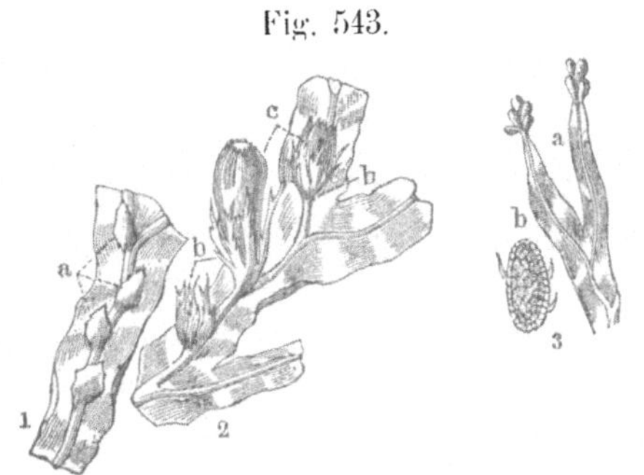

Jungermannia hibernica Hook. 1. Unfruchtbares Laub, *a* Beiblätter (*amphigastria*). 2. Fruchttragendes Laub. *b* äussere Hülle der Fruchtkapsel (*perianthium externum*), *c* innere Hülle (*perianth. internum*). 3. Laubzipfel von *Jungermannia violacea* mit Brutbecher an der Spitze. *b* Ein Brutbecher (Brutköpfchen) vergrössert.

Ein Schleuderer oder eine Schleuder (*elater*) von *Jungermannia platyphylla*. Vergr.

entweder auf dem Laube, oder demselben eingesenkt, oder an den Spitzen der Blätter.

Die Gattung *Anthocĕros* trägt in das Laub eingesenkte Antheridien und Archegonien, deren schotenähnliche gestielte Sporangien sich hoch über das Laub erheben, zweiklappig aufspringen, ein fadenförmiges Säulchen und neben den Sporen von Spiralfasern freie **S c h l e u d e r e r** (*elatēres*) bergen.

Die unterste Stufe unter den Lebermoosen nehmen die **R i c c i e e n** ein, welche einen flachen, entweder schwimmenden Thallus, oder der Erde mittelst Haarwurzel anhaftende, gewöhnlich dichotomisch verzweigte, thallusähnliche Gebilde darstellen. Ihrem Laube sind die Sporangien gewöhnlich eingesenkt.

<table>
<tr><td align="center">Fig. 545.</td></tr>
<tr><td align="center">Fig. 546.</td></tr>
</table>

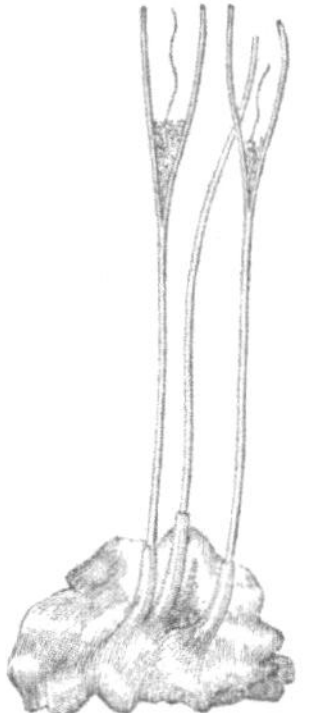

Riccia crystallina.

Anthocĕros laevis.

Bemerkungen. *Amphigastrium*, um den Bauch befindliches; ἀμφί (amphi), um, herum, und γαστήρ, Bauch, Unterleib. — *Sporodochium*, Samenbehälter, von σπορά und δοχεῖον (docheion), Behälter. — *Perichaetium*, um die Borste befindliches; περί und χαίτη (chaitä), Borste. — *Calyptra, ae*, griech. καλύπτρα, Hülle, Mütze, Decke. — *Eläter, ēris, m.* griech. ἐλατήρ, ῆρος, Treiber, Beweger. — *Scypha, ae*, od. *scyphus, i*, griech. σκύφος, Becher, Pokal.

Lection 78.

Farnartige Gewächse (*Filïces*).

Während die Moose als Zellenpflanzen auftreten, schliessen sich die Farne oder die farnartigen Gewächse den Gefässpflanzen an, denn diese bauen sich aus einem von Gefässbündeln durchzogenen Parenchym auf. Es sind bei den farnartigen Gewächsen gewöhnlich mehrere Gefässbündel vorhanden, welche in Schlangenlinien das Parenchym durchlaufen und sich nicht selten in einen Kreis ordnen, so dass dadurch das Parenchym in eine centrale und eine peripherische Schicht (Mark- und Rindenschicht) differenzirt wird. Die grösseren Gefässbündel findet man meist rinnenförmig gestaltet und so gestellt, dass die concave Seite nach der Peripherie, die convexe Seite nach dem Centrum gerichtet ist. Das ist auch die Ursache, dass man auf der Querschnittfläche einiger Farne eigenthümliche Zeichnungen beobachtet. Der Adlerfarn (*Pteris aquilïna*) verdankt seinen Namen einem solchen Querschnittbilde seines Wedelstieles, welches Aehnlichkeit mit einem Doppeladler hat.

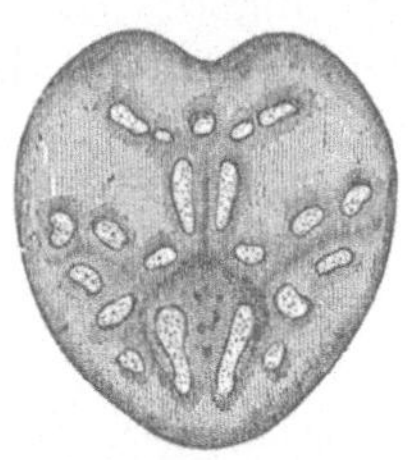

Fig. 547.

Schräger Querschnitt gegen die Basis eines Wedelstieles des Adlerfarns(*Pteris aquilïna*). 3-4fach. Lin.-Vergr.

Die Sporen der Thallo- oder Kryptophyten (Pilze, Flechten, Algen) entwickeln sich unmittelbar zu einem der Mutterpflanze ähnlichen Gebilde, dagegen entwickeln die blattbildenden Sporophyten oder die Mesophyten (Moose und Farne) zuvor ein Zwischengebilde, den sogenannten Vorkeim oder das Protonema (*protonēma; prothallïum*), aus welchem das der Mutterpflanze ähnliche Individuum hervorgeht. Bei den farnartigen Gewächsen sind die Archegonien dem Vorkeime eingesenkt, und erst aus einer Centralzelle, welche sich innerhalb eines Archegons dieser Art erzeugt und befruchtet wird, entwickelt sich die Pflanze. Viele dieser Vorkeime sind früher irrthümlich für selbstständige kryptogamische Gewächse gehalten und mit eigenen Gattungs- und Artnamen belegt worden.

Die Farne im Allgemeinen oder die farnartigen Gewächse theilen sich je nach dem Stande der Sporangien in Farne (*filïces*), Pelticarpeen (*pelticarpĕae*), Rhizocarpeen (*rhizocarpĕae*) und Maschalocarpeen (*maschălocarpĕae*). Bei den Farnen im engeren Sinne finden wir die Sporangien auf der Rückseite oder am Rande der Wedel (Blätter); bei den Pelticarpeen (Schildfrüchtigen) sind die Sporangien schildförmigen Sporodochien (Sporenträgern) angeheftet; bei den Rhizocarpeen (Wurzelfrüchtigen) sammeln sich die Sporangien in besonderen Gehäusen in der Nähe der Wurzel, und bei den Maschalocarpeen (Achselfrüchtigen) in den Achseln der Blätter.

Unter den Farnen im engeren Sinne steht die Familie der Polypodiaceen obenan. Bei denselben finden wir bereits eine Wurzel, deren Spitze mit einer Wurzelhaube versehen ist. Bei unseren heimischen Polypodiaceen ist der Stamm meist ein Wurzelstock (wie z. B. die Engelsüsswurz, *Rhizoma Polypodii*) und oft mit den Ueberresten der Wedelstiele besetzt (z. B. die Johanniswurzel, *Rhizoma Filicis maris*). Die tropischen Farne wachsen zu einem baumartigen Cauloma aus.

Die blattartigen Gebilde der Farne nennt man Wedel (*frondes*). Sie sind im Knospenzustande schneckenförmig oder spiralfederartig eingerollt (*vernatio circinata*), ausgenommen bei den Ophioglossiaceen. Als echte Blätter lassen sich die Wedel nicht ansehen, denn, wie bekannt, bilden die Blätter bei ihrer Entwickelung zuerst die Spitze und dann die Blattfläche. Hier bei den Wedeln findet ein entgegengesetzter Entwickelungsmodus statt, so dass wir in ihnen Axengebilde (Aeste, Zweige) erkennen, wozu noch kommt, dass die Wedel die Reproductionsorgane (die Sporen) hervorbringen und tragen. Blätter sind sie also trotz ihrer Aehnlichkeit mit denselben nicht. Wenn man dennoch nach Blättern sucht, so lassen sich dafür die häutigen Schuppen oder spreuartigen Blätter annehmen, womit häufig das Rhizom und die Wedelbasen bedeckt sind. *A. Braun* hält die Wedel für wahre Blätter, *Hofmeister* für Axenorgane und die braunen Schuppen derselben für die Blätter.

Die Wedel sind wie die ganze Pflanze von Gefässbündeln, echten Fibrovasalsträngen, durchzogen. In den blattartigen Ausdehnungen der Wedel

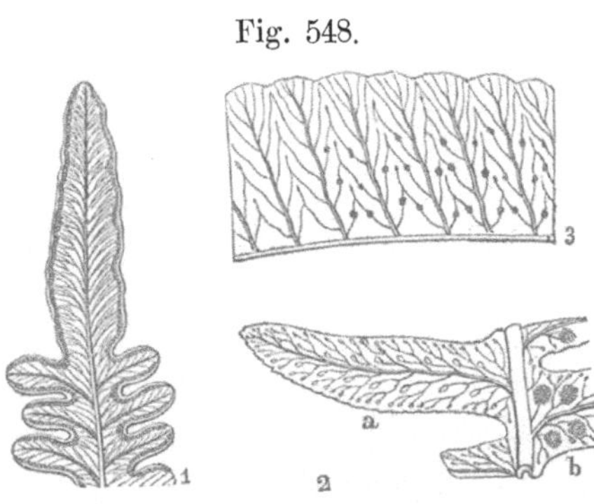

Fig. 548.

1. Ein fruchttragender Wedeltheil von *Pteris aquilina*. 2. Stück eines Wedels von *Polypodium vulgare*, *b* mit Fruchthäufchen besetzt, *a* von denselben befreit, um die Wedelnerven zu zeigen. 3. Ein Stück aus der Wedelfläche von *Polypodium crenatum Sw.*

erscheinen die Gefässbündel-Verzweigungen als Nerven in so charakteristischen Formen, dass sich danach einzelne Gattungen abgrenzen lassen.

Die blattartige, stets mit Epidermis überzogene Wedelausbreitung besteht meist nur aus zwei Zellenschichten. Die obere Zellenschicht besteht aus kurzen, cylindrischen, senkrecht auf die Wedelfläche gestellten Zellen, die untere aus lockeren kugeligen oder schwammförmigen Zellen. Die untere Fläche ist mit zahlreichen Spaltöffnungen versehen.

Die Fruchtstände bestehen aus Sporangienhaufen (*sori*) entweder auf der Unterfläche der Wedel, oder an dem Rande derselben, selten an der Oberfläche.

Fig. 549.

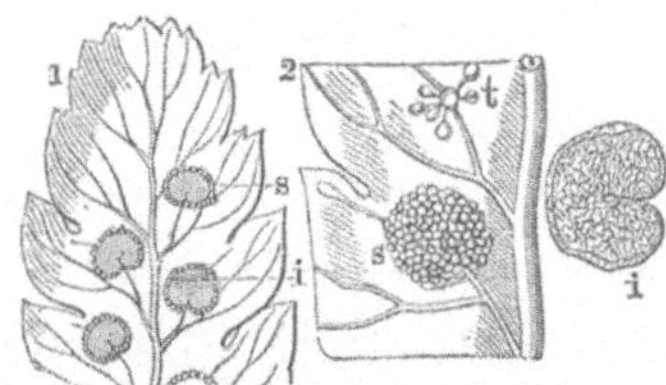

1. Ein Stück Fieder eines fruchttragenden Wedels von *Polystichum Filix mas Roth*. Doppelt vergr. *s* Fruchthaufen, *i* Schleierchen. 2. Stärker vergr. und ein Fruchthaufen (*s*) von dem Schleierchen befreit. *i* Ein Schleierchen von der unteren Seite gesehen. *t* Ein Fruchthaufen von einem Theil der Sporangien befreit.

Der Fruchthaufen (*sorus*) ist bei den meisten Farnarten von einer Falte der Epidermis, dem Schleierchen (*indusium*), bedeckt oder umgeben. Bei einigen Arten ist durch Bildung von Fruchthaufen die blattartige Parenchymmasse so zusammengezogen, dass die Fruchthaufen ähren- oder traubenförmig die übriggebliebene Spindel bekleiden.

Jedes Fruchthäufchen ist aus zahlreichen Sporangien (Sporenfrüchten) zusammengesetzt, von denen jede von einem Stielchen getragen und bei den meisten Farnen von einem Gliederringe (*gyrōma*; *annŭlus*) umfasst ist. Jede Sporangie enthält tetraëdrische Sporen, welche mit einer Cuticula bedeckt sind. Der Ring reicht gewöhnlich nur zum Theil um das Sporangium; bei der Reife reisst er quer ein, oder er streckt sich und reisst die Sporangie auf.

Fig. 550.

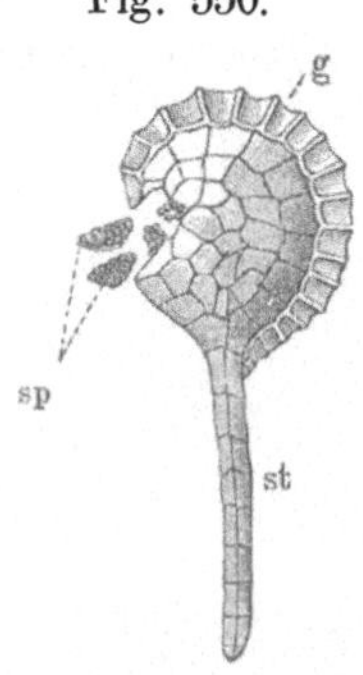

Sporangie, aufspringende, aus einem Fruchthaufen von *Polypodium vulgāre*. *g* Gliederring, *st* Stiel, *sp* Sporen. Vergr.

Das Schleierchen, welches nur der Gattung Polypodium fehlt, hat eine verschiedene Gestalt. Es ist bald schildförmig, nierenförmig, linienförmig etc. Ist es durch Umschlagung des Wedelrandes gebildet, so unterscheidet man es als unechtes (*indusium spurium*).

Die Sporenfrüchte oder Sporangien gehen nicht aus einem Befruchtungsakt zweier Geschlechter hervor, sondern erscheinen als Epidermalgebilde, gleich wie die Haare,

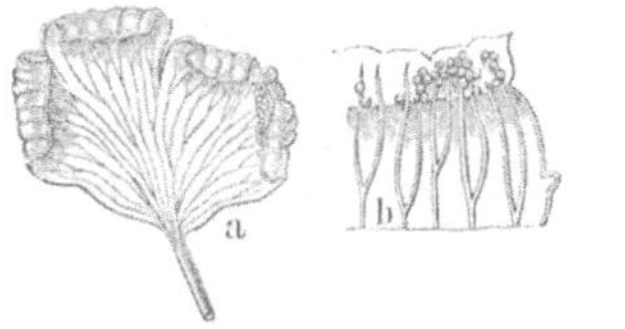

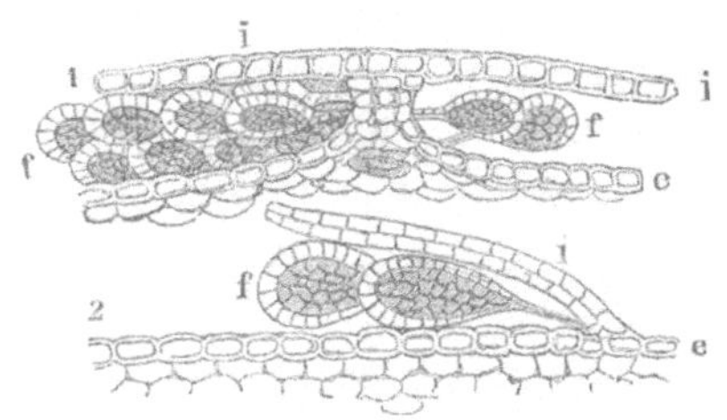

Fig. 551.

Fig. 552.

a Ein fruchttragendes Wedelstück von *Adiantum Capillus Veneris* (dopp. vergr.), die unechten Schleierchen zu zeigen. *b* ein Theil desselben mit aufgeschlagenem Schleier, die Sporangien zu zeigen.

1. Verticalschnitt durch einen Fruchthaufen von *Polystichum Filix mas Roth*, stark vergr. *i* schildförmiges Schleierchen, *f* Sporangien, *e* Epidermis der Wedelfläche. 2. Verticalschnitt durch einen Fruchthaufen von *Asplenium Trichomānes*, stark vergr. *i* seitlich angeheftetes Schleierchen, *f* Sporangien, *e* Epidermis des Wedels.

Drüsen. Es entwickeln sich nämlich mehrere Oberhautzellen zu doppelten Zellenreihen, welche die späteren Stiele der Sporangien bilden. Die Endzelle eines Stieles schwillt an, und unter Tochterzellenbildung bildet sie sich zu einer Sporenkapsel aus.

Um zu keimen, sprengt die innere anschwellende Sporenhaut die Cuticula, tritt anfangs als Ausbauschung aus dem Riss hervor und wächst dann zu einem Zellenfaden aus, dessen Endzellen

Fig. 553.

Fig. 554.

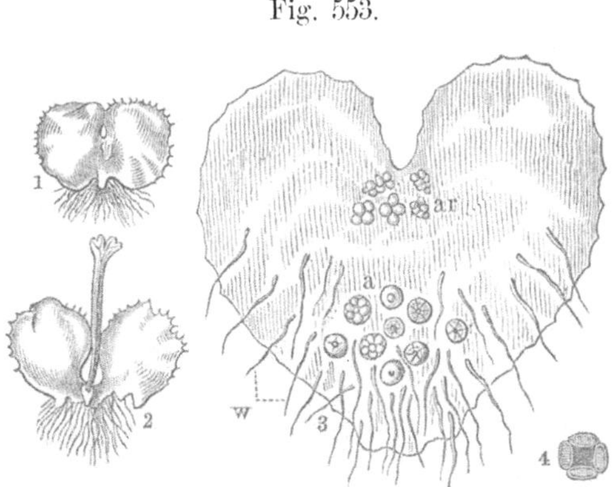

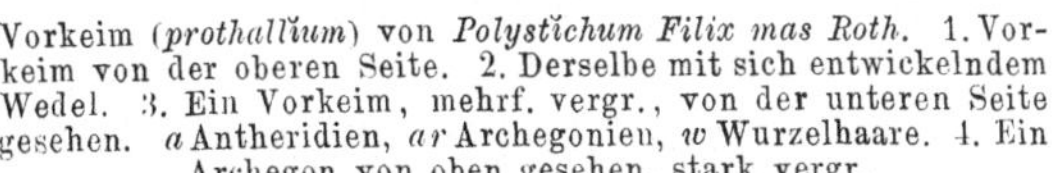

Vorkeim (*prothallïum*) von *Polystichum Filix mas Roth*. 1. Vorkeim von der oberen Seite. 2. Derselbe mit sich entwickelndem Wedel. 3. Ein Vorkeim, mehrf. vergr., von der unteren Seite gesehen. *a* Antheridien, *ar* Archegonien, *w* Wurzelhaare. 4. Ein Archegon von oben gesehen, stark vergr.

Ein Antherozoïd oder Spermatozoïd (*phytozōon*), vielfach vergrössert.

sich zu einer grünen, blattartigen, nierenförmigen oder zweilappigen, aus nur einer Zellschicht bestehenden Fläche ausbreiten und den Vorkeim (*prothallium; proëmbryo*) bilden. Zuerst in der Nähe der Spore, dann auf der ganzen Unterfläche des Vorkeims

treten Wurzelhaare hervor, aber auch mehrere halb-kugelige
Zellen, welche sich zu den männlichen Befruchtungsorganen (Antheridien) ausbilden, indem sie durch Tochterzellenbildung zu einer
Gruppe würfliger Zellen auswachsen, von denen jede Zelle innerhalb eines Bläschens einen spiralig gewundenen platten Körper,
den Samenfaden, Antherozoïd, Spermatozoïd (*phytozōon; anthērozoidĕum*), enthält. Die Windungen an dem vorderen
Ende eines Samenfadens sind mit langen zahlreichen schwingen-

Fig. 555.

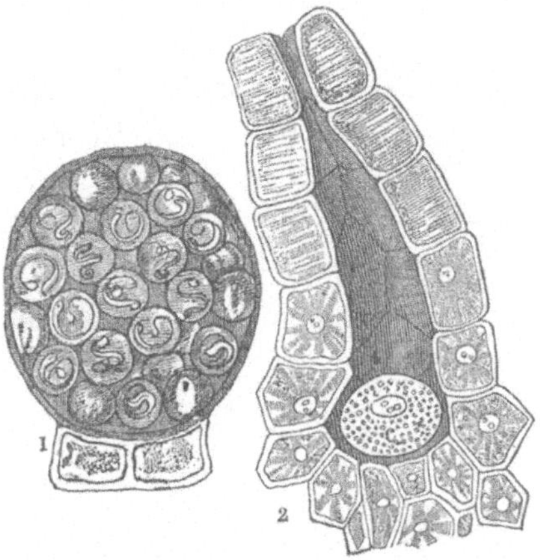

Fig. 556.

1. Eine Antheridie, und 2. ein Archegon mit
der Mutterzelle *c*, circa 600 fach vergr. und
im Verticaldurchschnitt.

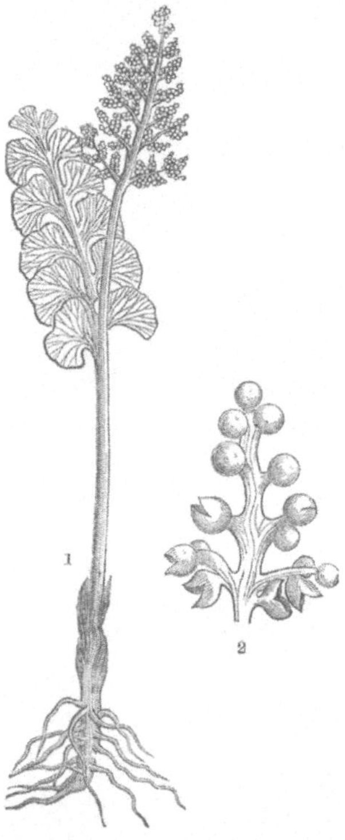

1. Mondraute *Botrychium Lunaria Swartz*.
2. Ein Zipfel des fruchttragenden Wedels,
vergr.

den Wimpern besetzt, das hintere Ende bildet eine lange haar-
förmige Verlängerung. Zur Zeit der Reife reisst die Scheitelzelle der Antheridie auf, aus dem Spalt treten die Antherozoïd-
bläschen hervor, endlich platzt das Bläschen, das Antherozoïd
wird frei und schiesst, oft noch mit seinem hinteren Ende
in dem Bläschen steckend, schnell davon, um in den offenen
Kanal eines Archegons, des weiblichen Befruchtungsorgans, zu
dringen und hier den Befruchtungsact zu vollziehen.

Nahe am Randausschnitt des Prothallium, ebenfalls auf der Unterseite, bildet sich ein aus mehreren Zellschichten zusammengesetztes Kissen, aus welchem sich die Archegonien entwickeln. Das Archegon ist ein kegelförmiges Zellengebilde, innen hohl und nach aussen mit einem Kanal mündend. In der Höhlung bildet sich aus dem Zellkern einer Centralzelle eine kuglige Zelle, welche als die Mutterzelle der künftigen Pflanze zu betrachten ist und befruchtet wird (Fig. 555).

Gewöhnlich werden ein einziges oder nur wenige Archegonien befruchtet. Sehr viele Prothallien bleiben sogar ohne alle Befruchtung und wuchern unter Erzeugung von verkümmerten Archegonien fort, bis sie untergehen.

Aus der befruchteten Mutterzelle entwickelt sich nun die wedeltragende Pflanze. Auf dem Vorkeim also bilden sich die Befruchtungsorgane und findet auch der Befruchtungsakt statt, die Sporen aber sind nicht das Ergebniss eines Befruchtungsaktes. Es ist ein solcher Fortpflanzungsvorgang einzig in seiner Art und wird nur bei einigen wenigen Pflanzenklassen angetroffen.

Bei der Familie der Ophioglosseen finden wir den jugendlichen Wedel nicht spiralfederartig aufgerollt, den fruchttragenden Wedel zu einer Aehre oder Traube gestaltet, die Sporangien ohne Ring (*sporangia non gyrata*), aber lederartig und quer halbzweiklappig aufspringend. Die Mondraute (*Botrychium Lunaria Sw.*), welche die früher officinelle *Herba Lunariae* lieferte, hat einen Wedel, dessen Stiel sich in der Mitte in einen fruchttragenden und einen unfruchtbaren Wedel theilt.

Bemerkungen. *Mas-chălo-*, von dem griech. μασχάλη (mas-chalä), Achsel. — *Gyrōma, ătis, n.*, γύρωμα, Gerundetes, Rundgedrehtes; γῦρος (gyros), Ring, Kreis. — *Sporangium*, Sporengefäss; ἀγγεῖον (angeion), Gefäss.

Lection 79.

Schachtelhalmgewächse (*Equisetaceae*).

Die Pelticarpeen, so genannt, weil sie die Sporangien auf schildförmigen Trägern bilden, umfassen die Schachtelhalmgewächse oder Equisetaceen. Die Repräsentanten dieser Familie haben zwar nicht die geringste Aehnlichkeit mit den Farnen, dennoch stehen sie diesen ausserordentlich in Rücksicht ihrer Reproduction nahe, denn sie entwickeln sich in gleicher Weise aus der keimenden Spore und durchlaufen dieselben Entwickelungsstufen.

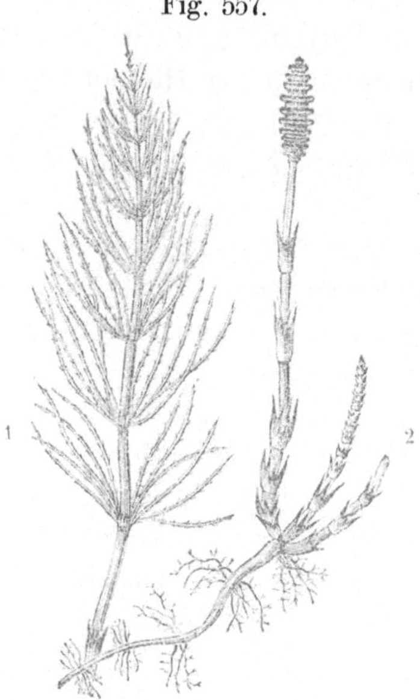

Fig. 557.

Equisētum arvense. 1. Unfruchtbarer Stengel, 2. fruchtbarer. ¹/₃ Gr.

Die Schachtelhalme treiben kriechende, innen feste, aus entwickelten Axengliedern bestehende Rhizome, an welchen sich da, wo um den Knoten ein Kranz von Adventivwurzeln hervortritt, nicht selten rundliche grubige schwarze Knöllchen bilden, aus welchen Knospen hervortreten, die sich zu neuen Pflanzen entwickeln können. Diese Knöllchen sind also Reproductionsorgane wie die in den Blattachseln der *Ficaria ranunculoīdes.* Im Uebrigen entstehen am Schachtelhalmrhizom ausserdem noch zwiebelähnliche Knospen, welche zu fruchtbaren und unfruchtbaren Stengeln auswachsen.

Der oberirdische Stengel ist gegliedert und hohl, aber an den Knoten durch Scheidewände geschlossen, und der Länge nach von den Nerven der mit den entwickelten Internodien

Fig. 558.

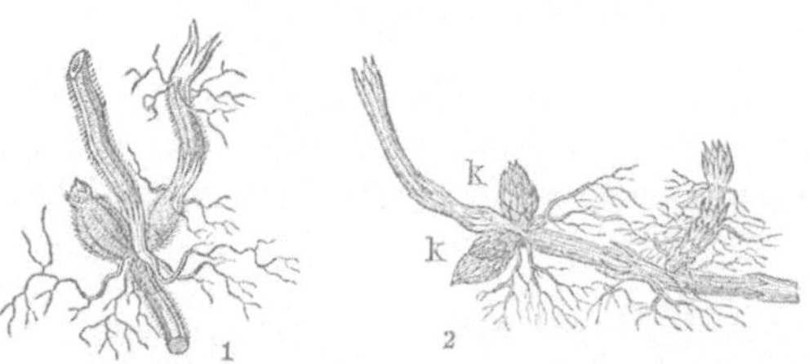

Equisētum arvēnse. 1. Stück eines Rhizomes mit Knollen, von welchen die Knolle *c* zu einem Stengel ausgewachsen ist. 2. Rhizom mit Knospen *k k.*

verwachsenen Blätter gestreift oder gefurcht. An jedem Knoten ist das Blatt frei und umfasst den Stengel in Gestalt einer gezähnten Scheide.

Der Querschnitt des Stengels lässt uns schon mit blossem Auge, besser unter der Lupe, eine grosse centrale Luftlücke und einen peripherisch gestellten Kreis kleiner Luftlücken erkennen, welche mit den äusseren Furchen des Stengels über-

einstimmen. Um die centrale Luftlücke steht ein Kreis succe-
daner Gefässbündel, deren Zahl mit derjenigen der peripherischen
Luftlücken übereinstimmt. Im Innern jedes Gefässbündels lässt
sich endlich wieder eine sehr enge Luftlücke beobachten. Im
Uebrigen steigen die Gefässbündel im Schachtelhalmstengel
nicht in Schlangenlinien, wie bei den eigentlichen Farnen, empor,
sondern in gerader Richtung. Die Aeste treten an den Knoten
wirtelförmig hervor, indem sie zugleich die Basis der Blattscheide
durchbrechen.

In den Zellen des Schachtelhalmstengels findet sich in grosser
Menge Kieselerde (Kieselsäure) in Form kleiner Schüppchen
abgelagert, wodurch der Stengel eine gewisse Härte und Schärfe
erlangt, dass man ihn getrocknet zum Glätten und Poliren von
Holz und zum Scheuern von Metallgefässen (als Scheuerkraut)
benutzt.

Der Bau der endständigen Fruchtähre ist ein ganz eigenthümlicher. An einer centralen Spindel stehen quirlförmig kleine
Aestchen, deren ein
jedes auf seiner Spitze
eine schildförmig auf-
sitzende vieleckige
Scheibe, Sporan-
gienträger *(spori-*
dochium; sporangiophö-
rus), trägt. Am Rande
der unteren oder in-
neren Seite jeder Spo-
ridochie hängen die
kleinen einfächrigen,
nach innen aufsprin-

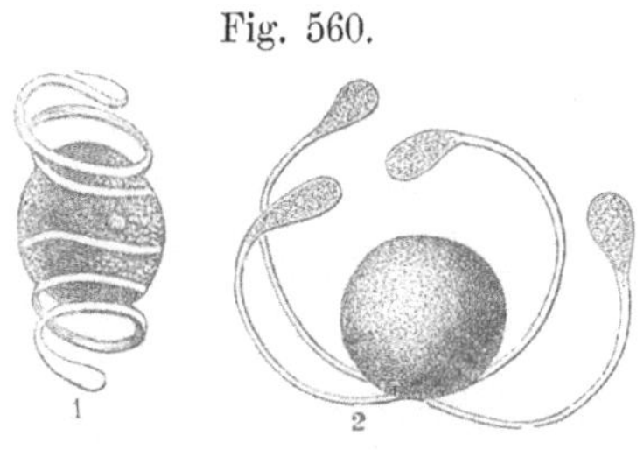

Fig. 559.

Equisētum arvēnse. 1. Ein aus der Mitte der Fruchtähre quer
herausgeschnittener Quirl Sporidochien. Vergr. 2. Ein Sporidochium, an seiner unteren Seite mit Sporangien. 3. Eine Spori-
dochie von unten gesehen, um die aufgesprungenen Sporangien
zu zeigen.

genden, häutigen Sporangien oder Sporenbehälter *(sporangīa)*,
welche die zahlreichen Sporen einschliessen.

Jede Spore ist von zwei
hygroskopischen, am Ende spatelförmig ausgedehnten Spiralfäden, Schleuderern *(elatē-*
res), umschlungen, und über
diese Spiralfäden hinweg zieht
sich noch ein äusserst zartes
feines Häutchen.

Klopfen wir zur Zeit der
Reife, wo sich der Sporenbe-

Fig. 560.

1. Eine Equisetenspore mit Schleuderern, welche im
Begriff sind sich zu strecken. 2. Eine solche mit
den noch daranhängenden Schleuderern.

hälter öffnet, die Sporen auf unsere Hand oder auf ein Stück weisses, schwach feuchtes Papier aus, so können wir in dem staubähnlichen Sporenhaufen eine hüpfende Bewegung wahrnehmen. Die Schleuderer ziehen nämlich Feuchtigkeit an und sprengen das sie deckende Häutchen, indem sie sich strecken.

Die Spore ist kugelig und enthält neben zahlreichen Chlorophyllkügelchen einen centralen Kern. Dieser Kern theilt sich beim Keimen durch Einschiebung einer transversalen häutigen Scheidewand in zwei ungleiche Hälften. Die kleinere Hälfte entwickelt sich zu einem Wurzelhaar, die grössere und alle Chlorophyllkügelchen enthaltende aber durch Tochterzellenbildung zum Vorkeim *(prothallĭum; proëmbrȳo)*. Auf dem Vorkeim entwickeln sich wie bei den Farnen Antheridien und Archegonien (was *Thuret* und *Hofmeister* zuerst beobachteten), jedoch mit dem Unterschiede, dass der Schachtelhalmvorkeim zweihäusig ist, indem ein Vorkeim nur Antheridien, ein anderer, gewöhnlich grösserer, nur Archegonien erzeugt.

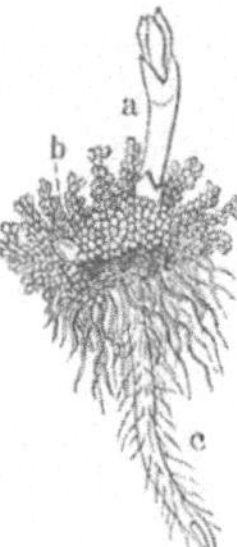

Fig. 561.

Vorkeim mit Stengelsprossen (*a*) von *Equisētum palustre*.

Die Antheridien und auch die Archegonien, welche sich später als die Antheridien entwickeln, gleichen den entsprechenden Geschlechtswerkzeugen der Farne, und nur die Spermatozoïden sind bis fast auf das fadenförmige Ende mit Wimpern besetzt.

Die Schachtelhalmgewächse sind zwergige Nachkommen untergegangener Riesengeschlechter, welche vor der Steinkohlenbildung in Gemeinschaft mit den Sigillarien, Lepidodendren und riesigen Farnen die Wälder auf der Erdfläche bildeten. Aeusserlich zwar ähnlich den Schachtelhalmen sind die in Australien heimischen Casuarinen, doch sind die Repräsentanten dieser Familie Bäume mit hartem Holze und dikotyledonischem Stamme, zur Klasse der Kätzchenblüthler *(Juliflōrae)* gehörend.

Lection 80.

Rhizocarpeen und Maschalocarpeen.

Die Wurzelfrüchtler *(Rhizocarpĕae)*, auch Wasserfarne *(Hydropterĭdes)* genannt, weil sie als farnartige Gewächse auf feuchten Ufern stillfliessender oder stehender Gewässer oder im Wasser selbst leben, stehen bezüglich ihres Befruchtungsprocesses und der Entwickelung den Samenpflanzen am nächsten. An oder in der Nähe ihrer Wasserblätter, welche man früher für die Wurzeln hielt, befindet sich ihr Fruchtstand, aus Gehäusen *(conceptacŭla)* bestehend, welche die Antheridien und die Sporenbehälter gemeinschaftlich oder auch getrennt einschliessen.

Die Fruchtgehäuse der Rhizocarpeen enthalten zweierlei Sporen, **Macrosporen** und **Microsporen.** Die Macrosporen oder grösseren Sporen sind die eigentlichen Sporen, aus welchen sich ein Vorkeim, ein Prothallium entwickelt. welches eine oder doch nur wenige Archegonien, aber keine Antheridien hervorbringt.

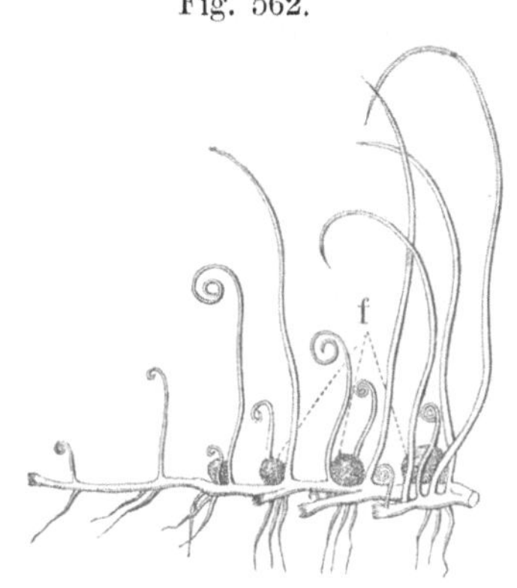

Fig. 562.

Pillenkraut, *Pilularia globulifĕra.* *f* Früchte (*conceptacŭla communia*) (natürl. Gr.).

Die Antheridien werden durch die kleineren Sporen oder Microsporen dargestellt, denn es sind dieselben Behälter *(anthēridangĭa)*, welche zur Zeit ihrer Reife platzen und zahlreiche kleine Zellen ausschütten, worin sich die Spermatozoïde oder Samenfäden befinden.

Die Rhizocarpeen sind bei uns nur durch wenige Gattungen und Species vertreten, von welchen wir das Pillenkraut *(Pilularia globŭlifĕra)* und die schwimmende Salvinie *(Salvinĭa natans)* häufiger antreffen dürften.

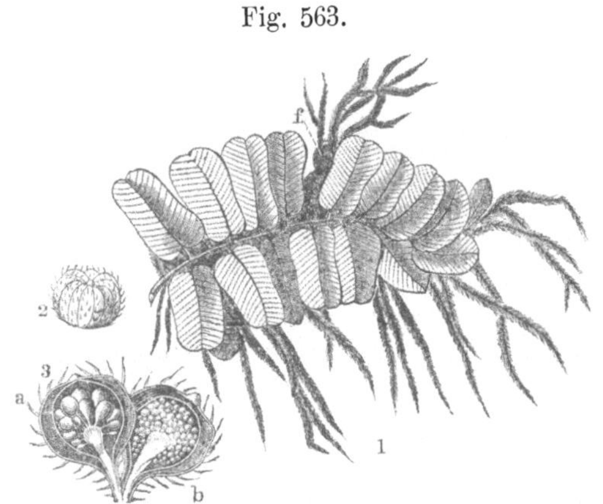

Fig. 563.

Salvinĭa natans. 1. Ein Zweig (natürl. Gr.). *f* Früchte (*conceptacŭla*). 2. Eine Frucht (zweifache Vergr.). 3. Zwei Fruchtbehälter im Verticalschnitt. *a* mit Macrosporen (oder Sporangien), *b* mit Microsporen (*antheridangĭa*). Vergr.

Die Achselfrüchtler *(Maschălocarpĕae)*, die letzte Abtheilung der farnartigen Gewächse, bieten uns ein grösseres Interesse, indem ihnen die Bärlappgewächse *(Lycopodiacĕae)* angehören, von welchen *Lycopodĭum clavatum* den sogenannten Bärlappsamen, oder das Hexenmehl *(Lycopodĭum)* liefert.

Die Wurzel der Bärlappgewächse ist eine zusammengesetzte mit einem centralen Gefässbündel. Der Stengel ist aufrecht oder

Fig. 564.

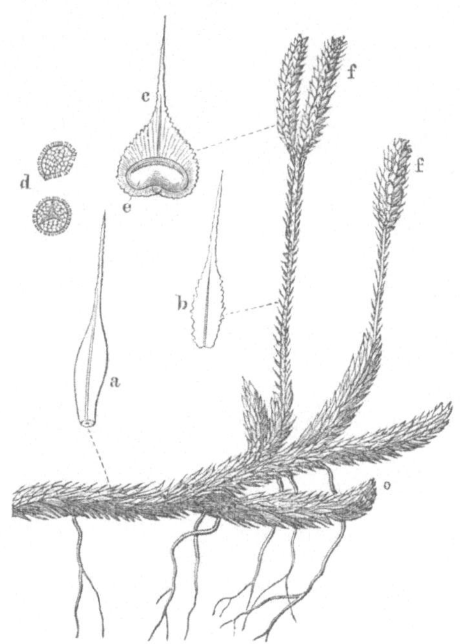

Lycopodĭum clavatum. o Ein Stück des Stengels mit Fruchtähren *(f)*. ¹|₂ Grösse. — *a* Ein Stengelblatt, *b* ein Blatt des Fruchtährenstiels (beide vergr.), *c* Deckblatt aus der Fruchtähre mit der quer zweiklappig aufspringenden Antheridangie (*e*). — *d* Microsporen (?) aus der Antheridangie von verschiedenen Seiten gesehen, welche Sporen das pharmaceutische *Semen Lycopodii* darstellen. (Vergr.).

Fig. 565.

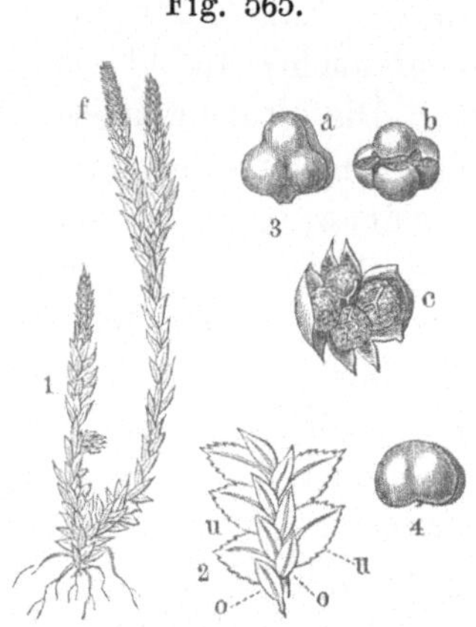

Selaginella Helvetĭca Springer. *(Lycopodĭum Helvetĭcum L.)* 1. Ast des Stengels (nat. Gr.) mit Fruchtähren *(f)*. — 2. Ein Stück des Stengels, vergr. um die verschiedene Gestalt und Grösse der Blätter zu zeigen. *o* Oberblätter (an der oberen Seite des Stengels), *u* Unterblätter (an der unteren Seite des Stengels) — 3. Die 4 köpfigen Sporangien, (vergr.) *a* geschlossene, *b* aufspringende von oben gesehen, *c* geöffnete mit den vier Macrosporen. — 4. Eine Antheridangie (vergr.).

kriechend, oft der Länge nach bewurzelt, mit centralem simultanem Gefässbündel. Die stets ungestielten Blätter sind oft an demselben Stengel von verschiedener Gestalt. Sie bestehen aus mehreren Lagen lockeren Parenchyms, durch welches sich ein Gefässbündel zieht. An Wurzel und Stengel ist die dichotome Verzweigung vorwaltend. Die dichotome Verzweichung der Wurzeln ist ein characteristisches Kennzeichen dieser Familie.

In den Achseln der Blätter an den sogenannten Fruchtähren findet man die Sporenfrucht in Gestalt nierenförmiger Behälter, welche zur Zeit der Reife an ihrer Spitze in einer Querspalte aufreissen und sich der zahlreichen Sporen entledigen. Bei der Gattung *Lycopodĭum* vermag man den Zweck der Sporen nur zu vermuthen, da man diese bisher nicht zum Keimen bringen konnte.

Nur bei *Lycopodium annotinum* hat man eine Vorkeimbildung und auf dem Vorkeime Antheridien, aber keine Archegonien aufgefunden, obgleich derselbe Vorkeim junge Pflanzen trieb. Am Stengel von *Lycopodium Selago* bilden sich Brutknospen, welche von der Mutterpflanze getrennt selbstständig vegetiren. Die Membran der Lycopodiumsporen besteht aus einem Endosporium (Innenschicht) und einem gelben, durch netzförmige Leisten verdickten Exosporium (Aussenschicht).

Die den Bärlappgewächsen angehörende Gattung *Selaginella* lässt die Fortpflanzung klarer verfolgen, denn ihre Fruchtähren tragen in den Winkeln der Blätter Behälter, von denen die grösseren (Sporangien, *oophoridia)* Macrosporen, die kleineren (Antheridangien) Microsporen enthalten. Die letzteren keimen (nach *Hofmeister*'s Untersuchungen) nicht, sondern entwickeln während der Keimung der Macrosporen in ihrer Zellflüssigkeit die Spermatozoïdzellen, welche zur Zeit der Reife entleert werden. Die vierknöpfigen Sporangien enthalten vier tetraëdrische einzellige Macrosporen, welche schon in dem Sporangium einen Vorkeim entwickeln, der von der Mutterpflanze endlich getrennt die Archegonien hervorbringt. Die Antheridien entwickeln sich hier also an der Mutterpflanze, die Archegonien auf dem Prothallium. Im Uebrigen ist die Befruchtung und vegetative Entwickelung ganz so wie bei den Farnen.

Bemerkungen. *Hydropterides*, Plural von *hydropteris*, von d. griech. ὕδωρ (hydōr) Wasser, und πτέρις, ίδος (pteris, idos), Farnkraut. — *Antheridangium*, Antherengefäss; ἀγγεῖον, Gefäss. — *Oophoridium*, von Gestalt eines Eierträgers, von d. griech. ᾠόν (oon), Ei: φορός, όν (phoros, on) tragend.

Lection 81.

Parthenogenesis. Urzeugung. Hibridität.

Ehe wir zur Pflanzencharakteristik übergehen, mögen einige besondere, in den vorhergehenden Lectionen nicht erwähnte physiologische Erscheinungen erörtert werden. Zu diesen letzteren zählen wir die Parthenogenesis und Hibridität.

Parthenogenesis *(parthenogenesis)*, ins Deutsche übersetzt Jungfernzeugung, Jungferngeburt, hat man die bei Insecten und anderen Thieren einer niederen Ausbildungsstufe beobachtete Erscheinung genannt, welche darin besteht, dass Weibchen, ohne durch Männchen zuvor befruchtet zu sein, dennoch Junge zur Welt bringen, oder Eier legen, oder Keime entwickeln, aus welchen wieder Individuen derselben Gattung hervorgehen. Ein längst bekanntes Beispiel ist die Gattung Blattlaus *(Aphis)*. Aus den Eiern, welche dieses Insect im Herbst legt, geht im folgenden Frühjahr eine Generation hervor, welche nur aus Weibchen besteht. Die Männchen werden erst gegen Ende des Sommers geboren. Jene Weibchen bringen kurze Zeit nach ihrer Geburt lebendige Junge zur Welt und zwar nur Weibchen, welche sehr bald wiederum nur Weibchen gebären. In dieser Weise entstehen im Laufe von fünf bis sechs Monaten zehn bis zwölf Blattlausgenerationen ohne jede vorhergegangene Befruchtung, aber alle erzeugten Weibchen sind fruchtbar. Sobald am Ende des Sommers die Männchen erscheinen, hören die Weibchen auf lebendige Junge zu erzeugen, sie legen dann aber Eier, welche den Zweigen ankleben und ohne Nachtheil in der Winterkälte, welche die lebenden Thierchen tödtet, bis zum Frühling dauern.

Diese absonderliche Weise der Fortpflanzung wurde schon im Anfange des vorigen Jahrhunderts durch einen Arzt *Albrecht* zu Hildesheim erkannt und ist in neuerer Zeit vom Professor *von Siebold* in München bei der Honigbiene, der Maulbeerseidenraupe und anderen Insecten, von dem Dänen *Steenstrup* auch bei den auf einer niederen Stufe stehenden Geschlechtern des Thierreichs, wie bei den Eingeweidewürmern, Quallen, Polypen etc., als sehr verbreitet nachgewiesen. Bei den letzgenannten Thieren ergiebt sich noch dazu ein Generationswechsel, d. h. die Brut ist dem Mutterthiere ganz unähnlich, und erzeugt, ohne mit Geschlechtsorganen ausgestattet zu sein, wiederum Thiere, welche erst in der zweiten Generation sich zu ihren Mutterthieren ähnlichen Wesen entwickeln. Der geschlechtslose Kopf des Bandwurms entwickelt Glieder (Proglottiden, Ammen), deren jedes ein selbstständiges Wesen ist, welches in seinem Innern Eier erzeugt, die das Thier der folgenden Generation embryonisch enthalten. Zur Reife gelangt trennt sich das Glied von den übrigen und wird durch den Darmkanal abgeführt. Kommt nun ein Ei desselben in den Darmkanal eines anderen Thieres (z. B. des Schweines), so entwickelt sich der Embryo zu einem mit Häkchen versehenen Bläschen von mikroskopischer Grösse, welches die Wand des Darmkanals durchbohrend in das Zellgewebe der Muskel wandert und hier sich zur Finne oder zum Blasenwurm *(Cysticercus)* ausbildet. Der Blasenwurm verharrt in dieser Form, bis er durch einen günstigen Umstand in den Magen oder Darmkanal eines Menschen gelangt und hier wieder zum Bandwurm auswächst.

Wie im Thierreiche hat man auch im Pflanzenreiche Parthenogenesis beobachtet, welche man eben so lange als vorhanden annehmen muss, als nicht entgegenstehende Beobachtungen gemacht werden. Prof. *Alex. Braun* in Berlin fand, dass *Chara crinīta* jährlich Früchte erzeuge, ohne dass man bisher in Deutschland die männliche Pflanze gefunden hätte. Andere Botaniker wollen parthenogenetische Fortpflanzung bei *Cannăbis satīva, Bryonĭa dioĭca. Mercuriālis* etc. beobachtet haben. Aufsehen machte vor ungefähr 30 Jahren die von *J. Smith* und *Hooker* im botanischen Garten zu *Kew* (an der Eisenbahn von London nach Windsor) beobachtete Parthenogenesis einer australischen diöcischen Euphorbiacee, *Coelébogÿne ilicifolĭa Smith.* Diese Pflanze brachte alljährlich keimfähige Samen hervor, obgleich man die männliche Pflanze noch nicht einmal in ihrem Vaterlande entdeckt hatte. Später fanden andere Botaniker (*Regel, H. Karsten, Gürtner*) jedoch zwischen den achselständigen Blüthenhaufen dieser Euphorbiacee männliche, von Hüllblättchen verdeckte Blüthen, die man früher für verkümmerte Hüllblättchen gehalten hatte. Damit wurde die Lehre von der Parthenogenesis bei Samenpflanzen ziemlich über den Haufen geworfen, und wo noch Beobachtungen zu Gunsten ihrer Existenz gemacht werden sollten, dürften spätere Forschungen die Gegenbeweise liefern. Bei den Saprolegnieen, einer Pilzfamilie, deren Arten in Wasser leben und auf faulenden Organismen entstehen, hat *Pringsheim* eine parthenogenetische Zeugung beobachtet, doch auch hier wird die Aufklärung einer normalen Zeugung nicht ausbleiben. Nur der oben erwähnte und bei einigen Thiergattungen mit Sicherheit verfolgte Generationswechsel findet Parallelen in der Pflanzenwelt, zu denen wir z. B. die Fortpflanzung und Entwickelung der Lycopodiacee *Selaginella* und auch der Brandpilze (Ustilagineen) rechnen können.

Ganz unhaltbar scheint ferner die den niedrigsten Pflanzengattungen früher vindicirte Urzeugung (*generatio aequivŏca s. spontanĕa*), welcher die Ansicht zum Grunde liegt, dass organisirte Wesen aus unorganischen Elementen entstehen können. In welchen Fällen man diese Ansicht glaubte aufrecht halten zu müssen, hat sich auch jedesmal die Entstehung aus Keimen, welche man nicht geahnt hatte, erwiesen. Die Erzeugung eines belebten, eines organisirten Wesens ohne Vermittelung eines Organismus scheint nicht stattzufinden. Auch die Gährungspilze entstehen, wie sicher nachgewiesen ist, aus Keimen, welche unter Vermittelung der atmosphärischen Luft den gährungsfähigen Flüssigkeiten zugeführt werden. Den Forschungen des Prof.

Ehrenberg in Berlin verdanken wir besonders die Beweise für die Unhaltbarkeit der Ansicht von der Urzeugung.

Dass Gebilde der niedrigsten Vegetationsstufe, wie Bacterien und Hefezellen, aus absterbenden und abgestorbenen Zellen, gleichsam als pathologische Producte des pflanzlichen und thierischen Zellgewebes entstehen können, ist mit einiger Sicherheit nachgewiesen. (Die Nekrobiose in morphologischer Beziehung von Dr. *J. Nüesch.*)

Hybridität (*hybriditas* oder *hibriditas*) oder Kreuzung, Bastarderzeugung, ist die Befruchtung des Pistills mit dem Pollen einer anderen Art oder Spielart. Im Allgemeinen werden die Pistille einer Species durch den Pollen derselben Species befruchtet, und eine Generation folgt auf die andere, ohne dass die charakteristische Form der Species eine Veränderung erleidet. Durch künstliche Uebertragung des Pollens einer Species auf die Narbe einer verwandten Species lässt sich in vielen Fällen eine Befruchtung erzielen, aus welcher eine Mischlingsspecies hervorgeht, welche Eigenschaften und Formen sowohl der einen wie der anderen Species aufweist. *Johannes Leunis*, Professor der Naturgeschichte in Hildesheim, erzählt in seiner Synopsis der drei Naturreiche, dass er den Samen einer Hybride (*planta hybrĭda*), eines Mischlings von Erbse und Linse, in Händen gehabt habe, welche auf der einen Seite convex waren, auf der anderen eine Halbkugel bildeten. Die Zierpflanzen *Pelargonĭum, Fuchsĭa, Verbēna, Calceolaria* etc. in unseren Gärten und Gewächshäusern sind sämmtlich Hybriden oder Bastarde, durch künstliche Kreuzung hervorgebracht. In der Natur sind Kreuzungen im Allgemeinen seltnere Erscheinungen, kommen aber bei einzelnen Gattungen häufig vor, wie bei den Weiden (*Salĭces*), den Minzen (*Menthae*), den Labkräutern (*Galĭa*), den Ampfern (*Rumĭces*). Wo *Galĭum verum* mit seinen gelben Blumen und *Galĭum Mollūgo* mit seinen weissen Blumen zusammenstehen, findet man auch verschiedene Mischlinge beider, wie *Galĭum ochroleucum Wolf, Galĭum verosimĭle*. Der Habitus entspricht gewöhnlich der Art, welche den Pollen lieferte, die secundären Charaktere aber der Art, welche befruchtet wurde.

Die hybridische Pflanze bringt selten fruchtbare Samen hervor. Sind auch ihre Pistille gewöhnlich normal entwickelt, so sind die Staubblätter unvollkommen, verkümmert, oder der Pollen ist ohne Befruchtungsstoff (*fovilla*). Die Gärtner erzielen die Fortpflanzung der hybridischen Pflanzen entweder durch Knospen oder durch Ableger.

Man macht zuweilen zwischen hybridischen und Bastard-Pflanzen noch einen Unterschied. Letztere (Mischlinge, Mittelschlag) entstehen aus der Kreuzung zweier Varietäten derselben Art, erstere aus der Kreuzung zweier verschiedenen Species. Tinctur oder Umschlag nennen einige Gärtner die aus der Kreuzung eines Bastards und der Mutterpflanze hervorgehende Form.

Bemerkungen. *Parthĕnogenĕsis*, von d. griech. παρϑένος (parthĕnos), Jungfrau, Mädchen, und γένεσις (genĕsis), Zeugung, Geburt. — *Smith* (spr. smish), *Hooker* (spr. huhker). — *Kew* (spr. kjuh). — *Coelĕbogўne*, ungeschickt gebildetes Wort aus *coelebs* (oder *caelebs*), Gen. *coelibis*, ehelos, und γυνή (gynä), Weib. — *Hybridĭtas*, von dem latein. *hibrĭda* oder *hybrĭda*, *ae*, *c.* von zweierlei Abkunft, Blendling.

Lection 82.

Pflanzenphysiologie.   Pflanzenchemie (Phytochemie).   Kohlehydrate.

Unter Physiologie versteht man die Lehre von den Lebenserscheinungen organisirter Wesen und von den Gesetzen, nach welchen diese Erscheinungen erfolgen. Die Kenntniss von der Entstehung, der Beschaffenheit und den Verrichtungen der Pflanzenorgane, von den Gesetzen, nach welchen Ernährung, Wachsthum und Fortpflanzung der Pflanzen erfolgen, ist Gegenstand der Pflanzenphysiologie. In den vorhergehenden Lectionen beschäftigten uns hauptsächlich die anatomischen, organographischen und morphologischen Verhältnisse der Pflanze und nur wenige physiologische Erscheinungen, welche sich behufs bequemerer Auffassung hier und da einflechten liessen. Was uns nun in den folgenden Lectionen in dieser Beziehung noch beschäftigen wird, ist entweder früher unzureichend oder noch gar nicht erwähnt.

Ein Theil der Pflanzenphysiologie umfasst die Pflanzenchemie, die Lehre von den einfachen und zusammengesetzten Stoffen, aus welchen sich der Pflanzenkörper constituirt, welche diesen ernähren, und welche durch die Lebensthätigkeit der Pflanze erzeugt werden.

Die Pflanze nimmt, so lange sie lebt, ununterbrochen Stoffe aus der Aussenwelt auf, dieselben assimilirend d. h. sie in Bestandtheile ihres Körpers verwandelnd, und sie scheidet ebenso beständig aufgenommene und veräuderte Stoffe aus, welche sie nicht mehr zu ihrer Ernährung und ihrem Wachsthum verwenden kann. Dieser Stoffwechsel ist durch die Ernährung und das Wachsthum der Pflanze bedingt und abhängig von der Lebensthätigkeit der Zellhaut, des Dermoplasma, welche ausschliesslich die Kräfte der Assimilation birgt und unterhält.

Von den circa 70 einfachen Grundstoffen oder Elementen, welche die Chemie aufzählt, scheint ein sehr beschränkter Theil einen Werth für das Pflanzenleben zu haben, denn in den Pflanzen hat man bisher nur folgende angetroffen:

Sauerstoff (O)	Chlor (Cl)	Aluminium (Al)
Wasserstoff (H)	Jod (J)	Magnesium (Mg)
Stickstoff (N)	Brom (Br)	Calcium (Ca)
Kohlenstoff (C)	Eisen (Fe)	Lithium (Li)
Schwefel (S)	Mangan (Mn)	Natrium (Na)
Phosphor (P)	Kupfer (Cu)	Kalium (K).
Silicium (Si)	Zink (Zn)	

Diese Stoffe finden wir im Pflanzenreiche in binären, ternären und quaternären Verbindungen, es sind aber Sauerstoff, Wasserstoff, Stickstoff und Kohlenstoff die vier wesentlichsten Elemente, welche den Pflanzenkörper aufbauen und die Organe desselben constituiren. Von gleichem Werthe treffen wir dieselben vier Elemente in dem Thierreiche an, wesshalb man sie auch organische Grundstoffe zu nennen pflegt. Die übrigen Elemente nehmen genau genommen eine secundäre Stellung im Pflanzenreich ein.

Die organischen Elemente liefert die Natur als binäre Verbindungen, nämlich als Wasser H_2O, als Kohlensäure (CO_2) und als Ammon (H_3N). Das Wasser ist eine chemische Verbindung von Wasserstoff (H) und Sauerstoff (O), die Kohlensäure eine Verbindung von Kohlenstoff (C) und Sauerstoff (O), und das Ammon oder Ammoniak eine Verbindung von Wasserstoff (H) und Stickstoff (N). Diese drei binären Verbindungen bilden die Grundlage der Pflanzennahrung, und die sie constituirenden Elemente finden wir in den Stoffen wieder, welche die Pflanze als Produkt der Lebensthätigkeit erzeugt. Diese letzteren Stoffe haben aber eine complicirtere Zusammensetzung.

Die Cellulose oder Zellstoff, welche man als ein Kohlehydrat, d. h. als eine Verbindung von Kohlenstoff mit Wasser betrachtet und welche die chemische Formel $C_6H_{10}O_5$ beansprucht, ist eine in Wasser unlösliche Substanz, woraus sich die Wände der Zellen, Fasern und Gefässe constituiren. Auflösungsmittel der Cellulose sind concentrirte Schwefelsäure und Kupferoxydammonlösung. Zuerst quillt die Cellulose in diesen Flüssigkeiten auf, ehe sie in Lösung übergeht. Unter Einwirkung von conc. Schwefelsäure und Jodlösung, oder von Zinkchlorid und Jodlösung, wird sie blau gefärbt, in kalter Aetzkalilösung quillt sie nur auf. Unter Einwirkung kalter concentrirter Säuren und warmer verdünnter Säuren wird die Cellulose in Dextrin und Glykose (Traubenzucker) übergeführt.

Es giebt nun mehrere Modificationen der Cellulose, welche dieser isomer zusammengesetzt sind, aber gegen Reagentien und Auflösungsmittel ein verschiedenes Verhalten zeigen. Eine solche Modification ist die Zellgewebesubstanz der Pilze und Tange. Diese wird von conc. Schwefelsäure nicht gelöst und färbt sich unter Einwirkung von Schwefelsäure und Jod nicht blau. Eine andere sehr wichtige Cellulosemodification ist der

Holzstoff, auch Lignin, Xylogen genannt. Er wird von concentrirter Schwefelsäure schwer oder nicht gelöst und färbt sich bei Einwirkung von Schwefelsäure und Jod nicht blau, ist aber in Aetzalkalilauge vollständig löslich. Er ist Hauptbestandtheil der Zellen des verholzten Pflanzengewebes.

Eine weitere Modification der Cellulose ist der Korkstoff oder Cuticularstoff, auch Suberin, Cutin genannt. Sie differirt in sofern von der Cellulose, dass sie noch von einer stickstoffhaltigen, ihr innig anhängenden Substanz begleitet ist. Der Korkstoff ist das Material, aus welchem sich Cuticula, Epidermis, die Cuticularschichten, das Korkgewebe und die Intercellularsubstanz bilden. Er ist wie der Holzstoff in Aetzkalilösung leicht löslich, sehr langsam löslich in conc. Schwefelsäure, er färbt sich aber bei Einwirkung von Schwefelsäure und Jod nicht blau, meistens nur gelb. Durch Behandlung mit Salpetersäure geht das Suberin zum Theil in Korksäure und Bernsteinsäure über.

Das Stärkemehl, die Stärke (*Amylum*), findet sich in Form mikroskopisch kleiner Zellen, gewöhnlich als Secretionszellen in den Zellen des Pflanzengewebes angehäuft. Da es in kaltem Wasser unlöslich ist und sich daher aus den wässrigen Flüssigkeiten, welche mit stärkemehlhaltigem Zellgewebe gemischt sind, absetzt, so hat es auch den Namen Satzmehl erhalten. Das spec. Gewicht der Stärkemehlkörnchen ist 1,500 bis 1,600.

Charakteristisch für die Stärke ist die Reaction mit Jod, womit sie eine blaue oder violettblaue Farbe annimmt.

Die Stärkezelle ist aus mehreren concentrisch übereinander gelagerten Schichten zusammengesetzt, von welchen die äusseren wasserärmer und dichter sind.

Das Stärkemehl ist von derselben elementaren Zusammensetzung wie die Cellulose und wie diese ein Kohlehydrat, denn seine chemische Formel lautet $C_6H_{10}O_5$. Mit Jod färbt es sich, wie vorher erwähnt ist, blau, mit kochendem Wasser bildet es Kleister, und durch Einwirkung von verdünnten Säuren, z. B. verdünnter Schwefelsäure, welche dabei keine Veränderung erleiden, geht es in Dextrin und Stärkezucker (Glycose) über, welche beide Substanzen in ihrer chemischen Constitution von derjenigen des Stärkemehls nicht abweichen, also auch Kohlehydrate sind. Wie Schwefelsäure bewirken auch eine erhöhte Temperatur, so wie Diastase, eine beim Keimen der Getreidesamen entstehende eiweissartige Substanz, die Umsetzung des Stärkemehls in Dextrin und Stärkezucker.

Dem Stärkemehl chemisch ähnlich ist das Lichenin oder Moosstärke, Flechtenstärke, aus welcher im Thallus der *Cetraria Islandica* die Faserschicht besteht, welche zwischen Rinde und dem centralen heedeartigen Gewebe liegt. Man hat es auch in anderen Flechten, dem Wurmmoos, einigen *Delesseria*-Arten angetroffen. Das Lichenin färbt sich mit Jod blau und geht durch Contacteinwirkung verdünnter Mineralsäuren in Stärkezucker über.

Ein dem Stärkemehl analoger und in gleicher Weise chemisch zusammengesetzter Stoff, also auch ein Kohlehydrat, ist das Inulin, welches ausschliesslich in den Wurzeln der Compositen die Stelle des Stärkemehls ausfüllt. Es kommt hier jedoch in der lebenden Zelle nicht in Körnern vor, sondern im gelösten Zustande. Aus den Abkochungen der Wurzeln setzt es sich beim Erkalten als ein weissliches Pulver ab. Es unterscheidet sich vom Stärkemehl hinreichend dadurch, dass es von Jod nicht blau, sondern gelb gefärbt wird. Durch Einwirkung verdünnter Schwefelsäure geht das Inulin in Fruchtzucker über, nur Diastase ist ohne Einfluss darauf.

Dextrin oder Stärkegummi, ein Kohlehydrat, entsteht im lebenden Pflanzenkörper aus dem Stärkemehl. Es ist in Wasser leicht löslich.

Gummi oder Arabin, ein gleiches Kohlehydrat und dem Dextrin ähnlich, ist theils frei, theils an Kalkerde oder andere Basen gebunden im Pflanzenreich sehr verbreitet.

Dem Gummi und Dextrin schliesst sich **Pflanzenschleim, Pflanzengallerte** an. Es scheint dieser Körper aus Cellulose zu entstehen. Durch längeres Kochen mit Wasser geht er in Dextrin und Zucker über. In Wasser ist er unlöslich, quillt aber darin zu einer gallertartigen Masse auf.

Cellulose, Stärkemehl, Flechtenstärke, Inulin, Dextrin, Gummi und Pflanzenschleim sind Kohlehydrate von der Formel $C_6H_{10}O_5$. Von ihnen dreht das Dextrin allein die Polarisationsebene nach rechts, daher auch der Name Dextrin. Die anderen der genannten und in Wasser löslichen Kohlehydrate drehen meist die Polarisationsebene nach links.

Der Zucker (*Sacchärum*) ist in verschiedenen Modificationen im Pflanzenreich verbreitet. Diese bilden eine besondere Gruppe unter den Kohlehydraten, indem ihre elementare Zusammensetzung ein anderes Verhältniss als die der vorhergehenden Kohlehydrate aufweist.

Der Zucker tritt in den Pflanzen in zwei Hauptmodificationen auf, nämlich als **Saccharose** ($C_{12}H_{22}O_{11}$) und als **Glycose** ($C_6H_{12}O_6$). Zu der Saccharosegruppe zählen: Rohrzucker oder Saccharose, Synanthrose, Mycose, Trehalose, zu der Glycosegruppe: Traubenzucker oder Dextrose, Fruchtzucker oder Levulose.

Der **Rohrzucker** oder die Saccharose findet sich im Zuckerrohr (*Sacchärum officinärum*), in Zuckerahorn (*Acer saccharinum*), in der Runkelrübe (*Beta vulgäris rapacĕa*), im Mark des Mays (*Zea Mays*) und Zuckersorgho (*Sorghum saccharātum*), der Palmen, im Johannisbrod, in der Ananas, den Erdbeeren, Aprikosen, Aepfeln, Orangen etc. Er krystallisirt, dreht die Ebene des polarisirten Lichtes nach rechts, ist an und für sich nicht gährungsfähig, und wird durch Hefe oder verdünnte Säuren in Stärke- und Fruchtzucker übergeführt, welche gährungsfähig sind. Aus einer alkalischen Kupferoxydlösung scheidet Rohrzucker kein Kupferoxydul ab. Er schmilzt bei 160° C. zu einer durchsichtigen Flüssigkeit, welche zu einer amorphen Masse (Gerstenzucker) erstarrt und allmählich wieder eine krystallinische Textur annimmt.

Synanthrose findet sich in den Knollen einiger Compositen, besonders in den Knollen der *Dahlia variabilis, Helianthus tuberosus*. Sie ist optisch inactiv, amorph, nicht gährungsfähig. Durch verdünnte Säuren wird sie in Dextrose und Levulose übergeführt.

Trehalose wurde von *Berthelot* in der *Trehäla* oder dem Nestzucker, einem in Syrien gebräuchlichen Nahrungsmittel, welches auf den Zweigen einer *Echīnops* durch die Larve einer Coleoptere (*Larīnus nidīficans*) erzeugt wird, gefunden. Die **Mykose** fand *Mitscherlich* im Mutterkorn (*Secāle cornūtum*). **Melezitose** entdeckte *Berthelot* in der Briançonmanna (Mannaausschwitzung der *Pinus Larix*) und die **Melitose** in der Eucalyptusmanna (einer australischen Drogue).

Der **Traubenzucker** oder **Dextrose**, häufig mit Glycose, Glucose, Stärkezucker, Krümelzucker bezeichnet, findet sich in den meisten süssen Früchten als Begleiter des **Fruchtzuckers** oder der **Levulose**, auch der Saccharose. Beide reduciren kalische Kupferoxydlösungen, ersterer lenkt die Polarisationsebene nach rechts (daher der Name Dextrose), der andere nach links ab (daher der Name Levulose). Ein Gemisch gleicher Molecüle Dextrose und Levulose wird als Invertzucker unterschieden. Dieser lenkt die Ebene des polarisirten Lichtstrahles nach links ab. Traubenzucker ist krystallisationsfähig, Fruchtzucker nicht.

Lection 83.

Pflanzenbestandtheile, welche nicht Kohlehydrate sind.

Pectinstoffe, **Pectinkörper** (Gerinnung erzeugende Stoffe) hat man diejenigen, den Kohlehydraten verwandten Stoffe genannt, welche sich im Safte der meisten Früchte und vieler fleischigen Wurzeln und Knollen finden und die Ursache sind, dass der Pflanzensaft allein, oder nachdem Zucker darin gelöst ist, gallertartig gerinnt. In den unreifen Früchten sind sie in unlöslicher Form (**Pectose**) vorhanden, und durch die Reife der Früchte gehen sie in die lösliche Form (**Pectin**) über. In Aether und Weingeist sind sie nicht löslich, durch Jod werden sie nicht gefärbt, durch verdünnte Schwefelsäure nicht in Zucker übergeführt, und gegen die Ebene des polarisirten Lichtes verhalten sie sich indifferent. Wegen ihrer Eigenschaft zu gelatiniren, besonders bei Gegenwart von Zucker, lässt man die Pflanzensäfte, aus welchen Syrupe bereitet werden sollen, gähren, wodurch das Pectin theils zerstört, theils in Metapectinsäure übergeführt wird. Das Ferment, welches die Umwandlung des Pectins in Metapectinsäure bewirkt und die Pectinkörper begleitet, hat man **Pectase** genannt. Die Zusammensetzung der Metapectinsäure soll der Formel $C_8H_{10}O_7$ entsprechen.

Mannit (Mannazucker, *Mannītes*, $C_6H_{14}O_6$ od. $C_6H_8(OH)_6$) ist ein krystallisirbarer, süss schmeckender Körper, welcher sich von dem Zucker hinreichend dadurch unterscheidet, dass er nicht gährungsfähig ist und sich gegen die Ebene des polarisirten Lichtes indifferent verhält. In grösster Menge ist der Mannit in der Manna, jener zuckerartigen Absonderung der Manna-Esche (*Fraxinus Ornus*) enthalten, wird aber auch in dem Safte vieler Pomaceen, Amygdaleen, Coniferen, Fucusarten und Pilze angetroffen. Man hat ihn in den Knollen des Aconits (*Tubĕra Aconīti*), in dem Queckenrhizom (*Rhizōma Gramĭnis*), in dem Rhizom des *Polypodium vulgare*, in weissem Zimmt (Cortex Canellae albae), in den Kaffeesamen, den Oliven, dem *Lactucarĭum*, im Honigthau der Linde, im Sellerie, in der Mohrrübe, der Granatwurzelrinde nachgewiesen. Je nach dem Namen der Pflanzen, in denen man Mannit antraf, wurde er auch benannt z. B. Fraxinin, Granatin, Graswurzelzucker, Syringin. Der sogenannte Pilzzucker ist ein Gemenge aus Mannit und Traubenzucker. Die Absonderung des Mannits ist nicht schwierig, weil er in heissem Weingeist leicht, in kaltem Weingeist sehr wenig löslich ist.

Glycoside oder Glucoside sind eigenthümliche, meist krystallisirbare und chemisch indifferente Erzeugnisse des pflanzlichen Lebens, welche man als gepaarte Verbindungen betrachtet, in welchen Zucker die Stelle eines Paarlings übernimmt, denn wenn man sie mit verdünnten mineralischen Säuren oder mit Alkalien behandelt, zerfallen sie unter Aufnahme von Wasser in ein oder zwei neue Stoffe und in gährungsfähigen Zucker. Sie erscheinen als wirkliche Verbindungen mit Saccharid ($C_6H_{10}O_5$), welches beim Austritt aus der Verbindung Wasser aufnehmend in Glycose oder Traubenzucker ($C_6H_{12}O_6$) übergeht. Sie schmecken übrigens nicht süss, sehr viele sogar bitter. Der grösste Theil der sogenannten vegetabilischen Bitterstoffe gehört den Glycosiden an. Dergleichen sind: Amygdalin (aus den bitteren Mandeln), Salicin (aus der Weidenrinde, den Rinden einiger Pappelarten, den krautartigen Spiräen), Aesculin (aus der Rinde der Rosskastanie), Populin (aus der Rinde und den Blättern der *Popŭlus tremŭla*), Phloridzin (aus der Wurzelrinde der Pflaumen-, Aepfel- und Kirschbäume), Arbutin (in den Blättern der Bärentraube, *Arctostaphy̆los Uva Ursi*), Digitalin (aus den Blättern der *Digitālis purpurea*), Daphnin (aus der Rinde der *Mezerēum*-Arten). Auch einige andere Stoffe, wie z. B. die Gallusgerbsäure (Tannin), das Jalapenharz u. a. reihen sich den Glycosiden an. Um den Spaltungsmodus eines Glycosids zu veranschaulichen diene das

Salicin ($C_{13}H_{18}O_7$), welches in wässriger Lösung bei einer Wärme von 40⁰ C. im Contact mit Emulsin oder Speichel unter Zutritt von H_2O in Saligenin und Glycose zerfällt.

Saligenin.   Glycose.

$C_{13}H_{18}O_7 + H_2O = C_7H_8O_2$ und $C_6H_{12}O_6$.

Organische Säuren sind in grosser Mannigfaltigkeit im Pflanzenreich vertreten. So weit sie Erzeugnisse des Pflanzenlebens sind, nennt man sie Pflanzensäuren. Einige derselben sind allgemein, andere sind nur gewissen Pflanzen eigen. Die wichtigsten Pflanzensäuren sind:

Oxalsäure oder **Kleesäure**, *Acidum oxalicum* ($C_2H_2O_4$ oder $C_2O_2(OH)_2$. Sie hat ihren Namen vom Sauerklee (*Oxalis Acetosella*) erhalten, in welchem sie in grösster Menge an Kalium gebunden vorkommt, und aus dessen Safte sie früher auch dargestellt wurde. Gewöhnlich ist sie an Kalium und Calcium gebunden. In der Rhabarberwurzel finden wir sie als Calciumoxalat oder oxalsaure Kalkerde.

Aepfelsäure, *Acidum malicum* ($C_4H_6O_5$) findet sich besonders in den sauren Aepfelfrüchten, der Vogelbeere (*Sorbus aucuparia*), überhaupt in fast allen sauren Pflanzensäften in Gesellschaft mit anderen Pflanzensäuren.

Citronensäure, *Acidum citricum* ($C_6H_8O_7$ oder $C_3H_4[OH]$ $[COOH]_3$) wird in Gesellschaft der Aepfelsäure, in grösster Menge in der Citronenfrucht (*Citrus Medica Limonum Risso*), der Frucht der Preisselbeere (*Vaccinium Vitis Idaea*), den Stachelbeeren, Johannisbeeren etc. angetroffen.

Weinsäure, **Weinsteinsäure**, *Acidum tartaricum* ($C_4H_6O_6$ oder $C_2H_2[OH]_2 [COOH]_2$) findet sich in vielen Früchten, theils frei, theils an Kalium oder Calcium gebunden, wie z. B. in der Frucht der Tamarinde (*Tamarindus Indica*). Der rohe Weinstein (*Tartarus crudus*) ist eine saure Kaliumverbindung, mehr oder weniger gemischt mit weinsaurem Calcium, welche sich aus dem Weine absetzt.

Gerbsäuren oder **Gerbstoffe**. Dieselben bilden eine grosse Familie der verschiedenartigsten Säuren, welche insofern einander ähnlich sind, als sie sich durch einen zusammenziehenden oder adstringirenden Geschmack auszeichnen, mit Eisenoxydlösungen blaue oder grüne Niederschläge bilden und Leimlösung fällen. Den Namen Gerbsäure verdanken sie der Eichenrindengerbsäure, welche man zuerst kannte und welche die Eigenschaft zu gerben, d. h. die thierische Haut in Leder zu verwandeln, besitzt. Diese letztere Eigenschaft besitzen jedoch nur sehr wenige der Gerbsäuren. Je nach dem Vorkommen werden sie benannt, wie z. B. Eichengerbsäure (*Acidum querci-tannïcum*), Galläpfelgerbsäure (*A. gallotannïcum*), Catechugerbsäure (*A. mimotannïcum*), Kaffeegerbsäure (*A. coffëotannïcum*), Moringerb-säure (*A. morintannïcum*), Chinagerbsäure (*A. cinchotannïcum*) etc. Gewöhnlich unterscheidet man die Gerbsäuren als eisenblau-fällende und eisengrünfällende.

Die Ameisensäure, *Acidum formicïcum* (CH_2O_2 oder CHO, OH), kommt spärlich vor. Man hat sie z. B. in den Tamarinden, den Kiefernadeln und den Brennhaaren der Nessel angetroffen. Die Mekonsäure findet sich im Opium, die Bernsteinsäure im Bernstein, in manchen Braunkohlen, im Terpentin, im Gift-lattig (*Lactüca virösa*), im Wermuth (*Artemisïa Absinthïum*), die Zimmtsäure in der Zimmtrinde, im Storax, Tolubalsam, Peru-balsam, in der Penang-Benzoë, Nelkensäure (Eugensäure) im Nelkenöl, Zimmtblätteröl, Pimentöl, in der weissen Zimmtrinde, Benzoësäure im Benzoëharze, Drachenblut, Storax, Tolubalsam, Perubalsam, Sternanis, in der Myrrhe, Calmuswurzel, Alantwurzel, Bibernellwurzel.

Feste bemerkenswerthe Kohlenwasserstoffe, welche als na-türliche Erzeugnisse im Pflanzenkörper vorkommen, sind Kaut-schuk oder Kaoutschuk (*Resïna elastica*), Guttapercha. Diese und ähnliche Substanzen sind häufig Bestandtheile der Milch-säfte. Kautschuk entstammt tropischen Euphorbiaceen und Urti-caceen (*Jatröpha elastica, Ficus elastica, Siphonïa elastica* Persoon), Guttapercha der *Isonändra Gutta* Hooker (Tubanbaum).

Dem Kautschuk nahestehend ist Viscin, die klebrige Sub-stanz im Vogelleim (*viscum aucuparium*). Es findet sich in den Beerenfrüchten der Mistel (*Viscum album*) und in der Rinde der Stechpalme (*Ilex Aquifolium*).

Starre Fette, fette und flüchtige Oele sind in grosser und in ausserordentlich mannigfaltiger Menge in der Pflanzenwelt verbreitet.

Der bläuliche óder graugrüne Anflug oder Duft (*pruïna*) auf den Pflanzentheilen wird durch eine dünne, aus mikroskopisch kleinen Wachskügelchen bestehende Schicht gebildet. In reich-lichen Mengen wird Wachs von den Früchten der Wachsbeere (*Myrïca cerifëra*), von dem Stamme der Wachspalme (*Ceroxÿlon andicöla*), von den Blättern der *Corÿpha cerifëra* etc. abgesondert.

Mehr oder weniger starre Fette liefert der Samen des Cacao (*Theobröma Cacäo*), des Muskatbaums (*Myristica fragrans* Houttuyn), die Frucht der Wein- und Butterpalme (*Cocos butyracĕa*). Flüssige Fette sind in vielen Früchten und in den meisten Samen enthalten.

Flüchtige Oele (*Oleo aetherĕa*) sind meist Absonderungsprodukte, welche sich in besonderen Zellen und Schläuchen (Oeldrüsen) ausgeschieden finden. Die Oeldrüsen findet man entweder im Zellgewebe, oder an der Oberfläche der Pflanzenorgane, oder als Endzellen der Haare. Einige Pflanzenfamilien zeichnen sich durch Reichthum an flüchtigem Oele aus, wie z. B. die Umbelliferen und Labiaten. Gemeiniglich sind die flüchtigen Oele Gemische mehrerer Oele von verschiedener Zusammensetzung, verschiedener Consistenz und verschiedenem Kochpunkte. Den festen Theil nennt man Stearoptén oder Kampfer, den flüssigen Elaeoptén. Je nach der elementaren Constitution theilt man die flüchtigen Oele in sauerstofffreie und sauerstoffhaltige ein, dann die sauerstofffreien in Camphéne (= C_5H_8 oder Multipel dieser Formel), wie Terpenthinöl, Citronenöl, und in Camphénhydrate (= $C_5H_8 + nH_2O$), wie Bergamottöl, Pomeranzenblüthenöl, Lavendelöl, Rosmarinöl. Die sauerstoffhaltigen Oele unterscheidet man je nach der Art des Kohlenwasserstoffs, den sie enthalten, z. B. Oele, welche Camphén (C_5H_8), Cymén ($C_{10}H_{14}$), Menthén ($C_{10}H_{18}$) enthalten.

Das Cumarin ist ein wohlriechendes Stearoptén im Waldmeister (*Asperŭla odorāta*), Tonkagras (*Anthoxānthum odorātum*), der Tonkabohne (der Frucht von *Diptĕrix*), dem Steinklee (*Melĭlotus officinālis*), dem Fahamthee. Einem Stearoptén ähnlich erscheint das Vanilin auf den Vanillenfrüchten.

Die Harze (*Resīnae*) findet man von mannigfaltiger Beschaffenheit. Zum Theil sind sie Oxydationsprodukte der flüchtigen Oele und besitzen saure Eigenschaften. Harze sind Bernstein, Benzoë, Colophon, Mastix, Sandarach, Jalapenharz, Guajakharz. Harze sind im Wasser unlöslich, in Weingeist meist löslich.

Halbflüssige oder flüssige natürliche Gemische aus flüchtigen Oelen und Harzen nennt man Balsame (*Balsăma*), wie Terpenthin, Copaïvabalsam, Perubalsam.

In dieser und der vorigen Lection haben wir Pflanzenkörper kennen gelernt, welche binär oder ternär zusammengesetzt sind, aber keinen Stickstoff enthalten. Zu den stickstoffhaltigen wollen wir in der nächsten Lection übergehen.

Lection 84.

Stickstoffhaltige Pflanzenbestandtheile.

Die Proteïnkörper bilden eine Gruppe indifferenter stickstoffhaltiger Substanzen, welche in keinem lebensthätigen Gewebe eines Pflanzenkörpers fehlen. Sie bestehen aus Kohlenstoff, Wasserstoff, Stickstoff und Sauerstoff, denen sich in kleiner Menge Schwefel, zuweilen auch noch Phosphor zugesellt. Sowohl der Schwefel wie der Phosphor sind hier so innig mit den organischen Elementen verbunden, dass sie durch die gewöhnlichen Reagentien nicht zu erkennen sind.

Der Schwefel- und Phosphorgehalt dieser stickstoffhaltigen Körper verleitete *Mulder*, einen holländischen Chemiker, zu der Annahme eines schwefel- und phosphorfreien Radicals, welches, von diesem Chemiker Proteïn genannt, durch Verbindung mit verschiedenen Mengen Schwefel und Phosphor die verschiedenen Proteïnkörper constituire. Bisher ist das Proteïn nur ein hypothetisches Radical geblieben, es gab aber Veranlassung, jenen stickstoffhaltigen indifferenten Substanzen, welche dem pflanzlichen und thierischen Leben unentbehrlich sind und gleichsam die materielle Basis organisirter Wesen bilden, den Namen Proteïnkörper zu geben.

In den jungen Zellen befinden sich die Proteïnkörper in gelöster und halbgelöster Form, *Mohl's* Protoplasma. Später lagern sie sich in fester amorpher, nur selten auch in krystallisirter Form in der Zelle oder in der Zellhaut, deren Lebensthätigkeit sie ihre Bildung verdanken, ab. Sie kommen im Allgemeinen in zweierlei Zuständen vor, als eine in Wasser lösliche und eine in Wasser unlösliche Modification. Durch Einwirkung von Weingeist, Säuren, Siedehitze geht die lösliche in die unlösliche Modification über, in den wässrigen Lösungen der Alkalien sind sie dagegen löslich.

Die Proteïnkörper werden durch Jod braun, durch Schwefelsäure bei Gegenwart von Zucker rosenroth, durch eine salpetrige Säure enthaltende Lösung von salpetersaurem Quecksilberoxyduloxyd (dem *Millon*'schen Reagens) roth, durch concentrirte Chlorwasserstoffsäure violettblau gefärbt. Von den Leim gebenden Substanzen unterscheiden sie sich dadurch, dass sie mit

Wasser gekocht keinen Leim geben und dass sie durch Ferro-cyankalium und Ferridcyankalium gefällt werden.

Die Nahrhaftigkeit der Vegetabilien für die Thiere ist von dem grösseren Gehalt derselben an Proteïnkörpern abhängig. Die Hülsenfrüchte enthalten durchschnittlich 30 Proc. Proteïn-stoffe, der Weizen 20, der Reis 3, die Kartoffel 2,3 Proc.

Vegetabilische Proteïnstoffe sind:

1. Das Pflanzeneiweiss oder Albumin. Es findet sich in allen Pflanzensäften. Bei einer Wärme von 70⁰ C. coagulirt es und geht in die unlösliche Modification über. Weingeist und Salpetersäure fällen es aus seiner Lösung, es coagulirt aber nicht bei Gegenwart von Essigsäure.

2. Pflanzenfaserstoff oder Pflanzenfibrin, welches den in kochendem Weingeist unlöslichen Theil des Klebers *(gluten)* bildet. Den Kleber, einen Hauptbestandtheil der Cerealienfrüchte, stellt man aus dem Weizenmehl dadurch her, dass man letzteres in einem Leinwandtuche unter Wasser anhaltend knetet. Das Stärkemehl geht mit dem Wasser durch das Tuch, und der Kleber bleibt in dem Tuche als weiche zähe Masse zurück. Den in kochendem Weingeist löslichen Theil des Klebers hat man Pflanzenleim, Gliadin, genannt. Der Kleber des Getreide-samens liegt in den Zellen dicht unter der Samenhaut und bil-det daher einen hauptsächlichen Bestandtheil der Kleie *(furfur)*.

3. Pflanzencaseïn oder Legumin findet sich in allen Samen, welche fettes Oel enthalten, und besonders in den Hül-senfrüchten (Erbsen, Linsen, Bohnen, Wicken). Es ist im Was-ser löslich und scheidet sich aus der Lösung beim Erhitzen in Gestalt von dünnen Häutchen gleich dem thierischen Caseïn aus. Es unterscheidet sich vom Albumin dadurch, dass es durch Essigsäure coagulirt und in die unlösliche Modification verwan-delt wird.

Diese drei Proteïnstoffe haben eine grosse Aehnlichkeit mit denen des Thierreiches, dem Albumin, Fibrin und Caseïn.

4. Im keimenden Getreidekorn, wie in dem Gerstenmalz, bildet sich eine proteïnische Substanz, welche sich durch die Eigenschaft auszeichnet, Stärkemehl in Dextrin und Stärke-zucker überzuführen, und desshalb die Namen Diastas, Dia-stase, erhalten hat.

Den Proteïnkörpern schliesst sich das Blattgrün oder Chlorophyll (Phyllochlor) an, welchem die grünen Pflanzen-theile ihre Farbe verdanken. Es bildet sich aus Protoplasma unter Einwirkung des Lichts und einer gewissen Temperatur, entsteht aber nur unter Gegenwart von Eisenoxyd. Es befindet sich nie im aufgelösten Zustande in den Zellen, sondern als Chlorophyllzellen in Gestalt höchst kleiner Kügelchen oder Körnchen, welche sich bei einigen Algen sogar in ringförmigen oder schraubenförmigen Bändern an einanderreihen. Keineswegs bestehen die Chlorophyllzellen nur aus Chlorophyll, denn wenn man sie mit Weingeist oder Aether behandelt, so nehmen diese Lösungsmittel den grünen Farbstoff auf und hinterlassen die Zellchen in Gestalt und Beschaffenheit farbloser Protoplasmakörperchen. Was Aether und Weingeist löst, ist nur zu einem geringen Theile grüner Farbstoff, denn ein grösserer Theil ist eine wachsähnliche Substanz. Anfangs sind die Chlorophyllzellen frei von Stärkezellen, später treten diese darin auf. *Mulder* gab dem Chlorophyll die Formel $C_9H_{18}NO_4$. Das in der Isländischen Flechte (*Lichen Islandicus*) vorkommende Thallochlor ist wesentlich vom Chlorophyll verschieden. Nach *Fremy* ist Chlorophyll ein Gemenge zweier Farbstoffe, eines blauen (Phyllocyanin) und eines gelben (Phylloxanthin).

Unter gewissen Verhältnissen und besonders nach der Fruchtreife, wie im Herbst, geht das Chlorophyll in Blattgelb oder Xanthophyll, auch wohl in Blattroth oder Erythrophyll über.

Die Abstufungen der Färbung der Pflanzen werden theils durch die grössere oder geringere Menge des Chlorophylls, theils durch Beimischung von mehr oder weniger Phylloxanthin oder Phyllocyanin, theils durch die Dicke der Epidermis, Behaarung etc. verursacht.

Die nicht grünen Pflanzenfarben befinden sich meist im gelösten Zustande in den Zellen, besonders in denen der Epidermis, seltener in besonderen Bläschen oder Zellen eingeschlossen, wie in der Fruchtschale von *Capsicum annuum*, oder die Zellhäute sind selbst gefärbt. Der Indigo ist ein eigenthümlicher Farbstoff, dessen Chromogen (sogenanntes Indigoweiss) in *Indigofera*, *Isatis tinctoria* (Waid), *Polygonum tinctorium* und einigen anderen Pflanzen vorkommt und durch Aufnahme von Sauerstoff aus der Luft, welche durch Gährenlassen des entsprechenden Pflanzensaftes befördert wird, in Indigoblau (*Indicum*), einen stickstoffhaltigen Farbstoff, übergeht.

Es giebt auch stickstofffreie Pflanzenfarbstoffe, wie das Alizarin in der Krappwurzel, das Haematoxylin in dem Campecheholz, die Farbstoffe der Rhabarberwurzel.

Die Pflanzenalkaloïde sind besondere stickstoffhaltige

Pflanzenbestandtheile, welche für die Therapie und Pharmacie von der grössten Wichtigkeit sind und zum Theil die kräftigst wirkenden Arzneimittel, zum Theil aber auch die stärksten Gifte darstellen.

Da diese stickstoffhaltigen Pflanzenbestandtheile alkalisch reagiren und wie die Alkalien mit Säuren Salze bilden, hat man sie Alkaloïde genannt. In den Pflanzen sind sie an organische Säuren gebunden vorhanden, meist in sehr geringer Menge, dennoch wird durch sie gewöhnlich die medicinische Wirksamkeit der Pflanze bedingt. Die Geschlechter einer Pflanzenfamilie enthalten entweder dasselbe Alkaloïd oder doch solche in chemischer oder medicinischer Hinsicht unter sich ähnliche, es kommt aber auch oft ein und dasselbe Alkaloïd in Pflanzen vor, welche weder einer und derselben Familie angehören, noch irgend eine Aehnlichkeit mit einander haben.

Bei den Solanaceen treffen wir das Nicotin, Atropin, Daturin, Hyoscyamin an (das Solanin, welches früher für ein Alkaloïd gehalten wurde, scheint ein Glycosid zu sein), bei den Colchicaceen das Colchicin, Veratrin, Sabadillin, bei den Ranunculaceen das Aconitin, Napellin, Delphinin, bei den Strychnaceen das Strychnin, Brucin, bei den Rubiaceae-Cinchonaceae das Chinin, Cinchonin, Aricin etc. Das Coffeïn oder Theïn findet man bei Pflanzen verschiedener Familien, wie in *Coffĕa Arabĭca* (den *Rubiaceae-Coffeacĕae* angehörend), in *Thēa* (einer Theacee oder Camelliacee), im Paraguaythee, *Ilex Paraguayensis* Saint-Hilaire (einer Aquifoliacee), in der Kolanuss, der Frucht von *Cola acumināta* Schott. oder *Sterculĭa acumināta* Beauvais (einer Sterculiacee). Das dem Coffeïn sehr nahe stehende Theobromin findet sich in dem Cacaosamen, dem Samen von *Theobrōma Cacāo* (einer Büttneriacee). Das Opium, der eingetrocknete Milchsaft der unreifen Fruchtkapseln von *Papāver somnifĕrum*, ist der Träger einer grossen Reihe ganz besonderer Alkaloïde wie Morphin, Codeïn, Thebaïn, Papaverin, Narcotin, Narceïn.

Die Alkaloïde bestehen aus Kohlenstoff, Wasserstoff, Stickstoff und Sauerstoff, nur einige wenige wie Nicotin, Coniin, Mercurialin (aus *Mercuriālis annŭa, perennis)* sind sauerstofffrei und zugleich flüssig, während die sauerstoffhaltigen fest, theils fest und amorph, theils krystallisirbar sind.

Bemerkungen. Proteïn, Proteín, von d. griech. πρῶτος (protos), der erste, πρωτεύω (proteuo), ich nehme den ersten Platz ein, weil diese indifferenten stickstoffhaltigen Substanzen die Ausgangspunkte des pflanzlichen und thierischen Lebens bilden und unter den organischen Substanzen für die Ernährung der Thiere den ersten Platz einnehmen. — Albumin, Eiweissstoff (lat. *albū-*

men, das Weisse, Eiweiss). — Fibrín, Faserstoff (lat. *fibra*, die Faser). — Caseín, Käsestoff (lat. *casĕus*, Käse). — Gliadin, von dem griech. γλία (glia), Leim. — Legumín, weil es in den Samen der Leguminosen in grösster Menge vorkommt. — *Diastas, Diastáse*, griech. διάστασις (diastăsis), Spaltung, Trennung. — Thallochlor, Thallusgrün, zusammengesetzt aus θαλλός (thallus), junger Zweig, hier Flechtenlager, und χλωρός, ά, όν (chloros, a, on), grün, hellgrün, gelbgrün. — Xanthophýll, Blattgelb, von ξανθός, ή, όν (xanthos, ä, on), gelb, und φύλλον (phyllon), Blatt. — Erythrophýll, Blattroth; ἐρυθρός, ά, όν (erythros, a, on), roth. — Alkaloïd, alkaliähnlicher Stoff, gebildet aus Alkali und εἶδος (eidos), Gestalt.

Lection 85.

Pflanzennahrung. Wärme- und Lichtentwickelung der Pflanzen.

Nahrungsmittel ist alles das, was der Organismus von aussenher aufnimmt und assimilirt, d. h. in seine Eigensubstanz verwandelt. Natürlich müssen die Nahrungsmittel der Pflanze alle die Stoffelemente enthalten, welche sich an der Zusammensetzung ihrer Substanz betheiligen. Da die Pflanze sich nicht freiwillig bewegt, sie also ihre Nahrung nicht aufsuchen kann, so muss der Boden, der sie trägt und in welchen sie ihre Wurzeln sendet, so wie die Atmosphäre, welche sie umgiebt, ihr auch die Stoffe darbieten, welche sie zu ihrer Entwickelung und Ernährung nöthig hat. Die Nahrungsmittel sind überdies dem Pflanzenorganismus nur in gelöster flüssiger oder luftähnlicher Form zugänglich, weil die Aufnahme nicht wie bei dem Thiere durch eine Mundöffnung geschieht, sondern vielmehr durch endosmotische Aufsaugung oder durch die mikroskopisch kleinen Stomaöffnungen.

Die vier einfachen sogenannten organischen Elemente sind Kohlenstoff, Wasserstoff, Stickstoff, Sauerstoff, denen sich in den Proteïnkörpern noch Schwefel und Phosphor anreihen. Die organischen Elemente finden wir im Wasser, in der Kohlensäure und im Ammon, und diese drei Verbindungen bilden auch die nothwendigsten und wesentlichsten Nahrungsmittel der Pflanze. Der Kohlenstoff, hier die von ihrem Sauerstoff befreite Kohlensäure, verbindet sich mit dem Wasser, und daraus entstehen die Kohlehydrate, wie Cellulose, Stärkemehl, Gummi, Zucker. Durch Hinzutritt von mehr Kohlenstoff und Sauerstoff entstehen die organischen Säuren, durch Hinzutritt von Kohlenstoff und Wasserstoff die Oele, durch Hinzutritt der Ammon-bestandtheile die Proteïnkörper. Die Stätte dieser Vorgänge, in welcher die aufgenommenen flüssigen und luftförmigen Nährstoffe zu der Ueberführung in den Pflanzensaft geschickt gemacht werden, ist, wie schon erwähnt wurde, die Zellhaut, das Dermoplasma.

Wasser entnimmt die Pflanze dem Erdboden und der atmosphärischen Luft, welche stets mehr oder weniger wasserhaltig ist, die Kohlensäure in Wasser gelöst oder im gasförmigen Zustande aus der Luft, welche davon circa $1/_{1000}$ enthält. Es erscheint eine solche Kohlensäurequantität zwar sehr gering, dennoch reicht sie aus, die ganze Vegetation des Erdkreises mit Kohlenstoff zu versehen. Drückt auf jeden Quadratmeter der Erd-oberfläche eine Luftsäule im Gewichte von circa 10333 Kilogramm, und beträgt die Kohlensäure nur $1/_{1000}$ dieser Luftmasse, so berechnet sich daraus für die ganze Atmosphäre ein Gehalt von circa 14000 Billionen Kilogramm Kohlenstoff.

Das Ammon ist ein Zersetzungsprodukt stickstoffhaltiger thierischer und pflanzlicher Substanzen. Seine Bildung erfolgt aus diesen Substanzen im Wege der Fäulniss, bei Gegenwart von Kalk und anderen alkalischen Basen unter Hinzutritt von Wasser auch durch den Verwesungsprozess. Ammon findet sich theils im Erdboden, theils in der Atmosphäre, hauptsächlich mit Kohlensäure verbunden, und wird aus der Atmosphäre durch die wässrigen Niederschläge der Erde zugeführt. Es reicht aus, die Pflanzen der Erde mit dem nöthigen Stickstoff zu versehen. Zwar ist die atmosphärische Luft ein Gemisch aus 77 Gewichtsth. Stickstoff und 23 Gewichtsth. Sauerstoff, dennoch verhält sich dieser Stickstoff der Luft zur Pflanzenernährung ziemlich indifferent, indem er zu derselben nur insofern in Beziehung tritt, als der electrische Funken der Gewitter und der Ozonsauerstoff aus den Bestandtheilen der Luft die Bildung unbedeutender Mengen Salpetrigsäure und Salpetersäure veranlasst, welche durch die wässrigen Niederschläge dem Erdboden zugeführt ihren Stickstoff der Pflanzenwelt darbieten.

Den Schwefel und Phosphor, welche zur Bildung der Proteïnkörper nöthig sind, liefern die schwefelsauren und phosphorsauren Salze des Erdreichs.

Aus der Verwesung der organischen Substanz resultirt eine kohlenstoffreichere Verbindung, welche an der Oberfläche der Erde den Humus oder die sogenannte Dammerde darstellt. Die Produkte der Verwesung sind besonders gasige Kohlensäure und Wasser. Die Kohlensäure wird theils von der Pflanze aufgeathmet, theils geht sie in Wasser gelöst, theils an Basen gebunden in die Pflanzenwurzel auf endosmotischem Wege über. Der Humus ist in Wasser unauflöslich, ist also selbst keine Pflanzennahrung, er theilt aber mit der Kohle die Eigenschaft, Feuchtigkeit, Luft, Kohlensäure und Ammon in seinen Poren und an der Oberfläche seiner Theilchen zu condensiren, mineralische und organische, in Wasser lösliche Stoffe aufzunehmen. Auf diese Weise ist er in der Ackerkrume gleichsam der Speicher der Nährstoffe der Pflanzen. Da' er ein ohne Unterlass verwesender Körper ist, bildet er gleichsam eine Kohlensäurequelle, welche die Zersetzung der Silicate und die Löslichkeit der Mineralstoffe in Wasser unterstützt.

Nur die der Fäulniss und Verwesung unterlegenen oder in der Verwesung begriffenen organischen Stoffe sind im Allgemeinen der Vegetation zuträglich. Als Beweis dieses Umstandes kann die Wirkung des Harnes auf die Pflanzen dienen. Der frische oder der noch keiner freiwilligen Zersetzung unterlegene Harn ist ein Gift für lebende Pflanzen, besonders für die Gefässpflanzen, denn wenn man eine dieser Pflanzen mit Harn benetzt, so sterben die benetzt gewesenen Theile sehr bald ab und verwelken. Wenn man den Erdboden um eine Pflanze mit Harn tränkt, auch wenn dieser mit Wasser verdünnt ist, so geht sie gewöhnlich zu Grunde und stirbt ab. Der Harn dagegen, welcher einer fauligen Zersetzung unterlag und mit einem 2—3fachen Volumen Wasser verdünnt ist, bewirkt unter denselben Verhältnissen eine üppige Vegetation.

Das wesentliche Agens der Verwesung, der Oxydation der organischen kohlenstoffhaltigen Stoffe, unter denen der Humus die erste Stelle einnimmt, ist der ozonisirte Sauerstoff, das Ozon, welches in der Erdkruste seine wahre Bildungs- und Heimstätte hat. Nur der ozonisirte Sauerstoff ist befähigt, mit dem Kohlenstoff des Humus sich zu verbinden und Kohlensäure zu bilden oder andere Stoffe zu oxydiren. In der Atmosphäre ist Ozon nur in Spuren, in der Erdkruste, besonders vor und nach Gewittern, dagegen in so reichlicher Menge vertreten, dass er oft auf die Lungen und den Geruchssinn lästig einwirkt. Der gemeine Mann pflegt diesen Ozongeruch mit Erdgeruch zu bezeichnen. Ozon veranlasst ferner durch seine Einwirkung auf Ammon und Wasserdunst die Bildung von Wasserstoffhyperoxyd, welches wiederum in seiner oxydirenden und desoxydirenden Wirkung auf stickstoffhaltige Substanzen die Bildung von Ammon und Ammonnitrit verursacht. Daneben bildet das Ozon mit dem Stickstoff der Luft Stickstoffsäuren (Salpetrigsäure, Salpetersäure), aus deren Wirkung auf den Kohlenstoff des Humus unter Hinzutritt von Wasser sowohl Kohlensäure als auch Ammon resultiren. So ergeben sich überall, in der Atmosphäre, dem Wasser und dem Erdboden Nährstoffe für die Pflanzen.

Die mineralischen Stoffe, wie die Alkalien und Erden, sind unentbehrliche Nahrungsstoffe der Pflanze. Sie bilden meist kohlensaure Salze, welche in Wasser gelöst von der Wurzel aufgenommen werden, und in der Pflanze die Verbindung zwischen Wasser und Kohlensäure und damit die Bildung organischer Säuren veranlassen, um sich mit diesen zu verbinden. Die Pflanze erfordert sogar eine ganz bestimmte Menge dieser mineralischen Basen zu ihrer Entwickelung, es können sich dieselben theilweise sogar vertreten, aber immer nur nach dem Maasse ihrer chemischen Aequivalente. Man hat z. B. das Holz von Kiefern analysirt, welche von verschiedenen Standorten genommen waren. Die Asche derselben ergab eine übereinstimmende Anzahl Aequivalente mineralischer Basen. Obgleich in dieser Asche Magnesia, in der anderen Kali, in der dritten Kalkerde vorwiegend vertreten waren, so war die Summe der Aequivalente in jeder Asche dieselbe oder, mit anderen Worten, die Quantität des Sauerstoffs, welcher an die Metalle dieser Basen gebunden war, ergab sich in jeder Asche gleich gross. Daher schreibt sich die Ansicht des grossen Chemikers *Liebig*, dass die Mengen der Salze mit fixer Basis in der Pflanze zu den Organen derselben in einem bestimmten Verhältnisse stehen und sie aus diesem Grunde den Functionen der Organe unentbehrlich sind. Die Pflanze müsse z. B. Kaliumoxyd, Natriumoxyd oder Calciumoxyd aufnehmen, und wenn sie von dem einen nicht so viel, als sie bedarf, vorfinde, so ersetze sie das Fehlende durch eine entsprechende Menge von der anderen Base. Werde der Pflanze keine der nöthigen Basen oder dieselben in unzureichender Menge dargeboten, so gehe sie unter. Sei endlich die Pflanze gezwungen, eine Base aufzunehmen, welche sich nicht für sie eignet, so gebe sie dieselbe dem Erdboden zurück.

Kali und Natron liefern die Feldspathgesteine, jene Verbindungen der Silicate des Aluminium und Kalium (kieselsaure Thonerde und kieselsaures Kali), gemischt mit wechselnden kleinen Mengen der Silicate des Natrium und Calcium (kieselsauren Natrons und kieselsaurer Kalkerde). Die Kohlensäure zersetzt diese Gesteine, es entstehen kohlensaure Salze und freie hydratische

Kieselsäure, welche mit den Salzen vom Wasser gelöst in die Wurzeln übergeht, um dem Stamme, dem Stengel Härte und Festigkeit zu geben. Die Stengel der Schachtelhalme und die Gräser verdanken einem grossen Gehalte an Kieselsäure erstere die Härte und Schärfe, letztere die Härte und Festigkeit. Ein Theil des Natrons rührt von dem Natriumchlorid her, welches in der Ackerkrume und im Dünger niemals fehlt.

Die Kalkerde ist theils als Calciumcarbonat (kohlensaure Kalkerde), theils als Calciumsilicat (kieselsaure Kalkerde, Mergel, Dolomit), theils als schwefelsaures Salz (Gyps) ein Bestandtheil des Erdbodens.

Mangan- und Eisenoxyde sind in geringer Menge in dem Erdboden der Vegetation nicht hinderlich, die Eisenoxyde sogar nothwendig, denn ohne dieselben kann Chlorophyll sich nicht bilden, es erweisen sich aber die Oxydule dieser Metalle und eine zu grosse Menge der Oxyde derselben der Vegetation auch wiederum feindlich.

Je nachdem eine Pflanze diesen oder jenen mineralischen Stoff vorzugsweise zur Vegetation bedarf, gedeiht sie auch nur auf einem solchen Boden, welcher ihr die nöthigen Stoffe darbietet. Auf dem ungünstigen Boden kommen daher viele Pflanzen entweder gar nicht zur Entwickelung, oder diese ist eine zwergige oder verkümmerte. Manche Pflanzen gedeihen wieder auf dem einen Boden ganz besonders, auf einem anderen weniger, doch giebt es auch Pflanzen, denen jede Bodenart recht ist. Nach diesem Verhalten unterscheidet man die Pflanzen als bodenstete, bodenholde, bodenvage. Die bodenstete Pflanze findet man nur auf einem bestimmten Boden, die bodenholde zieht einen Boden dem anderen vor, und die bodenvage gedeiht auf vielen Bodenarten.

Die chlorophyllhaltigen Pflanzentheile nehmen, wie wir aus Lection 12 wissen, durch Stomaöffnungen die Kohlensäure aus der Luft auf, zerlegen dieselbe unter Einfluss des Sonnenlichtes in Kohlenstoff und Sauerstoff, assimiliren den Kohlenstoff und hauchen den Sauerstoff aus. Die dem Lichte entzogenen chlorophyllhaltigen Pflanzen, dann alle diejenigen Gewächse, welche nicht grün sind, also nicht Chlorophyll enthalten, athmen atmosphärischen Sauerstoff auf und scheiden Kohlensäure aus. Dies geschieht auch beim Keimen der Samen, so lange die Entwickelung grüner Organe nicht stattgefunden hat. Dieser Athmungsprocess gleicht einer langsamen Verbrennung und ist Ursache der Wärmeentwickelung, welche sich bei manchen

Pflanzen in auffallender Weise kundgiebt. Beim Keimen der Gerste, der Malzbereitung, findet eine bedeutende Wärmeentwickelung statt, so dass die Gerstenhaufen durch öfteres Umschaufeln abgekühlt werden müssen. Die Blüthen des *Arum maculātum*, der *Victorĭa Regĭa*, der *Colocasĭa odōra* entwickeln eine reichliche Menge Wärme, besonders in der Region der Staubgefässe. Dieser Process ist an gewisse Tageszeiten gebunden oder zu gewissen Stunden besonders lebhaft, anfangs steigend und dann wieder herabgehend.

Lichtentwickelung, Phosphorescenz, welche an einigen wenigen Pflanzen beobachtet wird, verdankt demselben Processe ihr Entstehen. Die Blumen von *Tropaeŏlum majus*, *Calendūla officinālis* (Ringelblume), *Dianthus Caryophyllus*, sollen zu gewissen Zeiten phosphoresciren. Der an den hölzernen Bauen in den Bergwerksschachten vegetirende wurzelähnliche Pilz, *Rhizomōrpha subterranĕa*, phosphorescirt lebhaft an seinen Spitzen, ebenso der im südlichen Europa heimische *Agarĭcus olearĭus*. Die Lichterscheinung verschwindet, wenn man diese Pilze in Stickstoff- oder Kohlensäuregas senkt, und tritt sofort wieder lebhaft hervor, wenn man sie in Sauerstoffgas zurückversetzt.

Bewegung des Saftes in der Pflanze. Die durch die Wurzeln aus dem Erdboden oder dem Wasser aufgesogene Flüssigkeit, welche eine Lösung mineralischer Stoffe in Wasser ist, steigt unter der Wirkung verschiedener Kräfte, besonders der Capillarattraction (Haarröhrchenanziehung) im centralen Gewebe des Stammes auf den Wegen der Intercellularräume und Gefässe aufwärts bis in die Blätter und Spitzen der Zweige, hier zum Theil verdunstend. Die aufwärts steigende Flüssigkeit breitet sich auf ihrem Wege gleichzeitig durch die Markstrahlen nach der Peripherie des Stammes in das Gewebe der Rinde. Andererseits steigen die von den Blättern aufgenommenen und assimilationsfähig gemachten Nährstoffe in dem aufwärts steigenden Safte diffundirend gleichsam abwärts. In dieser Weise erfolgt eine Mischung der durch die Wurzel aufgenommenen Nährstoffe mit denen durch die Blätter herzugeführten, welche Mischung die Ernährung und Lebensthätigkeit aller Theile der Pflanze möglich macht. Dieser Vorgang in der Bewegung des Saftes in der Pflanze wurde vor 30 Jahren von *H. Karsten*, einem hervorragenden Botaniker, erkannt und der alten Ansicht entgegengestellt, nach welcher jene Saftbewegung analog dem Blutkreislaufe im Thiere vor sich gehen sollte, nach welcher der durch die Wurzel aufgenommene rohe Nahrungssaft in dem centralen Gewebe aufwärts-

steige, dann in der Rinde abwärtssteigend zur Wurzel zurück-
kehre, um denselben Umlauf aufs Neue zu beginnen.

Lection 86.

Geschichtliches der Pflanzenphysiologie.

Was man unter Pflanzenphysiologie versteht, lehrte uns bereits Lection 82. Sie umfasst die Lehre von den Functionen der
Organe der Pflanzen und ist zugleich der jüngste Theil der botanischen Wissenschaft, denn nur in Folge der Fortschritte auf
dem Felde der Morphologie und Anatomie der Pflanzen unter
Beihilfe der Physik und Chemie, welche letztere erst in diesem
Jahrhundert einen hohen Grad der Ausbildung erlangte, konnte
sie einen sicheren Grund zu ihrem Aufbaue finden. Die ersten
Anfänge physiologischer Betrachtungen treffen wir jedoch schon
in einigen Schriften des classischen Alterthums. Vor allen war
es *Aristoteles* (384—322 vor Chr.), welcher an der Pflanze äussere
Organe wie Wurzel, Stamm und Blätter, Blüthe und Frucht, deren
einzelne Theile, so wie auch die mit dem nackten Auge erkennbaren anatomischen Organe, die Gewebearten, Rinde, Holz und
Mark, deren elementare Organe, die Fasern und das Zellgewebe,
welches er Fleisch nannte, unterschied. Die Functionen der
Pflanzenorgane erklärte er analog den Functionen, wie er sie bei
den Thieren beobachtete.

Viele Jahrhunderte vergingen, ehe ein Fortschritt über das
Wissen des *Aristoteles* hinaus sich bemerkbar machte. Selbst die
Araber, denen die mathematischen Wissenschaften und die Chemie
so manches zu verdanken haben, fügten dem, was *Aristoteles* von
der Pflanze lehrte, kaum Erhebliches hinzu, wenn wir nicht etwa
die an der Dattelpalme so leicht zu machende Beobachtung der
Geschlechtlichkeit der Pflanzen und deren Befruchtung mit e r h e b -
l i c h bezeichnen wollen.

Bis zum 17. Jahrhundert blieben die schon von *Aristoteles* besprochenen. von jedem denkenden Menschen leicht erkennbaren
Functionen von Wurzel, Stamm und Blätter in Geltung und bildeten neben der Untersuchung über die Befruchtung und Keim-
bildung die hauptsächlichsten Themata der Pflanzenphysiologie.
Die Säftebewegung in der lebenden Pflanze fand hierauf ein leb-
haftes Interesse, als *Harvey* (spr. harwi), ein englischer Arzt

(† 1657), im Jahre 1628 seine Entdeckung des Blutkreislaufes im thierischen Körper veröffentlichte. Diesen Kreislauf übertrug man auch auf den pflanzlichen Körper, und *Malpighi*, berühmter Anatom, Physiologe und Arzt zu Bologna († 1694), *Duhamel* (spr. düamell), ein französischer Naturforscher und Pflanzenphysiologe († 1782), in unserem Jahrhundert *Treviranus, Link, Schultz, Mohl, Unger, Hartig*, sämmtlich berühmte Botaniker, erkannten die Ansicht als eine richtige, nach welcher der Saft aus der Wurzel durch die inneren Theile des Stammes bis zu den Blättern aufwärtssteigt und von hier durch die Rinde abwärtssteigend zur Wurzel zurückkehrt. Zum Beweise von der Richtigkeit dieser Ansicht verwiesen sie auf die an dem Ringelschnitt am Stamme sich zeigende Erscheinung, dass nur an dem oberen Rindenrande der Schnittwunde Saft hervortritt und sich neues Gewebe bildet, während der untere Rand der Schnittwunde austrocknet.

Schon von den Pflanzenphysiologen *Stephan Hales* (spr. hehls), einem englischen Theologen († 1761), und in neuerer Zeit von *Schleiden*, so wie auch von dem Chemiker *Mulder*, wurde dieser Saftkreislauf bezweifelt, jedoch gelang es erst dem Botaniker *H. Karsten*, diese Ansicht als eine ganz unrichtige und unbegründete nachzuweisen. *H. Karsten* lehrte (Poggendorf's Annalen 1848; zur Geschichte der Botanik 1873), dass die von der Wurzel aufgenommene Lösung unorganischer Stoffe in der Pflanze nur aufwärtssteige, dass dagegen die von den jungen beblätterten Zweigen aus der Luft aufgenommenen Nährstoffe in diesem aufwärtssteigenden Safte abwärts diffundirend das Pflanzengewebe durchdringen. *Karsten* entschied zugleich auch die mit dieser Frage zusammenhängende und bis in die neuste Zeit hinein sich erhaltende Controverse, ob die Gefässe, wie *Grew* (spr. gruh, † 1711) annahm, Luftröhren oder, nach der Ansicht anderer, Saftröhren seien. *Karsten* bewies, dass diese Gefässe zu Zeiten Kohlensäure enthalten, welche als kräftigstes Hebungsmittel für die von der Wurzel aufgenommene Flüssigkeit dient, gleich wie ein mit Kohlensäure gefülltes Barometerrohr, welches mit seinem unteren Ende in Wasser gestellt sich schnell mit Wasser füllt.

In derselben Zeit, als die Entdeckung *Harvey's* von dem Blutkreislaufe auch für den Saft in der Pflanze Verwerthung fand, erfolgte die für die Physiologie und Anatomie wichtigste physikalische Erfindung, nämlich die des Mikroskops. Die ersten Anfänge zur Construction dieses optischen Instruments machte der Brillenglasschleifer *Jansen* (1590) zu Middelburg in Holland. *Robert Hooke* (spr. huhk), ein englischer Naturforscher († 1702) hatte dies Instrument schon so weit vervollkommnet, dass es von *Malpighi*, *Grew* und *Leeuwenhock* (spr. lehuwenhuk), einem holländischen Naturforscher († 1723), welcher dem Instrumente die Einrichtung, bei durchfallendem Lichte Beobachtungen zuzulassen, hinzufügte, zur Erforschung des anatomischen Baues der Pflanzen benutzt wurde und zwar mit einem Erfolge, dem das ganze folgende Jahrhundert nichts Bedeutendes hinzuzufügen vermochte. Die in den Lectionen 5—14 beschriebenen Zellen und Gefässformen wurden bereits fast alle von diesen scharfsichtigen und fleissigen Forschern erkannt.

Einen klaren Blick in die Lebensvorgänge der Pflanze konnte nur die Chemie ermöglichen, und gerade diese Wissenschaft irrte unter der Maske der wahnwitzigen Alchemie bis über die Mitte des 18. Jahrhunderts in dem Labyrinthe des Aberglaubens und der Mystik herum, aus welchem sie erst die glänzenden Entdeckungen *Scheele's*, jenes bescheidenen Apothekers zu Köping in Schweden († 1786), zu befreien vermochte. *Scheele's* und dann *Vauquelin's*, eines französischen Apothekers und Chemikers († 1830) erstaunliche Entdeckungen von eigenthümlichen, bis dahin unbekannten unorganischen und organischen Stoffen, dann die durch den englischen Naturforscher *Priestley* (spr. prihstli, † 1804) gemachte Entdeckung der die atmosphärische Luft zusammensetzenden Gase eröffneten die Bahn, auf welcher der Pflanzenphysiologie eine gedeihliche Entwickelung und Ausbildung ermöglicht wurde. Nachdem schon 1745 *Marggraf*, Apotheker und Chemiker zu Berlin († 1782), und der Franzose *Parmentier* (spr. parmangtié), Apotheker und Chemiker († 1813), so wie der französische Naturforscher *Duhamel* die von der Pflanze aufgenommenen, nicht durch deren Lebensthätigkeit erzeugten anorganischen Stoffe und Verbindungen nachgewiesen hatten, belebte die von *Lavoisier* (spr. lawoasieh), dem unter dem Beile der Guillotine 1794 sein Leben endenden grossen Chemiker, eingeführte exacte chemische Untersuchungsmethode die physiologischen Forschungen, welche nun zu erheblichen Resultaten führten.

Die gleichzeitigen Arbeiten des grossen *Linnaeus* (*Linné*) auf dem Felde der systematischen Botanik, das mikroskopische Studium der Befruchtungsorgane, der Staubfäden und des Fruchtknotens, deren Functionen schon die alten gelehrten Araber richtig deuteten, boten den physiologischen Forschungen weitere Stützpunkte dar. *Gleditsch*, Arzt und Botaniker († 1786), folgte *Linné's* Forschungen. Er befruchtete 1749 in Berlin eine Palme mit dem Blüthenstaube einer anderen Palme des Leipziger botanischen

Gartens. Später bestätigte auch *Koelreuter* († 1806) zu Karlsruhe die Geschlechtlichkeit der Pflanzen durch Erzeugung von Bastarden. Besonders machte *Konrad Sprengel* (1750—1816) die wichtige Entdeckung der Dichogamie der Pflanzen, dass sich nämlich in vielen hermaphroditischen Blumen die beiden Geschlechtsorgane nicht gleichzeitig entwickeln, sondern in der einen die Staubgefässe, in der anderen die Pistille früher functionsfähig werden oder reifen, so dass bei ihnen ähnlich wie bei den diclinischen, stets zwei Blüthen zur Befruchtung und Erzeugung keimfähiger Samen erforderlich sind (Fig. 392, S. 216).

Auch die von *Linné* mit Cryptogamen, Verborgenehige, Verborgenblüthige, bezeichneten Pflanzen wurden nun mit Hilfe des Mikroskops auf Befruchtungsorgane untersucht; so von *Schmiedel* († 1793) die Lebermoose, von *Hedwig* († 1799) die Laubmoose, und letzterer entdeckte hier die befruchtenden Spermatozoïden.

Nachdem schon der Engländer *Stephan Hales* (spr. hehls; † 1761) die Aufsaugung und Aushauchung von Luftarten durch die Blätter beobachtet hatte, *Scheele* den Sauerstoff, *Priestley* den Sauerstoff als Bestandtheil der Atmosphäre entdeckt hatten, waren den Forschungen über die Ernährungsvorgänge der Pflanzen wichtige Andeutungen geboten, welche auch zu glänzenden Resultaten führen mussten, als *Priestley* erkannte, dass die Pflanze Kohlensäure aufnehme und Sauerstoff ausathme, sich also in dieser Beziehung dem Thiere entgegengesetzt verhalte. Diese Thatsache wurde durch zahlreiche und gründliche Untersuchungen des Engländers *Ingenhousz* (spr. ingenhauss; † 1799), den Genfer Theologen *Senebier* († 1809) und Andere bestätigt.

Ingenhousz nahm auch schon wahr, dass dieses Aufathmen von Kohlensäure und das Ausathmen von Sauerstoff durch die Pflanze nur unter Einfluss des Sonnenlichtes stattfindet.

Mit diesen wichtigen und glänzenden Resultaten der Forschung und mit Hilfe der durch die Chemiker *Lavoisier*, *Fourcroy* (spr. furkroah; † 1809) und *Berthollet* (spr. bertolleh; † 1822) angebahnten richtigeren analytischen Methode wurden Ergebnisse erlangt, die den Zusammenhang in den Vorgängen der Pflanzenernährung sicherer erkennen liessen und die Naturforscher auch zu weiteren Untersuchungen und Arbeiten anregten. Hier zu nennen sind *Brisseau-Mirbel* (spr. brissoh-mirbl; † 1854), *Decandolle* († 1841), *Kurt Sprengel* († 1833), welche besonders den anatomischen Bau der Pflanzen mit Hilfe des verbesserten Mikroskops auch in Beziehung zu den Functionen der Organe eingehend studirten. Ihre Bestrebungen und Beobachtungen nach dieser

Seite hin wurden von *Link* († 1851), *Rudolphi* († 1832), *Treviranus*, *Moldenhauer* († 1827), *Kieser* († 1862) und anderen Botanikern unterstützt und erweitert.

Die durch *Amici* (spr. amitschi) 1812 erfundenen achromatischen Mikroskope, welche durch *Frauenhofer* in München 1816, *Chevallier* (spr. schewallje) in Paris 1828, *Göring* in London 1826 und Andere hergestellt und verbessert wurden, gewährten nicht nur klare Bilder, sondern auch ein grösseres Sehfeld, was die erwähnten Untersuchungen bedeutend förderte. Die daraus gewonnenen Resultate sprangen auch der botanischen Systematik hilfreich bei und *Decandolle* gruppirte die Pflanzen nach dem Vorkommen oder Fehlen der Gefässe in ihnen in Zellenpflanzen und Gefässpflanzen.

Wenn *Decandolle* die Gefässpflanzen wiederum in Endogene und Exogene schichtete, so folgte er hier geltenden, wenn auch irrthümlichen Ansichten. Ueber das Geschichtliche dieser Ansichten wollen wir uns in der folgenden Lection unterhalten.

Lection 87.

Geschichtliches der Pflanzenphysiologie. (Fortsetzung.)

Decandolle schichtete beim Aufbau seines Pflanzensystems (1813) die Pflanzen in Zellenpflanzen *(plantae cellulares)* und in Gefässpflanzen *(plantae vasculares)*, und letztere in Beziehung der Lage und Entwickelung der Gefässe in dem Stamme in Endogene *(plantae vasculares endogenae)* und Exogene *(pl. vasc. exogenae)*, indem er nämlich mit *Daubenton* (spr. dohbangtong; geb. 1716, gest. 1799) und *Desfontaines* (spr. däfongtän; † 1833) die von ersterem 1791, von letzterem 1803 aufgestellte Ansicht theilte, dass im Marke der Monokotylen die Gefässbündel ohne Ordnung zerstreut liegen und die jüngsten derselben in der Mitte der Stammbasis entstehend, nach den weiter oben befindlichen Blättern verlaufen und hier endigen (vergl. Lect. 22), oder dass die im Marke der Monokotylen zerstreut verlaufenden Gefässbündel die unteren im Centrum des Stammes entstehenden Enden der zu den oberen Blättern vorlaufenden Bündel seien.

Diese Ansicht modificirte 1815 *Aubert du Petit-Thouars* (spr. obähr dü petih-tuar), Botaniker zu Paris († 1831) durch die Behauptung, dass die jüngeren Gefässbündel in beiden Pflanzengruppen ausserhalb der älteren entständen, oder mit anderen Worten, dass sich bei den Monokotylen und auch bei den Dikotylen das untere Ende der zu den oberen Blättern gehenden Gefässbündel zwischen Bast und Holz eingeschoben befänden (vergl. Fig. 120, S. 85). Dieser Ansicht, hervorgegangen aus der Verwechselung des Holzes mit Gefässbündel (indem man die Holzjahres-Ansätze für Gefässbündel hielt), stimmte 1837 auch *Hugo von Mohl*, Professor der Botanik in Tübingen, bei. Dieser Forscher fand in dieser Ansicht ebenfalls eine Erklärung für das den Dikotylenstämmen eigene Dickenwachsthum, welches allerdings den Monokotylen abgehe (weil diese kein Holz bilden). Gleichzeitig nahm *Mohl* neben dem vorerwähnten Wachsthum der Monokotylen und Dikotylen noch eine weitere Wachsthumsweise an, nämlich diejenige der Endsprosser *(Acrobrÿa* nach *Unger)*. *Mohl* sagte in seinen vermischten Schriften 1845, S. 118: „dass das Wachsthum der Gefässpflanzen nicht wie man seit *Desfontaines'* Arbeiten annahm, ein gedoppeltes ist (Wachsthum der Monokotylen und Dikotylen), sondern dass noch eine dritte Wachsthumsweise, die der Akotylen, vorkommt, welche ich mit dem Ausdrucke der Vegetatio terminalis bezeichne, weil ihr charakteristisches Merkmal darin besteht, dass nur die Spitze des Stammes fortwächst, während der ganze untere Theil desselben auf dem Grade der Ausbildung verharrt und nur zur Zuleitung von Säften dient," — „dass die Gefässbündel, welche die oberen Blätter versehen, nur eine Fortsetzung von denjenigen sind, welche die unteren Blätter versehen haben."

Dieser neuen Ansicht über die Wachsthumsweise der Gefäss-Cryptogamen schloss sich auch *Unger*, Professor der Botanik in Wien († 1870) an, welcher in seinem Handbuch der Anatomie und Physiologie der Pflanzen, 1843, die Gefässpflanzen in drei Gruppen schichtete, in *acrobrya* (Endsprosser), *amphibrÿa* (Umsprosser) und *acramphibrÿa* (End- und Umsprosser), davon ausgehend, dass die Gefässbündel die Endsprosser von unten nach oben durchziehen und seitwärts nur Zweige in die Blätter senden, bei den Umsprossern aber die neuen Gefässbündel in dem oberen Theile des Stammes auf der äusseren Seite der unteren bereits vorhandenen, in die unteren Blätter sich wendenden Gefässbündel sich entwickeln und dann in die oberen Blätter verlaufen, endlich bei den End- und Umsprossern beide Arten der Gefässvertheilung in einem und demselben Stamme stattfindet.

Das Irrthümliche dieser Auffassung wurde 1847 von dem Botaniker *H. Karsten* nachgewiesen (Die Vegetationsorgane der Palmen, von *H. Karsten*, 1847; Zur Geschichte der Botanik, von demselben, 1870), dessen Forschungen zur Evidenz ergaben, dass ein solches continuirliches Durchziehen der Gefässbündel durch den ganzen Stamm der Pflanze nicht stattfindet, dass es nicht verschiedene Zweige eines und desselben Gefässbündels seien, welche bei Cryptogamen und Dikotylen in die am Stamme über einander stehenden Blätter eintreten, dass vielmehr zu jedwedem Blatte auch nur ein einziges, mit seinem unteren Theile im Stamme seinen Anfang nehmendes Gefässbündel verlaufe, dass das letztere mit dem in das nächste höher stehende Blatt verlaufende Gefässbündel in keiner direkten Verbindung stehe. Dieser selbe Verhalt wurde von *H. Karsten* bei allen drei Pflanzenabtheilungen *Unger*'s nachgewiesen.

Die Veranlassung zu dem Irrthume *Mohl*'s mag der Fall gewesen sein, in welchem zwischen zwei alten Gefässbündeln sich ein neues gebildet hatte, während er die als Anwachsschichten der Gefässbündel nachträglich entstehenden Holzschichten mit neuen Gefässbündeln verwechselte. Diesen Irrthum vermochten *Unger* und mit ihm der grosse Botaniker *Endlicher* nicht zu erkennen.

Gleichzeitig wies *Karsten* nach, dass bei den Monokotylen, ebenso wie bei den Dikotylen und Gefässcryptogamen, die jüngeren — im Stamme oberen — Gefässbündel weder ausserhalb noch innerhalb der schon vorhandenen Bündel entstehen, sondern dass die Anfänge aller Gefässbündel in einer bestimmten cylindrischen Schicht cambialen Gewebes, zwischen Mark und Rinde liegen, dass die Gefässbündel aber, ehe sie in die Blätter steigen, das Mark in einem Bogen durchlaufen (vergl. Lect. 22). Dieser letztere Umstand hatte wohl *Daubenton*, *Desfontaines* und *Decandolle* veranlasst die Monokotylen als *Endogenae* von den Dikotylen als *Exogenae* zu unterscheiden.

Anatomische und physiologische Forschungen nach verschiedenen Richtungen, besonders in Bezug zum Ernährungsvorgange der Pflanzen, wurden von *Meyen* in Berlin († 1840), *Mohl* in Tübingen, *Schleiden* in Jena, *H. Karsten* in Berlin und Wien, *Naegeli* in München, *Schacht* in Berlin und Bonn (†) unternommen und ausgeführt. *Mohl*, *Schacht* und *Naegeli* wirkten besonders durch anatomische Arbeiten, *Meyen* und *Karsten* durch ihre vielseitigen anatomisch-physiologischen Untersuchungen, *Schleiden* durch seine scharfe Kritik der damals herrschenden Ansichten und durch seine

Forschungen über die Entwickelung der Pflanzenzelle und die Entstehung des Pflanzenkeimes. *Naegeli* schloss sich den Bestrebungen *Schleiden*'s an. Die Resultate derselben haben wir aus den Lectionen 2—4 kennen gelernt.

Die Vermehrung der Zelle sollte nach *Dumortier*'s (spr. dümortjeh) Angabe durch Ringfalten (Fig. 16) und Abschnürung erfolgen, und *Hugo von Mohl* und *Naegeli* waren es, welche diese Ansicht vertheidigten und die Annahme derselben durch andere Botaniker förderten. Da war es wieder der unermüdliche Forscher *H. Karsten*, welcher in zahlreichen Abhandlungen nachwies, welchen Entwickelungsgang die Zelle verfolge und wie sie sich vermehrt (Lect. 4 und 5), dass die Zellenvermehrung stets nur eine endogene sei, dass, wie wir von dem auf Seite 6 Gesagten wissen, die Tochterzelle nur innerhalb der Mutterzelle entstehe und heranwachse, in der Tochterzelle wiederum die Enkelzelle ihre Entstehung finden könne, u. s. f., bis endlich der Zeitpunkt eintrete, wo statt einer sich zwei und mehrere Tochterzellen in dem Safte der Mutterzelle formen u. s. f. Sind zwei Tochterzellen von gleicher Grösse, sich im Raume der Mutterzelle gleichmässig theilend und diesen vollständig ausfüllend, so entsteht das Bild der Zelltheilung (Fig. 14). Wächst dagegen die eine kleinere Tochterzelle in kugliger Form im Leibe der Mutterzelle neben einer zweiten grösseren, diese Mutterzelle ganz ausfüllenden hervor, so erfolgt der Vorgang, den man mit Abschnürung bezeichnet (Fig. 2).

Die von *H. Karsten* nachgewiesene allgemein sich geltend machende Ineinanderschachtelung der Zellen, die Entstehung der Tochterzelle in der Mutterzelle, wurde von *Mohl* und anderen Botanikern erkannt und zugegeben, da man sich aber nicht alsbald von der alten eingebürgerten Ansicht von der Zellenvermehrung lossagen konnte, suchte man dieselbe in verschiedener Weise zu modificiren. Man änderte sie z. B. dahin ab, dass die innere zuerst um einen Zellkern entstandene, desshalb Primordialschlauch genannte Zelle behufs ihrer Vermehrung eine nach dem Centrum gerichtete Ringfalte bilde, sich auch zugleich auf ihrer äusseren Oberfläche eine Celluloseschicht ablagere, welche in der Falte sich vermehrend zu einer Scheibe auswachse, die das Lumen jener Falte endlich ausfülle, den Innenraum der Zelle, den Primordialschlauch, in zwei Zellräume theilend. Damit diese Zellräume nun zu zwei selbstständigen Zellen werden, der Zusammenhang beider aufhöre, zerfalle diese scheidewandartige Scheibe in zwei Lamellen.

Die Forschungen und Untersuchungen des Vorganges bei der Zellenentwickelung und Vermehrung, so wie die von *Schleiden* mit aller Entschiedenheit behauptete Entstehung des Embryo bei den Phanerogamen aus dem Pollenschlauche bildeten die vornehmlichsten Themata dieser Zeit. Diese Entstehungsweise des Embryo wurde auch von *Schacht* mit Eifer, sogar in zahlreichen, zum Theil von Academien preisgekrönten Schriften vertheidigt, obgleich *Meyen*, *Amici*, *Mohl* und *Tulasne* (spr. tülahn) gefunden hatten, dass die erste Anlage des phanerogamen Keimes in kleinen, im Embryosacke enthaltenen Zellchen bestehen, welche der anregenden, ernährenden, befruchtenden Einwirkung des Pollenschlauches zur weiteren Entwickelung bedürftig sind (Fig. 376 und 377). Nach langem Zögern erklärte sich auch *Schacht* für die Richtigkeit dieser letzteren Wahrnehmung.

Schmidel († 1792) und *Hedwig* († 1799) hatten bereits bei einigen *Linné*'schen Cryptogamen, den Moosen, eigenthümliche, thierähnlich sich bewegende Körperchen als Erzeugnisse bestimmter Organe erkannt, welche *Hedwig* für befruchtende, dem Pollen analoge Gebilde hielt. Mit Hilfe besserer Mikroskope vermochten die Botaniker in unserem Jahrhundert bei vielen *Linné*'schen Cryptogamen auch einen Befruchtungsact nachzuweisen, so hatten der Engländer *Varley* (spr. wärli) 1834 bei Characeen, *Naegeli* 1844 auf dem Vorkeime der Farne, *Decaisne* (spr. děkähn') 1845 bei Algen, *Mettenius* 1846 bei Rhizocarpeen den Spermatozoïden ähnliche Gebilde nachgewiesen. Nun trat auch *Leszczyc-Suminski* (spr. leschtschyz-suminski) mit der Entdeckung hervor, dass die Befruchtung der Farne nicht wie bei den Phanerogamen und den Moosen an der vollständig entwickelten Pflanze, sondern auf dem aus der Spore hervorgewachsenen Vorkeime, dem Prothallium, stattfindet, wo in ein von ihm entdeckten Ovulum, Archegonium, die von *Naegeli* gesehenen beweglichen Spermatozoïden hineindringen und in Folge davon sich in ihm eine Keimpflanze entwickelt. Nun wurde auch bei allen beblätterten Cryptogamen ein solcher Befruchtungsvorgang nachgewiesen, von *Milde* 1852 bei den Schachtelhalmen, von *Kramer*. *Mettenius* und *Hoffmeister* bei Rhizocarpeen und Lycopodiaceen.

Auch bei den blattlosen Cryptogamen fehlen befruchtete Keime nicht. *Vaucher* (spr. woschch) hatte schon 1802 die Copulation zweier Zellen einfacher Algenfäden beschrieben, *Ehrenberg* 1818 einen ähnlichen Vorgang bei *Syzygites* beobachtet, doch zögerte man, diese Copulation zweier gleichförmiger Organe als einen Befruchtungsact anzuerkennen. Einen solchen, wo durch eine freie

Zelle eine andere grössere mit der Mutterpflanze vereinigt bleibende befruchtet wurde, erkannte bei den höheren Algen *Decaisne* und *Thuret* (spr. thüreh) 1845 und 1854. *Karsten* beobachtete die Befruchtung bei den niederen Algen (1852), bei den Flechten und bei den Pilzen (1862 und 1869).

So waren mit Hilfe des Mikroskops die Cryptogamen *Linné's* bis zu den einfachsten Formen hinab zu Phanerogamen geworden, oder der Beweis war gegeben, dass allen Pflanzenarten die Erzeugung eigenthümlicher, durch einen Befruchtungsact entstandener Keime zukomme.

Hatte sich *Schleiden* in der Erkennung des Befruchtungsactes auch geirrt, so gebührt ihm dennoch das Verdienst, auf den Gegenstand die Aufmerksamkeit der anderen Botaniker hingelenkt und die Wege der Forschungen nach dieser Seite hin geebnet zu haben.

Lection 88.

Geschichtliches der Pflanzenphysiologie. (Schluss.)

Die Histologie, die Lehre von dem Wesen und der Form der Gewebe, welche sich bis auf *Meyen* allein nur mit der Aufzählung der verschiedenen Gestalten und Formen der Zellen und Gefässe beschäftigte, hatte im zweiten Drittel dieses Jahrhunderts durch die Fortschritte im Bereiche der organischen Chemie, durch die Arbeiten der grossen Chemiker *Berzelius* († 1848), *Dumas* (spr. düma), *Chevreul* (spr. schĕvröll), *Fremy*, *Boussingault* (spr. bussänggoh), *Payen* (spr. pajäng), *Liebig*, *Mulder* u. a. m. eine Erweiterung nach der chemischen Seite hin erhalten. Obgleich schon die äusserliche Verschiedenheit der Gewebearten auch auf eine Verschiedenheit ihres chemischen Wesens hindeuteten, so waren weder von Seiten der Anatomen noch der Chemiker die Entwickelung und die Entwickelungsfolge der verschiedenen organischen Verbindungen in Beziehung zu den organisirten Formen, denen sie angehörten und in welchen man sie fand, einem speciellen Studium unterzogen worden.

Sowohl die *Schleiden'*schen wie die *Mohl'*schen Ansichten über die Entstehung der Zellen charakterisiren den Standpunkt, welchen die Histologie einnahm. Er war ein mechanisch-physikalischer. Obgleich die Arbeiten der Chemiker *Payen* und *Mulder* die chemische Veränderung der Gewebe während ihres Wachsthumes berücksichtigten, so erklärten die Pflanzenanatomen *Mohl*, *Naegeli* und *Schacht* in Uebereinstimmung mit *Schleiden* die chemischen Stoffe für rein mechanische Niederschläge chemischer Verbindungen, welche in dem Zellsafte oder den Nahrungsflüssigkeiten entstanden seien, obgleich diese Flüssigkeiten keine Spur jener Verbindungen enthielten. Man glaubte mit dieser für richtig gehaltenen Ansicht, welche der Pflanzenzelle die Aehnlichkeit mit einer chemischen Retorte verlieh und dem entsprechend die sogenannten Lebenserscheinungen nur als Modificationen der in der anorganischen Natur herrschenden Kräfte erklärte, die mystische d. h. in ein geheimnissvolles Dunkel gehüllte Lebenskraft an das Licht zu ziehen und ihr inneres Wesen erkennbar zu machen. Die Pflanzenstoffe sollten durch chemische Verbindungen in den flüssigen Säften entstehen, sich auf den zuerst entstandenen Zellkern, auch auf oder in die um ihn gebildete Membran niederschlagen und dann auf dem Wege der Osmose Ausbreitung finden. Dieser eigenthümlichen Ansicht trat *H. Karsten* entgegen und zwar auf Grund experimentaler Forschung. *Karsten* wies durch anatomisch-mikro-chemische Untersuchungen nach, dass die chemischen organischen Stoffe nicht in der Flüssigkeit, sondern in der Zellhaut selbst, jedoch nicht als Niederschläge in derselben oder als secundäre Schichten auf derselben, sondern innerhalb und mit derselben entstehen.

In Folge der Durchdringung (Imbibition) der Zellhäute mit Flüssigkeiten, welche organische und anorganische Stoffe enthalten, erfolgt die Bildung neuer Verbindungen, welche theils der Entwickelung und dem Wachsthum der Zellhaut dienen, theils zur Kräftigung des Zellsaftes und zur Entwickelung von Tochterzellen Verwendung finden.

Die aus der Proteïnlösung herausgebildete albuminöse Zellmembran durchläuft auf dem angedeuteten Wege alle Stadien der Veränderung bis zur stickstofffreien Cellulose- und Amylum-Membran, bis zu dem in Wasser löslichen Schleime, Gummi, Zucker, den organischen Säuren, dem Lignin, Korkstoff, Harz, Wachs, den fetten und flüchtigen Oelen, ohne dass diese Stoffe vorher im Zellsafte aufgelöst vorhanden wären.

Das Geschichtetsein vieler alter Zellmembranen ist nach *Karsten* nicht Folge periodischer Ablagerungen, sondern einer schichtweisen Veränderung der Membran durch die von aussen oder aus dem Zellsafte im Wege der Molekular-Capillarität oder Imbibition eindringenden und mit der Membransubstanz sich allmählich chemisch verbindenden Flüssigkeiten. Die Schichtung geschieht also nicht in Folge mechanischer Ablagerung, sie ist vielmehr das eigene Lebensproduct der Membran. Dieser Vorgang ist in der Membran der Gewebezelle und derjenigen der Secretionszelle ein und derselbe. Auch von der Gerbsäure, welche man bisher für ein Oxydationsproduct der absterbenden oder der todten Zelle hielt, wies *Karsten* (in seinen gesammelten Beiträgen der Anatomie und Physiologie der Pflanzen, 1865) nach, dass auch sie das Product der Lebensthätigkeit der lebenden Pflanzenzelle ist.

Die physikalischen Einflüsse auf die Entwickelung der Pflanzen hat von je an die Botaniker beschäftigt, man trat aber diesem Gegenstande erst wissenschaftlich näher, nachdem man erkannt hatte, dass Pflanzen nur unter Einfluss des Sonnenlichtes Sauerstoff ausathmen, dass nur im Sonnenlichte die Zersetzung der aufgeathmeten Kohlensäure in der Pflanze in Kohlenstoff und Sauerstoff statt finde. Die von *Liebig* aufgestellte Ansicht, dass der von der Pflanze ausgeathmete Sauerstoff aus der Zerlegung des Wassers hervorgehe, fand nirgends Aufnahme.

Es hatten *Daubeny* (spr. dah'bĕni), ein englischer Physiker, 1836, dann *Gardner*, Director eines botanischen Gartens auf Ceylon, *Guillemin* (spr. gülljmäng) 1857, *Sachs* 1864 die einzelnen farbigen Strahlen in ihrer Einwirkung auf das Pflanzenleben studirt. Aus den Beobachtungen dieser geschätzten Botaniker geht hervor, dass die Assimilationsthätigkeit vorzugsweise durch die blauen und violetten Strahlen Anregung erhält.

Wie uns bekannt ist, athmen die Pflanzen im Dunkeln nicht Sauerstoff aus, sondern Kohlensäure, welcher sich nach *H. Karsten*'s Untersuchungen noch stickstoffhaltige Gase, z. B. ammonhaltige, nach Angabe Anderer auch Kohlenwasserstoffgase anschliessen, wodurch in der Nacht die Luft in mit Gewächsen besetzten geschlossenen Zimmern zum Athmen untauglich und giftig wird. Es ist desshalb das Schlafen in solchen Zimmern der Gesundheit nachtheilig.

Karsten hatte auch die Beobachtung bestätigt, dass die organischen Substanzen durch den atmosphärischen Sauerstoff in Kohlensäure, und wenn sie Stickstoff enthalten, auch in Ammon umgesetzt werden, dass im Contact mit Luft Alkaloide, Zucker, Amylum, Kautschuk etc. einer fortwährenden Veränderung ausgesetzt sind. Damit finden wir z. B. eine Erklärung für das allmähliche Schwinden der Chinaalkaloide in lagernder Chinarinde.

Auch die Einwirkung der Temperaturen auf die Vegetation veranlasste zu Beobachtungen. Man fand, dass die Bedingungen des Erfrierens für jede pflanzliche Species eigenthümliche sind. *Karsten* beobachtete auch, dass die Kälte an und für sich die Pflanze nicht tödte, wohl aber der rasche Temperaturwechsel, dass also das Erfrieren in einer in kurzer Zeit eintretenden grösseren Temperaturdifferenz zu suchen sei.

Andererseits hatten schon *Saussure* (spr. ssossühr), *Gärtner*, *Treviranus*, *Schultz* die Entwickelung von Wärme durch die lebende Pflanze beobachtet. *Göppert*, Prof. der Botanik in *Breslau*, stellte hierüber 1830 specielle Untersuchungen an.

Die mikroskopischen Studien führten auch zur Untersuchung kranker Pflanzen. In den meisten Fällen erwiesen sich mikroskopisch kleine Parasiten als die Ursache der Krankheiten. *Unger* († 1870), *Oersted* († 1851), *Tulasne*, *Karsten*, *Robert Hartig* und Andere sind in dieser Beziehung besonders thätig gewesen. Diese Untersuchungen führten auch zu denen der gährenden und faulenden Flüssigkeiten. *Turpin*, *Persoon* (spr. persuhn), *Meyen*, *Mitscherlich*, *Pasteur* (spr. pastöhr), *Karsten*, *Kützing*, *Hoffmann*, *Reess*, *Harz*, *Ad. Mayer*, sind hier als thätige Forscher zu erwähnen. Man erkannte die Natur der Hefe und bestimmte sie als einfache Zellenvegetation. Auf dem Wachsthum und der Vermehrung der Hefezelle, d. h. auf dem Assimilationsprocesse dieses Protophyts fand man die bei der weingeistigen Gährung stattfindende Umsetzung des Zuckers in Weingeist und Kohlensäure beruhend. Damit wurde der von *Berzelius* aufgestellten, von *Liebig* und *Mitscherlich* vertheidigten Ansicht, nach welcher die Zersetzung des Zuckers in Weingeist und Kohlensäure von dem Contact mit Eiweissstoffen abhängig sein sollte, jeder Stützpunkt entzogen.

Blondeau (spr. blongdoh) 1869, *H. Karsten*, *C. Harz* wiesen im Wege der experimentirenden Forschung nach, dass bei jeder Art der Gährung eine eigenthümliche Vegetation von Zellen stattfindet, welche *Blondeau* für contactartig wirkende Pilzspecies, *Karsten* und *Harz* dagegen für pathologische Gebilde hielten, die je nach der Natur des Nährstoffes eine besondere Form annähmen. Die beiden letzteren Forscher hatten nämlich beobachtet, dass die Hefe der weingeistigen Gährung, welche bekanntlich bei einer Wärme unter 8⁰ sich durch freie Zellbildung, bei 16⁰ dagegen durch Sprossung vermehrt, in Milchzuckerlösung bei einer Temperatur über 20⁰ die Form der Milchsäure-Hefepilze annimmt und Milchsäure erzeuge, in verdünntem Weingeist übertragen aber bei derselben Temperatur in die Form der Essighefe übergeht und Essigsäurebildung veranlasst, dass ferner diese Umwandlung in umgekehrter Reihenfolge vor sich gehe. Aehnliches hatten auch schon *Thomson* (spr. thoms'n) und *Beschamp* (spr. bĕschang) 1864 beobachtet.

Diese verschiedenen Formen der Fermentvegetationen wurden von *Hallier*, *Cohn*, *Bary*, *Hoffmann* für eigenthümliche Pilz- und Algenspecies erklärt.

Die Wirkungsweise der Fermentzellen lenkte die Aufmerksamkeit der Forscher auf die bei der Fäulniss auftretenden Organismen, die Bacterien, Vibrionen, Spirillen und Micrococcen, welche man auch im Blute seuchig erkrankter Thiere, so wie bei vielen ansteckenden Krankheiten der Menschen auf und in den kranken Organen antraf. Diese Organismen wurden für die Erzeuger der ansteckenden Krankheiten gehalten und als Krankheitsfermente oder Contagienträger unterschieden.

Lection 89.

Pflanzensysteme.   Kurzer geschichtlicher Ueberblick der botanischen Taxiologie.

Theophrast, ein griechischer Naturforscher und Philosoph, geb. 370 v. Chr. zu Eresos auf Lesbos, Lieblingsschüler des *Aristotĕles*, beschrieb 350 Pflanzenarten. *Linné*, der grosse Botaniker Schwedens, geb. 1707, zählte in der ersten Ausgabe seiner *Species plantarum* 5800, in der zweiten Ausgabe (1759) bereits 10,000 Pflanzenarten auf. Im Jahre 1800 kannte man schon 25,000, heute mehr denn 100,000 Pflanzenarten. Um einen Ueberblick über diese schnell, sich mehrende grosse Zahl von verschiedenen Pflanzen zu gewinnen, die einzelnen zu erkennen und von den übrigen zu unterscheiden, ist eine wissenschaftliche, auf gewisse Grundsätze sich stützende Eintheilung der Pflanzenarten in grössere und kleinere Rotten unumgänglich nothwendig. Eine solche Eintheilung ist ein **Pflanzensystem** (*systēma plantārum*).

Cesalpini (*Caesalpīnus*), geb. 1519, gest. 1603, Mediciner und Aufseher des botanischen Gartens zu Pisa, scheint der erste gewesen zu sein, welcher eine botanische Classification versuchte und ein Pflanzensystem aufstellte. Er theilte nämlich die Pflanzen in Bäume und Kräuter und unterschied sie nach ihren wesentlichen Theilen, der Blüthe und den Samen. Ehe wir jedoch auf das Kapitel der Pflanzensysteme übergehen, wollen wir einen Augenblick bei der Geschichte der Botanik verweilen, deren neuere Periode die Aufstellung von Pflanzensystemen als wichtigste Aufgabe anstrebte.

Die ersten Anfänge einer wissenschaftlichen Botanik finden sich in den Philosophenschulen Griechenlands, welche die Wurzelgräber und Kräutersucher (Rhizotomen), sowie die Arzneimittelverkäufer (Pharmakopolen) ausbildeten. Der erste und auch hervorragendste Lehrer der Botanik scheint *Aristotēles* aus Stagira in Macedonien (geb. 384 v. Chr.) gewesen zu sein, welchem dessen Schüler *Theophrastos* folgte. Letzterer, ein Begleiter der Feldzüge *Alexanders*, sammelte auch Kenntnisse über Pflanzen Asiens und Afrikas und machte treffliche botanische Beobachtungen, ohne jedoch in seiner „Pflanzengeschichte“ und „den Ursachen der Gewächse“ eine wissenschaftliche Anordnung oder Classification darzuthun. Nach *Theophrast* scheint die Botanik sehr vernachlässigt zu sein und nur das Bestreben, Gifte und Gegengifte aufzusuchen, blieb nicht ohne einigen Einfluss auf das botanische Wissen. Die Könige *Mithridātes Eupător* von Pontus (100 v. Chr.) und *Attălus Philomētor* von Pergămum (135 v. Chr.) unterhielten Gärten für giftige Pflanzen, machten Versuche mit Gegengiften und hielten gelehrte Rhizotomen an ihren Höfen. Nach der Unterjochung Griechenlands ging die botanische Wissenschaft auf die Römer über, bei welchen zuerst *Dioscorīdes*, ein griechischer Arzt aus Anazarbus in Cilicien (50 n. Chr.), als Pflanzenkenner hervortrat. Im Gefolge der Römischen Heere auf deren Feldzügen machte er treffliche Beobachtungen in Botanik und Medicin, und sein „Lehrbuch der Arzneimittellehre“ galt bis an das Ende des christlichen Mittelalters als das beste botanische Werk. Nach ihm ist es *Plinius* der Aeltere, Feldherr, Staatsmann und Naturforscher (geb. 23 v. Chr. und gest. 79 n. Chr.), welcher in seiner *Historia naturalis s. mundi* die bekannten Pflanzen in alphabetischer Ordnung abhandelte. Nach dem Verfall des Römischen Reiches ging die Naturwissenschaft zu den Arabern über, welche zunächst aus den Schriften des *Dioskorides* schöpften. Die Arabischen Aerzte *Alrāsi* (Rhazes), st. 923, *Avicenna*, st. 1036, *Eben Beitar* aus Malaga (1200 n. Chr.) waren für ihre Zeit hervorragende Botaniker. Eine Erweiterung erfuhr die Pflanzenkenntniss durch den Venetianischen Patricier *Marco Polo* (1300), welcher im Dienste des Tartaren-Khans *Kublai* das innere Asien und China bereiste, seltene Früchte und Samen sammelte und die Gewächse Indiens beschrieb.

Nach dem Mittelalter waren es vorwiegend Deutsche, welche Botanik pflegten, nnter ihnen *Otto Brunfels*, ein Schullehrer von

Strassburg, später Arzt in Bern (st. 1534). Derselbe beschrieb die Pflanzen seines Vaterlandes und bildete sie ab. Sein wichtigstes Werk ist *Herbarum vivae icŏnes*, deutsch „contrafayt Kräuterbuch". Nach ihm gab *Leonhard Fuchs* (st. 1566) ungefähr 400 xylographische Pflanzenabbildungen und ein Verzeichniss botanischer Kunstausdrücke heraus, ebenso dessen Zeitgenosse *Conrad Gessner*, Arzt und Professor in Zürich, welcher bereits auf die Befruchtungsorgane sein Augenmerk richtete. Am Ende des 16. Jahrh. erhob sich ein Antwerpener, mit Namen *Carl Clusius (Charles l'Ecluse)*, als der grösste Botaniker seiner Zeit. Er bereiste fast ganz Europa und beschrieb nicht nur die Pflanzen Deutschlands, Spaniens, Portugals, Frankreichs, sondern lieferte auch vortreffliche Abbildungen.

Durch die Entdeckung Amerikas (1494) hatte sich dem botanischen Studium ein weiteres Feld eröffnet, und das 16. Jahrh. weist eine reiche Liste Italienischer und Spanischer Gelehrten auf, welche die botanische Wissenschaft förderten.

Die Zahl der Pflanzen, welche man kannte, war schon auf 2500 herangewachsen, aber jeder Schriftsteller war der Gewohnheit gefolgt, der von ihm gefundenen Pflanze einen beliebigen Namen zu geben. Dadurch war die botanische Synonymik zu einem schrecklichen Chaos angeschwollen. Die Sichtung dieser Synonymik übernahm zuerst der Franzose *Caspar Bauhin*, Prof. zu Basel (st. 1624), indem er in seiner *Phytopinax* die Idee einer Synopsis aller bekannten Pflanzen aufstellte. Sein Bruder *Jean Bauhin*, Arzt in Würtemberg, gab auch treffliche botanische Schriften heraus. *Cesalpini* stellte, wie schon oben erwähnt ist, zu derselben Zeit das erste Pflanzensystem auf.

Im ersten Drittel des 17. Jahrhunderts erhielt die wissenschaftliche Botanik durch die Erfindung des Mikroskops einen bedeutenden Aufschwung, indem dieses Instrument die Naturforscher anregte, genauere Untersuchungen des Pflanzenbaues anzustellen. Von dieser Zeit datirt, wie wir aus Lect. 86 u. 87 wissen, die anatomische und physiologische Botanik. Die fruchtbringendste Anwendung des Mikroskops in der Botanik wurde durch den Italienischen Arzt *Malpighi* (1675) und den Engländer *Grew* (spr. gruh) gemacht, welche man auch als die Begründer der Histologie, Morphologie und Physiologie der Pflanzen betrachtet. Das Mikroskop war damals aber noch sehr unvollkommen und selten.

Je mehr die Zahl der neu entdeckten Pflanzen anwuchs und die botanische Wissenschaft Anhänger fand, desto dringender stellte sich das Verlangen nach einer besseren Pflanzenbeschreibung und Pflanzeneintheilung ein. Diesem Verlangen genügte wohl zuerst *Joachim Jung* (geb. zu Lübeck 1587, gest. 1657). Derselbe lehrte in Rostock Mathematik, woselbst er auch die erste Gesellschaft von Naturforschern 1622 gründete, dann in Hamburg Naturgeschichte, besonders Botanik; schuf eine eigene Kunstsprache (Terminologie) für die Beschreibung der Pflanzen, die er in seiner „*Isagoge phytoscopica*" (einleitende Pflanzenbeschauung) veröffentlichte, indem er für die gleichwerthigen Organe aller Klassen — auch bei verschiedenartiger äusserer Gestalt — die gleichen Bezeichnungen einführte. Auch strebte er bestimmte, dem Baue der Pflanzen entnommene Gesetze für die Klassification derselben an, indem er sie in Arten und Gattungen ordnete und so der bis dahin herrschenden Unsicherheit in der Beschreibung und Benennung der Pflanzen entgegen arbeitete. Er untersuchte und unterschied zuerst die beständigen von den unbeständigen Merkmalen und lehrte den Werth der Art und Abart (Varietät) kennen. Schon ahnte er das erst durch *Göthe* 1790 klar erkannte Gesetz der Metamorphose, indem er die Blumenblätter ihrem Wesen nach den Laubblättern gleichstellte. *Jung* war der Vorläufer *Linné's.* Was jener anstrebte, wurde von diesem mit Hilfe zahlreicher und vollkommener Vorarbeiten ausgeführt.

Tournefort (spr. turnfor), Prof. der Botanik in Paris (1700), stellte ein Pflanzensystem mit 22 Klassen auf, dessen Eintheilung sich auf Beschaffenheit und Bau der Blüthe gründete, und welches bis über die Mitte des 18. Jahrhunderts seine Herrschaft ausübte. Ein Fehler des *Tournefort'*schen Systems war die Haupteintheilung in 1. Kräuter und Halbsträucher und 2. Bäume und Sträucher. Obgleich den Pflanzensystemen des Schotten *Morison* (spr. márris'n) 1670, des Engländers *Ray* oder *Wray* (spr. reh) 1700, *Rivinus*, Prof. in Leipzig (1700) und Anderer Habitus und Blüthenformen zum Grunde gelegt und so die Anfänge zu natürlichen Pflanzensystemen vorgearbeitet waren, so überwog dennoch gegen die Mitte des 18. Jahrhunderts das Aufsuchen künstlicher Pflanzensysteme, nämlich solcher Systeme, in welchen die Pflanzen nach willkürlich ausgewählten Kennzeichen ohne Rücksicht auf Aehnlichkeit und Verwandtschaft in Klassen eingetheilt werden. *Gleditsch*, Custos des botanischen Gartens in Berlin (st. 1786), stellte 1764 ein System von 5 Klassen nach der Stellung der Staubgefässe auf und legte den Ordnungen die Zahl der Staubbeutel unter. Auch versuchte *Heinrich Burghard*, ein Arzt zu Wolfenbüttel, 1750, die Pflanzen nach der Zahl der Staubfäden zu ordnen, ohne jedoch damit zum Ziele zu gelangen. Ferner arbeiteten *Dilenius*, Prof. in Giessen, und *Micheli* (spr. mikähli), Custos der herzoglichen Gärten in Florenz, zu Gunsten eines künstlichen Systems, wie es *Linné* der Zeit entsprechend in bewunderungswürdiger Vollkommenheit aufstellte.

Als der Schöpfer der systematischen Botanik tritt gegen Mitte des vorigen Jahrhunderts der grosse Schwedische Naturforscher *Linné* (geb. 1707, gest. 1778) auf. Er sichtete und regelte die von *Jung* begründete botanische Kunstsprache, stellte sichere Begriffe von Gattung *(genus)* und Art *(species)* auf, gab den Gattungsnamen Trivialnamen und entwickelte in seinem künstlichen Systeme feste Gesetze der Classification. *Linné* gründete sein künstliches Pflanzensystem, welches er im Jahre 1735 in seinem *Systema naturae* zuerst bekannt machte, auf Zahl und Verhältniss der Geschlchtsorgane, und nannte es desshalb auch Sexualsystem. Es gruppirt die Pflanzen in Phanerogamen, d. h. Pflanzen mit deutlich sichtbaren Geschlechtsorganen, und in Cryptogamen, d. h. Pflanzen mit undeutlichen oder nicht deutlich sichtbaren Geschlechtsorganen. Die Phanerogamen vertheilt es in 23 Klassen, die Cryptogamen bilden die 24. Klasse. Im Uebrigen stellte *Linné* sein Sexualsystem keineswegs als das beste hin, sondern erkannte die Aufstellung natürlicher Familien als die wesentlichste Aufgabe der systematischen Botanik. Er machte in letzterer Beziehung selbst den Versuch, wenn auch mit wenigem Glücke, und stellte 58 natürliche Pflanzenfamilien auf.

In Aufstellung natürlicher Pflanzensysteme folgte auf *Linné* der Franzose *Bernhard de Jussieu* (spr. 'schüssiö), dessen System das ältere *Jussieu*'sche System (System von Trianon) genannt wurde, und später *Antoine Laurent de Jussieu* (spr. antōān lorang dĕ 'schüssiö), der Gründer des sogenannten neuen *Jussieu*'schen Systems, welches auf reinen natürlichen Principien beruhte. Mit diesem Systeme machte sich *A. L. de Jussieu* zum Reformator der natürlichen Methode, und leitete er die botanische Systematik in eine Bahn, auf der sie auch grossartige Fortschritte machte. Den Systemen von *Decandolle*, *Achille Richard* (spr. aschihl rischár), *Bartling*, *Link*, *Kurt Sprengel*, *Lindley* (spr. lindli), *Fries*, *Perleb*, *Willbrand* diente das neué *Jussieu*'sche System als Ausgangspunkt. Die natürlichen Systeme von *Agardh*, *Oken*, *Reichenbach*, *Schultz*, *Martius*, *Unger*, *Endlicher*, *Hooker* (spr. hucker), *Th. Brongniart* (spr. brong'njahr, † 1876) beruhen auf anderen Eintheilungsgründen, das *Endlicher*'sche System wurde sogar als das vollständigste und vorzüglichste angesehen, dennoch aber wenig von den Botanikern, und gar nicht von den schriftstellernden pharmaceutischen Botanikern befolgt. Letztere stellen in ihren Lehrbüchern gewöhnlich irgend ein gegebenes System auf und versehen ein solches nach eignem Ermessen mit Modificationen. Es thut dieses Verfahren übrigens dem botanischen Studium keinen Eintrag, da doch im Ganzen die natürlichen Familien dieselben bleiben und nur die Schichtung dieser Familien eine veränderte Gestalt erhält.

Lection 90.

Individuum. Art. Gattung. Familie. Ordnung. Klasse. Pflanzensystem.

Bei Aufstellung eines Pflanzensystems bildet die richtige Auffassung von Individuum (Einzelpflanze), Art, Abart, Gattung, Rotte oder Gruppe, Familie, Ordnung, Klasse die wesentlichste Grundlage.

Das Pflanzenindividuum, die Einzelpflanze (*individuum vegetativum*), ist jeder von seiner Mutterpflanze getrennte und selbstständig vegetirende Pflanzenorganismus. Hiernach ist also jeder Theil eines Individuums, wenn ihm auch die Fähigkeit innewohnt, nach der Abtrennung selbstständig fortzuwachsen, kein Individuum, sondern immer nur ein Theil eines solchen. Knospe, Zwiebelknospe, Knolle, Rhizom, Samen sind keine Individuen, so lange sie mit der Mutterpflanze noch in einem Zusammenhange stehen.

Die Art *(species)* umfasst die Pflanzenindividuen, welche in der Gestalt aller oder gewisser mehrerer Theile so übereinstimmen, als ob sie alle von einem Individuum abstammten, und welche das Gepräge ihres Ursprunges auch durch die Fortpflanzung bewahren.

Die Art als Haupt- oder Stammart *(species primitiva)* umfasst die Individuen der ursprünglichen Form, es kommen aber bei den Individuen derselben Art nicht selten in der Gestalt gewisser Theile Abweichungen *(deviatiōnes)* vor. Dadurch entsteht die Abart, Spielart oder Varietät *(variĕtas)*. Kommen bei einer Art mehrere verschiedene Abweichungen vor, so lassen sich dieselben ordnen in Unterart *(subspecies)*, Unterspielart *(subvariĕtas)*, Abänderung *(variatio)*.

Giebt es zwischen zwei Abarten Abänderungen, welche den Uebergang der einen Abart in die andere andeuten, so unterscheidet man solche als Zwischen- oder Uebergangsformen *(formae intermediae s. transitoriae).*

Mit den Abweichungen einer Pflanzenart hat die Missbildung und Bastardbildung *(hybriditas)* nichts gemein.

Unter Missbildung *(monstrositas)*, Monstrosität, versteht man die von dem normalen Entwickelungsgange abweichende Gestaltung eines oder mehrerer Pflanzenorgane. Bastarde, Mischlinge *(hybridae)* gehen aus der Befruchtung (Kreuzung) zweier verschiedener Pflanzenarten hervor.

Die Rangstufen der Varietäten werden in der botanischen Schriftsprache durch die kleinen Buchstaben des griechischen Alphabets angegeben, z. B.

(Art.) ***Raphanus sativus,*** Gartenrettig.
(Varietät.)   α. *hiemālis*, Winterrettig.
                β. *aestīvus s. niger*, Sommerrettig.
                γ. *Radicŭla*, Radieschen.
                δ. *gongyloïdes*, Korinthischer Rettig.

(Art.) ***Citrus medica*** Linnaei.
(Varietät.)   α. *medica* Risso, Citrone.
                β. *Limōnum* Risso, Limonie.
                γ. *Limetta* Risso, Bergamotte.

Die Limonienfrucht ist die Frucht, welche in der Pharmacognosie *Fructus Citri*, im gewöhnlichen Leben „Citrone“ genannt wird, und von *Citrus medica, variĕtas Limōnum* Risso, herstammt.

Die Gattung *(genus)* umfasst einige oder viele Arten, welche in ihren allgemeinen morphologischen Verhältnissen, besonders in Bau und Gestaltung ihrer Befruchtungsorgane übereinstimmen. Stimmt eine Art in dieser Beziehung mit keiner anderen Pflanzenart überein, so kann sie allein schon eine Gattung bilden.

Mit der Uebereinstimmung der Befruchtungsorgane ist gewöhnlich auch eine Aehnlichkeit in der Tracht *(habĭtus)* verbunden, so dass sich aus derselben die Zusammengehörigkeit der Arten einer Gattung auf den ersten Blick ergiebt, wie bei der Gattung *Viŏla* (Veilchen), *Rumex* (Ampfer), *Veronĭca* (Ehrenpreis), *Equisētum* (Schachtelhalm). Bei einigen Arten einer Gattung kann die Tracht auch wiederum sehr verschieden sein, wie bei der Gattung *Euphorbĭa* (Wolfsmilch). Gattungen, welche nur aus einer Art bestehen, sind z. B. *Cannăbis* (Hanf) und *Humŭlus* (Hopfen).

Umfasst eine Gattung viele Arten, von denen ein Theil besondere unter sich ähnliche Merkmale der Befruchtungsorgane an sich trägt, so sondert man denselben als **Untergattung** *(subgĕnus)* ab. Sind diese Merkmale anderen Pflanzentheilen entlehnt, so unterscheidet man die Abtheilung auch wohl als **Rotte** *(sectio)*. Gewöhnlich machen die Botaniker zwischen Untergattung und Rotte keinen Unterschied. Als Beispiel mag die Gattung *Pimpinella* dienen.

(Gattung.) **Pimpinella** (Bibernell).

  (Rotte.) a. *Tragoselīnum. (Radix perennis, fructus glaber;* ausdauernde Wurzel, unbehaarte Frucht.)

    (Art.) *Pimpinella magna.*

    (Art.) *Pimpinella Saxifrăga.*

      (Varietät.) *α. Pimp. major.*

      (Varietät.) *β. Pimp. nigra.*

  (Rotte.) b. *Anīsum. (Rad. annua, fructus puberulus;* jährige Wurzel, etwas flaumhaarige Frucht.)

    (Art.) *Pimpinella Anīsum.*

Die **Familie** *(familia)* ist eine Vereinigung einiger oder mehrerer Gattungen, welche in den wichtigeren Verhältnissen der Befruchtungswerkzeuge übereinstimmen und auch mehr oder weniger in ihrer äusseren Gestaltung oder in ihrer Tracht *(habĭtus)* eine Verwandtschaft erkennen lassen. Den anderen Gattungen gegenüber kann auch eine einzige Gattung eine Familie bilden.

Die Verwandtschaft im Blüthen- und Fruchtbau und im Habitus ist häufig so deutlich ausgeprägt, dass sie beim ersten Blick erkannt werden muss, wie z. B. bei den Doldenpflanzen *(Umbellifĕrae),* den Kreuzblüthlern *(Crucifĕrae),* den Lippenblüthlern *(Labiātae),* den Korbblüthlern *(Anthodiātae),* den Hülsenfrüchtigen *(Leguminōsae),* den Malvenähnlichen *(Malvacĕae).*

Die Gattung *Punīca (Punīca Granātum)* füllt allein eine Familie, die Granateen *(Granatĕae)* aus, sie lässt sich aber auch als eine Gruppe *(tribus)* in die Familie der Myrthengewächse *(Myrtacĕae)* einschieben. Es lassen sich nämlich die Gattungen gattungsreicher Familien nach Maassgabe gewisser übereinstimmender Merkmale wiederum in **Unterfamilien** oder **Gruppen** *(tribus),* die Gruppen zu **Untergruppen** *(subtrĭbus)* abschichten.

Als Beispiel mögen uns die Hahnenfussgewächse, *Ranunculacĕae*, dienen.

(Familie.) **Ranunculaceae.**
(Gruppe I.) I. *Anemonidĕae* (der Anemone ähnliche Gewächse).
  (Untergruppe.) 1. *Clematidĕae* (Waldrebengewächse).
      2. *Anemonĕae* (Anemonengewächse).
      3. *Adonidĕae* (Adonisähnliche).
      4. *Ranunculĕae* (Hahnenfussgewächse).
(Gruppe II.) II. *Aconitĕae* (Sturmhutgewächse).
  (Untergruppe.) 1. *Helleborĕae* (Christwurzgewächse).
      2. *Paeoniacĕae* (Pfingstrosenartige Gewächse).

Eine **Ordnung** (*ordo*) geht aus der Vereinigung mehrerer solcher Familien hervor, welche in irgend einer Beziehung eine gewisse Aehnlichkeit haben. *Ranunculacĕae, Malvacĕae, Violacĕae, Crucifĕrae, Tiliacĕae, Papaveracĕae* u. v. a. sind z. B. eine Menge Familien, welche unter sich wenig Verwandtes haben, aber dennoch in eine Ordnung gebracht werden können, deren Charakter mit „*Thalămiflōrae*" oder „*plantae diălypetălae cum corolla hypogўna et staminĭbus hypogynis*" (d. h. Getrenntblätterig-fruchtbodenblüthige oder mit freien Blumenblättern und Staubgefässen, welche dem Fruchtboden eingefügt sind) bezeichnet wird.

In **Ordnungen** theilt man eine **Klasse** (*classis*) ein. Z. B. sind *Thalămiflōrae, Calўciflōrae, Corōlliflōrae* Ordnungen der Klasse der *Exogenĕae* oder *Dicotyledonĕae*.

Der ganze wissenschaftliche Name einer Pflanze besteht immer aus wenigstens zwei Namen, nämlich dem **Gattungsnamen** (*nomen genericum*) und dem **Artnamen** (*nomen specifĭcum s. triviāle*). *Solānum tuberōsum, Solānum nigrum, Solānum Dulcamāra* sind 3 Arten der Gattung *Solānum*. *Solānum* ist der Gattungsnamen, und die Bezeichnungen *tuberōsum, nigrum, Dulcamāra* zeigen die Art an, sind also die **Art-** und **Trivialnamen.** Die Varietät wird nicht selten durch eine dritte Benennung angedeutet, z. B. *Citrus Aurantĭum α. amara, Citrus Aurantĭum β. Bergamĭa. Tournefort* war der erste, welcher eine Sichtung und sorgfältige Bestimmung der Gattungsnamen vornahm, und *Linné* hat das Verdienst der Aufstellung und einer vortrefflichen Auswahl der Artnamen und der Beigabe derselben zu den Gattungsnamen.

Durch Verknüpfung und Aneinanderreihung von Gattungen, Familien, Ordnungen und Klassen zu einem in sich zusammenhängenden Ganzen entsteht das natürliche Pflanzensystem *(systēma naturāle)*. Die Systeme *Jussieu's. Decandolle's, Link's, Endlicher's* sind natürliche Systeme.

Das sogenannte künstliche System nimmt in seinem Bau keine Rücksicht auf die Verknüpfung der Gattungen zu Familien, und ist desshalb stets das unvollkommnere. Wenn *Linné's* künstliches oder Sexual-System von den Botanikern alsbald nach seinem Bekanntwerden angenommen wurde, und es bis in die Mitte dieses Jahrhunderts Geltung behaupten konnte, so ist der Grund davon nur in seiner grossen Einfachheit und der übersichtlichen Gliederung, welche nichts mehr als eine mechanische Auffassung von Seiten des Lernenden beansprucht, zu suchen, und in der Gewissheit, jede neue Pflanze diesem Systeme einreihen zu können. Durch die Länge der Zeit des Gebrauches, aber auch durch manche Vortheile, welche es bei Bestimmung der Pflanzen gewährt, indem es zufällig und auch absichtlich hier und da in seinem Schema eine Verknüpfung unter natürlichen Merkmalen erreicht, hat dieses System ein gewisses Ansehen gewonnen, so dass der Pharmaceut nicht umhin kann, sich damit, wenigstens in den Hauptabtheilungen, genau bekannt zu machen.

Lection 91.

Linné's Sexualsystem.

Linné gründete die Eintheilungen seines Sexualsystems auf die Verhältnisse der Staubgefässe und der Pistille, also auf die Geschlechtsorgane der Pflanzen und unterschied zwei grosse Gruppen, nämlich Pflanzen mit deutlich sichtbaren Befruchtungsorganen oder deutlich blühende *(plantae phanĕrogāmae)* und Pflanzen mit undeutlichen oder nicht sichtbaren Befruchtungswerkzeugen, verborgen blühende *(plantae cryptogāmae)*. Die ersteren ordnete er in 23 Klassen, die letzteren bildeten nur eine Klasse und zwar die 24ste. Im Folgenden ist eine Uebersicht gegeben und mit Beispielen ausgestattet.

Sichtbarblühende, Phanerogamae.

I. Zwitterblüthige, Hermaphroditae s. Monoclinae.

A. Staubgefässe von einander getrennt.

a. Staubgefässe gleichlang oder ohne bestimmtes Längenverhältniss.

α. Nach der Zahl der Staubgefässe ohne Rücksicht auf deren Insertion.

1. Klasse. *Monandria* (Einmännige) mit 1 Staubgefäss in einer Zwitterblüthe. (In dieser Klasse finden sich *Zingiberacĕae, Marantacĕae*.)

2. „ *Diandria* (Zweimännige), mit 2 Staubgefässen. (*Salvia, Veronĭca*).

3. „ *Triandria* (Dreimännige), mit 3 Staubgefässen. (*Valeriāna, Iris*, der grösste Theil der *Graminĕae*).

4. „ *Tetrandria* (Viermännige), mit 4 Staubgefässen (einheimische *Rubiacĕae*).

5. „ *Pentandria* (Fünfmännige), mit 5 Staubgefässen (exotische *Rubiacĕae*, die meisten *Solanacĕae; Umbellifĕrae; Campanŭla*).

6. „ *Hexandria* (Sechsmännige), mit 6 Staubgefässen. (*Liliacĕae.*)

7. „ *Heptandria* (Siebenmännige), mit 7 Staubgefässen. (*Aescŭlus.*)

8. „ *Octandria* (Achtmännige), mit 8 Staubgefässen. (*Paris, Erĭca.*)

9. „ *Enneandria* (Neunmännige), mit 9 Staubgefässen. (*Laurus*, ein Theil der *Polygonĕae*, z. B. *Rheum.*)

10. „ *Decandria* (Zehnmännige), mit 10 Staubgefässen. (Die meisten *Rutacĕae*, wie *Ruta; Simarubacĕae*, wie *Quassĭa; Zygophyllacĕae*, wie *Guajăcum.*)

11. „ *Dodecandria* (Zwölfmännige), mit 12 bis 19 Staubgefässen. (*Asărum, Agrimonia.*)

β. Nach der Zahl der Staubgefässe mit Rücksicht auf deren Insertion.

12. Klasse. *Icosandria* (Zwanzigmännige), mit 20 oder mehr perigynischen Staubgefässen. (*Rosacĕae, Amygdalĕae.*)

13. „ *Polyandria* (Vielmännige), mit 20 oder mehr hypogynischen Staubgefässen (*Ranunculacĕae, Papaveracĕae*).

b. Staubgefässe ungleich lang.

14. Klasse. *Didynamia* (Zweimächtige), mit 4 Staubgefässen, von denen 2 länger und 2 kürzer sind. (*Labiātae* zum grössten Theile, *Personātae* zum grössten Theile.)

15. „ *Tetradynamia* (Viermächtige), mit 6 Staubgefässen, von denen 4 länger sind. (*Cruciferae.*)

B. Staubgefässe mit einander verwachsen.

a. Staubfäden (*filamenta*) verwachsen.

16. Klasse. *Monadelphia* (Einbrüdrige). Staubfäden zu einer Röhre verwachsen. (*Malvacĕae.*)

17. „ *Diadelphia* (Zeibrüdrige). Staubfäden zu 2 Bündeln verwachsen. (*Papilionacĕae.*)

18. „ *Polyadelphia* (Vielbrüdrige). Staubfäden zu 3 und mehr Bündeln verwachsen. (*Citrus, Hyperīcum.*)

b. Staubbeutel (Antheren) zu einer Röhre verwachsen. (Fäden frei.)

19. Klasse. *Syngenesia* (Vereintzeugende). (*Composĭtae.*)

C. Staubgefässe mit dem Pistill verwachsen.

20. Klasse. *Gynandria* (Weibermännige). (*Orchidacĕae.*)

II. Staubgefässe und Pistille in verschiedenen Blüthen, Diclinae (Zweibettige).

21. Klasse. *Monoecia* (Einhäusige). Männliche und weibliche Blüthen auf demselben Individuum (*Euphorbĭa, Quercus, Pinus, Juglans*).

22. „ *Dioecia* (Zweihäusige). Männliche und weibliche Blüthen auf verschiedenen Individuen derselben Spĕcies (*Cannăbis, Humŭlus, Salix, Junipĕrus*).

23. „ *Polygamia* (Vielehige), mit männlichen, weiblichen und Zwitter-Blüthen auf demselben Individuum oder auf verschiedene Individuen vertheilt (einige Palmen. *Acer*).

Verborgenblühende, Cryptogamae.

24. Klasse. *Cryptogamia* (Verborgenehige). (*Filices, Musci, Algae. Fungi.*)

Jede dieser Klassen ist wiederum in Ordnungen *(ordines)* getheilt und zwar von der

1.—13. Klasse, *Monandria* bis *Polyandria*.

a. Nach der Anzahl der Pistille, Narben oder Fruchtknoten, wie

Ord. 1. *Monogynia* (Einweibige).
„ 2. *Digynia* (Zweiweibige).
„ 3. *Trigynia* (Dreiweibige).
„ 4. *Tetragynia* (Vierweibige).
„ 5. *Pentagynia* (Fünfweibige).
„ 6. *Hexagynia* (Sechsweibige).
„ 7. *Heptagynia* (Siebenweibige).
„ 8. *Polygynĭa* (Vielweibige).

---

14. Klasse, *Didynamia*.

b. Nach Art der Frucht.

Ord. 1. *Gymnospermia* (Nacktsamige), mit 4 Nüsschen *(nucŭlae)* in der Blüthe. *(Labiātae.)*
„ 2. *Angiospermia* (Bedecktsamige), mit mehrsamiger Kapselfrucht *(fructus capsulāris)*. (Ein grosser Theil *Personātae*.)

15. Klasse, *Tetradynamia*.

Ord. 1. *Siliculōsa* (Schötchenfrüchtige). Frucht ein Schötchen *(silicŭla)*. *(Cochlearĭa.)*
„ 2. *Siliquōsa* (Schotenfrüchtige). Frucht eine Schote *(silĭqua)*. *(Sināpis, Brassĭca.)*

16., 17., 18. Klasse, *Monadelphia, Diadelphia, Polyadelphia*.

c. Nach der Zahl der Staubgefässe.

Ord. 1. *Triandria*.   Ord. 5. *Octandria*.
„ 2. *Pentandria*.   „ 6. *Decandria*.
„ 3. *Hexandria*.   „ 7. *Dodecandria*.
„ 4. *Heptandria*.   „ 8. *Polyandria*.

---

19. Klasse, *Syngenesia*.

d. Nach dem Geschlecht.

Ord. 1. *Polygamĭa aequālis* (gleichmässige Vielehigkeit). Alle Blüthen sind zwitterig. *(Taraxăcum, Lactūca, Cichorĭum, also Cichorieae.)*

Ord. 2. *Polygamia superflŭa* (überflüssige Vielehigkeit). Scheibenblüthen zwitterig und fruchtbare weibliche Randblüthen. *(Arnĭca, Matricarĭa, Artemisĭa, Tanacētum, Achillēa.)*

„ 3. *Polygamia frustranea* (vergebliche Vielehigkeit). Scheibenblüthen zwitterig, Randblüthen unfruchtbare weibliche oder geschlechtslose. *(Centaurēa.)*

„ 4. *Polygamia necessarĭa* (nothwendige Vielehigkeit). Scheibenblüthen unfruchtbare zwittrige oder männliche, Randblüthen fruchtbare weibliche. *(Calendŭla.)*

„ 5. *Polygamia segregāta* (getrennte Vielehigkeit). Jedes Blüthchen mit einer besonderen Hülle (*involucellum*), jedoch alle Blüthchen von einer gemeinschaftlichen Hülle (*involūcrum*) umgeben. *(Echĭnops.)*

Anmerk. *Linné* hatte der *Syngenesia* noch eine 6. Ordnung, *Monogamia* beigegeben, welche z. B. *Vĭŏla* und *Lobelia* umfasste, welche aber von späteren Botanikern in die *Pentandria* verlegt wurden. Auf diese Weise ist die Ordnung *Monogamia* (Einehige) verlassen und der Gegensatz (*Polygamia*) gegenstandslos geworden. Desshalb sagt man auch jetzt einfach *Syngenesia aequalis, Syngenesia superflŭa, Syngenesia frustranĕa*, etc.

---

20. Klasse, *Gynandria.*

e. Nach der Zahl der Staubgefässe, also

Monandria, Diandria, Triandria etc.

---

21. und 22. Klasse, *Monoecia, Dioecia.*

f. Nach der Zahl, der Insertion und Verwachsung der Staubgefässe.

Wie bei Bestimmung der Klassen 1 bis 13 und 16 bis 19.

---

23. Klasse, *Polygamia.*

g. Nach dem Vorkommen der Blüthen von verschiedenem Geschlecht, also

Monoecia, Dioecia, Trioecia.

Anmerk. Die Botaniker haben die Pflanzen der 23. Klasse in die Klassen vertheilt, in welche sie nach ihren zwittrigen Blüthen gehören. Die *Polygamia* existirt also jetzt nicht mehr.

---

24. Klasse, *Cryptogamia.*

h. Nach der natürlichen Verwandtschaft.

Ord. 1. *Filices* (Farne).
„ 2. *Musci* (Moose).
„ 3. *Algae* (Algen).
„ 4. *Fungi* (Pilze).

So lange es an guten natürlichen Pflanzensystemen gebrach, war das *Linné*'sche Sexualsystem für den Gebrauch das bequemste und beste. Den grössten Mängeln und Fehlern dieses Systems halfen nach *Linné*'s Tode mehrere deutsche Botaniker so viel als möglich ab, doch konnten sie die natürliche Unbeständigkeit in der Zahl der Staubgefässe, den Hauptmangel dieses Systems, nicht beseitigen. Um einige Beispiele anzuführen, sei die *Linné*'sche Gattung *Convallaria* erwähnt, welche zur *Hexandria* gehört. Von dieser Gattung zweigte man die viermännigen Arten als Gattung *Majanthĕmum* ab und verlegte dieselben nach der *Tetrandria*. Bei einem centrifugalen Blüthenstande wird die Zahl der Staubgefässe der endständigen Blüthe als die maassgebende angesehen. Die Gattungen *Ruta*, *Adŏxa*, *Paris* haben 4- und 5-zählige Blüthen. Die endständige Blüthe von *Ruta* hat gewöhnlich 10 Staubgefässe, daher *Ruta* in die *Decandria*, *Adoxa* aber wegen ihrer 8-männigen endständigen Blüthe in die *Octandria* verlegt sind. Bei *Paris* ist die 5zählige Blüthe nur eine Ausnahme, und sie muss in der *Octandria* gesucht werden.

Die nur theilweise adelphisch verwachsenen Staubfäden hat *Linné* als freie gerechnet. Daher finden wir *Linum* in der *Pentandria*, *Oxălis* in der *Decandria*, *Thēa* in der *Polyandria*. Obgleich einige *Geranium*-Arten nicht adelph verwachsene Staubfäden haben, so gehört dennoch *Geranium* zur *Monadelphia*.

Linné liess sich mitunter, aber immer nur ausnahmsweise, verleiten, im Widerspruch mit den Principien seines Systems natürlich verwandte Gattungen nicht von einander zu trennen. Daher warf er die Gattungen *Genista*, *Cytisus*, *Onŏnis*, *Melilōtus* und andere Leguminosen in die *Diadelphia*, obgleich die Staubfäden bei den genannten Gattungen nur monadelphisch verwachsen sind.

Die Einschiebung der Pflanzen mit getrennten Geschlechtern in die 21. und 22. Klasse *(Monoecia, Dioecia)* ist ohne Trennung der Arten einer Gattung oft gar nicht möglich. *Valeriāna dioica* hat zweihäusige Blüthen, andere *Valeriana*-Arten nicht, dennoch gehört sie mit diesen letzteren zur *Triandria*. Die Gattung *Rumex* zählt zur *Hexandria*, also auch *Rumex Acetosella* mit seinen diöcischen Blüthen. Die Gattungen *Carex*, *Urtīca*, *Bryonĭa* zählen zur *Monoecia*, obgleich Arten derselben auch diöcische Blüthen tragen.

Verbesserungen am Sexualsystem wurden unter anderen von *Thunberg* (einem Schweden, geb. 1743, gest. 1828) ausgeführt. Er vertheilte die Pflanzen der 20. bis 23. auf die übrigen Klassen.

Persoon (spr. persuhn, gest. 1836, von Geburt ein Engländer) elidirte die 18. und 23. Klasse, *Polyadelphia* und *Polygamia*. *Hornemann* (dänischer Botaniker, gest. 1841) elidirte die 11. und 23.
Klasse, *Dodecandria* und *Polygamia*. *Willdenow* (Prof. in Berlin,
geb. 1756, gest. 1812) verschmelzte die Ordnung *Monogamia* der
19. Klasse *(Syngenesia)* mit der *Pentandria*, die Ordnung *Syngenesia* der 21.—22. Klasse mit der Ordnung *Monadelphia*, und
theilte die 24. Klasse, *Cryptogamia*, in 15 Ordnungen. *Sprengel*
(Prof. in Halle, geb. 1766, gest. 1833) schaltete in die 15. Klasse,
Tetradynamia, die Ordnung *Synclistae* (Gattungen mit nicht aufspringenden Früchten) ein, so dass diese Klasse drei Ordnungen,
Siliculosae, *Siliquosae*, *Synclistae* zählte, und veränderte die Ordnungen der 19. Klasse, *Syngenesia*, in 6 natürliche Gruppen etc.

Das wäre dasjenige, was man von dem *Linné*'schen Sexual-
systeme wissen muss. Das Studium der Botanik nur nach diesem
System ist heute nicht mehr zu empfehlen. Der Anfänger er-
leichtert sich sein Studium, wenn er sich anfangs eine empirische
Bekanntschaft mit einer grösseren Anzahl Pflanzen verschafft und
dann sich in ein natürliches System hineinarbeitet, es jedoch
nicht unterlässt, hin und wieder auch einige Pflanzen nach dem
Sexualsystem zu bestimmen. Alle solche Fälle, in welchen
Sexual- und natürliches System coïncidiren, sucht man durch das
Gedächtniss aufzufassen. Wie leicht behält man z. B., dass die
Rosaceen meist zur *Icosandria* (12. Kl.), die Ranunculaceen
zur *Polyandria* (13. Kl.), die Laurineen zur *Enneandria* (9. Kl.),
die Umbelliferen zur *Pentandria digynia* (5. Kl. 2. Ord.) *Linné*'s
gehören.

Die künstlichen Systeme von *Gleditsch*, *Mönch*, *Allioni* sind
zu keiner Geltung gekommen, ebenso das carpologische System *Gärtner*'s, eine systematische Zusammenstellung der Pflanzen
nach der Lage, Gestalt, Consistenz der Frucht und der Zahl der
Fruchttheile. Die Hauptklassen des *Gärtner*'schen Systems sind:

1. Samenlappenlose, *Acotyledones*.
2. Einsamenlappige, *Monocotyledones*.
3. Zweisamenlappige, mit unterständiger Frucht, *Dicotyledones*,
   fructu infero.
4. Zweisamenlappige, mit oberständiger Frucht, *Dicotyledones*,
   fructu supero.
5. Vielsamenlappige, *Polycotyledones*.

Clavis Systematis naturalis Decandollei (Schlüssel zu *Decandolle*'s System).

Plantae
- **Vasculares** seu Cotyledoneae
  - **Exogenae** seu Dicotyledones
    - Perigonium duplex
      - Corolla polypetala
        - Petala calyci non inserta. Thalamiflorae . . . . Subcl. I.
        - Petala calyci inserta. Calyciflorae . . . . . Subcl. II.
      - Corolla monopetala . .
        - Corolla calyci inserta . . . . Subcl. III.
        - Corolla calyci non inserta; Corolliflorae Subcl. III.
    - Perigonium simplex . . . . Subcl. IV.
  - Endogenae seu Monocotyledones . . . .
    - Phanerogamae . . . . . . Subcl. V.
    - Cryptogamae . . . . . . Subcl. VI.
- **Cellulares** seu Acotyledoneae . . . .
    - Foliatae . . . . . . Subcl. VII.
    - Aphyllae . . . . . . Subcl. VIII.

Clavis Systematis sexualis Caroli Linnaei

(Schlüssel zu *Linné*'s Sexualsystem).

Plantae
- **Phanerogamae**
  - flores monoclini seu stamina cum pistillis in eodem flore
    - stamina distincta s. stamina nulla sua parte inter se connata
      - stamina longitudine non determinata
        - stamina I.—XI.
          - stamine I. . . . . . Monandria.
          - staminibus II. . . . Diandria.
          - staminibus III. . . . Triandria.
          - staminibus IV. . . . Tetrandria.
          - staminibus V. . . . Pentandria.
          - staminibus VI. . . . Hexandria.
          - staminibus VII. . . . Heptandria.
          - staminibus VIII. . . Octandria.
          - staminibus IX. . . . Enneandria.
          - staminibus X. . . . Decandria.
          - staminibus XI.—XIX. Dodecandria.
        - staminibus XX.—C.
          - calyci affixis . . . . Icosandria.
          - receptaculo insertis . Polyandria.
      - stamina duo semper reliquis breviora
        - staminibus 2 longioribus . . . . Didynamia.
        - staminibus 4 longioribus . . . . Tetradynamia.
    - stamina vel inter se vel pistillo cohaerentia
      - filamentis connatis
        - ad phalangem unam . . . . . . Monadelphia.
        - ad phalanges duas . . . . . . Diadelphia.
        - ad phalanges plures . . . . . . Polyadelphia.
      - antheris in cylindrum connatis . . . . Syngenesia.
      - filamentis cum stylo connatis . . . . Gynandria.
  - flores diclini seu flores masculi et feminei in eadem specie
    - flores masculi et feminei in eadem planta . . . . Monoecia.
    - flores masculi in diversa planta a femineis . . . . Dioecia.
    - flores hermaphroditi et masculi et feminei in eadem specie . . . . . Polygamia.
- **Crytogamae** seu flores oculis nostris nudis vix conspicui . . . . Cryptogamia.

Lection 92.

Jussieu's und *Decandolle's* natürliche Systeme.

Ein auf logischen Grundsätzen aufgebautes natürliches Pflanzensystem wurde zuerst von *de Jussieu*, Prof. der Botanik in Paris, geschaffen (1774—1789). In diesem Systeme sind die Pflanzenfamilien in drei grosse Abtheilungen vertheilt und zwar in

I. *Acotyledŏnes*, Samenlappenlose; II. *Monocotyledŏnes*, Einsamenlappige; III. *Dicotyledŏnes*, Zweisamenlappige.

Augustin Pyrame Decandolle (auch *De Candolle*, spr. dekangdohl), geb. 1778, gest. 1841, war Professor der Botanik in Monpellier, später in Genf. Er veröffentlichte sein System 1813 und Verbesserungen desselben 1819. Er unterbreitete die Prinzipien des *Jussieu'schen* Systems zum Theil auch dem seinigen.

I. Gefässpflanzen oder Samenlappige,
Vasculares s. Cotyledoneae,

Pflanzen mit vollständigem Zellgewebe und Gefässen; der Embryo hat einen oder mehrere Samenlappen.

II. Zellenpflanzen oder Samenlappenlose,
Cellulares s. Acotyledoneae,

Pflanzen mit unvollständigem Zellgewebe, nur aus Zellen bestehend; Fortpflanzung geschieht durch Sporen.

Da das *Decandolle'sche* System sich einer allgemeinen Aufnahme erfreute und es daher auch in den meisten der älteren Werke der pharmaceutischen Botanik angetroffen wird, so müssen wir es näher kennen lernen und auch seine Mängel besprechen.

I. Gefässpflanzen oder Samenlappige,
Vasculares s. Cotyledoneae,
zerfallen zunächst in 2 Klassen:

1. Klasse. Exogene oder Zweisamenlappige,
Erogĕnae s. Dicotyledonĕae;
Gefässbündel der Axe in zusammenhängend concentrischen Kreisen stehend; das Wachsthum erfolgt an dem Umfange des Stammes (daher *Erogĕnae*); Embryo mit gegenständigen oder quirlständigen Samenlappen.

2. Klasse. Endogene oder Einsamenlappige,
Endogĕnae s. Monocotyledonĕae;
Gefässbündel meist ohne regelmässige Anordnung durch den Körper der Axe zerstreut, die jüngsten in der Mitte des Stammes ste-

hend; das Wachsthum geht von der Mitte der Axe aus und ist später nur Spitzenwachsthum; Embryo mit nur einem Samenlappen oder mit abwechselnd stehenden Samenlappen.

Diese Eintheilungen sind keine correcten und lassen viele Einwendungen zu. Die Unterscheidung der Gefässpflanzen in Exogene (nach aussen wachsende) und in Endogene (nach innen wachsende) entspricht einer irrthümlichen Auffassung von dem Wachsthum der monokotylen Pflanzen, denn *H. Karsten's* Untersuchungen über diesen Gegenstand (1843—1847) ergaben, dass im Stamme der Monokotylen die jüngeren Gefässbündel weder in der Mitte des Stammes, noch nach *Mohl's* Angaben (1831) ausserhalb der älteren entstehen, dass es also Endogenen weder im *Decandolle's*chen noch im *Mohl'*schen Sinne giebt, auch die Bezeichnung Exogenen eine unrichtige ist. *Karsten* wies nämlich nach (die Vegetationsorgane der Palmen, 1847), dass die unteren Enden aller Gefässbündel der Blätter in einer einfachen Schicht liegen, welche in dem Stamme der Monkotylen einen Cylinder bildet, dass sie sich also alle von der Axe des Stammes gleichweit entfernt finden, dass die später sich bildende Spiralfaser (als Grundlage des neuen Gefässbündels) nicht ausserhalb, sondern in der Richtung der Tangente neben und oberhalb des älteren Gefässbündels entsteht.

Ferner war es ein Fehler, Endogene mit Monokotyledonen als gleichbedeutend hinzustellen, weil sich die zu den Endogenen gehörenden Gefässkryptogamen durch Sporen fortpflanzen, also keine Samenlappen haben und daher Akotyledonen sind.

Folgendes Schema wird uns eine Uebersicht über *Decandolle's* System geben:

Plantae	
I. Vasculares s. Cotyledoneae.	**I. Gefässpflanzen oder Samenlappige;** d. h. Gefässe im Zellgewebe. Samenlappén.
1. Classis. Exogenae s. Dicotyledoneae.	**1. Exogene oder Zweisamenlappige;** Gefässbündel in concentrischem Kreise, die jüngsten nach aussen liegend. Samenlappen gegenständig od. quirlständig.
A. Corolla et calyce instructae.	**A. Mit doppelter Blüthendecke, aus Blumenkrone und Kelch bestehend.**
1. Subclassis. *Thalämiflörae.*	1. Fruchtbodenbüthige, d. h. getrenntblättrige Blumenkrone nebst

Ord. *Ranunculaceae, Berberideae, Papaveraceae, Fumariaceae, Cruciferae, Violarieae, Polygaleae, Caryophylleae, Lineae, Malvaceae, Tiliaceae, Aurantiaceae, Oxalideae, Rutaceae.* — Staubgefässen auf dem Fruchtboden (*thalamus*) befestigt. *Polypetalae staminibus hypogynis.*

2. *Calyciflorae.*
Ord. *Rhamneae, Terebinthaceae, Leguminosae, Rosaceae, Granateae, Myrtaceae, Cucurbitaceae, Crassulaceae, Ficoideae, Cacteae, Grossularieae, Umbelliferae, Caprifoliaceae, Rubiaceae, Valerianeae, Compositae etc.*

2. Kelchblüthige, Blumenkrone verwachsen oder getrenntblätterig, dem Kelch eingefügt. *Corolla gamopetala vel dialypetala, perigyna vel epigyna; stamina perigyna vel epigyna.*

3. *Corolliflorae.*
Ord. *Strychneae, Gentianeae, Sesameae, Convolvulaceae, Borragineae, Solaneae, Antirrhineae, Labiatae, Primulaceae, Globularieae etc.*

3. Blumenkronenblüthige, unterständige verwachsenblättrige Blumenkrone. Staubgefässe meist der Blumenkrone inserirt. *Corolla gamopetala hypogyna.*

B. Perigonio simplice instructae.

4. *Monochlamydeae.*
Ord. *Plantagineae, Chenopodieae, Polygoneae, Laurineae, Aristolochieae, Urticeae, Amentaceae, Coniferae etc.*

B. Mit nur einer Blüthendecke.

4. Einblüthendeckige, mit einem einfachen Perigon.

2. Classis. Endogenae s. Monocotyledoneae.

2. Endogene oder **Einsamenlappige**; Zerstreute Gefässbündel, die jüngsten in der Mitte des Stammes; ein einzelner oder wechselständige Samenlappen, oder ohne Samenlappen.

1. Subclassis. *Phanerogamae.*
Ord. *Cycadeae, Orchideae, Irideae, Liliaceae, Colchicaceae, Junceae, Palmae, Aroideae, Gramineae, Cyperaceae etc.*

1. Phanerogamische, mit sichtbaren männlichen und weiblichen Geschlechtsorganen und einem Embryo.

2. *Cryptogamae.*
Ord. *Equisetaceae, Lycopodineae, Filices etc.*

2. Kryptogamische; Befruchtung nicht deutlich, verborgen, Embryo fehlt.

<table>
<tr><td>

II. Cellulares s. Acotyledoneae.

3. Classis.

  1. Subclassis. *Foliātae.*
    Ord. *Musci, Hepaticae.*

  2. *Aphÿllae.*
    Ord. *Lichēnes, Hypoxÿla, Fungi, Algae.*

</td><td>

II. Zellenpflanzen oder Samenlappenlose. Zellgewebe gefässlos, Embryo fehlt.

3.

  1. Beblätterte; mit blattähnlichen Ausbreitungen.

  2. Blattlose; ohne blattähnliche Ausbreitungen.

</td></tr>
</table>

Die natürlichen Systeme von *Achilles Richard* (spr. rischar), *Bartling, Lindley* (spr. lindli), *Fries, Perleb, Agardh, Oken, Reichenbach, Schultz, Martius, Link* hat man zwar für besser als das *Decandolle*'sche befunden, dennoch hat man sie nicht angenommen, so dass sie nur ein rein wissenschaftliches Interesse bieten. Von dem *Link*'schen Pflanzensysteme (1829—1833) wäre noch Folgendes zu bemerken: Dieses System behielt die drei Hauptabtheilungen des *Decandolle*'schen Systems bei, stellte jedoch die Exogenen den Endogenen nach. Die Endogenen erhielten keine Unterabtheilungen, vielmehr schliessen sich ihnen die Familien direkt an, dagegen sind die Exogenen mit Unterklassen bedacht z. B. *Vaginales, Vaginantes, Perigoniatae, Xerantheae, Hypanthae, Epanthae* etc. Dem Systeme *Endlicher*'s räumte man fast bis heute den ersten Platz unter den anderen natürlichen Systemen ein, obgleich es an ähnlichen Fehlern wie das *Decandolle*'sche leidet. Damit der Anfänger sich ein Urtheil bilde, möge dieses System in seinen Hauptumrissen in der folgenden Lection besprochen werden.

Lection 93.

Unger's oder *Endlicher*'s natürliches System.

Franz Unger, Professor der Botanik in Wien († 1870) und *Stephan Endlicher*, Professor der Botanik in Wien, († 1849), legten ihrem Systeme als vornehmsten Eintheilungsgrund die Verhältnisse des anatomischen Baues und die Art und Hauptrichtung des Wachsthums zum Grunde. Auf diese Weise vertheilte sich das Pflanzenreich in zwei Hauptabtheilungen, Regionen, nämlich in Lagerpflanzen oder Axenlose, *Thallophÿta*, und in Stengelpflanzen oder Axenpfanzen, *Cormophÿta*. Die Schichtung der Regionenglieder geschieht in Sectionen, Cohorten, Klassen und Ordnungen. Im Folgenden finden wir eine kurze Uebersicht des Systems und dann die dazu gehörigen kritischen Erläuterungen.

Regio I. Thallophyta.

Thallopyhÿta, pantachobrÿa, arrhīza.
Lagerpflanzen, ringsumsprossende, wurzellose.

Zellenpflanzen, deren Wachsthum nach allen Seiten hin stattfindet, ohne Stamm und Wurzel, einen Thallus bildend.

Sectio I. Protophyta.
Ursprosser. Ursprüngliche Gewächse.

Wachsen ohne Erde und nehmen ihre Nahrung aus allen Medien.

Classis 1. *Algae* (Algen).	Classis 2. *Lichēnes* (Flechten).
Protophÿta aquatica.	*Protophÿta aërĕa.*
Wasserpflanzen.	Luftpflanzen.

Sectio II. Hysterophyta.
Nachsprosser. Secundäre oder parasitische Gewächse auf zersetzten Organismen.

Classis 3. *Fungi* (Schwämme, Pilze).

Regio II. Cormophyta.

Cormophÿta, chorobrÿa, phyllophŏra.
Stengelpflanzen, Axensprosser, Blattträger.

Pflanzen aus Zellen und Gefässen zusammengesetzt, aus einer Axe und appendiculären Theilen bestehend. Das Wachsthum findet an der Peripherie und an der Spitze statt (*chorobrÿa*).

Sectio III. Acrobrya.
Endsprosser, an der Spitze wachsend.

Cohors 1. *Acrobrya anophyta.* Gefässlose Endsprosser.

Classis 4. *Hepaticae* (Lebermoose).	Classis 5. *Musci* (Moose).

Cohors 2. *Acrobrya protophyta.*
End- und Ursprosser. Ursprüngliche Endsprosser.

Mit mehr oder weniger vollkommenen Gefässbündeln.

Clss. 6. *Calamariae* (Schachtelhalme).	Clss. 8. *Hydropterides* (Wasserfarne).
„ 7. *Filices* (Farne).	„ 9. *Selagines.*

Classis 10. *Zamiae* (Zapfenfarne).

Cohors 3. *Acrobrya hysterophyta.* Parasitische Endsprosser.

Classis 11. *Rhizanthĕae* (Wurzelblumige).

Sectio IV. Amphibrya.
Umsprosser.

Das Wachsthum der Gefässbündel geschieht von der Peripherie des Stammes nach der Spitze des Stammes. Blätter meist parallelnervig. Einsamenlappig.

Clss. 12. *Glumacĕae* (Balgspelzen-
blüthige).

„ 13. *Enantioblāstae* (Gegenkeimer).

„ 14. *Helobĭae* (Sumpflilien).

„ 15. *Coronarĭae* (Kronenblüthige).

„ 16. *Artorrhīzae* (Brotwurz-
lige).

„ 17. *Ensātae* (Schwertblätt-
rige).

Clss. 18. *Gynandrae* (Weibermännige).

„ 19. *Scitaminĕae* (Bananengewächse).

„ 20. *Fluviales* (Flusspflan-
zen).

„ 21. *Spadiciflōrae* (Kolbenblüthige).

„ 22. *Princĭpes* (fürstliche Gewächse, Palmen).

Sectio V. Acramphibrya.
End- und Umsprosser.

Peripherisches und Spitzen-Wachsthum; Gefässbündel in concentrische Kreise gestellt; netzadrige Blätter, zwei oder mehrere Samenlappen.

Cohors 1. *Gymnospermae.* Nacktsamige.

Classis 23. *Conifĕrae* (Zapfenträger).

Cohors 2. *Apetalae.* Blumenblattlose.

Clss. 24. *Piperītae* (Pfefferpflan-
zen).

„ 25. *Aquatĭcae* (Wasserpflanzen).

„ 26. *Juliflorae* (Kätzchenblüthige).

Clss. 27. *Oleracĕae* (Krautartige).

„ 28. *Thymeleae* (Kellerhals-
artige).

„ 29. *Serpentariae* (Schlangenwurzartige).

Cohors 3. *Gamopetalae.*

Einblumenblättrige; mit verwachsenen Blumenblättern.

Kelch und Blumenkrone.

Clss. 30. *Plumbagĭnes* (Schlippen).

„ 31. *Aggregātae* (Haufenblüthige).

„ 32. *Campanulĭnae* (Glocken-
blüthige).

Clss. 33. *Caprifoliacĕae* (Geis-
blattartige).

„ 34. *Contōrtae* (Gedrehtblüthige).

Clss. 35. *Nucŭliferae* (Nüsschen-
tragende).

„ 36. *Tubiflorae* (Röhrenblüthige).

Clss. 37. *Personātae* (Larvenblüthige).

„ 38. *Petalanthae* (Epipetal-
staubblattblüthige).

Classis 39. *Bicōrnes* (Zweihörnige).

Cohors 4. **Dialypetalae.**

Mehrblumenblättrige; mit nicht verwachsenen Blumenblättern.

Clss. 40. *Discanthae* (Scheiben-
blüthige).

„ 41. *Corniculātae* (Gehörntfrüchtige).

„ 42. *Polycarpicae* (Vielfrüch-
tige).

„ 43. *Rhoeādes* (Mohnblü-
thige).

„ 44. *Nelumbia* (Lotosge-
wächse).

„ 45. *Parietāles* (Wandständige Samenträger haltende).

„ 46. *Pepōniferae* (Kürbis-
fruchtträger).

„ 47. *Opuntiae* (Feigendisteln).

„ 48. *Caryophyllinae* (Nelken-
artige).

„ 49. *Columniferae* (Säulenträger).

Clss. 50. *Guttiferae* (Harzsafthal-
tige).

„ 51. *Hesperides* (Hesperiden).

„ 52. *Acera* (Ahornpflanzen).

„ 53. *Polygalinae* (Kreuzblu-
menartige).

„ 54. *Frangulaceae* (Faul-
baumartige).

„ 55. *Tricoccae* (Dreiknöpfig-
früchtige).

„ 56. *Terebinthineae* (Terebin-
thusgewächse).

„ 57. *Gruināles* (Schnabel-
früchtige).

„ 58. *Calÿciflorae* (Kelchblüthige).

„ 59. *Myrtiflorae* (Myrthen-
blüthige).

„ 60. *Rosiflorae* (Rosenblüthige).

Classis 61. *Leguminōsae* (Hülsenfrüchtige).

Jede Classe ist nun wiederum in Ordnungen *(ordĭnes)* getheilt z. B.:

Classis 34. Contortae.

Ordo 129. Jasmineae.

„ 130. Bolivarieae.

„ 131. Oleaceae.

„ 132. Loganiaceae.

„ 133. Apocynaceae.

„ 134. Asclepiadeae.

„ 135. Gentianeae.

Classis 35. Nuculiferae.

Ordo 136. Labiatae.

„ 137. Verbenaceae.

„ 138. Stilbineae.

„ 139. Globularineae.

„ 140. Selagineae.

„ 141. Myoporineae.

„ 142. Cordiaceae.

„ 143. Asperifoliae.

Uebersicht des im botanischen Garten zu Breslau angenommenen Pflanzensystems.

Vom Prof. *Göppert* mit Rücksicht auf die Systeme *Jussieu's*, *Decandolle's* und *Endlicher's* geordnet.

Vegetabilia.

A. Thallophyta. (Endl.)
(Cryptogamar. et Linnaei et Acotyledonum pars Juss.; Plantae cellular. aphyllae et esexuales DC.)

B. Cormophyta. (Endl.)
(Cryptogamar. Linnaei et Acotyledonum pars, Monocotyled. et Dicotyledones Juss.)

a. Cryptogamae.

aa. Cryptogamae foliosae. (Cryptog. Linaei, Acotyled. Juss. pars, Acrobrya Endl.)

bb. Phanerogamae monocotyledoneae. (Amphib. Endl. Endog. DC.)

b. Phanerogamae.

cc. Phanerogamae dicotyledoneae. (Acramphibrya Endl., Dicotyledones Juss., Exogenae DC.)

Cl. I. Thalloïdeae.	Cl. II. Cryptogamae cellulares foliosae.	Cl. III. Cryptogamae vasculosae.	Cl. IV. Monocotyledones.	Cl. V. Dicotyledones gymnospermae.	Cl. VI. Dicotyledones apetalae.	Cl. VII. Dicotyledones monopetalae.	Cl. VIII. Dicotyledones polypetalae.
Cryptogamae cellulosae subaphyllae.	Plantae cellular. sexual. et foliosae DC; Anophyta E.	Protophyta Endl.; Endogenae cryptogamae DC.	Endogenae phanerogamae DC.	Apetalarum et monochlamydear. pars Juss. et DC.	Apetalae Juss. Monochlamydeae DC.	Monopetalae Juss.; Corolliflorae DC.	Polypetalae Juss. Thalamiflor. et calyciflor. DC.
Ordines:	Ordines:	Ordines:	Ordines:	Ordines:	Ordines:	Ordines:	Ordines:
1. Fungi L.	4. Musci hepatici Hedw.	6. Filices L. ex parte	10. Glumaceae Bartl.	Fossil.: Calamiteae. Sigillarieae.	23. Rhizantheae . Blume.	30. Plumbagineae E.	40. Discanthae Endl.
2. Lichenes Acharii	5. Musci frondosi Hedw.	7. Calamariae Endl. Fossil.: Calamitaceae.	11. Enantioblastae Mart.	21. Cycadeae Rich.	24. Piperitae L.	31. Aggregatae Endl.	41. Corniculatae E.
3. Algae L. ex parte Agardh.		8. Selagines Endl. Fossil.: Lepidodendreae.	12. Helobiae Endl.	22. Coniferae Juss.	25. Inundatae L. (Aquaticae Endl.)	32. Campanulaceae L.	42. Polycarpicae B.
		9. Hydropterides Will.	13. Coronariae L. Endl.		26. Juliflorae Endl.	33. Caprifoliaceae Endl.	43. Rhoeades L.
			14. Artorrhizae Endl.		27. Oleraceae L.	34. Contortae Endl.	44. Hydropeltideae B.
			15. Ensatae L.		28. Thymeleae Endl.	35. Nuculiferae E.	45. Parietales Endl.
			16. Gynandrae Endl.		29. Serpentariae E.	36. Tubiflorae Bartl.	46. Peponiferae E.
			17. Scitamineae L.			37. Personatae Endl.	47. Cacteae L.
			18. Fluviales Vent.			38. Petalanthae Endl.	48. Caryophyllinae E.
			19. Spadiciflorae Fr. Meissner.			39. Bicornes L.	49. Columniferae L.
			20. Principes L. Fossil.: Noeggerathieae.				50. Guttiferae Bartl.
							51. Hesperides L.
							52. Acera Endl.
							53. Polygalinae E.
							54. Frangulaceae E.
							55. Tricoccae L.
							56. Terebinthineae E.
							57. Gruinales L.
							58. Calyciflorae Endl.
							59. Myrtiflorae Endl.
							60. Rosiflorae Endl.
							61. Leguminosae E.

Unger's System findet sich in den „Grundzügen der Botanik von *Unger* und *Endlicher* 1843" aufgestellt und erklärt und *Endlicher* legte es seinem vortrefflichen grossartigen Werke über die Pflanzengattungen unter.

Auch dieses System bietet Mängel und Fehler, von welchen in erster Linie die dem Systeme untergelegte Wachsthumsweise, welche bereits in Lection 87 ausführlich besprochen ist, hervorzuheben ist.

Bemerkungen. Thallophýten, *thallophўta*, von d. griech. ϑαλλός (thallus), junger grüner Zweig (Trieblager, Lager, Laub), und φυτόν (phyton), Gewächs. — *Pantachobrўa, ōrum*, Ringsumsprosser, von πανταχοῖ (pantachoi), überallhin, nach allen Seiten, und βρύω (bryō), sprossen. —

Arrhīzus, a, um (arhizus), wurzellos, zusammengesetzt aus α privativum und ῥίζα (rhiza), Wurzel. — *Protophўta* (Urpflanzen), von πρῶτος, η, ον (prōtos, ä, on), d. erste, vorzüglichste, und φυτόν, Gewächs. —

Cormophўta, Stamm- oder Stengelpflanzen, von κορμός (kormos), Stamm. — *Chorobrўus, a, um* (kreisförmig sprossend), von χορός (choros), Reigen, Kreis, und βρύω, sprossen; (in Bezug auf die concentrische Stellung der Gefässbündel).

Hysterophўta (hinterher sprossende Pflanzen), von ὕστερος, α, ον (hysteros, a, on), hinterher, darauf folgend, und φυτόν, Gewächs. — *Phyllophŏrus, a, um*, blatttragend, von φύλλον (phyllon), Blatt, und φορός, όν (phoros, on), tragend. —

Acrobrўa, Spitzensprosser von ἄκρον (akron), Spitze, und βρύω, sprossen. — *Hydropterĭdes, ium*, Wasserfarn, von ὕδωρ (hydōr), Wasser und πτερίς, ίδος (pteris, pteridos), Farnkraut. — *Rizanthĕus, a, um*, wurzelblüthig, von ῥίζα (rhiza), Wurzel; und ἄνϑος (anthos), Blume.

Enantioblastae, herbae (Gegenkeimer), von d. griech. ἐναντίος, α, ον (enantios), gegen, entgegen, und βλάστη (blastä), Keim, weil der Embryo ausserhalb des Eiweisses liegt. — *Helobïae* (im Sumpf lebende), von ἕλος (helos), Sumpf, und βίος (bios), Leben; βιόω (bioō), leben.

Artorrhīzae, artorhīzae (Brodwurzlige), von ἄρτος (artos), Brod, und ῥίζα (rhiza), Wurzel: wegen des Stärkemehlreichthums der Wurzel. — *Petalanthae* (Blumenblattblüthige), von πέταλον (petalon), Blatt, und ἄνϑος, Blume; wegen der epipetalen Staubgefässe.

Hesperĭdes (goldne Aepfel). Αἱ Ἑσπερίδες (hai hesperĭdes), die Hesperiden, Töchter der Nacht, welche auf einer Insel des Oceans jenseits des Atlas goldene Aepfel bewachten, die später vom Herkules geraubt wurden.

Monochlamydĕae (Einhüllige), von μόνος (monos), einer, und χλαμύς, υδος (chlamys, chlamydos), weites Oberkleid, Hülle, Decke.

Lection 94.

Ranunculacĕae.

In dieser und den folgenden Lectionen finden wir Gelegenheit, uns mit den diagnostischen Merkmalen solcher Pflanzen und Pflanzenfamilien zu beschäftigen, welche vorzugsweise ein pharmaceutisches und pharmacologisches Interesse bieten.

Die Ranunculaceen *(Ranunculacĕae)* bilden eine Pflanzenfamilie, welche nach *Decandolle* zur Klasse der Dicotyledonen und der Unterklasse der *Thalămiflōrae*, nach *Endlicher* zur Region der Cormophyten, der Cohorte der *Dialypetălae* und der Klasse der *Polycarpĭcae* gehören. Hieraus ergiebt sich, dass wir bei den Pflanzen dieser Familie sichtbare deutliche Geschlechtsorgane (Staubgefässe und Pistille), einen Samen mit Embryo und zwei gegenständigen Kotyledonen, einen Stamm mit in einen Kreis gestellten Gefässbündeln, aus Mark, Holz und Rinde bestehend, und netzartige Blätter antreffen. Dies sind also Merkmale, welche die Familien der Klasse der Dikotyledonen oder der Region der Cormophyten gemein haben. Da die Blumenkrone dialypetal d. h. freiblättrig ist, die Blumenkronenblätter dem Fruchtboden *(receptacŭlum; thalămus)* eingefügt und die Staubgefässe hypogynisch sind, so ergiebt sich daraus der Charakter der *Thalămiflōrae* (Fruchtbodenblüthigen). Die Frucht besteht aus zahlreichen Carpellen, und desshalb gehört die Familie zu den *Polycarpĭcae*. Im *Linné*'schen Sexualsystem haben die Ranunculaceen ihren Platz in der *Polyandria*, der 13. Klasse.

Wesentliche Merkmale der Ranunculaceen, durch welche diese Familie sich von anderen verwandten Familien (z. B. den Papaveraceen, Nymphaeaceen etc.) unterscheidet, sind

Ranunculaceae.

Kräuter, selten Halbsträucher.	*Herbae, rarius suffrutĭces.*
Saft wässerig (nicht Milchsaft).	*Succus aquōsus.*
Blätter meist zerstreut, nebenblattlos, am Grunde oft scheidig.	*Folĭa plerumque sparsa, exstipulāta, basi saepe vaginata.*
Blüthe: Kelch und Blumenkrone oder nur **ein Perigon**.	*Flos calўcem et corollam exhibens vel perigonĭum unum.*
Blumenkrone 5- oder 2- bis 15 blättrig oder fehlend (0).	*Corolla pentapetăla aut bina ad quina dena petăla, interdum nulla.*
Kelch 5 blättrig, selten 3- bis 6 blättrig, sehr häufig gefärbt und hinfällig.	*Calyx pentasepălus, raro tri-, tetra- vel hexasepălus, saepe colorātus et cadūcus.*
Staubgefässe unterständig, zahlreich und frei; die Staubbeutel angewachsen, häufig nach aussen gewendet.	*Stamĭna hypogўna, multa, libĕra, anthēris adnātis (connectivo continuo cum filamento), saepe extrorsis (extra versis).*

Stempel: Carpellen zahlreich, frei, seltener verwachsen, 1- bis vieleiig; **Eichen** gegenläufig.	*Pistillum. Carpella plurĭma, rarius connata, uni- vel multi- ovulata; ovŭla anatrŏpa.*
Früchte saftlos (trocken), entweder nicht aufspringende od. vielsamige, in der Bauchnath aufspringende Kapseln.	*Fructus exsucci, aut indehiscentes (caryopses), aut capsulae polyspermae, suturā ventrali dehiscentes.*
Embryo sehr klein, am Grunde des Eiweisses, mit dem Nabel zugewendeten Würzelchen.	*Embryo minutus in basi albuminis (embryo basilaris), radiculā hilum spectante.*

Diese Reihe Merkmale erscheint lang und desshalb für das Gedächtniss schwerfällig, sobald man aber einige Arten aus der Familie kennen gelernt und durch eigene Anschauung studirt hat, hält das Gedächtniss ohne Schwierigkeit das eine wie das andere Merkmal fest. Man hat also stets erst einige Arten zu studiren und kennen zu lernen, um dann die Merkmale der Gattungen und dann die Merkmale der Familie mit aller Sicherheit aufzufassen und dem Gedächtniss anzuvertrauen.

Die Ranunculaceen zerfallen in zwei Unterfamilien oder Tribus, in *Anemonideae* (Anemonenähnliche) *Link* und *Aconitĕae* (Sturmhutartige *Link*.

I. Anemonideae.

Früchte einfächerig, einsamig und nicht aufspringend.	*Fructus uniloculāres, monospĕrmi, indehiscentes (caryōpses).*

Die Anemonideen lassen sich wieder schichten in

   Clematideae (Clemătis).
   Anemoneae (Thalictrum. Anemōne, Hepatĭca).
   Adonideae (Adonis).
   Ranunculeae (Ranuncŭlus, Ficarĭa).

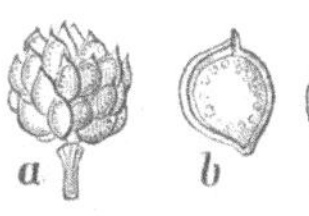

Fig. 566.

R. ph.

Frucht einer Anemonidee (*Ranuncŭlus Philonotis*). *a* kopfförmiger Fruchtstand. *b* eine Caryopse, vergr., *c* dieselbe im Verticalschnitt.

II. Aconiteae.

Früchte vielsamige Kapseln.	*Capsŭlae polyspermae.*

Die Aconiteen zerfallen in

   Helleboreae (Caltha, Trollĭus, Hellebŏrus, Nigella, Aquilegĭa, Delphinĭum, Aconītum).
   Paeoniaceae (Actaea, Paeonĭa).

Von den Anemonideen ist die Gattung *Anemōne* zu erwähnen, denn *Anemone pratensis (Pulsatilla pratensis* Mill.), Wiesenküchenschelle, und *Anemone Pulsatilla (Pulsatilla vulgaris* Mill.) liefern *Herba Pulsatillae*, welches Kraut mit den Blüthen nur im frischen Zustande heilkräftig ist und daher auch nur frisch zur Darstellung eines Extraktes verwendet wird.

In Betreff der arzneilichen Wirkung ist die Küchenschelle ein den narkotischen Substanzen nahestehendes *Acre*. Sie enthält ein durch Destillation abscheidbares krystallisirendes flüchtiges Oel, Anemonenkampfer oder Anemonine, welche Substanz auch in *Ranunculus Flamŭla*, *R. bulbosus* und anderen Ranunculusarten angetroffen wird. Der Saft der *Anemōne*-Arten ist sehr scharf und wird selbst als Röthungsmittel der Haut (wie Euphorbium und Canthariden) gebraucht.

Der Gattungscharakter der *Anemōne* ist

Küchenschelle.	*Anemōne.*
Blätter zerstreut angeheftet.	*Folia sparsa.*
Hülle von der Blume entferntstehend.	*Involūcrum a flore distans.*
Perigon 5- und mehrblättrig.	*Perigonium pentaphyllum vel pleiophyllum.*
Früchtchen zahlreich, kopfförmig auf verdicktem Fruchtboden zusammenstehend, bisweilen geschwänzt.	*Carpella numerōsa, capitātim in receptacŭlo incrassāto congesta, interdum caudata.*

Fig. 567.

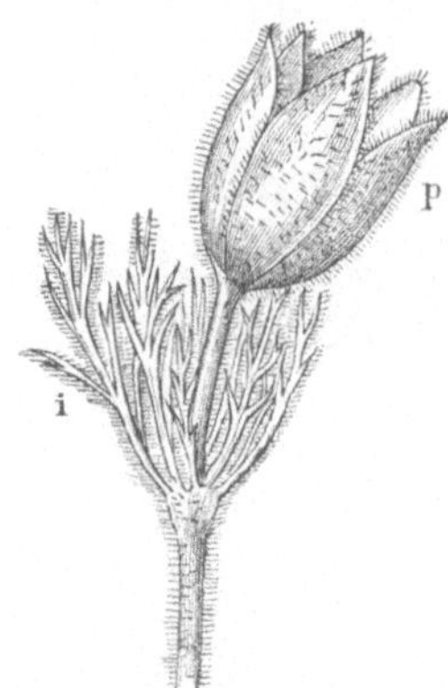

Anemōne Pulsatilla. Flos erectiusculus. p Phylla perigonii apice non revoluta. i Hülle *(involucrum).*

Bei den *Clematideae* sind nämlich die Blätter gegenüberstehend, bei den *Anemoneae* zerstreut stehend. Zu letzteren gehören *Anemone, Hepatica, Thalictrum*. Bei der Leberblume, *Hepatica trilŏba* DC., ist die dreilappige Hülle *(involucrum trilŏbum)* der Blume genähert und das Perigon besteht aus 6—9 Blättern, bei *Thalictrum* fehlt die Hülle *(involucrum)*, das Perigon ist nur 4- bis 5 blättrig, und die Carpellen sitzen einem kleinen, nicht verdickten Fruchtboden auf. Bei der *Hepatica* sind die Carpellen nicht geschwänzt, bei *Thalictrum* mit der Narbe gekrönt.

Es unterscheiden sich:

Anemone pratensis.	*Anemone Pulsatilla.*
Hängende Blüthe *(flos pendŭlus)*.	Ziemlich aufrechte Blüthe *(flos erectiusculus)*.
Perigonblätter an der Spitze zurückgerollt *(phylla perigonii apice revoluta)*.	Perigonblätter an der Spitze nicht zurückgerollt *(phylla perigonii apice non revoluta.*

Aus der Abtheilung der *Adonideae* ist *Adōnis vernālis* (Teufelsauge) in sofern zu erwähnen, als die Wurzel dieser Pflanze mit der *Radix Hellebŏri nigri* verwechselt werden kann.

Zu der Abtheilung *Ranunculeae* gehört die artenreiche Gattung *Ranuncŭlus* (mit 5 Kelch- und 5 Blumenblättern) und die Gattung *Ficaria* (mit 3 Kelchblättern und 7—12 Blumenblättern). Beide Gattungen haben das Merkmal, an der Basis der Blumenblätter mit einer Honigdrüse oder Honiggrube versehen zu sein *(petăla in basi foveā nectariferā instructa)*. Siehe Fig. 238 *i.* S. 152.

Die Kräuter und Blüthen der Abtheilung der *Ranunculeae* sind heute nicht mehr officinell. Einige Arten der Gattung *Ranunculus* im frischen Zustande rechnet man zu den scharfen Giften, besonders aber *Ranunculus scelerātus*, Gift-Hahnenfuss. Durch das Trocknen scheint das scharfe Princip verloren zu gehen.

Fig. 568.

Ranuncŭlus acer. Blüthe.

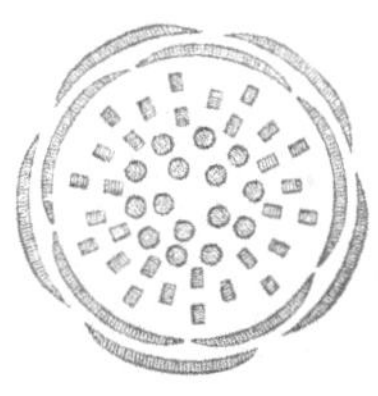

Fig. 569.

Diagramm der Blüthe von *Ranuncŭlus acer.*

Wichtige Arzneimittel liefert die Unterfamilie *Aconitĕae*, welche man in zwei Gruppen theilt, in *Helleborĕae* (mit nicht flachen Blumenblättern, *petăla non plana)* und in *Paeoniacĕae* (mit flachen Blumenblättern, *corolla planipetăla)*. Letztere verdankt ihren Namen der Gattung *Paeonĭa* (Pfingstrose), deren Art *Paeonia peregrīna Miller* (Gichtrose) früher Wurzeln, Blumenblätter und Samen in den Arzneischatz lieferte. Die im südlichen Europa heimische *Paeonia corallina Retz* liefert nur Samen, welche in Wasser geweicht und auf Fäden gezogen den kleinen Kindern (zur Erleichterung des Zahnens) um den Hals gehängt werden.

Wichtige narkotischscharfe Arzneimittel liefert die Abtheilung der *Helleboreae*.

Der Charakter des *Hellebŏrus* (Christwurz) bietet folgende wesentliche Merkmale:

Hellebŭrus.

Kelchblätter 5, oft blumenblattähnlich, bleibend.	*Sepăla quina, saepe petaloïdĕa, persistentia.*
Blumenblätter klein u. röhrig.	*Petăla parva et tubulōsa.*
Kapseln frei und kaum mehr denn 5.	*Capsulae libĕrae, vix quinas excedentes.*
Samen zweireihig angeheftet.	*Semina biserialia.*

Fig. 570.

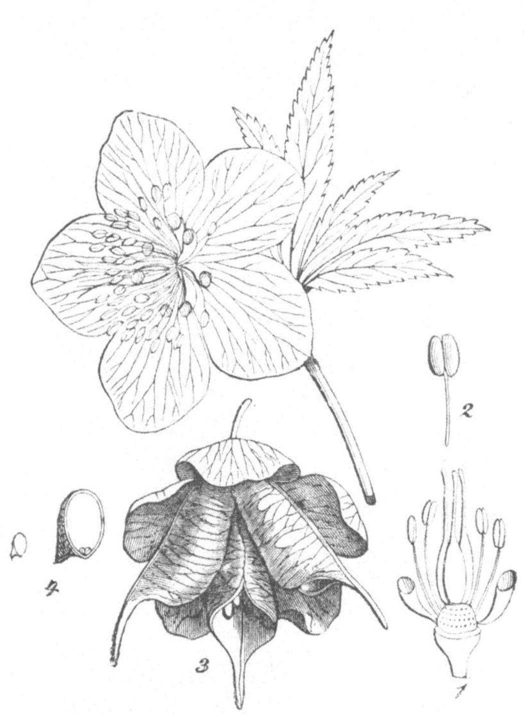

Hellebŏrus virĭdis, grüne Nieswurz. Obere Fig. Blüthe, von oben gesehen. 1. Blüthenboden mit den drei Pistillen in der Mitte, daneben einige Staubgefässe, und aussen auf jeder Seite ein röhriges Blumenblatt. 2. Staubgefäss. 3. Reife Frucht, aus der Kapsel bestehend, schon aufgesprungen. 4. Durchschnitt des Samens in natürlicher Grösse und vergrössert.

Die Gattung *Caltha* (Kuhblume) hat nur ein einfaches und hinfälliges Perigon, *Trollius*, hinfällige Kelchblätter, kleine, aber genagelte Blumenblätter mit linienförmiger Platte, *Nigella* kleine zweispaltige, *Aquilegia* gespornte, *Delphinium* 4 ungleiche Blumenblätter, von welchen zwei obere gespornt sind. *Aconītum* hat nur 2 Blumenblätter. Man bemerke wohl, dass die Kelchblätter dieser Abtheilung den Blumenblättern ähnlich sind, der Kelch also nicht für die Blumenkrone gehalten werden darf.

Von den Arten des *Helleborus* sind *H. niger* und *H. viridis* für uns wichtig, denn die getrocknete Wurzel der ersten Art war, die der anderen ist jetzt officinell. Damit die Wurzeln beider Arten nicht mit einander oder mit anderen ähnlichen aus der Reihe der Ranunculaceen verwechselt werden, sollen an der Handelswaare stets noch die Blätter sitzen. Beide Arten haben fussförmige wurzelständige Blätter, deren Blättchen *(foliŏla)* bei *H. niger* nur gegen die Spitze entfernt gesägt *(ad apicem remōte serrāta)*, bei *H. viridis* aber bis gegen die Basis scharf gesägt *(usque ad basin argūte serrāta)* sind. *Helleborus foetidus* hat keine Wurzelblätter. Fig. 137, 3, Seite 100, giebt die Gestalt eines fussförmigen Blattes an.

Die Gattung *Helleborus* ist in Gebirgswäldern zu Hause und wird auch von den Gärtnern gezogen, weil viele ihrer Arten im Winter um die Weihnachtszeit blühen (daher auch der Name Christwurz). Aus der Wurzel hat man giftige krystallisirbare Glykoside, Helleborine (Helleboracrine) und Helleboreïne, dargestellt. Die Wirkung ist scharf-drastisch.

Die Gattung *Nigella* (Schwarzkümmel) hat kleine zweispaltige genagelte Blumenblätter *(petala parva, unguiculāta, bifĭda)*, mit einer Honiggrube am Grunde der Platte, welche Honiggrube mit einer Schuppe bedeckt ist *(basis laminae instructa foveā nectariferā, squamā tectā)*. *Nigella sativa* liefert den schwarzen Kümmel *(Semen Nigellae)*, welcher dreikantige Samen nicht mit dem officinellen und nierenförmigen Samen des Stechapfels *(Datūra Stramonium)* zu verwechseln ist.

Eine für die Medicin ganz besonders wichtige Gattung ist *Aconītum*, deren in Gebirgen wildwachsende, blau- und violettblüthige Arten die *Herba Aconīti*, dagegen *Aconītum Napellus* die *Tubĕra Aconīti* liefern. Beide, Kraut und Wurzelknollen, sind scharf narkotisch und enthalten giftige Alkaloïde, wie Aconitin, Napellin. Die wesentlichen Merkmale der Gattung sind:

Fig. 571.

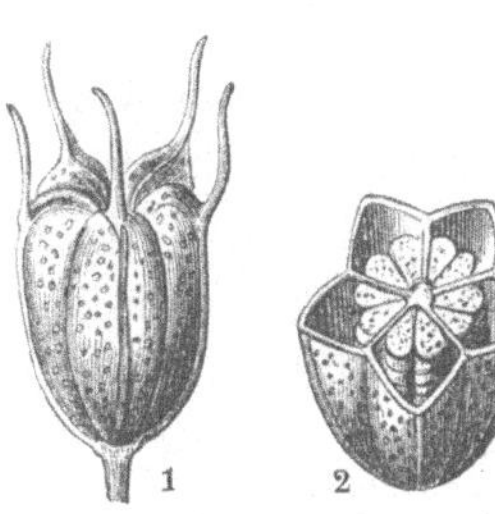

Nigella sativa. 1. *Carpellae connatae.* 2. Querschnitt durch die verwachsenen Carpellen, das *sporophŏrum centrāle adnātum* und die zweireihig gestellten Samen zeigend.

Aconītum.

| Kelch blumenkronenartig; 5 ungleichförmige Kelchblätter, das oberste wie ein Helm gewölbt. | *Calyx corollacĕus; sepāla quina, inaequalia, sepalum summum fornicatum (galĕa, cassis).* |

<table>
<tr><td>

Blumenkronenblätter 2, langgenagelt, kappenförmig, gespornt, unter dem Helm verborgen.

Kapseln frei, 3—5, vielsamig.

</td><td>

Petala bina, longe unguiculāta, cuculliformĭa, calcarāta, sub cassĭde occūlta.

Capsŭlae libĕrae, ternae vel quinae, polyspermae.

</td></tr>
</table>

Fig. 572.

Fig. 573.

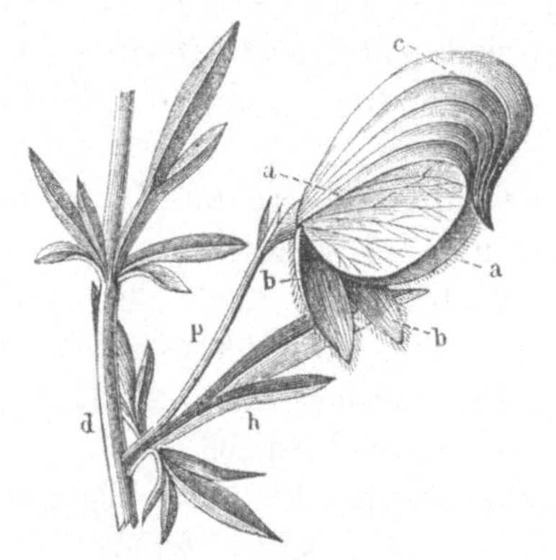

Aconitum Napellus. *a c a b* der gefärbte blumenblattartige Kelch; *b b* untere, *a a* seitliche Kelchblätter, *c* oberes Kelchblatt oder der Helm (*galĕa, cassis*).

Blatt von Aconitum (circa ⅓ Grösse).

Die Blüthe von *Aconītum* ist von einer Gestalt, dass diese Gattung mit keiner andern verwechselt werden kann. Die Gattung *Delphinĭum* hat zwar auch unegale blumenblattähnliche Kelchblätter, von denen aber das oberste gespornt ist, und 4 ungleiche Blumenblätter, von denen die zwei oberen gespornt sind. Die Spornen der beiden Blumenblätter werden von dem Sporne des obersten Kelchblattes eingeschlossen.

Die für die Pharmacie wichtigsten Aconitarten mit violetten Blüthen (eigentlich violetten Kelchen) sind:

Aconītum Cammărum Jacq. Sehr hoher Helm, an der Stirn unterhalb der Spitze buchtig eingedrückt *(cassis altior, fronte infra apĭcem sinuāto-intrūsa).* Blätter matt oder ohne Glanz.

Aconītum Stoerckeānum Reichenb. Hoher Helm mit convexer Stirn; Blätter auf beiden Seiten glänzend, mit oberer dunkler und unterer heller grün gefärbter Fläche *(cassis alta, fronte convexa; folia utrinque nitĭda, supra saturate virĭdĭa, subtus pallide virĭdĭa).* Karpellen zusammenneigend *(carpella conniventia).*

Aconītum Napellus L. Niedriger Helm; Karpellen divergirend *(carpella divergentia).*

Fig. 574.

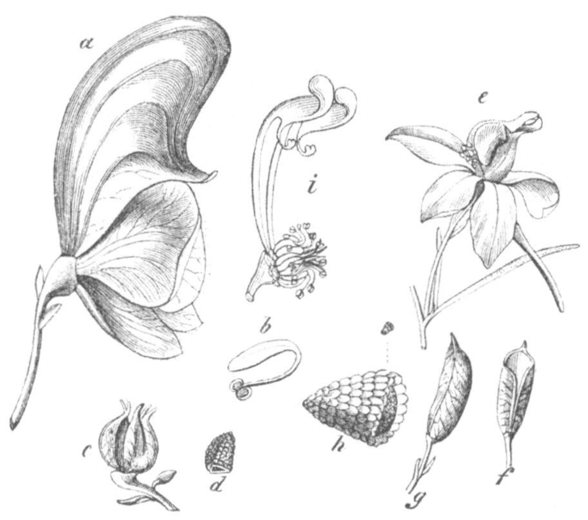

Aconītum Cammărum. a Blüthe (Kelch), b Staubgefäss, c Pistill, i die von den Kelchblättern befreite Blüthe, die zwei Blumenblätter (früher für Nectarien gehalten) zeigend, d Samen. — e *Delphinium Consolīda*, Blüthe, f Frucht von der Bauchseite, g von der Rückenseite gesehen, h Samen in natürlicher Grösse und vergrössert.

Diese drei Arten haben Knollenwurzeln, es sollen aber nur die Knollen von *Aconītum Napellus* gesammelt werden, welche auf der Querschnittfläche einen strahligen Holzring mit s e h r v o r g e s t r e c k t e n Strahlen zeigen. Die Knollen von *A. Cammărum* sind kleiner und die Strahlen des Holzringes sind weniger vorgestreckt. Bei den Knollen des *A. Stoerkeānum* ist der Holzring stumpfkantig, nicht sternförmig. Die Aconitknollen werden besonders im südlichen Deutschland gesammelt.

Gelbblühende Arten sind *Aconītum Anthōra* L. (mit rübenförmiger Wurzel), *Aconītum Lycoctónum* (mit fasriger Wurzel).

Durch Hybridität entstehen eine Menge Varietäten und Unterarten, welche von manchen Botanikern als eigne Arten aufgestellt und benannt sind, wie z. B. *Aconītum variegātum.*

Aus der Gattung *Delphinium* waren früher die blauen Blüthen von *D. Consolīda*

Fig. 575.

Frucht von *Aconītum Napellus. Carpellae divergentes.*

Fig. 576.

D. C.

Das obere gespornte Kelchblatt der Blüthe von *Delphinium Consolīda.*

als *Flores Calcatrippae s. Calcitrăpae s. Consolĭdae regālis* (Rittersporn) officinell. Die Ritterspornblüthe besteht aus einem 5blättrigen Kelche, mit oberem gespornten Kelchblatte, und 4 Blumenblättern. (Fig. 574, e.) Das im südlichen Europa heimische *Delphinĭum Staphisagrĭa* liefert *Semen Staphisagriae s. Staphĭdis agriae* (Stephanskörner), welche ein giftiges Alkaloïd, Delphinin, enthalten.

Bemerkungen. *Anemŏne*, Gen. *es*, *f.* griech. $\mathring{\alpha}\nu\varepsilon\mu\omega\nu\eta$ (Windröschen), abgeleitet von $\mathring{\alpha}\nu\varepsilon\mu o\varsigma$ (anemos), Wind, weil die Blüthe leicht vom Winde entblättert wird. — *Ranuncŭlus*, Hahnenfuss genannt wegen der handförmig getheilten Blätter, von *rana*, der Frosch, weil die Arten dieser Gattung da zu wachsen pflegen, wo die Frösche sich aufhalten. — *Hellebŏrus*, *i*, *m.*, Nieswurz, griech. $\mathring{\varepsilon}\lambda\lambda\mathring{\varepsilon}\beta o\varrho o\varsigma$, galt bei den Alten als Mittel bei wenigem Verstand, gegen Wahnsinn und Epilepsie. — *Aconītum*, griech. $\mathring{\alpha}\varkappa\acute{o}\nu\iota\tau o\nu$, nach der Sage aus dem Schaume des Cerberus entstanden, war ein den Alten bekanntes Gift. Der Name ist entweder von $\mathring{\alpha}\varkappa o\nu\acute{\alpha}\omega$ (akonaō), schärfen, abgeleitet, um die Schärfe des Giftes zu bezeichnen, oder von dem Standorte: $\mathring{\varepsilon}\nu\ \mathring{\alpha}\varkappa\acute{o}\nu\alpha\iota\varsigma$ (en akonais), auf schroffen Felsen. — *Cammărum*, von $\varkappa\acute{\alpha}\mu\mu\alpha\varrho o\varsigma$, Hummer. *Napellus*, Deminutiv von *napus*, die Rübe. — *Delphinĭum*, Rittersporn, wegen des Spornes an der Blüthe; $\delta\varepsilon\lambda\varphi\acute{\iota}\nu$ (delphin), ein Delphin, auch ein spornähnliches Instrument an den Schiffen, die feindlichen in den Grund zu bohren. — *Nigella*, Deminutivform von *niger*, schwarz. — *Hepatĭca* wurde diese Pflanze schon von den Römern genannt, welche in den dreilappigen leberfarbigen im übrigen nicht narkotischen Blättern eine Andeutung als Lebermittel zu erkennen glaubten.

Die Blumenkronenblätter sind der Kürze halber bald Blumenblätter, bald Kronenblätter genannt, ein Unterschied zwischen beiden sonst gebräuchlichen Bezeichnungen findet also nicht statt.

Lection 95.

Magnoliaceen. Menispermaceen.

Den Ranunculaceen stehen die Magnoliaceen *(Magnoliacĕae)* am nächsten. Diese Pflanzenfamilie verdankt ihren Namen der Gattung *Magnolĭa*, deren Arten herrliche Zierden der Wälder der südlichen Freistaaten Nordamerika's sind. Viele der Magnolien sind mächtige Bäume mit breiten pyramidalen Kronen und erreichen eine Höhe von 20 bis 30 Meter. An den Enden der dünnen Aeste stehen grosse ovale, oberhalb glänzende, immergrüne Blätter und dazwischen oft tellergrosse, blendendweisse, gelbliche oder röthliche Blüthen. An den zapfenförmigen Früchten hängen zur Zeit der Reife beerenartige Samen an 3 Ctm. langen weissen Fäden aus den zweiklappig aufgesprungenen

Kapseln heraus. Eine bei uns in Gärten zuweilen gezogene, in Nordamerika heimische Magnoliacee ist der sogenannte Tulpenbaum *(Liriodendron tulipifera)*, dessen Rinde *(Cortex Liriodendri)* Piperin und Gerbstoff enthält und daher tonisirende Kräfte besitzt.

Die Magnoliaceen sind Sträucher oder Bäume und unterscheiden sich ausserdem noch von den Ranunculaceen, dass sie z. B. Nebenblätter und wechselständige lederartige netzadrige Blätter haben. Die Ranunculaceen sind dagegen Kräuter oder

Fig. 577.

Fig. 578.

Frucht von *Illicium anisatum*, Sternanis.

Reifer Fruchtstand der *Magnolia grandiflora. a* Eine einzelne Kapsel, *b* im Längsschnitt die Samen zeigend. (Verkl.)

Halbsträucher, ferner nebenblattlos und haben an der Basis scheidige Blätter.

Die Magnoliaceen zerfallen in zwei Unterfamilien, in Magnolieen und Wintereen. Bei den Magnolieen sind die Carpellen in einen Zapfen oder eine Aehre zusammengestellt, und die Blätter sind ohne drüsige Punkte, bei den Wintereen *(Winteraceae* Lindley) stehen die Carpellen in einem Wirtel, und die Blätter sind drüsig oder durchsichtig punktirt.

Magnolieae.	*Winteraceae s. Illicieae.*
Carpella multa spicātim disposĭta.	*Carpella verticillātim disposĭta.*
Folia non pellucĭdo-punctāta.	*Folia pellucĭdo-punctata.*

Nur die Wintereen bieten ein pharmakologisches Interesse, denn erstens verdanken sie ihren Namen einer vor Zeiten einmal in den Handel gekommenen aromatischen Rinde *(Cortex Winterānus verus)*, welche einem südamerikanischen Baume, *Drimys Wintēri Forster*, entnommen war, jetzt aber nicht mehr in den Handel kommt. Die Droguisten substituiren dieser Rinde entweder die weisse Zimmtrinde *(Canella alba)* oder die Rinde von *Cinnamodendron corticōsum*, gewöhnlich falsche *Winter*'sche Rinde *(Cortex Winterānus spurĭus)* genannt. Zweitens liefert eine Winteree, ein immergrüner Baum, *Illicĭum anisatum Loureiro*, in ihren Früchten den Sternanis oder Badian *(Fructus Anīsi stellati)*.

Illicĭum anisātum Loureiro ist ein in China einheimischer Baum, von der Grösse unsers Kirschbaumes. Seine Früchte bestehen aus circa 8 horizontal in einen Wirtel gestellten, der Länge nach aufspringenden, steinfruchtartigen Carpellen, von denen ein jedes Carpell einsamig ist. Die Samen sind von einer schaligen harten glänzenden Samenhaut eingeschlossen. Die Carpellschalen enthalten flüchtiges anisartig schmeckendes Oel, die Samen nicht.

Den Ranunculaceen entfernter stehend ist die Familie der Menispermaceen *(Menispermaceae)*, obgleich sie im *Endlicher*'schen System auch zu der Cohorte der *Dialypetălae* und der Klasse der *Polycarpĭcae* gehören.

Die sehr kleinen Blüthen sind diclinisch oder diöcisch, die Gattungen der Familie zählen also zur *Linné*'schen *Dioecia* (22. Klasse), während die Ranunculaceen und Magnoliaceen ihren Platz in der *Polyandria* (13. Klasse) haben. Bei einigen Menispermaceen sind die den Blumenblättern gegenüberstehenden Staubgefässe zum Theil adelphisch oder alle zu einer centralen Säule verwachsen. In der Zahl stimmen Kelchblätter, Blumenblätter und Staubblätter überein, oder letztere sind ein Multiplum von der Zahl der Blumenblätter. Carpellen sind zahlreich, entweder am Grunde mit einander verwachsen, oder einzeln. Die Eichen sind campylotrop (krummläufig). Die Frucht bildet eine einsamige Beere oder Steinfrucht.

Fig. 579.

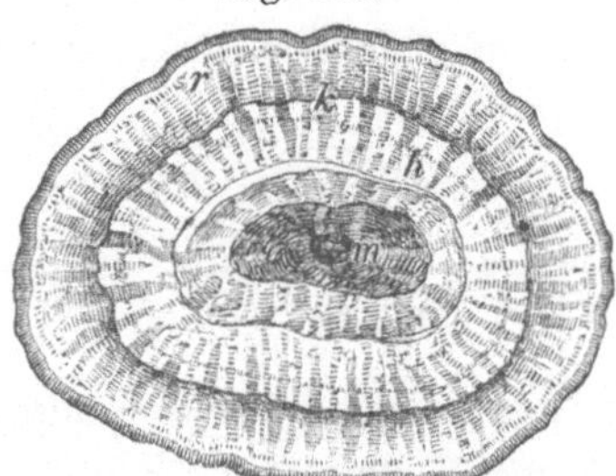

Oberfläche einer trocknen Querscheibe der *Radix Columbo* (von *Cocculus palmatus DC.*). *r* Rinde, *k* Cambiumring, *h* Holz.

Menispermaceen sind *Coccŭlus palmātus* und *Anamīrta Coccŭlus Wight et Arnott*.

Coccŭlus palmatus DC. oder *Menispermum palmātum Lamarck*, handförmigblättrige Columbo, ist eine strauchartige, in den Wäldern von Mozambique wildwachsende, auf Ceylon angebaute Pflanze, welche die Columbowurzel *(Radix Columbo s. Colombo s. Calumbae)* liefert. Diese Wurzel ist sehr bitter und besitzt kräftig tonische Eigenschaften, welche sie besonders einem Gehalt an krystallisirbarem Bitterstoff, Columbine, und einem gelben Alkaloïd, dem Berberin, verdankt. Das Berberin wurde zuerst in der Wurzel des Berberitzenstrauches *(Berbĕris vulgaris)* aufgefunden.

Anamīrta Coccŭlus Wight et Arnott s. Menispermum Cocculus L., ein Schlingstrauch Südasiens und der Sundainseln, liefert in seinen Früchten die sogenannten **Kokkelskörner, Fischkörner** *(Fructus Coccŭli)*, welche einen zu den tetanischen Mitteln gehörenden giftigen Bitterstoff, **Pikrotoxine**, enthalten und angeblich von englischen Brauern zur Schärfung des Bieres, auch hin und wieder als Betäubungsmittel der Fische angewendet werden sollen. Sie waren Bestandtheile des Läusepulvers, welches vor der Einführung des persischen Insektenpulvers in den Apotheken gehalten wurde.

Früher wurden *Coccŭlus palmatus* und *Anamīrta Coccŭlus* in die Gattung *Menispērmum* zusammengelegt, doch die sechs freien Staubgefässe bei *Cocculus* und die zu einer an der Spitze sich verbreiternden Säule verwachsenen zahlreichen Staubgefässe der *Anamirta* machten eine Trennung in zwei Gattungen nothwendig.

Bemerkungen. Jeder krystallisirbare organische Stoff, welchen die deutschen Chemiker aus einer Pflanze abschieden, er mochte nun ein indifferenter Bitterstoff, ein Glykosid oder ein Alkaloid sein, erhielt seinen Namen mit der Endung „in". Ein solches Verfahren ist aber keineswegs lobenswerth und der wissenschaftlichen Behandlung des Gegenstandes entsprechend. Desshalb sind in dem vorliegenden Werke diese auf „in" sich endigenden Namen, wenn sie indifferente Stoffe, Bitterstoffe, Glykoside bezeichnen, mit der weiblichen Endung „ine" versehen, und haben alle Alkaloïde die sächliche Endung „in" beibehalten. Diese Aenderung in dem gewohnten Gebrauch ist unerheblich, da auch die französischen Chemiker die Endung „ine" für die Namen indifferenter und alkaloïdischer Stoffe gebrauchen, diese also keine neue ist.

Drimys, Gewürzrindenbaum, d. griech ὁριμύς, scharf, stechend. — *Illicium*, abgeleitet von *illicio, illexi, illectum, ĕre*, anlocken, lüstern machen, wegen des süsslichen angenehmen Anisgeschmackes der Früchte. — *Menispermum*, mondförmiger Same, gebildet aus μηνίς, ίδος (mänis, idos), mondförmiger Körper, und σπέρμα (sperma), Same, weil der Samenkern sowohl im Längs- wie im Querschnitt eine halbmondförmige Schnittfläche zeigt. —

Coccŭlus ist das Deminutiv von *coccus* (Beere) und desshalb gewählt, weil die purpurrothen Steinfrüchte der *Anamĭrta* zu 200—300 in einer Traube zusammensitzen. — *Tetănus*, Starrkrampf.

Die *Illicium*-Arten zeichnen sich durch Reichthum an flüchtigem Oele aus, so auch *Illicium Sanki*, ein Baum auf den Philippinen, welcher das anisartig riechende **Anisholz** liefert.

Lection 96.

Berberideen.

Die Berberideen *(Berberidacĕae)* zählen zu der Cohorte der *Dialypetălae* und der Klasse der *Polycarpĭcae* des *Endlicher*'schen Systems. Die wesentlichsten Merkmale sind:

Berberidaceae.

Dornige Sträucher oder perenirende Krautgewächse.	*Frutĭces spinōsi vel herbae perennes.*
Kelchblätter farbig, doppelreihig u. abwechselnd stehend.	*Sepăla colorata, in seriem duplicem alternatim disposita.*
Blumenblätter soviel wie Kelchblätter, diesen gegenüberstehend, an der Basis mit Nectardrüsen.	*Petăla tot quot sepala, his opposĭta, in basi glandŭlis vel parapetălis instructa.*
Staubgefässe soviel als Blumenblätter, diesen gegenüberstehend.	*Stamĭna tot quot petala, iisdem opposita.*
Staubbeutel mit zwei von einanderstehenden Fächern, zweiklappig aufspringend.	*Antherae loculos duos distantes continentes, valvulis duabus dehiscentes.*
Fruchtknoten, einfächerig, frei.	*Germen (ovarium) uniloculare, liberum.*
Eichen gegenläufig, 2—12, aufrecht oder aufsteigend.	*Ovŭla anatrŏpa, bina ad duodēna, erecta vel adscendentia.*
Griffel sehr kurz oder Narbe fast sitzend.	*Stylus brevissimus vel stigma fere sessĭle.*
Frucht eine 1—3 samige Kapsel oder Beere.	*Fructus capsula vel bacca mono-, bi- vel trisperma.*

Diese Familie hat also eine Menge sehr charakteristischer Merkmale, dazu kommt noch die Stellung der Blätter in Büscheln und eine auffallende Sensibilität der Staubgefässe, welche berührt sich gegen die Narbe neigen und ihre Klappen aufspreizen.

Eine bei uns heimische Berberidee ist *Berbĕris vulgaris*, gemeiner Sauerdorn, Berberitze, deren Wurzel das alkaloïdische Berberin enthält. Aus dem sauren Safte der Beerenfrüchte wird ein Syrup *(Syrŭpus Berberĭdum)* bereitet.

Gattungsmerkmale der Berberitze sind:
Berbĕris.

Kelch 6blättrig.	*Calyx hexaphyllus.*
Blumenblätter 6, innen gegen die Basis zweidrüsig.	*Petala sena, intus ad basin biglandulōsa.*
Fruchtknoten 2eiig.	*Germen biovulatum.*
Beere 1—2samig.	*Bacca mono- vel disperma.*

Die wesentlichen Merkmale der Species sind:
Berbĕris vulgāris, Berberitze.

Stengel mit dornigen Aesten; Dornen dreitheilig, unter den Blattbüscheln stehend, aus Blättern entstanden.	*Caulis ramis spinescentibus, spinis tripartītis, sub fascicŭlis foliōrum, e foliis abortīvis.*
Blätter verkehrt-eirund-länglich, feindornig-gesägt, in Büschel gestellt.	*Folia obovāto-oblonga, spinulōso-serrulāta, ad fasciculos disposita.*
Blüthentrauben vielblüthig, aus der Mitte der Blattbüschel hervortretend, hängend.	*Racēmi multiflōri, ex medio fasciculōrum singulorum (foliorum) exstantes et pendŭli.*
Blüthen gelb. Beeren länglich, scharlachroth, säuerlich.	*Flores flavi. Baccae oblongae coccinéae, saporis aciduli.*

<table>
<tr><td>Fig. 580.</td><td>Fig. 581.</td></tr>
</table>

Berbĕris vulgāris.

1. Blüthe von oben gesehen (2½ fach vergr.).
2. Blumenblatt mit den zwei Drüsen an der Basis. 3. Staubgefäss, aufgesprungen. 4. Frucht (natürl. Gr.), *b* dieselbe im Secantenschnitt.

Blätterbüschel, unter demselben der dreitheilige Dorn (*a*).

Die Sporen des auf der unteren Seite der Blätter der Berberitze häufig wuchernden Staubschwammes, *Aecidium Berberĭdis*, auf die Halme des Getreides fallend, erzeugen hier den Getreiderost *(Puccinĭa gramĭnis)*. Aus diesem Grunde sucht man die Berberitze überall auszurotten.

Eine amerikanische Berberidee ist *Podophyllum peltātum*, schildförmiges Fussblatt, aus dessen Wurzeln ein harzähnlicher Stoff, Podophylline, ausgezogen wird, welcher schon in Gaben von 3 bis 5 Centigramm heftig brechenerregend und abführend wirkt, und in Nordamerika und in England officinell ist.

Ueberblicken wir die Familien, welche wir in den vorhergehenden Lectionen kennen lernten, und welche zu der *Endlicher*'schen Cohorte der Freiblumenblättrigen oder *Diälypetälae* und zur Klasse der Vielfrüchtigen oder *Polycarpĭcae*, in dem *Decandolle*'schen System aber zu den Fruchtbodenblüthigen oder *Thalămiflōrae* gehören, so finden wir auch in Betreff des Habitus unterscheidende Charaktere.

Die Ranunculaceen haben z. B. zerstreut stehende, an der Basis scheidige, nebenblattlose Blätter, die Magnoliaceen dagegen abwechselnd stehende *(folia alterna)* Blätter und Nebenblätter, die Menispermaceen zwar auch wie die Ranunculaceen zerstreut stehende nebenblattlose, aber am Grunde nicht scheidige Blätter. Ranunculaceen und Magnoliaceen haben polyandrische Zwitterblüthen, dagegen die Menispermeen diclinische oder diöcische und dazu noch sehr kleine Blüthen.

Dies ist ein kurzes Beispiel, um die Weise zu zeigen, in welcher man die diagnostische Botanik studiren soll. Durch wiederholte Vergleichung der Charakteristik der verwandten Familien und Arten allein lassen sich Erfolge im Studium erzielen. Es ist gerade nicht nothwendig, jedes allgemeine Merkmal einer Familie und Pflanze zu kennen, man lege aber einen besonderen Werth auf die Kenntniss der wesentlichen Merkmale, durch welche sich nahestehende Familien und Gattungen von einander unterscheiden, und suche die einzelnen Merkmale an eingelegten oder abgebildeten Pflanzen aufzufinden.

Lection 97.

Papaveraceen, Mohngewächse.

Die Papaveraceen gehören wie die in den vorstehenden Lectionen besprochenen Familien zu *Decandolle*'s *Thalămiflōrae*, in dem *Endlicher*'schen System gehören sie zwar auch noch zu der Cohorte der Dialypetalen, aber in die Klasse der *Rhoeädes*

(Rhoeadeae). welche sich durch vollständige Blüthen mit **freiem abfallendem Kelch**, dem Fruchtboden eingefügte freie Blumenblätter, hypogynische, freie oder einbrüdrige Staubgefässe und durch einen 1—2 fächrigen, ein- bis vieleiigen Fruchtknoten von den anderen Klassen unterscheiden. In der Klasse der *Rhoeades* finden wir auch die grosse Familie der Cruciferen (Kreuzblüthler', dann auch die Erdrauchgewächse oder Fumariaceen.

Die wesentlichen Merkmale der Familie der Mohngewächse sind folgende:

Papaveraceae.

Kraut-Gewächse mit weissem oder farbigem **Milchsaft**.	*Herbae lactescentes cum succo albo aut colorato.*
Blätter zerstreut.	*Folia sparsa.*
Kelchblätter 2 und hinfällig.	*Sepăla bina. cadŭca.*
Blumenblätter 4, seltner 6, 8 oder 12; Blumenkrone regelmässig; Blüthendeckenlage gedreht-zusammengefaltet.	*Petăla quaterna, rarius sena, octōna vel duodēna; corolla regularis; praefloratio contortuplicata.*
Staubgefässe meist zahlreich, frei.	*Stamĭna plerumque numerōsa, libĕra.*
Fruchtknoten einfächerig, vieleiig.	*Germen uniloculare, multiovulatum.*
Eichen gegenläufig oder halbgekrümmt an wandständigen Samenträgern, welche an Zahl den Narben gleich mit diesen abwechselnd stehen.	*Ovŭla anatrŏpa vel hemitrŏpa, affixa sporophŏris parietalibus, numero stigmata aequantibus. Sporophora stigmatibus alterna.*
Frucht meist eine 1 fächrige Kapsel oder schotenförmig.	*Fructus plerumque capsularis unilocularis vel siliquaceus.*
Samen klein, eiweisshaltend, mit sehr kleinem vom Eiweisse umschlossenen Keime.	*Semĭna parva, albuminosa; embryo minĭmus, albumĭni inclusus.*

Papaveraceen von pharmacologischem Werthe sind *Papāver somnifĕrum*, *Papaver Rhoeas* und *Chelidonĭum majus*, zwei Gattungen mit charakteristischen Unterscheidungsmerkmalen.

Papāver.

Narbe sitzend strahlig.	*Stigma sessĭle, radĭans.*
Kapsel einfächerig. vielsamig; wandständige Samenträger bilden echte Scheidewände. Kapsel häufig unter der Narbe mit Löchern aufspringend.	*Capsula unilocularis, polysperma; sporophŏra parietalia, formantia dissepimenta vera. Capsula saepe sub stigmăte poris dehiscens.*

Die Samenträger sind bei der Mohnfrucht zugleich die Ränder der mit einander verwachsenen Karpellblätter, aus denen sich das Pistill bildete. Scheidewände, welche durch Verwachsung von Karpellblättern entstehen, sind stets echte, denn sie sind schon im Fruchtknoten ausgebildet. Die Zahl der Fächer entspricht der Zahl der Strahlen der Narbe. Zur Zeit der Reife schlagen sich bei einigen Mohnvarietäten dicht unter der Narbe die Spitzen der ursprünglichen Karpellblätter zurück, und es entstehen dadurch so viele Löcher, als die Kapsel Fächer, welche hier unvollständige sind, hat. Aus den Löchern fällt der Same heraus.

Fig. 582.

Durchschnitt des Pistills von *Papaver somniferum*, als Beispiel eines vielgliedrigen Pistills und echter Scheidewände.

Die Arten der Gattung *Papaver* lassen sich je nach Beschaffenheit der Kapsel eintheilen in eine Gruppe mit glatter kahler Kapsel *(capsula glabra)*, und mit borstenhaariger Kapsel *(capsula hispida)*.

Die kahle und glatte Kapsel findet man bei *Papaver somniferum*, *P. Rhoeas*, *P. dubium*, die borstenhaarige bei *P. Argemone*, *P. hybridum*. Vergl. Fig. 583, 586, 587, 588.

Papaver somniferum unterscheidet sich von anderen Arten durch einen glatten Stengel, stengelumfassende Blätter, mit abstehenden Haaren besetzte Blüthenstiele und eine kahle, mehr oder weniger kugelige Kapsel.

Papaver somniferum differt a reliquis speciebus sui generis: caule glabro, foliis amplexicaulibus, pedunculis pilis patentibus obsitis et capsula subglobosa glabra.

Fig. 583.

Frucht von *Papaver somniferum*, *Variet. nigrum*. Links die Narbe von oben gesehen.

Diese im Orient heimische, bei uns viel cultivirte Mohnart kennt man in zwei Varietäten.

Varietas α. nigrum trägt kugelige Kapseln, welche sich unter der Narbe in Löchern öffnen, hat schwarze oder schwarzbläuliche Samen und meist purpurrothe Blüthen *(capsulae globosae, sub stigmate foraminibus dehiscentes; semina nigra vel e caeruleo nigra; petala plerumque purpurea).*

Varietas β. album trägt kugelig-eiförmige Kapseln mit keinen oder doch undeutlichen Löchern unter der Narbe; Blumenblätter und Samen sind weiss *(capsulae ovato-globosae; foramĭna sub stigmăte nulla aut obliterata; petăla et semina alba)*.

Die Varietät *Papaver somniferum album* liefert in den Arzneischatz die nicht völlig reifen Fruchtkapseln als sogenannte **Mohnköpfe** *(Fructus Papavĕris s. Capĭta Papavĕris)* und den Samen, **Mohnsamen** *(Semen Papavĕris)*. Erstere werden zu Cataplasmen, letztere zu Emulsionen und zur Darstellung des Mohnöls *(Olĕum Papavĕris)* verbraucht. Das Mohnöl ist ein trocknendes Oel und wird durch Auspressen der Samen gewonnen.

Die Papaveraceen gehören meist der Reihe der narkotischen Gewächse an, jedoch nur im frischen Zustande, besonders während ihres Wachsens und der Reifung ihrer Frucht. Nach der Reife und dann getrocknet sind sie fast ohne narkotische Eigenschaften. Der reife Mohnsamen ist nicht, die reife Mohnkapselfrucht kaum narkotisch. Daher wird letztere, um als Medicament Verwendung zu finden, im unreifen Zustande, vor der Reife eingesammelt.

Ein sehr wichtiges Medicament, welches die Mohnpflanze liefert, ist das *Opĭum*, welches in grossen Massen im Orient gewonnen wird, indem man in die **unreifen** Fruchtkapseln wiederholt mit einem vielschneidigen Messer Einschnitte macht und am anderen Tage den aus den Wunden hervorgetretenen und halbgetrockneten Milchsaft sammelt. Dieser wird in Kuchen geformt in den Handel gebracht. Das aus **Smyrna** kommende Smyrna-Opium, auch das Constantinopolitanische, welche Sorten 10—14 Proc. Morphin enthalten, sind allein zum Arzneigebrauch geeignet. Das hier und da im westlichen Europa versuchsweise eingesammelte Opium hat sich zuweilen noch morphinreicher erwiesen. Die schlechteren Sorten, das Aegyptische, Persische, Ostindische Opium, bilden einen bedeutenden Handelsartikel Asiens, wo sie als Aufregungsmittel theils genossen, theils geraucht werden. Das im südlichen Frankreich und Algier gewonnene Opium *(Aff'ium* genannt) enthält circa 8 Proc. Morphin. Das Opium enthält mehrere Alkaloide, unter welchen **Morphin** das medicinisch wichtigste ist, dann **Narcotin**, **Codein**, **Thebain**, **Papaverin**, **Narcein**, **Pseudomorphin** etc. Eine besondere Säure im Opium ist die **Meconsäure**.

Das Klima hat auf die Beschaffenheit des Opiums einen wesentlichen Einfluss, denn die in Kleinasien angebaute Mohnpflanze und die in Persien, Aegypten, Deutschland, Nord-Frankreich angebaute sind eine und dieselbe. Dass auch die Zeit der Einsammlung von Einfluss auf den Morphingehalt ist, ergiebt sich aus der oben gemachten Bemerkung. Das kurz vor der Reife eingesammelte enthält kaum halb soviel Morphin als das um zwei Wochen früher gesammelte. Ein Versuch ergab im ersten Falle 3 Proc. Morphin, im letzteren Falle 8 Proc.

Papaver Rhoeas, dessen Blumenblätter frisch und trocken officinell und unter dem Namen **Klatschrosenblätter** (*Petăla Rhoeădos*; *Flores Rhoeadis s. Papavĕris erratĭci)* bekannt sind,

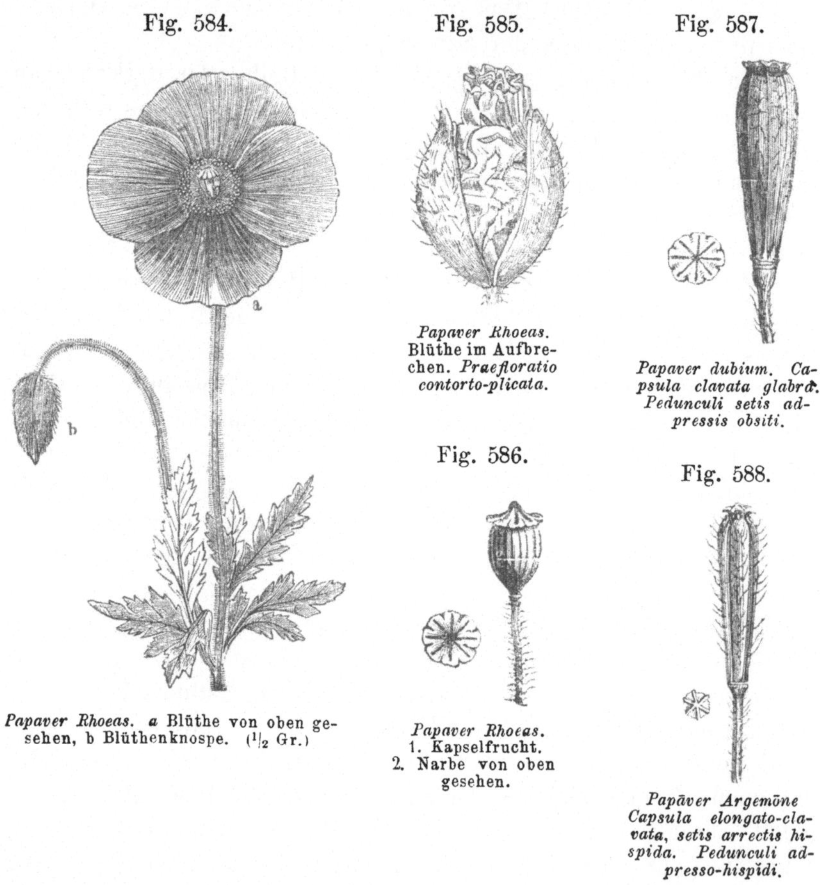

Fig. 584.

Fig. 585.

Fig. 587.

Papaver Rhoeas.
Blüthe im Aufbrechen. *Praefloratio contorto-plicata.*

Papaver dubium. Capsula clavata glabra. Pedunculi setis adpressis obsiti.

Fig. 586.

Fig. 588.

Papaver Rhoeas.
1. Kapselfrucht.
2. Narbe von oben gesehen.

Papaver Rhoeas. a Blüthe von oben gesehen, b Blüthenknospe. (¹⁄₂ Gr.)

Papăver Argemōne Capsula elongato-clavata, setis arrectis hispida. Pedunculi adpresso-hispĭdi.

unterscheidet sich durch Stengel und Blüthenstiel, welche mit abstehenden Borsten besetzt sind, und durch eine kleine, verkehrt eirunde, krugförmige, kahle Kapsel. *(Caules et pedunculi setis patentibus obsĭti; capsula obovato-urceolata glabra.)*

Papaver dubĭum hat dagegen Blüthenstiele mit anliegenden Borsten und keulenförmige Kapseln *(pedunculi setis adpressis obsĭti et capsulae clavatae glabrae),* und *Papaver Argemōne* (Sandmohn) hat Blüthenstiele mit anliegenden steifen Haaren und eine durch aufwärtsstehende steife Borsten rauhe, lange, keulenförmige Kapsel *(pedunculi adpresso-hispĭdi; capsula elongato-clavata, setis arrectis hispĭda)*.

Die Klatschrosenblumenblätter sind scharlachblutroth, am Grunde schwarzviolett, den Blumenblättern des Sandmohns ähnlich, aber weit kleiner.

———

Chelidonĭum majus, Schöllkraut, wächst durch ganz Europa an wüsten Stellen. Der Saft wird zu einem Extrakt *(Extractum Chelidonii)* verarbeitet, oder aus dem frischen Kraute eine Tinktur gemacht.

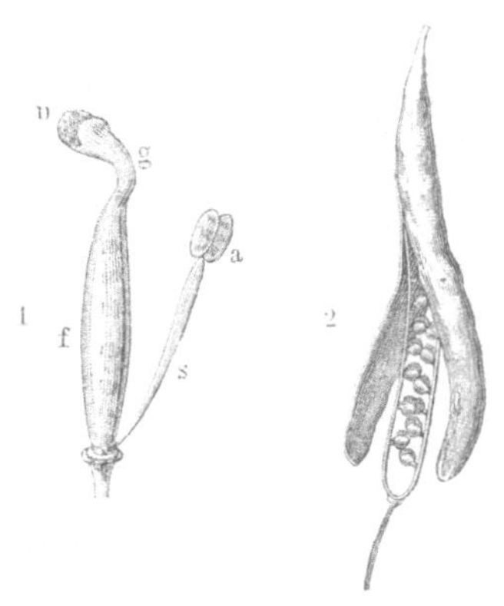

Fig. 589.

Chelidonium majus. 1. Pistill mit zweilappiger Narbe (*n*), *a* Anthere. *s* Staubgefäss. 2. *Capsŭla siliquacĕa a basi ad apĭcem perfecte dehiscens. Dehiscentĭa fenestrālis.* (1 und 2 vergr.)

Die Gattung *Chelidonĭum* unterscheidet sich von der Gattung *Papaver* hinreichend durch die zweilappige Narbe, die schotenförmige Frucht, das fensterartige Aufspringen derselben, und dann auch durch die gelbe Farbe des Milchsaftes.

Chelidonĭum.

Narbe zweilappig, **Frucht** 1fächrig, mehrsamig, schotenförmig, zweiklappig. Beim Aufspringen lösen sich die Klappen von der Basis zur Spitze, und die Samenträger bleiben in Form eines Rahmens stehen.	*Stigma bilŏbum.* *Fructus unilocularis, pleiospermus, siliquaceus, bivalvis; dehiscens valvis a basi ad apicem se revellentĭbus, sporophora duo post dehiscentiam repli instar persistentia.*

Die Art *Chelidonĭum majus* ist an ihren gelben Blüthen, dem doldenartigen Blüthenstande, den fiedertheiligen Blättern und dem safrangelben Milchsafte zu erkennen. *Flores lutei cum pedunculis ad umbellam simplicem dispositis; folia pinnatipartīta; planta croceolactescens.* ♃ (d. i. Staudengewächs, *planta perennis; herba redivīva*).

Der gelbe Milchsaft des frischen Schöllkrautes enthält zwei alkaloidische Stoffe, das nicht giftige bittere **Chelidonin** und das orangerothe **Chelerythrin**, auch **Pyrrhopin** genannt, einen gelben Bitterstoff, Chelidonsäure etc. Das **Chelerythrin** hat narkotische Eigenschaften.

Papaver somnifĕrum ist auf seiner ganzen Oberfläche, bei *Chelidonium majus* nur die Unterfläche der Blätter bläulich grün (*glaucum*) oder gleichsam bläulich grün bereift (*glauco-pruinōsum*).

Fig. 590.

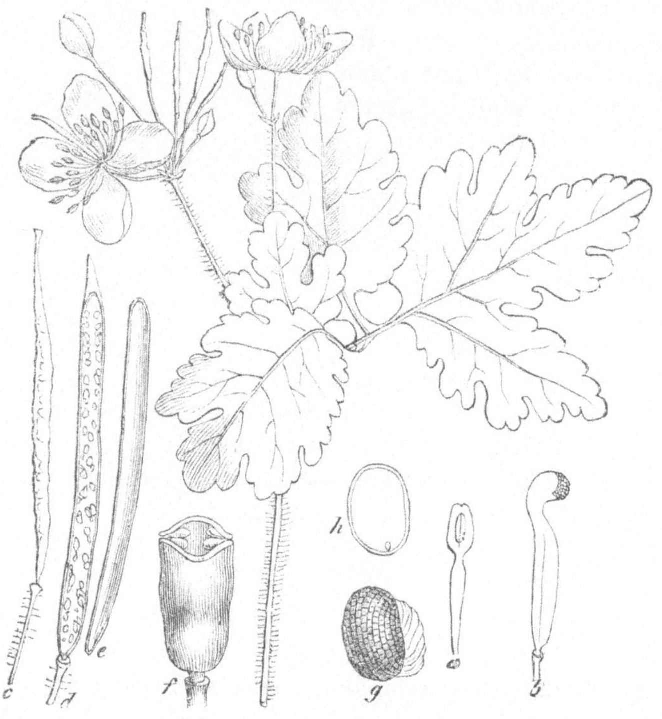

Chelidonium majus. Zweig mit Blüthenstand. *a* Staubgefäss, *b* Pistill, *c* Frucht, *d* Frucht nach Entfernung der Klappen, *e* eine Fruchtklappe, *f* Querschnitt einer Frucht (vergr.), *g* Samen (vergr.) mit der (rechts) daran sichtbaren kammförmigen Fadenschwiele (*strophiŏla cristata*), entstanden aus einer Wucherung des Nabelstranges, *h* Längsdurchschnitt des Samens, den sehr kleinen geraden Embryo zeigend.

Diese Färbung wird hier nicht durch einen wachsartigen Ueberzug veranlasst, sondern durch eine aussergewöhnlich dicke und weniger durchsichtige Cuticula, denn unter der Epidermis befindet sich eine lebhaft dunkelgrüne Zellschicht.

Lection 98.

Fumariaceen. Cruciferen.

Fumariaceen und Cruciferen gehören nach *Endlicher*'s System wie die Papaveraceen zu der Cohorte der *Dialypetälae* und der

Klasse *Rhoeädes*, es bilden sogar die Fumariaceen wegen ihres hinfälligen zweiblättrigen Kelches eine Unterordnung (*subordo*) der Papaveraceen. Beide Familien zählen nach *Decandolle's* System zu den *Thalamiflorae*. denn die Blumenblätter sind frei und mit den Staubgefässen dem Fruchtboden eingefügt, also hypogynisch.

Die Merkmale der Fumariaceen werden im Ganzen durch die Fumariablüthe oder Corydalisblüthe (*flos corydalinus s. fumarioïdeus*) ausgedrückt, wie wir diese in Lection 60 kennen gelernt haben, es mag jedoch hier ein vollständigeres Signalement der Familie folgen.

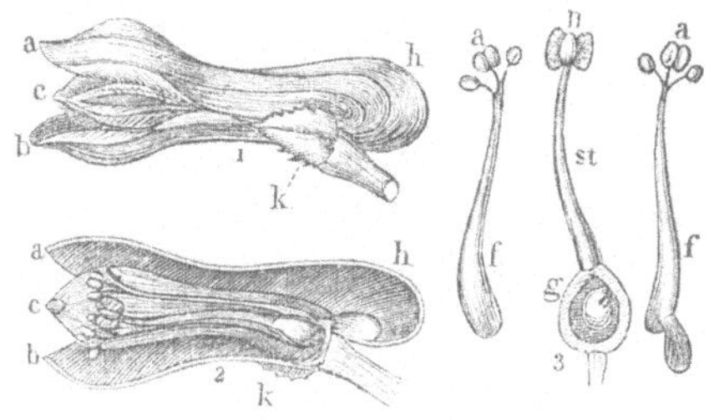

Flos fumarioïdeus s. corydalinus. 1. Blüthe von *Fumaria officinalis* (Erdrauch). Vergr. *a* oberes, *b* unteres Blumenblatt, *k* Kelch, *h* der höckrige Theil (*pars gibbosa*) der äusseren Blumenblätter, *e* seitliche oder innere Blumenblätter. 2. Die Blüthe im Verticalschnitt. 3. Die diadelphischen Staubgefässe (*ff*), von welchen das obere Bündel am Grunde einen Sporn trägt, und *g* Stempel.

Fumariaceae.

Krautpflanzen mit wässrigem Safte.	*Herbae succum aquaticum praebentes.*
Blätter zerstreut stehend, getheilt.	*Folia sparsa, partita.*
Kelch 2-blätterig, abfallend.	*Calyx diphyllus, deciduus.*
Blumenkrone unregelmässig, 4-blätterig, lippig; 2 äussere Blätter, die grösseren, oft mit einem Höcker oder Sporn; 2 innere Blätter an ihrer Spitze durch eine Drüse zusammengeklebt.	*Corolla irregularis, tetrapetala, labiosa; petala duo exteriora majora, saepe gibbosa vel calcarata; petala duo interiora in apice glandula conglutinata.*
Staubgefässe 6, zweibrüderig; Bündel gleich, den äusseren Blumenblättern gegenüberstehend. Die seitlichen Staubbeutel der Bündel 1fächerig.	*Stamina sena, diadelpha, phalanges aequales constituentia, quae sunt petalis exterioribus oppositae. Antherae cujusque phalangis laterales sunt uniloculares.*
Pistill, 1-fächriger Fruchtknoten; Eichen einzeln oder mehrere, halbgekrümmt oder	*Pistillum. Germen uniloculare; ovula solitaria aut plura, hemi-*

krummläufig; Griffel faden-förmig.	*tröpa, aut campẙlotröpa; stylus filiformis.*
Frucht saftlos, vielsamig, zwei-klappig, oder 1 - samig und nicht aufspringend.	*Fructus exsuccus, polyspermus, bivalvis, aut monospermus et non dehiscens.*
Samen mit Eiweiss und meist mit einer Fadenschwiele.	*Semina albuminosa, plerumque strophiŏlā munīta.*

Die diadelphischen Staubgefässe und die Zahl der Staub-beutel zeigen an, dass die Glieder der Familie der Fumariaceen der *Linné*'schen *Diadelphia Hexandria* (Kl. XVII, Ord. 3) an-gehören.

Unter den Fumariaceen liefert nur noch der **Erdrauch** *(Fumaria officinālis)* einen arzneilich gebrauchten Stoff, das ge-trocknete blühende Kraut *(Herba Fumariae)*, welches unter ande-ren Stoffen ein bitteres Alkaloïd, **Fumarin**, und Fumarsäure ent-hält. Von der Gattung *Corydălis*, welche ausnahmsweise einen monokotylen Embryo hat, geben *C. cava Schweigg.* und *C. fabacĕa Pers.* die **Osterluzeiwurzel**, **Hohlwurz** *(Tubĕra s. Radix Aristolochĭae cavae)* und die **Bäumchenhohlwurzel**, **runde Hohlwurzel** *(Tubĕra s. Radix Aristolochĭae fabaceae)*, welche vor Zeiten officinell waren. In ihnen findet sich ein bitteres Al-kaloid, **Corydalin**.

Die Gattung *Fumaria* unterscheidet sich durch ein 1 - samiges, nussartiges, nicht aufspringendes Schötchen *(silicŭla monosperma nucamentacĕa indehiscens)*, die Gattung *Corydălis* durch eine ein-fächrige 2klappige vielsamige Schote *(silĭqua unilocularis, bivalvis, polysperma)*.

Fumaria officinālis hat einen ästigen Stengel mit graugrünen vielfach getheilten (doppelt - gefiederten) Blättern mit äussersten spathelförmigen Lappen, mit lockeren Blüthentrauben und fast kugeligen Schötchen (Nüsschen). Die rothen Blumen sind an der Spitze blutroth - schwarz. Wegen der graugrünen Farbe des Krautes hat die Pflanze die Namen Erdrauch und *Fumaria (fumus,* Rauch) erhalten.

Die **Cruciferen** *(Crucifĕrae)* oder Kreuzblüthler verdanken ihren Familiennamen der Stellung ihrer 4 Blumenblätter, denn wenn man die Blüthe einer Crucifere von oben betrachtet, so findet man diese Blumenblätter in einer kreuzweisen Stellung *(flos cruciatus).* **Diese Stellung** der 4 Blumenblätter, ein **vier-blättriger Kelch**, und als Frucht eine **Schote** bilden schon die wesentlichsten Merkmale einer Crucifere. Da diese Familie eine ziemlich grosse ist und auch für den Arzneischatz verschiedenes Material liefert, so mögen hier ihre vollständigen Merkmale einen Platz finden.

Cruciferae.

Kräuter, Halbsträucher, Sträucher.	*Herbae, suffrutices, frutices.*
Blätter zerstreut oder abwechselnd.	*Folia sparsa vel alterna.*
Blüthen bracteenlos, anfangs in Doldentrauben, später in Trauben.	*Flores ebracteati, primum corymbosi, postremum racemosi.*
Kelch 4blättrig, abfallend.	*Calyx tetrasepălus, decidŭus.*
Blumenblätter 4, sehr selten fehlend.	*Petăla quaterna, rarissĭme nulla (0).*
Staubgefässe 6, viermächtig, sehr selten durch Fehlschlagen 4 od. 2. Die inneren 4 längeren sind paarweise den Samenträgern, die 2 äusseren kleineren einzeln den Klappen des Fruchtknotens gegenübergestellt.	*Stamĭna sena, tetradynăma, rarissime abortu quaterna vel bina. Stamina quattuor interiŏra atque longiora sunt bina opposĭta sporophoris, et exteriora duo minora singula valvis germĭnis.*
Drüschen 4 oder 2 im Grunde der Blüthe.	*Glandŭlae quaternae vel binae in fundo floris.*
Pistill. Griffel 1 oder 0; Narbe ungetheilt oder 2lappig.	*Pistillum. Stylus unus vel nullus; stigma intĕgrum vel bilŏbum.*
Fruchtknoten 2fächerig, frei, mit krummläufigen Eichen.	*Germen biloculāre, libĕrum; ovŭla campylotrŏpa.*
Frucht entweder schotenartig, meist 2fächerig, 2klappig, 2 od. vielsamig, mit von der Scheidewand sich lösenden Klappen, od. nussähnlich und 1samig. 2 Samenträger, dem Rande der Scheidewand angewachsen.	*Fructus aut siliquacĕus, plerumque bilocularis, bivalvis, bi- vel polyspermus, valvis a dissepimento se sejungentibus, aut nucacĕus atque monospermus. Sporophŏra duo, margini dissepimenti adnata.*
Samen meist hängend, eiweisslos; Embryo gekrümmt, selten spiralig.	*Semĭna plerumque pendula, exalbuminosa; embryo curvatus, rarius spiralis.*

Linné theilte seine *Tetradynamia* (Kl. XV.) in zwei Gruppen, in *Siliquōsae* Schotentragende) und *Siliculōsae* (Schötchentragende), welchen sich später die Gruppe der *Nucamentacĕae* (nussartige Früchte tragende) anschloss, denn die Gattung *Isătis* und besonders die Species *Isătis tinctoria*, welche den W a i d oder deutschen Indigo liefert, hat eine einsamige, nussartige, nicht aufspringende Hülse. *Decandolle* theilte die Cruciferen nach den Verhältnissen des Embryo in fünf Unterabtheilungen:

1. *Pleurorrhizeae* (Seitenwurzlige), Würzelchen des Embryos auf den Rändern der Kotyledonen liegend (◯=).
2. *Notorrhizeae* (Rückenwurzlige), Würzelchen dem Rücken einer Kotyledone aufliegend (◯ ‖).
3. *Orthoploceae* (Geradfaltige), Kotyledonen der Länge nach zusammengelegt *(cotyl. conduplicatae)*, das Würzelchen dem Rücken einer Kotyledone aufliegend (◯≫).
4. *Spirolobĕae* (Gewundenlappige), die aufeinander liegenden Kotyledonen schneckenförmig zusammengerollt.
5. *Diplecolobĕae* (Zweifachgefaltetlappige oder Eingeknicktkeimblättrige), Kotyledone zwei bis dreimal quergefaltet.

Nur die drei ersteren Unterabtheilungen enthalten officinelle Pflanzen.

Die *Pleurorrhizeae* mit den Gattungen *Nasturtium*, *Cochlearia*. *Nasturtium* hat eine Schote, *Cochlearia* ein Schötchen. *Nasturtium officinale* R. Br. oder *Sisymbrium Nasturtium* L., B r u n n e n k r e s s e, liefert in seinem frischen Kraute die *Herba Nasturtii aquatici*.

Cochlearia zählt zu seinen Gattungsmerkmalen:

(Gatt.)   Cochlearia.

S c h ö t c h e n aufgedunsen, stielrundlich, mit sehr convexen Klappen.	*Siliculla turgida teretiuscŭla, valvis maxime convexis.*
G r i f f e l auf der Scheidewand nach dem Aufspringen stehen bleibend.	*Stylus in dissepimento post dehiscentiam persistens.*
D r ü s c h e n, 2 od. mehrere auf dem Blüthenboden neben den äusseren Staubfäden.	*Glandŭlae duo vel plures in receptaculo juxta stamina exteriora.*

(Art.)   Cochlearia officinalis, Löffelkraut.

B l ä t t e r, die grundständigen gestielt, herzförmig; Stengelblätter eiförmig und winkeliggezähnt; die oberen tief herzförmig, stengelumfassend.	*Folia radicalia petiolata cordata; caulina ovata et dentato-angulata; superiora profunde cordata, amplexicaulia.*
S c h ö t c h e n eiförmig-kugelig.	*Silicula ovato-subglobosa.*

Fig. 592.

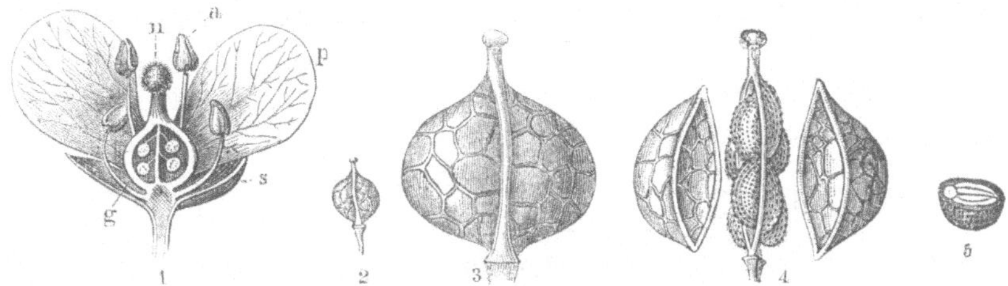

Cochlearia officinalis. 1. Blüthe, Secartenschnitt, 4 fache L.-Vergr. 2. Schötchen (*silicula*), natürl. Gr. 3. Dieselbe in 4 facher L.-Vergr. 4. Dieselbe aufgesprungen, in der Mitte die Wand mit den Samen. 5. Ein Same, Querschnitt vergrössert. *Embryo pleurorrhizeus* (◯═).

(Art.) *Cochlearia Armoracia*, Meerrettig.

Blätter, grundständige gestielt, länglich, gekerbt; Stengelblätter sitzend, die unteren fiederspaltig, die oberen lanzettförmig, gesägt, die höchsten linienförmig und fast ungetheilt.	*Folia radicalia petiolata, oblonga, crenata; caulina sessilia, inferiora pinnatifida, superiora lanceolata serrata, summa linearia subintegra.*
Schötchen fast kugelig.	*Silicula subglobosa.*
Wurzel fleischig, cylindrisch, meist vielköpfig.	*Radix carnosa, cylindracea, plerumque multiceps.*

Das Löffelkraut wächst im nördlichen Europa an den Meeresufern, im Binnenlande in der Nähe der Salinen, der Meerrettig ebenfalls an den Meeresküsten des nördlichen Europa's, beide werden aber cultivirt. Das frische Löffelkraut und die Meerrettigwurzel *(Radix Armoraciae)* entwickeln zerrieben oder zerquetscht ein scharfes flüchtiges schwefelhaltiges Oel. Es wird das Löffelkraut als Antiscorbuticum, die Meerrettigwurzel als Rubefaciens äusserlich angewendet.

Fig. 593.

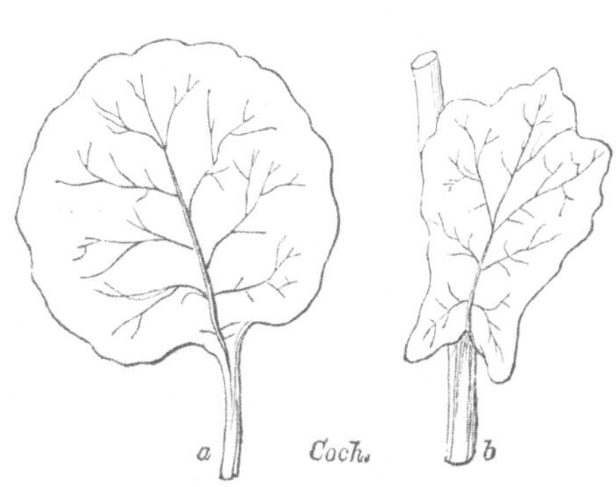

Cochlearia officinalis.
a. Wurzelblatt circa ⅔ Grösse. b. Stengelblatt circa ⅔ Grösse.

Zu den *Notorrhizeae* zählt *Capsella*, welche sich durch ihr seitlich zusammengedrücktes, keilförmiges und ausgestutztes oder umgekehrt herzförmiges aufspringendes Schötchen mit ungeflügelten Klappen und vielsamigen Fächern von ähnlichen Gattungen unterscheidet.

Capsella: *silicula compressa, cuneata, retusa vel obcordata, dehiscens, valvis non alatis, loculis polyspermis.*

Fig. 594.

Capsella Bursa pastoris.
1. Schötchen, natürliche Grösse.
2. Dasselbe aufgesprungen.
Vergrössert.

Capsella Bursa pastoris, Hirtentäschlein, hat schrotsägeförmig-fiederspaltige oder buchtig gezähnte, zuweilen auch unzertheilte Wurzelblätter und ungestielte, ungetheilte, am Grunde pfeilförmige Stengelblätter *(foliis radicalibus runcinato-pinnatifidis vel sinuato-dentatis, interdum intĕgris; foliis caulinis sessilibus indivīsis, basi sagittatis)*. Dieses Pflänzchen ist ein der verbreitetsten und wird durch ganz Europa auf Aeckern und an Wegen angetroffen. Bisweilen wird es frisch und auch getrocknet arzneilich angewendet. Besondere wirksame Stoffe enthält es nicht.

Unter den Orthoploceen finden wir *Brassĭca nigra Koch*, schwarzen Senf *(Sināpis nigra L.)*, und *Sināpis alba L.*, weissen Senf.

Fig. 595.

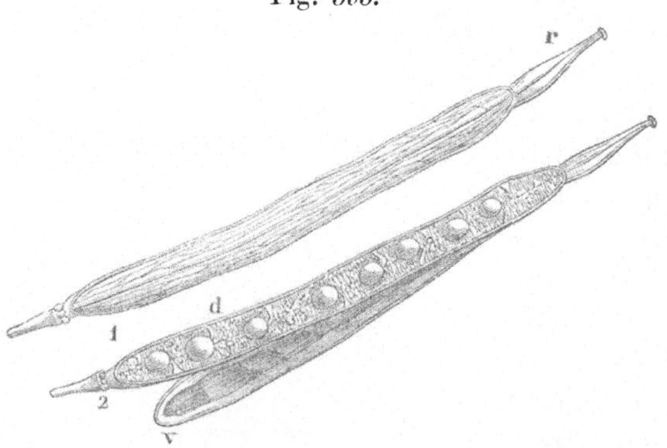

1. Schote von *Brassica oleracea* (Gartenkohl). 2. Dieselbe aufgesprungen, und eine Klappe davon entfernt. *v* die noch daran sitzende Klappe. *r* Schnabel *(rostrum)*.

Die Gattung *Brassĭca* unterscheidet sich von *Sināpis*

Brassĭca.	*Sināpis.*
Schote lang, geschnäbelt; Klappen mit nur einem vorstehenden geraden Rückennerven; Schnabel kurz.	Schote lang, geschnäbelt; Klappen mit 3 bis 5 geraden starken Nerven; Schnabel einsamig.

Siliqua elongata. rostrata: valvae nervo dorsali recto prominente instructae: rostrum breve.	*Siliqua elongata, rostrata; valvae nervis ternis. quaternis vel quinis rectis validis instructae; rostrum longius monospermum.*

Fig. 596.   Fig. 597.

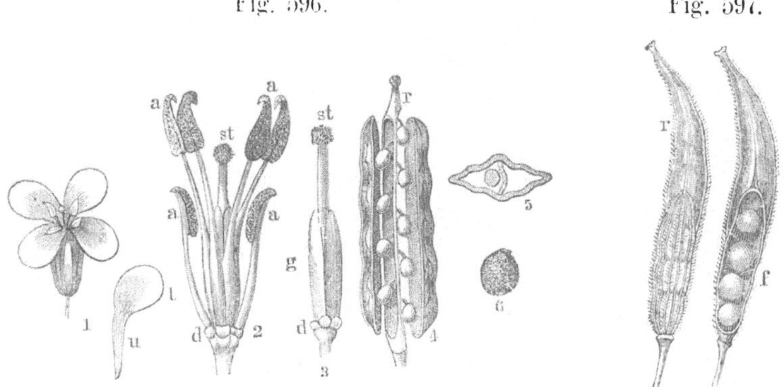

Brassica nigra. 1. Blüthe (natürl. Grösse). *l u* Blumenblatt, *l* Platte, *u* Nagel. 2. Blüthe von Kelch- und Blumenblättern befreit. *a* 4 lange und *a* 2 kurze Staubgefässe, *st* Stempel, *d* hypogyne Scheibe. 3. Stempel, *g* Fruchtknoten. 4. Schote (*siliqua brevirostrata*). zweiklappig aufgesprungen. 5. Querschnittfläche einer Schote. 6. Ein Samen vergrössert.

Frucht von *Sinapis alba*. (Etwas vergr.) *f* geöffnet, um die wandständigen Samenträger zu zeigen. Eine mit einem Schnabel versehene wulstige Schote (*siliqua rostrata torulosa hispida*). *r* Schnabel.

Brassica nigra (schwarzer Senf) hat kahle, der Achse anliegende Schoten *(siliquae glabrae, adpressae)*, dagegen *Sinapis alba* (weisser Senf) borstenhaarige und abstehende Schoten *(siliquae hispidae patentes)*.

Brassica nigra giebt den schwarzen Senfsamen *(Semen Sinapis)*, und *Sinapis alba* den weissen Senfsamen *(Semen Erucae)*. Ersterer Samen enthält neben fettem Oele und Sinapine oder Sulfosynapisine die Myrosine (einen Eiweissstoff) und Myronsäure an Kalium gebunden. Aus dieser Säure bildet sich unter Einwirkung des Myrosins bei Gegenwart von Wasser das scharfe flüchtige Senföl *(Oleum Sinapis;* Schwefelcyan-Allyl. Der weisse Senfsamen enthält wohl Myrosine, aber keine Myronsäure, er kann daher mit Wasser angerieben kein flüchtiges Senföl ausgeben. Im übrigen enthält er auch fettes Oel und jene schwefelhaltige krystallisirbare Substanz, die Sinapine oder Sulfosinapisine.

Die Species *Brassica oleracea* liefert in mehreren Varietäten die verschiedenen Gemüsekohle, *Var. ε gongylodes.* den Kohlrabi; die Species *Brassica Rapa* und *Brassica Napus* in Varietäten Rübsen und Gemüserüben. es sind aber das Radieschen und der Rettig Varietäten von *Raphanus sativus.*

Die Samen aller Cruciferen enthalten reichlich fettes Oel. Das Rüböl *(Oleum Rapārum)* wird aus den Samen von *Brassica Rapa oleifĕra* und *Brassica Napus oleifĕra* gewonnen.

Lection 99.

Violarien (Veilchengewächse).

Die *Violariĕae* oder *Violariacĕae* zählen nach *Decandolle*'s System zu den Thalamifloren, nach *Endlicher*'s System zu der Cohorte der *Dialypetalae* und der Klasse der *Parietāles*, denn die Blumenblätter sind frei, und in dem Fruchtknoten sind wandständige Samenträger *(sporophŏra parietalĭa)* mit zahlreichen Eichen. Besondere Merkmale der Familie sind je 5 Kelchblätter, Blumenblätter und Staubgefässe, der häutige Fortsatz an der Spitze der abgeflachten, nach innen gewendeten Staubbeutel und die 3klappige Fruchtkapsel mit den wandständigen Samenträgern. Die Veilchengewächse gehören zur *Pentandria Monogynia* (Kl. V, Ord. 1) des Sexualsystems.

Violariaceae s. Violaceae.

Kräuter oder Sträucher.	*Herbae vel frutĭces.*
Blätter mit Nebenblättern, meist zerstreut.	*Folĭa stipulata, plerumque sparsa.*
Kelchblätter 5, bleibend.	*Sepăla quina, persistentĭa.*
Blumenblätter 5, oft unegal.	*Petăla quina, saepe inaequalĭa.*
Staubgefässe 5, mit flach verbreiterten, an der Spitze durch einen häutigen trocknen Fortsatz verlängerten, nach innen gewendeten Antheren.	*Stamĭna quina; anthērae complanatae, in apice processu membranaceo arido productae, introrsae.*
Fruchtknoten frei, 1-fächerig; Eichen gegenläufig, 3 wandständigen Samenträgern angeheftet. Griffel 1.	*Germen libĕrum uniloculare; ovula anatrŏpa, sporophŏris tribus parietalĭbus affixa. Stylus unus.*
Frucht eine einfächrige, dreiklappige Kapsel.	*Fructus capsula unilocularis trivalvis.*
Samen zahlreich, mit geradem in der Axe des Eiweisses liegendem Embryo mit nach dem Nabel gewendeten Würzelchen.	*Semina plurima; embryo rectus axilis, radicŭlā hilum spectante.*

Von den Violaceen, deren Wurzeln meist das alkaloïdische Emetin oder einen ähnlichen brechenerregenden Stoff enthalten, kommen nur die Gattungen *Viola* u. *Ionidium* in Betracht. Letztere, deren Antheren nicht gespornt sind, zählt zwei Arten, *Ionidium Ipecacuanha Hilaire* und *Ionidium Poaya Hilaire*, welche in ihren Wurzeln eine falsche Ipecacuanha, *Radix Ipecacuanhae alba*, liefern.

Die Gattung *Viola* hat als wesentliche Merkmale 2 an der Basis gespornte Antheren und einen oberhalb hakig-ge-

Fig. 598.

Viola odorata. $^1/_3$—$^1/_2$ fache L.-Vergr.

Fig. 599.

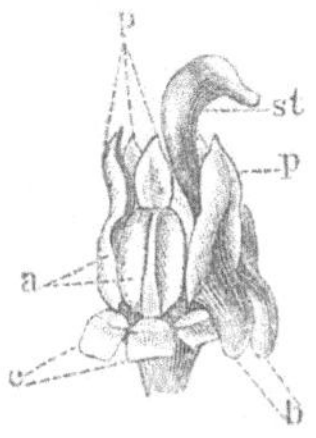

Viola. Blüthe von den 5 Blumenblättern befreit. *c* Kelch, *a* Antheren, *b* die beiden gespornten Antheren, *p* häutige Fortsätze der Antheren, *st* Narbe. $3^1/_2$ fache L.-Vergr.

krümmten Griffel. Dann nennt man auch die Blüthen umgekehrt *flores resupinati*), indem die oberen Theile der Blüthe nach unten, die unteren nach oben stehen.

Die Sporne der Antheren bergen sich in dem Sporne des unteren Blumenblattes. Der Gattungscharakter ist folgender:

Viola.

Kelchblätter am Grunde in ein Anhängsel verlängert.	*Sepala in basi in appendicem producta.*
Blumenkrone lippig, das untere Blumenblatt in einen hohlen Sporn verlängert.	*Corolla labiosa, petalo inferiore in calcar cacum producto.*
Staubbeutel fast sitzend, die 2 unteren an der Basis gespornt.	*Antherae subsessiles, quarum binae inferiores in basi calcaratae.*
Griffel oberhalb hakenförmig.	*Stylus superne uncinatus.*

Die wohlriechenden, tief violet blauen Blumenblätter des im Frühjahr blühenden Veilchens, *Viola odorata*, werden zur Darstellung eines blauen Syrups *(Syrupus Violarum)* gebraucht, und das getrocknete blühende Freisamkraut, *Viola tricŏlor*, ist der Stiefmütterchenthee *(Herba Viŏlae tricolōris s. Jacēae)*, welcher als ein Hausmittel gegen Hautausschläge Ruf hat.

Viola odorata ist stengellos, treibt Ausläufer, hat rundlich-herzförmige gekerbte weichbehaarte Blätter, längliche gefranste kahle Nebenblätter, abwärtsgebogene Fruchtstiele und eine fast kugelige steif-behaarte Kapsel.

Viola odorata, acaulis, stolonifĕra; folia subrotundo-cordata crenata pubescentia; stipulae oblongae fimbriatae glabrae; pedunculi fructifĕri declinati; capsula subglobōsa, hirta.

Die Blüthen von *Viola hirta* sind blassblau und geruchlos, von *Viola canīna* und *V. palustris* weniger tief blau und geruchlos.

Viola tricŏlor treibt ausgebreitete ästige eckige Stengel mit sägezähnig-gekerbten Blättern, von welchen die unteren eirund-herzförmig, die oberen länglich sind, und mit leierförmig-fieder-

Fig. 600.

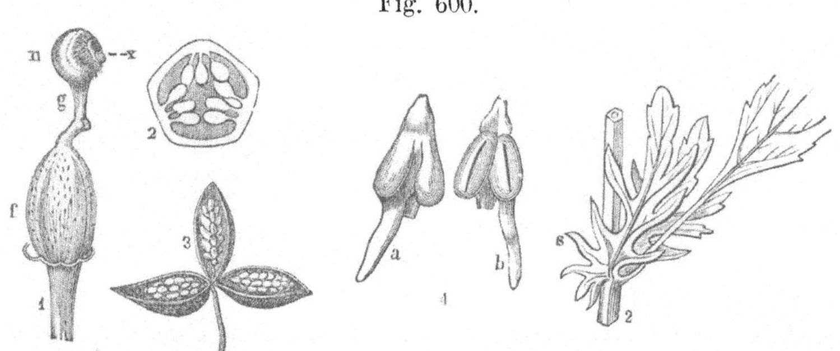

Viŏla tricŏlor. 1. Dreigliedriges Pistill. *n* Narbe, *g* Griffel, *f* Fruchtknoten. 5 fache L.-Vergr. 2. Durchschnitt des Fruchtknotens. 3. Fruchtkapsel, aufgesprungen. 4. Die beiden unteren an der Basis gespornten Antheren. Vergr. *a* von hinten, *b* von vorn gesehen. 5. Nebenblätter. Natürl. Grösse.

theiligen Nebenblättern mit mittleren gekerbten Lappen. Narbe urnenförmig-kugelig oder kopfförmig. Kapseln kahl.

Viola tricŏlor. Caules diffusi ramosi angulati, foliis serrato-crenatis, inferioribus ovato-cordatis, superioribus oblongis, atque stipulis lyrato-pinnatifĭdis, laciniis mediis crenatis. Stigma urceolato-globosum vel capitatum. Capsulae glabrae.

Viola odorata hat weichbehaarte Blätter und kurzsteifhaarige Kapseln, *Viola hirta* kurzsteifhaarige Blattstiele, *Viola canīna* weichbehaarte Blätter, aber kahle Kapseln, *Viola palŭstris* kahle Blätter und kahle Kapseln, *Viola tricŏlor* kahle Kapseln. Sehr häufig ergeben sich aus der Bekleidung mit appendiculären Theilen unterscheidende Merkmale für die Arten und Varietäten, daher ist es wohl am Orte, hier die technischen Ausdrücke in dieser Beziehung zu erklären.

Rauh *(asper)*, gleichförmig mit erhabenen, scharf anzufühlenden und sichtbaren Punkten (Wärzchen) besetzt. *(Symphȳtum officinale, Cucurbita)*;

scharf *(scaber)*, wenn die scharf anzufühlenden Punkte oder Unebenheiten (Wärzchen) nur durch das Gefühl wahrnehmbar sind (Blätter von *Helianthus annuus*);

glatt *(laevis)*, weder rauh noch scharf;

behaart *(pilōsus)*, locker mit längeren weichen Haaren besetzt;

weichhaarig *(pubēscens)*, dicht mit kurzen geraden abstehenden weichen Haaren besetzt (Blätter von *Viola canīna*);

seidenhaarig *(sericĕus)*, mit kurzen, aber anliegenden geraden und auch glänzenden Haaren bedeckt;

filzig *(tomentōsus)*, mit weichen, krausen oder in einander verwebten Haaren besetzt (Blätter von *Tussilāgo Farfăra*);

kurzsteifhaarig *(hirtus)*, mit kurzen steifen abstehenden Haaren besetzt *(Chaerophyllum temŭlum)*;

rauchhaarig oder struppig *(hirsūtus)*, mit weniger kurzen, jedoch biegsamen abstehenden Haaren besetzt *(Mentha aquatica)*;

borstenhaarig oder hakrig *(hispĭdus)*, mit steifen langen, nicht dichtstehenden Haaren besetzt (Stengel von *Borrago officinalis*, Kapsel von *Papāver Argemōne)*;

borstig *(setōsus)*, dicht mit steifen langen Haaren besetzt;

wollig *(lanātus)*, dicht mit krausen weichen Haaren besetzt *(Marrubĭum vulgare)*;

striegelig *(strigōsus)*, dicht mit dicken steifen anliegenden Haaren bedeckt *(Semen Strychni)*;

zottig *(villōsus)*, dicht mit langen weichen abstehenden Haaren bedeckt (Blüthenkopf von *Trifolium arvense)*;

spinnewebeartig *(arachnoïdĕus)*, mit locker stehenden feinen langen angedrückten Haaren besetzt (Blüthenkopf von *Arctium Bardăna s. Lappa tomentosa* Lamarck);

kahl *(glaber)*, in keiner Weise behaart;

gewimpert, wimperig *(ciliātus)*, nur am Rande mit Haaren bedeckt (Blätter von *Fagus silvatica)*;

gefranst *(fimbriatus)*, mit fein und tief zerschlitztem Rande (Nebenblätter von *Viola odorata*, untere Blumenblätter von *Tropaeŏlum majus)*;

bärtig *(barbātus)*, nur an einer Stelle dicht mit längeren Haaren besetzt (das Innere der Blumenkrone von *Menyanthes trifoliāta*, Staubfäden von *Atrŏpa* und *Verbascum)*;

geschopft *(comōsus, comātus)* mit einem Haarbüschel gekrönt.

Papillen *(papillae)* die verlängerten Ausdehnungen der Epi-
thelzellen auf zarten Blumentheilen. Mit Papillen besetzt *(pa-
pillōsus)*.

Blattern *(papŭlae)*, mit durchsichtiger Flüssigkeit gefüllte
Epidermalzellen, wie z. B. bei den Saxifrageen und Mesem-
brineen.

Bemerkungen. *Ionidĭum*, Diminutiv von ἴον (Veilchen).

Lection 100.

Caryophyllaceen.

Die nelkenartigen Gewächse oder *Caryophyllacĕae* bieten uns
nur in der *Saponarĭa officinālis* (Seifenkraut) eine Pflanze, deren
Wurzel unter dem Namen Seifenwurzel *(Radix Saponariae
rubrae)* officinell ist. Die *Caryophyllaceae* gehören im *Decandolle'-*
schen System den *Thalamiflōrae*, im *Endlicher'*schen System der
Klasse der *Caryophyllīnae* an.

Caryophyllaceae.

Stengel krautartig oder Halb-sträucher, mit durch vorste-hende Knoten gegliedertem Stengel.	*Caulis herbacĕus vel suffruticō-sus, nodis protuberantĭbus articulatus.*
Blätter gegenständig, ganz-randig, meist sitzend, sehr selten mit Nebenblättern.	*Folia opposĭta, integerrĭma, plerumque sessilĭa, rarius stipu-lata.*
Kelch 4—5-blätterig od. am Grunde röhrig verwachsen u. 5zähnig, bleibend (auch noch nach der Fruchtreife). Blü-thendeckenlage geschindelt.	*Calyx tetra- vel pentasepălus, vel sepălis basi ad tubŭlum connātis et quinquedentātus, persistens. Praefloratio calycĭna imbricāta.*
Blumenkronenblätter 4—5, meist genagelt u. zugleich mit den Staubgefässen einem mehr od. weniger verlängerten Grif-	*Corolla tetra- vel pentapetăla, petalis plerumque unguiculatis, una cum staminibus gynophoro plus minusve elongato insertis,*

felträger eingefügt, sehr selten 0. Blüthendeckenlage gedreht. / *rarissime corolla nulla. Praefloratio corollina contorta.*

Staubgefässe gewöhnlich in doppelter Zahl der Blumenblätter, die inneren dem Grunde der Blumenblätter angewachsen. / *Stamina duplo numĕro petalōrum, interiōra basi petalorum adnata.*

Pistill mit 2—5 gesonderten Griffeln, 1fächrigem vieleiigem Fruchtknoten. Eichen krummläufig, selten halbgegenläufig. / *Pistillum stylis duobus, tribus, quatuor vel quinque distinctis, germine multiovulato uniloculari. Ovŭla campўlotrŏpa, raro hemianatrŏpa.*

Frucht eine mehrklappige Kapsel, seltner eine Beere. / *Fructus capsula plurivalvis, rarius bacca.*

Samen eiweisshaltig, nierenförmig, einem mittelständigen, meist freien Samenträger angeheftet. Embryo meist um das Eiweiss gekrümmt. / *Semina albuminōsa reniformĭa, spermophŏro centrāli, plerumque libĕro, affixa. Embrўo plerumque periherĭcus.*

Diese Familie ist in mehrere Unterfamilien getheilt, von denen für uns die *Alsinĕae* und *Silenĕae* die bemerkenswerthesten sind.

Subordo *Alsineae.*

Gesonderte Kelchblätter, kaum genagelte Kronenblätter, sitzende Kapsel. / *Sepăla distincta, petăla vix unguiculāta, capsŭla sessĭlis.*

Subordo *Sileneae.*

Röhriger Kelch, meist genagelte Kronenblätter, oft über dem Nagel mit einer Kranzschuppe besetzt; Fruchtknoten gestielt. / *Calyx tubulōsus, petala plerumque unguiculata, saepe supra unguem coronulata; germen stipitatum.*

Zu den Sileneen zählen z. B. die Gattungen *Dianthus* (Nelke), *Lychnis, Saponarĭa. Dianthus Carthusianōrum* (Karthäusernelke) mit ihren purpurfarbenen Blüthen ist der Schmuck sonniger Hügel. *Lychnis Githāgo* Lamarck *(Agrostemma Githāgo* Linn., Kornrade) ist das von dem Landwirth gehasste Unkraut der Getreidefelder, dessen schwarze Samen mit dem Getreidesamen vermahlen ein graues Mehl und ein blaues Brod liefern, das auch wegen des Saponingehalts verdächtig ist, gesundheitsschädlich zu sein.

Die Rade, *Lychnis Githāgo*, ist kenntlich an der fünfzähligen Blüthe (10 Staubgefässe), an den 5 langen blattartigen Kelchzipfeln, den ganzrandigen genagelten purpurfarbenen, selten weissen Blumenblättern, den linienförmigen lancettförmig-zugespizten Blättern, den einzeln stehenden Blüthen und dem rauchhaarigen aufrechten gabelästigen Stengel.

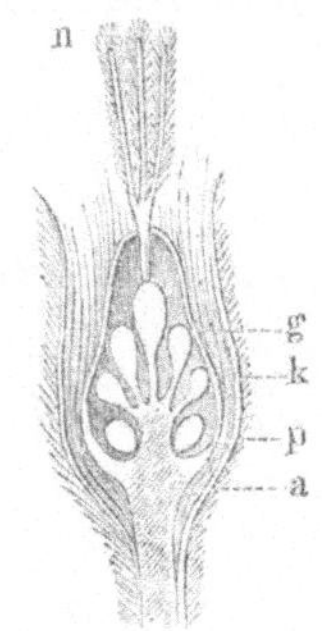

Fig. 601.

Verticaldurchschnitt des Pistills von *Lychnis Githāgo*. *n* 3 Griffel von 5, *k* Kelch, *a Gynophŏrum*. Vergrössert.

Lychnis Githago. Flos pentamĕrus (cum staminĭbus decem); laciniae calȳcis quinae foliacĕae longissĭmae, petăla unguiculata intĕgra purpurĕa, rarissĭme alba; folia linearĭa lanceolato-acuminata; flores solitarĭi; caulis hirsūtus erectus dichotŏmo-ramōsus.

Die Gattung *Dianthus* unterscheidet sich durch den trocknen, an seinem Grunde mit Deckblättern ziegeldachförmig umgebenen Kelch, die schildförmigen Samen und den rückenständigen Embryo. *(Calyx scariōsus, in basi bractĕis imbricatis cinctus; semĭna peltāta; embryo dorsālis.)*

Fig. 602.

Dianthus Carthusianōrum. Blüthenbüschel.

Die Gattung *Saponaria* hat keine Deckblätter am Grunde des Kelches, fast nierenförmige Samen und einen den Eiweisskörper umschliessenden Embryo. *(Calyx ebracteātus; semina subreniformia; embryo periphericus.)*

Saponaria officinalis hat einen kriechenden Wurzelstock, aufrechten Stengel, länglich lanzettförmige spitze 3-nervige Blätter, zu Büscheln gestellte blassfleischfarbene Blüthen und ausgestutzte (am oberen Rande ein wenig eingedrückte), mit Kranzschuppen besetzte Kronenblätter.

Saponaria officinalis. Rhizoma repens; caulis erectus; folia oblonga-lanceolata, acūta, trinervĭa; flores fasciculati, pallĭde carnĕi; petala retūsa, coronulata.

Kranzschuppen oder Kränzchen *(coronŭla)*, von *Linné* gewöhnlich mit *nectarium* bezeichnet, bestehen bei einigen Nelkenarten aus feinen Zasern, so dass man die Kronenblätter bärtig nennt *(petăla supra unguem barbata)*. Bei der Gattung *Saponaria* besteht dieser appendiculäre Theil aus nur zwei spitzen Schüppchen auf jedem Kronenblatte *(petala supra unguem biappendiculata)*.

Das officinelle Seifenkraut wächst an Ufern, Hecken, Zäunen. Die Wurzel ist reich an Saponine, einem nicht krystallisirenden Glykosid, von anfangs süsslichem, hinterher kratzendem Geschmack, welches mit Wasser eine schäumende Lösung giebt und sich zu denselben Zwecken wie Seife verwenden lässt. Je nach dem Namen der Pflanze, in welcher man diesen Stoff

Fig. 603.   Fig. 604.

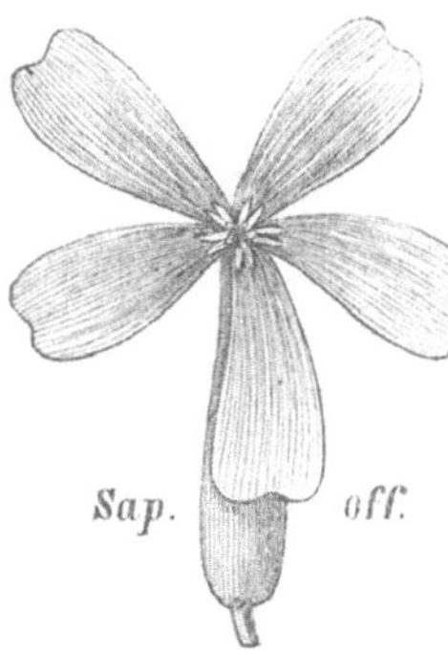

Blüthe der *Saponaria officinalis*.
Natürl. Gr.

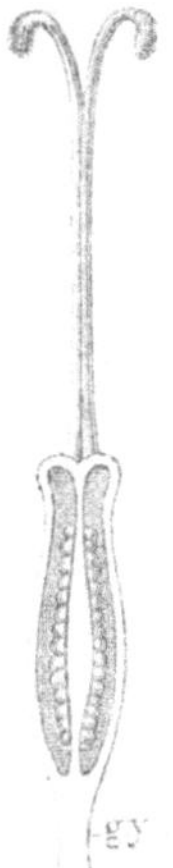

Pistill mit vertical durchschnittenem Fruchtknoten des Seifenkrautes (*Saponaria officinālis*). *Sporophŏrum centrāle. gy Gynophŏrum.*

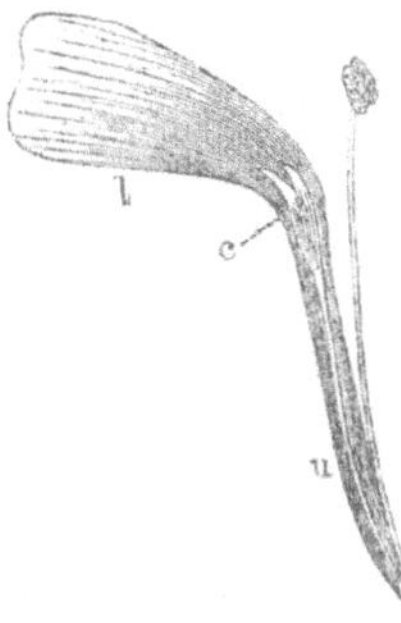

Ein Kronenblatt mit dem daranhängenden inneren Staubgefäss von *Saponaria officinalis*, l *lamĭna*, u *unguis*, c *coronŭla*.

auffand, wurde er auch benannt z. B. Githagin, Quillajin, Struthiin, Monesin. Selbst Senegin soll nur Saponine sein. Sie findet sich nehmlich auch in der Wurzel der *Gypsophĭla Struthium*, welche Caryophyllacee die *Radix Saponariaé Levantĭcae s. Aegyptiacae* liefert, in *Cortex Monesiae*, und am reichlichsten in der Quillajarinde *(Cortex Quillajae)*, welche jedoch einer südamerikanischen Rosacee, *Quillaja Saponarĭa* (nach *Molina*), entnommen wird.

Bemerkungen. *Caryophyllaceae*, Nelkenblüthler, abgeleitet von Caryophyllus (Gewürznelke), und dem griech. καρυόφυλλον (karўophўllon), eigentlich Nussblatt (κάρυον, Nuss, u. φύλλον, Blatt), womit die Alten das aus Indien kommende Gewürz, die Gewürznelke sehr richtig bezeichneten, indem sie in der geschlossenen Blüthenknospe (auf dem Kelche oder über dem Fruchtknoten) die nussähnliche Form, aber auch die Zusammensetzung aus Blättern erkannten. Das deutsche „Nelke" ist eine sprachübliche Verkürzung der Worte Nägelein, Nägelchen, Nägelken, weil die Gewürznelken die Form kleiner Nägel haben. Die griechischen, lateinischen und deutschen Ausdrücke wurden auch auf andere Pflanzen übertragen, wenn diese der Form eines Nagels oder einem Gewürznägelein nahe kamen. Die Blume der Nelke und verwandter Blumen bieten die Aehnlichkeit mit Nägeln. — *Dianthus* ist wahrscheinlich gleichbedeutend mit Doppelblume, weil die gefüllte Nelke Aehnlichkeit mit zwei in einander gesteckten Blüthen hat, und ist abzuleiten von d. griech. $\delta\iota\varsigma$, zweimal, doppelt, und $\ddot{\alpha}\nu\vartheta o\varsigma$ (anthos), Blume, oder von $\delta\iota\alpha\nu\vartheta\dot{\eta}\varsigma$, $\varepsilon\varsigma$, reichlich-blühend, zweiblüthig. In meiner Jugend (vor 60 Jahren), hörte ich (d. Verf.) die gefüllte Nelkenblüthe mit Doppelnelke benennen. Unrichtig ist die Ableitung von $\varDelta\iota o\varsigma$ (dios, des Zeusgottes) und $\ddot{\alpha}\nu\vartheta o\varsigma$. — *Agrostemma*, Acker-krone, Ackerkranz, v. d. griech. $\dot{\alpha}\gamma\rho\acute{o}\varsigma$ u. $\sigma\tau\acute{\varepsilon}\mu\mu\alpha$ (agros, stemma), Kranz, Krone, weil in Kränzen aus Ackerblumen die Kornrade die schönere oder vorwiegende ist. — *Gypsophila* (Gyps- oder Kalkboden liebende) von d. griech. $\gamma\acute{v}\psi o\varsigma$ (gypsos), Kreide, Gyps, u. $\varphi\iota\lambda\varepsilon\tilde{\iota}\nu$ (philein), lieben, $\varphi\acute{\iota}\lambda o\varsigma$ (philos), Freund.

Lection 101.

Malvaceen. Tiliaceen.

Die malvenartigen Gewächse, *Malvacĕae*, sind Thalamifloren, gehören aber im *Endlicher*'schen System zu der Klasse der *Columnifĕrae* (Säulenträger). Diese Familie liefert dem Arznei-schatze nur einige schleimreiche Stoffe aus der Gattung *Malva* und *Althaea*, es ist jedoch die Baumwollenstaude *(Gossypĭum)* ebenfalls eine Malvacee, deren Samenhaare bekanntlich die Baum-wolle darstellen.

Malvaceae.

Bäume, Sträucher, Kräuter.	*Arbŏres, frutĭces, herbae.*
Blätter zerstreut, mit Nebenblättern, einfach.	*Folia sparsa, stipulata, simplicĭa.*
Kelch verwachsenblättrig, oft doppelt, mit klappiger Deckenlage (Knospenlage).	*Calyx gamosepălus, saepe duplex; praefloratio valvacea (calўcis laciniae ante anthēsin valvatae).*
Blumenkronenblätter 5, unter sich gleich, in der Blüthendeckenlage spiralig gedreht, über ihrem Grunde mit der Basis der Staubgefässsäule verwachsen.	*Petala quina, aequalia, ante anthēsin spiraliter contorta, supra basim cum basi tubi staminĕi connata.*
Staubgefässe zahlreich, monadelphisch; mit 1fächrigen nierenförmigen, querspaltig aufspringenden Staubbeuteln.	*Stamĭna numerōsa monadelpha, anthēris unilocularĭbus, renifor-mĭbus, rimā transversāli dehiscentĭbus.*
Pistill. Fruchtknoten vielfächrig. Griffel zusammengewachsen. Narben einfach.	*Pistillum. Germen multiloculare. Styli connati. Stigmăta simplicĭa.*

Frucht: eine 3—5fächrige oder mehrklappige, fachspaltigeKapsel oder 5—vielknöpfig, mit um eine centrale Säule gestellten Theilfrüchten, welche oft 2klappig aufspringen.

Samen nierenförmig, an der Fruchtaxe befestigt. Embryo gekrümmt, mit in einander gefalteten Samenlappen u. fehlendem od. sehr dünnem Eiweiss.

Bekleidung weichhaarig, gewöhnlich aus Sternhaaren bestehend.

Fructus capsula tri-, quadri-, quinquelocularis vel multivalvis, loculicido-dehiscens aut penta- vel polycocca, coccis circa columnam centralem dispositis atque saepe bivalvibus.

Semina reniformia, centralia. Embryo curvatus, cotylis contortuplicatis. Albumen nullum vel tenuissimum.

Pubes plerumque e pilis stellulatis composita.

Gattung *Malva.*

Aussenkelch dreiblättrig.

Griffel soviel als Fächer der Frucht, unterhalb zusammengewachsen.

Kapsel vielknöpfig; Theilfrüchte in einen Kreis gestellt, einsamig und nicht aufspringend.

Calyx exterior triphyllus.

Styli tot quot loculi fructus, infra connati.

Capsula polycocca; cocci in orbem dispositi, monospermi, non dehiscentes.

Gattung *Althaea.*

Aussenkelch 6—9theilig. Das Uebrige wie bei *Malva.*

Calyx exterior sex- vel novempartitus. Cetera ut in Malva.

Von der Gattung *Malva* liefert *Malva silvestris*, welche sich durch längere oder spitzere Lappen ihrer 5- bis 7-lappigen herzförmig-rundlichen Blätter kennzeichnet, die Pappelblumen (*Flores Malvae silvestris*), die *Malva neglecta Wallroth (Malva rotundifolia)*, deren Blätterlappen stumpf sind, die Pappelblätter (*Folia Malvae*).

Malva silvestris, insignis lobis porrectis vel acutatis foliorum quinque-, sex- vel septemloborum, cordato-rotundatorum, praebet Flores Malvae silvestris; Malva neglecta Wallrothii, quae differt lobis foliorum obtusis, praebet Folia Malvae.

Aus der Gattung *Althaea* geben *Althaea officinalis* Eibischkraut und Eibischwurzel (*Herba, Radix Althaeae*), und die in unseren Gärten gezogene *Althaea rosea Cavanilles* die Stockrosenblüthen (*Flores Malvae arboreae*).

Althaea officinalis hat einen aufrechten filzigen Stengel, auf beiden Seiten weichfilzige spitzlappige eiförmige Blätter, davon die unteren 5lappig, die oberen dreilappig und ungetheilt sind. Die Blüthenstiele sind achsel- und endständig, vielblüthig, aber weit kürzer als die Blätter. Weisse, kaum röthliche Blüthen

Althaea officinalis: Caulis erectus tomentosus. Folia utrinque molliter tomentosa, ovata, lobis acutis, inferiōra quinquelŏba, superiōra trilŏba et intĕgra. Pedunculi axillares et terminales, multiflōri, foliis multo breviores. Flores albi, vix rosei.

Fig. 605.

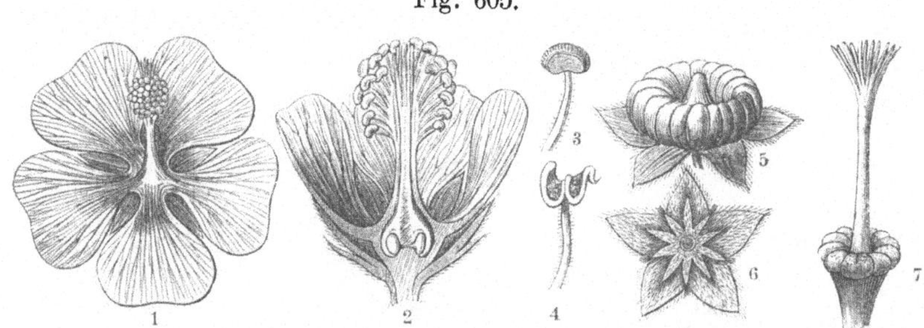

Althaea officinālis (Eibisch). 1. Blüthe, ausgebreitet und von oben gesehen (natürl. Grösse). 2. Dieselbe im Verticaldurchschnitt. 3. Staubgefäss (vergr.). 4. Dasselbe entleert. 5. Frucht (vergr.). 6. Doppelkelch. 7. Pistill (vergr.).

Althaea rosĕa hat einen sehr geraden rauchhaarigen Stengel, runzlige, herzförmige, 5—7- und stumpf-lappige Blätter. Die Blüthen sind sitzend und achselständig, oberhalb mehr oder weniger in einer Aehre stehend. Die Kronenblätter sind schwach gekerbt und am Nagel zottig. Die Varietät mit dunkelpurpurrothen Blumenkronen liefert die officinellen Stockrosenblüthen.

Althaea rosĕa: Caulis strictus hirsutus. Folia rugosa, cordata, quinque-, sex-, septemlŏba, lobis obtūsis. Flores sessĭles, axillares, superne subspicati. Petala subcrenata, in ungue villōsa. Variĕtas corollis atro-purpureis praebet Flores Malvae arboreae.

In die Klasse der Columniferen hat *Endlicher* auch die Lindengewächse *(Tiliacĕae)* verlegt, obgleich in dieser Familie die freien Staubblätter vorwalten. Die Linde in verschiedenen Arten und Varietäten *(Tilia parvifolia, grandifolia, platyphyllos)* liefert die Lindenblüthe *(Flores Tiliae)* und zwar sowohl ohne Bracteen *(sine bractĕis)* als auch mit Bracteen *(cum bractĕis)*.

Der Charakter der Lindengewächse oder Tiliaceen mag hier mit wenigen Worten angegeben werden.

Tiliaceae.

Bäume, Sträucher, Kräuter.	*Arbŏres, frutĭces, herbae.*
Blätter abwechselnd mit hinfälligen (vor Ablauf der Vegetationsperiode abfallenden) Nebenblättern.	*Folia alterna, stipulis cadūcis.*
Kelch 5-blättrig, selten 4-blätterig, abfallend (vor d. Fruchtreife abfallend).	*Calyx pentasepălus, raro tetrasepalus, deciduus (ante fructus maturitātem).*
Blumenkrone 5blätterig, selten 4blätterig. Kronenblätter unter sich gleich.	*Corolla pentapetăla, raro tetrapetala, petalis aequalĭbus.*
Staubgefässe zahlreich, frei, selten am Grunde verwachsen.	*Stamĭna numerōsa, libera, raro in basi connata.*
Drüschen den Kronenblättern gegenüberstehend, oft fehlend.	*Glandŭlae petalis opposĭtae (oppositipetalae), saepe nullae.*
Pistill mit 2- bis 5fächrigem Fruchtknoten. 1 Griffel, selten 0.	*Pistillum germine bi- vel quinqueloculāri styloque uno vel nullo.*
Frucht eine Kapsel od. Beere. Samen mit Eiweisskörper; Embryo ziemlich gerade, in der Axe liegend; Samenlappen blattartig.	*Fructus capsula vel bacca. Semen albuminosum; embryo rectiusculus, axĭlis; cotўlae foliaceae.*

Die Gattung *Tilia* zeichnet sich durch eine grosse Bractee aus, bis zu deren Mitte der Blüthenstiel angewachsen ist, und an Stelle der Drüschen durch 5 Schuppen, welche oft auch fehlen. Frucht eine Nuss mit lederartigem Gehäuse.

Tilia: Bractea magna, cui pedunculus usque ad medium adnatus est. Loco glandularum squamae quinae, saepius nullae. Fructus nux coriacea.

Fig. 606.

Blüthenstand der Linde.
c Bractee, b gemeinschaftlicher Blüthenstiel (*peduncŭlus*), a Blüthenstielchen (*pedicelli*).

Fruchtstand der Linde.

Bemerkungen. Althaea (*ἀλϑαία*), wilde Malve, heilkräftige Pflanze, *ἀλϑειν* (althein), heilen.

Lection 102.

Ternstroemiaceen. Buettneriaceen. Sapindaceen. Erythroxylaceen. Acerineen. Hippocastaneen.

Zwei wichtige Familien aus der Abtheilung der Thalamifloren und der Klasse der *Columnifĕrae* sind die *Ternstroemiaceae* und *Buettneriacĕae*, denn in der ersteren Familie finden wir die Art, welche den Chinesischen Thee liefert, in der anderen die Mutterpflanze des Cacao.

Die Ternstroemiaceen findet man im *Endlicher*'schen System häufig in der Klasse der *Guttifĕrae* verzeichnet, dennoch gehören sie zu der Klasse der *Columnifĕrae*, da die Staubgefässe ihrer Gattungen oft am Grunde monadelphisch (und auch polyadelphisch) verbunden sind. Eine Unterfamilie der Ternstroemiaceen sind die Camellieen oder Theaceen, zu denen der Theestrauch *(Thēa Chinensis)* mit seinen vielen Varietäten zählt, aus dessen Blättern der Thee des Handels bereitet wird. Bestandtheile des Thees sind Coffeïn oder Theïn, Gerbstoff, wenig flüchtiges Oel etc. Diese Familie ist nach der Gattung *Ternstroemĭa* benannt, welche ihren Namen wiederum dem Namen eines schwedischen Naturforschers *Ternström* verdankt. Der Theestrauch gehört zur *Monadelphia Polyandrĭa* des *Linnĕ*'schen Sexualsystems.

Die Buettneriaceen verdanken ihren Namen der Gattung *Buettnerĭa*, welche zum Andenken des Prof. *Büttner* (st. 1768 zu Göttingen) so genannt wurde. Sie sind exotische, d. h. in fernen oder überseeischen Ländern heimische Bäume oder Sträucher und in Betreff ihrer Blüthe den Malvaceen sehr nahe stehend, zu denen sie auch *Jussieu* rechnete. Die wichtigste Gattung ist *Theobrōma*, zur *Monadelphia Pent-*

Fig. 607.

Blühender Zweig des Chinesischen Theestrauches.

andria gehörend, in Südamerika heimisch. *Theobrōma Cacao* liefert in seinem Samen die Caracas-Cacao. Im Uebrigen giebt es eine Menge Arten und Abarten, welche die verschiedenen Cacaosorten des Handels liefern, wie *Theobrōma bicŏlor, speciōsum, subincānum, acutifolium.* Die Cacaosamen enthalten ein in der Wirkung dem Caffeïn sehr ähnliches Alkaloid, das Theobromin.

Wegen des bedeutenden Coffeïngehalts ist hier eine chocoladenähnliche, aus dem Samen von *Paullinĭa sorbĭlis Martius* bereitete Masse (Guarana, *Paullinia*) zu erwähnen. Der genannte Brasilianische Strauch zählt jedoch zur *Endlicher*'schen Klasse *Acĕra* (Ahorngewächse) und der Familie der *Sapindacĕae*, welche ihren Namen der Gattung *Sapindus* verdankt. Die Samen von *Sapindus Saponaria*, einem westindischen Baume, enthalten wahrscheinlich Saponine und werden wie Seifenwurzel zum Waschen gebraucht.

In der Klasse der *Acĕra* finden wir auch die Familie der Erythroxylaceen. Das in Peru heimische *Erythroxўlon Coca Lamarck*, dessen Blätter als Coca *(Folia Cocae)* in den Handel kommen und von den Peruanern als Genuss- und Kaumittel, in Europa dagegen als Heilmittel gebraucht werden, enthält ein Alkaloid, Cocaïn. *Erythroxўlon suberōsum* liefert ein rothes Färbeholz, daher der Name.

Die Klasse *Acĕra* verdankt ihre Bezeichnung dem Ahorn, *Acer*, welcher zu der Familie der *Acerinĕae* und in die *Octandria Monogynia Linné's* gehört. Bei uns finden sich häufig die Arten *Acer Pseudoplatănus, platanoïdes, campestre* (Massholder). Der Saft, welcher bei Anbohrung des Stammes reichlich ausfliesst, enthält Rohrzucker, der Saft der erstgenannten Art kaum 1 Proc., der letteren gegen 2,5 Proc. Der Saft von *A. platanoïdes* hat einen vanilleartigen Beigeschmack. Der Zuckerahorn *(Acer saccharinum)* ist in den

Fig. 608.

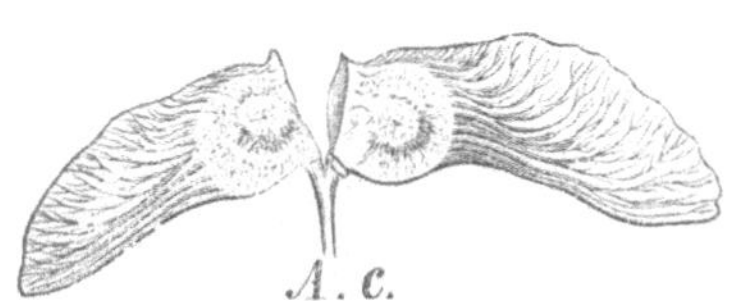

Flügelfrucht von *Acer campestre*.

nordamerikanischen Freistaaten zu Hause. Sein Saft enthält fast 3 Proc. Zucker. Er wird bis zum Erstarren eingekocht als Ahornzucker, *maple-sugar* (spr. mäppl'-schugger), in den Handel gebracht.

Aescŭlus Hippocastănum, Rosskastanie, gehört zu der Familie der *Sapindacĕae* und der Unterfamilie *Hippocastanĕae*, also auch zur Klasse der Ahorne (*Acĕra*). Die Rinde dieses bekannten Baumes war als *Cortex Hippocastāni* officinell. Sie enthält Gerbstoff.

Hippocastaneae Decandolle.

Bäume oder Sträucher.	*Arbŏres vel frutices.*
Blätt. gegenständig, gefingert, nebenblattlos; Blättch. gesägt.	*Folia opposĭta, digitata, foliolis serratis, exstipulata.*
Blüthen polygamisch in Rispen oder Trauben.	*Flores polygămi, paniculati vel racemosi.*
Kelch 5- oder 4-theilig, mehr oder weniger ungleich.	*Calyx quinque-vel quadripartitus, plus minusve inaequalis.*
Blumenkrone 5- oder 4-blättrig; Blätter ungleich, unterhalb einer hypogynischen Scheibe eingefügt, mit abstehenden Platten.	*Corolla penta- vel tetrapetăla; petăla inaequalia, sub disco hypogўno inserta, laminis patentibus.*
Staubgefässe häufiger 7 od. 8, ungleich.	*Stamĭna saepius septena vel octona, inaequalia.*
Pistill mit 3-fächrigem 2-eiigem Fruchtknoten; unteres Eichen aufrecht, oberes hängend, krummläufig. 1 Griffel mit einfacher spitzer Narbe.	*Pistillum germine triloculari, ovulis binis, quorum inferius erectum, superius pendulum, campylotrŏpis. Stylus unicus stigmăte simplici acuto.*
Frucht eine 1- bis 3-fächrige, 1- bis 3-samige, fachspaltig aufspringende Kapsel.	*Fructus capsŭla uni- vel trilocularis, mono- vel trispērma, loculicīde dehiscens (valvis medio septiferis).*
Samen gross, mit glänzender lederartiger Samenhaut, ohne Eiweiss, mit breitem, am Grunde befindlichem, glattem Nabel; Embryo gekrümmt, mit sehr grossen verwachsenen, beim Keimen unterirdisch bleibenden Samenlappen. Würzelchen dem Nabel zugewendet.	*Semen magnum integumento coriaceo nitĭdo, exalbuminosum, hilo lato basilari deraso; embryo curvatus, cotўlis maximis, conferruminatis, in germinatione hypogaeis, radicŭlā hilum spectante.*

Gattung *Aescŭlus.*

Kelch glockenförmig, 5-lappig.	*Calyx campanulatus, quinquelŏbus.*
Kronenblätt. abstehend, 4—5.	*Petala patentia quaterna vel quina.*
Staubgefäss. niedergebogen, 7.	*Stamina declinata septena.*
Kapselfrucht igelstachelig.	*Capsula echinata.*

Art *Aescŭlus Hippocastănum.*

Blättchen 7. oder weniger, verkehrt-ei-keilförmig, gespitzt, gesägt.	*Foliola septena vel pauciora, obovato-cuneata, acuminata, serrata.*
Blüthen 5-blättrig, fast 7-männig, in pyramidalen rispigen Trauben, mit oberen männlichen Blüthen.	*Flores pentapetali, subheptandri, in racēmos paniculatos pyramidales dispositi. superne floribus masculis.*

Die Rosskastanie, ursprünglich im warmen Asien zu Hause und von da nach Europa verpflanzt (*Clusius* zog den ersten Baum aus Samen in Wien 1588), ist nicht ohne Variationen ihrer Organe geblieben, denn man trifft die Blätter auch aus 3 und 5 Blättchen zusammengesetzt, kegelförmige und halbkuglige Blüthenrispen, an deren Spitze meist männliche Blüthen, weniger oder mehr als 7 Staubgefässe, Früchte mit mehr oder weniger Stacheln besetzt.

Aescŭlus Hippocastănum variat foliolis ternis vel quinis, paniculis conoïdĕis et semiglobōsis, floribus superioribus paniculae plerumque masculis, staminibus septenis, pluribus aut paucioribus, fructibus magis minusve echinatis (echīnis [Igelstacheln] munitis).

Bemerkungen. *Theobrōma, ătis, n.* (Götterspeise), von ϑεός (theos), Gott, und τὸ βρῶμα (to brōma), Speise, oder ἡ βρώμη, im letzteren Falle hat *Theobrōma* im Genitiv *theobromae* und ist Femininum. Gewöhnlich ist nur das Neutrum im Gebrauch.

Erythroxўlon (Rothholz) von ἐρυϑρός (erythros), roth, und ξύλον (xylon), Holz. — *Aescŭlus, i, f.* eine dem Jupiter heilige Eichenart. — *Hippocastănum* (Rosskastanie) von ἵππος (hippos), Pferd, und κάστανον (kastănon), Kastanie. — *Echīnus, i, m.,* Igel (ἐχῖνος); *echīni,* Igelstacheln, dicht stehende und mit den Spitzen von einanderstrebende Stacheln. — *Sapindus (sapo Indicus).* — *Ternstroem,* schwedischer Naturforscher († 1745). — *Camelliaceae,* Pflanzenfamilie benannt entweder nach *Camellius,* einem Apotheker der mährischen Brüdergemeinde auf Manilla und Botaniker des 17. Jahrh. oder nach *Camelli,* einem vor 150 Jahren in China thätigen Jesuitenpater.

Lection 103.

Dipterocarpeen. Clusiaceen. Hypericineen. Polygaleen.

Die 50. *Endlicher*'sche Klasse, *Guttifĕrae,* sind Bäume oder Sträucher, selten Kräuter, meist mit gefärbtem oder dünnflüssigem Milchsafte und mehrbrüdrigen Staubgefässen, und nach *Decandolle* Thalamifloren. In dieser Klasse finden wir mehrere Familien, welche für die Pharmacie von Wichtigkeit sind.

An der Spitze der *Diptĕrocarpĕae* (Zweiflügelfrüchtigen) steht *Diptĕrocārpus* (Flügelfruchtbaum). *Dipterocarpus turbinatus Roxb.* in Ostindien liefert den G u r j u n b a l s a m (Woodoil), eine dem Copaivabalsam ähnliche und gleichwirkende Flüssigkeit.

Dryobalănops Camphŏra ist ein majestätischer Baum auf Borneo und Sumātra, dessen junge Exemplare ein flüchtiges kampferhaltiges Oel ausgeben, dessen ältere Stämme aber zwischen Fasern und Spalten den sogenannten B o r n ē o k a m p f e r aufgespeichert enthalten. Dieser Kampfer kommt nicht in den Handel. Der officinelle Kampfer *(Camphŏra)* kommt bekanntlich von einer in China und Japan heimischen Laurinee, *Camphora officinārum Nees.*

Von den *Clusiacĕae* nach *Lindley* oder den *Guttifĕrae Jussieu*'s liefert *Garcinĭa elliptĭca Wallich, Garcinia Morella* etc. das drastisch wirkende G u m m i g u t t *(Gutti, Gummi - resīna Gutti).* Dasselbe ist der gelbe eingetrocknete Milchsaft. *Calophyllum Inophyllum,* aus derselben Familie, giebt das T a c a m a h ā c a h a r z, welches nur noch in der Lackfabrikation Verwendung findet.

Von den *Hypericinĕae* war früher das blühende Kraut des bei uns heimischen *Hyperīcum perforātum* (Johanniskraut) officinell. Es enthält einen rothen, in fettem Oele löslichen Farbstoff. Daher ist das mit dem Kraute gekochte Oel, J o h a n n i s ö l *(Oleum Hyperīci),* von rother Farbe.

H y p e r i c ĭ n a e, Johanniskräuter. Staubblätter zahlreich, in Büscheln stehend, Griffel 3—5, Fruchtknoten 3—5 fächerig mit mittelständigem Samenträger, Blumenblätter 4—5, Frucht eine Kapsel mit sehr zahlreichen Samen, Blätter meist gegenständig. — *Stamina numerosa, fasciculatim posita, styli 3 ad 5, germen 3- ad 5 - loculare, sporophoro centrali, petala 4 ad 5, capsula seminibus numerosissimis, folia plerumque opposita.*

H y p e r ī c u m: 5 Kelchblätter, 5 Blumenblätter, 3 Griffel, Kapsel häutig, 3—5 fächerig, 3—5 klappig aufspringend, Samen sehr klein. — *Sepala 5, petala 5, styli 3, capsula membranacea, valvis tribus ad quinque dehiscens, semina minuta.*

H y p e r i c u m p e r f o r a t u m L i n n. Stengel aufrecht zweischneidig, Blätter länglich, stumpf, durchsichtig punktirt, Blüthen in Rispen stehend, Kelchblätter lanzettlich, sehr spitz, ganzrandig, durchsichtig punktirt. — *Caulis erectus anceps, folia oblonga, ob-*

tusa, pellucide punctata, flores paniculati, sepala lanceolata acutissima, integerrima, pellucide punctata.

Fig. 609.

Hypericum perforatum, blühende Pflanze. a Fruchtknoten mit den 3 auseinanderstehenden
Griffeln (stylis divergentibus) nebst einem Staubfadenbüschel.

In der *Endlicher*'schen Klasse *Polygalīnae* ist die Familie der *Polygalĕae* in sofern wichtig, als *Polygăla amara* in der Gestalt der getrockneten blühenden Pflanze mit Wurzel *(Herba Polygălae amārae)*, und die Wurzel von *Polygăla Senĕga*, die Senegawurzel *(Radix Senĕgae)*, officinell sind.

Polygaleae (Polygalaceae).

Kräuter oder Sträucher.	*Herbae vel frutices.*
Blätter zerstreut, einfach, ohne Nebenblätter.	*Folia sparsa, simplicia, exstipulata.*
Blüthen von 3 Deckblättern unterstützt, meist in Trauben.	*Flores tribracteati, plerumque racemosi.*

Kelch 5-blätterig; meist mit 2 inneren grösseren blumenblattartigen Blättern (Flügeln).	*Calyx pentasepălus, plerumque sepalis binis interioribus majoribus petaloïdĕis (alis).*
Blumenkrone unregelmässig, meist gespalten.	*Corolla irregulāris, plerumque fissa.*
Staubgefässe der Blumenkrone angewachsen (epipetal), in eine nach oben 2-bündelige Röhre verwachsen, mit 8 einfächerigen, mit einem Loche aufspringenden Staubbeuteln.	*Stamina epipetăla, connata, supra diadelpha, antheris octonis unilocularibus, poro dehiscentibus.*
Pistill mit 2-fächrigem Fruchtknoten, einzelnen hängenden gegenläufigen Ei'chen.	*Pistillum germine biloculari et ovulis solitariis pendŭlis anatrŏpis.*
Frucht eine 1- oder 2-fächerige Kapsel, meist fachspaltig 2-klappig aufspringend.	*Fructus capsula uni- vel bilocularis, plerumque loculicīdo-bivalvis.*
Samen mit Eiweiss, meist mit Nabelwulst versehen, mit geradem Embryo und nach der Fruchtspitze gerichtetem Würzelchen.	*Semen albuminosum, plerumque carunculatum, embryone recto et radiculā supĕrā.*

Gattung Polygăla (Kreuzblume).

Kelch bleibend; 2 innere grössere flügelförmige gefärbte Kelchblätter.	*Calyx persistens. Sepăla bina interiora majora alaeformia colorāta.*
Blumenkrone ⅔-lippig, die Lappen d. oberen Lippe durch eine Längsspalte gesondert, der mittlere Lappen der unteren Lippe kammförmig, die Lappen an der Seite oft undeutlich und zu einer die Staubgefässe bergenden Kappe verbunden.	*Corolla labiata, lobis duobus superioribus atque tribus inferioribus; lobi labii superioris rimā longitudinali separati, lobus intermedius labii inferioris cristatus, lobi laterales saepe obliterati et in cucullum stamina foventem coaliti.*
Pistill 1, mit zweilippiger Narbe.	*Pistillum stigmate bilabiato.*
Kapselfrucht zusammengedrückt; Samen mit einer 2- bis 3-lappigen Samenschwiele versehen.	*Capsula compressa; semen carunculā (micropўlā incrassaiā) bi- vel trilobā instructum.*

Die officinelle *Polygăla amāra* variirt in vielen verschiedenen Abarten, es soll aber nur die Pflanze von trocknen Standorten gesammelt werden, denn die von feuchten Stellen gesammelte ist stets weniger bitter. Ueberhaupt scheinen diejenigen Arten vorzugsweise Bitterstoff zu enthalten, welche rosettenförmig gestellte Wurzelblätter *(folia radicalia rosulantia s. rosulata)* haben. *Diadelphia Octandria.* — Der Bitterstoff ist mit **Polygamarine** bezeichnet worden und stellt isolirt ein grünliches krystallinisches Pulver dar. — *Polygala venenosa Juss.*, auf Java einheimisch, ist so giftig, dass man nicht daran riechen, noch sie berühren darf.

Art *Polygăla amāra (s. amarella Crantz)*.

Blätter, die grundständigen sind die grösseren, verkehrt eirund, eine Rosette bildend, Stengelblätter zerstreut und lancettförmig.	*Folia radicalia atque majora, ob-ovata, in modum rosae concinnata (rosulantia), caulina sparsa et lanceolata.*
Kelch. Ovale 3-nervige Flügel mit nur aderigästigen Seitennerven.	*Calyx. Alae ovāles, trinerviae, nervis lateralibus ramuloso-venōsis.*
Staubfäden bis zur Spitze verwachsen.	*Stamĭnum filamenta a basi ad apicem connata.*
Kapsel verkehrtherzförmig.	*Capsula obcordata.*

Fig. 610.

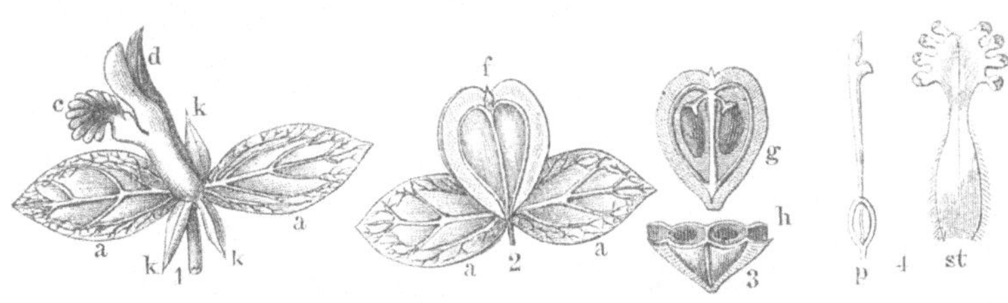

Polygăla vulgāris. 1. Blüthe (1½fache L.-Vergr.). *k k k* äussere Kelchblätter, *a a* innere Kelchblätter oder Flügel *(alae)*, *d* bis zur Basis gespaltene Oberlippe, *c* Unterlippe mit Kamm *(crista)*. 2. Zusammengedrückte Fruchtkapsel *(capsŭla compressa)*, mit den beiden Flügeln (2 f. L.-Vergr.). 3. Geöffnete Frucht, *h* dieselbe im Querschnitt. 4. *p* Pistill, *st* Staubgefässe.

Polygala vulgaris unterscheidet sich durch den Mangel an Bitterstoff, durch die zerstreut stehenden Blätter und die sich nur nach aussen hin netzadrig verzweigenden Seitennerven der Kelchflügel.

Polygala vulgaris differt defectu amaritiēi, foliis omnibus sparsis, atque nervis lateralibus alarum tantum extrinsēcus reticula-to-venosis.

Fig. 611.

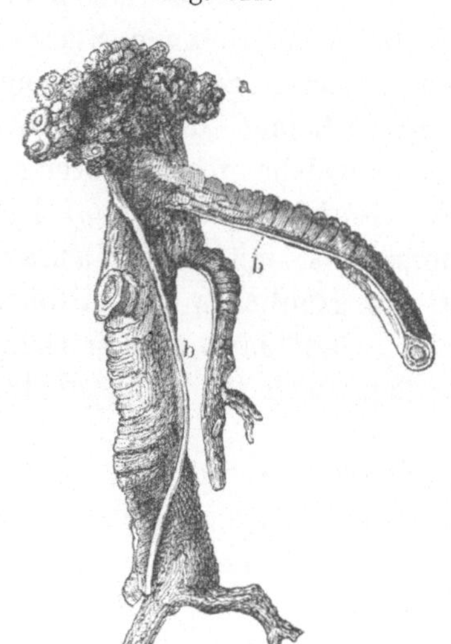

Senegawurzel, Wurzel der *Polygăla Senĕga*. *Radix in curvaturis carinăta.* a Wurzelkopf, b Kiel.

Die in Virginien und Pensylvanien heimische *Polygăla Senĕga* liefert in ihrer Wurzel die officinelle *Radix Senegae*, welche einen dem Saponine verwandten Stoff, auch Polygalasäure, Senegin, Polygalin genannt, etwas Gerbsäure und fettes Oel als besondere Bestandtheile enthält. Die oft mit einem Wurzelkopf versehene Wurzel ist wurmförmig gebogen und in den Krümmungen einseitig mit einem Kiele versehen. *Radix vermiculari-flexuosa, in curvaturis carina unilaterali instructa.*

Bemerkungen. *Diptĕrocārpus* (Doppelflügelfrucht), von δίπτερος, ον (dipteros, on), zweiflügelig und καρπός (karpos), Frucht. — *Dryobalănops, ōpis, f.*, von δρῦς, δρυός (drys, dryos), Eiche; βάλανος (balanos), Eichel; ὤψ (ōps), Auge, Antlitz, wegen Aehnlichkeit der Frucht mit der Eichel. — *Calophyllum* Schönblatt), *Inophyllum*, von καλός (kalos), schön; ἵς, ἰνός (is, inos), Faser; φύλλον, Blatt. — *Hyperīcum*, griech. ὑπέρεικον und ὑπέρικον, Johanniskraut; ὑπό (hypo), unter, und ἐρείκη (ereikä), Heidekraut sc. wachsend. Wegen ὑπέρικον könnte auch *Hyperĭcum* gelten. — *Polygăla, ae* (Milchkraut), griech. πολύγαλον; πολύ (poly), viel; γάλα, ακτος, τό (gala, galaktos, to), die Milch, weil man glaubte, dass das Füttern der Kühe mit dem Kraute die Absonderung der Milch vermehre.

Lection 104.

Krameriaceen. Aurantiaceen. Ampelideen.

Den Polygalaceen sehr verwandt ist die Familie der Krameriaceen *(Krameriacĕae)*, in welcher ein Strauch, *Krameria triandra Ruiz et Pavon*, die Peruanische Ratanhawurzel *(Radix Ratanhae Peruviăna)* giebt. Von *Krameria Ixīna Roemer te Schultes* oder *Kr. arĭda Berg* kommt die Savanilla-Ratanha, von *Krameria secundiflora DC.* die Texas-Ratanha.

Die Krameriaceen, und besonders die Gattung *Krameria*, sondern sich von den Polygalaceen hauptsächlich durch ihre Frucht,

eine kugelige holzig-lederartige, aussen ganz mit widerhakigen
Borsten besetzte, einsamige Stein-
frucht, also eine nicht aufspringende
Frucht *(drupa globosa, ligneo-coriacea,
undique setis glochidatis obsita)*: dann
zählt *Krameria* nur 3—4 Staubgefässe
und gehört der *Tetrandria Monogynia
Linné's* an. Die Gattung wurde nach
Kramer, einem österreich. Militairarzte,
benannt, welcher 1744 ein *Tentamen
botanices* herausgab.

Fig. 612.

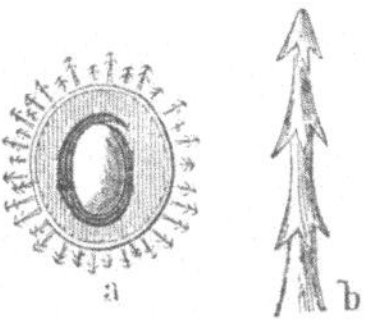

a Frucht der *Krameria triandra.*
Längsschnittfläche, *b* eine widerhakige
Borste (*seta glochidata*), vergrössert.

Die tonische adstringirende Wirkung der Ratanhawurzel
liegt hauptsächlich in der Rinde. Bestandtheile sind Krameria-
säure (Kramersäure), Gerbstoff, Farbstoff, Gummi etc.

Mit dem Namen *Hesperides* (Orangengewächse) hat *Endlicher*
die 51. Klasse seines Systems belegt. In derselben finden wir
die Familie der Aurantiaceen, *Aurantiacĕae*, deren Gattung *Citrus*
mehrere Arzneimittel liefert.

Aurantiaceae.

Bäume oder Sträucher, überall mit drüsigen Oelbehältern versehen.	*Arbŏres vel frutices, undique glanduloso-punctati (glandulis oleiferis in cotylis, foliis, calўce petalis, filamentis, pericarpio).*
Blätter abwechselnd, zusammengesetzt (Einblätter), ohne Nebenblätter.	*Folia alterna, composita (unifoliata), exstipulata.*
Kelch einblättrig, 5- od. 3-zähnig, abwelkend.	*Calyx monosepălus, quinque- vel tridentatus, marcescens.*
Blumenkrone. Soviel Kronenblätter als Kelchzipfel, mit diesen abwechselnd.	*Corolla petalis tot quot dentes calўcis sunt, iisdem alternantibus.*
Staubgefässe soviel als Kronenblätter od. mehr, mit diesen unterhalb einer Scheibe eingefügt, bisweilen vielbrüderig.	*Stamĭna tot quot petăla vel plura, unā cum petalis sub disco inserta, interdum polyadelpha.*
Pistill. Griffel einfach und kopfförmig.	*Pistillum stylo simplici et capitato.*
Frucht eine Beere, trocken od. saftig, 1- oder vielfächerig, mit meist 1-, seltener viel-	*Fructus bacca sicca vel succosa, uni- vel multilocularis, loculis plerumque monospermis, rarius*

samigen Fächern. Samen ohne Eiweiss, mittelständig. Embryo gerade.	*polyspermis. Semĭna exalbuminosa, centralia. Embryo rectus.*

Eine Unterordnung oder Unterfamilie sind die *Citrĕae.*

Subordo *Citrĕae.*

Staubgefässe in doppelter od. vielfacher Menge von der Zahl der Kronenblätter.	*Stamĭna petalis numero dupla vel multĭpla.*
Eichen zu mehreren und 2-reihig in den Fächern.	*Ovula plurima et biserialia in loculis.*
Samen oft mehrere Keime enthaltend.	*Semen saepe pleio-embryonatum.*

Gattung *Citrus.*

Kelch 5zähnig.	*Calyx quinquedentatus.*
Blumenkronenblätt. meist 5.	*Petala plerumque quina.*
Staubgefässe vielbrüderig.	*Stamĭna polyadelpha.*
Beere vielfächerig, Fächer mit saftreichem Mus angefüllt, ein- oder mehrsamig.	*Bacca multilocularis, loculis pulpā succulentā farctis, mono- vel pleiospermis.*
Blattwinkelständige Dornen.	*Spinae axillares.*

Fig. 613.

Fig. 614.

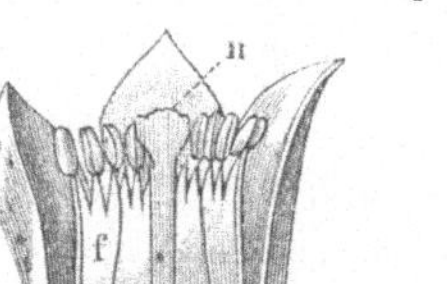

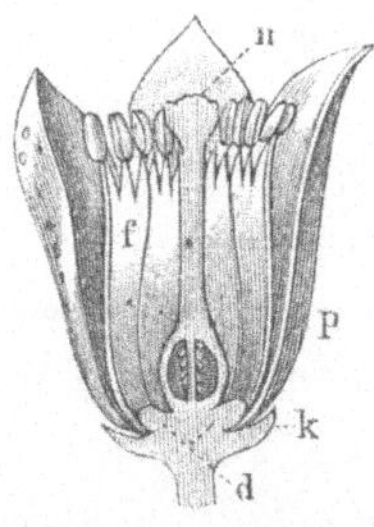

Blüthe von *Citrus vulgāris* im Verticalschnitt. *d discus hypogÿnus*, *k* Kelch, *p* Blumenblätter, *n* Narbe, *f* verwachsene Staubblätter.

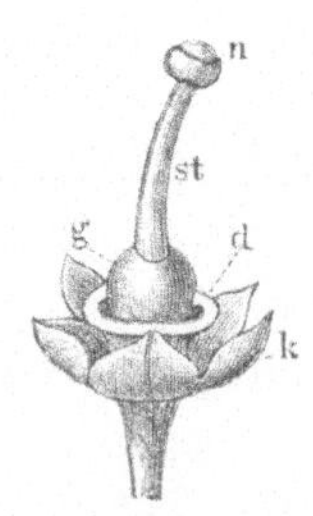

Citrus vulgāris, st *stylus*, n *stigma capitatum umbilicatum*, g *germen*, d *discus hypogÿnus*, k *calyx quinquedentatus.*

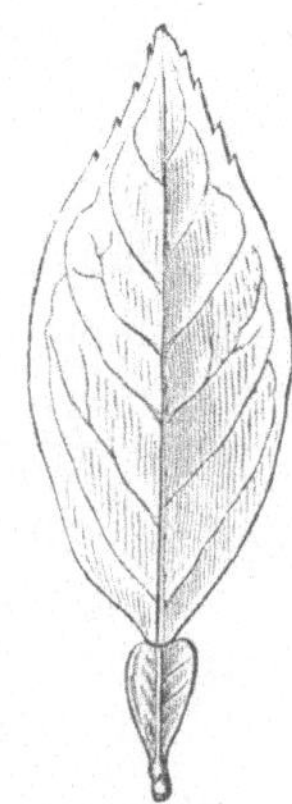

Pomeranzenblatt, Blatt von *Citrus Aurantium. Petiŏlus alatus, articulatione cum folio conjunctus sive folium unifoliolatum.*

Citrus zählt eine Menge Arten und die Arten zählen wiederum eine Menge Varietäten. Die wichtigsten Arten sind:

Citrus Medica L. (Citrone.)	*Citrus Aurantium L.* (Pomeranze.)
Blattstiel wenig od. gar nicht geflügelt.	Blattstiel geflügelt.
Frucht ellipsoïdisch, (an beiden Enden) gebuckelt.	Frucht fast kugelig, nicht gebuckelt.
Petiolus parum alatus vel exalatus.	*Petiolus alatus.*
Fructus ellipsoïdicus sive oblongus, (in basi et apice) umbonatus.	*Fructus subglobosus, non umbonatus.*

Von *Citrus Medica, varietas Limonum Risso,* ist der Blattstiel nur wenig mehr als 1 Millimeter breit geflügelt, und die Frucht, Citrone oder Limone *(Fructus Citri)* genannt, enthält im Perikarp, der äusseren hochgelben Fruchthaut, in besonderen Zellen reichlich flüchtiges Oel, Citronenöl *(Oleum Citri)*, welches durch Auspressen gewonnen wird, und im Mus der Fruchtfächer einen an Citronensäure reichen Saft *(Succus Citri)*. *Citrus Medica var. Limetta Risso*, Bergamotte, hat süssmarkige Früchte, aus deren Perikarp durch Pressen das Bergamottöl *(Oleum Bergamottae)* gesammelt wird. Unter dem Namen „Citronen" kommen die Früchte einiger Varietäten in den Handel. Die echte Citrone, die Frucht von *Citrus Medica Risso* ist höckerig-warzig und dickrindig, die nicht echte, die eigentliche Limone, ist wenig höckerig-warzig, mehr glatt und dünnrindig. Sie ist die Frucht von *Citrus Limonum Risso*.

Citrus Aurantium varietas vulgaris (Pomeranze) hat 5 bis 7 Millim. breit geflügelte Blattstiele und eine Frucht mit bitterem Marke. Sie liefert die Pomeranzen- oder Orangenblüthen *(Flores Aurantii s. Naphae)*, das flüchtige Oel derselben *(Oleum florum Aurantii s. Neröli)*, die Fruchtschalen, welche als Pomeranzenschalen *(Cortex Aurantii)* officinell sind, das aus den Fruchtschalen durch Distillation gewonnene flüchtige Pomeranzenschalenöl *(Oleum Aurantii corticis)*, die unreifen Früchte, unreife Pomeranzen *(Fructus Aurantii immaturi s. Poma Aurantii immatura)*, und auch die Pomeranzenblätter *(Folia Aurantii)*.

Die Früchte der *Citrus Aurantium* und der Varietäten derselben werden im Allgemeinen Orangen (spr. oransch'n) genannt.

Eine zweite Varietät *Citrus Aurantium, β Aurantium Risso* (Apfelsine, Orange) oder *Citrus dulcis Link* hat süsses Fruchtmark.

Bemerkungen. Das Vaterland dieser Aurantiaceen ist das tropische Asien. Die schönen Früchte derselben gaben wahrscheinlich den Anlass zu der altgriechischen Sage von den goldenen Aepfeln in den Gärten der Hesperiden, welche der hesperische Drache *Ladon* bewachte und die zu holen eine der zwölf Arbeiten des *Hercules* war. Daher auch die Bezeichnungen Goldäpfel, Hesperidenfrüchte, *Hesperides.* Um Christi Geburt wurden die Orangengewächse nach den griechischen Inseln (Hesperidengärten auf Naxos), Griechenland und Italien verpflanzt. Jetzt werden sie im ganzen südlichen Europa, bei uns in Treibhäusern kultivirt. — Mit Hesperidine oder Aurantiine bezeichnet man einen in dem weissen schwammigen Theile der Pomeranzen- und Citronenschalen enthaltenen geruch- und geschmacklosen, auch farblosen, in Nadeln krystallisirenden indifferenten Stoff. — *Citrus* ist wohl aus dem griech. *κίτριον, κιτρέα* (kitrion, kitrea), Citronenbaum entstanden. Plinius nannte den Citronenbaum *malus medica*, weil zu seiner Zeit der Citronenbaum in Medien (dem heutigen Persien) am häufigsten war. — Der Adams- oder Paradiesapfel, die Frucht von *Citrus Medica Cedra Risso* ist eirund oder birnförmig, gelb oder grün und hat Eindrücke (Vertiefungen) im Pericarp, als ob hineingebissen wäre. Denselben Namen führt auch die Frucht von *Lycopersĭcum esculentum.*

Lection 105.

Lineen. Rutaceen. Diosmaceen. Zygophylleen.

Die Leingewächse *(Linĕae),* die Sauerkleegewächse *(Oxalidĕae)* und Storchschnabelgewächse *(Geraniaceae)* sind drei Familien aus der *Endlicher*'schen Klasse der *Gruinales* (Kranichschnabelähnliche) und aus der Ordnung der *Thalamiflorae D C.*, welche dem Pharmakologen kein weiteres Interesse bieten, als dass sie meist obsolete Arzneimittel liefern, und nur unter den Leingewächsen ist *Linum usitatissĭmum* die bemerkenswertheste Pflanze, deren schleimreiche Samen als Leinsamen *(Semen Lini)* officinell sind, aus welchem auch durch Pressen ein trocknendes fettes Oel, Leinöl *(Oleum Lini),* gewonnen wird.

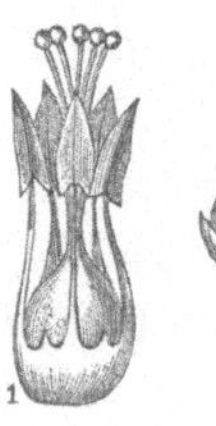

Fig. 615.

Linum usitatissimum.
1. Blüthe von Kelch und Kronenblättern befreit. Vergrössert.
2. Kapselfrucht mit dem bleibenden Kelche.

Aus der Bastfaser der Leinpflanze wird bekanntlich die Leinwand dargestellt.

Lineae s. Linaceae s. Linoideae.

Kräuter und Halbsträucher.	*Herbae vel suffrutices.*
Blätter nebenblattlos, ganzrandig.	*Folia exstipulata, integerrima.*
Kelch bis zur Basis getheilt, bleibend (noch an der reifen Frucht vorhanden).	*Calyx ad basin partitus, persistens.*
Blumenkronenblätter 5 od. 4, unter sich gleich, in der Knospe gedreht.	*Petăla quina vel quaterna, aequalia, in praefloratione (proanthēsi) contorta.*
Staubgefässe doppelt so viel als Kronenblätter, am Grunde zu einem Ringe verwachsen. Die inneren den Kronenblättern gegenüberstehend und unfruchtbar (oder 5 Staubgefässe am Grunde zu einem Ringe verwachsen mit dazwischen gestellten und den Kronenblättern gegenüberstehenden Zähnen).	*Stamina petălis dupla, in basi ad annŭlum connata, interiora petalis opposita sterilia. (Stamina quina, in basi ad annulum connata, interjectis dentibus petalis oppositis vel dentibus oppositipetălis).*
Pistill mit 5 oder 4 Griffeln; Fruchtknoten 5- oder 4-fächerig, jedes Fach durch eine unvollständige wandständige Scheidewand wiederum zweifächerig. Eichen zu zweien, gegenläufig, durch die unvollkommene Scheidewand getrennt.	*Pistillum stylis quinis vel quaternis; germen quinque- vel quadriloculare, singŭli loculi dissepimento incompleto parietali bilocellati. Ovula gemina anatropa, septo illo incompleto separata.*
Samen eiförmig, zusammengedrückt, glänzend, angefeuchtet an der Oberfläche schleimig, fast ohne Eiweisskörper; Embryo gerade, mit nach oben gerichtetem Würzelchen.	*Semina ovata, compressa, nitida, humectata in superficie mucilaginosa, subexalbuminata; embryo rectus cum radicula superā.*

Gattung *Linum.*

Blüthe 5-zählig, bisweilen jedoch nur 3 Griffel.	*Flos pentamĕrus, interdum styli terni.*
Frucht eine Kapsel, scheinbar 10fächerig, in Wirklichkeit 5fächerig.	*Fructus capsula specie decemlocellata, reapse quinquelocularis.*

Pentandria Pentagynia.

Linum usitatissĭmum (Flachs). Stengel aufrecht einzeln; Blätter zerstreut und kahl.	*Linum cathartĭcum* (Purgirlein). Stengel gabelästig; Blätter gegenüberstehend, kahl, am Rande scharf.
Caules erecti solitarii; folia sparsa glabra.	*Caulis dichotŏmus; folia opposita, glabra, in margĭne scabra.*

Der *Endlicher*'schen Klasse *Terebinthinĕae*, welche besonders Gewächse mit balsam- oder harzartigem Safte, Milchsaft oder flüchtigem Oele umfasst, gehören unter anderen an: *Rutacĕae, Zygophylleae, Diosmeae, Simarubeae.*

Rutaceae.

Kräuter, Halbsträucher, Sträucher.	*Herbae, suffrutĭces, frutĭces.*
Blätter zerstreut, drüsig-punktirt, ohne Nebenblätter.	*Folia sparsa, glanduloso-punctata, exstipulata.*
Blüthen regelmässig, 4- od. 5-zählig, in Trauben oder Trugdolden stehend, meist gelb.	*Flores regulares, tetra- vel pentamĕri, racemosi vel cymosi, plerumque lutei.*
Kelch frei, bleibend.	*Calyx liber, persistens.*
Blumenkronenblätter dem untersten Grunde eines sehr kurzen Stempelträgers eingefügt, soviel wie Kelchlappen.	*Petăla basi imae gynophori brevissimi inserta, tot quot laciniae calycis.*
Staubgefässe 2- od. 3-mal so viel als Kronenblätter, Antheren nach innen gewendet.	*Stamĭna duplo vel triplo plura quam petala, antheris intus versis.*
Pistill bestehend aus 1 Griffel und 4 oder 5 freien oder mit ihrem Grunde verbundenen, dem kurzen Stempelträger aufsitzenden, 2- und mehreiigen Carpellen.	*Pistillum. Stylus unicus cum carpellis quaternis vel quinis libĕris aut in basi coalescentibus, gynophoro brevi impositis, bi- vel pluriovulatis.*
Früchte: aufspringende, durch Fehlschlagen wenigsamige Kapseln.	*Fructus capsulae dehiscentes, abortu oligospermae.*
Samen nierenförmig-gekrümmt, hängend; Embryo in der Axe des Eiweisses, mit nach oben gerichtetem Würzelchen.	*Semĭna reniformi-arcuata, pendula; embryo in axi albumĭnis, radiculā supĕrā.*

Gattung Ruta.

Blüthe im Centrum frühzeitiger und 5-zählig, seitenständige Blüthen 4-zählig.	*Flos centralis praecocior pentamĕrus, flores laterales tetramĕri.*
Blumenkronenblätter concav, kurz-genagelt.	*Petăla concăva brevi-unguiculata.*
Staubgefässe doppelt soviel als Kronenblätter, gerade.	*Stamĭna numero petalorum duplo plura, recta.*
Stempelträger mit so vielen Drüsen- (Nectar-) Grübchen als Staubgefässe versehen.	*Gynophŏrum glandŭlis (fovĕis nectarifĕris) impressis tot quot stamĭna sunt instructum.*
Pistill: 1 Griffel mit 4- oder 5-lappiger Narbe und an der Basis zusammengewachsenen, mehreiigen Carpellen.	*Pistillum. Stylus unus cum stigmăte quadri- vel quinquelŏbo et carpellis basi connatis, pluriovulatis.*
Kapseln an der Spitze nach innen aufspringend.	*Fructus capsulae in apĭce introrsum dehiscentes.*

Ruta wurde von *Linné* in die *Decandria Monogynia* verlegt.

Ruta graveŏlens (Raute, Gartenraute), eine im südlichen Europa heimische, bei uns in Gärten gezogene Krautpflanze, liefert *Herba Rutae*, welche flüchtiges, etwas scharfes Oel, wenig Bitterstoff und Gerbsäure enthält.

Fig. 616.

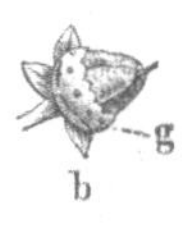

Ruta graveŏlens. a Blüthe, genagelte concave Blumenblätter. Vergr. *b* Blüthe von Kronenblättern und Staubgefässen befreit, den Fruchtknoten mit dem von Drüsengrübchen besetzten Stempelträger (*g*) zu zeigen.

Art Ruta graveŏlens, Gartenraute.

Blätter fast 3-fach fiederspaltig mit äusserten verkehrt-ei-förmig-spatelförmigen, vorn fein gekerbten Lappen.	*Folia subtripinnatifĭda, laciniis ultimis obovato-spathulatis, in margine antĭco crenulatis.*
Trugdoldentraube mit schmutzig-gelben Blüthen.	*Corȳmbus cymōsus, floribus lutĕis.*

Die Diosmeen, *Diosmacĕae*, sind den Rutaceen nahe verwandt und unterscheiden sich von diesen durch die über der Basis zusammengewachsenen Griffel, 2-klappig aufspringende Kapseln und durch das elastische Abspringen der inneren Fruchthaut von der mittleren.

Diosmaceae a Rutaceis diffĕrunt stylis supra basin connatis, capsulis bivalvibus atque endocarpio chartaceo elastice desiliente a mesocarpio.

Folgende Diosmeen liefern Arzneimittel:

Galipĕa officinalis Hancock., in Südamerika, giebt die gerbstoffhaltige echte Angusturarinde *(Cortex Angustūrae verus).* Die giftige, sogenannte falsche Angusturarinde ist die Wurzelrinde von *Strychnos Nux vomica.*

Fig. 617.

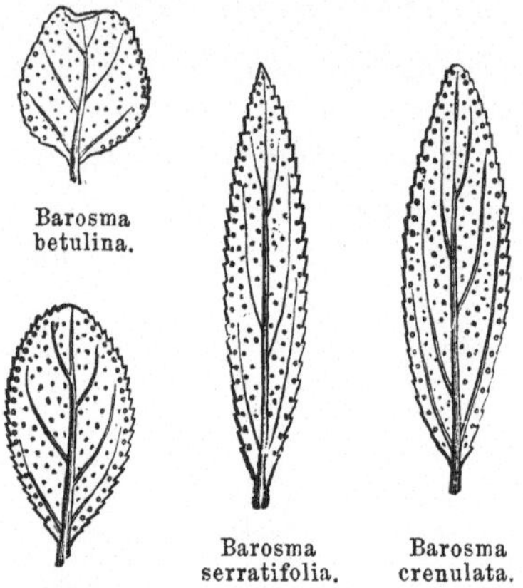

Barosma
betulina.

Barosma
crenata.

Barosma
serratifolia.

Barosma
crenulata.

Barōsma crenulāta, crenata, betulīna, serratifolia etc. liefern die Buchu- oder Buccublätter *(Folia Bucco).* Dieselben sind feingesägt, zwischen den Sägezähnen mit einer grösseren Oeldrüse und auf beiden Flächen durchsichtig punktirt. (Capsträucher.)

Dictamnus albus, im mittleren Europa zu Hause, lieferte die Diptamwurzel *(RadixDictāmni albi s. Fraxinellae).* Diese Pflanze hat 5 etwas ungleiche Kronenblätter, dann 10 zugleich mit dem Pistill niedergebogene Staubgefässe und unpaarig gefiederte Blätter. *Petala quina subinaequalia; stamina dena, unā cum pistillo declināta; folia impări-pinnata.*

Die Blüthen des Diptam (besonders die mit Oeldrüsen besetzten Staubfäden) dunsten bei heiterer warmer Witterung soviel flüchtiges Oel aus, dass sie dann mit einer entzündbaren Atmosphäre umgeben sind.

Die Zygophylleen *(Zygophyllaceae,* Jochblättergewächse) unterscheiden sich von den Rutaceen durch gegenständige, nicht drüsig punktirte Blätter mit Nebenblättern. *Zygophyllaceae a Rutaceis discrepant foliis oppositis, non glandulose punctatis, stipulatis.* Aus dieser Familie giebt:

Guajăcum officinale, 5 (arbor), Westindien, das Pocken-, Guajak- oder Franzosenholz *(Lignum Guajăci),* ein sehr schweres harzreiches Holz. Das daraus abgesonderte Harz *(Resīna Guajăci)* ist gleichfalls officinell. Es ist bräunlichgrün und zeichnet sich dadurch aus, dass unter Einfluss des Sonnenlichtes sowie oxydirender Substanzen seine Farbe in blaugrün oder blau umgeändert wird.

Zu den Simarubeen *(Simarubeae)* gehört *Quassia amara*, ein kleiner Baum *(arbuscŭla, 5)* des heissen Amerikas, welcher das durch seine Bitterkeit bekannte Quassienholz *(Lignum Quassĭae Surinamense)* giebt. Das nicht officinelle, obgleich auch sehr bittere *Lignum Quassĭae Jamaicense* kommt von einem westindischen Baume (5), *Picrasma excelsa Planchon* s. *Simarūba excelsa DC.* Der Quassienbitterstoff ist Quassiine genannt worden.

Bemerkungen. *Diosma* (Göttergeruch), entweder von dem griech. Ζεύς, gen. Διός (zeus, dios) und ὀσμή (osmä, Geruch, oder auch von δίοσμος, ον (diosmos, on) durchriechbar, starkriechend. — *Barosma*, Duftstrauch, von dem griech. βαρύς (bariis, schwer, und ὀσμή. Die Blätter enthalten ein minzähnlich riechendes flüchtiges Oel. — Guajak, der Name des Baumes auf Haiti. — Pockholz, Pockenholz, wegen der mit den Pockenpusteln ähnlichen Farbe des Guajakholzes. — Franzosenholz, wegen Anwendung des Guajakholzes gegen Syphilis, einer im Mittelalter angeblich von den Franzosen importirten Krankheit.

Lection 106.

Rhamneen. Anacardiaceen.

Die zweite Unterklasse der Dikotyledonen im System *Decandolle*'s bilden die *Calÿciflōrae* (Kelchblüthler), welche sich dadurch charakterisiren, dass die Blumenkronenblätter dem Kelche inserirt sind. Die Staubgefässe sind perigynisch oder epigynisch.

Die Familie der Rhamneen *(Rhamnĕae, Rhamnacĕae)* gehört den Calycifloren, im *Endlicher*'schen System aber der Klasse der *Frangulaceae* und der Cohorte der *Diälypetălae* an.

Rhamnaceae.

Bäume, Sträucher, Halbsträucher.	*Arbores, frutices, suffrutices.*
Blätter meist zerstreut, einfach und mit Nebenblättern versehen.	*Folia plerumque sparsa, simplicia, stipulata.*
Blüthen klein, zwitterig oder durch Fehlschlagen diclinisch, mit einem bleibenden, dem Fruchtknoten anhängenden Unterkelche.	*Flores parvi, hermaphroditi aut abortu diclini, cum hypanthio persistente, germini adhaerente.*

Kelch 4- bis 5-spaltig, rings-umschnitten, abfallend, in der Knospe klappig.	*Calyx quadri- vel quinquefĭdus, circumscissus, praefloratione val-vaceā.*
Blumenkronenblätter 4 od. 5, perigynisch, kleiner als die Kelchblätter, schuppen- oder kappenförmig, bisweilen 0.	*Petăla quaterna vel quina, peri-gўna, sepălis minōra, squami-formĭa vel cucullata, interdum nulla.*
Staubgefässe soviel als Kro-nenblätter, diesen gegenüber-stehend.	*Stamĭna tot quot petăla, petalis opposĭta.*
Pistill. 1 Griffel mit 2, 3 oder 4 Narben; Fruchtknoten frei oder dem Unterkelch anhän-gend, 2- bis 4fächerig, mit einzelnen aufrechten gegen-läufigen Eichen.	*Pistillum. Stylus cum stigmati-bus binis, ternis vel quaternis. Germen liberum aut hypanthĭo adhaerens, bi-, tri- vel quadri-loculare; ovula solitarĭa erecta anatrŏpa.*
Frucht fleischig oder trocken, gestützt von einem runden scheibenähnlichen Unterkelch (unterständigem Discus).	*Fructus carnosus vel siccus, suf-fultus hypanthĭo discoïdĕo orbi-culari (disco hypogўno).*
Samen mit Eiweiss; Keim ge-rade, Würzelchen abwärtsge-richtet; Samenlapp. blattartig.	*Semen albuminatum; embryo rectus, radicula infera; cotyle-dŏnes foliacĕae.*

Gattung Rhamnus.

Unterkelch glockenförmig.	*Hypanthĭum campanulatum.*
Griffel 2, 3 oder 4, mehr od. weniger mit einander ver-wachsen.	*Styli bini, terni vel quaterni, plus minusve connati.*
Steinfrucht mit 1—4 papier-artigen, meist mit einer Spalte aufspringenden Steinkernen.	*Drupa pyrēnis 1, 2, 3, 4 char-tacĕis, plerumque rimā dehi-scentibus.*
Samen länglich, auf der inne-ren Seite meist mit tiefer Furche.	*Semen oblongum, ad latus inte-rius plerumque sulco exaratum.*

Pentandrĭa Monogynĭa.

Rhamnus cathartĭca, Kreuzdorn.	*Rhamnus Frangŭla,* Faulbaum.
Aeste gegenständig.	Aeste abwechselnd.
Dornen endständig und ast-achselständig.	Unbewaffnet.
Blätter meist gegenständig, fein gesägt.	Blätter zerstreut, ganzrandig.

Blüthen 2-häusig. 4-zählig.	Blüthen zwitterig, 5spaltig, 5männig. Kelch 5zähnig.
Frucht mit 4 Steinkernen.	Frucht mit 2 od. 3 Steinkernen.
Rami oppositi.	*Rami alterni.*
Spinae terminales et alares.	*Frutex inermis.*
Folia plerumque opposita, serrulata.	*Folia sparsa integerrima.*
Flores dioeci. tetrameri.	*Flores hermaphroditi, quinquefidi, pentandri. Calyx quinquedentatus.*
Drupa tetrapyrēna.	*Drupa di- vel tripyrēna.*

Rhamnus cathartica liefert in ihren Früchten die **Kreuzdornbeeren** *(Fructus Spinae cervinae s. Rhamni catharticae)*. Aus den unreifen Früchten wird das **Saftgrün** bereitet.

Fig. 618.

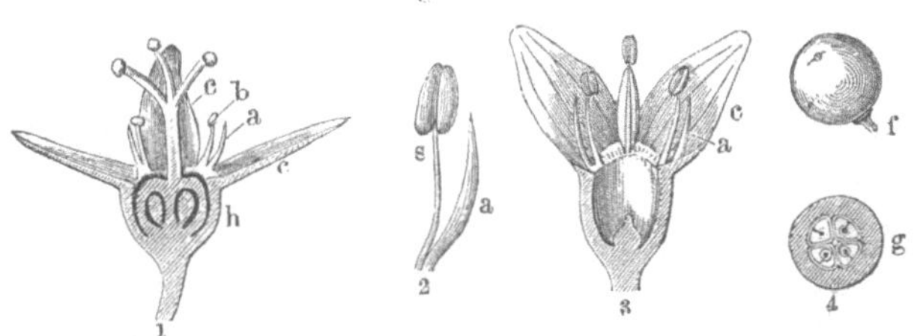

Rhamnus cathartica. 1. Weibliche Blüthe. *a petala, b stamina sterilia vel staminodia, c calyx, h hypanthium.* (Verticaldurchschnitt. 8 f. L.-Vergr.) 2. *Stamen (s) cum petalo (a).* 3. Männliche Blüthe. *a petala, c calyx.* (Verticaldurchschnitt, 9 f. L.-Vergr.) 4. *f* Frucht, *g* im Querschnitt. Natürl. Gr.

Rhamnus Frangŭla, **Faulbaum, Brechwegdorn, Pulverholz,** liefert die **Faulbaumrinde** *(Cortex Frangŭlae s. Rhamni Frangŭlae),* die frisch emetisch wirkt. welche Eigenschaft sich aber nach längerem Liegen verliert. Deshalb wird sie erst nach einjährigem Lagern als eröffnendes Medicament angewendet. Die Rinde sammelt man als Abfall beim Schälen des Holzes, welches zu Holzstiften und Fasszapfen, auch in Kohle verwandelt bei der Schiesspulverfabrikation Verwendung findet. Die Rinde ist punktirt.

Fig. 619.

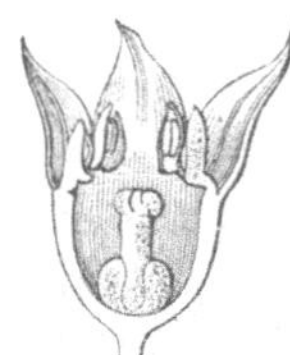

Blüthe von *Rhamnus Frangŭla* im Verticaldurchschnitt. Vergr.

Die Kreuzdornbeeren, aus welchen ein Syrup *(Syrŭpus domesticus)* bereitet wird, und die Faulbaumrinde wirken purgirend. Bestandtheile sind Rhamnin, Rhamnoxanthin (Farbstoffe), Bitterstoff, Cathartin etc.

In die Unterklasse der Calycifloren DC. und zur *Endlicher'schen* Klasse der *Terebinthineae* gehören die *Anacardiacĕae Lindley's* oder *Terebinthacĕae Jussieu*'s oder *Verniceae* (Firnisspflanzen) *Linck's*. Diese Familie umfasst unter anderen die Gattungen *Semecarpus*, *Anacardĭum* (Acajou), *Rhus, Pistacĭa*.

Semecarpus Anacardĭum, ein ostindischer Baum, hat zur Frucht eine fast herzförmige zusammengedrückte Nuss, die von einem fleischig-verdickten, niedergedrückten, aus dem Unterkelch entstandenen Stempelträger getragen wird *(nux compressa subcordiformis, gynophoro depresso aucto suffulta)*. Die Früchte kommen ohne den Stempelträger als Orientalische Anacardien *(Anacardĭa orientalĭa)* in den Handel. Die Lücken der mit ihrer Steinschale verbundenen Mittelschicht sind mit einem ätzenden scharfen, an der Luft schwarz werdenden Balsam gefüllt, welchen man wegen seiner Schärfe nicht zum Zeichnen der Wäsche benutzen sollte. Man macht daraus den schwarzen Silhet-Lack.

Die sogenannten Elephantenläuse oder occidentalischen Anacardien sind die von dem birnförmig angeschwollenen Stiel befreiten Früchte von *Anacardĭum occidentale*, welche aus Südamerika in den Handel kommen und in der Mittelschicht einen sehr giftigen, ätzenden, Hautentzündung erzeugenden und Blasen ziehenden, dunklen Balsam (Cardol, *Cardolĕum pruriens)* enthalten, welcher als Vesīcans und

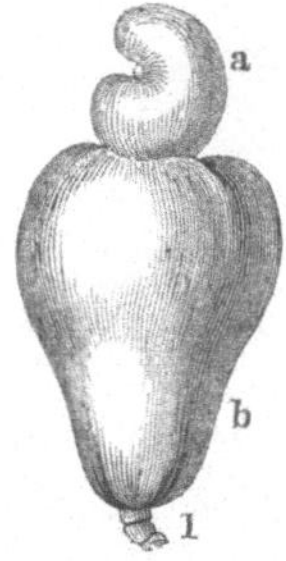
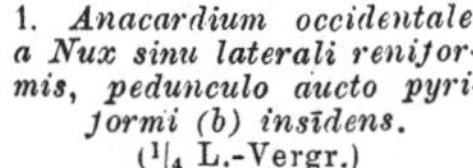
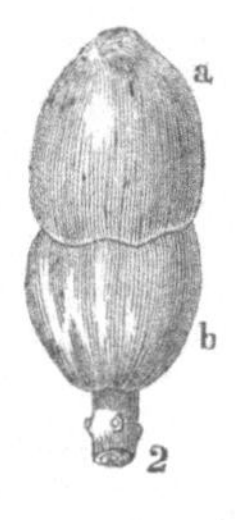

Fig. 620.

1. *Anacardium occidentale.*
a Nux sinu laterali reniformis, pedunculo aucto pyriformi (b) insīdens.
(¹|₄ L.-Vergr.)

2. *Semecarpus Anacardium.*
a Nux compressa, subcordiformis gynophŏro aucto insīdens. (¹|₂ L.-Vergr.)

Causticum, zuweilen auch zur Darstellung einer polizeilich verbotenen Zeichentinte für Leinen gebraucht wird. Der Samen ist übrigens mandelartig und süss.

Ein flüchtiges scharfes Prinzip (die sehr flüchtige Toxicodendronsäure nach *Maisch)* finden wir bei der Gattung *Rhus* (Sumach). Beim Einsammeln der Giftsumachblätter *(Folĭa Toxicodendri, Folĭa Rhoïs radicantis)* ist es nöthig, da die Ausdünstung der frischen Blätter pustulöse Hautausschläge und Fiebersymptome erzeugt, die Hände und das Gesicht zu bedecken. Die frischen Gewächse enthalten auch einen giftigen, ätzenden, an der Luft schwarz werdenden Milchsaft.

Rhus hat eine trockne Steinfrucht, polygamische oder zwit-

terige Blüthen, einen bleibenden 5-theiligen Kelch, 5 Kronenblätter, einem kreisförmigen Unterkelch (Stempelträger) eingefügt, 5 Staubgefässe, drei Griffel mit stumpfen oder kopfförmigen Narben. *Drupa sicca; flores polygămi vel hermaphroditi,
calyx quinquepartītus persistens; petăla quina hypanthio (gynophŏro)
orbiculari inserta; stamīna quina, styli terni cum stigmatibus obtūsis
vel capitatis.*

Rhus Toxicodendron (Giftsumach) hat langgestielte dreizählige
eirunde Blätter, armblüthige achselständige Blüthenrispen und
glatte gefurchte Früchte. *Folia longe petiolata ternata ovata; paniculae axillares pauciflorae; fructus glabri sulcati.* ♄ *(suffrŭtex).*

Varietäten sind:

1. *Rhus Toxicod. vulgare Michaux* oder *Rhus radīcans L.* mit
kletterndem wurzelndem Stamme und ganzen glatten Blättchen.
(Caulis radīcans; foliola integra glabra). dann

2. *Rh. Toxicod. quer-
cifolium M.* oder *Rhus
Toxicodendron L.* mit aufrechtem Stamme und
eckig eingeschnittenen,
unterhalb weichhaari-
gen Blättchen *(Caulis
erectus; foliola incīso-
angulata. subtus pube-
scentia).*

Zu den Anacardia-
ceen zählen ferner *Pi-
stacia vera,* ein im südlichen Europa kultivirter
Baum Persiens, dessen
Samen als Pistazien
in den Handel kommen,
und *Pistacia Lentiscus,*
ein baumartiger Strauch
des südlichen Europa's,
von welchem Mastix
(Mastiche, Resīna Mastix)
gewonnen wird.

Fig. 621.

Rhus radīcans L. oder *Rhus Toxicodendron vulgare Michaux.*

Mittel auf der Herzgrube getragen wurde. — Faulbaum. Dieser Name hat wohl nur Beziehung zu der geringen Festigkeit des Holzes, dem faulen Holze ähnlich. — *Syrŭpus domestĭcus* war vor 100 Jahren ein in England allgemein gebrauchtes Hausmittel, welches *Sydenham* (spr. sidd'nhemm), ein berühmter Arzt (+ 1689), eingeführt hatte.

Lection 107.

Papilionaceen. Leguminosen.

Die Papilionaceen, *Papilionacĕae* (Subclassis *Calÿciflorae DC.*, Classis 61: *Leguminōsae Endl.*) sind sehr verbreitet und zahlreich. Theils sind sie Nahrungspflanzen, theils liefern sie Arzneimittel, welche adstringirende, purgirend-wirkende oder gewürzhafte Bestandtheile enthalten. Einen wichtigen Farbstoff (Indigo) liefert die Gattung *Indigofĕra*.

Papilionaceae.

Bäume, Sträucher, Kräuter.	*Arbŏres, frutĭces, herbae.*
Blätter zerstreut, meist mit Nebenblatt.	*Folĭa sparsa, plerumque stipulata.*
Blüthen zwitterig, traubig, ährig, seltner rispig oder einzeln.	*Flores hermaphrodĭti, racemosi, spicati, rarĭus paniculati vel solitarĭi.*
Kelch bleibend, mit 5-theiligem Saume, der fünfte Lappen von der Axe abgewendet, in der Knospe geschindelt.	*Calyx persistens, quinquepartitus vel limbo quinquelaciniāto, lacinĭa quinta ab axi aversa, ante anthēsin imbricatus.*
Unterkelch sehr kurz.	*Hypanthium brevissimum.*
Blumenkrone schmetterlingsartig, perigynisch, in der Knospe (Blüthendeckenlage) geschindelt.	*Corolla papilĭonacea, perigўna, ante anthesin imbricata (praefloratione imbricatā).*
Staubgefässe 10, meist zweibrüderig (und dann das oberste frei, die anderen zu einem Bündel verwachsen), oft einbrüderig oder alle frei.	*Stamĭna dena, plerumque diadelpha (et stamen superĭus liberum, relĭqua ad phalangem connata), saepe monadelpha aut omnĭa libĕra.*
Pistill. Griffel endständig; Narbe einfach; Fruchtknoten 1-fächerig, seltner scheinbar 2-fächerig oder querfächerig, 1- bis vieleiig; Ei'chen der Bauchnath angeheftet.	*Pistillum. Stylus terminalis; stigma simplex; germen uniloculāre, rarĭus spurĭe biloculare vel septatum, uni- vel multiovulātum; ovula sutūrae ventrali affixa.*

Frucht eine Hülse.	*Fructus legumen.*
Samen meist ohne Eiweiss.	*Semina plerumque exalbuminosa.*
Keim wegen des hakenähnlich zurückgebogenen Würzelchens gekrümmt oder auch gerade; Samenlappen blattartig oder dick, beim Keimen aus der Erde hervortretend, seltner nicht hervortretend.	*Embryo radiculae uncinato-reflexae causā curvatus, aut rectus; cotyledones foliaceae vel crassae, in germinatione epigaeae, rarius hypogaeae.*

Den Hauptcharakter der Papilionaceen bildet die Schmetterlingsblüthe *(flos papilionacĕus)*, denn die Caesalpiniaceen und Mimosaceen haben wohl Hülsenfrüchte, aber keine Schmetterlingsblüthen. Die Leguminosen *Jussieu's* umfassen jene drei Familien wegen der gleichen Frucht, mit Rücksicht auf die Blüthe aber hat man sie in Papilionaceen, Caesalpiniaceen und Mimosaceen geschichtet.

Fig. 622.

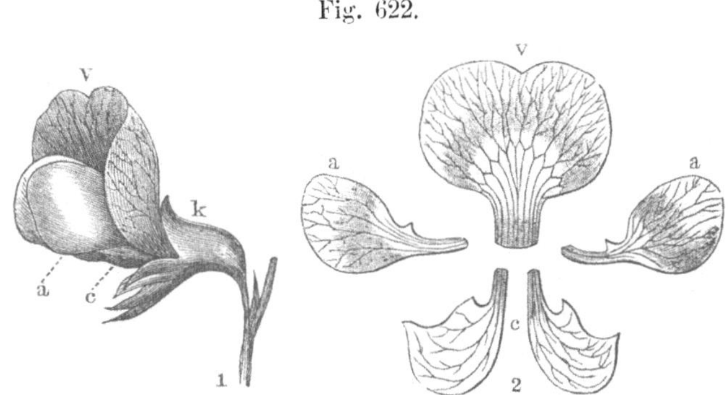

Flos papilionacĕus. Pisum satīvum (Erbse). 1. Blüthe von der Seite gesehen. 2. Die Blumenblätter nach ihrer Stellung auseinander gelegt. *v* Fahne *(vexillum)*, *c* Kiel *(carīna)*, *a* Flügel *(alae)*, *k* Kelch.

Die Familie der Papilionaceen ist reich an Gattungen; zur besseren Uebersicht hat man dieselben in mehrere Unterfamilien geordnet, z. B. in

1. *Genisteae* (Ginsterartige). Blätter einfach oder Dreiblätter; Staubgefässe monadelphisch; Hülse 2-klappig. *Folia simplicia vel ternata; stamina monadelpha; legumen bivalve. (Genista, Onōnis, Cytisus, Sarothamnus, Spartium.)*

2. *Loteae* (*Trifoliaceae*, Kleeartige). Blätter meist Dreiblätter; Staubgefässe diadelphisch; Hülse 1-fächerig, 2-klappig. *Folia plerumque ternata; stamina diadelpha; legumen uniloculare bivalve. (Lotus, Trifolium, Melilōtus, Trigonella, Medicāgo.)*

3. *Galegeae* (Geissrautenartige). Blätter unpaarig gefiedert, vieljochig; Staubgefässe meist diadelphisch; Hülse einfächerig. *Folia impări-pinnata, multijŭga; stamĭna plerumque diadelpha; legumen uniloculare. (Galēga, Glycyrrhiza, Indigofĕra, Colutĕa, Drepănocarpus, Pterocarpus, Diptĕrix, Andīra.)*

Fig. 623.

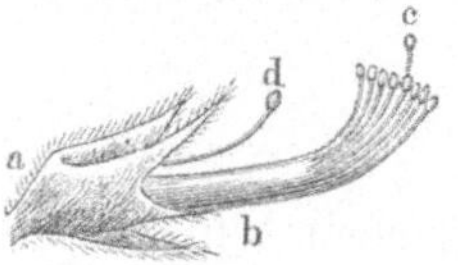

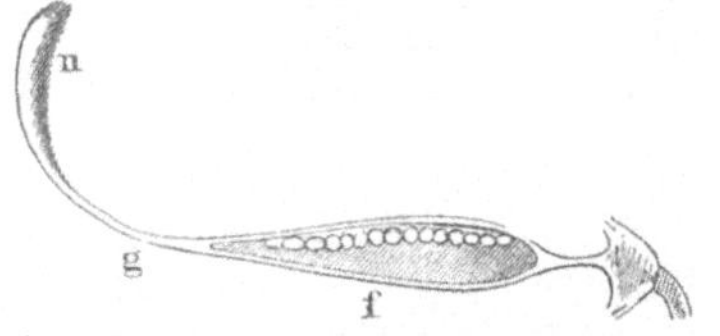

Von den Kronenblättern befreite Blüthe einer Papilionacee, Staubgefässe bilden 2 Bündel (*b* und *d*).
a Kelch, *c* Pistill.

Fig. 624.

Pistill einer Papilionacee. *n* Narbe, *g* Griffel, *f* Fruchtknoten, längs durchschnitten.

Fig. 625.

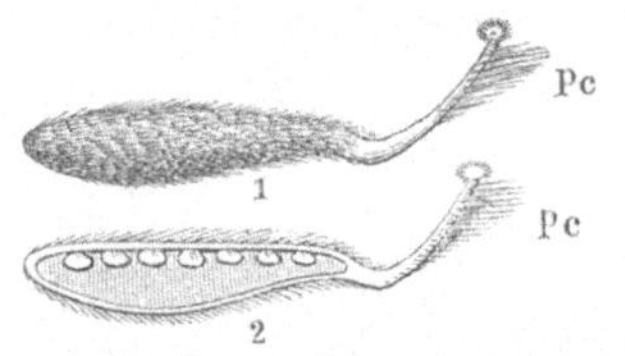

Vicĭa satīva. 1. Stempel mit bebartetem Griffel; 2. im Durchschnitt. Vergr. *pc* Sammelhaare.

Fig. 626.

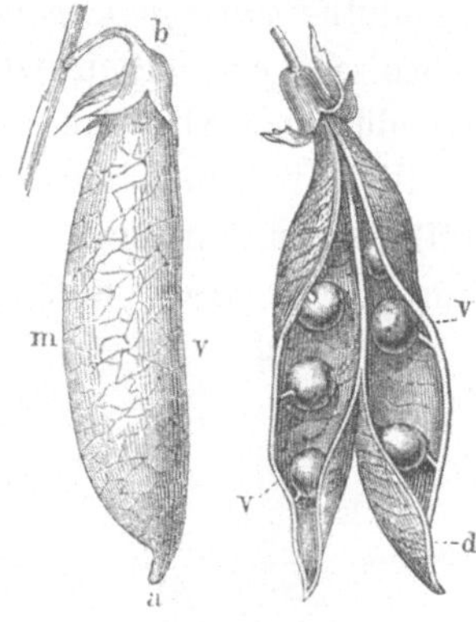

Pisum sativum. Legumen bivalve (2-klappige Hülse). *v* Bauchnath.

4. *Astragalĕae* (Bocksdornartige). Blätter unpaarig gefiedert, Staubgefässe diadelphisch; Hülse mit eingebogener Rückennath und daher 2- oder fast 2-fächerig. *Folia impări-pinnatā; stamĭna diadelpha; legumĭnis sutūra dorsalis introflexa, itaque legumen bi- vel subbiloculare. (Astragălus.)*

5. *Vicieae* (Wickenartige). Blätter meist paarig gefiedert und rankig; Staubgefässe diadelphisch; Hülse 2-klappig, 1-fächerig oder durch Verengung querfächerig; Kotyledonen beim Keimen unter der Erde bleibend. *Folia plerumque paripinnata et cirrifĕra; stamĭna diadelpha; legumen bivalve, uniloculare vel isthmis transverse septatum; cotȳlae in germinatione hypogaeae. (Vicĭa, Ervum, Pisum, Cicer.)*

6. *Hedysareae.* Blätter Ein-, Zwei- oder Dreiblätter oder unpaarig gefiedert, meist mit Nebenblättchen; Staubgefässe dia-

delphisch; Hülse quer in 1-samige Glieder zerfallend; Keimlappen blattartig. *Folia unifoliolata, binata vel ternata, vel impari-pinnata, plerumque stipellata: stamina diadelpha; legumen transversim in articulos monospermos secedens; cotylae foliaceae. (Onobrÿchis,* Esparsette. *Arachis.)*

7. *Phaseoleae* (Bohnengewächsartige). Blätter meist gedreit und mit Nebenblättchen; Staubgefässe

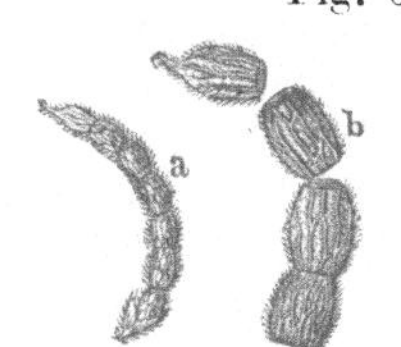

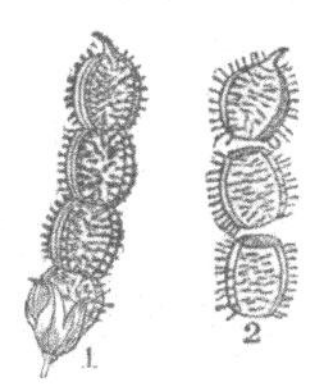

Fig. 627.

a Frucht von *Ornithŏpus perpusillus* (kleinster Vogelfuss). *Legumen articulātum* (lomentum). *b* einzelne Glieder vergrössert, in der Trennung begriffen.

1. Gliederhülse von *Hedysārum coronarium;* 2. in Glieder getrennt.

meist diadelphisch: Hülse 2-klappig, nicht querfächerig, aber oft durch Verengerungen unterbrochen. Samenlappen treten aus der Erde hervor oder nicht. *Folia plerumque ternata et stipellata; stamina plerumque diadelpha: legumen bivalve, non septatum vel isthmis saepius interceptum: cotylae epigaeae vel hypogaeae. (Phaseŏlus, Lupīnus. Mucūna, Physostigma.)*

8. *Sophoreae* (Schnurstrauchartige). Blätter unpaarig gefiedert oder einfach; Staubgefässe 10, seltner 8 oder 9, frei; Hülse nicht oder 2-klappig aufspringend. *Folia impări-pinnata vel simplicia; stamina libera dena, rarius octona vel novena; legumen indehiscens vel bivalve. (Sophōra, Myroxÿlon.)*

Lection 108.

Papilionaceen (Forts.).

Unter den Genisteen liefern *Genista tinctoria Linn.* und *Sarothamnus scoparius Koch* selten gebrauchte Arzneistoffe.

Genista tinctoria L., Färberginster, gelbe Scharte. Griffel pfriemenförmig aufwärtssteigend, Narbe schief, einwärts gekehrt, Aeste gefurcht, Blätter lanzettlich, kahl, gewimpert, Nebenblättchen pfriemenförmig, Blüthen in endständigen Trauben. — *Stylus subulatus, adscendens, stigma obliquum, in apice styli introrsum decurrens, rami sulcati, folia lanceolata, glabra, ciliata, stipulae subulatae, racēmi terminales.*

Die getrockneten Spitzen der Stengel und Zweige der blühenden Pflanze *(Herba Genistae tinctoriae)* werden arzneilich gebraucht. Die Blüthen enthalten einen dauernden gelben Farbstoff und sind ein **Material** zum Schüttgelb *(Luteum factitium)*.

Fig. 628.   Fig. 629.

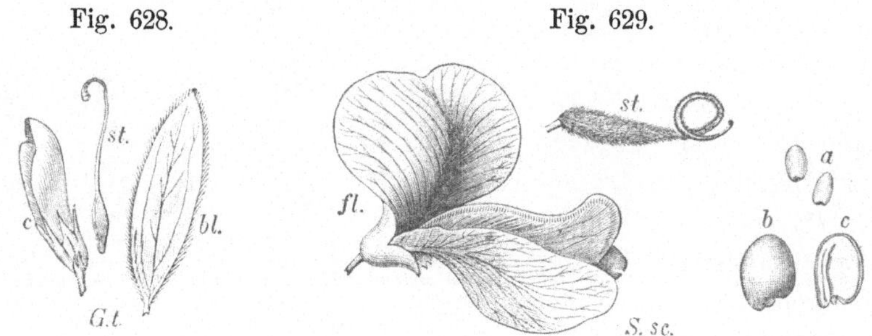

Genista tinctoria. c Blüthe mit Kelch, *st* Griffel, *b l* Blatt.   *Spatium scoparium. f l* Blüthe, *st* Fruchtknoten mit schnecken-förmig gewundenem Griffel und sehr kleiner Narbe. *a* Samen, natürliche Grösse, *b* vergrössert, *c* im Verticaldurchschnitt.

Spartium scoparium Linn., *Sarothamnus scoparius Koch*, *Genista scoparia Lamarck* oder *Cytisus scoparius Link*, Besenginster, Besenkraut. Blüthen einzeln oder zu zweien stehend, Griffel sehr lang, schneckenförmig gewunden mit endständiger, sehr kleiner Narbe, Hülsenfrucht an den Näthen zottig. — *Flores solitarii aut bini, stylus longissimus, circinatus, stigmate terminali minuto ornatus, legumen in suturis villosum.*

Die Blüthen *(Flores Spartii)*, welche von gelber Farbe sind, werden arzneilich angewendet. Sie enthalten flüchtiges Oel, Gerbstoff, ein giftiges flüchtiges flüssiges Alkaloïd, Spartiin, und einen Bitterstoff, Scoparin. In den getrockneten Blumen mag jenes Alkaloïd kaum noch vertreten sein. Der als Zierstrauch gezogene *Cytisus Laburnum* L., Goldregen, scheint ein ähnliches giftiges Alkaloïd zu enthalten.

Onōnis spinōsa giebt die Hauhechelwurzel *(Radix Ononĭdis spinōsae)*. Sie ist ein auf Wegen und trockenen Wiesen häufiger Halbstrauch (♂).

Onōnis (Hauhechel).

Kelch glockenförmig, 5-spaltig.	*Calyx campanulatus, quinque-fĭdus.*
Kiel geschnäbelt.	*Carīna rostrata.*
Griffel fadenförmig, aufsteigend, kahl.	*Stylus filiformis, adscendens, glaber.*
Hülse aufgetrieben.	*Legumen turgĭdum.*

Diadelphĭa Decandria Linn.

Ononis spinosa unterscheidet sich durch 1- oder 2-reihig drüsig behaarte, dornige Stengel und die Hülsen, welche ebenso lang oder länger als der Kelch sind. *Caules uni- vel bifariam glanduloso-pilosi, spinosi; legumina calÿcem aequantia vel superantia.*

Fig. 630.

Onōnis spinōsa. a Vexillum, b carina, cc alae, d die von den Kronenblättern befreite Blüthe (etwas vergr.), *e* Pistill mit dem langen Griffel, *f* ein Staubgefäss von vorn und von hinten gesehen (vergr.), *g* eine Hülse, *h* dieselbe geöffnet (natürl. Grösse).

Ononis arvensis unterscheidet sich durch die zottig behaarten unbewaffneten Stengel und durch eine Hülse, welche kürzer als der Kelch ist. *Differt caulibus undique villosis, inermibus et leguminibus calyce brevioribus.*

Ononis repens hat niederliegende, am Grunde wurzelnde Stengel und meist dornige Aeste. *Differt caulibus procumbentibus, in basi radicantibus, ramis plerumque spinosis.*

Unter den L o t e e n giebt *Melilōtus officinalis* die blühenden S t e i n k l e e s p i t z e n (*Summitātes Melilōti citrĭni*). Die Gattung *Melilōtus* unterscheidet sich durch einen gestielten Fruchtknoten (*germen stipitatum*), eine wenigsamige, den Kelch überragende Hülse und in lockeren Trauben stehende Blüthen (*legumen oligospermum, calycem superans, flores laxe racemosi*).

Melilotus officinalis unterscheidet sich von den anderen Arten durch einen aufrechten Stengel und gelbe Blumenkronen.

Unter den **Galegeen** sind bemerkenswerth: *Glycyrrhīza glabra* und *echinata,* welche in ihren getrockneten Wurzeln das Süssholz *(Radix Glycyrrhīzae s. Liquiritiae)* in den Arzneischatz liefern.

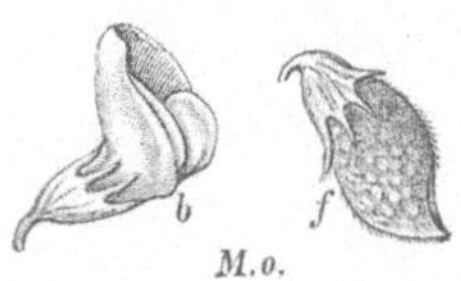

Fig. 631.

M. o.

Melilotus officinalis. *b* Blüthe, *f* Frucht.

Unter den **Astragaleen** sind es *Astragălus gummifer, verus, Creticus,* Halbsträucher im Orient, welche durch Ausschwitzung den **Traganth** *(Tragacantha)* liefern.

Unter den **Phaseoleen** liefert *Mucūna pruriens DC.* die Borsten der Kratzbohne *(Stizolobĭum; Setae silĭquae hirsūtae).* Fig. 86.

Phaseŏlus (Bohne).

Kelch mit 2 Bracteen, $^2/_3$-lippig.	*Calyx bibracteatus, bilabiatus, labĭo superiore bidentato, inferiore tridentato.*
Kiel so lang wie die Fahne, mit den Staubgefässen u. dem Griffel spiralig eingerollt.	*Carīna vexillum aequans, unā cum staminibus et stylo spiralĭter involuta.*
Staubgefässe diadelphisch.	*Stamĭna diadelpha.*
Pistill. Griffel unterhalb der Narbe bärtig; Fruchtknoten am Grunde von einem Scheidchen umgeben.	*Pistillum. Stylus infra stigma barbatus; germen in basi vaginulā cinctum.*
Hülse 2-klappig, durch Verengerungen fast querfächerig.	*Legumen bivalve, isthmis subseptatum.*
Samen länglich, mit länglichem, flachem, kleinem Nabel.	*Semĭna oblonga, hilo oblongo plano parvo.*

Diadelphĭa Decandrĭa.

Phaseŏlus vulgaris hat einen sich windenden Stengel *(caulis volubĭlis),* *Phaseŏlus nanus* (Zwergbohne) einen niedrigen, sich nicht windenden Stengel. Die Samen beider sind die **weissen Bohnen** *(Fabae albae, Semen Phaseoli).*

Im Habitus hat *Physostĭgma venenōsum Balfour* mit der vorhergehenden Gattung *Phaseolus* viele Aehnlichkeit.

Physostĭgma weicht von *Phaseolus* ab durch einen mit den Geschlechtsorganen sehr stark eingebogenen Kiel, durch eine schief mit einer Kappe bedeckte stumpfe Narbe, und einen den Samen halb umfassenden. breit gefurchten Nabel. *Physostigma a genĕre Phaseolo differt: carīna cum organis genitalibus maxime incurvā,*

Fig. 632.

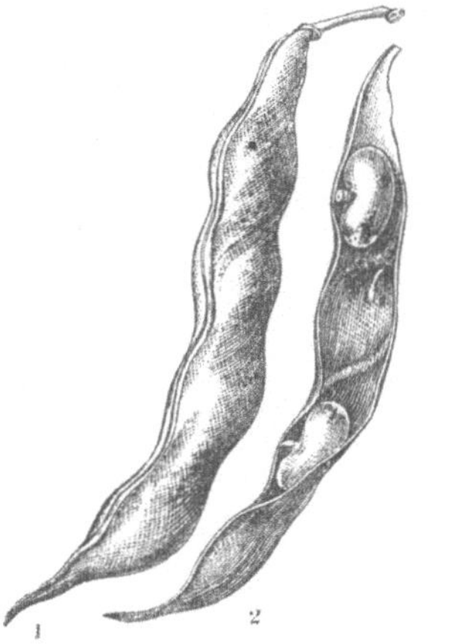

Fig. 633.

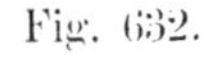

1. Hülsenfrucht von der Bohne (*Phasĕŏlus vulgaris*). 2. Eine Klappe derselben mit dem daransitzenden Samen.

Physostigma venenōsum. Ein blühender Zweig mit einer jungen Hülse.

stigmăte obtuso, cucullo oblīque tecto, atque hilo late sulcato, semen dimidium cingente.

Physostigma venenōsum (Gottesgerichtsbohne) ist im heissen Afrika zu Hause. Seine Samen kommen als Calabarbohnen (*Semina Physostigmătis, Fabae Calabaricae)* in den Handel. Diese Samen enthalten giftige Alkaloide, unter welchen **Physostigmin**, welches auf die Pupille verengend wirkt. das wichtigere ist.

Unter den **Sophoreen** sind mehrere *Myroxylon*-Arten, aus deren Stämmen freiwillig und unter Beihilfe gelinder Schwelung der **Perubalsam** (*Balsămum Peruviānum)* gewonnen wird.

Fig. 634.

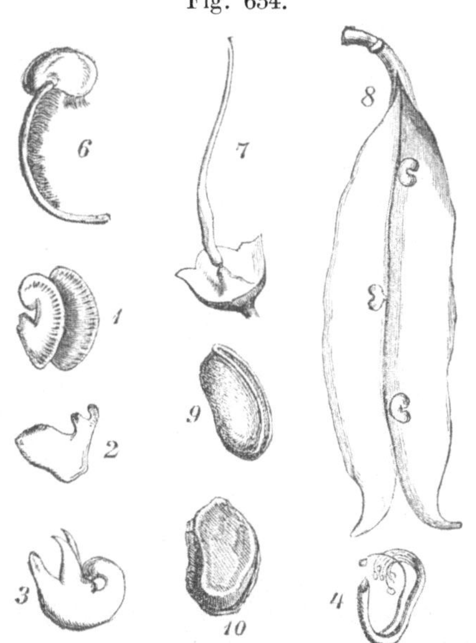

Physostigma venenōsum. 1. *Vexillum separatum;* 2. *ala separata;* 3. *carina;* 4. *stamina diadelpha;* 6. *pars superior styli, pilis ordĭnem constituentibus, stigmate cucullato;* 7. *calyx cum legumine novello;* 8. *legumen novellum cum ovulis tribus;* 9. *et 10. semina* (in halber Lin-Vergr.).

Bemerkungen. *Physostigma, ătis, n.,* von φῦσα (physa), Blase; *stigma,* Narbe; wegen des wie eine Blase gestalteten Anhängsels der Narbe. Die Calabarbohne wird aus dem Lande Dahomeh an der Küste von Ober-Guinea (Afrika) gebracht. Dort wächst die Mutterpflanze besonders am Flusse *Calabary* (daher der Name *Faba Calabarica*). Die Eingeborenen der dortigen Landstriche gebrauchen die Samen zu Gottesurtheilen, d. h. wenn der Angeklagte nach Genuss von mehreren Samen nicht stirbt, so gilt er für unschuldig. — *Myroxy̆lon,* gen. *i* (Balsamholz), v. d. griech. μύρον (Myron), Balsam, u. ξύλον (xylon), Holz.

Lection 109.

Caesalpinien. Mimoseen. Burseraceen. Myrtaceen.

Die **Caesalpinien** *(Caesalpiniacĕae)* haben mit den Papilionaceen die Hülsenfrucht gemein, unterscheiden sich aber von denselben dadurch, dass sie zwar eine mehr oder weniger unregelmässige Blumenkrone, aber **keine** Schmetterlingsblüthe haben und circa 10 **freie** Staubgefässe zählen.

Die **Mimoseen** *(Mimosacĕae)* haben gleichfalls eine Hülsenfrucht, aber **keine** Schmetterlingsblüthe, dagegen meist eine 1-blättrige regelmässige Blumenkrone, einen einblättrigen Kelch und zahlreiche freie oder monadelphische Staubgefässe. Die Gattungen beider Familien liefern Arzneistoffe mit vielem Gerbstoff und Schleimgummi, oder auch kathartinhaltige, und daher abführend wirkende.

Caesalpiniaceae *a Papilionaceis differunt: corollā irregulari vel fere regulari, nunquam papilionaceā, staminĭbus circiter denis liberis.*

Mimosaceae *a Papilionaceis et Caesalpiniaceis differunt: corollā plerumque gamopetălā, calyce gamopetalo, staminĭbus creberrĭmis, saepe monadelphis.*

Zu den Mimoseen zählen Gattungen, bei denen man blattartige Blattstiele *(phyllodĭa)* antrifft, und welche eine eigenthümliche Irritabilität ihrer zierlich gebauten Blätter äussern. (Vergleiche Lection 35, S. 132 u. Fig. 198.)

Aus der Familie der **Caesalpinien** liefert *Caesalpinĭa Brasiliensis* das Fernambukholz *(Lignum Fernambuci)*, *Haematoxy̆lon Campechianum* (Mexiko, Westindien) das Campecheholz *(Lignum Campechiānum)*, *Ceratonĭa Silĭqua* das Johannisbrod *(Silĭqua dulcis)* vergl. Fig. 420, S. 230, *Copaïfĕra multijŭga Hayne* (Brasilien) den Copaivabalsam *(Balsămum Copaïvae)*, *Tamarīndus Indĭca* (Südasien,

Aegypten) die Tamarindenfrüchte *(Tamarīndi, Fructus Tamarīndi)* vergl. Fig. 416, S. 227, *Cassia lenitīva Bischoff* die Alexandrinischen, *Cassia obovata Collad.* die Aleppischen Sennesblätter *(Folia Sennae Alexandrīna, Halepensia)*. Letztere kommen in mehreren Sorten in den Handel. Die bessere Alexandrinische besteht hauptsächlich aus den Blättchen der *Cassia lenitīva Bischoff*. Die Tripolitanische Sorte ist ein Gemisch aus den Blättchen der *Cassia lenitīva* und der *Cassia obovata Calladon*. Mitunter finden sich die Hülsenfrüchte *(folliculi Sennae)* beigemischt.

Fig. 635.

Alexandrinische Sennesblätter (*Cassia lenitiva*). Einfach- und paarig gefiedertes, sechspaariges (*sejŭgum*) Blatt, *p* Fiedern (*pinnae*), *r* Blattspindel (*rhachis*), *o* Blattstielchen (*petiolŭlus*), *s* Nebenblättchen (*stipulae*).

Fig. 636.

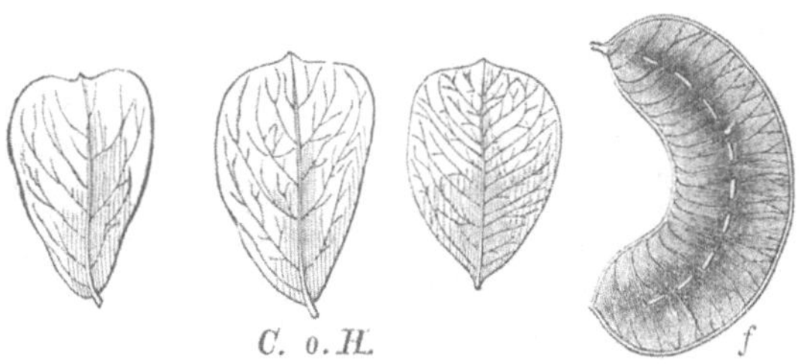

Blättchen der *Cassia obovata*, *f* Frucht (*folliculus*).

Unter den Mimoseen liefern *Stryphnodendron Barbatimao Martius* (Brasilien) eine gerbstoffreiche Rinde *(Cortex adstringens)*, *Pithecollobium Avaremotēmo Martius Cortex adstringens Brasiliensis*, *Acacia Catechu* (Ostindien) einen eingetrockneten gerbstoffreichen braunen Saft, Catechu *(Catēchu)*, und *Acacia Seyal Delile* (Oberaegypten) das Arabische Gummi *(Gummi Arabĭcum)*.

Amyrideae oder ***Burseraceae*** (benannt nach *Joachim Burser*, vor mehr als 200 Jahren Prof. der Medicin) sind *Calyciflorae DC.*, gehören aber nach *Endlicher* in die Klasse der *Tere-*

binthineae. Sie enthalten einen balsamisch-harzigen Saft, den sie freiwillig oder aus Einschnitten reichlich ausschwitzen. Aus dieser Familie liefert *Boswellĭa papyrifĕra* den Weihrauch *(Olibănum)*, *Balsămodendron Myrrha Nees* oder *B. Ehrenbergiānum Berg* (Arabien) die Myrrhe *(Myrrha)*, und *Icĭca Icicarĭba DC.* (Südamerika) das brasilianische Elemi *(Resīna Elĕmi).*

Die Myrtengewächse *(Myrtacĕae)* zählen wie die vorstehenden Familien zu der dicotylischen Unterklasse *Calÿciflorae*, also zu den Pflanzen mit Kronenblättern, welche dem Kelche inserirt sind, im *Endlicher'*schen System zur Klasse der *Myrtiflōrae* (Myrtenblüthigen). Ihr Vaterland ist das tropische Amerika und Neuholland. Bei uns wird eine Art, die gemeine Myrte *(Myrtus communis)*, sehr häufig in Treibhäusern gezogen.

Myrtaceae.

Bäume, Sträucher, sehr selten Kräuter.	*Arbŏres, frutĭces, rarissime herbae.*
Blätter meist gegenständig, ungetheilt, sehr häufig ganzrandig, meist lederartig und durchsichtig-punktirt, in den Blattstiel sich verschmälernd.	*Folĭa plerumque opposĭta, integra saepissime integerrĭma, plerumque coriacea et pellucĭdo-punctata, basi in petiolum angustatā.*
Kelch in der Knospe geschlossen, in der Blüthe deckelartig geöffnet od. unregelmässig aufbrechend, häufig bleibend.	*Calyx aestivatione clausus, sub anthēsi operculatim apertus vel irregularĭter rumpens, saepius persistens.*
Kronenblätter soviel als Kelchzipfel, mit den ziemlich zahlreichen freien oder adelphisch-verwachsenen Staubgefässen perigynisch, d. h. dem Schlunde des Kelches od. dem Rande d. Unterkelchs eingefügt.	*Petăla tot quot laciniae calycis, cum staminĭbus plerumque plurimis aut liberis aut mono- vel polyadelphis perigyna, i. e. (id est) fauci calycis aut margĭni hypanthĭi inserta.*
Pistill. 1 Griffel, einfache Narbe, Fruchtknoten unterständig od. halbunterständig, mit einer fleischigen Scheibe bedeckt, 1- od. mehrfächerig od. 2- u. 3-kammerig; Eichen gegenläufig, meist einer centralen Ecke schildförmig eingefügt.	*Pistillum. Stylus unus; stigma simplex; germen infĕrum vel semiinferum, disco carnoso tectum, uni- vel pluriloculare aut bi- vel tricameratum; ovula anatrŏpa, plerumque angulo (spermophoro) centrali peltatim inserta.*

Frucht mit dem Kelchrande gekrönt, 1-, 2-, 3-kammerig od. 1- bis mehrfächerig, 1- bis mehrsamig, beerenartig oder eine Kapsel.

Fructus limbo calycis coronatus, uni-, bi- vel tricameratus aut uni- vel plurilocularis, mono- vel pleiospermus, baccatus vel capsularis.

Samen meist eiweisslos, mit geradem oder gekrümmtem Keime; Samenlappen seltner blattartig, zusammengerollt od. mit dem Würzelchen zu einer dicken homogenen Masse verwachsen.

Semina plerumque exalbuminosa; embryo rectus vel curvatus; cotylae rarius foliaceae, convolutae vel cum radicula in massam crassam homogeneam coalescentes.

Fig. 637.

Fig. 638.

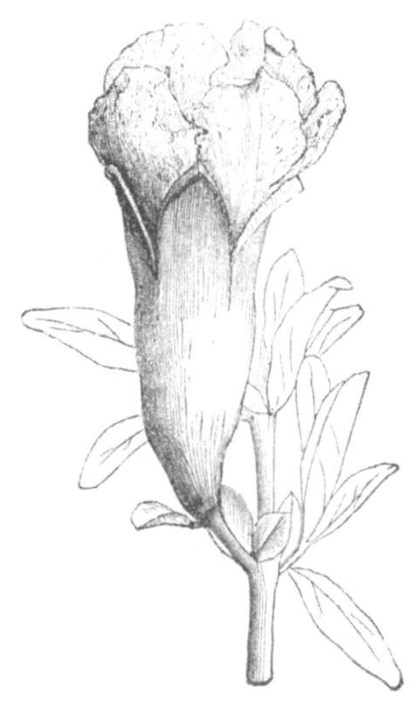

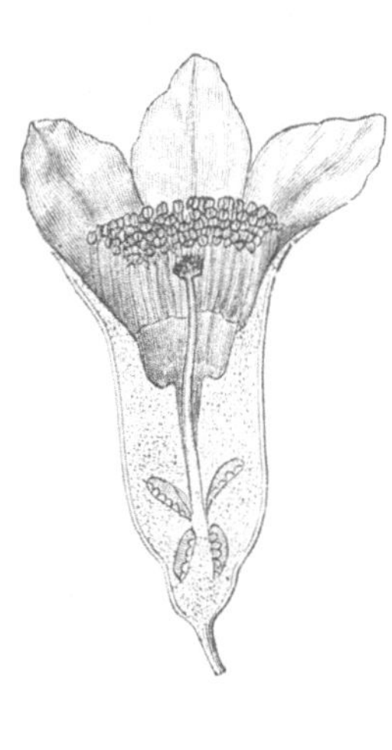

Blüthe der *Punica Granatum.*

Die dem Zweige aufsitzende Blüthe.

Die Blüthe im Verticaldurchschnitt.

Die Myrtaceen werden in mehrere Unterfamilien gesondert, in *Granateae, Leptospermeae, Myrteae, Lecythideae.* Die Granateen, welche oft als eine selbstständige Familie hingestellt werden, sind an den 2-reihig gestellten, mit dem Unterkelch verwachsenen Fruchtblättern, besonders aber an der zweifachgekammerten beerenartigen Frucht zu erkennen. Von dem Granatbaum, *Punica Granātum*, sind die Rinde des Stammes und auch der Wurzel, sowie die Schale der Frucht *(Cortex fructus Granāti)* und die Blüthen *(Flores Granāti s. Balaustii)* officinell.

Jene Droguen enthalten reichlich Gerbstoff. Zum Studium der trocknen Blüthe weicht man diese vorher in Wasser ein.

Fig. 639.

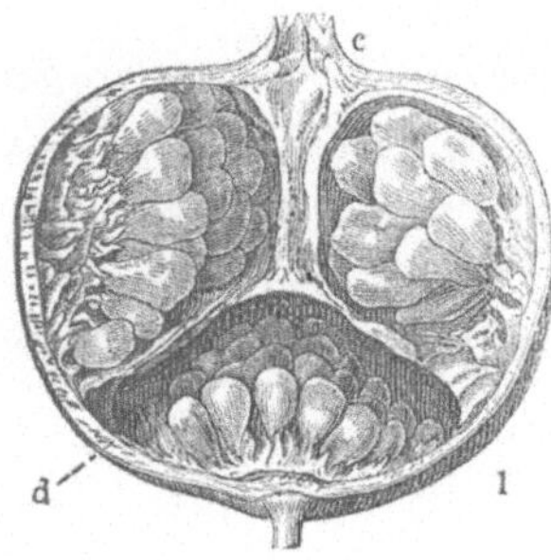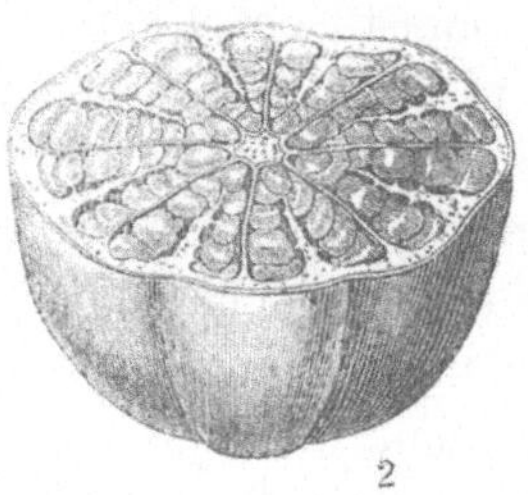

Granatapfel (*malum punicum*), Frucht der *Punica Granātum*. 1. Verticaldurchschnitt, *c* Krönung mit dem Kelche, *d* Diaphragma. 2. Querschnitt durch die obere Kammer.

Bei den Leptospermeen finden wir die Fruchtblätter 1-reihig gestellt und eine meist fachspaltig aufspringende Kapsel. Aus dieser Unterfamilie giebt *Melaleuca Leucadendron* (Sundainseln) das Cajeputöl *(Oleum Cajapūti)*, *Eucalyptus resinifĕra Sm.* (Australien) das australische Kino *(Kino australe)*, einen gerbstoffarmen eingetrockneten Fruchtsaft.

Fig. 640.

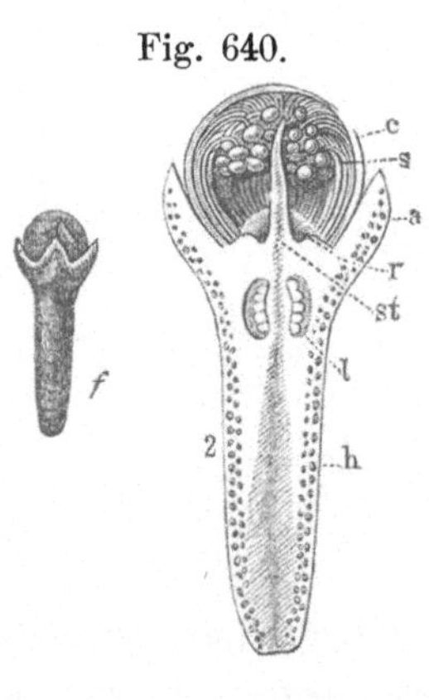

Fig. 641.

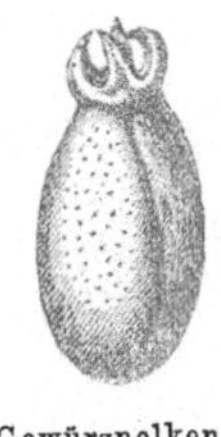

Gewürznelkenfrucht (*Anthophyllus*).

1. Blüthenkopf (*alabaster*) von *Caryophyllus aromaticus*. 2. Durchschnitt vergr., *c Corolla*, *a Calyx quadripartitus*, *s stamina*, *st* Griffel (*stylus*), *l* Fruchtknoten (*germen*), *r* Fruchtblätter (*carpophylla*), *h* Unterkelch (*hypanthium*).

Bei den Myrteen ist die Frucht eine Beere. Den Charakter finden wir immer Gelegenheit zu studiren, da die Myrte *(Myrtus commūnis)* bei uns in verschiedenen Varietäten in Blumentöpfen gezogen wird, und die blühenden Zweige als Schmuck der Bräute dienen. Die Beerenfrüchte gebrauchten die alten Römer wie wir den Pfeffer zum Würzen der Speisen. *Myrtus Pimenta (Pimenta officinalis Berg)* liefert in ihren getrockneten Früchten das Englische Gewürz, Piment *(Semen s. Fructus Amomi)* und *Caryophȳllus aromaticus* in seinen Blüthenknospen *(alabāstri)* die Gewürznelken *(Caryophylli)*, in seinen Früchten die Mutternelken *(Anthophylli)*. Um den inneren und äusseren Bau und den Charakter der Früchte und Blüthen beider Arten zu studiren, weicht man einige Exemplare der genannten Droguen in lauwarmem Wasser ein, bis sie weich geworden sind und sie sich mit einem scharfen Messer leicht durchschneiden lassen.

Die Ausdrücke *caducus, decidŭus, persĭstens* sind schon einige Male vorgekommen. Der Unterschied ist folgender:

Ein Organ heisst hinfällig *(cadūcum)*, wenn es schon vor dem Aufbrechen der Blüthe sich freiwillig ablöst und abfällt. Es heisst abfallend *(decidŭum)*, wenn es vor der Reife der Frucht abfällt, dagegen bleibend *(persĭstens)*, wenn es selbst noch zur Zeit der Fruchtreife angeheftet bleibt.

Bemerkungen. *Caesalpinia*, benannt nach *Caesalpino*, † 1603, Prof. in Pisa. — *Haematoxȳlon* (Blutholz) von αἷμα (haima), Blut; ξύλον (xylon), Holz. — *Ceratonia*; κέρας, κέρατος, Horn; κεράτιον (keration), Hörnchen, Johannisbrot, davon κερατωνία (keratonia), wegen der hornähnlichen Gestalt der Hülse. — *Tamarindus* (Indische Dattel) von dem ind. *tamer* (Dattel) und *hindi* (indisch). — *Stryphnodēndron* (herber Baum), στρυφνός (stryphnos), von zusammenziehendem Geschmack, herb, und δένδρον (dendron), Baum. — *Pithēcollobĭum* (Affenhülsenbaum), πίθηκος (pithäkos), Affe, und λοβός (lobos), Hülse, oder ἐλλόβιον (ellobion), Ohrring; daher Affenohrring. — *Boswellĭa*, benannt nach *Boswell* (spr. bosséel), einem engl. Arzt. Dergleichen Pflanzennamen werden so ausgesprochen, wie sie geschrieben sind, es kommt dabei (wenigstens in Deutschland) die fremdländische Aussprache gewöhnlich nicht in Betracht.

Balsămodendron (Balsambaum), βάλσαμον (balsămon), Balsam, δένδρον (dendron), Baum. — *Leptospermĕae* (Zierlichsamige), λεπτός (leptos), zierlich, dünn. — *Caryophyllus* Nussblatt, κάρυον (karyon), Wallnuss. Vergl. auch die Bemerkungen zu Lection 100, S. 401. — *Anthophylli* (Blumenblätter), ἄνθος (anthos), Blume. — *Lecythidĕae* (Topfbaumgewächse), benannt nach *Lecȳthis*, von λήκυθος (läkythos), lat. *lecythus*, Flasche, Oelgefäss, weil die Früchte ölhaltige Samen einschliessen. *Lecythis Ollaria* (gemeiner Topfbaum), ist z. B. ein Riesenbaum der brasilianischen Wälder, mit Früchten von der Grösse eines Kinderkopfes mit grossen Samen vom Geschmack der Pistacien. Aus der Fruchtschale macht man Trinkgeschirre.

Lection 110.

Rosaceen. Unterfam. Dryadeen.

Die *Endlicher*'sche Klasse *Rosiflōrae* (Rosenblüthige) umfasst die Familien *Rosacĕae, Amygdalĕae, Pomacĕae* etc. Dieselben Familien gehören nach *Decandolle*'s System in diè Unterklasse der *Calyciflōrae*, d. h. die Blumenblätter sind dem Kelche eingefügt.

Rosaceae.

Kräuter, Sträucher, Bäume, mit zerstreuten Blättern. Nebenblätter meist dem Blattstiel unten angewachsen.	*Herbae, frutices, arbores, foliis sparsis. Stipulae plerumque petiolo inferne adnatae.*
Blüthe vollkomm., regelmässig.	*Flores perfecti, regulares.*
Kelch gewöhnl. mit 5-theiligem Saume, in der Knospe klappig und m. dem 5. Zipfel der Axe zugewendet. Der Unterkelch nicht mit den Fruchtblättern verwachsen.	*Calyx plerumque limbo quinquefido, praefloratione valvacea, laciniā quinta axim spectante. Hypanthium (pars inferior vel tubus calycis) a carpellis dis-cretum.*
Kronenblätter meist 5, perigynisch (dem obersten Rande des Unterkelchs eingefügt), in der Knospe geschindelt.	*Petala plerumque quina, perigўna (summo margini tubi calycis inserta), praefloratione imbricata.*
Staubgefässe 20 u. mehr, frei, mit d. Kronenblätt. eingefügt.	*Stamina vicena vel plura, libera, cum petalis inserta.*
Pistillè. Griffel seiten- oder gipfelständig, den einzelnen Carpellen aufgesetzt; Carpelle 1-fächerig, viele, selten nur 1.	*Pistilla. Styli laterales vel terminales, singuli in carpellis singulis; carpella unilocularia, plerumque plurima, rarius solitaria.*
Frucht bestehend aus Carpellen, vom Unterkelch umschlossen oder einem vermehrten Fruchtboden aufgesetzt, oder aus mehreren Kapseln zusammengesetzt, seltner ein einzelnes od. 2 Carpelle in einem erhärteten Unterkelch. Samen eiweisslos m. gerad. Embryo.	*Fructus ex carpellis (achaeniis) hypanthio inclusis aut receptaculo saepe aucto impositis constans, vel ex capsulis pluribus compositus, rarius sistens carpellum unum vel bina intra hypanthium induratum. Semina exalbuminosa embryone recto.*

Die Rosaceen werden in einige Unterfamilien gesondert, z. B.

Dryadeae unterscheiden sich durch krautartigen oder harten Unterkelch oder einen convexen oder stielförmigen Fruchtboden und 1-eiige, nicht aufspringende Carpelle (Achänien);

Roseae durch 1-eiige, nicht aufspringende Carpelle (Achänien) von einem fleischigen, zuletzt saftigen Unterkelch eingeschlossen;

Spiraeaceae durch 2—4-eiige Karpelle und nach innèn aufspringende Kapseln (Gattung *Spiraea*).

Quillajaceae durch die Kapselfrucht mit geflügelten Samen. (*Quillaja Saponaria Molina*, ein Baum in Chili und Peru, liefert die saponinereiche Quillajarinde).

Die Pomaceen und Amygdaleen sind den Rosaceen sehr verwandt, doch weichen die Amygdaleen ab durch einen hinfälligen Unterkelch und eine Steinfrucht *(drupa)*, die Pomaceen durch einen mit dem Fruchtknoten verwachsenen Kelch und eine Apfelfrucht.

1. **Dryadeae.** *Hypanthium herbaceum vel induratum vel receptaculum convexum sive stipitiforme; carpella uniovulata, non dehiscentia.* Gatt. *Hagenia, Rubus, Fragaria. Potentilla, Geum etc.*

Gatt. *Hagenia* mit den Merkmalen: Blüthen nicht gross, durch Fehlschlagen diclinisch, 2-deckblätterig; Kelch mit 8 oder 10 zweireihig gestellten, häutigen, netzadrigen Zipfeln, von welchen in der männlichen Blüthe die der inneren Reihe, in der weiblichen Blüthe die der äusseren Reihe die längeren und grösseren sind; Unterkelch kreiselförmig, häutig, zottig; Kelchzipfel nach dem Aufblühen zurückgeschlagen; Kronenblätter 4 — 5, lancettlich, klein; Pistill 2 Carpelle, vom Unterkelch umschlossen, mit gipfelständigen Griffeln und grosser fransiger Narbe. *Flores abortu diclini, bibracteati; calyx biseriatim positus, laciniis 8 ad 10 membranacĕis reticulatis, in flore masculo interioribus, in flore feminīno exterioribus longioribus et majoribus; hypanthium turbinatum membranaceum villosum; laciniae calycis post anthēsin reflexae; petăla 4 ad 5, lanceolata parva; carpella duo, hypanthio inclusa, stylis terminalibus et stigmăte magno fimbriato. Dodecandria Digynia.*

Fig. 642.   Fig. 643.

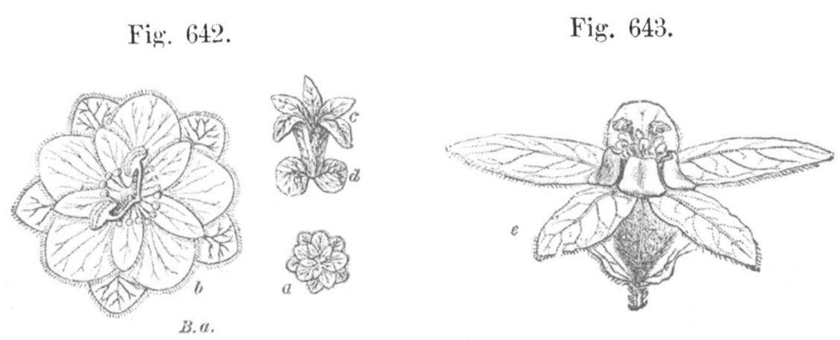

Blüthe der *Hagenia Abyssinica.*

a weibliche Kussoblüthe von oben gesehen in natürlicher Grösse. *b* Dieselbe in 3—4 facher Lin.-Vergr. *c* Dem Verblühen sich nähernde Blüthe mit den Bracteen (*d*). *e* Weibliche Blüthe in der Entwickelung.

Hagenia Abyssinica Willd. *(Brayera anthelminthica* Kunth), ein hoher Baum der abyssinischen Hochebene, trägt 1¹/₂—2 Spannen lange Trugrispen *(paniculae cymosae)*. Diejenigen mit weiblichen Blüthen kommen als Kusso, Kosso *(Flores Brayerae)* in den Handel. Sie sind ein Bandwurmmittel, welches seine Wirkung einem harzartigen Stoffe (Kussine) verdankt. Zum pharmaceutischen Gebrauch sind nur die von den Stielen befreiten Blüthen zu verwenden.

Rubus unterscheidet sich von *Fragaria* durch einen einfachen Kelch und nicht saftigen Fruchtboden. Bei *Fragaria* ist der Kelch doppelt, der Fruchtboden ein saftiger Fruchtträger, welchem die kleinen Carpelle eingesenkt sind.

Gattung Rubus.

Blüthe: 5 Kronenblätter, Kelch 5-spaltig mit ziemlich flachem Unterkelch.	*Flos: petala quina; calyx quinquefidus hypanthio planiusculo.*
Pistill: Griffel fast gipfelständig.	*Pistillum; styli subterminales.*
Frucht: mehrere Carpelle (Steinfrüchtchen), dem halbkugligen saftlosen Fruchtboden aufgesetzt, in der Reife eine abfallende Scheinbeere bildend.	*Fructus: carpella (drupellae) plurima, receptaculo exsucco hemisphaerico imposita, maturescentia baccam spuriam deciduam formantia.*

Icosandria Polygynia.

Rubus Idaeus liefert die **Himbeeren** (*Fructus Rubi Idaei*), *Rubus fruticōsus* die **Brombeeren** (*Fructus Rubi fruticōsi*).

Fig. 644.

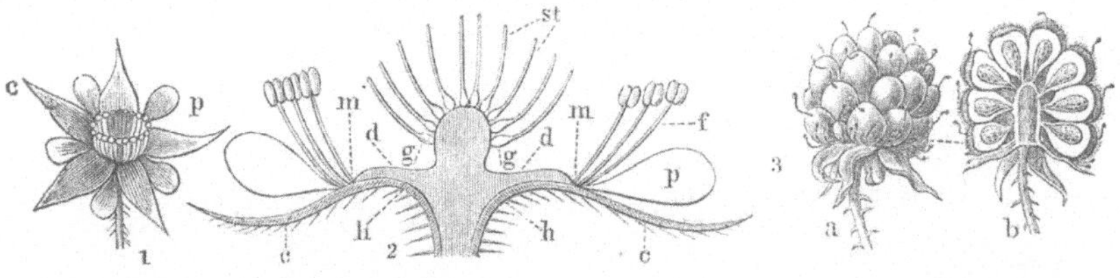

Rubus Idaeus, Himbeere. 1. Blüthe (natürl. Gr.). 2. Schematische Figur. Verticalschnitt der Blüthe, um den halbkugligen Fruchtboden, den Unterkelch und die Insertion der Staubblätter und Kronenblätter zu zeigen. *h* Unterkelch (*hypanthium*), *c* Kelchblätter (Oberkelch, *perianthium*), *m* Rand (freier) des Unterkelchs, *p* Blumenblätter, *d* Scheibe (*discus*), durch Verwachsung der Fruchtblätter entstanden, *g* Fruchtknoten, Carpellen, *st* Griffel, *f* Staubblatt. 3. Frucht, *b* im Verticalschnitt (natürl. Gr.).

Rubus Idaeus, Himbeerstrauch.	*Rubus fruticosus*, Brombeerstrauch.
Stämme strauchartig, aufrecht, stielrund, mit ziemlich geraden Stacheln.	**Stämme** strauchartig, bogig abwärts gekrümmt od. hingestreckt, 5-eckig, mit zurückgekrümmten Stacheln.

Blätter, obere 3-zählig, untere 5-zählig; Blättchen gesägt.	**Blätter** 5- od. 3-zählig; Blättchen doppelt-gesägt.
Blüthen in Doldentrauben.	**Blüthen** in Rispen.
Kronenblätter keilförmig, kürzer als die abstehenden Kelchblätter.	**Kronenblätter** oval, grösser als die später zurückgebogenen Kelchblätter.
Früchte aus Steinfrüchtchen zusammengesetzt, zart flaumhaarig, roth.	**Früchte** aus Steinfrüchtchen zusammengesetzt, glänzend, schwarz.
Caules fruticosi erecti terĕtes, aculĕis rectiuscŭlis.	*Caules fruticosi arcuato-recurvi vel prostrati, quinquangulares, aculeis recurvis.*
Folia superiŏra ternāta, inferiora quināta, foliŏlis (subduplicato-) serrātis.	*Folia quinata vel ternata, foliolis duplicato-serratis.*
Flores subcorymbōsi.	*Flores paniculati.*
Petăla cuneiformia, sepălis patentibus breviŏra.	*Petala ovalia, sepalis postea reflexis majora.*
Fructus e drupellis compositi, puberuli, rubri.	*Fructus e drupellis compositi, nitidi, nigri.*

Der Himbeerstrauch wird gewöhnlich in Gärten gezogen, dagegen ist der Brombeerstrauch allenthalben auf Hügeln, in Gebüschen, Hecken und Wäldern häufig und blüht im Anfange des Sommers. *(Rubus Idaeus apud nos in hortis colitur, et Rubus fruticosus in collibus, fruticētis, dumētis, silvis passim frequens, primā aestate florescens.)*

Gattung Fragaria.

Stengel krautartig, mit Ausläufern.	*Caulis herbaceus, stolonifer.*
Blätter dreischnittig, an der Unterfläche seidenhaarig.	*Folia ternatisecta (ternata), subtus sericea.*
Kelch 10-spaltig, mit 5 äusseren kleineren Zipfeln (Doppelkelch); Unterkelch mit convexem Boden.	*Calyx decemfidus, laciniis quinis exterioribus minoribus (calyx duplex); hypanthium fundo (receptaculo) convexo.*
Kronenblätter 5, weiss.	*Petala quina, alba.*
Griffel seitenständig.	*Styli laterales.*
Carpellen saftlos, einem vermehrten fleischig-saftigen, zuletzt abfallenden Fruchtträger eingesenkt.	*Carpella exsucca carpophoro (receptaculo) aucto carnoso-succulento, postremum decidŭdo immersa.*

Es giebt mehrere Arten, welche sämmtlich **Erdbeeren** (*Fructus Fragariae*) geben, z. B. *Fragaria vesca*, welche sich unterscheidet durch die zurückgebogenen Zipfel des fruchttragenden Kelches, durch die weiche Behaarung und zwar an den Blattstielen mit divergirenden, an den Blüthenstielen mit abstehenden und an den Blüthenstielchen mit angedrückten Haaren. *Fragaria vesca differt ab reliquis speciebus laciniis calycis fructiferi reflexis, pubescentiā et quidem pilis petiolorum divergentibus, pedunculorum patentibus, pedicellorum adpressis.*

Fig. 645.   Fig. 646.

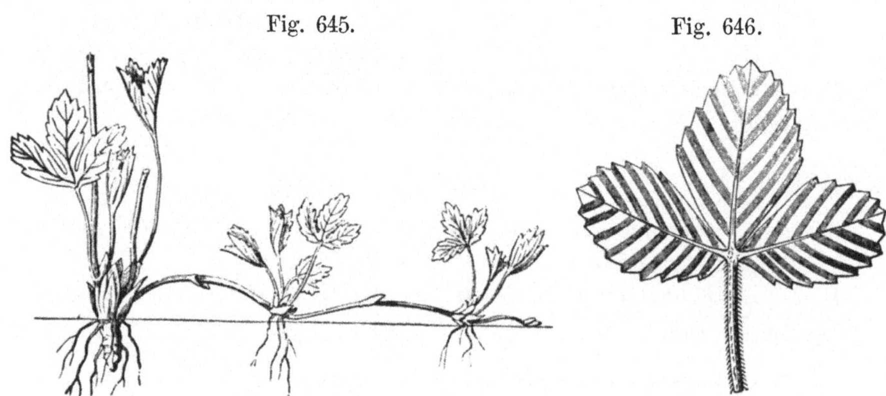

Stengelausläufer (*stolo, flagella*) der *Fragaria*.   Dreischnittiges Blatt (*fol. ternati-sectum, ternatum*) der *Fragaria*.

Fragaria collīna differt laciniis calycis fructiferi adpressis et pilis pedicellorum plerumque patentibus.

Fragaria elatior differt pubescentiā pilis patentissimis et laciniis calycis fructiferi patentissimis vel reflexis.

Fig. 647.

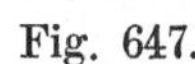

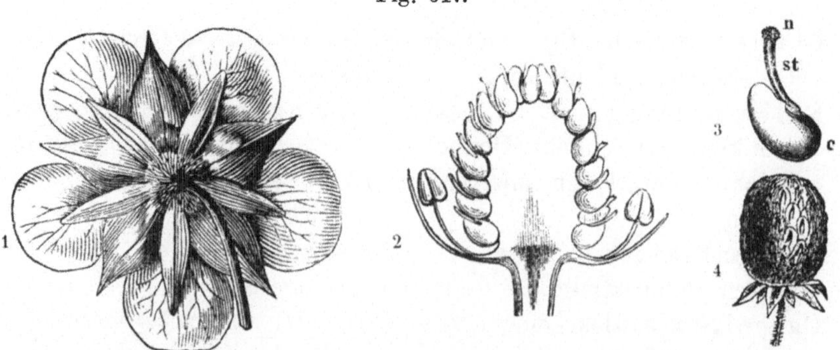

1. Blüthe der *Fragaria* von der unteren Seite gesehen, den Doppelkelch zu zeigen (etwas vergrössert). 2. Verticalschnittfläche der Erdbeerblüthe (etwas vergrössert). 3. Ein einzelnes Carpell (*c*) mit dem seitlichen Griffel (*st*), *n* Narbe. 4. Reife Erdbeerfrucht (natürl. Grösse).

Die Gattung *Potentilla* unterscheidet sich von den vorhergehenden durch einen concaven (nicht oder wenig convexen) Unterkelchboden und einen behaarten saftlosen Fruchtboden, welchem die Nüsschen aufgesetzt sind. *Potentilla ab aliis generibus Dryadearum discrepat: fundo hypanthii concăvo (minĭme vel parum convexo), receptaculo piloso, cui nuculae impositae sunt.* Im Uebrigen hat *Potentilla* auch seitenständige Griffel und einen Doppelkelch. *(Icosandria Polygynia.)*

Potentilla Tormentilla liefert die Tormentillwurzel, welche Gerbstoff enthält. Sie hat 4-zählige Blüthen, sitzende Stengelblätter und gestielte Wurzelblätter, alle Blätter gedreit. *Flores tetramĕri; folia ternatisecta (ternata), caulina sessilia, radicalia petiolata.*

Die Gattung *Geum* hat gleichfalls einen concaven Unterkelchboden, aber gipfelständige, meist in ihrer Mitte hakig-gegliederte Griffel und endlich geschwänzte Nüsschen dem trocknen Fruchtboden aufgesetzt. *Geum ab aliis generibus Dryadearum discrepat: fundo hypanthii concăvo, atque stylis in medio uncinate articulatis et nuculis caudatis, receptaculo sicco impositis.*

Von *Geum urbānum* wird die an Gerbstoffreiche und nach Gewürznelken riechende Nelkenwurzel *(Radix Caryophyllātae)*

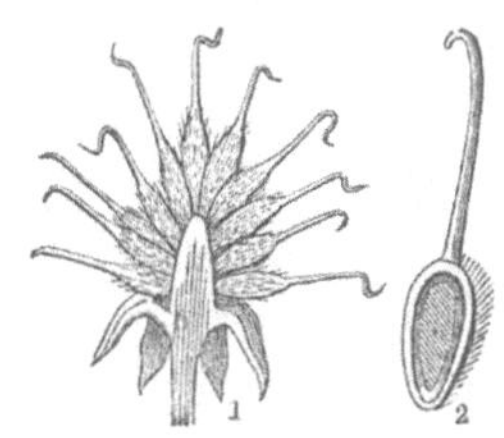

Fig. 648.

Fruchtstand der Nelkenwurz *(Geum urbānum)*. 1. Verticaldurchschnitt. 2. Durchschnitt einer einzelnen Caryopse *(nucula caudāta)*. Vergr.

gesammelt. *Geum urbanum* ist von *Geum rivāle* zu unterscheiden. Beide haben unterbrochen-leierförmige Wurzelblätter *(folia interrupte lyrata)*. Vergl. Fig. 136, 2, S. 99.

Art *Geum urbanum*, Nelkenwurz.

Knollstock fast senkrecht.	*Cormus subverticalis.*
Stengel aufsteigend.	*Caules adscendentes.*
Blüthen aufrecht.	*Flores erecti.*
Schwanz des Nüsschens über der Mitte gegliedert, später wie ein Haken gekrümmt.	*Cauda nuculae supra medium articulata, demum uncinata.*
Fruchtboden cylindrisch-kegelförmig und sitzend.	*Receptaculum cylindrico-conicum, sessile.*

Geum rivale unterscheidet sich durch einen schiefen und längeren Wurzelstock, einen aufrechten Stengel, nickende Blüthen, einen unterhalb seiner Mitte gegliederten Fruchtschwanz und einen kolbenförmig-cylindrischen gestielten Fruchtboden.

Geum rivale a praecedente differt: cormo oblīquo longiōre, caule erecto, floribus nutantibus, caudā fructus infra medium articulatā, receptaculo fructus clavato-cylindrico, stipitato.

Geum urbanum reperitur in nemoribus (weidereichen Gehölzen), *dumētis* (wilden Hecken), *aliisque locis umbrosis. Floret prima aestate* (in erster Sommerzeit).

Geum rivale reperitur in pratis humentibus (feuchten Wiesen) *locisque umbrosis humidiusculis silvarum et nemŏrum. Floret exeunte vere et ineunte aestate.*

Eine Mischlingsart der beiden vorhergehenden ist *Geum intermedium Ehrh.* mit nur in schwachem Bogen überhängenden Blüthen *(floribus cernuis).*

Bemerkungen. *Rosa* von ῥόδον (rhodon), Rose. — *Dryadĕae* (Waldnymphenartige) von *Dryas*, dem Namen einer Pflanzengattung. *Dryas octopetăla* (achtblättrige Waldnymphe), ein Alpengewächs, liefert die gerbstoffhaltige *Herba Chamaedryŏs alpīnae. Δρυάς, ύδος* (dryas, ados), Baumnymphe. — *Spiraea*, von σπεῖρα (speira), Gewundenes, Gedrehtes (weil man aus den Blumen Kränze zu winden pflegte oder wegen der gewundenen Fruchtkapseln von *Spiraea ulmaria*).

Hagenia, benannt nach Gottfried Hagen, Professor der Pharmacie in Königsberg, geb. 1749, st. 1829. — *Brayēra*, benannt nach Dr. *Brayer*, von welchem der Botaniker Prof. *Kunth* in Berlin die Blüthen der Pflanze erhielt. Man kann *Brayēra* und *Brayĕra* accentuiren, es dürfte aber die erstere Accentuation die dem Ohre gefälligere sein. — *Fragaria*, von *fragum*, Erdbeere, und vielleicht auch von *fragrare*, stark duften, weil die Erdbeere einen angenehmen Geruch hat. — *Rubus Idaeus*, von *rubor*, die Röthe (wegen der Farbe der Frucht) und *Ida*, einem Berge auf Creta, wo die Himbeere in grosser Menge wuchs und noch wächst. — Himbeere ist aus Hindbeere (Hind, angelsächsisch, Hindin, altdeutsch, so viel wie Hirschkuh) entstanden.

Lection 111.

Rosaceen (Fortsetzung). Amygdaleen.

2. *Rosĕae. Carpella plurĭma, uniovulata, ossĕa, indehiscentia, in hypanthio carnoso, demum succulento inclūsa. Ad hoc folĭa impăripinnata.* Karpelle mehrere, eineiig, steinighart, nicht aufspringend, in einem fleischigen, später saftreichen Unterkelch. Ausserdem unpaarig-gefiederte Blätter. Dazu die Gattung *Rosa. Icosandria Polygynia.* Die Kronenblätter sind gerbstoffhaltig.

Gattung *Rosa.*

Blätter abwechselnd, mit Nebenblatt.	*Folĭa alterna, stipulata.*

Unterkelch krugförmig, am Rande enger zusammengezogen.	*Hypanthium urceolatum, in margine constrictum.*
Kelch 5-spaltig.	*Calyx quinquefidus.*
Kronenblätter 5, zugleich mit den sehr zahlreichen Staubgefässen dem zusammengezogenen und drüsigen Rande des Unterkelches eingefügt.	*Petala quina, unā cum staminibus permultis margini constricto glandulosoque hypanthii inserta.*
Griffel gipfelständig.	*Styli terminales.*
Früchtchen Caryopsen mit knochenharter Schale.	*Nuculae osseae (caryopses amphispermio osseo munītae).*

Die Rosengewächse, *Roseae genuīnae*, unterscheiden sich also wesentlich von den Dryadeen. Die Arten der Gattung *Rosa* variiren ausserordentlich. *Rosa Gallica* (Essigrose) liefert in ihren Blumenblättern, *Flores Rosae rubrae s. Rosae Gallicae*, und *Rosa centifolia* (Centifolie) die Rosenblätter *(Flores Rosae incarnatae)*. Die Hundsrose, *Rosa canīna*, liefert in ihren reifen Fruchtkelchen die Hagebutten (*Cynosbāta*).

Rosa Gallica hat einwärts gekrümmte (fast sichelförmige) ungleiche Stacheln, aufrechte Blüthen, Kelchblätter mit blattartigem fiederspaltigem Anhängsel, sitzende Karpelle, freie Griffel, Blumen von wenigem Geruch, meist von dunkler Purpurfarbe.

Rosa Gallica. Aculei adunci (subfalcati), inaequales; flores erecti; sepala appendice foliaceā pinnatifidā; carpella sessilia; styli liberi; flores vix odōri, plerumque saturate purpurei.

Rosa canīna (Hundsrose) hat entfernt auseinander stehende feste zusammengedrückte sichelförmige Stacheln, fiederspaltige, nach dem Aufblühen zurückgeschlagene, abfallende Kelchblätter, gestielte Karpelle und freie Griffel.

Rosa canīna. Aculei distantes, validi, compressi, falcati; sepala pinnatifida, post anthēsin deflexa, decidua; carpella stipitata; styli liberi.

Rosa centifolia unterscheidet sich durch die mehr geraden Stacheln, durch am Rande drüsige Blättchen, die aussen klebrigen Unterkelche und die fleischfarbenen wohlriechenden Blüthen.

Rosa centifolia differt aculeis (inaequalibus) rectiusculis, foliolis in margine glandulosis, hypanthiis viscosis atque floribus carnĕis odoratis.

Die Varietät *muscosa* unterscheidet sich durch mit drüsig-moosartigem Haar bedeckte Kelche und Blüthenstiele *(differt calycibus pedunculisque glanduloso-muscosis).* Daher der Name **Moosrose.**

Rosa Damascēna Du Roi (Rosa Belgica Miller), aus deren Kronenblättern im Orient das Rosenöl (*Oleum Rosae*) destillirt wird, unterscheidet sich durch kurze kreiselförmige haarig-drüsige Unter-

Fig. 649.

Fig. 651.

Fig. 650.

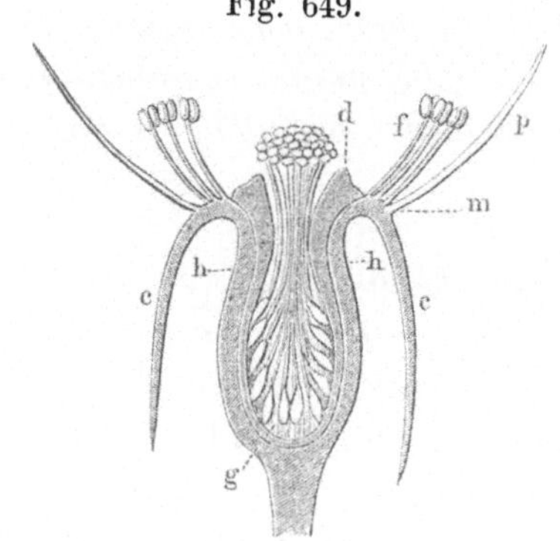

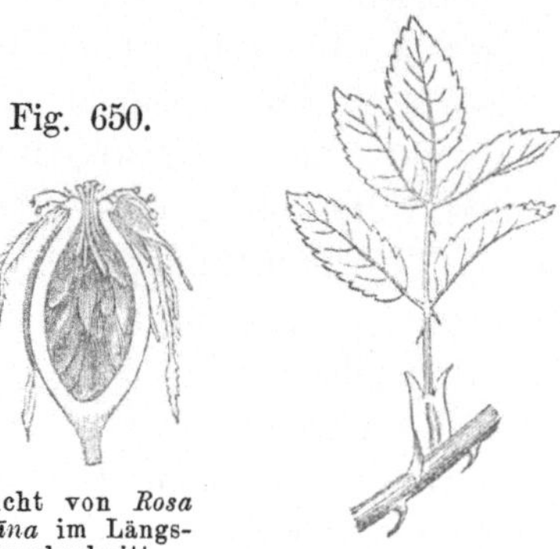

Frucht von *Rosa canīna* im Längs-durchschnitt.

Verticaldurchschnitt einer Rosenblüthe (*Rosa canīna*); schematische Figur. *h* Unterkelch (*hypanthium*), *c* Kelchblätter (*sepăla*), *m* Rand des Unterkelches, *p* Blumenblätter (*petala*), *d* Scheibe (*discus*), *g* Fruchtknoten (*germina*), Karpelle, *f* Staubgefässe.

Blatt d. Rosenstrauches, *folium stipulatum*, *im-păripinnatum*.

kelche, einfache kurze Kelchlappen, auf der Unterfläche weissfilzige Blättchen und sehr wohlriechende weisse Blüthen, welche in Doldentrauben stehen.

Rosa Damascena differt hypanthiis brevibus subpiloso-glandulosis, calicis laciniis simplicibus brevibus, foliolis subtus albo-tomentosis, florĭbus odoratissĭmis albis corymbosis.

Den Rosaceen schliessen sich zunächst die Amygdaleen, *Amygdaleacĕae*, an, welche sich durch Blüthe und Frucht genügend unterscheiden, denn in ihren Blüthen finden wir nur ein einziges Pistill und zwar ein oberständiges, denn es steht frei auf dem innersten Grunde des Unterkelches. Das alleinige Karpell ist einfächerig, mit 2 gegenläufigen Eichen, welche neben einander aus der Spitze der Fachhöhlung herabhängen; es wächst zu einer 1- oder 2-samigen Steinfrucht aus.

Amygdaleae a *Rosacĕis differunt: pistillo solitario supĕro, carpello solitarĭo uniloculari, ovulis binis anatrŏpis, collateralĭbus, suspensis infra apĭcem cavitātis locularis, drupā mono- vel dispermā.*

Gattungen sind *Amygdălus*, *Persĭca*, *Prunus* etc.

Amygdalus unterscheidet sich durch eine saftlose, schwach löcherige oder glatte, nicht gerandete Steinfrucht, mit unregelmässig berstendem Fleische, *Persĭca* (Pfirsich) durch eine saftvolle, (nicht aufspringende) Steinfrucht und eine unregelmässig tief-gefurchte runzlige oder löchrige Steinschale, und *Prunus* durch eine saftige Steinfrucht, aber eine glatte oder undeutlich gefurchte und nicht löcherige Steinschale, welche dazu an beiden Kanten scharf gerandet ist.

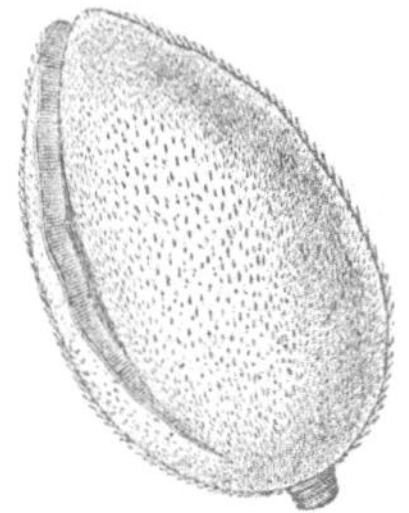

Frucht von *Amygdălus communis*. *Drupa irregulariter dehiscens.*

Amygdalus dignoscitur: drupā exsuccā, epicarpio maturitate plerumque irregulariter dehiscente et putamĭne foraminuloso aut laevi, non marginato.

Persica differt: drupā succosā (non dehiscente), putamĭne rugoso vel foraminuloso, sulcis irregulariter exarato, non marginato.

Prunus differt; drupā succosā, putamĭne laevi vel obsolĕte sulcato, foraminŭlis destitūto, utrimque acūte marginato.

Amygdalus communis (Mandelbaum) wird in verschiedenen Varietäten im nördlichen Afrika und südlichen Europa gezogen, und liefert sowohl süsse Mandeln *(Semen Amygdăli dulce)* als wie auch die bitteren *(Semen Amygdali amarum)*.

Prunus spinosa (Schlehdorn) ist ein Strauch mit in Dornen übergehenden Aesten *(frutex ramis spinescentibus)* und aufrechten kugligen Früchten. Sie liefert die Schlehenblüthen *(Flores Acaciae)*.

Prunus domestica (Pflaumbaum) hat nur selten dornige Aeste, aber nickende ovale bereifte Früchte *(fructus nutantes)*.

Prunus Cerăsus (Kirschbaum) zeichnet sich durch die eirunden, fast lederartigen, glänzenden kahlen Blätter, einen drüsenlosen Blattstiel und die nicht bereiften kugeligen Früchte aus. Man unterscheidet die Varietäten *acida* mit ungefärbtem Safte und kurzen Fruchtstielen, und *austēra* (Morelle, schwarze Kirsche) mit dunkelrothem Safte und längeren Fruchtstielen. Der Saft der Früchte der letzteren *(Succus Cerasōrum)* ist officinell, auch wohl die getrockneten Früchte *(Cerăsa acĭda siccāta)*.

Prunus Lauro-Cerăsus (Kirschlorbeer) hat immergrüne, längliche, lederartige, entfernt gesägte, kahle, unterhalb gegen die Basis mit 2 bis 4 Drüschen besetzte Blätter, drüsenlose Blattstiele, weisse Blüthen in aufrechten Trauben und herzförmigkugelige schwarze Früchte. *Folia sempervirentia, oblonga, coriacea, remōte serrata, glabra, subtus ad basin bi- vel quadriglandulosa; petioli eglandulosi; racēmi erecti; flores albi; fructus cordato-globosi nigri.*

Die bitteren Mandeln (auch die Samen der anderen Prunusarten) und die Kirschlorbeerblätter enthalten Amygdaline *(Amygdalīna)*, welches unter Einwirkung von Wasser und Emulsin (Eiweissstoff) sich in Cyanwasserstoff (Blausäure), ätherisches Bittermandelöl und Zucker spaltet.

Prunus Armeniăca (Aprikosenbaum) hat doppelt gesägte Blätter, die jüngeren zusammengerollt, drüsige Blattstiele und sammethaarige Steinfrüchte (*drupae velutīnae*).

Fig. 653.

Blühender Zweig von *Prunus Lauro-Cerăsus*. Aufrechtstehende Trauben (*racēmi erecti*).

Persĭca vulgaris Mill. (*Amygdalus Persica*, Pfirsich), hat feingesägte Blätter, auf den beiden untersten Sägezähnen mit einer Drüse. Blattstiel nicht drüsig.

Bemerkungen. *Cerăsus*, nach der Stadt Κερασοῖς, lat. *Cerăsus*, Stadt am schwarzen Meere, benannt, von wo *Lucullus* (100 vor Chr.) den Kirschbaum nach Rom gebracht haben soll. 150 Jahre später wurde der Kirschbaum in England angepflanzt. — *Prunus Lauro-Cerasus*, weil die Blätter denen des Lorbeerbaumes, die Früchte denen der Kirsche ähnlich sind. — *Prunus domestica*, Pflaume, Zwetsche, wurde unter Cato († 149 v. Chr.) aus dem Orient nach Italien gebracht. — Die Blüthezeit der Rose ist durchschnittlich im Juni (daher auch Rosenmonat genannt). *Rosa Damascena* (von welcher wohl hunderte von Abarten und Bastardformen existiren), wächst im südlichen Europa wild, besonders in den südlich vom Balkangebirge gelegenen Landschaften (Rumelien), und ist die Rose, deren Blumenblätter das Rosenöl (*Oleum Rosae*) liefern und davon circa 0,02 Proc. enthalten. Die Rose in ihrer gefüllten Blumenform war schon im hohen Alterthume eine geschätzte und gehegte Blume. Das Rosenöl, womit nach *Homer's* Angabe der Leichnam *Hector's* berieben wurde, war jedenfalls ein mit Olivenöl bereiteter Rosenblüthenaufguss. Die Darstellung des Rosenöls durch Destillation erfolgte wohl erst zur Zeit des arabischen Chemikers und Gelehrten *Geber* (750 nach Chr.). Ausser flüchtigem Oele findet sich in den Blumenblättern auch ein Eisen schwarz fällender Gerbstoff.

Lection 112.

Pomaceen.

Eine dritte den Rosaceen und Amygdaleen sehr verwandte Familie bilden die Pomaceen (*Pomaceae*). Die allgemeinen Verhältnisse im Bau und Habitus ihrer Blüthen haben grosse Aehnlichkeit, daher auch *Endlicher* diese Familien in die Klasse der Rosenblüthigen, *Rosiflorae*, aufnahm. Der hauptsächliche Unterschied ergiebt sich aus der Verschiedenheit der Frucht. Bei den Rosaceen finden wir *carpella unilocularia plurima libera*, bei den Amygdaleen ein *carpellum solitarium uniloculare superum*, welches zu einer Steinfrucht (*drupa*) auswächst. Bei den Pomaceen ist der Fruchtknoten mit dem Unterkelch eng verwachsen und wächst mit diesem zu einer mit dem Kelche gekrönten Apfelfrucht (*pomum*) aus. Bei den Rosaceen finden wir also **mehrere freie Carpelle** (Hagebutte), bei den **Amygdaleen eine Steinfrucht** (Pflaume, Kirsche), bei den **Pomaceen eine Apfelfrucht** (Apfel, Birne).

Pomaceae.

Bäume oder Sträucher.	*Arbōres vel frutices.*
Blätter zerstreut, mit Neben-blättern; Nebenblätter abfallend.	*Folia sparsa, stipulata, stipulis deciduis.*
Blüthen endständig oder einzeln, in Trauben od. in Doldentrauben.	*Flores terminales, aut solitarii, aut racemosi, aut corymbosi.*
Kelch 5-theilig, der fünfte Zipfel ist nach der Axe gewen-	*Calyx quinquepartitus, laciniā quintā ad axim spectante, mar-*

det, verwelkend, Kelchröhre (Unterkelch) mit dem Fruchtknoten verwachsen. *cescens; tubus calycis (hypanthium) germini adnatus.*

Kronenblätter 5, perigynisch. *Petăla quina, perigўna.*

Staubgefässe ungefähr 20, perigynisch. *Stamĭna circiter vicēna, perigyna.*

Pistill. Griffel 1 bis 5; Narbe einfach; Fruchtknoten mit dem Unterkelch verwachsen; Carpelle 1 bis 5, meist 2-eiig; Eichen gegenläufig, centralständig, aufsteigend. *Pistillum. Stylus unus ad quinos; stigma simplex; germen hypanthio adnatum; carpella tot quot styli, plerumque biovulata; ovula anatrŏpa centralia adscendentia.*

Frucht ein Apfel mit dem vertrockneten Kelchsaume gekrönt; mit häutigen pergamentartigen, knorpeligen od. beinharten Fächern (*pyrēnae*). *Fructus pomum, limbo calўcis marcĭdo coronatum, pyrēnis membranaceis, cartilagineis aut osseis.*

Samen eiweisslos; Keim gerade, Würzelchen nach unten gekehrt. *Semĭna exalbuminosa; embryo rectus, radicŭla infĕra.*

Mespĭlus und *Crataegus* haben beinharte, *Pirus* und *Cydonĭa* pergamentartige Fächer (Kerngehäuse).

Fig. 654.

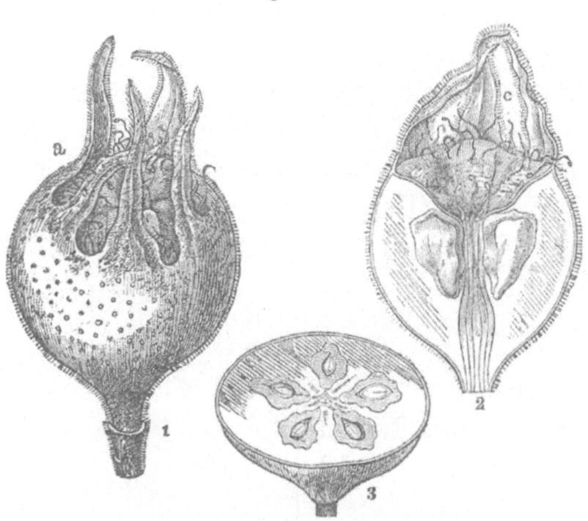

Mespĭlus Germanĭca. Apfelfrucht, deren Spitze von einer verbreiterten Scheibe begrenzt ist (*pomum in vertice disco dilatato*). 2. Dieselbe. Verticaldurchschnitt. 3. Querschnitt, die 5 knochenharten Steinkerne (*pyrēnae*) zu zeigen.

Mespĭlus (Mispel) unterscheidet sich von *Crataegus* (Hagedorn) durch eine Scheibe an der Spitze der Frucht, welche ebenso breit als die Frucht selbst ist; bei *Crataegus* hat diese Scheibe nur eine geringe Ausdehnung.

Mespilus. Pomum in vertice disco dilatato, latitudinem fructus fere adaequante.

Crataegus. Pomum in vertice disco latitudine fructus multo angustiore.

Arten sind: *Crataegus Oxyacantha*, Weissdorn, Sauerdorn; *Mespilus Germanica*, Mispel. Beide haben dornige Aeste.

Die Frucht der Eberesche, *Sorbus Aucuparia*, ist ein Apfel, kugelig, mit 3—4 häutigen Fächern. *Fructus est pomum globosum sive pomiformis, pyrenis membranaceis tribus ad quatuor.*

Fig. 655.

a Frucht von *Sorbus Aucuparia* in natürlicher Grösse, *b* im Verticaldurchschnitt.

Pirus unterscheidet sich von *Cydonia* durch 2- oder auch nur 1-samige Kerngehäuse und eine knorpelige Samenhaut, dagegen hat *Cydonia* vielsamige Kerngehäuse u. eine schleimreiche Samenhaut.

Pirus differt a Cydonia pyrēnis di- vel monospermis et testā cartilagineā, Cydonia a Piro pyrēnis polyspermis et testā mucilaginosā.

Arten sind: *Pirus Malus* (Apfelbaum), *Pirus communis* (Birnbaum), *Cydonia vulgaris Pers.* (Quittenbaum).

Pirus Malus ist kenntlich an den eiförmigen gesägten, unterhalb oft weichfilzigen Blättern, an den Blattstielen, welche um die Hälfte kürzer als das Blatt sind, an den an ihrer Basis verwachsenen Griffeln und der kugeligen, an der Anheftungsstelle vertieften Frucht (Apfel, *malum*).

Pirus commūnis hat ebensolche, meist kahle Blätter, aber einen Blattstiel, ziemlich so lang wie das Blatt, freie Griffel und eine kreiselförmige, an der Anheftungsstelle nicht vertiefte Frucht (Birne, *pirum*).

Cydonia vulgaris Pers. hat ganzrandige, auf beiden Seiten filzige, zuletzt auf der oberen Seite unbehaarte Blätter, gesägte Nebenblätter, filzige Kelche, gesägte Kelchzipfel. Die

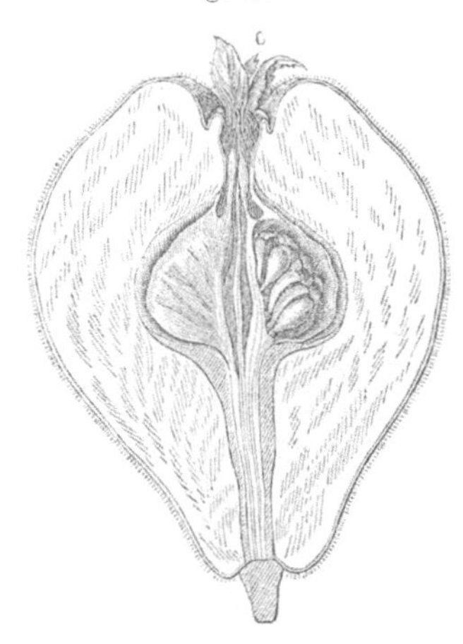

Fig. 656.

Apfelfrucht. *Fructus piriformis* der *Cydonia vulgaris* (Quitte). Verticalschnitt, um die vielsamigen Fächer (*pyrēnae polyspermae*) zu zeigen. *c* Kelchzipfel.

Frucht ist bald ein Apfel, bald eine Birne, mit zartem Filz bedeckt.

Pirus Malus (Apfelbaum) *differt ab aliis speciebus ejusdem genĕris: foliis ovatis, serratis, glabris, saepe subtus molliter tomentōsis, petiŏlis dimidio folio brevioribus, stylis basi connatis, fructu subgloboso, loco insertionis pedunculi impresso (malo).*

Pirus communis (Birnbaum) *differt foliis ovatis, serratis, plerumque glabris, petiolo folium subadaequante, stylis libĕris, fructu turbinato, loco insertionis pedunculi non impresso (piro).*

Cydonia vulgaris (Quittenbaum) *dignoscitur: foliis integerrimis, utrīnque tomentosis, tandem supra glabratis, stipulis serratis, calycĭbus tomentosis, laciniis calycis serratis, fructu aut maliformi, aut piriformi, tomento tenĕro vestīto.*

Sorbus Aucuparia (Eberesche) ist zu erkennen an den unpaarig gefiederten Blättern mit den lanzettförmigen gesägten Blättchen, an den endständigen zusammengesetzten (d. h. aus mehreren Trugdöldchen zusammengesetzten) Trugdolden und den 3- oder 4-fächrigen kugeligen scharlachrothen Früchten. Die Blumen sind weiss und stark riechend.

Sorbus Aucuparia (Eberesche) *dignoscĭtur: foliis impāripinnatis, foliolis lanceolatis serratis, cymis terminalibus compositis, fructibus tri- vel quadrilocularibus, coccineis. Flores albi odōris gravis.*

In Betreff des Blüthenstandes finden wir bei *Crataegus Oxyacantha, Pirus Malus, Pirus communis* Doldentrauben *(corymbi)*, bei *Sorbus Aucuparia* eine Trugdolde *(cyma)*, bei *Cydonia vulgaris* einzeln stehende Blüthen *(flores solitarĭi)*.

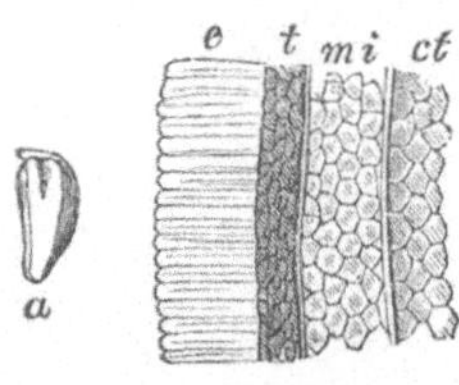

Fig. 657.

a Quittensamen (*Semen Cydoniae*), natürliche Grösse, *e* Epithelium, *t* äussere Samenhaut (*testa*), *mi* innereSamenhaut, *ct* Cotyledonen.

Die Samen der Cydoniafrucht, die Quittenkerne (*Semen Cydoniae*), sind wegen ihres Schleimgehaltes officinell. Die Samenhaut an diesem Samen ist nämlich mit einem ausserordentlich schleimreichen Epithel überzogen, welches sich leicht in Wasser unter Schütteln löst und grosse Mengen Wasser schleimig macht (*Mucilāgo Cydoniae*). Zur Darstellung dieses Schleimes darf man also die Samen nicht zerstossen anwenden.

Bemerkungen *Oxўacantha* (Spitzdorn, Sauerdorn), ὀξύς (oxys), sauer; ἄκανϑα (akantha), Dorn, Stachel. — *Crataegus* (der starke) von κραταιός (krataios), stark, gewaltig, daher κραταιγός (ein kräftiger Baum), wegen der dornigen Bewaffnung. — *Cydonĭa* (Cydonischer Baum); κυδώνιον μῆλον (kydōnion mälon), cydonischer Apfel, benannt nach der Stadt Κύδων (kydohn) auf Kreta, wo die Quitte zu Hause war.

Pirus, nach Einigen, welche das Wort von πῦρ (pyr) ableiten, auch *pyrus*. Unzweifelhaft ist *pirus* ein rein lateinisches Wort und demnach sollte es auch nicht mit *y* geschrieben werden.

Lection 113.

Cucurbitaceen.

Die **Kürbisartigen**, *Cucurbitaceae*, zählen nach *Decandolle* zu den Calycifloren, denn auch bei dieser Familie ist die hier allerdings nicht mehr freiblättrige, vielmehr verwachsenblättrige Blumenkrone dem Kelche eingefügt. Im *Endlicher*'schen Systeme finden wir diese Familie in der Klasse der *Peponiferae*, welche sich der Cohorte IV, *Diälypetalae* (Blüthige mit freien Blumenblättern), unterreiht. Es hätten demnach die *Peponiferae* besser einen Platz in der Cohorte der *Gamopetalae* gefunden. Hier haben wir ein Beispiel, dass selbst auch das beste Pflanzensystem nicht ohne gewisse Ausnahmen, welche wie Fehler erscheinen, bleibt. *Endlicher* wollte die natürliche Zusammengehörigkeit der Kürbisfrüchtler nicht zerstören und verlegte die Cucurbitaceen, trotz der bei dieser Familie häufigeren gamopetalen Blumenkrone, mit den *Nhandirobeae*, deren Gattungen meist freiblättrige Blumenkronen haben, in die Cohorte der Dialypetalen.

Cucurbitaceae.

Kräuter, kletternde oder kriechende mit zerstreuten rauhen einfachen nebenblattlosen Blättern, oft mit seitlichen Ranken.	*Herbae scandentes vel repentes, foliis sparsis asperis simplicibus exstipulatis, saepe cirris ad foliorum latera.*
Blüthen diclinisch. Kelch 5-theilig; Blumenkrone 5-lappig, perigynisch.	*Flores diclini. Calyx quinquepartitus; corolla quinqueloba perigўna (suā basi calyci adnata).*
Männl. Blüthe: Staubgefässe 5, der Corolle od. dem Unterkelch zu unterst eingefügt, selten frei, meist zu Bündeln verwachsen. Antheren 1- od. 2-fächerig, nach aussen gewen-	*Mas staminibus quinis, imae corollae vel hypanthio insertis, rare liberis, plerumque ad phalanges connatis, antheris uni- vel bilocularibus, extroversis, loculis linearibus, saepe sursum et deor-*

det, mit linienförmigen Fächern, oft auf- und abwärtsgebogen und dem fleischigen Connectiv angewachsen.

Weibl. Bl.: Griffel 1, etwas kurz; Narbe gelappt, verdickt oder gefranst; Fruchtknoten unterständig, meist sechsfächerig.

Frucht berindet, innen saftig, nicht aufspringend; Samen wandständig, horizontal, mehr oder weniger zusammengedrückt, eiweisslos; Keim gerade. (Kürbisfrucht.)

sum flexis, connectivo carnoso adnatis.

Femina stylo uno breviore, stigmate lobato, incrassato vel fimbriato, germine infero, plerumque sexloculari.

Fructus corticosus, intus succosus, non dehiscens, seminibus parietalibus horizontalibus, plus minusve compressis, exalbuminosis, embryone recto. (Pepo.)

Die Kürbisfrucht *(pepo)* erscheint anfangs 3-fächerig, später 6-fächerig, indem 3 wandständige (centripetale), je 2-schenklige Hauptscheidewände *(b)* im Centrum zusammentreffen und mit jedem Schenkel wiederum zu einer centrifugalen secundären Scheidewand auswachsen, an welcher sich der Samenträger *(a)* befindet. *Berg* sagt in dieser Beziehung: *germen sexloculare, dissepimentis primariis simplicibus centripĕtis, secundariis duplicatis centrifŭgis, pariĕte furcatis, ovuliferis.*

Fig. 658.

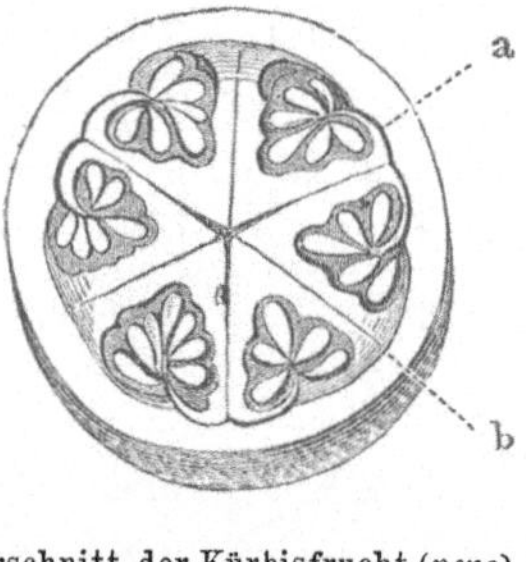

Querschnitt der Kürbisfrucht *(pepo)* von *Citrullus Colocynthis Arnott.* 6-fächerig, *b* primäre Scheidewände, *a* parietaler Samenträger, als Zweig der secundären (centrifugalen) Scheidewand.
$^1\!/_2$ Grösse.

Von den Gattungen der Cucurbitaceen unterscheidet sich *Cucurbita*, *Cucŭmis*, *Citrullus* und *Ecbalium* durch eine vielsamige, *Bryonia* durch eine wenig- (3—6-) samige Frucht. Bei *Cucurbita* haben die Samen einen verdickten, bei *Cucŭmis* einen scharfen, bei *Citrullus* einen stumpfen Rand.

Gattung *Cucurbita* (Kürbis).

Pflanze einhäusig.

Blumenkrone trichterglokkenförmig.

Männliche Blüthe. Staubgefässe 3-brüderig. Die 5 An-

Planta monoeca.

Corolla campanulato-infundibuliformis.

Flos masculus staminibus triadelphis (quattuor diadelphis, theren verwachsen (synantherisch), mit Fächern, welche einem abgestutzten Connectiv in mehreren Längswindungen angewachsen sind. Das rudimentäre Pistill (Pistillansatz) wie ein Schildchen gestaltet.

quinto libero), antheris quinis connatis, loculis connectivo mutico per longitudinem anfractibus pluribus adnatis. Pistillum rudimentarium scutuliforme.

Weibliche Blüthe. Die fehlgeschlagenen Staubfäden in einen Ring vereinigt; Griffel 3-spaltig, Narben 2-lappig.

Flos femineus: filamentis abortivis ad annulum coalescentibus, stylo trifido, stigmatibus bilobis.

Kürbisfrucht mit vielen zusammengedrückten, von einem verdickten Rande eingefassten Samen.

Pepo seminibus multis, compressis, margine incrassato vel tumido amplexis.

Monoecia Polyadelphia.

Arten sind *Cucurbita Pepo* (Pfebenkürbis, gewöhnlicher Kürbis) mit rundlicher oder ovaler glatter Frucht; und

Cucurbita Melopepo (Türkenbundkürbis) mit runder, etwas niedergedrückter, unter dem Scheitel mit einem vorstehenden knotigen Rande umgebener Kürbisfrucht. Beide liefern Kürbissamen *(Semina Cucurbitae)*, welche als Bandwurmmittel empfohlen sind.

Die Gattung *Cucumis* unterscheidet sich von der vorhergehenden durch eine radförmig-trichterartige Blumenkrone, dreibrüdrige Staubgefässe, sehr kurze Staubfäden, durch ein drüsenförmiges Pistillrudiment und die scharfrandigen Samen.

Cucumis differt a praecedente genere: corolla infundibulari-rotata, staminibus triadelphis, filamentis brevissimis, rudimento pistillari glanduliformi et seminibus acute marginatis.

Arten sind: *Cucumis sativus* (Gurke) und *Cucumis Melo* (Melone). Die Frucht der Gurke ist länglich, höckerig, die der Melone rundlich, meist mit knotigen oder netzartigen Erhabenheiten.

Die Gattung *Citrullus* hat eine fast radförmige Corolle, kurze Filamente, Antheren, welche dem Rande eines 3-lappigen Connectivs in Windungen angewachsen sind, nierenherzförmige Narben auf kurzem Griffel und Samen mit stumpfem Rande.

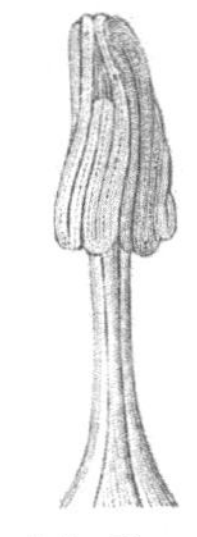

Fig. 659.

Cucurbita Pepo. Antheren dem Connectiv in Längswindungen angewachsen. (Unechte Verwachsung der Antheren.)

*Genus Citrullus differt: corollā rotatā, filamentis brevibus, an-
thēris margini connectivi trilobati gyrose adnatis, stigmatibus cordato-
renatis, stylo brevi, seminĭbus in margĭne obtusis.*

Arten sind: *Citrullus vulgaris Schrad.* (*Curcurbita Citrullus*, Was-
sermelone) mit glatter sternförmig-gefleckter Frucht, und

Citrullus Colocynthis Arnott (Koloquinte), in Egypten zu Hause.
Sie hat sehr bittere Kürbisfrüchte, Koloquinten (*Colocynthĭdes*),
deren Mittelschicht als starkes Drasticum medicinische Anwendung findet.

Die Gattung *Ecbalĭum* unterscheidet sich durch ein S-för-
miges Connectiv, dessen Rande die Antheren der Länge nach
angewachsen sind. Die Frucht ist länglich-rund, warzig-weich-
stachelig, springt bei der Reife am Fruchtstiele ab und schleu-
dert aus dem dadurch in der Basis entstandenen Loche Samen
und schleimigen Saft elastisch heraus. Das Kraut ist ohne
Ranken, am Boden hingestreckt. ♂ Blüthen in Trauben,
⚥ einzeln. (Siehe Fig. 660.)

*Ecbalĭum ab alĭis generĭbus differt: connectivo sigmoïdeo, cujus
margini antherae longitudinaliter adnatae sunt, fructu oblongo, verru-
culoso-muricato, sub maturitatem a pedunculo se disjungente et ex poro in
basi hoc modo exorto semina et succum elastĭce ejaculante (fructu basi
elastĭce dissiliente). Herba ecirrosa (non cirrosa) humifusa. Flores
masculi racemosi, feminei solitarĭi.*

Die Art *Ecbalĭum Elaterĭum Rich.* (*Momordĭca Elaterĭum)* liefert in ihrem eingetrockneten Fruchtsafte eine drastisch wirkende Substanz, *Elaterĭum*, wovon es ein durch Eintrocknen
bereitetes weisses satzmehlreiches, *Elaterĭum album s. Anglicum*,
und ein schwarzes durch Abdunsten des ausgepressten Saftes bereitetes, *Elaterĭum nigrum s. Germanicum*, giebt.

Die Gattung *Bryonia* hat eine glocken-trichterförmige Corolle.
Die Frucht hat die Form einer kugligen Beere, welche 3- oder
6-samig ist und nicht aufspringt. Die Samen sind weniger zusammengedrückt und nur schmal gerandet.

*Bryonia differt: corolla infundibulari-campanulata, fructu
bacciformi globoso; tri- vel hexaspermo indehiscente, seminibus sub-
compressis, anguste marginatis.*

Die Arten *Bryonĭa alba L.* und *dioica Jacq.* geben die Zaunrübe (*Radix Bryoniae*).

Bryonia alba ist kenntlich an den monöcischen Blüthen, dem
der Corolle der weiblichen Blüthe fast gleichlangen Kelche, den
glatten Narben und den schwarzen Beeren.

Bryonia alba differt *a Bryonia dioica: floribus monoecis, calyce corollam floris feminei subaequante, stigmatibus glabris et baccis nigris.* (Confer. Fig. 661 et 662.)

Fig. 660.

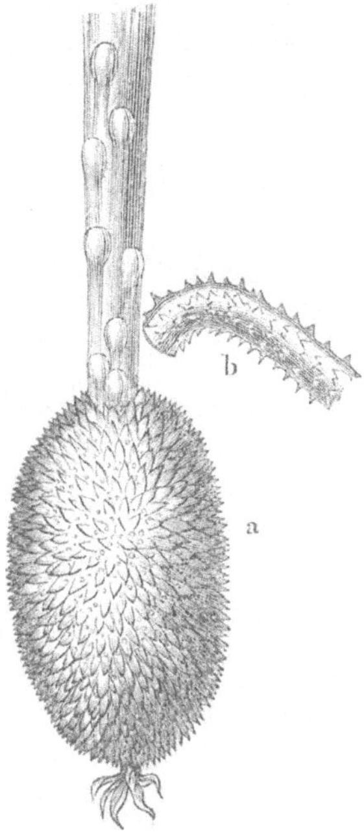

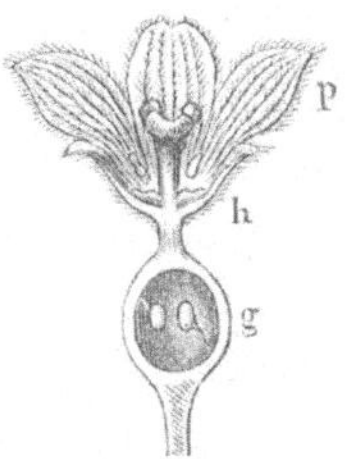

Reife Frucht von *Ecbalium Elaterium* in dem Augenblicke des Aufspringens. *a* Frucht. *b* Stiel.

Fig. 661.

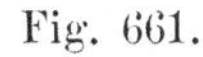

Weibliche Blüthe im Verticalschnitt der rothbeerigen Zaunrübe (*Bryonia dioica*). *h Hypanthium s. calyx corollā dimidio brevior*, *p corolla perigўna*, *g germen inferum*.

Fig. 662.

a Beerenartige Kürbisfrucht von *Bryonia alba*. *b* Dieselbe querdurchschnitten.

Bryonia dioica unterscheidet sich durch zweihäusige Blüthen, den Kelch von der halben Länge der Blumenkrone, die rauchhaarigen Narben und die scharlachrothen Beeren. Fig. 661.

Bryonia dioica differt: *floribus dioecis, calyce corollā floris feminei dimidio breviore, stigmatibus hirsutis, baccis coccineis.*

Bemerkungen. *Ecbalium* (auch *Ecballium*), wegen des Aufspringens der Frucht so benannt, ἐκ (ek), aus, und βάλλω (ballo), schleudern. — *Elaterium*, griech. ἐλατήριον (elatärion), treibend, Abführmittel. — *Citrullus*, Dimin. von *Citrus*. — In *dioicus, a, um* wird der Diphthong *oi* ausgesprochen, also nicht *dioïcus* oder *dioïcus*, sondern *di-oi-cus*.

Lection 114.

Umbelliferen.

Die Doldengewächse, Doldenträger, *Umbellātae*, *Umbellifĕrae*, sind Calycifloren nach *Decandolle*'s System, im *Endlicher*'schen System gehören sie zur Cohorte *Diălypetălae* und der Klasse *Discanthae* (Scheibenblüthler), so genannt, weil die freiblättrige Corolle einer epigynischen Scheibe *(discus epigÿnus)* eingefügt ist.

Die Umbelliferenfamilie hat so charakteristische Merkmale, dass die Erkennung der Zugehörigkeit ihrer Gattungen niemals Schwierigkeiten macht. Hauptmerkmale sind: Blüthenstand eine Dolde; unterständiger zweifächriger Fruchtknoten mit epigynischer Scheibe; Kelch durch den Rand des Fruchtknotens gebildet; 5 epigynische Kronenblätter und ebensoviel epigynische Staubgefässe; 2 Griffel; Frucht 2 Theilfrüchtchen.

Wegen der 5 Staubgefässe und 2 Griffel gehören alle Umbelliferen zur *Pentandria Digynia* (V, 2) des *Linné*'schen Sexualsystems, nur *Lagoecĭa cuminōĭdes L.*, ein in Spanien heimisches Doldengewächs mit Samen von kümmelartigem Geschmack, hat 1 Griffel, und müsste daher genau genommen zur *Pentandria Monogynia* gezählt werden. Diese liefert *Herba Cumīni silvestris*.

Die Umbelliferen zeichnen sich bis auf wenige Ausnahmen durch einen vorwiegenden Gehalt flüchtigen Oels in den Früchten, einige durch Gummi-Harzbestandtheile oder Schleim- und Zuckergehalt der Wurzel aus, wenige wie z. B. *Conīum*, enthalten ein giftiges Alkaloïd.

Umbelliferae.

Kräuter oder Sträucher.	*Herbae vel frutices.*
Blätter abwechselnd, sehr selten gegenüberstehend, am Grunde scheidig.	*Folĭa alterna, rarissĭme opposĭta, in basi vaginantia.*
Blüthen in einer Dolde stehend.	*Flores in umbellam disposĭti.*
Fruchtknoten nnterständig, zweifächerig oder aus 2 Carpellen bestehend, mit einer epigynischen Scheibe, (dem Griffelpolster) gekrönt.	*Germen infĕrum, biloculare vel carpella gemĭna exhĭbens, disco epigÿno (stylopodio) coronatum.*

Kelchröhre mit dem Fruchtknoten verwachsen, mit 5-zähnigem od. undeutlichem Rande.

Calӳcis tubus germini adnatus, limbo quinquedentato aut obsoleto.

Kronenblätter 5; epigynisch, ganzrandig, ausgerandet oder zweilappig, oft in ein eingebogenes Zipfelchen verlängert.

Petala quina, epigӳna, intĕgra, in apĭce emarginata vel bilŏba, saepe in lacinulam inflexam producta.

Staubgefässe 5, mit den Kronenblättern abwechselnd und unter dem Rande der epigynischen Scheibe eingefügt.

Stamina quina, cum petalis alternantia, sub margine disci epigӳni inserta.

Pistill. Griffel 2, aus der epigynischen Scheibe herausstehend.

Pistillum. Styli bini, e disco epigӳno exserti.

Frucht 2 Theilfrüchtchen, welche mit der Berührungsfläche an einander liegen, zuletzt meist sich trennen und an der Spitze eines meist zweitheiligen Säulchens (Fruchtträgers) herabhängen. Der Rücken des Theilfrüchtchens ist gewöhnlich mit 5 erhabenen Hauptrippen und oft auch mit 4 Nebenrippen gezeichnet.

Fructus. Mericarpĭa gemĭna, commissūrā sibi applicata, postrēmo plerumque discedentia et de apĭce columellae (carpophori) bipartītae dependentia. Mericarpĭi dorsum plerumque costis quinis primarĭis et saepe costis quaternis secundarĭis ab apĭce ad basin ornatum.

Samen hängend, mit sehr kleinem, von der Spitze des fleischigen Eiweisses eingeschlossenem Embryo.

Semĭna pendŭla; embryo minutus, in apĭce albumĭnis carnosi inclusus.

Die Umbellaten umfassen eine sehr grosse Anzahl nicht ohne Schwierigkeit von einander zu unterscheidender Gattungen, wesshalb sie in mehrere Unterordnungen und diese wieder in Gruppen oder Unterfamilien abgetheilt sind. *Koch* ging hierbei von der Form des Sameneiweisses und des Samens aus und stellte zunächst 3 Unterabtheilungen auf.

Fig. 663.

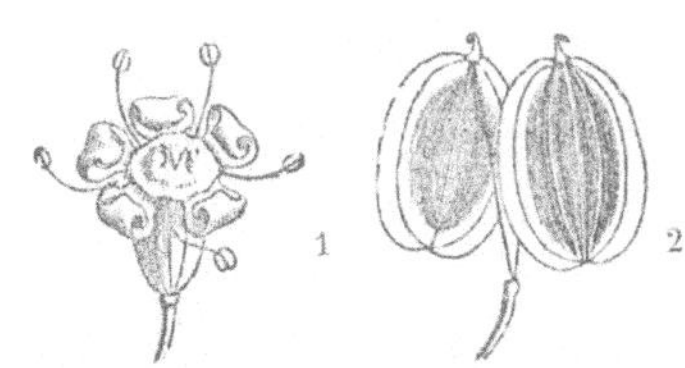

1. Umbelliferenblüthe, 2. Frucht einer Umbellifere aus zwei Theilfrüchtchen bestehend, am Säulchen hängend.

Tribus I. ***Orthospermae,*** Geradsamige. Eiweiss an der Berührungsfläche *(commissūra)* gerade und eben, oder ziemlich eben, oder convex. *Albumen ad commissūram rectum et planum vel planiuscŭlum vel convexum.*

Gruppen: *1. Saniculeae, 2. Hydrocotyleae, 3. Ammineae, 4. Seselineae, 5. Angeliceae, 6. Peucedaneae, 7. Silerineae, 8. Thapsieae, 9. Daucineae, 10. Cumīneae.*

Tribus II. ***Campylospermae,*** Krummsamige. Eiweiss an der Berührungsfläche mit einer Längsfurche und daher im Querschnitt nierenförmig. *Albumen ad latus commissurāle sulco longitudinali exaratum, qua re transverse sectum reniforme.*

Gruppen: *11. Scandicineae, 12. Smyrneae.*

Tribus III. ***Coelospermae,*** Hohlsamige. Eiweiss an der Berührungsfläche concav, daher im Querschnitt sichel- oder mondförmig. *Albumen ad latus commissurale concăvum, qua re transvērse sectum falcatum vel lunatum.*

Gruppe: *13. Coriandreae.*

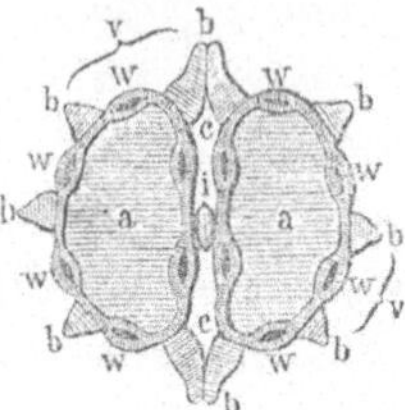

Fig. 664.

Fructus orthospermus. Spaltfrucht von *Foenicŭlum officināle Allioni.* Querdurchschnitt. Vergr. a *Albūmen,* c *commissūra,* i *columella,* b *costae primariae,* w *costae secundariae seu vittae* (Striemen, Oelstriemen), v *sulci s. valleculae.*

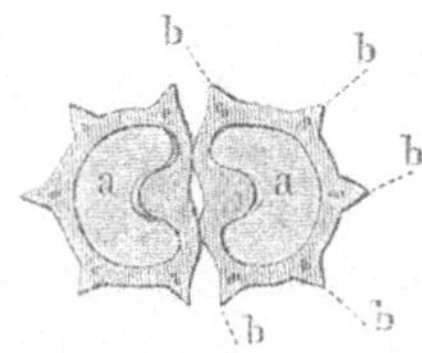

Fig. 665.

Fructus campȳlospermus. Querschnitt der Spaltfrucht von *Conīum maculatum.* a Eiweiss, b. *Costae primariae.* (Vergr.)

Fig. 666.

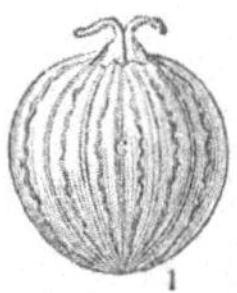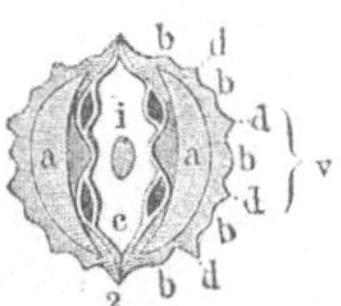

Fructus coelospermus. 1. Spaltfrucht von *Coriandrum satīvum.* 2. Querschnittfläche. Beide vergr. a *Albūmen,* c *commissūra,* i *columella,* b *costae primariae,* d *costae secundariae,* v *sulci s. valleculae.*

Die Orthospermigen, die grösste der Unterordnungen, schichten sich in Gruppen je nach der vollständigen oder unvollständigen Doldengestalt. Bei den *Saniculeae* und *Hydrocotyleae* ist die Dolde unvollständig, bei den übrigen Gruppen vollständig.

Unter einer unvollständigen Dolde *(umbella imperfecta)* versteht man den Blüthenstand, bei welchem die Blüthenstiele aus der Spitze der Spindel entspringen und die Blüthen ziemlich in einer Ebene liegen. Sie ist also eine einfache Dolde *(umbella simplex).* Mit einer vollständigen Dolde *(umbella perfecta)* bezeichnet man die zusammengesetzte *(umbella composita s. duplex*), die Dolde, deren Blüthenstiele (Strahlen, *radii*) an der Spitze Döldchen (*umbellulae*) tragen. (Vergl. S. 163 u. 164.)

Die anderen Gruppen, und zwar mit vollständiger Dolde, schichten sich in solche, deren Früchte nur Hauptrippen (*costae primariae*) haben (*Ammineae, Seselineae, Angeliceae, Peucedaneae*) und in solche, deren Früchte mit Haupt- und auch mit Nebenrippen (*costae secundariae*) versehen sind (*Silerineae, Thapsieae, Daucineae, Cumineae*).

Fig. 667.

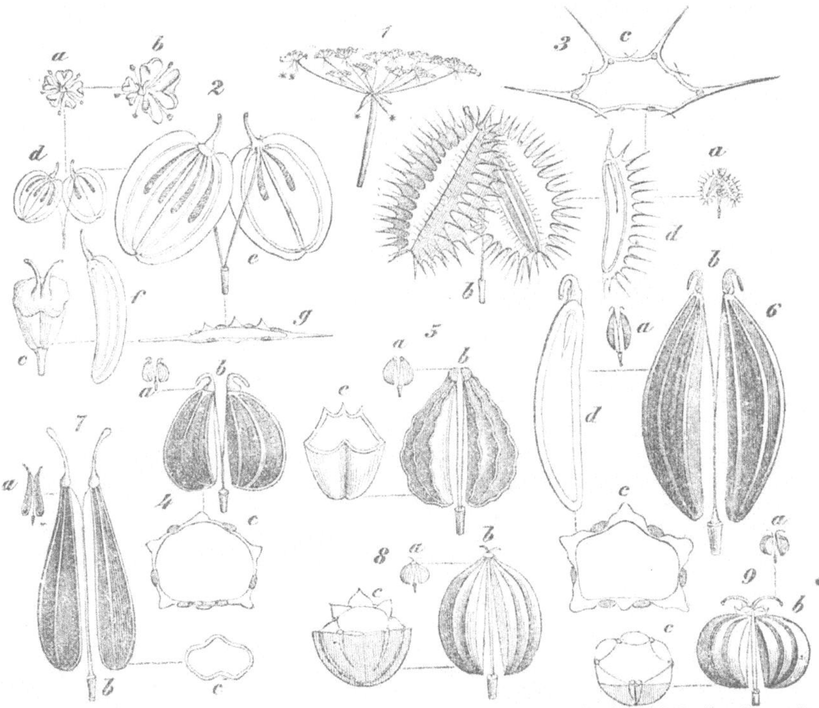

Umbelliferae. 1. Vollständige Dolde (*umbella perfecta s. composita*), mit einer Hülle (*involucrum*[*]) und mit Hüllchen (*involucella*[**]) an dem Döldchen (*umbellula*). — 2. *Heracleum Sphondylium* (Bärenklau). *Petala exteriora saepe radiantia bifida.* a *flos medius umbellulae,* b *flos exterior radians umbellulae,* c *germen,* d *fructus,* e *idem graphide amplificatus* (vergr.), f *mericarpium per longitudinem sectum et* g *idem transverse sectum.* — 3. *Daucus Carota* (Mohrrübe). a *fructus,* b *idem graphide amplificatus,* d *mericarpium per longit. sectum et* c *transverse sectum.* — 4. *Petroselinum sativum* (Petersilie). a *fructus,* b *idem graphide amplificatus,* c *mericarpium transverse sectum.* — 5. *Conium maculatum* (gefleckter Schierling). a, b, c *ut antea.* — 6. *Carum Carvi* (Kümmel, Garbe). a, b, c *ut antea.* — 7. *Chaerophyllum temulum* (betäubender Kälberkropf). a, b, c *ut antea.* — 8. *Aethusa Cynapium* (Hundspetersilie). a, b, c *ut antea.* — 9. *Cicuta virosa* (Wasserschierling). a, b, c, *ut antea.*

Die Campylospermen sind nach denselben Grundsätzen, nach der Berippung der Frucht, eingetheilt. Nur Hauptrippen finden sich bei den *Scandicineae* und *Smyrneae*, bei den

ersteren eine geschnäbelte, bei den letzteren eine nicht geschnäbelte Frucht.

Subfam. *Ammineae*: Frucht von der Seite zusammengedrückt und nur mit Hauptrippen; Eiweiss vorn ziemlich flach
oder überhaupt stielrund. *Fructus a latĕre compressus, costis tantum primariis: albumen antĭce planiusculum vel undĭque teres.*
Die Gattungen dieser Unterfamilie scheiden sich wiederum, je nachdem das Döldchen ein Hüllchen (*involucellum*) hat
oder nicht. Mit einem Hüllchen *(involucellum sub umbellula)* sind
z.˙ B. *Cicūta, Petroselīnum,* ohne Hüllchen *Apĭum, Carum, Aegopo-
dĭum, Pimpinella.*

Gattung Cicūta.

Döldchen mit einer Hülle.	*Umbellula involucellata.*
Kelch 5-zähnig, bleibend.	*Calyx quinquedentatus, persistens.*
Kronenblätter verkehrt-herz-förmig, mit einwärtsgeboge-ner Spitze (Zipfelchen, *laci-nŭla*).	*Petăla obcordata; lacinula peta-lorum inflexa.*
Frucht fast kugelig, mit et-was flachen, innen holzigen Rippen, von denen die seit-lichen etwas breiter sind; mit 1-striemigen Thälchen u. vor-stehenden Striemen. Eiweiss fast stielrund. Fig. 667, 9, 669.	*Fructus subglobosus; costae pla-niusculae, intus lignosae, late-rales paulo latiores; sulci uni-vittati; vittae prominentes; al-bumen teres. Intuēre graphĭdem nonam figurae 667 et figuram 669.*
Säulchen (Fruchtträger) 2-theilig.	*Columella (carpophorum) bi-partīta.*

Art Cicūta virōsa, Wasserschierling.

Knollstock quergefächert.	*Cormus septatus.*
Stengel stielrund, hohl.	*Caulis teres fistulōsus.*
Blätter 2- u. 3-fach fiederschnit-tig, Fiederschnitte (Blättchen) lang-lanzettlich, gesägt.	*Folĭa bi- et tripinnatisecta; pin-nae (folĭola) elongato-lanceolatae, serratae.*
Dolden blattgegenständig oder ausser-achselständig; ohne Hülle, aber mit mehrblättrigen Hüllchen.	*Umbellae oppositifolĭae sive extra-axillares; involucrum nullum; involucella pleiophylla.*

Vom Wasserschierling giebt es zwei Varietäten: α *Cicuta
virosa latifolĭa,* β *angustifolĭa.* Erstere hat breit-lanzettförmige,

letztere linien-lanzettförmige Fiederschnitte oder Blättchen. Erstere wächst in tiefen Sümpfen, Gräben, an schlammigen Flussufern, letztere Varietät kommt besonders in torfigen Sümpfen vor. Blüthezeit am Ende des Sommers. Fig. 667, 9, 668—670.

Cicuta virosa, α. latifolia, foliolis lato-lanceolatis, habitat in paludibus profundis, fossis et limosis ripis fluviorum, varietas β. angustifolia praesertim in paludibus turfosis provenit. Florent exeunte aestate.

Fig. 668.

Wasserschierling (*Cicūta virōsa*). *ab* Dolde mit Früchten, *d* blühende Dolde, *a* Strahl (*radius*), *b* Blüthenstielchen (*pedicelli*), *c* Hüllchen (*involucellum*), *eee* Döldchen. $^1/_3$ Grösse.

Der hohle quergefächerte Knollstock treibt aus den Knoten Adventivwurzeln (Wurzelfasern), welche daher in Wirteln stehen.

30*

Er enthält einen weissen scharfen narkotischen, an der Luft gelb werdenden Saft. Die Pflanze lieferte früher die *Herba Cicutae aquaticae s. virosae.* Sowohl das Kraut, als auch die Frucht sind nicht mit

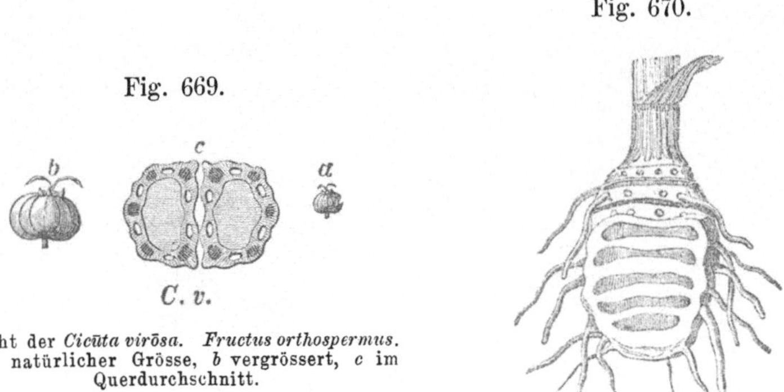

Fig. 669.

C. v.

Frucht der *Cicūta virōsa. Fructus orthospermus.* *a* in natürlicher Grösse, *b* vergrössert, *c* im Querdurchschnitt.

Fig. 670.

Fächeriger Knollstock des Wasserschierlings (*Cicūta virōsa*). Längsdurchschnitt. Verkleinert.

dem Kraute und der Frucht des gefleckten Schierlings zu verwechseln.

Cormus ex nodis radīces secundarias (fibrillas), ideōque verticillatim positas emittit. Cormus cum radicibus succum album acrem narcoticum, attactu aëris flavescentem, continet.

Die Gattungen der Unterfamilie *Ammineae* unterscheiden sich:

Bupleurum durch einfache parallelnervige Blätter (vergleiche Fig. 202, 5), eine längliche Frucht und gelbe Blumen. Die folgenden Gattungen haben fiederschnittige Blätter. Die Frucht von *Sium* hat dreistriemige Furchen, dagegen *Cicuta, Petroselīnum, Ammi* eiförmige Früchte mit Furchen, die in der Mitte erhaben sind. Nur *Cicuta* hat einen deutlichen Kelch und eine mit dem Kelche gekrönte Frucht. *Ammi* ist an seiner fiederspaltigen Doldenhülle kenntlich. *Petroselīnum* würden wir an den ungetheilten Kronenblättern, an den 5 fadenförmigen Hauptrippen der eiförmigen Frucht, ferner an dem gleichzeitigen Vorhandensein einer wenigblättrigen Doldenhülle und einer vielblättrigen Döldchenhülle erkennen.

Petroselīnum satīvum Hoff., Petersilie, hat einen eckigen Stengel, langgestielte, 3-fachfiedertheilige, kahle, auf der unteren Seite matte Blätter, mit unteren ei-keilförmigen, dreispaltig gezähnten, weich-stachelspitzigen Fiedern, und oberen gedreiten, lanzettförmigen, ziemlich ganzrandigen Fiedern. Grünliche Blüthen mit Hüllchen, kürzer als das Döldchen. Fig. 667, 4, 671.

Petroselinum sativum differt: caule angulato, foliis inferioribus longe petiolatis, tripinnati-partitis, glabris, subtus opacis, pinnis (foliolis) inferioribus ovato-cuneatis, trifido-dentatis, mucronatis, superioribus ternatis lanceolatis integriusculis. Flores virescentes, involucellis umbellulā brevioribus.

Fig. 671.   Fig. 672.

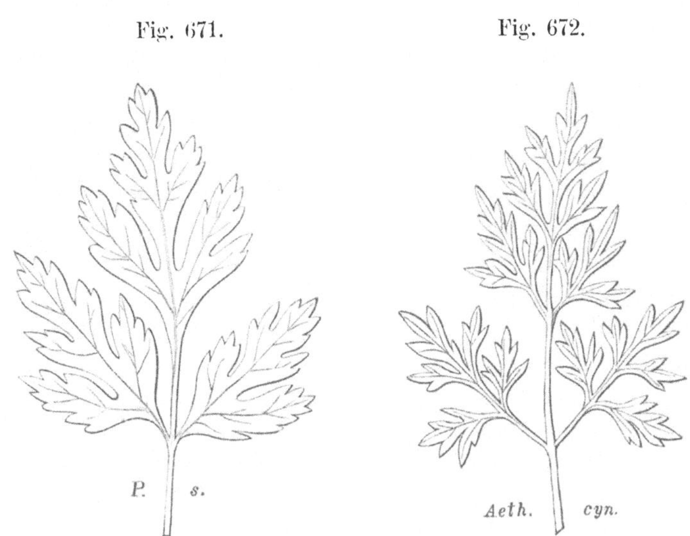

Fiederblättchen von *Petroselinum sativum*. Fiederblättchen von *Aethusa Cynapium*.

Das Kraut der Petersilie hat Aehnlichkeit mit dem giftigen Kraute der Hundspetersilie *(Aethusa Cynapium)*, der Stengel dieser Art ist aber rund, die Blätter sind auf der Unterfläche glänzend und haben lanzettförmige Fiedern, im Uebrigen hat die Hundspetersilie weissblüthige Döldchen mit halbirten oder einseitigen herabhängenden Hüllchen, deren Blätter länger als das Döldchen sind.

Petroselinum sativum ne commutetur cum Aethūsā Cynapio, quae differt: caule terĕte, foliis utrinque nitĭdis, laciniis vel pinnis lanceolatis atque involucellis dimidiatis pendulis, umbellula longioribus et floribus albis.

Bemerkungen. *Petroselinum* (Steineppich) von πέτρος (petros), Stein, und σέλινον (selinon), Eppich. — Mit *cicūta* bezeichneten die alten Römer die Rohrpfeife und wegen der hohlen Stengel auch die Schierling-Pflanzen, besonders den gefleckten Schierling (*Conium maculatum*). — *Ammi* (auch *ami*, ἄμι), indecl., Ammei.

Lection 115.

Umbelliferen (Forts.).

Die Gattung der *Umbelliferae-Ammineae* hat man, wie wir aus der vorigen Lection wissen, eingetheilt in solche mit einem Hüllchen unter dem Döldchen, und in solche ohne dasselbe. Zu den letzteren gehören z. B. *Apium, Carum, Aegopodium, Pimpinella*, sämmtlich mit undeutlichem Kelch *(calyx obsoletus)*.

Von diesen Gattungen hat nur *Apium* verkehrt eiförmige, an der Spitze eingerollte Kronenblätter, die anderen Gattungen verkehrt herzförmige. *Apium* unterscheidet sich ferner durch 2- oder 3-striemige Furchen zwischen fadenförmigen Hauptrippen und durch ein ungetheiltes Säulchen.

Apium differt: petalis obovatis, in apice involūtis, sulcis bi-vel trivittatis inter costas filiformes, atque columella indivisa.

Die Art *Apium graveŏlens*, Sellerie, wird kultivirt und hat dann eine kuglige fleischige Wurzel, Selleriewurzel *(Radix Apii)*.

Carum wird erkannt an den verkehrt-herzförmigen Kronenblättern mit eingebogenem Endläppchen, an der länglichen Frucht, dem niedergedrückten Griffelfuss, dem herabgebogenen Griffel, den fadenförmigen Hauptrippen, der flachen schmalen Berührungsfläche, den striemigen Furchen, dem freien, an der Spitze gabelig getheilten Säulchen. Fig. 667, 6.

Carum dignoscĭtur: petalis obcordatis cum lacinulā inflexā, fructu oblongo, stylopodĭo depresso, stylis deflexis, costis filiformĭbus, commis-surā planā angustā, sulcis univittatis, columellā liberā, in apice furcatā.

Carum Carvi, Kümmel, Garbe. Spindelförmige Wurzel; gefurchter Stengel; zweifachfiederspaltige Blätter mit vieltheiligen Fiedern, von denen die untersten sich kreuzen (kreuzweise stehen, *decussatae pinnae)*; Fiederzipfel linienförmig. Weder Hülle, noch Hüllchen. Blätter mit bauchigen Scheiden.

Carum Carvi. Radix fusĭformis; caulis sulcatus; folia bipinna-tifĭda, pinnis multifĭdis, infĭmis decussatis (horizontalĭbus Lk); laciniae liniares. Involucrum utrōque nullum. Vaginae foliorum ventri-cosae.

Die kreuzweise Stellung der der Blattspindel zunächst stehenden Fiedern ist für die Art *Carum Carvi* ein leicht in die

Augen fallendes Kennzeichen. Die Kümmelfrucht finden wir oben in Fig. 667, 6.

Fig. 673.

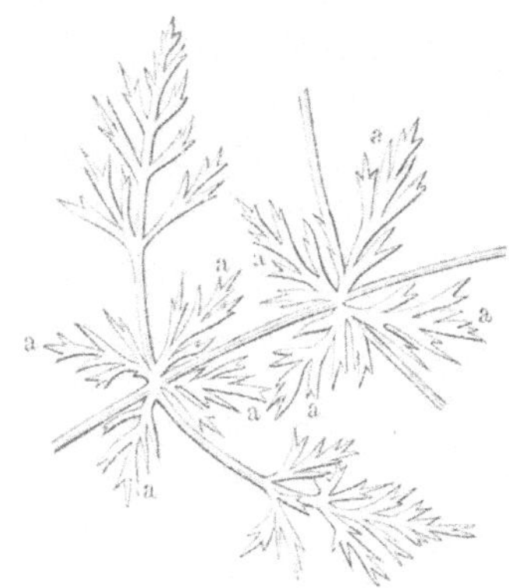

Theil eines Blattes von *Carum Carvi*. *Pinnae infimae ad rhachim decussatae.*

Fig. 674.

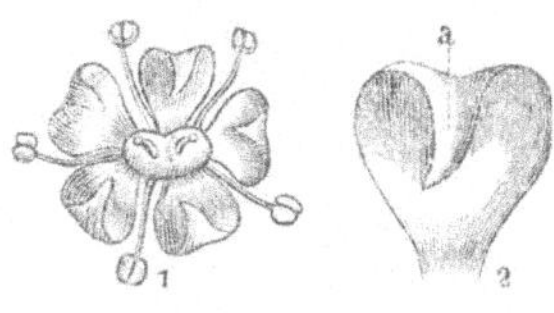

Carum Carvi. 1. Eine Blüthe von oben gesehen. Vergr. 2. Ein Kronenblatt dieser Blüthe von verkehrt-herzförmiger Gestalt mit dem eingebogenen Endläppchen (*a*).

Obgleich bisher von ungetheilten Kronenblättern die Rede war, so finden wir dennoch bei der Beschreibung der Doldenblüthe die Bezeichnung „*lacinŭla inflexa*", eingebogenes Zipfelchen, Endläppchen. Mit *lacinŭla* hat man nämlich die mehr oder weniger ausgezogene Spitze der Kronenblätter der Umbelliferen benannt, welche gewöhnlich nach innen gebogen ist.

Die Gattung *Pimpinella* (Bibernell) hat man in zwei Untergattungen a. *Tragoselinum* und b. *Anīsum* getheilt.

Pimpinella unterscheidet sich von anderen hüllchenlosen Gattungen derselben Unterfamilie durch einen polsterartigen Griffelfuss, vielstriemige Furchen und ein freies z w e i t h e i l i g e s S ä u l c h e n.

P i m p i n e l l a ab aliis Ammineis, involucellis carentibus, stylopodio pulvinato, sulcis multivittatis et columellā libĕrā bipartitā dignoscitur.

a. *Tragoselinum. Radix perennis; fructus glaber.*

Art: *Pimpinella Saxifrăga* liefert *Radix Pimpinellae albae*, eine V a r i e t ä t: *Pimpinella nigra Willd. Radix Pimpinellae nigrae*, welche frisch einen blauen Milchsaft hat.

b. *Anīsum. Radix annua; fructus puberulus* (schwach weichhaarig).

Art: *Pimpinella Anīsum* unterscheidet sich: durch grundständige, rundlich herzförmige, ungetheilte oder dreiblättrige Blätter, doppelt-dreiblättrige Stengelblätter und oberste dreitheilige ungetheilt-linienförmig-lappige Blätter, so wie durch eine weichbehaarte Frucht.

Pimpinella Anīsum differt folīis radicalibus cordato-subrotun-dis, indivīsis vel tripartītis inciso-serratis, folīis caulīnis biternatis, summis trifĭdis, pinnis indivīsis lineārĭbus, et fructu puberŭlo.

Die Unterfamilie *Ammineae* hat zum Charakter: an den Seiten zusammengedrückte Früchte *(fructus a latĕre compressi)*. An einer solchen Frucht stehen die Seiten zu der Commissuralfläche *(commissūra)* in einem rechten Winkel. Dann findet man bei den Ammineen nur primäre Rippen an der Frucht. Letzteres ist auch bei der geschwisterlichen Unterfamilie der *Seselineae* der Fall, aber diese haben fast oder ganz stielrunde Früchte, d. h. die Querschnittfläche der Frucht ist rund, die Frucht selbst kann dabei breit, lang oder gestreckt sein. Auch die Seselineengattungen schichten sich je nach dem Vorhandensein einer Döldchenhülle *(involucellum)*. *Foenicŭlum* ist z. B. ohne Hüllchen, *Oenānthe* mit einem Hüllchen versehen.

Gattung Foeniculum (Fenchel).

Kelch undeutlich.	*Calyx obsolētus (oblĭteratus).*
Kronenblätter fast rund, ungetheilt, eingerollt, mit einem fast 4-eckigen eingedrückten (d. h. seicht ausgerandeten) Endzipfel.	*Petăla subrotunda, intĕgra, involūta, lacinŭlā subquadratā retūsā (i. q. lacinula apice paullum emargĭnata).*
Frucht länglich, auf dem Durchschnitt rund, mit abwärts gebogenen Griffeln, vorstehenden, stumpf-gekielten Rippen und 1-striemigen Furchen.	*Fructus oblongi, sectūrā transversā terĕtes, stylis deflexis, costis prominŭlis, obtūse carinatis et sŭlcis univittatis.*
Säulchen 2-theilig.	*Columella (carpophŏrum) bipartīta.*

Art Foenicŭlum officinale Allioni.

Stengel rund, gestreift, graugrün bereift.	*Caulis teres, striatus, pruīna glauca obtectus.*
Blätter vielfach zusammengesetzt, mit fadenförmigen langen gabelig-gespaltenen Abschnitten (Zipfeln).	*Folĭa supradecomposĭta, laciniis filĭformĭbus, elongatis, dichotŏmis.*
Blüthen gelb od. grünlich-gelb.	*Flores flavi vel e virĭdi flavi.*
Dolde 10- bis 20-strahlig.	*Umbella decem- vel multiradiata.*
Hülle 0.	*Involucrum nullum.*

Linné nannte diese Art *Anēthum Foe-niculum*, sie unterscheidet sich aber von *Anēthum* durch die Frucht, welche näm-lich bei *Anēthum* vom Rücken zusammen-gedrückt ist *(fructus a dorso compressus)*. An einer solchen Frucht sind Berührungs-fläche und Rückenflächen mit einander ziemlich parallel.

Foeniculum officinale liefert den Fen-chel *(Fructus Foeniculi)*, eine an süsslich schmeckendem flüchtigem Oele reiche Frucht.

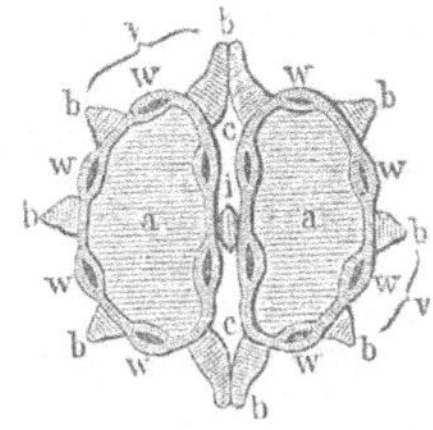

Fig. 675.

Spaltfrucht von *Foenicŭlum of-ficināle All.* Querdurchschnitt-fläche. Vergr. *b Costae promi-nulae, obtuse carinatae, w vittae singulae in sulcis.*

Der sogenannte Wasserfenchel, Pferdesamen *(Fructus Phellandrii; Fructus Foeniculi aquatici)* kommt von *Oenānthe Phel-landrium Lamarck*, ebenfalls eine Seselinee, welche sich aber durch viele Merkmale von *Foeniculum* unterscheidet.

Gattung *Oenanthe*.

Kelch 5-zähnig.	*Calyx quinquedentatus.*
Kronenblätter verkehrt-ei-förmig, ausgerandet, mit ein-gebogenem Endzipfel.	*Petăla obovata, emarginata, laci-nulā inflexā.*
Frucht cylindrisch, fast krei-selförmig oder länglich, mit langen aufrechten Griffeln gekrönt.	*Fructus cylindracĕus, subturbi-natus vel oblongus, stylis longis erectis coronatus.*
Rippen convex, stumpf, die seitlichen etwas breiter; Fur-chen 1-striemig.	*Costae convēxae, obtūsae, late-rales paullo latiōres; sulci uni-vittati.*
Säulchen nicht abgesondert (d. h. mit den Theilfrüchtchen verwachsen).	*Columella indistincta (i. q. non libera, sed cum mericarpiis con-nata).*

Art *Oenanthe Phellandrium Lam.* Wasserfenchel.

Stengel glatt, röhrig, sehr ästig, mit ausgespreiteten Aesten.	*Caulis glaber fistulosus ramo-sissĭmus, ramis divaricatis.*
Wurzeln fadenförmig, an den untersten Stengelknoten wir-telständig.	*Radīces filiformes, in infĭmis nodis caulis verticillatae.*
Blätter vielfach-fiederspaltig, die untergetauchten (unter der Wasseroberfläche stehen-	*Folĭa supradecomposĭta, bi-, tri-vel quadripinnatifida, submersa laciniis capillarĭbus, emersa pe-*

<table>
<tr><td>

den) mit haarförmigen Fiederlappen, die auftauchenden (ausserhalb des Wassers befindlichen) mit zurückgebogenem Blattstiele, mit eiförmigen fiedertheiligen, aus einander gespreitzten Fiederstücken.

D o l d e n blattgegenständig und gipfelständig, mit weissen Blumen.

</td><td>

tiŏlo refracto, pinnis ovatis pinnatifĭdis divaricatis.

Umbellae oppositifoliae et terminales, florĭbus albis.

</td></tr>
</table>

Der Wasserfenchel wird häufig an schlammigen Stellen um Landseen, in Gräben, an überschwemmten Orten und in stehenden Gewässern angetroffen. *(In locis limosis circa lacus, in fossis, locis inundatis et aquis stagnantĭbus copiose occurrens.)*

Die Gattung *Aethūsa* gehört auch zu den Seselineen und unterscheidet sich durch eine fast kugelige Frucht mit dicken erhabenen gekielten Rippen und ein zweitheiliges Säulchen (Fig. 667, 8), die Art *Aethusa Cynapĭum*, Hundsgleisse, Hundspetersilie, ein giftiges Unkraut, durch die auf beiden Seiten glänzenden Blätter mit lanzettförmigen Fiederstücken, und durch ein 3-blättriges hängendes Hüllchen, welches länger als das Döldchen ist. Vergl. auch Fig. 672.

Bemerkungen. *Oenanthe, es, f.* (Weinblüthe). Eine von den Griechen so genannte Pflanze hatte Blüthen mit dem Geruch der Weinblüthe. Von οἶνος (oinos), Wein und ἄνϑη (anthä), Blume. — *Aethūsa* (die Sonnige); αἴϑουσα (aithusa), Vorhalle am Hause der Griechen, welche nach dem Morgen oder Mittag lag und wo man sich sonnte; von αἴϑω, brennen, flammen; denn *Aethusa Cynapium* liebt sonnige Standorte, oder auch vielleicht wegen des Glanzes ihrer Blätter. — *Cynapium* (Hundseppich); κύων, κυνός (kyōn, kynos), Hund, und ἄπιον (apion), Eppich.

Lection 116.

Umbelliferen (Forts.). *Angeliceae, Peucedaneae, Daucineae etc.*

Die Umbelliferen-Unterfamilie *Angelicĕae* (Angelikaartige) kennzeichnet sich durch vom Rücken zusammengedrückte Früchte, d. h. Commissural- und Rückenfläche sind unter sich parallel. Weitere Merkmale sind: Früchte mit erweitertem Rande, auf beiden Seiten zweiflügelig und zwar mit divergirenden Flügeln, ferner nur mit Hauptrippen. Hierher gehören *Angelica*, *Archangelica*, *Levisticum*.

Angeliceae: *Umbella perfecta; fructus a dorso compressus, margine dilatatus, bialatus alis divergentibus; costae tantum primariae.*

Angelica unterscheidet sich durch eine flache Frucht mit fadenförmigen Rückenrippen, breitgeflügelten Seitenrippen und einstriemigen Furchen.

Archangelica durch dicke gekielte Rückenrippen und breitgeflügelte Seitenrippen, vielstriemige Furchen und einen mit dem Pericarp nicht zusammenhängenden Samen.

Levisticum durch schmalgeflügelte Rückenrippen, breitgeflügelte Seitenrippen und einstriemige Furchen.

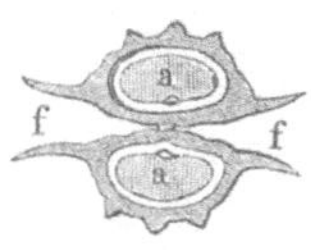

Fig. 676.

Vergröss. Querschnittfläche der Frucht von *Archangelica officinalis*, *a* der nicht mit dem Pericarp verwachsene Samen, *f* die divergirenden Flügel.

Archangelica officinalis Hoffm. (*Angelica Archangelica* L.) liefert die **Engelwurz** (*Radix Angelicae*), *Levisticum officinale* Koch (*Ligusticum Levisticum* L.) die **Liebstöckelwurz** (*Radix Levistici*).

Die Unterfamilie *Peucedaneae* unterscheidet sich von *Angeliceae* dadurch, dass die Flügel der Seitenrippen nicht divergiren, sondern zusammenneigen (*alae conniventes*). Die Frucht erscheint daher 1-flügelig.

Peucedaneen sind z. B.: *Pastinaca*, *Heracleum*, *Tordylium*, *Anethum*, *Opopanax*, *Ferula*, *Narthex*, *Scorodosma*, *Ferulago*, *Peucedanum*, *Thysselinum*, *Imperatoria*, *Dorema*. Ein grosser Theil derselben enthält Milchsaft oder liefert Gummiharze (*Gummi-resinae*). Letztere sind nämlich eingetrocknete Milchsäfte.

Ferula galbaniflua Boissier und *Ferula erubescens* Boissier liefern das **Mutter-Gummiharz** (*Galbanum*), *Ferula alliacea* Boiss., *Narthex Asa foetida* Falconer und *Scorodosma foetidum* Bunge wahrscheinlich den **Stinkasant** (*Asa foetida*). Diese Arten sind in Persien und dem mittleren warmen Asien zu Hause.

Die Art *Dorema Ammoniacum* Don, auch in Persien zu Hause, giebt das **Ammoniakgummiharz** (*Gummi-resina Ammoniacum*).

Unter den Peucedaneen wäre noch *Anethum graveolens*, Dill, welches bei uns in Gärten gezogen wird und im südlichen Europa einheimisch ist, zu erwähnen. Die Früchte, **Dillsamen** (*Fructus Anethi*), waren früher officinell und werden als Küchengewürz gebraucht.

Gattung *Anēthum.*

Kelch undeutlich.	*Calyx obsolētus (obliteratus).*
Kronenblätter fast rund, ungetheilt, eingerollt, mit fast quadratischem, ausgestutztem (seicht ausgerandetem) Endläppchen.	*Petăla subrotunda intĕgra involūta, lacinulū subquadratā retūsa.*
Frucht vom Rücken aus linsenförmig zusammengedrückt, umgeben von einem erweiterten ebenen Rande, mit fadenförmigen, gleichweit von einander stehenden und mit seitlichen weit undeutlicheren, in den Rand verlaufenden Rippen, mit Furchen, deren jede von einer einzigen breiten Strieme ausgefüllt ist.	*Fructus a dorso lenticulari-compressus, margĭne dilatato complanato cinctus, costis filiformibus aequidistantibus et lateralibus obsoletioribus, in margĭnem abeuntibus, vittis singulis latis, totum sulcum (valleculam) implentibus.*
Säulchen zweitheilig.	*Columella bipartīta.*
Weder eine **Hülle,** noch ein **Hüllchen.**	*Involucrum utrumque nullum.*

Art *Anethum graveŏlens,* Dill.

Stengel rund, weisslich, mit dunkelgrünen Streifen und bläulich bereift.	*Caulis teres albens, striis intense viridibus percursus, pruīna caerulescente adspersus.*
Blätter 2- und 3-fiederspaltig, mit linienförmigen ganzrandigen Lappen.	*Folĭa bi- et tripinnatifĭda, laciniis linearĭbus integerrĭmis.*
Blüthen dunkelgelb.	*Flores intense lutei.*
Frucht elliptisch, von weitem ebenem Rande umgeben.	*Fructus ellipticus, margĭne dilatato plano cinctus.*

Fig. 677.

 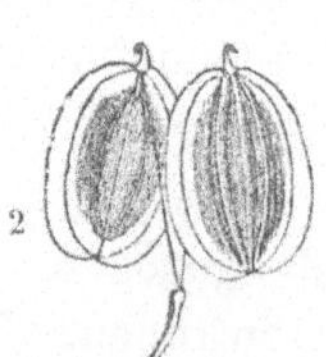 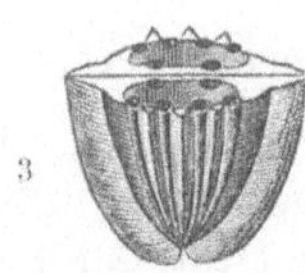

Anēthum graveŏlens. 1. Blüthe. 2. Frucht, Mericarpien getrennt. 3. Frucht vor der Trennung der Mericarpien, Querschnitt. Sämmtlich vergrössert.

Fructus margine dilatato complanato cinctus, eine mit einem verbreiterten und ebenen Rande umgebene Frucht, findet sich bei den meisten Peucedaneen, dagegen ist bei *Tordylium* z. B. die Frucht von einem **r u n z e l i g - h ö c k r i g e n** Rande eingefasst *(fructus Tordylii margine incrassato, rugoso-tuberculato cinctus)*. *Complanatus* heisst hier also nicht **a b g e f l a c h t** oder **g e e b n e t**, sondern **e b e n** d. h. ohne Runzel oder Höcker.

Am meisten fällt der Charakter der Frucht der Mohrrüben-artigen, *Umbelliferae-Daucineae*, in die Augen. Hier ist die Frucht vom Rücken aus zusammengedrückt oder ziemlich stielrund. Die Hauptrippen sind fadenförmig und mit kleinen Borsten besetzt, und die beiden seitlich stehenden Hauptrippen liegen auf der Berührungsfläche. Die Nebenrippen stehen mehr hervor und sind mit Stacheln besetzt. Unter jeder Nebenrippe befindet sich eine Oelstrieme.

Daucineae: Fructus a dorso compressus vel subteres; costae primariae filiformes setuliferae, laterales commissurae impositae; costae secundariae magis prominentes, aculeatae; vittae singulae sub costis secundariis.

Fig. 678.

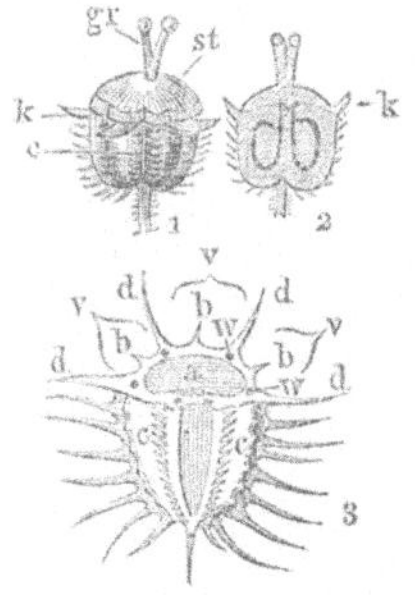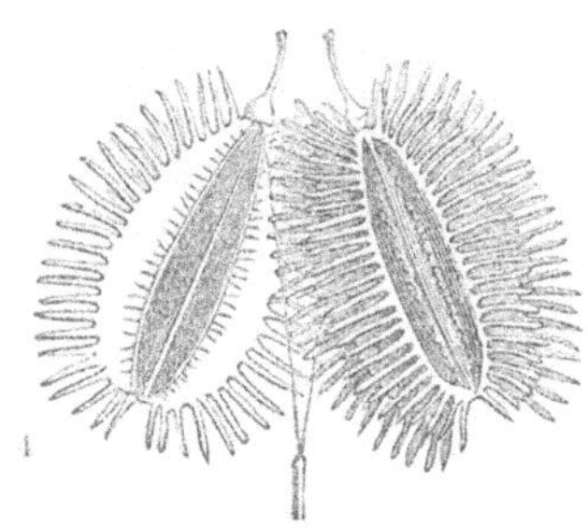

Daucus Carota. 1. Der Stempel mit dem Kelche, ohne Blumenkronenblätter. 2. Derselbe im Verticaldurchschnitt. 3. Eine Theilfrucht querdurchschnitten. Sämmtlich vergr. a *Albumen*, c *commissura*, b *costae primariae ternae et* (cc) *binae laterales commissurae impositae*, d *costae secundariae*, v *sulci sive valleculae*, w *vittae* (Oelstriemen). 4. Eine reife Frucht, Mericarpien getrennt und an dem zweitheiligen Säulchen hängend (stark vergr.).

Die Gattung *Daucus* ist theils durch die im Vorstehenden beschriebene Frucht, dann aber auch noch durch eine vielblättrige Doldenhülle, mit 3-fachfiederspaltigen Blättern und oft auch durch ein Hüllchen mit 3-spaltigen Blättchen charakterisirt. Die Art *Daucus Carota*, Möhre, Moorrübe, hat die auffallende Eigenthümlichkeit, dass die Dolde während der Blüthe ausgebreitet ist unter Bildung einer wenig convexen Fläche, dagegen aber die fruchttragende Dolde eine zusammengezogene Form mit einer tief concaven Fläche aufweist. Eine andere auffallende Verschiedenheit ist, dass in der Mitte der fruchtbaren weissen Blüthen der Dolde sich meist eine einzige unfruchtbare, gewöhnlich dunkelpurpurrothe Blüthe befindet.

Die sonst bei uns wildwachsende *Daucus Carōta* wird in Gärten gebaut und hat im kultivirten Zustande grosse saftige zuckerhaltige, rothe, weisse oder gelbe Wurzeln. Die Wurzel der wildwachsenden Art ist etwas holzig, blassgelb und von scharfem Geschmack.

Bei der Unterfamilie der Mutterkümmelartigen, *Cumineae*, ist die Frucht von der Seite zusammengedrückt; die Hauptrippen sind fadenförmig, die seitlichen randend und wie die Nebenrippen mehr vorspringend, alle aber ungeflügelt.

Cuminĕae: Fructus a latĕre compressus; costae primariae filiformes, laterales marginantes et secundariae magis prominŭlae, omnes aptĕrae.

Cumīnum Cymīnum, Mütterkümmel, Römischer Kümmel, hat längliche gelbbräunliche Früchte mit Hauptrippen, welche mit kurzen Weichstacheln besetzt sind *(costis primariis muriculatis)*, und mit kleinstachligen vorstehenden Nebenrippen *(costis secundariis aculeolatis)*. Die Blüthen sind röthlich oder roth. Diese Umbellifere ist im nördlichen Afrika zu Hause, wird aber ihrer Früchte halber auch bei uns angebaut. Die Früchte *(Fructus Cumīni)* werden in den Apotheken für die Veterinärpraxis noch vorräthig gehalten.

Fig. 679.

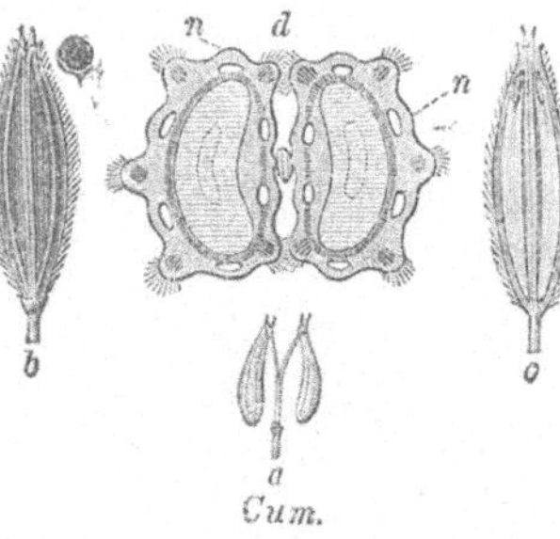

Cumīnum Cymīnum. *a* Reife Frucht, Mericarpien getrennt, in natürlicher Grösse, *b* Frucht vor der Reife, vergrössert, *c* dieselbe im Verticaldurchschnitt, *d* im Querdurchschnitt, *n* Nebenrippen.

Die bis hierher besprochenen Umbelliferen gehören sämmtlich der Ordnung *Orthospermae* an, also denjenigen mit solchen Spaltfrüchten, deren Eiweiss gegen die Berührungsfläche flach oder ziemlich flach oder convex gestaltet ist. Jetzt wollen wir uns nach den Campylospermen und Coelospermen umsehen.

Bemerkungen. *Angelĭca, Archangelĭca; angĕlus,* Engel, *archangĕlus,* Erzengel, daher der Name Engelwurz. — *Scorodōsma* (nach Knoblauch riechende); σκόροδον (skorŏdon), Knoblauch; ὀσμή (osmä), Geruch. — *Cumīnum* und *Cymīnum*, griech. χύμινον, Kümmel. — *Daucus*, griech. δαῦχος, Name für mehrere Doldengewächse. — *Carōta*, latein., die Möhre, Karotte. — *Heraclēum*, griech. ἡράχλειον (härakleion), Herculeskraut, weil der Heros der Griechen, *Herkules*, die Heilkräfte dieser Pflanze erkannt haben soll. — *Imperatoria*, die kaiserliche Pflanze, wegen der vorzüglichen Heilwirkung, welche man der Pflanze zuschrieb.

Lection 117.

Umbelliferen (Forts.). *Scandicineae, Smyrneae etc.*

Die zweite Unterordnung der Umbelliferen, die **Krumm-samigen**, *Campўlospermae*, unterscheiden sich durch Spaltfrüchte, deren Eiweiss auf der Querschnittfläche eine nierenförmige Gestalt zeigt, welches also auf der Seite der Berührungsfläche eine Längsrinne hat. Vergl. Fig. 665, S. 464.

Eine campylospermische Unterfamilie bilden die *Scandicineae* (von der Gattung *Scandix* so benannt). Die Frucht derselben ist augenscheinlich von der Seite zusammengezogen und **geschnä-belt**; sie hat ferner nur fadenförmige Hauptrippen, die sämmtlich unter einander gleich sind, und an der Frucht-basis oft ganz verschwinden, aber an der Frucht-spitze deutlich hervortreten. Die seitlichen Rippen sind randend (bilden den Rand der Theilfrucht). Dazu die Gattungen *Anthriscus, Chaerophyllum.*

Scandicineae: Fructus a latĕre evidenter contractus atque rostratus; costae tantum primariae filiformes, omnes aequales, saepe ad basin fructus obliteratae, ad apĭcem autem conspicuae. Costae laterales marginales (margini mericarpii incubantes).

Anthriscus giebt sich zu erkennen durch eine deutlich geschnäbelte, aber rippen- und striemenlose Frucht und einen gefurchten von der Frucht verschiedenen **Schnabel**; und

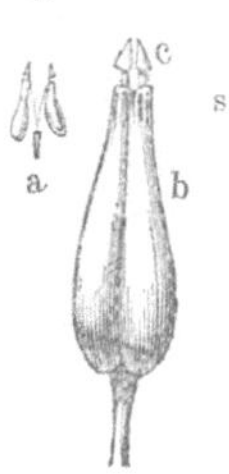

Fig. 680.

Frucht von *Anthriscus silvestris. a* in natürl. Gr., Mericarpien getrennt an dem zweitheiligen Säulchen hängend, *b* dieselbe vergr., *s* Schnabel, *c* Griffelfuss *(discus gigynus seu stylopodium).*

Chaerophyllum durch eine undeutlich geschnäbelte Frucht, durch einen von der Frucht nicht verschiedenen Schnabel, durch stumpfe Rippen und 1-striemige Furchen. (S. 465, Fig. 667, 7).

Anthriscus dignoscitur: fructu rostrato, ecostato, evittato; rostro sulcato, a fructu diverso, et

Chaerophyllum: fructu obsolĕte rostrato; rostro a fructu non diverso; costis obtūsis; valleculis univittatis.

Anthriscus silvestris Hoffm. (*Chaerophyllum silvestre* L.), Kälberkropf, hat einen gefurchten Stengel und einen Schnabel von der
Viertellänge der Frucht, dagegen *Anthriscus Cerefolium* (Körbel-
kraut) einen gestreiften Stengel und einen Schnabel von der
halben Länge der Frucht.

Arten von *Chaerophyllum* sind *Ch. temŭlum* und *Ch. bulbosum*.
Beide haben einen gefleckten, unter den Gelenken aufgeblasenen
Stengel und sind an den Blattnerven auf der unteren Seite der
Blätter behaart. Bei *Ch. temŭlum* ist der Stengel gegen die Basis
borstenhaarig, oberhalb kurzhaarig (*hirtus*), bei *Ch. bulbosum* gegen
die Basis rückwärts borstenhaarig (*reverse hispĭdus*), oben kahl.
Beide Kräuter können mit dem völlig kahlen und unbehaarten
Kraute von *Conīum maculatum* kaum verwechselt werden.

Eine zweite campylospermische Unterfamilie der Umbelliferen
bilden die Smyrneen, *Smyrnĕae*, welche sich von der vorhergehenden Unterfamilie, den Scandicineen, hauptsächlich durch
eine ungeschnäbelte Frucht unterscheiden. Diese Unterfamilie
verdankt ihren Namen dem Myrrhenkraut, *Smyrnĭum*, einer im
südlichen Europa einheimischen Umbellifere.

Zu den Smyrneen gehört *Conīum*, von dessen Art *Conīum
maculātum* das frische blühende Kraut (*Herba Conīi s. Cicūtae*),
Schierlingskraut, sowie auch die Früchte (*Fructus Conīi*)
Schierlingssamen, officinell sind. Beide Theile der Schier-
lingspflanze gehören zu den narcotischen Giften, denn sie enthalten ein sauerstofffreies, flüssiges, sehr giftiges Alkaloïd, das
Coniin, auch Conhydrin. Die alten Athener verwendeten
diese Pflanze zur Tödtung der zum Tode Verurtheilten. *Socrates*
starb durch *Conīum*.

Die Hauptcharaktere des gefleckten Schierlings sind ein
völliges Unbehaartsein, ein grüner (also nicht bereifter), röhrig-
hohler, runder, nur leicht gestreifter Stengel, meist mit rothen
Flecken gezeichnet, ein mäuseartiger Geruch, ein halbirtes Hüllchen, kürzer als das Döldchen, die zuerst feingekerbten, später
welligen Rippen der Frucht, und die in ein sehr kleines weissliches Stachelspitzchen auslaufenden Fiederzipfel der Blätter.

Conīum.

Kelch undeutlich.	*Calyx obsolētus.*
Kronenblätter verkehrt-herz- förmig, mit sehr kurzem ein- gebogenem Endläppchen.	*Petala obcordata, lacinulā bre- vissimā inflexā.*

Frucht eiförmig, von der Seite zusammengedrückt, mit etwas vorstehenden, welliggekerbten, gleichen Rippen, davon die seitlichen am Rande stehen. Furchen vielstreifig, aber striemenlos.

Fructus ovatus, a latere compressus, costis prominŭlis, undulato-crenatis, aequalibus, lateralibus marginantibus. Sulci (valleculae) multistriati, evittati.

Eiweiss mit einer tiefen engen Furche.

Albumen sulco profundo angusto excisum.

Säulchen an der Spitze zweitheilig.

Columella in apice bifida.

Hülle 3- bis 5-blättrig: Hüllchen halbirt.

Involucrum tri-, tetra- vel pentaphyllum; involucella dimidiata.

Fig. 682.

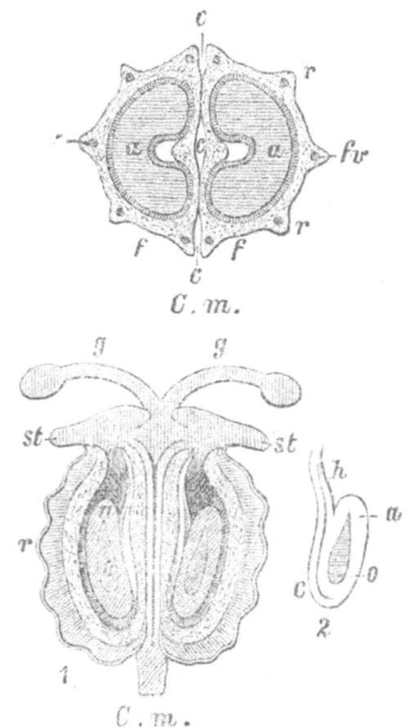

Fig. 681.

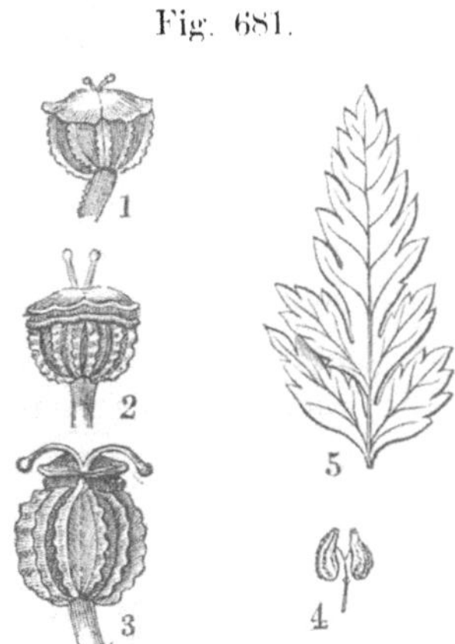

Conium maculatum. 1. Pistill aus der Knospe, 2. aus der Blüthe. 3. nach dem Verblühen, circa 3-f. L.-Vergr. 4. Frucht mit getrennten Theilfrüchtchen, natürl. Grösse. 5. Eine Fieder des Blattes.

Frucht von *Conium maculatum*, obere Figur: Querschnitt, untere Verticalschnitt. *a a* Eiweisskörper (*albumen*), *c c c* Berührungsfläche (*commissura*) der beiden Achänien. *r r* Hauptrippen (*costae primariae*). *f f* Furchen (*sulci*) zwischen den Hauptrippen. *f v* Fibrovasalstränge. *g g* Griffel, *st* epiginische Scheibe, Griffelfuss (*stylopodium*) *o* Ei'chen (*ovŭlum*). *c* innerer Nabel (*chalāza*), *h* äusserer Nabel (*hilum*).

Conium maculātum, gefleckter Schierling.

Pflanze ganz kahl und unbehaart, von Mäusegeruch.

Planta glaberrima, odōrem murīnum exhālans.

Stengel rund, oberhalb sehr

Caulis teres, superne admŏdum

ästig, röhrig, leicht gestreift, meist purpurroth gefleckt.

ramosus, fistulosus, leviter striatus, saepius maculis purpureis notatus.

Blätter 3-fach fiederspaltig, kahl, oberseits dunkelgrün schwachglänzend, unterseits heller u. matt, mit äussersten ovalen stumpfen stachelspitzigen Lappen. Die den Dolden zunächst stehenden Blätter gegenständig oder zu dreien.

Folia tri- et quadri-pinnatifida, glabra, supra saturate viridia, subnitida, subtus pallidiora opaca, laciniis ultimis ovalibus, obtusis, mucronatis. Folia floralia opposita vel terna.

Hülle 5-blätterig, abfallend.

Involucrum pentaphyllum deciduum.

Hüllchen halbirt, mit lancettlichen herabgebogenen Blättern, kürzer als das Döldchen.

Involucellum dimidiatum, phyllis lanceolatis, umbellula brevioribus.

Blüthen weiss.

Flores albi.

Wurzel spindelförmig, faserig.

Radix fusiformis fibrosa.

Wächst auf Aeckern und Schutthaufen.

Habitat in agris ruderibusque.

Eine Verwechselung des Schierlingskrautes mit dem Kraute von *Anthriscus silvestris* Hoffm. oder *Chaerophyllum bulbosum, Chaerophyllum temulum* ist nicht möglich, da diese Pflanzen mehr oder weniger behaart sind, und eine Verwechselung mit dem Kraute von *Aethusa Cynapium* ist ebenso leicht zu erkennen, denn die Hundspetersilie hat Blätter, welche auch auf der Unterseite deutlich glänzen und deren äusserste Lappen lancettförmig sind. Die halbirten Hüllchen sind auch länger als das Döldchen.

Die dritte Unterordnung der Umbelliferen bilden die *Coelospermae* (Hohlsamige), d. h. mit einem im Querschnitt eine mond- oder sichelförmige Form zeigenden Eiweiss oder mit meniscoïdischem Eiweiss. Die Coelospermen umfassen nur die Unterfamilie *Coriandreae* mit nur wenigen Gattungen, unter denen *Coriandrum* insofern bemerkenswerth ist, als *C. sativum* in seinen Früchten den Koriandersamen (*Fructus Coriandri*) liefert.

Die Coriandreen haben eine kugelige Frucht, niedergedrückte und

Fig. 683.

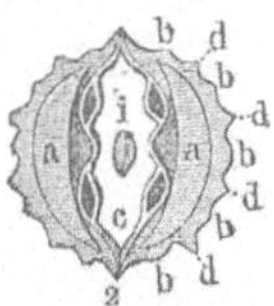

1. Frucht von *Coriandrum sativum.* 2. Querschnittfläche. Beide vergr. a *Albumen*, c *commissura*, i *columella*, b *costae primariae*, d *costae secundariae*.

hin- und hergebogene Hauptrippen, von denen die seitlichen vor dem Rande stehen, und mehr hervorstehende Nebenrippen. Alle Rippen sind ungeflügelt.

Coriandrĕae: Fructus globosus costis primariis depressis et flexuosis, lateralibus ante marginem positis, secundariis magis prominulis. Omnes costae exalatae.

Gattung *Coriandrum.*

Kelch 5-zähnig.	*Calyx quinquedentatus.*
Kronenblätter verkehrt herzförmig mit eingebogenem Endläppchen, die äusseren 2-spaltig und strahlend (d. h. die äusseren vom Mittelpunkt der Dolde abgewendeten grösser und länger).	*Petăla obcordata, lacinŭlā inflexū, exteriora bifïda et radiantia (i. q. ad peripheriam umbellae spectantia majŏra et longiŏra).*
Frucht kugelig mit wenig hervortretenden geschlängelten Hauptrippen, kaum mit unbewaffnetem Auge zu erkennen, und mehr vorspringenden geraden Nebenrippen; auf der Berührungsfläche 2-striemig; Furchen striemenlos.	*Fructus globosus, costis primariis parum prominentibus, flexuosis, oculo arte non adjuto vix conspicŭis, secundariis magis prominulis rectis; in commissura vittis duabus; sulci (valleculae) evittati.*
Säulchen frei in der Mitte, am Grunde und an der Spitze angewachsen.	*Columella in suo medio libera, in basi et apĭce adnata.*
Eiweiss vorn ausgehöhlt und daselbst mit einer losen Membran bedeckt.	*Albumen antice excavatum, ibi membranā solutā tectum.*
Hülle 0, Hüllchen halbirt, fast 3-blättrig.	*Involucrum nullum, involucellum dimidiatum, subtriphyllum.*

Eine strahlige Dolden-Randblüthe (von *Heraclēum Sphondylium*) finden wir in Fig. 667, 2, *b.*

Art *Coriandrum sativum*, Koriander.

Pflanze unbehaart, wanzenartig riechend.	*Planta glabra, odorem cimicĭnum spargens.*
Stengel rund.	*Caulis teres.*
Blätter, die grundständigen ganz und 3-lappig, mit eingeschnitten-gesägten Lappen, die oberen vielspaltig mit linien-lanzettförmigen Lappen.	*Folia radicalia intĕgra et trilŏba, laciniis inciso-serratis, superiŏra multifïda, laciniis lanceolato-linearibus.*

Dolden 3- bis 5-strahlig, ohne Hülle.	*Umbellae iri-, quadri- vel quinqueradiatae, non involucratae.*
Blumen weiss oder blass rosenroth.	*Flores albi vel pallide rosei.*
Früchte frisch von wanzigem Geruch, mit aneinander hängenden, kaum sich von einander trennenden Theilfrüchtchen.	*Fructus recentes odoris cimicini, mericarpiis cohaerentibus, vix discedentibus.*
Wächst auf den Saatfeldern Griechenlands, Italiens, Spaniens, und wird bei uns angebaut.	*Habitat in segetibus Graeciae, Italiae, Hispaniae, apud nos culta.*

Bemerkungen. *Chaerophyllum*, *Cerefolium*, Kerbel, sind von χαιρέφυλλον (chairephyllon) abgeleitet. — *Coriandrum*, griech. κορίαννον (koriannon); κορίς (koris) Wanze.

Lection 118.

Rubiaceen. Caprifoliaceen Juss. Lonicereen Endl.

Der DC'schen Unterklasse *Calÿciflorae* .gehören die Familien *Caprifoliacĕae* und *Rubiacĕae* an. *Endlicher* benannte seine 33. Klasse *Caprifoliacĕae* und theilte derselben die *Lonicerĕae* und *Rubiacĕae* zu, es sind aber *Lonicerĕae* Endl. und *Caprifoliacĕae* Juss. eine und dieselbe Familie.

Fig. 684.

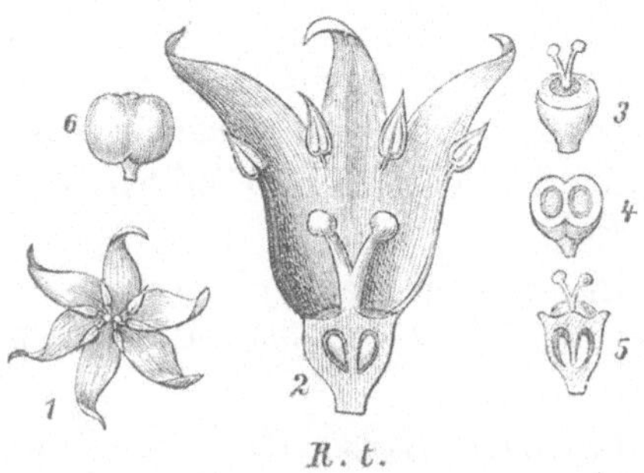

R. t.

Blüthentheile der *Rubia tinctorum*, sämmtlich vielfach vergrössert. 1. Blüthe von oben gesehen, 2. dieselbe im Verticaldurchschnitt, 3. Pistill, 4. dasselbe im Querdurchschnitt, 5. im Verticaldurchschnitt. 6. Frucht.

Die Klasse *Caprifoliacĕae* des *Endlicher*'schen Systems zählt zu der Cohorte *Gamopetälae* (Einblumenblättrige). Den Charakter dieser Klasse finden wir in unserem Hollunder, *Sambūcus nigra*, oder in dem bekannten Geissblatt, *Lonicĕra Caprifolium*, ausgeprägt. Unterscheidungsmerkmale sind: gegen- oder quirlständige Blätter, Verwachsung des Kelches mit dem Fruchtknoten, eine oberständige Blumenkrone mit darauf befestigten Staubgefässen, ein 2- oder vielfächriger Fruchtknoten.

Die Rubiaceen sind für die Pharmakologie von grosser Wichtigkeit, denn aus ihrer Mitte erhalten wir die Chinarinden, die Ipecacuanhawurzel und den Kaffeesamen. Ihren Namen erhielten sie von der Gattung *Rubia* (Röthe), von deren Art *Rubia tinctōrum* man auch die Wurzel (*Radix Rubĭae tinctorum*) als Arzneimittel und als Farbmaterial verwendet. Der Charakter ist:

Rubiaceae.

Blätter gegenständig mit Nebenblättern, oder wirtelständig ohne Nebenblätter.	*Folia opposĭta stipulata, vel verticillata exstipulata.*
Kelch meist regelmässig, 4- oder 5-theilig.	*Calyx plerumque regularis, quadri- vel quinquedivīsus.*
Blumenkrone oberständig, gewöhnlich regelmässig und mit 4- oder 5-spaltigem Saume.	*Corolla epigȳna, plerumque regularis, limbo plerumque quadri- vel quinquefido.*
Staubgefässe der Blumenkrone angewachsen und mit den an Zahl gleichen Saumzipfeln derselben abwechselnd.	*Stamina totĭdem quot laciniae corollae, epipetala, cum limbi laciniis corollae alternantia (alternipetăla).*
Pistill mit 1 Griffel; Fruchtknoten unterständig, 2-fächerig, gekrönt mit einer epigynischen (oberständigen), fleischigen Scheibe.	*Pistillum; stylus unus; germen inferum, biloculare, disco epigyno carnoso coronatum.*
Eichen viele, einer Mittelaxe angeheftet oder einzeln, gegenläufig, aufsteigend.	*Ovŭla plurima, axi centrali affixa vel solitarĭa, anatrŏpa, adscendentia.*
Frucht eine Steinfrucht oder Kapsel; Samen mit geradem oder gekrümmtem Embryo in der Axe eines fleischigen oder hornartigen Eiweisses, mit einem dem Nabel zugewendeten Würzelchen und blattartigen Samenlappen.	*Fructus drupaceus vel capsularis; semĭna embryone recto vel curvato in axi albuminis carnōsi vel cornĕi, radiculā hilum spectante et cotyledonibus foliacĕis.*

Unterfamilien sind unter anderen die *Cinchonacĕae* mit den Merkmalen: gegenständige Blätter und geflügelte Samen (Gatt. *Cinchōna, Ladenbergĭa, Exostemma*); ferner die *Coffeacĕae* mit den Merkmalen: Steinfrucht mit zwei einsamigen Steinkernen, Samen auf dem Rücken convex, an der vorderen Seite flach mit in der Mitte befindlicher Längsfurche (Gatt. *Coffĕa, Psychotria, Cephaëlis*); *Stellatae* mit den Merkmalen: wirtelständige Blätter,

2 kopfförmige Narben, 2-knöpfige Früchte, Theilfrucht einsamig (Gatt. *Asperŭla, Rubĭa, Galĭum*).

(Subfam.) *Cinchonaceae*: *Folĭa opposĭta, semĭna alata (Cinchōna, Ladenbergĭa, Exostemma)*. *Plerumque Pentandria Monogynia*
(V, 1).

(Subfam.) *Coffeaceae*: *Drupa pyrēnis duābus monospermis;
semĭna in dorso convexa, antĭce plana et sulco longitudinali exarāta
(Coffĕa, Psychotrĭa, Cephaēlĭs)*. *Plerumque Pentandria Monogynia*
(V, 1). `

(Subfam.) *Stellatae*: *Folĭa verticillata, stigmata bina capitata;
fructus bicoccus, coccis monospermis (Rubĭa, Asperŭla, Galĭum)*.
Plerumque Tetrandria Monogynia (IV, 1).

Die Gattung *Cinchōna* (aus der Familie der *Rubiaceae-Cinchonaceae*) liefert die echten Chinarinden. Ihre Arten sind zum
Theil herrliche Bäume und bilden am östlichen Abhange der
Anden in Südamerika, vom 10. Grad nördlicher bis zum 20. süd-
licher Breite, in einer Höhe von 700 bis 2700 Meter über der
Meeresfläche grosse zusammenhängende Wälder. In neuerer Zeit
hat man mehrere Cinchonaarten auf Java, in Ostindien und Algier
mit Glück angebaut.

Cinchōna Calisaўa Weddell (in Bolivia) giebt z. B. die Calisayarinde (*Cortex Chinae Calisayae*), *Cinchona umbellifĕra Pavon*
und *C. micrantha R. & Pav.* die Huanokorinde (*Cort. Chinae
Huanoco*), *China succirubra Pav.* die rothe China (*Cort. Chinae
ruber*).

Die echten Chinarinden pflegt man gewöhnlich als gelbe, als
braune oder graue und als rothe zu unterscheiden. Durch ihren
Alkaloïdgehalt haben sie als Arzneisubstanzen einen hervorragenden Werth. Die in ihnen vertretenen Alkaloïde sind Chinin,
Cinchonin, Conchinin (oder Chinidin), Cinchonidin, Chinicin, Dicon-
chinin etc. Die gelben oder Bolivia-Rinden, an deren Spitze die
Calisayarinde steht, zeichnen sich durch einen vorwiegenden
Chiningehalt, die braunen Rinden (Huanoko-, Huamalies-, Jaën-,
Loxa-Rinde) durch vorwiegenden Cinchoningehalt aus. In der
rothen Rinde halten sich beide Alkaloïde ziemlich das Gleich-
gewicht. Chinidin und Cinchonidin findet man vorwiegend
in den gelben Rinden aus Neugranada, Cusconin (Aricin) in der
Cusco-China. Andere Bestandtheile sind Chinaroth, Chinasäure,
Chinagerbsäure, Chinovasäure, Harz etc. Der Bast ist der alka-
loïdreichere Theil der Rinde. Von der Borke befreite und nur
aus Bast bestehende Rinden nennt man unbedeckte Rinden.

Sogenannte falsche Chinarinden kommen von anderen *Rubiaceae-Cinchonaceae*, wie *Ladenbergia magnifolia*, *Ladenbergia Riedeliana Klotzsch*.

Von den *Rubiaceae-Coffeaceae* sind *Coffea*, *Psychotria* und *Cephaëlis* bemerkenswerth.

Coffea Arabica liefert uns in ihrem Samen die sogenannten Kaffeebohnen. Sie ist ein kleiner Baum (♄); ursprünglich im mittleren Afrika und besonders Aethiopien zu Hause, wurde sie über Mochha (Mocca, im Süden Arabiens) nach Arabien gebracht, dann selbst nach Ost- und Westindien und Südamerika verpflanzt. Bestandtheile des Kaffeesamens sind Coffeïn, Kaffeegerbsäure, Kaffeesäure, Viridinsäure, Fett etc. Der Gebrauch des Kaffees scheint sich erst im 15 Jahrhundert eingeführt zu haben.

Cephaëlis Ipecacuanha Willd., ein in Brasilien heimischer Halbstrauch (♄), liefert die officinelle, geringelte oder graue Ipecacuanhawurzel (*Radix Ipecacuanhae*), welche circa 15 Proc. Emetin, ein brechenerregendes Alkaloïd, enthält. Die

Fig. 685.

Zweig vom Kaffeebaum, *Coffea Arabica*.

schwarze oder gestreifte Ipecacuanhawurzel, mit einem Gehalt von circa 9 Proc. Emetin, kommt von einer anderen *Rubiacea-Coffeacea*, der *Psychotria emetica Mutis*, einem Halbstrauch in Neu-Granada, die mehlige Ipecacuanha von einer brasilianischen *Rubiacea-Spermacoccea*, der *Richardsonia scabra Hilaire*.

Von den *Rubiaceae-Stellatae* wird *Asperula odorata* (Waldmeister) wegen ihres Gehaltes an Cumarine (Tonkasäure) als Würze des Weines zur Bereitung des Maitrankes benutzt. Die Wurzel der Färberröthe, *Rubia tinctorum*, wird als Medicament gebraucht. Sie enthält Farbstoffe, wie Alizarin, Purpurin, Ruberythrinsäure, Rubichlor-

Fig. 686.

Blüthenstand von *Asperula odorata*.

chlorsäure etc. Die Labkräuter, *Galium verum*, *G. Mollūgo*, *G.*

Fig. 687.

Frucht von Asperŭla odorāta. 3 f. Lin.-Vergr. b dieselbe im Verticaldurchschnitt.

Aparīne u. a. sind bekannte, bei uns heimische Pflanzen. Sie enthalten kein Alkaloïd.

Die Loniceren, *Lonicerěae* Endl., *Caprifoliaceae* Juss., zu denen unter anderen die Gattungen *Viburnum*, *Sambucus*, *Adoxa*, *Lonicěra*, *Linnaea* gehören, sind für uns wegen der *Sambūcus nigra*, Hollunder oder Flieder, wovon die Blüthen und die Früchte officinell sind, von Interesse.

Lonicereae Endl. *(Caprifoliaceae Juss.)*.

Blätter gegenständig, meist ohne Nebenblätter, einfach oder gefiedert.	*Folia opposĭta, plerumque exstipulata, simplicia vel pinnata.*
Blüthen eine endständige Trugdolde (centrifugal aufblühend) bildend oder achselständig.	*Flores terminales cymosi (inflorescentia centrifŭga) vel axillares.*
Kelch 4- oder 5-theilig.	*Calyx quadri- vel quinque-divīsus.*
Blumenkrone oberständig, meist 5-spaltig, bisweilen unregelmässig, in der Knospe geschindelt.	*Corolla epigyna, plerumque quinquefĭda, interdum irregularis; praefloratio imbricata.*
Staubgefässe 5, sehr selten 4 und zweimächtig.	*Stamĭna quina, rarissime quaterna didynăma.*
Pistill mit ganz- oder halbunterständigem, gewöhnlich 3-fächerigem Fruchtknoten, gegenläufigen Eichen und so vielen Narben als Fächern.	*Pistillum: germen infĕrum vel semĭinferum, plerumque triloculare; ovula anatrŏpa; stigmăta tot quot loculi.*
Frucht eine Beere oder Steinfrucht, nur selten saftlos, durch Fehlschlagen oft 1-fächerig, mit 1- oder wenigsamigen Fächern.	*Fructus baccatus vel drupaceus, rarĭus exsuccus, abortu saepe unilocularis, loculis mono- vel olĭgospermis.*

Diese Familie wird in Unterfamilien getheilt z. B. *Sambucineae*, *Viburneae*, *Lonicereae*.

Die *Sambucineae* haben als Unterscheidungsmerkmale eine regelmässige radförmige Blumenkrone, einen 3- bis 5-fächrigen Fruchtknoten mit 1-eiigen Fächern,

die wahren *Lonicereae* eine unregelmässige Blumenkrone, und mehreiige Fächer in dem 3—5-fächrigen Fruchtknoten, die *Viburneae* bei einer regelmässigen radförmigen Blumenkrone nur einen 1-fächrigen, 1-eiigen Fruchtknoten.

Sambucineae: corolla regularis rotata; germen tri- vel quinqueloculare, ovulis solitariis (Sambūcus, Adōxa).

Lonicereae: corolla irregularis; germen tri- vel quinqueloculare, loculis pluriovulatis (Lonicĕra, Linnaea).

Viburneae: corolla regularis rotata; germen uniloculare, uniovulatum (Vibūrnum).

Gattung *Sambucus*.

Blätter fiedertheilig.	*Folia pinnatipartita.*
Kelch 4- oder 5-spaltig, klein.	*Calyx quadri- vel quinquefidus, parvus.*
Blumenkrone 4- oder 5-lappig, radförmig.	*Corolla quadri- vel quinquelŏba, rotata.*
Pistill: Griffel fehlt; 3, sehr selten 5 sitzende Narben.	*Pistillum: stylus nullus; stigmắta terna, rarissime, quina, sessilia.*
Frucht saftig, mit 3, selten 5 knorpelartigen einsamigen Steinfächern.	*Fructus succulentus, pyrēnis ternis, rarius quinis, cartilagineis, monospermis.*

Fig. 688.

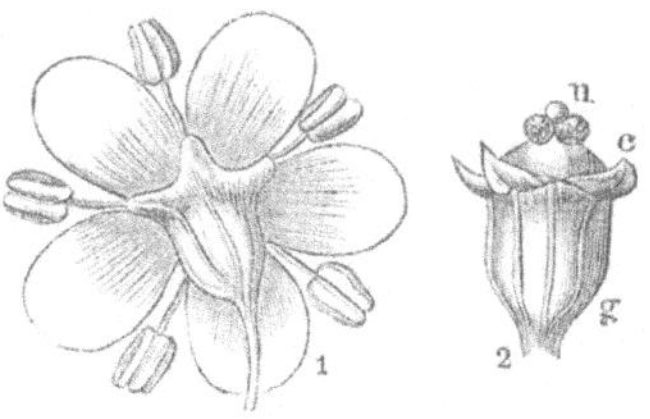

Fig. 689.

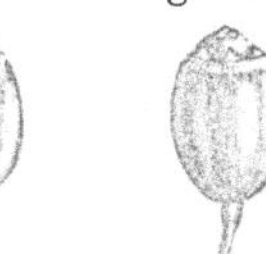
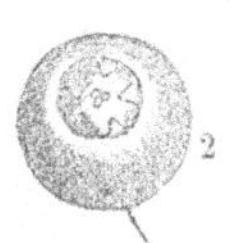

Sambucus nigra. 1. Unreife Frucht, 2. reife Frucht, 2fache Lin.-Vergr.

Sambucus nigra. Blüthe von unten gesehen (3fache Lin.-Vergr.). 2. *Germen semiinferum,* c *calyx epigynus,* n *stigma* (5fache Lin.-Vergr.).

Art *Sambucus nigra*, Hollunder, Flieder.

Kleiner Baum (5) mit weissem Mark.	*Arbuscula (5); medulla alba.*
Blättchen länglich, gekerbtgesägt; Nebenblätter pfriemenförmig oder fehlend.	*Foliola oblonga, crenato-serrata; stipulae subulatae vel nullae.*
Trugdolden 5-strahlig.	*Cymae quinquies radiatae.*

Sambucus Ebŭlus hat einen krautartigen Stengel, und dreistrahlige Trugdolden, *Sambucus racemōsa* ein braungelbes Mark, dann in einen eiförmigen Strauss *(thyrsus ovatus)* zusammengestellte Blüthen, und Blätter mit 2 Drüschen am Grunde.

Viburnum Opŭlus (Schneeball) und *Lonicĕra Caprifolium* (Geissblatt, Je-länger-je-lieber) sind sehr häufig in Gärten gezogene Gewächse.

Bemerkungen. *Caprifolium*, Geissblatt; *capra*, Ziege, Geiss. — *Rubia*, Färberröthe, von *rubeus* oder *ruber*, roth. — *Cinchōna*, nach der Gräfin *Cinchon*, der Gemahlin des Vicekönigs von Peru, so benannt. Den eifrigen Bemühungen dieser Frau, welche 1632 nach Spanien zurückkehrte, verdankte man besonders die Einführung des Gebrauchs und die Verbreitung des medicinischen Rufes der Rinde. — Da man die Abstammung der Chinarinden wenig kannte, so unterschied man sie nach den Gegenden und Provinzen, wo sie gesammelt oder von wo sie in den Handel gebracht wurden. Huanoco, Calisaya, Huamalies, Loxa, Jaën, Uritusinga, Chahuarguera, sind Provinzen oder Städte der Republiken Peru und Bolivia. — *Ladenbergĭa*, nach dem Preussischen Staatsminister *Ladenberg* benannt. — *Cofféa*, benannt nach Kaffah, Distrikt und Stadt in der Tunesischen Berberei in Afrika.

Cephaëlis, von d. griech. κεφαλή (kephălä), Kopf, und εἴλω (eilō), drängen, treiben, wegen des kopfförmigen Blüthenstandes. — *Ipecacuanha*, gebildet (?) aus dem portugiesischen *i* (klein), *pe* (am Wege), *coa* (Kraut). — *Asperŭla*, von *asper* (rauh). — *Lonicĕra*, benannt nach *Lonitzer*, erst Professor zu Mainz, dann Stadtphysikus zu Frankfurt a. M.; (starb 1586). Sein Kräuterbuch erlebte 6 Auflagen.

Lection 119.

Valerianaceen. Dipsaceen.

Valerianaceae (Baldrianartige) und *Dipsaceae* (Kardenartige) sind zwei Familien, welche sich der *Endlicher*'schen Klasse *Aggregatae* (Haufenblüthige) und der Cohorte *Gamopetălae* unterordnen. Daraus ergiebt sich der gemeinsame Charakter, dass ihre Blüthen gehäuft stehen, die einblättrige Blumenkrone einem unterständigen Fruchtknoten aufsitzt, der Fruchtknoten 1-eiig und gewöhnlich auch nur 1-fächrig ist. Die *Aggregatae* unterscheiden sich also genügend von den Caprifoliaceen *Endl. (Rubiaceae, Lonicereae)*, deren Blüthenstände nicht gehäuft sind, und welche einen mehreiigen, 2- und mehrfächrigen Fruchtknoten haben. Sowohl die Valerianaceen wie die Dipsaceen zählen zur Unterklasse *Calyciflōrae* DC.

Valerianaceae.

Kräuter mit geruchloser, oder Halbsträucher meist mit aromatischer Wurzel.

Herbae annuae radīce inodōra, vel suffrutices (pl. perennes) radice plerumque aromatica.

Blätter gegenständig ohne Nebenblätter.

Folia opposĭta, exstipulata.

Kelch. Röhre mit d. Fruchtknoten verwachsen, Rand gezähnt od. in eine Haarkrone auswachsend.

Calyx tubo cum germine connato, limbo dentato vel in pappum excrescente.

Blumenkrone verwachsenblättrig, oberständig, 3- bis 5-spaltig, unregelmässig, am Grunde mit einem Höcker oder einem Sporn.

Corolla gamopetăla, epigўna, tri-, quadri- vel quinquefida, irregularis, in basi gibbosa (s. gibba) vel calcarata.

Staubgefässe 1 bis 5, der Blumenkrone inserirt (epipetal), alternipetal u. frei: Filamente hervorstehend.

Stamĭna solitaria, bina, terna, summum quina, epipetala atque altērnipetăla, libera; filamenta exserta.

Pistill mit einfachem Griffel, 3-spaltiger Narbe; Fruchtknoten unterständig, immer 3-fächrig, aber nur mit einem fruchtbaren Fache, 1-eiig.

Pistillum: stylus simplex; stigma trifĭdum; germen infĕrum, semper triloculare, loculo uno tantum ferfili, unioculato.

Frucht saftlos, nicht aufspringend, vom Kelchsaume gekrönt.

Fructus exsuccus, non dehiscens, limbo calycis coronatus.

Samen eiweisslos. mit geradem Keim u. nach d. Fruchtspitze gerichtetem Würzelchen.

Semen exalbuminosum, embryone recto, radiculā supĕrā.

Gattung: *Valeriāna*, Baldrian.

Kelchsaum anfangs eingerollt, später in eine Federkrone auswachsend.

Calycis limbus primum involutus, postea in pappum plumosum excrescens.

Blumenkrone trichterförmig, vorn am Grunde mit Höcker, mit 5-spaltigem Saume.

Corolla infundibuliformis, in basi antice gibbosa, limbo quinquefĭdo.

Staubgefässe 3.

Stamĭna terna (Triandria L.).

Frucht, eine 1-fächrige, von einer Federkrone gekrönte Schliessfrucht.

Fructus: achaenium uniloculare, limbo calycis papposo coronatum.

Von der Art *Valeriāna officinālis* wird die **Baldrianwurzel** *(Radix Valerianae)* gesammelt, deren wichtigste Bestandtheile aetherisches Oel, Harz und Baldriansäure sind. Weniger wirksam ist die grosse Baldrianwurzel *(Radix Valerianae major)*, welche früher von *Valeriāna Phu* gesammelt wurde.

Art *Valeriana officinalis.*

Stengel aufrecht, gefurcht, bisweilen mit Ausläufern.	*Caulis erectus sulcatus, interdum stolonĭfer.*
Blätter unpaarig-fiedertheilig, Fiederblättchen lancettlich, entfernt gesägt oder fast ganzrandig.	*Folia impări-pinnatipartita; foliŏla (pinnae) lanceolata, remōte serrata vel subintegerrima.*
Blüthen Zwitter, rispig-doldentraubig, fleischfarben.	*Flores hermaphrodīti, corymboso-paniculati, carnei.*
Früchte kahl.	*Fructus glabri.*

Es kommt diese Art in mehreren Varietäten vor, von welchen *α altissima* an den tiefgesägten, *β angustifolia* an den schmäleren, fast ganzrandigen Fiederblättchen zu erkennen ist. Die letztere Varietät giebt die kräftigere Baldrianwurzel.

Valeriana Phu unterscheidet sich durch einen nicht gefurchten glatten Stengel, *Valeriana dioica* durch einen 4-kantigen Stengel und zweihäusige Blüthen, *Valeriana Celtica* (auf den Alpen des mittleren Europas) durch ganzrandige Blätter, linienförmige, fast zu 2 stehende Stengelblätter und zweihäusige Blüthen.

Valeriana Phu differt caule terĕte laevi, Valeriana dioica caule tetragōno et floribus dioecis, Valeriana Celtica foliis integerrimis, caulīnis linearibus subbīnis, floribus dioecis.

Der hochwachsende Baldrian, *Valeriāna officinalis, Variet. altissima*, wächst häufig bei uns auf Graben- und Wiesenrändern, in feuchten Gebüschen, überhaupt auf gutem feuchtem Boden, die Varietät *angustifolia* aber auf trocknem kalkigem und steinigem Boden. Die Blüthezeit fällt in den Anfang des Sommers.

Valeriana officinalis, varietas altissima, satis frequens crescit ad fossārum pratorumque margines, in fruticētis humentibus, ubique obvia in solo meliore humido, varietas autem angustifolia in locis siccis calcareis inter lapĭdes. Florescit aestate ineunte.

Zu den Valerianeen gehört auch die häufig als Salat benutzte **Rapunzel**, *Valerianella olitoria* Moench *(Fedia olitoria) Valerianella a Valeriana differt calyce dentato, fructu triloculari (loculo unico fertili), caule dichotŏmo, foliis spathulatis, superioribus plerumque inciso-dentatis.*

Die Dipsaceen, *Dipsaceae*. *Dipsacaceae*, unterscheiden sich von den Valerianeen durch einen dichten kopfförmigen Blüthenstand, indem die Blüthen einem gemeinschaftlichen, von einer Hülle umschlossenen Blüthenboden aufgesetzt sind, und wiederum die einzelne Blüthe von einem membranösen Hüllchen umgeben ist, und durch eine von dem Hüllchen noch bedeckte Schliessfrucht.

Dipsacaceae a Valerianaceis discrepant floribus in capitulum dispositis, receptaculo communi atque involucro incluso impositis, singulis involucello cinctis, achaenio involucello adhuc obtecto.

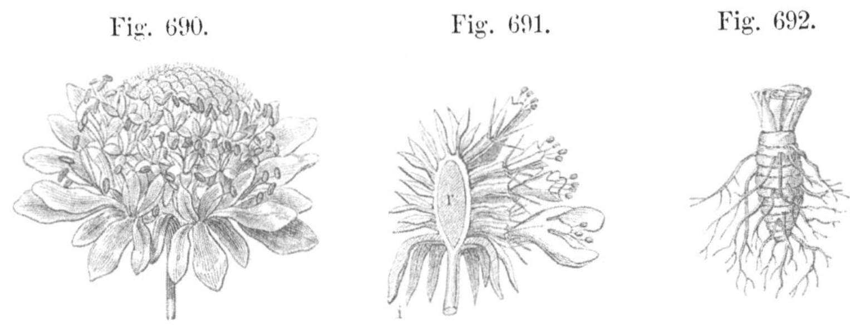

Fig. 690.	Fig. 691.	Fig. 692.
Blüthenkopf von *Scabiosa atropurpurea*.	Derselbe im Vertical-Durchschnitt. *i* Hüllkelch, *r* Hauptachse, Spindel (*rhachis*).	*Radix praemorsa* von *Succisa pratensis Moench.* (½ Grösse.)

In dieser Familie finden wir z. B. die Gattungen *Trichera*, *Scabiosa*, *Succisa*. *Succisa pratensis* Moench gab die früher officinelle Teufelsabbisswurz *(Radix Morsus diaboli s. Succisae)*.

Lection 120.

Compositen.

Eine sehr grosse Familie bilden die Compositen, *Compositae* (Zusammengesetztblüthige), welche wie die Valerianeen und Dipsaceen zu der *Endlicher*'schen Klasse der *Aggregatae* (Haufenblüthige) und der Cohorte *Gamopetalae* zählen. Ihr Hauptcharakter besteht in einem Blüthenstande, welchen *Linné* mit *flos compositus*, *Mirbel* mit *calathidium*, *Ehrhart* so wie *Link* mit *anthodium* bezeichneten. Der Kelch ist mit dem Fruchtknoten verwachsen, die Blumenkrone gamopetal und oberständig, und die Staubbeutel sind einwärtsgerichtet und zu einer Röhre verwachsen. Die Compositen füllen also die *Linné*'sche 19. Klasse, *Syngenesia*, aus. Zur leichteren Uebersicht finden wir von *Linné* bereits die *Syngenesia* nach dem Geschlecht in 5 Ordnungen abgetheilt. Siehe

Fig. 693.	Fig. 694.	Fig. 695.

Zungenblüthe einer Composite. a *Achaenium*, b *pappus*, g *stylus*, e *anthērae connatae*, f *stigma*, d *ligula*, c *tubus corollae ligulatae*.

Durchschnitt des Blüthenstandes einer Composite. *f* gemeinschaftlicher Blüthenboden (*receptaculum*), *i* Hüllkelch (*peranthodium*), *s* Spreublätter (*paleae s. bracteolae*). *a* Randblüthen, Strahlblüthen (*flores radii*), *b* Scheibenblüthen (*flores disci*).

Scheibenblüthe von *Arnīca montāna*. fr *Achaenium*, p *pappus*, f c *corolla*, t *tubus corollae*, a *antherae connatae*, st *stigma*. Vergr.

S. 352, 353. *Jussieu* theilte die Compositen nach dem Habitus in 3 Gruppen, in *Cichoraceae, Cynărocephalĕae* und *Corymbifĕrae, Decandolle* und *Endlicher* in folgende Unterordnungen:

Subordo I. *Ligŭliflōrae. Omnes flores hermaphrodīti* (☿), *ligulati*. Zungen- oder Bandblüthige. Alle Blüthen sind zwitterig und zungenförmig. Unterfamilie: *Cichorieae*.

Subordo II. *Labiātiflōrae. Flores hermaphrodīti* (☿), *saepissime labiati*. Lippenblüthige. Zwitterblüthen gewöhnlich zweilippig. Unterfamilien: *Mutisiaceae, Nassauvieae*, Gattungen dieser Familien kommen in Europa nicht vor.

Subordo III. *Tubŭliflōrae. Flores hermaphrodīti* (☿), *tubulosi quinquedentati*. Röhrenblüthige. Zwitterblüthen röhrig und 5-zähnig. Unterfamilien nach *Lessing: Eupatorieae, Cynareae, Tussilagineae, Helichryseae, Artemisieae, Anthemidĕae, Senecioneae, Heliantheae, Eclipteae, Asteroïdeae, Calenduleae.*

Für uns ist die *Jussieu*'sche Eintheilung oder eine derselben entsprechende die bequemste:

I. *Flores omnes ligulati*. Blüthen sämmtlich zungenförmig (*Cichoraceae* Juss.).

II. *Flores omnes tubulosi*. Sämmtliche Blüthen röhrig (*Cynărocephalĕae* Juss.). Unterfam. nach *Lessing: Eupatorieae, Cynareae, Tussilagineae, Helichryseae, Artemisieae.*

III. *Flores disci tubulosi, radii ligulati.* Röhrenblüthen auf der Scheibe und zungenförmige Randblüthen (*Corymbiferae* Juss.). Unterfam. nach *Lessing: Anthemideae, Senecioneae, Heliantheae (Bidenteae), Eclipteae, Asteroïdeae, Calenduleae.*

Fig. 696.   Fig. 697.   Fig. 698.

Flores omnes ligulati s. anthodium flosculosum. Peranthodium duplex.
Flos cichoraceus.

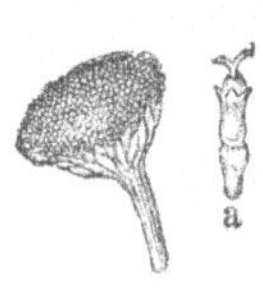

Flores omnes tubulosi s. anthodium discoideum (von *Tanacetum vulgare*). Natürl. Gr.
a Einzelne Blüthe.
Flos cynarocephaleus.

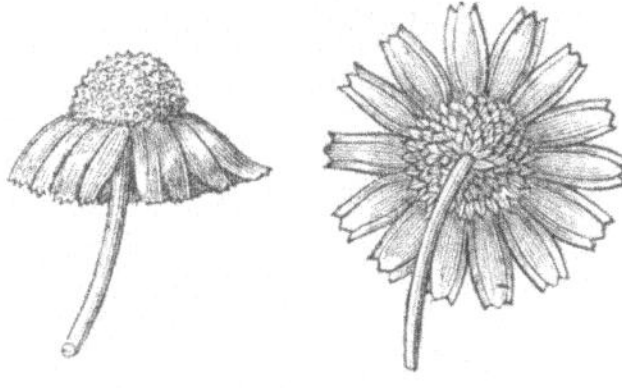

Flores disci tubulosi, radii ligulati s. anthodium radiatum (von *Pyrethrum Parthenium*). *Peranthodium imbricatum.*
Flos corymbiferaceus.

Compositae.

Stauden oder Sträucher.	*Herbae perennes vel frutices.*
Blätter meist zerstreut, seltner gegenständig, ohne Nebenblätter.	*Folia plerumque sparsa, rarius opposita, exstipulata.*
Blüthen in einem Blüthenkörbchen zusammenstehend, einem gemeinschaftlichen Blüthenboden aufgesetzt und von einem Hüllkelch umgeben.	*Flores in anthodium (capitŭlum) compositi, receptaculo communi impositi, peranthodio (involucro s. calyce communi) cincti.*
Kelch gewöhnlich eine Haarkrone, meist strahlig, seltner einen kronenförmigen Rand bildend.	*Calyx plerumque pappus, saepius radiatus, rarius marginem coroniformem sistens.*
Blumenkrone oberständig, bei den Zwitterblüthen mit 5-zähnigem, bei den weiblichen Blüthen mit 3-zähnigem Saume, in der Knospe klappig.	*Corolla epigyna, in floribus hermaphroditis limbo quinquedentato, in floribus femineis tridentato; praefloratio valvacea.*
Staubgefässe 5, der Blumenkrone eingefügt und mit den Zahnzipfeln derselben abwechselnd; Staubbeutel nach innen gewendet und in eine Röhre verwachsen, an der Spitze immer mit häutigem Anhängsel.	*Stamina quina, epipetala atque alternipetala; antherae introrsae, in tubum connatae, semper in apice appendice membranaceā munitae.*

Pistill: Griffel 1; Narben 2; Früchtknoten unterständig, endigend in eine epigynische Scheibe, 1-fächerig, 1-eiig. Eichen aufrecht, gegenläufig.

Frucht eine Schliessfrucht mit eiweisslosem Samen. Keim gerade, das Würzelchen nach der Basis der Frucht gerichtet.

Pistillum: stylus unus; stigmăta bina; germen infĕrum, disco epigy̆no terminatum, uniloculare, uniovulatum. Ovulum erectum, anatrŏpum.

Fructus achaenium semine exalbuminoso. Embryo rectus, radicula infĕra.

Lection 121.

Compositaε-Cichorieae. Compositae-Cynareae.

Die erste Gruppe der Compositen bilden die *Composĭtae-Cichoracĕae* oder diejenigen mit Blüthen, welche sämmtlich zungenförmig sind.

Cichoraceae. *Flores omnes ligulati.*

Allgemeine Merkmale sind: milchsaftführend; zerstreute Blätter, Blüthen zwitterig, zungenförmig, 5-zähnig; Griffel cylindrisch; Narbe zurückgerollt, linienförmig.

Plantae lactescentes; folia sparsa; flores hermaphrodĭti ligulati quinquedentati; stylus cylindricus, stigmata revoluta, linearia. Syngenesĭa aequālis, Cl. XIX., 1 Linn.

Die Gattungen schichten sich, je nachdem der Blüthenboden nackt oder mit Spreublättern bedeckt ist, und danach, ob die Samenkrone *(pappus)* haarig und gestielt *(Lactūca, Taraxăcum)*, oder haarig und sitzend *(Crepis, Hieracium, Sonchus)*, oder federig und gestielt *(Tragopōgon)*, oder federig und sitzend *(Scorzonēra)*, oder spreuartig ist *(Cichorĭum)*. Die Unterscheidung der Gattungen dieser Unterfamilie ist demnach nicht schwierig. Die für uns wichtigsten Gattungen sind *Lactūca, Taraxacum* und *Cichorĭum.*

Lactuca.

Hüllkelch walzig, ziegeldachförmig.

Blüthenboden nackt.

Schliessfrüchte flach zusammengedrückt, vielmals gerippt, mit gestielter Haarkrone.

Peranthŏdium cylindricum imbricatum.

Receptaculum nudum.

Achaenia plane compressa, multicostulata; pappus pilosus stipitatus.

Lactūca virōsa, Giftlattig.

Stengel rispig, unterhalb stachelig. ②.	*Caulis paniculatus, inferne aculeatus. Herba biennis.*
Blätter horizontal gerichtet, an der Basis pfeilförmig-stengelumfassend, länglich oval, stumpf, weichstachelspitzig-gezähnelt, untere buchtig, obere ganzrandig; mit einer mit Stacheln besetzten Mittelrippe.	*Folia horizontalia, in basi sagittata amplexicaulia, ovali-oblonga, obtusa, mucronato-denticulata, infima sinuata, superiora intĕgra; carinā aculeatā.*
Blumen gelb. **Achänien** schwarz, breit gerandet und an der Spitze kahl.	*Flores flavi. Achaenia atra, latiuscule marginata, apice glabra.*

Lactūca Scariŏla differt: *foliis verticalibus acutis, runcinato-pinnatifidis* (durch verticalstehende spitze, schrotsägeförmig-fiederspaltige Blätter); *Lactūca satīva* (Gartensalat, Kopfsalat) *differt:*

Fig. 699.

Lactuca virosa. c pappus stipitatus.

caule corymboso, foliis basi cordatis, carīna plerumque laevi (durch doldentraubigen Stengel, am Grunde herzförmige Blätter mit meist glatter Mittelrippe).

Von *Lactūca virōsa* wird das frische Kraut zur Extractbereitung gebraucht, und in England der aus den Einschnitten fliessende getrocknete Saft als *Lactucarium* gesammelt. In ähnlicher Weise wird das französische Lactucarium, *Thridax*, von *Lactūca satīva* gesammelt. Der Milchsaft der einen wie der anderen Species ist narkotisch.

<h3 style="text-align:center">Gattung: Tar a x ă c u m.</h3>

Hüllkelch umhüllt, äusserer Blattkreis zurückgebogen od. abstehend.	*Peranthodium calyculatum, phyllis exterioribus reflexis vel patentibus.*
Blüthenboden nackt.	*Receptaculum nudum.*
Schliessfrüchte etwas zusammengedrückt, gerieft, oberhalb höckerig.	*Achaenia subcompressa, costata, superne tuberculata.*
Samenkrone haarig gestielt.	*Pappus pilosus stipitatus.*

<h3 style="text-align:center">Art: Taraxacum officinale Weber, Löwenzahn.
Leontŏdon Taraxăcum L.</h3>

Blätter nur grundständig, schrotsägeförmig.	*Folia omnia radicalia, runcinata.*
Blüthenschaft röhrig, einköpfig; Blüthen gelb; Achänien umgekehrt eiförmig, riefig, eckig.	*Scapus fistulosus, monocephălus; flores lutei; achaenia obovata costata angulata.*

Der Löwenzahn, ein Staudengewächs (♃), wächst fast überall auf trocknen und feuchten Grasplätzen, auf sandigen und unfruchtbaren Stellen. Blüthezeit im Frühling und im Anfange des Sommers. *(Herba redivīva (♃); ubique in locis graminosis siccis et humidis, in arenosis et sterilibus frequens. Floret vere et prima aestate.)* Sowohl Kraut wie Wurzel sind officinell. *(Herba et Radix Taraxăci.)*

Fig. 700.

Taraxăcum officinăle. a Der Blüthenkorb (*anthodium*) steht auf einem Schaft. b Oberer Theil des fruchttragenden Schaftes mit den gestielten Samenkronen. ¹/₄ Grösse.

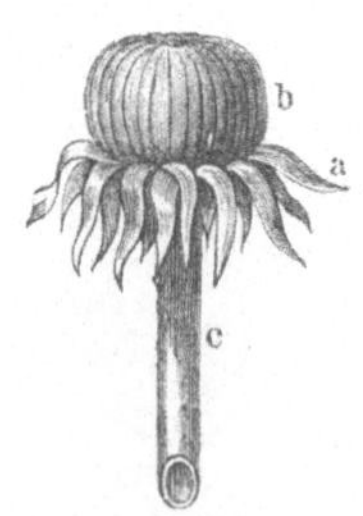

Fig. 701.

Noch unentwickelter Blüthenstand von *Taraxacum officinale Weber*. a b gekelchter Hüllkelch (*peranthodium calyculatum*), der äussere (*a*) zurückgebogen (*reflexum*). c Oberer Theil des Schaftes.

Die Gattung *Cichorium* hat als Merkmale: einen doppelten, äusseren 5-blättrigen, inneren 8-theiligen Hüllkelch; zusammengedrückte vierkantige Achaenien; eine sehr spreublättrige Samenkrone. *Cichorium discrepat peranthodio duplici, exteriore pentaphyllo, interiore octopartito; achaeniis compressis tetragonis; pappo multipaleaceo.*

Cichorium Intybus (Wegwart, Cichorie) mit schrotsägeförmigen Wurzelblättern mit hackerig scharfer Mittelrippe, eilancettförmigen Hochblättern, winkelständigen Blüthenkörbchen. Blüthen blau, selten weiss. Die Wurzel, *Radix Cichorii*, war früher officinell. Die Wurzel der angebauten Pflanze wird geröstet als Kaffeesurrogat gebraucht.

Cichorium Endivia Willd. (Endivie) hat am Grunde breitgeöhrte oder herzförmige Hochblätter.

Cynarocephaleae Juss. *Flores omnes tubulosi.*

Cynareen, *Cynareae*, eine Unterfamilie der Compositen mit den Merkmalen: Blätter zerstreut, Blüthenboden meist borstig; alle Blüthen röhrig und ☿ (seltner zweihäusig, oder geschlechtslose Randblüthen); Griffel oberhalb knotig-verdickt; Narben zusammenneigend, nach aussen etwas flaumhaarig.

Compositae-Cynareae: Folia sparsa; receptaculum plerumque setosum; flores omnes tubulosi hermaphroditi (☿) (rarius dioeci vel marginales neutri): styli superne nodoso-incrassati; stigmata connicentia, extrinsecus puberula.

Die Gattungen dieser Unterfamilie gruppiren sich nach der Samenkrone, ob diese vorhanden ist, oder vor der Fruchtreife abfällt oder ausdauert, je nach der Beschaffenheit des Hüllkelches etc. Einen ziegeldachartigen Hüllkelch haben *Cirsium, Cynara, Carthamus, Lappa. Silybum,* einen doppelten Hüllkelch *Carlina.* Unbewaffnete oder nur einfach dornige Hüllkelchblätter haben *Cirsium, Cynara:* am Rande und an der Spitze dornige Hüllkelchblätter haben *Carthamus, Silybum, Lappa.* Eine bleibende vielreihige Haarkrone findet sich bei *Centaurea* und *Serratula,* und zugleich in doppelter borstenartiger Form bei *Cnicus.*

Centaurea.

Hüllkelchblätter verschieden (nämlich bald unbewaffnet, bald dornig).	*Peranthodii phylla varia (aut inermia, aut spinosa).*
Blüthenboden spreuartig-borstig.	*Receptaculum setoso-palaceum.*

Randblüthen 1-reihig, strahlend, geschlechtslos, Scheibenblüthen ☿. | *Flores marginales uniseriales, radiantes, neutri, disci hermaphroditi.*
Schliessfrüchte zusammengedrückt, mit einem seitlichen Höfchen (seitlichen Nabel). | *Achaenia compressa, areŏlā laterali (hilo laterali).*
Samenkrone mehrreihig, bleibend, borstig, mit einer innersten Reihe aus kürzeren zusammenneigenden Borsten bestehend; fehlt zuweilen. | *Pappus pluriserialis, persistens, setosus, serie intĭmā setarum breviorum conniventium, interdum nullus.*

Syngenesia frustranĕa Linn.

Art *Centaurēa Cyănus*, Kornblume.

Stengel aufrecht, ästig. | *Caulis erectus ramosus.*
Blätter wie der Stengel dünnspinnewebig-filzig; unterste Blätter fiederspaltig und gegen die Basis gezähnt, obere ungetheilt oder mit ganzrandigen linienförmigen Lappen. | *Folia et caulis tenŭiter arachnoĭdeo-tomentosa, infĭma pinnatifĭda, ad basin dentata, superiora integra vel laciniis linearibus integerrimis.*
Hüllkelchblätter am Rande fransig-gesägt, brandfleckig (mit rostfarbenen Flecken). | *Peranthodii phylla margine serrato-fimbriata, sphacelata (maculis ferrugineis).*

Fig. 702.

Centaurēa Cyănus. a Anthodium, b geschlechtslose Randblüthe, c Scheibenblüthe.

Von *Centaurēa Cyănus* werden zuweilen die Blüthen, Kornblumen (*Flores Cyăni*), gesammelt. Sie bewahren beim Trocknen ihre blaue Farbe sehr gut. Wirksame Bestandtheile enthalten sie nicht. ① oder ②, auf allen Getreidefeldern.

Die Gattung *Cnicus* unterscheidet sich von *Centaurēa* durch die mit fiederdorniger Spitze versehenen inneren Hüllkelchblätter und durch eine doppelte Samenkrone, deren äussere Reihe aus kürzeren Borsten besteht. (*Syngenesia frustranea.*) *Cnicus a Centaurea discrepat peranthodii phyllis interioribus in apĭce pinnato-spinosis, et pappo duplĭci, exteriŏre breviore.*

Die Art *Cnicus benedictus* (*Cardŭus benedictus* Cam.), aus dem Orient stammend, liefert das bitterstoffhaltige Benedicten- oder Kardobenedictenkraut *(Folia Cardŭi benedicti)*. Sie hat stengelumfassende, buchtig-halbgefiederte, dornig-gezähnte, zottige

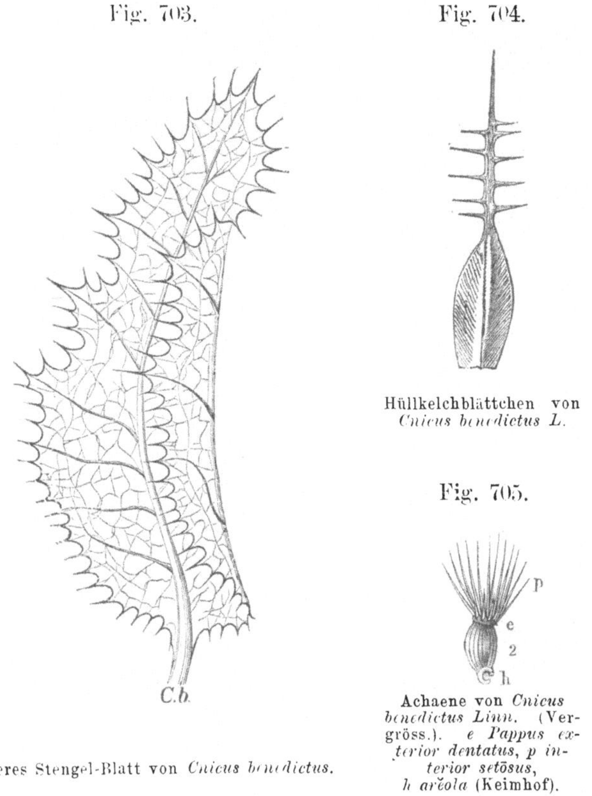

Fig. 703.

Fig. 704.

Hüllkelchblättchen von *Cnicus benedictus L.*

Fig. 705.

C.b.

Oberes Stengel-Blatt von *Cnicus benedictus.*

Achaene von *Cnicus benedictus Linn.* (Vergröss.). *e Pappus exterior dentatus, p interior setōsus, h arĕola* (Keimhof).

Blätter und endständige, von Hochblättern umschanzte Blüthenköpfe. *Differt: foliis amplexicaulibus, sinuato-semipinnatifidis, villosis, spinoso-dentatis et capitŭlis terminalibus bractèis obvallatis.*

Die Klettenwurzel *(Radix Bardănae)* wird von den Arten *Lappa officinalis, minor* und *tomentosa* gesammelt.

Lappa unterscheidet sich von den vorhergehenden Arten durch pfriemförmige, an der Spitze hakig gebogene Hüllkelchblätter, ganz kahle Achänien und durch eine kurze abfallende Haarkrone. *(Syngenesia aequalis.)*

Lappa a generibus antecedentibus differt: phyllis paranthodii subulatis, in apice uncinatis, achaenĭis glabris et pappo piloso brevi deciduo.

Lappa officinalis All. (Arctium Lappa L.) unterscheidet sich durch grüne Hüllkelchblätter, *Lappa tomentosa Lmk (Arctium Bardăna Willd.)* durch dicht-spinnenwebig-filzige Hüllkelchblätter, von welchen die innersten stumpf und mit gerader krautartiger Stachelspitze versehen sind, *Lappa minor DC.* durch die nur schwach-spinnenwebig-filzigen Hüllkelchblätter, von denen die innersten an der Spitze purpurfarbig sind. *Lappa off. diff. phyllis peranthodii viridibus, L. tomentosa Lmk phyllis dense arachnoïdeo-tomentosis, intimis obtusis, mucrōne recto munūtis, L. minor DC. phyllis subarachnoïdeis, intimis in apĭce purpureis. Plantae biennes* ②.

Fig. 706.

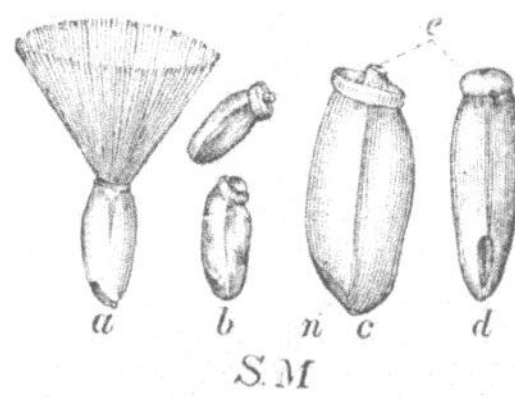

Frucht (Achäne) von *Silўbum Mariānum, a* mit Pappus (natürl. Grösse), *b* ohne Pappus, *c* die Frucht vergrössert, *d* dieselbe von vorne gesehen, *n* Nabel, *e* epigynische Scheibe.

Silўbum Mariānum Gaert. (Mariendistel), im südlichen Europa, liefert in seinen Früchten die Stechkörner, Stichelkörner *(Fructus Cardŭi Mariae).* *Silўbum* hat äussere blattartige, rinnenförmige, am Rande und an der Spitze dornige Hüllkelchblätter, monadelphische Staubfäden und die Strahlen der Haarkrone an ihrem Grunde zu einem Ringe verwachsen. Die Art unterscheidet sich durch glänzende, weiss-gefleckte oder milchweiss-adrig-marmorirte, dornig-gezähnte Blätter. *(Syngenesia aequalis.)*

Silўbum discrepat: peranthodii phyllis exterioribus foliaceis canaliculatis, in margĭne et apĭce spinosis, filamentis monadelphis, atque radĭis pappi pilosi in basi ad annulum coalescentibus. Species S. Mariānum differt: folĭis nitĭdis, albo-maculatis, spinoso-dentatis.

Bemerkungen. *Lactūca* (Milchkraut) von *lac, lactis,* Milch, wegen des Milchsaftes, daher auch der Name Lattich. — *Taraxăcum,* von τάραξις (taraxis), Beunruhigung, und ἄκος (akos), Heilmittel. — *Leontŏdon* (Löwenzahn), λέων (leōn), Löwe, und ὀδών (odōn), Zahn. — *Cynĕrocephalĕae, cynarocephaleae* (Artischockenköpfige), κυνάρα (kynăra), Artischocke, und κεφαλή (kephalä), Kopf. — *Centaurĕa,* griech. κενταύρειον, nach *Chiron Centaurus* so benannt. — *Cyănus,* griech. κύανος, blaue Farbe. — *Cnicus,* von κνίζω (knizō), durch Berührung der Haut einen unangenehmen Reiz, Jucken, hervorbringen, eine Hindeutung auf die dornige Blätterzahnung. — *Lappa,* von λαμβάνω (lambanō), fassen, packen, wegen der hakigen Hüllkelchblätter. Uebrigens nennen *Plinius* und *Virgil* die Klettenpflanze *lappa.* — *Silybum Marianum Gaertner* oder *Carduus Marianus Linn.* verdankt seine Art-Bezeichnung der Legende, dass ein Tropfen Milch der Jesus-Mutter *Maria* auf die Pflanze fielen und die Blätter derselben weissfleckig machten.

Lection 122.

Unter der Ueberschrift *Flores omnes tubulosi* findet auch die Unterfamilie *Helichryseae* ihren Platz. Ihre abweichenden Merkmale sind: Randblüthen sehr dünn und ♀, 3-zähnig, Scheibenblüthen ☿, 5-lappig; Antheren am Grunde 2-borstig.

Compositae-Helichryseae: Flores marginales tenuissimi, feminei tridentati. disci hermaphroditi, quinquelobi; antherae basi bisetae (Syngenesia superflua L.).

Hierher die Gattungen *Helichrysum*, *Gnaphalium*, *Antennaria* etc. *Helichrysum* mit den Merkmalen: ziegeldachförmiger, rasselnder, gefärbter Hüllkelch, mit 1-reihigen oder fehlenden Randblüthen; *Gnaphalium:* mehrreihige Randblüthen; *Antennaria:* 2-häusige Blüthen, Strahlen des Pappus der männlichen Blüthe an der Spitze verdickt. Wegen dieser keulenförmigen Pappusstrahlen gab man der Gattung auch den Namen (*antenna*, Fühlhorn, Segelstange).

Fig. 707.

Staubgefäss von *Helichrysum arenarium*. Anthera biseta, s setae, c connectivum.

Helichrysum ab aliis Helichryseis differt: perianthio imbricato scarioso colorato, floribus marginalibus uniserialibus vel nullis; Gnaphalium floribus marginalibus pluriserialibus; Antennaria floribus dioecis. radiis pappi florum masculorum in apice incrassatis.

Die Blüthen von *Helichrysum arenarium* DC. *(Gnaphalium arenarium L.)*, Immortelle, Katzenpfötchen, waren früher officinell *(Flores Stoechadis citrinae).*

Die Unterfamilie *Artemisiaceae* unterscheidet sich von den *Helichryseae* nur durch an der Basis stumpfe Antheren. Gatt. *Artemisia, Tanacetum.*

Compositae-Artemisiaceae ab Helichryseis differunt, antheris in basi muticis (Syngenesia superflua).

Gattung *Artemisia.*

Hüllkelch ziegeldachförmig.	*Peranthodium imbricatum.*
Blüthenboden nackt, mitunter zottig.	*Receptaculum nudum, interdum villosum.*

Randblüthen fadenförmig, 1-reihig und weiblich, schwach gezähnelt, oder 0. Schliessfrüchte ohne Pappus, unbehaart.	*Flores marginales filiformes, uniseriales, feminei, subdenticulati, interdum nulli.* *Achaenia epappōsa, glabra.*

Artemisia Absinthium, Wermuth, ist ein bei uns häufiges Staudengewächs (♃), von welchem die Blätter und blühenden Spitzen gesammelt und getrocknet das officinelle **Wermuthkraut** *(Herba Absinthii)* geben. Unterscheidende Merkmale sind: ein sehr bitterer Geschmack, ein weisslichgrauer Ueberzug, auf beiden Seiten weissgrau-seidenglänzende Blätter, 3-fach fiederspaltige Wurzelblätter, zweifach- oder einfach-fiederspaltige Stengelblätter, obere ungetheilte Blätter, mit lancettförmigen **stumpfen** oder spathelförmigen Fiederlappen; fast kugelige, **nickende** filzig behaarte Blumenköpfchen. Die Blüthen dieser Art sind gelblich oder röthlich-gelb.

Artemisia vulgaris (Beifuss) weicht durch die nur auf der **unteren Fläche weissfilzigen** Blätter, **spitze** lancettförmige Fiederlappen, längliche **aufrechte** filzig-behaarte Blumenköpfchen und den Mangel des bitteren Geschmacks ab;

Artemisia campestris (Feldbeifuss) durch die beinahe unbehaarten, unteren geöhrten Blätter, linienfadenförmige Fiederlappen und **unbehaarte** eiförmige Blüthenköpfchen;

Artemisia Abrotănum (Eberraute) durch ihre fast anliegenden Aeste, **unbehaarte** Blätter, **fadenförmig-borstenartige** Fiederlappen und fast kugelige nickende **weissgraue** Blüthenköpfchen.

Artemisia Absinthium a reliquis speciebus differt: sapore amarissimo, canitie sericea, foliis utrinque sericeo-incanis, radicalibus tri-, caulinis pinnatifidis bipinnatifidisve, summis indivisis, laciniis lanceolatis obtusis sive spathulatis, capitulis (anthodiis) subglobosis nutantibus tomentosis;

A. vulgaris: foliis subtus albo-tomentosis, laciniis lanceolatis acutis, capitulis oblongis erectis, tomentosis;

A. campestris: foliis glabriusculis, inferioribus auriculatis, laciniis lineari-filiformibus, capitulis ovatis glabris;

A. Abrotănum ramis subadpressis, foliis glabris, laciniis filiformi-setaceis, capitulis subglobosis nutantibus incanis.

Die **Eberraute** *(Herba Abrotăni)* wird von der *Artemisia Abrotănum*, die Beifusswurzel *(Rad. Artemisiae)* von *Artemisia vulgaris* gesammelt. Der Filz der Blätter von *Artemisia Moxa* Lindl.

(in China) wird zu Moxen (Brenncylindern, Brennbäuschchen) angewendet.

Aus der Abtheilung *Seriphidium* (nackter Blüthenboden und alle Blüthen ☿) liefern einige Artemisiaarten, wie *Art. pauciflora* (Asien). *Art. Lercheāna* Stechmann u. a., in ihren nicht völlig aufgeblüthen Köpfchen den sogenannten Zittwer- oder Wurm- samen *(Flores Cinae)*.

Fig. 708.

F.C.

Flores Cinae, a Levantische, b Indische Sorte, beide 5 fach vergr., c Berberische Sorte, 10 fach vergr.

Die Arten der Gattung *Artemisia* hat man in 4 Abtheilungen geschichtet, a *Dra- cunculus*, b *Serephidium*, c *Abrotănum*, d *Ab- sinthium*.

Tanacētum: mit ziegeldachförmigem halbkugligem Hüllkelch, nacktem convexem Blüthenboden, fadenförmigen einreihigen weiblichen Randblüthen, kantigen, an der Spitze mit feingekerbtem Krönchen be- randeten Schliessfrüchten, versehen mit grosser epigynischer Scheibe, welche so breit als die Frucht ist (bei *Artemisia* ist die epigynische Scheibe sehr klein).

Fig. 709.

Blüthenstand von *Tanacetum vulgare*. a Scheibenblüthchen.

Tanacētum vulgare, Rainfarn, hat doppelt fiederspaltige, *Ta- nacetum Balsamīta* längliche gesägte Blätter.

Tanacetum: Peranthodium imbricatum; receptaculum nudum; flores marginales feminei filiformes uniseriales, disci hermaphroditi; achaenia angulata, in apice coronulā crenulatā marginata; discus epigynus magnus, fructūs latitudinem aequans.

Flores disci tubulosi, radii ligulati

(Corymbiferae Juss.)

bilden die dritte Section der Compositen, welcher sich die Un- terfamilien *Anthemideae, Senecioneae, Heliantheae, Eclipteae, Aste- roïdeae* und *Calenduleae* unterordnen. Die gemeine Kamille *(Ma- tricaria Chamomilla)*, die Schaafgarbe *(Achillēa Millefolium)*, die Sonnenblume *(Heliānthus annŭus)*, die Aster *(Aster)* sind von Jeder- mann gekannte Gewächse, in deren Habitus und Blüthenbau sich die äusseren Merkmale der Abtheilung „*flores disci tubulosi, radii ligulati*" leicht kenntlich ausgeprägt vorfinden.

Unter den erwähnten Unterfamilien treffen wir bei den *Heliantheae* und *Eclipteae* gegenständige Blätter an, bei diesen beiden und bei *Anthemideae* und *Senecioneae* cylindrische Griffel mit Narben, welche an der Spitze entweder pinselförmig, oder abgestutzt sind, oder in Gestalt eines borstigbehaarten Kegels auslaufen, bei den *Senecioneae, Asteroïdeae* einen *pappus pilosus.*

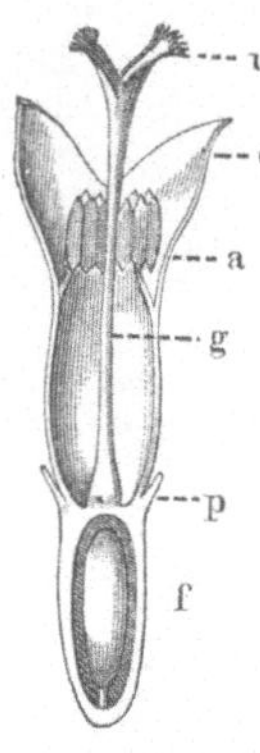

Fig. 710.

Verticaldurchschn einer Scheibenblüthe von *Py-rĕthrum Parthenium.*(10f. L.-Vergr.). f *Achaenium,* g *stylus,* n *stigma apice penicillato,* a *antherae ad tubum connatae,* c *co-rolla,* p *pappus.*

Unterfam. *Anthemidĕae (Chrysanthemoïdeae)* nach *Lessing* mit den Merkmalen: Blätter zerstreut; Blüthen des Strahls 1-reihig, zungenförmig (3-zähnig), ♀, seltener geschlechtslos, die der Scheibe ☿, röhrig (5-zähnig); Griffel cylindrisch; Narben an der Spitze pinselförmig, abgestutzt oder in einen borstig-rauhbehaarten Kegel endigend; Samenkrone 0 oder klein und kronenförmig. Meist *Syngenesia superflua.*

Compositae-Anthemideae: Folia sparsa; flores radii uniseriales, ligulati (tridentati), feminei, rarius neutri; flores disci hermaphroditi, tubulosi (quinquedentati); stylus cylindraceus; stigmăta in apĭce penicillata, truncata vel cono hispido terminata; pappus nullus vel parvus coroniformis. Antherae basi muticā.

Die Gattungen lassen sich schichten, je nachdem sie einen nackten Blüthenboden *(Bellis, Chrysanthĕmum, Matricaria, Pyrĕthrum)* oder einen spreublättrigen Blüthenboden haben *(Achillēa, Anthĕmis, Anacyclus).*

Gattung *Anthĕmis.*

Hüllkelch ziegeldachförmig.	*Peranthodium imbricatum.*
Blüthenboden spreublättrig (kleindeckblättrig), convex od. conisch.	*Receptaculum paleaceum (bracteolatum), convexum vel conicum.*
Blüthen des Strahles weiblich, zungenförmig; Zunge länglich.	*Flores radii feminei, ligulati; ligula oblonga.*
Achänien (ungeflügelt), abgestutzt, in ein häutiges Krönchen oder eine ringartige Scheibe endigend.	*Achaenia (exalata) truncata, coronulā membranaceā vel disco annulari terminata.*

Von den Arten ist *Anthĕmis nobĭlis,* Römische Kamille, für den Pharmaceuten die vornehmste Art, denn ihre Anthodien *(Flores Chamomillae Romānae)* sind von allen Pharmacopöen aufgenommen und gelten als ein Ersatz der gemeinen Kamille *(Flores Chamomillae vulgaris).* Gewöhnlich kommen in den Apotheken nur die gefüllten Blüthen vor, wo sie nicht selten mit den Anthodien der *Achillea Ptarmica* verwechselt werden.

Die Anthodien von *Anthemis nobilis* sind zu erkennen an den weissen Strahl- und gelben Scheibenblüthen, den länglichen, stumpfen. nicht stachelspitzigen, an Rand und Spitze trocknen Spreublättern und den fast 3-kantigen glatten Achänien. *Dignoscūntur: floribus radii albis, disci luteis, paleis (bracteŏlis) oblongis, obtūsis. muticis, in margine et apice scariosis, achaeniis subtrigōnis laevibus.*

Fig. 711.

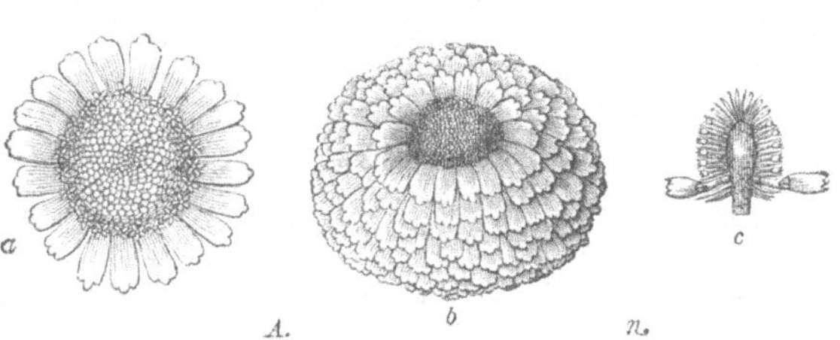

Anthodien der *Anthemis nobilis*, *a* einfaches Anthodium von der wilden Pflanze, *b* zum grössten Theil gefülltes einer cultivirten Pflanze, *c* Verticaldurchschnitt des Blüthenbodens.

Die Gatt. *Anacyclus* unterscheidet sich von *Anthĕmis* durch geflügelte Achänien, deren Flügel an der Spitze in einen Lappen auslaufen. *Anacyclus ab Anthemide differt: achaeniis alatis, alis in apice in lobum productis.*

Anacyclus officinārum Hayne ist die Mutterpflanze der deutschen dünneren Bertramwurzel *(Rad. Pyrĕthri)*, *Anacyclus Pyrĕthrum* Link die der römischen oder italienischen dickeren Wurzel. Letztere ist die kräftigere und wegen ihres Gehaltes an flüchtigem Oele. scharfem Harzstoff, scharfem fettem Oele, ein die Speichelabsonderung beförderndes Mittel.

Die Gatt. *Achillea* unterscheidet sich von *Anthĕmis* durch eine fast runde, kurze Zunge der Strahlblüthe. Die Schliessfrucht ist zusammengedrückt, nackt oder mit einem vorstehenden Rande gekrönt. *Achillea ab Anthemide differt: ligula subrotunda brevi, achaeniis compressis nudis vel margine prominŭlo terminatis.*

Achillea Millefolium, Schaafgarbe, giebt *Herba et Flores Millefolii*. Sie unterscheidet sich durch einen eckigen, zottigen Stengel, lancettförmige, 2-fach-fiederspaltige Blätter mit kurzen Fiedern und lancettförmigen gezähnten stachelspitzigen Lappen,

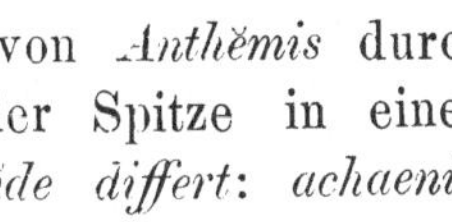

Fig. 712.

Achillea Millefolium. a *Anthodium,* b *flos disci* (vergr.), c *flos radii* (vergr.).

einen 4- bis 5-blüthigen Strahl, weisse, seltner röthliche Strahlblüthen. *Achillēa Ptarmĭca* hat unbehaarte linien-lancettförmige,
scharf-doppeltgesägte Blätter und 8—10 Blüthen im Strahl.

Achillēa Millefolium differt: *caule angulato villoso*, *foliis
lanceolatis, bipinnatifidis, pinnis brevibus et laciniis lanceolatis den-
tatis mucronatis, radio quadri- vel quinquefloro, floribus radii albis,
rarius purpurescentibus*. *Achillēa Ptarmica differt: foliis lan-
ceolato-linearibus, argute duplicato-serratis, glabris, radio octo- vel
decemfloro*.

Fig. 713.   Fig. 714.

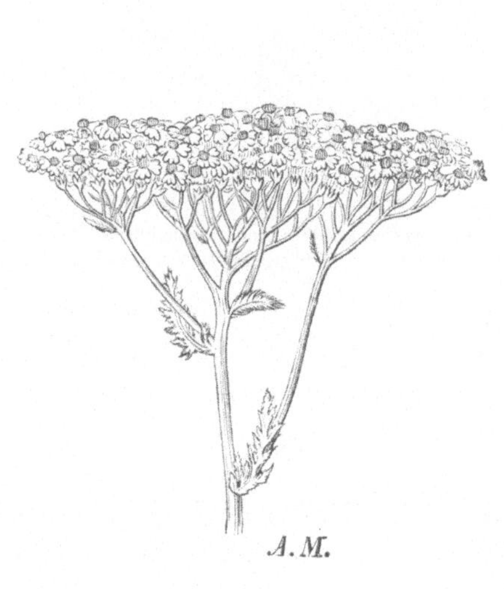

Doldentraube (*corymbus*) der *Achillēa Millefolium*
(¹|₂ Grösse).   Blatt der *Achillēa Mille-
folium*.

Bemerkungen. *Helichrȳsum* (Goldranke), ἕλιξ (helix), gewunden, χρυσός
chrȳsos), Gold. — *Artemisia*, benannt nach *Artemisia*, Gemahlin des Königs
Mausŏlus von Karien, welche durch Wermuth wieder gesund wurde. —
Achillēa (Achilleskraut), das Kraut, womit der Sage nach *Achĭll* den *Telĕphos*
heilte. *Millefolium* (Tausendblatt). — *Ptarmĭca*, πταρμική, Niesswurz, πταρμικός,
ή, όν (πταίρω), niesen machend.

Lection 123.

Compositae-Anthemideae (Forts.), *Senecioneae, Heliantheae, Eclipteae, Asteroideae.*

Gattungen der *Compositae-Anthemideae* mit nacktem Blüthenboden sind *Matricaria, Chrysanthĕmum, Pyrĕthrum, Bellis* etc.

Gattung *Matricaria.*

Hüllkelch ziegeldachförmig.	*Peranthodium imbricatum.*
Blüthenboden nackt, innen hohl.	*Receptaculum nudum, intus cavum.*
Blüthen des Strahls zungenförmig, weiss, die der Scheibe röhrig, 5-zähnig, gelb.	*Flores radii ligulati, albi, disci tubulosi, quinquedentati, lutei.*
Achänien (ungeflügelt) ungekrönt, vielriefig, in eine grosse epigynische Scheibe endigend. (Ohne Pappus.)	*Achaenia (exalata) ecoronulata, multicostata, disco magno epigўno terminata. (Pappus nullus.)*

Das wesentlichste Merkmal der Matricaria ist ein nackter, konischer, innen hohler Blüthenboden, welches sich in ganzer Form bei keiner anderen Gattung derselben Abtheilung wiederholt.

Fig. 715.

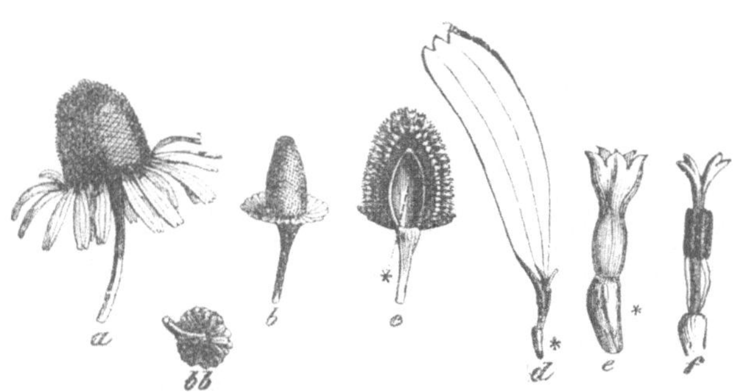

Matricaria Chamomilla. a *Anthodium,* b *receptaculum conicum cum peranthodio,* bb *peranthodium basin praebens,* c *receptaculum cum floribus disci longitudinaliter persectum, cavum* (*) *praebens,* d *flos radii cum germine* (*), e *flos disci cum germine* (*), f *pistillum cum staminibus floris disci.* — *imagines* d e f *magnitudinem naturalem 6-tuplo superantes.*

Die Art *Matricaria Chamomilla* hat einen ausgebreiteten ästigen vielköpfigen Stengel, unbehaarte, 2-fach-fiedertheilige Blätter mit schmalen linienförmigen, spitz-stachelspitzigen Lappen, strahlende Randblüthen. *Dignoscitur caule ramoso, diffuso, polycephălo (polyanthodiato); foliis glabris bipinnatipartītis; laciniis anguste lineāribus, acute mucronatis; floribus marginalibus radiantibus.*

Eine Verwechselung der Kamillenblumen mit den Anthodien von *Anthĕmis arvensis* (Ackerkamille) und *Anthĕmis Cotŭla* (Hundskamille) ist zu erkennen an dem spreublättrigen Blüthenboden, eine Verwechselung mit *Pyrethrum inodōrum* und *Chrysanthĕmum Leucanthĕmum* an dem zwar nackten, aber innen nicht hohlen Blüthenboden.

Chrysanthemum a Matricaria differt: receptaculo planiusculo intus solĭdo; Pyrĕthrum: receptaculo hemisphaerico intus solĭdo, achaeniis calycŭlo membranaceo continŭo coronatis (gekrönt mit einem mit der Frucht gleichförmig zusammenhängenden Kelchlein); *Bellis peranthodio biseriali.*

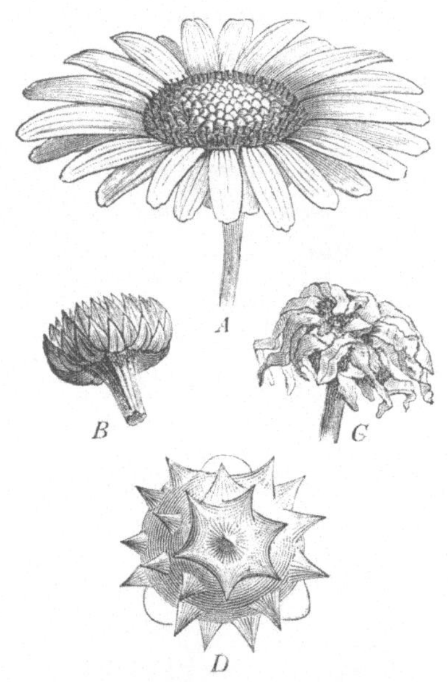

Fig. 716.

Pyrethrum roseum. A. Blüthenkopf (etwas vergr.). B. Hüllkelch. C. getrockneter Blüthenkopf. D. Der dreiporige Pollen (stark vergr.).

Pyrĕthrum Partheniŭm, Mutterkraut, giebt *Herba Matricariae; Bellis perennis.* Maaslieb, Gänseblümchen, *Flores Bellĭdis.*

Pyrĕthrum roseum Bieberstein und *Pyrĕthrum carnĕum* Bieberstein, auf den Bergwiesen des Kaukasus und Persiens einheimisch ausdauernde Pflanzen, welche auch bei uns in Deutschland angebaut werden, liefern in ihren getrockneten und gepulverten Blüthen das Persische Insectenpulver (*Pulvis insecticīdus Persicus).* Das Dalmatische Insectenpulver wird von *Pyrethrum cinerariaefolium* Treviranus gesammelt. Es ist von geringerer Qualität.

Pyrethrum roseum hat einen ziegeldachförmigen Hüllkelch, mit lanzettlichen, am Rande dunkelbraunen trockenhäutigen, in der Mitte gelbgrünlichen Hüllschuppen. Die Röhren der unregelmässig 5zähnigen Scheibenblüthchen sind mit Harzdrüsen besetzt. Bei *P. carneum* sind die Ränder der Hüllschuppen blassbraun und die Antheren ragen aus den Scheibenblüthchen hervor.

Compositae - Senecioneae unterscheiden sich von den Anthemideen durch Früchte, welche mit einer Haarkrone versehen sind. *Differunt ab Anthemideis pappo piloso.* Gattungen sind *Arnica, Doronicum, Senecio.* Meist *Syngenesia superflua* L.

Gattung *Arnica.*

Hüllkelch mit gleichen in 2 Reihen stehenden Blättern.	*Peranthodii phylla biserialia aequalia (peranthodium aequale biseriale).*
Blüthenboden etwas behaart.	*Receptaculum pilosiusculum.*
Blüthen des Strahls weiblich, oft mit unfruchtbaren Staubgefässen.	*Flores radii feminei, saepe staminibus sterilibus.*
Narben oberhalb verdickt, mit kegelförmiger weichbehaarter Spitze.	*Stigmata superne incrassata, apice conico pubescente terminata.*
Achänien ziemlich cylindrisch, striemig, etwas rauchhaarig, mit einreihiger Haarkrone.	*Achaenia subcylindracea, striata, hirsutiuscula; pappus pilosus uniserialis.*

Art *Arnica montana,* Wohlverlei.

Stengel mit 1 bis höchstens 5 Blüthenköpfen (Anthodien) ♃.	*Caulis mono- vel summum pentacephalus. Herba rediviva.*
Blätter länglich oder lancettförmig, fast ganzrandig, zottigweichbehaart; Wurzelbl. fast 5-nervig, Stengelbl. 2 oder 4, gegenständig, 1-, 2- oder 3-nervig.	*Folia oblonga vel lanceolata, subintegerrima, villoso-pubescentia, radicalia subquinquenervia, caulina bina vel quaterna opposita, uni-, bi- vel trinervia.*
Blüthenköpfe gross und gelb, und Blüthenstiele mit dem Hüllkelch drüsig-weichhaarig.	*Anthodia magna lutea; pedunculi cum peranthodio glandulosopubescentes.*
Zungenblüthen 3-zähnig. 4 Millim. breit.	*Ligulae tridentatae, quatuor millimetra latae.*
Wurzelstock fast wie abgebissen, mit einseitsständigen Adventivwurzeln (Wurzelzasern).	*Rhizoma subpraemorsum, radicibus adventivis (fibris) unilateralibus.*

Vom Wohlverlei sind die vom Hüllkelch befreiten Blüthen *(flosculi a peranthodio liberati)* als *Flores Arnicae,* der Wurzelstock mit den Nebenwurzeln gewöhnlich als *Radix Arnicae* officinell. Wesentliche Kennzeichen der Arnikablume sind: *pappus pilosus,*

512

ligulae tridentatae, 4 vel 5 millim. latae. Eine Verwechselung der Blüthen mit denen von *Doronicum Pardaliānches* und *Dor. scorpiöides* ist an dem Fehlen eines Pappus der Strahlblüthen, mit denen von *Anthĕmis tinctoria* an dem Fehlen des Pappus aller Blüthen zu erkennen. Die Zungenblüthen von *Inŭla Britannica* und anderen ähnlichen Inulaarten sind nur halb so breit; ähnlich

Fig. 717.

Fig. 718.

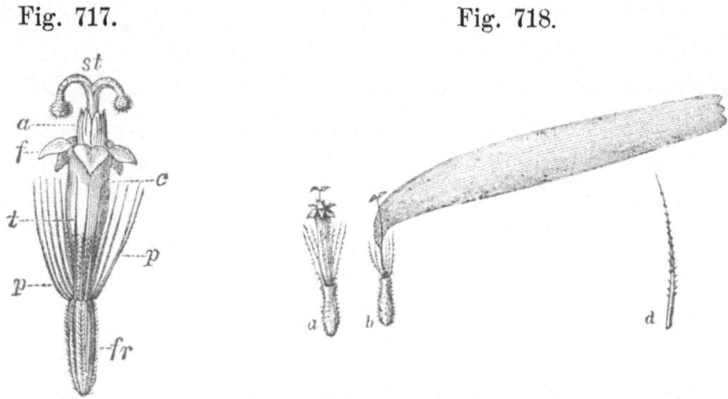

Scheibenblüthe von *Arnica montana* (vergröss.). *fr* der fast stielrunde gestreifte Fruchtknoten. *p* Federkrone. *fc* Blumenkrönchen. *t* Röhre derselben. *a* die verwachsenen Antheren. *st* Narbe.

Flores Arnicae. *a* Zwitterblüthchen der Scheibe. *b* Zungenblüthchen des Strahls in natürlicher Grösse. *d* Ein Haar des Pappus, vergrössert. *a* und *b* Fruchtknoten.

sind Blüthen der Gatt. *Hypochoeris* und *Scorzonēra*, aber 5-zähnig. Die Larve der Arnikafliege *(Trypēta arnicivŏra)*, auch der Bardanafliege *(Trypēta Bardănae)* zerstören nicht selten die Arnikablüthe. Es ist daher angezeigt, die getrocknete Blüthe in dicht geschlossenen Weissblechgefässen aufzubewahren und sie hier nach dem Einfüllen mit 1 Grm. Schwefelkohlenstoff auf je 500 Grm. zu betropfen. Die Arnikablüthen enthalten (nach *Walz*) einen in Aether löslichen Bitterstoff, Arnicine, etwas flüchtiges Oel und Gerbstoff, die Arnikawurzel vorwiegend Gerbstoff.

Trotz des Trivialnamens · *montana* wächst der Wohlverlei auf moorigen Wiesen des flachen Landes, reichlich aber auf Alpenwiesen

Der Name *Senecioneae* ist der Gattung

Fig. 719.

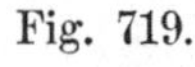
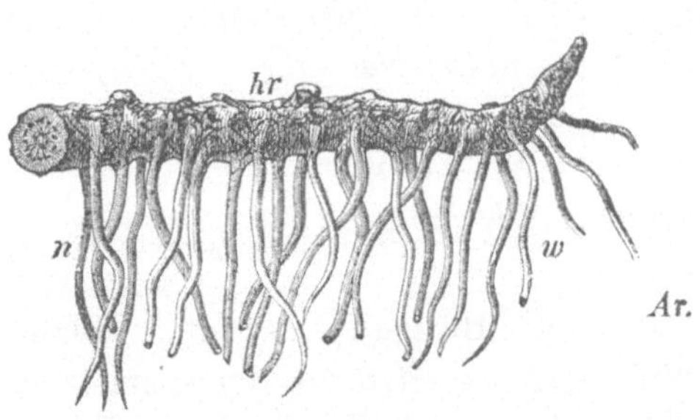

Arnica montana. Frischer Wurzelstock, am oberen Ende durchschnitten. *hr* Rhizom, *nw* Nebenwurzeln.

Senecio (Kreuzkraut) entnommen, von welcher *Senecio Jacobaea* und *vulgaris* bekannte Arten sind.

Compositae-Heliantheae unterscheiden sich von den vorhergehenden Unterfamilien durch meist gegenständige Blätter, spreuigen Blüthenboden (dreizähnige Zungenblüthen), schwärzliche Antheren und gegrannten Pappus, der jedoch auch kronenförmig sein oder ganz fehlen kann. Gattungen *Helianthus, Spilanthes, Bidens.*

Heliantheae a subfamiliis praecedentibus differunt foliis plerumque oppositis, receptaculo paleaceo (bracteolato), (ligulis tridentatis), antheris nigricantibus, pappo aristato, coroniformi vel nullo.

Die sogenannte, oft angebaute Sonnenblume, *Helianthus annuus*, ist ein Beispiel, an welchem wir den Charakter dieser Unterfamilie am bequemsten studiren können. *Helianthus tuberosus* (Erdapfel), in Brasilien zu Hause und bei uns angebaut, liefert in seinen Knollen (Topinambur) ein Nahrungsmittel.

Spilanthes oleracëa Jacquin, Parakresse, in Süd-Amerika, wird bei uns cultivirt. Das blühende Kraut *(Herba Spilanthis)* ist officinell. Man benutzt es als Zahnmittel. In dem *Paraguay-Roux* war ein spirituöser Auszug dieser Pflanze der Hauptbestandtheil.

Spilanthes. Hüllkelch zweireihig, mit angedrückten und unter sich fast gleichen Blättern; Blüthenboden kegelförmig, spreublätterig; die Kelche der Blüthchen mit 2 Grannen, wovon eine die kleinere. — *Peranthodium biseriale, phyllis adpressis subaequalibus; receptaculum conicum paleaceum; pappus biaristatus, aristā altera minore.*

Spilanthes oleracëa Jacquin, Fleckenblume, Parakresse. Blüthenköpfe kegelförmig-kugelig, aus zwittrigen anfangs braunen, später gelben Röhrenblüthchen zusammengesetzt; Antheren schwarzbraun; Blätter scharf, eirund, fast herzförmig, gekerbt-gezähnt, mit in eine stumpfe Stachelspitze auslaufenden Zähnen und gewimperten Rande. — *Anthodia globoso-conica, e flosculis tubulosis hermaphroditis, primum fuscis, demum flavis composita; anthērae e nigro fuscae; folia scabra, ovata, subcordata, crenato-dentata, dentibus obtuse cuspidatis et margine ciliato.*

Compositae-Eclipteae unterscheiden sich von den vorhergehenden Unterfamilien durch Narben, welche oberhalb nach aussen flaumhaarig besetzt, aber weder pinselförmig, noch abgestutzt sind; *(stigmatibus extrinsěcus superne puberulis, nec penicillatis, nec truncatis).*

Hierher gehört *Dahlia*, von welcher die Art *Dahlia variabilis*, Georgine, in unzähligen Spielarten bei uns als Zierpflanze gezogen wird. Der Name *Eclipteae* ist der Gattung *Eclipta* (in Asien vorkommend) entnommen.

Compositae - Asteroideae unterscheiden sich von den Eclipteen durch eine Haarkrone, von den Heliantheen durch zerstreut stehende Blätter und durch Narben, welche oberhalb nach aussen flaumhaarig, aber weder pinselförmig noch abgestutzt sind, und durch eine Haarkrone, von den Anthemideen durch die Narben und die Haarkrone. Meistens der *Syngenesia superflua* angehörend.

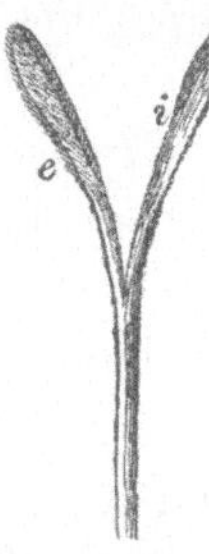

Inula Helenium. Stigmata extus superne puberŭla. e äussere, *i* innere Seite. 10 fach. Lin.-Vergr.

Asteroideae ab Eclipteis differunt: *pappo piloso, ab Heliantheis: foliis sparsis et stigmatibus extrinsĕcus superne puberŭlis, nec truncatis, nec penicillatis, atque pappo piloso, ab Anthemideis: stigmatibus notatis et pappo piloso.*

Gattungen und Arten dieser Unterfamilie sind *Aster* (Aster), *Inŭla* (Alant), *Solidāgo Virga aurĕa* (Goldruthe), *Erigĕron acre* (Berufskraut) etc.

Gattung *Inŭla*.

Hüllkelch ziegeldachförmig.	*Peranthodium imbricatum.*
Blüthenboden nackt.	*Receptaculum nudum.*
Blüthen des Randes 1-reihig, gleichfarbig gelb.	*Flores radii uniseriales, concolŏres flavi.*
Antheren an der Basis mit 2 Borsten.	*Antherae in basi bisetatae.*
Haarkrone gleichförmig, 1-reihig, bleibend.	*Pappus pilosus, conformis, uniserialis, persistens.*

Art *Inula Helenium*, Alant.

Stengel aufrecht doldentraubig, ♃.	*Caulis erectus corymbosus, ♃ (herba perennis).*
Blätter gekerbt, runzlig, unten sammetartig - filzig; Wurzelblätter länglich, lang gestielt, Stengelblätter herzförmig - eirund, stengelumfassend.	*Folia crenata, rugosa, sŭbtus velutĭno - tomentosa, radicalia oblonga, longe petiolata, caulĭna cordato-ovata, amplexicaulia.*
Hüllkelch: Blätter eirund, sparrig. Grosse Blüthenköpfe.	*Peranthodium: phylla ovata squarrosa. Anthodia magna.*

Davon sind die Wurzeln officinell *(Radix Helenii s. Enŭlae)*.

Inula Britannica weicht ab durch zottig-wollige Blätter, von welchen die unteren in den Blattstiel sich verschmälernd verlaufen, und durch lanzettförmige zottige Hüllkelchblätter.

Die Gattung *Pulicaria* unterscheidet sich von *Inula* durch einen doppelten Pappus, dessen äusserer Kreis spreuartig-borstenartig oder becherförmig und der kürzere, der innere haarig, lang und abfallend ist. *Pulicaria ab Inula differt: pappo duplici, exteriore setoso-paleaceo vel cupuliformi et breviore, interiore piloso, elongato deciduoque.* *Pulicaria dysenterĭca* Gaertn. (Ruhrkraut) ist die *Inula dysenterica* L.

Die Gattung *Solidāgo* weicht hauptsächlich durch den **Man**gel der beiden Borsten am Grunde der Antheren, und durch längliche Zungen der Strahlblüthen, welche oft unter sich von einander entfernt stehen, ab. *Solidago differt ab Inula: defectu setarum binarum in basi antherarum (itaque anthēris muticis), et ligulis florum radii oblongis, saepe inter se distantium (invĭcem remotiusculorum, Berg).* Früher war *Herba Virgae aureae s. Virgaureae*, Goldruthe, officinell.

Die Gattung *Aster* unterscheidet sich von *Solidago* durch verschiedengefärbte und eng aneinander stehende, *Erigĕron* durch mehrreihige, sehr schmale Strahlblüthen. *Aster a Solidagine differt: floribus radii discoloribus, approximatis, Erigeron floribus radii pluriserialibus angustissimis (angustissĭme ligulatis).*

Bemerkungen. *Chrysanthĕmum;* χρυσός (chrysos), Gold; ἄνθεμον (anthemon), Blume. — *Leucanthĕmum* (glänzende, leuchtende Blume), λευκός (leukos), leuchtend, glänzend, weiss. — *Matricaria* (Mutterkraut), von *mater*, Mutter, wegen ihrer Wirkung auf das Uterinsystem der Frauen. — *Pyrĕthrum* (hitziges, feuriges Kraut), πῦρ (pyr), Feuer. — *Parthenĭum* (Jungfrauenkraut), παρθένιος, α, ον, zur Jungfrau gehörig, weil das *Pyrethrum Parthenium* (Mutterkraut) hauptsächlich von jungen Mädchen gebraucht wurde. — *Pardaliānches* (Parderwürger), πάρδαλις (pardălis), Parder; ἄγχω (anchō), würgen. — *Senecĭo* (Greisenkraut), von *senex*, Greis, weil das Kraut beim Reifen des *pappus* ein greises Aussehen annimmt. — *Spilanthes* (Fleckenblume), σπίλος (spilos), Fleck; ἄνθος, Blume, weil die Farbe der Anthodien durch die schwarzbraunen Antheren gefleckt erscheinen.

Helianthus (Sonnenblume), ἥλιος (hälios), Sonne; ἄνθος, Blume. — *Dahlia*, nach *Andreas Dahl*, einem finnländ. Botaniker, benannt. — *Georgine*, nach *Georgi*, Prof. in St. Petersburg, benannt. — *Aster*, griech. ἀστήρ, Stern, wegen der Gestalt des Anthodium. — *Helenium*, aus den Thränen der *Helĕna* (nach *Plinius*) entstandene Pflanze. — *Arnĭca* (sc. *herba*, den Lämmern gedeihliches Kraut), ἀρνίον (arnion), Lämmchen. — *Erigĕron*, ontis (Frühgreiskraut), ἠριγέρων (ärigerōn), im Frühling greisend. Der Name ist aus demselben Grunde wie bei *Senecĭo* gegeben.

Lection 124.

Compositae-Calenduleae.

Compositae - Calenduleae unterscheiden sich von den vorhergehenden Unterfamilien durch fruchtbare weibliche Strahlblüthen und unfruchtbare Scheibenblüthen mit verwachsenen sterilen Narben (*Syngenesia necessaria*, XIX, 4), durch die an der Basis stumpfen Antheren und das Fehlen einer Samenkrone.

Calenduleae ab reliquis subfamiliis differunt floribus radii ligulatis femineis (fertilibus), floribus disci sterilibus, stigmatibus connatis sterilibus (itaque referuntur in ordinem Syngenesiae necessariae), antheris in basi muticis et achaeniis epapposis.

Gattung *Calendŭla.*

Hüllkelch gleichblättrig, zwei-reihig.	*Perianthium aequale biseriale.*
Blüthenboden nackt und flach.	*Receptaculum nudum, planum.*
Achänien verschieden oder un-gleichförmig.	*Achaenia forma varia vel in-aequalia.*

Art *Calendula officinalis*, Ringelblume.

Stengel aufrecht ⊙.	*Caulis erectus. Planta annua.*
Blätter zerstreut (abwechselnd), unterste spathelförmig, in den Blattstiel verschmälert, die oberen herzförmig-stengelumfassend, lancettförmig, schwach gezähnt.	*Folia sparsa (vel alterna), inferiora spathulata, in petiolum attenuata, superiora cordato-amplexicaulia, lanceolata, subdentata.*
Achänien 2- bis 3-reihig, alle einwärtsgekrümmt u. nachenförmig und auf dem Rücken weichstachelig, äussere geschnäbelt, die in der Mitte stehenden ringförmig, die in der Mitte beider geflügelt.	*Achaenia bi- vel triserialia, omnia incurva, cymbiformia et in dorso muricata, exteriora rostrata, media annularia, et inter utrăque disposita alata.*
Blumenköpfe gross und meist goldgelb.	*Anthodia magna, plerumque aurea (fulva).*
Auf Aeckern des südlichen Europas wild wachsend, bei uns als Zierpflanze gezogen.	*Habitat in arvis Europae australis, apud nos planta topiaria est.*

Einen auffallenden Charakter dieser Art bilden die verschieden gestalteten Achänien desselben Fruchtbodens *(achaenia difformia)*. Kraut und Blumen waren officinell *(Herba, Flores Calendulae)*. Sie enthalten flüchtiges Oel, einen schleimigen Stoff, Calenduline genannt etc. Man hält sie für schwach narkotisch.

Compositae-Tussilagineae haben den Charakter der *Syngenesia superflua*, zerstreute Blätter, oberhalb knotig-verdickte, an dem Knoten behaarte Griffel. zusammenneigende Narben, welche oberhalb nach aussen mit Papillen besetzt sind. und ziemlich stielrunde Achänien mit Haarkrone.

Tussilagineae characteris Syngenesiae superfluae, foliis sparsis, stylis superne nodoso-incrassatis. in nodo pilosis, stigmatibus connicentibus, extrinsecus superne papillosis. achaeniis teretiusculis, pappo piloso coronatis.

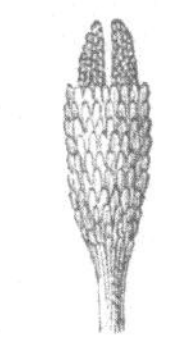

Fig. 721.

Petasītes officinalis.
Stigmata bina conniventia, extrinsecus superne papillosa
(12 f. Lin.-Vergr.).

Gattung Tussilāgo.

Hüllkelch einfach, am Grunde durch Schüppchen vermehrt (fast 2-reihig).	*Peranthodium simplex, in basi squamulis auctum (subbiseriale).*
Blüthenboden nackt.	*Receptaculum nudum.*
Blumen des Randes weiblich, zungenförmig, ganzrandig, mehrreihig, sehr schmal, Blüthen der Scheibe wenige, zwitterig, röhrenförmig, 5-zähnig.	*Flores marginis feminei, ligulati, integerrimi, pluriseriales, angustissimi, flores disci pauci, hermaphroditi. tubulosi, quinquedentati.*
Haarkrone.	*Pappus pilōsus.*

Art Tussilāgo Farfāra, Huflattig.

Wurzelstock lang und kriechend.	*Rhizōma longum, repens.*
Blüthenschaft 1-köpfig, schuppig, wollig-filzig, vor den Blättern erscheinend.	*Scapus monocephălus, squamōsus, lanato-tomentosus, ante folia prorumpens (praecox).*
Blätter nur Wurzelblätter, nach der Blüthe erscheinend, rundlich-herzförmig, buchtigeckig, gezähnt. unten weissgrau-filzig.	*Folia tantum radicalia, floribus seriora. subrotundo-cordata, sinuato-angulata, dentata, subtus incano-tomentosa.*

24. (Staudengewächs). Wächst auf lehmigen und mergeligen Aeckern und Hügeln; blüht im Anfange des Frühlings, und die Blätter kommen mit Anfang des Sommers zum Vorschein.

Planta rediviva, crescit in agris collibusque argillaceis et margaceis, florescit primo vere, tum folia aestate ineunte proveniunt.

Die Blätter *(Folia Farfărae)* sind officinell und werden wegen ihres Schleimgehaltes als reizmilderndes Mittel gegen Husten *(tussis*, daher der Name *Tussilago)* gebraucht. Verwechselt können sie werden mit den Blättern einer anderen Tussilaginee, des *Petasītes offinalis* Mönch. *(Tussilago Petasītes* L.), es nähren sich aber diese Blätter mehr der Nierenform *(folia reniformi - cordata)* und sind die Lappen an der Blattbasis abgerundet und gegenseitig genähert *(lobi baseos rotundati, approximati)*.

Häufig wurde von zerstreuten Blättern *(folia sparsa)* gesprochen. Damit sind, wohl zu bemerken, keineswegs alternirende Blätter gemeint, sondern $^{1}/_{3}$, $^{2}/_{5}$, $^{3}/_{8}$ etc. Blattstellungen. (Lect. 38 u. 39.)

Mit *ligŭla*, Blatthäutchen, bezeichnet man gewöhnlich bei den Gräsern die zwischen Scheide und Blattbasis befindliche Membran, doch pflegt man auch der Kürze halber den bandförmigen Blüthentheil der Compositen damit zu bezeichnen und mit Zunge zu übersetzen.

Die Compositen, zuweilen auch Syngenisten oder Synanthéren genannt, bilden die grösste Pflanzenfamilie, und dürfte ihre Zahl mehr als den 10. Theil aller Phanerogamen ausmachen. Man hat 900 Gattungen gezählt. Sie sind über den ganzen Erdkreis verbreitet. Die Cichoriaceen sind vorzugsweise in kalten und gemässigten Erdkreisen, die Corymbiferen reichlicher in den wärmeren Erdstrichen, die Labiatifloren meist im südlichen Amerika verbreitet. Die Tubulifloren sind besonders reich an flüchtigem Oel, bei den Cynareen überwiegt der Bitterstoff, bei den Ligulifloren ist der Milchsaft vorherrschend. Viele dienen als Nahrungsmittel und als Zierpflanzen. Scharf ausgeprägte Alkaloïde scheinen kaum vorhanden zu sein.

Bemerkungen. *Calendŭla (herba singulis calendis florescens)*, in den ersten Tagen jedes Monats blühende Pflanze; *calendae*, die ersten Tage des Monats. — *Farfăra*, von *Farfărus*, einem Fluss im Sabinerlande, an dessen Ufern die

Pflanze wuchs, oder wegen des weissgrau filzigen Ueberzuges auch *farfĕrus* (Mehlträger) genannt (*far, farris*, Getreide grobes Mehl). *Plinius* erwähnt die Pflanze auch als *farfugium* (Getreidescheuche). — *Petasītes* (von der Form eines vor Sonne schützenden Hutes); πέτασος (petasos), Hut mit breiter Krempe, πετασίτης, hutförmig (wegen der breiten Blätter).

Lection 125.

Lobeliaceen. Campanulaceen. Ericaceen.

In *Endl.*'s Cohorte der **Einblumenblättrigen**, *Gamopetalae*, zählen zu der Klasse *Aggregatae* (Haufenblüthige) die Valerianeen, Dipsaceen und Compositen, welche wir in den vorigen Lectionen kennen lernten. Eine andere Klasse derselben Cohorte, die **Glockenblüthigen**, *Campanulĭnae*, umfasst unter anderen Familien die *Campanulaceae* und *Lobeliaceae*, von welchen nur die letzteren ein pharmaceutisches Interesse bieten, die ersteren aber ein reichliches Contingent bei uns heimischer Gattungen und Arten umfassen. Die Glockenblüthigen erkennt man an der einblättrigen perigynischen Blumenkrone und den perigynischen Staubgefässen. Sie gehören zu den Calycifloren DC.

Campanulaceae und *Lobeliaceae* unterscheiden sich gegenseitig dadurch, dass die Campanulaceen eine regelmässige Blumenkrone, einen von Sammelhaaren kurzsteifhaarigen Griffel, die Lobeliaceen dagegen eine meist unregelmässige Blumenkrone, verwachsene Antheren und eine von einer Wimperkrone umgebene Narbe haben.

Fig. 722.   Fig. 723.   Fig. 724.

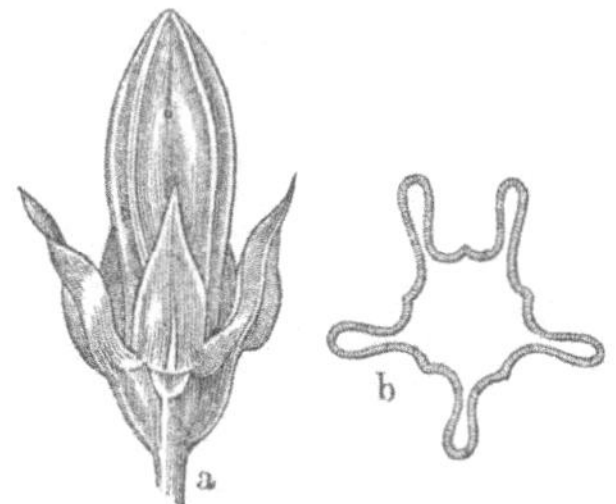

Campanŭla Trachelium. a *Praefloratio plicativo-valvacea.* b Diagramm.

Blüthe der *Campanŭla rotundifolia.*

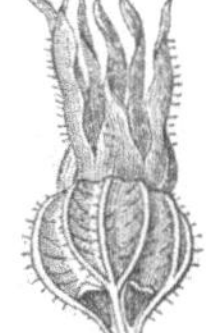

Campanŭla Trachelium. Capsŭla in basi poris dehiscens.

Campanulaceae a Lobeliaceis differunt: corollā regulāri; stylo pilis collectoribus hirto; Campanula. Lobeliaceae a Campanulaceis differunt: corollā plerumque irregulari, antheris connatis et stigmāte coronā ciliatā cincto; Lobelia.

Gemeinschaftliche Charaktere sind: *Plantae lactescentes, folia plerumque sparsa exstipulata; germen inferum s. semiinferum, bi- vel pluriloculare; calyx persistens, corolla perigyna, stamina perigyna, in Campanulaceis alternipetala. Praefloratio valvacea.*

Fig. 725.

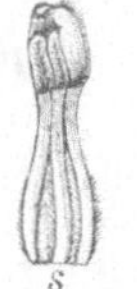

Lobelia inflata. Stigma corōna ciliāta cinctum (vergr.).

Lob. infl.

Lobelia inflata. n Mit Wimperkrone umgebene Narbe (vergr.), b Blüthe, s Staubblätter mit zu einer Röhre verwachsenen Antheren (vergr.), f Frucht.

Fig. 726.

L. i.

Lobelia inflāta (natürl. Grösse).

Die Gattung *Campanula*: 5-, seltner 4-spaltiger Kelch, glockenförmige, am Rande 4—5-lappige Blumenkrone, 5 oder 4 Staubgefässe, am Grunde häutig-verbreiterte Staubfäden, mit Löchern aufspringende 3—5-fächrige Kapseln. *Calyx quinquefidus, rarius quadrifidus; corolla campanulata, limbo quadri- vel quinquefido; stamina quina vel rarius quaterna, filamenta in basi membranaceo-dilatata; capsula poris dehiscens, tri-, quadri- vel quinquelocularis. Pentandria Monogynia.*

Lobelia: 5-spaltiger Kelch, unregelmässige, $^2/_3$-rachenförmige, längs-gespaltene Blumenkronenröhre, gebärtete Antheren, eine 2- bis 3-fächrige Kapsel, an ihrer Spitze mit 2- bis 3-fachspaltigen Klappen aufspringend. *Calyx quinquefidus; corolla irregularis limbo $^2/_3$-ringente (labio superiore bilobo, inferiore trilobo), tubo longitudinaliter fisso; anthērae barbatae; capsula bi- vel trilocularis, in apice loculicīdo- bi- vel trivalvis. Pentandria Monogynia.*

Lobelia inflata (mit aufgeblasener Kapsel, *capsula inflata*) in Nordamerika, liefert *Herba Lobeliae inflatae.* Sie gehört zu den mild narkotisch-scharfen Arzneimitteln und ist ein beliebtes Antasthmaticum.

Verfälscht könnte das Lobelienkraut mit dem blühenden Kraute von *Scutellaria laterifolia* L. und auch anderen Labiaten sein. Der 4kantige Stengel, gegenüberstehende Blätter und der zweilippige Kelch, welche Verhältnisse den Labiaten eigenthümlich sind, würden die Verfälschung leicht erkennen lassen, käme das Lobeliakraut in ganzer Form in den Handel; gewöhnlich erhält man es zerschnitten vom Drogisten.

Die Zweihörnigen, *Bicornes*, bilden im *Endlich.*-System eine (die letzte) Klasse der Cohorte der Gamopetalen mit den Familien *Ericaceae* (Haidekräuter) und *Epacrideae* (Berghaidekräuter), von denen nur die erstere Arzneipflanzen einschliesst.

Ericaceae.

Meist immergrüne Sträucher.	*Plerumque frutices sempervirentes.*
Blätter einfach, ohne Nebenblätter, ungetheilt.	*Folia simplicia, exstipulata, integra.*
Kelch unterständig, 4—5-theilig, bleibend.	*Calyx inferus, quadri- vel quinquepartitus, persistens.*
Blumenkrone unterständig, meist regelmässig, mit 4—5-spaltigem Saume, seltener 5-blätterig.	*Corolla hypogўna, plerumque regularis, limbo quadri- vel quinquefido, rarius pentapetala.*
Staubgefässe unterständig, zugleich mit der Corolle oder am Grunde derselben eingefügt, mit den Lappen der Corolle abwechselnd od. doppelt soviel; Antheren am Rükken angeheftet, mit Löchern oder einer Spalte aufspringend, am Rücken nackt oder mit Anhängseln versehen. Pollenkörner meist sphärisch, zu 4 vereinigt.	*Stamina cum corolla vel basi corollae inserta, ejusdem laciniis alterna, aut dupla; anthērae dorso affixae, poris vel rima dehiscentes, in dorso nudae vel appendiculatae (apendice setiformi instructae). Granula pollinaria sphaerica, quaterna conglutinata.*
Pistill. Griffel 1, Narbe 1; Fruchtknoten frei, 4—5-fächerig, einer hypogynischen Scheibe aufgesetzt.	*Pistillum. Styli singuli, stigmata singula; germen liberum, quadri- vel quinqueloculare, disco hypogyno impositum.*
Eichen gegenläufig, einem mittelständigen gerippten Samenträger angeheftet.	*Ovŭla anatrŏpa, spermophoro centrali costato affixa.*

<table>
<tr><td>

Frucht eine Beere, Steinfrucht oder Kapsel mit sehr kleinen eiweisshaltigen Samen.

Embryo in der Axe des Eiweisses liegend, gerade, mit 2, seltner ohne Samenlappen.

</td><td>

Fructus baccatus, drupaceus vel capsularis, seminibus minutis albuminosis.

Embryo axilis, rectus, dicotyledoneus, interdum rarius acotyledoneus.

</td></tr>
</table>

Die Ericeen zerfallen in mehrere Unterfamilien, davon sind z. B. *Ericaceae-Andromedeae* sympetal oder gamopetal, *Hypopityĕae* dialypetal, *Rhodoreae* gamo- oder dialypetal. Die *Ericeae* haben nackte Knospen, *Rhodoreae* grosse Knospendecken, die anderen beiden schuppenförmige Knospendecken. Die *Ericeae* haben tetramerische, die anderen pentamerische Blüthen.

Ericaceae-Ericeae (nach *Klotzsch*): nackte Knospen, verwachsenblättrige Blumenkrone, Staubbeutel, welche vor dem Aufblühen durch unter der Spitze befindliche und seitliche Löcher verbunden sind, eine 4-fächrige Frucht mit einfachen Scheidewänden, und Samen mit eng anliegender Samenhaut.

Ericeae: Gemmae foliifĕrae et florāles tegmentis vacuae; corolla gamopetāla; anthērae ante anthēsin foraminibus infraapicalibus lateralibusque conjunctae; fructus quadrilocularis cum dissepimentis simplicibus; seminis testa arcta. Octandria Monogynia. Erīca, Callūna.

Beide Gattungen, *Erīca* und *Callūna*, haben 4-zählige Blüthen *(flores tetramĕri)*, d. h. einen 4-blättrigen Kelch, 4-theilige Blumenkrone, 8 Staubgefässe, einen aus 4 Fruchtblättern bestehenden Fruchtknoten.

Erīca unterscheidet sich von *Callūna* durch 2-porige Antheren und fachspaltiges Aufspringen der Fruchtkapsel; *Calluna* markirt

<table>
<tr><td align="center">Fig. 727.</td><td align="center">Fig. 728.</td><td></td></tr>
<tr><td align="center"></td><td align="center">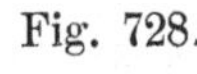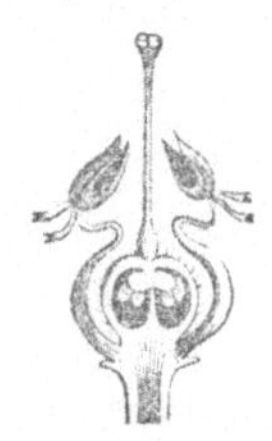</td><td align="center">Fig. 729.
</td></tr>
<tr><td align="center">Staubblätterkreis der *Callūna vulgaris*, vergr.</td><td align="center">Verticalschnitt des Pistills von *Callūna vulgaris*.</td><td>Frucht von *Callūna vulgaris*. *Dehiscentia septifrăga. Capsula quadrivalvis, septifrage dehiscens.* Vergr.</td></tr>
</table>

sich durch 2-spaltige Antheren mit 2 kammförmigen Fortsätzen und durch scheidewandspaltiges Aufspringen der Frucht. *Erīca differt: antheris biporōsis et dehiscentiā capsulae loculicīda, Callūna:*

antheris birimatis (sulcatis), bicristatis, et dehiscentiā septifrāga capsulae.

Bei *Erīca* findet das Aufspringen auf der Mitte (dem Mittelnerven) jedes Karpellblattes, bei *Callūna* in den 4 Näthen statt.

Bei *Erīca Tetrălix* sind die Blätter linienförmig, am Rande umgerollt, zu 3 oder 4 stehend, bei *Callūna vulgaris* Salisb. (gemeinem Heidekraut) gegenständig, 4-reihig ziegeldachartig, linienförmig, 3-schneidig und pfeilförmig *(folia opposǐta, quadrifariam imbricata, lineariu, triquetra, sagittata). Erīca Tetrălix* (mit blutrothen Blüthen) findet sich hier und da in Sümpfen und Brüchen, *Callūna vulgaris* ist sehr gemein und besonders auf sandigem Haideboden wuchernd.

Das wahre Vaterland der schönblühenden *Erīca*-Arten, wie viele in unseren Gewächshäusern gezogen werden, ist das Cap der guten Hoffnung. Bei uns sind ausser den erwähnten nur wenige Arten heimisch, wie *Erīca arborěa* (Alpen; weissblühend), *E. cinerěa* (bei Bonn), *E. carněa* (auf den süddeutschen Voralpen).

Ericaceae-Rhodoreae Klotzsch *(Rhododendreae)* haben grosse Knospendecken, verwachsen- und freiblättrige Blumenkronen, wehrlose Antheren mit 2 Poren an der Spitze, eine scheidewandspaltig aufspringende Kapsel, eine den Samen locker umhüllende netzartige Samenhaut.

Rhodoreae (Rhododendreae): Tegmenta magna gemmarum; corolla gamo- vel diălypetala; anthērae muticae, in vertice biporosae; capsula septicīdo-dehīscens; testa seminis laxa, reticulata, nucleo multo amplior. (Decandria Monogynia.) Rhododendrum, Ledum.

Beide Gattungen tragen 5-zählige Blüthen *(flores pentamēri)*, unterscheiden sich aber von einander dadurch, dass bei *Rhododendrum* (Alpenrose) die Staubgefässe herabgebogen sind und die Kapsel von der Spitze aus aufspringt, bei *Ledum* aber die Kapsel von der Basis aus aufspringt und die Samenträger herabhängen.

Rhododendrum differt: staminibus declinatis et capsulā ab apǐce dehiscente; Ledum: capsulā a basi dehiscente et spermophoris dependentibus.

Rhododendrum Chrysanthum Pallas, in Sibirien, liefert *Folia Rhododendri Chrysanthi,* andere Rhododendren sind auf den Alpen zu Hause, daher der Name Alpenrose. Die officinellen Blätter sind länglich, ganzrandig, lederartig, netzartig geadert, oberhalb kahl, unterhalb mit rostfarbenen Nerven.

Ledum palustre, Porst, wilder Rosmarin, in Torfmooren wachsend, giebt *Herba Ledi palustris.* Die Blätter sind linien-

lancettförmig, am Rande zurückgerollt, netzaderig, unten rost-
farben filzig, die Blumenkronenblätter abstehend *(folia lineari-*

Fig. 730.   Fig. 731.

Blühender Zweig eines *Rhododendrum Ponticum.* *Ledum palustre.* *a* Fruchtkapseln an herabhängenden Fruchtstielen.

*lanceolatā, in marğine revolūta, retinervia, subtus ferrugineo-tomen-
tosa, petala patentia).*

Beide Droguen sind scharfe narkotische Mittel.

Ericaceae-Andromedeae Endl. haben schuppig bekleidete Knospen, sympetale Blumenkronen, 2-porige Antheren, eine engan-
schliessende Samenhaut, und als Frucht eine Beere, Steinfrucht
oder eine fachspaltig aufspringende Kapsel.

*Andromedeae: Gemmae squamis vestītae; corolla gamopetala;
antherae biporosae; testa seminis arcta; bacca, drupa vel capsula
loculicīdo-dehiscens. (Decandria Monogynia.) Andromĕda, Gaul-
theria, Arbŭtus, Arctostaphÿlos.*

Arctostaphÿlos; 5-zählige Blume, **k r u g f ö r m i g e** Corolle mit
5-spaltigem **z u r ü c k g e b o g e n e m** Saume, **a n i h r e r S p i t z e** dem
Filament angeheftete 2-hörnige Antheren, eine Steinfrucht mit
5 einsamigen Steinfächern.

Arctostaphylos dignoscitur: flore pentamero. corolla urceo-lata limbo quinquefido. antheris apice suo affixis. bicornibus. drupā pentapyrēna. pyrēnis monospermis.

Arbŭtus weicht von der vorigen Gattung durch eine 5-fächrige Beerenfrucht mit 4—5-samigen Fächern, *Andromeda* durch eine 5-fächrige Kapsel-frucht, welche 5-klappig-fach-spaltig aufspringt, ab.

Fig. 732.

Arctostaphylos Uva ursi Spr. Corolla ur-ciolata cum calyce et bracteis. 5fache Lin.-Vergr.

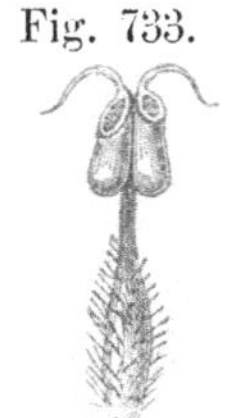

Fig. 733.

Arctostaphylos Uva ursi Spr. Stamen cum antheris bicornibus et filamento. (Vergr.)

Arbŭtus ab Arctostaphȳlo differt: bacca quinqueloculari, loculis tetra- vel penta-spermis.

Andromeda differt: capsulā quinqueloculari, loculicīdo-quin-quevalvi.

Arctostaphȳlos Uva ursi Spr. *(Arbŭtus Uva ursi L.),* Bären-traube, liefert die officinellen *Folia Uvae ursi*, welche Gallus-säure, Gerbsäure, ein bitteres Glycosid Arbutine, geschmackloses Urson etc. enthalten. Der auf Haiden und in Nadelwäldern häufig wachsende kleine Strauch (♃) ist zu erkennen an den nieder-gestreckten Stämmen, den länglichen verkehrt-eirunden, ganz-randigen, auf beiden Seiten netzadrigen, lederartigen, glänzenden, ausdauernden Blättern, dem kurzen endständi-gen überhängenden Trauben-Blüthenstande, den fleischfarbenen Blüthen und den scharlachrothen kugligen Steinfrüchten. *Frutex in silvis acerōsis frequens caulibus prostratis. foliis obovata-oblongis, integerrimis. utrinque reticulato-venosis. coriaceis. nitidis. perennanti-bus (persistentibus). racēmis brevibus. terminalibus, cernuis, floribus carneis, fructibus drupaceis globosis coccineis (scarlatinis).*

Den Ericaceen verwandt sind die Vaccineen oder Vacciniaceen, welche auch im *Endlicher*'schen und *Link*'schen System eine Unterordnung der Ericaceen bilden.

Die Vacciniaceen unterscheiden sich von den Ericaceen durch einen unterständigen Fruchtknoten mit vieleiigen Fächern und eine Frucht, welche eine mit dem Kelche gekrönte Beere ist. Die synpetale Blumenkrone ist eine perigynische. — *Vaccinaceae differunt ab Ericaceis germine infero, loculis multiovulatis et fructu baccato, calyce coronato. Corolla synpetala perigyna.*

Arten sind z. B. *Vaccinium* mit einblättrigem, 4—5-zähnigem Kelche und den vorn an der Spitze aufspringenden Antheren, und *Oxycoccus* mit viertheiligem Kelche, einer 4theiligen Blumenkrone mit schmalen zurückgerollten Lappen und röhrenförmigen gefurchten, vorn an der Spitze in schiefen Poren sich öffnenden Antheren.

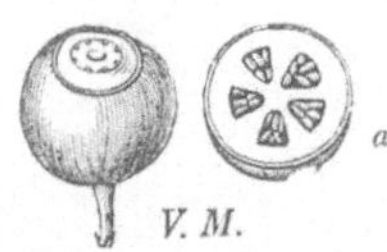

Fig. 734.

V. M.

Frucht von *Vaccinium Myrtillus.*
a Dieselbe im Querdurchschnitt.

Vaccinium Myrtillus L. liefert in seinen reifen, fast schwarzen Früchten die Heidelbeeren, Pickbeeren, *Vaccinium Vitis Idaea* L. in seinen scharlachrothen Früchten die Preisselbeeren, Kronsbeeren. Die Blätter letzterer Art findet man mitunter den Bärentraubenblättern (*Folia Arctostaphyli*) beigemischt, doch sind sie an dem Mangel des Adernetzes, dem umgerollten Rande und den rostfarbigen Punkten auf ihrer unteren Fläche leicht zu erkennen.

Bemerkungen. *Campanŭla* (Glöcklein), von dem neulatein. *campāna*, Glocke. — *Lobelia*, nach *Mathias de l'Obel*, einem niederländischen Botaniker († 1616), benannt. — *Erīca*, griech. ἐρείκα (ereika), Heide-, Haidekraut. — *Calluna* (Kraut zum Schmücken), von καλλύνω (kallyno), putzen, schmücken. — *Rhodoreae* (Rosenartige), von ῥόδον (rhodon), Rose.

Rhododendrum (Rosenbaum), ῥόδον, Rose, und δένδρον (dendron), Baum. — *Andromĕda*, Tochter des äthiop. Königs *Cepheus* und der *Cassiŏpe*, welche von *Perseus* befreit und zur Gemahlin genommen wurde. — *Arctostaphўlos* (Bärentraube), von ἄρκτος, Bär, und σταφυλή (staphylä), Traube. — *Vaccinium* wahrscheinlich entstanden aus *baccinium*, Beerenstrauch. — *Myrtillus*, Diminutiv von *myrtus*, wegen Aehnlichkeit der Blätter mit denen der Myrte. — Pickbeere, wegen des auf der jungen Frucht noch befindlichen Griffels, gleichsam Beere mit einer Pike oder Picke.

Lection 126.

Oleaceen oder Oleïnen.

In der *Endl.* Cohorte *Gamopetalae* schliesst die Klasse *Contortae* einige für die Pharmacie wichtige Familien, wie die *Oleaceae, Loganiaceae, Asclepiadeae* und *Gentianeae* ein. Dieselben Familien gehören nach DC. in die Unterklasse *Corolliflorae*, also zu den Pflanzen, welche einen Kelch, eine synpetale hypogynische Blumenkrone und meist epipetale Staubgefässe zu gemeinsamen Merkmalen haben.

Die Kl. *Contortae* (Gedrehtblüthige) bezeichnet Pflanzen mit einer Blumenkrone, welche etwas schiefgestellte oder etwas gedrehte Lappen hat und in der Knospe meist eine gedrehte Faltung zeigt.

Von den Oleaceen finden wir unter unserem Himmelsstriche die Gattungen *Ligustrum* (Hartriegel) und *Fraxinus*

(Esche); die wichtigste Gattung *Olĕa* (Olivenbaum), welche uns das Olivenöl liefert, ist im Orient und dem südlichen Europa zu Hause.

Oleaceae.

Bäume oder Sträucher.	*Arbores vel frutices.*
Blätter nebenblattlos, gegenständig, einfach oder unpaariggefiedert.	*Folia exstipulata, opposita, simplicia vel impăripinnata.*
Blüthen zwitterig oder durch Fehlschlagen polygamisch, sehr selten nackt.	*Flores hermaphrodīti vel abortu polygămi, rarissime nudi.*
Kelch vierzähnig, mitunter 0.	*Calyx quadridentatus, interdum nullus.*
Blumenkrone verwachsenblätterig, unterständig, regelmässig, seltner 4-blätterig, in der Knospe klappig gefaltet, seltner 0.	*Corolla sympetala, hypogўna, regularis, rarius tetrapetăla, raro nulla, praefloratione valcatā.*
Staubgefässe 2, epipetal oder hypogynisch, mit den Kronenblättern abwechselnd.	*Stamina bina, epipetăla vel hypogyna, alternipetăla.*
Pistill. Griffel 1, Narbe meist 2-paltig; Fruchtknoten 2-fächerig, Fächer 2-eiig; Eichen aneinanderliegend, hängend, gegenläufig.	*Pistillum. Stylus unus; stigma plerumque bifĭdum; germen biloculare; loculi biovulati; ovula collateralia, pendŭla, anatrŏpa.*
Frucht eine Kapsel, Steinfrucht oder Beere, oft durch Fehlschlagen einfächerig, ein- und mehrsamig.	*Fructus capsularis, drupaceus vel baccatus, saepe abortu unilocularis, mono- vel pleiospermus.*
Keim gerade, in der Axe des fleischigen Eiweisses; Würzelchen nach der Fruchtspitze gewendet.	*Embryo rectus, in axi albuminis carnosi; radicula supĕra.*

Die Namen *Oleaceae*, *Oleïnae*, *Oleïneae*, womit diese Familie bezeichnet worden ist, sind von dem Namen der Gattung *Olĕa* entnommen, welche wiederum ihren Namen dem Oelreichthum ihrer Früchte *(olĕum,* Oel) verdankt.

Die Gattungen lassen sich nach der Art ihrer Frucht in solche mit beerenartiger (*Oleïnae* Endl.) und in solche mit kapselartiger Frucht (*Fraxinĕae* Endl.) eintheilen. Zu der Unterfam. *Oleïnae* gehören: *Olea* mit einer Steinfrucht, *Ligustrum* mit einer

Beere, zu den *Fraxineae: Fraxinus* und *Syringa* mit Kapselfrüchten. Sämmtliche Gattungen gehören zur *Diandria Monogynia* L. (Kl. II. Ordn. 1).

Um die Familiencharaktere zu studiren, giebt uns der allgemein als Zierstrauch angepflanzte **Spanische Flieder**, *Syrīnga vulgaris*, die bequemste Gelegenheit.

Gattung Syringa.

Kelch 4-zähnig.	*Calyx quadridentatus.*
Blumenkrone stieltellerförmig, die Befruchtungswerkzeuge verdeckend.	*Corolla hypocratērimorpha, stylum staminaque occultans.*
Frucht eine zusammengedrückte Kapsel, fachspaltig-zweiklappig (oder beide Klappen tragen in ihrer Mitte die Scheidewände).	*Fructus capsularis compressus, loculicīdo-bivalvis (i. q. valvae gemĭnae, in medio septifĕrae).*

Fig. 735.

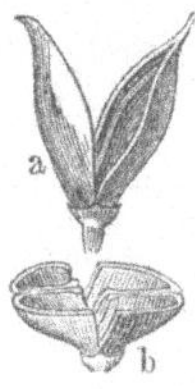

Syringa vulgaris. Fructus capsularis loculicīdo-bivalvis. a *Fructus post dehiscentiam*, b *idem transverse sectus.*

Fig. 736.

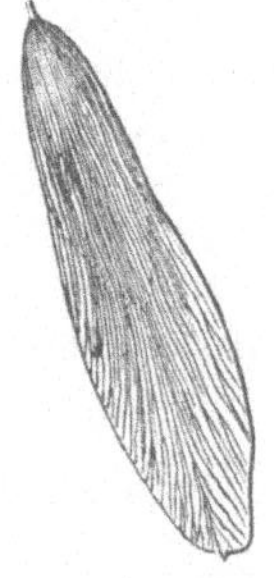

Fraxinus excelsior. Fructus antīce alatus.

Syringa vulgaris, zu erkennen an den herzförmigen, zugespitzten Blättern, hat wohlriechende lilafarbene oder weisse Blüthen und einen straussartigen Blüthenstand; *(foliis cordatis acuminatis, floribus odoratis lilacĭnis vel albis, thyrsoïdĕis)*.

Olĕa unterscheidet sich durch eine fast glockenförmige Blumenkrone mit 4-spaltigem Saume und durch eine Steinfrucht mit Steinkern, *Ligustrum* durch eine trichterförmige Blumenkrone, fast kugelig-runde Beere mit hautähnlichem Endocarp, *Fraxĭnus* durch polygamische oder diöcische Blüthen, 3- oder 4-theiligen Kelch, der auch fehlen kann, 3 oder 4 linienförmige, sehr lange, oft am untersten Grunde zu zweien verwachsene Kronenblätter, welche auch manchmal fehlen, hypogynische Staubgefässe, eine vorn geflügelte, durch Fehlschlagen 1-fächrige, 1-samige, nicht aufspringende Kapsel.

Olea a Syringa differt: corollā subcampanulatā limbo quadrifido praeditā et drupā putamine osseo. Ligustrum differt: corollā infundibŭliformi et baccā subglobōsa endocarpio membranaceo.

Fraxĭnus differt: floribus polygāmis vel dioecis, calyce tri- vel quadripartito vel nullo, petălis ternis vel quaternis, linearibus, longis-

simis, saepe gem'inis basi imā connatis (per paria imā basi connatis Berg), *interdum nullis, staminibus hypogўnis, fructu antīce alato (samăra), abortu uniloculari, monospermo, non dehiscente.*

Olĕa Europaea, Oelbaum, zu Sträuchern (♃) und Bäumen (5) auswachsend, trägt lederartige, längliche oder lancettförmige, ganzrandige, stachelspitzige, oberhalb zerstreut-schuppige, unterhalb dicht-silberfarben-schülferige (grauweiss-seidehglänzende) Blätter, achselständige Trauben, und elliptisch-geformte Steinfrüchte mit ölreicher Mittelfleischschicht und süssem Samen. Es giebt eine grosse Menge Varietäten, aus deren Früchten das Olivenöl, *Oleum Olĭvae (Olicārum)*, die beste Sorte: *Oleum Olivae Provinciāle*, gewonnen wird; *Olea Europaea foliis coriaceis, oblongis vel lanceolatis, integerrimis, mucronatis, supra sparsim squamulosis, subtus dense argenteo-lepidōtis (incano-sericeis), racēmis axillaribus et drupis ellipticis cum sarcocarpio oleōso seminibusque saporis dulcis.*

Es ist eine auffallende Erscheinung, dass die bei uns heimischen und cultivirten Oleaceen auch der Sammelplatz der im Juni und Juli in Schaaren zuwandernden Canthariden sind, denn diese sammeln sich nur und besonders auf der gemeinen Esche *(Fraxĭnus excelsĭor)*, der Rainweide, Hartriegel *(Ligŭstrum vulgāre)* und dem Spanischen Flieder *(Syringa vulgāris)*.

Die Gattung *Fraxĭnus* wird geschichtet in Arten mit nackten Blüthen *(Fraxĭnus* Tournf.) und in Arten mit Kelch und

Fig. 737.

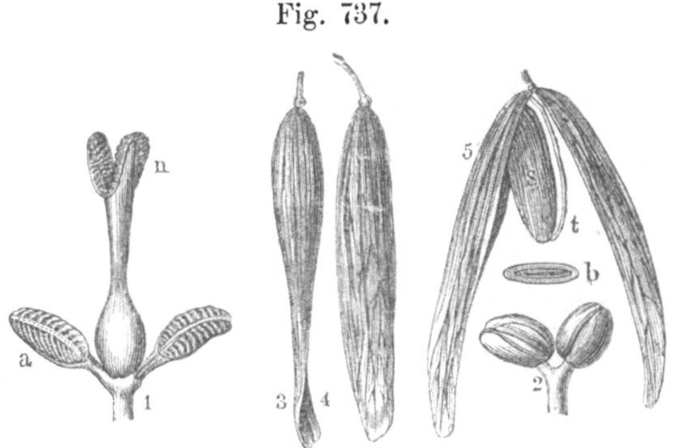

Fraxĭnus excelsior. 1. *Flos nudus hermaphrodītus*, a *anthĕrae binae*, n *stigmata bina*, 2 *flos nudus masculus* (1 u. 2 fünffache Lin.-Vergr.), 3 *samăra a margine et* 4 *a latere conspecta*, 5 *samăra hians*, s *semen*, t *spermophorum*, b *facies secturae transversalis seminis.*

Blumenkrone (*Ornus* Pers.). Zu den ersteren gehört *Fraxĭnus excelsĭor* (gemeine Esche) mit 4- bis 7-jochigen unpaarig-gefiederten Blättern, mit kaum gestielten, länglich-lancettförmigen, kurz zugespitzten, gesägten, unbehaarten Blättchen und seitenständigen frühzeitigen Blüthenrispen. Die Abart mit hängenden Aesten ist die Traueresche (*Fraxinus excelsior pendŭla*).

Fraxinus excelsior Linn. dignoscitur: *foliis impări-pinnatis, quadri-, quinque-, sex- vel septemjŭgis, foliŏlis subpetiŏlulatis, lanceolato-oblongis, breviter acuminatis, serratis, glabris, paniculis lateralibus praecocibus.*

Fraxinus Ornus (Manna-Esche), im südlichen Italien einheimisch und dort angebaut. Ihr zucker- und mannithaltiger Saft, den sie freiwillig und auch nach künstlichen Einschnitten ausfliessen lässt, bildet getrocknet die officinelle Manna *(Manna)*. Diese Art unterscheidet sich, wie oben bemerkt ist, durch Blüthen mit Kelch und Blumenkrone, ferner durch 3- oder 4-jochige Blätter mit gestielten, unterhalb in den Nervenwinkeln zartfilzig-behaarten Blättchen und endständige, spät erscheinende Rispen mit weissen Kronenblättern.

Für den Nachweis der Entwickelung eines Organs vor, während oder nach der Entwickelung eines anderen Organs giebt es folgende Ausdrücke: frühzeitig *(praecox)*, gleichzeitig *(coaetaneus)*, und spät *(serotinus)*. Auf die Blüthe angewendet ist *flos praecox*, frühzeitige Blüthe, eine solche, welche vor der Entwickelung der Blätter erscheint. Wir treffen sie an bei *Daphne Mezerĕum* (Seidelbast), *Corўlus Avellāna* (Haselstrauch), *Ulmus* (Rüster), *Fraxinus excelsior* (Esche).

Flos coaetanĕus, gleichzeitige Blüthe, ist die mit den Blättern gleichzeitig erscheinende und

flos serotĭnus, späte Blüthe, die nach der Entwickelung der Blätter hervorbrechende Blüthe. Letztere treffen wir z. B. bei vielen Lindenarten *(Tilia)*, bei *Daphne Laureŏla, Fraxinus Ornus* an.

Bemerkungen. *Syrīnga* (röhrige Pflanze), σύριγξ (syrinx), Röhre, Pfeife. — *Ligustrum (i. q. Ligusticum)*, auf den ligustischen oder ligurischen (Genuesischen) Bergen wachsender Strauch *(frutex in montĭbus Liguriae crescens)*.

Lection 127.

Loganiaceen oder Strychnaceen. Asklepiadeen.

Eine andere und sehr wichtige Familie in der *Endl.* Cohorte *Gamopetalae* und der Kl. *Contortae* ist diejenige der *Loganiaceae Endl.* oder der *Strychnaceae Blume.* Sie zeichnet sich durch ihre giftigen Eigenschaften aus, denn ihre Gattungen enthalten unter anderen die sehr giftigen und arzneilich gebrauchten Alkaloïde Strychnin und Brucin. Die Samen von *Strychnos Nux vomica.* Brechnussbaum auf der Küste Coromandel und auf Ceylon), sind als Brechnüsse. Krähenaugen (*Nuces vomicae. Semen Strychni*) officinell, eben so die Samen von *Strychnos Ignatii Berg* (auf den Philippinen) als Sanct-Ignaz-Bohnen (*Fabae Sancti Ignatii*).

Die giftige sogenannte falsche Angusturarinde, welche man der wahren Angusturarinde vor 60 Jahren einmal untergeschoben hatte, war die Rinde von *Strychnos Nux vomica.* Das Schlangenholz (*Lignum colubrinum*) stammt von *Strychnos colubrina* (in Malabar). Es wird in Indien gegen den Biss der Brillenschlange gebraucht. *Strychnos Tieuté Leschen.* (auf Java) liefert das Upaspfeilgift, *Strychnos toxifera Schomb.* und *Str. cogens Benth..* beide in Guiana, wahrscheinlich das Urari- oder Curare-Pfeilgift, *Str. Gujanensis Martius* (in Guiana und Brasilien) das Curare der amerikanischen Wilden.

Die Früchte der Loganiaceen sind entweder Kapselfrüchte oder Beerenfrüchte. durch Fehlschlagen 1-fächerig und zahlreiche schildförmige Samen einschliessend. Der Embryo ist gerade und entweder an der Basis oder in der Axe des Eiweisses, mit nach der Basis der Frucht gerichtetem Würzelchen. *Fructus vel capsulares vel baccati. abortu uniloculares. seminibus peltatis plurimis, embryone recto in basi vel in axi albuminis. radiculā inferā.*

Die Frucht von *Strychnos Nux vomica* ist eine berindete kuglige Beere, in welcher die zusammengedrückten oder länglichen, stumpfeckigen Samen im Mark eingebettet liegen. Der Keim liegt am Grunde eines spaltbaren hornharten Eiweisses.

Fig. 738.

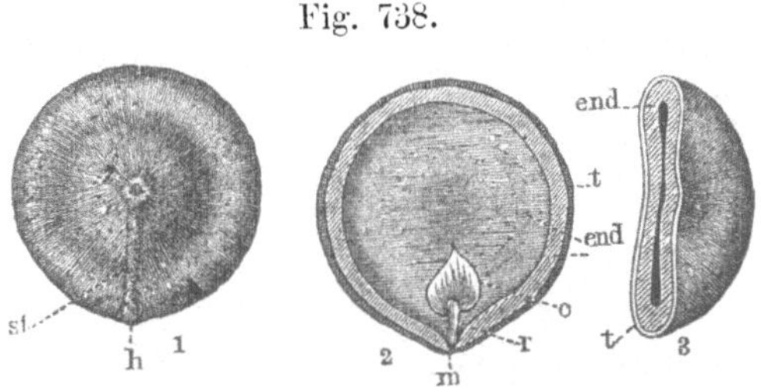

Strychnos nux vomica. 1. Samen in natürl. Grösse (*semen albuminatum*). *h* Nabel (*hilum*), *st* Samenschwiele (*strophiöla*), *z* innerer Nabel (*chalāza*). 2. Der Samen im Längsdurchschnitt. *m* Nabel und Micropyle, *r* Würzelchen, *c* Cotyledonen, *t* Testa, *end* Inneneiweiss (*endospermium*). 3. Querdurchschnitt.

Fructus Strychni Nucis vomicae est bacca globosa corticata, seminibus compressis vel oblongiusculis. obtusangŭlis. in pulpā nidulantibus, embryone in basi albuminis cornei subbipartibilis.

Eine andere Familie der *Contortae,* welche sich durch einen besonderen Bau der Blüthe auszeichnet, bilden die *Asclepiadaceae*

(Schwalbenwurzelartige). Diese zeigen meist brechenerregende, purgirende oder schweisstreibende, seltner giftige Wirkungen.

Asclepiadaceae.

Blätter gegenständig, ungetheilt, nebenblattlos.	*Folia opposĭta, intĕgra, exstipulata.*
Kelch 5-theilig, bleibend.	*Calyx quinquepartītus, persistens.*
Blumenkrone hypogynisch, regelmässig, 5-spaltig, abfallend, vor dem Aufblühen klappig oder gedreht.	*Corolla hypogўna, regularis, quinquefĭda, decidŭa, ante anthēsin (praefloratione) valvata vel contorta.*
Staubgefässe 5, am Grunde der Blumenkrone eingefügt, mit den Lappen derselben wechselständig; Staubfäden verbreitert und meist mit ihren Rändern zu einer die Stempel einschliessenden Röhre verwachsen und nach aussen mit blumenblattartigen Anhängseln (Nebenblumenblätt.) versehen; Antheren verbreitert, nach innen gewendet, über ihren Fächern mit den häutig verlängerten Connectiven, welche sich über die Narbe legen, und im Verein mit den verwachsenen Staubfäden eine Stempeldecke bildend. Jedes Antherenfach gewöhnlich mit 1 Pollinarie.	*Stamĭna quina, basi corollae inserta, cum laciniis hujus alternantia (epi- et alternipetăla); filamenta dilatata, marginibus plerumque ad tubum stylos circumcludentem connata et extrinsĕcus appendicĭbus petaloïdeis (parapetalis) instructa; anthērae dilatatae, introrsum versae, cum connectivis supra loculos in processum membranaceum productis stigma contegentem, unā cum filamentis connatis stylotegium formantem. Loculi singuli antherarum plerumque pollinarium solitarium continent.*
Pistill. 2 Griffel mit nur 1 schildförmigen, 5-eckigen Narbe, an jeder Ecke, mit den Antheren abwechselnd, mit einem drüsigen, an der Basis zwei-schenkeligen Körperchen versehen. Während der Befruchtung hängen jene 10 Pollinarien zu je 2 den 5 Körperchen an. Fruchtknoten 2, mit wandständigen gegenläufigen Eichen.	*Pistillum. Styli bini, unum tantum stigma peltatum pentagōnum sustinentes, in singulis angulis corpusculis glandulosis solitariis, in basi crura duo formantibus et cum anthēris alternantibus, instructum. Inter praegnationem pollinaria gemĭna quinis corpusculis adhaerent. Germina bina ovulis parietalibus anatrŏpis.*

<table>
<tr><td>

Kapselfrüchte 2, in der Bauchnaht aufspringend, mit wandständigen. später freien Samenträgern.

Samen hängend. gegen den Nabel häufig geschopft.

Embryo gerade, in der Axe eines dünnen Eiweisses, mit gegen die Spitze der Frucht gerichtetem Würzelchen.

</td><td>

Capsulae binae, suturā ventrali dehiscentes. spermophóris parietalibus. demum liberis.

Semina pendula, ad umbilicum saepius comata.

Embryo rectus. in axi albuminis tenuis, radiculā superā (ad fructus apicem versā).

</td></tr>
</table>

Fig. 739.

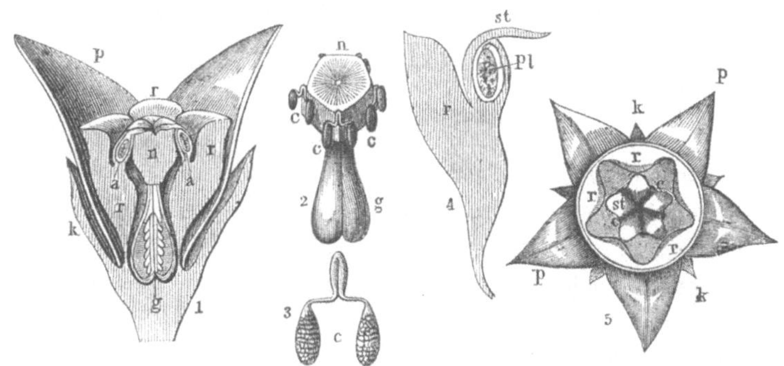

1. Blüthe von *Vincetoxicum officināle* (Schwalbenwurz) im Verticaldurchschnitt. 2. Stempel. 3. Corpusculum. 4. Verticaldurchschnittfläche eines Staubblattes. 5. Blüthe von oben gesehen. Letztere sechsf. Lin.-Vergr, *g* Fruchtknoten, *n* Narbe. *c* Corpuscula. *r* Staubblätter, *a* Antherenfach mit Pollinarien (*pl*), *st* das Connectiv, *k* Kelch, *p* Kronenblätter.

Die Asclepiadeen gehören sämmtlich in die *Pentandria Digynia* (Kl. V., Ord. 2). Bereits haben wir die Blüthe dieser **Familie** in der Lection 56 (Seite 211) näher betrachtet und in ihren Theilen kennen gelernt. Gattungen sind *Solēnostemma, Cynanchum, Vincetoxicum, Asclepias.* Unter diesen ist *Solēnostemma* durch eine gestielte Stempeldecke (*stylotegium stipitātum*) unterschieden.

Die Blätter von *Solēnostemma Argel* Hayne (*Cynanchum Argel* Del.) finden wir häufig zwischen den Sennesblättern. Sie sind lancettförmig, gleichseitig (Blattfläche auf der einen Seite der Mittelrippe so gross wie auf der anderen), kurzgestielt, lederartig, graugrünlich, die jüngeren weissgrau-flaumhaarig, die älteren fast kahl (*folia lanceolata. aequilatēra. brevipetiolata. coriacea, glauca, juniora incano-pubescentia. adulta subglabra).*

Vincetoxicum officinale Moench (*Cynanchum Vincetoxicum* **Pers.**, *Asclepias Vincetoxicum* L.) liefert die **Schwalbenwurz** (*Radix Vincetoxici*).

Bemerkungen. *Loganiaceae*, benannt nach der Gattung *Logania*, welche nach *James Loghan* (spr. dschehms loghän), † 1736 als Statthalter in Pensylvanien, ihren Namen erhielt. — *Strychnos, i, m.* u. *f.*, griech. στρύχνος (Nachtschatten der Alten). — *Semen St. Ignatii*, nach dem Stifter des Jesuitenordens, *Ignatio de Loyóla*, benannt, weil dieser Samen durch die Jesuiten zuerst bekannt wurde. Zu den Strychnos-Arten, welche kein Strychnin und Brucin enthalten, zählt auch *Strychnos potatorum* (Ostindien), deren gerbstoffhaltige Früchte zum Trinkbarmachen verdorbenen Wassers benutzt werden.

Asclepias, ădis, f. (Heilkraut) von Ἀσκληπιός (askläpios), lat. *Aesculapius*, Gott der Heilkunst. — *Cynanche* (Hundswürger), griech. κυνάγχη (kynanchä), Hundebräune, von κύων (kyōn), Hund, und ἄγχω (anchō), würgen. — *Solēnostemma, ătis, n* (Röhrenkranz), σωλήν (sōlän), Röhre, und στέμμα (stemma), Kranz.

Lection 128.

Gentianaceen, Gentianeen.

Die letzte Familie der Klasse *Contortae* bilden die *Gentianaceae* (Enzianartigen), welche bittere tonische Arzneimittel liefern. Wie es scheint, ist der Bitterstoff G e n t i a n i n e oder ein ähnlicher Bitterstoff bei den meisten ihrer Gattungen vertreten.

Gentianaceae.

K r ä u t e r. S t e n g e l t r e i b e n d e mit einer Pfahl- oder Hauptwurzel und mit gegenständigen einfachen Blättern.	*H e r b a e. C a u l e s c e n t e s radīce palāri foliisque oppositis simplicibus.*
S t e n g e l l o s e mit kriechendem geringeltem Wurzelstock und zerstreuten scheidigen, zuweilen zusammengesetzten Blättern.	*A c a u l e s rhizomăte repente annulato, foliis sparsis vaginantibus, interdum compositis.*
K e l c h einblätterig, meist 5-spaltig, bleibend (ausdauernd).	*C a l y x persistens, gamosepălus, plerumque quinquefĭdus.*
B l u m e n k r o n e regelmässig, verwelkend, meist 5-spaltig, in der Knospe gedreht, seltner klappig gefaltet.	*C o r o l l a marcescens, regularis, plerumque quinquefĭda, praefloratione contortā, rarius valvaceā.*
S t a u b g e f ä s s e soviel als Corollenzipfel, meist 5, mit denselben abwechselnd und der Blumenkrone eingefügt.	*S t a m i n a tot quot laciniae corollae, plerumque quina, cum his alternantia et corollae inserta (alternipetala et epipetala).*
P i s t i l l mit 1 od. mit 2 mehr oder weniger mit einander ver-	*P i s t i l l u m:* styli solitarii vel bini, plus minusve connati; germen

wachsenen Griffeln, und mit einem 1-fächrigen oder durch Einbiegung der Fruchtblätter fast 2-fächrigen Fruchtknoten. — *uniloculare vel valvis (carpophyllis) introflexis subbiloculare.*

Frucht eine 2-klappige, vielsamige Kapsel, mit kleinen eiweisshaltigen Samen. — *Fructus capsularis bivalvis polyspermus, seminibus parvis albuminosis.*

Keim in der Eiweissaxe liegend, walzig, sehr klein, mit kurzen, oft kaum getrennten Samenblättern und nach dem Nabel gewendetem Würzelchen. — *Embryo axilis, cylindricus, minūtus; cotȳlae breves, saepe vix discretae; radicula hilum spectans (ad hilum versa).*

Die Gentianeen spalten sich in 2 Unterfamilien, in *Gentianeae verae* und in *Menyantheae.*

Gentianeae verae sind jene *herbae caulescentes* mit gedrehter Blüthendeckenlage, *Menyantheae* jene *herbae acaules* mit klappiger Blüthendeckenlage.

Gentianeae verae: radix palaris vel fibrosa; folia opposita; praefloratio contorta. **Gatt.** *Gentiana, Erythraea.*

Gattung *Gentiāna.*

Kelch 5-spaltig, bisweilen blumenscheidenartig. — *Calyx quinquefidus, interdum spathaceus.*

Blumenkrone mit 5-spaltigem Saume, glockenförmig oder radförmig. — *Corolla limbo quinquefido campanulata vel rotata.*

Staubgefässe 5, mit unveränderten ausgestäubten Antheren. — *Stamĭna quina; antherae defloratae immutatae.*

Pistill mit 2 Griffeln oder einem zweigetheilten Griffel und 2 Narben. — *Pistillum ex stylis binis vel uno bipartito et binis stigmatibus constitutum.*

Kapsel 1-fächerig, 2-klappig; Samenträger mit den Rändern der Klappen verwachsen. — *Capsula unilocularis bivalvis; spermophora marginibus valvarum adnata.*

Einen blumenscheidenartigen Kelch haben z. B. *Gentiana lutea* und *Gentiana purpurea*, einen gezähnten Kelch: *Gentiana Pannonica, punctata. Pneumonanthe, Amarella, campestris* etc.

Gentiana lutea: 5-nervige Blätter, gelbe Blüthen in achselständigen gestielten falschen Wirteln, Blumenkrone radförmig, spitzzipflig *(folia quinquenervia; flores lutei, verticillastri axillares pedunculati; corolla rotata laciniis acutis).* **G.** *purpurea,* **G.** *Panno-*

Fig. 740.

Fig. 741.

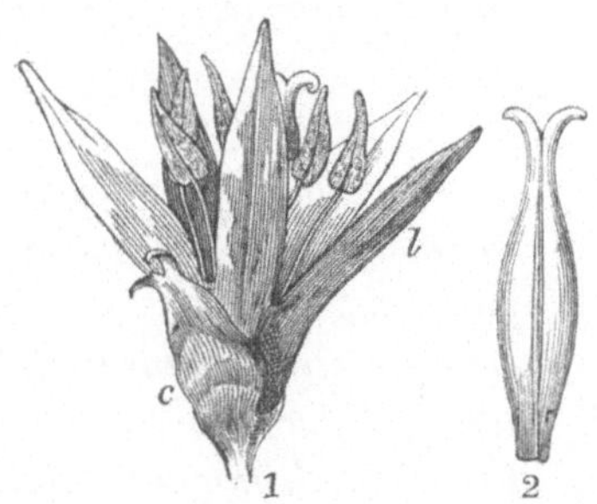

Gentiana lutea. 1. c Calyx spathaceus, 1 laciniae corollae tubo triplo longiores. — Antherae liberae. 2. Pistillum.

Gentiana Pneumonanthe. Corolla limbo decemfido, laciniis alternis minutis. Calyx quinquefidus.

nĭca und *G. punctata* liefern auch Enzianwurzel (*Radix Gentianae rubrae*), sämmtliche sind Alpenpflanzen.

Fig. 742.

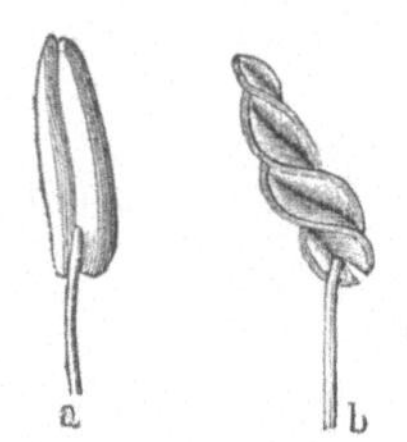

Erythraea Centaurĭum Pers. a Stamen pubes. b Stamen defloratum; anthera spiraliter torta. (Amplificatio septemplex.)

Die Gattung *Erythraea* weicht von *Gentiana* ab: durch eine trichterförmige Blumenkrone, ausgestäubt spiralig gedrehte Antheren, 1 Griffel und linienförmige Kapseln mit nach innen gebogenen Klappenrändern.

Erythraea a Gentiana differt: corolla infundibuliformi, anthēris defloratis spiraliter tortis, stylo solitario, capsulis linearibus, marginibus valvarum introflexis.

Erythraea Centaurĭum Pers. (*Chironia Centaurĭum Sm.*) hat einen einfachen, 4-eckigen Stengel, länglich-ovale, 3-nervige Blätter, rosenrothe Blüthen und einen trugdolden-traubigen Blüthenstand. Das blühende Kraut ist das Tausendguldenkraut (*Herba Centaurii minoris*).

Fig. 743.

Erythraea pulchella Fr.

Erythraea Centaurĭum dignoscitur: caule simplici quadrangulari, foliis ovalioblongis, trinerviis, floribus roseis, ad corymbum cymosum congestis.

Diese einjährige ⊙ Pflanze kommt auf Wiesen und Weideplätzen vor, zugleich mit der kleingestalteten *Erythraea pulchella Fries*, mit fast 5-nervigen Blättern.

Unterfamilie *Menyantheae: folia sparsa, praefloratio valvacea.* Gatt. *Menyanthes.* Ausser an dem Charakter

der Unterfamilie ist diese Gattung zu erkennen, an der trichter-
förmigen, innen durch lange Papillen **flockig-gebärteten** Blumenkrone, einem am Grunde mit **Wimpernkranz** umgürteten
Fruchtknoten, nur 1 Griffel, einer 2-lappigen Narbe und an den
der Mitte der Klappen angehefteten Samen.

*Menyanthes differt ab reliquis generibus Gentianacearum:
foliis sparsis, corolla infundibuliformi, intus papillis elongatis barbata,
germine in basi annulo ciliato cincto, stylo solitario, stigmate bilobo,
seminibus medio calcarum affixis.*

Menyanthes trifoliata (Bitterklee) unterscheidet sich durch ein
langes kriechendes geringeltes Rhizom, welches mit seiner Spitze
aufwärts steigend 2 bis 3 Blätter und einen Blüthenschaft mit
endständiger Blüthentraube trägt. Die Blätter sind gestielt, am
Grunde scheidig, dreizählig, die Blättchen sind länglich, am Rande
schwach gekerbt. Die Blüthen erscheinen am Ende des Frühlings
und sind weisslich oder rosenroth, der Bart weiss. Häufig in
Sümpfen, auf feuchtem Torfboden und selbst in seichten stagnirenden Gewässern.

*Menyanthes trifoliata rhizomate longo repente annulato,
apice ascendente, folia bina vel terna et scapum emittente, racemo
terminali, foliis petiolatis in basi vaginantibus, ternatis, foliolis oblongis leviter crenulatis. Floret exeunte vere, floribus albidis vel roseis
barbā albā. Frequens in paludibus, in turfosis udis et aquis tenuibus stagnantibus.*

Die sehr bitteren Blätter werden gesammelt und als *Folia
Trifolii fibrini s. aquatici*, Dreiblatt, Bitterklee oder Fieberklee,
in den Apotheken vorräthig gehalten.

Bemerkungen. *Gentiana* soll nach *Gentius*, einem Könige der Illyrier (180
v. Chr.), benannt sein, weil dieser die Enzianwurzel als Pestmittel empfohlen
hatte. — *Erythraea* (die Röthliche), von ἐρυθραῖος, α, ον (erythraios), röthlich, wegen der Farbe der Blüthe. — *Centaurium, Chironia Centarium*, nach
dem *Centaur Chiron* (κένταυρος Χείρων) oder vielmehr wegen der grossen Heilkräfte 100 Goldstücke (centum, aurum) werth. — *Menyanthes is f.* (Kurzblü-
hende), μινυανθής minyanthäs), kurze Zeit blühend.

Lection 129.

Convolvulaceen. Solaneen.

Convolvulaceae, Windenartige, zählen zu der *Endl.* Coh. *Gamopetalae* und der Kl. *Tubiflorae* oder Röhrenblüthige (nicht zu
verwechseln mit *Tubuliflorae*, einer Unterordnung der Compositen),

nach DC. zu den *Corolliflorae*. Die Gattungen zeichnen sich zum Theil durch Gehalt an Milchsaft aus oder enthalten Harze von drastischer Wirkung. Andere sind reich an Stärkemehl und dienen selbst als Nahrungsmittel.

Convolvulaceae.

Kräuter, Sträucher, Bäume, häufig windend oder kletternd, viele milchsaftführend.	*Herbae, frutices, arbores, saepe volubiles vel scandentes, multi lactescentes.*
Blätter zerstreut, stets ganzrandig, nebenblattlos, oder 0.	*Folia sparsa, margine semper integerrima, exstipulata vel nulla.*
Kelch 4—5-spaltig, bleibend.	*Calyx quadri-fidus vel quinquefidus persistens.*
Blumenkrone unterständig, regelmässig, öfter gefaltet, am Saume 4—5-lappig, abfallend.	*Corolla hypogyna, regularis, saepius plicata, limbo quadri- vel quinquelobo, decidua.*
Staubgefässe 5, der Corolle eingefügt, mit den Lappen derselben abwechselnd.	*Stamina quina, corollae inserta, lobis corollae alternantia (epipetala et alternipetala).*
Pistill, meist mit 1 Griffel, 2—4 Narben; Fruchtknoten frei, meist einer hypogynischen Scheibe eingefügt, 2—4-facherig; Fächer 2-eiig.	*Pistillum plerumque cum stylis singulis, stigmatibus binis, ternis vel quaternis, germine libero, plerumque disco hypogyno inserto, bi- vel quadriloculari, loculis biovulatis.*
Frucht eine Kapsel, mit Klappen oder mit einem Deckel aufspringend, seltner nicht aufspringend.	*Capsula valvis aut operculo dehiscens, rarius non dehiscens.*
Samen der Basis der Axe der Frucht angeheftet, einzeln oder aneinander liegend, aufrecht. Eiweiss spärlich u. schleimig.	*Semina ad basin axis capsulae affixa, solitaria vel collateralia, erecta. Albumen parcum mucosum.*
Keim gekrümmt, mit zerknitterten Keimblättern, oder spiralig gewunden und ohne Keimblätter, das Würzelchen nach dem Nabel gewendet.	*Embryo curvatus, cotyledonibus corrugatis, vel spiralis acotyledoneus; radicula hilum spectans.*

Link ordnete die Glieder dieser Familie als

Tribus 1. *Convolvulaceae genuinae* oder echte Convolvulaceen, mit Blättern und mit Cotyledonen begabte (*foliis et cotyledonibus praeditae*). Gatt. *Convolvulus, Ipomoea, Batatas. Pentandria Monogynia* (Kl. V. Ord. 1) L.

Tribus 2. *Cuscutinae* oder Flachsseidenartige, ohne Blätter und mit spiraligem keimblattlosem Embryo *(folia nulla, embryo spiralis acotyleus)*. Gatt. *Cuscūta*.

Gattung *Convolvŭlus*.

Blüthe mit 2 von ihr entfernt stehenden Deckblättern.	*Flos. Bractĕae binae a flore remotae.*
Kelch 5-theilig.	*Calyx quinquepartitus.*
Blumenkrone trichter-, büchsen- oder stieltellerförmig, 5-lappig und 5-fach gefaltet.	*Corolla infundibuliformis, pyxidata vel hypocratērimorpha, quinquelŏba, cum plicaturis quinis.*
Staubgefässe 5.	*Stamina quina.*
Pistill mit 1 Griffel und 2 linienförmig-cylindrischen, von einander abstehenden Narben.	*Pistillum: stylus unus et stigmăta bina lineāri-cylindrica, inter se distantia.*
Frucht eine 2-fächrige Kapsel.	*Fructus capsularis bilocularis.*

Die Arten der Gattung *Convolvulus* sind entweder windende *(C. arvensis, C. Scammonia)*, oder nicht windende *(C. tricŏlor, C. scoparius, C. florĭdus)*.

Convolvulus Scammonia, im Orient, liefert *Radix Scammoniae* und den eingetrockneten Milchsaft der Wurzel, das *Scammonium Halepense*, *Conv. scoparius* (auf Teneriffa) das Rosenholz, *Lignum Rhodii*. An der bei uns gemeinen Ackerwinde, *Convolvulus arvensis*, giebt es Gelegenheit, den Charakter der Familie und der Gattung zu studiren. *Convolvulus sepium* L., Zaunwinde, heisst jetzt *Calystegia sepium* R. Brown. Die Gatt. *Calystegia* unterscheidet sich von *Convolvulus* durch ein den Kelch einschliessendes Bracteenpaar *(bracteis geminis calycem includentibus)*.

Die Gattung *Ipomoea* unterscheidet sich von der Gatt. *Convolvulus* nur durch eine kopfförmige 2-lappige Narbe *(differt stigmate capitato, bilobo)*. Die Art *Ipomoea Purga Hayne*, in Mexiko, liefert die Jalapenknollen *(Tubĕra Jalāpae)*. Sie hat grosse rothe stieltellerförmige Blüthen, windenden Stengel, herzförmige zugespitzte ganzrandige unbehaarte Blätter und 1—3-blüthige Blüthenstiele.

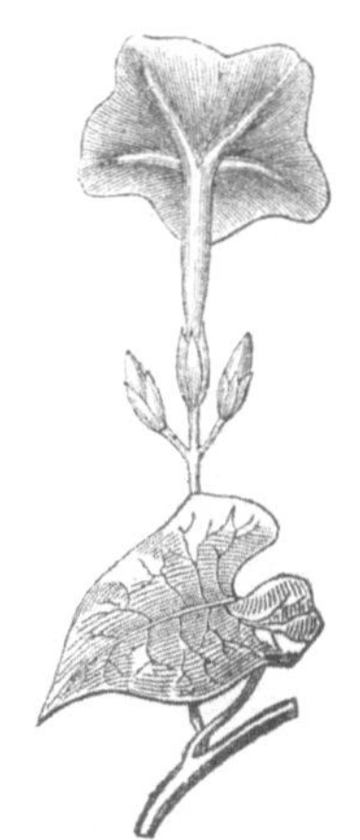

Fig. 744.

Blüthenzweig. (Trugdoldentraube) von *Ipomoea Purga Hayne*. ¹|₃ L.-Vergr.

Die Gattung *Batātas* ist in sofern von Wichtigkeit, als die in Ostindien heimische *Batātas edūlis Chois. (Convolvŭlus Batātas L., Ipomoea Batātas Lam.)* essbare Knollen (Bataten) hervorbringt, und *Batātas Jalapa Chois. (Convolv. Jalāpa L. f., Ipomoea Jalapa Pusch)*, im wärmeren Amerika, die Mutterpflanze einer jalapenähnlich wirkenden Wurzel, der *Radix Mechoacannae*, ist.

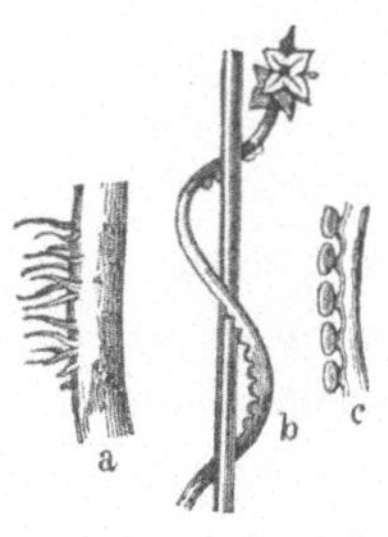

Fig. 745.

a Stück Stamm des Epheus mit Klammerwurzeln, *b* Stück des Stammes von *Cuscuta Europaea* mit Saugwurzeln (*haustoria*), *c* letztere vergr.

Zu den *Convolvulacĕae - Cuscutīnae*, welche sämmtlich unechte Schmarotzer (*epiphŷtae*) sind (S. 113), gehört nur die Gattung *Cuscūta*. Die Art *Cuscūta Europaea*, Flachsseide, ist ein bei uns nicht seltener Stammparasit, welcher mit seinen fadenförmigen röthlichen Stengeln auf anderen Pflanzen, wie Hanf, Hopfen, Bohnen, Klee vegetirt und diese Pflanzen mit seinen Haustorien fest umklammert. *Cuscūta Epithŷmum* finden wir besonders auf dem Thymian (*Thymus vulgāris*), *Cuscuta Epilīnum* auf dem Lein (*Linum usitatissimum*). Diese Arten waren früher officinell.

Eine zweite wichtige Familie aus der Kl. *Tubiflōrae* Endl. bilden die *Solanaceae* (Nachtschattenartige). Sie sind nach *DC.* Corollifloren, denn ihre Blumenkronen sind verwachsenblättrig und hypogynisch. Sie sind unter allen Himmelsstrichen zu finden, in grösster Menge aber in den wärmeren Zonen. Im Allgemeinen sind sie in grösserer oder geringerer Menge mit einem narkotischen Prinzip, welches bald ein Glycosid, bald ein Alkaloïd ist, begabt, es giebt aber auch Beispiele, wo dieses Prinzip nur in einem gewissen Theile der Pflanze vorhanden ist, und ein anderer Theil derselben Pflanze als Nahrungsmittel dient. In letzterer Beziehung ist nur an die Kartoffelpflanze *(Solanum tuberosum)* zu erinnern.

Endlicher schichtete die Gattungen der Solanaceen nach der Gestalt ihres Embryo und zwar in Unterordnungen:

1. *Curvembrŷae (Curv-embrŷae)*, mit gekrümmtem Embryo, mit den Unterabtheilungen *Nicotianeae, Datureae, Hyoscyameae, Solaneae.*

2. *Rectembrŷae (Rect-embrŷae)*, mit geradem Embryo, mit den Unterabtheilungen *Cestrinĕae, Vestiĕae.*

Nur die Unterordnung *Curvembryae* liefert Arzneistoffe. Dieselbe lässt wieder eine Schichtung nach der Art der Frucht zu, nämlich Solaneen mit einer Kapselfrucht (*Hyoscyamus*, *Scopolia*, *Datūra*. *Nicotiāna*) und mit einer Beerenfrucht (*Atropa*, *Mandragora*, *Solānum*. *Physālis*, *Capsicum*).

Solanaceae.

Meist Kräuter, mit zerstreuten oder abwechselnden Blättern.	*Plerumque herbae, foliis sparsis alternisve.*
Hochblätter öfter paarig, davon das eine immer etwas kleiner.	*Folia floralia saepius geminata, altero minora.*
Blüthenstand meist ausserhalb des Blattwinkels (ausserblattwinkelständig).	*Inflorescentia plerumque extraaxillaris.*
Kelch 5-theilig, bleibend.	*Calyx quinquefīdus, persistens.*
Blumenkrone (unterständig u. verwachsenblätterig) meist regelmässig, abfallend, in der Knospe gefaltet oder ziegeldachartig.	*Corolla (hypogўna gamopetalaque) plerumque regularis, decidŭa, praeflorationē (proanthēsi) plicatĭū vel imbricatā.*
Staubgefässe 5, der Blumenkrone aufsitzend und mit den Zipfeln derselben abwechselnd; Antheren der Länge nach od. in Löchern aufspringend.	*Stamĭna quina, epipetăla et alternipetala, anthēris longitudinaliter vel poris dehiscentibus.*
Pistill. 1 Griffel; Narbe einfach; Fruchtknoten frei; Samenträger verdickt, mittelständig, der Scheidewand angewachsen: Eichen krummläufig.	*Pistillum. Stylus unus; stigma simplex; germen libĕrum; spermophŏrum incrassatum, centrāle, septo adnatum; ovŭla campўlotrŏpa.*
Frucht eine Kapsel oder Beere, vielsamig.	*Fructus capsularis vel baccatus, polyspermus.*
Samen nierenförmig oder eiförmig, mit Eiweiss.	*Semĭna reniformia vel oviformia, albuminōsa.*
Keim vom Eiweiss eingeschlossen, entweder bogenförmig od. gerade.	*Embryo in albumine inclusus, aut arcuatus, aut rectus.*

Die Gattungen der Solanaceen, welche der *Linné*'schen *Pentandria Monogynia* (Kl. V., Ord. 1) angehören, haben sämmtlich scharf sich unterscheidende Merkmale.

Subordo *Curvembryae*. *Germen simplex; semina reniformia; embryo subperiphericus, annularis vel spiralis*. Aus dieser Angabe folgt, dass die Samen von *Hyoscyămus niger* und *Datūra Stramonium*, welche officinell sind, auch eine nierenförmige Gestalt und einen gekrümmten Embryo haben müssen.

Bemerkungen. *Convolvulus* (windende Pflanze), von *convolvo, volvi, volūtum, ĕre*, zusammenrollen, umwickeln. — *Scammonia*, griech. σκαμωνία, bei den Alten eine Winde, aus deren Wurzel ein abführender Saft und Weinaufguss bereitet wurde. — *Ipomoea* (Wurmähnliche), von ἴψ, gen. ἰπός (ips, ipos), ein Horn auffressender Wurm, und ὅμοιος (homoios), ähnlich, wegen Form und Gestalt der Wurzel. — *Epithўmum, Epilīnum*, von ἐπί (epi), an, auf, und *Thymus*, Thymian, und *Linum* (Lein). — *Calystegĭa*, gebildet aus κάλυξ (calyx) und τέγος, εος, τό (tegos, eos, to), Dach, Decke, wegen der den Kelch deckenden Bracteen.

Lection 130.

Solanaceae-Curvembryae.

Hyoscyămus.

Kelch nach der Basis zu bauchig, mit 5-spaltigem Saume.	*Calyx ad basin ventricosus, limbo quinquefido.*
Blumenkrone trichterförmig, mit 5-lappigem schiefem Saume (mit einem unteren breiten Lappen).	*Corolla infundibŭliformis, limbo quinquelŏbo oblīquo (lobo inferiōre latiōre).*
Kapselfrucht 2-fächerig, am Grunde bauchig, gegen die Spitze deckelartig umschnitten (ringsum aufspringend).	*Capsŭla bilocularis, ad basin ventricōsa, ad apĭcem operculāte circumscissa (capsula operculata).*

Die schiefsaumige trichterförmige Blumenkrone und die bedeckelte Kapsel sind die beiden vorwiegenden Merkmale dieser Gattung, von welcher sich die von *Linné* auch als *Hyoscyămus* angesehene Gattung *Scopolia (Jacquin)* durch eine röhrig-glockenförmige Blumenkrone mit kurz 5-lappigem, aber aufrecht stehendem Saume genugsam unterscheidet (*Scopolĭa differt: corollā tubuloso-campanulatā limbo brevĭter quinquelobo erecto*). *Linné*'s *Hyoscyămus Scopolia* ist die *Scopolīna atropoïdes Schultes* oder *Scopolĭa Carniolĭca Jacquin*.

Hyoscyamus niger. Bilsenkraut, von welchem sowohl die Blätter mit den blühenden Krautspitzen als *Herba Hyoscyami*,

Fig. 746.

Hyoscyamus niger. Blühender Zweig.

Fig. 747.

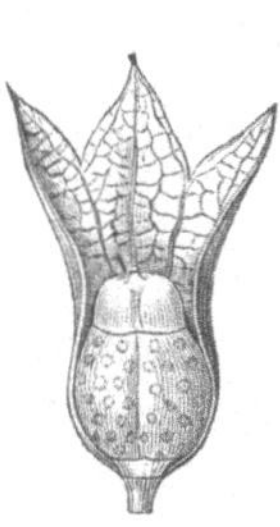

Frucht (von *Hyoscyamus*) nach Wegnahme des vorderen Theiles des bleibenden Kelches.

Fig. 748.

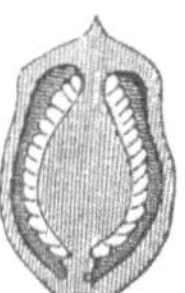

Pistill von *Hyosc. niger*. Vergr. *Spermophŏrum incrassatum centrale, dissepimento adnātum.*

Fig. 749.

Die von dem bleibenden Kelche befreite Fruchtkapsel des Bilsenkrautes. *a Capsŭla operculātē circumscissa s. operculāta*, *b* dieselbe nach der Reife geöffnet.

Fig. 750.

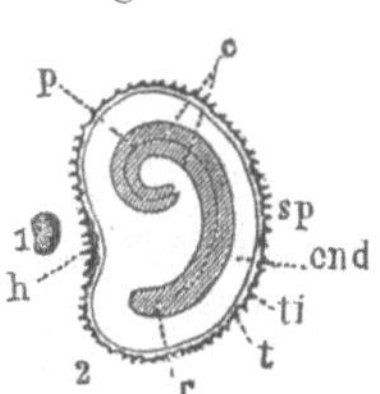

Hyosc. niger. 1. Der nierenförmige Samen, $1\frac{1}{2}$ fache Lin.-Vergr. 2. Längsdurchschnitt. *h* Basis oder Nabel, *sp* Spitze, *p c r* gekrümmter Embryo, *c* Cotyledonen, *r* Würzelchen, *end* Inneneiweiss, *t* äussere Samenhaut, *ti* innere Samenhaut.

wie die Samen, *Semen Hyoscyami*, officinell sind und ein eigenes narkotisches Alkaloïd, Hyoscyamin, enthalten, ist klebrigzottig und von unangenehmem Geruche. Die Blätter sind ei-förmig-länglich, buchtig gezähnt, die untersten gestielt, die Stengelblätter halbstengel-umfassend, die Blüthen fast sitzend, gewöhnlich Aehren bildend. Die Blumenkronen sind schmutziggelb mit bläulichen Adern gezeichnet und am Schlunde bläulich-purpurfarben. Es wächst bei uns auf Schutthaufen und unbebauten Orten, an Zäunen in Dörfern. In nassen Jahren verschwindet es gleichsam, und das dann wachsende ist von geringerer Wirksamkeit.

Hyoscyămus niger, planta viscido-villōsa, odōris nauseōsi. Folia ovato-oblonga, sinuato-dentata, infima petiolata, caulina semiamplexicaulia; flores subsessĭles, plerumque in spicam dispositi. Corollae sordide flavescentes, venis lividis pictae, ad faucem livide purpureae. Apud nos in ruderibus, locis incultis, ad sepes pagorum frequens.

Eine im südlichen Europa heimische Art, *Hyoscyămus albus*, weicht durch Blätter ab, die alle gestielt sind, und durch eine gleichmässig schmutzig-gelbe, am Schlunde schwarzviolette Blumenkrone. *(Differt foliis omnibus petiolatis et corollā unicolōre lutescente, in fauce atro-violaceā.)* Sie ist von derselben arzneilichen Wirkung wie *H. niger*.

____

Die Gattung *Datūra* weicht von *Hyoscyămus* durch einen über der Basis ringsumschnittenen und daselbst abfallenden Kelch und eine klappig aufspringende, meist bewaffnete Fruchtkapsel ab.

Datūra.

Kelch röhrenförmig, über dem Grunde ringsumschnitten und, abfallend, mit dem Grunde bleibend.	*Calyx tubulosus, supra basin circumscissus et decidŭus, basi persistente.*
Blumenkrone trichterförmig, mit gefaltetem Rande.	*Corolla infundibŭliformis, limbo plicato.*
Narbe 2-plattig.	*Stigma bilamellatum.*
Frucht eine Kapsel, weich-stachelig, stachelig oder unbewaffnet, unterstützt von der vergrösserten Kelchbasis, halb-4-fächerig, 4-klappig.	*Fructus capsularis, muricatus, aculeatus vel inermis, calўcis basi auctā fultus, semiquadrilocularis, quadrivalvis.*

Datūra Stramonium, Stechapfel, aus Ostindien stammend, ist ein narkotisches Gewächs, welches ein dem **Atropin** ähnliches,

aber mit demselben nicht identisches Alkaloid, Daturin, enthält.
Stechapfel ist eine 0,5—1,0 *m* hohe, einjährige (☉), im Sommer

Fig. 751.

Fig. 752.

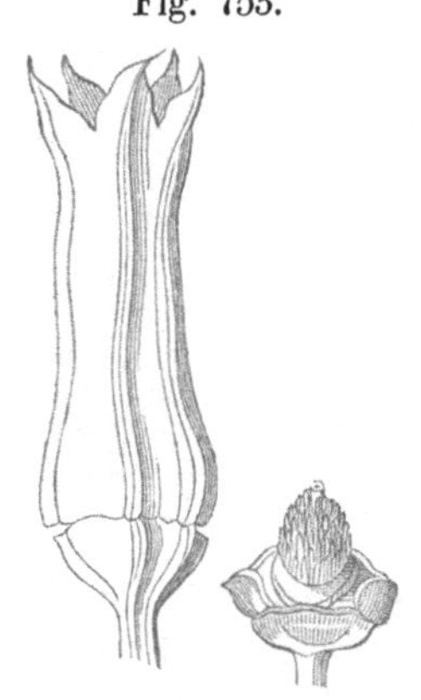

Blatt von *Datura Stramonium* (¹|₅ Gr.).

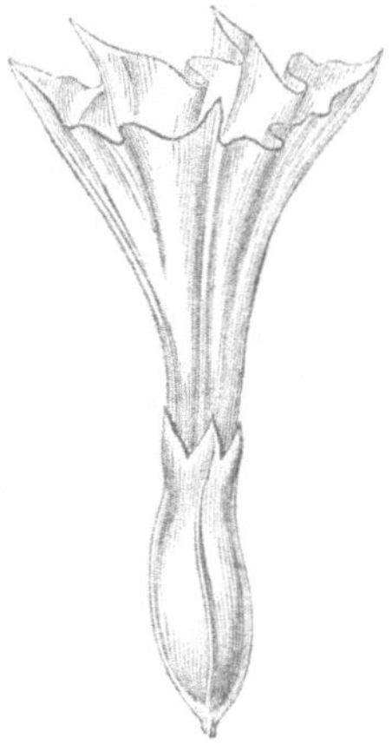

Trichterförmige Blumenkrone (*corolla infundibuliformis*) des Stechapfels (*Datūra Stramonium*).
¹|₂ Grösse.

blühende Pflanze mit eiförmigen, buchtig-gezähnten, kahlen Blättern, einzeln stehenden, kurzgestielten, astwinkel-

Fig. 753.

Fig. 755.

Fig. 754.

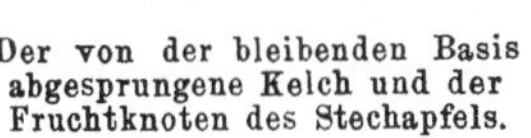

Nierenförmiger Samen
(*semen nephroideum*) vom
Stechapfel (*Datūra Stra-
monium*), *b* Basis.
(2¹|₂ f. L.-V.)

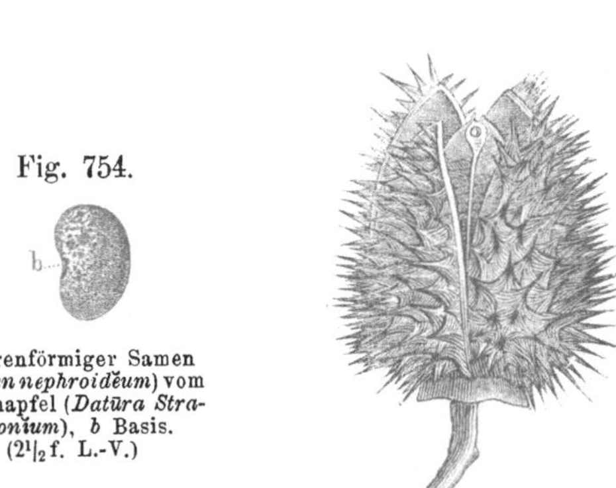

Der von der bleibenden Basis
abgesprungene Kelch und der
Fruchtknoten des Stechapfels.

Aufgesprungene Stechapfelfrucht.

ständigen oder endständigen Blüthen, grossen weissen Blumenkronen und aufrechten eiförmigen igelstachligen Kapseln mit

gleichen aufrechten Igelstacheln. Häufig auf Schutthaufen, um Düngergruben, an Wegen und Zäunen der Dörfer. Kraut und Samen, *Herba et Semen Stramonii*, sind officinell.

Datūra Stramonium. Planta ad 100 centimĕtra alta, annŭa, aestāte florens, foliis ovatis, sinuato-dentatis, glabris, floribus solitariis, breviter pedunculatis, alaribus vel terminalibus, corollā magna alba, et capsula erecta ovata echinata, echīnis aequalibus erectis, frequens in ruderatis, circum fimēta, ad vias et sepes pagorum.

Die Gattung *Nicotiāna*, Tabak, unterscheidet sich von *Hyoscyămus* und *Scopolia* durch eine klappig-aufspringende Kapselfrucht, von *Datūra* durch den nicht ringsumschnittenen, aber bleibenden Kelch und eine kopfförmige Narbe.

Nicotiāna.

Kelch röhrig-glockenförmig, bleibend.	*Calyx tubuloso-campanulatus, persistens.*
Blumenkrone trichterförmig, fast regelmässig, mit gefaltetem 5-lappigem Saume.	*Corolla infundibuliformis, subregularis, limbo plicato quinquelŏbo.*
Narbe kopfförmig.	*Stigma capitatum.*
Frucht eine Kapsel, 2- bis 4-fächerig, scheidewandspaltig-zweiklappig, mit später an der Spitze gespaltenen Klappen.	*Fructus capsularis, bi-vel quadrilocularis, septicīdo-bivalvis, valvis postremum in apice bifidis.*

Nicotiana zählt eine Menge Arten, welche sämmtlich narkotisch sind und ein giftiges, an Apfelsäure gebundenes, sauerstofffreies Alkaloid, **Nicotin**, so wie eine ebenfalls giftige Kampferart, **Nicotianine**, enthalten. Letztere, eine neutrale Substanz, liefert bei der Destillation mit Kalilauge Nicotin. Das Vaterland des Tabaks ist das wärmere Amerika. *Jean Nicot*, franz. Gesandte in Lissabon, brachte den Samen 1560 zuerst nach Frankreich. Von den folgenden beiden Arten sind die Blätter officinell.

Nicotiāna Tabācum ist ① und zu erkennen an den länglich-lancettförmigen zugespitzten sitzenden, unteren herablaufenden Blättern und einer rothen Blumenkrone mit bauchig-aufgeblasenem Schlunde und zugespitzten Saumlappen; sie giebt *Herba Nicotianae*. Bei *Nicotiana rustica* (Bauerntabak) sind die Blätter alle gestielt, eirund und ganzrandig, der Corollensaum kurz und flach mit 5 rundlichen **stumpfen** Lappen, die Blumen grünlichgelb. (①). Sie giebt *Herba Nicotianae rusticae.*

Nicotiana
Tabacum differt:
foliis oblongo - lanceo-
olatis. acuminatis.
sessilibus. inferiori-
bus decurrentibus.
corollā roseā. fauce
ventricoso-inflatā. la-
ciniis limbi acumi-
natis. Planta annua.
Nicotiana
rustica differt: fo-
liis omnibus petiola-
tis ovatis, corollae
limbo brevi plano-
que. laciniis quinis
subrotundis obtusis.
floribus e flavescente
viridibus. Planta
annua.

Die Gattung
Atropa unterschei-
det sich durch eine
2-fächrige, von dem
vergrösserten Kel-
che gestützte Bee-
renfrucht, kurz-
glockige Corolle
u. fadenförmige
am Grunde ge-
bärtete Filamente.

Fig. 756.

Nicotiana Tabacum ($^1/_{10}$ Gr.).

Atropa.

Kelch 5-spaltig.	*Calyx quinquefidus.*
Blumenkrone glockenförmig mit 5-spaltigem zurückgebogenem Saume.	*Corolla campanulata, limbo quinquefido revolūto.*
Staubgefässe mit fadenförmigen, am Grunde bebärteten Staubfäden.	*Stamina filamentis filiformibus, basi barbatis.*
Frucht eine Beere, vom vergrösserten Kelche unterstützt.	*Fructus baccatus, calȳce aucto fultus.*

35*

Atropa Belladonna.

Fig. 757.   Fig. 758.   Fig. 759.

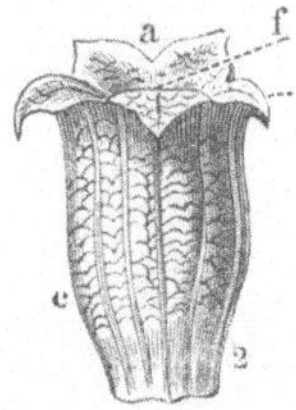
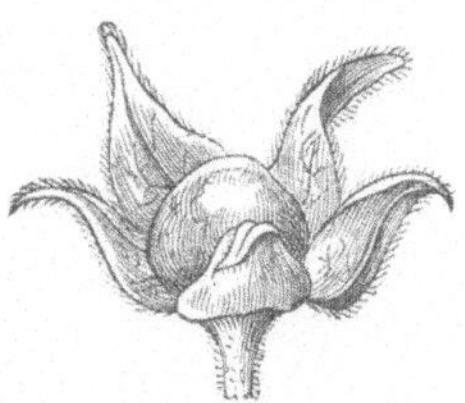

Corolla campanulata, limbo quinquefido revoluto.   *Fructus calyce persistenti fultus.*   *Stamen basi barbatum.*

Atrŏpa Belladonna, Tollkirsche, Belladonna, giebt *Radix* und *Herba Belladonnae.* Sie ist ein heftig narkotisches Kraut (♃), welches durch den Gehalt an Atropin, einem die Pupille erweiternden Alkaloid, ausgezeichnet ist. Sie hat einen krautartigen Stengel, ovale zugespitzte ganzrandige, nach dem Blattstiel verschmälerte, unterhalb etwas weichbehaarte, an den Aesten gepaart stehende Blätter, einzeln- und achselständige nickende Blüthen

Fig. 760.

Hoch-Blätterpaar von *Atrŏpa Belladonnae.* Das eine Blatt halb so gross wie das andere.

mit eiförmigen zugespitzten Kelchlappen. Man findet sie in Gebüschen und besonders in Bergwäldern.

Atrŏpa Belladonna dignoscitur: caule herbaceo foliis ovalibus acuminatis integerrimis, in petiŏlum attenuatis, subtus subpubescentibus, ramealibus geminatis, floribus solitariis axillaribus nutantibus, calycis laciniis ovatis acuminatis. In frutētis, praecipŭe in saltibus reperitur.

Die Gattung *Physalis* ist besonders an der radförmigen Corolle und der weichen 2-fächrigen, von dem stark aufgeblasenen Kelche eingeschlossenen Beerenfrucht zu erkennen *(dignoscĭtur corollā rotata et baccā molli, biloculari, calyce valde inflato inclusā).*

Physălis Alkekengi, Judenkirsche, Schlutte, ist im mittleren Europa heimisch. Sie trägt weisse Blüthen und scharlachrothe, von einem mennigrothen Kelche eingeschlossene Beeren *(baccae globosae coccineae, calyce inflato miniato inclūsaé).* Die Beeren *(Fructus Alkekengi)* waren früher officinell und wurden als Expectorans gebraucht. Sie sollen einen Bitterstoff, Physaline, enthalten.

Die Gattung *Solanum*, Nachtschatten, unterscheidet sich durch die zusammenneigenden und dadurch einen Kegel bildenden Antheren, welche in Löchern aufspringen, und eine Beerenfrucht. Bei den Solanumarten finden wir ein giftiges Glykosid, Solanine, besonders in den Beeren von *Solanum tuberosum*, *S. nigrum* und *S. Dulcamara*, in grösster Menge aber in den unter Lichtmangel wachsenden Kartoffelkeimen.

Fig. 761.

Eine 4-porig aufgesprungene Anthere von *Solānum*. Vergr.

Solānum.

Kelch gewöhnlich 5-theilig.	*Calyx plerumque quinquefidus.*
Blumenkrone radförmig, gefaltet.	*Corolla rotata plicata.*
Staubgefässe. Antheren zusammenneigend und einen hervorstehenden Kegel bildend, an der Spitze mit doppeltem Loche aufspringend.	*Stamina. Anthērae conniventes, conum exsertum formantes, in apice poro duplici dehiscentes.*
Frucht eine Beere, vom Kelch gestützt.	*Bacca calyce suffulta.*

Solānum tuberosum, Kartoffel, unterschieden durch seine knollentragenden unterirdischen Ausläufer, die unterbrochen-fiedertheiligen Blätter und die endständigen doldigen Blüthentrauben, stammt aus Peru und wurde (angeblich von *Franz Drake*, spr. drehk) 1586 nach England gebracht. Die Kartoffelknolle enthält viel Stärkemehl.

Solānum nigrum, gemeiner Nachtschatten, wächst überall, kenntlich an seinen weichbehaarten eckigen krautigen Stengeln und Aesten, seinen eiförmigen ausgeschweift- oder buchtig-gezähnten Blättern, den doldig zusammenstehenden zwischenblatt- oder ausserachselständigen Blüthen und den abwärtsgebogenen, an der Spitze verdickten Fruchtstielen mit schwarzen Beeren.

Solānum Dulcamara, Bittersüss (♄), dessen getrocknete Stengel als *Stipites Dulcamarae* officinell, in dem trocknen Zustande aber nicht narkotisch sind, hat strauchartige klimmende Stengel mit herzeiförmigen geöhrten, oberen oft spiessförmigen oder

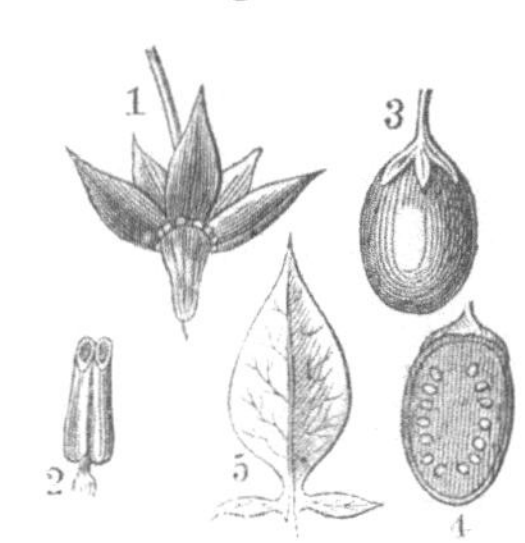

Fig. 762.

Solanum Dulcamara. 1. *Flos; Anthērae conniventes, conum formantes*. 2. *Anthēra poris binis in apice dehiscens*. 3. *Fructus*. 4. *Idem longitudinaliter persectum*. 5. *Folium auriculatum minuta forma exhibitum.*

leyerförmigen ganzrandigen kahlen Blättern, mit ausserachselständigen, an der Spitze gabelig-getheilten, vielblüthigen Blüthenstielen, violetten Blumenkronen und ellipsoidischen rothen Beeren.
Häufig an Gräben, Hecken, in Gebüschen.

Solānum tuberōsum differt: stolonibus subterraneis tuberi-
fĕris, foliis interrupte pinnatipartītis, racēmis corymbōsis termina-
libus. ♃.

Solānum nigrum differt: caulibus ramisque herbacĕis pube-
scentibus angulosis, foliis ovatis repando- vel sinuato-dentatis, floribus
subumbellatis intrafoliaceis vel extraaxillaribus, pedicellis fructifĕris
deflexis, in apĭce incrassatis, baccis nigris.

Solānum Dulcamāra differt: caulibus fruticosis scandentibus,
foliis cordato-ovatis auriculatis, superioribus saepe hastatis vel inter-
dum lyratis, integerrimis, glabris, pedunculis extraaxillaribus,
apĭce dichotŏmis, multiflōris, corollis violaceis atque baccis ellipsoïdeis
coccineis.

Die Gatt. *Capsĭcum* ist kenntlich an dem napfförmigen Kelch,
der radförmigen Blumenkrone, den mit einer Längsspalte aufspringenden Antheren und einer saftlosen lederartigen aufgeblasenen 2- bis 3-fächerigen Kapselfrucht. Die gewöhnlich 5-zählige
Blüthe ist mitunter 6-zählig, wird aber doch wie die der anderen
Schwestergattungen in die *Pentandria Monogynia* verwiesen.

Capsĭcum dignoscitur: calyce patelliformi, corollā rotatā an-
thēris longitudinaliter dehiscentibus, baccā exsuccā inflāta, bi- vel tri-
loculari. Flores plerumque pentamĕri, interdum hexamĕri reperiuntur.

Fig. 763.

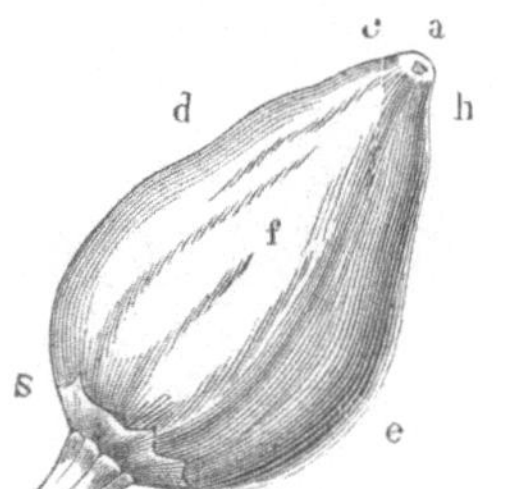

Beerenfrucht von *Capsicum an-
nuum.* ¹|₂ Grösse.

Fig. 764.

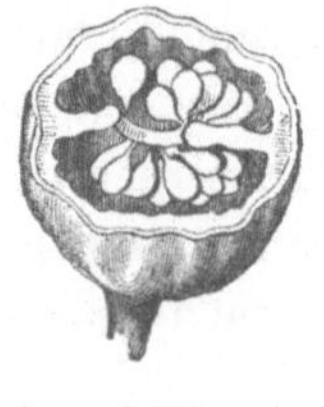

Querschnitt der
halblängsfächrigen
Beerenfrucht von
Capsĭcum annŭum.

Capsĭcum longum Fingerh.
od. *Capsĭc. annŭum* L. (i. Ost-
und Westindien heimisch,
bei uns häufig in Töpfen
gezogen), liefert in seinen
Früchten den Spanischen
Pfeffer, Schotenpfef-
fer (*Piper Hispanicum, Fructus Capsici annui*). Dieselben enthalten ein scharfes
Weichharz, Capsicine, und
auch rothen Farbstoff von
harziger Beschaffenheit. Sie
sind nicht giftig, nur scharf. Der Staub erregt heftiges Niesen
und Entzündung der Nasenschleimhäute.

Bemerkungen. *Hyoscyamus* (Schweinebohne); $\~{v}\varsigma$, gen. $\acute{v}\acute{o}\varsigma$ (hys, hyos), Schwein; *κύαμος* (kyamos), Bohne. — *Datūra*. Die Etymologie dieses Namens ist sehr schwankend; und man leitet ihn ab von dem arab. datora, oder von einem ähnlichen Worte des Sanskrits (der alten Religionssprache der Hindus und Braminen). Am wahrscheinlichsten ist die Ableitung von *δασύς* (dasys), dicht, rauh, und *ούρά* (ura) Schwanz, Schweif, wegen der Beschaffenheit der jungen Frucht. Die Etymologie des Wortes *Stramonium* ist ebenso unsicher. — *Nicotiana* nach *Nicot*, wie oben angegeben, und *Tabācum* von Tabágo, einer Insel unter den kleinen Antillen. — *Scopolia*, nach *Scopŏli*, einem ital. Naturforscher. — *Atropa* (die Unerbittliche), von *άτροπος, ον* (atrŏpos, on) unerbittlich, unabwendbar; *Άτροπος*, eine der drei Parcen; wegen der den Tod herbeiführenden Giftigkeit der Pflanze. — *Dulcamāra: dulcis*, süss; *amarus*, bitter. — *Capsicum*, von d. latein. *capsa* od. d. griech. *κάψα* (kapsa), Kapsel, wegen der kapselförmigen Frucht. — *Centimĕtrum, i, n.* und *centimĕter, tri, m.*, letzteres Wort bereits von *Terentianus* (180 n. Chr.) gebraucht.

Lection 131.

Scrofularinen.

Die Familie **Scrofularinen**, *Scrofularinĕae s. Scrofulariacĕae*, hat ihren Namen von der Gattung *Scrofularia* erhalten. Da man nach altem Gebrauch, der gar keine Berechtigung hat, *Scrophularia* schreibt, so findet man auch die Schreibart *Scrophularinĕae*. Diese Familie bildet im *Endl.* System eine Ordnung der Kl. *Personātae* (Maskirtblüthige oder Larvenblüthige) aus der Cohorte *Gamopetalae*: im DC. System gehört sie zu der Unterklasse *Corolliflorae*. Einige Botaniker fassen den grösseren Theil derselben in eine Familie, *Personatae* benannt, zusammen.

Scrofulariaceae (*Rob. Brown*).

Kräuter, seltner Halbsträucher.	*Herbae, rarius suffrutices.*
Blätter ohne Nebenblätter, meist gegenständig.	*Folia exstipulata, plerumque opposĭta.*
Kelch verwachsenblättrig, bleibend.	*Calyx gamosepălus, persistens.*
Blumenkrone einblättrig, unterständig, meist unregelmässig und lippig, abfallend, in der Knospe ziegeldachartig.	*Corolla monopetăla, hypogўna, plerumque irregulāris et labiata, decidŭa, praefloratione (proanthēsi) imbricātā.*
Staubgefässe meist 4 zweimächtige, seltner unter sich gleichlang, bisweilen 2 oder 5, der Blumenkrone aufsitzend.	*Stamĭna plerumque quaterna didynăma, rarius aequalia, interdum bina vel quina, semper epipetăla.*

Pistill. 1 Griffel; Fruchtknoten 2-fächerig, meist vieleiig, oft von einer Scheibe umgeben oder einer solchen aufsitzend; Eichen gegenläufig; der Samenträger mittelständig, der Scheidewand angewachsen.

Pistillum. Stylus unus; germen biloculare, plerumque multiovulatum, saepe disco hypogȳno cinctum vel eidem impositum; ovula anatrŏpa; spermophorum centrale dissepimento adnatum.

Frucht meist eine aufspringende, 2-fächrige Kapsel, sehr selten eine Beere.

Fructus plerumque capsularis bilocularis dehiscens, rarissime baccatus.

Samen eiweisshaltend; Keim gerade, in der Axe des Eiweisses liegend; Würzelchen meist zum Nabel gewendet.

Semĭna albuminosa; embryo rectus, axĭlis, radiculā plerumque hilum spectante.

Ein Theil der Scrofularinen, besonders die Gattungen mit lippiger Blumenkrone, scheinen mit den Labiaten eine Aehnlichkeit zu haben, und dennoch sind letztere mit leicht zu erkennenden unterscheidenden Merkmalen versehen. Bei den Labiaten finden wir erstens einen 4-eckigen Stengel, welchem die Blätter zwischen den Kanten des Stengels aufsitzen; zweitens einen Fruchtkroten aus 4 einsamigen Karpellen bestehend und einen grundständigen Griffel. Die Solaneen, besonders die mit etwas unregelmässiger Blumenkrone, weichen entweder durch zerstreut stehende oder abwechselnde Blätter, oder durch einen ausserachselständigen Blüthenstand, besonders aber durch den gekrümmten Embryo ab, denn der Embryo der Scrofularinen ist ein gerader.

Bei den Scrofularinen herrscht eine grosse Verschiedenheit der chemischen Bestandtheile. Einige werden wegen ihres Schleimgehaltes (*Verbascum*), andere wegen eines drastischpurgirend wirkenden Bitterstoffes (*Gratiŏla*), andere wieder wegen eines die Herzthätigkeit mächtig herabstimmenden Bitterstoffes (*Digitālis*) als Arzneimittel verwendet.

Diese Familie, welche eine grosse Menge Gattungen umfasst, ist in mehrere Unterfamilien geschichtet; z. B. in

Scrophularineae genuīnae (Braunwurzartige). Kapsel zweiklappig-scheidewandspaltig aufspringend (*capsula septicīdo-bivalvis*). *Verbascum, Scrophularia, Digitālis, Gratiŏla.*

Rhinanthaceae (Hahnenkammartige). Kapsel zweiklappig-fachspaltig aufspringend; Corolle meist rachenförmig (*capsula loculi-cīdo-bivalvis; corolla plerumque ringens*). *Rhinanthus, Euphrasĭa, Pediculāris, Veronĭca.*

Antirrhineae (Löwenmaulartige). Kapsel in Löchern oder mit Zähnen aufspringend; Larvenblume: (*capsula poris vel dentibus dehiscens: corolla personata*). *Antirrhinum, Linaria.*

Die Gatt. *Verbascum* (Wollkraut, Königskerze) gehört zur *Pentandria Monogynia* (Kl. V., Ord. 1) hat einige oder alle Staubgefässe gebärtet. herablaufende oder nicht herablaufende Blätter, und nach diesen Merkmalen schichten sich die Arten.

Gatt. Verbascum.

Blätter zerstreut.	*Folia sparsa.*
Kelch 5-theilig.	*Calyx quinquepartitus.*
Blumenkrone fast radförmig, unegal 5-lappig.	*Corolla subrotata, quinqueloba, lobis inaequalibus.*
Staubgefässe 5, fruchtbar; 3 obere. 2 untere. die ersteren nur oder alle gebärtet.	*Stamina quina fertilia, terna superiora, bina inferiora, superiora tantum vel omnia barbata.*

Herablaufende Blätter und die 3 oberen Staubfäden nur weiss-gebärtet (*folia decurrentia et filamenta terna superiora albolanata*) haben *Verbascum thapsiforme* Schrad., *V. Thapsus* L., *V. phlomoïdes* L.

Es ist absichtlich gesagt, dass alle 5 Staubgefässe fruchtbar sind, denn bei der Schwestergattung *Scrophularia* findet man das 5. Staubgefäss, bei *Gratiola* 2 bis 3 Staubgefässe unfruchtbar.

Verbascum thapsiforme und *V. Thapsus* haben filzige gekerbte und nur herablaufende Blätter, bei der ersteren Art sind aber die Filamente der unteren Staubgefässe beinahe 2-mal so lang, als die von ihnen getragenen Antheren, bei der zweiten Art aber 4-mal so lang. Bei *V. phlomoïdes* sind die oberen Blätter nur halbherablaufend (*folia superiora semidecurrentia*).

Verb. thapsiforme und *phlomoïdes* haben grössere Corollen als *V. Thapsus*, welche daher auch allein nur eingesammelt werden (*Flores Verbasci*). Die Corollen sind gelb.

Fig. 765.

Blumenkrone von Verbascum thapsiforme.
st Pistillum.

Verbascum nigrum hat keine herablaufenden Blätter, untere gestielt, obere sitzend. ferner alle Filamente violett gebärtet, überdies die kleinsten Blumenkronen.

Eine andere *Scrofulariacea-Scrofularinea* ist *Digitālis* (Fingerhut). Während *Verbascum* zur *Pentandria* gehört, zählt *Digitālis* zur *Didynamia Angiospermia* (Kl. XIV., Ord. 2), was für sich schon als eine bedeutende Abweichung zwischen beiden Gattungen derselben natürlichen Ordnung gelten kann. Dann unterscheidet sich *Digitalis* durch eine sich abwärts beugende und röhrig-glockenförmige Corolle gegenüber der radförmigen *Verbascum*-Corolle.

Gatt. Digitalis.

Kelch 5-theilig.	*Calyx quinquepartītus.*
Blumenkrone abwärts-geneigt, vom röhigen Grunde aus glockenförmig, mit schiefem, fast 2-lippigem Saume.	*Corolla declinata, e basi tubulosā campanulata, limbo obliquo subbilabiato.*
Staubgefässe 2-mächtig.	*Stamĭna didynăma.*
Pistill mit 2-spaltiger Narbe.	*Pistillum stigmăte bifĭdo.*
Frucht eine scheidewandspaltig - 2 - klappig aufspringende Kapsel.	*Fructus capsula septicīdo-bivalvis.*

Digitalis purpurĕa, in Bergwäldern wildwachsend, liefert die durch ihren Gehalt an Digitaline wirksamen, aber auch nar-

Fig. 766.

Digitālis purpurĕa. a Blüthe, b die Corolle aufgeschlitzt und ausgebreitet.

kotisch-scharfen Blätter, *Folia Digitalis.* Sie hat längliche oder ei-lanzettförmige, mehr oder weniger am Blattstiel herablaufende, runzlige, gekerbte, oberhalb weichhaarige, unterhalb filzige Blätter, traubenständige, einseitswendige Blüthen, eiförmige, kurz-gespitzte Kelchlappen. Die Blumenkrone ist aussen unbehaart, meist purpurfarben und innen mit dunklen purpurfarbenen, weissgerandeten Flecken.

Digitālis purpurea dignoscitur: foliis oblongis vel ovato-lanceolatis, in petiolum plus minusve decurrentibus, rugōsis, crenātis, supra pubescentibus, subtus tomentosis, floribus racemosis secūndis, laciniis calỹcis ovatis, breviter acuminatis. Corolla extrinsecus glaberrima, plerumque purpurea, intus macŭlis saturate purpureis albomarginatis picta.

Digitalis ambigŭa s. ochroleuca hat dicht **gesägte**, gewimperte und unterhalb weichhaarige Blätter, linien-lancettförmige Kelchzipfel und schwefelgelbe Blüthen.

Die letzte der bemerkenswerthen Gattungen der Familie *Scrofulariaceae-Scrofularineae* ist *Gratiŏla*. Dieselbe unterscheidet sich von *Digitalis* durch **gegenständige** Blätter, zwei Bracteen am Grunde des Kelches, und 4 oder 5 Staubgefässe, von denen nur 2 fruchtbar sind. Wegen des letzteren Umstandes zählt *Gratiŏla* zur *Diandria Monogynia* (Kl. II., Ord. 1).

Gatt. Gratiŏla.

Blätter gegenständig.	*Folia opposita.*
Kelch 5-theilig, am Grunde mit 2 Deckblättern.	*Calyx quinquepartitus, in basi bibracteatus.*
Blumenkrone röhrig, mit 4-lappigem, fast zweilippigem Saume.	*Corolla tubulosa, limbo quadrilŏbo subbilabiato.*
Staubgefässe 4 oder 5, von denen nur 2 fruchtbar sind.	*Stamina quaterna vel quina, quorum bina fertilia.*

Gratiŏla officinālis, **Gottesgnadenkraut**, enthält Glucoside von drastischer Wirkung, **Gratioline** und **Gratiosoline.** Sie findet sich bei uns auf feuchten Wiesen und an See- und Flussufern. Man erkennt sie an dem völligen Unbehaartsein, einem kriechenden weissen Wurzelstock (vergl. Fig. 167), dem aufrechten, circa 35 Ctm. hohen, nur oberhalb 4-kantigen Stengel, den gegenständigen, sitzenden, lancettlichen, weitläuftig gesägten, nach dem Grunde zu ganzrandigen, 3-nervigen Blättern, den einzelnen achselständigen gestielten Blüthen und den lanzettlichen Deckblättern, welche meist länger als der Kelch sind. Die aus dem Kelche hervorragende Blumenröhre ist innen unterhalb der Oberlippe mit keulenförmigen büschelförmigen Haaren besetzt. Die Narbe bildet 2 Plättchen; die Frucht ist eiförmig und zugespitzt. Die Samen sind länglich und getäfelt gezeichnet.

Fig. 767.

G.o.

Gratiŏla officinalis (¹|₃ Gr.).

Fig. 768.

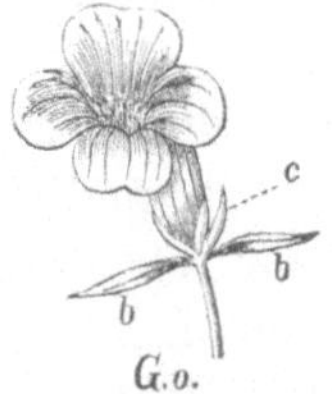

G.o.

Blüthe von *Grat. offic.* c. Kelch, b. Deckblätter.

Gratiola officinalis apud nos in pratis humĭdis, ad ripas lacuum flumĭnumque provenit. Dignoscitur: glabritāte perfecta, rhizomāte albo repente. caule erecto, circiter 35 cm. alto, superne tantum tetragōno, foliis oppositis, sessilibus, lanceolatis, remōte serratis, ad basin integerrimis, trinerviis. floribus solitariis axillāribus pedunculatis, bractĕis gemĭnis lanceolatis, plerumque calyce longioribus. Corollae tubus ex calyce exstans, intus sub labio superiore pilis clavatis fasciculatis obsĭtus. Stigma bilamellatum; fructus ooïdeus acuminatus; semina oblonga tessellatim picta.

Bemerkungen. *Scrophularia, Scrofularia,* vom lat. *scrofŭlae,* Halsdrüsen, Scrofeln, so genannt, weil die Schweine (*scrofae*) häufig an Halsanschwellungen leiden. Die Pflanze erhielt ihren Namen wegen der fast kugligen, einem dicken Halse ähnlichen Corollenröhre. — *Digitālis,* Fingerhut, von *digĭtus,* Finger. — *Thapsus,* griech. ϑάψος, ein Kraut zum Gelbfärben von der Insel Thapsos, wegen der gelben Blüthen *Verbascum Thapsus* genannt. — *Phlomoïdes,* wollkrautähnlich; φλόμος (phlomos) Wollkraut. — *Gratiŏla,* von *gratia dei,* Gottesgnade.

Lection 132.

Scrofulariaceae-Rhinanthaceae. Asperifoliae. Borragineae.

Die *Scrofulariaceae-Rhinanthaceae* unterscheiden sich von der in vorigér Lection besprochenen Unterfamilie durch fachspaltig-zweiklappig aufspringende Kapseln. Ihren Namen haben sie von der Gatt. *Rhinanthus* erhalten, von welcher die Art *Rh.*

Crista galli oder *Alectorolophus Crista galli* Hall., Hahnenkamm, Wiesenklapper, ein häufiger Bewohner unserer Wiesen ist. Gatt. *Veronica, Euphrasia, Pedicularis.*

Veronica zählt wegen der Art des Aufspringens der Frucht zu derselben Unterfamilie, obgleich ihre Blüthe, die fast radförmig ist, mit den rachenförmigen Blüthen der anderen Gattungen wenig oder gar keine Aehnlichkeit hat.

Gatt. Veronica u. auch Veronica.

Blumenkrone fast radförmig, mit 4-lappigem Saume und unterem schmälerem oder kleinerem Lappen.	*Corolla subrotata, limbo quadrilobo, lobo inferiore angustiore vel minore.*
Staubgefässe 2.	*Stamina bina.*
Narbe ungetheilt.	*Stigma integrum.*
Kapsel von der Seite zusammengedrückt, meist ausgerandet.	*Capsula a latere compressa, plerumque emarginata.*

Fig. 769.   Fig. 770.

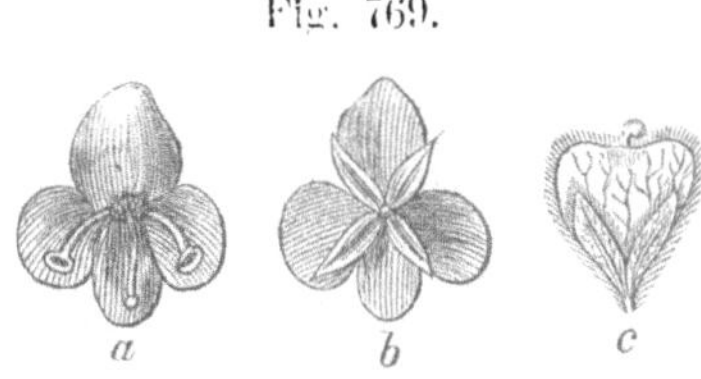 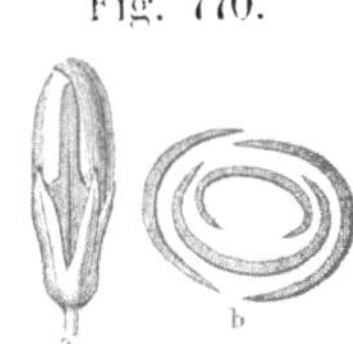

Veronica officinalis. a Blüthe von oben. *b* von unten gesehen (2-fache L.-Vergr.), *c* Kapsel. (2-f. L.-Vergr.).

Veronica longifolia. a praefloratio imbricata. b Diagramm der Blüthendeckenlage.

Von den Arten dieser Gattung, welche wegen ihrer 2 Staubgefässe und nur eines Pistills der *Diandria Monogynia* angehört, giebt die in Laub- und Nadelwäldern häufige *Veronica officinalis*, Ehrenpreis, die officinelle *Herba Veronicae*. Diese Art unterscheidet sich von anderen ähnlichen durch den zottigen, kriechenden und nur oberhalb aufsteigenden Stengel, die gestielten, länglichen oder verkehrt-eiförmigen, kerbig-gesägten, haarigen Blätter und die 4-theiligen Kelche, welche kürzer als die drüsig-behaarten 3-kantig-verkehrtherzförmigen Kapseln sind.

Veronica officinalis differt: caule undique villoso, repente, superne adscendente, foliis petiolatis, oblongis vel obovatis, crenatoserratis, pilosis, et calycibus capsula glanduloso-pilosa triangulari-obcordata compressa brevioribus.

Veronica latifolia weicht ab durch einen 5-theiligen Kelch, *V. Chamaedrys* durch einen 2-reihig behaarten Stengel *(caule bi-*

fariam piloso) und gewimperte Kapsel, *V. scutellata, V. Anagallis,
V. Beccabunga* durch völliges Unbehaartsein.

Der Unterfamilie *Scrophulariaceae-Antirrhineae*, deren Früchte
mit Löchern oder Zähnen aufspringen, gehören die Gattungen
Antirrhīnum und *Linaria* an. Beide haben maskirte Blumenkronen
(corollae personatae) und 5-theilige Kelche, aber bei

Fig. 771.

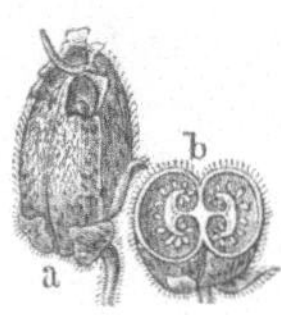

Frucht von *Antirrhīnum
majus. Capsŭla in apĭce
poris tribus dehiscens.*
b Querdurchschnitt.

Fig. 772.

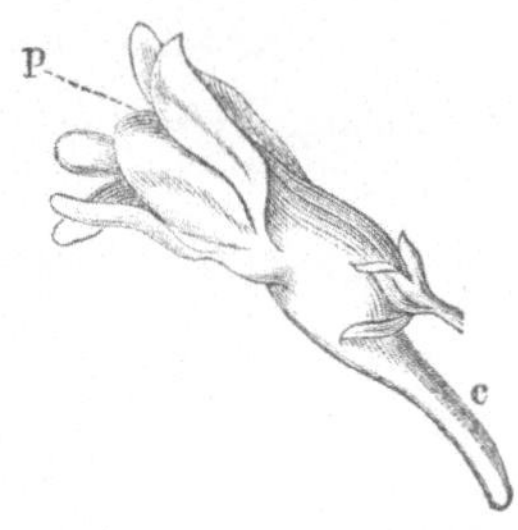

*Linaria vulgaris Mill. Corolla
personata; p palatum, c calcar.*

Fig. 773.

Linaria vulgaris. An der
Spitze mit Zähnen auf-
gesprungene Frucht, es
sind aber 2 gegenüber-
stehende Zähne an der
Scheidewand verbunden
geblieben und bilden ei-
nen griffeltragenden Bü-
gel *(arcus styliferus).*

Antirrhīnum hat die Blumenkrone am Grunde einen Höcker
und die Kapsel springt an der Spitze mit 3 Löchern auf *(corolla
in basi gibba, capsula tripōro-dehiscens)*;

Linaria hat dagegen eine am Grunde in einen Sporn verlängerte Blumenkrone und eine in Zähnen aufspringende Kapsel
(corolla in basi calcarata, capsula dentibus dehiscens).

Antirrhīnum majus. mit seinen grossen purpurfarbenen, mit
2 gelben Flecken auf dem Gaumen gezeichneten Blumen, ist eine
häufige Zierpflanze, dagegen treffen wir die *Linaria vulgaris* Mill.
(Antirrhīnum Linaria L.), Leinkraut, Frauenflachs, mit ihren
schwefelgelben Blüthen mit safrangelbem Gaumen in Menge an
Wegen und auf Feldern an. Die frischen linien-lancettförmigen
Blätter des Leinkrautes *(Folia Linariae)* werden zur Bereitung
des *Unguentum Linariae* gebraucht.

Die *Endl.* Klasse *Nuculifĕrae* (Nüsschenträger) aus der Cohorte *Gamopetălae* umfasst unter anderen 2 für die Pharmacie
wichtige Familien, *Labiatae* und *Asperifoliae.* Beide sind Glieder
der DC. Unterklasse *Calyciflorae*, sie unterscheiden sich aber
schon dadurch, dass die Labiaten gegenständige Blätter, eine
lippenförmige Blumenkrone und meist didynamische Staubgefässe, die Asperifolien zerstreute Blätter und meist regelmässige Blumenkronen mit 5 epipetalen Staubgefässen haben.
Ihre Aehnlichkeit, welche auch beide Familien in die Klasse

der *Nuculiferae* verwies, besteht eben in der aus 4 einsamigen Nüsschen bestehenden Frucht.

Einen Theil der *Asperifoliae* L. bilden die *Borraginaceae* Desvaux. Unter den Arten dieser Familien giebt es keine giftigen, man müsste denn der Hundszunge, *Cynoglossum officinale*, narkotische Eigenschaften, welche sie nicht hat, beilegen. Die meisten Borragineen zeichnen sich durch Schleimgehalt, einige wenige (wie *Alkanna*) durch einen Gehalt eines rothen Farbstoffes aus.

Borraginaceae.

Meist rauhhaarige Kräuter oder Sträucher.	*Herbae plerumque hispĭdae vel frutĭces.*
Blätter zerstreut, ohne Nebenblätter, einfach, drüsenlos.	*Folia sparsa, exstipulata, simplicia, eglandulosa.*
Blüthenstand traubenartig oder schneckenförmig eingerollt (an der Spitze zurückgerollt).	*Inflorescentia racemosa vel circinaliter involūta (in apĭce revoluta).*
Kelch 5-theilig, bleibend.	*Calyx quinquepartitus persistens.*
Blumenkrone unterständig, 5-spaltig, meist regelmässig, oft am Schlunde mit Schuppen oder Klappen versehen.	*Corolla hypogўna, quinquefĭda, plerumque regularis, saepe in summo tubo (fauce) squamis vel fornicibus instructa.*
Staubgefässe 5, der Blumenkrone eingefügt und mit den Zipfeln derselben abwechselnd.	*Stamĭna quina, epipetăla et alternipetăla.*
Pistill. 1 Griffel in der Mitte der Karpellen; Narbe einfach oder doppelt; Fruchtknoten aus 4 einfächrigen, 1-eiigen, einer unterständigen Scheibe oder Säule eingefügten Karpellen bestehend, selten verwachsen.	*Pistillum. Stylus unus in medio carpellorum; stigma simplex vel duplex; germen e carpellis quaternis distinctis unilocularibus, uniovulatis constans, raro concretis, disco vel columnae hypogynae insertis.*
Frucht 4 Nüsschen (Schliessfrüchtchen), selten verwachsen und dann eine Steinbeere bildend; Samen eiweisslos mit geradem Keime und nach der Fruchtspitze gewendetem Würzelchen.	*Fructus nucŭlae (achaenia) quaternae, raro concretae et tum drupam formantes; semina exalbuminosa embryōne recto et radiculā superā.*

Einem hypogynen Säulchen aufgesetzt finden wir die Nüsschen bei *Cynoglossum*, bei den anderen Gattungen stehen sie auf einer hypogynen Scheibe. Eine unregelmässige und becherförmige Blumenkrone hat *Echĭum*, eine radförmige *Borrago*, eine trichterförmige *Anchūsa*, *Pulmonaria*, *Cynoglossum*, *Lithospermum* und *Rhytispermum*, eine röhrige *Symphȳtum*; keine Deckklappen *(fornĭces)* haben *Rhytispermum*, *Echium*, *Pulmonaria*.

Borrago unterscheidet sich durch einen horizontal abstehenden, später geschlossenen Kelch, eine radförmige Blumenkrone, eine doppelte hervorstehende Nebenkrone, davon die äussere aus kurzen stumpfen, die innere aus lancettförmigen spitzen und die Staubgefässe tragenden Schuppen besteht. Die Antheren stehen hervor und bilden durch Zusammenneigung einen Kegel. Die Nüsschen sind am Grunde ausgehöhlt, am Rande erhaben und gekerbt.

Borrāgo dignoscitur: calyce patentissimo, demum clauso, corollā rotatā, paracorollā duplĭci exserta, exteriore e squamis brevibus obtusis, interiore e squamis lanceolatis acutis staminifĕris, anthēris exsertis, ad conum conniventibus, nuculis in basi excavatis, margĭne elevato, crenato.

Fig. 774.   Fig. 775.

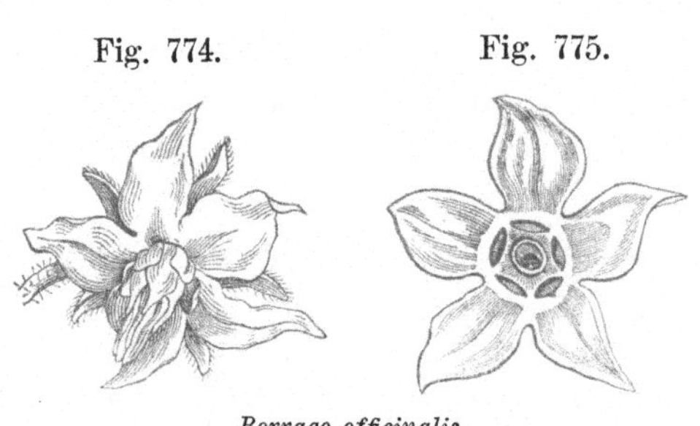

Borrago officinalis.
Blüthe.   Corolle von unten gesehen.

Borrāgo officinalis, Boretsch, eine rauchhaarige, im mittleren und südlichen Europa heimische Pflanze, hat azurblaue Blüthen und schwarze Antheren. Blüthen und Blätter *(Flores et Folia Boragĭnis)* waren früher officinell.

Die Gattung *Anchūsa* unterscheidet sich durch eine trichterförmige Blumenkrone mit 5 stumpfen geschlossenen Deckklappen, und 4 runzlige und rauhe, am Grunde ausgehöhlte, am Rande erhabene und gekerbte Nüsschen.

Anchūsa differt ab reliquis generibus Borraginacearum: corolla infundibuliformi, fornicibus quinis obtusis ovatis clausa, nuculis quaternis rugosis et asperis, in basi excavatis et margĭne elevato crenatoque.

Anchūsa officinalis, Ochsenzunge (♃), lieferte die früher officinellen *Herba*, *Flores*, *Radix Buglossi*. Sie ist an unbebauten Orten häufig. Man erkennt sie an den blauen Blüthen mit eiförmigen, sehr kurzen, filzigen Deckklappen, den abstehenden

Haaren auf Blüthenstiel und Kelch, den eirundlancettlichen Bracteen und den rauchhaarigen lancettförmigen Blättern.

Cynoglossum unterscheidet sich durch eine trichterförmige Blumenkrone. am Schlunde mit 5 aufrechtstehenden stumpfen Deckklappen, und 4 widerhakig-weichstachlige. der mittelständigen Griffelsäule oberhalb angewachsene Nüsschen, welche später von derselben von unten nach oben zurückschnellen.

Cynoglossum differt ab reliquis generibus: corolla infundibuliformi, in fauce fornicibus quinis erectis obtusis instructa. nuculis quaternis glochidato-muricatis. styli columnae centrali superne adnatis, postea ab eadem a basi resilientibus.

Fig. 776.

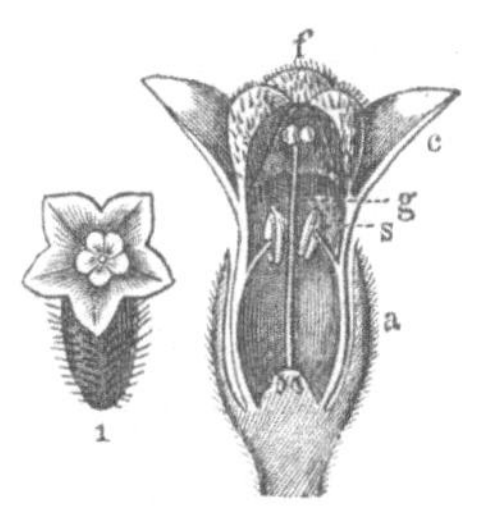

Anchusa officinalis. 1. Blüthe in natürl. Grösse. 2. Durchschnitt derselben, vergr., *f* Deckklappen *(fornices)*, *c* Blumenkrone, *a* Kelch, *s* Staubgefässe, *g* Pistill.

Fig. 777.

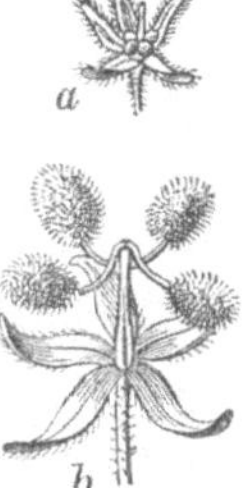

Cynoglossum officinale. *a* Frucht mit Kelch, natürl. Gr., *b* dieselbe nach dem Zurückschnellen der Nüsschen, vergr.

Cynoglossum officinale. Hundszunge, wächst an unbebauten Orten, und giebt sich zu erkennen durch dunkelblutrothe Blüthen, längliche, wellige, dünnweissfilzige, in den Blattstiel verschmälerte Blätter, von denen die oberen den Stengel umfassen. Wurzel und Kraut *(Radix et Herba Cynoglossi)* waren früher officinell.

Alkanna tinctoria Tausch (*Anschusa tinctoria* Desf.) in den Mittelmeerländern heimisch, giebt die Alkannawurzel, deren Rinde einen harzähnlichen rothen Farbstoff enthält.

Symphytum ist zu erkennen an der röhrigen Blumenkrone mit glockenförmigem, 5-lappigem, zurückgebogenem Saume, deren Schlund von 5 pfriemförmigen, zu einem Kegel sich zusammenneigenden Deckklappen geschlossen ist, ferner an den glatten Nüsschen.

Symphytum dignoscitur: corolla tubulosā, limbo campanulato quinquelobo reflexo. fauce fornicibus quinis subulatis, conice conniventibus clausa. nuculis laevibus.

Symphy̆tum officinale, Schwarzwurz, Beinwell, giebt *Radix Consolidae majoris*, eine mit schwarzer Rinde bedeckte und schleimreiche gerbstoffhaltige Wurzel. Es wächst überall an Gräben.

Fig. 778.   Fig. 779.

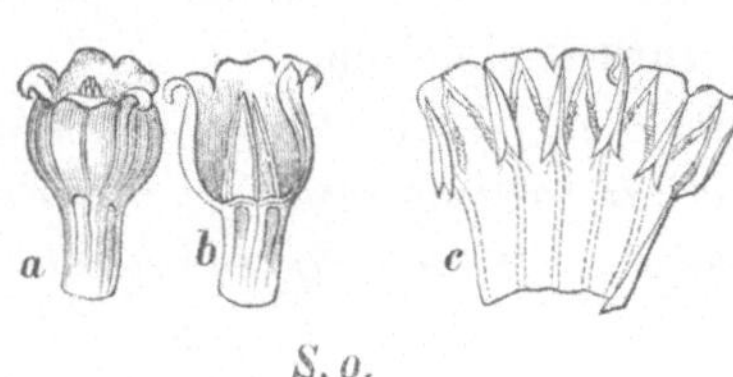

Symphy̆tum officināle. a Blüthe, b dieselbe mit aufgeschnittenem Saume, c der Länge nach aufgeschnitten Staubblätter und Deckklappen zeigend.

Symphy̆tum officināle. c Vier Nüsschen (glatte) auf hypogynischer Scheibe (*d*). *st* Griffel (*stylus in medio carpellorum*), n Narbe. 2. Verticaldurchschnitt. (2-fache Lin.-Vergr.)

Pulmonaria hat eine trichterförmige Blumenkrone und statt der Deckklappen den Schlund mit 5 pinselartigen Haarbüscheln besetzt, welche mit den Staubgefässen abwechseln.

Pulmonaria dignoscitur: corollā infundibuliformi, fauce nudā penicillis pilorum quinis, staminibus alternantibus, pilosā.

Fig. 780.

Blüthentraube (*racēmus*) von *Pulmonaria officinalis.*

Pulmonaria officinalis mit blauen Blüthen und mit Blättern, welche häufig weisslich gefleckt sind *(folia maculis albentibus picta)*. Die Blätter werden zuweilen als Lungenkraut *(Herba Pulmonariae maculosae)* gebraucht.

Echium hat eine becherförmige Blumenkrone mit nacktem Schlunde. *Echium vulgare*, Natterkopf, gab früher *Radix Viperīnae.*

Zu der *Endl.* Klasse der Personaten gehört auch die Familie der *Pedalineae* R. Br. oder *Sesamaceae* DC. Aus dieser Familie liefert *Sesămum orientāle*, Sesam, in Ostindien einheimisch und in Südeuropa angebaut, einen ölreichen Samen, welchen schon die alten Griechen als Nahrungsmittel schätzten. Aus dem Samen wird das Sesamöl, *Oleum Sesămi*, gepresst, welches die Mitte zwischen trocknenden und nicht trocknenden fetten Oelen einnimmt. *Sesamum* gehört zur Klasse der *Didynamia Angiospermia.*

Bemerkungen. *Veronica* (Siegesträgerin), vielleicht von $\varphi\varepsilon\varrho\acute{\varepsilon}\nu\iota\varkappa o\varsigma$, $o\nu$ (pherenīcos, on), Sieg bringend, $\nu\acute{\iota}\varkappa\eta$ (nikä), Sieg, und $\varphi\acute{\varepsilon}\varrho\omega$ (pherō), tragen, bringen, wahrscheinlicher aber gebildet aus *verus*, *a*, *um*, wahr, richtig, und $\varepsilon\grave{\iota}\varkappa\acute{\omega}\nu$ (eikōn), Bild, oder $\check{\varepsilon}o\iota\varkappa\alpha$ (eoika), ähnlich sein. — Nach der Legende reichte ein Weib dem nach dem Richtplatz geführten Jesu ein Schweisstuch, mit welchem dieser Schweiss und Blut abtrocknete. Auf diesem Schweisstuche fand sich nun das Bild des Gesichtes Jesus (das wahre Bild, *veronica* oder *veronicon*). Dieses Schweisstuch mit dem Jesubilde existirt in drei Exemplaren, zu Rom, Mailand und Jaen (Spanien), und jedes soll das *veronicon* sein. Veronica wurde auch jenes Weib benannt. Hiernach heisst es *veronica* und nicht *veronīca*. — *Antirrhinum* (wie ein Schild), $\grave{\alpha}\nu\tau\acute{\iota}$, gleich wie, $\dot{\varrho}\iota\nu\acute{o}\nu$ (rhinon), Schild, wegen des den Schlund schützenden Gaumens. — *Linaria* von *Linum*, wegen der Aehnlichkeit mit den Blättern des Leines. — *Rhinanthus* (Raspelblume), von $\dot{\varrho}\acute{\iota}\nu\eta$ (rhinä), Raspel, und $\check{\alpha}\nu\vartheta o\varsigma$ (anthos), Blume, wegen des mit den scharfgesägten Bracteen untermischten Blüthenstandes. — *Cynoglossum* (Hundszunge); $\varkappa\acute{\upsilon}\omega\nu$, $\varkappa\upsilon\nu\acute{o}\varsigma$ (kyōn, kynos), Hund, $\gamma\lambda\tilde{\omega}\sigma\sigma\alpha$ (glōssa), Zunge, wegen Form und Rauhigkeit der Blätter. — *Anchūsa*, eine Pflanze, welche schon den Alten als Schminke diente, griech. $\check{\alpha}\gamma\chi o\upsilon\sigma\alpha$.

Symphȳtum (Pflanze, welche zusammenheilt), griech. $\sigma\acute{\upsilon}\mu\varphi\upsilon\tau o\nu$, von $\sigma\acute{\upsilon}\nu$ (syn), zusammen, $\varphi\upsilon\tau\acute{o}\nu$ (phyton), Gewächs, $\varphi\acute{\upsilon}\omega$ (phyō), wachsen; ebenso *consolida* (*cum* u. *solidus*), weil die Wurzelabkochung zum Heilen und Vernarben der Wunden angewendet wurde. — *Pulmonaria* (der Lunge heilsame Pflanze), *pulmo*, Lunge. — *Echium* (gegen den Natternbiss heilsame Pflanze), griech. $\check{\varepsilon}\chi\iota o\nu$, von $\check{\varepsilon}\chi\iota\varsigma$ (echis), Natter, Otter. — *Lithospermum*, *Rhytispermum* (Steinsame, Runzelsame), $\lambda\acute{\iota}\vartheta o\varsigma$ (lithos), Stein; $\dot{\varrho}\upsilon\tau\acute{\iota}\varsigma$ (rhytis), Runzel, $\sigma\pi\acute{\varepsilon}\varrho\mu\alpha$ (sperma), Same.

Lection 133.

Labiaten.

Die Lippenblüthler, *Labiātae*, bilden im *Endl.* System die vornehmste Ordnung der *Nuculiférae*, Cohorte *Gamopetălae*. Die Gattungen dieser Familie zeigen in Betreff des Habitus und der Blüthenform eine grosse Aehnlichkeit und Uebereinstimmung, und es ist auch die Anzahl der Hauptmerkmale, durch welche sich die Familie von anderen unterscheidet, nur eine sehr geringe. Hauptmerkmale sind: Einblättriger Kelch, einblättrige, meist lippenförmige Blumenkrone, gewöhnlich didynamische Staubgefässe, 1 Griffel, 4 Nüsschen, dann besonders aber ein 4-eckiger Stengel mit gegenständigen, zwischen den Ecken des Stengels angehefteten Blättern, welche häufig mit kleinen Drüschen durchsetzt sind (die Borragineen haben drüsenlose Blätter).

Die officinellen Arten der Labiaten verdanken ihre Heilkräfte entweder einem Gehalt an flüchtigem, oft wohlriechendem

Oele oder in einigen Fällen mässigen Bitterstoffen. Narkotische oder giftige Pflanzen scheinen sich unter ihnen nicht zu finden.

Labiatae.

Kräuter oder Sträucher mit 4-eckigen Stengeln.	*Herbae vel frutices, caulibus qua-drangularibus,*
Blätter gegenständig, meist klein-drüsig, zwischen den Ecken des Stengels angeheftet.	*Folia opposĭta, plerumque minūte glandulosa, inter angŭlos caulis affixa.*
Kelch verwachsenblättrig, bleibend.	*Calyx gamosepălus, persistens.*
Blumenkrone unregelmässig, röhrig, mit meist lippigem ($^2/_3$-lippig.) Rande.	*Corolla irregularis tubulosa, plerumque limbo labiato (labio superiore bilŏbo, inferiore trilŏbo).*
Staubgefässe 4 zweimächtige oder 2; Antheren meist 2-fächerig, häufig mit divergirenden Fächern.	*Stamina quaterna didynăma vel bina; antherae plerumque biloculares, saepius loculis divergentibus.*
Pistill mit 1 aus dem Blüthenboden entspringenden, an der Spitze 2-spaltigen Griffel, dem aus 4 aufrechten 1-eiigen Ovarien (Karpellen) bestehenden, einer unterständigen Scheibe aufsitzenden Fruchtknoten.	*Pistillum stylo uno gynobasĭco, in apĭce bifĭdo, germĭne ex ovariis (carpellis) quaternis discrētis erectis uniovulatis, disco hypogȳno insertis, constituto.*
Frucht 4 einsamige Nüsschen mit eiweisslosem Samen mit geradem Embryo und nach der Fruchtbasis gerichtetem Würzelchen.	*Fructus nuculae quaternae monospermae, seminibus exalbuminosis, embryōne recto radiculāque inferā.*

Wegen der didynamischen Staubgefässe und der einsamigen Nüsschen sind die Labiaten bis auf einige wenige Ausnahmen in die *Linné*'sche Klasse *Didynamia*, Ord. *Gymnospermia* (XIV, 1) eingeschoben. Die Ausnahmen sind die Labiaten mit 2 fruchtbaren Staubgefässen, wie *Salvĭa*, *Rosmarīnus*, *Monārda*, *Lycŏpus*, bei denen die beiden anderen Staubgefässe als unfruchtbare meist nicht fehlen, und auch *Mentha* kann als Ausnahme gelten, denn bei den 4 Staubfäden derselben ist die Zweimächtigkeit kaum ausgeprägt. Dass *Linné*'s Vorstellung von nacktem Samen keine richtige war, wurde bereits früher erwähnt. Wirklich nackte, d. h. von keinem Fruchtgehäuse umschlossene Samen finden wir nur bei den Cycadeen und Coniferen, dagegen fehlt dem nackten

Samen *(semen nudum)* *Linné's* das Gehäuse nicht, vielmehr ist dasselbe nur 1-samig und dem Samen wie angewachsen dicht anliegend.

Die Anzahl der Labiaten-Gattungen ist eine bedeutende, *Endlicher* zählte 113. Um eine geordnete Uebersicht zu gewinnen, ist die Eintheilung in Unterfamilien eine nothwendige. Die im Folgenden angegebenen Unterfamilien hat der englische Botaniker *Bentham* (spr. bennthämm) aufgestellt. Soweit dieselben ein pharmaceutisches Interesse bieten, lassen sie sich eintheilen in diejenigen

1. mit undeutlich-lippiger Blumenkrone *(corollā sublabiatā)*; *Menthoïdĕae* (Minzen).

2. mit 1-lippiger Blumenkrone *(corollā unilabiatā)*; *Ajugoïdeae* (Günselartige).

3. mit 2-lippiger Blumenkrone *(corollā bilabiatā)*; *a* mit 2 fruchtbaren Staubgefässen: *Monardeae*; *b* mit didynamischen Staubgefässen: *Melissineae. Nepeteae. Ocimoïdĕae. Satureïneae. Scutellarineae. Stachydeae.*

Zu bemerken wäre hier der Unterschied zwischen *corolla labiatā* und *labiōsa. Corolla labiāta.* Lippenblumenkrone, bedeutet eine verwachsenblättrige Blumenkrone mit lippig-getheiltem Saume, dagegen wird unter *corolla labiōsa* nur eine aus freien lippig-gruppirten Blumenblättern zusammengesetzte Blumenkrone verstanden. Eine Labiate hat desshalb nie eine *corolla labiōsa.*

Labiatae-Melissinĕae (oder *Melissīnae*) sind *Melissa* und *Hyssōpus. Melissa officinalis* (Citronenmelisse) liefert in ihrem blühenden Kraut *Herbae Melissae (citrĭnae)*, und *Hyssōpus officinālis* (Ysop) in der *Herba Hyssōpi*, zwei Arzneistoffe ohne nennenswerthe Heilkraft.

*Labiatae-***Melissineae.** *Corolla bilabiata; stamina quaterna non parallēla; loculi antherae rimā communi dehiscentes* (Blumenkrone 2-lippig, Staubgefässe 4, nicht parallel; die Fächer jeder Anthere öffnen sich mit einem gemeinschaftlichen Spalt).

Gattung Melissa.

Kelch ³/₂-lippig, oberhalb flach (d. h. obere Lippe des Kelches 3-zähnig und flach, untere Lippe 2-spaltig).	*Calyx ³/₂-labiatus et superne planus (i. e. labio superiore tridentato plano, inferiore bifido).*

Blumenkrone mit oberer auf- | *Corolla labio superiore erecto*
rechter ausgerandeter, und | *emarginato, inferiore trilŏbo.*
unterer 3-lappiger Lippe.

Staubgefässe auseinanderste- | *Stamina distantia, arcuātim con-*
hend und sich in einem Bo- | *niventia.*
gen gegen einander neigend.

Melissa officinalis, Citronenmelisse, im südlichen Europa zu Hause, enthält wenig flüchtiges Oel von angenehmem Geruch. Sie hat einen aufrechten, ästigen Stengel mit eiförmigen kerbig - gesägten Blättern, die unterständigen sind an der Basis fast herzförmig, im Ganzen lebhaft grün und mit dünnstehenden kurzen steifen Haaren bedeckt. Den Blüthenstand bilden halbirte achselständige Scheinwirtel mit weissen Blüthen. Die Blätter von

Fig. 781.

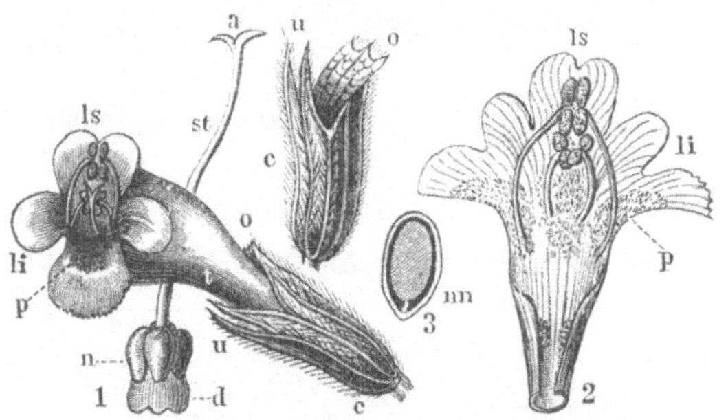

Melissa officinālis (Melisse). *t* Blumenröhre *(tubus)*, *ls li* Saum der Blumenkrone, ²/₃-gelippt, *ls* Oberlippe, *li* Unterlippe, *c* Kelch ³/₂-lippig, 3-zähnige flache Oberlippe und *u* 2-spaltige Unterlippe desselben. — 3-fache Lin.-Vergr. 2. Blumenkrone aufgeschlitzt und ausgebreitet, die in einem Bogen zusammenneigenden Staubgefässe zu zeigen. — *a d* Stempel, *a* Narbe, *st* Griffel, *n* Fruchtknoten *(germen e quaternis ovariis constitutum)*. 3. Verticaldurchschnitt eines Carpells oder Nüsschens.

Nepĕta Cataria, mit denen die Melissenblätter oft verwechselt werden, sind fast 3-eckig-herzförmig, unterhalb weissfilzig.

Melissa officinalis dignoscitur: caule erecto ramoso, foliis ovatis crenato-serratis, inferioribus in basi subcordatis, omnibus laete viridibus, remōte hirtis; verticillastris (verticillis spuriis) axillaribus dimidiatis; floribus albis. Folia Nepetae Catariae, quae foliis Melissae saepe substituuntur, sunt subtriangulari-cordata, subtus incāno-tomentosa.

Hyssōpus weicht von *Melissa* ab durch einen ungleich 5 - zähnigen Kelch und die oberhalb divergirenden Staubgefässe *(differt calyce inaequaliter quinquedentato staminibusque superne divergentibus).*

Hyssōpus officinalis, Ysop, hat lancettförmige ganzrandige Blätter und aufrechtstehende Kelchzähne *(dentes calycis erecti).*

*Labiatae-**Nepeteae** diffĕrunt a Melissineis: staminibus sub labio superiore parallēlis approximatisque, superioribus longioribus.* (Staubgefässe unter der Oberlippe parallel und genähert, die oberen die längeren). Gatt. *Nepĕta, Glechōma.*

An den Parallelismus der Staubgefässe ist hier natürlich nicht der mathematische Maassstab zu legen, er giebt eben nur eine Stellung an, welche zwischen Divergenz und Connivenz der Staubgefässe liegt.

Nepëta Cataria, varietas citriodŏra, hat Melissengeruch und wird nicht selten mit *Melissa officinalis* verwechselt.

Glechōma hederacĕa, Gundermann, ist die niedliche kriechende Labiate mit stumpfen, herz- und nierenförmigen, grobgekerbten Blättern, welche im Frühlingsanfange an Wegen, Stegen und Grabenrändern ihre blauen Blüthen zwischen ihren Blättern hervorblicken lässt. Das Kraut war früher als *Herba Hedĕrae terrestris* officinell und ein Ersatz für andere obsolete Kräuter.

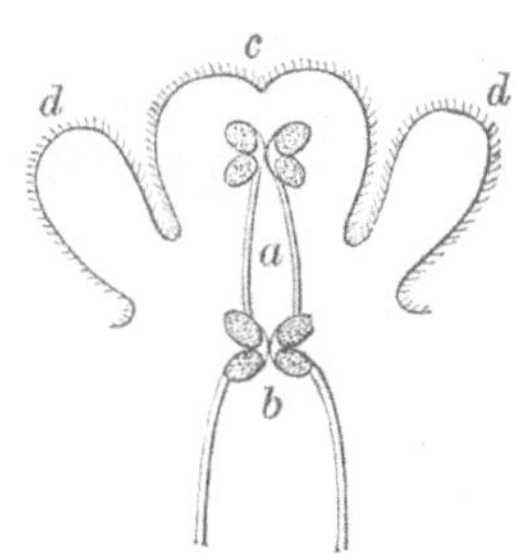

Fig. 782.

Schematische Figur. Ein Theil der aufgeschlitzten und ausgebreiteten Corolle von *Glechōma hederacĕa. a* Obere Staubgefässe, genähert u. parallel unter der Oberlippe (*c*), *b* untere Staubgefässe. Jedes Antherenpaar steht ein Kreuz bildend aneinander.

Gatt. *Glechōma.*

Kelch 5-zähnig, röhrig.	*Calyx quinquedentatus, tubulosus.*
Blumenkrone mit oberer gerader 2-lappiger, und unterer 3-lappiger Lippe, beide Lippen flach.	*Corolla labio superiore recto bilŏbo, inferiore trilobo, labio utroque plano.*
Antheren: jedes Paar in Form eines Kreuzes zusammenneigend (Antheren kreuzweise connivirend).	*Antherae singulorum parium in formam crucis conniventes (antherae cruciatim conniventes).*

Glechōma hederacĕa; herba subpubescens caule repente, foliis petiolatis, grosse crenatis, superioribus subcordatis, inferioribus renatis, verticillastris subsexfloris, corollis caeruleis, in tubo dilutioribus, labio inferiore intus guttis maculisque violaceo-purpureis picto. Floret primo vere.

Labiatae - **Ocimoideae.** *Corolla bilabiata; anthērae reniformes, uniloculares, rima semicirculari transversim dehiscentes.* (Corolle 2-lippig; Staubbeutel nierenförmig, 1-fächerig, in einem halbzirkligen Spalt quer aufspringend).

Der Name dieser Unterfamilie ist der Gattung *Ocĭmum* entnommen, deren unterscheidende Merkmale in einem $^1/_4$-lippigen Kelche und einer $^1/_1$-lippigen Corolle bestehen, wo wir oft auch die oberen Filamente gegen die Basis mit einem pinselförmigen Fortsatze *(processus penicilliformis)* versehen antreffen (vergl.

Fig. 330, 8; Seite 187). *Ocĭmum Basilĭcum*, Basilienkraut, in Asien und Afrika einheimisch, giebt die früher gebräuchliche *Herba Basilĭci majŏris*.

Zu derselben Unterfamilie gehören *Pogostēmon Patchouly* Pellet, welche Pflanze circa 1,5 Proc. flücht. Oel, Patschouly-Oel, enthält, ferner *Lavandŭla*, deren Arten, im südlichen Europa heimisch, reich an flüchtigem Oel sind. *Lavandŭla officinālis* (Lavendel) liefert *Flores et Oleum Lavandŭlae*, und *Lavandŭla Spica*, das weniger angenehm riechende Spiköl, *Oleum Spicae*. Der Lavendel wird häufig in unseren Gärten gezogen. Es fehlt also nicht an Gelegenheit, den Charakter der Gattung zu studiren.

Gattung Lavandŭla.

Kelch 5-zähnig, der 5-te Zahn der grössere, röhrig, an der Frucht geschlossen.	*Calyx quinquedentatus, dente quinto majore, tubulosus, fructĭfer clausus.*
Blumenkrone ²/₃-lippig, obere Lippe die breitere.	*Corollae labium superius bilobum, inferius trilobum, labio superiore latiore.*
Staubgefässe u. Griffel durch d. Blumenröhre eingeschlossen.	*Stamina et stylus tubo corollae inclusa.*
Nüsschen unbehaart, glatt.	*Nuculae glabrae, laeves.*

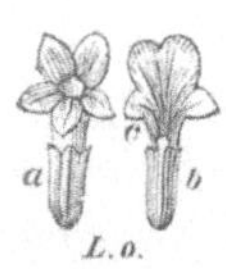

Fig. 783.

Lavandula off. Blüthe, *a* von vorn, *b* von hinten gesehen.

Fig. 784.

Lavandula off. 1. Kelch vergr. mit 5 tem grösstem Zahne (*d*). 2. Staubgefäss, nierenförmig, im Beginn des Aufspringens (mit halbkreisförmiger Spalte). Vergr.

Lavandula officinalis Chaix (schmalblättriger Lavendel) hat linienförmige, am Rande zurückgerollte, an der jungen Pflanze weiss-filzige Blätter, dicht-zottigen Kelch und unterbrochene Blüthenschwänze mit feingespitzten, unteren 3-spitzigen Bracteen *(folia linearia, in margĭne revolūta, juniora incāno-tomentosa; calyx dense villosus; anthuri interrupti bracteis acuminatis, inferioribus tricuspidatis; flores caerulei)*.

Lavandula Spica Chaix (breitblättriger Lavendel) weicht ab durch die älteren länglich-lancettförmigen flachen Blätter, die dichten, am Grunde nur unterbrochenen Blüthenschwänze mit sämmtlich einfach-zugespitzten Bracteen, und durch mit sternförmigem Flaumhaare besetzte Kelche. *Differt: foliis adultioribus oblongo-lanceolatis planis (in margine non revolutis), anthuris densis, in basi interruptis, bracteis omnibus simpliciter acuminatis, calycibus stellatim puberulis.*

Labiatae-Satureineae. *Corolla bilabiata; stamina quaterna, non parallēla, distantia, recta vel conniventia, loculis antherarum connectivo discretis* (Corolle 2-lippig; Staubgefässe 4, nicht parallel, entfernt von einanderstehend, gerade oder zusammenneigend, Antherenfächer durch das Connectiv getrennt).

Zu den *Satureineae* gehören die Gattungen *Saturēja, Origănum, Thymus, Calamintha, Clinopodium.*

Satureja hortensis ist ein unter dem Namen **Pfefferkraut** bekanntes Küchengewürz.

Blüthenähre von *Lavandula Stoechas* (in Griechenland heimisch), hat unter allen Lavandulaarten den feinsten Geruch.

Die Gattung *Origănum* ist zu erkennen an den 4-zeiligen Blüthenähren mit angedrückten ziegeldachartig-gestellten Bracteen und den auseinander gespreiteten Staubgefässen.

Origănum dignoscitur: spicis tetrastichis, bracteis adpressis imbricatis, staminibus divaricatis.

Origănum Smyrnaeum (in Kleinasien) liefert den früher officinellen spanischen Hopfen *(Herba Origăni Cretici)*, an welcher Droge der Charakter der Gattung jeder Zeit studirt werden kann.

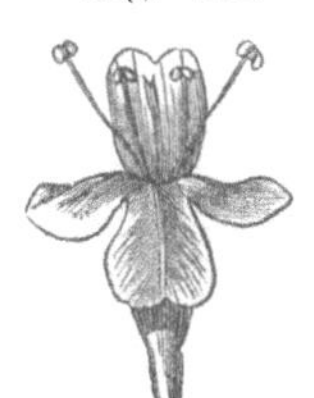

Corolle von *Origanum vulgare. Stamina divaricata.*

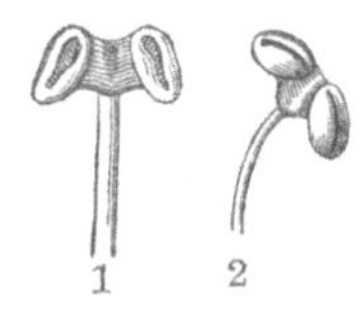

Loculi antherarum connectivo discreti. 1. *Origanum vulgare.* 2. *Calamintha officinalis.* (Vergr.)

Origănum vulgāre, Dosten, brauner Dost, wird hier 'und da bei uns auf sonnigen Hügeln und in Laubwäldern angetroffen. Man erkennt diese Art leicht an den gestielten, eiförmigen, spitzen, weichbehaarten, kaum gezähnten Blättern, den länglichen gestielten doldentraubig-stehenden Blüthenähren, den eiförmigen schwachviolett-gefärbten Bracteen und den purpurrothen Blüthen mit 5-zähnigem Kelch. Davon *Herba Origani vulgaris. (Foliis petiolatis ovatis acutis pubescentibus subdenticulatis, spicis oblongis pedunculatis corymboso-congestis, bracteis ovatis subviolaceis, floribus purpureis, calyce quinquedentato.)*

Origanum Majorāna, **Mairan**, stammt aus dem nördlichen Afrika und ist bei uns ein in Gärten cultivirtes Küchengewürz. Es unterscheidet sich von der vorbenannten Art durch ovale **stumpfe ganzrandige Blätter**, die jüngeren auf beiden Seiten weissfilzig, durch dünn-weissfilzige rispige Blüthenköpfchen, einen halbirten und ungezähnten Kelch und weisse Blüthen. Das blühende getrocknete Kraut *(Herba Majoranae)* ist officinell.

Origanum Majorana differt: foliis ovalibus obtusis integerrimis, junioribus utrinque incāno-tomentosis, capitŭlis paniculatis tenuĭter cano-tomentosis, calўce dimidiato edentŭlo, corollis nivĕis.

Die Gattung *Thymus* unterscheidet sich durch einen $^3/_2$-lippigen Kelch, dessen Schlund mit einem Ringe von convergirenden Haaren versehen ist, durch auseinanderstehende, oberhalb sich ausbreitende Staubgefässe, eine Corolle mit gerader ausgerandeter Oberlippe und 3-lappiger Unterlippe, und kleine ganzrandige Blätter.

Thymus. Calyx labio superiore trifido, inferiore bifido, in fauce annulo pilorum convergentium; stamina distantia, superne patŭla; corolla labio superiore recto emarginato, inferiore trilobo; folia parva integerrima.

Thymus vulgaris, **Thymian**, römischer Quendel, im südlichen Europa heimisch, liefert *Herba Thymi (vulgaris)*, der bei uns gemeine Quendel, Feldthymian, *Thymus Serpyllum*, die *Herba Serpylli*.

Fig. 788.

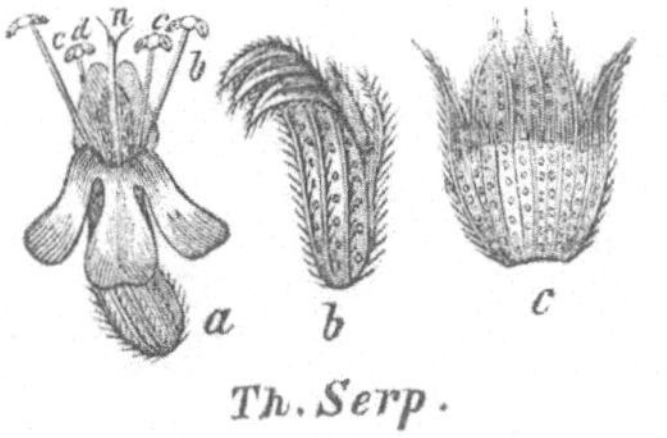

Thymus vulgaris hat einen aufrechten oder aufsteigenden Stengel und länglich-eiförmige, am Rande zurückgerollte, unten weissgraue Blätter, *Th. Serpyllum* dagegen einen niedergestreckten, am Grunde kriechenden Stengel und an ihrer Basis gewimperte Blätter. Beide Arten sind Halbsträucher (♃).

Thymus Serpyllum. a Blüthe mit *b* Staubgefässen, *n* Narbe. — *b* Kelch, *c* derselbe aufgeschlitzt und ausgebreitet. (Etwas vergr.)

Th. vulgaris dignoscitur caule erecto vel adscendente, foliis oblongo-ovatis, in margine revolutis, subtus incanis, Th. Serpyllum caule prostrato, foliis basi ciliatis.

Bemerkungen. *Melissa*, griech. μέλισσα, Biene, Honig. — *Lavandula* wird von *lavāre*, waschen, abgeleitet. — *Serpyllum*, von *serpʋ, serpsi, serptum, serpĕre*, kriechen. — *Glechōma, ae, f.* und *ătis, n.*, von γληχών (glächōn),

Poley. *Linné* gebrauchte das Wort als Neutrum, was auch das Richtigere ist. Von den späteren Botanikern wird es zu einem Femininum gemacht. *Hagen* und Andere haben *glecoma* adoptirt.

Lection 134.

Labiaten (Forts.).

*Labiatae-***Stachydeae.** *Corolla bilabiata; stamĭna didynăma, inferiora longiora, sub labio superiore parallēla approximataque.* Gattungen sind *Lamĭum, Galeŏpsis, Stachys, Melittis, Betonĭca, Marrubĭum. Siderītis, Ballōta, Leonūrus.*

Gattung *Lamium.*

Kelch 5-zähnig, glockig.	*Calyx quinquedentatus, campanulatus.*
Blumenkrone mit einem Haarringe in der Röhre; Oberlippe gewölbt, Unterlippe 3-lappig mit zahnförmig. Seitenlappen, welche von dem breiten mittleren Lappen entfernt stehen.	*Corollae tubus intus annulo pilorum instructus; labium superius fornicatum, inferius trilŏbum, lobis lateralibus dentiformibus, ab lobo intermedio dilatato remotis.*
Staubgefässe aus der Röhre d. Blumenkrone hervorstehend.	*Stamina e corollae tubo exserta.*
Nüsschen an der Spitze abgestutzt.	*Nuculae apĭce truncatae.*

Lamium album, weisse Taubnessel, lieferte die früher officinellen **weissen Nesselblüthen** *(Flores Lamii albi)*. Dieses Staudengewächs hat gestielte, ei-herzförmige, kerbig-gesägte zugespitzte Blätter, eine gekrümmte, über der eingeschnürten Basis bauchige Blumenröhre. Haarring und Einschnürung sind schief aufsteigend. Die Oberlippe (der Helm) ist ganzrandig, stumpf, zottig behaart. Blüthen weiss, Scheinwirtel fast 20-blüthig. Häufig auf Schutthaufen, an Zäunen, bebauten Orten, in Dörfern. Blüht Anfang Sommers.

Fig. 789.

Lamium album.
Blüthe.

Lamium album (♃) *foliis petiolatis, cordatis, crenato-serratis, acuminatis, tubo corollae supra basim constrictam ventricoso. Annulus pilorum strictūraque oblīque adscendentes. Labium superius (galea) integerrimum, obtusum, villosum. Flores albi. Verticillastri subvigintiflōri. In ruderatis, ad sepes, in cultis, in pagis copiose reperitur. Floret ineunte aestate.*

Lamium maculatum weicht ab durch kaum 10-blüthige Scheinwirtel, eine spitze Oberlippe, querliegenden Haarring und Einschnürung und durch purpurfarbne Blüthen mit lilafarbner purpurfleckiger Unterlippe; *(differt verticillastris sub-decem-floris, labio superiore acuto, annulo pilorum stricturāque transversis, corollā purpureā, labio inferiore lilacĭno purpureo-maculato).*

Lamium purpurĕum weicht ab durch einen wenigblüthigen Scheinwirtel, eine über der Basis verengerte, fast gerade Blumenröhre, stumpfere Blätter, kleinere purpurfarbene, seltner weisse Blüthen; *(differt verticillastris paucifloris, tubo corollae subrecto, supra basim angustato, foliis obtusis, floribus minoribus purpureis, rarius albis).*

Die Gatt. *Galeopsis* unterscheidet sich von *Lamium* durch zwei hohle Höcker zwischen den Seitenlappen an der Basis der Unterlippe. *Galeopsis differt a Lamio: gibberibus geminis inter lobos laterales atque ad basin labii inferioris.*

Galeōpsis Tetrăhit und *G. versicŏlor* sind häufig und überall anzutreffen. *G. ochroleuca* Lamarck liefert in dem getrockneten blühenden Kraute die sogenannten Lieber'schen Kräuter *(HerbaGaleopsĭdis grandiflōrae).*

Die Gattung *Marrubĭum* unterscheidet sich von *Lamium* durch einen becherförmigen, 5- bis 10-zähnigen Kelch, eine linienförmige gerade 2-theilige Oberlippe und eingeschlossene (nicht hervorstehende) Staubgefässe.

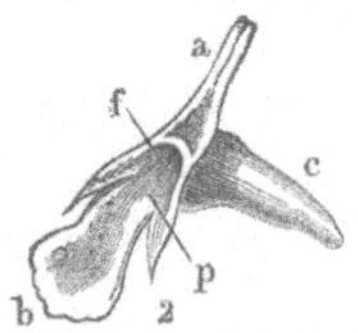

Fig. 790. Fig. 791.

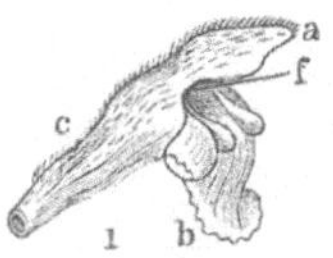

1. Corolle von *Galeōpsis ochroleuca Lmrk.*
2. Corolle von *Marrubium vulgare.*
a Oberlippe, *b* Unterlippe, *c* Röhre, *f* Schlund, *a b* Rachen.

Marrubium differt: calўce pyxidato, quinque- vel decemdentato, corollae labio superiore lineari, erecto, bifĭdo, staminibus inclusis.

Marrubium vulgare, weisser Andorn, enthält Bitterstoff und liefert in seinem getrockneten blühenden Kraute die *Herba Marrubii.* Man erkennt diese Art leicht an dem ästigen weissfilzigen Stengel, den eiförmigen gekerbten runzligen filzigen Blättern und dem Kelche mit 10 ungleichen, an der borstenartigen Spitze umgbogenen Zähnen. Die Blüthen sind klein und weisslich. Hier und da in Dörfern, auf Schutthaufen, an Zäunen, Mauern. *(Caule ramoso, albo-tomentoso, foliis ovatis crenatis rugosis*

*tomentosis, dentibus calycinis denis inaequalibus, in apice setaceo-
uncinatis, floribus albidis parcis. Interdum in pagis, ruderatis, ad
sepes, muros, cias reperitur).*

----

*Labiatae-***Monardeae.*** Corolla bilabiata; stamina bina fertilia*
(Corolle 2-lippig, 2 fruchtbare Staubgefässe). Gatt. *Rosmarinus,
Salvia, Monarda.*

Salvia, Salbei.

Kelch lippig, mit ungetheilter oder 3-zähniger Oberlippe u. 2-theiliger Unterlippe.	*Calyx labiatus, labio superiore integro vel tridentato, inferiore bifido.*
Blumenkrone. Obere Lippe gewölbt, fast ungetheilt, untere 3-theilig.	*Corollae labium superius fornicatum subintegrum, inferius tripartitum.*
Staubgefässe 2 fruchthare. Die Antherenfächer sind durch ein fadenförmiges, etwas langes bewegliches Connectiv getrennt, indem dasselbe auf der einen Seite ein fruchtbares, auf der anderen ein unfruchtbares Fach trägt.	*Stamina bina fertilia. Loculi antherae connectivo filiformi longiore mobili disjuncti, hinc loculum fertilem, illinc sterilem gerente.*
Nüsschen eiförmig und kahl.	*Nuculae oviformes (ooideae), glabrae.*

Fig. 793.

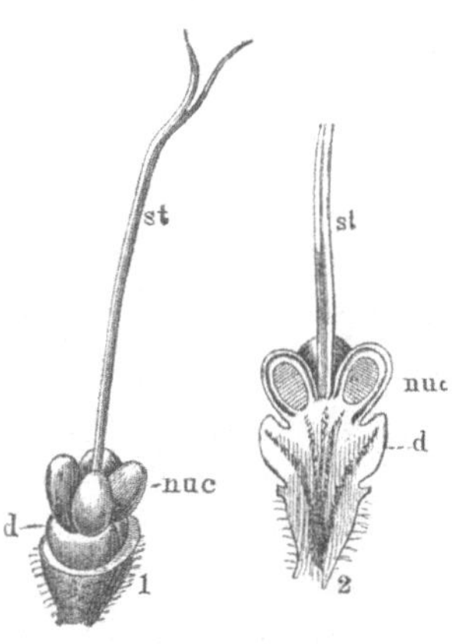

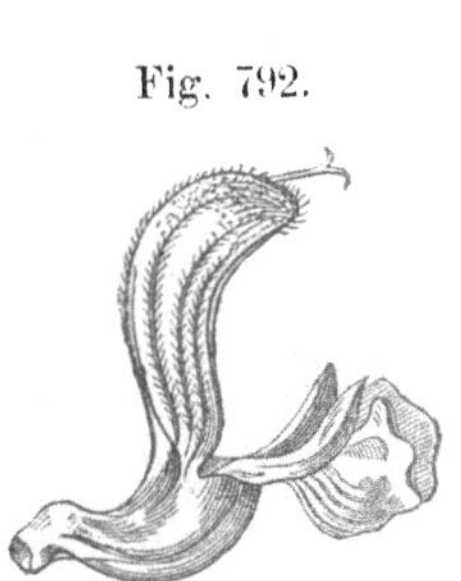

Fig. 792.

Corolle von *Salvia pratensis,*
mit zusammengedrückter
sichelförmiger helmartiger
Oberlippe (*corolla labio superiore galeiformi compresso
falcato*).

Salvia officinalis. 1. Fruchtboden mit
(*d*) hypogynischer Scheibe und vier
Carpellen (*nuc*), in deren Mitte der
gynobasische Griffel mit zweispaltiger Narbe steht. Vergr. 2. Verticalschnitt, um die Verbindung des
Griffels mit dem Fruchtboden und
den Carpellen zu zeigen. Vergr.

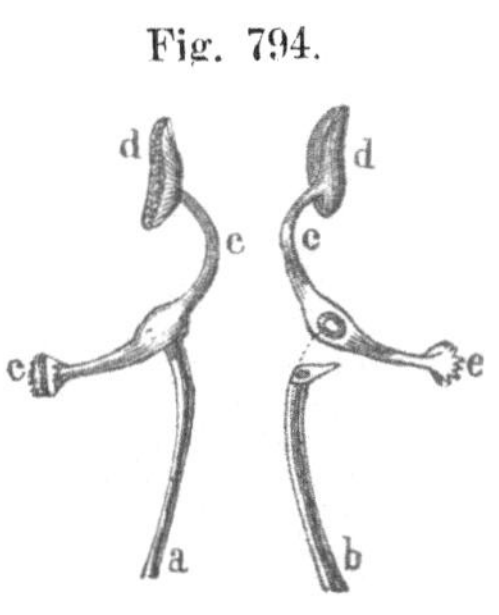

Fig. 794.

Staubblatt von *Salvia officinalis* (4 mal vergr.). *a* von
der Seite gesehen, *b* von hinten
gesehen, das Connectiv *c* getrennt von dem Filament (*b*),
d das fruchtbare, *e* das sterile
Antherenfach.

Interessant und auch wesentlich ist das lange bewegliche Querbalken-ähnliche Connectiv, welches die Gattung *Salvia* vor allen anderen Labiaten erkennen lässt. Das Connectiv der *Labiatae-Satureïneae* trennt zwar auch die Antherenfächer, es ist aber nicht lang, sondern kurz und auch nicht beweglich, und dann haben ja auch die Gattungen dieser Unterfamilie 4 fruchtbare Staubgefässe. Fig. 787.

Fig. 795.

Blatt von *Salvia offici-nalis var. foliis basi auriculatis.*

Salvia officinalis, Salbei, Salvei, im südlichen Europa einheimisch, bei uns eine Gartenpflanze, zeichnet sich durch Gehalt an flüchtigem Oel aus. Die vor der Blüthe gesammelten Blätter sind getrocknet die officinellen *Folia Salviae*. Der strauchige graufilzige Stengel trägt längliche, runzlige, schwach gekerbte, dünnfilzige Blätter (vergl. Fig. 130, 5). Die Corollenröhre ist innen mit einem Haarringe versehen. *(Caule fruticoso incano-tomentoso, foliis oblongis, rugosis, crenulatis, tenui-tomentosis, corollae tubo intus annulo pilorum munito.)*

Eine andere Monardee ist *Rosmarīnus*, von welcher die Art *Rosm. officināl̄is* wegen des Gehaltes an kampferartig riechendem flüchtigem Oele officinell ist.

Gatt. Rosmarinus.

Kelch ¹/₂-lippig (Oberlippe fast ungetheilt, Unterlippe zweispaltig).	*Calyx labio superiore subintĕgro, inferiore bifido.*
Blumenkrone. Oberlippe aufrecht u. 2-lappig, Unterlippe 3-lappig, mit mittlerem vertieftem herabhängendem Lappen.	*Corolla labio superiore erecto, bilŏbo, inferiore trilŏbo, lobo medio concăvo, dependente.*
Staubgefässe nur 2 fruchtbare, hervorstehend, gekrümmt. Staubfäden zwischen Mitte und Basis mit einem abwärts gerichteten Zahne versehen. Antheren 1-fächerig.	*Stamina bina fertilia exserta curvata, filamentis inter medium et basin dente reverso instructis. Anthērae uniloculares.*

Wie bei *Salvia* am Connectiv haben wir bei *Rosmarinus* am Filament eine charakteristische Vermehrung (vergl. Fig. 330, 7 S. 187), bei *Ocĭmum Basilicum* bestand diese Vermehrung in einem pinselförmigen Fortsatze (vergl. Fig. 330, 8).

Rosmarinus officinalis, ein im südlichen Europa einheimischer Halbstrauch (⃝), hat sitzende, linienförmige, lederartige, am Rande zurückgerollte. ober-halb runzlige. unter-halb weissfilzige, im-mergrüne Blätter, blassblaue Blumen-kronen. Der Kelch ist mit sternförmigen Haaren bekleidet. *(Foliis sessilibus line-aribus coriaceis. in mar-gine revolūtis. supra ru-gosis, subtus albo-tomen-tosis. sempervirentibus, corollis pallide caeruleis. Calyx pilis stellatis vestītus.)*

Fig. 796.

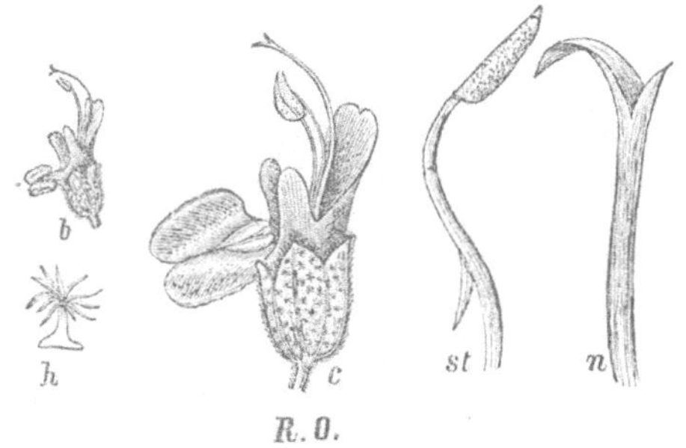

Rosmarīnus officinalis. b Blüthe in natürl. Grösse, c dieselbe vergr., st Staubfaden, n oberer Theil des Griffels, h ein Haar des Kelches.

---

*Labiatae - **Ajugoïdeae**. Corolla unilabiata (labio superiore brevissimo vel exciso); stamina quaterna didynăma, inferiŏra longiora, rarius bina.* (Corolle 1-lippig wegen der fast verschwindend kurzen Oberlippe; 4 didynamische Staubgefässe, davon die unteren stets länger, selten nur 2.) Gatt. *Ajŭga, Teucrĭum.*

Bei *Ajŭga* findet sich in der Corollenröhre ein Haarring (Haarleiste), eine eingedrückte (seicht ausgerandete), aus nur 2 sehr kleinen Lappen gebildete Oberlippe (welche eben wegen ihrer Kleinheit nicht als Lippe angesehen wird) und netzartig-runzlige Nüsschen. *Ajuga reptans* (kriechender Ginsel) mit ihren Ausläufer treibenden Stengeln ist eine überall häufige Pflanze.

Von der Gattung *Teucrium* geben *T. Scordium*, Lachen-knoblauch, die *Herba Scordii*, und *T. Marum*, Katzenga-mander, Amberkraut, die *Herba Mari veri*, welche zwar einen rosmarinartigen Geruch besitzt, doch kaum noch als Medi-kament, wohl aber als Lockmittel (Witterung) für Marder, Füchse, Katzen etc. gebraucht wird.

Gatt. Teucrium.

K e l c h 5-zähnig oder gelippt.	*C a l y x quinquedentatus v. labiatus.*
B l u m e n k r o n e mit kurzer, tief ausgeschnittener Oberlippe, ohne Haarring in der Röhre. Unterlippe 3-lappig.	*C o r o l l a labio superiore brevi, profunde exciso, intrinsecus in tubo annulo pilorum non instructo. Labium inferius trilŏbum.*

Staubgefässe aus dem Ausschnitt der Oberlippe hervorragend.	*Stamina e fissura labii superioris eminentia.*
Nüsschen meist netzartig-gerunzelt.	*Nuculae plerumque reticulatorugosae.*

Teucrium Scordium, häufig auf feuchten Wiesen, hat einen zottigen, aufsteigenden oder niederliegenden, ziemlich einfachen Krautstengel, sitzende länglich-lancettförmige, grob-kerbig-gesägte, weichbehaarte Blätter, achselständige purpurrothe Blüthen. Die frische Pflanze ist von knoblauchartigem Geruche. *(Caule herbaceo, villoso, adscendente vel procumbente, subsimplici, foliis sessilibus oblongo-lanceolatis, grosse crenato-serratis, pubescentibus, floribus axillaribus purpureis. Planta recens odoris alliacei.)*

<table>
<tr><td align="center">Fig. 797.</td><td align="center">Fig. 798.</td></tr>
<tr><td>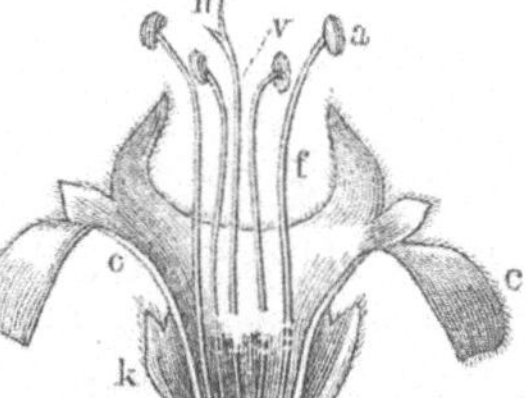</td><td></td></tr>
</table>

Teucrium Marum, Unterlippe und Röhre der Blüthe aufgeschlitzt (4 fache Linear-Vergr.). *k* Kelch, *c c* Unterlippe, *f* ausgeschnittene Oberlippe (*labium superius excisum*).	*Teucrium Chamaedrys*. 1. Blüthe von der Seite, 2. von oben gesehen.

Teucrium Marum, im Orient und südlichen Europa einheimisch, unterscheidet sich durch einen strauchigen ästigen aufrechten filzigen Stengel, kleine gestielte eiförmige ganzrandige, am Rande zurückgerollte, unten weisslich-filzige Blätter, durch einseitswendige lockere Blüthenschwänze. *(Caule fruticoso ramoso tomentoso, foliis parvis petiolatis ovatis integerrimis, in margine revolutis, subtus albido-tomentosis, anthuris laxis secundis.)*

---

*Labiatae-***Menthoïdeae** (Minzen). *Corolla subbilabiata, limbo partito, lobis subaequalibus; stamina distantia recta* (Corolle fast lippenförmig, mit getheiltem Saume, fast gleichen Lappen; Staubgefässe entfernt von einander stehend und gerade). Gattung *Mentha*.

Gattung *Mentha*, Minze.

Kelch 5-zähnig.	*Calyx quinquedentatus.*
Blumenkrone trichterförmig. fast gleichmässig 4-spaltig, mit oberem breiterem Lappen.	*Corolla infundibuliformis, quadrifida. lobis subaequalibus. lobo superiore latiore (emarginato).*
Staubgefässe 4, fast gleich lang, entfernt von einander stehend, gerade.	*Stamina quaterna. fere aequaliter longa. distantia. recta.*

Die *Mentha*-Arten haben weisse oder lilafarbene Blüthen. Sie zeichnen sich durch Gehalt an flüchtigem Oele aus. Dasselbe befindet sich besonders in kleinen, auf der Unterfläche der Blätter befindlichen oder eingesenkten Oeldrüschen.

Die wichtigste Art ist *Mentha piperita*, welche angeblich in England einheimisch ist, aber überall angebaut wird, es hat jedoch das Englische Pfefferminzöl stets den feineren Geruch und besseren Geschmack.

Mentha piperita, Pfefferminze, hat gestielte, länglich-eirunde, scharf gesägte und gewöhnlich kahle Blätter, längliche, an der Basis unterbrochene, lockere Blüthenschwänze. Die beim Beginn des Blühens gesammelten und getrockneten Blätter sind als *Folia Menthae piperitae* officinell. (*Foliis petiolatis. ovato-oblongis. argute serratis. saepissime glabris. anthūris oblongis, in basi interruptis, laxis.*)

Fig. 799.

Corolle von *Mentha* ausgebreitet. *c* Oberer ausgerandeter Lappen.

Verwechselungen der Pfefferminzblätter mit Blättern wildwachsender Minzen kommen vor. Obgleich Geruch und Geschmack den Unterschied zeigen, so sind auch noch z. B. die Blätter von *Mentha silvestris* fast sitzend und unten weissfilzig, von *Mentha viridis* gleichfalls fast sitzend und länglicher, von *Mentha aquatica* eiförmig und auf beiden Seiten etwas rauhhaarig oder zottig-behaart. Die Bastardbildung ist bei den Minzen sehr gewöhnlich, und daher findet man nicht nur eine Unsicherheit in der Bestimmung der Arten selbst. man hat auch manche Abarten als Arten angenommen. Wachsen zwei Arten neben einander. so geht die kahlblättrige Art allmählich durch Bastardbildung in die rauhblättrige Art über. Aus der *Mentha piperita* sieht man nach einigen Jahren *Mentha crispa* entstehen.

Mentha crispa L. (*Mentha aquatica γ. crispa* Benth.) hat krausgefaltete, zerschlitzt-gezähnte, fast sitzende Blätter. Ebenso *Mentha crispata* Schrader (*Mentha viridis γ. crispa* Benth.). Die

Blätter sind bald kahl, bald zottig behaart. Beide Arten geben die officinellen Krauseminzblätter, *Folia Menthae crispae.*

Bemerkungen. *Scutellaria* (Schüsselkraut), *scutella*, Schüsselchen. — *Galericulatus, a, um*, mit einer Perrücke versehen, bei *Scutellaria* wegen der behaarten Blumenkrone und der bewimperten Staubgefässe. — *Stachys*, gen. *stachyos*, griech. στάχυς, Aehre, wegen des ährenförmigen Blüthenstandes. — *Lamium* soll aus *lamia*, Hexe, Unholdin, oder λάμια, ein fabelhaftes Ungeheuer, gebildet sein, es ist aber sicherer von dem Worte λάμος (lamos), Schlund, Höhle, wegen der rachenförmigen Blüthe abgeleitet.

Galeōpsis, ĭdis, von γαλεός (galeos), Wiesel und ὄψις (opsis), Aussehen, Anblick, wegen der behaarten Oberlippe und der beiden wie Zähne vorstehenden Höcker im Schlunde der Corolle.

Monarda, nach *Monardes*, einem span. Arzte, st. 1578. — *Salvia*, von *salvus, a, um*, wohlbehalten, gesund, wegen der Heilkräftigkeit der Pflanze, welche schon von den alten Römern geschätzt wurde. — *Scordium*, griech. σκόρδιον, eine Pflanze mit Knoblauchsgeruch (σκόρδον, Knoblauch). — *Chamaedrys, ўos*, (Zwergeiche), χαμαί (chamai), niedrig, an der Erde; δρῦς (drys), Eiche. — *Rosmarīnus*, Gen. *rorismarini* und auch *rosmarini* (Meerthau), *ros, roris*, Thau, *marīnus, a, um*, zum Meere gehörig. — *Mentha*, M i n z e, griech. μίνθα (mintha). *Cicero* und *Plinius* nennen die Pflanze *menta.* Die deutsche Schreibart „Minz“ finden wir schon in Conrad von Meyenberg's († 1374) Naturgeschichte. Die Schreibart „Münze“ ist jedenfalls nicht die richtige.

Lection 135.

Polygoneen.

Mit den Knöterigartigen, P o l y g o n e e n, *Polygonaceae*, treten wir in die Unterklasse der *Monochlamydĕae* (Pflanzen mit einfacher Geschlechtsdecke), welche die dikotylen Pflanzen mit einfachem Perigon umschliesst. Nach dem *Endl.* System bilden die Polygoneen eine Unterordnung der *Oleraceae* (der Krautartigen), welche Klasse zur Cohorte der *Apetalae* oder Kronenblattlosen zählt. Eine apetale Blüthe hat keine Corolle, sie kann aber von einem Perigon umhüllt sein.

In chemischer und medicinischer Beziehung sind die Gattungen der Polygoneen unter sich sehr abweichend. Einige liefern Nahrungsmittel *(Fagopӯrum)*, andere enthalten Gerbstoffe *(Coccolŏba, Polygŏnum)*, andere liefern Farbstoffe *(Polygŏnum tinctorium)*, andere enthalten freie Säure *(Rumex)*, ein wichtiges Medicament liefert aber die Gattung *Rhēum.*

Polygonaceae Juss.

Meist Kräuter mit knotig-gegliedertem Stengel.	*Plerumque herbae, caule nodoso-articulato.*
Blätter zerstreut, einfach, scheidig, mit gefranster, der Blattscheide angewachsener Tute.	*Folia sparsa, simplicia, vaginata, ochreā fimbriatā, vaginae adnatā, munītā.*
Blüthen zwitterig oder durch Fehlschlagen diclinisch.	*Flores hermaphroditi vel abortu diclini.*
Perigon unterständig, oft bleibend, in der Knospe ziegeldachartig.	*Perigonium inferum, saepe persistens, praefloratione imbricata.*
Staubgefässe perigynisch, einem kurzen Unterkelch eingefügt.	*Stamina perigўna, hypanthio brevi inserta.*
Pistill. Fruchtknoten oberständig, 1-fächerig, 1-eiig; Eichen aufrecht, geradläufig, im Grunde des Faches angeheftet; Griffel 3 oder 2.	*Pistillum. Germen superum, uniloculare, uniovulatum; ovulum erectum, orthotrŏpum, fundo imo locŭli affixum; styli terni vel bini.*
Frucht 1-samig, nicht aufspringend (eine Caryopse), von dem bleibenden Perigon umhüllt.	*Fructus monospermus, non dehiscens (caryopsis), perigonio persistente cinctus.*
Samen mit Eiweiss; der Keim vom mehligen Eiweisse umschlossen oder ausserhalb desselben, gerade oder gekrümmt, mit nach der Fruchtspitze gerichtetem Würzelchen.	*Semen albuminatum; embryo albumine farinaceo inclusus vel extrarius, rectus vel curvatus, radiculā superā.*

Die officinellen Gattungen der Familie lassen sich nach der Zahl der Theilung des Perigons abschichten. Ein 5-theiliges Perigon haben *Coccolŏba, Polygŏnum. Fagopÿrum*, ein 6-theiliges *Rumex, Rheum*.

Bei *Coccoloba* verwächst das fleischig gewordene bleibende Perigon zum Theil mit der 3-kantigen Caryopse. (*C. uvifĕra* Jacq., im heissen Amerika, liefert in ihrem eingetrockneten

Fig. 800.

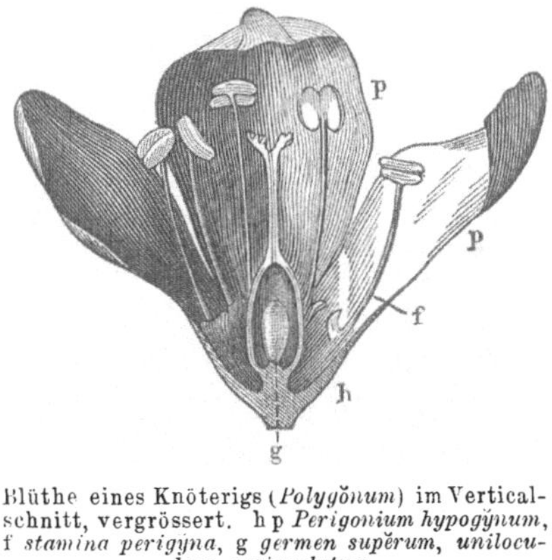

Blüthe eines Knöterigs (*Polygŏnum*) im Verticalschnitt, vergrössert. h p *Perigonium hypogўnum*, f *stamina perigўna*, g *germen supĕrum, uniloculare, uniovulatum*.

37*

Safte das westindische Kino.) Bei den anderen Gattungen bedeckt das Perigon einfach die Frucht.

Gattung *Polygŏnum*, Knöterig.

Perigon meist 5-theilig und gefärbt.	*Perigonium plerumque quinque-partitum et coloratum.*
Staubgefässe 4 bis 8.	*Stamĭna octōna vel pauciōra.*
Pistill meist mit 3-kantigem Fruchtknoten und kopfförmigen Narben.	*Pistillum plerumque germĭne triangulari stigmatibusque capitatis.*
Keim der Ecke des hornartigen Eiweisses anliegend, seitenständig, gekrümmt.	*Embryo angŭlo albumĭnis cornĕi accumbens, lateralis, curvatus.*
Samenblätter flach u. schmal.	*Cotȳlae planae angustaeque.*

Polygŏnum Bistorta, Natterknöterig, mit einem fleischigen S-förmig gebogenen, etwas zusammengedrückten Rhizom, einfachem aufrechten Stengel, eilancettförmigen, in den Blattstiel herablaufenden, etwas welligen Blättern, endständigem dichten

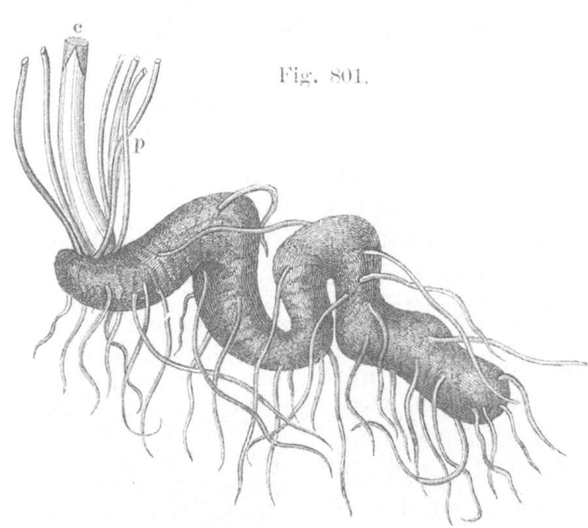

Sigmoïdisch gewundenes Rhizom des Wiesenknöterigs *(Polygŏnum Bistŏrta)*, mit Nebenwurzeln besetzt; *c* Stengel, *p* Blattstiele.

Blüthenschwanze, 8-männigen, 3-weibigen, fleischfarbenen Blüthen, und 3-schneidiger Frucht. Das gerbstoffhaltige Rhizom *(Rhizōma Bistortae)* war früher officinell.

Polygŏnum Bistorta rhizomate carnoso sigmoideo-curvato subcompresso (bistorto), caule simplici erecto, foliis ovato-lanceolātis, in petiolum decurrentibus, subundulatis, anthuro denso terminali, floribus octandris trigўnis carneis, fructu triquetro.

Der kleine, selbst zwischen Steinpflaster wuchernde Vogelknöterig, *Polygŏnum aviculāre*, ·hat einen niederliegenden ästigen Stengel und achselständige, weissliche oder röthliche Blüthen.

Fagopyrum ist von der Gattung *Polygŏnum* abgetrennt, denn am Grunde des Perigons finden wir 8 mit den Staubfäden abwechselnde Drüschen, einen achsenständigen Embryo mit grossen blattartigen Keimblättern, welche das Eiweiss in 2 Theile spalten und dasselbe halb umfassen. *Fagopȳrum esculentum* Moench (*Polygŏnum Fagopȳrum* L.), Buchweizen, liefert in seinen Samen ein Nahrungsmittel.

Die Gattung *Rumex* (Ampfer) weicht ab durch ein 6-blättriges Perigon mit 3 inneren grösseren Blättern, durch 6 Staubgefässe, 3 Griffel, pinselförmige Narben, eine 3-kantige, von den 3 inneren ausgewachsenen, meist auf dem Rücken eine Schwiele tragenden Perigonblättern bedeckte und daher scheinbar 3-flüglige Caryopse, einen seitenständigen Embryo und schmale Samenblätter.

Fig. 802.

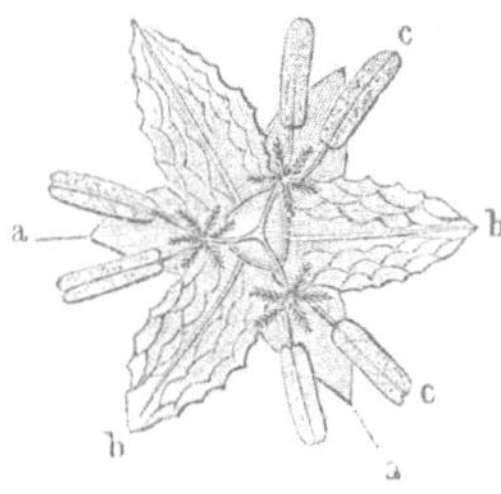

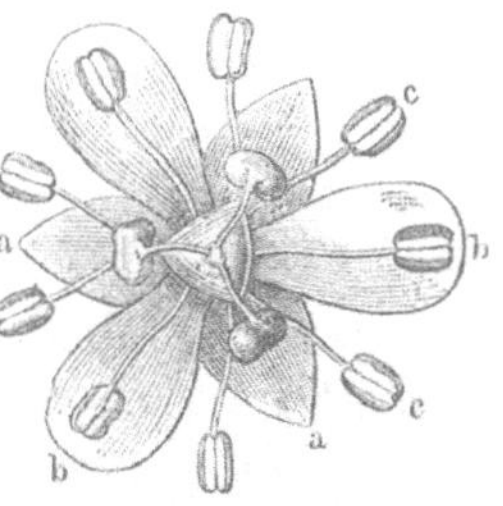

Blüthe von *Rumex obtusifolius*. (9 f. Lin.-Vergr.) *a* äussere, *b* innere und grössere Perigonblätter, *c* Staubgefässe, in der Mitte der Fruchtknoten mit den 3 pinselförmigen Narben.

Rumex ab reliquis generibus differt: perigonio hexaphyllo, phyllis tribus interioribus multo majoribus, staminibus senis, stylis ternis, stigmatibus penicilliformibus, caryopsi triangulari, perigonii phyllis tribus interioribus excrescendo auctis, dorso plerumque calligĕris (instar valvium) tectā et inde spurie trialatā, embryōne laterali cotȳlisque. angustis. (Hexandria Trigynia.)

Rumex obtusifolius, Grindwurz, und andere Rumexarten gaben die früher officinelle *Radix Lapāthi acūti s. Oxylapāthi*. *Rumex Acetōsa* und *Rumex Acetosella* haben einen sauren Geschmack und enthalten saure oxalsaure Salze wie die *Oxalis*-Arten.

Die wichtigsten Polygoneen umfasst die Gattung *Rhēum*, von welcher einige

Fig. 803.

Blüthe von *Rheum rhaponticum* (9fache Lin.-Vergr.). *a* äussere, *b* innere Perigonblätter, *c* Staubgefässe, in der Mitte der Fruchtknoten mit den 3 kopfförmigen Narben.

Fig. 804.

Rheum rhaponticum. Geflügelte Frucht im Querdurchschnitt (Vergr.).

im östlichen Asien heimische, bis jetzt aber noch wenig bekannte Arten in ihrer Wurzel die als Medicament geschätzte Rhabarber *(Radix Rhei)* liefern. Bei uns findet man in Gärten öfter *Rheum*-Arten gepflegt, deren junge Blattstiele als Salat genossen werden, an denen sich aber auch der Charakter der Gattung recht gut studiren lässt.

Rheum.

Perigon 6-theilig, mit 3 inneren grösseren Theillappen, bleibend, aber nicht wie bei Rumex auswachsend.	*Perigonium sexpartītum persistens, laciniis (phyllis) interioribus majoribus, nec ut in Rumĭce excrescentibus.*
Staubgefässe 9.	*Stamina novēna.*
Pistill mit 3 nierenförmigen, auswärts gebogenen Narben.	*Pistillum stigmatibus ternis reniformibus, extrorsum flexis.*
Frucht eine 3-kantige, 3-flügelige Schalfrucht.	*Fructus caryopsis triangularis trialātus.*
Embryo gerade, in der Achse des Eiweisses, mit flachen blattartigen Samenblättern.	*Embryo rectus, axĭlis, cotȳlis planis foliaceis.*

Enneandria Trigynia..

Von *Rumex* unterscheidet sich *Rheum* also durch die enneandrische Blüthe, die fast sitzenden nierenförmigen (also nicht pinselförmigen) Narben und die geflügelte Caryopse.

Rheum palmatum ist auf den Gebirgen Centralasiens, *Rheum Emōdi* und *Rheum austrāle Don,* dessen Theile, ausgenommen die Blätter, roth gefärbt sind, in der Tartarei zu Hause. *Rheum rhapontĭcum,* ursprünglich in Sibirien zu Hause, bei uns aber gezogen, giebt die Pferderhabarber *(Radix Rhapontici).* In Frankreich und Oesterreich hat man in hochliegenden Gegenden Rhabarberarten zur Erzielung der Rhabarberwurzel cultivirt, man hat aber nur dem Rhabarber äusserlich ähnliche Wurzeln gewonnen, die indess dennoch als deutsche und französische Rhabarber in den Handel kommen. Die officinelle Rhabarber (indische Sorte) ist die von der Rinde mehr oder weniger (halbmundirte) oder ganz befreite (mundirte) Wurzel in grösseren und kleineren Stücken. Sie enthält Chrysophansäure, Farb- und andere Stoffe, wie Aporetine, Phaeoretine, Erythroretine, Emodine, Stärkemehl, Gerbsäure, oxalsaure Kalkerde und andere Salze. Die Wirkung ist eine tonisirende, in grösserer Gabe abführend.

Den Polygoneen nähern sich die Chenopodeen, *Chenopodiaceae (Ventenat),* oder *Salsolaceae (Moquin - Tandon),* dieselben unterscheiden sich aber durch kleine, in Knäulchen stehende, meist pentandrische Blüthen, nierenförmige Caryopsen mit peripherischem Embryo und nach dem Nabel gerichtetem Würzelchen, besonders aber durch den Mangel der Scheiden und Tuten an den Blättern. Im Uebrigen gehören die Chenopodeen auch zur Unterklasse der *Monochlamideae DC.* und der Klasse *Oleraceae Endl.*

Chenopodiaceae.

Meist Kräuter mit nebenblattlosen Blättern.	*Plerumque herbae foliis exstipulatis.*
Blüthen klein, in Knäueln stehend, zwitterig, seltner diclinisch.	*Flores parvi, glomerati, hermaphroditi, rarius diclini.*
Perigon gewöhnlich 5-theilig, meist unterständig, bleibend.	*Perigonium plerumque quinquepartitum, plerumque inferum, persistens.*
Staubgefässe dem kurzen Unterkelch eingefügt, und perigynisch, gewöhnlich von der Zahl der Perigonlappen und diesen gegenständig.	*Stamina hypanthio brevi inserta, perigyna, plerumque tot quot laciniae perigonii, iisdem opposita.*
Pistill. Fruchtknoten frei, selten unterständig, 1-fächerig, 1-eiig; Eichen im Grunde des Faches angeheftet, aufrecht, krummläufig oder an einem kurzen grundständigen Nabelstrange hängend und halb gekrümmt. Griffel einfach oder getheilt.	*Pistillum germine libero, rarius infero, uniloculari, uniovulato; ovulum fundo imo loculi affixum, erectum, campylotropum vel a funiculo brevi basilari pendulum et hemitropum; stylus simplex vel partitus.*
Caryopse mit nierenförmigem Samen, peripherischem eiweisshaltigem oder spiraligem eiweisslosem Embryo und nach dem Nabel gewendetem Würzelchen.	*Caryopsis semine reniformi, embryone peripherico albuminoso vel spirali exalbuminoso, radicula hilum spectante.*

Die Chenopodeen zerfallen je nach Lage und Form des Embryo in:

Spirolobeae, mit schneckenförmigem Embryo *(embryo spiralis)*. Gattung *Salsola*, Art *Salsola Kali* (Salzkraut).

Cyclolobeae mit peripherischem (den Eiweisskörper umschliessendem) Embryo. Gattungen mit Blüthen ohne Bracteen sind *Chenopodium, Blitum, Spinacia*; mit männlichen bracteenlosen und

weiblichen 2-deckblättrigen Blüthen: *Atriplex*, und mit 3-deck-
blättrigen Zwitterblüthen: *Beta*.

Chenopodium (Gänsefuss) hat bracteenlose polygamische oder
Zwitter-Blüthen, ein stumpf-5-eckiges, 5-spaltiges Perigon, 5 Staubgefässe, 2 Narben, eine häutige nie-
dergedrückte, vom Perigon eingeschlossene Caryopse, mit horizontalem
(zum Samenträger in einem rechten
Winkel stehenden), eiweisshaltendem
Samen mit rindiger Samenschale.

Fig. 805.

Chenopodium Botrys. 1. Eine Blüthe
mit dem 5-blättrigen Perigon, 2. dieselbe
nach Entfernung zweier Perigonblätter,
um die beiden Narben und den niedergedrückten Fruchtknoten zu zeigen.
3. Samen oberhalb quer durchschnitten,
den peripherischen Embryo zu zeigen.
Sämmtl. vergr.

*Chenopodium dignoscitur: flori-
bus polygămis vel hermaphrodītis, perigonio pentagōno quinquefído, staminibus
quinis, stigmatibus binis, caryopse peri-
carpio membranaceo, depressā, perigonio inclusā, semine horizontali
albuminato, testā crustaceā.*

Fig. 807.

Fig. 806.

Erdbeerspinat (*Blitum
capitatum*).
Oberer Theil eines blü-
henden Zweiges.

Blatt mit Blüthenähr-
chen von *Chenopodium
ambrosioïdes.*

Bemerkenswerthe Arten
dieser Gattung sind *Chenopodium Vulvaria*, stinkender
Gänsefuss, welches das übel-
riechende Trimethylamin
aushaucht und früher als
*Herba Vulvariae s. Atriplĭ-
cis olĭdi* officinell war. *Chenopodium ambrosioīdes L.*,
mexikanisches Trauben-
kraut, liefert *Herba Che-
nopodii ambrosioïdis s. Bo-
trўos Mexicānae.*

Die Gattung *Blitum*
(Melde) weicht durch verticalstehende oder gleichzeitig
theils vertical, theils horizontal stehende Samen ab.

Blitum Bonus Henricus C. A. Meyer *(Chenopodium Bonus Henrĭcus)* war früher officinell.

Von der Gattung *Beta* liefert *Beta vulgaris, variet. γ. rapacea*,
die Runkelrübe, welcher der bei uns gebrauchte Rohrzucker
entnommen wird. *Spinacĭa oleracĕa* (Spinat), *Atriplex hortense*,
Gartenmelde, geben Gemüsekräuter.

Bemerkungen. *Polygŏnum*, griech. πολύγονον, ein Kraut, das sich stark vermehrt oder sich viel erzeugt; πολύ, viel, und γονόω (gonoō), zeugen. Andere

verdeutschen dieses Wort mit: „vielknotige Pflanze“ und leiten es ab von *πολύ* und *γόνυ* (gony), Knie. — Die Endung *-gōnus, a, um*, hat ein langes *o*, wenn es die Bedeutung winklig oder eckig hat; von *γῶνος* (gōnos), Winkel, Ecke. — *Coccolŏba* (Kernkapsel, Beerenkapsel); *κόκκος* (kokkos), Beere, Kern; *λοβός* (lobos), Samenkapsel, Schale. — *Bistorta* (Doppeltgekrümmte); *bis*, 2mal; *tortus* (von *torqueo*), gewunden, gekrümmt.

Fagopȳrum (Buchweizen); *fagus*, Buche; *πυρός* (pȳros), Weizen. Die Frucht ist 3kantig wie die Buchecker und die Pflanze wird angebaut wie Weizen. — *Rhēum*, griech. *ῥῆον* (rhäon), ein Fluss (Wolga) jenseits des schwarzen Meeres (*Pontus*), von wo die Rhabarberwurzel bezogen wurde. *Rha*, griech. *ῥα*, ist jedenfalls die Grundform von *radix* und bedeutet nur „Wurzel.“ Daher auch *Rhaponticum* und *Rhabarbārum* (Wurzel aus dem Lande der Barbaren). — *Oleraceae* von *olus, ĕris*, Gemüse, Kohl; *oleraceus*, krautig.

Chenopodium (Gänsefüsschen); *χήν*, gen. *χηνός* (chän, chänos), Gans; *πόδιον* (podion), Füsschen; *πούς, ποδός* (pus, podos), Fuss. — *Spirolobĕae*, von *σπεῖρα* (speira), Gewickeltes, Aufgerolltes, und *λοβός* (lobos), Samenkapsel, Hülse. — *Cyclolobeae*, von *κύκλος* (kyklos), Kreis. — *Beta* nannten schon die Römer diese Pflanze. Nach *Voss* soll der Name von dem griech. *β* (beta) entnommen sein, weil die samentragende Pflanze der Gestalt eines *β* ähnlich sei.

Lection 136.

Laurineen. Daphnoïdeen oder Thymeläen.

Aus der *DC.* Unterklasse der *Monochlamydeae* oder vielmehr aus der *Endl.* Klasse der *Thymelaeae* (Kellerhalsartigen), in der Cohorte *Apetalăe*, finden wir einige Familien, welche mehrere geschätzte, aber auch viele obsolete Arzneistoffe liefern, wie die *Laurinĕae, Santalacĕae, Daphnoidĕae.*

Die Familie der Lorbeerartigen, *Laurinĕae, Laureae (Lauraceae)* gehört bis auf einige Arten in der gemässigten Zone besonders den heissen Gegenden Asiens und Amerikas an. Sie zeichnet sich im Allgemeinen durch einen reichlichen Gehalt an gewürzhaftem flüchtigem Oele aus, welches bei einigen Gattungen, wie z. B. den Zimmtbäumen, süss ist, bei anderen, wie z. B. bei dem Kampferbaum, nur aus Stearoptén besteht.

Laurineae.

Gewürzhafte Bäume, Sträucher mit abwechselnden Blättern, seltener blattlose parasitische Kräuter. Blätter ganzrandig.	*Arbŏres, frutĭces aromatici, foliis alternis, rarius herbae aphyllae parasiticae. Folia integerrima.*
Perigon einblättrig, unterständig.	*Perigonium monophyllum inferum.*

Staubgefässe frei, perigynisch, den Perigonlappen gegenüberstehend, od. doppelt soviel, häufig 4-reihig, einem sehr kurzen Unterkelch eingefügt; Staubfäden: die nach innen stehenden meist unten mit häufig gestielten Drüsen besetzt; Antheren 2- od. 4-fächerig, mit von der Basis nach der Spitze zu aufspringenden Klappen.

Stamina libera, perigўna, laciniis perigonii opposĭta, vel numero duplo quam laciniae, saepe quadriseriata, hypanthio brevissimo inserta; filamenta interiora plerumque infra glandulis saepe stipitatis munīta; antherae bivel quadriloculares, dehiscentes valvulis a basi ad apĭcem se revellentibus.

Pistill einfach mit 1 Narbe und mit freiem Fruchtknoten mit 1 hängendem gegenläufigem Eichen.

Pistillum simplex stigmate uno germĭneque lĭbero, ovulo uno pendulo anatrŏpo.

Frucht eine Beere oder Steinfrucht, 1-samig, mit an der Spitze verdicktem Fruchtstiel, oder von dem verschieden veränderten Unterkelch gestützt oder eingeschlossen.

Fructus baccatus vel drupaceus, monospermus, pedicello in apĭce incrassato vel hypanthio vario modo mutato fultus aut inclusus.

Samen ohne Eiweiss, mit geradem Embryo, grossen schildförmigen Samenblättern u. zurückgezogenem, nach d. Fruchtspitze gerichtetem Würzelchen.

Semen exalbuminosum; embryo rectus, cotўlis magnis, peltatis, radiculā retractā superā.

Die Staubgefässe sind in dieser Pflanzenfamilie besonders charakterisirt, und zwar durch das klappige, schief-aufwärts statt-

Fig. 808.

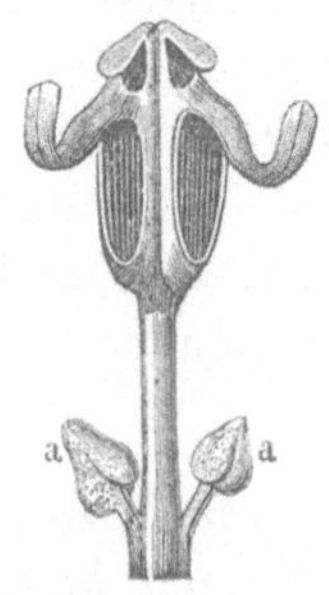

Vierklappig aufgesprungenes Staubgefäss von *Cinnamōmum acūtum.* *a a* Drüsen.

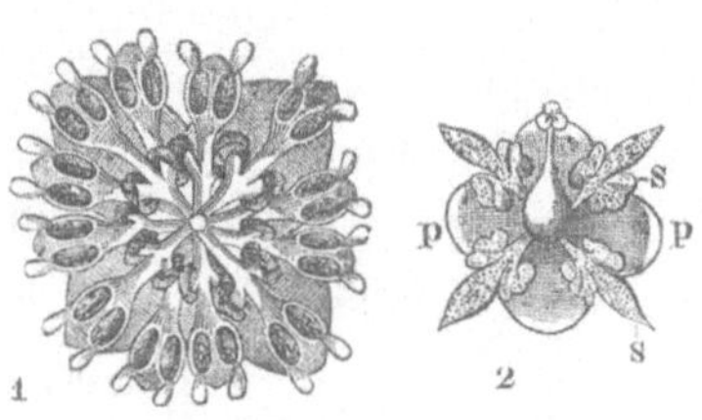

Laurus nobĭlis. 1. Männliche Blüthe (3 f. L.-Vergr.), 12 Staubgefässe, je am Grunde mit 2 Drüsen (Staminodien). 2. Weibliche Blüthe (2 f. L.-Vergr.). *p* Perigonblätter, *s* sterile Staubgefässe (Staminodien), in der Mitte das Pistill.

findende Aufspringen der Antheren, welche entweder alle nach innen gekehrt sind, oder die der dritten Reihe sind nach aussen und die der übrigen Reihen nach innen gewendet. Die innersten Antheren sind gewöhnlich rudimentär oder fehlgeschlagen und bilden Organe, welche man Staminodien zu nennen pflegt. Die Filamente tragen ferner sehr oft unterwärts auf beiden Seiten eine gestielte Drüse, welche von der Gestalt der Staminodien nicht wesentlich abweicht und daher auch Staminodie genannt worden ist. Es lässt sich nämlich annehmen, dass von 3 am Grunde verwachsenen Staubgefässen das mittlere zur Entwickelung gelangt ist, die seitlichen fehlgeschlagen sind und Drüsenform angenommen haben. In der Laurineenblüthe unterscheiden viele Botaniker letztere als Drüsen und nur die fehlgeschlagenen Staubgefässe der inneren Reihe als Staminodien.

Stamina Laurinearum florum: antherae valvis oblique adscendentibus dehiscentes, nunc omnes introrsae, nunc seriei tertiae extrorsae, reliquae introrsae, intimae saepe abortivae, quae staminodia nominantur; filamenta infra utrinque uniglandulosa.

Staminodien (abortive Staubgefässe der innersten Reihe, *stamina sterilia*) haben die Gattungen *Cinnamōmum*, *Camphŏra*, *Nectandra*, sie fehlen bei *Sassafras* und *Laurus*. *Laurus* hat 2-fächrige, die anderen genannten Gattungen 4-fächrige Antheren. Alle diese Gattungen gehören der *Enneandria Monogynia* L. (Cl. IX, Ord. 1) an.

Cinnamōmum Zeylanicum Breyn liefert in dem Baste von der auf Zeylon heimischen Varietät *α commune (Laurus Cinnamōmum L.)* den Ceylonzimmt *(Cinnamōmum acutum s. Cortex Cinnamōmi Zeylanici).* ♃.

Cinnamōmum Cassia Blume, ein in Cochinchina und China einheimischer Baum, liefert in seinem Baste die Zimmtcassie *(Cassia cinnamomea; Cortex Cinnamomi Cassiae).* ♃.

Camphŏra officinārum Nees. (Laurus Camphora L.), in China und Japan einheimisch, giebt den gewöhnlichen Kampfer *(Camphŏra,* Laurineenkampfer), welcher aus allen Theilen des Baumes durch Destillation gewonnen wird. Der nicht in den Handel kommende Borneokampfer wird auf Sumātra und Bornēo aus einer Dipterocarpee. *Dryobalănops Camphora Colebrooke*, gewonnen.

Nectandra Puchūry major und *N. P. minor Nees et Martius* (in Brasilien) geben *Semen Pichūrim majus* und *Semen Pichūrim minus*. Beide sind obsolet.

Sassafras officinale Nees (Laurus Sassafras L.) (im gemässigten und wärmeren Amerika) liefert in dem an fenchelartigem flüchtigem Oele reichen Holze der Wurzel das sogenannte Sassa-frasholz *(Lignum Sassafras).*

Laurus nobilis, Lorbeerbaum, in den Ländern um das mittelländische Meer einheimisch, giebt die Lorbeerblätter *(Folia Lauri)* und die Lorbeeren *(Fructus Lauri).* Letztere enthalten ein fettes Oel, Lorbeeröl *(Oleum laurīnum)* und ein flüchtiges Oel, *Oleum Lauri aethereum.*

Die Familie der Seidelbastartigen *(Daphnoïděae Ventenat s. Thymelaeaceae Juss.)* zeichnet sich durch scharfe, die Haut röthende, wegen der Schärfe selbst giftige. Bestandtheile aus. Wie es scheint, besteht der scharfe Stoff in einem Glykosid, Daphnine.

Daphnoideae s. Thymelaeaceae.

Meist Sträucher mit zerstreut stehenden u. nebenblattlosen ganzrandigen Blättern.	*Plerumque frutices foliis sparsis exstipulatis integerrimis.*
Perigon 1-blätterig, unterstän-dig, farbig, mit 4-, seltner 5-theiligem Saume, in d. Knospe ziegeldachartig.	*Perigonium monophyllum, infe-rum, coloratum, limbo quadri-, rarius quinquepartito, praeflora-tione imbricatā.*
Staubgefässe epipetal, meist zweireihig und doppelt soviel als Perigonzipfel, die höher stehenden denselben gegenüberstehend; Antheren der Länge nach aufspringend	*Stamina perigonio inserta, ple-rumque numero duplo quam la-ciniae perigonii, altiora (in se-rie superiore) iisdem opposĭta; antherae longitudinaliter dehi-scentes.*
Pistill mit 1 Griffel, 1 Narbe und freiem 1 - fächerigem Fruchtknoten mit einem ein-zelnen hängenden gegenläufi-gen Eichen.	*Pistillum stylo uno, stigmate uno, germine uniloculari ovŭlo-que solitario pendulo anatrŏpo.*
Frucht 1-samig, Beere od. saft-los; Samen ohne od. mit nur spär-lichem Eiweiss u. geradem Em-bryo; Würzelchen nach oben.	*Fructus monospermus, baccatus vel exsuccus; semen exalbumino-sum vel albumine parco, embryōne recto, radiculā superā.*

Gattung *Daphne,* Seidelbast.

Perigon trichterförmig, mit 4-theiligem Saume.	*Perigonium infundibŭliforme, limbo quadrifĭdo.*
Staubgefässe 8, in 2 Reihen gestellt, dem Schlunde des Perigons eingefügt.	*Stamina octōna, biseriata, fauci perigonii inserta.*

<table>
<tr><td>Pistill mit sehr kurzem Griffel und kopfförmiger Narbe.</td><td>Pistillum stylo brevissimo et stigmăte capitato.</td></tr>
<tr><td>Frucht. Beerenartige Steinfrucht.</td><td>Drupa baccata.</td></tr>
<tr><td>Samen ohne Eiweiss.</td><td>Semen exalbuminosum.</td></tr>
</table>

Daphne Mezerĕum, ein in schattigen bergigen Wäldern Europas heimischer Strauch (♄), giebt, wie auch die beiden anderen unten genannten Arten, die Seidelbastrinde *(Cortex Mezerĕi)* und die heute obsoleten Kellerhalskörner, Fischkörner *(Coccognidia, Fructus Coccognidii)*. Sie unterscheidet sich von anderen Arten derselben Gattung durch verkehrt-ei-lancettförmige abfallende (jährige) Blätter, seitenständige, sitzende, gewöhnlich zu 3 stehende, frühzeitige, rosenfarbene Blüthen, ein weichbehaartes Perigon mit eiförmigen spitzen Saumzipfeln und durch rothe Beerenfrüchte.

Fig. 809.

Dahphne Mezerĕum.
1. Blühender Zweig. 2. Zweig mit den Beerenfrüchten.

Daphne Mezerĕum foliis obovato-lanceolatis (obverse oblongis, Berg), *deciduis (annuis), floribus lateralibus sessilibus subternis praecocibus roseis, perigonio pubescente laciniis ovatis acūtis, baccis coccineis.*

Daphne Laureŏla weicht durch immergrüne lederartige Blätter, späte überhängende achelständige 5—10-blüthige Trauben, ein kahles grünliches Perigon mit lancettförmigen zugespitzten Zipfeln und durch schwarze Früchte ab.

Daphne Laureŏla differt: foliis sempervirentibus coriaceis, racēmis serotĭnis nutantibus axillaribus, quinque- vel decemflŏris, perigonio glabro viridulo laciniis lanceolatis acutatis, baccis nigris.

Daphne Gnidium unterscheidet sich durch linien-lancettförmige feingespitzte Blätter, späte endständige Blüthensträusse, ein filzig behaartes weisses Perigon mit stumpfen Saumzipfeln und durch rothe eiförmige Beeren. Giebt *Cortex Gnidii*.

Daphne Gnidium differt: foliis lineari-lanceolatis cuspidatis, thyrsis terminalibus serotinis, perigonio tomentoso albo laciniis obtusis, baccis coccineis oöidëis.

Bemerkungen. *Thymelaeaceae*, benannt nach *Daphne Thymelaea L.* Θυμελαία (thymelaia) nannten die Griechen einen Strauch, dessen Beeren (κόκκος Κνίδειος, coccos knideios) stark abführen (unsere *Grana Gnidii*). — *Cinnamōmum*, griech. κιννάμωμον, Zimmt. Nach Herodot erhielten die Griechen den feinröhrigen Zimmt unter diesem Namen von den Phöniciern. — *Cassĭa*, griech. κασσία, nach Herodot eine dem Zimmt ähnliche Rinde, von der man aber das Doppelte zum Gebrauch nehmen musste. — *Camphŏra* soll aus dem arab. *kafour* entstanden sein. — *Officinārum*, gen. plur. von *officīna* (Apótheke).

Nectandra von νέκταρ (nektar), Nectar, und ἀνήρ, gen. ἀνδρός (anär, andros), Mann, wegen der Nectardrüsen an den Filamenten. — *Sassafras*, indecl., das spanische *salsafras* (*saxifraga*). — *Laurus*, von *laus*, das Lob, weil man mit Lorbeerkränzen die Sieger im Gesange, im Kampfe etc. auszeichnete.

Daphne, ēs, f. griech. δάφνη, der Lorbeerbaum der Griechen, dem Apoll heilig, welcher seine spröde Geliebte *Daphne* in einen Lorbeerbaum verwandelt haben soll. Zu der Uebertragung dieses Namens auf den Seidelbast scheint *Daphne Laureŏla* wegen der ähnlichen Blätter Veranlassung gewesen zu sein. — *Mezerēum*, soll von dem persischen Namen des Strauches, *mazeriyn*, herkommen. In alten Schriften findet man auch *mezeraeum*. Hiernach hat *mezerēum* auch eine Berechtigung. *Leunis* und *Flückiger* schreiben *mezerĕum*. — *Gnidium*, von *Cnidĭus* (*Gnidius*), *a, um*, cnidisch, der Venus gehörend. *Gnidus* (κνίδος) war eine Stadt in Carien, berühmt durch ihren Venuscultus und durch die Venusstatue, ein Meisterstück des Atheners *Praxitĕles.*

Lection 137.

Myristiceen. Lorantheen. Juglandeen.

Die Familie der **Muskatartigen,** *Myristiceae s. Myristicacĕae,* aus der DC. Unterklasse *Monochlamydeae,* zählt nur wenige in den Tropen einheimische Gattungen, von welchen *Myristĭca* die wichtigste ist, und sich besonders durch aromatische Bestandtheile, die sich in dem Samen concentriren, auszeichnet.

Der Charakter der Familie ist durch ein unterständiges 3-spaltiges Perigon, in eine dichte Säule verwachsene Staubgefässe, in einer Längspalte aufspringende Antheren, eine 2-klappige Beere und einen mit zerschlitztem Samenmantel und gekautem (marmorirtem) Eiweisskörper versehenen Samen ausgeprägt.

Myristiceae dignoscuntur: perigonio infĕro trifido, staminibus in columnam solidam connatis, anthēris rimā longitudinali dehiscentibus, baccā bivalvi, semine arillo lacĕro et albumĭne ruminato.

Myristica fragrans Houttuyn (Myristica moschata Thunberg), auf den Sundainseln einheimisch, liefert in ihren von der Schale und dem Arillus befreiten Samen die Muskatnüsse *(Semina Myristicae; Nuces moschatae).* Der Arillus kommt als Macis, Macisblüthe *(Macis),* das aus den Samen durch Pressen gewonnene talgartige Oel als Muskatöl *(Oleum Myristicae; Oleum Nucistae)* in den Handel. Die rundlich-eiförmigen Samen von *M. fragrans* werden von dem

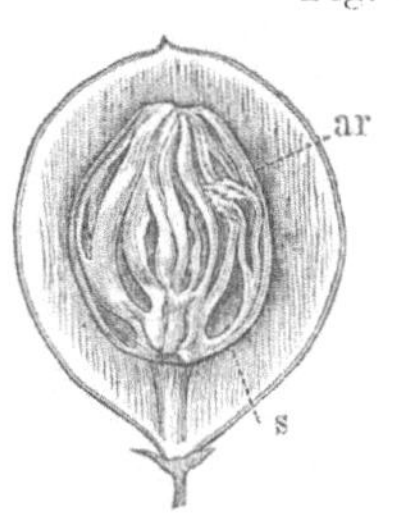

Fig. 810.

Myristica fragrans. Bacca bivalvis, pericarpium longitudinaliter persectum, semen arillo (ar) inclusum oculis praebens.

Semen Myristicae fragrantis Houttuyni longitudinaliter persectum, albumen ruminatum et embryonem (e) oculis praebens.

gemeinen Manne zuweilen als weibliche, die weniger aromatischen länglichen Samen von *Myristica fatua Houttuyn* als männliche oder wilde Muskatnüsse unterschieden. Von Würmern zerfressene Samen nennt man Rompen. Aus der Macis destillirt man ein flüchtiges Oel, *Oleum Macidis. Myristica* gehört im Sexualsystem zur *Dioecia Monadelphia.* (Kl. XXII., Ord. 1.)

Die Mistelgewächse, *Loranthaceae*, aus der DC.'schen Unterklasse *Monochlamydeae*, zeichnen sich durch den Gehalt an einer klebrigen eigenthümlichen Substanz, Viscine, gewöhnlich Vogelleim genannt, aus.

Bei den Lorantheen waltet ein eigenes Verhältniss der Blüthen ob. Die männliche Blüthe ist eine nackte mit 4—5 nach innen gewendeten Antheren, auf deren Rücken das Connectiv blumenblattartig verbreitert ist, so dass dadurch ein 4—5 blättriges Perigon gebildet erscheint. Das Perigon der weiblichen Blüthe ist epigynisch, unter dem Rande des Unterkelches eingefügt. Die Lorantheen sind fast alle parasitische immergrüne gabelästige Sträucher mit meist gegenständigen, lederartigen Blättern, welche aber auch zuweilen fehlen.

Loranthaceae: flos masculus nudus antheris quaternis vel senis, introversis, dorso connectivo petaloideo, perigonium imitanti, affixis; flos femineus perigonio epigyno, sub margine hypanthii inserto. Frutices fere omnes parasitici, sempervirentes, dichotome ramosi, foliis plerumque oppositis coriaceis vel nullis. Gattungen: *Viscum, Loranthus.*

Endlicher verlegte diese Familie in die Klasse der *Discanthae* (Scheibenblüthigen) aus der Cohorte *Dialypetalae* (Getrenntblumenblättrigen), indem er die becherförmige Ausdehnung des Randes des Blüthenbodens für einen ungetheilten Kelch und das Perigon als Blumenkrone, die Antheren den Perigonblättern aufsitzend ansah.

Viscum album, Mistel, ein immergrüner Schmarotzerstrauch, leicht zu erkennen an seinen gabelästigen Stengeln und nervenlosen lederartigen Blättern, liefert in seinen jüngeren Zweigen und Blättern das einst als Epilepsie- und Krampf-Mittel hoch geschätzte *Viscum album*, auch wohl Eichenmistel (*Viscum quernum s. quercīnum*) genannt, weil man es fälschlich für einen Parasiten der Eiche hielt. Häufig trifft man es auf Kiefern, zuweilen auch auf Linden, Ulmen, Obstbäumen an. Die wahre Eichenmistel giebt *Loranthus Europaeus*, welcher Strauch im südlichen Europa häufig auf *Quercus Cerris, Q. Austriăca, Castanĕa vesca* vorkommt.

Fig. 811.

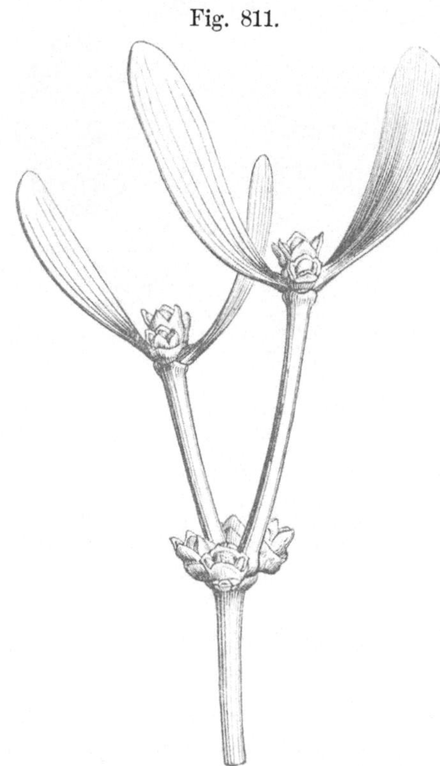

Blühender Mistelzweig (*Viscum album*).

Fig. 812.

Viscum album. Eine Anthere mit dem blumenblattartig erweiterten Connectiv. Anthere springt bienenzellig auf. Vergr.

Viscum zählt im Sexualsystem zur *Dioecia Tetrandria*. (Kl. XXII., Ord. 4.)

Vor Zeiten bereitete man aus den zerstampften Mistelpflanzen und den beerenartigen Früchten Vogelleim *(Viscum aucuparium)*, heute stellt man ihn durch Kochen und Eindicken von Leinöl oder durch Zusammenschmelzen von Leinöl und Harzen dar.

Die **Wallnussartigen**, *Juglandeae s. Juglandaceae*, sind besonders im gemässigten Nordamerika einheimische Bäume mit nebenblattlosen zerstreuten gefiederten Blättern und monöcischen Blüthen, von denen die männlichen Kätzchen bilden. Die männliche Blüthe ist blumenblattlos, von einer Bractee unterstützt, das Perigon oberhalb der Bractee angewachsen. Die weiblichen

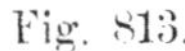

Fig. 813.

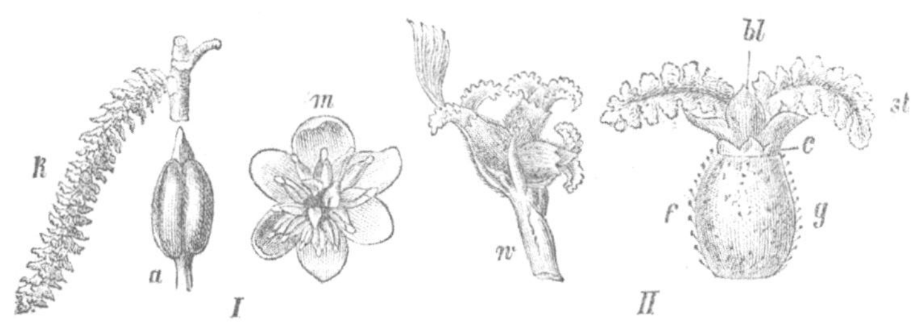

Juglans regia. I. männlicher. II. weiblicher Blüthenstand. *k* Ein männliches Blüthenkätzchen (¹/₃ Grösse), *m* eine einzelne männliche Blüthe von oben gesehen (vergr.), *a* eine Anthere, *w* eine weibliche Blüthenähre, *f* eine weibliche Blüthe (vergr.), *g* Fruchtknoten, *c* Oberkelch, *bl* Kronenblätter, *st* die fleischigen Narben.

Blüthen stehen hüllenlos zu 1, 2, 3 an den Zweigenden, ausgestattet mit oberständigem 4-zähnigem Kelche, 4 kleinen Kronenblättern, welche auch zuweilen fehlen, und 2 langen, oberhalb zerschlitzten Narben oder einer schildförmigen 4-lappigen Narbe. Der Fruchtknoten ist 1-fächerig, 1-eiig, das Eichen geradläufig, die Steinfrucht hat eine 2- oder 4-klappige Steinschale, der Samen ist ohne Eiweisskörper; Samenlappen buchtig-wulstig.

Juglandaceae: Arbores foliis non stipulatis, sparsis, pinnatis, floribus monoecis. masculis amentaceis apetalis bracteatis, perigonio bracteae supra adnato. floribus femineis solitariis, binis vel ternis terminalibus, haud involucratis. calyce supero quadridentato, petalis quaternis parvis vel interdum nullis. stigmatibus binis elongatis. supra laceris vel singulo stigmate peltato quadrilobo, germine uniloculari. uniovulato. ovulo orthotropo, drupa putamine bi- vel quadrivalvi, semine exalbuminoso, cotylis sinuoso-torulosis.

Diese Familie zählt wenige Gattungen. *Juglans* hat männliche seitenständige hängende Blüthenkätzchen, dann eine Steinfrucht mit unregelmässig aufbrechender Schale und einer oberhalb fast 4-, unterhalb fast 2-fächrigen Steinschale. Bestandtheile sind gerbstoffartige Körper, im Samen ein mildes trocknendes fettes Oel.

Juglans regia, Wallnussbaum, aus Persien eingeführt, wird bei uns fast überall cultivirt. Davon sind die Blätter und die Rinde der Früchte officinell. *(Folia Juglandis; Cortex nucum Juglandis.)* Blätter sind unpaarig-gefiedert, Blättchen 5—9, oval, kahl, schwach gesägt.

Bemerkungen. *Myristica*, μυριστιχός, ή, όν, zum Salben geschickt. — *Loranthus* (Riemenblume), λῶρον (loron), Riemen, und ἄνϑος (anthos), Blume. — *Juglans* zusammengezogen aus *Jovis glans* (des Jupiters Eichel).

Lection 138.

Cupuliferen.

Den Juglandeen nahe verwandt ist die Familie der Becherhüllfrüchtigen, *Cupŭlifĕrae*, deren Gattungen vorzugsweise in den gemässigten und kälteren Erdstrichen heimisch sind und wegen eines grösseren oder geringeren Gerbstoffgehaltes mehrere Arzneistoffe liefern. Einige enthalten Farbstoffe, andere haben Samen, welche als Nahrungsstoffe Verwendung finden. Die Cupuliferen zählen zur DC. Unterklasse der *Monochlamydeae* und zur Endl. Klasse der Kätzchenblüthigen, *Julifŏrae*, aus der Cohorte der *Apetălae*.

Cupuliferae

Bäume, seltner Sträucher mit zerstreuten einfachen Blättern, mit hinfälligen Nebenblättern.	*Arbores, rarius frutices foliis sparsis simplicibus, stipulis cadūcis.*
Blüthen einhäusig (monöcisch); männliche: Kätzchen, nackt oder ohne Kronenblätter, 5- od. vielmännig, von Bracteen unterstützt (Kätzchen aus Bracteen gebildet); weibliche zu 1 oder mehreren zusammenstehend, von einer später zu einer Becherhülle auswachsenden gemeinschaftlichen Hülle umgeben. Perigon oberständig.	*Flores monoeci; masculi amentacei, nudi vel apetăli, pentandri vel polyandri, bracteati (amenta ex bractĕis vel squamis composita); feminei solitarii pluresve, involucro communi, postremum in cupŭlam excrescente, cincti. Perigonium epigўnum.*
Pistill. Griffel fast fehlend; Fruchtknoten 2 — 6 - fächerig,	*Pistillum. Stylus subnullus; germen loculis binis vel pluribus,*

mit 1—2 hängenden Ei'chen im Fache. Narben soviel als Fächer.	*ovulis singulis vel binis pendulis in loculo. Stigmăta tot quot loculi.*
Frucht eine durch Fehlschlagen 1-fächrige, 1- od. 2-samige Nuss, von d. bleibenden Hülle (Becherhülle) umgeben oder mehr oder weniger bedeckt.	*Fructus nux abortu unilocularis, mono- vel disperma, involucro persistente (cupŭla) cincta vel plus minusve obtecta.*
Samen eiweisslos, m. einfacher Samenhaut; Embryo gerade, Würzelchen nach der Fruchtspitze gerichtet.	*Semen exalbuminosum integumento simplĭci; embryo rectus, radicŭlā supĕrā.*

Die Cupuliferen gehören also sämmtlich der L. 21. Klasse, *Monoecia*, *Quercus* und *Castanĕa* der *Monoecia Polyandria*, die übrigen Gattungen meist der *Monoecia Pentandria* an. Sie lassen sich in Unterordnungen schichten, z. B. in *Quercīnae* und in *Corylinĕae*.

I. **Quercinae,** Eichenartige; männliche Blüthen mit Perigon und 2-fächerigen Antheren; weibliche zu 1, 2 oder 3, mit Becherhülle; Fächer des Fruchtknotens 2-eiig *(flores masculi perigonio instructi (apetăli), anthēris bilocularibus; feminei solitarii, bini vel terni, cupulā cincti; loculi germinis biovulati).* Dazu gehören die Gattungen *Quercus* (Eiche), *Fagus* (Buche), *Castanĕa* (Kastanie).

Gattung Quercus, Eiche.

Kätzchen ♂ locker (Kätzchen mit entferntstehenden Blüthen).	*Amentum floribus masculis laxis (amentum floribus remōtis).*
Männl. Blüthe mit mehrtheiligem Perigon (Kelche) und 6 bis 10 freien Staubgefässen.	*Mas. Perigonium (calyx) pluripartitum et stamĭna dena, pauciŏra vel sena, libĕra.*
Weibl. Blüthe mit 1-blüthiger Hülle, 3 Narben, 3-fächerigem Fruchtknoten.	*Fem. (flos feminĕus): Involucrum uniflorum; stigmăta terna; germen triloculare.*
Frucht eine lederartige, 1-samige, am Grunde von einer innen gleichförmigen, aussen ziegeldachartig - schuppigen Becherhülle gestützte Nuss, Eichel genannt. (Becherhülle durch Verwachsung mehrerer Schuppen gebildet, ungetheilt.)	*Fructus nux coriacea monospērma, in basi cupulā intrinsĕcus conformi, extrinsĕcus imbricatosquamōsā, fulta, quae glans dicitur. (Cupŭla ex squamis pluribus coalescentibus formata, integra.)*

Je nachdem die Blätter bald nach der Vegetationsperiode abfallen *(folia decidŭa)*, oder dieselbe überdauern *(folia perennantia)* theilt man die Eichenarten ab. *Folia decidŭa* finden wir bei *Quercus sessĭliflōra Smith, Q. pedunculata Ehrh., Q. Cerris*, dagegen

<table>
<tr><td>Fig. 814.</td><td>Fig. 815.</td><td>Fig. 816.</td></tr>
</table>

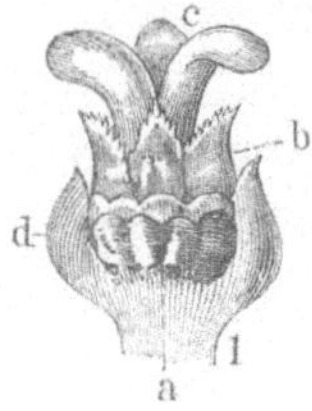 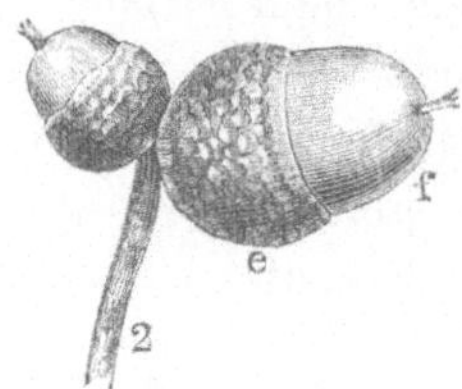 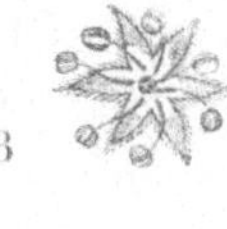

Quercus. 1. weibliche Blüthe (12-14 f. L.-Vergr.). *a* Die Anlage zur Cupula, *b* Perigonblätter, *c* Narben, *d* Deckblatt. — 2. Früchte von *Quercus pedunculata.* e *Cupula*, f *glans*. — 3. Männliche Blüthe derselben Art (vergr.).

folia perennantia bei *Q. Aegĭlops, Q. infectoria, Q. Suber, Q. tinctoria, Q. coccifĕra.* Die beiden ersten Arten mit abfallenden Blättern sind unter mehreren anderen bei uns heimischen Arten die bemerkenswerthesten. Nach *Linné* waren sie nur Abarten der Art *Quercus Robur.*

Quercus sessĭliflōra Smith.	*Quercus pedunculāta* Ehrhart.
Q. Robur β L. Steineiche.	*Q. Robur α L.* Stieleiche.
Blätter g e s t i e l t, verkehrt-eiförmig länglich, gebuchtet, am Grunde k e i l f ö r m i g, unterhalb flaumhaarig, zuletzt kahl, mit abgerundet-stumpfen Lappen.	Blätter f a s t s i t z e n d, verkehrt-eiförmig länglich, gebuchtet, am Grunde h e r z f ö r m i g, stets kahl, mit abgerundet-stumpfen Lappen.
Früchte fast s i t z e n d, elliptisch-länglich. Schuppen der Becherhülle angedrückt.	Früchte g e s t i e l t, länglich. Schuppen der Becherhülle angedrückt.
Folia p e t i o l a t a, obovato-oblonga, sinuata, in basi cuneata, subtus puberula, tandem glabra, lobis rotundato-obtusis.	*Folia s u b s e s s i l i a, obovato-oblonga, sinuata, in basi cordata, semper glabra, lobis rotundato-obtusis.*
Fructus s u b s e s s ĭ l e s, elliptico-oblongi, squamis cupulae adpressis.	*Fructus p e d u n c u l a t i oblongi, squamis cupulae adpressis.*

Von beiden Arten werden die Rinde der jungen Aeste als E i c h e n r i n d e *(Cortex Quercūs)*, welche circa 10 Proc. Gerbstoff enthält, ferner die von den Becherhüllen befreiten Früchte, Eicheln *(Glandes Quercus)* gesammelt. Die von dem Fruchtgehäuse befreiten Samen geben geröstet den Eichelkaffee *(Glandes Quercus tostae)*. Sie enthalten etwas fettes Oel, circa 7 Proc. Gerbstoff, viel Stärkemehl, Zucker. Letzterer entspricht einigermaassen dem Mannit und wurde von *Dessaigne* Quercit genannt. Einen krystallisirbaren Bitterstoff aus der Rinde nannte *Gerber* Quercine.

In Folge des Stiches von einer Art *Cynips Quercus* in die jungen Früchte beider Eichenarten entstehen galläpfelartige Auswüchse, Knoppern, welche wegen ihres Gerbsäuregehaltes technische Anwendung finden. Hier möge die Bemerkung Platz finden, dass nur die Gerbsäure der Rinde die Fähigkeit besitzt Thierhaut *(corium)* in Leder zu verwandeln, weil diese Säure kein Glukosid ist und sich durch Gährung nicht in andere Producte spaltet. Die in den Galläpfeln und Knoppern enthaltene Gerbsäure ist ein Glukosid, gerbt daher nicht und spaltet sich durch Gährung in Gallussäure und Zucker (Glukose).

Quercus Aegilops, Ziegenbarteiche, im südl. Europa und der Levante, unterschieden durch weichstachelspitzige Blattlappen und sehr grosse Becherhüllen mit abstehenden Schuppen, ferner *Quercus infectoria* Oliv., Galläpfeleiche, in Syrien und Kleinasien, *Quercus Aesculus* und andere verwandte Arten geben die Galläpfel *(Gallae)*. Diese sind Auswüchse auf den Blättern in Folge des Stiches der Gallwespe *(Cynips Gallae tinctoriae* Oliv. s. *Diplolepis Gallae tinctoriae* Fab.). Die sogenannten Japanischen und Chinesischen Galläpfel sind Auswüchse in Folge des Stiches von *Aphis*-Arten auf *Rhus semialata* etc. Die Galläpfel enthalten 50 bis 75 Proc. Galläpfelsäure *(Acidum tannicum)*.

Quercus Suber, Korkeiche, Pantoffelholzbaum, in Südeuropa und Nordafrika einheimisch, zeichnet sich durch eine rissigschwammige Rinde *(cortex rimoso-fungosus)* aus, welche das Korkholz bildet und woraus die Korkstopfen *(suberes)* geschnitten werden.

Auf *Quercus coccifera*, Kermeseiche, im südlichen Europa und im Orient, lebt die Kermes-Schildlaus (*Coccus Ilicis* Fabr.), welche getrocknet als Kermesbeeren *(Grana Chermes)* in den Handel kommen und wegen ihres rothen Farbstoffes Anwendung finden (z. B. zum *Syrupus kermesinus*).

Quercus tinctoria, Quercitroneiche, in Nord-Amerika, liefert in ihrer Rinde das Quercitron *(Cortex Quercus tinctoriae)*, welches zum Gelbfärben verwendet wird.

Die Gattungen *Fagus* und *Castanea* unterscheiden sich von *Quercus* durch 2- bis 3-blüthige Becherhüllen und Nüsse, welche von einer 4-klappigen igelstachligen Hülle eingeschlossen sind, *Fagus* durch kugelige Kätzchen und 3-schneidige Nüsschen, *Castanĕa* durch Aehren bildende Kätzchen. Letztere hat späte Blüthen *(flores serotĭni)*, d. h. die Blüthen erscheinen erst nach der Entwickelung der Blätter.

Fagus silvatĭca, Rothbuche, gemeine Buche, liefert in ihren ölreichen Nüsschen die Bucheckern *(Nuces Fagi)*. Die Nüsse der *Castanea vesca* Gaertn. *s. sativa* Mill. (*Fagus Castanea* L.), echte Kastanie, sind die sogenannten Maronen oder echten Kastanien. Letzterer Baum ist im südlichen Europa einheimisch und wird daselbst, auch im südlichen Deutschland, viel cultivirt.

II. *Corylineae,* Haselartige; männliche Blüthen nackt, von einer Bractee unterstützt, mit 1-fächrigen, an der Spitze bebärteten Antheren; jede einzelne weibliche Blüthe von einer Hülle umgeben; Fruchtknotenfächer 1-eiig; *(flores masculi nudi, bracteā fulti, anthēris unilocularibus, in apĭce barbatis; loculi germinis uniovulati)*. Hierher gehören z. B. *Corўlus* und *Carpīnus*.

Corўlus ist charakterisirt durch eine glatte, von einer blattartigen 2-lappigen zerrissenen Becherhülle umgebene Nuss, *Carpīnus* durch eine gerippte, von einer 3-spaltigen, eine falsche Becherhülle bildenden Bractee halbumfasste Nuss *(nux bractĕa trifĭda semiamplexa)*.

Corўlus Avellāna, Haselstrauch, hat frühzeitige Blüthen *(flores praecŏces)*, d. h. die

Fig. 817.

Fig. 818.

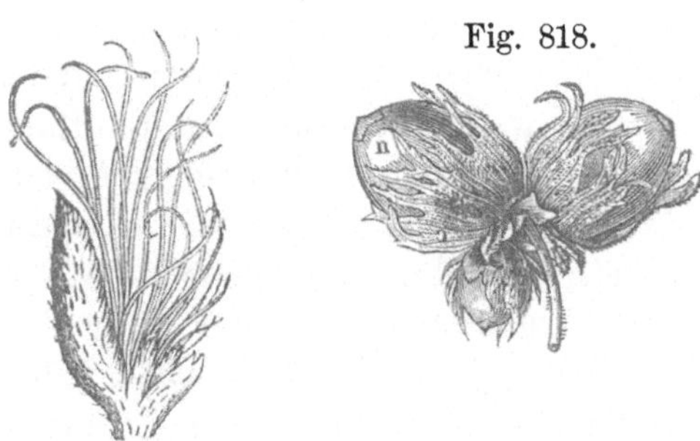

Corўlus Avellāna.

Weiblicher Blüthenstand (8 fache L.-Vergr.). Früchte. n *nux*, c *cupula.* (Nat. Gr.)

Fig. 819.

Blüthenstand der Hainbuche (*Carpīnus Betŭlus*). *a* Kätzchen mit weiblichen, *b* mit männlichen Blüthen, *cd* männliche Blüthen, *e* weibliche Blüthe.

Blüthen erscheinen vor den Blättern. Aestchen und Blattstiele sind mit drüsentragenden kleinen Borsten besetzt; die Hülle an der Frucht ist glockenförmig, zweilappig und an der Spitze abstehend und zerrissen-gezähnt; *(ramŭli et petiŏli setŭlis glandulifĕris obsĭti; involucrum (cupula) campanulatum bilŏbum, in apĭce patŭlum, lacĕro-dentatum).* ♄ *(frutex).*

Carpīnus Betŭlus, Weissbuche, Hainbuche, hat gleichzeitige Blüthen *(flores coaetanĕi)*, d. h. die Blüthen erscheinen zugleich mit den Blättern. Die Becherhüllen sind 3-spaltig mit einem mittleren verlängerten lancettlichen Lappen. ♃ *(arbor).*

Bemerkungen. *Juliflŏrus, a, um*, in Kätzchen blühend; *julus* (griech. *ἴουλος*) Milchhaar, Korngarbe, in der Botanik Zapfenkätzchen. — *Cupa, cupŭla*, Kufe, kleine Kufe. — *Aegilops* von *αἴξ, αἰγός* (aix, aigos), Ziege, und *λώψ* oder *λώπη* (lōps oder lopä), Mantel, Hülle. — *Diplolĕpis* (Doppelschuppe), von *διπλόος* (diploos), doppelt, und *λεπίς* (lepis), Schuppe.

Lection 139.

Betulaceen. Urticaceen.

Andere Familien aus der *Endl.* Klasse *Juliflŏrae* und auch gleichzeitig Monochlamideen sind *Betulineae s. Betulaceae* (Birkenartige), *Urticaceae* (Nesseln), *Salicineae s. Salicaceae* (Weidenartige).

Die in der vorigen Lection behandelte Cupuliferenfamilie, wie auch die Juglandaceen sind diclinische Gewächse, d. h. solche, deren Blüthen sich getrennt als männliche und weibliche entwickeln, welche beiden überdies keine Aehnlichkeit mit einander haben. Der Fruchtknoten ist ein unterständiger *(germen infĕrum).* Die am Eingange dieser Lection genannten Familien weichen von ihnen nur dadurch ab, dass ihr Fruchtknoten gemeiniglich ein oberständiger *(germen supĕrum)* ist.

Vergleichen wir die *Betulaceae* mit den Cupuliferen, so finden wir, dass sowohl die männlichen wie die weiblichen Blüthen zu Kätzchen gruppirt sind *(flores monoeci amentacei).* Das männl. Kätzchen wird aus je 3 Blüthen stützenden schildförmigen Bracteen gebildet, und jede Blüthe, welche überdies 4-männig ist, wird (bei *Alnus*) wiederum von einer Neben-Bractee oder einem 4-theiligen Perigon getragen. Wie der männliche Blüthenstand so hat auch das weibl. Kätzchen Bracteen doppelter Art. Gattungen sind *Alnus, Betŭla.*

Alnus hat männliche Blüthen mit 4-theiligem Perigon. Die Hauptbracteen *(bracteae primariae)* des weiblichen Kätzchens sind 2-blüthig und werden holzig. Die Nuss ist zusammengedrückt und ungeflügelt *(nux compressa aptĕra)*. Art: *Alnus glutinōsa*, Erle, Eller, Else ♃. Die Rinde ist gerbstoffhaltig.

Fruchtkätzchen der Erle
(*Alnus glutinōsa*).

Betula hat männliche Blüthen mit 1 Bractee, und paarweise verwachsene Staubfäden. Die Hauptbracteen des weiblichen Kätzchens wachsen zwar lederartig aus, fallen aber ab. Die Nuss ist auf beiden Seiten geflügelt *(nux utrinque alata)*. Art: *Betŭla alba*, Birke. Aus dem Holze derselben wird durch Schwehlung Dagget *(Oleum Rusci)* bereitet; ♃.

Wichtig für die Pharmakognosie ist die Familie der Nesseln, *Urticaceae*. *Jussieu* nahm in diese Familie mehrere unter sich stark divergirende Gruppen auf, welche andere Botaniker als besondere Familien unterschieden, die aber folgende gemeinsame Merkmale darbieten: ein unterständiges Perigon, demselben aufsitzende Staubgefässe, welche, von der Zahl der Zipfel des Perigons, diesen Zipfeln gegenüberstehen, meist diclinische Blüthen, ein 1-fächriger, 1-eiiger Fruchtknoten und eine Karyopse.

Urticaceae Jussieu.

Bäume, Sträucher, Kräuter, gegenständige und zerstreute Blätter, meist mit Nebenblättern.	*Arbores, frutices, herbae, foliis oppositis vel sparsis, plerumque stipulatis.*
Blüthen häufiger 2-bettig, mit unterständigem, oft 4-theiligem Perigon.	*Flores saepius diclīni, perigonio infĕro, saepe quadripartito.*
Staubgefässe dem untersten Theile des Perigons eingefügt, soviel als Perigonzipfel, diesen gegenständig.	*Stamina parti imae perigonii inserta, tot quot laciniae perigonii, iisdem opposita.*
Pistill mit 1 oder 2 Griffeln und einem 1-fächrigen, 1-eiigen Fruchtknoten. Eichen aufrecht oder hängend.	*Pistillum stylis binis vel singulis, germĭne uniloculari, uniovulato. Ovulum erectum vel pendulum.*
Frucht eine Karyopse, oft von dem vermehrten Perigon ein-	*Fructus caryopsis, saepe perigonio aucto inclusus; embryo nunquam*

geschlossen, nicht mit peri-   *periphericus; radicula semper*
pherischem Embryo. Wür-   *supera.*
zelchen stest nach der Fruchtspitze gerichtet.

Die Unterordnungen lassen sich in solche schichten, deren
Samen einen Eiweisskörper enthält *(Urticeae, Moreae)*, und in
solche, welchen der Eiweisskörper im Samen fehlt *(Artocarpeae,
Ulmaceae, Cannabineae)*.

*Urticaceae-***Moreae.** *Arbores et frutices plerumque lactescentes;
flores dioeci, in capitula v. spicas v. amenta compositi; stamina introrsus curvata, postremum elastice resilientia* (zurückspringend);
*caryopses receptaculo vel perigonio demum excrescenti carnosoque in-
clusae; ovulum pendulum; embryo curvatus in axi albuminis.* Dazu
zählen die Gattungen
Dorstenia. Ficus. Uro-
stigma, Morus.

Ficus ist durch ihren
gemeinschaftlichen flei-
schigen hohlen, an seiner
Spitze offnen und nur
durch Schuppen geschlos-
senen Fruchtboden *(coe-
nanthium)* ausgezeichnet,
dessen innerer Höhlen-
wandung männliche und
weibliche Blüthen auf-
sitzen. Als Mutterpflanze
der Feigen *(Caricae)*
wird gewöhnlich *Ficus*

Fig. 821.

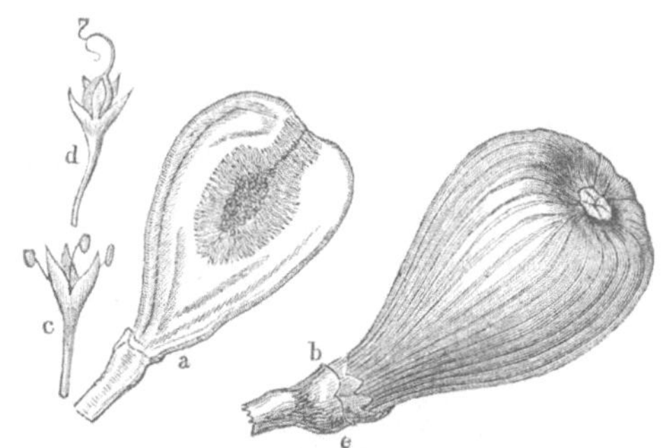

Ficus Carica. a Der gemeinschaftliche Fruchtboden. Verticaldurchschnitt, um die Höhlung mit den Blüthen zu
zeigen; *b* derselbe zur Frucht gereift (nat. Gr.); *c* männliche, *d* weibliche Blüthe, beide vergrössert.

Carica angegeben, doch werden in den Ländern um das mittelländische Meer eine grosse Zahl Arten und Abarten cultivirt,
welche die Feigen des Handels liefern.

Urostigma elasticum Miq. (*Ficus elastica* Roxb., Gummibaum),
ein Baum in Ostindien, liefert Kautschuk *(Resina elastica)*, *Urostigma Tjiela* Miq., auch in Ostindien, in Folge des Stiches von
Coccus Lacca den Gummilack *(Resina Lacca, Lacca in granis)*,
welcher einen rothen Farbstoff enthält und woraus auch ·der
Schellack *(Lacca in tabulis)* bereitet wird.

Bei *Morus* (Maulbeerbaum) stehen die monöcischen Blüthen
dicht in Köpfen zusammen *(flores dense capitati)*. Durch fleischiges Auswachsen der 4-theiligen Perigone, welche die Nüss-

Fig. 822.

Männliche Blüthe des Maulbeerbaumes(*Morus*). Viertheiliges Perigon; die Staubgefässe stehen den Zipfeln des Perigons gegenüber. Etwas vergrössert.

Fig. 823.

Zusammengesetzte Frucht, Maulbeere (*Morus nigra*).

chen einschliessen, ist die Frucht eine Scheinbeere. Bei uns werden *Morus alba* und *Morus nigra* gezogen. Letztere liefert die schwarzen Maulbeeren *(Mora nigra)*.

Urticaceae- **Urticeae** (oder *Urticeae genuīnae). Flores polygămi vel diclĭni; stamina q u a t e r n a, introrsum c u r v a t a, postremum elastice resilientia, stigma p e n i c i l l i f o r m e* (pinselförmig); *ovulum erectum orthotrŏpum; embryo rectus axilis (in axi albuminis).* Dazu die Gattungen *Urtĭca, Parietaria.*

Urtĭca. Perigon 4-theilig; die 2 inneren Zipfel des Perigons der weiblichen Blüthe. wachsen zuletzt aus nnd bedecken die Frucht; *(perigonium quadripartitum, laciniis perigonii floris feminei binis interioribus, tandem excrescentibus et fructum obtegentibus).*

Urtĭca dioica (grosse Brennnessel) unterscheidet sich durch diöcische Blüthen und herzförmige grob-gesägte Blätter, *Urtica urens* (kleine Brennnessel) durch monöcische Blüthen und rhombische eingeschnitten-gesägte Blätter. Die Blätter beider Arten sind mit Brennborsten *(setae urentes; stimŭli)* besetzt. Vergl. S. 51.

*Urtĭcaceae-***Cannabineae**. *Herbae annuae vel perennes; flores dioici, feminei bractĕā foliaceā plus minusve involuti; perigonium maris pentaphyllum; stamina q u i n a brevia r e c t a; perigonium feminae tenuissime membranaceum, germen arcte obvestiens; stigmata bina f i l i f o r m i a: semen pendulum, embryone curvato aut spirali.* Dazu die Gattungen *Cannăbis, Humŭlus. (Dioecia Pentandria.)*

Cannăbis, ursprünglich aus Persien und Ostindien kommend; weibliche Blüthe von einer am Grunde bauchigen, vorn gespaltenen Scheide umhüllt; Nüsschen glatt, von der vermehrten Scheide bedeckt, 2-klappig, aber nicht aufspringend; Embryo gekrümmt.

C a n n a b i s: flos femineus spathā in basi ventricosā, antĭce fissā, involutus; nucula laevis spathā auctā illā obtecta, bivalvis, sed non dehiscens; embryo curvatus.

Cannăbis satīva, Hanf, überall angebaut, hat einen aufrechten rauh-scharfen Stengel mit oberen zerstreuten und unteren gegenständigen, gefingerten Blättern, lancettlichen gesägten Blättchen und traubenständigen männl. Blüthen. *(Caule erecto hirto-scabro, foliis superioribus sparsis, inferioribus opposĭtis, digitatis, foliolis lanceolatis serratis, floribus masc. racemosis.)* Die von der Scheide befreiten Früchte sind als Hanfsamen *(Fructus Cannăbis)*, und die blühenden Spitzen der in Indien und Afrika wachsenden weiblichen Art als indischer Hanf, Haschisch *(Herba Cannăbis Indicae)*, officinell. Letztere Drogue hat eine dem Opium ähnliche Wirkung und wird von den Orientalen als Berauschungsmittel benutzt. Wahrscheinlich brauten die alten Griechen daraus ihren köstlichen Trank *Nepenthes*. Die Faser des Hanfes ist bekanntlich sehr zähe und wird zur Fabrikation von Stricken, Seilen, Geweben verwendet.

Humŭlus. Die in Kätzchen stehenden weiblichen Blüthen bestehen aus ziegeldachartig gestellten Hauptbracteen mit je 2 Blüthen, und jede Blüthe ist wiederum von einer kleineren Nebenbractee, welche den Fruchtknoten am Grunde umfasst, unterstützt. Männl. Blüthen in Rispen. Nüsschen linsenförmig; Embryo spiralig; *(floribus fem. amentaceis, bractĕis primariis imbricatis, bifloris, floribus singulis bracteā secundariā minore, basin germinis amplectente, fultis. Flores dioeci, masculi paniculati. Nuculae lenticulares. Embryo spiralis).*

Fig. 824.

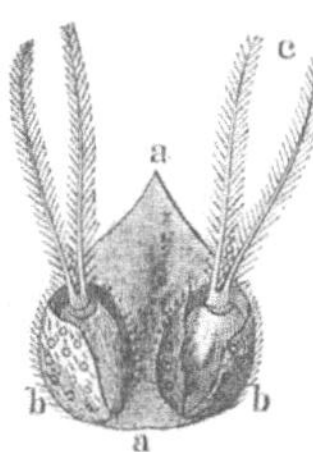

Eine Hauptbractee aus der weibl. Blüthenähre des Hopfens. a *Bractea primaria;* b *bractea secundaria;* c *stigmata bina elongata.* Vergr.

Fig. 825.

Weibliche Blüthenähre des Hopfens (vergr.).

Fig. 826.

Amentum fructiferum von *Humulus Lupulus.*

Humŭlus Lupŭlus, Hopfen, kommt bei uns wild vor und wird cultivirt. Stengel rechts windend, rauh; Blätter gegenüberstehend, obere zerstreut, 3—5-lappig, am Grunde herzförmig, scharf; *caulis dextrorsum* (nach *Linné*, der das Rechts und Links des Beobachters auf die Windung übertrug: *sinistrorsum) volubilis, asper; folia opposita, superiora sparsa, tri- vel quinque-lŏba, saepe integra, in basi cordata, scabra.* Officinell sind die Fruchtzapfen *(Strobĭli Lupŭli)* und die auf den Nebenbracteen sitzenden Oeldrüsen, gewöhnlich Lupuline *(Glandŭlae Lupŭli)* genannt.

Urticaceae-**Artocarpeae** (Brotbaumfrüchtige) sind *Artocarpus incĭsa L. fil.*, Brotbaum, auf den Südseeinseln, dessen geröstete

Frucht den Eingeborenen unser Brot ersetzt, ferner *Antiaris toxicaria* Lesch., auf den Inseln des ostind. Archipels, deren Milchsaft das Pfeilgift *Upas Antjar* darstellt; *Galactodendron utile* Kunth, Milchbaum, in Caracas, dessen Milchsaft genossen wird.

*Urticaceae - **Ulmaceae,*** Rüster- oder Ulmengewächse, sind durch Zwitterblüthen mit Perigon, eine geflügelte Frucht,

Fig. 827.

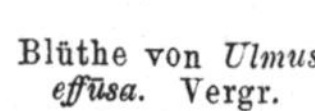

Blüthe von *Ulmus effusa*. Vergr.

Fig. 828.

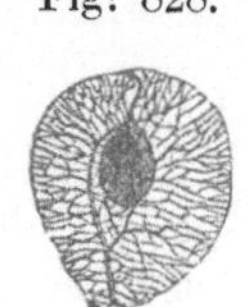

Ulmus campestris. Fructus peripterigius s. circumalatus.

und geraden Embryo von den anderen Unterfamilien unterschieden. Von der Gattung *Ulmus*, mit glockenförmigem Perigon, nach aussen gewendeten Antheren und ringsumflügelter Frucht, geben die Arten *U. campestris* (Feldrüster), mit fast sitzenden Blüthen, und *U. effusa* (schwarze Rüster), mit langgestielten Blüthen, die innere Ulmenrinde *(Cortex Ulmi interior)*, ein wenig Gerbsäure enthaltendes Medicament.

Bemerkungen. *Urostigma* (Narbenschwanz); ὀυρά (ura), Schwanz, und *stigma*, wegen des *stigma caudatum* der Blüthe. — *Artocārpus* (Brotfrucht); ἄρτος (artos), Brot, καρπός, Frucht.

Lection 140.

Salicineen.   Piperaceen.

Die Familie der Weidenartigen, *Salicaceae s. Salicinae*, gehört wie die Cupuliferen, Urticeen, Betulaceen etc. zu der *Endl.* Klasse *Juliflōrae* (Kätzchenblüthige). Sie zeichnen sich durch einen besonders in der Rinde vorhandenen Gehalt an Gerbsäure und an glukosidischen Bitterstoffen, Salicine in der Weide und Populine neben Salicine in der Pappel, aus.

Salicaceae.

Bäume oder Sträucher mit zerstreuten einfachen Blättern u. oft abfallenden Nebenblättern.	*Arbores v. frutices foliis sparsis, simplicibus, stipulatis, saepe stipulis deciduis.*
Blüthenkätzchen entweder frühzeitig oder gleichzeitig, mit 1-blüthigen Deckblättern.	*Amenta vel ante folia (praecocia) vel unā cum foliis (coaetanea) provenientia; bractĕis unifloris.*

Blüthen zweihäusig, nackt, entweder mit 1 oder 2 Drüsen oder mit einer schief abgestutzten krugförmigen Scheibe versehen. Männl. Blüthe mit 2 od. mehreren Staubgefässen, weibl. mit einem sehr kurzen Griffel, 2 Narben, einem 1-fächerigen, vieleiigen Fruchtknoten. Eichen im Grunde des Faches zweien wandständigen Samenträgern angeheftet.

Flores dioeci, nudi, aut glandulis singulis vel binis aut disco urceolato, oblique truncato, instructi. Mas: stamina bina vel plura. Fem. stylo brevissimo, stigmatibus binis, germine uniloculari multiovulato. Ovula in fundo loculi spermophoris binis parietalibus (ad basin carpophyllorum adnatis) affixa.

Frucht eine 1-fächerige, 2-klappige, mehrsamige Kapsel.

Fructus capsula unilocularis bivalvis pleiosperma.

Samen sehr klein, eiweisslos, am Grunde haarig geschopft. Embryo gerade, mit nach dem Nabel gewendetem und nach der Fruchtbasis gerichtetem Würzelchen.

Semina minima, exalbuminosa, basi pilis comata. Embryo rectus, radiculā hilum spectante et inferā.

Dazu die Gattungen *Salix* (Weide) und *Populus* (Pappel). *Salix* hat ungetheilte Bracteen, meist 2 Staubgefässe, entweder zwischen 2 Drüsen oder zwischen einer Drüse und der Bractee angeheftet.

Populus hat geschlitzte und gestielte Bracteen, und in der männl. und weibl. Blüthe die oben erwähnte krugförmige, schief abgestutzte Scheibe, welche dem Bracteenstiel aufsitzt, ferner 8 und mehr Staubgefässe.

Salix dignoscitur: bractēis intĕgris, staminibus plerumque binis, aut inter glandulas binas (vel glandŭlam duplĭcem), aut inter glandulam solitariam et brāctĕam affixis, germĭne plerumque stipitato, inter glandulam et brāctĕam inserto.

Populus diffĕrt: bracteis stipitatis lacĕris, in floribus et masculis et femineis disco urceolato, oblique truncato, stipĭti bractĕae insidente, staminibus octonis vel multis.

Die Weiden unterscheidet man vom pharmakologischen Standpunkte aus als:

1. *Salĭces fragĭles,* mit grünlichweissem, bräunlichem Bast und vorwaltendem Gerbstoff; Arten: *Salix fragĭlis* (Bruchweide), *S. pentandra* (Lorbeerweide), *S. alba* (weisse Weide).

2. *Salĭces purpurĕae.* mit goldgelbem Baste und vorwaltendem Salicinegehalt; Art: *Salix purpurea* (Purpurweide), *S. rubra Huds.*

Der Botaniker scheidet die Weiden je nach dem Vorhandensein nur einer oder zweier Drüsen, nach der Dauer und Hinfälligkeit der Bracteen der weibl. Blüthe, nach der gleichen Farbe oder der Verschiedenfarbigkeit der Bracteen etc.

Salix fragilis und *S. pentandra* geben hauptsächlich Weidenrinde (*Cortex Salicis*).

Die *Populus*-Arten schichtet man je nachdem die Aestchen rauchhaarig (*ramuli hirti*) oder kahl sind, oder nur 8 oder 12—30 Staubgefässe vorhanden sind.

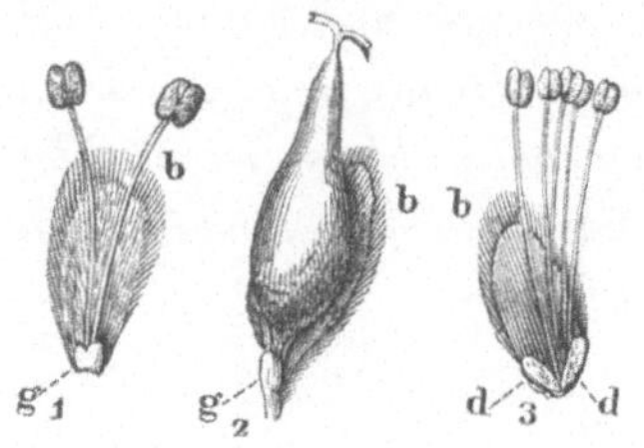

Fig. 829.

1. 2. *Salix fragilis.* 1. männl., 2. weibliche Blüthe, *g* Drüschen, *b* Deckblatt, 3. männl. Blüthe von *Salix pentandra*, *dd* Doppeldrüse.

Rauchhaarige Aestchen, gewimperte Bracteen und 8 Staubgefässe haben z. B. *Popŭlus alba* (Silberpappel), *P. tremŭla* (Zitterpappel); kahle Aestchen und Bracteen und 12—30 Staubgefässe haben z. B. *P. pyramidālis Rozier* (Lombardische oder Pyramidenpappel), *P. nigra* (Schwarzpappel), *P. balsămifĕra* (Balsampappel). Die beiden letzten Arten geben die von balsamischem Harze strotzenden Pappelknospen (*Gemmae Popŭli*).

Den Kätzchenblüthigen verwandt sind die Piperaceen, *Piperaceae*, dennoch verlegte sie *Endlicher* in die Klasse der *Piperītae* (Pfeffergewächse, Cohorte *Apetălae*).

Fig. 830.

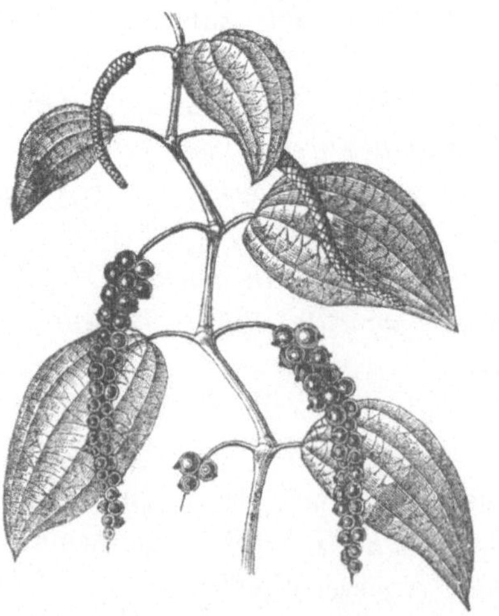

Die Pfeffergewächsartigen, *Piperaceae*, sind in den heissen Zonen der alten und neuen Welt zu Hause. Sie enthalten flüchtiges Oel, scharfes Weichharz und viele (wie *Piper*) ein Alkaloïd, Piperin genannt, besonders in den Früchten, welches für sich geschmacklos ist, in weingeistiger Lösung aber pfefferartig schmeckt. Sie haben nackte, einem Kolben *(spadix)* aufgesetzte diclinische od. Zwitterblüthen mit einfachen 1-blüthigen Bracteen.

Piper nigrum. Ein Zweig mit den gegenblattständigen kolbenartigen Fruchtständen (*spadices*). $^1\!/_2$ L.-Vergr.

Der Fruchtknoten ist sitzend, 1-fächerig, 1-eiig, aufrecht, der Samen mit Eiweisskörper, der Embryo spitzenständig, vom Endosperm eingeschlossen.

Unter den Piperaceen liefert das strauchartige *Piper nigrum,* in Ostindien, in seinen von der Aussen- und Mittelschicht des Fruchtgehäuses befreiten unreifen Samen den **schwarzen Pfeffer** *(Piper nigrum)*, in seinen reifen Samen den **weissen Pfeffer** *(Piper album), Chavica officinarum* Miq., auf den Molukken, in ihren kolbenartigen Fruchtständen den **langen** oder **Fliegen-Pfeffer** *(Piper longum)*.

Cubēba officinālis Miq. *(Piper Cubēba L.)*, ein Strauch auf Java, giebt in ihren Steinfrüchten *(drupae)* mit stielförmig verlängerter Basis die **Cubeben** *(Cubēbae)*. Diese enthalten Cubebensäure, Cubebine und verschiedene Harze.

Fig. 831.

Getrocknete Frucht von *Cubēba officinalis* Miq.

Artanthe elongāta Miq. *(Piper angustifolium)*, ein Strauch Peru's. giebt **Matico** *(Folia Matico)*.

Bemerkung. *Artanthe,* verdeutscht Brotblume, ἄρτος, Brot, ἄνϑη, Blume.

Lection 141.

Aristolochien. Euphorbiaceen.

Die **Osterluzeiartigen,** *Aristolochiaceae,* sind Monochlamydeen. *Endlicher* verlegte sie in die Klasse *Serpentariae* (Schlangenwurzartige), Cohorte *Apetālae.* Unterscheidende Merkmale sind: Zwitterblüthen, epigynisches, dem Fruchtknoten gerade oder schief aufgesetztes, regelmässiges oder unregelmässiges Perigon, säulenförmiger Griffel mit strahliger Narbe, unterständiger, gewöhnlich unvollständig 6-fächriger Fruchtknoten mit wandständigen scheidewandartigen, in der Mitte getrennten Samenträgern. Gattungen sind *Aristolochia, Asārum.*

Aristolochīa, kenntlich an dem unregelmässigen, röhrigen, schiefsaumigen *(limbo oblīquo)*, am Grunde bauchigen Perigon, den 6 Staubgefässen, deren Filamente mit dem Griffel zu einer kurzen Säule verwachsen sind, mit wirtelförmig angehefteten Antheren *(anthērae verticillatim affixae)*. Arten meist Stauden (♃).

Aristolochia Clematītis, im mittleren Europa, gab die früher officinelle Osterluzeiwurzel *(Rhizōma Aristolochiae vulgaris)*, *Aristolochia pallĭda Waldst. & Kit.* und *A. longa*, beide im südl. Europa, gaben *Tubĕra Aristolochiae rotundae et longae)*.

Fig. 832.

Fig. 833.

Pistill von *Aristolochia Clematītis.* *Filamenta cum stylo ad columnam connāta.*

Aristolochia Clematītis. Flores axillares fasciculati. Folia reniformi-cordata.

Aristolochĭa Serpentarĭa L., ein Staudengewächs Nord-Amerikas, mit S-förmig gekrümmtem Perigon und zurückgebogener Saumlippe, liefert die virginische Schlangenwurz *(Radix Serpentariae)* von kampferartigem Geruch und scharfem Geschmack.

Asărum unterscheidet sich von der vorigen Gattung durch ein regelmässiges lederartiges ausdauerndes 3-theiliges Perigon mit 12 freien, einer epigynischen Scheibe aufgesetzten Staubgefässen, mit über den Antherenfächern verlängertem pfriemförmigen Connectiv. (*Dodecandria Monogynia* Cl. XI., Ord. 1.)

Fig. 834.

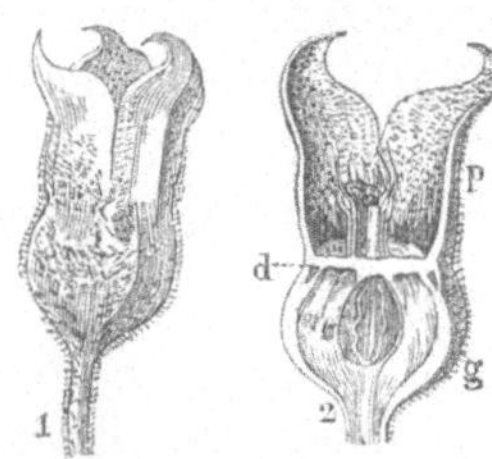

Asărum Europaeum. 1. Blüthe. 2. Verticaldurchschnitt derselben. p *Perigonĭum epigўnum, persistens tripartītum,* g *germen inferum. Stamina disco epigyno* (d) *inserta.*

Asărum Europaeum, Haselwurz. im mittleren Europa heimisches Staudengewächs mit gabelästigem Rhizom, dessen Aeste aufsteigen, am Grunde schuppig, an der Spitze immer zweiblättrig sind. Blätter stehen zu 2 und sind nierenförmig und stumpf. Die Perigonblätter sind an der Spitze eingebogen. Giebt *Rhizōma Asări*, Haselwurz.

Eine wichtige Familie der Monochlamydeen bilden die Wolfs-milchartigen. *Euphorbiaceae*, welche *Endlicher* wegen ihrer 3-knöpfigen (nur selten 2-knöpfigen) Früchte in die Klasse *Tricoccae* (Cohorte *Dialypetalae*) verlegte. Man findet ihre Gattungen und Arten, welche sich durch einen sehr scharfen, meist giftigen Milchsaft auszeichnen, über alle Theile der Erde verbreitet. Die Samen der meisten Arten enthalten ein mildes fettes Oel. nur wenige, wie *Tiglium*, ein äusserst scharfes drastisches und die thierische Haut reizendes Oel.

Euphorbiaceae.

Bäume, Sträucher und Kräuter. oft Milchsaft führend: Stamm bisweilen fleischig und cactus-artig. Blätter meist mit Nebenblättern.	*Arbores, frutices, herbae saepe lactescentes. interdum caudice carnoso cactiformi, foliis plerumque stipulatis.*
Blüthen diclinisch, mit Bracteen. Perigon unterständig oder fehlend.	*Flores diclini, bracteati, perigonio hypogўno vel nullo.*
Staubgefässe mit 2-knöpfigen Antheren und freien oder verwachsenen Filamenten.	*Stamina anthēris dicoccis, filamentis liberis vel coalitis.*
Pistill. Fruchtknoten sitzend oder gestielt, gewöhnlich 3-fächerig, in jedem Fache mit 1 oder 2 hängenden Eichen; Narben öfters getheilt.	*Pistillum germine sessĭli, raro stipitato, plerumque triloculari, ovulis pendulis, singulis vel binis in loculis singulis; stigmatibus saepius partītis.*
Frucht eine gewöhnlich 3-knöpfige Kapsel: Knöpfchen elastisch 2-klappig aufspringend. meist von einer bleibenden Mittelsäule zurückschnellend.	*Fructus capsula plerumque tricocca, coccis elastice bivalvibus, plerumque a columna centrali persistente resilientibus.*
Samen hängend. durch einen grossen Aussenmund (warzenförmigen Samenmantel *Lk.*) samenschwielig.	*Semina pendula, exostomio magno (arillo verruciformi Lk.) carunculata.*

Embryo von ölig-fleischigem Eiweiss eingeschlossen, gerade. Samenblätter flach, blattartig.

Embryo albumini oleoso-carnoso inclusus, rectus (axĭlis). Cotylĕdŏnes planae foliaceae.

Die Euphorbiaceen werden in mehrere Unterfamilien abgeschichtet, von denen nur die *Buxeae* und *Phyllantheae* 2-eiige Fruchtknotenfächer haben. Die übrigen haben 1-eiige.

1. **Euphorbiaceae** *(genuīnae)* mit einem Kelchkätzchen *(cyathium)*, und zwar männl. und weibl. Blüthen in einem glokkenförmigen Perigon. Dazu die Gattungen *Tithymālus, Euphorbia.*

Die Arten der *Euphorbia* sind meist blattlose eckige Sträucher, an den Knoten mit 2 nebenblattartigen Dornen besetzt. *Euphorbia officīnārum* (Nordafrika), *E. resīnifĕra* Bg. (auf dem Atlas), *E. Antiquōrum* (Ostindien), *E. Canariensis* (auf den Canarischen Inseln) liefern das Gummiharz *Euphorbium. (Monoecia Monandria,* Cl. XXI, Ord 1.)

Tithymālus ist unbewaffnet, mit nebenblattlosen Blättern, wirtelförmig gestellten Hüllblättern und 3- oder vielstrahligen Trugdolden mit gabelästigen Strahlen. Arten sind *T. Helioscopius, T. Cyparissias, T. Esŭla, T. Lathўris Scop.,* letztere gab die drastischen S p r i n g k ö r n e r *(Semina Cataputiae minōris). (Monoecia Monandria;* Cl. XXI, Ord. 1.)

Fig. 835.

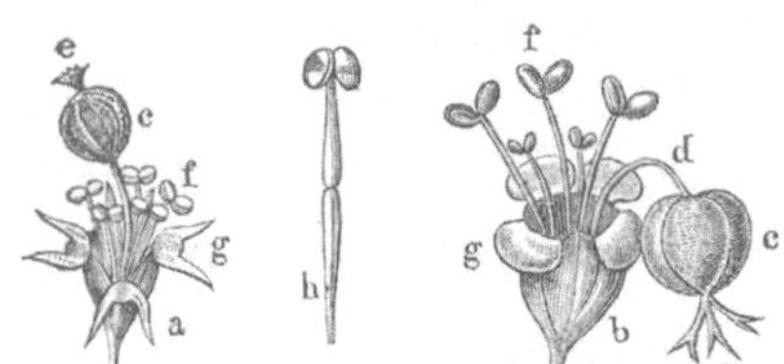

a *Tithymālus Peplus* Gaertn. *s. Euphorbia Peplus,*
b *Tithymālus helioscopius s. Euphorbia helioscopia,*
a und *b* Hülle, *g* Nectarien, *c* weibliche, *f* männliche Blüthen, *h* gestielter Staubfaden.

2. *Euphorbiaceae-***Acalypheae** mit knäuelig-ährenförmigem oder traubenartigem Blüthenstande. Hierher gehört das B i n g e l k r a u t, *Mercuriālis,* welche Gattung M e r c u r i a l i n, ein flüchtiges flüssiges giftiges Alkaloïd, enthält und in Deutschland stellenweise häufig vorkommt.

Mercuriālis hat diöcische Blüthen mit 3-theiligem Perigon, 9—12 freien Staubgefässen, sitzendem, meist 2-fächrigem Fruchtknoten, auf beiden Seiten in der Furche mit einem verkümmerten Staubfaden versehen *(germen utroque sulco stamine effoeto auctum),* mit 2 od. 3 verlängerten, oberhalb kammförmigen Narben, und meist 2-knöpfiger, nur selten 3-knöpfiger, borstenhaariger Kapsel. Gebraucht wird mitunter das frische Kraut von *Mercurialis annŭa,* mit ästigem Stengel, gegenständigen, länglichen, am Rande scharfgewimperten Blättern und kurzgestielten Kapseln ⓘ. *M. perennis* weicht ab durch ihre kriechende Ausläufer, einen sehr

einfachen Stengel, eiförmige Blätter und langestielte Kapseln. ♃.
(Dioecia Enneandria.) *Mercurialis annua* ist minder mercurialin-

Fig. 837.

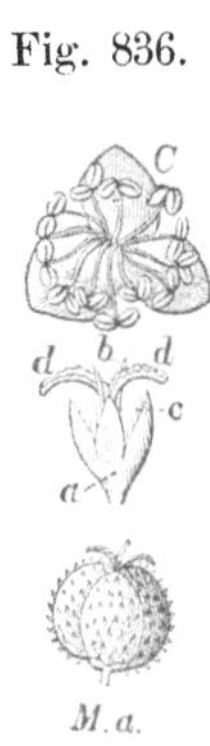

Fig. 836.

M. a.

Mercuriālis annŭa.
C. männliche Blüthe,
aufgespalten und ausge-
breitet (vergrössert). *a*
weibliche Blüthe (ver-
grössert), *a c* Perigon,
b die beiden verkümmer-
ten Staubfäden, *d d* Narben, *M. a.* eine drei-
knöpfige Kapselfrucht,
welche aber häufiger
eine zweiknöpfige (*cap-
sula dicocca*) ist.

M. a.

Mercuriālis annŭa mit männlichen Blüthen.

haltig als *Mercurialis perennis*, welche letztere eine sehr giftige
Pflanze ist.

3. *Euphorbiaceae-***Crotoneae***. Blume sehr häufig mit einer
Corolle versehen. Blüthenstand Aehrenbüschel, Trauben oder
Rispen. Dazu die Gatt. *Siphonia, Aleurĭtes, Croton, Tiglĭum, Ri-
cĭnus, Crozophŏra, Manihot, Rottlera.*

Die Gattung *Croton* hat monöcische Blüthen; männl. Blüthe
mit 5-theiligem Kelch und mit Corolle, 5 Drüsen im Grunde
der Blüthe und 10—15 freien Staubgefässen; weibl. Blüthe mit 5-thei-
ligem Kelch, 5 Blumenkronenblättern und hypogynischer 5-strahliger
Scheibe. *Croton Eluterĭa Bennet* (Bahamainseln), *C. Cascarilla
Bennet, C. lineāre Jacq.* (Antillen) liefern die bitteraromatische
Cascarille *(Cortex Cascarillae).*

Tiglĭum; weibl. Blüthe mit 5 Drüsen in Stelle der Corolle
und mit fadenförmigen Narbenlappen. *Tiglĭum officinale Kl.* (*Croton Tiglĭum* L.), ostindisches Strauchgewächs (♄), giebt *Grana s.*

Semen Tiglii, aus welchen das scharfe drastisch-wirkende Cro-
tonöl *(Oleum Crotōnis)* gepresst wird.

Fig. 838.   Fig. 839.   Fig. 840.

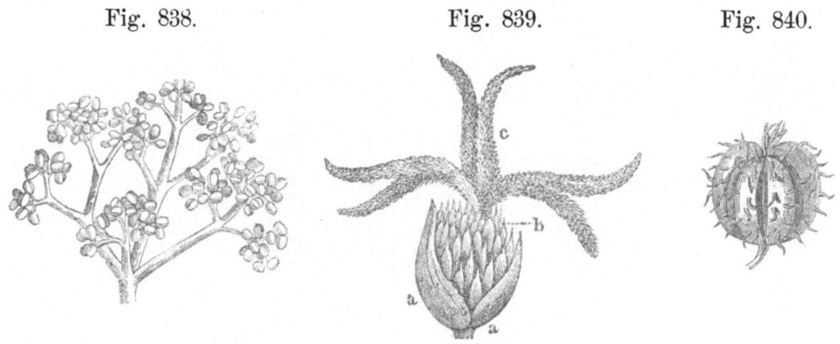

Ricĭnus communis.

Verästelung der Filamente (stark Weibliche Blüthe (4-fache Lin.-Vergr.). *Capsula echinata tri-*
vergrössert). *a* Perigon, *b* Fruchtknoten, *c* Narben. *cocca matura.*

Ricĭnus, Wunderbaum; monöcische Blüthen mit Perigon und
sehr vielen Staubgefässen, deren Filamente durch Verwachsung
vielästige Stiele bilden. *Ricĭnus communis*, ein Baum oder Strauch
aus Ostindien stammend und in warmen Gegenden angebaut,
mit zerstreuten handförmigen, schildstieligen *(peltata folia)* Blättern, mit Blattstielen, welche an der Spitze drüsig sind, purpurrothen Narben und igelstachliger oder glatter Fruchtkapsel, liefert *Semen Ricĭni s. Cataputiae majoris*, aus welchem das laxirend
wirkende Ricinusöl, auch Castoröl oder Christi-Palmöl
genannt *(Oleum Ricĭni)*, ausgepresst wird. *(Monoecia Monadelphia;*
Cl. XXI., Ord. 9.)

Manihot utilissima Pohl (Jatrŏpha Manihot L.), eine strauchartige Crotonee Brasiliens, enthält einen sehr giftigen Milchsaft
und Blausäure, dennoch wird das Stärkemehl der Wurzel durch
eigene Behandlungsweise abgesondert und frei von schädlichen
Stoffen als Nahrungsmittel (Tapiocca) in den Handel gebracht.

Siphonia elastica Pers. (in Guiana) und *S. Brasiliensis Willd.*
sind Bäume, deren Milchsaft zu Kautschuk eintrocknet. *Aleu-
rītes laccifĕra Willd.* (auf den Molukken) giebt in Folge des
Stiches der Lackschildlaus *(Coccus Lacca)* ein harzartiges Ex-
sudat, welches dieses Insekt wie eine Kapsel umgiebt und den
Gummilack, Lack *(Lacca, Gummi Lacca)*, oder geschmolzen und
in dünne Tafeln gebracht den Schellack *(Lacca in tabŭlis)* darstellt. Es enthält einen rothen Farbstoff. Vergl. auch S. 601.

Rottlĕra tinctoria Roxburgh oder *Mallotus Philippinensis Müller*
ist eine baumartige *Euphorbiacea-Crotonea* des heissen westlichen

und des südlichen Asiens. Sie hat diöcische Blüthen, sehr lange fedrige Narben und 2- bis 4-knöpfige, mit rothem Pulver (Mehle) bedeckte Kapseln.

Dieses rothe Pulver besteht aus drüsenartigen Gebilden und wird unter dem Namen Kamala, Wurus, *Camăla*, *Glandulae Rottlĕrae* als Bandwurmmittel gebraucht. Die Handelswaare besteht aus diesen rothen Drüschen untermischt mit Sternhärchen, entweder von derselben oder von der Frucht einer anderen *Rottlera* herrührend.

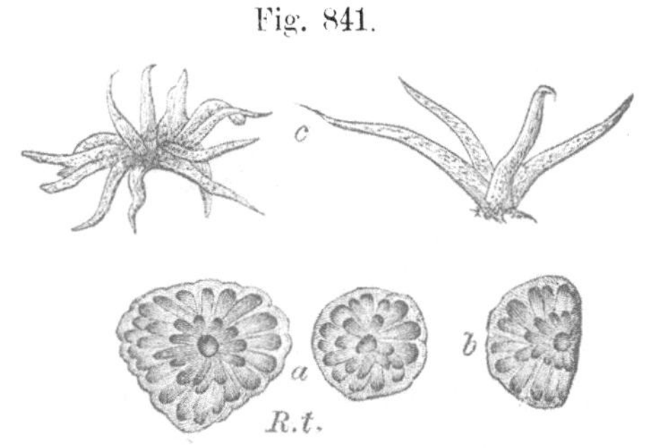

Fig. 841.

a Glandŭlae Rottlĕrae, Kamaladrüschen, *a* unter sehr verdünnter Aetzkalilauge gesehen. 200 fache Vergr. *b* Ein Drüschen von der Seite gesehen. *c* Sternhärchen.

4. *Euphorbiaceae-**Buxeae***. 2-eiige Fruchtknotenfächer und in der männl. Blüthe die Staubgefässe unterhalb eines rudimentären Pistills eingefügt (*stamina sub rudimento pistilli inserta*). Dazu die Gatt. *Buxus* mit monöcischen Blüthen und 3-blättrigem Perigon. Männl. Blüthe mit 1 Bractee, weibl. mit 3 Bracteen. *Buxus sempervirens*, Buchsbaum, im südlichen Europa zu Hause, wird bei uns in Gärten gezogen. (*Monoecia Tetrandria*.)

Bemerkungen. *Aristolochĭa*, auch *Aristolochīa*, griech. ἀριστολοχία, ein die Geburt (λοχεία) beförderndes Kraut; ἄριστος (aristos), sehr kräftig. — *Clematītis*, griech. κληματῖτις, ein rankendes Gewächs. — *Euphorbĭa*, von dem König Juba von Mauritanien (50 v. Chr.) nach seinem Leibarzte *Euphorbos* so genannt, oder von εὐφορβία, gute Nahrung, wegen des milchähnlichen Saftes. — *Tithymālus*, griech. τιθύμαλος, Wolfsmilch. — *Helioscopius* (nach der Sonne sehend); ἥλιος (hälios), Sonne, und σκοπέω (scopeō), schauen, sehen. — *Lathyris*, gen. *ĭdis*, griech. λαθυρίς, eine Art Wolfsmilch. — *Siphonia* von σίφων (siphōn), Röhre. — *Aleurites*, ἀλευρίτης, von Weizenmehl (wie mit Weizenmehl bestäubt). — Die prosodische Bezeichnungen *Tithymălus* und *Tithymālus* scheinen eine gleiche Berechtigung zu haben. — *Rottlĕra* verdankt ihren Namen dem Naturforscher und dänischen Missionar Dr. *Rottler* (einem Deutschen), geboren zu Strassburg 1749, gestorb. zu Vepery (Madras) 1837. — *Mallōtus*, der Langwollige, μαλλωτός ἡ, όν, mit langer Wolle besetzt, wegen der fedrigen Narben und mit Sternhaaren besetzten Früchte einiger *Rottlera*-Arten. — Der Wunderbaum wurde von den Römern bereits *ricĭnus*, von den Griechen κίκι oder κρότων (kiki, krotōn) genannt. Die Schaf- und Hundelaus, auch der Holzbock, wurden ebenfalls mit *ricinus* bezeichnet, wegen der Aehnlichkeit dieser Insecten mit dem Ricinussamen. Den Namen Wunderbaum erhielt das Gewächs, weil es (zu Ninive) in einer Nacht aus einem Samen zu einem Baume emporgewachsen sein soll, um dem Propheten *Jonas* als Schutz vor den brennenden Sonnenstrahlen zu dienen. Nach der biblischen Erzählung war dieser Samen aber ein Kürbissamen. — *Mercurialis* ist entnommen von *Herba Mercurii*, Kraut des *Mercurs*, welcher Gott die Heilkraft desselben zuerst entdeckte.

Lection 142.

Cacteen. Ribesiaceen (Grossularien).

Die Reihe dikotylischer Pflanzenfamilien, welche in diesen Lectionen Erwähnung fanden, mögen noch einige Familien abschliessen, die zwar kein besonderes pharmakologisches Interesse bieten, deren Kenntniss aber dennoch gefordert werden dürfte.

Die Fackeldistelartigen, Cacteen, *Cactaceae s. Nopaleae*, zählen zur Unterklasse der Calycifloren *DC.*, also solcher, bei welchen die Kronenblätter dem Kelche eingefügt sind. Im *Endl.* System bilden sie die einzige Ordnung der Klasse *Opuntiae* (Feigendisteln) aus der Cohorte *Diălypetălae*. Ihr Habitus ist ein überaus seltsamer und ihre Blüthen sind oft von wunderbarer Schönheit, obgleich sie meist auf dem unfruchtbarsten Boden vegetiren. Ihr Vaterland ist das tropische Amerika. Man gebraucht die süss-säuerlichen und gewöhnlich rothen Früchte als Nahrung, und die getrockneten Stämme benutzt man in Oel getaucht als Fackeln (daher Fackeldistel). Einige Arten werden zur Zucht der Lackschildlaus cultivirt. Wegen des Saftreichthums hat man sie „Pflanzenquelle der Wüste“ genannt.

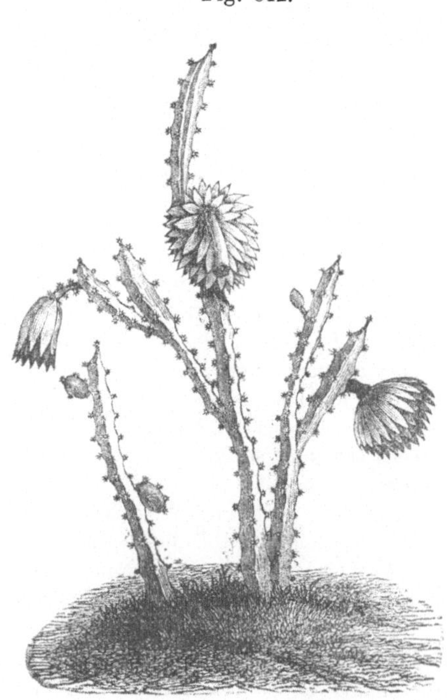

Fig. 842.

Cerĕus speciosissimus prächtigste Fackeldistel (¹/₈ l. Gr.).

Die Cacteen sind saftreiche oder milchsaftführende Sträucher mit dicker Rinde, gegliederten Aesten, und statt der Blätter mit büschelig gestellten, spiralig um den Stamm geordneten Borsten oder Dornen. Blüthen stehen einzeln. Der Fruchtknoten ist unterständig und 1-fächerig mit mehreren an wandständige Samenträger angehefteten Ei'chen. Kelchblätter mehrreihig, all-

Fig. 843.

Opuntia coccinellifera, Cochenille-Feigen-Cactus, mit darauf sitzenden Lackschildläusen.

mählich in die vielreihigen epigynischen Kronenblätter übergehend. Samen schwarz, in dem Mus der Beere nistend.

Cactaceae. *Frutices succulenti vel lactescentes, cortice incrassato, ramis articulatis, saepe loco foliorum spinis vel setis fasciculatis, fasciculis circum caulem spiraliter dispositis. Flores solitarii, germine infero uniloculari, oculis plurimis, spermophoris parietalibus affixis.*

Sepăla pluriserialia, sensim in petăla multiserialia perigўna abeuntia. Semina nigra, in pulpa baccae nidulantia.

Gattungen sind *Opuntia, Echīnocactus, Melocactus, Mamillaria, Cerĕus, Rhipsălis* etc., sämmtlich zur *Icosandria Monogynia* gehörend. *Opuntia vulgaris Haw.* ist in Süd-Europa verwildert. *Op. coccinellifera Miller*, in Jamaika, *Op. Tuna Mill.* in Mexiko u. a. werden zur Zucht der Cochenille oder Lackschildlaus (*Coccus Cacti*) cultivirt. Die mit einem schönen rothen Farbstoffe angefüllten Cochenillekörner (*Coccionellae*) sind die getrockneten Weibchen der Lackschildlaus. *Cerĕus speciosissimus* ist die als Zimmerpflanze bei uns gepflegte Fackeldistel mit den prächtigen rothen Blüthen.

Die Familie der Johannesbeerartigen, *Ribesiaceae Endl.* oder *Grossulariaceae DC.* zählt zur Unterklasse der Calycifloren *DC.* oder der *Endl.* Klasse *Corniculatae* (Gehörntfrüchtige) aus der Cohorte *Diălypetălae.* Die Früchte sind mehr oder weniger reich an Apfelsäure, Citronensäure und Fruchtzucker und daher Nahrungsmittel.

Ribesiaceae (Grossulariaceae).

Sträucher, zuweilen dornig, mit zerstreuten einfachen Blättern.	*Frutices, interdum spinosi, foliis sparsis, simplicibus.*
Kelch oberständig, 5-spaltig, gefärbt.	*Calyx superus, quinquefidus, coloratus.*
Kronenblätter 5, perigynisch (d. Kelchschlunde eingefügt), klein, oft schuppenförmig.	*Petala quina perigўna (fauci calycis inserta), parva, saepe squamiformia.*
Staubgefässe 5, mit den Kronenblättern abwechselnd.	*Stamina quina, cum petalis alternantia.*
Pistill mit 2- oder seltner 4-theiligem Griffel, unterständigem vieleiigem Fruchtknoten mit 2 wandständigen Samenträgern.	*Pistillum stylo bi-, rarius quadrifido, germine infero multiovulato, spermophoris binis parietalibus.*
Frucht eine mit dem verwelkenden ausdauernden Kelche gekrönte Beere.	*Fructus bacca calyce marcescente persistente coronata.*
Samen horizontal, eckig, verkehrt-eiförmig, an fadenförmigen Nabelsträngen hängend und mit gallertartigem Epithel. Embryo sehr klein, an der Spitze des Eiweisses.	*Semina horizontalia angulata obovata, funiculis filiformibus suspensa, epitelio gelatinosa. Embryo minutus, in apĭce albuminis.*

Die Merkmale der Gattung *Ribes*, *Linné's Pentandria Mono-gynia* angehörend, sind in vorstehender Charakteristik der Familie angegeben. *Ribes rubrum*, Johannesbeere, hat einen unbe-waffneten Stamm. drüsenlose, 5-lappige, unterseits flaumhaarige Blätter,nach d.Abblühen hängende Blüthentrauben, einen schüssel-förmigen Unterkelch, längliche zurückgebogene Kelchblätter. und eiförmige Deckblättchen, kürzer als das Blüthenstielchen.

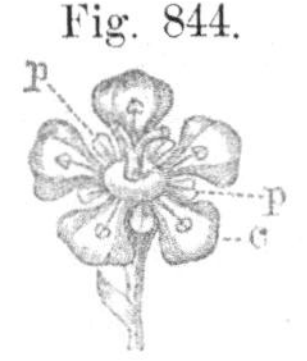

Fig. 844.

Blüthe von *Ribes rubrum*. *p* Blumenblätter, *c* der fünfspaltige Kelch. Die Staubgefässe alterniren mit den Blumenblättern. Vergrössert.

Fig. 845.

Johannisbbere, Verticalschnitt, die beiden wandständigen Samenträger mit horizontalen Samen zu zeigen.

Ribes rubrum dignoscitur: caule inermi. foliis eglandulosis quinquelobis, subtus pubescentibus, racēmis post florescentiam (defloratis) pendulis, hypanthio pelviformi, sepalis oblongis reflexis, bractëis ovatis, pedicello brevioribus.

Der Saft der schön-rothen Beeren (*Fructus Ribĭum; Ribesia*) wird zur Darstellung eines Syrups (*Syrŭpus Ribĭum*) gebraucht. Eine Varietät hat farblose Beeren.

Ribes nigrum, Ahlbeere, Gichtbeere, unterscheidet sich durch schwarze Früchte. kahle, unten mit Drüsen besetzte Blätter und glockenförmigen Kelch. In Hecken und Wäldern häufig.

Ribes Grossularia, Stachelbeere, unterscheidet sich durch Dornen (veränderte Blätter) unter den in Büschel stehenden, 3- bis 5-spaltigen, eingeschnitten-gekerbten Blättern, durch 1- bis 3-blüthige Blumenstiele und glockenförmigen Unterkelch.

Ribes nigrum differt: baccis nigris, foliis glabris, subtus glandulosis, hypanthio campanulato: R. Grossularia: spinis (foliis alienatis) sub foliis fasciculatis, tri-, quadri- vel quinquefĭdis, crenato-incisis, pedunculis uni-. bi- vel trifloris, hypanthio campanulato.

Von *Ribes Grossularia* giebt es mehrere Varietäten, wie mit drüsig-borstigen. mit flaumig-behaarten und mit kahlen glatten Beeren.

Lection 143.

Monokotylische Gewächse. Palmen. Aroïdeen.

Bisher hatten wir uns mit der Charakteristik der Dikotyledonen, Blattkeimer oder sogenannten Exogenen des *DC.* Systems beschäftigt, in der nächst folgenden Lection wollen wir unter den Monokotyledonen, Spitzkeimern oder Endogenen dieses Systems, soweit sie für die Pharmakologie von hervorragendem Interesse sind, eine Umschau halten.

Zunächst sei daran erinnert, dass Endogenen (*Endogĕnae*) im Sinne DC. heute eine veraltete Bezeichnung ist; und wollen wir die nähere Erklärung davon in den Lectionen 87 (S. 331) und 92 (S. 358) aufsuchen. Es ist jedenfalls richtiger, wenn wir *Exogĕnae* als Bezeichnung einer Klasse beseitigten und dafür die zweite Bezeichnung *Monocotyledoneae* annehmen. Aber auch an diese Bezeichnung heften sich wiederum eine Menge Bedenken, denn die Klasse der Monokotylen umfasst im *Decandolle*'schen Systeme Pflanzen mit einem einzelnen, aber auch mit mehreren wechselständig stehenden Samenlappen, so wie endlich Cryptogamen, die keinen Embryo, also auch keine Samenlappen haben.

Monokotylische Gewächse, ohne Rücksicht auf ihre Stellung in einem Pflanzensystem, unterscheiden sich im Allgemeinen durch einen 1-samenlappigen Embryo, eine Zaserwurzel, einfache (nur bei den Palmen gefiederte) Blätter mit parallelen oder krummen Blattnerven (nur bei den Aroïdeen finden wir netzartig-winkelnervige Blätter) und durch ein meist einfaches 3- oder 6-zähliges Perigon.

Die Monokotyledonen *DC.* finden wir im Systeme *Endl.* in grösster Zahl unter Sectio IV. *Amphibrya* oder Umsprosser. Die Coniferen und Cycadeen, aus der Klasse der Nacktsamigen, von welchen die ersteren im System *DC.* zu der Unterklasse *Monochlamydeae*, letztere zu den phanerogamischen Monokotyledonen *DC.* und den *Acrobrya protophyta Endl.* zählen, mögen später unsere Aufmerksamkeit fesseln. Die irrthümliche Auffassung der Wachsthumsweise der Pflanzen, welche *Unger* seinem von *Endlicher* angenommenen Systeme unterbreitete, hat bereits in Lection 87 (S. 331) ihre Erklärung gefunden.

Eine sehr einfache und bequeme Eintheilung der Monokotylen ist (nach Prof. *Henkel's* Angabe) diejenige, welche sich auf die Zusammensetzung und Verschiedenheit der Blüthe bezieht, und zwar in 3 Unterklassen: 1. *Spadiciflōrae* (Kolbenblüthige), 2. *Petaloïdeae* (Blumenblättrige), 3. *Glumiflōrae* (Spelzen- oder Balgblüthige).

Zu den *Spadiciflōrae* (mit auf einem fleischigen Kolben, *spadix*, sitzenden Blüthen, zuweilen mit einer gemeinschaftlichen Blumenscheide, *spatha*, umgeben) zählen z. B. *Palmae, Aroïdeae*.

Zu den *Petaloïdeae* (mit einem meist aus zwei Wirteln zusammengesetzten, gewöhnlich blumenblattartigen Perigon) zählen *Smilaceae, Liliaceae, Asphodeleae, Asparagineae, Melanthaceae, Orchidaceae, Zingiberaceae, Iridaceae.*

Zu den *Glumiflorae* (Spelzenblüthigen) zählen *Gramineae, Cyperaceae.*

Die Palmenartigen, *Palmaceae s. Palmae*, sind Gewächse der wärmeren und heissen Zone, welche wegen der Schönheit und Mannigfaltigkeit ihrer Formen und der Produkte, welche sie in unzähliger Menge zur Befriedigung der menschlichen Bedürfnisse darbieten, den ersten Platz unter den Pflanzen einnehmen. Schon *Linné* nannte sie „Fürsten der Pflanzenwelt", und *Endlicher* verlegte sie in die 22. Klasse seines Systems, welcher er die Ueberschrift *Princïpes* gab.

Die Merkmale der Palmen sind: ein einfacher baumartiger, nur in sehr wenigen Ausnahmefällen ästiger Stamm *(caulōma)*, gefiederte oder fächerförmige Blätter *(folia flabelliformia)*, Blüthen mit doppeltem Perigon, nämlich dem äusseren kleineren 3-theiligen Kelch und der inneren 3-blättrigen Corolle, einfache oder ästige Blüthenkolben, unterstützt von einer 1- oder mehrblättrigen Blumenscheide *(spatha)*, eine 1-fächrige und 1-samige Beere oder Steinfrucht. Sie sind von *Martius* in mehrere Unterfamilien getheilt worden. Vergl. auch Fig. 183, 184 (S. 123 u. 124).

Palmaceae-Arecïnae (Catechupalmen mit glatter Beerenfrucht). *Arēca Catechu*, in Ostindien, soll Catechu geben.

Palmaceae-Cocoïnae (Cocospalmen mit glatter Steinfrucht, *drupā laevi*). *Elaeis Guineensis* (Oelpalme) giebt das gelbe Palmöl (*Oleum Palmae*), *Cocos nucifera* (Cocospalme) das Cocosöl *(Oleum Cocoïs)*.

Palmaceae-Lepidocaryïnae (Schuppigfrüchtige) mit Beerenfrucht, bekleidet mit ziegeldachartig angewachsenen hornartigen Schuppen. *Metroxylon Rumphii Mart.* (*Sagus Rumphii Willd.* Sagopalme), auf den Molukken, hat ein stärkemehlreiches Mark, aus welchem der Sago bereitet wird. *Calămus Draco Willd.* (Rotang), in Südasien, enthält in seinen Früchten ein rothes Harz (*Resīna Dracōnis*), welches den Namen Drachenblut erhalten hat. *Calămus verus* u. a. Arten geben in ihren dünneren Stämmen das sogenannte spanische Rohr.

Palmaceae-Coryphïnae (*Corypha*-artige oder Hauptpalmen) mit Beerenfrucht, aus 3 einsamigen Karpellen bestehend oder durch Fehlschlagen einfächerig und 1-samig. *Phoenix dactylifēra* (Dattelpalme) in Nordafrika und Südasien, giebt in ihren Beerenfrüchten die Datteln (*Dactўli*).

Die Arongewächse, *Aroïdeae*, gehören zur *Endl.* Klasse *Spadĭciflōrae*, Sectio *Amphibrўa*. Die Wurzeln derselben sind reich an Stärkemehl und enthalten (*Acŏrus Calămus* ausgenommen) zugleich einen ätzenden scharfen, aber flüchtigen Stoff. Sie unterscheiden sich von den Palmen als meist stengellose Gewächse mit an der Basis scheidigen Blättern, diclinischen und zugleich nackten Blüthen oder Zwitterblüthen, mit 4—6-blättrigem unterständigem Perigon, einem Griffel oder einer Narbe und einer 1- bis vielsamigen Beerenfrucht.

Aroïdeae: plantae plerumque acaules, foliis basi vaginantibus, spadĭce carnoso simplĭci, saepe spathā fulto, floribus diclinis nudis, vel hermaphrodītis, perigonio tetra- vel hexaphyllo hypogўno instructis, stylo vel stigmăte singulo, baccā mono- vel polyspermā.

Die Aroïdeen sondern sich wiederum in mehrere Unterfamilien, z. B. *Araceae*, *Acorineae*.

*Aroïdeae-***Araceae** (*Aroïdeae verae* Brown). *Folia reticulato-venosa; flores diclini nudi.* Hier finden wir ausnahmsweise netzadrige Blätter. Dazu die Gattungen *Calla, Arum, Dracuncŭlus.*

Calla hat eine etwas flache Blumenscheide, einen ganz mit Blüthen (Staubgefässen und Pistillen) besetzten Kolben und eine 1-fächrige, mehrsamige Beere. *Spatha planiuscula, spadĭce undĭque tecto floribus (staminibus pistillisque), baccā uniloculari pleiospermā.*

Calla palustris (Sumpfschlangenkraut), bei uns häufig in Sümpfen und Mooren, soll giftige Stoffe enthalten, welche durch Trocknen jedoch verloren gehen. Desshalb lässt sich das getrocknete Rhizom (wie im europäischen Norden) als Nahrungsmittel benutzen. Die Pflanze hat ein kriechendes gegliedertes Rhizom, gestielte wurzelständige herzförmige feinspitzige Blätter, eine aussen grüne, innen schneeweisse Blumenscheide und scharlachrothe Beerenfrüchte. *Rhizomăte repente, foliis radicalibus petiolatis cordatis cuspidatis, spathā extrinsĕcus virĭdi, intrinsĕcus niveā, baccis coccinĕis.*

Arum unterscheidet sich durch eine kapuzenförmig zusammengerollte Blumenscheide und einen Kolben, oberhalb nackt, in der Mitte mit Antheren und unten mit Pistillen bedeckt.

Arum a Calla discrepat: spathā cucullato-convolūta, spadĭce in apĭce nudo, in medio anthēris, inferne pistillis tecto.

Arum maculatum, ein in schattigen Laubwäldern Deutschlands und der Schweiz heimisches stengelloses Staudengewächs (♃), treibt einen knolligen Wurzelstock, hat spiesspfeilförmige, oft braungefleckte Blätter und einen oberhalb keulenförmigen, braunvioletten Kolben, kürzer als die grünliche Scheide, und scharlachrothe Beeren. Die Aronswurzel, Zehrwurzel (*Rhizōma Ari*) wird zuweilen noch gebraucht.

Arum maculatum rhizomăte tuberoso, foliis hastato-sagittatis, saepe macŭlis fuscis adspersis, spadīce su

Fig. 846.

Arum maculatum. pBlüthenscheide, kapuzenförmige *spatha cucullata*), sBlüthenkolben (*spadix*). (¹∣₂ Lin.-Vergr.).

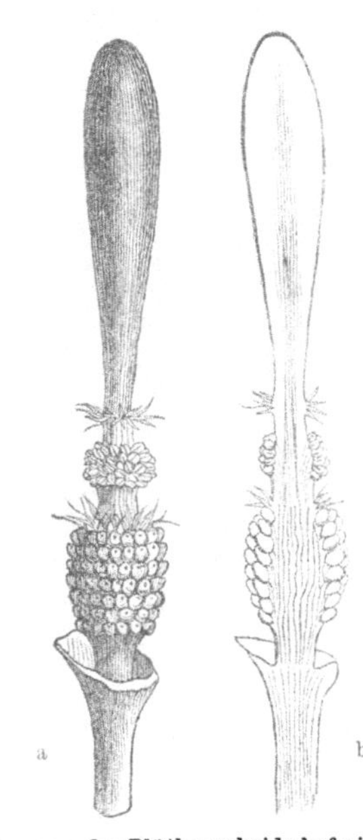

Fig. 847.

Der von der Blüthenscheide befreite Blüthenstand von *Arum maculātum.* b Längsdurchschnitt. — Der braunviolette obere Theil des Kolbens ist an seinem verschmälerten Theile mit einem Haarkranz, darauf folgend mit Kreisen von Staubblättern und dann wieder etwas weiter nach unten mit vielen gedrängten Kreisen dicht aneinander stehender Pistille umgürtet.

perne clavato, e fusco violaceo, breviore spathā virescente, baccis coccineis.

Aroideae- **Acorineae.** *(Folia parallelinervia); florĕs hermaphrodīti; perigonium hypogўnum; stamina hypogўna, phyllis perigonii opposĭta; folia ensiformia.*

Gattung *Acŏrus.*

Blumenscheide fehlend (oder Blüthenscheide blattartig, eine Fortsetzung des Schaftes).	*Spatha nulla (vel spatha foliacea, scapum continuans).*
Kolben (seitenständig) cylindrisch, ganz mit Blüthen bedeckt.	*Spadix (lateralis cylindricus, undĭque floribus tectus.*
Perigon 6-blättrig mit 6 Staubgefässen und 3-fächrigem Fruchtknoten mit sitzender Narbe. Blüthen grünlich-gelb.	*Perigonium hexaphyllum; stamina senā; germen triloculare stigmăte sessĭli. Flores e flavo viriduli.*
Frucht eine Beere.	*Fructus bacca.*

Acŏrus Calămus, Kalmus, ein überall an Rändern der Sümpfe und Seen, in Gräben und Lachen häufiges Staudengewächs (♃),

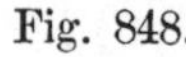

Fig. 848.

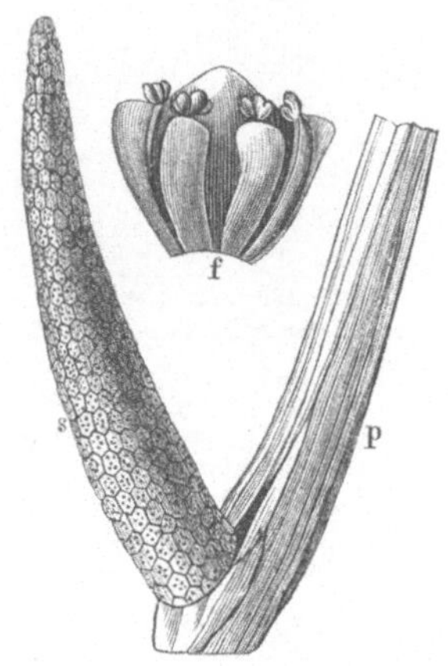

Acŏrus Calămus, p *folium spathanĕum.*
s *spadix* (nat. Gr.), *f* einzelne Blüthe
(6 f. L.-Vergr.).

ursprünglich aus Ostindien stammend, hat ein horizontales geringeltes Rhizom, schwertförmige reitende Blätter, zusammengedrückten Schaft, welcher an der Spitze in ein langes schwertförmiges Blatt ausläuft, einen seitenständigen Kolben (oder einen gipfelständigen, aber durch die die Blüthenscheide vertretende blattartige Fortsetzung des Schaftes seitwärts gedrückt). Die 3-fächerige Frucht kommt bei uns nicht zur Reife. Blüthezeit im Sommer. Das geschälte Rhizom, Kalmuswurzel (*Rhizōma Calămi s. Calămi aromatici*) ist reich an aromatischem flüchtigem Oel und bitterem Harz.

Acŏrus Calamus, *herba redivīva, ubīque ad margĭnes palūdum lacuumque, in fossis et lacūnis frequens, rhizomate horizontali annulato, foliis ensiformibus equitantibus, scapo compresso, in apĭce in folium longissimum continuato, spadīce laterali (sive terminali, sed processu spathaneo scapi ad latus posĭto), cylindrico-conico. Fructus apud nos nunquam maturescit.*

Bemerkungen. *Arēca*, von dem malabarischen *areec.* — *Elaeis* (eläis), *ĭdis*, schlechte Latinisirung des griech. ἐλαίς (eläïs), Olivenbaum. — *Metroxўlon, i, n.*, (markiges Holz), von μήτρα (mätra), Mark, ξύλον, Holz. —

Rumphius, Georg Eberhard Rumpf, geb. zu Hanau 1637, Kaufmann in Ostindien, besonders auf Amboina, trieb Naturwissenschaften. Seine vortrefflichen Pflanzensammlungen verlor er durch Feuersbrunst und Schiffbruch. Er starb erblindet 1706. Sein *Het amboinsche Kruidbock* wurde von *Burmann* 1741 als *Herbarium Amboinense* herausgegeben.

Calămus, griech. κάλαμος, Rohr. — *Phoenix, īcis, f.*, griech. φοῖνιξ (phoinix), Palme, Dattelfrucht. — *Dactўlus*, griech. δάκτυλος, Dattel. — *Acŏrus*, griech. ἄκορος, ein Pflanzenname (α priv. und κόρος, Sattwerden; wegen der magenstärkenden Wirkung).

Lection 144.

Smilaceen.

Zu den petaloïdischen Monokotylen zählen die Familien: *Smilaceae, Liliaceae, Melanthaceae, Iridaceae, Amaryllideae, Bromeliaceae, Zingiberaceae, Marantaceae (Cannaceae), Orchidaceae.*

Von diesen Familien sind *Smilaceae, Liliaceae* und *Melanthaceae* Ordnungen der Endl. Klasse *Coronariae* (Kronenblüthige; mit corollenartigem unterständigem Perigon). Dagegen sind *Irideae, Amaryllideae, Bromeliaceae* Ordnungen der Klasse *Ensatae* (Schwertelgewächse; Kräuter mit halb- oder ganz-oberständigem Perigon und mehreren Staubgefässen). *Zingiberaceae* und *Marantaceae (Cannaceae)* zählen zur Klasse *Scitamineae* (Bananengewächse; mit Kelch und Blumenkrone entsprechendem oberständigem unregelmässigem Perigon und einem fruchtbaren Staubgefäss neben mehreren unfruchtbaren). *Orchidaceae* zählen zur Klasse *Gynandrae* (Weibermännige).

Die Familie der Stechwinden, *Smilaceae*, ist nur in wenigen Arten in unserer heimischen Flora vertreten, die meisten Gattungen finden wir in Amerika. Nur diejenigen der Gattung *Paris* ähnlichen (*Parideae*) haben mehr oder weniger giftige Eigenschaften.

Smilaceae:

Blüthen zwitterig od. 2-häusig.	*Flores hermaphrodīti vel dioeci.*
Perigon corollenartig, seltner kelchartig, unterständig, häufig 6-blättrig, regelmässig.	*Perigonium corollaceum, rarius calycĭnum, infĕrum, saepe hexaphyllum, regulare.*
Staubgefässe 3 oder soviel als Perigonblätter, meist frei.	*Stamina terna vel tot quot phylla perigonii, plerumque libera.*
Pistill mit 1 Griffel und oberständigem, meist 3-fächrigem, sitzendem Fruchtknoten.	*Pistillum. Styli singuli; germen superum, plerumque triloculare, sessĭle.*
Frucht eine 1- bis mehrfächerige, 1- bis mehrsamige Beere.	*Fructus bacca uni- vel pluri locularis, mono- vel pleiosperma.*
Embryo sehr klein. vom Eiweiss umschlossen.	*Embryo minutus, albumini inclusus.*

Gattungen sind *Paris, Ruscus, Smilax, Convallaria, Polygonătum, Majanthĕmum* etc.

Paris, Einbeere, unterscheidet sich durch eine tetramerische, nur höchst selten pentamerische Zwitterblüthe. Perigon bleibend, blattartig, ganz abstehend, 8-blättrig, mit äusseren breiteren lancettlichen, inneren schmäleren linienförmigen kürzeren Blättern; Staubgefässe 8, mit der Mitte der Filamente angewachsenen Antheren; Fruchtknoten 4-fächerig mit 2-reihig gestellten Ei'chen; Narben 4, sitzend; Frucht eine kugelige Beere, vielsamig.

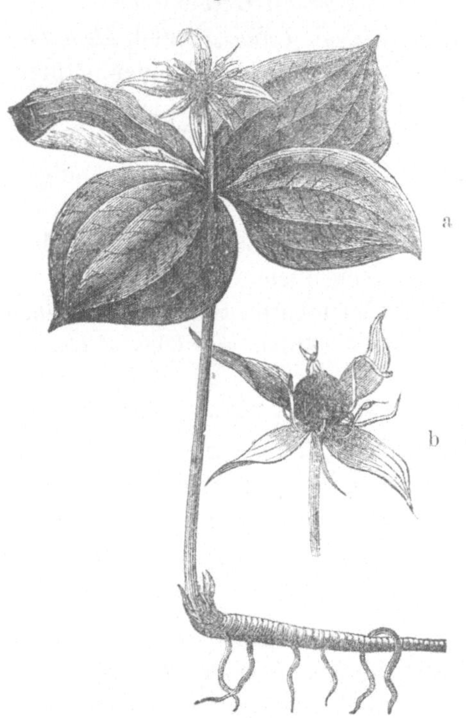

Fig. 849.

Paris quadrifolia. a ¹|₂L.-Vergr., b Blüthe in nat. Grösse.

Paris: flos hermaphroditus tetramĕrus, rarius pentamĕrus; perigonium persistens foliaceum, patentissimum, octophyllum, phyllis exterioribus latioribus lanceolatis, interioribus angustioribus et brevioribus linearibus; stamina octōna, anthēris medio filamentorum adnatis; germen quadriloculare, ovŭlis biseriatis; stigmăta quaterna sessilia; fructus bacca globosa, polysperma. Octandria Tetragynia.

Paris quadrifolia, vierblättrige Einbeere, Wolfsbeere, mit dünnem horizontalem kriechendem Rhizom, völlig einfachem Stengel, 4 sitzenden elliptischen netzadrigmehrnervigen Blättern, grüner endständiger einzelner vierzähliger Blüthe. Beere schwarzblau. ♃ an etwas feuchten schattigen Orten der Wälder und Waldtriften. Blüht gegen Ende des Frühlings und im Anfange des Sommers.

Paris quadrifolia rhizomăte horizontali tenui repente, caule simplicissimo, foliis quaternis sessilibus subrotundo-ellipticis subreticulatoplurinerviis, flore viridi terminali solitario. Bacca atro-purpurea. Planta perennis in locis humidiusculis umbrosis silvarum nemŏrumque. Floret sub finem veris et prima aestate.

Die Gattung *Convallaria* unterscheidet sich durch traubenständige, mit Deckblättern versehene Zwitterblüthen, ein glockenförmiges 6-theiliges Perigon, 6 dem unteren Theile des Perigons angeheftete Staubgefässe, 3-fächrigen Fruchtknoten und eine kuglige 3- oder mehrsamige Beere. Der kleine Embryo liegt vom Nabel weit entfernt.

Convallaria discrepat: floribus racemosis bracteatis hermaphroditis, perigonio campanulato sexfido, staminibus inferiori parti perigonii insertis, germine triloculari et baccā globosā tri- vel pleiosperma. Hexandria Monogynia.

Convallaria majālis, Maiblümchen, Lilienconvallien, ist das in der Mitte des Frühlings uns durch ihre wohlriechenden, als *Flores Liliorum convallium* officinellen Blüthen erfreuende Staudengewächs (2.). Es ist zu erkennen an dem federkieldicken weisslichen, lange ästige Adventivwurzeln treibenden Wurzelstock, den 2 länglich-ovalen grundständigen Blättern, dem nackten halbrunden Blüthenschaft und den weissen wohlriechenden nickenden einseitswendigen Blüthen. Frucht eine rothe Beere.

Convallaria majālis differt: rhizomate albido, crassitie pennae anserīnae, fibras ramosas longissimas agente, foliis radicalibus gemīnis ovali-oblongis, scapo nudo semiterete, floribus albis suaveolentibus nutantibus secundis, baccā globosā coccineā. Planta perennis in nemoribus silvisque frondosis umbrosis, florens medio vere.

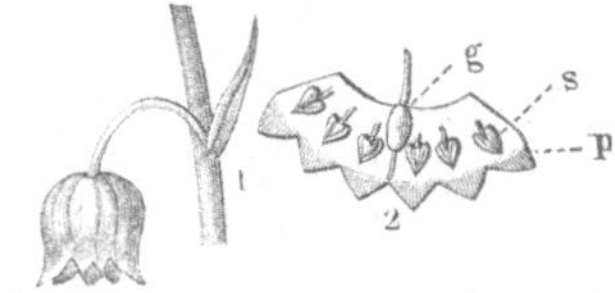

Fig. 850.

Convallaria majālis. 1. Glockenförmige, sechsspaltige Blüthenhülle. *Perianthium campanulatum, sexfidum.* Blüthe nickend; *flos nutans*. 2. Blüthenhülle gespalten und auseinandergelegt. *p* Perianthium. *s* Staubblätter, *g* Pistill.

Fig. 851.

Convallaria majālis. 1/2 Lin.-Vergr.

Polygonātum weicht von *Convallaria* ab durch blattachselständige Blüthen mit röhrenförmigem Perigon und die über der Mitte des Perigons angehefteten Staubgefässe (*differt: floribus axillaribus, perigonio tubuloso, staminibus supra medium perigonii insertis*). Hexandria Monogynia.

Polygonātum officinale All. (*Convallaria Polygonātum* L., grosse Maiblume) mit eckigem Stengel und 1- bis 2-blüthigen Blumen-

stielen gab früher in seinem fingerdicken weisslichen knolligge-
gliederten Rhizom die Siegelwurzel (*Rhizoma Sigilli Salomōnis*).

Majanthĕmum unterscheidet sich durch ein Perigon mit vier
abstehenden Blättern, nur vier Staubgefässe, ferner einen 2-fäche-
rigen Fruchtknoten und 2-samige Beeren. *Maj. bifolium* DC.,
zweiblättrige Schattenblume, hat einen 2-blättrigen Stengel und
gestielte herzförmige Blätter. *Tetrandria Monogynia.*

Smilax, Stechwinde, unterscheidet sich wesentlich von den
anderen Arten durch halbstrauchartige kletternde, knotige, oft
mit Stacheln versehene Stengel, 2-reihig stehende Blätter, 2-
häusige Blüthen mit 6-theiligem Perigon, 6 freien Staubgefässen,
3-fächrigem Fruchtknoten und durch eine durch Fehlschlagen
1—2-samige Beerenfrucht.

*Smilax a cetĕris generibus discrepat: caulibus suffruticosis,
scandentibus nodōsis, saepe aculeatis, foliis distichis, floribus dioecis,
perigonio sexpartito, staminibus senis libĕris, germine triloculari bac-
cāque abortu mono- vel dispermā.*

Die meisten Smilaxarten sind im heissen Amerika zu Hause.
Smilax syphilitica, medica, officinalis sind z. B. Arten, welche Sar-
saparillwurzel (*Radix Sarsaparillae*) liefern. *Smilax China*, in China,
giebt die Chinawurzel (*Rhizōma Chinae*). Diese Droguen enthalten einen Bitterstoff, den man Smilacine genannt hat.

Bemerkungen. *Smilax*, griech. σμῖλαξ, Eibenbaum. — *Polygonătum*, griech.
πολυγόνατον, ein vielknotiges Kraut. — *Convallaria* von *convallis*, Thalniederung.
— *Majanthĕmum* (Maiblüthe), *Majus*, Mai, und ἄνθεμον, Blüthe.

Lection 145.

Liliaceen. Asphodelaceen.

Die Liliengewächse, *Liliaceae* Juss., unterscheiden sich durch
eine schuppige oder häutige Zwiebel, durch ein unterständiges
6-blättriges blumenartiges regelmässiges Perigon, 6 perigonstän-
dige Staubgefässe mit nach innen gewendeten Staubbeuteln,
durch ein Pistill mit 1 Griffel, einfacher oder 3-lappiger Narbe,
und 3-fächerigem oberständigem Fruchtknoten mit 2-reihig mittelständigen Eichen und durch eine fachspaltig-3-klappige vielsamige Kapsel. Gattungen *Lilium, Fritillaria.*

*Liliaceae: bulbus squamosus vel tunicatus; perigonium hexa-
phyllum corollĭnum inferum; stamĭna sena perigonio inserta, anthĕris*

introrsis; pistillum stylo singulo, stigmăte simplici vel trilŏbo, germine trioculari supero, ovulis centralibus biseriatis; capsula loculicīdo-trivalvis (valvis medio septiferis), polysperma. (Hexandria Monogynia.)

Bei *Lilium*, Lilie, sind die Perigonblätter am Grunde mit einer drüsigen honigführenden Längsfurche, bei *Fritillaria* ebenfalls am Grunde, jedoch mit einer Nectargrube versehen. Die Zwiebel besteht aus dachziegelig gestellten Schuppen.

Fig. 852.

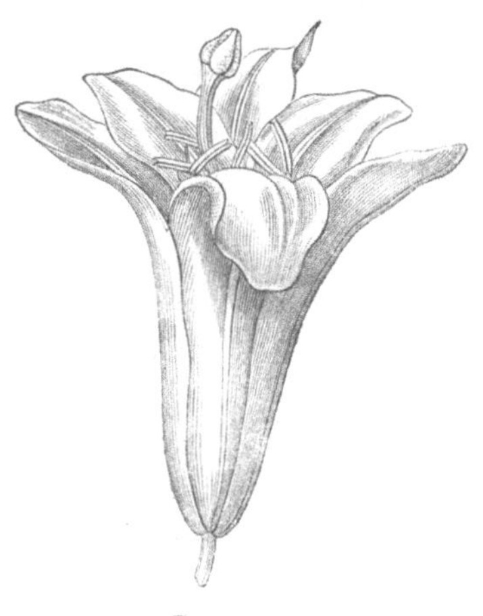

L.c.

Blüthe von *Lilium candidum* ($^1/_2$ Gr.).

Fig. 853.

Diagramm der Blüthe von *Lilium candidum*. 2 Kreise Perigonblätter, 2 Kreise Staubgefässe, und in der Mitte der 3-eckige Fruchtknoten mit den 2-reihigen, mittelständigen Samen.

Fig. 854.

In der Längsnath aufgesprungene Anthere einer Lilie. $^1/_2$ fache Lin.-Vergr.

Fig. 855.

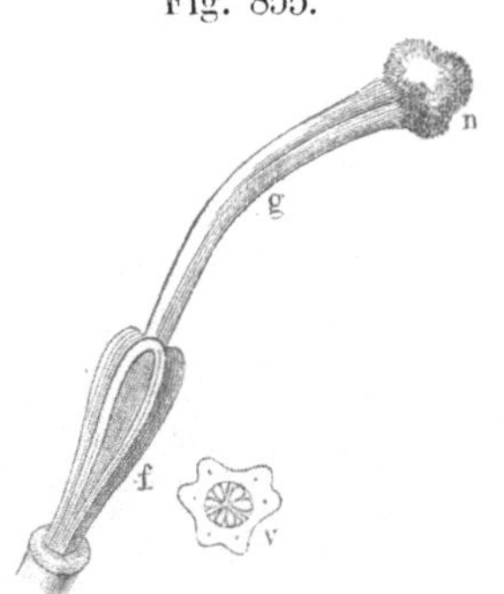

Pistill v. *Lilium Martágon*. *n* Narbe, *g* Griffel, *f* Fruchtknoten, *r* Querdurchschnitt des Fruchtknotens.

Lilium phyllis perigonii in basi sulco longitudinali nectarifero notatis, Fritillaria phyllis in basi foveā nectariferā.

Lilium candidum, weisse Lilie, mit zerstreuten Blättern, fast aufrechten weissen Blüthen und einem innen warzenfreien Perigon. *Lilium bulbiferum*, Feuerlilie, weicht durch die in den oberen Blattwinkeln befindlichen Zwiebelknospen (*bulbilli*) und die innen warzigen safrangelben braunroth gefleckten Perigonblätter, *Lilium Martăgon*, Türkenbund, durch fleckig-punktirten Stengel, wirtelständige Blätter, nickende Blüthen und die umgebogenen, innen rauchhaarigen Perigonblätter ab.

Lilium candidum foliis sparsis, floribus albis suberectis et perigonio intus haud verrucoso. Lilium bulbiferum differt: axillis superioribus bulbiferis, L. Martăgon: foliis verticillatis, floribus nutantibus, phyllis perigonii revolutis, introrsum hirsūtis.

Von letzterer Art werden zuweilen die Zwiebeln der Goldwurz (*Bulbus* s. *Radix Asphodĕli*) substituirt, welche eigentlich von *Asphodĕlus ramosus* (im südlich. Europa) entnommen werden sollte.

Fritillaria imperiālis, Kaiserkrone, hat einen oberhalb geschopften Stengel, wirtelständige Blätter, wirtelständige Blüthen mit gelbrothem und glockenförmigem Perigon. (*Caule superne comato, foliis verticillatis, floribus verticillatis pendŭlis, perigonio plerumque croceo-coccineo, campanulato*). ♃. Stammt aus Persien und gilt als eine giftige Pflanze.

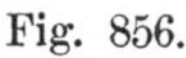

Fig. 856.

Fritillaria imperialis (Kaiserkrone). ½ L.-Gr.

Der Charakter d. Asphodillartigen, *Asphodelaceae*, weicht wenig von dem der Liliaceen ab. Ist eine Zwiebel vorhanden, so ist sie meist häutig, die Staubgefässe sind weit seltener perigonständig (epipetal), die Kapsel vielsamig und der Samen von einer häutigen oder krustenartigen und zerbrechlichen (d. h. dürren, harten), oft schwarzen Schale (*testa membranacea v. crustacea et fragilis, saepe atra*) bedeckt. Bei den Liliaceen ist die Samenschale schwammig (*spongiosa*), verbreitet und nie schwarz. Die Asphodeleen werden von vielen Botanikern zu einer Unterfamilie der Liliaceen gemacht. Gattungen sind: *Urginea*, *Allium*, *Asphodelus*, *Aloë*, *Phormium* etc. (*Hexandria Monogynia*.)

Urginea ist charakterisirt durch traubenständige, von Deckblättern gestützte Blüthen, 6 abstehende Perigonblätter, pfriemförmige, unter sich gleiche Filamente, einen 6-eckigen 3-fächerigen Fruchtknoten und rundliche flache umflügelte Samen.

Urginea floribus racemosis bracteatis, perigonii phyllis senis patentibus, filamentis subulatis aequalibus, germine hexagono, triloculari, seminibus rotundatis planis circumalatis.

Urginea Scilla Steinh. oder *Scilla maritima L.*. Meerzwiebel, an den sandigen Küsten des mittelländischen Meeres heimisch, wird nicht selten bei bei uns in Töpfen gezogen. Die häutigen fleischigen Schalen ihrer Zwiebel sind als Meerzwiebel (*Bulbus Scillae s. Squillae*) officinell. Dieses perennirende Zwiebelgewächs ist zu erkennen an dem frühzeitigen, sehr langen Blüthenschaft, der langen vielblüthigen Traube, den mit Anhängseln versehenen Deckblättern, kürzer als das Blüthenstielchen, und den breiten lancettförmigen grundständigen Blättern; (*scapo praecoce elongato, racemo longiore multifloro, floribus albis, extrinsecus rubentibus, bracteis appendiculatis et pedicello brevioribus, foliis radicalibus latis lanceolatis*).

Allium unterscheidet sich durch einen doldigen oder kopfförmigen, von einer 1- oder 2-blättrigen Blüthenscheide (*spatha*) unterstützten Blüthenstand. Die Filamente sind fadenförmig oder die 3 äusseren verbreitert und auf jeder Seite mit einem Zahne versehen (siehe Fig. 330, 5). Die Samen sind eckig.

Allium discrepat a generibus ceteris: floribus in umbellam simplicem vel capitulum congestis, inflorescentia spathā mono- vel diphyllā suffultā; filamentis filiformibus, saepe ternis exterioribus in basi dilatatis et in margine utroque instructis dente; seminibus angulatis.

Allium Victoriālis. Allermannsharnisch, giebt in seiner netzhäutigen Zwiebel *Bulbus Victoriālis longi*. *Allium Schoenoprāsum*, Schnittlauch: mit runden hohlen (*foliis fistulosis*) Blättern und einfachen Staubgefässen, *All. sativum*, Knoblauch: mit zusammengesetzter Zwiebel, flachen breitlinienförmigen Blättern, geschnäbelter langer Blüthenscheide und Zwiebelknospen (*bulbilli*) tragender Dolde (*umbella bulbifera*). *All. Cepa*, gewöhnliche Zwiebel, mit bauchigem Schafte, bauchigen hohlen Blättern und einer kugligen kapseltragenden Dolde (*umbella capsulifera*.

d. i. eine nicht Zwiebelknospen, sondern Kapselfrüchte tragende Dolde).

Fig. 857.

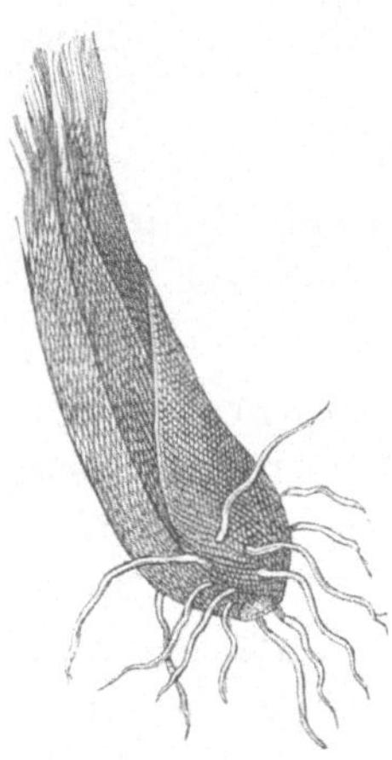

Allermannsharnisch, netz-förmige Zwiebel v. *Allium Victoriālis*. Halbe Grösse.

Fig. 858.

Zusammengesetzte Zwiebeln v. *Allium sativum*, etwas ver-kleinert, zum Theil vom Tegment befreit, um die in einen Kreis gestellten Brut-zwiebeln zu zeigen.

Hervorragende Bestandtheile der Alliumarten sind ein schwefelhaltiges Oel (Schwefel-allyl oder ähnliche Verbindungen) und Schleim. *Aloë* unterscheidet sich durch ein gerades, röhriges, in seinem inneren Grunde Honigsaft absonderndes, am Rande 6-theiliges Perigon, eine hautartige Kapsel, 2-reihig gestellte, bisweilen geflügelte Samen und saftreiche Blätter. *Hexandria Monogynia.* Der eingetrocknete Saft mehrerer in Afrika und Westindien heimischen Arten, wie *A. spicata, Aloë Soccotorīna, A. Barbadensis*, stellt die A l o ë *(Aloë)* des Handels dar.

Aloë perigonio tubuloso, in fundo nectăriflŭo, limbo recto sex-fido, capsulā membranaceā, seminibus biserialibus, interdum alātis, foliis succulentis, floribus racemosis, saepe caulomăte frutescente.

Die S p a r g e l a r t i g e n, **Asparagaceae,** werden gewöhnlich auch als eine Unterfamilie der Liliaceen angesehen, jedoch unterscheiden sie sich von diesen durch ein Rhizom oder eine zusammengesetzte Wurzel, ein verwachsenblättriges, meist 6-theiliges Perigon, eine 1- bis 3-samige Beerenfrucht, und Samen mit schwarzer Testa. Gatt. *Dracaena, Asparăgus.* (*Hexandria Mono-gynia.*)

Dracaena Draco, auf den canarischen Inseln und in Ostindien, mit genarbtem baumartigem Palmstamm (*caulōma arboreum cica-trisatum*), welcher im Alter an der Spitze sogar ästig wird. Aus dem Stamme fliesst freiwillig ein rothes Harz, welches als gewöhnliche Sorte D r a c h e n b l u t (*Resīna Dracōnis Canariensis*) in den Handel kommt.

Asparăgus officinalis, an den Meeresküsten Europas, mit krautartigem Stengel mit je 6 bis 9 büschelartig-gestellten borstenartigen stielrunden Blättern und rothen Beeren, wird viel bei uns angebaut. Die schnell unter Abschluss des Lichtes aufschiessenden, mit Schuppen bedeckten Sprossen sind der als Delicatesse bekannte Spargel *(Turiōnes Asparăgi)*.

Bemerkungen. *Urginĕa* soll von *urgēre*, drängen, hergeleitet sein, wegen der die Harnabsonderung vermehrenden Wirkung. — *Dracaena*, griech. δϱάκαινα (drakaina), weiblicher Drache, wegen der an der Spitze in einen Dorn auslaufenden Blätter. — *Schoenoprasum* binsenartiger Lauch; spr. s-choenoprăsum); σχοῖνος (schoinos), Binse, πϱάσον (prason), Lauch.

Lection 146.
Colchicaceen oder Melanthaceen.

Eine petaloïdische Monokotyledonenfamilie bilden die **Germerartigen** oder **Giftlilien**, *Melanthaceae* R. Br. oder *Colchicaceae* DC., zur *Endl.* Klasse *Coronariae* zählend. Diese in pharmakologischer Beziehung sehr wichtige Familie umfasst mehrere Gewächse, welche sich durch scharfe, drastisch purgirende oder brechenerregende Eigenschaften auszeichnen, und giftige Alkaloide, wie Colchicin, Veratrin, Sabadillin, Jervin enthalten.

Melanthaceae.

Gewächse mit Knollzwiebel, Wurzelstock oder Faserwurzel.	*Herbae bulbodio vel rhizomăte vel rarius radīce fibrōsa.*
Blätter zerstreut, ganzrandig, am Grunde scheidig.	*Folia sparsa, integerrima, basi vaginantia.*
Blüthen meist zwitterig mit blumenkronenartigem, 6-blättrigem oder 6-theiligem, regelmässigem Perigon.	*Flores plerumque hermaphrodīti, perigonio corollaceo hexaphyllo vel sexfīdo regulari.*
Staubgefässe 6, dem Perigon oder mitunter dem Fruchtboden eingefügt.	*Stamina sena perigonio aut interdum receptaculo inserta.*
Pistill. 3 Griffel, ebensoviel einfache Narben und 3 oberständige mehreiige Karpellen.	*Pistillum. Styli terni; stigmata totidem simplicia; carpella terna supera, pluriovulata.*
Frucht aus 3 einfächrig. Kapseln oder aus einer 3-theiligen, 3-fächrigen Kapsel bestehend.	*Fructus capsulae ternae uniloculares vel capsula tripartibilis trilocularis, introrsum dehiscens.*
Samen eiweisshaltig; Embryo klein, vom Eiweiss eingeschlossen.	*Semina albuminosa; embryo parvus, albumini inclusus.*

Hexandria Trigynia.

Diese Familie wird gewöhnlich in 2 Unterfamilien geschichtet, in:

Colchiceae (mit verkürztem Stamm und mit Knollzwiebel).
Gatt. *Colchĭcum;*

Veratreae (mit verlängertem beblättertem Stamm und gehäuftem Blüthenstande). Gatt. *Verātrum, Sabadilla.*

Gattung *Colchĭcum*, Zeitlose.

Perigon trichterförmig mit sehr langer Röhre, mit 6-theiligem Rande, grundständig.	*Perigonium infundibuliforme, tubo longissimo, limbo sexpartĭto, radicale.*
Staubgefässe im Schlunde der Perigonröhre befestigt, mit in der Länge aufspringenden Antheren.	*Stamina fauci perigonii (summo tubo) inserta, anthēris longitudinaliter dehiscentibus.*
Pistill: 3 sehr lange Griffel und ein Fruchtknoten aus 3 Karpellen bestehend.	*Pistillum: styli terni longissimi et germen ex carpellis ternis constitutum.*
Fruchtkapseln 3, einfächerig, bis zur Mitte zusammengewachsen und an der Spitze nach innen aufspringend.	*Capsulae ternae, uniloculares, a basi ad medium usque connatae, in apĭce introrsum dehiscentes.*

Fig. 859.

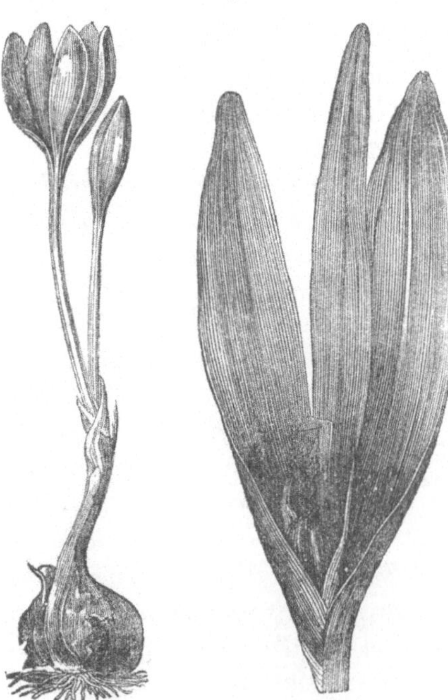

1. Im Herbst.   2. Im Frühling.

Colchĭcum autumnāle, Herbstzeitlose, auf Triften und Wiesen des mittleren Deutschlands, unterscheidet sich durch eine im Herbst aus einer Blumenscheide 1—4 Blüthen, im folgenden Frühling 3 bis 4 lancettliche straffe Blätter und nur von einem sehr kurzen Schafte gestützte Früchte treibende Knollzwiebel, meist lilafarbene Blüthen und fast kugelige runzlige schwarzbraune Samen. Die Knollen (*Bulbi Colchĭci*) werden im Herbst, die Samen (*Semina Colchĭci*) im Mai und Juni eingesammelt. Sie enthalten ein giftiges Alkaloïd, Colchicin, u. eine neutrale stickstoffhaltige giftige Substanz, Colchiceïne.

Colchĭcum autumnāle, ②*; bulbodium (bulbo-tuber) autumno ex spatha aliquot flores, vere subsequente folia tria vel quatuor lanceolata stricta atque fructus scapo brevi suffultos emittens; floribus plerumque lilacinis: seminibus subglobosis rugosis nigro-fuscis.*

Fig. 860.

Fig. 861.

Fig. 862.

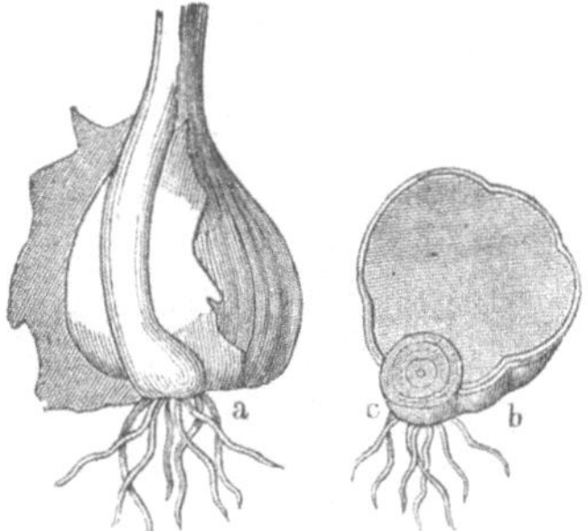

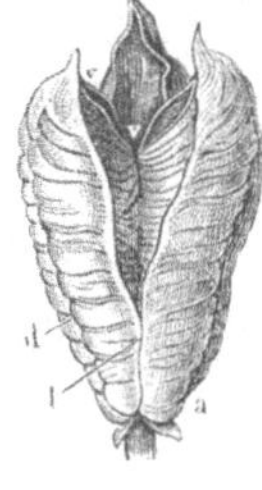

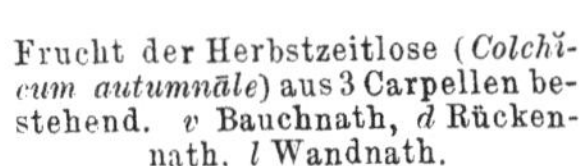

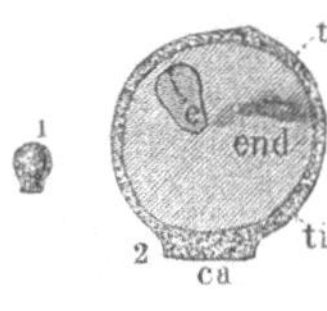

Colchĭcum autumnāle. Seitenständige Knollzwiebel (*bulbodium laterale*). *a* zum Theil von dem braunen Tegment befreit, *b* Querdurchschnitt. *c* zur neuen Knollzwiebel auswachsende Axe.

Frucht der Herbstzeitlose (*Colchĭcum autumnāle*) aus 3 Carpellen bestehend. *v* Bauchnath, *d* Rückennath, *l* Wandnath.

Samen v. *Colchĭcum autumnāle.* 1. Natürl. Grösse. 2. Längsdurchschnitt. *e* Embryo, *end* Inneneiweiss, *t* äussere, *ti* innere Samenhaut, *ca* Samenschwiele (*caruncŭla*).

Gattung *Verātrum,* Germer.

Blätter eirund, der Länge nach gefaltet.	*Folia ovata, longitudinalĭter plicata.*
Blüthen durch Fehlschlagen polygamisch, in Rispen stehend. Blüthenstielchen mit einer Bractee.	*Flores abortu polygămi, paniculati, pedicellis bractĕa suffultis.*
Perigon, bestehend aus 6 eirunden, am Grunde verschmälerten, parallelnervigen, am Rande mit einer drüsigen Linie versehenen (durch Drüschen fast gezähnelten Blättern.	*Perigonium phyllis senis ovatis, ad basin attenuatis, parallelinervibus, in margĭne versū glandularum instructis (glandulis margĭni impositis subdenticulatis).*
Antheren quer-aufspringend.	*Anthērae transversim dehiscentes.*
Griffel 3 kurze.	*Styli terni breves.*
Fruchtkapseln 3, am Grunde verbunden, vielsamig, nach innen klaffend: Samen mehr oder weniger umflügelt zusammengedrückt.	*Fructus. Capsulae ternae, in basi coalescentes, polyspermae, introrsum hiantes; semina plus minusve circumalātu, compressa.*

Verātrum album, weisse Niesswurz, auf Alpenwiesen des südlichen und mittleren Deutschlands, in Varietäten mit weissen und grünen Blüthen, zuweilen in Gärten gezogen, unterscheidet sich durch die unten weichbehaarten Blätter (Fig. 199, 3), durch Bracteen, länger als das Blüthenstielchen und die abstehenden oder zusammenneigenden Perigonblätter. *Verātrum nigrum* hat kahle Blätter, eine filzige Rispe, Bracteen kürzer als das Blüthenstielchen und fast zurückgebogene, so wie (den Staubgefässen gleich) schwarzbraune Perigonblätter.

Fig. 863.

Zwitterblüthe von
Veratrum album.

Fig. 864.

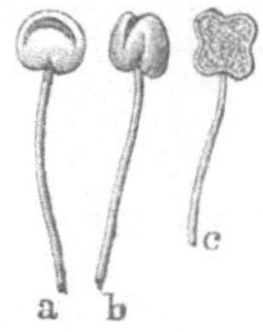

Staubgefässe *a* u. *b*
von zwei Seiten ge-
sehen, *c* deflorirtes
(vergr.).

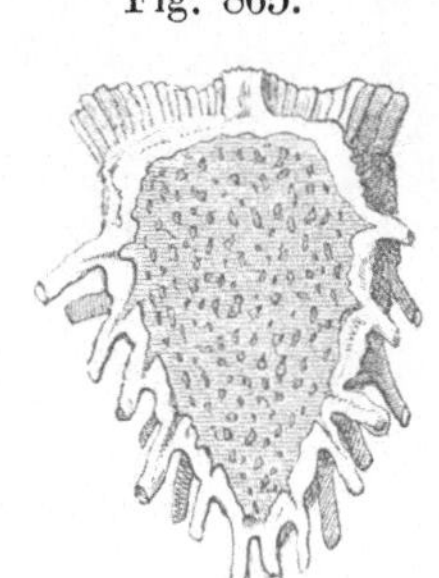

Fig. 865.

Verticaldurchschnitt des Rhizoms der weissen Niesswurz
(*Verātrum album*).

Verātrum album dignoscitur foliis subtus pubescentibus, bractĕis pedicello longioribus, perigonii phyllis patentibus vel conniventibus. Verātrum nigrum differt: foliis glabris, paniculā tomentosā, bractĕis pedicello brevioribus et phyllis perigonii subreflexis, unā cum stăminibus atro-fuscis.

Von *Verātrum album* wird die weisse Niesswurz (*Rhizōma Verātri albi s. Radix Hellebŏri albi*) eingesammelt. Sie enthält die scharfen und Erbrechen bewirkenden giftigen Alkaloïde Veratrin und Jervin.

Sabadilla officinalis Brandt (*Verātrum officinale Schldl.*), in Mexiko, liefert die mit ungeflügelt säbelförmigen Samen (*sem. exalatis acinaciformibus*) gefüllten Früchte, Sabadill (*Fructus Sabadillae*), welche die giftigen Alkaloïde, Veratrin und Sabadillin, enthalten.

Bemerkungen. *Melanthium* (Schwarzblümchen), von μέλας (melas), schwarz, dunkel, und ἄνθος, Blume. — *Colchicum*, griech. κολχικόν, nach der Landschaft Kolchis so genannt. — *Sabadilla* von dem span. *cebadilla*, Gerstenkörnchen.

Lection 147.

Orchideen.

Unter den Monokotylen mit petaloïdischem Perigon begegnen wir auch den Orchideen, *Orchidaceae,* einer der interessantesten Pflanzenfamilien, interessant theils wegen der Mannigfaltigkeit und der nicht selten an das Bizarre streifenden Schönheit ihrer Blüthen, theils wegen der Eigenthümlichkeit des Baues und der Verbindung der Befruchtungswerkzeuge. Wenn den Orchideen der deutsche Namen Fratzenlilien gegeben ist, so sind damit auch die wunderbaren Formen der Blüthen angedeutet. Die grösste Pracht entfalten besonders die Gattungen, welche Bewohner der feuchten Urwälder der Tropen sind.

Die Orchideen sind theils Schmarotzer, theils kriechende Halbsträucher. Viele sind von vornehmlichem Wohlgeruch, welchen sie dem Gehalte eines ätherischen Oels verdanken. Giftige Arten scheinen unter ihnen nicht vorzukommen.

Orchidaceae.

Erdgewächse oder Schmarotzer mit Rhizom oder Faserwurzel oder Knollen und mit einfachen ganzrandigen Blättern.	*Plantae terrestres vel parasiticae rhizomăte v. radice fibrōsa aut tuberifera, foliis simplicibus integerrimis (basi vaginantibus).*
Blüthen zwitterig, mit Deckblättern, oft durch Drehung des Fruchtknotens oder des Blüthenstiels verkehrt.	*Flores hermaphrodīti, bracteati, saepe torsione germinis vel pedunculi resupinati.*
Perigon oberständig, 6-blättrig, blumenkronenartig, unregelmässig, mit einer oft am Grunde mit Höcker oder Sporn versehenen Honiglippe od. unterem grösserem Perigonzipfel.	*Perigonium superum, hexaphyllum, corollinum, irregulare, laciniā inferiore majore vel labello, basi saepe gibbo, vel calcāre instructa.*
Staubgefässe 3, zugleich mit dem Griffel zu einer Griffelsäule verwachsen, davon 1 oder 2 gewöhnlich unfruchtbar; Antheren endständig, 2-fächerig; Pollenkörner zusammengehäuft zu sitzenden od. gestielten Pollenmassen, welche mit ihrer Basis der Narbe oder deren doppelten Drüse (den Haltern) oder einer einfachen Drüse (dem Vorkleber) angeklebt sind.	*Stamĭna terna atque cum stylo in gynostemĭum connata, quorum singula v. bina plerumque sterilia (staminodia); antherae terminales, biloculares; grana pollinis conglobata in pollinaria sessilia vel stipitata (caudiculā stipitata), per basin aut stigmati, aut ejus glandulae duplici (retinacŭlis), aut glandulae simplici (proscollae) agglutinata.*
Pistill mit einer am vorderen Theil der Griffelsäule gelege-	*Pistillum stigmăte sito in anteriore parte gynostemii, arĕam*

nen Narbe in Gestalt eines schleimig-klebrigen Fleckes (dem Narbenfleck), oberhalb häufig in einen Schnabel oder eine Platte verlängert, oft auch mittelst einer Falte die Halter einschliessend.

Fruchtknoten 1-fächerig, mit 3 in Platten gespaltenen, wandständigen Samenträgern.

Frucht 1 Kapsel, meist fensterartig-3-klappig aufspringend, mit in der Mitte samentragenden Klappen, und mit feilstaubähnlichen eiweiss- und samenlappenlosen, meist sehr kleinen Samen; Samenkern inmitten einer lockeren netzartigen Samenhaut.

mucoso-viscōsam (gynixum) exhibente, supra saepius in rostellum vel lamĭnam producto, interdum in sua plica (bursicŭlā) retinacula includente.

Germen uniloculare spermophoris ternis, in lamĭnas fissis, parietalibus.

Capsula saepius fenestratim trivalvis, valvis medio seminiferis, seminibus scobiformibus (i. e. minūtis linearibus rigĭdis), exalbuminosis et acotyleis, plerumque minutissimis, nucleum testā laxiore reticulatā foventibus.

Fig. 866.

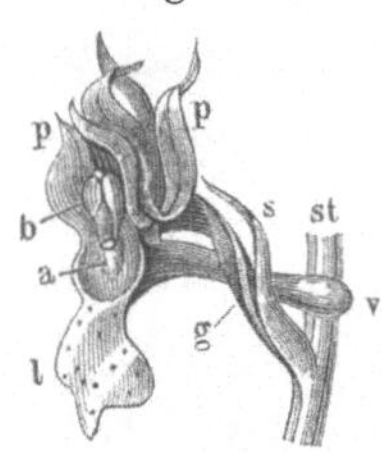

Blüthe von *Orchis mascŭla. st* Stamm, *s* Deckblatt, *g* Fruchtknoten, *pp* 5 Perigonlappen, *l* Honiglippe, *v* Sporn, *a* Narbenfleck, *b* Anthere mit 2 Fächern.

Fig. 867.

Orchis militaris. Ein von einer netzartigen Samenhaut locker eingeschlossener Samenkern. Vergr.

Fig. 868.

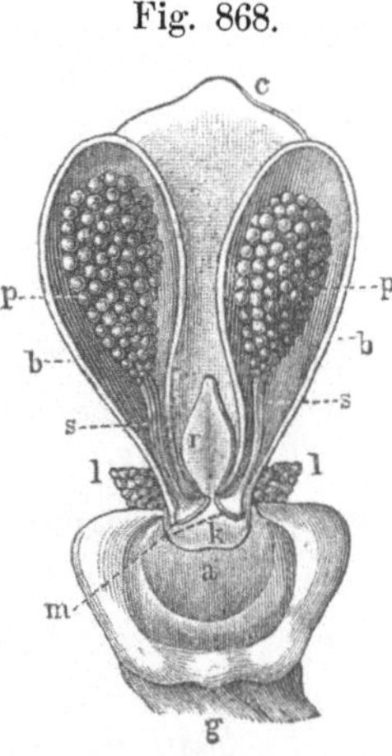

Gynostemium (Orchis militaris), vergr., in der Breitenlänge durchschnitten, um die Pollinarien (*pp*) und die Klebdrüsen (*m*) in dem Beutelchen (*k*) zu zeigen. *c* Connectiv, *r* Schnäbelchen (*rostellum*), *l* unfruchtbare Antheren (*staminodia*). *a* Narbenfleck (*gynixus*).

Fig. 869.

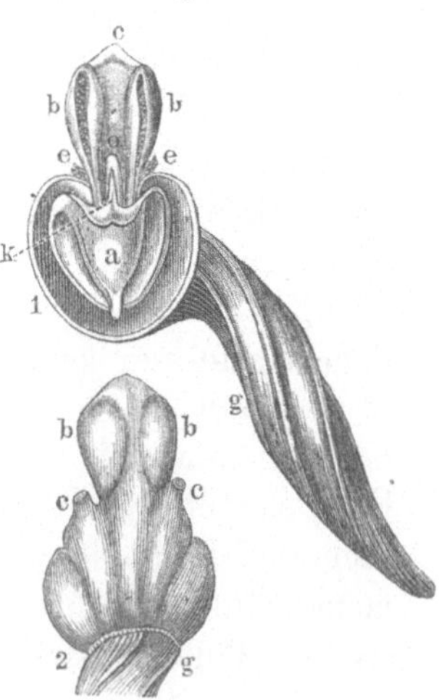

Griffelsäule mit Fruchtknoten (*g*) von *Orchis mascula.* Sie ist von den Perigonlappen befreit. *a* Narbenfleck (*gynixus*), *bb* die beiden Antherenfächer, *c* Connectiv, *o* Schnäbelchen (*rostellum*), *k* Beutelchen (*bursicŭla*), *ee* Staminodien. 2. Die Griffelsäule von hinten gesehen. 3-fache L.-Vergr.

Die vorstehend erwähnten Verhältnisse der Befruchtungsorgane haben wir bereits in den Lectionen 48 und 56 (S. 180
u. 209) kennen gelernt. Die Diagnostik dieser Familie ist dar-
nach eben nicht so schwierig, wie man sonst zu glauben pflegt.

Nach der Zahl der fruchtbaren Antheren theilt man die
Orchideen ein in **Orchideae monandrae** (*Gynandria Monandria*), mit Gattungen, wie *Ophrys*, *Orchis*, *Platanthēra*, *Epipactis*,
Gymnadenīa, *Vanilla*, und **Orchideae diandrae** (*Gynandria
Diandria*), wie *Cypripedium*. Man kennt circa 2000 Orchideen,
es ist also erklärlich, dass man sie in mehrere Unterfamilien
abschichtete, z. B.

Orchideae - **Ophrydeae**. *Herbae terrestres; tubēra hypogaea
bina (alterum quot annis praemoriens); anthēra tota gynostemio adnata, pollinariis binis, granulosis, stipitatis.* Erdgewächse; 2 unterirdische Knollen (von denen eine jedes Jahr abstirbt); Staubbeutel
ganz der Griffelsäule angewachsen, mit 2 körnigen, gestielten
Pollenmassen. Dazu die Gattungen *Orchis*, *Ophrys*, *Gymnadenīa*,
Platanthēra.

Die meisten und auch bei uns heimischen Ophrydeen mit
ungetheilten oder handförmigen Knollen geben Salep, Salep-
knollen (*Tubēra Salep*). Die frischen Knollen werden mit
kochendem Wasser gebrüht und dann getrocknet in den Handel
gebracht. Sie enthalten Schleim, Stärkemehl, Gummi etc.

Gattung *Orchis*, Knabenkraut.

Blüthen in Aehren mit Deck-blättern, sitzend.	*Flores spicati, bracteati, sessīles.*
Perigon rachenförmig, mit gespornter Honiglippe; Sporn meist kürzer als der Fruchtknoten.	*Perigonium ringens, labello basi subtus calcarato; calcar germĭne plerumque brevius.*
Staubbeutel 1, fast gipfelständig, mit einem Schnabel zwischen den beiden Fächern.	*Antherae singulae subterminales, rostello loculis binis interjecto.*
Pollenmassen zwei, gestielt, den von einem 2-fächrigen Beutelchen eingeschlossenen 2 Klebdrüsen (Haltern) aufgeklebt.	*Pollinaria bina stipĭtata, retinaculis binis, in bursicula bilocu-lari inclusis, agglutinata.*
Fruchtknot. gedreht, 6-riefig.	*Germen tortum, sexcostatum.*

Orchisarten mit ungetheilten Knollen sind: *Orchis Morĭo,
mascŭla, militaris, palustris Jacq., purpurea Huds.*, mit handförmigen Knollen: *Orchis latifolia, maculata.*

Orchis mascula, Knabenkraut, *foliis lanceolatis oblongisve; bractĕis uninerviis, germen aequantibus; perigonii laciniis acutis, superioribus tribus galeato-conniventibus, duobus exterioribus patentibus, labello trilobo, lobis latis crenulatis; calcāri obtuso adscendente, germen aequante; floribus purpureis.*

Fig. 870.

Fig. 871.

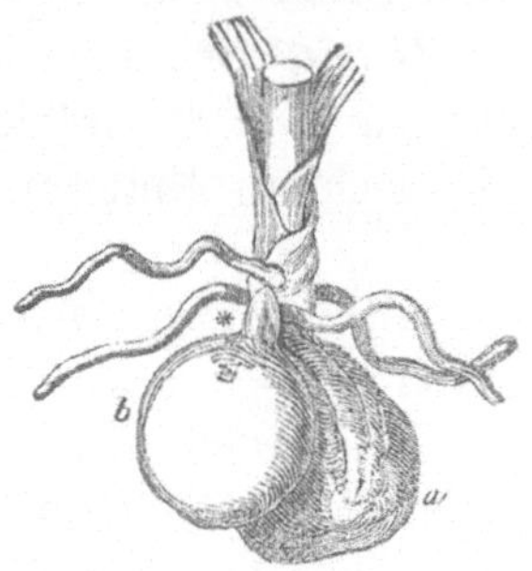

Ungetheilte Doppelknolle von *Orchis Morio*. Hodenförmige Knollen (*tubĕra testiculāta s. scrotijormĭa*). *a* Alte Knolle.

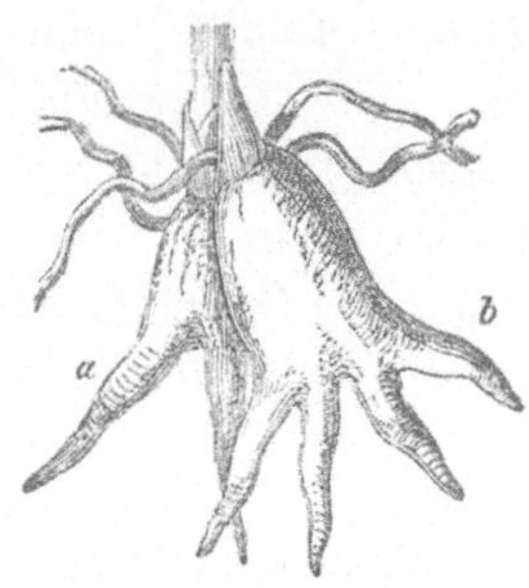

Handförmiggetheilte Orchisknollen (*tubĕra palmata*) von *Orchis latifolia et maculata*. *a* Alte Knolle, *b* jüngere.

Orchis Morio differt: perigonii laciniis obtusis, omnibus in galeam conniventibus (stumpfe, zu einem Helm zusammengeneigte Perigonlappen).

Orchis militāris a praecedente differt: bracteis brevissimis, laciniis labelli lateralibus linearibus, calcāri descendente, quam germen duplo breviore. Floribus carnĕis.

Orchis latifolia ab Orche mascula differt: caule fistuloso, foliis oblongis, saepe fusco-maculatis, bracteis trinervibus, inferioribus flore longioribus; calcāri descendente et breviore germine.

Orchis maculata a praecedente differt: caule solido foliis oblongo-lanceolatis, bracteis in media spica germen aequantibus.

Alle diese Arten kommen bei uns auf Wiesen und waldigen Triften vor. *Orchis militaris* verbreitet getrocknet den Geruch von Cumarine. Ueberhaupt ist dieser indifferente krystallisirende Körper bei den Orchideen nicht selten. Reich daran ist z. B. der Fahamthee, die Blätter von *Angraecum fragrans* Thouars, einer Orchidee der Mascarenhasinseln (östlich von Madagaskar).

Die Gattung *Platanthēra* weicht von Orchis ab: durch die von einander abstehenden Antherenfächer ohne dazwischen liegenden Schnabel und durch nackte Klebdrüsen. *Platanthēra bifolia* zeichnet sich durch angenehmen, besonders des Abends hervorbrechenden Geruch aus.

*Orchideae-***Neottieae.** *Anthēra terminalis; pollinaria farinosa sessilia.* Gattungen *Epipactis, Spiranthes, Neottia*.

*Orchideae-**Arethuseae**. Anthēra terminalis, opercularis* (deckel-artig aufspringend); *pollinaria granulosa*. Gatt. *Vanilla. Arethusa* etc.

Vanilla: Ein gegliedertes Perigon, eine spornfreie Honig-lippe, 5 abstehende Perigonblätter, eine verlängerte, oberhalb mit einem Rande versehene Grif-felsäule und eine 2-klappige Fruchtkapsel mit Mus gefüllt, worin die von einer dicht anlie-genden Samenschale umschlosse-nen Samen nisten.

Vanilla: perigonium articu-latum, labello ecalcarato laciniisque quinis patentibus: gynostemium elongatum, superne marginatum; capsula longa bivalvis, pulpā far-cta, seminibus testae arctae inclu-sis, in pulpa nidulantibus. Plan-tae parasiticae.

Vanilla aromatica Sw., in Südamerika, *V. planifolia An-drw..* in Mexiko, *V. Pompōna Schiede* in Mexiko und Guiana, geben in ihren nicht ganz reifen Früchten Vanillensorten des Handels. Die besseren Sorten sind mit kleinen farblosen Kry-stallen der Vanilline, eines stearoptenähnlichen Körpers, be-deckt.

Orchideae - **Cypripedieae.** *Antherae duae laterales fertiles, intermedia sterilis, petaloïdea.* Die Art *Cypripedium Calceolus*, Frauen-schuh, findet sich bei uns hier und da auf Kalkboden in Laub-wäldern. Sie ist interessant durch die schöne Form der Blüthe.

Fig. 872.

Vanilla aromatica. Mit Blüthen und Früchten. (¹⁄₄ L.-Gr.)

Fig. 873.

Querdurchschnitt der Vanillenfrucht (4-fache Lin.-Vergr.).

Bemerkungen. *Orchis*, Gen. *orchis* (ὄρχις), so benannt wegen der hoden-förmigen Wurzel. — *Platanthēra* (breite Anthere), πλατύς (platys), breit. — *Cypripedium* (Venusschuh), Κύπρις (Cypris), Beiname der Venus; *pes, pedis,* Fuss. — *Calceolus*, Schuh. — *Neottia*, griech. νεοττιά, Nest, wegen der wie ein Nest gestalteten Wurzel.

Lection 148.

Irideen. Zingiberaceen. Junceen.

Die Schwertlilien, *Irideae*, *Iridaceae*, Monokotylen mit Perigon, zur *Endl.* Klasse *Ensatae* gehörend, bieten hauptsächlich in den Narben des *Crocus sativus* ein Medicament, und dann in dem Rhizom der *Iris Florentina* die indifferente und nur wohlriechende Veilchenwurzel (*Rhizoma Irĕos s. Irĭdis Florentīnae*).

Iridaceae.

Aestige Rhizome oder Zwiebelknollen, selten Faserwurzeln.	*Rhizomăta ramosa vel bulbodia, rarius radĭces fibrosae.*
Blätter ganzrandig, schwertförmig, reitend, 2-reihig (ausgenommen bei *Crocus*).	*Folia integerrima, ensiformia, equitantia, distĭcha (Croco excepto).*
Blüthen von scheidenartigen Bracteen eingeschlossen.	*Flores bractĕis spathacĕis (spathis) inclusi.*
Perigon oberständig, 6-theilig, corollenartig, bisweilen ungleich und fast lippig.	*Perigonium superum, sexpartitum, corollaceum, interdum inaequale et sublabiosum.*
Staubgefässe 3, dem Grunde der äusseren Perigonlappen eingefügt, mit nach aussen gewendeten Staubbeuteln.	*Stamina terna, basi laciniarum exteriorum perigonii inserta, anthēris extrinsĕcus versis.*
Pistill mit 1 Griffel, 3 meist verbreiterten und blumenblattartigen Narben, einen 3-fächrigen Fruchtknoten, mit gegenläufigen 2-reihigen mittelständigen Ei'chen.	*Pistillum. Stylus unus; stigmăta terna, plerumque petaloïdeo-dilatata; germen (carpophyllorum marginibus introflexis) triloculare, ovulis anatrŏpis biserialibus centralibus.*
Frucht eine fachspaltig-3-klappige Kapsel mit eiweisshaltigen Samen.	*Fructus capsula loculicido-trivalvis (valvis medio septifĕris), seminibus albuminosis.*
Embryo häufig in der Axe des Eiweisses, mit nach dem Nabel gerichtetem Würzelchen.	*Embryo saepius axĭlis, radiculā hilum spectante.*

Gattungen sind *Iris, Crocus, Gladĭŏlus.* *(Triandria Monogynia.)*

Iris unterscheidet sich durch die 3 äusseren herabgebogenen
und die 3 inneren aufrechten Perigonlappen und die petaloïdischen Narben.   Arten sind *Iris pallĭda Lmk* mit blassblauen Blü-

Fig. 874.

Fig. 875.

Diagramm der Blüthe einer *Iris*. In der Mitte
das Pistill mit den blumenblattartigen Narben;
den Narben gegenüber die nach aussen gewendeten Antheren und um den Staubblätterkreis das
6-theilige Perigon in 2 Wirteln, mit inneren aufrechtstehenden, und äusseren abwärtsgebogenen
Perigonzipfeln. Letztere in der Mitte gebärtet.

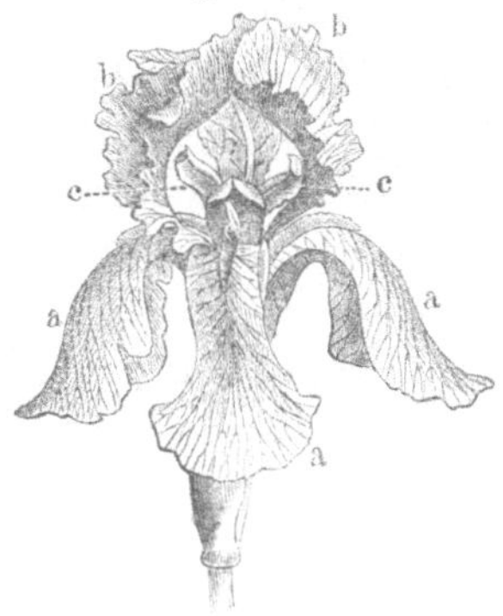

Flos Iridis. a a a *Laciniae perigonii exteriores
reflexae*, b b b *interiores erectae*, c *stigmata.*

then, *I. Florentīna*, weissblühend (beide in Italien).   Sie geben
Rhizōma Irĭdis.   Bei uns kommen vor *Iris Germanica* mit dunkel-
blauen, und *Iris Pseudacŏrus* mit gelben Blüthen.

Fig. 877.

Fig. 876.

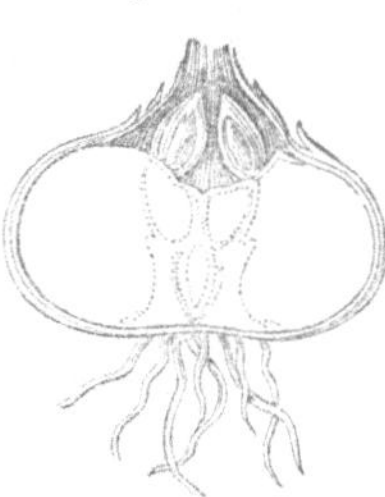

Knollzwiebel (*bulbodium*) von *Crocus satīvus* im
Verticaldurchschnitt, über der Zwiebelscheibe
die Brutzwiebeln.

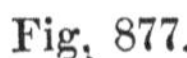

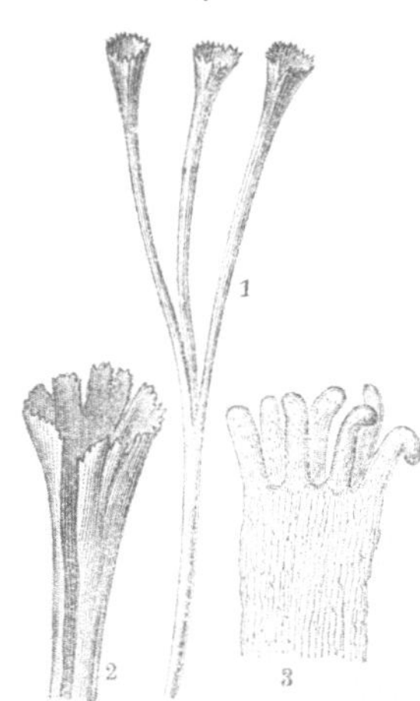

Crocus satīvus (Safran). 1. Narbe (*stigma trifĭdum cum lacinĭis incisis*), etwas vergr. 2. Narbe
4 fach vergr. 3. Ein Stück des Narbenrandes
mit Papillen besetzt, 120 fach vergr.

Crocus ist charakterisirt durch ein regelmässiges, trichter-
förmiges, sehr langröhriges, aus der Zwiebelknolle aufsteigendes

Perigon mit 6-theiligem Saume, 3 oberhalb breitere, röhrig- oder
kapuzenförmig-eingerollte Narben (*stigmata tubuloso- vel cucullato-
involūta*) und einen der Zwiebelknolle fast aufsitzenden Fruchtknoten. — *Crocus satīvus*, mit 2-blättriger Blumenscheide (*spatha
diphylla*) liefert in seinen sehr langen Narben, welche mit dem
Perigon gleich hoch stehen (*stigmata perigonium aequantia*) den
Safran (*Crocus*). Diese Art wird besonders in Spanien, Frankreich und Oesterreich angebaut. — *Crocus vernus* (Frühlingssafran)
unterscheidet sich durch eine 1-blättrige Scheide und eine Narbe
von ungefähr der halben Länge des Perigons.

Gladiolus hat kurze flache Narben und ein rachenförmiges
Perigon (*perigonium ringens*). Arten sind *Gladiŏlus paluster* Gaud.
und *G. communis* (Siegwurz), beide bei uns heimisch.

Eine andere monokotylische Familie mit petaloïdischem Perigon,
welche zu der *Endl.* Klasse *Scitaminĕae* (Gewürzlilien, Bananengewächse) und zur *Monandria Monogynia* gezählt wird, bilden
die Zingiberaceen, *Zingiberaceae* (oder *Scitaminaceae Brown*).
Ihre Gattungen, von denen viele sehr gewürzreich (*aromăte
scatentes*) sind, finden sich in grösster Menge in Ostindien, wenige
in den heissen Erdstrichen anderer Erdtheile.

Alpinĭa Galanga Roscoe, ♃ auf den Sundainseln, giebt *Rhizoma
Galangae majoris*, ferner *Zingĭber officinale Roscoe*, in Ostindien,
den Ingwer (*Rhizoma Zingibĕris*). *Curcŭma Zedoaria Roscoe* giebt
die Zittwerwurzel (*Rhizōma Zedoariae*). *Curcuma leucorrhiza
Roxb.* und *Curcuma longa*, ♃ und in Ostindien zu Hause, geben
Curcuma (*Rhizoma Curcŭmae*), *Elettarĭa Cardamōmum Roxb.*
und andere *Elettaria*-Arten die Kardamomen, theils als Früchte,
theils als die aus der Fruchtschale genommenen Samen (*Semen
Cardamomi*). *Cardamōmum minus s. Malabaricum* ist die gewürz-
reichere und officinelle Sorte. Die Paradieskörner (*Grana
Paradīsi*) sind die Samen von *Amomum granum Paradīsi Afz.*
(in Guinea). Ihre gewürzhaften Bestandtheile bestehen meist in
flüchtigem Oel, aromatischem Weichharz, indifferentem Bitterstoff.
Die Rhizome enthalten ausserdem auch Stärkemehl, und aus einigen
Curcŭma-Arten (*Cur. leucorrhīza, angustifolia*) wird sogar das ost-
indische Arrow-Root (spr. ärroruht) dargestellt. Das Rhizom von
Curcŭma longa enthält gelben Farbstoff (Curcumine).

Zu erwähnen wäre noch unter den Monokotylen mit petaloïdischem Perigon die Fam. der Binsen od. Simsengräser, *Junceae,*

Juncaceae. Dieselbe bildet neben den Smilaceen, Liliaceen, Melan-
thaceen eine Ordnung der *Endl.* Klasse *Coronariae* (Kronenblüthige).

Die Junceen haben einen vollen (nicht hohlen), knotigen
Stengel, am Grunde scheidige, alternirende, flache oder cylindrische
Blätter, ferner Zwitterblüthen, ein 6-blättri-
ges unterständiges regelmässiges bleibendes
balgartiges Perigon, meistens 6 Staubgefässe,
einen freien Fruchtknoten, einen 3-narbigen
Griffel, eine 1- oder 3-fächrige, 3-klappige
Kapselfrucht.

Fig. 878.

Blüthe einer Juncee (Hainsimse
Luzŭla). Vergr.

*Juncaceae dignoscuntur: caule farto
nodoso, foliis alternis, basi vaginantibus, plus
minusve planis v. cylindricis, floribus hermaphroditis, perigonio hexaphyllo glumaceo hy-
pogyno regulari persistente, staminibus saepissime senis, germine singulo libero, stylo singulo,
stigmatibus ternis, capsula uni- vel triloculari, trivalvi.*

Das Perigon der Junceen nennt man balgartig, spelzen-
artig (*glumacĕum*), weil seine braunen Blätter mit den Deckblättern oder mit den Spelzen der Gräser viele Aehnlichkeit
haben.

Juncus effŭsus (mit weitschweifiger Trugdolde, *cyma effusa*),
Juncus conglomeratus (mit geknäuelter Trugdolde, *cyma conglomerata*),
Luzŭla vernalis Desv., sind bei uns häufige Junceen.

Bemerkungen. *Curcŭma* oder *Curcŭma* ist dem indischen kurkum, dem
Volksnamen der Pflanze entnommen.

Lection 149.

Gramineen. *Gramineae-Hordeaceae.*

Die Familie der Gräser, *Gramineae s. Gramĭna*, zum Unterschiede von den Cyperaceen auch wohl Süssgräser genannt,
ist neben den Cyperaceen eine Ordnung der *Endl.* Klasse *Glumaceae* (Spelzenblüthige). Sie ist in einer grossen Menge von
Arten mit Ausnahme des hohen Nordens über alle Himmelsstriche verbreitet und gewährt durch den Kleber- und Stärke-

gehalt ihrer Samen und den Zuckergehalt ihrer Stengel Nahrung für Menschen und Thiere. Genau genommen giebt sie keine Arzneistoffe, denn Zucker, Malz, Graupe, Hafergrütze, Stärkemehl etc. müssen wir den Nahrungsmitteln zuzählen.

Von der schwesterlichen Familie der Sauergräser, *Cyperaceae*, unterscheiden sich die Gramineen im Allgemeinen durch Stengel mit hervorstehenden Knoten, welche den Cyperaceen gänzlich fehlen. Die Gramineen haben gewöhnlich einen hohlen röhrigen Stengel und eine gespaltene Blattscheide, die Cyperaceen einen vollen, fast knotenlosen Stengel und eine ganze oder geschlossene Blattscheide. Beide Spelzenblüthige sind also auf den ersten Blick zu unterscheiden. Im Uebrigen bewahren beide Familien die Charaktere der Monokotylen.

Fig. 879.

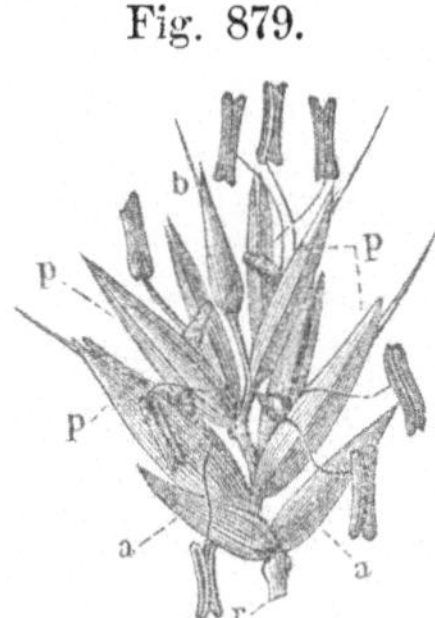

Ein blühendes Gras-Aehrchen (*spicŭla*). *aa* Balgspelzen (*glumae*), *b* unentwickeltes Blüthchen, *p* die Spelzen oder die die Blüthchen scheidenartig umfassenden Blätter (*palĕae*), *r* Spindelchen (*rhacheŏla*).

Fig. 880.

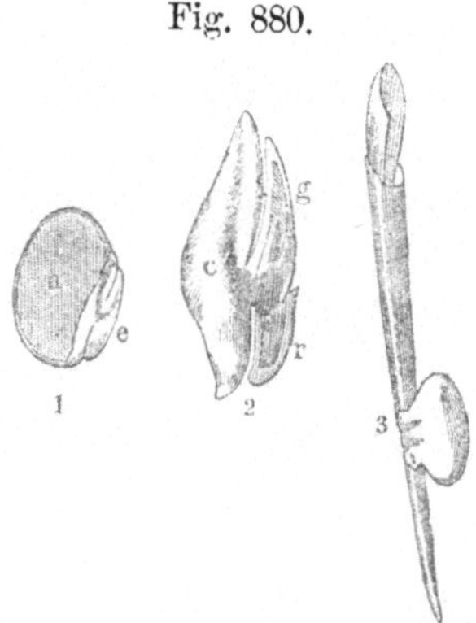

1. Längsdurchschnitt der Frucht des Mais (*Zea Mays*). *e* Embryo, seitlich vom Eiweiss, *a* Eiweiss. Vergr. 2. Der Embryo. *g* Federchen, *r* Würzelchen, *c* Cotyledone (*scutellum*). 3. Die Frucht, keimend.

Gramineae.

Faserwurzel. **Stengel meist** einfach, rund u. röhrig (*Saccharum* ausgenommen), mit ringförmigen aufgetriebenen, innen geschlossenen Knoten (Halm).	*Radix fibrosa. Caulis plerumque simplex, teres, fistulosus (Saccharo excepto), nodis annularibus tumĭdis, intus clausis (culmus).*
Blätter zweireihig abwechselnd, einfach, parallelnervig, ganzrandig, am Grunde scheidig; Scheide gespalten, oberhalb mit einem Blatthäutchen versehen.	*Folia distĭche alterna, simplicia, parallelinervia, integerrima, basi vaginantia; vagina antĭce fissa, ligulā membraneaceā munīta (superne ligulata).*

Blüthen zwitterig oder diclinisch, in aus Aehrchen zusammengesetzten Aehren oder Rispen.

Das Aehrchen besteht aus 2 leeren abwechselnd stehenden Deckblättern (Balgspelzen) u. einer kleinen Spindel, welcher 1 od. mehrere Blüthen 2-zeilig aufsitzen: jede Blüthe, nur aus den Geschlechtsorganen bestehend, ist unterstützt von 2 Deckblättchen (Spelzen).

Staubgefässe gewöhnlich 3, unterständig, mit fadenförmigen Fäden: Antheren 2-fächerig, an beiden Enden gespalten.

Pistill. Fruchtknoten frei, 1-fächerig, 1-eiig: Griffel gewöhnlich 2, gegen ihre Basis zuweilen mit einander verwachsen: Narben 2, oft federartig oder pinselförmig.

Nebenblumenblätt. (Schüppchen, Nectarien) meist 2, an der Basis des Deckblättchens vor dem Pistill.

Schalfrucht (Balgfrucht, Pericarp mit dem Samen verwachsen) frei oder den Deckblättchen angewachsen (mit Spreublättchen berindet), mit mehligem Eiweisskörper: Embryo seitlich vom Eiweiss, mit einem schildchenförmigen, aussen mit einer Längsfurche versehenen Samenlappen; Würzelchen nach unten gerichtet.

Flores hermaphrodīti vel diclini, spiculis spicati vel paniculati.

Spicula composita ex bracteis binis alternantibus (glumis, calyce glumaceo L.) et racheŏlā, cui flores singuli vel plures disfiche impositi sunt; singuli flores, genitalia tantum constituentes, bracteolis binis (palĕis; corollā glumaceā L.) fulti.

Stamina plerumque terna, hypogyna, filamentis filiformibus; antherae biloculares, utrinque bifidae.

Pistillum. Germen liberum, uniloculare, unioculatum; styli plerumque bini, ad basin interdum coalescentes; stigmata bina, saepe plumosa vel penicillata.

Parapetăla (squamulae, nectaria) plerumque bina, in basi bracteolae ante germen sita.

Caryōpsis (pericarpio cum semĭne connāto) libĕra vel cum bracteolis connata (palĕis corticata), albumine farinaceo; embryo lateralis, cotyledŏne scutŭliformi, extrinsĕcus exaratā sulco longitudinali; radicula infĕra (ad basin fructus versa).

Die Gramineen haben bis auf wenige Ausnahmen eine Stelle in der *Linné*'schen Klasse III, Ord. 2, *Triandria Digynia*. Ausnahmen sind z. B. *Anthoxanthum* (II., 2), *Orȳza* (VI., 2), *Bambūsa,*

Bambusrohr (VI., 1). *Zēa*, Mays *(Monoecia Triandria)*. Von *Kunth* wurde diese Familie in eine Menge Unterfamilien oder Tribus abgetheilt, welche je nach der Form des Blüthenstandes 2 Reihen bilden. Einen ährenförmigen Blüthenstand haben z. B. *Hordeaceae*, einen rispenartigen: *Phalarideae, Oryzeae, Paniceae, Arundinaceae, Avenaceae, Festucaceae, Andropogoneae, Olyreae.*

Gramineae-**Hordeaceae.** *Spica terminalis solitaria, spiculis sessilibus.* Aehre endständig, einzeln, mit sitzenden Aehrchen. Gattungen *Hordĕum, Secāle, Triticum, Lolium, Agropȳrum.*

Agropȳrum mit vielblüthigen Aehrchen, welche mit ihrer Breitenseite gegen die Spindel gerichtet sind; ferner mit 2 lancettlichen, 3- oder 5-nervigen Balgspelzen und spelzrindiger Caryopse, ♃; (*spiculis multifloris, latitudine rhachim spectantibus, glumis binis lanceolatis, trivel quinquenerviis, caryōpse cum paleis connatā. Herbae redivivae*).

Von *Agropȳrum* giebt es bei uns 2 Arten, *A. repens* und *canīnum*, von denen erstere in ihren zuckerhaltigen Stolonen die Quekkenwurzel (*Rhizōma Gramĭnis*) liefert.

Agropȳrum repens Beauv. (*Triticum repens L.*), Quecke, mit einem sehr lange kriechende Ausläufer treibenden, nach oben rauhen Stengel, 2-zeiliger Aehre, fast 5-blüthigen, von einander entfernten Aehrchen und flachen, nur oberseits auf den Nerven rauhscharfen Blättern; (*caule stolonibus repentibus elongatis, superne scabro, spicā distichā, spiculis subquinquefloris remotis, floribus plus minusve aristatis, et foliis planis, supra in nervis scabris*).

Agropȳrum canīnum Beauv. (*Triticum canīnum Schreb.*), Hundsweizen, weicht ab durch den Mangel der Stolonen, durch langgegrannte Blüthen und durch die scharfe Rauhigkeit auf beiden Blattseiten; (*differt: stolonibus deficientibus, floribus longe aristatis et foliis utrinque scabris*).

Fig. 881.

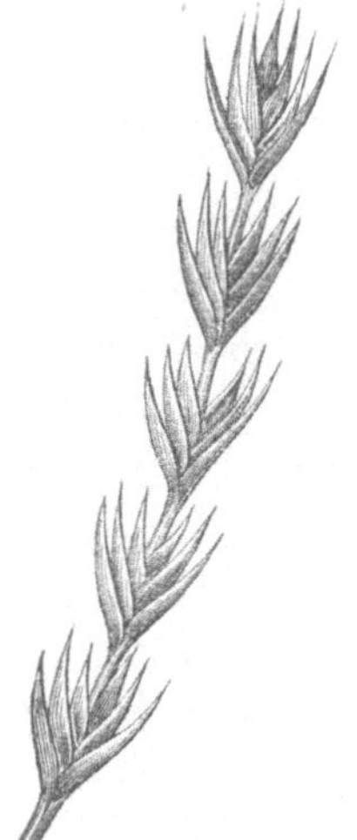

Aehre (*spica*) der Quecke (*Agropȳrum repens* Beauv.). *Spiculae latĕre latiore rhachim spectantes.*

Fig. 882.

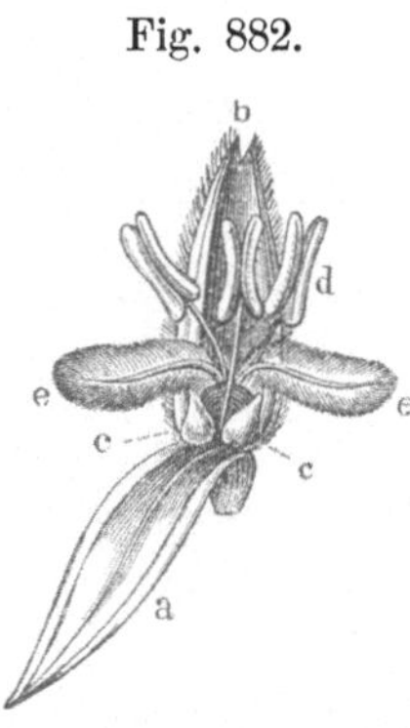

Agropȳrum repens. Einzelne Blüthe, *a* äussere Spelze (*palea exterior*), zurückgeschlagen, *b* innere Spelze (*palea interior*), *c* Saftschuppen (*squamulae*), *d* Staubgefässe, *e* fedrige Narbe (*stigma plumosum*). Vergr.

Die Abscheidung der Gatt. *Agropȳrum* von der Gatt. *Triti-cum* war nöthig, denn letztere hat bauchige Balgspelzen und neben fruchtbaren stets unfruchtbare Blüthen im Aehrchen.

Triticum (Weizen), *Secale* (Roggen) und *Hordeum* (Gerste) umfassen in ihren Arten meist Getreidegräser, denn sie geben in ihren Früchten wichtige Nahrungsmittel. Sie gehören wie *Agro-pȳrum* der Unterfamilie *Hordeaceae* an.

Die Gatt. *Triticum* weicht von anderen verwandten Hordeaceen ab durch eiförmige oder längliche bauchige Balgspelzen, einen birnförmigen, an seiner Spitze haarigen Fruchtknoten, eine freie oder berindete, an der Spitze haarige Caryopse; (*differt a*

Fig. 883. Fig. 884.   Fig. 885.   Fig. 886.

Aehre (*spica*) der zweizeiligen Gerste (*Hordeum distichon*). Aehre des Winterweizens (*Tri-ticum vulgare hibernum*). Rispe (*panicŭla*) des Hafers (*Avēna satīva*). Aehre des Roggens (*Secāle ce-reāle*).

reliquis: glumis ovatis vel oblongis, ventricosis, germĭne piriformi, apĭce piloso, atque caryopse apĭce pilosa, libĕrā (cum paleis non con-nata) vel corticatā.

Arten mit freier Caryopse und zäher Spindel sind: *Triticum vulgare, turgĭdum, durum, Polonicum,* mit einer mit Spelzen berindeten (den Spelzen angewachsenen) Caryopse: *Triticum Spelta* (Dinkel, Spelz), *dicoccum* (Emmerweizen), *monococcum* (Einkorn).

Triticum vulgare Vill., Weizen, mit stumpf-4-eckiger Aehre, fast 4-blüthigem Aehrchen, bauchigen, eiförmigen, abgestutzten, stachelspitzigen, auf dem Rücken undeutlich gekielten, abgerundet-convexen Balgspelzen (d. h. dieselben auf dem Rücken rund-

convex mit undeutlich hervorragendem Mittelnerv); *spica tetragōna,
spiculis subquadrifloris, glumis ventricosis ovatis truncatis mucronatis,
in dorso obsolēte carinatis, rotundato-convexis (i. q. glumis in dorso rotundato-convexis nervo obsolete prominulo).*

Varietäten sind *Triticum vulgare aestīvum* (Sommerweizen ①)
mit begrannten Blüthchen (*flosculis aristatis*), und *Triticum vulgare hibernum* (Winterweizen ②) mit fast grannenlosen Blüthchen
(*floribus submutīcis*).

Triticum turgĭdum (Engl. Weizen) *differt: carīnā totā prominente
subalaeformi in dorso glumae ventricosae, Triticum Spelta* (Dinkel)
*differt: spicā laxe imbricato-distīchā compressā tetragonā et caryopse
cum paleis connatā.*

Die Gattung *Secāle*, Roggen, hat 2-blüthige, mit der Breitenseite zur Spindel gerichtete Aehrchen mit dem Ansatz einer
dritten Blüthe, 2 pfriemenförmige, fast hinterwärts stehende, die
Blüthchen nicht umfassende Balgspelzen; 2 Spelzen, äussere
an der Spitze gegrannt; eine freie, an der Spitze behaarte Caryopse; (*spiculae latitudine rhachim spectantes, biflorae, flore tertio
rudimentario; glumae binae subulatae subpostīcae, flosculos non am-
plexantes; palearum exterior apice aristata; caryopsis libera,
apice pilosa*). Art *Secāle cereale* (gewöhnlicher Roggen, Korn,
① u. ②) mit zäher Spindel und mit Balgspelzen kürzer als das
Aehrchen (*rhachi tenāci spiculisque glumas superantibus*). Es giebt
als Abarten Winterroggen (*hibernum*), Sommerroggen (*vernum*),
Staudenroggen (*multicaule*).

Die Gattung *Hordĕum*, Gerste, hat zu 3 stehende, 1-blüthige
Aehrchen mit dem Ansatz einer zweiten Blüthe, 2 pfriemenförmige,
den Spelzen entgegengesetzte, nebeneinander und nach vorn
stehende Balgspelzen, nebst äusserer, nach vorn stehender, an der
Spitze begrannter Spelze; eine am Scheitel behaarte, den Spelzen
anhängende, selten freie Caryopse; (*spiculae ternae uniflorae cum
flore altero rudimentario; glumae lanceolato-lineares, subulatae
planiusculae subcollaterales antīcae; palearum exterior aristā apicali;
caryopsis in vertīce pilosa, paleis adhaerens, rarius libera*).

Bei *Hordeum vulgare* (4-zeilige Gerste) und *Hordeum hexastĭchon* (6-zeilige Gerste) halten die Aehrchen sämmtlich Zwitterblüthen, bei *Hordeum distĭchon* (2-zeilige G.), *H. Zeocrīthon* (Bart-
gerste), *H. murīnum* (Mäusegerste) haben die seitlich stehenden
Aehrchen eine männliche oder geschlechtslose Blüthe.

Hordeum vulgare, mit fruchttragender 4-eckiger 6-zeiliger
Aehre, je 2 Zeilen auf beiden Seiten stärker vorspringend (*spica
fructifĕra tetragōna hexasticha, seriebus binis lateralibus utrinque pro-*

minulis). Bei *H. hexastichon* springen alle 6 Aehrchenreihen gleich stark vor, bei *H. distichon* sind nur die in der Mitte stehenden Aehrchen zwitterblüthig, fruchtbar und gegrannt und die seitenständigen männlich und wehrlos, *H. Zeocrithon* unterscheidet sich von der vorhergehenden durch fächerförmig-abstehende Grannen, und *H. murinum* durch seitliche männliche gestielte, mittlere sitzende zwitterblüthige und sämmtlich gegrannte Aehrchen.

Hordeum hexastichon differt: seriebus spicularum senis aequaliter prominentibus, H. distichon spiculis lateralibus sterilibus, intermediis hermaphroditis fertilibusque aristatis, H. Zeocrithon aristis flabelliformi-patentibus. H. murinum differt: spiculis lateralibus pedicellatis masculis, intermediis sessilibus hermaphroditis, omnibus aristatis.

Die Gerstenarten geben in ihren von den Spelzen befreiten Früchten die Gerstengraupe (*Semen Hordei excorticatum*) und in den gekeimten und dann getrockneten Früchten das Malz (*Maltum Hordei*). — Weizenarten geben Weizenmehl (*Farina triticea*), und daraus bereitet man Semmelkrumme (*Mica panis*) und Stärkemehl (*Amylum triticeum*).

Bemerkungen. *Agropyrum* (Ackerweizen); ἀγρός (agros), Acker, πυρός (pyros), Weizen. — *Zeocrithon* (Speltgerste); ζεά (zea), Spelt, Dinkel; κριθή (krithä), Gerste. (Also nicht *Zeocrithon*). — Die von Thieren abgeleiteten Adjectiva auf -*inus, a, um*, haben meist ein *ī*. Daher *murīnum* (*mus, muris*, Maus).

Lection 150.

Gramineen (Forts.). (*Phalarideae, Oryzeae, Avenaceae, Andropogoneae, Olyreae.*)

Die Unterfamilie oder der Tribus *Gramineae-Phalarideae* gehört zu der Abtheilung mit rispenartigem Blüthenstande.

*Gramineae-***Phalarideae.** *Inflorescentia paniculata, spiculis a latere compressis, unifloris, cum rudimentis singulis vel binis floralibus, stigmatibus ex apice floris eminentibus.* Rispen mit von der Seite zusammengedrückten 1-blüthigen Aehrchen mit 1 oder 2 Blüthenansätzen, und Narben, welche aus der Spitze der Blüthe hervortreten. Gattungen: *Phalāris, Anthoxanthum.*

Bei *Phalāris* ist die Blüthe an ihrem Grunde durch 2 kleine Schüppchen (2 unfruchtbare kleine Blüthchen) vermehrt, die Balgspelzen sind schiffartig gekielt und länger als die Blüthe, die Spelzen nicht gegrannt und die Caryopsen berindet (von den Spelzen eng bedeckt); *flos in basi sua squamis duabus minutis (floribus binis sterilibus) auctus; glumae naviculari-carinatae, flore longiores; paleae muticae; caryopses paleis arcte obtectae.*

Phalāris Canariensis (Kanarisches Glanzgras), im südl. Europa, mit auf dem Rücken geflügelten Balgspelzen, giebt den Kanariensamen *(Fructus Canariensis)*, und *Phalaris arundinacea* (Rohrglanzgras), Variet. *picta*, mit ihren schön weiss gestreiften Blättern *(foliis albo-striatis)* ist das bekannte, in Gärten häufige B a n d g r a s, T ü r k i s c h e s G r a s.

Anthoxanthum hat Aehren mit 3 Blüthen, von denen die zwei unteren 1-spelzig *(unipaleacei)*, geschlechtslos und gegrannt sind. Die mittlere Blüthe ist 2-spelzig, zwitterig und ungegrannt. Die Schüppchen *(squamulae s. parapetăla)* fehlen, und die Caryopse ist berindet. *A. odoratum*, Tonkagras, Melilotengras, theilt dem Heu den angenehmen Geruch mit.

*Gramineae-***Oryceae.** *Inflorescentia paniculata, spiculis uni- vel subbi- vel subtrifloris, a latĕre compressis.* Rispen mit 1- oder fast 2-, oder fast 3-blüthigen, von der Seite zusammengedrückten Aehrchen. Antheren mehr als 3. Gatt. *Orȳza.*

Orȳza hat 1-blüthige Aehrchen, Balgspelzen sehr klein und weit kürzer als das Blüthchen, 6 Staubgefässe, 2 Schüppchen, und eine berindete Caryopse; *(spiculae uniflorae; glumae minūtae et flosculo multo breviores; stamina sena, squamulae binae et caryopsis paleis corticata). Hexandria Digynia* (VI., 2).

Orȳza satīva, Reis, unter warmen Himmelsstrichen angebaut, mit aufrechtem Halm, langen linienförmigen scharf-rauhen Blättern, aufrecht-ästigen Rispen, reihig-höckerig-rauhen Spelzen und länglich-eiförmiger, leicht gestreifter, hornähnlicher Frucht; *(culmo erecto, foliis elongatis linearibus scabris, paniculis ramis arrectis, paleis seriatim tuberculato-hirtis, caryopse oblongo-ovatā, leviter striatā, cornĕa).* Die von den Spelzen befreiten Früchte kommen unter dem Namen R e i s *(Fructus Orȳzae)* in den Handel. Daraus wird unter Zuckerzusatz durch Gähruug der A r r a k gewonnen.

*Gramineae-***Avenaceae.** *Inflorescentia paniculata, spiculis bi- vel multifloris; stigmata plumosa ad basin floris egredientia.* Rispen mit 2- oder vielblüthigen Aehrchen; Narben gegen die Basis der Blüthe hervortretend. Gatt. *Avēna.*

Avēna, Hafer, Aehrchen keineswegs pyramidenförmig, mit entfernt stehenden Blüthen und oberster vergehender (sich nicht vollständig entwickelnder) Blüthe; Balgspelze 2, zart-häutig, länger als die Blüthe, eine äussere, meist doppelt-feinspitzige Spelze

gewöhnlich mit r ü c k e n s t ä n d i g e r , g e k n i e t - a b w ä r t s g e b o g e -
n e r , an der Basis g e d r e h t e r Granne; Schüppchen 2, kahl,
meist gross, gespalten;
Karyopse von den
Spelzen bedeckt, an
der Spitze haarig;
*(spiculae neutiquam
pyramidatae, floribus
remōtis, flore summo
tabescente; glumae bi-
nae tenues membrana-
ceae, flore longiores;
palĕa apĭce plerum-
que bicuspidata, sae-
pius arĭstā dorsali geni-
culato-deflexā. in basi
tortā; squamulae binae,
plerumque magnae bi-
fidae; caryopsis paleis
obtecta, apĭce pilosa.)*

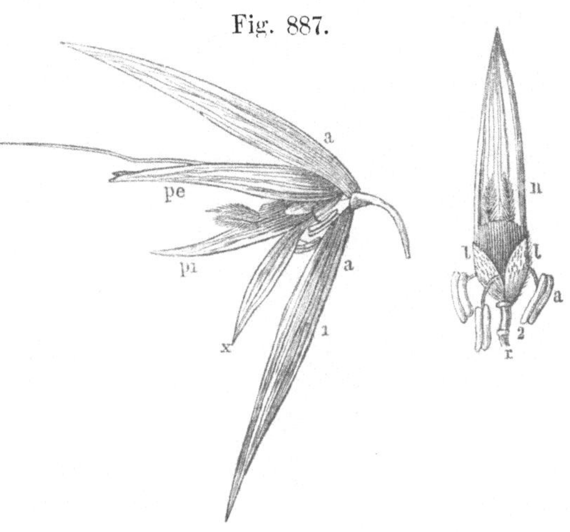

Fig. 887.

Aehrchen von *Avēna satīva* (Hafer). 1. 2-blüthiges Aehrchen
(spicŭla biflōra), *a a* Balgspelzen *(glumae)*, *pe, pi* Spelzen *(pa-*
lĕae), *x* steriles Blüthchen, *pe* äussere auf dem Rücken gegrannte
Spelze *(palĕa dorso aristāta)*. Vergr. 2. Ein Blüthchen ohne
die äussere Spelze. *r* Spindelchen *(rhacheola)*, *n* fedrige Narbe
(stigma plumōsum), *l* Schüppchen *(squamulae s. lodiculae)*.

Avēna satīva, gewöhnlicher Hafer ⓵, mit abstehender gleich-
mässiger Rispe mit 2 blüthigen hängenden Aehrchen, oberer 9-
oder 10-nerviger Balgspelze und 1-grannigem od. nicht gegrann-
tem Blüthchen; *(paniculā patente aequali, spiculis biflōris pendulis,*
glumā superiore novies- vel decies-nervata). Abart *α aristata* (mit
nur unterer gegrannter Blüthe) und *β mutica* (alle Blüthen ungegrannt).

*Gramineae-**Andropogoneae***. *Spiculae a dorso compressae,*
subbiflorae, in basi villis stipatae (villiflorae), geminae fertiles, altera
sessĭlis, altera pedicellata; stigma aspergilliforme, sub apice floris
emĭnens. Aehrchen vom Rücken zusammengedrückt, fast 2-blüthig,
von zottigen Haaren umgeben; fruchtbare Aehrchen zu zweien,
eines sitzend, das andere gestielt; Narbe sprengwedelig, unter der
Spitze der Blüthe hervorragend. Gatt. *Sacchărum, Andropŏgon,*
Sorghum.

Sacchărum officinarum, Zuckerrohr, in Ost- und West-Indien,
enthält einen Saft, welcher den indischen Rohrzucker liefert.

*Gramineae-**Olyreae***. *Flores monoeci, masculi femineis dissi-*
mĭles. Blüthen 1-häusig, die männlichen den weiblichen unähnlich.
Gatt. *Zēa*.

Zēa. Männliche Blüthen in endständigen Rispen, weibliche in einfachen, achselständigen, von Blumenscheiden umhüllten Blüthenkolben mit abgestutzten, sehr breiten Balgspelzen und fleischig-häutigen eingerollten Spelzen, sehr langen endständigen Griffeln und freier fast-kugelig-nierenförmiger Caryopse. *(Flores masculi terminales paniculati, feminei in spadīces simplīces axillares, spathis vel vagīnis involutos, congesti, glumis latissimis, paleis carnoso-membranaceis convolūtis, stylis longissimis terminalibus, caryopse libera subgloboso-reniformi.)*

Zēa Mays, Türkischer Weizen, Mais, Wälschkorn, Kukuruz, ⓵, aus Amerika stammend, liefert Maysstärkemehl.

Die einzig giftige unter den bei nns vorkommenden Gras-arten scheint *Lolium temulentum*, Taumellolch oder Schwindelhafer, zu sein, denn nach dem Genuss der Früchte will man schäd-liche Wirkungen auf Gehirn und Rückenmark beobachtet haben.

Festūca quadridentata, in Süd-amerika, soll dem Taumellolch ähnlich wirken.

Die Gattung *Lolium* gehört zu der Unterfamilie *Hordeaceae*. Sie hat die Merkmale: vielblü-thige, mit der Kante nach der Spindel gerichtete Aehrchen, 2 Balgspelzen in dem endstän-digen Aehrchen und nur eine oder keine in den seitenstän-digen; kahle Caryopse, mit der oberen Spelze berindet; *(spiculae multiflorae, rhachim acie spectan-tes; glumae binae in spicula ter-minali et unica tantum in spiculis lateralibus vel nulla; caryopsis glabra, paleā superiore corticata).*

Lolium temulentum, Taumel-lolch, mit 1-jähriger (⓵) Wurzel, einem oberhalb rauh-scharfen Stengel; Aehrchen 5- oder 7-blüthig, so lang als die Balgspelze; Blüthen lang gegrannt, die frucht-tragenden elliptisch. Ueberall unter der Saat, besonders unter den Getreidegräsern häufig; *(radice annŭā, caule superne scabro, spiculis quinque- vel septemflōris, glumam aequantibus, floribus longe aristatis; fructifĕris ellipticis. Ubīque inter segĕtes, praesertim inter gramĭna frumentaria copiose occurrens).*

Fig. 888.

Fig. 889.

Aehre *(spica)* von *Lolium perenne.*

Zwei Seitenährchen *(spicŭ-lae laterales acie rhachim spectantes)* vom Taumelloch *(Lolium temulentum)*, 2¹|₂ f. L.-Vergr.

Das unschädliche *Lolium perenne* weicht ab durch eine perennirende Wurzel, einen glatten Stengel, kurze Ausläufer, grannenlose oder stachelspitzige lancettliche Blüthen und durch Aehrchen, länger als die Balgspelze *(differt radice perenni, caule laevi, stolonibus brevibus, floribus lanceolatis muticis vel breviter mucronatis, spiculis glumā longioribus,* 2)), dagegen das auf Leinfeldern häufige *Lolium arvense* Schrad. (*L. linicola* Sonder.) durch zarteren Bau, durch Aehrchen kaum länger als die Balgspelze und grannenlose, selten weichstachelspitzige Blüthen *(differt formā tenuiore, spiculis glumā vix longioribus, floribus muticis, rarius mucronatis* ①*).*

Bemerkungen. *Anthoxanthum;* ἄνθος, Blüthe; ξανθός, ή, όν (xanthos, ä, on), gelb. — *Andropōgon* (Männerbart), Bartgras; ἀνήρ, Mann; πώγων, ωνος (pōgōn, ōnos), Bart. — *Zĕa,* griech. ζειά (zeia), Spelt. — *Mays* (spr. ma-ys), Mais, einheimischer Name. — Die Giftigkeit der Taumellochfrüchte wird bezweifelt.

Lection 151.

Cyperngräser (*Cyperaceae*).

Die zweite Familie oder Ordnung der *Endl.* Klasse *Glumaceae* (Spelzenblüthige) umfasst die sogenannten Sauergräser, Cyperngräser, *Cyperaceae s. Cyperoideae.* Von den Gramineen oder Süssgräsern unterscheidet sie sich durch den weit geringeren, oft ganz unbedeutenden Gehalt an Zucker. Obgleich sie von grossem Umfange ist, so giebt sie kaum Arzneistoffe, denn das officinelle Rhizom der Sandsegge (*Carex*) verdankt seine diaphoretischen und diuretischen Eigenschaften dem Festhalten mancher Aerzte an alten Ansichten. In morphologischer Beziehung unterscheiden sie sich von den Gramineen durch einen eckigen, von vorstehenden Knoten freien, gefüllten Stengel, eine nicht gespaltene Blattscheide und das mit der Testa nicht verwachsene Pericarpium.

Cyperaceae.

Voller, später lückiger, meist eckiger Stengel mit nicht hervorstehenden Knoten.	*Caulis fartus, postea lacunosus, plerumque angulatus, nodis non tumidis.*
Blätter 2-reihig wechselständig, einfach, am Grunde scheidig mit ungetheilter Scheide, ohne ein an seiner Spitze freies Blatthäutchen (Scheide innen mit einer blatthäutchenähnlichen Haut ausgekleidet).	*Folia distiche alterna, simplicia, basi vaginantia, vaginā intĕgrā (marginibus coalescentibus clausā), ligulā in apice suo liberā nullā (vagina intrinsecus membrana ligulari vestita).*

Blüthen zwitterig od. diclinisch, unterstützt von 2-reihig oder ziegeldachförmig gestellten, verschieden gestalteten Deckblättern (Schuppen). | *Flores hermaphroditi vel diclini, bractĕis (squamis) polymorphis distĭchis vel imbricatis suffulti.*

Perigon fehlend und in Stelle desselben unterständige Borsten oder Schüppchen, verschieden an Zahl, Form und Beschaffenheit. | *Perigonium nullum, loco ejus setae aut squamulae hypogўnae, numero, figura et consistentia variae (polymorphae).*

Staubgefässe 3, unterständig, mit an der Spitze ungetheilten, mit ihrem Grunde angehefteten Antheren. | *Stamina terna, hypogyna; anthē̆rae apĭce intĕgrae, basifixae.*

Pistill mit 2- oder 3-spaltigem Griffel, 1-fächrigem, 1-eiigem, freiem Fruchtknoten mit 1 aufrechten gegenläufigen Eichen. | *Pistillum stylo bi- vel trifido; germen uniloculare uniovulatum liberum, ovulo erecto anatrŏpo.*

Frucht eine nackte Caryopse (Schalfrucht) oder von einer Pistillscheide *(perigynium)* umgeben. Pericarp mit dem Samenkern nicht verwachsen. | *Caryopsis nuda vel perigynio cincta; pericarpium cum nucleo haud connatum.*

Embryo sehr klein, im Grunde des mehligen oder fleischigen Eiweisses; Würzelchen nach der Fruchtbasis gerichtet. | *Embryo minĭmus, basi albuminis farinacei vel carnosi inclusus; radicula infera.*

Die Frucht ist hier wie bei den Gräsern eine Caryopse, denn sie entsteht aus einem oberständigen Fruchtknoten. Eine Achänie entsteht bekanntlich aus einem unterständigen Fruchtknoten.

Das schlauchartige Gebilde, welches das Pistill z. B. bei den Caricinen bekleidet und aus der inneren Schuppe *(squama interior)* sich bildet, hat man Pistillscheide *(perigynium)* genannt.

Die Cyperaceen zerfallen in mehrere Unterfamilien od. Gruppen: z. B.

Fig. 890.

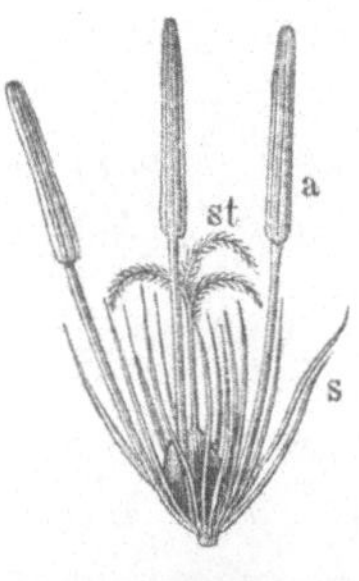

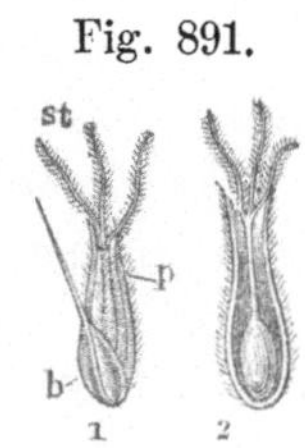

Zwitterblüthe einer Cyperacee (Simse). *s* Die das Perigon vertretenden Borsten, *st* Narben, *a* Antheren. Vergr.

Fig. 891.

1. Weibliche Blüthe einer Cyperacee (*Carex hirta*). *b* Bractee, *p* Pistillscheide *(perigynium)*, *st* Narben. 2. Dieselbe Blüthe im Längsdurchschnitt.

Cypereae (eigentliche Cyperngräser). *Flores hermaphroditi; bracteae distichae.* Gattung *Cypērus, Papȳrus.* (*Triandria Monogynia.*)

Scirpeae (Simsen). *Flores hermaphroditi; bractĕae undique imbricatae.* Gatt. *Scirpus, Eriophŏrum.* (*Triandria Monogynia.*)

Caricīnae (Riedgräser, Seggen). *Flores diclini; bracteae undique imbricatae.* Gatt. *Carex.* (*Monoecia Triandria.*)

Carex.

Stengel meist 3-schneidig.	*Caulis plerumque triquetrus.*
Blüthen in androgynischen od. in diclinischen Aehren mit ziegeldachartig gestellten, 1-blüthigen Deckblättern.	*Flores in spicas androgynas (i. q. flores masculi et feminei in eadem inflorescentia) vel diclinas dispositi, bractěis imbricatis unifloris.*
Männl. Bl. mit 3 Staubgefäss.	*Mas triandrus.*
Weibl. Blüthe mit einem in schlauchartiger Hülle eingeschlossenen Pistill und 2—3 vorstehenden Narben.	*Fem. pistillum utriculo (perigynio) inclusum; stigmata bina vel terna exserta.*
Schalfrucht m. einem flaschenförmigen Schlauche (Pistillscheide) bekleidet (berindet).	*Caryopsis utriculo (perigynio) lagenaeformi tunicata (corticata).*

Androgynisch, d. h. männlich-weiblich, werden diejenigen Blüthen genannt, in welchen Staubgefässe und Pistill sich nicht

Fig. 892. Fig. 893.

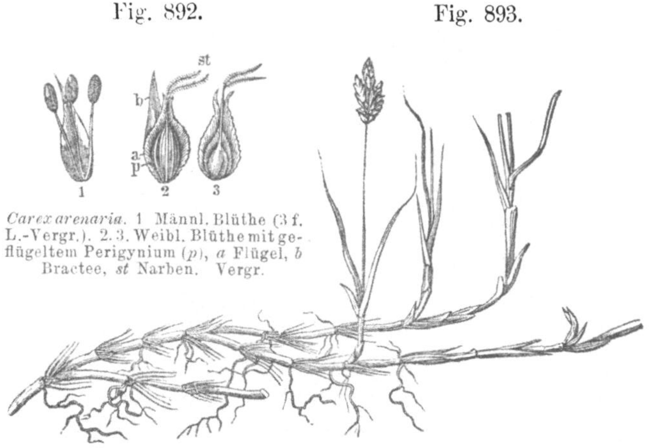

Carex arenaria. 1 Männl. Blüthe (3 f. L.-Vergr.). 2.3. Weibl. Blüthe mit geflügeltem Perigynium (*p*), *a* Flügel, *b* Bractee, *st* Narben. Vergr.

Stolone der Sandsegge, *Carex arenaria.* (¹⁄₃ Gr.)

in hermaphroditischer Verbindung finden, welche aber als männliche und weibliche Blüthen zugleich einen und denselben engeren Blüthenstand bilden.

Die *Carex*-Arten sind ziemlich zahlreich. Man scheidet sie in solche mit 2-spaltigem und solche mit 3-spaltigem Griffel.

Carex arenaria, Sandrietgras, Sandsegge, sehr häufig auf trocknen sandigen Grasplätzen, selbst im Flugsande. Lang und gerade kriechende Ausläufer mit Adventivwurzeln an den Knoten und mit Luftgängen; Blüthenstand aus mehreren ährig zusammengedrängten, mit oberen männlichen, unteren weiblichen, mittleren androgynischen Aehren; Narben 2; Pistillscheide eiförmig, kahl, am Rande oberhalb geflügelt.

Carex arenaria, copiose occurrens in arenosis siccis graminosis atque in arēna mobīli. Stolōnes longe recteque repentes, radīces secundarias ex nodis emittentes, fistulis aërifĕris; inflorescentia composita ex spiculis pluribus spicato-congestis, superioribus masculis, inferioribus femineis, intermediis androgўnis; stigmăta bina; perigynium ovatum glabrum, margine superne alatum. Die Stolonen

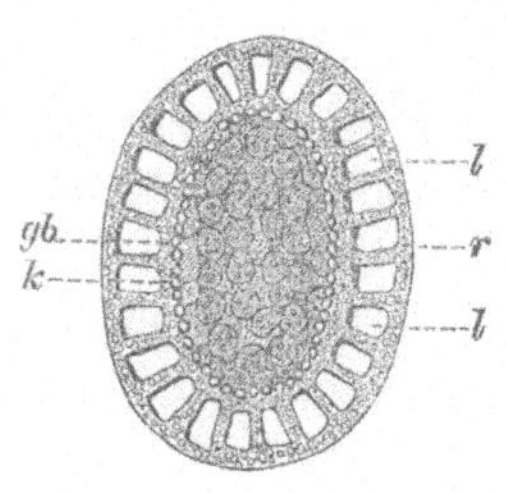

Fig. 894.

Querschnitt des Rhizoms von *Carex arenaria*. *l* Luftgänge, *r* Rinde, *k* Kernscheide, *gb* Gefässbündel. Vergr.

werden als rothe Queckenwurzel, Rietgraswurzel *(Rhizōma Carĭcis)* gesammelt. Frisch haben sie einen balsamischen, an Kiefernsprossen erinnernden Geruch. Verwechselt könnten sie werden mit den Stolonen von *Carex hirta* und *Carex distĭcha Huds.*, letztere unterscheiden sich jedoch durch die Adventivwurzeln an den Internodien und durch den Mangel der Luftgänge.

In der Unterfamilie *Scirpeae* (Simsen, Binsen) finden wir bei der Gattung *Scirpus* 6 das Perigon vertretende hypogynische Borsten. Dieselben sind bei der Gattung *Eriophōrum* (Wollrietgras) nicht nur in grösserer Zahl vorhanden, sondern sie wachsen auch lang aus und umgeben die Frucht in Gestalt einer sehr langen Wolle *(Scirpus setis perigonium supplentibus, senis, hypogўnis, postrēmum non excrescentibus. Eriophorum setis hypogўnis numerosis, postremum longe excrescentibus, fructum lanā longissimā circumstipantibus).*

Von *Papўrus Antiquorum Willd. (Cypērus Papўrus L.)*, im südl. Europa und nördl. Afrika, benutzten die alten Aegypter den inneren Bast als Papier, den äusseren Bast zu Stricken, Bändern, Segeln, Kleidern; aus den Stengeln flochten sie Kähne und Böte etc. Diese Pflanze war also für die Cultur des alten Aegyptens von grossem Einfluss.

Bemerkung. *Eriophŏrum* (Wolle tragendes Kraut); ἐριοφόρος, ον, wolletragend; ἔριον (erion), Wolle.

Lection 152.

Gymnospermen. Coniferen.

Endlicher verlegte die Zapfenträger, *Coniferae*, in die acramphibryische Abtheilung der Monochlamydeen *(Monochlamydeae)*, also in eine Gruppe, welche gar keine oder nur eine einfache Geschlechtsdecke aufweist, und spaltete sie in mehrere Familien, wie *Cupressinae*, *Abietinae*, *Taxineae*, *Gnetaceae*. Andere Botaniker stellen die Coniferen als eine Familie auf und machen jene von *Endlicher* gesonderten Familien zu Unterfamilien.

Die Coniferen sind nebst den Cycadaceen, welche sich im *Endl.* System der phanerogamischen Klasse *Zamiae* (Zapfenfarne) unterordnen, nacktsamige Gewächse *(Gymnospermae)*, denn ihre Samen sind von keinem Fruchtgehäuse umschlossen, auch bezeichnet man die Coniferen nicht selten, da sie meist mit 5 oder 6 Samenblättern keimen, als Polykotyledonen, die Cycadaceen dagegen sind Dikotyledonen.

Die Coniferen zeichnen sich durch reichen Gehalt an flüchtigem Oel und Harz aus.

Coniferae Juss.

Bäume oder Sträucher, meist mit immergrünenden Nadelblättern.	*Arbores vel frutices, plerumque foliis acerosis sempervirentibus.*
Blüthen diclinisch (geschlechtlich getrennt), nackt.	*Flores diclini (monoeci vel dioeci), nudi.*
Männl. Blüthen nackte Staubgefässe darstellend, kätzchenartig, bracteenlos, mit 2- oder vielfächrigen Antheren.	*Mares stamina nuda exhibentes, amentacei, ebracteati, antheris bi- vel multilocularibus.*
Weibl. Blüthen knospenartig, bracteenlos, zu 1, 2 oder 3 von einer Hülle unterstützt, oder kätzchenartig und meist durch Bracteen gestützt. Narbe punktförmig.	*Feminei gemmacei ebracteati, solitarii, bini vel terni involucro fulti, vel amentacei et plerumque bracteati. Stigma punctiforme.*
Fruchtblätter oft um eine Achse stehend, offen, schuppenförmig, seltner scheibenförmig, am inneren Grunde Ei'chen tragend.	*Carpophylla saepe circa axim posita, aperta, squamiformia, rarius disciformia, in basi interiore ovulifera.*

Eichen sitzend, umgekehrt oder aufrecht, gewöhnlich geradläufig (an der Spitze vom Eimund durchbohrt), mehrere secundäre Keimsäckchen enthaltend.	*Ovula sessilia, inversa vel erecta, orthotrŏpa (in apĭce micropўlā perforata), corpusculis pluribus.*
Frucht zapfenartig, mit einzelnen oder mehreren offenen Fruchtgehäusen, welche zuweilen zuletzt mit den Rändern zu einer geschlossenen Frucht verwachsen.	*Fructus (syncarpium) strobilaceus pericarpiis apertis solitariis vel pluribus, postremum saepe marginibus ad fructum clausum coalescentibus.*
Samen nackt, zuweilen nussartig, aufrecht oder umgekehrt, oft geflügelt, mit Eiweiss, mit in der Achse des Eiweisses liegendem, geradem Embryo mit 2 und mehreren Samenblättern; Würzelchen mit der Basis od. der Spitze mit dem Eiweisse verwachsen.	*Semina nuda, interdum nucamentacea, erecta vel inversa, saepe alata, albuminosa; embryo in axi albuminis, rectus, di- vel pleiocotyledonĕus; radicula vel basi vel apice albumĭni adnata.*

Die Unterfamilien der Coniferen lassen sich in 2 Reihen ordnen:

1. mit schildförmigen Antheren und aufrechten Eichen; *(anthērae peltatae, ovula erecta)*: *Taxineae, Cupressineae;*

2. mit ziegeldachartig gestellten Antheren und umgekehrten Eichen; *(anthērae imbricatae, ovula inversa)*: *Abietineae.*

Taxineae haben ein 1-blüthiges weibliches Kätzchen und eine drupaähnliche Frucht, *Cupressineae* ein mehrblüthiges weibliches Kätzchen, und bei den *Abietineae* ist auch die Form der Fruchtzapfen von derjenigen der *Cupressineae* eine abweichende.

*Conifĕrae-**Taxĭneae*** (*Taxĭnae*, Eiben). *Flores dioeci, masculi amentacei, anthēris bilocularibus hypocratērimorphico-peltatis (loculis connectivo peltato subtus adnatis), subtus dehiscentibus; feminei flores subsolitarii gemmacei uniflori; carpophyllum (s. germen) unum disciforme uniovulatum, ovulo erecto orthotrŏpo superimposĭto; fructus drupaeformis, ex cupŭla incrassata carnosa, semen nuciforme cingente vel includente compositus; embryo dicotyleus; folia acerōsa sempervirentia.* Blüthen 2-häusig, männliche in Kätzchen mit stieltellerartig-schildförmigen, unten aufspringenden, zweifächrigen Antheren (Staubblättern); weibliche Blüthen fast einzeln, knospenartig,

1-blüthig: Fruchtblatt (Fruchtknoten) nur 1, mit einem darauf gesetzten aufrechten geradläufigen Ei'chen; Frucht steinfruchtförmig; Keim mit 2 Keimblättern; immergrüne Nadelblätter.

Gatt. *Taxus.*

Blüthen in achselständigen, (am Grunde mit Schuppen) umhüllten Kätzchen, 2-häusig; männliche mit schildförmigen mehrlappigen Antheren; Antheren (Staubblätter) mit soviel Fächern als Lappen aufspringend; weibl. Kätzchen mit nur 1 gipfelständigen, einem scheibenförmig. Fruchtblatte, welches später zu einer beerenartigen Becherhülle (offnen Beere) auswächst, aufsitzenden Blüthe.	*Flores ad amenta axillaria involucrata (basi squamis vacuis vestita) dispositi, dioeci; masculi anthēris peltatis plurilobatis; totidem loculis dehiscentibus quot lobi; amenta feminea flore uno terminali, insidente carpophyllo disciformi, demum ad cupŭlam bacciformem (baccam apērtam) excrescenti (s. germine uniovulato disciformi ad pericarpium baccatum, apĭce pervium excrescente).*

Von der Taxusfrucht giebt es verschiedene Erklärungen. *Brown* nannte sie einen nussförmigen Samen, von einem becherhüllenähnlichen fleischigen Perikarp umschlossen *(semen nuciforme, pericarpio carnoso cupuliformi occultum).* *Link* nannte sie eine Nuss mit beerenartigem Becher, *Berg* beschreibt sie dagegen als eine an der Spitze offene Beere und hält den das Epikarp vertretenden Fruchttheil (die Becherhülle) für den fleischig ausgewachsenen Fruchtknoten, der von anderen in der Blüthe als scheibenförmige Schuppe *(squama disciformis),* im Obigen als scheibenförmiges Fruchtblatt angenommen wird. *Schlechtendal* nannte die Taxusfrucht eine Nuss, zur Hälfte von einem beerenartig ausgewachsenen Fruchtboden umgeben.

Fig. 895.

Taxus baccata. 1. Männlicher Blüthenstand, 2. eine Anthere von unten gesehen, 3. weiblicher Blüthenstand, o aufrechtes Eichen, s ziegeldachförmig gestellte Schuppen oder Bracteen, 4. Verticalschnittfläche der weibl. Blüthe, unter dem Eichen das scheibenförmige Fruchtblatt (Fruchtboden), und unter diesem die Bracteen, 5. mehr entwickeltes Eichen, 6. u. 7. Frucht, von oben und von der Seite gesehen, 8. Verticalschnitt durch die fleischige Cupula.

Die Theile der männlichen Blüthe der Coniferen sind wie die Früchte von so sonderbarer Gestalt, dass auch sie eine verschiedene Diagnostik erfahren haben. Wir betrachteten sie in

Uebereinstimmung neuerer Ansichten als nackte Blüthe, bestehend aus einem Staubblatte von schuppiger Gestalt, bei *Taxus* z. B. von schildförmiger Gestalt, und von dem Werthe eines Connectivs mit seinen Antherenfächern. Andere sehen sie für eine Schuppe *(squama)* an, der die 1-fächerigen Antheren aufgesetzt sind. *Linné* hielt die zu einem Kätzchen gruppirten Staubgefässe für adelphisch-verwachsen, wesshalb die Coniferen der Ordnung *Monadelphia* in der Klasse *Monoecia* oder *Dioecia (Sabina)* zugezählt sind.

Taxus baccata, Eibenbaum, trägt immergrüne, einzeln stehende, jedoch gegenseitig genäherte, zweireihig geordnete, linienförmige, spitze, auf beiden Seiten grüne und von einem auf beiden Seiten hervorstehenden Mittelnerven durchzogene Blätter und rothe Beerenfrüchte mit olivengrünem Samen. Selten im nördlichen Deutschland, häufiger in schattigen Gebirgswäldern des mittleren und südlichen Deutschlands.

Taxus baccata foliis sempervirentibus solitariis approximatis distichis linearibus acutis, utrinque et viridibus et nervo primario prominente perstrictis, fructibus baccatis rubris semine olivaceo. (Dioecia Monadelphia.)

*Coniferae-**Cupressineae*** (Cypressenartige). *Flores diclini, masculi et feminei amentacei; masculi anthēris semipeltatis (excentrĭce peltatis), subtus loculatis, non bracteatis; amenta feminea gemmacea pluriflora, carpophyllis non bracteatis; ovula erecta orthotrŏpa, apĭce micropȳlā perforata; embryo bi- vel tricotylĕus; folia anguste linearia rigida perennantia.* Blüthen diclinisch, Kätzchen bildend; männliche mit halbschildförmigen (excentrisch schildförmigen), unten mit Fächern versehenen Staubblättern (Antheren), ohne Deckblätter; weibl. Kätzchen knospenartig, mehrblüthig, mit nicht von Deckblättern unterstützten Fruchtblättern; Eichen aufrecht geradläufig, an der Spitze von dem Eimund (Keimloch) durchbohrt; Keim mit 2 oder 3 Samenblättern; Blätter schmal-linienförmig, steif, ausdauernd. Gattungen: *Junipĕrus, Sabina, Thuja, Cupressus.* Immergrüne Sträucher oder Bäume.

Junipĕrus, Wachholder.

Blätter mit einem Harzgange. **Kätzchen** 2-häusig, mit Hüllblättern; männl. fast kugelig, vielblüthig; Antheren (Staubblätter) unterhalb am Rande 3- und mehrfächerig; weibl.	*Folĭa ductu resĭnifero trajecta. Amenta dioeca involucrata; mascula subglobosa multiflōra, anthĕris subtus in margĭne tri- vel plurilocularibus; feminea carpophyllise trnis et pluribus, aper-*

mit 3 und mehreren offenen, ziemlich flachen Fruchtblättern, von denen die 3 inneren später fleischig über die Samen hinweg auswachsend mit den Rändern verwachsen und eine geschlossene, meist 3-samige Beere (Kugelzapfen) bilden. Samen beinhart, meist 3 in der Zapfenbeere.

tis, planiusculis, carpophyllis interioribus tribus, postremum carnosis, supra semina excrescentibus, unā in marginibus confluentibus et baccam clausam (galbulum), plerumque trispermam formantibus. *Semina ossĕa, plerumque terna in galbulo.*

Dioecia Monadelphia.

Junipĕrus commūnis, Wachholder, Kaddigstrauch, häufig auf Heiden und in Wäldern, ein Strauch mit baumähnlich auswachsendem Stamme (♄).

Blätter dreiständig, horizontal abstehend, linienförmig - pfriemförmig, straff. stechend, oberhalb mit einer schwachenRinne, blaugrün bereift, 2- bis 3-mal in ihrer Länge die schwarzen, blassblau bereiften kugligen Beeren überragend; Samen beinhart, fast 3-schneidig, gegen die Basis mit mehreren ölführenden Grübchen (Harzbehältern). Die Beerenfrüchte reifen im zweiten Jahre.

Junipĕrus commūnis, frutex arborescens; folia terna patentissima lineari-subulata stricta pungentia, supra leviter canaliculata, glauco-pruinosa, baccas atras caesiopruinosas globosas duplo vel triplo longitudinis superantia; semina ossea subtriquetra basin versus foveŏlis pluribus oleifĕris. Fructus altero anno maturantur.

Fig. 896.

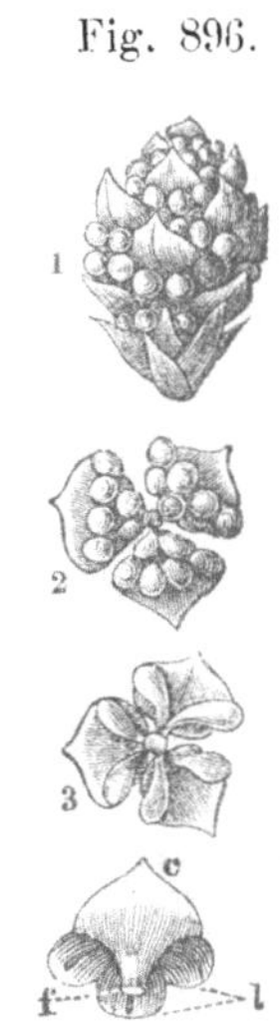

Junipĕrus commūnis.
1. Männl. Blüthenkätzchen (4f.L.-Vergr.).2.Ein Antherenwirtel von unten, 3. ein solcher von obengesehen. 4.Anthere von der hinteren Seite gesehen, stärker vergr. *f* Filament, *c* Connectiv, *l* Antherenfächer.

Fig. 897.

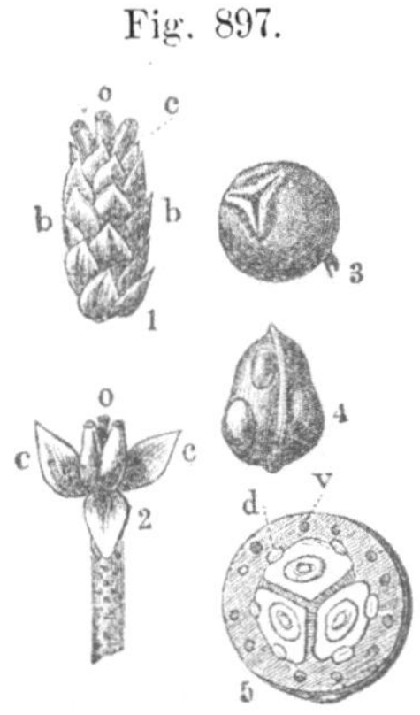

Junipĕrus commūnis. 1. Weibliches Kätzchen (3 f. L.-Vergr.), *b* Bracteen, *c* Fruchtblätter (Karpellblätter, *carpophylla*), *o* 3 Ei'chen, jedes an der Spitze vom Keimloch (*micropÿla*) durchbohrt. 2. Weibl. Kätzchen von den Bracteen befreit, *c* Fruchtblätter, *o* Eichen. 3. Frucht (nat. Gr.), an der Spitze die Spur der 3 verwachsenen Karpellblätter. 4. Ein mit den Oel- oder Harzdrüsen besetzter Same (vergrössert). 5. Querdurchschnitt der Zapfenbeere (*galbulus*), *d* Oeldrüschen am Samen, *v* Balsamgänge.

Vom Wachholderstrauch sind die reifen Früchte *(Fructus Junipĕri)* officinell, aus welchen durch Destillation auch ein flüchtiges Oel *(Oleum fructus Juniperi)* dargestellt wird.

Lection 153.

Coniferen (Forts.).

Unter den *Coniferae-Cupressineae* nimmt nächst *Junipĕrus* die Gattung *Sabīna* unser Interesse in Anspruch, denn *Sabīna officinalis*, Sadebaum, liefert in seinen beblätterten Astspitzen die *Summitātes Sabīnae* (Sadebaumkraut), aus welchen auch durch Destillation ein flüchtiges Oel *(Oleum Sabīnae)* gewonnen wird, welches als ein äusserst scharfes, den Blutumlauf mächtig erregendes Mittel von dem Pharmaceuten nur auf ärztliche Vorschrift dispensirt werden darf. *Sabīna* war früher von *Juniperus* nicht getrennt, daher ist *Juniperus Sabīna* L. ein Synonym von *Sabīna officinalis* Garcke.

Gatt. *Sabīna.*

Bäume oder Sträucher mit schuppenförmigen, ziegeldachig gestellten, meist gegenständigen, auf dem Rücken mit einer eingedrückten Drüse versehenen, nicht eingelenkten Blättern.	*Arbores vel frutices foliis squamiformibus imbricatis, plerumque oppositis, in dorso glandulā impressis, articulatione non affixis (in Junipero folia articulatione affixa).*
Fruchtblätter meist zu 4, dick und abstehend.	*Carpophylla plerumque quaterna, crassa et patentia.*
Im Uebrigen mit Juniperus übereinstimmend.	*Reliqua ut Juniperi.*

Dioecia Monadelphia.

Sabīna officinalis Garcke *(Juniperus Sabīna* L.). Sadebaum, Sevenbaum, im südlichen Europa und Sibirien einheimisch. Ein mitunter niederliegender Strauch mit aufsteigenden angebogenen Aestchen. Blätter, ältere etwas von einander entfernt, abstehend, spitz, die jüngeren angedrückt, rautenförmig, etwas stumpf, verkürzt, 4-zeilig und ziegeldachig gestellt. Beerenartige Früchte blau, an einem nach unten gekrümmten Stiel herabhängend, mit 1 bis 3 Samen.

Sabīna officinalis Garcke. *Caulis frutescens, interdum decumbens, ramŭlis adscendentibus coarctatis. Folia adultiōra remotiuscula, patŭla, acūta, juniōra adpressa rhombea, obtusiuscula, curtata, quadrifariam imbricata. Baccae (galbuli) caeruleae, pedunculo recurvo pendulae, mono-, di- vel trispermae.*

Bei *Juniperus* finden wir die Blätter mit einem Harzgange, bei *Sabina* mit einer Rückendrüse versehen. Während bei beiden Gattungen die Fruchtblätter zu einer Beerenfrucht (Zapfenbeere) auswachsen, findet dies bei *Thuja* (Lebensbaum) und *Cu-*

Fig. 899.

Fig. 898.

Beblätterter Zweig von *Sabina officinālis*. *Folia opposita, ovalia, acuta, in dorso glandula impressa,* (a) *juniora 4-fariam (quadrifariam) imbricata.*

Beblätterter Zweig von *Thuja occidentalis*. *Folia 4-fariam imbricata rhomboidea, adpressa, in dorso unituberculata.*

Fig. 900.

Zapfen (*strobilus*) von *Cupressus sempervirens*.

pressus nicht statt, sondern sie bleiben hier getrennt und constituiren bei der Reife der Samen einen Zapfen *(strobĭlus)*. Bei *Thuja* sind sie lederartig, an ihrem Grunde 2-samig, bei *Cupressus* holzig und vielsamig. *Berg* nennt sie Pericarpien, *Link* u. A. Schuppen.

Die bei uns eingebürgerten *Thuja*-Arten sind *Thuja occidentalis* mit einem Höcker (Drüse) auf dem Rücken der Blätter (*foliis in dorso unituberculatis vel glandulā insignītis*), und *Thuja orientalis* mit auf dem Rücken 1-furchigen Blättern (*foliis in dorso unisulcatis*).

*Coniferae-***Abietineae** (*Abietīnae*, Tannenartige). *Arbōres excelsae, rarius frutices divaricato-ramosi, foliis plerumque perennibus, acicularibus, fasciculatis, in basi plerumque vagīnā scariosā cinctis. Flores amentacei monoeci, interdum dioeci, masculi anthēris squamiformibus, rhachi undique insertis; flores feminei carpophyllis squamaeformibus bracteatis, in basi ovula inversa, anatrŏpa, singula, bina vel terna gerentibus. Strobilus ex carpophyllis (squamis) explanatis imbricatis, plerumque persistentibus constitutus. Semina inversa. Embryo di- vel polycotyleus, in axi albuminis.* Hohe Bäume, seltner Sträucher, mit ausgespreiteten Aesten; mit meist dauernden, nadelförmigen, in Büschel stehenden, am Grunde gewöhnlich mit einer trockenen Scheide umgebenen Blättern. Blüthen in Kätzchen stehend, 1-häusig, bisweilen 2-häusig, männliche mit schuppenförmigen Antheren, einer Spindel überall aufgesetzt; weib-

Fig. 901.

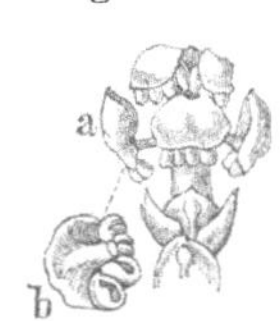

Thuja occidentālis.

a männl. Blüthe (vergr.), *b* schildförmig. Connectiv mit den Antherenfächern von unten oder der inneren Seite gesehen.

liche Blüthen mit schuppenförmigen, von Bracteen gestützten Fruchtblättern, welche am Grunde 1, 2 oder 3 verkehrte gegenläufige Ei'chen tragen. Der Zapfen besteht aus flachen ziegeldachig gestellten, meist ausdauernden Fruchtblättern. Samen verkehrt, sitzend. Embryo 2- oder vielsamenblättrig in der Achse des Eiweisses.

Diese Unterfamilie unterscheidet sich also von den beiden vorerwähnten durch die gewöhnlich durch Bracteen gestützten Fruchtblätter und durch die verkehrten Eichen oder Samen.

Die Abietinen gruppiren sich in:

1. *Pinastri*, Pinien, mit monöcischen Blüthen, 2-fächrigen Antheren, 2-eiigen Fruchtblättern und mit an einander stehenden Ei'chen mit doppeltem (2-spaltigem) Aussenmunde *(floribus monoecis, anthēris bilocularibus, carpophyllis biovulatis, ovulis collateralibus exostomio duplo s. bifĭdo)*. Gatt. *Pinus*, Kiefer; *Picĕa*, Fichte; *Abies*, Tanne; *Larix*, Lärche; *Cedrus*, Zeder. *Monoecia Monadelphia* (Kl. XXI., Ord. 9).

2. *Dammaraceae*, mit meist diöcischen Blüthen, mehrfächrigen Antheren, bracteenlosen Fruchtblättern, und dem Eichen mit abgestutztem Aussenmund; *(floribus dioecis, antheris plurilocularibus, carpophyllis ebracteatis, exostomio ovuli truncato)*. *Dammāra orientalis*, Dammarfichte, auf den Molukken, giebt D a m m a r h a r z, *Araucaria Brasiliana Lamb.*, brasilianische Schmucktanne ein ähnliches, aber röthliches Harz.

Pinus, Kiefer, Föhre: Nadelblätter 2, höchstens 5 in Büscheln zusammenstehend; der Blattbüschel am Grunde von einer trockenhäutigen Scheide umgeben; Antheren meist in der Länge aufspringend; Zapfenschuppen (Pericarpien) an der Rückenspitze

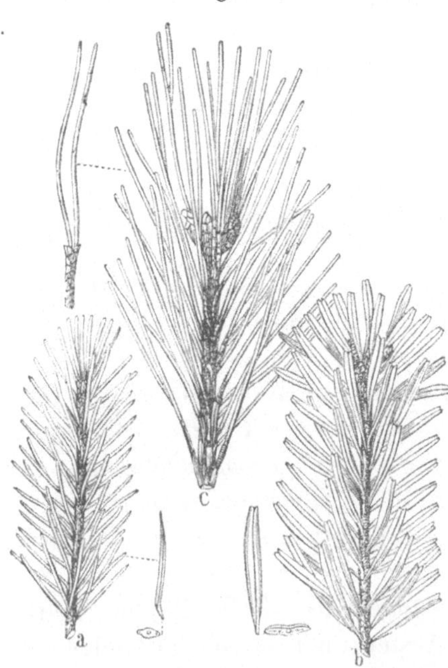

Fig. 902.

a Beblätterter Zweig von *Picea excelsa* (Fichte). *Folia solitaria subtetragŏna; b.* ein solcher von *Abies alba* (Tanne). *Folia solitaria plana linearia retusa, subtus albo-bilineata; c* ein solcher von *Pinus silvestris* (Kiefer). *Folia bina jasciculata, in basi vaginulata.* Sämmtl. ¹|₂ L.-Grösse.

mit einem fast rhombischen pyramidalen Höcker (verdicktem Hofe);
Samen gewöhnlich geflügelt.

*Pinus: folia bina vel summum quina fasciculos formantia;
fasciculi singuli in basi vagīnā scariosā amplexi; antherae plerumque
longitudinaliter dehiscentes; squamae strobilariae (pericarpia) in
dorsi apice tuberculo subrhombeo pyramidali instructae (apice dorsali
incrassato-areolatae); semina plerumque alata.*

Pinus silvestris, norddeutsche Kiefer; ausgespreitete Aeste;
Blätter steif, zu 2 stehend; Zapfen ei-kegelförmig, bis zu 5 Centimeter lang, am Grunde sich wenig verjüngend, gestielt, abwärts
gebogen, mit spitzen Schuppen. Samenflügel 3 mal so lang

Fig. 903.   Fig. 904.

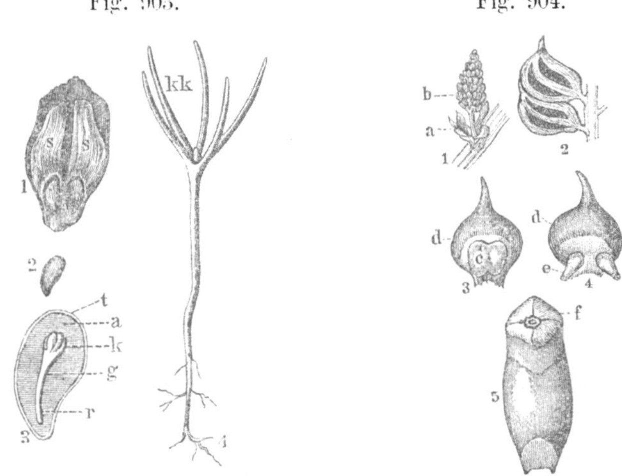

Pinus silvestris.

1. Samenschuppe (Fruchtblatt) mit zwei
aufliegenden Samen von der Innenseite.
ss Samenflügel. Nat. Grösse. 2. Ein
von dem Flügel befreiter Same. Nat.
Gr. 3. Ein Same im Durchschnitt
(vergr.), *t* Samenhaut, *a* Sameneiweiss,
gr Axe, Würzelchen, *k* Samenlappen,
welche das Knöspchen umschliessen.
4. Junges Pflänzchen. *kk* Samenlappen
als erste Blätter.

1. Männl. Kätzchen. *b* dachziegelige Antheren (nat. Gr.). 2. Zwei ausgestäubte
Antheren an d. Spindel sitzend (vergr.).
3. Fruchtblatt (Samenschuppe) aus dem
weibl. Kätzchen (4 f. L.-Vergr.), von der
Unterfläche gesehen, *d* Fruchtblatt,
c Bractee. 4. Ein Fruchtblatt von der
oberen Seite gesehen (vergr.); *d* Fruchtblatt, *e* Eichen. 5. Fruchtblatt (Zapfen-
schuppe), an der Spitze mit dem rhom-
boidalen Höcker *(in apice dorsi areā in-
crassatā).* Natürl. Gr.

als der Samen. *(Rami divaricati; folia rigida bina; strobili ovato-
conici, ad centimētra quinque longi, basi parum attenuati, pedunculis recurvatis, squamis s. pericarpiis acutis; ala semine triplo
longior).* Giebt Weisspech *(Pix alba).*

Pinus Mughus Scop. s. Pinus Pumilio Haenke (Knieholz,
Krummholz) *differt: trunco humili, ramis procumbentibus* (niederliegend); *strobilis ovalibus nitidis erectis; squamis strobili rotundatis.* Auf Bergrücken. Liefert Krummholzöl *(Oleum templīnum).*

Pinus Pināster Ait. (Strandkiefer) *s. Pinus maritima* Lamb. *differt: foliis tenuissimis, strobilis sessilibus, circa centimĕtra octo longis et centim. quinque latis, angulo recto patentibus* (im rechten Winkel abstehend), *squamis strobĭli rotundatis, in dorso laevibus.*

Pinus Strobus (Weimuthskiefer) *differt: foliis quinis tenuibus laxis, strobĭlis pendulis cylindricis, centimĕtra fere sedecim longis, centim. 2,75 latis, squamis in dorso laevibus; seminibus obsolēte alatis.*

Pinus Pinĕa (Pinie), *in terris circum mare mediterraneum, differt foliis binis, strobilis ovatis obtusis, centim. 15 longis, centim. 10 latis, pedunculis reflexis, alis seminum minoribus.*

Fig. 905.

Pini. a Zweige Endknospe der Kiefer im Frühjahr, *b* tutenförmiges Nebenknöspchen (Ansatz eines Nadelblätterpaares)mit den beiden Nadelblättern.

Fruchtzapfen der Kiefer (*strobili Pini silvestris*) *c* fast zur Reife gelangt, mit geschlossenen Schuppen, *d* völlig reif, die Schuppen ausspringend und die Samen ausstreuend.

Pinus silvestris liefert die **Kiefernsprossen** *(Gemmae s. Turiōnes Pini)*, **Kiefernharz** *(Resīna Pini)*, **Terpenthin** (*Terebinthĭna communis)*; durch Schwelung des Holzes **Theer** *(Pix liquĭda)* und **Schiffspech**, **Schwarzpech** *(Pix navalis)*, durch **Destillation** des Terpenthins das deutsche **Terpenthinöl**, **Kiehnöl** *(Oleum Pini).*

Pinus Pinaster s. P. maritima, an den Küsten des südlichen Frankreichs, giebt den französischen Terpenthin *(Terebinthĭna Gallĭca)*, Burgundisch-Harz (*Resīna Burgundica*, Gallipot), franz. Terpenthinöl *(Oleum Terebinthĭnae).*

Die Gattung *Picĕa*, Fichte, unterscheidet sich von *Pinus* durch einzeln stehende, fast 4-eckige Blätter und hängende Zapfen mit flachen, an der Basis ausgehöhlten ausdauernden Schuppen an abfälliger Spindel. Samen geflügelt. *(Differt a reliquis generibus: foliis subtetragōnis, solitariis, strobilis pendŭlis, squamis (pericarpiis) apĭce deplanatis, basi excavatis (semina amplexantibus), persistentibus, rhachi deciduae insidentibus. Semina alata.)*

Picĕa excelsa Link s. *Pinus Abies L.*, *Abies excelsa DC.*, Rothtanne, Schwarztanne, im nördlichen Europa, mit zusammenge-
drückt-ziemlich-4-eckigen, auf
beiden Seiten mit einer Rinne
versehenen, fast einseitswendig
stehenden Blättern, 12 bis 15
Centim. langen, 4 bis 5 Centim.
breiten, cylindrischen, hängenden Zapfen mit an der Spitze
benagten Schuppen. Rindenhaut
braun. *(Foliis compressis subtetragōnis, utrinque canaliculatis,
subsecundis. strobilis cylindricis
pendulis, centimĕtra 12 ad 15 longis, centim. 4 vel 5 latis, squamis in apĭce erōsis. rhytidomăte
corticis fusco.)*

Fig. 906.

Rothtanne, Fichte, *Picĕa excelsa*. Ein junger
Zapfen und männliche Blüthenkätzchen.

Die Gattung *Abies*, Tanne,
weicht ab von *Picĕa* und *Pinus*
durch einzeln stehende **flache**
Blätter, queraufbrechende Antherenfächer, aufrechte Zapfen,
mit flachen, am Grunde nicht aus-
gehöhlten, abfallenden Schuppen an einer ausdauernden Spindel;
*(differt: foliis solitariis planis, antheris loculis transversim dehi-
scentibus, strobilis erectis, squamis apĭce deplanatis, sed basi non
excavatis, semina non amplectentibus, deciduis, rhachi persistenti insidentibus).*

Abies alba Mill., Weisstanne, Edeltanne, s. *Pinus Picĕa L.* s. *Abies
pectinata DC.*, mit 2-zeilig gestellten, linienförmigen, flachen, seicht
ausgerandeten, unten mit 2 weissen Linien gezeichneten Blättern
und geraden cylindrischen, fast 15 Centim. langen, 4—5 Centim.
breiten Zapfen mit gerundet-abgestumpften, anliegenden Schuppen, mit längeren (die Schuppen überragenden), an der Spitze
zurückgebogenen Deckblättern: *(foliis distichis linearibus planis
retusis, subtus lineis albis binis insignītis (albo-bilineatis); strobilis
strictis cylindricis, fere centimĕtra 15 longis, centim. 4 vel 5 latis,
squamis rotundato-truncatis adpressis; bractĕis squamā longioribus,
apĭce reflexis). Abies Canadensis Michx.* in Nordamerika liefert
den **Canadabalsam**, eine Art sehr schönen Terpenthins.

Die Gattung *Larix*, Lärche, weicht von *Pinus* ab sowohl
durch mehr denn 5 in pinselförmigen Büscheln stehende als auch

zerstreutstehende einzelne, einjährige, am Grunde nicht bescheidete Blätter, aufrechte Zapfen mit flachen, innen mit einem behaarten Samenträger versehenen Schuppen; Samen geflügelt. *(Differt: foliis annuis, ultra quinis fasciculatis, fasciculum penicilliformem formantibus, et sparsis solitariis; strobilis erectis, squamis persistentibus, apice deplanatis, intus sporophŏro piloso instructis. Semina alata.) Monoecia Monadelphia.*

Larix decidua Mill. s. *Pinus Larix L.* s. *Larix Europaea DC.*, Lärchenbaum, auf unseren Gebirgen, hat hinfällige, im Uebrigen flache linienförmige Blätter und kleine eiförmige Zapfen mit stumpfen Schuppen. Liefert den venedischen Terpenthin *(Terebinthīna laricĭna s. Venĕta).*

Cedrus Libanotica Lk., Ceder, welche früher die Rücken und Thäler des Libanon schmückte, jetzt aber nur in wenigen Exemplaren daselbst angetroffen wird, bildet auf den Vorbergen des Atlas berrliche Wälder. Sie liefert ein Harz und ein flüchtiges Oel *(Resīna, Oleum Cedri).*

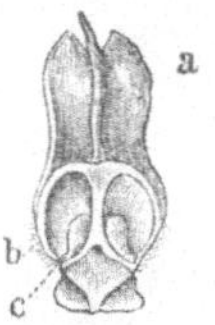

Fig. 907.

Larix decidŭa.
Weibliche Blüthe.
a Deckblatt, *b* Fruchtblatt (Karpellblatt),
c Eichen.

Fig. 908.

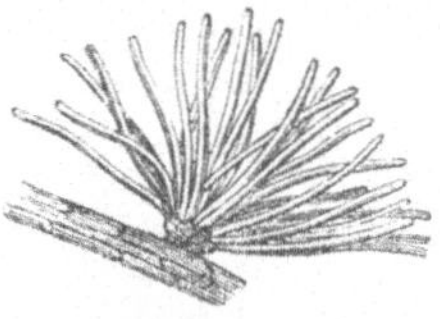

Folia fasciculata. (Larix decidŭa.)

Lection 154.

Kryptogamen. Pilze. Hautpilze. Löcherpilze.

Die Pflanzen, welche der Blüthen und eines Embryo ermangeln, pflanzen sich nicht durch Samen fort, wie die Monokotyledonen und Dikotyledonen, sondern durch Sporen. Man nennt sie daher Sporenpflanzen *(Sporophўta)*, als Pflanzen ohne Samenblätter: Akotyledonen *(Acotyledŏnes)*, als Pflanzen ohne Blüthen mit erkennbaren Geschlechtern: Kryptogamen *(Cryptogămae)*. Sehen wir die Phanerogamen als Pflanzen an, deren Sexualorgane einem Achsengebilde, dem Blüthenboden *(thalămus)* aufsitzen, und nennen wir sie desshalb Thalamen *(Thalămae)*, so sind die Sporophyten Athalamen *(Athalămae)*, denn bei diesen ist ein Thalamus nicht vorhanden.

Die Sporenpflanzen pflegte man bisher in 2 grössere Ordnungen, nämlich in **Zellkryptogamen** und **Gefässkryptogamen** zu schichten.

1. **Zellkryptogamen**, Thallusgewächse, *Cryptogamae cellulares. Thallophȳta* Endl., *Cryptophyta* Lk., *Angiospŏrae*, werden die **Pilze** (*Fungi*), **Flechten** (*Lichēnes*) und die **Algen** oder **Tange** (*Algae*) genannt, weil sie in Stelle des Stammes, der Wurzel und der Blätter nur einen **Thallus**, Trieblager, bilden. Viele überschreiten selbst nicht die niedrigste Ausbildungsstufe, indem sie nur aus einer einzigen Zelle bestehen. Die Sporen der Zellkryptogamen wachsen meist unmittelbar zu einer Pflanze aus.

2. **Gefässkryptogamen**, blattbildende Kryptogamen, *Cryptogămae foliōsae, Acrogenĕae, Mesophȳta, Gymnospŏrae*, bilden aus einem vollkommenen Zellgewebe einen Stock, welcher meist als Stamm und Wurzel auswächst, oder sie bilden ein Laub, welches Wurzeln entwickelt. Ferner erfreuen sie sich der Antheridien und der Archegonien, in Stelle der Staub- und Fruchtblätter. Ihre Sporen wachsen zu einem Zwischengebilde, dem **Vorkeim**, aus, aus welchem sich erst das der Mutterpflanze ähnliche Gebilde entwickelt. Hierher gehören die **Moose** (*Musci*) und **Farne** (*Filices*). *Acrogenea* wurden sie genannt, da sie nur Spitzenwachsthum zeigen, *Mesophȳta* nannte sie *Link*, weil sie eine Entwickelungsstufe einnehmen, welche ihren Platz zwischen Kryptophyten und Phanerophyten (Samenpflanzen) behauptet.

Angiospŏrae (Verhülltsporige) und *Gymnospŏrae* (Nacktsporige) bilden eine parallele Bezeichnung zu der Eintheilung der Keimblattpflanzen in *Angiospermae* (Bedecktsamige) und *Gymnospermae* (Nacktsamige, wie die Coniferen). Während hier die Angiospermen eine höhere Organisationsstufe einnehmen, ist das Verhältniss bei den Kryptogamen ein umgekehrtes, denn die Angiosporen umfassen die Pilze, Flechten und Algen, bei denen die Sporen bis zu ihrer Trennung von der Mutterpflanze und oft noch darüber hinaus in ihrer Mutterzelle verharren. Bei den Gymnosporen, den Moosen und Farnen, werden die Sporen frühzeitig durch Resorption ihrer Mutterzelle frei und liegen auch frei in dem Sporangium bis zu dessen Entleerung zur Zeit der Reife. Diese Eintheilung der Sporenpflanzen kommt übrigens wegen zahlreicher Ausnahmefälle selten in Anwendung.

Julius Sachs gruppirt (in seinem vortrefflichen Lehrbuche der Botanik) die Kryptogamen in 3 Ordnungen, in 1) **Thallophyten** (Thalluspflanzen), 2) **Muscineen** (Moose), 3) **Gefässkryptogamen**.

Die Thallophyten gruppirt *Sachs* wiederum in 4 Klassen:

I. Protophyten III. Oosporeen
II. Zygosporeen IV. Carposporeen

und jede dieser Klassen in Unterklassen, je nachdem Chlorophyll vorhanden oder nicht vorhanden ist.

Klasse I. Protophyten (Ursprosser, *Protophyta*) umfassen die einfachsten und auch kleinsten, meist nur bei starker Vergrösserung erkennbaren Gewächse, welche vorwiegend in Wasser oder wässrigen Flüssigkeiten mit organischen Stoffen, oder an feuchten Orten, auf feuchten Pflanzentheilen, auf Haut und Gewebe des thierischen Körpers sowohl als echte, als auch als Pseudo-Parasiten vegetiren. Zu dieser Klasse zählen alle die Organismen, welche die Gährung und Fäulniss veranlassen, unterhalten oder begleiten.

Die einfachste Form eines Protophyts ist die vereinzelte Zelle, weitere Formen sind zwei bis viele Zellen in Reihen aneinander hängend oder in Gruppen. Dergleichen protophytische Gebilde finden wir in den Figuren 513—520 (Seite 277) und Fig. 486—489 (Seite 264) im vergrösserten Maassstabe vergegenwärtigt. Die chlorophyllhaltigen erfreuen sich stets einer vollkommneren Ausbildung als die chlorophyllfreien.

Viele der Protophyten sind mit Beweglichkeit ausgestattet und bewegen sich im Wasser vor und rückwärts, schraubenförmig um ihre Achse, andere krümmen sich nach verschiedenen Richtungen oder machen andere Bewegungen. Nehmen wir eine nadelkopfgrosse Portion des zwischen den Zähnen gelagerten Schleimes oder die feuchte Masse zwischen den Zehen schweissiger Füsse und betrachten wir sie unter einem Deckgläschen bei circa 500facher Vergrösserung, so sehen wir stabförmige Bacterien (Schizomyceten) sich bewegen, sich krümmen und wiederum gerade strecken.

Eine geschlechtliche Fortpflanzung ist bei den Protophyten noch nicht angetroffen oder erkannt worden und beruht die Vermehrung einfach auf der Bildung von Tochterzellen.

Die Protophyten schichtet *Sachs* in 3 Gruppen oder Unterklassen, nämlich in chlorophyllfreie (Schizomyceten und Gährungspilze, Fig. 486—489), reines Chlorophyll enthaltende (Palmellaceen) und Blattblau-Chlorophyll enthaltende, von blaugrüner Farbe (Cyanophyceen). Zu den letzteren gehören die Chroococcaceen, Nostocaceen, Oscillatorien, Rivularieen und Scytonemeen.

Klasse II. Zygosporeen (Jochsporenbildner). Diese Klasse füllen alle die Protophyten aus, deren sexuelle Function in

Conjugation (S. 278 u. 279) besteht. Je nach der Weise dieses Vorganges und der dabei thätigen Organismen zerfallen die beiden Unterklassen (chlorophyllfreie und chlorophyllhaltige) in Ordnungen, wie z. B. in Protophyten, bei denen die Conjugation durch Schwärmsporen (Volvocineen, Fig. 484) oder durch ruhende Sporen (Mesocarpeen, Zygnemeen, Desmidieen, Fig. 521, 522) ausgeführt wird.

Klasse III. Oosporeen (Oogonienbildner) umfasst die Protophyten, deren sexuelle Fortpflanzung durch Oogonien (Fig. 485, S. 263) vermittelt wird. Hierher gehören auch die Fucaceen (Meeresalgen. Fig. 528).

Klasse IV. Carposporeen (Sporocarpienbildner) sind die Coleochaeteen, Characeen (Fig. 483), Florideen, und die echten Pilze, wie die Ascomyceten, Basidiomyceten und Aecidiomyceten, wegen der Aehnlichkeit ihrer Fortpflanzungsweise und zwar durch die Entstehung einer Sporenfrucht (*sporocarpium*) aus der Befruchtung des weiblichen Organs. Diese Sporenfrucht hat eine sehr verschiedene Form. Vergl. S. 265 u. folg.

Die Ordnung der Muscineen zerfällt in 2 Klassen: I. Lebermoose (Anthoceroten, Riccieen, Monocleen, Marchantien, Jungermannien); II. Laubmoose (Sphagnaceen, Andreaeaceen, Phascaceen, echte Laubmoose oder Bryinen) vergl. S. 282—291.

Die Ordnung der Gefässkryptogamen umfasst die Schachtelhalme, Ophioglosseen, Farne, Rhizocarpeen, Lycopodiaceen, Selaginellen und Isoëten. Vergl. S. 292—303.

Eine andere Eintheilung der Akotylen, diese als Athalamen unterschieden, ist nach *E. Hallier* folgende:

I. Wurzellose Athalamen.

    A. Thalluspflanzen oder Sporenpflanzen:

        1. Pilze (*Fungi*), 2. Flechten (*Lichēnes*), 3. Algen (*Algae*), 4. Armleuchtergewächse (*Characeae*).

Bei den niedrigsten Formen ist ein Geschlechtsvorgang nicht beobachtet. Bei den meisten Pilzen, Algen und Characeen ist ein solcher vorhanden und das Product desselben ist die Oospore, Zygospore oder ein Sporenbehälter. Die keimende Spore wächst zur Pflanze aus.

    B. Theca- oder Protonemapflanzen (Moose):

        5. Lebermoose (*Hepaticae*), 6. Sphagnaceen, 7. Bryineen.

Aus der Spore entsteht ein geschlechtsloser Vorkeim (*protonema*), welcher eine Knospe hervorbringt, die zur Moospflanze auswächst. Die Moospflanze trägt den Geschlechtsapparat, aus welchem die Sporenfrucht (*sporogonium, theca*)

hervorgeht. Es macht sich also bei den Moosen eine geschlechtslose und eine geschlechtliche Generation geltend.

II. **Bewurzelte Athalamen.** Nur mit Ausnahme der
Salvinia sind sie mit Wurzeln versehen.

A. Sorus- oder Prothalliumpflanzen:

8. Farne (*Filices*), 9. Schachtelhalme (*Equisetaceae*),
10. Bärlappgewächse (*Lycopodiaceae*), 11. Wurzelfrüch-
tige (*Rhizocarpeae*).

Die aus einem ungeschlechtlichen Generationsacte hervor-
gegangene Spore wächst zu einem gynandrischen oder ein-
geschlechtlichen Vorkeim *(prothallium)* aus, auf welchem
der geschlechtliche Generationsact vor sich geht, dessen
Product eine beblätterte Pflanze ist, auf welcher in unge-
schlechtlicher Weise die Sporenkapsel hervorwächst. Da
die Sporenfrüchte Fruchthaufen, *sori*, bilden, so erhielt diese
Abtheilung die Bezeichnung Soruspflanzen.

In den folgenden Lectionen wollen wir der seit Decennien
üblichen systematischen Gruppirung der Thallophyten folgen,
welche *Berg* in seine pharmaceutische Botanik aufnahm, welche
auch in anderen pharmaceutischen Werken einen Platz gefunden hat.

Bemerkungen. Phanerophyten (Blüthenpflanzen), wenig geeignetes Synonym von Phanerogamen, Pflanzen mit sichtbaren Fructificationswerkzeugen,
von dem griech. φανερός, ά, όν (phanĕros), sichtbar, deutlich. — Athalamen
(*plantae athalămae*), ohne Blüthenboden, zusammengesetzt aus α privativum
und *thalămus*, Blüthenboden (griech. ϑάλαμος, Brautgemach, Ehebett). Conidien, *conidia*, oder Knospenzellen, d. h. ungeschlechtlich oder knospenähnlich,
durch Abschnürung an Fruchthyphen entstandene Sporen, dient auch zur Bezeichnung chlorophyllfreier Sporen, gegenüber den Gónidien, *gonidia*, chlorophyllführenden Sporen. Von dem griech. κόνις, gen. κόνιδος (konis, konĭdos),
Eier der Läuse, Wanzen etc. — *Jungermanniaceae*, eine Familie der Lebermoose, benannt nach *Ludwig Jungermann*, geb. 1572, gest. 1653, Prof. der
Botanik zu Giessen, gründete botan. Gärten und war auch botan. Schriftsteller.

Lection 155.

Thallophyten. Pilze.

Die erste Klasse der Acotyledonen oder blattlosen Pflanzen
umfasst die Thallusgewächse, *Thallophўta s. Cryptophўta* und
schichtet sich in 3 Unterklassen: 1) Pilze, *Fungi*, 2) Flechten,
Lichēnes, 3) Algen, *Algae*.

Classis I. **Cryptophyta**, *Thallophўta. Plantae arrhīzae, exembryonatae, athalamae. Thallus (thalloma) e contextu celluloso imperfecto constitutus, vel cellulae aut solitariae aut in seriem ordinatae aut vario modo conglomeratae. Propagatio partu vegetativo cellularum, aut sporis modo neutro vel sexuali ortis. Sporae nudae vel sporangio inclusae. aut statim, aut per prothallium incompletum (protonēma) germinantes. Fungi, Lichēnes, Algae.*

Cryptophyten, Thallophyten. Wurzel- und embryolose Pflanzen und ohne Blüthenboden. Ein Thallom, aus einem unvollkommenen Zellgewebe bestehend, oder einzelne oder zu Reihen oder auf verschiedene Weise zusammengehäufte Zellen. Vermehrung durch Tochterzellenbildung oder durch geschlechtslos oder geschlechtlich erzeugte Sporen. Sporen nackt oder in einer Fruchtschale eingeschlossen, entweder sofort oder unter Bildung eines unvollständigen Vorkeimes *(protonema)* keimend. Pilze, Flechten, Algen.

Subcl. 1. **Fungi**, *aut vegetabilia parasitica aut saprophўta, semper achlorophylla. Thallus ex floccis sive hyphis constitutus sive mycelium. Sporophŏra varia, uti spermogonia, peridia, perithecia, hymenia, stromata plus minusve circumscripta, ex hyphis contexta. ascos et basidia gignentia. Propagatio sporis modo neutro aut sexuali exortis, uti conidiis, zygospŏris, zoosporis, spermatiis, inter germinationem saepe ad protonema aut mycelium accrescentibus.*

Pilze: Schmarotzer od. Fäulnisspflanzen, stets ohne Chlorophyll. Thallus, bestehend aus Hyphen (fadenförmigen Zellen), oder ein Mycelium. Fruchtträger verschiedene, wie Spermogonien, Peridien, Perithecien, Hymenien und Fruchtlager, welche mehr oder weniger begrenzt, aus Hyphen zusammengesetzt sind und Fruchtschläuche und Fruchtfäden erzeugen. Die Fortpflanzung geschieht durch Sporen, welche ungeschlechtlich oder geschlechtlich entstanden sind, wie Conidien, Jochsporen, Schwärmsporen, Spermatien, welche häufig zu einem Vorkeim oder zu einem Trieblager auswachsen.

Die Pilze schichtet man in zwei Abtheilungen, in *Basidiomycetes*, welche ihre Sporen an den Spitzen der Basidien abschnüren, und *Ascomycetes*, deren Sporen in Schläuchen *(asci)* eingeschlossen sind.

Bemerkenswerth ist bei den Pilzen der Mangel an Chlorophyll oder einem ähnlichen Stoffe, welcher Kohlensäure in Kohlenstoff und Sauerstoff zu zerlegen vermöchte. Bekanntlich athmen die Pilze Sauerstoff auf und Kohlensäure aus, während die chlorophyllführenden oder mit Blättern versehenen Pflanzen Kohlensäure aufathmen und Sauerstoff ausathmen. Jener Umstand lässt auch die Bildung von Stärkemehl nicht zu, welches in keinem Pilze angetroffen wird. Dafür sind diese gewöhnlich reich an Fettstoffen.

Obgleich sich das Pilzgewebe aus Hyphen aufbaut, so treffen wir bei den Brand- und Rostpilzen (Coniomyceten) bei der Entwickelung der Keimzellen oder Conidien eine parenchymatische Zellenbildung an.

Die Pilze sind echte Parasiten, wenn sie auf lebenden Pflanzen oder Thieren vegetiren und ihre Nahrung aus diesen aufnehmen, sie sind dagegen Pseudoparasiten oder Saprophyten, wenn sie auf todten oder faulenden Thieren und Pflanzen ihre Heimstätte haben.

Die Fortpflanzung der Pilze erfolgt aus Sporen verschiedener Art, theils aus ungeschlechtlich entstandenen, den Conidien, theils aus geschlechtlich entstandenen, den Oosporen, auch aus den durch Copulation entstandenen, den Zygosporen. Bei einigen Gattungen zerfällt der Inhalt der Conidien in mehrere Portionen, welche in Form der Schwärmsporen oder Zoosporen, bekleidet mit zwei schwingenden Wimpern, aus der berstenden Sporenzelle hervortreten, nach einiger Zeit zur Ruhe gelangen und einen Keimschlauch treibend zu einem Mycelium auswachsen.

Aus dem Mycelium treten meist deutlich differenzirte Fruchtträger, Fruchthyphen, Basidien hervor, an deren Spitze sich Sporen bilden. Ist der Fruchtträger aus mehreren Hyphen zusammengesetzt, der an seiner Oberfläche oder in seinem Innern Sporen erzeugt, so unterscheidet man ihn als Fruchtkörper, der nach Lage, Bau und Form wiederum verschiedene Namen erhalten hat. Befindet sich das Sporenlager innerhalb des Zellgewebes der Nährpflanze, so bildet er ein Fruchtlager, *stroma;* sind die Sporen erzeugenden Fruchtträger nebst den sterilen, das Capillitium bildenden Fäden von einer derben Hülle umschlossen, so stellt er ein Peridium, Sporangium, Spermogonium dar. Ist die Sporangiumschale offen und napfförmig, so nennt man den Fruchtkörper Perithecium. Bei den Haut- und Scheibenpilzen bezeichnet man ihn mit Hut *(pileus)*. Sind die Sporen zu einem zusammenhängenden Lager vereinigt, so ist dieses ein Sporenlager oder Hymenium.

Die an der Spitze der Fruchthyphen oder Basidien sich simultan oder succedan bildenden Sporen nennt man Basidiensporen, Acrosporen, Conidien, auch wohl Sporidien, wenn sie sich unmittelbar von den Hyphen abschnüren, die in Spermogonien erzeugten Sporen aber Spermatien. Die in einem Sporen-schlauche *(ascus)* erzeugten Sporen unterscheidet man als Asco-sporen (auch Thecasporen).

Die Fortpflanzung der Pilze durch Copulation wurde bisher nur in der Abtheilung der Kopfschimmel *(Mucorineae)* beobachtet. (Vergl. auch S. 279.) Sie ist derjenigen durch Conjugation ziem-lich ähnlich. Zwei dichotomisch gestellte Zweige derselben Hyphe treiben, ein jeder in gleicher Höhe, einen nach Innen gewendeten Schlauch. Beide Schläuche wachsen so weit in der Länge, bis ihre Spitzen sich gegenseitig berühren. An jeder Spitze schnürt sich nun unter Querwandbildung eine Zelle ab. Während dieser Abschnürung vereinigen sich beide Zellen, mischen gegenseitig ihren plasmatischen Inhalt, nun eine grössere Zelle bildend, welche sich mit einem derben Epispor oder Exospor *(episporium)*, Aussen-haut, umgiebt und so eine Joch- oder Zygospore darstellt.

Bei mehreren Pilzgattungen erfolgt die Fortpflanzung unter einem Generationswechsel, indem bei ihnen ein Wechsel der Formen der Organe der Fortpflanzung eintritt und die eine Form erst aus dem Mycelium, welches aus Fruchtorganen der anderen Form hervorgegangen ist, sein Entstehen findet, dass z. B. Sporen erst in geschlechtlicher Weise aus einem Mycelium hervorgehen, welches aus ungeschlechtlichen Sporen entstanden ist. Im Uebrigen vergl. man auch Lection 73 (S. 264).

Die systematische Ordnung der Pilze kann eine sehr ver-schiedene sein und ist immer nur eine vorläufige, da die Forsch-ungen auf diesem speciellen Felde noch zu keinem Abschluss ge-kommen sind. Eine hauptsächlich auf Empirie begründete Ord-nung ist z. B. folgende.

1. Hefepilze, *Protomycētes*, einzellige Gebilde in gährenden Flüssigkeiten; Bacterien, *Schizomycētes*, ebenfalls einzellige Pilze. Kein Generationswechsel. Viele der Hefepilze sind als Entwicke-lungsformen höher ausgebildeter Pilze erkannt worden, es ist also die Selbständigkeit dieser Pilzordnung eine sehr fragliche.

2. Brandpilze, *Ustilagineae*, entwickeln weder Aecidien noch Spermogonien, wie Russbrand *(Ustilāgo segĕtum)*, Schmierbrand *(Ustilago sitophila* Dtm. s. *Tilletia caries* Tul.).

3. Rostpilze, *Uredineae*, entwickeln Aecidien und Spermo-gonien, wie *Urēdo, Puccinia*. Viele der Rostpilze sind in neuerer Zeit als Conidienformen einiger Ascomyceten erkannt worden.

Rost- und Brandpilze bezeichnete man früher mit Staub-pilze, *Coniomycētes*.

4. **Faden- oder Schimmelpilze**, *Hyphomycetes*, die Pilzformen, welche man im gemeinen Leben mit Schimmel zu bezeichnen pflegt. Sie sind meist von den Mycologen neuerer Zeit als Conidien erzeugende Entwickelungsformen der Kernpilze und Scheibenpilze erkannt worden. Somit ist diese Unterordnung der Pilze eine hinfällige geworden. *Penicillium glaucum*, *Aspergillus glaucus* und andere sind z. B. Entwickelungsformen von Kernpilzen.

Die früher zu den Schimmelpilzen gezählte Abtheilung der kamigen Pilze, *Mucorineae*, welche Conidien und Zygosporen bildet, auch Generationswechsel zeigt, schliesst sich den Algenpilzen (*Phycomycetes*) an.

5. **Balgpilze, Bauchpilze**, *Gasteromycetes*. Das Fruchtlager ist in eine Hülle eingeschlossen; ein Generationswechsel findet nicht statt. Hierzu gehören unter anderen:

Bovist (*Lycoperdon Bovista*), die stinkende Giftmorchel, Giftpilz (*Phallus impudīcus*).

6. **Hautpilze**, *Hymĕnomycētes*, mit Basidien auf einem Hymenium. Hierher gehören die im gewöhnlichen Leben mit **Hutpilze** und **Schwämme** bezeichneten Pilze; z. B. Judenohren (*Exidia Auricula Jŭdae* Fries), Champignon (*Agaricus campestris*), Pfefferling (*Cantharellus cibarius*), Steinpilz (*Bolētus edūlis*), Hausschwamm (*Polypŏrus destructor*), Lärchenschwamm (*Polyporus officinalis*).

7. **Wasserpilze**, *Saprolegniĕae*, in Wasser auf faulenden thierischen und vegetabilischen Körpern vegetirende, cylindrische Schläuche darstellende Pilze, daher auch mit Wasserfadenalgen bezeichnet. Generationswechsel, Schwärmsporen.

8. **Weisse Roste**, Spitzensporige, *Peronosporeae*, endophytische, d. h. innerhalb des Gewebes der Phanerogamen vegetirende Pilze. Conidien und Zoosporen, in Folge geschlechtlicher Befruchtung Oosporen, letztere im Inneren der Nährpflanze sich bildend. Hierher gehört auch der Kartoffelpilz, *Peronospŏra infestans* Casp.

Saprolegnien und Peronosporeen zählen zu den **Algenpilzen**, *Phycomycetes*, oder den **Sporenpilzen**, *Sporomycetes*.

9. **Trüffelpilze**, *Tuberaceae*, unterirdisch vegetirende Pilze, z. B. die Trüffel (*Tuber cibarium* Mich.). Die Tuberaceen werden auch den Ascomyceten untergeordnet.

10. **Hufstäublinge**, *Onygeneae*, mit in flockiges Mycel eingebettetem Fruchtkörper, z. B. der Hufstäubling (*Onygĕna equīna*),

auf faulendem Horne, den Hufen der Thiere vegetirend. Die Onygeneen werden auch den Ascomyceten untergeordnet.

11. Kernpilze, *Pyrēnomycētes*, mit Sporenschläuchen (*asci*) in Perithecien. Generationswechsel. Hierher gehören z. B. der Mutterkornpilz (*Claviceps purpurea*), Traubenpilz (*Oidium Tuckeri*).

12. Scheiben- oder Schüsselpilze, *Discomycetes*, Pilze von schüssel- oder scheibenähnlicher Gestalt, mit auf freier Fläche liegenden Fruchtschichten. Generationswechsel. Hierher gehören z. B. die Morchel (*Morchella esculenta*); Muscardine (*Botrȳtis Bassiana*), welche in lebenden Seidenraupen vegetirt.

Berg sondert die Pilze in seiner pharmaceutischen Botanik in folgende Abtheilungen:

Tribus I. *Basidiomycētes* (Basidienpilze), Sporen, an der Spitze von Basidien sich abschnürend (*sporae ab apicibus basidiorum secedentes*). Dazu — a) *Hyphomycētes* (Gewebepilze) mit Sporen auf den freien Flocken. *Penicillium glaucum* Lk. (Schimmelpilz). — b) *Coniomycētes*, Staubpilze, *Ustilago Carbo* (Flugbrand) auf Gerste, Hafer; *Tilletia Caries* Tul. (Schmierbrand) auf Weizen. — c) *Gasteromycētes* (Bauchpilze); *Bovista* (Bovist). — d) *Hymenomycētes* (Hautpilze, Pilze mit einem Hymenium); *thallus contextu vesiculoso vel floccoso, plerumque pileatus, hymenio (membrāna fructificante) totus vel ex parte obtectus; sporae (conidia) in apice basidiorum (inter se parallelorum) secedentes.* Trieblager aus blasigem oder flockigem Gewebe, meist einen Hut bildend, ganz oder zum Theil mit einer Schlauchschicht bedeckt; die Sporen schnüren sich an der Spitze der das Hymenium bildenden Basidien oder Conidienträger

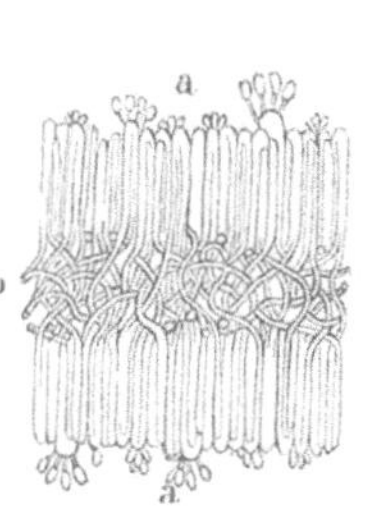

Ein Durchschnitt einer Lamelle eines Pilzhutes. *a a* Schlauchschicht (*hymenium*) zum Theil Basidiensporen (Conidien) bildend. *b* Flockiges Gewebe. Vergr.

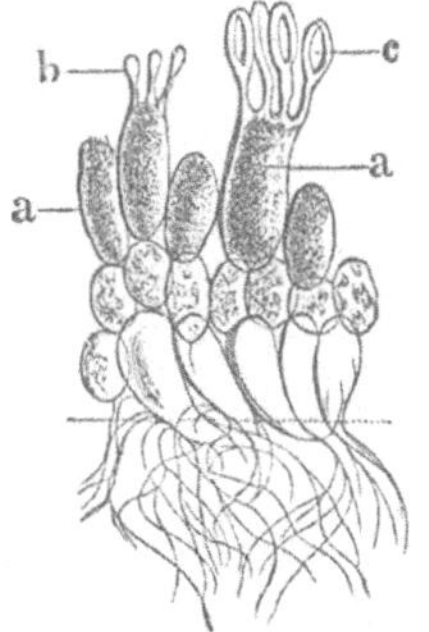

Fig. 909.

Ein Theil des Hymenium von *Agaricus campestris*. *a* Basidien, *b* dieselben im Begriff der Sporenbildung, *c* solche mit vollständig entwickelten Sporen. Vergr.

(*conidiophŏra*) ab. Die Hymenialschicht wird durch einen sehr verschieden gestalteten, bald gestielten, bald stiellosen Fruchtkörper getragen, z. B. auf plattenförmigen Lamellen (*Agaricus* und andere Hutpilze), in röhrigen Höhlungen (*Polyporus, Boletus*), in labyrinthförmigen Höhlungen (*Daedalea*), an stachelförmigen Vorsprüngen (*Hydnum*).

Eine Abtheilung der Hymenomyceten sind die **Blätterpilze**, *Agaricini*, mit blättrigem Hymenium (*hymenium pilei lamellosum*) und meist 4-sporigen Basidien. Dazu zählt die Gattung:

Amanīta. Pilĕus stipitatus; peridium (i. q. volva) stipĭtem pileumque primum involvens, dein diruptum. Stipes saepe velo pileum initio cum stipĭte conjungente annulatus; lamellae hymenii intus subfloccosae, in margine acutae. Hut gestielt; Hüllhaut (d. i. Wulsthaut) zuerst Strunk (Stiel) und Hut einhüllend, dann zerreissend. Strunk oft von einem anfangs Hut und Strunk verbindenden Schleier geringelt. Hymeniallamellen nach innen etwas flockig, am Rande scharf.

Fig. 910.

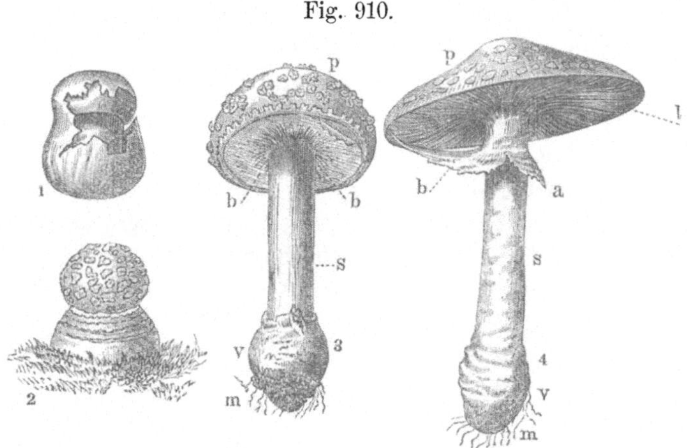

1. Ein junger Hymenomycet (*Agaricus campester*), die Wulsthaut oder Hülle (*volva; peridium*) sprengend. 2. Der in der Wulsthaut noch eingeschlossene Fliegenpilz (*Amanīta muscarĭa* Pers.). 3. Derselbe mehr entwickelt. *m* Mycelium, *v* Wulst (*volva*), *s* Strunk (*stipes*), *p* Hut (*pilĕus*), *b* Schleier (*velum*), an der einen Seite sich ablösend. 4. Derselbe Pilz noch mehr entwickelt. *a* Ring (*annŭlus*), der Schleier hängt in einem Punkte noch an dem Hutrande, *l* Lamellen, von der Keimhaut (*hymenium*) bekleidet. Circa ¹|₂ L.-Vergr.

Art. *Amanita muscarĭa* Pers., Fliegenschwamm, s. *Agaricus muscarius* L.; *stipĭte in basi bulbōso, subfarto, postea cavo; volva (peridio) squamosa obliterata; pileo aurantiaco, in margine striato, lamellis candĭdis.* Strunk am Grunde zwiebelig verdickt, fast voll oder später hohl; Wulsthaut (Hüllhaut) schuppig, verschwindend; Hut orangeroth, am Rande gestreift, mit sehr weissen Lamellen. Häufig, giftig. Die Milchabkochung wird zum Tödten der Fliegen gebraucht.

Eine zweite Abtheilung der Hymenomyceten oder Hautpilze bilden die Löcherpilzartigen, *Polyporĕi*, bei denen die Schlauchschicht (*hymenium*) nicht Lamellen, sondern die Innenwände porenähnlicher Höhlungen, Röhren oder Buchten bekleidet (*hymenium in parietibus internis pororum, tubulorum vel sinuum vigens*). Basidien meist 4-sporig (*basidia plerumque tetraspŏra*).

Gatt. *Polyporus*. *Pileus cum hymenio poris instructo concretus, poris anăstomŏsi creberrima adauctis et in pileum continuatis.* Hut mit einer porigen Schlauchschicht verwachsen; Poren durch eine häufige in einander mündende Verästlung vermehrt, sich in den Hut fortsetzend.

Art. *Polypŏrus officinalis* Fries. s. *Bolētus Larĭcis* L., Lärchenschwamm, *pileo sessĭli subconico, supra albido, suberoso-carnoso, zonato, zonis lutescentibus et fuscentibus; poris minūtis lutescentibus.* Mit sitzendem, fast kegelförmigem, oberhalb weisslichem, korkigfleischigem, streifig-gegürteltem Hute mit gelblichen und bräunlichen Gürtelstreifen und sehr kleinen gelblichen Poren. In Ungarn und im südlichen und östlichen Russland an *Pinus Larix* (*Larix decidŭa* Mill.). Von der äusseren Rinde befreit und gebleicht liefert er den officinellen, sehr bitteren, drastisch wirkenden Lärchenschwamm (*Agarĭcum; Bolētus s. Fungus Larĭcis*).

Art. *Polyporus fomentarius* Fries, Feuerschwamm, *pileo sessĭli semirotundato, pulvinato vel subtriquetro, fuligineo-canescente, zonato, intus suberoso-molli et lutescente; in margine poris minĭmis fuligineo-glaucis, dein ferrugineis.* Hut sitzend, halbrund, polsterförmig oder fast 3-kantig, russbraun-grauweiss, streifig gegürtelt, innen korkigweich und gelblich, aussen am Rande mit ausserordentlich kleinen russbraun-graugrünen, später rostfarbenen Poren. An Buchen- und Eichenstämmen. In Scheiben geschnitten, mit dünner Aschenlauge ausgekocht, abgewaschen, getrocknet und weich geklopft stellt er den als blutstillendes Mittel benutzten *Fungus igniarius*, Feuer- oder Wundschwamm, dar. Der eigentliche Feuerschwamm zum Zünden ist mit Salpeterlösung getränkt. *Polypŏrus igniarius* Fries, mit dünnerer härterer Masse und dickem stumpfem Hute, auf Weiden, Kirschbäumen, Eschen etc. kann hierzu nicht gebraucht werden.

Polypŏrus destructor Fries, Hausschwamm, ist jener bekannte bräunlichweisse, wässerig-fleischige Pilz, dessen Mycelienfäden als Zerstörer feuchter Gebäude gefürchtet werden. Ein *Polyporeus* ist auch der ochergelbe rostbraune *Merulĭus lacrĭmans* Schum., Feuchthausschwamm, Thränenschwamm, wie der vorige nachtheilig für Gebäude. Beide an und im Holze wachsend.

Gasteromycētes. Saprophўta, mycelio hypogaeo. Sporangium epigaeum sessĭle aut stipitatum, peridio duplici, exteriore (volva) et interiore, poris vel rimis dehiscente, capillitium et sporas (conidia) includente. Sporae maturae pulveri saturate colorato consimiles. (*Bovista, Lycoperdon*).

Bauchpilze. Saprophyten mit unterirdischem (im Nährboden verharrendem) Mycel. Die Sporenfrucht tritt über den Nährboden hervor, ist sitzend oder gestielt, von einer doppelten Hülle, einer äusseren, gewöhnlich mit Wulst (*volva*) bezeichnet, und einer inneren, welche mit Löchern oder Rissen aufspringt und ein Fasergeflecht, Haargewebe, mit den an dessen Fadenenden sich abschnürenden Sporen (Conidien) einschliesst. Die reifen Sporen gleichen einem dunkelgefärbten Pulver.

Eine allgemein bekannte Gattung ist *Bovista*, aus der Abtheilung *Gasteromycetes-Lycoperdei*, mit kugligem oder verkehrt kegelförmigem Sporangium, dessen äussere Hülle sich in Lappen oder Schuppen theilend ablöst. *Sporangio globoso vel obconico (pyriformi), peridio exteriore evanescente.*

Arten der Gattung *Bovista* sind *Bovista nigrescens* Pers. mit zuletzt schwarzumbrabrauner innerer Fruchthülle und braun-purpurfarbenen Sporen, *B. gigantea* u. *B. caelata*. Die frische und auch abgestorbene Sporangiumschale und das sporentragende Haargeflecht wird häufig als blutstillendes Mittel auf Wunden angewendet.

Ein durch seinen eminent stinkenden Geruch sich auszeichnender Bauchpilz aus der Ordnung der Phalloïdeen ist *Phallus impudīcus* L., Gichtschwamm, stinkende Giftmorchel, welcher sich nach Regen schnell entwickelt und dessen Sporangium in Form und Farbe eines Gänseeies aus der Erdoberfläche hervortritt und dessen Vertical- und Querschnitt eine sehr schöne und deutliche Ansicht von seinem inneren Baue gewährt. Er wächst zu einem lückigporigen Stiel mit Hut aus, von welchem letzteren die Sporenmasse als zäher dicker stinkender Schleim abtropft.

Bemerkungen. *Peronospŏra* (an der Spitze Sporen treibend), πεϱόνη (peronä), Spitze, und σποϱά (spora), Spore, Samen. — *Phytophthŏra* (Pflanzenseuche). φυτόν (phyton), Gewächs, und φϑοϱά (phthŏra), Vernichtung, Seuche. — *Cystŏpus*, aus κύστις (kystis), Blase, und πούς (pus), Fuss, wegen der Conidienbildung unter der Cuticula der Nährpflanze und dadurch blasige Aufschwellungen erzeugend. — Saprophyten, *Saprophўta*, auf faulenden Stoffen vegetirende Pflanzen, von d. griech. σαπϱός, ά, ον (sapros), faul, verfault. — *Coniomycetes*, Staubpilze, von dem griech. κόνις, gen. κόνιος (konis, konios), Staub, und μύκης, ητος (mykäs, ätos), Pilz. — *Gastĕromycētes*, Bauchpilze, von d. griech. γαστήϱ, gen. γαστέϱος (gastär, gasteros), Bauch, Unterleib. — *Amanīta.* ἀμανῖται nannten die alten Griechen die Erdschwämme. — *Agarĭcus*, Blätterpilz, von dem griech. ἀγαϱικόν, Baumschwamm, abgeleitet. — *Polypŏrus*, Löcherschwamm, das griech. πολύποϱος, ον, viele Poren, Oeffnungen (πόϱος, Loch, Pore) habend. — *Phallus*, griech. φαλλος (phallos), *membrum virile*, wegen der Aehnlichkeit des zu einem Stiel mit Hut ausgewachsenen Pilzes.

Lection 156.

Die zweite Tribus der Klasse der Pilze füllen diejenigen mit Sporenschläuchen oder Asken.

Tribus II. *Ascomycētes* (Askenpilze). Sporen in Schläuchen. *Sporae ascis inclūsae.*

In dieser Tribus ist für uns die Familie der **Kernpilze**, *Pyrēnomycētes*, insofern wichtig, als *Clavǐceps purpurěa* in seinem Sclerotium - Stroma das officinelle Mutterkorn (*Secāle cornūtum*) darstellt.

Pyrēnomycētes. Asci octaspŏri, inclusi perithecio demum pertuso. Kernpilze. 8-sporige Schläuche, umschlossen von einem später durchbohrten Gehäuse. Gattung: *Clavǐceps.*

Clavǐceps purpurěa Tulasne, Mutterkornpilz, purpurfarbener Nagelkopf, wuchert auf verschiedenen Gramineen, besonders auf den Aehren des Roggens *(Secāle cereāle)*. Dieser Kernpilz durch-

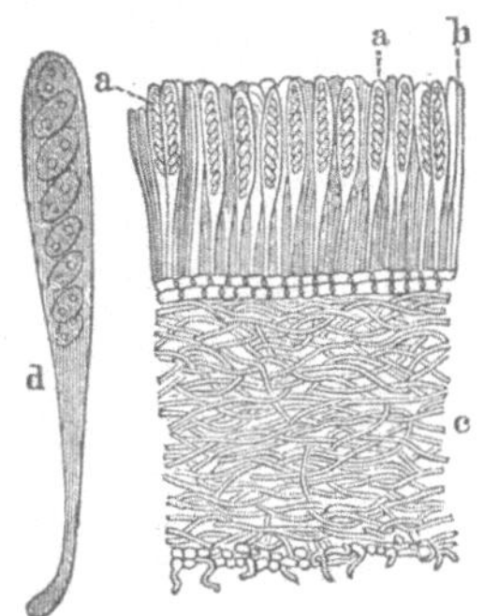

Fig. 911.

Querscheibe (vergr.) aus dem Hut eines Becherpilzes (*Pezīza*). *a* Sporenschläuche (*asci*), *d* ein solcher noch mehr vergrössert, *b* Paraphysen, *c* Pilzgewebe.

läuft drei wesentlich unterschiedene Entwickelungsstadien. Im ersten Stadium tritt er zur Zeit der Roggenblüthe als sogenannter Roggenhonigthau auf, nämlich als ein zäher gelblicher süsser Schleim von unangenehmem Geruche, so das ihn die Bienen nicht einmal aufsuchen; dagegen lockt er andere Insekten, wie Ameisen, besonders aber einen kleinen Käfer, *Rhagonўcha melanūra* Fabric., an, was die Ansicht aufkommen liess, dass dieser Käfer die Ursache zur Bildung des Mutterkorns gebe.

Jener Honigthau lagert auf dem Fruchtknoten oder in dessen nächster Nähe und ist auch das Zersetzungsprodukt der chemischen Bestandtheile des Fruchtknotens, dessen Stärkemehl verschwindet und dessen Gewebe eine völlige Auflockerung zu erkennen giebt.

Dieser Honigthautropfen, in welchem man mit dem Mikroskop unzählige Spermatien (Stylosporen) beobachtet, ist ein Secret, eine Absonderung eines Myceliums (Trieblagers), dessen Hyphen (Fäden, Flocken) den unteren Theil des jugendlichen

Fruchtknotens allseitig durchziehen. Zugleich ist der ursprüngliche Fruchtknotenkörper umgeformt, denn er zeigt innen Lücken und aussen verschieden gewundene Falten und Vertiefungen, welche ein Spermogoniumlager *(spermogonium)* darstellen. Aus der zelligen Schlauchschicht oder Keimhaut *(hymenĭum spermatophŏrum)*, welche jene Falten und Vertiefungen auskleidet, erheben sich gedrängt stehende basidienähnliche Schläuche *(sterigmăta; basidia)*, an deren Spitze sich eine Kette kleiner länglich-ovaler Zellen *(spermatia; stylospŏrae)* abschnüren. Mycelium und Spermatien erscheinen

Fig. 912.

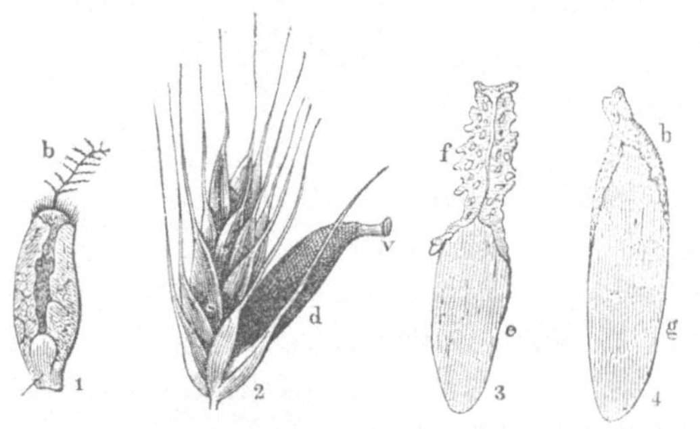

Fig. 913.

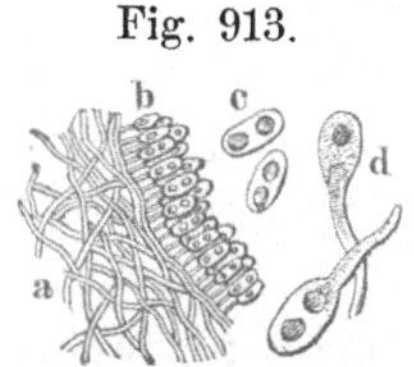

ab Schnittfläche aus dem Spermogonium. *a* Hyphen, *b* Keimhaut *(hymenium)* mit Spermatien oder Stylosporen, *c* Spermatien (vergr.). *d* Keimschläuche treibende Spermatien (vergr.).

1. Roggenfrucht von Hyphen durchsetzt, ein Mycelium darstellend; Verticalschnitt. 1½ f. Lin.-Vergr. *a* Ansatz des sterilen Fruchtlagers *(sclerotium)*. 2. Aehrentheil des Roggens mit einem Mutterkorn *(sclerotium)*, (natürl. Gr.). 3. Steriles Fruchtlager, steriles Stroma oder Sclerotium *(e)*, als Mütze das Spermogonium (Sphacelia-Lager) tragend, im Verticaldurchschnitt (4 f. L.-Vergr.); 4. dasselbe mehr entwickelt; *g* Sclerotium, *b* Sphacelia-Lager. Verticaldurchschnitt (1½ f. L.-Vergr.).

nach dem Austrocknen der klebrigen Flüssigkeit wie ein weisses, den Fruchtknoten bedeckendes Pilzgewebe. *Leveillé* hielt dieses Gebilde für einen eigenen Pilz, den er *Sphacelia segĕtum* nannte. Nach Ansicht Einiger sind die Spermatien nicht keimfähig, nach Anderen können sie auf geeignetem Medium, z. B. einem feuchten Roggenfruchtknoten keimen und wiederum das Muttermycelium bilden. *Leveillé's Sphacelia segĕtum* ist der Mutterkornpilz in seinem ersten Entwickelungsstadium.

Das **zweite** Entwickelungsstadium der *Clavĭceps purpurea* liefert in einem sterilen Stroma das officinelle Mutterkorn.

Der Fruchtknoten ist bis auf seine Spitze von dem Mycelium in seinem elementaren und anatomischen Aufbau total zerstört und daher seine Entwickelung abgebrochen. In seinem Grunde entsteht nun aber durch Anschwellung und Verdichtung der Mycelienfäden ein innen weisslicher, aussen dunkel violetter Kern, ein steriles Fruchtlager *(stroma sterĭle)*, von DC. für einen besonderen Pilz, *Sclerotium Clavus*, gehalten, welches aus den Spelzen der Aehre hervorwachsend an seiner Spitze das verschrumpfende und vertrocknende Spermogonium (Fig. 912, 2, *v*), sowie Ueberreste der Fruchtknotenspitze wie ein Mützchen emporhebt. Das officinelle Mutterkorn ist also ein Pilzfruchtlager *(stroma)*, ein Sclerotiumstroma. Beim Einsammeln fällt das schmutzig-gelbe vertrocknete Spermogonium (Mützchen) gewöhnlich ab.

Eine weitere Entwickelung des Sclerotiumstroma in der Getreideähre scheint nicht stattzufinden, dagegen tritt es in das dritte und letzte Entwickelungsstadium ein, wenn es im Herbst oder Frühjahr auf günstigen Boden (auf feuchten Sand, humöse Erde, höchstens mit wenig feuchtem Moose bedeckt) gelangt. Nach Verlauf mehrerer Wochen löst sich die violette Oberflächenschicht des Stroma hier und da in Läppchen ab, welche sich umlegen, und an den entblössten Stellen entsprossen kleine weisse Wärzchen, welche sich anfangs graugelb, dann schmutzig-violett färben und zu dünnen glänzenden, blassvioletten, 3—4 Centim. langen Stielchen, 1-, seltner 2-warzige Knöpfchen an der Spitze tragend, erheben. Diese Knöpfchen mit den Stielchen sind die eigentlichen Pilzfrüchte und bilden den Kernpilz *(pyrēnomÿces)*, welchen *Fries* als besonderen Pilz ansah und *Cordiceps purpurea* nannte.

Fig. 914.

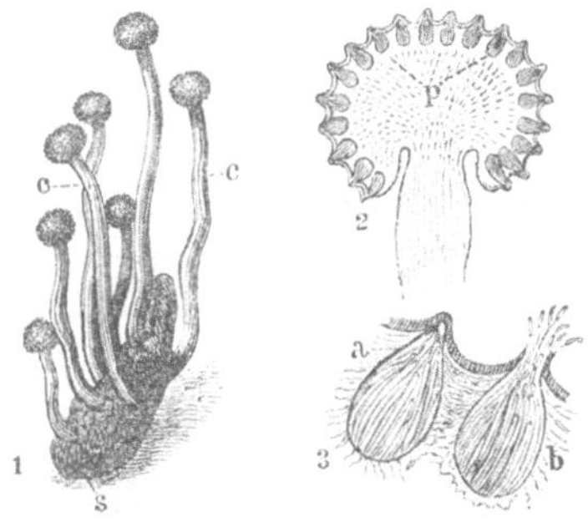

Claviceps purpurea im dritten Entwickelungsstadium (nat. Gr.). 1. Sclerotium mit Pilzfrüchten, *s* Sclerotiumlager (steriles), *c* fruchtbares Cordicepslager. 2. Ein Cordicepsköpfchen vergrössert, im Verticaldurchschnitt mit den Perithecien. 3. Zwei Perithecien stark vergrössert, 8-sporige Sporenschläuche enthaltend, *a* noch geschlossene Perithecie, *b* geöffnete, Sporen auswerfend.

Alle drei Entwickelungsstufen dieses Kernpilzes fasste *Tulasne*, welcher dieselben erforschte, mit dem Namen *Claviceps purpurea* zusammen. Lässt man auch die Namen *Sphacelia segētum* Leveillé, *Sclerotium Clavus* DC. und *Cordiceps purpurea* Fries gelten, so sind die Entwickelungsstadien der *Claviceps purpurea* kurz angedeutet, wenn wir sagen: das 1. Entwickelungsstadium besteht in der Sphaceliabildung, das 2. Stadium in der Sclerotiumbildung, das 3. in der Cordicepsbildung.

Jene Cordicepsknöpfchen oder fertilen Fruchtlager sind dicht von Wärzchen bedeckt und enthalten unter jedem Wärzchen einen eiförmigen Fruchtbehälter (Perithecie, *perithecium*), welcher mit zahlreichen, gegen den Scheitel convergirenden, linienförmigen, 8-sporigen Schläuchen (Sporenschläuchen, *asci*, *thecae*) gefüllt ist. Bei der Reife öffnet sich jede Perithecie mit einem Loche inmitten des deckenden Wärzchens, aus dem oberen Ende des Sporenschlauches (Aske) treten die fadenförmigen Sporen in Bündeln zusammenhängend aus und schieben sich durch die Perithecienöffnung nach aussen. Nach *Flückiger's* Angabe kann ein Sclerotium 20—30 Kernpilzchen tragen, welche mehr denn eine Million Sporen entwickeln.

Das Mutterkorn enthält nach *Wenzell* zwei Alkaloïde, E c b o l i n und E r g o t i n, ferner eine flüchtige Säure, E r g o t s ä u r e, und Trimethylamin in salziger Verbindung. *Dragendorff* fand darin eine Säure, S c l e r o t i n s ä u r e. Es wird als wehenbeförderndes und blutstillendes Mittel benutzt. In grösseren Dosen wirkt es giftig und nach längerem Gebrauch oder im Brod genossen soll es die Kribbelkrankheit (Ergotismus) erzeugen.

Die Besprechung des Kernpilzes *Claviceps purpurea* Tulasne verleitet uns, auch auf einige der oben in Lection 155 erwähnten Staubpilze *(Coniomycētes)* und hypodermischen Schmarotzer *(Hypodermii)*, die B r a n d - und R o s t p i l z e, deren Erscheinen im gemeinen Leben mit Russ, Rost, Brand, Flugbrand bezeichnet wird, einen Blick zu werfen.

Endlicher legte bekanntlich nach *Linné's* Vorgange den Palmen einen fürstlichen Rang unter den Gewächsen bei und überliess ihnen in seinem System die 22. Klasse mit der Ueberschrift *Principes*. Finden wir auch in demselben Systeme keinen Namen einer Klasse, welcher als Gegensatz der *Principes* gelten könnte, so hat *Endlicher* es doch nicht unterlassen, der 12. Ordnung, den Nacktpilzen oder *Gymnomycētes*, den Beinamen *Proletarii* zuzufügen. Zu den Proletariern zählen jenes Mutterkorn und die Staubpilze.

Die Naturgeschichte jener Hypodermier hat erst in neuerer Zeit durch die Forschungen *De Bary's* weitere Aufklärung erhalten. Danach finden wir hier bei vielen Arten einen P l e o m o r p h i s m u s, eine Parallele zu dem Generationswechsel, wie wir ihn in der 81. Lection kennen lernten, verbunden mit einer Art Wohnungsänderung oder H e t e r ö c i e *(heteroecia)*. Einige Staubpilzarten durchlaufen nämlich verschiedene Entwickelungsstadien, in welchen sie nothwendig die Nährpflanze oder den Wirth wechseln. Daher kommt es, dass manche Staubpilze früher als eigne Arten angesehen wurden, welche jetzt aber als besondere Entwickelungsstufen e i n e r Art erkannt sind.

Die Staubpilze sind Hypodermier nnd Entophyten. Bei den Rostpilzen oder Uredineen waltet Pleomorphie und Heteröcie vor und wuchert ihr Mycelium meist nur unter der Epidermis der Nährpflanze, sie entwickeln aber ihre Conidien, die Epidermis durchbrechend, an der Oberfläche derselben. Die Brandpilze oder Ustilagineen dagegen senden und entwickeln ihr Mycelium tiefer im Zellgewebe der Phanerogamen und bilden auch hier, also innerhalb des Zellgewebes, ihre Sporen oder Conidien.

Auf unseren Getreidearten beobachtet man mehrere *Puccinia*-Arten, welche als echte Proletarier vom Landmann sehr gefürchtet werden, indem sie ihm seine Erndten mehr oder weniger schädigen. Erwähnenswerth sind die Rostpilze und heteröcischen Parasiten *Puccinia Gramĭnis* (Getreiderost, Seifenrost, Grasrost), *P. Stramĭnis* (Fleckenrost), *P. coronata* (Kronenrost).

Puccinia Gramĭnis kommt beinahe auf allen Getreide- und Grasarten vor, besonders aber auf der Quecke *(Agropȳrum repens* Beauv.), doch hat man sie bisher auf dem französischen Raygrase *(Arrhenathērum elatius* Mert. & Koch) nicht angetroffen. Sie erscheint auf der Nährpflanze, unzählige Fäden (Flocken, Hyphen) durchwuchern das Gewebe derselben und bilden ein Myceliumgeflecht oder ein Fruchtlager *(stroma)*, aus welchem zahllose einzellige Sporen (Conidien, Uredosporen, Stylosporen, Sommersporen) hervorbrechen, welche den Grastheil wie mit einer braunen oder russigen Staubdecke (gewöhnlich *urēdo* genannt) überziehen. Diese Sporen sind keimfähig und wuchern auf eine andere Graspflanze übertragen zu einem Mycelium, und schon nach wenigen Tagen schnüren sich unzählige Sporen ab. Im Herbst verlieren diese Sporen ihre Keimfähigkeit und verschwinden, dafür entwickelt das Mycelium Askobasidien, deren Sporen (Teleutosporen, Wintersporen) sich im Frühjahr zu einem vorkeimartigen Gebilde *(promycelium)* ausbilden, aus welchem sich Sporenschläuche (Sporidien) entwickeln. Unter Umständen findet bei manchen *Puccinia*-Arten eine gleichzeitige Entwickelung von Sommer- und Wintersporen statt. Die aus dem Vorkeim entwickelten Sporidien dringen nicht in die Graspflanze ein, finden aber ihren Vegetationsboden auf einer anderen Nährpflanze, hier bei *Puccinia Gramĭnis* auf den Blättern des Sauerdorns *(Berbĕris vulgāris)*, in deren Zellgewebe ihre Keimschläuche eindringen und zu einem Mycelium auswachsen, aus welchem auf der Unterseite der Blätter die Aecidiumbecherchen, Sporangien, hervortreten. Früher hielt man diese Uebergangsform des Grasrostes für einen eignen Pilz und nannte ihn Sauerdornkelchrost *(Aecidĭum*

Berberidis). Im Grunde der Sporangien entspringen Basidien, deren Sporen beim Austritt auf feuchte Theile des Getreides fal-

Fig. 915.   Fig. 916.

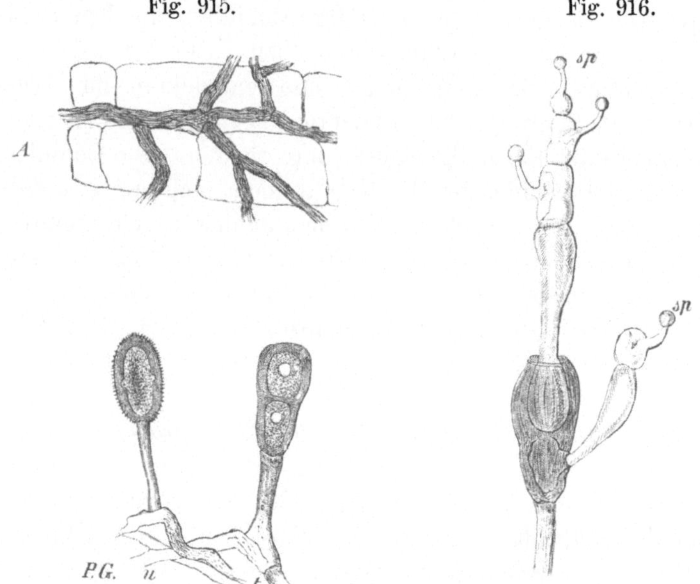

Puccinia Graminis, Getreidespore. *A* Mycelium im Zellgewebe des Getreides (200 mal vergr.). *P. G.* Sporen, *u* Conidie (Uredospore), *t* Teleutospore (400 mal vergr.).

Puccinia Graminis. Eine Teleutospore mit einem Promycelium, welches Conidien oder Sporidien (*sp*) bildet und abschnürt.

lend sich wie die Sommersporen (Conidien, Uredosporen) verhalten und wieder den Grasrost *(uredo)* hervorbringen. Die Uredo-

Fig. 917.

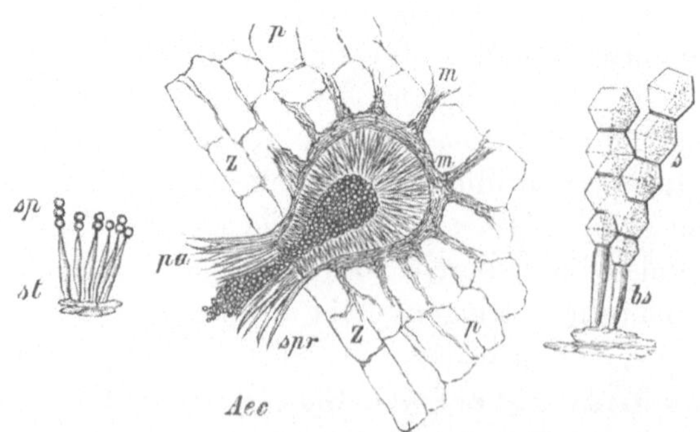

Puccinia Graminis im Zellgewebe eines *Berberis*-Blattes vegetirend. *spr* Sporangium oder Aecidiumbecherchen (300 mal vergr.). *p p* Blattparenchym, *z* Epidermis, *m m* Hyphen, Mycelium, *p a* Paraphysen (sterile Zellfäden) als Bekleidung der Oeffnung des Sporangium, welches mit Sporen (*sp, s*) tragenden Basidien oder Sterigmen (*st, bs*) angefüllt ist. *bs* Basidien, *s* Sporisorium, die Sporen durch gegenseitigen Druck eckig (700 mal vergr.).

form geht also durch die Aecidiumform wiederum in die Uredoform über.

Puccinia Straminis (Fleckenrost) tritt in ihrer Uredoform als ein orange- oder ziegelrother Rost auf, und ihre Aecidiumform ist der Kelchbrand auf rauhblättrigen Pflanzen *(Aecidium asperifolium* Pers.), wie auf *Anchūsa, Lycōpsis* etc.

Puccinia coronata (Kronenrost) kommt auf dem Hafer und englischen Raygrase vor. Ihre Aecidiumform ist *Aecidium Rhamni.*

Der auf der Erbse *(Pisum satīvum)* und auf der Pferdebohne *(Vicia Faba)* wohnende Rostpilz *(Uromȳces appendiculatus, Urēdo Fabae)* wechselt nicht, sondern entwickelt sein Aecidium auf derselben Nährpflanze.

Wie *Aecidium Euphorbiae* auf *Tithymālus Cyparissias* selbst von grossem Einfluss auf die Form der Nährpflanze ist, ersieht man an den eiförmig gestalteten Blättern derselben, die doch ursprünglich linienförmig sind.

Unter den Hyphomyceten und in der Familie der Algenpilze *(Phycomycetes)* sind die Peronosporeen *(Peronosporeae)*, deren Gattungen als echte Parasiten und Proletarier gelten, noch der Erwähnung werth. Die Peronosporeen durchdringen mit ihrem sich viel verzweigenden einzelligen Mycelium die Intercellularräume des parenchymatischen Gewebes der lebenden Phanerogamen, Zweige und Haustorien in die benachbarten Zellen einsenkend. Indem sie auf Kosten der Phanerogame vegetiren, so stirbt diese desshalb bald ab und geht unter. Die Fortpflanzung der Peronosporeen geschieht auf ungeschlechtlichem und geschlechtlichem Wege. Die ungeschlechtliche findet im Frühling und Sommer statt und besteht in der Bildung von Conidien oder vielmehr abschnürenden Fruchtträgern (Conidienträgern), welche aus den Spaltöffnungen der Nährpflanze hervortreten. Die Conidien fallen ab und auf Theile der Nährpflanze fallend treiben sie entweder direct Keimschläuche in die Cuticula der Nährpflanze, zu einem Mycelium auswachsend, oder sie bilden durch Thau oder Regen genässt aus ihrem Inhalt birnförmige Schwärmzellen (Zoogonidien), welche aus der Conidie hervorgetreten nach kurzer Zeit zur Ruhe kommend sich der Cuticula der Nährpflanze anhängen, kugelig abrunden, sich mit einer Membran umgeben und nun Keimschläuche treiben, welche in das Epidermalgewebe der Nährpflanze eindringen und zu einem Mycelium auswachsen.

Im Herbst pflegt gewöhnlich (vor dem Absterben der Nährpflanze) die geschlechtliche Vermehrung Platz zu greifen, indem sich innerhalb der Cellularräume des Parenchyms der Nährpflanze an kurzen Aesten der Mycelienfäden Oogonien und Antheridien bilden. Der Antheridienast legt sich an das in der Entwickelung befindliche Oogonium dicht an, schwillt keulig auf und entwickelt sich durch Bildung einer Querwand zu einem zeugungsfähigen Antheridium. Das während dieses Vorganges reif gewordene Oogonium schichtet seinen Inhalt zu einer peripherischen durchsichtigen Schicht und einer centralen kugligen undurchsichtigen dunklen Masse, dem Ei. Sobald das Ei vorhanden ist, entwickelt das Antheridium an der Stelle, in welcher es dem Oogonium anliegt, eine schlauchförmige Ausstülpung, den Befruchtungsschlauch, welcher die Aussenwand des Oogoniums durchdringt und in der Richtung auf das Ei wachsend dieses endlich berührt. Da das

Fig. 918.

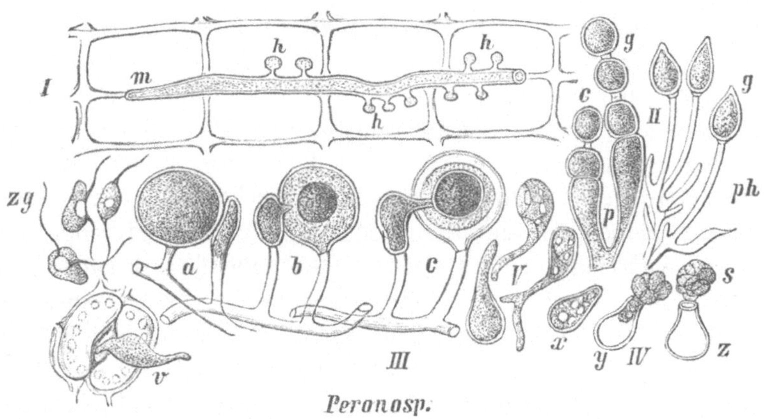

Peronosporeae. I, II *p*, IV *z*, *z g Cystopus candidus (Peronospŏra infestans)*, II *p h Phytophthŏra infestans* (Kartoffelpilz). — I Ein Myceliumzweig, *m* Spitze desselben, *h h h* Haustorien. II Conidien tragende Zweige. *g* Conidien (Stilogonidien). V Keimende Conidien, *v* eine in einer Spaltöffnung keimende Conidie. IV Bildung von Zoogonidien oder Schwärmsporen aus Conidien. *x* Conidie, welche nass geworden, *y* im Begriffe der Entleerung, *z* entleerte Conidie, *s* Zoogonidienballen. *zg* freie Zoogonidien. — III *a b c* Antheridien- und Oogonienbildung. — *a* Eine Antheridie liegt der Oogoniumzelle dicht an und entwickelt (*b*) einen Befruchtungschlauch, welcher (*c*) bis zum Ei vordringt und die Befruchtung vermittelt.

Ei sich nicht öffnet, so erfolgt die Befruchtung auf diosmotischem Wege. Das befruchtete Ei umhüllt sich nun mit einer Membran, dem Endosporium, welches sich noch auf Kosten des Inhaltes der peripherischen Schicht mit einer zweiten, meist braunen Membran, dem Exosporium, umgiebt und damit zu einer Oospore wird. Während nun die Nährpflanze und mit ihr das Mycelium des Parasits abstirbt, überwintert die Oospore, um bei Beginn der Vegetation entweder direct Keimschläuche in das Zellgewebe der Nährpflanze einzusenken, oder sie entwickeln Schwärmsporen, welche keimen und zu Mycelien auswachsen.

Peronospŏra nivea vegetirt auf Umbelliferen, *P. gangliiformis* auf Gartensalat *(Lactuca sativa)*, *P. Trifoliorum* auf Kleearten, *P. radii* u. *leptosperma* auf Anthemis, Matricaria und anderen Compositen.

Zu den Peronosporeen gehören auch die Gattungen *Phytophthora* de Bary und *Cystopus* Linn., bei denen die Conidienbildung in etwas abweichender Weise erfolgt. Bei letzterer Art entwickeln sich die Conidien z. B. unter der Epidermis der Nährpflanze, dieselbe endlich durchbrechend und in Form eines weissen Staubes hervortretend. *Phytophthora infestans* de Bary (*Peronospora infestans* Casp., *Botrȳtis invastatrix* Libert) ist der die Kartoffelkrankheit verursachende Parasit.

Bemerkungen. *Claviceps, cipitis; clavus,* Nagel; *caput,* Kopf. — *Sphacelia,* von σφάκελος (sphakelos), Entzündung, Beinfrass, Brand. — *Sclerotium,* von σκληρός, ά όν (skläros), trocken, hart.

Pleomorphismus (vermehrte Formbildung), von πλέος, α, ον (pleos, a, on), voll, gesättigt, und μορφή (morphä), Form, Gestalt. — *Proletarii* hiessen im alten Rom die Bürger der untersten Klasse, welche dem Staate durch ihre Nachkommenschaft (*proles*) diente. In neuerer Zeit bezeichnet man diejenigen mit Proletarier, welche ihr Leben von der Hand in den Mund fristen. — *Aecidium,* von αἰκίζω (aikizō), verheeren, misshandeln. — *Puccinia,* von dem Botaniker *Micheli* zu Ehren *Puccini*'s (spr. putschini), Professors der Anatomie zu Florenz, so benannt. — *Heteroecia,* Wohnungsveränderung, von d. griech. ἕτερος, α, ον (heteros), der andere, einer von zweien, und οἶκος (oikos), Haus, Wohnung. — Einen Gegensatz bildet *Autoecia,* von d. griech. αὐτός (autos), ebenderselbe, also die Nichtveränderung der Wohnung, wenn die Conidien- und Aecidiumbildung auf ein und derselben Nährpflanze stattfindet.

Lection 157.

Lichenen oder Flechten.

Die zweite Unterklasse der Kryptophyten umfasst die Flechten *(Lichēnes)*. Diese sind mit wenigen Ausnahmen Luftpflanzen, vegetiren jedoch nur, wenn die Luft Feuchtigkeit darbietet. Ihre Vegetation kommt bei zu trockner Luft zum Stillstande, der Thallus oder das Thallom vertrocknet und die Flechte scheint abgestorben, bei Eintritt feuchter Luft lebt sie aber wieder auf und ihre Vegetation nimmt weiteren Verlauf. Sie sind mit jedem Boden (Substrat), dem sie sich stets mit Haftorganen anklammern, befriedigt, dieser mag Erde, Stein, Felsen, Metall, Baumrinde, Holz etc. sein, ein Beweis, dass diese Pflanzen hauptsächlich aus der atmosphärischen Luft ihre Nahrung aufnehmen. Sie sind also keine Parasiten, obgleich ihr Thallom sich aus chlorophyllfreien Hyphen zusammensetzt wie das Mycelium der Pilze, von denen sich die Flechten aber insofern unterscheiden, als ihr

Hyphengewebe zugleich von Chlorophyll führenden algenartigen Zellen, den Gonidien, begleitet ist. Damit deuten sie an, dass sie Kohlensäure aus der Luft aufnehmen und Sauerstoff ausathmen, sie auch Stärkemehlzellen (Flechtenstärke) erzeugen können.

Ueber die verschiedene Art der Fortpflanzung der Flechten wurden wir bereits in Lection 74 unterrichtet, und wollen wir den Inhalt dieser Lection einer nochmaligen Durchsicht unterwerfen. Die Gonidien wachsen zu einem Flechtenkörper aus, doch hat man in neuerer Zeit die interessante Beobachtung gemacht, dass sie in Wasser einer abweichenden Entwickelung unterliegen, sie sich hier durch Schwärmsporen vermehren. Viele Algenarten, welche man früher als selbstständige erkannte, haben sich als Gonidien von Flechten erwiesen.

Die Fruchtbehälter werden meist mit Apothecien bezeichnet (vergl. S. 274 u. 276). Spermogonien kommen bei den meisten Flechten vor, welche bekanntlich Sterigmen, die an ihrer Spitze Spermatien abschnüren, enthalten. Diese Spermatien, deren Gestalt und Bewegung an Bacterien erinnert, sind nicht keimfähig und man hält sie daher für männliche Befruchtungsorgane. Trägt dasselbe Flechtenindividium Apothecien und Spermogonien zugleich, so nennt man es monöcisch, sind aber beide Organe getrennt auf zwei Individuen derselben Art, so nennt man sie diöcisch.

Die Soredien (Brutzellen) sind keimfähig und pflanzen die Art fort.

Die Spermogonien, deren Sterigmen verhältnissmässig sehr grosse Spermatien abschnüren, hat man mit Pykniden (*pycnidia*) bezeichnet, doch halten viele Botaniker diese Gebilde für selbstständige parasitische Pilze.

Die systematische Ordnung der Flechten ist eine sehr verschiedene. Das Flechtensystem des Botanikers *Rabenhorst* wird als ein sehr gutes gerühmt.

I. *Lichēnes anomăli*. Thallom aus regellos verflochtenen Hyphen bestehend. Asken 8-sporig.

1. *Mycetopsōrae*, Pilzflechten. Apothecien nicht eingesenkt. Sporen werden durch Zerfall der Asken frei. *Calyciĕae* (Kelchflechten).

2. *Phycopsōrae*, Algenflechten. Apothecien eingesenkt oder sitzend. Sporen werden durch Auswerfen frei. *Pyrenulaceae* (Kernflechten), *Arthoniaceae*, *Bactrosporeae* (Stabsporenflechten).

II. *Lichenes homoeomerici*, einschichtige Flechten. Thallom mit lockeren, aber in bestimmter Ordnung geschichteten Hyphen.

3. *Byssopsōrae*, Fadenflechten. Thallom aus confervenartigen Fäden bestehend. *Cystocoleae, Ephebeae.*

4. *Gloiopsōrae*, Gallertflechten. Gonidien bilden Schnüre, eingebettet in einer Gallerte, aus Hyphen und Schleim bestehend. *Obryzeae. Porocypheae. Omphalarieae. Racoblenneae, Collemeae.*

III. *Lichenes heteromerici*, geschichtete Flechten. Das Thallom zeigt Schichten- und Rindenbildung.

5. *Kryopsorae*, Krustenflechten. Das Thallom ist seiner Unterlage dicht aufgewachsen. *Verrucariaceae, Pertusariaceae, Urceolariaceae, Lecideaceae, Baeomyceae* etc.

6. *Thallopsorae*, Laubflechten. Das Thallom ist nur an gewissen Punkten der Unterlage aufsitzend oder durch Haftfasern befestigt. *Endocarpeae, Umbilicarieae, Parmeliaceae, Peltigeraceae.*

7. *Podetiopsorae*, Strauchflechten. Thallom strauchartig, Früchte auf Fruchtträgern (Podetien). *Sphaerophoreae, Cladoniaceae. Ramalineae, Usneaceae.*

Lichenes (Flechten).

Pflanzen (Erd- oder Luftgewächse) aus unvollkommenem Zellgewebe aufgebaut, ausdauernd.	*Plantae (terrestres sive aëreae) ex contextu celluloso imperfecto constitūtae, perennantes.*
Thallus (Trieblager) sehr verschieden, pulverig od. krustenartig od. laubartig od. stengelartig, meist mit Haftfasern od. Haftscheiben.	*Thallus maxime varius, pulverulentus v. crustaceus v. frondosus v. caulescens, plerumque rhizĭnas et patellas alligantes emittens.*
Brutkörner (in der gonimischen Schicht), chlorophyllhaltige Zellen, öfters als Bruthäufchen austretend.	*Gonidia (in strato gonimico) cellulae chlorophyllosae, saepius ad soredia congregata exsistentia.*
Spermogonien (Sporangoiden), vielleicht männl. Geschlechtsorgane, in Form punktförmiger Knötchen oder Wärzchen dem Thallom eingesenkt, angefüllt mit unzähligen, mikroskopisch kleinen, nicht keimfähigen Körperchen, den Spermatien.	*Spermogonia, fortasse orgăna sexualia mascula, punctiformia vel verruculis similia, thallomăti inserta, corpuscŭlis numerosissimis minutissimis, vi germinandi non instructis, quae spermatia dicuntur, repleta.*

Schlauchbehälter (Flechten-früchte), bestehend entweder aus einem thallusartigen Gehäuse oder einem besonderen Gewebe, und nackte, zu einem Kern zusammengeballte Sporen od. ein Asken-führendes Keimlager enthaltend. Sporenschläuche meist von Hüllhaaren umstellt.

Apothecia constituta aut ex excipulo thallōde aut ex contextu proprio formato et sporas nudas, ad nucleum conglobatas, vel lamĭnam ascigĕram continente. Asci plerumque paraphysibus circumsessi.

Sporen beim Keimen zu einem vorkeimartigen Trieblager auswachsend.

Sporae inter germinationem in thallum protonemoïdeum excrescentes.

Wie uns aus der Lection 74 bekannt ist, unterscheidet man die Flechten als heteromerische (aus verschiedenen Zellschichten zusammengesetzte) und als homöomerische (aus nur einer gleichförmigen Zellenmasse, in welcher Hyphen und Gonidien ohne Ordnung durcheinander liegen, gebildet). Heteromerische Flechten sind z. B. die *Lecanoraceae, Parmeliaceae, Ramalinaceae, Cladoniaceae.*

Zu der Familie der Ramalinaceen oder Astflechten, welche sich der Abtheilung der Strauchflechten (*lichēnes thamnoblăsti*) unterordnet, zählt die Gattung *Cetraria*, deren Art *Cetraria Islandĭca* Acharius in ihrem blattartigen Thallus das als Medicament und Nahrungsmittel bekannte Isländische Moos, Isländische Flechte (*Lichen Islandicus*), liefert.

Ramalinaceae (*Ramalineae*). *Lichēnes thamnoblasti (thallum foliaceum ascendentem formantes), hetĕromerici, thallo foliaceo compresso (utrinque corticato), apotheciis disco persistente, concăvo, aperto (igitur lichenes gymnocarpi nominati). Asci plerumque octaspori, paraphysibus apice e flavo fuscis stipati. Sporae minutiores, uni- vel bicellulares, coloris expertes.* Heteromerische Flechten und Strauchflechten, mit blattartig-zusammengedrücktem Lager (auf beiden Seiten berindet), mit Schlauchbehältern mit bleibender concaver offener Scheibe (daher nacktfrüchtige Flechten). Sporenschläuche meist 8-sporig, von an der Spitze gelbbraunen Saftfäden umschanzt. Sporen sehr klein, 1-—2-zellig, farblos.

Bei den Lecanoraceen, Parmeliaceen und Peltidiaceen finden wir *apothecia disco primum clauso*, bei den Cladoniaceen offene convexe, bei den Usneaceen flache Apothecien.

Gatt. *Cetraria* mit aufsteigendem oder aufrechtem wurzellosem, blattartigem, knorpelig-häutigem, glattem Lager. Schlauch-

693

behälter randständig, anfangs vom Lager gerandet, dem Lager-
rande schief aufsitzend. Spermogonien den randständigen Papillen
oder den Lagerspitzchen eingesenkt (*thallo ascendente vel erecto,
arrhizo, foliaceo, cartilagineo-membranaceo, laevi, apotheciis marginalibus, initio thallo marginatis, margini thalli oblique impositis. Spermogonia papillis marginalibus vel thallomatis fimbriis inserta*).

Art: *Cetraria Islandica* Ach. mit meist aufrechtem, knorpel-
artigem, rinnigem, gabelig-gezipfeltem, gefranstem, olivengrün-
braunem, an dem Grunde oft bluthrothem, bisweilen krauslappi-
gem Lager mit Spermogonien-tragenden Fransen, mit vorderstän-
digen (oberständigen), den breiteren Lappen angedrückten, von
sehr schmalem Rande eingefassten braunen Keimfrüchten oder

Fig. 919.

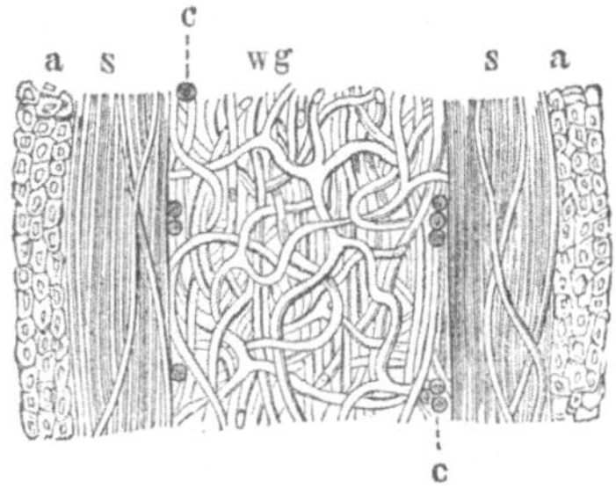

Fig. 920.

Längsdurchschnitt eines Theiles des Thallus
der Isländischen Flechte, des *Lichen Islandicus*
(*Cetraria Islandica Achar.*). *a* Rindenschicht,
s, *wg*, *s* sogenannte Markschicht, *s s* straffes
Gewebe (*contextus strictus*), *wg* wergartiges Gewebe (*contextus stupaceus*), *c* Gonidien oder
Brutkörner.

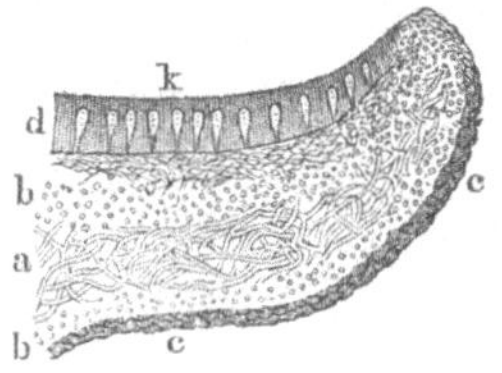

Ein Theil einer Apothecie (Schüsselchen) der Schildflechte (Verticalschnitt.
Vergr.). *a b* Medullarschicht, *c* Corticalschicht, *b* grüne Brutschicht (*stratum
gonimicum*); *k* Kern (*nucleus*) der Apothecie; *d* Saftfäden (*paraphyses*) mit
Sporenschläuchen (*asci*),

Schlauchbehältern. Sporen elliptisch-länglich. (*Thallo plerumque
erecto, cartilagineo, canaliculato, dichotome laciniato, fimbriato, oli-
vaceo-fuscescente, in basi saepe sanguineo; laciniis interdum crispatis,
fimbriis spermogoniigeris; apotheciis adpressis, margine angustissimo
cinctis, anticis, lobis latioribus impositis, badiis. Sporae elliptico-
oblongae*).

Die Isländische Flechte wächst im nördlichen Europa in
der Ebene an trocknen freien Stellen und in Nadelholzwäldern,
im südlichen Europa auf Gebirgen. Sie enthält Moosstärke,
welche die Zellwände der Mittelschicht bildet, dann die bittere
Cetrarsäure in der Rindenschicht, Lichenstearinsäure etc.

Bemerkungen. *Myceto-psorae, Phyco-psorae, Bysso-psorae* v. d. griech. ψώρα
(psora) Krätze, Flechte. — μύκης, μύκητος (mykäs, mykätos) Pilz; φῦκος (phykos), *fucus, alga*; βύσσος (byssos), Baumwolle, Leinen; γλοιός (gloios), klebrige

Flüssigkeit; $\varkappa\varrho\acute{v}o\varsigma$ (kryos), Eis. — *Lichen, ēnis, m.*, von $\lambda\varepsilon\iota\chi\acute{\eta}\nu$, Ausschlag, Flechte an Thieren und Bäumen. — *Cetraria*, von *cetra*, kleiner Lederschild, wegen der lederartigen Beschaffenheit des Thallus. — *Ramalinaceae*, nach der Gattung *Ramalina* so benannt, von dem latein. *ramāle*, Geäst, Zweigwerk. *Ramalina tinctoria* enthält einen purpurrothen Farbstoff, *R. fraxinea* kommt an unsern Eschen vor.

Lection 158.

Algen oder Tange.

Die 3. Unterklasse der Kryptophyten umfasst die **Algen oder Tange**, *Algae*. Die Mehrzahl vegetirt im Wasser und besonders in salzhaltigem, also im Meerwasser, und nur wenige in feuchter Luft. Sie sind desshalb auch wahre Hydrophyten genannt worden. Während sich die Pilze aus chlorophyllfreien Hyphen, die Flechten aus chlorophyllfreien Hyphen nnd chlorophyllhaltigen Gonidien zusammensetzen, und in diesen Zellen der sogenannte Zellkern fehlt, bestehen die Algen aus Zellen, welche meist einen Zellkern bergen und Cellulosewände haben, auch Chlorophyll oder Modificationen dieses Farbestoffes einschliessen. Die Zellwände vieler Arten sind sehr quellbar und oft auch zu einem dicken Schleime in Wasser löslich. Dieser Umstand erklärt die technische und arzneiliche Verwendung mehrerer Algen wie des Carragenmooses, des Agar-Agar und der *Laminaria* (Quellmeissel).

Ueber die Vermehrung und Fortpflanzung belehrten uns die Lectionen 72 und 75.

Algae, Tange.

Pflanzen in Wasser oder Feuchtigkeit lebend, nackt oder in amorphem Schleim oder Gallerte nistend, mit verschiedenartigem und verschieden gestaltetem Thallus, bisweilen auch nur eine einzelne einfache od. verzweigte Zelle darstellend, Chlorophyll oder diesem verwandte Stoffe enthaltend.	*Plantae aquaticae vel hygrobiae, aut nudae aut in muco amorpho vel in gelatīna organica nidŭlantes, thallum diversum et dissimĭle formantes, interdum ad cellulam solitariam simplicem vel ramosam redactae, chlorophyllosae vel substantia chlorophyllo affini repletae.*
Fortpflanzung geschlechtlich und ungeschlechtlich, oft durch Theilung oder durch Sprossbildung oder durch Sporen	*Propagatio individui via sexuali vel non sexuali, saepe aut partitione vegetativa aut prolificatione aut sporis variis uti*

verschiedener Art, wie Joch-sporen, Schwärmsporen, Oo-sporen. Häufig Antheridien und Sporangien. | *zygosporis, phytozöis, oosporis. Saepe antheridia et sporangia.*

Rabenhorst, dieser hervorragende Algenkenner, theilt die Algen in folgende 4 Hauptklassen:

I. *Algae,* II. *Melanophyceae* (Schwarztange), III. *Rhodophyceae* (Rothtange), IV. *Characeae.*

Der Gehalt der Algen an Chlorophyll und den physiologisch ähnlichwerthigen Farbstoffen, Phycochrom und Diatomin, bietet auch eine Basis für die systematische Eintheilung der eigentlichen Algen. *Rabenhorst* theilt diese nämlich in:

1. *Diatomaceae.* Vorherrschend goldgelber oder goldbrauner Farbstoff (Diatomin), in der absterbenden Alge oft grün. Dieser wird durch Alkalien nicht verändert, durch Salzsäure oder Salpetersäure spangrün. Z. B. *Surirelleae, Naviculaceae, Gomphonemeae* etc. Fig 529, 530, 531.

2. *Phycochromaceae.* Vorherrschend spangrüner oder orangefarbener Stoff (Phycochrom). Er wird durch Alkalien braungelb, durch Säuren orange. Z. B. *Chroococcaceae, Oscillariaceae, Nostochaceae* etc. Fig. 514, 515, 519, 520.

3. *Chlorophyllaceae.* Vorherrschend grüner oder gelbgrüner Farbstoff (Chlorophyll), wird durch Alkalien und Säuren nicht verändert. In der absterbenden Alge bräunlich oder bräunlichgrün. Z. B. *Palmellaceae, Protococceae, Volvocineae, Desmidiaceae, Conferveae, Oedogoniaceae, Ulothricheae* etc. Fig. 516, 517.

Eine andere häufig befolgte Classification der Algen ist folgende:

Kl. I. Algen unbekannter oder unsicherer Stellung.

Trib. 1. Phycochromaceen. Ein grosser Theil derselben scheinen meist nur in Wasser gerathene Flechtengonidien zu sein.

Trib. 2. Palmellaceen (ausschliesslich der Volvocineen), Chlorophyll führend, einzellig, meist Colonien bildend, nur in süssem Wasser oder an feuchten Orten vegetirend. Vermehrung durch Zwei- und Viertheilung, sowie durch Schwärmerbildung (wie die Phycochromaceen).

Kl. II. Confervaceen (Fadenalgen), Chlorophyll führende Algen, bei denen eine geschlechtliche Vermehrung bisher nicht angetroffen wurde. Die Vermehrung geschieht hauptsächlich durch Schwärmsporen. Das Gewebe, aus welchem sie bestehen, ist sehr verschieden geformt. Bei den Conferveen fadenförmig, bei den

Ulvaceen flächenförmig, bei den Schleimalgen (Gloeosphäreen) nach allen Dimensionen entwickelt.

Kl. III. Conjugaten. Einzellige, häufig in Colonien lebende Algen, welche sich durch Theilung und durch Zygosporen (durch Conjugation entstanden) vermehren. Sie bilden 3 Gruppen: 1) Diatomeen (Kieselalgen), in süssen und salzigen Gewässern, durch Zweitheilung in transversaler Theilungsrichtung und durch Zygosporen sich vermehrend; 2) Desmidiaceen, in süssen stagnirenden oder langsam fliessenden Gewässern, nicht im Meere, häufig in Torfmooren vegetirend, durch Zweitheilung und durch Zygosporen sich vermehrend. 3) Zygnemaceen (Jochfadenalgen); Vegetation wie bei den Desmidiaceen, fadenförmige Colonien bildend, durch Theilung des Fadens und durch Zygosporen sich vermehrend. Fig. 521. 522.

Kl. IV. Volvocineen (sich welzende Algen). Einzellige, Colonieen bildende, in süssen Gewässern lebende, Chlorophyll führende, durch geschlechtslose Schwärmsporen und geschlechtlich sich vermehrende Algen. Die Antheridien erzeugen schwärmende, mit Cilien ausgestattete Spermatozoïden. Fig. 484 S. 262.

Kl. V. Siphoneen (Schlauchalgen). Im Meere, in süssen Gewässern, meist auf feuchter Erde lebende Algen, zum Theil mit ausgebildetem Geschlechtsapparat versehen. Sie sind einzellig, die Zelle langgestreckt und schlauchähnlich, innen gleichmässig mit Chlorophyll bekleidet. Fortpflanzung durch Tochterzellenbildung und durch Sporen. Sie bilden 2 Unterklassen:

Botrydiaceen. Fortpflanzung nur durch freie Zellbildung. Sie vegetiren auf feuchtem Boden, nie unter Wasser. Dem unbewaffneten Auge erscheinen sie wie kleine kugelige Bläschen.

Vaucheriaceen. Fortpflanzung durch Sporen. Fadenförmige Gebilde.

Kl. VI. Oedogonien. Einfache oder verästelte Fadenalgen, in süssem Wasser lebend, mit complicirtem Geschlechtsapparat (vergl. Fig. 485 S. 263). Sporangien mit Ruhesporen, in denen sich je 4 Schwärmsporen entwickeln. Antheridien kurzfadenförmig. Schwärmsporen am vorderen Ende mit einem Cilienoder Flimmerfadenkranze besetzt.

Kl. VII. Florideen (Blüthentange, Rothtange), vielzellig, meist mit parenchymatischem Gewebe ausgestattet. Sie sind mit wenigen Ausnahmen in den Meeren vegetirende Tange, chlorophylllos, wohl aber einen das Chlorophyll ersetzenden rothen, violetten oder braunen Farbstoff, daher auch Stärkemehl enthaltend. Die Vermehrung geschieht theils durch ungeschlechtlich entstehende

Sporen (Tetrasporen, Vierlingssporen), theils durch geschlechtlich erzeugte Oosporen, welche aus der Floridienfrucht (Blasenfrucht, Cystocarp) hervortreten. Die Oosporen entstehen nur auf den Individuen, welche nicht Tetrasporen erzeugen und umgekehrt. Die Antheridien erzeugen meist in ihrem Inneren nur ein Spermatozoïd, treten aber gewöhnlich in grosser Anzahl an der Spitze eines Zweiges als Endglieder auf.

Kl. VIII. Melanophyceen (Schwarztange). Mehr- und vielzellige, meist faden- und bandförmige oder anders gestaltete Tange von verschiedener Grösse (von mikroskopischer Kleinheit bis zu 500 m Länge). Sie enthalten eine olivenbraune Chlorophyllmodification, wesshalb sie frisch dunkel olivenbraun, getrocknet schwarz erscheinen. Geschlechtliche und ungeschlechtliche Vermehrung. In der unteren Rindenschicht Fruchtgruben, Archegonien enthaltend, welche Oogonien hervordrängen. Diese Oogonien werden durch in besonderen Antheridien erzeugte, mit Cilien versehene Spermatozoïden befruchtet und keimen alsdann.

***

Die Klasse oder Familie der Floridien bietet uns ein pharmaceutisches Interesse.

Fam. **Florideae**. *Algae marinae, saepius violaceae vel purpurascentes. Thallus continŭus, ex cellulis minimis subaequalibus conflatus, membranaceus vel coriaceus, corticatus (stratum cellulare medullare strato corticali obtectum), planus vel filiformis, saepe dichotomus, dioecus, interdum monoecus, saepe fulcro radiciformi, scutato vel filiformi affixus. Propagatio aut tetrasporis in tetrachocarpiis ortis, aut oosporis e cystocarpiis procedentibus. Oogonia, cystocarpiis sive archegoniis inclusa, phytozois trichogўnae se applicantibus fecundata, ad oosporas prodeuntia. Archegonia trichogyna ornata.*

Die Florideen, Blüthentange, sind Meeralgen, häufig violett- oder purpurfarbig. Das Lager ist zusammenhängend, aus ziemlich gleichen, sehr kleinen Zellen bestehend, häutig oder lederartig, berindet (eine Corticalschicht bedeckt die Medullarschicht), flach oder fadenförmig, oft gabelästig, diöcisch, bisweilen monoecisch, oft einer wurzel-, schild- oder fadenförmigen Stütze angeheftet. Fortpflanzung entweder durch Tetrasporen, in Vierlingsfrüchten erzeugt, oder durch Oosporen, welche aus den Blasenfrüchten hervortreten. Oogonien, in Blasenfrüchten oder Archegonien eingeschlossen, werden durch Spermatozoïde, welche sich der Trichogyne anlegen, befruchtet und bilden sich zu Oosporen aus. Archegonien mit einer Trichogyne versehen. Gatt. *Sphaerococcus, Helminthochortos* (Wurmtang).

Die Geschlechtsorgane entstehen nur an solchen Individuen, welche keine Tetrasporen erzeugen, und zwar oft entweder monöcisch oder diöcisch.

Das Archegonium, welches zu einem Cystocarpium reift und die Oogonien einschliesst, ist mit einem haarförmigen Organ, der **Trichogyne** versehen, an welches sich das aus der Antheridienzelle herausgetretene rundliche, nicht selbst bewegliche Spermatozoïd dicht anlegt und auf diese Weise die Oogonien befruchtet, welche letztere sich zu Oosporen ausbilden. Den die Trichogyne tragenden Theile nennt man **Trichophor**.

Gattung *Sphaerococcus*. *Cystocarpia undique in thallo dispersa, globosa, semiglobosa vel verruciformia, sessilia vel stipitata vel immersa, postremum in vertice poro aperta. Tetrachocarpia subcorticalia.* Blasenfrüchte überall auf dem Lager, kugelig, halbkugelig oder warzenförmig, sitzend oder gestielt oder eingesenkt, zuletzt im Scheitel mit einem Loche geöffnet. Vierlingsfrüchte (4-sporige Asken) unter der Rindenschicht liegend.

Art *Sphaerococcus crispus* Agardh. (*Fucus crispus* L., *Chondrus crispus* St. Greve), Knorpeltang (*thallo plano dichotŏmo,*

Fig. 921.

Sphaerococcus crispus Agardh. 1. Thallusstück (2 f. L.-Vergr.) mit Antheridienbehältern *(antheridangia)*, zum Theil schon geöffnet. 2. Eine Antheridangie im Verticalschnitt (15 f. L.-Vergr.), soeben geöffnet und die Antheridien ausschüttend. 3. Eine Antheridie mit Zoosporen angefüllt. Stark vergr.

Fig. 922.

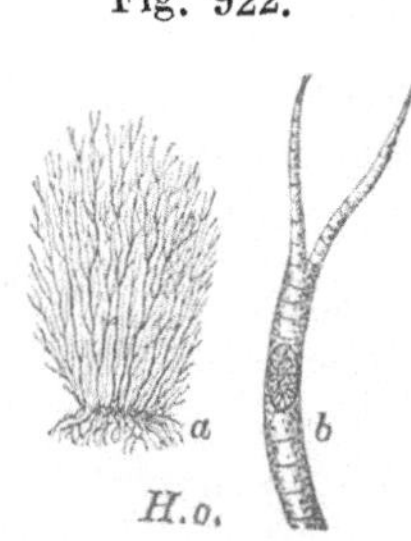

Helminthochortos officinarum. a Thallus, *b* eine fruchttragende Hyphe (vergr.)

crispato, laciniis plus minusve linearibus, cystocarpiis hemisphaericis, semiimmersis). Lager flach, gabelästig, kraus, mit mehr oder weniger linienförmigen Lappen (Abschnitten); Blasenfrüchte halbkugelig, halbeingesenkt.

Sph. crispus liefert in seinem Thallus das Caragaheenmoos (*Thallus Sphaerococci crispi*), es ist dasselbe aber gewöhnlich mit dem Thallus des *Sphaerococcus mamillōsus* untermischt, welcher nicht flach, sondern rinnig (*canaliculatus*), und meist mit vielen kugligen oder eiförmigen sitzenden oder gestielten Cystocarpien bedeckt ist.

Helminthochortos officinarum Link, *Sphaerococcus Helmintho-chortos* Agardh, Wurmmoos, an den Küsten Corsika's heimisch, hat einen ästigen fadenförmigen, rasigverworrenen Thallus. Die Sporangien sind seitenständig sitzend und länglich. Das in den Apotheken vorräthige Wurmmoos entstammt entweder *Ceramium fruticulosum* oder *Polysiphonia violascens*.

Die Fucusarten, *Fucaceae*, unterscheiden sich von den Florideen durch einen olivengrünen Thallus und durch schwarze Sporen, so wie durch die Form der Sporangien (vergl. Fig. 528, S. 280).

Bemerkungen. *Algae*, von *alligare*, sich festhalten, anbinden, weil die Tange alle von ihnen erreichten Gegenstände umschlingen. — *Diatŏma* (Schnittalge, Spaltalge), *Diatomaceae*, v. d. griech. διάτομος, ον, zerschnitten, getheilt, διατέμνειν (diatemnein) trennen, theilen, wegen der Vermehrung durch Theilung. — *Phycochromaceae* (Farbentange), v. d. griech. φῦκος (phykos), Tang, und χρῶμα (chrōma), Farbe wegen der eigenthümlichen spangrünen oder gelben Farbe. — *Palmella*, *Palmellaceae*, diminutive Form von παλμός (palmos), Vibriren, Zittern, πάλλειν (pallein), zittern, wegen der zitternden Bewegung der Gallerte, in welcher diese Algen nisten. — Conferven, von d. latein. *confervēre*, zusammenheilen zerbrochener Knochen, Glieder, wozu die Aerzte des Alterthums die Conferven gebrauchten. — Siphoneen, v. d. griech. σίφων, d. lat. *sipho*, Röhre, wegen der langgestreckten Zellen, woraus sie bestehen. — Botrydiaceen, *Botrydium* (Traubenalge), von βότρυς (botrys) Traube, wegen der Traubenform der Zellen. — Vaucheriaceen, *Vaucheria*, benannt zu Ehren *Vaucher*'s (spr. vohscheh), eines Franzosen, Prediger u. Prof. zu Genf, Lehrer Decandolle's († 1841). Wir Deutschen sprechen die Pflanzennamen dieser Art gewöhnlich so aus, wie sie geschrieben sind, ohne Rücksicht auf die fremdländische Art der Aussprache. — *Sphaerococcus*, von σφαῖρα (sphaira), Kugel, und κόκκος, Beere, wegen der kugligen Cystocarpien. — *Helminthochŏrtos* (Eingeweidewurmvertreiber) von ἕλμινς, ἕλμινθος (helmins, inthos), Eingeweidewurm, und χωρίζειν (chorizein) absondern, trennen.

Lection 159.

Moose. Farne.

Die zweite Klasse der Kryptophyten hat *Link* Mesophyten, *Mesophўta*, genannt, um damit die Stellung dieser Pflanzenklasse zwischen Kryptophyten und Phanerophyten anzudeuten. Von den Kryptophyten oder Thallophyten unterscheiden sich die Mesophyten, dass sie sich nicht aus einem unvollkommenen Zellge-

webe, einem Thallus, sondern aus einem vollkommenen Zellgewebe aufbauen. Von den Phanerophyten, welche sich durch Samen
fortpflanzen, unterscheiden sie sich durch die Fortpflanzung durch
Sporen.

Mesophyta. *Plantae propagatione utentes per sporas (sporo-
phȳtae), ex contextu cellulari perfecto constitutae, caule foliisque saepissime discretis, antheridiis loco staminum et archegoniis loco pistillorum,
sporis sub germinatione primum ad protonēma s. sporophyllum excrescentibus.* Sporenpflanzen, aus volkommenem Zellgewebe aufge-
baut, meistens mit gesondertem Stamme und Blättern, in Stelle
der Staubblätter mit Antheridien, in Stelle der Fruchtblätter mit
Archegonien, und mit Sporen, welche keimend zuerst zu einem
Vorkeim auswachsen.

Die Mesophyten scheiden sich in 2 Unterklassen, in Moose
(*Musci s. Muscineae*) und in farnartige Gewächse (*Filicāles*).

Subcl. I. *Musci.* *Radix capillaris, ex pilis (tubulis continŭis
vel non septatis) composita; caulis fibris vasculariis (sive vasis spi-
ralibus) non instructus, interdum cum foliis (strata simplicia cellu-
laria constituentibus, quam ob rem stomatibus non instructis) ad
frondem foliaceam confluens; antheridia et archegonia; antheridia
phytozoïs postremum elastice prosilientibus expleta; sporangĭa s. sporogonia (thecae) e cellula centrali archegonii (oogonio) enascentia,
tegumento (calyptra) munīta; protonēma confervaceum chlorophyl-
losum; sporae exosporio (cuticula exteriore) protuberantibus asperae,
chlorophyllosae.* Haarwurzel, aus Haaren (ununterbrochenen Röhren,
also ohne Scheidewände) zusammengesetzt; Stengel nicht mit
Fibrovasalsträngen (oder Spiralgefässen) versehen, bisweilen mit
den Blättern (welche aus einer einfachen Zellschicht bestehen
und daher ohne Spaltöffnung sind) zu einem Blattwedel zusammenfliessend; Antheridien und Archegonien; Antheridien mit zuletzt elastisch herausspringenden Schwärmfäden angefüllt; Sporenfrüchte oder Sporangien (Büchsen) aus einer Centralzelle des
Archegons (dem Oogonium) hervorwachsend, mit einer Decke
(Mützchen) versehen; Vorkeim confervenartig (wasserfadenartig),
mit Chlorophyll. Sporen mit einer durch kleine Hervorragungen
rauhen Aussenhaut, chlorophyllhaltig.

Bei den Moosen findet ein vollkommener Generationswechsel
statt und nur bei einigen Lebermoosen keimt die Spore und
wächst direct zur Artpflanze aus, bei den übrigen Moosen wächst
die keimende Spore zu einem geschlechtlosen fadenartigen Vorkeim, aus welchem an einem Seitenästchen eine Scheitelzelle sich

zu einem Knöspchen bildet, welches zur Moospflanze auswächst. Auf der Moospflanze findet die Bildung von Antheridien und Archegonien, männlicher und weiblicher Geschlechtsorgane, monöcisch oder diöcisch statt. Die aus den Antheridien hervorgehenden Spermatozoiden oder Zoosporen dringen in das geöffnete Archegonium (Fruchtanfang), in dessen Grunde sie eine Keimzelle, das Oogonium, befruchten, mit dieser sich copulirend. Aus dem befruchteten Oogonium entstehen hier keine Oosporen, sondern die Moosfrucht, Moosbüchse *(sporangium, sporogonium, theca)*, in welcher sich die Sporen bilden, die zuweilen, wie bei den Lebermoosen, von Schleuderern *(elatēres)* begleitet sind. Nach dem Hervortreten des Sporogoniums aus dem Archegonium ist dieses in einen oberen Theil, die Mütze *(calyptra)* und einen unteren Theil, das Scheidchen *(vaginŭla)* getheilt. Die aus dem Sporogonium herausgetretenen Sporen keimen, zunächst zu einem Vorkeim *(protonema)* auswachsend. Aus dem Vorkeim sprosst dann die Moospflanze. Das Nähere über die Moose und ihre Fortpflanzung lehren die Lectionen 76 und 77, deren Repetition zur nächsten Aufgabe gehört. Die Fortpflanzung und Vermehrung der Moose erfolgt auch durch Theilung der Pflanze und selbst die an den Stengeln und Blättern befindlichen Saughaare können unter günstigen Umständen zu einem Vorkeim und einer Moospflanze auswachsen. Bei einigen Gattungen erfolgt auch eine Vermehrung durch Brutknospen, welche bei den Marchantien in becherförmigen Behältern liegen.

Die Moose, *Musci s. Muscineae*, werden gewöhnlich in Lebermoose und Laubmoose geschichtet, ihnen auch wohl eine dritte Ordnung, die Torfmoose, zugesellt.

I. Lebermoose, *Musci hepatici s. Hepaticae s. Jungermanniae*. Die Moosfrucht springt klappig auf und ist ohne Mittelsäulchen *(columella)*. Nur bei *Riccia* werden die Sporen durch Verwesung der Fruchtschale frei. Häufig sind die Sporen von Schleuderern begleitet.

II. Laubmoose, *Musci frondosi s. Frondosae s. Bryïnae*. Die Moosfrucht endigt in einem Deckel und springt deckelförmig auf. Sie ist mit einem Säulchen, in Mitten der die Frucht füllenden Sporen, versehen. Die Laubmoose zerfallen in 3 Gruppen.

Trib. 1. Torfmoose, *Sphagnaceae*, ausgezeichnet durch die enorme Hygroscopicität und die Bildung polsterförmiger Rasen, wodurch sie die Torfbildung wesentlich unterstützen. Sie vegetiren nur in Wasser, welches frei von Kalkerde ist. Diese Tribus wird nur von einer Gattung, *Sphagnum*, ausgefüllt.

Trib. 2. **Andreaeaceen**, spaltfrüchtige *(Schistocarpi)* oder spaltdecklige Moose, *Andreaeaceae*, mit 4klappiger Frucht, deren Deckelchen ist dem Mittelsäulchen angewachsen, welches nach dem Aufspringen die Klappen zusammenhält. Auf Felsen im Hochgebirge. Gatt. *Andreaea.*

Trib. 3. **Eigentliche Laubmoose**, *Bryaceae, Bryĭnae.* Je nachdem die Frucht geschlossen bleibt, oder deckelartig aufspringt, ordnet man sie in Schliessfrüchtige, *Cleistocarpi,* und Deckelfrüchtige, *Stegocarpi.*

———

Hepaticae (Jussieu), Musci hepatici (Jungermanniae). Caulis et folia distincta aut ad frondem coadunata (caulis foliosus aut frondosus). Sporogonia (thecae) non operculata, valvis vel dentibus dehiscentia, sporis repleta, columella centrali saepissime haud instructa; calyptra in apice rumpente evanescenteque; Sporae saepius elateribus intermixtis; sporae germinantes ad protonema plerumque excrescentes.

Lebermoose, Jungermannien. Stengel und Blätter differenzirt oder laubartig verbunden (ein beblätterter oder laubartiger Stengel). Moosfrüchte (Büchsen) nicht bedeckelt, klappig oder mit Zähnen aufspringend, mit Sporen gefüllt, aber sehr oft ohne Mittelsäulchen; Mützchen an der Spitze zerreissend und verschwindend. Sporen sehr häufig mit Schleuderern untermischt; die keimenden Sporen zu einem unvollständigen Vorkeim auswachsend. Die Lebermoose sind in *Foliosae* und *Frondosae* geschichtet.

Gatt. *Marchantia. Marchantia polymorpha* lieferte früher das **Stein-** und **Brunnenleberkraut** (*Herba Hepaticae fontānae*). Vergl. Fig. 923.

Frondosae, Musci frondosi, Bryĭnae. Caulis et folia semper distincta; sporogonia (thecae) operculata et operculate dehiscentia, columella centrali instructa, nunquam axillaria et plerumque stipitata, antheridia saepe axillaria; calyptra plerumque basi circumcissa, superiore parte cum sporogonio cohaerens; sporae sine elateribus.

Laubmoose, Bryinen (Moose). Stengel und Blätter stets differenzirt; Moosfrüchte (Büchsen) gedeckelt und deckelig aufspringend, mit einem Mittelsäulchen versehen, nie achselständig und meist gestielt; Antheridien oft achselständig; Mützchen meist am Grunde ringsumschnitten, mit seinem oberen Theile mit der Sporenfrucht zusammenhängend; Sporen ohne Schleuderer.

Gattungen: *Polytrĭchum, Hypnum, Funaria* etc. *Polytrĭchum commune L., formosum, juniperĭnum* Hedwig lieferten den früher gebräuchlichen **güldnen Widerthon**, gelbes Frauenhaar (*Herba Adianti aurĕi*).

———

Unter den Lebermoosen möge die folgende Gattung Erwähnung finden:

Gatt. *Marchantia*. *Antheridia et archegonia sporodochiis suffulta; sporogonia evalvia, apice dentibus dehiscentia; elatēres spirales sporis immixti; frons scyphifĕra.* Antheridien und Archegonien auf Trägern oder gestielt; Moosfrüchte klappenlos, an der Spitze mit Zähnen aufspringend; Schleuderer zwischen den Sporen spiralig; Laub bechertragend.

Art *Marchantia polymorpha* mit männlichen schildförmigen und mit weiblichen sternförmig getheilten Trägern (*sporidochĭa*), kriechendem gabelästigem Laube (*sporodochiis mascŭlis peltatis, femineis stellato-partĭtis, omnibus pedunculatis, fronde repente dichotŏma*).

Fig. 923.

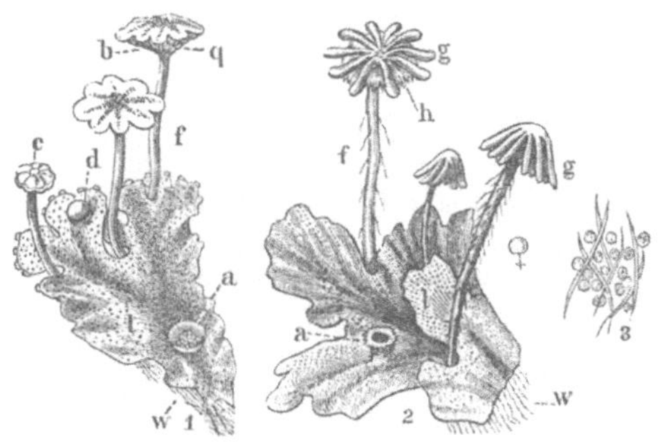

Theile des thallusähnlichen Laubes von Marchantia polymorpha. (Nat. Gr.)
1. männliche. 2. weibliche Pflanze. l Laub, w Wurzelhaare, a Brutbecher
(scypha). f b, f g Träger (sporodochĭa); c ein halb ausgewachsenes, d ein
hervortreibendes Sporodochium, q Sitz der Antheridien, h Sitz der Arche-
gonien. 3. Die Schleuderer (elatĕres) mit den Sporen. Vergr.

Von den Gattungen der Laubmoose *(Frondosi)* sei erwähnt die Gattung:

Polytrĭchum. *Sporogonĭa (thecae) terminalia, plerumque longe stipitata, apophȳsi orbiculāri interdum instructa; peristomĭum simplex, dentĭbus 32 vel 64 brevibus, inflexis, epiphragmāte junctis; opercŭlum basi planā; calyptra cucullaris pilosa; orgăna reproductionis mascŭla terminalia discoïdea et rosulantia.* Sporenfrüchte (Büchsen) gipfelständig, bisweilen mit kreisrundem Ansatze; Mündungsbesatz einfach, mit 32 od. 64 kurzen, einwärts gebogenen, durch ein Trommelfell verbundenen Zähnen; Deckelchen am Grunde flach; Mützchen kappenförmig, haarig; männliche Reproductionsorgane gipfelständig, rosettenartig gestellt.

Art: *Polytrĭchum commūne* mit einfachem Stengel, 4-eckiger Büchse und einem Deckel mit kurzer mittelständiger gerader

Fig. 924.

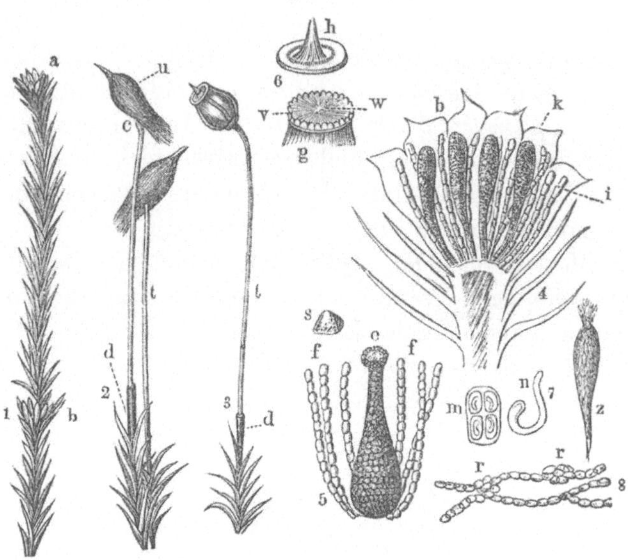

Gemeine Feldmütze, *Polytrĭchum commune*. 1. Der obere Tbeil der zweijährigen männlichen Pflanze. *a* diesjähriger, *b* vorjähriger Trieb, an der Spitze der männliche Blüthenstand (*flores discoĭdĕi*). 2. Der obere Theil der weiblichen fruchttragenden Pflanze. *t* Fruchtstiel oder Borste (*seta*), *u* Haube (*calyptra*), *d* Scheidchen (*vaginŭla*), Rudiment des Archegons. Natürl. Grösse. 3. Die Frucht oder Büchse (*theca*, *sporogonĭum*) von der Haube befreit. Natürl. Grösse. 4. Männlicher Blüthenstand im Verticalschnitt. *k* Antheridien, *i* Saftfäden (*paraphÿses*), *b* Perigonia. Vergr. 5. Ein Archegon von Saftfäden umgeben. 6. Oberer Theil der Büchse, *v* äusserer Mundbesatz (*peristomĭum simplex*) aus 64 Zähnen bestehend, *w* das Zwergfell (*epiphragma*), *h* der Deckel (*percŭlum*). 7. *z* eine Antheridie sich öffnend und ihren Inhalt ausstreuend, *m* Querschnitt einer Antheriďie, jede Zelle schliesst ein Phytozoon ein, *n* ein Phytozoon oder Spermatozoïd. 8. Ein Vorkeim (*protonĕma*). Verschied. Vergr.

Stachelspitze, Mundbesatz 64-zähnig; (*caule simplĭci, thecā tetragōna, opercŭlo mucrōne brevi recto centrali imposĭto, peristomio dentibus sexagēnis quaternis*).

Bemerkungen. *Mesophÿta* (Gewächse der Mitte). μέσος, ν, ον (mesos, ä, on), in der Mitte befindlich (zwischen Cryptophyten und Phanerophyten). — *Andreaeacea, Andreaea*, zu Ehren des Apothekers und Botanikers *Andreü* zu Hannover (geb. 1724, † 1793). — *Bryĭnae, Bryaceae* (v. d. griech. βρύον (bryon), Moos. — *Stegocarpi* (Deckelfrüchtige), *Cleistocarpi* (Schliessfrüchtige), *Schistocarpi* (s-chistocarpi, Spaltfrüchtige); στέγος, Dach, Deckel; κλειστός, ή, όν, verschlossen, zum Verschliessen, κλείω, ich verschliesse; σχιστός, ή, όν, gespalten, theilbar. — *Marchantia*, zu Ehren *Marchant*'s, Arzt und Director der Gärten des Herzogs von Orleans benannt († 1678). — *Polytrĭchum*, Filzmütze, Haarmoos; πολυς viel, und θρίξ, gen. τριχύς (thrix, trichos) Haar, wegen des Haarfilzes der Haube (*calyptra*). Πολύτριχον (polytrĭchon) nannten bereits die alten Griechen eine Wasserpflanze mit haarförmigen Blättern.

Lection 160.

Farne. Polypodiaceen. Lycopodiaceen.

Die Laubfarne sind Gefässpflanzen, perennirend, mit kriechendem Rhizom oder aufrechtem Stamme, dessen Oberfläche durch Entblätterung gewunden- oder regelmässig- genarbt ist. Die Blätter sind in der Jugend nach ihrer Basis zu schneckenförmig eingerollt. Auf der Rückenseite der Blätter oder vielmehr Wedel bilden sich die Sporangien (Häufchen, *sori*), angefüllt mit Sporen, welche aus den Sporangien herausgetreten keimen und zu einem Vorkeim auswachsen, auf welchem sich im Allgemeinen die Geschlechtswerkzeuge, Antheridien und Archegonien, bilden. Erstere sitzen dem Vorkeime auf, letztere sind dem Gewebe desselben eingesenkt. Die Centralzelle in dem Archegonium, das Oogonium, wird durch die aus den Antheridien hervorgegangenen Phytozoën befruchtet und aus dem befruchteten Oogonium entwickelt sich die Farnpflanze, deren Wedel wiederum auf ihrer Rückseite Sporangien bilden.

Eine Repetition der Lectionen 78, 79 und 80 wird uns die Auffassung der Charaktere der Farne und deren geschlechtlichen und ungeschlechtlichen Entwickelung erleichtern.

Subcl. II. *Filicales*. *Plantae rhizomate, radice fibrosā, trunco corticato; vasa spiroïdea, ad fasciculos vasorum consociata; sporongia in fronde orientia sporis inter germinationem ad prothallium excrescentibus; antheridia axillaria (in Hetĕrocarpeis) aut prothallio imposita (in Homocarpeis); archegonia prothallio imposita, maturescentia cellulam centralem, post fructificationem ad plantam excrescentem, sepientia.* Faserwurzel; Gefässe zu Gefässbündeln vereinigt; Sporenbehälter (Sporangien) auf dem Wedel entstehend, mit Sporen, welche beim Keimen zu einem Vorkeim auswachsen; Antheridien achselständig (bei den Getrenntfrüchtigen) oder auf dem Vorkeim (bei den Vereintfrüchtigen); Archegonien dem Vorkeim aufsitzend, beim Reifen eine Centralzelle, welche nach der Befruchtung zur Pflanze auswächst, einschliessend. Die Farnartigen theilen sich in

1. *Homocarpeae* (Vereintfrüchtige) mit Antheridien und Archegonien auf dem Vorkeime und mit Sporangien auf dem Wedel *(Filices, Pelticarpĕae)*.

2. *Heterocarpeae* (Getrenntfrüchtige) mit achsel- oder wurzelständigen Antheridien *(anthēridangia)* und Sporangien und mit einem die Archegonien erzeugenden Vorkeime *(Rhizocarpeae, Maschalocarpeae)*.

Die Farne, *Filices* L. (*Epiphyllospermae* Lk.) tragen die zu Häufchen vereinigten Sporangien auf der Rückenseite oder am Rande des Wedels *(sporangia ad soros congregata aut paginae inversae aut margini frondis imposita)*. Famil. *Polypodiaceae, Osmundaceae, Ophioglosseae. (Cryptogamia Filices* L.).

Polypodiaceae.

Junge Wedel spiralig eingerollt.	*Frondes tempore vernationis spirales.*
Sporangien, der Kehrseite des Wedels in Häufchen aufsitzend, geringt (von einem Gliederringe eingefasst), queraufspringend.	*Sporangia ad soros congregata, paginae aversae frondis imposita (hypophylla), annulata (i. e. gyromäte cincta), transversim dehiscentia.*

Gatt. *Polystichum.*

Häufchen fast rund, in einfachen Reihen auf beiden Seiten des Mittelnerven der Wedelzipfel.	*Sori subrotundi, ab utroque latere nervi medii laciniarum frondis serie simplici dispositi.*
Schleierchen nierenförmig, in seiner Mitte angeheftet, mittelständig.	*Indusium reniforme, medium affixum, centrale.*

Fig. 925.

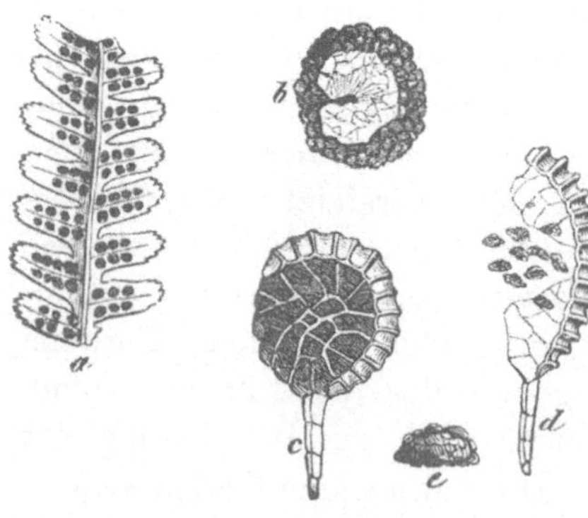

Fig. 926.

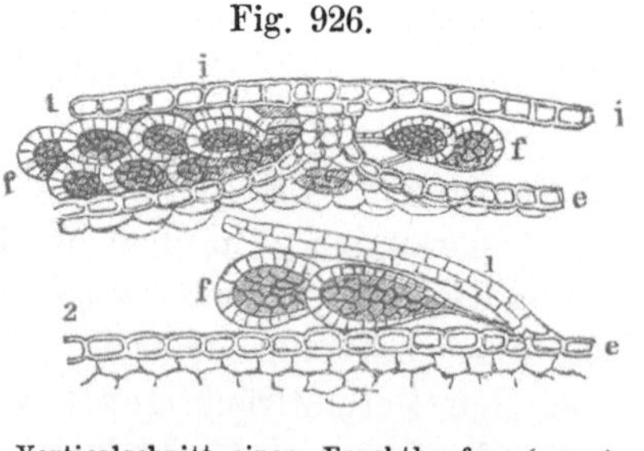

Polystichum Filix mas. a Ein Stück einer Wedelfieder, Rückseite mit den Fruchthäufchen (*sori*). (Natürl. Gr.). b Ein Fruchthaufen vom Schleierchen (*indusium*) bedeckt (vergr.). c Sporangie aus dem Fruchthaufen (stark vergr.); d eine solche aufgesprungen und Sporen ausstreuend. e Eine Spore (200 f. L.-Vergr.).

1. Verticalschnitt eines Fruchthaufens (*sorus*) von *Polystichum Filix mas Roth*, stark vergr., *i* nierenförmiges Schleierchen, an seiner Bucht angeheftet, *f* Sporangien, *e* Epidermis der Wedelfläche. 2. Verticalschnitt durch einen Fruchthaufen von *Asplenium Trichomänes*, stark vergr., *i* seitlich angeheftetes Schleierchen, *f* Sporangien, *e* Epidermis des Wedels.

Polystichum Filix mas Roth (*Aspidium Filix mas* Swartz, *Polypodium Filix mas* L.), Wurmfarn, hat einen langen dicken Wurzelstock, dessen dickes grünliches Mark frisch getrocknet ein vortreffliches Bandwurmmittel ist. Dieses Mark wird einfach mit *Rhizoma Filicis (degluptum s. decorticatum)* bezeichnet. Das noch mit den Wedelstielresten und Schuppen besetzte Rhizom ist unter dem Namen Johanniswurzel bekannt.

Polystichum Filix mas Roth. Wedel 2-fach fiederschnittig, an Strunk und Spindel mit Schüppchen besetzt; Fiederschnittchen länglich, stumpf-abgerundet und spitz gekerbt. Rhizom wagerecht, lang, dick, ganz mit fleischigen Wedelstielen und spreuartigen Schuppen bedeckt und mit pistaciengrünem Marke. *(Frondes bipinnatisectae. in stipite rhachique squamulis obsitae; pinnulae oblongae rotundato-obtusae, acute crenulatae. Rhizoma horizontale longum crassum, undique residuis frondium et petiolis carnosis atque squamis paleaceis obtectum, medullā crassā subviridi fartum).* Die anderen bei uns einheimischen Polystichumarten haben entweder sehr kleines oder fast gar kein Mark in den Rhizomen, so dass eine Verwechselung kaum möglich ist.

Fig. 927.

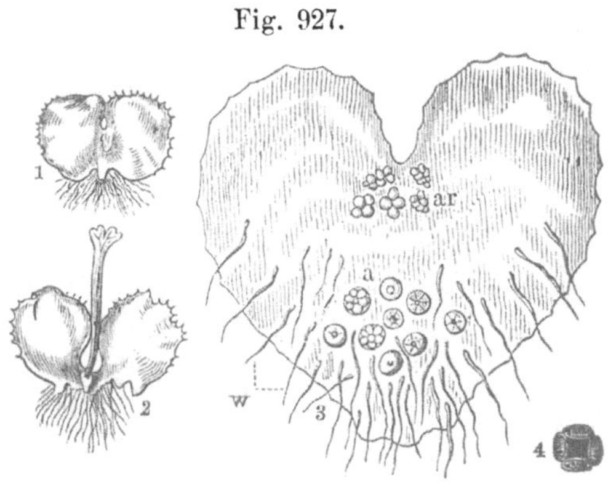

Vorkeim *(prothallium)* von *Polystichum Filix mas* Roth. 1. Vorkeim von der oberen Seite. 2. Derselbe mit sich entwickelndem Wedel. 3. Ein Vorkeim, mehrfach vergr., von der unteren Seite gesehen. *a* Antheridien, *ar* Archegonien, *w* Wurzelhaare. 4. Ein Archegon von oben gesehen.

Von anderen Polypodiaceen ist *Pteris aquilina* (Saumfarn, Adlerfarn) wegen der Stellung der Gefässbündel im Wedelstrunk und der daraus sich ergebenden, einem Doppeladler ähnlichen Zeichnung der Querschnittfläche interessant. Bei *Pteris* liegen die Sporangienhäufchen längs des Randes des Wedels *(sori marginales)* in zusammenhängender Reihe.

Adiantum Capillus Veněris, im südl. Europa an Felsen und feuchten Mauern, liefert in seinen Wedeln das Frauenhaar *(Herba Capillorum Veněris).* Bei *Adiantum* liegen die Sporangienhaufen nicht in zusammenhängender Reihe am Rande des Wedels, sondern sind durch die Kerbeinschnitte des Wedels unterbrochen und von den zurückgebogenen und mit den Schleierchen verwachsenen Kerbzähnen überdeckt; *(sori marginales, incisūris frondis interrupti, crenatūris reflexis et cum indusiis connatis obtecti).*

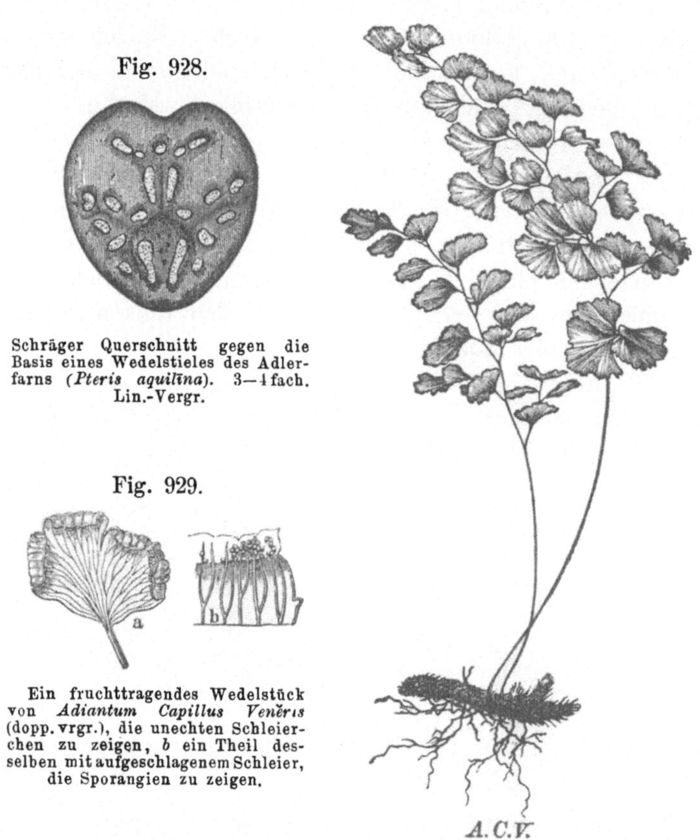

Fig. 930.

Fig. 928.

Schräger Querschnitt gegen die Basis eines Wedelstieles des Adlerfarns *(Pteris aquilīna)*. 3—4 fach. Lin.-Vergr.

Fig. 929.

Ein fruchttragendes Wedelstück von *Adiantum Capillus Venĕris* (dopp. vrgr.), die unechten Schleierchen zu zeigen, *b* ein Theil desselben mit aufgeschlagenem Schleier, die Sporangien zu zeigen.

Adiantum Capillus Venĕris.

Polypodium vulgare liefert in seinem Rhizom die Engelsüsswurz, Steinfarnwurzel *(Rhizoma Polypodii)*, von anfangs süssem, hinterher bitterem Geschmack und nicht angenehmem Geruch. *Polypodium* (Tüpfelfarn) hat runde, auf beiden Seiten des Mittelnerven der Wedelfiedern ein- und mehrreihig gestellte Sporangienhaufen, aber ohne Schleierchen.

———

Von den heterokarpischen Farnartigen ist in der Gruppe *Maschălocarpeae* (Achselfrüchtige) *Lycopodium clavātum*, dessen

Sporen officinell sind, bemerkenswerth. Zu der anderen heterocarpischen Gruppe, den Wurzelfrüchtigen, *Rhizocarpeae*, deren Sporangien und Antheridangien wurzelständig sind, zählen die Salvinaceen (Fig. 563), Marsiliaceen (Fig. 562), Isoëteen.

Gruppe: **Maschalocarpeae.** *Trunci foliati, fasciculis vasorum centralibus impleti. Sporangia et antheridangia segregata, in axillis foliorum. Macrosporae intra sporangium ad prothallium crescentes. Archegonia in prothallio a planta matrice soluto exorientia.* Stämme beblättert, mit mittelständigen Gefässbündeln. Sporangien und Antheridangien getrennt, in den Achseln der Blätter. Macrosporen innerhalb der Sporangie zum Vorkeim auswachsend. Archegonien auf dem von der Mutterpflanze gesonderten Vorkeime entstehend. Familie *Lycopodiaceae (Cryptogamia Musci L.)*.

Ein Theil dieser Charakteristik hat sich nur an einigen Arten aus der Reihe der Achselfrüchtigen beobachten lassen, an den anderen Arten wird sie der Analogie wegen vorausgesetzt. Vergl. auch Lection 80.

Fig. 931.

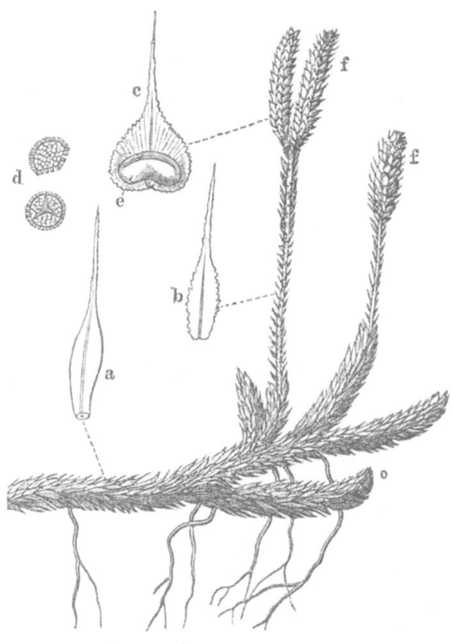

Lycopodium clavatum. *d* Ein Stück des Stengels mit Fruchtähren (*f*). ¹/₂ Grösse. — *a* Ein Stengelblatt, *b* ein Blatt des Fruchtährenstiels (beide vergr.), *c* Deckblatt aus der Fruchtähre mit der quer zweiklappig aufspringenden Antheridangie (*e*). — *d* Mikrosporen aus der Antheridangie von verschiedenen Seiten gesehen, welche Sporen das pharmaceutische *Semen Lycopodii* darstellen. (Vergr.)

Lycopodiaceae.

Wurzel zusammengesetzt nebst Stengel mit centralem holzigem Gefässbündel, ohne Mark.	*Radix composita et caulis cum fasciculo vasorum centrali lignoso; medulla nulla.*
Blätter spiralig Stengel und Aeste umsitzend, nie gestielt.	*Folia spiraliter caulem ramosque ambientia, nunquam petiolata.*
Sporenbehälter blattachselständig oder von Bracteen	*Conceptacŭla sporigĕra axillaria vel bractēis fulta, ad spi-*

unterstützt, eine Aehre bildend, entweder nur Antheridangien (Antheridienbehälter mit zahlreichen Microsporen) od. Antheridangien und Sporangien (Oophoridien, 4 Macrosporen enthaltend).

cam disposita, aut anthēridangĭa (conceptacula antheridiorum vel microsporarum), aut antheridangĭa unā cum sporangiis (oophoridiis, macrospŏras quaternas foventibus).

Gatt. *Lycopodium.*

Antheridangien 1-fächerig, 2-klappig, mit unzähligen Microsporen angefüllt.

Antheridangĭa unilocularia, bivalvia, innumerabilibus microspŏris replēta.

Sporangien (Oophoridien) noch nicht gekannt.

Sporangia (oophoridia) adhuc ignōta.

Wurzel gabelig verästelt.

Radix dichotŏme ramosa.

Stengel meist dichotomisch verzweigt.

Caules plerumque dichotŏme ramōsi.

Art: *Lycopodium clavatum,* Bärlapp, in Fichtenwäldern und auf Haiden, mit niedergestrecktem, kriechendem Stengel, stielrunden aufsteigenden Aesten, zerstreut und dicht stehenden, fast linienförmigen ganzrandigen, in eine borstenähnliche Spitze auslaufenden (borstenspitzigen) Blättern, mit stielrunden paarigen Aehren auf langen Blüthenstielen, und mit eiförmigen, fast grannig-zugespitzten, am Rande ausgebissen-gezähnelten Deckschuppen.

Lycopodium clavatum caule prostrato repente, ramis adscendentibus teretibus, foliis sparsis confertisque sublinearibus integerrimis acutato-setigeris, spicis gemĭnis teretibus in pedunculis longis, bractĕis ovatis subaristato-acuminatis, in margine erose denticulatis.

Die als **Bärlappsamen** oder **Hexenmehl** (*Lycopodium; Sporae Lycopodii*) bekannten Sporen von *Lycopodium clavātum* sind die Antheridiensporen oder Microsporen, also diejenigen Sporen, welche nicht keimen. Sporangien wurden bei *Lycopodium* bisher nicht beobachtet.

Bemerkungen. *Polytrĭchum,* griech. πολύτριχον (dick- od. viel-behaart). — *Polystĭchum,* griech. πολύστιχον (vielzeilig.) — *Lycopodium* (Wolfsfuss), λύχος, Wolf, πούς (pus), Fuss, wegen der Aehnlichkeit der Aeste mit einem Wolfsfusse. — *Polypodium* (Vielfuss), πολύς (polys) viel, u. πούς, ποδός (pūs, pŏdos), Fuss, wegen der Aehnlichkeit des Engelsüssrhizoms mit einem vielfüssigen Insecte (Tausendfuss, *mĭllepĕda, multipĕdae,* f.). — *Maschlocarpeae* (mas-chalocarpeae), Achselfrüchtige, v. d. griech. μασχάλη (maschălä), Achsel, wegen der Stellung der Sporangien und Antheridangien in den Achseln der Blätter.

Erklärungen der in botanischen Werken vorkommenden Abkürzungen der Autornamen, sowie einige Namen hervorragender gelehrter Männer und Botaniker, welche Namen zur Benennung von Pflanzengattungen angewendet wurden.

(D. = Deutscher. E. = Engländer. F. = Franzose. H. = Holländer. I. = Italiener. N. A. = Nord-Amerikaner. Port. = Portugise. Schw. = Schwede. Schwz. = Schweizer. Sp. = Spanier. s. = sprich.)

A. Br. Alex. Braun, Prof. in Berlin. D. † 1878.

Ach. Acharius; † 1819. Schw.

Ad. M. Fr. Adams. (s. ädäms) E.

Adans. Adanson; † 1806. F.

Adr. Juss. Adrien de Jussieu; † 1853. F.

Afz.; Afzel. Afzelius; † 1837. Schw.

Ag. od. **Agd.** Agardh; † 1858. Schw.

Ag. fil. Jac. G. Agardh, Sohn d. vorigen.

A. Gr. Asa Gray (s. greh). N. A.

Ainsl. Ainslie (s. ehnsli). E.

Ait. Aiton (s. eth'n); † 1793. E.

All. Allioni (allióni); † 1804. I.

Alp. Alpini (Alpinus) J. † 1617.

Amm. Joh. Amman; † 1741. Schwz.

Anders. Georg Anderson.

Anderss. Andersson. Schw.

Andrw. Andrews (s. änndruhs); †. E.

Andrz. Andrzeiowski (s. andrschiowski); †. Pole.

Ard. Luigi (s. luidschi) Arduini; † 1834. I.

Arn. Arnott (s. arnött). E.

Aubl. Aublet; † 1778. F.

Aug. Augier (s. oschieh); †. F.

Aut. i. q. Auctorum.

B. siehe Beauv.

Balb. Balbis; † 1831. F.

Baldg. E. G. Baldinger, Arzt, Prof. geb. 1738, † 1804.

Banks. Banks (s. bänks); † 1820. E.

Barrel. J. Barrellier. † 1673. F.

Bart. Barton (s. bart'n); † 1815. N. A.

Bartl. Bartling; †. D.

Bartr. Bartram (s. barträm). N. A.

Bary. De Bary, H. A. geb. 1831. Prof. d. Bot. in Strassburg.

Bast. Bastard (s. bässterrd). E.

Batsch. † 1802. D.

Bauh. Caspar Bauhin; † 1624. D. mit franz. Namen.

Baumg. Baumgarten; † 1843. D.

Beauv. Palisot-Beauvais; † 1820. F.

Benth. Bentham (s. bennthämm). E.

Berg. Bergius; † 1790. Schw.

Bernh. Bernhardi; † 1829. D.

Bert. Bertero. I.

Bert. od. **Bertol.** Bertoloni. I.

Bess. Besser; † 1842. D.

Bg. Otto Berg; † 1866. D.

Bge. A. v. Bunge, Prof. in Dorpat. D.

Bieb. Marschal v. Bieberstein; † 1826. D.

Big. Bigelow, Prof. in Boston; †. D.

Bisch. G. W. Bischof; † 1859. D.

Bl. K. L. Blume; † 1862. D.

Bland. O. C. Blandow.

Blankw. E. Blankweil; †. D. (Mecklenb.)

Bluff et F. Bluff et Fingerhut. D.

Bluff. † 1837. D.

Boiss. Boissier. F.

Bolt. Jak. Bolton (s. dschehms bohltn); †. E.

Bonpl. Aimé Bonpland; † 1858. F.

Borkh. M. B. Borkhausen; geb. 1760, † 1806. D.

Br. Robert Brown (s. braun); † 1858. E.

Braun = A. Br.

Breyn, Jacob; † 1697. D.

Broign. Broignart (s. brohangnar); † 1847. F.

Brongn. Brongniart. A. Th.; † 1876. F.

Bruc. James Bruce (s. bruhss); † 1794. E.

Bull. Bulliard; † 1793. F.

Bunge, Prof. in Kiew; †. D.

Burch. W. J. Burchell (s. börrtschell); E.

Burm. Burmann; † 1780. D.

Buxb. J. C. Buxbaum, Prof. in Petersburg; geb. 1694, † 1730.

C. A. Mey. Carl Anton Meyer; † 1852. D.
Cam. Joachim Camerarius; † 1598. D.
Cand = DC.
Casp. Bauh. siehe Bauhin.
Cass. Alex. Comte de Cassini; † 1832. F.
Cav. Cavanilles (s. kavanihljes); † 1804. Sp.
Chaix. †. F.
Cham. A. v. Chamisso; † 1838. D. Franzose von Geburt.
Chev. Chevallier (s. sch'wallieh); † 1836. F.
Chois. Choisy; †. Schweizer mit franz. Namen.
C. Koch. Carl Koch, Prof. in Jena. D.
Clairv. De Clairville; †. F.
Cohn, Ferd. Prof. in Breslau.
Colebr. H. Th. Colebrooke (s. kohl'-bruk); † 1837. E.
Collad. Collado. † 1638. Sp.
Colladon, Fr. †. F.
Commers. Ph. Commerson. † 1773.
Corr. Correa de Serra; † 1827. Port.
Coult. Thomas Coulter (s. kolt'r); † 1843. E.
Crntz. H. J. v. Crantz; † 1722. D.
Curt. Curtis (s. körrtis); † 1799. E.
Cyrill. Cyrillo (s. ciriljo); † 1799. Sp

Darwin, E. † 1802. E.
Darwin, F. geb. 1809. E.
DC. De Candolle; †. 1841. F.
Del. Raffeneau-Delile († 1830—1840). F.
Desf. Desfontaines; † 1833. F.
Desm. Desmazières; †. F.
Desr. Desrousseaux. F.
Desv. Desvaux; †. F.
Dietr. Ad. Dietrich; † 1856. D.
Dill. Dillenius; † 1747. D.
Ditm. L. P. Er. Ditmar. †. D.
Don. David Don (s. dann); † 1841. E.
Dry. Dryander; † 1811. Schw.
Dufr. P. Dufresne; †. F.
Duham. Du Hamel du Monceau; † 1782. F.
Dup. Th. siehe **Pet. Th.**

Eckl. Ecklon. D.
Eckl. et Zeyh. Ecklon u. Zeyher.
Ehrenb. Ch. G. Ehrenberg; geb. 1795, † 1876. D.
Ehr. Fr. Ehrhart; † 1795. D.
Ehrm. J. Chr. Ehrmann. †. D.
Ellis, John; † 1776. E.
Elsh. J. S. Elsholz; † 1688. D.
E. Mey. Ernst Meyer; † 1858. D.
Endl. Steph. Endlicher; geb. 1804, † 1849. D.
Eschw. F. G. Eschweiler; † 1833. D.
Ettl. Ettlinger. D.

Fabr. J. Chr. Fabricius; † 1808. D.
Falcon. Henry Falconer (s. fahkner). E.
Fchs. Leonhard v. Fuchs; † 1565. D.

Feuill. L. Feuillée; † 1732. F.
Ficin. J. Chr. Ficinus; †. D.
Finght. Fingerhuth. D.
Fisch. Ferdinand Fischer; †. 1854. D.
Forsk. Forskal (s. forskoll); † 1763. Schw.
Forst. G. Forster; † 1794. D.
Fr. Fries. Schw.
Fr. Ness. Th. Fr. L. Ness von Esenbeck; † 1837. D.
Fras. Fraser (s. frehsĕr). E.
Fw. Jul. v. Flotow; † 1856. D.

Gaertn. Jos. Gärtner; † 1791. D.
Gaertn. fl. C. Fr. Gärtner; † 1850. D.
Gasp. Gasparrini. I.
Garke. Aug. Garke, Prof. in Berlin.
Gaud. Gaudin; 1833. F.
Gay. Jacques Gay (s. geh). E.
G. Don. Georg Don (s. dschahrsch dann); † 1856. E.
Geig. Geiger; † 1836. D.
Ging. Gingins de Sassaraz. F.
Gled. J. G. Gleditsch; † 1786. D.
Gmel. Gmelin; †. D.
G. Mey. G. F. W. Meyer; † 1856. D.
Goldb. Goldbach; † 1824. D.
Good. Goodenough (s. guddno). E.
Gou. Gouan; † 1821. F.
Grah. Graham (s. greh'ämm); † 1845. E.
Grcke. Garke. D.
Grev. Greville (s. grewwihl). E.
Griseb. Grisebach, geb. 1814. D.
Gron. Gronovius; † 1760. H.
Guill. Guillemin; † 1842. F.

Hall. Al. v. Haller; † 1777. D.
Hallier, Prof. d. Bot. in Jena. D.
Ham. Hamilton (s. hämmilt'n); †. E.
Hanc. Hancock (s. hännköck). E.
Hart. Th. Hartig. D.
Hartm. Hartmann.
Hassk. Hasskarl. D.
Haw. Haworth (s. hauörs); † 1833. E.
Hayne, Fr. Gottl.; † 1832. D.
H. B. K. / **Hb. Bpl. Kth.** } Humboldt. Bonpland. Kunth.
H. et B. Humbold u. Bonpland.
Hedw. Hedwig; † 1799. D.
Herb. Guillaume Herbert; † 1825. F.
Herit. L'Heritier de Brutelle, ermordet 1800. F.
Herm. Paul Hermann; † 1695. D.
Hffsg, Hffgg. Joh. Centurius Graf von Hoffmannsegg; † 1849. D.
Hil. Saint Hilaire; † 1861. F.
Hochst. Hochstetter; † 1860. D.
Hoffm. Georg Franz Hoffmann; † 1826. D.
Holmskiold, Th. Däne.
Hook. Hooker (s. huhker), geb. 1785. E.
Hook. fil. Hooker filius; geb. 1817. E.
Hpp., Hoppe, D. H.; † 1846. D.
Hornem. Jens Wilken Hornemann; † 1841. Däne.

Houtt. Houttuyn (s. hatteun); in der letzten Hälfte des vorig. Jahrh. H.
How. J. G. Howard (s. hauerd); †. E.
Huds. Will. Huds. (s. hödd'sn); † 1793. E.
Humb. Alex. v. Humboldt; † 1859. D.

Jack. Will. Jack (s. dschäck); † 1827. E.
Jacq. Freiherr v. Jaquin; † 1817. In Leyden geb., in Wien Prof. Name franz.
Jacq. fl. Sohn des vorigen; † 1839. D. Name französisch.
J. Bauh. Jean Bauhin; † 1613. D. mit franz. Namen.
Jgh. Junghuhn, geb. 1812 D.
Jungermann, Ludwig; † 1653. D.
Juss. Antonie Laurent de Jussieu;†1836. F

K. siehe Koch.
Kämpfer, Engelbert; † 1716. D.
König, J. G. (1780) Arzt in Dänemark. D.
Karst. Herm. Karsten, Prof. in Berlin, dann Wien, jetzt in Schaffhausen als Privatgelehrter. D.
Kbr. Gust. Wilh. Koerber; geb. 1817. D.
Kit. Kitaibel; † 1817. Ungar.
Kl. Kltzsch. Klotzsch. D.
Koch, K. H. E. Prof. in Berlin. † 1879.
Koch, Wilh. Dan. Jos. Koch; † 1849. D.
Kost. Kostel. Kosteletzky, Prof. in Prag.
Kth. Kunth; † 1850. D.
Krombh. v. Krombholz; † 1843. D.
Krb. siehe Kbr.
Ktzg. Kütz. Kützing; geb. 1807. D.
Kze. Kunze; † 1851. D.

L. Carl von Linné; † 1778. Schw.
L. fil. Sohn des vorigen; † 1783.
Lab., Labill. De la Billardière; † 1834. F.
Lag. Maria Lagasca; † 1839.
Lam. siehe Lmk.
Lamb. Lambert (s. lämmbert); † 1841. E.
Lamx., Lamour. Lamouroux; † 1825. F.
Lap. de la Peyrouse; 1818. F.
Laxm. Erich Laxmann †; 1796. Finnl.
L. C. Rich. Louis Claude Richard; † 1821. F.
Ledeb. C. Fr. v. Ledebour; geb. 1785, † 1851. D.
Lem. Lemaire Lisaincourt (s. lehmähr lisengkuhr). F.
Lej. Lejeune. Franz. Name.
Lesch., Leschen. Leschenault de la Tour; † 1836. F.
Less. Ch. Fr. Lessing; †. D.
Lev. Léveillé. F.
L'Herit. L'Heritier de Brutelle; † 1800. F.
Lichtenstein, K. H. Prof. in Berlin; geb. 1780, † 1857.
Lightf. Lightfoot (s. leitfutt); † 1788. E.
Lindl. John Lindley (s. dschan lindli); geb. 1790. E
Lk. Link; † 1851. D.
Lmk. Monnet, Chevalier de la Marck oder Lamarck. † 1829. F.

Lodd. Loddiges (s. láddidsches); †. E.
Loefl. Loefling; † 1756. Schw.
Lois. Loiseleur-Deslongchamps; †1849. F.
Lour. de Loureiro (s. loreiru); † 1796. Portugiese.
Lyngb. Hansen Lyngbye; †.

Mack. Mackay (s. mäckeh). E.
March. Marchant. 1738. F.
Mart. K. Fr. Ph. v. Martius; † 1868. D.
Mart. et Bl. Martius u. Blane. D.
Mass. Massalongo; † 1860.
M. B., M. Bieb. Siehe Bieb.
M. et K. Mertens und Koch. D.
Mch. od. **Mnch.** Mönch; † 1805. D.
Mchx. Michaux; † 1802. F.
Meisn. Meisner. D.
Mer. Mérat. F.
Mert. Mertens. D.
Mey. Meyen; † 1840. D.
Mich. Siehe Mchx.
Mich. Micheli (s. mikähli); † 1737. I.
Mik. Mikan; † 1844. Böhme.
Mill. Miller; † 1771. E.
Miq. Miquel.
Mirb. Brisseau de Mirbel; † 1854. F.
Mol. Molina; †. Sp.
Moq. Moquin-Tandon. F.
Mor. Moretti. I.
Morr. et Decne. Charles Morren (Belgier, † 1858) et Decaisne (F. geb. 1809).
Muehlenberg, H. (Prediger); † 1805. N. A.
Muell. Müller. D.
Murr. Murray, Profess. in Göttingen; † 1791. Schw.
Mut. Mutis; † 1809. Sp.

N. ab E. od. **Nees.** Nees von Esenbeck; † 1858. D.
N. et M. Nees v. Esenbeck u. Martius.
Neck. de Necker; † 1793. D.
Nest. Nestler, Prof. in Strassburg; †. D.
Nutt. Nuttal (s. nöttahl); † 1858. N. A.

Oerst. Oerstedt. Däne.
Ok. Lorenz Oken, Prof. geb. 1779, † 1851.
Oliv. Olivier; † 1814. F.
Orteg. de Ortega; † 1810. Sp.

P. Siehe Pav.
Pal. Palisot de Beauvais (s. palisoh d'bohwäh); geb. 1752, † 1820. F.
Pall. von Pallas; † 1811. D.
Pav. Pavon; † (um 1800). Sp.
P. Br. Patrik Browne (s. pättrick braun); † 1790. E.
Pell. Pellet. Pelletier. F.
Pers. Persoon (s. persuhn); † 1836. E.
Pet. Th. Du Petit-Thouars; † 1831. F.
Petiver, Jacob, Apotheker; † 1718. E.
Planch. Planchon. F.
Plum. Plumier; † 1706. F.
Poepp. Eduard Pöppig; † 1866. D.

Poir. J. L. M. Poiret; †. F.
Poit. Poiteau; † 1854. F.
Pr. od. Pringsh. Pringsheim. (Berlin.)

R. Br. Robert Brown (s. rabbert braun). Siehe Br.
Raf. Raffinesque-Schmaltz. Sicilianer. † in Nord-Amerika 1840.
Rb. Rchb. Reichb. Reichenbach †. D.
Ren. Paul Reneaulme. F.
R. et P. Ruiz et Pavon (s. ruis et pavón). Sp.
R. et Sch. Roemer et Schultes. D.
Retz. Retzius; † 1821. Schw.
Rich. Achille Richard. Geb. 1794. F.
Ried. Riedel; †. D.
Risso. Risso; †. 1845. I.
Riv. Rivinus (Bachmann); † 1722. D.
Rodgz. Emanuel Rodriguez; †. Sp.
Roehl. Roehling; † 1813. D.
Roem. Roemer; † 1819. D.
Rosc. Roscoe (s. rassko); † 1831. E.
Rottb. Rottboel; 1797. Däne.
Rottl. Rottler. D.
Roxb. Roxburgh (s. racksborgh); † 1814. E.
Rth. Roth; † 1834. D.
Rud. Carl Asmund Rudolphi; † 1832. D.
Rumph. Rumphius; † 1706. D.

Salisb. Salisbury (s. sahlsbĕri). E.
Sauv. F. B. de Sauvage; † 1767. F.
Schied. Schiede; † 1836. D.
Schk. Schkuhr; † 1811. D.
Schl. Schleiden; geb. 1804. D.
Schlchtdl. von Schlechtendal; †. D.
Schomb. Schomburgk; geb. 1804. D.
Schrd., Schrad. Schrader; † 1836. D.
Schreb. von Schreber. † 1810. D.
Schrk. Fz. Paula v. Schrank; † 1835. D.
Schult. Schultes; † 1832. D.
Schum. Schumacher; † 1830. D.
Schwgg. Schweigger; 1821 bei Palermo ermordet. D.
Scop. Scopoli (scopŏli); † 1788. I.
Sibth. Sibthorp (s. sibbtörp); † 1796. E.
Sieb. Sieber; † 1844. D.
Sm. Smith (s. smiss); † 1816. E.
Spr. Sprengel; † 1833. D.
Stackh. Stackhouse (s. stäckhauss); †. E.
Stechm. Stechmann. D.
Steinh. Steinheil; † 1839. D.
Steud. von Steudel; 1856. D.
Stev. Steven; † 1820; Russe mit deutschem Namen.
St. Hil. Siehe Hil.
Sut. Suter; † 1827. D.
Sw. Swartz; † 1817. Schw.
Sweet. Sweet (s. swuitt); † 1839. E.

Tausch. Ignatz Friedrich Tausch, Prof. zu Prag. D.
Tayl. Taylor (s. tehler). E.
Thon. Thonning.
Thbg. Thunb. Thunberg; † 1828. Schw.
Thuill. Thuillier. F. †.
Torr. J. Torrey (s. torri); †. N. A.
Tourn. de Tournefort; † 1708. F.
Trev. Treviranus; †. D.
Trin. von Trinius; † 1844. D.
Tul. Tulasne. F.
Turn. Dawson Turner (s. dahs'n törner); † 1858. E.
Tuss. De Tussac; †. F.

Vahl. Vahl; † 1854. Norweger.
Vaill. Sebastian Vaillant; † 1722. F.
Vand. Vandelli.
Vauch. Vaucher; † 1841. Schweizer mit franz. Namen.
Vent. Ventenat; † 1808. F.
Vill. Villars; † 1814. F.
Vittad. Vittadini. I.
Viv. Dominico Viviani; † 1840. I.

W. Siehe Willd.
Wahlb. Wahlenberg; † 1847. D.
Waldst. Graf v. Waldstein; † 1823. D.
Wall. Wallich; † 1854. Däne.
Wallr. Wallroth; † 1857. D.
Walp. Walpers; † 1853. D.
Web. Weber. D.
Webb. Webb (s. uwebber); † 1854. E.
Wedd. Weddell. D.
Wendl. J. Chr. Wendland; †. D.
Wender. G. W. F. Wenderoth; †. D.
W. et Arn. Wight et Arnott (s. uwheit et arnött). E.
W. et Kit. Waldstein et Kitaibel.
Wh. et Mat. White (s. ueiht) et Maton (s. mät'n). E.
White. White (s. ueit). E.
Wigg. Wiggers, Prof. in Göttingen.
Willd. Willdenow; † 1812.
Willem. Willemet; † 1807. F.
W. et Grab. Wimmer et Grabowsky. D.
Wight. Wight (s. uweit). E.
Wimm. Wimmer; geb. 1803; † 1868. D.
With. Withering (s. uwhissering); † 1799. E.
Woodv. Woodville (s. wuddwill). E.
Woodw. Woodward (s. wuddward). E.
Wright. Wright (s. reit). E.
Wulf. von Wulfen; † 1804. Abt in Klagenfurt.

Zeyh. Zeyher; † 1843. D.
Zipp. Zippelius; †. H.
Zucc. J. G. v. Zuccarini; † 1848. D.

Engelwurz 475.
Ennea-, in Zusamm. neun-.
Enodis, knotenlos 105.
Ensiformis, schwertförmig 134 (Fig. 202).
Entblättert 142.
Entfernt von einander 91.
Entmannt 184.
Entophyten 685.
Entophytus 113.
Enzian 536.
Epiblema 36, 45, 46.
Epicarpium 226.
Epidermalgewebe 35, 44.
Epidermalis contextus, Oberhautgewebe 35.
Epidermis 36, 45, 46.
Epigynus 193.
Epiphragma 286.
Epiphyllospermae 705.
Epiphytae plantae 113.
Epispermium 249.
Epispor 675.
Epitelium, Epithel 35, 45.
Equisetaceae 297.
Equisetum 298.
Equitans folium 134.
Erdapfel 513.
Erdbeerfrucht 237.
Erdbeere 447.
Erdgeruch 323.
Erdrauch 388.
Erectus 88, 209, 254.
Erica 522.
Ericaceae 521.
Erigeron 515.
Eriophorum 655.
Erle 600.
Erostris 226.
Erossus, abgenagt, ausgenagt.
Erubescens, roth werdend, röthl.
Erythraea 536.
Erythrophyll 319.
Erythroxylaceae 406.
Erythroxylon 407.
Esche 529.
Esculentus, geniessbar.
Espe, Populus tremula 606.
Esuccus 247.
Eucalyptus 140.
Euphorbiaceae 609, 610.
Euphorbia 610.
Euphorbium 610.
Euphrasia 557.
Evanescens, verschwindend.
Evittatus 213.
Exalatus, ungeflügelt.
Exalbuminosus 62, 204, 251.
Exanthium 175.
Exaratus, ausgefurcht.
Excelsus, hoch.
Excipulatus 275.
Excipulum 275.
Excrescens, auswachsend.
Excurrens caulis 125.
Exembryonatus, keimlos 61.
Exfoliatus 112.
Exidia 676.
Exiguus, klein.
Exilis, dünn, mager, schwach.
Exina, Exine 179.
Exocarpium 227.
Exogene Pflanzen 331.
Exoperculatus 286.
Exophloeum 75.
Exosmose 8, 31.
Exospor, Exosporium 675.
Exostemma 485.
Exostomium 203.
Exostosis 127.
Expallens, verbleichend.
Expansus, ausgebreitet.

Exsertus 91.
Exstipulatus 141.
Exsuccus 133, 239.
Exterior calyx 175.
Externus 105.
Extina i. q. exina.
Extraaxilis embryo 254.
Extraaxillaris 155.
Extrorsa dehiscentia 232.
Extrorsae antherae 186.

F.

Fabae albae 434.
Fabae Calabaricae 435.
Fabae St. Ignatii 531.
Fackeldistel i. q. Cactus 611.
Fadenalgen 691, 695.
Fadenförmig 164.
Fadenpilze 268, 676.
Fadenschwiele 250.
Fächer 192, 227.
Fagopyrum 581.
Fagus 598.
Fahamthee 638.
Fahne 220.
Falcatus, sichelförmig.
Fallkraut, Arnica 511.
Falsche Wurzel 113.
Familia, Familie 347.
Farctus 123.
Farina, Mehl.
Farinosus, mehlig.
Farne 292.
Fasciculatus 112.
Fasciculus 159, 169.
Fasergewebe 35, 39.
Faserig 247.
Fasernervig 132.
Faserwurzel 112.
Fastigiatus 89, 91.
Fatuum semen 253.
Faulbaum 425 (428).
Fäulniss 323.
Faux 106, 219.
Favose, favosus, bienenzellig 184.
Federchen 63, 252.
Federig 150, 201.
Federkrone 215.
Feigenfrucht 235, 236, 601.
Feingespitzt 94.
Femina, weibliche Blüthe.
Femineus flos 213.
Fenchel 472.
Fenestralis dehiscentia 232.
Fenestratus 96, 112.
Ferrugineus, rostbraun.
Ferula 475.
Ferulago 475.
Fest 102.
Fette 315.
Feuerlilie 628.
Feuerschwamm 679.
Fibrillae 110.
Fibrosus 112, 247.
Fibrovasalstränge 29, 40.
Fichte 666.
Ficus 601.
-fidus, -gespalten 200.
Fieberklee 337.
Fieder, pinna 137.
Fiederchen, pinnula 99.
Fiederläppchen 99.
Fiederschnittig 99.
Fiederspaltig 99, 100.
Fiederstückchen 99.
Fiederstücke 99.
Fiedertheilig 99.
Fila spiralia 284.
Filamenta articulata 170.

Filamentum 177.
Filicales, Filices 292, 700, 705.
Filiformis 104.
Filipendula radix 112.
Filzgewebe 56, 272.
Filzig 397.
Fimbriatus 397.
—   bulbus 120.
Fingerhut, Digitalis 554.
Firmus, fest, derb.
Fischkörner 589.
Fissura, Spalte 98.
Fissuralis dehiscentia 232.
Fissuris dehiscens 232.
Fissus, gespalten 97, 98.
Fistulosus 123.
Flabelliformis, fächerförmig.
Flaccidus, flatterig, schlaff.
Flach, planus 95, 132.
Flachs 420.
Flachsseide 540.
Fläche 87, 92, 93.
Flagella 117.
Flaschenartig 285.
Flavus, hellgelb.
Flechten 272, 689, 690.
Flechtenfrüchte 274.
Flechtengewebe 56.
Flechtengrün 57.
Flechtenstärke 310.
Fleischfrucht 239, 246.
Fleischig 247, 255.
Fleischschale 228.
Flexibilis, biegsam, geschmeidig.
Flexuosus 88.
Flieder 489.
 - Spanischer 529.
Fliegenschwamm 678.
Flocci, floccosus 56, 265.
Flocken 56, 265.
Flores Acaciae 451.
    — Arnicae 511.
    — Aurantii 117.
    — Balaustii 439.
    — Bellidis 510.
    — Borraginis 560.
    — Brayerae 444.
    — Buglossi 560.
    — Calcatrippae 374.
    — Calendulae 517.
    — Chamomill. Roman. 506.
    —   vulg. 506.
    — Cinae 505.
    — Consolidae regalis 374.
    — Cyani 500.
    — Granati 439.
    — Kusso 444.
    — Lamii albi 571.
    — Lavendulae 568.
    — Liliorum convallium 625.
    — Malvae 403.
    — Millefolii 507.
    — Naphae 117.
    — Papaveris erratici 384.
    — Rhoeados 384.
    — Rosae 449.
    — Sambuci 489.
    — Spartii scoparii 432.
    — Stoechadis citr. 503.
    — Tiliae 404.
    — Verbasci 553.
    — Violae 395, 396.
Floribundus, blumenreich.
Florideae 697.
Florideen 696.
Flos 167, 212.
Flosculosum anthodium 167.
Flosculus 162, 167, 222.
Flügel 220.
Flügelfrucht 246.
-flügelig 226.
Foehre 666.

Geraniaceae 418.
Gerbmehl 25.
Gerbsäure 25, 314.
Gerbstoff 314.
Gerbstoffzellen 25.
Gereiht 91.
Gerippt 103, 132.
Gerippt-geadert 132.
Germen 187, 201.
— inferum 191.
— semiinferum 191.
— semisuperum 191.
— superum 190.
Germer, Veratrum 633.
Germinatio, Keimung.
Gerste 618.
Gerundet, rotundatus 101.
Gerunzelt 95.
Gesägt 98.
Geschlechtlose Blüthen 213.
Geschlitzt 99.
Geschlossen 106, 133.
Geschlossenes Gefässbündel 11.
Geschnabelt 226.
Geschopft 398.
Geschwänzt 182, 226, 246.
Geschweift 167.
Gesondert 192.
Gespalten 97, 98.
Gespitzt 94.
Gespornt 108, 182.
Gestielt 135, 155, 209.
Gestrahlt 167.
Gestreckt, elongatus 102.
Gestumpft 95, 103.
Getheilt 97, 99, 106.
Getreiderost 379.
Geum 447.
Gewebe (contextus) 31.
— straffes 272.
— wergartiges 272.
Gewebezellen 5, 336, 337.
Gewimpert 136, 201.
Gewölbe 105.
Gewunden 88.
Gewürz, Engl. 440.
Gewürzlilien 642.
Gewürznelken 440.
Gezähnt 98.
Gibbus, gibbosus 105, 108.
Gichtbeere 617.
Giftlattig 497.
Giftmorchel 676.
Giftsumach 426.
Giganteus, riesenhaft.
Gilvus, isabellfarben.
Ginsel 575. Ginst (Genista).
Gipfelknospe 70.
Gipfelständig 90.
Gitterartig durchbrochen 112.
Gitterzellen 20.
Glaber 52, 201, 382, 397.
Gladiolus 642.
Glandes Quercus 596.
Glandula 51, 136.
Glandulae Lupuli 603.
— Rottlerae 613.
Glans 246
Glaucus, graugrün, meergrün.
Glatt 52, 397.
Glechoma 567.
Gleich-dick 104.
Gleichehig 167.
Gleich-gestaltet 92.
Gleichgliederig 153.
Gleichhoch 91.
Gleichlang 185.
Gleichlaufend 254.
Gleichseitig 103.
Gleichzählig 185.
Gleichzeitig 530.
Gleisse (Aethusa) 174.

Gliadin 318.
Glied 105.
Gliederhülse 244.
Gliederring 294.
Gliederung 143.
Globosus, globularis 104.
Glochidatus 115.
Glockenblume, Campanula 520.
Glockenförmig 107.
Gloiosporae 691.
Glomerulus 159, 169.
Glukose i. q. Glykose.
Glukoside 313.
Gluma 161, 222.
Glumaceus flos 161, 176, 222.
Glumella 162, 222.
Glumellula 223.
Gluten 318.
Glutinosus, klebberig.
Glycy-, süss-.
Glycyrrhiza 434.
Glykose 310.
Glykoside 313.
Gnaphalium 503.
Goldruthe 515.
Goldwurz 628.
Gonidia, Gonidien 272, 273, 279, 690.
Gonimische Schicht 273.
-gonus, -winkelig 103.
Göppert's System 364.
Gossypium 402.
Gottesgnadenkraut 555.
Gramina, Gramineae 643, 644.
Gramineus caulis 123.
Gramineus flos 222.
Grana Chermes 597.
— Paradisi 642.
— Tiglii 611.
Granatapfel 236, 238.
Granatbaum. Granateae 439.
Granatin 313.
Grandiflorus, grossblüthig.
Granne 223.
Granula pollinis 178.
Granulatus, granulosus, körnig.
Gras, Türkisches 650.
Grasährchen 159, 222.
Grasähre 160.
Grasblüthe 222.
Grasfrucht 245.
Graswurzelzucker 313.
Gratiola 555.
Graveolens, stark riechend.
Griffel 188, 197.
Griffeldecke 210.
Griffelpolster 243.
Griffelsäule 209.
Griffzelle 261.
Grindwurz 581.
Grossulariaceae 616.
Grund 87, 90, 92.
Grundfläche 100.
Grundständig 90, 198.
Grundstoffe 308.
Grundtheil 101.
Guajacum 122.
Guarana 407.
Günsel, Ajuga 575.
Gummi 310.
— Arabicum 437.
— Laccae 601, 612.
Gummigefässe 31.
Gundelrebe, Gundermann 567.
Gurjunbalsam 410.
Gurke 459.
Guttapercha 315.
Gutti 410.
Guttiferae 410.
Gymno-, nackt-.
Gymnospermae 62, 256, 657.
Gymnosporae 257, 669.

Gynandra stamina 186.
Gynandrisch 216.
Gynixus 209.
Gynobasicus 198.
Gynophorum 194, 224.
Gynopodium 226.
Gynostegium 210.
Gynostemium 209.
Gypsophila 401.
Gyratus 297.
Gyroma 294.
Gyrosus, gewunden.
Gyrus, i. m. Wendel.

H.

Haare 50.
Haardünn 104.
Haarförmig 104.
Haarkrone 245.
Haarschopf 250.
Habitus, Tracht 114.
Hachisch 603.
Haematoxylin 319.
Haematoxylon 436.
Hängefrüchtchen 242.
Hängend 112.
Häute d. Zwiebel 119.
Häutig 119, 133.
Hafer 630.
Haftfaser 273.
Haftscheibe 273.
Hagebutte 224, 237, 449.
Hagedorn 454.
Hagelfleck 203.
Hagenia 443.
Hahnenfuss 369.
Hainbuche 599.
Haken 51.
Hakenförmig 88.
Hakig 88.
Hakrig 397.
Halb-, in Zusammensetzung semi-, hemi-.
Halbgegenläufig 207.
Halbirt 150.
Halbkugelig 104.
Halblängsfächrig 108.
Halbmondförmig 97.
Halbquerfächerig 108.
Halbstielrund 102, 103.
Halbstrauch 68.
Halbumfassend 134.
Hali-, Meer-. Halimo-, Salz-.
Halm 123.
Halter 181.
Hamatus 88.
Hami 51.
Hamosus 88.
Handförmig 99.
Handnervig 132.
Handtheilig 126.
Hanf 602.
Hängend 209.
Hängende Wurzel 112.
Hanfbastfaser 43.
Haplobioticae plantae 66.
Hartriegel, Ligustrum 526, 528.
Harze 316.
Haselstrauch 598.
Haselwurz 609.
Hastatus 91.
Haube 106, 285.
Haufenfrucht 235, 237.
Hauptart 345.
Hauptaxe 60.
Hauptjoch (Hauptrippe) 243.
Hauptknospe 59, 71.
Hauptnerv 131.
Haupttrippe 243.

I.

Inclusus 254.
Incompleta dissepimenta 108, 229.
Incompletus 229.
Incrassatus 104.
Incrustatus, mit einer Rinde
  bedeckt.
Incumbens 91, 254, 255.
 — anthera 182.
Indehiscens, nicht aufspringend.
Indigo, Indicum 319.
Individuum 345.
Indivisus, ungetheilt.
Indusiatus 201.
Indusium 201, 294.
Ineinandergefaltet 255.
Inermis, unbewehrt, wehrlos.
Inferus 255.
Intimus, der unterste.
Inflatus 107, 141.
Inflexus, einwärtsgebogen 171.
Inflorescentia 156.
Infra, unten.

Infraapicalis, unterhalb d. Spitze.
Infundibuliformis 108.
Ingwer 642.
Innen, intus, intrinsecus; nach
  innen, intus, introrsus (um),
  intrinsecus.
Innenmund 203.
Innenrinde 75.
Innenwand 105.
Insectenpulver 510.
Insertio 193.
Insertus 90.
Insidens, aufsitzend.
Insignitus, deutlich.
Instructus, versehen.
Integer 97.

Integerrimus, ganzrandig 97.
Integumentum 202, 249.
Intercellulargänge 32.
Intercellularräume 33.
Intercellularsubstanz 33.
Intercellularsystem 33.
Interfoliaceus 155.
Intermediae formae 316.
 — stipulae 141.
Intermedius, caudex 115.
Internodium 65, 81.
Internus 105.
Interrupte, interruptus, unter-
  brochen 99.
Interrupte pinnatifidus 99.

Intertextus 91.
Intina, Intine 179.
Intricatus, verwebt 91.
Intrinsecus versus, nach innen
  gewendet.
Introflexus, nach innen gebogen.
Introrsa anthera 186.
 — dehiscentia 232.
Intusception 21.
Inula 514.
Inulin 310.
Inversus 88, 209, 254.
Invicem, abwechselnd.
Invius 106.
Involucellum 149, 172.
Involucratus 165.
Involucratus fruct. 221.
Involucrum 149, 165, 167.
Involutus, eingehüllt 95.
Involvens, einhüllend.
Ionidium 395.
Ipomoea 539.
Iridaceae, Irideae 640.
Iris 641.
Irregularis 109, 176.
Isländische Flechte, Moos 692.
Isomeres, isomerus 153, 184.
Isthmus, i. m. Querfach, Ver-
  engerung in der Quere.

J.

Jahresringe 76.
Jatropha 612.
Jelängerjelieber 490.
Joch, jugum 137, 243.
Jochspore 279.
Jochsporige Pflanzen 670.
Johannisbeere 617.
Johannisbrotbaum 436.
Johanniskraut 410.
Johanniswurzel 706.
Judenkirsche 548.
Jugum folii 137.
 — mericarpii 243.
 — primarium 243.
 — secundarium 243.
Juglandeae, Juglans 593, 594.
Julus 162.
Junceae, Juncus 642, 643.
Jungermanniae 290, (672), 701.
Jungferngeburt 303.
Jungfernzeugung 303.
Juniperus 661.

K.

Kaddigstrauch 661.
Kaffeebaum 487.
Kahl 201, 397.
Kaiserkrone 628.
Kälberkropf 480.
Kalmus 622.
Kamala 613.
Kambiumring 75.
Kambiumschicht 75.
Kamille, gemeine 506, 509.
 — römische 506.
Kamm 221.
Kammförmig 182.
Kampferbraum 587.
Kanadabalsam 667.
Kanariengras 650.
Kante, acies 101. 103.
Kantig 103.
Kappe 221.
Kappenförmig 96.
Kapsel 231, 240.
Kapselfrucht 231.
Kardobenedicten 501.
Kartoffel 519.
Kartoffelpilz 676.
Katechupalme 619.
Kätzchen 159, 162.
Katzengamander 575.
Katzenpfötchen 503.
Kautschuk 315, 601, 612.
Kegelförmig 101.
Keilförmig 91.
Keim 251.
Keimblatt 252.
Keimblattregion 114.
Keimbläschen 204, 205.
Keimflüssigkeit 252.
Keimfrucht 259, 274.
Keimhaut (hymenium) 266.
Keimkörner 61.
Keimkügelchen 204.
Keimlager 275.
Keimling 251.
Keimloch 202.
Keimsack 203.
Keimträger 206.
Keimzellen 204, 259.
Kelch 152, 172.
Kelchartig 176.
Kelchbeere 237.
Kelchblätter 152, 172.
Kelchig umhüllt 150.
Kelchkätzchen 159, 220.
Kellerhals 589.

Kermesbeere 597.
Kern 202.
Kernapfel 237.
Kernfrucht 275.
Kernhaut 201.
Kernholz 76.
Kernkörperchen 6. 11.
Kernpilze 677, 681.
Kernscheide 37, 44, 86.
Kernwarze 202.
Kernzellchen 6.
Kernzelle 6, Bild. d. 7.
Kiefer 664, -sprosse 73, 666.
Kiel, carina 95, 220.
Kiehnöl 666.
Kino 440, 580.
Kirschbaum 451.
Kirschlorbeer 451.
Klaffend, hians 106.
Klammerwurzel 113.
Klappe 229.
 — klappig 229.
Klappiges Aufspringen 184.
Klappige Blüthendeckenlage 171.
Klasse 348.
Klatschrose 384.
Klebdrüschen 181, 210.
Kleber 318.
Kleberkörnchen 24.
Klebermehl 24.
Kleberzellen 24, 25.
Klebnetz 180.
Kleesäure 311.
Kleie 318.
Kleinspitzig 95.
Klette 501.
Knabenkraut 638.
Knäul 159, 169.
Knieholz 665.
Knoblauch 629
Knolle 120.
Knollstock 118.
Knollzwiebel 121.
-knöpfig, -coccus.
Knoppern 597.
Knorpelrandig 136.
Knöspchen 63, 252.
Knospe 59, 68.
Knospenaxe 69.
Knospencambium 36.
Knospendecke 72.
Knospendeckung 72, 73.
Knospenkern 202.
Knospenlage 72, 153, 174.
Knoten, nodus 65, 105.
Knotenlos (ohne Knoten) 105.
Knöterig 580.
Knotig 105.
Königskerze 553.
Köpfchen 284.
Kopfsalat 497.
Körbchen (anthodium) 166.
Körbel 480.
Körper 100, 102.
Kohl (Brassica) 393.
Kohlehydrate 307.
Kohlenstoff als Pflanzennahrung
  321.
Kohlrabi 393.
Kolben 159, 162.
Kolbenförmig, kolbig 101.
Koloquinte 460.
Konisch 110.
Kopfförmig 104.
Kopfschimmel 675.
Koriander 483.
Kork 53.
Korkeiche 597.
Korkgewebe 36, 53.
Korkholz 597.
Korkschicht 36.
Korkstoff 53, 309.

Korkwarzen 55.
Korkzelle 53.
Kormophyten 60.
Kornblume 500.
Kotyledonen 63, 252.
Krameria 414.
Krameriaceae 414.
Kranzschuppen 400.
Kratzbohne 51.
Kraus 136.
Krauseminze 577.
Krautartig 133.
Krautstengel 123.
Kreiselnd aufgerollt 88.
Kreislauf d. Pflanzensaftes 130.
Kreisrund 93.
Kreuzblume 412.
Kreuzblüthe 219.
Kreuzdorn 425.
Kreuzend, sich 470.
Kreuzförmige Blüthe 218.
Kreuzkraut 513.
Kreuzständig 90.
Krönchen 173.
Krone 67, 173.
Kronenblätter (374).
Kronsbeeren 526.
Kropfförmig 285.
Krug 234.
Krugförmig 107.
Krumm 88.
Krummholz 665.
Krummholzöl 665.
Krummläufig 207.
Krummnervig 132.
Krummsamig 244.
Krustenflechten 691.
Kryopsorae 691.
Kryptogamen 256, 668.
Kryptophyten 60.
Krystallzellen 25.
Kuchenförmig 105.
Küchenschelle 368.
Kümmel 470.
— schwarzer 371.
Kürbis 458, -frucht 248, 458.
Kugelig, kugelförmig 104.
Kuhblume 370.
Kunstausdrücke 87.
Kurzsteifhaarig 397.
Kusso 444.

L.

Labiatae 563, 564.
Labiatus flos 218.
Labiosus 222.
Labium, Lippe 106, 218.
Labkräuter 488.
Lacca in tabulis 601, 612.
Laceratus 150.
Lacerus arillus 250.
Lachenknoblauch 575.
Laciniae, Zipfel 98, 99, 106.
— ultimae, Fiederläppchen 99.
Laciniatus 99.
Lactescentia vasa, Milchgefässe.
Lactuca 496.
Lactucarium 498.
Lacunosus, lückig.
Ladenbergia 485.
Laevigatus, geglättet.
Laevis 52, 397.
Lager 259.
Lagerpflanzen 257.
Lamella, Lamelle 265.
Lamellatus, plättchenartig (blätt-
trig).
Lamina 218, 219.
— ascigera 275.
Lamium 571.

Lanatus 397.
Lancettförmig 93, 104.
Lanceolatus 93, 104.
Länge 93.
Längendimension 101.
Längendurchschnitt 101.
Langgestreckt 102.
Länglich 93.
Längs, longitudinaliter.
Längsfächer 108.
Längsfächerig 108.
Längsfaltig 95.
Längsnerven 131.
Längsscheidewände 229.
Lanuginosus, wollig.
Lappa 501, 502.
— lappig 98.
Lappen 98, 99, 106.
Lärche 667.
Lärchenschwamm 676, 679.
Larix 667.
— lateralis, -seitig.
Lateralis 90, 92, 93, 131, 141.
— embryo 254.
— embr., radicula 254.
— stylus 198.
Latifolius, breitblätterig.
Latitans, sich versteckend.
Latitudo 93.
Lattich 497.
Latus 103, 229.
Laubartig 289.
Laubblätter 127, 140.
Laubblattregion 114.
Laubflechten 691.
Laubholzkätzchen 162.
Laubwechselnd 67.
Laubknospe 72.
Laubmoose 282, 283, 671, 702.
Lauch 629.
Laureae, Laurineae 585.
Laurus 587, 588.
Lavandula, Lavendel 568.
Laxus 91, 133.
Lebensbaum 663.
Lebensthätigkeit 2.
Lebermoose 671, 702.
Lecus 119.
Lecythideae 439.
Lecythis (441).
Lederartig 133.
Lederkork 54.
Ledum 523.
Legumen 240.
Legumin 318.
Leguminosen 428, 429.
Leierförmig 99.
Lein 418.
Leinenbastfaser 43.
Leinkraut 558.
Leiste 226.
Leitergefäss 28.
Lenticellen 55.
Lenticularis 105.
Lentus, langsam, zähe.
Leontodon 498.
Lepides 50, 226.
Lepidotus, schülferig, schilderig.
Leptospermeae 439.
Levisticum 475.
Levulose 312.
Liber 75, 133.
Liber, frei, nicht verwachsen
191, sporophorum 230.
Lichen Islandicus 692.
Lichenes 272, 689, 690.
Lichenin 310.
Lichtentwickelung der Pflanzen
326.
Lichtpflanzen 50.
Lieber'sche Kräuter 572.
Liebstöckel 475.

Lignin 29, 309.
Lignosae plantae 67.
Lignum 74.
Lignum Campechianum 436.
— colubrinum 531.
— Fernambuci 436.
— Guajaci 422.
— Quassiae 423.
— Rhodii 539.
— Sassafras 588.
Ligula 133, 518.
Ligulatum anthodium 167.
Ligulatus, 108.
Ligusticum 475.
Ligustrum 526, 528.
Liliaceae 626.
Lilie, Lilium 627.
Limbus, Saum 106, 214.
Limone 417.
Limosus, schlammig.
Linaria 558.
Linde 405.
Lineae, Linaceae 419.
— lineal-lancettlich 94.
— lineari-lanceolatus 94.
— lingulatus 108.
Linearis 93.
Linie, linea 88.
Linienförmig 93.
Linke, sinister 93.
Links, sinistrorsum 88.
Linnaea 488.
Linné's Pflanzensystem 350.
— Schlüssel dazu 356.
Linoïdeae 419.
Linsenförmig 105.
Linum 419.
Lippe 106, 218.
Lippenartige Blüthe 222.
Lippenblüthe 218.
Lippenblüthler 563.
Lippig 218.
Lirellaeformis 274.
Liriodendron 375.
Lividus, bleifarben.
Lobatus, gelappt 98.
Lobelia, Lobeliaceae 519, 520.
-lobus, -lappig 200.
Lobus, Lappen 98, 106.
-locellatus, -fächerig.
Locellus, kleines Fach.
Lockerstehend 91.
Loculamentum 108, 227, 229.
Locularis 108.
-locularis 230.
Loculi 108.
Loculicida dehiscentia 233.
Loculosus, vielfächerig.
Loculi antherae 183, fructus
227, 229.
-löcherig, -porosus 184.
Löcherig aufspringend 184.
Löcherpilze 678.
Lodiculae 223.
Löffelkraut 390.
Loganiaceae 530.
Lolium 652.
Lomentum 234, 244.
Longitudinalia dissep. 229.
Longitudinalis 131.
Longitudinaliter, längs.
Longitudinis sectio 101.
Longitudo 93.
Lonicera, Loniceraceae 488.
Loranthaceae 591.
Loranthus 592.
Lorbeerbaum 587.
Lorbeeren 588.
Lorica 226, 281.
Loricatus, bepanzert.
Löwenmaul (Antirrhinum) 558.

P.

Paarig-gegliedert 137.
Paeonia 367.
Pagina inferior 92.
— superior 92.
Palaceum folium 135.
Paläontologie 3, 257.
Paläophytologie 3, 257.
Palaria radix 110.
Palatum 107, 219.
Palea spiculae 222.
Paleaceum receptaculum 119.
Paleaceus 245.
Paleae, Spreublättchen 119.
Pallidus, bleich.
Palmaceae 619.
Palmae 619.
Palmatae spinae 126.
Palmatus, palmatipartitus 99.
Palmellaceen 695.
Palminervis 132.
Palmöl 619.
Palmstamm 67.
Palmstock 123.
Paluster, tris, tre, Sumpf-
Panicula 159, 164.
— cymosa 159, 169.
Panzerschüppchen 226.
Papaver 381.
Papaveraceae 380, 381.
Papilionaceae 428.
Papilionaceus flos 220.
Papillae 46, 398.
Papillen 398.
Pappel 605, 606.
Pappelblätter, Pappelblumen 103.
Pappiformis haarkronenartig.
Pappus 245.
Papulae 398.
Papyrus 656.
Paracorolla 179, 211.
Paradieskörner 612.
Paradoxus, wunderbar.
Parakresse 513.
Parallelinervis 132.
Parallelnervig 131.
Parallelus 183.
Parapetala 173.
Paraphyllium 289.
Paraphyses 267, 275, 284.
Parasiticae plantae 113.
Parastemones 173.
Parcus, spärlich, in Zusammen-
setzung parci-.
Parenchym 35, 37.
— unvollkommenes 38.
— vollkommenes 38.
Paries, Wand 105.
Parietalis sutura 228.
— sporophorum 192, 230.
Parietes 105.
Pari-pinnatum folium 137.
Paris 624.
Parmelia (Fig. 503, 505).
Pars anterior, apicalis, basalis
etc. 93, 101.
Parung der Sporen 262, 279.
Parthenogenesis 303.
Partitus 97, 99, 106.
Pastinaca 475.
Patchouly 568.
Patella alligans 273.
Patelliformis, napfförmig.
Patens, abstehend 91, 255.
Pauciflorus, wenig blüthig.
Paucus, wenig, in Zusammen-
setzung pauci-.
Paulinia 407.
Pectase 312.
Pectin 312.
Pectinatus, kammförmig.
Pectinkörper, Pectinstoffe 312.

Pectose 312.
Pedalineae 562.
Pedatus, pedatipartitus 99.
Pedicellus 155, 163.
Pedunculatus 155, 289.
Pedunculus 154.
Pellucide punctatus 96.
Peloria, Pelorienbildung, Pelori-
sation 215.
Peltata anthera 182.
Peltatae cotylae 254.
Peltatus 135, 209, 254.
Pelticarpeae 292.
Pendulus 89, 209.
Penicilliformis 201.
Penicillatus, pinselförmig.
Penicillium 676.
Pennatus, i. q. pinnatus.
Penta-, in Zusamm. fünf-.
Pentameres 153.
Pentantherus, fünfmännig.
Pentaphyllus 150, 175.
Pepo 248.
Peranthodium 149, 150, 167.
Perennes plantae 67.
Perennirend 67.
Perennis 134.
Perfoliatum fol. 96, 135.
Perforatus, perforirt 96, 106.
Perianthium 172, 175, 196, 290.
— externum 172.
— internum 172.
Pericalathium 149.
Pericarpium 227, 228.
Perichaetium 284, 290.
Periclinium 167.
Periderma 36, 54.
Peridium 227, 265, 268, 671.
Perigonium 172, 212, 284.
Perigynisch 196.
Perigynium 285.
Perigynus 196.
Periphericus embryo 254.
Peripherische Organe 59.
Perispermium 204, 251.
Peristomium 287.
Perithecium 265, 674.
Permeabilis, durchdringbar.
Peronosporeae 676, 687.
Peronospora 676, 688.
Perpendicularis 89.
Persica 450, 452.
Persistens 156, 441.
Personatae 451.
Personatus 107, 219.
Pertusus 96.
Perubalsam 435.
Pervius 106.
Petaloideus 201.
Petalum 151, 152, 172.
Petasites 518.
Petersilie 468.
Petiolaris vagina 132.
Petiolatae stipulae 111.
Petiolatum folium 128, 135.
Petiolulus 137.
Petiolus 128, 132, 137.
Petroselinum 468.
Peucedanum 475.
Pfahlwurzel 110.
Pfebenkürbis 459.
Pfeffer 607. Spanischer 550.
Pfefferkraut 569.
Pfefferling 676.
Pfefferminze 577.
Pfeilförmig, sagittatus 97.
Pfeilgift 531, 604.
Pfirsich 450.
Pflanze 1.
Pflanzenalkaloide 319.
Pflanzenbeschreibung 2.
Pflanzencaseïn 318.

Pflanzenchemie 3, 307.
Pflanzeneiweiss 318.
Pflanzenfaserstoff 318.
Pflanzenfibrin 318.
Pflanzenfarben 319.
Pflanzengallerte 311.
Pflanzengeographie 2.
Pflanzenleim 318.
Pflanzennahrung 321.
Pflanzenphysiologie 2, 307.
— Geschichte ders. 327.
Pflanzenschleim 311.
Pflanzensystem 349.
— Geschichte 310.
— Decandolle's 357.
— — Schlüssel 356.
— Endlicher's 360.
— Göppert's 364.
— Linné's 350.
— — Schlüssel 356.
Pflaume, Pflaumenbaum 451.
Pfriemenförmig 94, 104.
Phalaris 649, 650.
Phallus 676, 680.
Phanerogamae 62, 319, 359.
Phanerophytae 256.
Phaseolus 431, 434.
Phellandrium 473.
Phloëm 29, 37, 39, 75.
Phloridzin 313.
Phoeniceus, granatroth.
Phoenix 619.
Phosphorescenz d. Pflanzen 326.
Phycochrom 695.
Phycochromaceae 695.
Phycomycetes 676, 687.
Phycopsorae 690.
Phyllocladium 155.
Phyllochlor 318.
Phyllocyanin 319.
Phyllodium 132.
Phyllotaxis 143.
Phylloxanthin 319.
Phyllum 149, 150, 172.
Physalis 548.
Physiologie 307.
Physostigma 434.
Phytologie 2.
Phytophthora 689.
Phytozoa 260, 281, 296.
Picea 666.
Pickbeeren 526.
Picrasma 423.
Pileus 265.
Pili 50, 226.
— collectores 198, 216.
— radicales 110.
— urentes 51.
Piliferus 284.
Pilosiusculus, etwas behaart.
Pilosus 245, 397.
Pilularia 301.
Pilze 264.
Pilzflechten 690.
Pilzgewebe 56.
Pilzzucker 313.
Pimenta 440.
Pimpinella 171.
Pinastri 664.
Pinie 666.
Pinites succinifer 257.
Pinnae 99, 137.
Pinnatifidus 99, 100, 139.
Pinnatipartitus, fiedertheilig 99.
Pinnatisectum folium 99, 139.
Pinnatus, gefiedert 100, 137.
Pinnulae, Fiederchen 99.
Pinselförmig 201.
Pinus 664, 665.
Piper 606, 607.
— Hispanicum 550.

S.

Semen Hyoscyami 543.
— Lini 418.
— Lycopodii 710.
— Myristicae 591.
— Nigellae 371.
— Paeoniae 369.
— Papaveris 383.
— Phaseoli 434.
— Physostigmatis 435.
— Pichurim 587.
— Sinapis 393.
— Staphisagriae 371.
— Stramonii 546.
— Strychni 531.
— Tiglii 612.
Semi-, in Zusamm. halb-.
Semiamplexicaule fol. 134.
Semiflosculosus 167.
Semiinferus 191, 193.
Semilocularis 108.

Seminifera sutura 228.
Semiseptatus 108.
Semisuperus 191.
Semiteres 103.
Sempervirens 67, 134.
Senecio 513.
Senf 393.
Seni, zu sechs.
Senkrecht 88, 89, 135.
Senna 437.
Sepalum 151, 152 (151), 172.
Separatus, gesondert.
Septa 108.
Septatus 241.
Septicida dehiscentia 233.
Septifraga dehiscentia 233.
Septum 108, 109, 229, 241.
Seriatim, reihenweise.
Seriatus 91.
Sericeus 397.
Serotinus, spät 530.

Serratus 98.
Serrulatus, feingesägt.
Sesameae, Sesamum 562.
Sesquiflorus 223.
Sessilis 128, 155, 177, 188, 245.
Seta 50, 285.
Setaceo-multifidum fol. 142.
Setaceus, borstenartig.
Setae siliquiae hirsutae 431.
— urentes 602.
Setiformis 101.
Setiger, in eine Borste auslaufend
Setosus 397.
Sexualsystem, Linné's 349, 350.
S-förmig 88.
Siebförmig 88, 96.
Siebzellen 20.
Sigmoideus 88.
Sileneae 399.
Silicula, siliqua 240.
Siliqua dulcis 436.
Siliquaceus 240.
Siliquosus 240.

Silvestris, Wald-, wild wachsend.
Silybum 502.
Simarubeae, Simaruba 423.
Simplex 89, 110, 121, 150.
Simplex fructus 224.
Simsen 642, 656.
Simsenhalm 123.
Simultan, gleichzeitig.
Sinapis 392.
Sinister 93.
Sinistrorsum, links 88.
Sinuatus, buchtig 99.
Sinus, Bucht 97.
Siphoneen 696.
Siphonia 612.
Sisymbrium 390.
Sitzend 155.
Sium 468.

Smilacineae 623. Smilax 636.
Soboles 116.
Solanaceae 540, 541.
Solanum 549.
Solenostemma 533.
Solidago 515.
Solidus, fest, nicht hohl 102.
Solitarius 90, 156.
Solutus 135.
Sommergewächse 66.
Sommersporen 685.
Sonnenblume 513.
Sonnenlicht in Beziehung zur
Vegetation 338.
Sorbus 455, 456.
Sordidus, schmutzig.
Soredie, Soredium 273, 690.
Sorosis 235, 236.
Sorus, sori 291.
Soruspflanzen 672.
Spadix 159, 162.
Spärlich, parcus, in Zusamm.
parci-.
Spalte, fissura 98.
Spaltfrüchte 231, 239, 247.
-spaltig 98.
Spaltöffnungen 17, 48, 129.
Spaltschnitt 77, 102.
Spanio- in Zusammens. spärlich.
Spanischer Pfeffer 550.
Spanisches Rohr 619.
Spargel 631.
Sparrig, squarrosus 91.
Sparsa folia, Blätter mit $^{1}/_{3}$, $^{2}/_{5}$,
$^{3}/_{8}$ etc. Stellung 518.
Sparsus, zerstreut 91.
Spartium 432.
Spät 530.
Spatelförmig 94, 101.
Spatha 149, 162.
Spathaceus, blumenscheiden-
artig.
Spathaneum folium 162.
Spathulatus 94, 104.
Species 345.
Speciosus, ansehnlich.
Spectans c. Acc. nach etwas hin-
sehend, gerichtet 251.
Spelz 222, 647.
Spelzartig 176.
Spermatia 260, 276, 682.
Spermatophorus 682.
Spermatophyta 62, 255.
Spermatozoide 260, 296.
Spermogonium 260, 276, 674.
Spermophorum 193, 227, 230.
Sphacelatus, brandfleckig.
Sphacelia 682.
Sphaericus 104.
Sphaerococcus 698, 699.
Sphaeroideus 104.
Sphagnaceae 701.
Sphagnum, Torfmoos.
Sphalerocarpium 236, 238.
Spica 159, 160.
Spicatus, ährig.
Spicula 159, 161, 222.
Spielart 345.
Spiessförmig 94.
Spiköl 568.
Spilanthes 513.
Spina 52, 125, 126, 141.
Spinacia, Spinat 584.
Spindel, rhachis 99, 155, 222.
Spindelförmig 104, 110.
Spinescens 126.
Spinnwebeartig 397.
Spinosus 126, 150.
Spiralfaserzelle 18, 19.
Spiralgefässe 27.
Spiralig 88, 155, 251.
Spiralig stehend 91.
Spiralis 88, 155, 254.

Spiraliter positus 91.
Spiralzellen 19.
Spiroidea vasa, Spiroiden 30.
Spitz, acutus 94.
Spitzchen, apiculus 95.
Spitze 87, 90, 92, 100, 229.
Spitzenfläche 100.
Spitzenfortbildungsgewebe 36.
Spitzentheil 101.
Splint 76.
Spongiola 70.
Spongiosus, schwammig.
Spontaneus, wildwachsend.
Spontonförmig 94.
Spora 61, 259.
— agilis 279.
Sporangienhaufen 294.
Sporangienträger 299.
Sporangiophorus 299.
Sporangium 259, 674, 701.
Sporangiumschale 265, 268.
Sporen 61, 259.
— ruhende 279.
Sporengehäuse 259.
Sporenhaut 276.
Sporenlager 265, 266, 674.
Sporenpflanzen 61, 256, 258, 668.
Sporenpilze 676.
Sporensack 288.
Sporenschlauch 267.
Sporidien 259, 674.
Sporidienkette 269.
Sporidium 259.
Sporidochium 299.
Sporisorium 269.
Sporocarpium 259.
Sporodochium 289, 290.
Sporogonium 285, 701.
Sporomycetes 676.
Sporophorum 191, 192, 193, 230.
Sporophyllum 283.
Sporophyta 256.
Sporophyten 61, 256, 668.
Spreublättchen 149.
Spreuig 149.
Springgurke, Ecbalium 460.
Springkörner 610.
Sprossbildung 280.
Sprossend 125.
Spurius, unecht, Schein- 229.
Spurius fructus 224.
Squama 119.
Squamaeformis 176.
Squamatus, schuppig 150.
Squamosus 119, 150.
Squamula 223.
Squamulosus, schülferig.
Squarrosus, sparrig 91.
Stachel 52, 125, 126.
Stachelbeere 617.
Stachelspitze 95.
Stachelspitzig 95.
Stärke 309.
Stärkegummi 310.
Stärkekörnchen, Stärkemehl 23,
24, 309.
Stärkezellen 23.
Stärkezucker 310.
Stamen, stamina 151, 152, 172,
176.
Stamineus, zu den Staubgefässen
gehörend.
Staminifer flos, männl. Blüthe.
Staminodie, Staminodium 184,
587.
Stamm 123.
— dicotylischer 77.
— monocotylischer 82.
— polycotylischer 82.
Stammart 345.
Stammblätter 140.
Stammglied 65.
Stammknospe 69.

Erklärung der in der botanischen lateinischen Kunstsprache vorkommenden Adjectivendungen und Praefixa.

Endungen folgender Art bezeichnen:

-*acĕus, a, um*, die Art u. Beschaffenheit.

-*alātus, a, um*, -geflügelt.

-*ālis e*, die Abstammung oder Zugehörigkeit.

-*andrus, a, um*, -männig, die Staubblätter betreffend.

anĕus, a um, -stellvertretend; z. B. *petiolaneus*, den Blattstiel vertretend.

-*angulāris, e*, -eckig.

-*anthius-*, oder *anthus, a, um*, -blumig, -blüthig.

-*āris, e*, die Angehörigkeit oder die Abstammung, z. B. *stipularis*, zum Nebenblatt gehörig.

-*ātus, a, um*, mit etwas versehen.

-*caulis, e*, den Stamm od. Stengel betreff.

-*costātus, a, um*, -gerippt.

-*dentātus, a, um*, -gezähnt, -zähnig.

-*farĭus, a, um*, -reihig.

-*fer, -fĕra, -fĕrum*, das Tragen, Insichenthalten.

-*fĭdus, a, um*, spaltig.

-*flōrus, a, um*, -blüthig- -blumig.

-*folius, a, um*, -blätterig.

-*formis, e*, -förmig- -gestaltet.

-*ger, -gera, -gerum*, wie -*fer, -fera, -ferum*.

-*gōnus, a, um*, -eckig (stumpfeckig).

-*gў̆nus, a, um*, -weibig, den Stempel betreffend.

-*ibĭlis, e*, -bar, -sam, eine Eigenthümlichkeit.

-*icus, a, um*, die Beschaffenheit, das Eigenwesen.

-*ĭdes* Gen. -*ĭdis* und *idĕus, a, um*, -ähnlich, -gestaltet.

-*inus, a, um*, die Beschaffenheit oder Abstammung und zwar -*ĭnus, a, um*, bei der Ableitung von Namen der Pflanzen und lebloser Dinge. Ausnahmen sind z. B. *quercĭnus, salĭnus*, so wie -*ĭna* und *ĭnum*, wenn sie die Endigung der Namen der Alkaloïde und chemisch indifferenten Stoffe bilden.

Ferner -*īnus, a, um*, bei Ableitung von Namen der Thiere, Völker. Länder, Orte, Zeit, Zahl, Abstammung, Ausnahmen sind *crastĭnus, pristĭnus, serotĭnus, diutĭnus, annotĭnus*.

-*jŭgis, e*, oder *jŭgus, a, um*, -jochig, -paarig.

-*labiatus, a, um*, -lippig, -gelippt.

-*locularis, e*, -fächerig.

-*mĕres*, Gen. *is*, oder *mĕris, e*, oder *mĕrus, a, um*, -zählig, -theilig.

-*nervis, e*, oder -*nervus, a, um*, -nervig,

-*ōdes*, Gen. *is* (Form für *o-ides*), -artig, -förmig, ähnlich.

-*ōsus, a, um*, -reich, die Fülle oder Grösse andeutend.

-*partitus, a, um*, -theilig, getheilt.

-*petălu·, a, um*, -blättrig (-blumenkronenblättrig), in Bezug z. Blumenkrone.

-*phyllus, a, um*, -blättrig, in Bezug zu den Blüthendecken (und nicht der *folia*, Laubblätter).

-*pyrēnus, a um*, -kernig, -steinkernig, in Bezug zur Steinfrucht (*drupa*).

-*quetrus, a, um*, -eckig.

-*sectus, a, um*, -schnittig.

-*sepălus, a, um*, -blättrig, in Bezug zum Blumenkelch, *calyx*.

-*septatus, a, um*, -fächerig.

-*serialis, e*, -reihig.

-*spermus, a, um*, -samig.

-*tŏmus, a, um*, -spaltig, -gabelig.

-*valvis, e*, -klappig.

-*vittātus, a, um*, -striemig

Vorsetzsilben (*Praefixa*) vor Adjectiven bezeichnen:

a bei Adjectiven griechischer Abstammung: einen Mangel, ein Fehlen, ohne, -los. Fängt das Adjectiv mit einem Vocal an, wird *an* statt *a* vorgesetzt. Z. B. *anatheratus*, antherenlos.

e oder *ex* bei Adjectiven lateinischer Abstammung: einen Mangel, ein Fehlen, un-, ohne, -los.

in-, ohne-, un-, hinein-.

hypo-, bei Adjectiven griech. Abstammung: unter-.

ob-, bei Adjectiven lateinischer Abstammung ein Verkehrtsein der Gestalt oder der Stellung.

per- sehr, durch-.

peri-, bei Adjectiven griech. Abstammung eine Stellung um einen Gegenstand herum, um-.

sub-, einen nicht vollständig ausgeprägten Zustand oder solche Form, fast.

beinahe, etwas. Dieselbe Bedeutung wird auch oft allein durch das Deminutiv des Adjectivs ausgedrückt.

Die **Zusammensetzung zweier Adjective** zu einem Worte der botanischen Kunstsprache geschieht oft, um das Vorhandensein zweier Eigenschaften oder Formen anzugeben. Das Vorderwort wird gewöhnlich in seiner Ablativform verbunden. Es beobachten einige ältere Schriftsteller hierbei den Gebrauch, dasjenige Adjectiv dem andern vorzusetzen, welches die prädominirende Form oder Eigenschaft ausdrückt. Da das vorgesetzte Adjectiv eigentlich die Stelle eines Adverbs vertritt, so ist es richtiger, dem die prädominirende Eigenschaft ausdrückenden Adjectiv die letzte Stelle anzuweisen.